병 법 사

兵 法 史

−정치사政治史의 범주 내에서−

델브뤼크

제III편

중 세

제2판

민 경 길 譯

한국학술정보(주)

Geschichte der Kriegskunst

in Rahmen der politischen Geschichte

von

HANS DELBRÜCK.

Dritter Teil.

DAS MITTELALTER.

Zweite, neu durchgearbeitete Auflage.

BERLIN 1923.

VERLAG VON GEORG STILKE.

역자譯者 서문

델브뤼크Hans Delbrück의 《병법사兵法史 ─정치사政治史의 범주 내에서》는 전쟁사 연구의 기념비적인 작품으로 너무 유명한 책이라 현역 군인인 역자도 이 책에 관심은 있었지만 전공분야(전쟁법戰爭法)와는 조금 거리도 있고 또 우리말 번역본도 없어 읽을 기회는 없었다. 그러던 서기 2005년 초 육군본부 인사참모부장으로 재직 중이던 윤일영 소장小將은 부서 내에서 영어 독해능력을 갖춘 초급장교들과 병사들로 번역조를 편성해서 미 육군사관학교 렌프로Walter J. Renfroe Jr. 교수의 이 책 제I편 영역본英譯本(그린우드 출판사Greenwood Press, Inc., 서기 1975년)을 우리말로 재 번역해 출판했고 그해 4월 육군사관학교 부교장으로 부임해 온 다음 역자에게 이 번역본을 건네주었다. 역자는 이 번역본을 읽어 본 후 실증사학實證史學의 의미와 가치를 이해할 수 있게 되었을 뿐 아니라, 전술戰術과 전략戰略에 관심 있는 사람이라면 이 책을 꼭 읽어 보아야 할 책이라는 생각이 들었고 또한 제I편에서 제IV편까지 모두 번역해 놓으면 역사학 전공자는 물론 특히 현역군인들에게는 큰 도움이 될 것으로 보였다.

델브뤼크 자신은 이 책 집필 동기가 병법사兵法史 자체가 아니라 세계사世界史에 대한 이해 즉, 인류가 발전해 온 역사에 대한 이해를 위한 것이었고 현역군인들이 이 책을 읽고 어떤 자극을 받는다면 자신은 그저 만족하고 자랑으로 생각하겠지만 이 책은 어디까지나 한 역사가가 역사를 사랑하는 사람들을 위해 쓴 책이라고 했다(제IV편, 머리말). 역사학 전공자는 랑케Reopold Ranke 이후 발전한 실증사학實證史學의 백미白眉라 할 수 있는 이 책을 통해 델브리크의 소위 객관적 비판Sachkritik의 역사학 방법론이 역사학의 한 분야에서 어떻게 적용되었고 어떤 성과를 거두었는지를 보게 될 것이다.

그러나 델브뤼크는 다른 한편으로는 모든 민족의 생존은 그들의 군대조직에 의해 크게 좌우되고 군대조직은 전투기술과 전술 및 전략과 밀접한 관련이 있다고 했다(제IV편, 머리말). 민족의 생존을 책임져야 할 최후 보루라 할 수 있는 현역군인들은 이 책을 통해 고대부터 근대까지 전투기술과 전술 및 전략이 발전한 과정을 비교적 명확히 이해할 수 있을 것이고 또 이를 기초로 현재와 미래의 전투와 전쟁에 대비할 수 있는 길을 찾아낼 수 있을 것이다. 역사가는 주관을 철저하게 배제하고 오직 역사적 사실만을 규명해야 한다고 주장한 랑케와는 달리 역사란 "현재와 과거 사이의 끈임 없는 대화"라면서 우리가 역사를 배우는 이유는 과거의 사실을 반추反芻하여 현재의 상황을 이해하고 보다 발전적인 미래를 준비하는 것이라고 한 카Edward Hallett Carr의 말은 현역군인들이 이 책을 읽어야 할 이유가 될 것이다. 물론 전문적 연구가가 아닌 현역군인이 이 책을 읽고 병법사兵法史를 이해한 후 미래의 병법兵法을 구상한다는 것은 결코 쉬운 일은 아닐 것이다. 병법兵法을 의미하는 독일어의 '크리크스쿤스트Kriegskunst'라는 용어 자체가 말하듯이 델브뤼크는 병법兵法은 본질상 회화繪畵나 건축建築이나 교육敎育과 같은 것이므로 정치사政治史의 측면에서 각종 전투를 연구한 이 책이 문화사文化史 분야의 책으로 분류될 수도 있다고 했다. 뛰어난 병법兵法은 뛰어난 회화繪畵나 건축建築이나 교육敎育과 같이 천재성이 필요한 부분이다. 그러나 노력이 천재를 만든다는 말도 있듯 국가안보를 책임지고자 하는 군인이라면 뛰어난 병법가兵法家가 되기 위해 끊임없는 노력을 기울여야 할 것이며 그런 노력을 기울이는 군인에게는 이 책이 큰 도움이 될 것이다.

역자는 이런 생각을 갖고 이 책의 완역完譯 문제를 부교장과 상의한 결과 부교장이 독일어 원본을 구하고 번역은 역자가 전담하기로 했다. 부교장은 곧 전사학과 김광수 교수에게 의뢰해서 고풍古風스런 독일 알파벳으로 쓰인 원본(게오르크 스틸케 출판사Verlag Georg Stilke의 원본을 서기 1962년~1966년 발터 그루이터 출판사Walter De Gruiter & co.에서 재간한 영인본影印本)을 구할 수 있었고 역자는 이 원본을 영역본을 참고해 가며 직접 번역할 수 있었다. 원문에는 고대 라틴어와 헬라어로 된 고전 문구가 20세기 초 서양 학풍에 따라서 번역문 없이 인용된 경우가 있지만 영역본에는 이들이 모두 영어로 번역되어 있어 이 부분은 영역본 내용을 재 번역해서 인용했다. 독자의 편의를 위해 필요한 몇 곳에 역주譯註를 붙였고, 해제解題를 겸해서 크레이그Gordon A. Craig의 "전쟁사 연구가 델브뤼크Delbrück: Military Historian"라는 논문을 번역해 제Ⅳ편의 끝에 첨부해 놓았다. 이 논문에는 델브뤼크의 학문세계와 생애 그리고 이 책의 줄거리가 간단히 잘 요약되어 있다. 예비지식이 없는 독자는 이 논문부터 읽어보면 도움이 될 것이다.

서기 2009년 3월 31일

민 경 길(육사 교수)

목   차

<〈일 러 두 기〉>

1. 원문 중의 헬라어를 번역한 곳은 「"ooooo"*」와 같이 인용부호 다음에
   별표(*)를 표시해 놓았다.

2. 라틴어 원문은 이탤릭체로 표기했다.

3. 고유명사나 주요 군사용어들은 각국 표기를 모두 병기했고(독일어, 헬라어
   또는 라틴어, 영어 또는 불어 순), 한국어 표기는 1차적으로는 우리들에게
   일반적으로 친숙한 발음이 있으면 이를 취하고 생소한 단어인 경우에는
   가급적 현지 발음을 취했다.

   ※ 예: 「골Gallien/Gaul」, 「헤로도투스Herodote/Herodotus」 등

4. 책자와 논문집 이름의 원문은 「《그리스 역사Griechische Geschichte》」와 같이
   이택릭체로 표시했다.

5. 같은 책이 여러 볼륨Volume으로 나뉘어 있는 경우 현재는 제I권, 제II권 등으로
   나누는 것이 보통이지만 이 책이 출판된 당시 독일의 관행은 이를 제I편篇/Band,
   제II편 등으로 나눈 후 각 편을 다시 제I권卷/Buch, 제II권 등으로 나누었었다.
   따라서 이 번역에서도 옛 독일의 관행에 따라 편篇, 권卷, 장章의 순서로 내용을
   나누었다. 인용된 서적 중 단편單篇으로 발간된 책의 경우에도 그 내용을 권卷,
   장章, 절節의 순서로 나누었다.

   ※ 예: 「리비우스Livy/Livius, 《로마사史 Ab urbe condita Libri》, XXXVI, 30. 2절」은
          같은 책의 제XXXVI권, 제30장, 제2절을 의미함

6. 원문 중의 거리 및 면적 표기는 원문대로 독일 마일 및 독일 평방 마일로
   표기한 다음에 괄호 안에 km 및 ㎢로 환산해 놓았다.

제 I 권
샤를마뉴 대제大帝와 그 후계자들

《 요도要圖 목록 》

제 I 장
샤를마뉴 대제大帝

게르만족은 전사戰士로서 로마 세계제국世界帝國의 속주屬州들로 밀려온 후 엄청난 파괴와 고통을 불러일으키면서 얇은 덮개나 새 피부처럼 퍼져나갔으며 결국은 새로운 로마-게르만 정치체계를 세웠다.

프랑크Frank 왕국에서는 이런 전사 계층을 지속적으로 활용할 수 있는 제도로 봉건封建 체계 즉, 전사戰士들이 봉토封土/Lehen를 받는 대가로 군사의무를 부담하게 되는 바쌀Vassal(역자 주: "가신家臣"으로 통상 번역된다. 그 구체적 의미는 이 책 제II편, 제IV권, 제IV 장 참고) 체계가 탄생했다. 카롤링Karoling/Caroling 왕조(역자 주: 프랑크 왕국 초기의 메로빙 Merowing/Meroving 왕조를 이어받은 후기 왕조)의 이런 전사戰士 계층은 수세기에 걸쳐 무슬림 Muslim/Moslem(역자 주: 회교도回教徒) 세력으로부터 국가를 보존하고 발전시켰다.

이 전사들은 주로 마병馬兵이었는데 보급품을 직접 휴대하고 다녔으므로 휴대 하는 짐만 해도 매우 많았다. 프랑크족의 어느 옛 법령에는 무기와 장비의 가치 가 암소 숫자로 상세히 기록되어 있다.[1] 이 수치들을 가지고 전사 1명이 휴대 했던 무기와 장비의 가치를 계산해 보면 다음과 같다.[2]

투구   암소 6마리
쇠미늘 갑옷   암소 12마리
칼과 칼집   암소 7마리
다리 보호대   암소 6마리
창과 방패   암소 2마리
군마軍馬   암소 12마리

(역자 주: '미늘'이란 물고기 입속에 들어간 낚시 바늘이 빠져나오지 못하게 촉끝과 반대방 향으로 일으켜 놓은 메기수염 모양의 가시를 말한다. '쇠미늘 갑옷'은 적의 칼날에 치명적인 부상을 입지 않도록 겉에 이런 가시 모양의 쇠조각들을 붙인 갑옷을 말한다.)

따라서 전사 1명의 무기와 장비의 가치를 합산合算 해 보면 암소 45마리가 되 고 암소 3마리의 가치가 암말 1마리와 같았으므로 암말로는 15마리가 되며 이는 큰 부락 하나가 보유한 암말들 숫자를 모두 합한 것에 해당한다.

---

1) 〈리부아리 법Lex Ribuaria〉, XXX, 11(《게르만 사료집Monumenta Germaniae》, LL, V, 231).
2) 암소 1 마리의 값은 1 솔리두스solidus(역자 주: 금조각. 복수는 솔리디solidi)였다. 이를 3 솔리디로 기록 한 수고手稿도 있지만 이는 오류임이 분명하다. 수소 1마리는 2 솔리디로, 암말 1마리는 3 솔리디로 계산되기 때문이다. 경건왕敬虔王 루드비히Ludwig des Frommen/Louis the Pious(역자 주: 프랑크 왕국의 왕 겸 서로마제국의 제2대 황제. 서기 814년~840년 재위. 루드비히Ludwig/Louis I세로 불리기도 한다)의 서기 829년 법령에는 암소 1 마리 값을 2 솔리디로 기록해 놓은 곳도 있다.

그 외에 식량도 있었고 식량과 장비를 나를 수레와 짐승도 있었고 이 짐승을 돌볼 하인도 있었다.

따라서 로아르Loire 지역으로부터 작센Sachsen/Saxons족과 싸우기 위해 출전했던 또는 마인Main 지역에서 피레네 지역으로 출전했던 프랑크족 전사戰士들과 무기휴대를 부담이 아니라 특전으로 생각하며 가까운 지역에서만 싸웠던 초기 게르만 전사戰士들과 완전히 달랐다. 또한 고향에 되돌아갈 생각으로 잠시 로마 땅에 정착했던 전사戰士들이나 오직 전진만 생각하고 뒤를 돌아보지 않았던 민족대이동民族大移動/Völkerwanderung(역자 주: 이 책 제II편, 제II권 참고) 시기의 전사戰士들과도 달랐다. 카롤링 왕조의 전사戰士들은 실제로는 전체 인구 중 매우 작은 일부로서 바쌀Vassal 체계 형태로 봉토封土가 있어야만 존속되고 유지될 수 있던 계층이었다.[3]

왕이 백성들의 통치자로 백성들을 일반적으로 징집하던 고대 체계로부터 봉건 체계의 최고주인으로 바쌀들을 징집하는 새 체계로의 전환은 서서히 그리고 각 지역마다 시기를 달리하며 진행되었다. 그러나 1세기의 메로빙Merowing/Meroving 왕조 때 이미 바쌀 체계가 존재했음이 분명한 반면 카롤링 왕조에 와서도 법적 또는 형식적으로는 일반백성들을 징집하던 옛 체계도 여전히 존속했다. 샤를마뉴Karl/Chalemagne 대제大帝(역자 주: 카롤링 왕조 제2대 왕. 서기 800년에 서西로마 제국 황제로 추대됨. 재위기간은 서기 768년~814년. 카를 대제라고도 함)의 손자들 때도 전적으로 바쌀 체계에 의존하지는 않았고 일반백성의 징집 체계가 여전히 존속했다. 그러나 고대의 일반적 병역의무는 적의 침략을 방어하기 위해 민병대民兵隊를 동원할 때만 적용되었다.

프랑크 왕국 내에서 이렇게 사회 계층이 명확히 분리된 지역은 게르만족 지역보다는 로마인 지역이었다. 로마인 지역 주민들은 과거의 로마제국 때나 마찬가지로 대개 소작농민小作農民 아니면 농노農奴들이었고 이 지역에서는 프레브 우르바나plebs urbana(도시민)도 완전한 자유민自由民으로 간주되지 않았으며 공장工匠이나 상인商人들도 농민들과 마찬가지로 전사가 아니었다.[4]

---

3) (이 각주는 제2판에서 추가한 것임.) 카롤링 왕조 군사조직의 경제적 기반은 앞서 제II편에서 알 수 있었던 바와 같이 물물교환경제였다. 최근 도프쉬Ifons Dopsch의《가롤링 왕조 시기의 경제 발전Wirtschaftsentwicklung der Karolingezeit》에서는 당시의 경제기반을 물물교환경제로 보는 일반적 견해는 정확하지 못하며 물물교환경제와 함께 화폐경제도 공존했음이 입증되었다고 주장한다(특히 제II편, 제12절). 따라서 그는 이 문제에 있어 일반적으로 고대사회와 중세사회의 차이가 너무 과장되고 있다고 본다. 그러나 필자는 그의 견해에 동의할 수 없다. 그와는 반대로 군사조직의 변화에 관한 연구를 통해 얻은 결론들은 일반적 견해에 대한 새로운 보강증거가 될 수 있음을 필자는 발견했다. 로마 레기온legion이 중세기사中世騎士로 바뀐 것은 고대 화폐경제가 물물교환경제로 바뀌지 않았다면 생각할 수 없는 일이었다. 도프쉬의 견해에 대한 필자의 평론("로마시대와 게르만시대Römertum und Germanentum")이《독일 정치학Deutsch Politik》, 제26권(서기 1921년), 620쪽 이하에 수록되어 있다.

4) 메로빙 왕조 때는 프레브 우르바나Plebs urbana를 완전한 자유민으로 보지 않았다. 브루너Brunner는 "이와 같이 축소된 자유가 법적으로 어떻게 표현되었었는지 정확히 알 수는 없다"고 했다(《게르만 법제사法制史 Deutsche Rechtsgeschichte》, 제I편, 253쪽). 이 문제는 전사戰士와 전사戰士 아닌 자의 차이에 관한 문제임이 분명하지만 그의 견해에서는 이 문제가 불분명하다. 그는 로트Roth와 같이 당시 보편적 병역의무

프랑크 왕국에서는 대부분 게르만족 출신인 전사戰士들만 자유민自由民(리베리lberi 또는 인제누이ingenui)이었고 때로는 이들을 노빌레스nobiles라고 불렀는데 그 수는 면적이 100평방마일(약 5,600㎢) 정도 되는 1개 구역Gau에 수백명에 그칠 정도로 극히 적었다.5) 이들 중 일부는 작은 토지에서 살았고 일부는 큰 토지에서 살았으며 또 일부는 사유지私有地에서 살았고 일부는 사유지 없이 봉토封土에서 살거나 바쌀Vassal로 복무하면서 왕궁에서 살았다.

그 당시에는 자유민이 바로 전사戰士이고 전사戰士가 바로 자유민이라는 개념이 지배했었기 때문에 이미 5~6세기 작가들은 이들을 성직자 계층과 구분하려고 단지 밀레스miles라고 불렀다.6) 중세 후기에도 안주Anjou 지역 법률용어로는 "프랑쉬르franchir"(건너다, 오르다)라는 단어가 "아프랑쉬르affranchir"(자유를 주다)와 같은 의미가 아니라 "아노블리anoblir"(귀족으로 만들다)의 의미로 사용되었다. 오래 전 옛날을 보여주는 화석화된 표현 같이 들리는 표현이다.7)

작센Sachsen/Saxons 지역 편입(역자 주 다음 제II장 참고) 이전의 프랑크 왕국에는 순수 게르만족 지역이 거의 없었다. 슈바벤Schwaben/Swabia이나 바이에른Byern/Bavaria 같은 라인Rhein 지역에는 게르만족 정복자들 밑에 옛 로마인 주민들이 상당수 남아있었는데 정복자들과 이들의 사회관계는 로마인 지역의 경우와 같았다. 그러나 이런 로마인과 게르만족 혼합지역의 게르만족도 그렇지만 특히, 라인 강 하구河口, 쉘데Schelde, 헤쎈Hessen/Hesse 및 마인Main 등 순수 게르만족 지역의 게르만족에게도 그와 유사한 사회관계가 발전되었었다. 이런 지역에서는 게르만족들도 대부분 완전한 자유를 어느 정도 포기하고 전사戰士 계층을 떠났디. 이를 입증할 직접적 증거는 없으며 또한 이런 발전이 언제 얼마나 강력하고 빠르게 일어났는지 우리는 알 수 없다. 그러나 우리는 프랑크 왕국 전체의 군사체계의 성격을 보면 이런 발전이 있었음을 분명히 알 수 있다. 사료에 기록된 병력동원 관련 규정을 보면 각 지역 전사戰士들은 동원이 있으면 항상 무기와 식량을 각자 완벽하게 휴대하고 나와야 했다. 이때 지역별 파견병력 규모는 반드시 인구수 같은 것에 비례하지는 않았고

가 존재했던 것으로 보기 때문이다. 《보레티우스와 크라우제의 게르만 사료집—프랑크 왕국 법령집 Monumenta Germaniae, Capitula regum Francorum denuo ediderunt Alfred Boretius et Victor Krause》, I, 145에 의하면 소작농민들은 비자유민非自由民으로 간주되었다.

5) 쿠르트God. Kurth는 오베르뉴Auvergne 지역에는 프랑크족이 전혀 정착한 적이 없음을 입증했다("오베르뉴의 인종Les Nationalités en Auvergne," 《벨지움 아카데미 문인협회 회보Bulletin de la Classe des Lettres de l'Academie Belgique》, 11권, 서기 1899년, 769쪽 및 14권, 서기 1900년, 224쪽). 이 지역에서는 대공大公 지위를 지닌 큰 가문들도 로마인이었다. 오베르뉴 지역에 나타나 몇 안 되는 게르만족은 극소수의 서西고트Westgoten/ Visigoths족을 제외하면 대부분 이 지역에 정착하지 않았음을 우리는 입증할 수 있다.

6) 뀌이에모Guilhiermoz의 《중세 프랑스 귀족들의 기원고起源考 Essai sur l'origine de la noblesse en France au moyen âge》(파리: 알퐁제 피카르 에뜨 피유Alphonse Picard et fils 출판사, 서기 1902년), 490쪽에는 다양한 참고문헌들이 소개되어 있다.

7) "고대 안주의 관습Ancien Coutumier d'Anjou", 뀌이에모Guilhiermoz, 366쪽에서 인용.

군복무 적격자의 전부 또는 일부만 보내면 되었다. 결국 병역의무자인 자유민은 전국에 꽤 고르게 분산되어 있었을 것으로 보인다. 만약 그렇지 않았다면 예를 들어 헤쎈Hessen/Hesse 지역의 어느 구역Gau은 성인 남성 거의 전부를 무장시켜 동원해야만 하고 대부분의 주민이 소작농小作農이고 자유민은 얼마 없던 골Gallien/Gaul 지방 내지內地의 어느 구역은 이 소수의 자유민들만 무장시켜 동원하면 된다는 매우 큰 불평등이 발생했을 것이다. 그러나 골 지방 내지內地 각 구역에는 이곳에 정착한 게르만족 수가 적어 자유민이 많지 않았던 만큼 왕국 동부東部의 사회조직은 이 당시 이미 서구西部와 매우 비슷했을 것이 분명하다.

이를 입증할 다른 간접증거도 있다. 주민들 대부분이 아직 이교도異敎徒였던 작센Sachsen/Saxons에서까지 이런 발전이 있었음을 우리는 알 수 있는데 사료를 보면 완전한 자유민이 아닌 계층도 이곳에서는 큰 역할을 한 것으로 보이며 경건왕敬虔王 루드비히 때는 이런 부분적 자유민(자유민이지만 반자유민半自由民/frilingi et lazzi)들의 큰 집단이 있었고8) 이들이 루드비히가 죽은 직후인 서기 842년에 과거 이교도 시대에 누리던 권리들을 다시 요구하려고 스텔링가분트Stellngabund라는 반도단체를 조직하기도 했다. 우리는 이를 프랑크족의 패권 장악으로 그들의 온전한 자유가 제한된 것이거나 프랑크족이 온전한 자유민들을 낮은 계급으로 밀어낸 것이라는 증거로 볼 수도 있지만 그들의 요구가 완전한 자유민 지위(역자 주: 전사戰士 지위)의 회복이 아니라 자신들이 과거 계급에서 누리다 일부 제한된 것으로 보이는 권리들의 회복이었다. 따라서 이런 부분적 자유민들의 큰 계층이 이교도 시대에 이미 존재했음이 분명하다. 이 문제는 작센 전쟁을 다룰 때 다시 검토될 것이다.

왕국의 전 지역에 자유민 수가 적을수록 전쟁시에 왕이 대공大公/Graf들을 통해 전사戰士들을 소집하던 옛 방식과 왕이 바쌀Vassal을 거느린 세뇨르Seigneur/senior(역자 주: 나리, 영감, 영주領主 등의 의미. 이 책 제II편, 제IV권, 제IV장 참고)들을 소집하는 새 방식이 공존하면서 서로 충돌하기 쉬웠다. 결국 논리적 해결책은 과거 자유민 계층에 속했던 사람 중 아직도 전사戰士로 남아있는 자는 바쌀 계층으로 들어가고 농민이 된 자는 반자유인 신분이 됨으로써 바쌀 아닌 전사戰士가 없어지는 것이었다. 모든 자유민은 세뇨르 밑에 있어야 한다는 명문 규정이 서기 847년 대머리 샤를즈Charles le Chauve/Karl des Kahlen 당시 사료에 처음 보인다. 그러나 서기 864년 규정과9) 서기 884년의 사료를 보면 또다시 자유민들은(바쌀로서가 아니라 자유민으로) 타인들과 함께 야전으로 출전해야 된다는 말이 보인다.10) 그러나 그러기에는 현

---

8) 니타르트Nithard, 제IV편, 제II장.
9) 보레티우스Boretius는 이 규정을 옛 규정을 그대로 베낀 것에 불과하다고 보았다(《법령집 비판 논고論考 Beiträge zur Kapitularienkritik》, 128쪽).
10) 발다무스Balsamus, 《카롤링 왕조 후기의 군사조직 Das Heerwesen unter den späteren Karolingern》, 12쪽 참고.

실이 이미 너무 변해 있었고 따라서 사료 기록자들은 "바쌀처럼vassalisch"이란 단어를 단지 "전사戰士처럼kriegerisch"이라는 의미로 사용하기도 했다.11)

여하간 샤를마뉴Karl/Chalemagne 대제大帝 당시는 이런 전혀 상반된 두 군사체계가 공존했고 일련의 사료들을 보면 옛 의미의 자유민들이 결코 동시에는 아니지만 교대로는 군사임무를 수행한 것이 분명하다. 하지만 그럼에도 불구하고 이미 이 시대에 바쌀들만 야전으로 출전했었음을 입증해주는 사료들도 있다.

왕이 소집령을 내리며 부여한 처벌권을 이용해서 대공大公들이 이미 바쌀이 된 자유민을 소집하기도 했지만 이런 상반된 두 체계가 어떻게 실제로 조화되었는지를 직접 명확하게 보여주는 기록은 없다. 샤를마뉴 대제大帝가 죽은 후 곧 바로 바쌀 체계가 주된 역할을 한 것을 보면 클로드비크Chlodwig/Clovis(역자 주: 프랑크 왕국 메로빙 왕조 창시자) 직후의 왕들 당시에 이미 시작된 것으로 보아야 할 두 체계간의 갈등이 샤를마뉴 대제大帝 때 이미 기본적으로 바쌀 체계에 유리한 쪽으로 결정났을 것으로 우리는 보아야 할 것이다. 이론상 또는 형식상으로 존재했던 자유민 일반징집 체계는 특수한 경우에만 현실적 목적을 위해 대지주大地主들에 의해 이용되었다. 그러나 이런 일반징집 체계가 형식상으로나마 그리도 오래 존속했던 것은 세습된 법조문의 질긴 생명력 때문만은 아니고 그럴만한 아주 강력한 적극적 동기가 있었기 때문이다. 일반징집 체계가 그리도 오래 존속했던 것은 게르만족 자유민에게 국가를 위한 의무, 특히 (사법업무 수행 외의) 납세納稅 의무를 강제할 수단이 일반징집 외는 없었기 때문이다. 만약 일부 하급 전사戰士들이 아직 바쌀 계층에 들어가지도 않고 반자유민으로 지위가 떨어지지도 않은 상태에서 이들의 병역의무가 폐지되었다면 이들에게는 국가를 위한 의무가 모두 없어지는 결과가 되었을 것이다. 따라서 샤를마뉴와 그의 선조들은 비용 때문에 출전 못하는 자유민들에게는 재산정도에 따라서 일정 수의 인원이 조組를 짜게 한 후 그 중 1명을 무장시키게 하는 칙령勅令을 공포한 것이다. 당시 제정된 규정들의 의미에 대해 지금까지는 일례로 각자 1후프Huf/hide(역자 주: 1가족을 부양할 수 있는 경작지 면적) 토지를 소유한 자유민 3명이 1개 조組를 이루어 그 중 1명을 무장시켜야 했을 경우 수송수단을 포함한 식량과 보급품까지 모두 마련해 주어야 했던 것으로 해석해 왔다. 그러나 이는 겨우 3후프 농지로 그런 부담을 책임지는 것은 지나친 일이라는 점을 간과한 해석이다. 결국 군대보급품의 실질적인 공급책임

---

11) 서기 870년 헹크마르Hinkmar 주교主敎가 그의 사촌 라옹Laon 사제司祭에게 보낸 글에는 "대중들은 그대가 마치 시정잡배들 같이 힘과 민첩성과 전투경험을 자랑하고 때로는 우리말로 말하듯 마음껏 그리고 **바쌀처럼** 떠벌리거나 거만한 태도로 말하기도 한다고 평하는데 이는 자만심이란 죄악 때문임이 분명하다"라는 구절이 보인다. 이 재미있는 구절은 뀌이에모Guilhiermoz의 《중세 프랑스 귀족들의 기원고起 源考 *Essai sur l'origine de la noblesse en France au moyen âge*》, 438쪽에서 인용한 것이다. 뀌이에모는 그 외에도 **"바쌀"**이라는 단어의 이와 같은 특별한 용례用例들을 여러 가지 소개하고 있다.

은 당연히 반자유민 및 농노農奴 전체에게 있었을 것이며 영주領主나 대공大公들은 그들에게 이를 강제로 요구했을 것이다. 소유 토지가 1~2후프 이상 되지는 못하지만 동료들 중에 1명을 무장시킬 의무가 있었을 자유민들은 돈을 내놓거나 장비나 의복 한 점쯤은 내놓아야 했었겠지만 경제 사정이 열악했던 그들에게는 이조차 힘에 겨웠을 것이다. 우리는 당시의 실질적인 전사戰士는 마병馬兵이었을 것으로 보아야 하므로 그들에게는 가장 중요하고 비용이 드는 것은 말이었다. 그러나 그들은 매년 전쟁터로 나가야 했고 때로는 길들여졌던 말을 장기간 행군 때문에 포기하고 맨몸으로 돌아오기도 했을 것이다. 전쟁에서는 말에 소요되는 비용이 사람에게 소요되는 비용보다도 더 큰 법이다. 그러나 농민들은 쓸만한 군마軍馬를 몇 년에 1필씩 제공할 형편이 못 된다. 대부분의 농민들은 말 특히, 군마로 쓰기에 적합한 말이 없었고 수소나 암소를 가지고 농사를 지었다.

따라서 우리는 자유민 몇 명이 조組를 짜서 자신들 중 1명을 무장시키게 했던 카롤링 왕조의 규정들은 기본적으로 세금징수를 위한 편법이었을 것으로 보아야 한다. 대개의 경우 실제 병력소집은 없었고 자유민들에게 기여금을 요구할 수 있는 법적 권리가 왕에게 있었던 것이며 또 관리들이 이런 권리를 멋대로 남용할 수 없게 일정한 제한을 두었던 것이다. 예를 들어 1후프Huf/hide의 토지 소유자 3명이 자신들 중에서 1명을 정상적으로 무장시켰거나, 그들이 선호한 방식대로 필요한 장비를 내놓고 이를 대공大公이 자신의 바쌀에게 지급하게 하거나 이에 상당한 비용을 제공했다면 그들로서는 의무를 다 한 것이고 대공大公은 그들에게 더 이상 무엇을 요구할 수 없었을 것이다.

이 문제에 관해서는 매우 구체적인 것처럼 보이는 칙령들이 남아있다. 서기 807년 세느Seine 강 서부지역의 경우 4~5후프의 토지 소유자는 자신이 직접 출전해야 했고 1후프 소유자는 3명이 함께, 2후프 소유자는 1후프 소유자와 함께, 1후프 소유자 2명은 1후프 이하 소유자 1명과 함께 그리고 1/2후프 소유자는 6명이 함께 각각 1개 조組를 만든 후 각 조組가 1명씩 무장을 시켜야 했다. 토지가 없는 자들은 각자 5푼트pfund/pound를 소유한 6명이 자신들 중 1명을 무장시킨 다음 그에게 5솔리디solidi(역자 주: 금 조각)의 돈까지 주어야 했다(역자 주: 원문은 뒤의 24쪽 참고). 그러나 우리는 이런 규정이 아무리 구체적인 것 같이 보여도 모든 일이 이 규정대로 되었으리라고 속으면 안 된다. 무엇보다도 이 규정에는 고급관리에 관한 언급이 없다. 지도자들이 일자무식一字無識이라 서기書記가 있어야 문서화 된 정보, 목록, 보고서 등을 이해했을 행정조직을 생각해 보자. 이런 행정조직을 지닌 국가의 중앙정부는 각 구역Gau의 토지면적과 가용한 인적 자원이 얼마나 되는지에 관한 믿을만한 정보를 얻는 것이 절대로 불가능하다. 에드워드Edward III세 당시 영국 의회는 새로운 방식으로 세원稅源 산출을 시도한 적이 있는데 이때 징수할 수 있는 세금을 계산해 보려고 행정구역 수를 40,000개로 추정했었지만 나중 알고 보니 9,000개도 안 되었다.[12] 왕실 각료들을 포함한 봉토封土 소유자 수를 혹자는 60,000명으로 혹자는 32,000명으로 보았지만 실제는 5,000명도 안 되었다. 그러나 나중 다시 알게 되겠지만 이는 그나마 진정한 중앙행정조직이 존재했던 영국의 경우이다. 프랑크 왕국에는 중앙행정조직이 아예 없었고 따라서 우리가 예로 들만한 통계 수치가 사료에 남아있지 않다. 차후 이 연구를 진행해 가면서 영국 역사를 통해 알 수 있겠지만 중세에는 행정조직이 정치체계와 관련된 정확한 통계수치를 전혀 가지고 있지 않았다는 보다 확실한 증거들이 나타날 것이다.

경건왕敬虔王 루드비히 당시인 서기 829년에는 왕국 내의 토지소유 현황을 보여주는 목록의 작성을 시도했던 것으로 보이는데 당시의 법령 4종이 남아 있지만 그 세부내용에는 큰 차이가 있다. 2명이 한 조組를 이루는 경우가 빠져있는 것도 있고 6명이 한 조組를 이루는 경우가 빠져있는 것도 있고 3명이 한 조組를 이루는 경우만 언급되어 있는 것도 있고 여럿이 한 조組를 이루는 경우에 대한 규정이 아예 없는 것도 있다.

그러나 재산평가와 조組 편성 과정에서 임의적이고 자의적인 경우가 너무 많아 여러 법령들의 차이점도 실제로는 아무 의미가 없었을 수도 있다. 각 지역에서 특정 양식의 평가서들이 제출되었을 것이고 이를 기초로 고정된 양식의 평가가 이루어졌겠지만 그런 규정들이 실제로 이행되었을 것 같지도 않고 만약 이행되었다 해노 별로 달라진 것은 없었을 것이다. 그런 거대한 작업이 상당히 신뢰성 있게 이행되었다고 해도 사망이나 재산상속 등으로 인해서 단 몇 년 만에 모든 것이 원위치로 돌아가고 말았을 것이기 때문이다. 또한 야전출정에는 특히 질병 등 개인적 사정들이 매우 중요한 역할을 했을 것인데 상부에서는 이를 일일이 통제할 수 없었을 것이므로 그런 규정들이 시행된 첫해에도 결국 거의 효과가 없었을 것이다. 따라서 "모든 자유민의 출정" 또는 "규정된 조組에서 1명의 자유민 출정"이라는 기본개념이 말 그대로 이행되게 하는 것이 그런 법령들과 통치자들의 의도였을 수는 없다. 그렇게 되려면 전 구역Gau에 걸쳐 같은 재산을 소유한 자유민들이 진정으로 균일하게 분포되어 있어야 했을 것이기 때문이다. 전쟁이 끊임없이 계속되었을 당시 상황에서는 이런 문제에 있어 구역간에 약간의 불균형만 존재해도 우연히 자유민 수가 많았던 구역 특히, 게르만족이 압도적으로 많은 구역Gau들로서는 매우 큰 부담을 느꼈을 것이다. 로마제국의 경우는 치밀한

---

12) 메이트랜드Maitland, 《돔스데이 북과 그 이후Domesday Book and beyond》, 서기 1897년, 511쪽.(역자 주: 《돔스데이 북》은 서기 1086년 영국 윌리암Wilhelm/William I세 당시 작성된 잉글랜드 지역의 토지대장.)

감시 하에 실시되는 인구조사통계를 기초로 중앙정부 특히, 원로원이 각 지역별 군사부담을 끊임없이 재조정했었다. 그러나 샤를마뉴 대제大帝 때는 그런 행정절차가 없었으며 상부의 분명한 칙령과 정부에서 파견한 관리들(미씨missi)의 점검이 있었음에도 불구하고 중요한 업무는 결국 대공大公/Graf들의 임의적 판단에 맡겨져 있었다. 병력이 집결할 때면 황제나 그의 야전사령관은 각 파견대들을 검열했고 이때 각 파견대의 병력은 많지 않았기 때문에 어느 파견대의 병력수와 장비가 정상적인지 아니면 적거나 빈약한지를 쉽게 알 수 있었다. 그러나 각 구역별로 제공할 병력수에 관한 규정은 중세 후기를 포함해 중세 전반에 걸쳐 거의 없었는데13) 이는 아주 자연스러운 현상이다. 전사戰士들에게 가장 중요한 것은 부대의 질적 수준이며 이는 세거나 재어 볼 수 없는 요소이기 때문이다. 각 구역에서 최대 병력수의 파견대를 보내도록 압박을 가할 수 있는 방법은 항상 병역의무가 있는 자를 모두 보내게 요구하는 것이었지만 필자는 그들은 소집된 자유민들이 법령 문언文言대로 모두 오리라고 기대하지는 않았으리라고 믿는다. 앞서 논의된 문제들 외에도 각 구역별로 자유민 수가 모두 달랐을 것이 분명하기 때문이다. 반면 우리는 각 구역의 바쌀Vassal 숫자는 각 구역이 징집에 응할 수 있는 능력에 부합한 수준이었을 수 있다. 그래야만 모든 전사戰士 계층이 출정해야 한다는 법령이 합리적이고 현실적일 수가 있다.

　앞서 인용한 칙령들(역자 주: 서기 807년 세느Seine 강 서부지역에 대한 칙령 등)의 문언대로라면 병역의무자는 모두 군사능력이 같은 것으로 간주되었고 일정한 순서대로 교대로 전역戰役에 참가했을 것으로 보아야 하며 메로빙Merowing/Meroving 왕조의 초기에는 실제로 그랬을 가능성도 있다. 이 시기는 본래 전사戰士였던 프랑크족이 농민으로 바뀌어 가고 있던 시기로 처음에는 그런 법령들이 공포되었을 것이고 또 그런 법령들이 당시 상황에 적합했을 것이다. 그러나 지금 남아있는 법령들이 공포된 시기는 프랑크족이 한편으로는 이미 실질적 농민이 되고 한편으로는 바쌀들이 별개 전사戰士 계층을 형성했던 시기로 농민들을 교대로 동원하는 것이 전혀 불가능했다. 시민-농민 사회에는 전사戰士 생활을 위한 풍조, 기회 그리고 능력이 지역별로 매우 고르지 않고 타고난 호전성好戰性을 보존한 유능한 전사戰士들이 매우 드물기 때문이다. 당시 법령들을 보아도 요구된 파견대 규모가(법령별 차이는 무시해도 될 것이다) 생각보다는 현저히 적다. 물론 당시의 백성들은

---

13) 《베르티니 연대기年代記 Annal. Bertiniani》에는 서기 869년 대머리 샤를즈Charles le Chauve/Karl des Kahlen가 새로 만든 어느 요새 수비병력으로 100후프Huf/hide 당 가스탈두스gastaldus(스카라마누스scaramanus; 봉토封土 없는 전사戰士) 1명과 1,000후프 당 수소 2마리가 끄는 짐차 1대를 동원했다는 기록이 있지만(역자 주: 원문은 뒤의 30쪽 참고) 이 수치들은 특별한 의미가 없다. 왕실은 각 지역 토지가 몇 후프나 되는지 모르고 있었기 때문이다. 따라서 이는 조組를 짜서 징집을 실시했던 방식이나 마찬가지로 아주 개략적인 참고가 될 뿐이다.

대부분 1~1/2후프Huf/hide 정도의 토지소유자였을 것이고 그 이상 토지를 소유한 자는 많지 않았을 것이다. 그러나 1~1/2후프 정도 토지에 군복무 적령기 남성이 1명 이상인 경우는 흔했을 것이고 이들 모두에게 병역의무가 있었지만 실질적인 군사부담은 소유토지에 따라 할당되었다. 따라서 일례로 서기 807년의 법령대로 엄격하게 징집이 실시되었을 경우에도 성인인 젊은 자유민들의 10%도 동원되지 못했을 것이다. 이때 만약 관할지역 내의 농민들을 교대로 1/10 이상, 심지어 1/6 또는 1/5까지 출전시킨 대공大公이 있었다면 그는 분명 왕과 동료 대공大公들에게 아주 이상한 인상을 주었을 것이다. 그러나 실제로 그렇게 많은 병력을 출전시켰다고 해도 후일 30년 전쟁 당시에 브란덴부르크Brandenburg에서 각 마을이 또는 몇 마을이 합동으로 1명씩 식량과 무기와 탄약을 휴대시켜 출정시켰을 때보다 군사적 효율성이 더 높았으리라고 볼 근거는 없다. 9세기나 17세기나 그런 식의 징집을 통해 이룰 수 있는 업적은 아무 것도 없었다.14)

앞으로 우리는 의도는 세금징수였지만 그 수단으로 모든 시민들을 군복무에 소집했던 다양한 형태의 법령들을 중세 전반에 걸쳐 수시로 보게 될 것이다.

우리는 앞서 이 책 제II편에서 늦어도 6세기 말부터 메로빙 왕조의 전쟁에서는 일반징집 군대가 아닌 바쌀들이 승부를 결정했음을 알 수 있었다. 샤를마뉴 대제大帝의 손자들 때는 옛 일반징집 군대의 마지막 흔적까지 사라졌다. 군사체계의 기반은 이제 분명 농민이 아니었다. 농민들은 호전성을 잃은 지 오래 되었다.

따라서 우리는 샤를마뉴 대제大帝의 법령들을 자신들 중에서 전쟁에 나가려는 사람이 어쩌나 1명도 없게 된 토지소유자 또는 그들의 조組가 자신들이 제공할 의무가 있는 장비(아드주토리움adjutorum)를 대공大公의 바쌀에게 제공하고 이 바쌀들이 그들을 대신해서 출전했다는 의미로 해석해야 한다. 이는 양측 모두에게 만족스런 법령 해석이었다. 농민들은 집에 남아 있기를 원했고 대공大公들은 단순히 무장만 갖춘 인원이 아니라 적극적이고 복종심도 강한 유능한 전사戰士들이 필요했다. 따라서 병역의무자 몇 명으로 짜여진 1개 조組가 1명을 출전시키도록 요구했던 법령 구절들은 행정적인 수사修辭에 불과했던 것으로 해석되어야 하며 이는 여러 세대 동안 또는 수백 년 동안 동일했을 것이다. 일반징집에 관련된 법령들은 사실은 전시戰時의 과세課稅 규정들이었고 이런 세금은 매년마다 또한 매 지역미다 딜랐다. 삭센속의 경우에 스페인에서 전쟁을 할 때보다 소르브Sorben/Sorbs

---

14) 마이어Ernst Mayer의 《독일과 프랑스의 헌법사Deutsche und französische Verfassungsgeschichte》에서는 사료상의 이런 모순을 분명히 인식했지만 그가 내놓은 해답(제I편, 123쪽)은 불가능한 해답이다. 그는 라인Rhein 지역과 바이에른Bayern/Bavaria 지역 그리고 고트Goten/Goths족의 남프랑스 지역에서는 게르만족만 야전으로 나갔고 세느Seine강과 로아르Loitr강 사이의 지역에서는 일반징집 의무가 로마인들에게도 적용되었을 것이라고 주장한다. 어떻게 그런 로마인 민병대가 프랑크족과 고트족을 상대할 수 있었다는 말인가?

족이나 보헤미아Böhmen/Bohemia족과 싸울 때 더 많은 비용을 부담하는 것이 당연히 자연스런 일이었을 것이기 때문이다.

우리는 일반징집이 실시되었던 것처럼 보이게 하는 법령들이 아니라 바쌀Vassal들에 관한 언급이 있는 법령들이 카롤링 왕조 당시의 현실을 보다 잘 보여주는 법령임을 당시의 병력수를 보아도 분명히 알 수 있다. 규모가 적은 군대일수록 직업전사職業戰士들로 구성된 군대였을 가능성이 높아진다. 일례로 인구가 50,000명쯤 되는 한 구역에서 100명의 전사戰士만 전쟁터로 내보냈던 대공大公은 이 100명을 매년 다른 사람들로 교체한 것이 아니라 자신을 위해 공을 세울 것으로 믿는 고정된 병력으로 구성된 부대를 보유하고 있었을 것이다.

카롤링 왕조의 군사체계와 관련해서 객관적 관점에서도 그렇고 특히 우리의 연구에서 가장 중요한 문서는 각 파견대에게 전역戰役 전체에 필요한 보급품들을 고향에서부터 휴대하고 오게 했던 규정이다. 고대 로마군은 현대의 군대나 마찬가지로 보급품을 국가가 제공했고 이를 위해 지휘관들은 적절한 위치에 보급품 저장소를 세워놓고 보급품을 그곳까지 수송한 후 소모된 보급품을 체계적으로 보충했다. 그러나 카롤링 왕조 전사戰士들은 귀환할 때를 포함해서 전역戰役 전체에 필요한 모든 보급품을 각자 고향에서부터 휴대하고 다녔다. 앞의 제II편(제IV권, 제IV장)에서 우리가 평가해 본 바에 의하면 전사戰士 1명의 평균 보급품 무게는 짐승 1마리가 등짐이나 짐차로 나를 수 있는 무게보다 무거웠다. 만약 그들에게 식용으로 쓸 짐승도 있었다면 이 무게는 그리 큰 부담이 되지 않았을 것이다. 하지만 정복자의 후손으로 자신들을 선망 받는 계층으로 생각하고 있었고 여러 지역에서 이미 그들을 직접 "귀족"이라고 부르고 있던 카롤링 왕조 전사戰士들은 센튜리온Centurio/centurion(역자 주: 로마 센튜리Centurie/century의 지휘관. 이 책 제I편, 제VI권, 제III장 참고)들의 엄격한 통제를 받았던 옛 로마의 레기온 병사legionär/legionary들과는 달랐다는 것을 보면 그들의 보급품 소요는 대단했을 것이며 어지간해서는 그들을 만족시킬 수 없었을 것이다. 물론 그들도 바람 부는 야외에서 숙영 하는 것까지 피할 수 없었겠지만 숙영에 필요한 각종 물품 외에도 상당한 양의 술까지 기대했을 것이다. 샤를마뉴 대제大帝의 서기 811년 법령에서는 전사戰士들이 술잔을 마주치며 건배乾杯하는 것을 금했고("군대에서는 누구도 동료나 타인에게 술을 권하면 안 된다ut in hoste nemo parem suum vel quemlibet alterum hominem bibere roget") 술 취한 자는 제정신이 돌아 올 때까지("그는 자신의 실수를 인정해야 한다quosque male fecisse cognoscat") 맹물만 마시게 했었다. 이를 보면 적지 않은 포도주통과 맥주통이 카롤링 왕조 전사戰士들의 뒤를 따라다녔음이 분명하다. 이런 보급품들을 전사戰士들이 끌고 다녔건 아니면 이를 보급할 상인들이 그들을 뒤따라 다녔건 간에 이런 형태의 군대를 뒤따르는 보급대열은 끝이 보이지 않을 정도로 긴 대열이었을 것이 분명하다. 보급지원 인원과 짐승의 숫자는 전투원보다 몇 배는 많았고 짐차와 등짐 짐승들까지 합하면 이들이 차지하는 행군로가 전투병력의 경우보다 더 길었다. 사료를 보면 알겠지만 카롤링 왕조 군대들이 전역戰役 전체에 필요한 모든 보급품을 고향에서부터 가지고 다녔다는 것은 군대 규모가 매우 작았다는 확실한 증거이다.[15] 규모가 큰 군대가 이런 거대한 보급대열을 동반하면 이동할 수도 없었을 것이고 말과 짐차 끄는 짐승들을 먹일 수도 없었을 것이다. 샤를마뉴 대제大帝가 한 전투에 동원했었던 전사戰士 숫자는 5,000~6,000명 이하였을 가능성이 크다. 그 정도 병력일 경우 행군장경行軍長徑이 보급대열을 포함해서 1일 최대 행군거리인 3마일(약 23km)이 되기 때문이다. 그가 한 전투에 집결시킨 전투원을 극단적인 경우는 최대 10,000명까지도 될 수 있었겠지만 이 경우 "전투원"이라는 개념이 명확한 개념은 아님을 염두에 두어야 한다. 우리는 그의 전사戰士 5,000~6,000명은 거의 마병馬兵이었을 것으로 보아야 하지만 지휘관, 대공大公, 주교主敎, 상급바쌀grosse vassal 등을 수행한 하인들과 노새나 짐차를 끌고 간 수송인원들도 약간의 군사능력은 있는 무장인원들로서[16] 적어도 전투지원, 마초馬草 수집, 전투 종료 후의 전장戰場 수습 등에 유용하게 쓸 수 있는 인원이었다. 우리는 고대 그리스 로마의 경무장輕武裝 병력도 그 성격이 전투원과 하인의 중간쯤 되는 것으로 생각해 왔다.

카롤링 왕조 시대의 사료는 분량도 적고 사건의 경과를 늘 개략적으로 다루고 있어서 이들만 보면 당시의 개별적인 현상과 사실들뿐만 아니라 연례年例 징집이 국민들에게 주던 부담의 크기와 영향도 오해하기 쉽다. 그러나 일례로 프리드리히Friedrich/Frederick II세가 페레 이드론티Ferre Idronti 의 사법관Justiziar에게 그의 관할지역에서 봉토소유자Lehnsleute들을 법령대로 징집하라고 요구했지만 이 사법관은 그 요구의 이행이 너무 어려웠다는 서기 1240년의 사정은(봉토수혜자Belehnte/feudatorii 18명은

---

15) 뒤에 〈바이쌘부르크 복무규정Weissenburg Dienstrecht〉 등을 보면 알프스산맥을 횡단한 다음에는 쿠리아curia(역자 주: 옛 로마 행정구역)들이 미니스테리알ministerial(역자 주: 주인 밑에서 직접 복무한 전사戰士들로서 본래 비자유민이었으나 점차 자유민에 가까운 신분이 된다. 뒤의 부기 마지막 부분의 '스카라Scara' 항 참고)에게 식량을 보급하도록 했었던 것으로 보이는데 이도 역시 당시에는 군대의 규모가 매우 작았다는 확실한 증거다. 발쩌Baltzer, 《게르만 전쟁사Zur Geschichte des deutschen Kriegswesen》, 69쪽 및 73쪽. 바이츠Waitz, 《독일헌법사Deutsche Verfassungsgeschichte》, 제VIII편, 162쪽.

16) 서기 805년의 《테오논 법령Capit. Theod.》, 제5장에는 "또한 비非자유민은 창槍을 휴대하면 안 되며 이 법령이 공포된 이후에 창을 휴대한 자가 발각되면 그 창을 그의 등에 대고 부러뜨려야 한다et ut servi lanceas non portent, et qui inventus fuerit post bannum hasta frangatur in dorso ejus"는 구절이 있다. 바이츠Waitz는 《독일헌법사Deutsche Verfassungsgeschichte》, 제IV편(제1판), 454쪽에서 이 구절을 전쟁터로 주인을 따라간 평민 병사에게는 창을 개인무기로 휴대하는 것이 엄격히 금지되어 있었다는 말로 해석하고 있지만 이는 인정될 수 없는 해석이다. 이 법령 제5장은 평시平時("자신의 조국에서in patria")의 무기 휴대와 분쟁에 관련된 장이다. 자유민에게도 평시에는 무기(방패, 창 및 갑옷) 휴대가 금지되었지만 처벌조항은 없었고 하인들의 경우에만 처벌 조항이 있었다.

이미 출전했고 다른 이들은 "재산이 너무 적어 그렇게 빨리 무장할 수 없었다 *adeo imminuta erat, quod tam cito non poterat praepari*") 샤를마뉴 대제大帝 당시 프랑크 왕국 영지領 地/Grafschaft의 경우에도 같았을 것이다. 그렇게 면적이 큰 구역에서 보조금을 받아 서 무장한 인원이 겨우 18명에 그치자(18명 이상은 아니다!) 황제가 그 구역의 지도자에게 직접 서신書信을 보낸 것이다.

카롤링 왕조의 군대에 관한 일련의 연구문헌들은 카롤링 왕조의 군대를 규모 는 매우 작지만 질이 높았던 군대로 보아야지 규모만 큰 농민군대로 보면 안 된 다는 견해에 모두 동의하고 있다. 그것도 아주 먼 지역들로부터 온 파견대들로 구성된 군대였음이 분명하다.

서기 763년에는 아키타니Aquitanien/Aquitania에서 바이에른Byern/Bavaria족이 싸웠다. 서기 778년 스페인 전역戰役에는 바이에른Byern/Bavaria족, 알레만Alemannen/Alamanni족 및 동東프 랑크족이 참전했다. 서기 791년에 아바르Abaren/Avar족과 싸울 때는 작센족, 튀링겐 Thüringen/Thuringia족, 프리센Friesen/Friesia족 및 리푸아리엔Ripuarien/Ripuaria족이 참전했다. 서 기 793년에 저지低地 이태리에서는 아키타니족이 싸웠다. 서기 806년 보헤미아 Böhmen/Bohemia 전역戰役에는 부르고뉴Burgund/Burgogne족이 참전했다. 서기 818년에 브레타 뉴Bretagne/Britanny족과 싸울 때는 알레만족과 작센족 및 튀링겐족이 싸웠다. 아키타 니족은 작센 지역에 여러 차례 출정했다. 서기 815년에 베른하르트Berhard 왕은 롬 바르디Longobard/Lombardy "군대를 이끌고*cum exercitu*" 파데보른Paderborn에서 황제의 소집에 응했다. 서기 832년 로타르Lothar/Lothair 황제는 고트Goten/Goths족과 함께 그리고 루드비 히Ludwig/Louis 황제는 바이에른족과 함께 오르레앙Orléans으로 갔다.17) 이런 군대가 모두 일반백성을 징집한 군대였다면 각 파견대의 규모는 매우 작았더라도 한 전 역戰役에 동원된 전체 병력은 그래도 거대한 규모였을 것인데 우리가 알고있는 그들의 보급체계로는 그렇게 큰 병력을 집결시킨다는 것은 전혀 불가능한 일이 었다. 반면, 각 경우에 모두 적절한 규모의 군대만 집결시키려 했었다 해도 만약 백성들에게 보편적 병역의무 비슷한 무엇이 있었다면 바이에른족을 스페인까지, 리푸아리엔족을 타이쓰Theiss까지, 부르고뉴족을 보헤미아까지, 아키타니족을 작센 까지 그리고 작센족을 브레타뉴까지 가게 할 필요는 없었을 것이다. 어느 지역 이건 신체 건장한 남성이 100,000명 이상씩은 있었을 것이기 때문이다. 결국 그 렇게 다양한 파견대들로 군대를 편성하면서 각 파견대들에게 물자를 소모해 가 면서 먼 곳에서 전쟁터까지 갔다가 다시 오게 했다면 이는 그들의 총사령관이

---

17) 관련된 사료의 구절들은 프렌쩰Prenzel의 《카롤링 왕조 전쟁사 연구*Beiträge zur Geschichte des Kriegswesens unter den Karolingern*》(라이프찌히 대학교 학위논문, 서기 1887년), 34쪽 및 , 바이츠Waitz의 《독일헌법사 *Deutsche Verfassungsgeschichte*》, 제IV편, 455쪽에서 찾아 볼 수 있다.

도시민이나 농민들 중 아무나 동원한 군대가 아니라 직업전사職業戰士들로 구성된 군대를 원했을 경우라야 있을 수 있는 일이다.

우리는 개별적인 군사작전에 관한 기록에서도 이런 개념을 확인할 수 있다.

샤를마뉴가 스페인에 가 있었던 서기 778년에 작센족이 반란을 일으켜 살인 방화를 일삼으며 라인 강까지 접근한 적이 있다. 샤를마뉴는 이미 회군回軍 길에 올라 옥세레Auxerre에 있다 이 소식을 듣자 자신과 같이 있던 동東프랑크족과 알레만족을 즉시 작센족에게 보냈다("왕은 옥세레 시市에서 이 문제를 보고 받자 즉시 동東프랑크족과 알레만족에게 서둘러 적을 격퇴하라고 명했다. 여타 부대들을 이미 돌려보낸 후였다*Cujus rei nuntium, cum rex apud Antesiodorum civitatem accepisset, extemplo Francos orientales atque Alemannos ad propulsandum hostem hostem festinare jussit. Ipse ceteris copiis dismissis etc*", 《라우레쉬 연대기年代記 *Annal. Lauresh/Lorch*》). 빠르게 움직이고 있던 작센족도 병력이 그리 많았을 수는 없고 샤를마뉴와 함께 피레네산맥을 넘었던 동東프랑크족의 병력 역시 그보다도 더 적었을 수밖에 없지만 라인 지역에는 이미 쓸만한 전사戰士들이 고갈되어서 스스로는 작센족을 막을 수 없었고 프랑크족이 스페인에서 돌아옴으로써 비로소 이 침략자들에게 저항할 만한 병력을 갖출 수 있었다.

스카라Scara 와 왕성王城

기본적으로 자신의 토지를 기반으로 생계를 해결하는 전사戰士 계층이 전국에 걸쳐 분산되어 있고 이들이 전역戰役에 참가하려면 먼저 징집되어 무장한 후에 여러 주일을 행군해서 집결해야만 했던 당시의 군사체계는 복잡한 군사체계로서 소규모 작전이나 국경 방어 또는 인접국가와의 작은 분쟁에는 무용한 군사체계였다. 국경지대에 정착한 전사戰士들이 내지內地에 있던 전사戰士들보다 숫자도 많고 전사戰士 자질, 군사기술, 전투의지 및 무장이 훨씬 우수했겠지만 국경지역과 그 인접지역에서만 이들을 징집했다면 병력수는 매우 적었을 것이고 특히 이들을 가지고는 공세적攻勢的인 작전을 펼 수가 없었을 것이다. 이들은 자신의 토지를 무방비 상태로 방치한 채 떠나기를 원치 않았을 것이기 때문이다. 따라서 샤를마뉴 대제大帝 때는 스카라scara(직역하면 "부대")라는 병력이 전사戰士 징집 체계를 보충해 주었다. 이 용어는 현대독일어로는 "바헤Wache"(경비대)로 번역되는 것이 가장 절절할 것이다. 이 병력은 말하자면 소규모 상비군으로 토지에 정착하지 않고 왕궁이나 어느 숙영지에서 주둔했던 황제의 친위대로서 국민징집군의 보충이나 지원을 받지 않고도 독립적으로 소규모의 원정작전은 수행할만한 강력한 부대였다. 이들은 모두 젊은 병사들이라 "티로네스tirones"(신병新兵) 또는 "유베네스juvenes"(청년)라고 불리기도 했다.18) 이에 해당하는 게르만어로는 "하이스탈덴

Haistalden" 또는 "아우스탈덴Austalden"이라는 단어가 있었고 현대독일어의 "하게스톨
쯔Hagestolz"(나이 든 총각)란 단어도 이에서 파생된 것인데 이런 단어들은 그들이
결혼을 할 수 없었기에 생긴 단어들이다. 이들은 정복지의 거점據點 방어병력으로
쓰이기도 했는데 봉토封土를 소유한 바쌀Vassal들은 그들의 토지를 떠나 멀리에서
오래 머물러 있을 수 없었기 때문이다. 늘 준비태세를 갖추고 있던 이 부대들은
국경 밖 군사작전만 아니라 국내 치안과 경찰 임무도 수행했기 때문에 이로부터
"쉬아르바헤Scharwache"(순찰대)란 단어와 "쉐르거Scherge"(형리刑吏)라는 단어가 생기
기도 했다. 그들은, 보다 정확히 말해서 그들 중 특별히 훈련된 일부 인원들은,
당시로는 매우 중요한 일이었던 국경선 조사 등 각종 기술적 임무도 수행했다.
후일 덴마크-잉글랜드 왕조의 크누트Knut 왕(역자 주: 재위 1016년~1035년) 때의 "하우
스칼Housecarl/Hauskerle"(역자 주: 사병私兵 또는 근위대)도 이 비슷한 조직이었다. 그보다도 훨
씬 후일의 "밀리테스 아울리키milites aulici"나 "팔라티니palatini"(왕실의 병사들)도19)
그 임무만 보면 같은 조직이었다.

　이 부대 또는 경호대警護隊는 왕과 왕실의 직속부대로서 왕실에 의해 왕실방식
대로 보급이 이루어졌다. 프랑크 왕국 왕들은 국가의 성격 때문에 게르만족이
통상 그랬던 것같이 일정한 곳에 거주하지 않고 넓은 왕국을 돌아다니면서 직접
책무를 직접 수행했었다.20) 만약 모든 행정기구와 왕실 가족들을 위한 보급품을
언제나 가지고 다녀야 했다면 왕이 전국을 돌아다니는 것은 견디기 힘들 정도로
힘든 일이었을 것이다. 그러나 실제는 그렇게 하지도 않았을 뿐 아니라 왕실이
그렇게 이동할 수 있었던 것은 오히려 그와는 반대로 가는 곳마다 보급을 받을
수 있었기 때문이다. 왕국 내의 각 지역들은 지역 내의 소출을 멀리 있는 어느
중심지까지 수송할 필요가 없이 왕실이 도착할 때 이를 보급할 준비만 갖추고
있으면 되었다. 보급품을 왕실로 수송했던 것이 아니라 보급 준비가 되어 있는
곳으로 왕실이 이동해 다녔던 것이다. 콘라트Konrad Plath는 메로빙 왕조의 왕들이
그들 시대에 직접 수없이 많은 성城(팔쩬Pfalzen)을 만들었음을 입증했다. 이들은
때로는 하루만 가면 되는 거리에 가까이 있을 때도 있었는데 이 경우는 유사시
피난을 위한 행궁行宮이었던 것이 분명하다. 아무리 크고 숫자가 많더라도 이런
성城들을 만드는 것이 왕국 내의 각 지역에서부터 소출을 먼 곳까지 매년 수송

---

18) 이에 관한 다수의 참고문헌들이 뀌에모Guilhiermoz의 《중세 프랑스 귀족들의 기원고起源考 Essai sur
　　l'origine de la noblesse en France au moyen âge》, 245쪽에 수록되어 있다.
19) 《풀다 연대기年代記 Annal. Fuldenes》, 서기 894년 항; 《알타헨세스 연대기年代記 Annal Altahenses》, 서기
　　1044년 항; 티에트마르Thietmar von Merseburg의 《작센 연대기年代記》, VI, 16장.
20) 페쯔Peez의 "샤를마뉴 대제大帝의 순행巡行 Die Reisen Karls des Grossen"(슈몰러 법제연보法制年報 Schmollers
　　Jahrbücher für Gesetzgebung》, 2권, 서기 1891년), 16쪽에서는 샤를마뉴의 국토 순행에 관한 기록들을 모두
　　수집해서 그가 매년 평균 235마일(약 1760km)씩 영토를 순행했다고 보았다. 그의 여행거리가 서기
　　766년에는 근 401마일(약 3,008km), 서기 800년에는 근 427마일(약 3,203km)에 달했다.

하는 것보다는 경제적이었다. 그들이 왕실에 바쳐야 할 소출 중 육류肉類, 물고기, 계란 등은 아주 먼 곳까지는 수송할 수도 없는 것들이었다. 이렇게 왕조가 전국토를 순방했던 것은 물물교환경제 때문이 아니라 게르만 왕조의 특성에 더 큰 원인이 있었음은 분명하지만 물물교환경제와 전혀 무관한 것은 아니었고 특히 이런 체제가 그렇게 오랜 세월 관행화 된 것은 바로 물물교환경제 때문이다.

최근 뤼벨Karl Rübel은 카롤링 왕조의 왕성王城들은 작센족과 전쟁을 할 때 사용될 통로 상에 구축되었음과 이들은 주변농지들로부터 소출의 집결지점이 되었음을 입증했다.21) 따라서 이 왕성들은 왕실 뿐 아니라 왕실과 동행하거나 하루 또는 수일 거리를 두고 따로 행군하던 스카라Scara 부대에 보급품을 제공할 수 있었고 이로써 스카라 부대는 국민징집군Volksheer이라면 불가능한 기동력을 발휘할 수가 있었다. 국민징집군은 식량을 휴대하고 다니는 관행을 유지했다. 왕성王城이 수천명에 이르는 이들에게까지 식량을 보급할 수는 없었기 때문이다. 더욱이 몇 안 되는 군사도로들 주변지역과 국경지역에서 제국의 모든 군사부담을 감당할 수는 없었기 때문에 실제 군대는 자신들의 보급품을 스스로 해결해야 했다.

충성서약忠誠誓約

게르만족 전사戰士들의 역사를 정확하게 보여주는 것이 그들의 충성서약이다. 사료에서는 이런 서약이 시대별로 보이지는 않지만 우리는 그 흔적을 충분히 찾아 볼 수 있다.22) 고대 게르만족에게 일반적 충성서약은 없었고 종자從者/Gefolg들이 주인에게 하던 충성서약만 있었는데 클로드비크Chlodwig/Clovis 직후 후계자들 때는 신민臣民들이 왕에게 "충성과 복종fidelitas et leudesamio"을 서약한 일반적 충성서약의 흔적들이 발견된다. 주민 전체가 한 군사령관에게 충성을 서약하는 방식은 고대 종자들의 충성서약을 본뜬 것이며 전사戰士 전원이 지도자에게 충성서약을 위해 소집된 것은 그들이 로마군에 복무 시 처음 시작된 일일 가능성이 높다. 그러나 이제 개별 부대들만 서약한 것이 아니라 주민들 전체가 전사戰士로서 충성서약에 참여했다. 게르만족의 경우 왕에 대한 신민臣民의 충성서약은 프랑크족뿐 아니라 동東고트Ostgoten/Ostrogoths족이나 서西고트Westgoten/Visigoths족 그리고 롬바르디Longobard/Lombard족의 경우에도 발견되지만 로마군에 복무한 적이 없는 앙겔-작센angelsachsen/Anglo-Saxons족의 경우에는 훨씬 후일인 10세기까지도 이런 충성서약이 보이지 않는다.

---

21) 《리페 지역, 루르 지역 및 디멜 지역의 왕성王城들 Reichshöfe im Lippe-, Ruhr, und Diemwlgebiet》, 서기 1901년, 《프랑크족: 게르만 지역에서 그들의 정복 및 주거 체계 Die Franken, ihr Eroberungs- und Siedlungssystem im deutschen Volkslande》, 서기 1904년.

22) 브루너Brunner의 《게르만 법제사法制史 Deutsche Rechtsgeschichte》, 제II편, 57쪽 이하에는 이에 관한 모든 사료들이 소개되어 있다.

그러나 프랑크족 신민臣民의 일반적 충성서약은 메로빙 왕조 후기에는 시들해졌고 카롤링 왕조 때는 제1대 페펭 왕Pipin der König조차 이를 요구하지 않았고 그 사이 바쌀Vassal들의 충성서약이 생겼다. 하지만 메로빙 왕조 전기前期의 충성서약도 실제는 주민 전체의 서약이 아니라 그 당시 표현으로는 백성이라고 했던 전사戰士들만의 서약이었고 이들이 후일 바쌀이 된다.23) 따라서 이제 왕이 직접 봉토封土를 준 바쌀들만 왕에게 서약했고 하급바쌀Untervassal들은 그들의 영주領主/Herr를 매개로 왕에게 충성의무를 지녔다. 그러나 제2대 왕 샤를마뉴 대제大帝는 서기 786년에 튀링겐Thüringen/Thuringia족 하르트라트Hardrad가 일으킨 반란을 계기로 이런 체계의 위험성을 알았다. 반란자들은 자신들이 왕에게 충성을 서약한 적이 결코 없다며 반란을 변명하려 했다. 이를 계기로 샤를마뉴 대제는 12세 이상의 신민臣民은 모두 왕에게 직접 서약하도록 명하고 이를 당시 공포된 〈특사령特使令/Capitulare Missorum〉 서문에 명시했다. 그는 특히 자신이 황제에 즉위했을 때와 후계자를 선포했을 때 등 여러 차례에 걸쳐 이 충성서약을 요구했다.24) 이 〈특사령〉에는

---

23) 다니엘스Daniels는 메로빙 왕조 당시 모든 주민이 서약을 했을 수는 없다고 보았지만(《게르만 왕국과 민족의 법제사 편람Handbuch der deutschen Reichs- und Staaten- rechtgeschichte》, 제I편, 424쪽 및 463쪽). 바이츠Waitz는 다니엘스가 원용한 사료들을 배척하고 있는데(《독일헌법사Deutsche Verfassungsgeschichte》, 제III편, 제2판, 296쪽) 이 논쟁은 프랑크족 "백성Volk/populi"의 개념을 잘못 이해함으로써 생긴 것이다. 오로지 전사戰士들만 서약에 참여했다는 다니엘스의 평가는 전적으로 옳지만 이 전사 계층이 당시에도 이미 바쌀 계층이었다는 그의 생각은 착오다. 반면 "백성"들이 모두 서약에 참여했다는 바이츠의 생각도 옳은 생각이지만 이때의 "백성"을 주민과 동일시한 것은 잘못이다. 필자의 결론에 의하면 그 당시의 사료가 말하는 "백성"은 "전사戰士/Kriegsvolk"를 말하는 것이므로 이들의 논쟁은 결국 무의미한 논쟁인 것이다. 사료에 근거한 형식적 법적 관점에서는 바이츠의 생각이 옳다. 그러나 객관적으로 보자면 메로빙 왕조의 전사戰士 계층은 카롤링 왕조의 바쌀의 전신前身이므로 다니엘스의 견해가 옳다.

24) 충성서약에 관해 〈특사령特使令/Capitulare Missorum〉(《게르만 사료집Monumenta Germaniae》, 〈법령집〉, I, 66)에 규정된 라틴어 원문을 의미가 통하도록 수정해 보면 아래와 같다:

"주교主敎, 대수도원장大修道院長 또는 대공大公의 바쌀, 왕의 바쌀 그리고 의원議員, 부주교副主敎 및 참의원參議員이 해야 할 서약

3. 사제司祭와 완전히 같은 방식으로 생활하는 것으로 보이지는 않지만 성 베네딕트s. Benedicti의 명령에 따라 그의 규칙을 지키면서 생활하는 성직자聖職者는 구두口頭로 진실 되게 충성을 서약해야 하며 이들 중 대수도원장은 왕 앞에 나와서 서약해야 한다.

4. 지방행정관地方行政官, 대의원 또는 센테나리우스centenarius(역자 주: 백호百戶 지휘관 후노Hunno의 다른 이름)로 선출된 모든 사람, 모든 백성populi 그리고 소집에 응한 적이 있고 세뇨르Seigneur/senior의 명령을 이행할 능력이 있는 12세 소년부터 노인에 이르기까지의 모든 인원은 농민, 주교 밑에 있는 사람, 대수녀원장大修女院長, 영주領主 또는 타인의 밑에 있는 사람, 왕실의 농지전차인農地轉借人, 소작인小作人, 부사제副司祭, 농노農奴를 포함해서, 그들의 높은 신분으로 인해 특혜를 누리며 하인을 거느리고 있는 사람이건 주인의 말이나 무기나 방패나 창槍이나 칼이나 단검短劍을 지니고 있을 수 있기 때문에 바쌀 계층으로서 명예를 누리고 있는 사람이건 간에, 누구나 충성을 서약해야 한다. 이들의 이름과 숫자는 목록으로 작성 유지되어야 하며 센티니스centinis(하부 지역 단위)로 나뉘어 있는 대공들도 그러하며 한 구역 내에서 출생해 농민이 되려 했거나 다른 곳에서 바쌀 계층에 속했던 자들도 마찬가지이다."

(라틴어 원문)

"Quodomo illum sacramentum juratum esse debeat ab episcopis et abbatis, sve comitibus vel bassis regalibus, necon vicedomini, achidiaconibus adque cononicis

3. Cleric, qui monachorum nomine non pleniter conversare vventur, et ubi regula s. Benedicti secundum ordinem tenent, ipsi in verbum tantum et in veritate promittant, de qubus spec aliter abbates adducant domno nostro.

서약해야 할 신민臣民들이 모두 열거되어 있다. 주교主敎/episcopis, 대수도원장大修道院長/abbatis, 대공大公/comitibus, 왕이 직접 거느렸던 바쌀bassis regalibus, 의원議員/vicedomini, 부주교副主敎/achidiaconibus, 참의원參議員/cononicis, 성직자clerici(수도修道 생활을 선서한 자는 제외), 지방행정관advocatis, 장로centenariis(후노hunno), 모든 백성populi(역자 주: 이곳에서는 전사戰士들만을 의미함), 그리고 왕이 직접 거느린 신민臣民은 아니라도 대공, 주교 또는 대수도원장의 밑에 있으면서 이들로부터 봉토封土를 받고 말, 무기, 방패, 창, 칼, 단검 등으로 무장한 인원인 경우를 포함해서 왕실의 소집령에 응할 능력과 그들의 세뇨르Seigneur/senior가 내린 명령을 이행할 능력을 지닌 12세 이상 남성은 모두 충성서약 의무자에 포함되었다.

이 충성서약자 목록은 당시 군사체계가 이미 완전한 봉건체계로 변해있었다는 새 증거가 될 수 있을 것이다. 샤를마뉴 대제大帝 때도 모든 자유민들에게 일반적으로 병역의무가 존재했다고 보는 학자들은 이 〈특사령〉의 문언文言대로 모든 주민("모든 백성cunctas generalitas populi")이 서약의무자였다고 주장한다. 그러나 만약 실제 그랬다면 이 목록에서는 다양한 부류의 특별의무자들에 대한 언급이 필요 없었을 것이다. 이 〈특사령〉의 진짜 의도는 전사戰士 계층 전체와 성직자들에게 충성서약을 요구하는 데 있었다. 전사戰士가 아닌 사람들은 진정한 의미의 완전한 자유민은 아니었고 또 정치적 의미의 백성populi에 속하지 않았다. 반면, 비자유민非自由民이라도 전사戰士 계층에 들어 온 자에게는 충성서약이 요구되었다. 우리는 이 〈특사령〉을 이렇게 해석해야 "모든 아키타니Aquitanien/Aquitania족"25) 또는 "모든 롬바르디Longobard/Lombardy족"26)이 왕에게 와서 신복臣僕하며 충성심을 보였다는 연대기年代記의 표현을 이해할 수가 있다. "모든"이라는 표현은 수많은 도시민과 농민이 아니라 충성서약 의무가 실제 적용되는 사람들 즉, 전사戰士들을 말하며 이들은 실제로 한 장소에 모두 집결할 수 있었으며 샤를마뉴 대제大帝는 이들에게 중간 매개자를 거치지 않고 직접 자신에게 충성하도록 요구했다. 샤를마뉴 대제大帝가

---

4. *Deinde advocatis et vicariis, centenariis, sve fore censiti presbiteri, atque cunctas generali-tas populi, tam puerlitate annorum XII quamque de senili, qui ad placita venissent et jussionem adimplere seniorum et conservare possunt, sive pagenses sive episcoporum et abbatissuarum vel comitum homines et reliquorum homines, fiscilini quoque et coloni et eeclesiasticis adque servi, qui honorati beneficia et minuisteria tenent vel in bassallatico honorati sunt cum domini sui et caballos, arma et scuto et lancea, spata et senespasio habere possunt, omnes jurent. Et nomita vel numerum de ipsi missi in brebem secum adportent, et comites similiter de singulih centinis semoti, tam de illos qui infra pago nati sunt et pagensales fuerint quamque et de illos qui infra pago nati sunt et pagensales fuerint quamque et de illis qui aliunde in basallitico commendati sunt.*"

마지막에는 충성서약을 회피하려는 자들에 대한 경고가 있다.

25) 《프레데가리우스 보유편補遺編 Contin Fred.》(프레데가리우스가 썼다는 4권의 연대기年代記와 그 보유편補遺編 Chronicarum quae dicuntur Fredegarii scholastici libri IV cum Continuationibus), 135장.

26) 서기 773년의 《라우레쉬 연대기年代記 Annal. Lauresh/Lorch》. 황제는 의무를 이행케 하려고 사절을 보내 베네벤트Benevent/Benevento 영주領主/Herzog를 비롯한 모든 베네벤트 사람들을 소환했다. 바이츠Waitz, 《독일헌법사Deutsche Verfassungsgeschichte》, 제III편, 255쪽.

황제 즉위 후 제정한 충성서약문에서는 서약자가 그의 주인이 기대했던 것 같은 ("그가 자신의 주인에게 바쳐야 했던 것과 당연히 같은 _sicur per directum debet esse homo domino suo_") 충성을 법령에 따라서 황제에게 바치기로 약속했다. 이 문언文言보다 당시 시대정신을 더 잘 보여주는 것은 없다. 당시 누구나 이해했고 실정법實定法이 보장했던 본래의 개념은 왕에 대한 충성이 아니었다. 보통 사람이 이해할 수 있었던 자연스런 개념은 바쌀Vassal이 영주領主에게 충성해야 된다는 개념이었다. 그러나 이제는 황제도 바쌀에게 직접 충성을 요구했고 그 결과 지역인의 충성에 의해 유지되던 영주들이 황제에게 등을 돌릴 수 없게 되었다.

그러나 다음 시대에는 바쌀의 충성서약과 신민臣民의 충성서약의 이런 중복은 곧 폐지되고 동시에 왕조의 통일성과 단결과 권위도 포기된다.

서기 802년에는 새 황제가 즉위하면 충성서약을 다시 하게 한 특별 교시教示가 샤를마뉴 대제大帝에 의해 반포된다. 이 교시에 특별히 강조된 것은 서약의 효력이 당대로 끝나지 않는다는 점이었다. 이를 통해서도 우리는 바쌀의 충성서약이 본래의 개념이었고 신민臣民의 충성서약은 새로 도입된 개념임을 알 수가 있다. 바쌀의 서약은 본래부터 순수한 개인적 서약으로 서약을 주고받는 양측의 상속자나 가족과는 아무 관련이 없었고 이들을 위해서는 양측의 새로운 상호행위가 필요한 것으로 간주되어 왔었기 때문이다. 그러나 이제 신민臣民의 충성서약 역시 왕과 왕조 모두에게 적용되었고 이점을 분명히 해 둘 필요가 있었던 것이다.

이 교시는 황제의 봉토封土를 사유재산으로 전환해서는 안 된다는 특별의무도 도입했는데 이는 충성을 서약한 바쌀의 성격을 다시 한번 보여주는 부분이다.

마지막으로 주의할 할 점은 서약의무가 있는 비자유민非自由民의 무장에 무기와 함께 말이 포함되었던 점이다. 이는 말을 타지 않는 전사戰士에게는 서약의무가 없었다는 의미일 수는 없다. 말을 타지 않는 전사戰士를 소홀히 했을 리가 없다. 우리는 오히려 전사戰士는 모두 말을 탔었을 것으로 볼 수 있다. 말을 타지 않는 전사戰士는 없었고 따라서 고려대상이 되지 않았을 것이다.

무장과 전술

사료에는 샤를마뉴 대제大帝 당시 프랑크 전사戰士들의 무장에 관해 너무 모순된 밀들이 많아서 사료의 세부내용이 얼마나 신뢰성이 없는지를 잘 보여주는 예가 되고 있다. 센트 쿠엔틴St. Quentin 대수도원大修道院의 수도원장 풀라트Fulrad에게 보낸 소집령(이 책 제II편, 448쪽 참고)에서는 모든 기병騎兵/caballarius은 방패, 장창長槍, 폭 넓은 칼, 활, 화살을 채운 화살주머니를 휴대하도록 지시하면서 투구와 갑옷에 대한 언급은 없으므로 이를 보고 우리는 카롤링 왕조의 기병들을 경무장輕武裝의 기마궁수騎馬弓手로 보아야 할지 모른다. 그러나 방패와 활의 조합은 매우 이례적이다. 활을 쏠 때 방패는 방해만 될 뿐 몸의 보호에 별로 도움이 되지 않는다. 궁수에게는 쇠미늘 갑옷이나 딱딱한 가죽 갑옷이 훨씬 도움이 된다.

법령들을 보면 활을 무장의 일부로 언급한 경우가 아주 흔하지만27) 실제 전투를 묘사한 사료에는 활이 언급된 경우가 매우 드물다.28)

사료를 보면 카롤링 왕조 이후 전사戰士들은 과거의 게르만족 같이 모두 칼과 창을 쓰는 근접전近接戰 전투원으로 등장하며 창을 던지기 무기로 사용하기도 했다. 그들의 보호장비로 흔히 방패만 언급된 것이 사실이지만29) 아인하르트Einhard는 샤를마뉴 대제大帝의 전기傳記에서 프랑크족의 무장은 무거웠다고 했고 샤를마뉴 대제大帝와 그의 부대에 대한 생갈St. Gallen/Gall 사제司祭의 유명한 묘사에서는 프랑크족 무장이 모두 철鐵 제품이었다고 한 것을 보면 우리는 그들도 분명 쇠미늘 갑옷을 착용했을 것으로 보아야 한다. 12후프Huf/hide 이상의 토지를 소유한 자들에게만 쇠미늘 갑옷을 요구한 법령도 있고30) 그런 제한 없이 요구한 경우도 있다.31)

우리는 이렇게 분명히 모순된 기록들을 이해하려면 그들은 고대부터 필요했던 전통적 무기인 방패와 창과 칼을 휴대하는 것이 일종의 격식格式이 되어서 계속

---

27) 바이츠Waitz, 《독일헌법사Deutsche Verfassungsgeschichte》, 제IV편, 449쪽.

28) 발쩌Baltzer는 12세기 이전 독일에서는 활을 전쟁무기로 말한 적이 없다고 믿고 있다(《게르만 전쟁사 Zur Geschichte des deutschen Kriegswesen》, 48쪽). 그러나 이는 부정확한 말이다. 반대증거들이 바이츠Waitz외 《독일헌법사Deutsche Verfassungsgeschichte》, 제VIII편, 123쪽에 열거되어 있다. 비두킨트Widukind는 서기 953년 화살을 맞고 쓰러진 타월한 전사戰士 2명을 소개했고(《작센 연대기年代記》, 제III편, 28장), 오토Otto 대제大帝는 슬라브족에게 화살 세례를 퍼부었으며, 브루노Bruno도 "사기타리sagittarii"(궁수)에 대해 언급했고 (61장), 《레기노 연대기年代記 보유편補遺編 Continuatio Reginonsis》도 서기 962년 게르만족이 한 이태리 거점을 포위했을 때 궁수("궁수 및 투석수sagittarii et fundibularii")를 사용했다고 했으며, 리셰르Richart Richer도 서기 984년에 게르만족이 베르덩Verdun을 포위했을 때 그와 유사한 일이 있었다고 했다.

29) 바이츠Waitz, 《독일헌법사Deutsche Verfassungsgeschichte》, 제IV편, 458쪽에서 인용.

30) 서기 805년의 〈디덴호펜 법령Capit. Diedenhofen〉(《게르만 사료집Monumenta Germaniae》, I, 123). "군대의 무장은 이미 다른 법령에서 지시한 대로 지켜져야 한다. 아울러 12후프 이상 토지를 소유한 자는 누구나 쇠미늘 갑옷을 가지고 있어야 한다. 만약 쇠미늘 갑옷을 가지고 있으면서 이를 가지고 오지 않으려 하는 자는 그의 모든 봉토封土와 더불어 그의 쇠미늘 갑옷도 잃게 된다 De armatura in exercitu sicut iam antea in alio capitulare commendavimus, ita servetur, et insuper omnis homo de duodecim mansis bruneam habeat, qui vero bruniam habens et eam secum non tullerit, omne beneficium cum brunia pariter perdat."

31) 〈아헨 법령Capit. v. Aachen〉(《게르만 사료집Monumenta Germaniae》, I, 171, 9장): "군대가 행군할 때 대공大公들은 관할 영지領地에서 모든 사람이 60 솔리디의 돈을 내지 않으면 군복무를 해야만 하고 지정된 장소에 집결해야 한다는 포고문을 공표 해야 한다. 대공들은 그들 각자가 창, 방패, 활, 시위 2줄 및 화살 12개를 지니고 있는지 직접 검열해야 한다. 주교主敎들과 대수도원장人修道院長들도 이들 잘 실펴보 아야 하며 모든 인원은 지징된 일자에 지정된 장소로 지정된 장비를 갖추고 집결해야 한다. 계절이 여름일 때는 모든 인원은 가슴보호대와 투구를 지참해야 한다De hoste pergendi, ut comiti in suo comitatu per bannum unumquemque hominem per sexaginta solidos in hostem pergere bannire studeat, ut ad placitum denuntiatum ad illum locum ubi iubetur veniant. Et ipse comis praevideat quomodo sint parati, id est lanceam, scutum, et arcum cum duas cordas, sagittas duodecim. De his uterque habeant. Et episcopi, comites, abbates hos homines habeant qui hoc bene praevideant et ad diem denuntiati placiti veniant et ibi ostendant quomodo sint parati. Habeant loricas vel galeas et temporalem hostem, id est aestivo tempore."

같은 법령 17장: "군대에서는 누구도 작대기를 휴대하면 안 되며 반드시 활을 휴대해야 한다 Quod nullus in hoste baculum habeat, sed arcum."

휴대했던 것으로 보아야 한다. 본래 게르만족의 고유 무기가 아닌 활과 화살을 추가로 요구한 것은 당시 군 지휘부에서 이를 중요한 무기로 보았기 때문이다. 투구와 쇠미늘 갑옷을 언급하지 않은 것은 이런 값비싼 장비를 자력으로 준비할 능력이 있는 사람은 스스로 이를 착용했을 것이기 때문이다. 서기 805년 〈디덴호펜 법령Capit. Diedenhofen〉과 같이 쇠미늘 갑옷을 특별히 언급한 경우에는 그 대상을 부유한 자로 엄격하게 한정했고 만약 쇠미늘 갑옷이 있는데도 이를 가지고 오지 않은 자가 있으면 그의 모든 봉토封土는 물론이고 그 쇠미늘 갑옷까지 몰수한다는 특별한 경고까지 첨부되어 있다.

우리는 이런 법령들을 보고 당시에 활과 화살의 사용이 일반화되었다고 보면 안 된다. 활을 만들기는 쉽지만 진짜 좋은 활은 그렇지 않다. 더욱이 좋은 궁수 특히 기마궁수騎馬弓手는 장기간 엄격한 훈련을 거쳐야 양성될 수 있다.

각 사료의 내용이 어떻게 설명되어야 하건 간에 분명한 것은 우리는 샤를마뉴 대제大帝의 전사戰士들은 대부분 꽤 묵직한 쇠미늘 갑옷과 챙이 없는 원추형 투구를 착용하고 왼손에는 방패를 들고 칼과 창으로 싸웠을 것으로 상상해 볼 수 있다는 점이다. 활과 화살은 단지 보조무기로만 사용되었을 것이다.[32]

사료에는 기병, 궁수, 창병槍兵 등 각 병종兵種 및 이들 병종 간의 협조 등 카롤링 왕조의 전술戰術에 관한 기록이 없어서 우리는 이를 후일의 기록을 통해 추정해 볼 수밖에 없다. 또한 훈련기록도 없고 실제 전투에 관한 기록도 매우 드물어서 전투대형이나 실제의 병법兵法을 입증할 수도 없다. 샤를마뉴 대제大帝의 전기傳記를 저술한 아인하르트Einhard는 33년간 계속된 작센족과의 전쟁에서 실제의 정면전투는 서기 783년에 각기 5주일씩 벌어졌었던 데트몰트Detmold 전투와 하세Hase 전투뿐임이라고 한다. 롬바르디족의 데시데리우스Desiderius 왕이나 바이에른족의 타씰로Tassilo 대공大公은 전투를 피했었다. 결국 이 문제와 이 시기의 전술에 관한 연구는 필요하지도 않고 가능하지도 않다.

---

32) 게쓸러Gessler, 《카롤링 왕조 때의 베기용 무기와 던지기용 무기Die Trutzwaffen der Karolingerzeit》, 바젤Basel, 서기 1908년. 이 문제와 관해서는 《무기 발전사 잡지Zeischrift für historische Waffenkunde》, 제V-II권, 63쪽도 참고할 것. 린덴슈미트Lindenschmidt에 의하면 메로빙 왕조 때의 무덤에서 발견된 활들은 대부분 길이가 7ft였다(같은 잡지, 제V-II권, 151쪽). 그러나 쾰러Köhler는 이를 5ft라고 한다(같은 잡지, 제V-III권, 113쪽).

부 기附記

병역의무에 관한 카롤링 왕조의 법령들

지금까지의 연구 결과 우리는 프랑크 왕국의 군대는 민족대이동民族大移動/Völkerwanderung 시기 이후는 줄곧 병력이 매우 적은 전사戰士 계층으로 구성되어 있었다는 결론을 얻게 되었다. 따라서 샤를마뉴 대제大帝 시대에 병역의무의 기초가 토지소유에 있었건 아니면 보편적 병역의무에 있었건 간에 그가 "농민군農民軍"을 이끌고 야전으로 나갔다는 견해는[33] 부인될 수밖에 없다. 보레티우스Boretius가 이미 말한 바와 같이 흔히 샤를마뉴 대제가 심사숙고 끝에 국민군대Volksheer를 바쌀군대Vassalenheer로 개혁한 것으로 보지만 그런 개혁은 없었다. 고대 게르만족 군대는 국민군대에서 점진적으로 바쌀 군대로 변한 것이며 샤를마뉴 때는 마지막 몇 가지 점 외는 이런 전환이 거의 완성되어 있었다. 이제 우리는 지금껏 확인해 온 이런 사실을 원사료原史料의 문언文言들을 통해 다시 검증해 보아야 할 차례다. 보레티우스는 《법령집 비판 논고論考 Beiträge zur Kapitularienkritik》의 부록에 군사체계에 관한 법령들을 다 수집해 놓았다. 이제 이 연구에 필요한 중요 구절들만 연대순年代順이 아니라 주제별로 옮겨보기로 하겠다. 원문은 《보레티우스와 크라우제의 게르만 사료집-프랑크 왕국 법령집Monumenta Germaniae, Capitula regum Francorum denuo ediderunt Alfred Boretius et Victor Krause》, 제2판에서 옮겼다.

★ ★ ★

서기 802년의 일반 〈특사령特使令/Capitulare Missorum〉 (발췌)
(《게르만 사료집Monumenta Germaniae》, I, 93)

"7. 누구도 우리 황제의 무상소집에 불응해서는 안 되며 어떤 대공大公도 자신의 구역에서 병역의무를 지닌 자가 그들의 지역에 대한 방어나 병역의 무를 소홀히 하도록 함부로 방치해서는 안 된다."

(라틴어 원문)

"7. *Ut ostile banuum domni imperatori nemo pretermittere presumat nullusque comis tam presumtiosum sit, ut ullum de his qui hostem facere debiti sunt exinde vel aliqua propinquitatis defensionem vel cuius muneris adolationem dimitere audeant.*"

오늘날 이 규정 중 "병역의무를 지닌 자*his qui hostem facere debiti sunt*"는 이론상 모든 자유민을 말하는 것으로 보통 알고 있다. 또한 이 규정의 문언文言상 대공은 이런 사람들 중 누구라도 집에 머물게 하면 안 되었다.

그러나 이 구절은 분명 실체가 없는 행정적 문구에 불과하다. 실제 출전했던 인원은 언제나 일부 그것도 게르만족 지역에서는 작은 일부에 불과했었다.

---

33) 로트Roth, 《봉건주의와 신속인臣屬人 부대 *Feudalität und Untertanenverband*》, 33쪽. 발쩌Baltzer, 《게르만 전쟁 사*Zur Geschichte des deutschen Kriegswesen*》, 2쪽. 보레티우스Boretius, 《법령집 비판 논고論考 *Beiträge zur Kapitularienkritik*》, 123쪽.

★　★　★

몇 명이 조組를 짜서 병역의무를 이행하게 했던 법령들은 실제로 지켜질 수 있었을 것으로 보인다.

서기 807년의 세느Seine강 서부지역에 관한 법령(발췌)
(《게르만 사료집Monumenta Germaniae》, I, 134)

"기근饑饉으로 인해 세느강 너머의 사람은 모두 병역의무를 이행할 것을 명하는 비망록.

첫째, 봉토封土 소유자로 밝혀진 자는 모두 병역의무를 이행해야 한다.

5후프Huf/hide의 토지를 소유한 것으로 밝혀진 자유민도 누구나 병역의무를 이행해야 한다. 4후프 소유자나 3후프 소유자도 마찬가지다. 2후프 소유자가 2명 있으면 1명은 다른 1명에게 장비를 제공해야 하고 보다 능력이 큰 사람이 병역의무를 이행해야 한다. 2후프 소유자 1명과 1후프 소유자 1명이 있을 때도 1명은 다른 1명에게 장비를 제공해야 하고 보다 능력이 큰 사람이 병역의무를 이행해야 한다. 그러나 1후프 소유자가 3명 있을 때는 2명은 다른 1명에게 장비를 제공해야 하고 보다 능력이 큰 사람이 병역의무를 이행해야 한다. 1/2후프 소유자 5명은 나머지 1명에게 장비를 제공해야 한다. 그러나 너무 가난해서 부양가족도 토지도 없는 사람도 5명(5푼트Pfunt/pound?)의 비용으로 나머지 1명에게 장비를 제공해야 한다. (아주 작은 토지의 소유자로 밝혀진 사람은 2명이 1명에게 장비를 제공해야 한다.)34) 토지가 전혀 없는 것으로 밝혀진 앞서 말한 가난한 사람들은 병역의무를 이행할 사람을 위해 5솔리디solidi를 내놓아야 한다. 이 방법과 관련해서 어느 누구도 그의 세뇨르 Seigneur/senior(역자 주: 나리, 영감, 영주領主 등의 의미. 이 책 제II편, 제IV권, 제IV장 참고)를 무시해서는 안 된다."

(라틴어 원문)

"*Memoratorium qualiter ordinavimus propter famis inopiam, ut de ultra Sequane omnes exercitare debeant.*

In primis quicunque beneficia habere videtur omnes in hostem veniant.

Quincumque liber mansos quinque de proprietate habere videtur, similiter in hostem veniat, et qui quattuor mansos habeat similiter faciat. Qui tres habere videtur similiter agat. Ubicumque autem inventi fuerint duo, quorum unusquisque duos mansos habere videtur, unus alium praeparare faciat, et qui melius ex ipsis potuerit, in hostem veniat. Et ubi inventi fuerint duo, quorum unus habeat duos mansos, et alter habeat unum mansum, similiter se siciare faciant et unus alterum praeparet, et qui melius potuerit in hostem veniat. Ubicumque

---

34) 괄호 안의 문구는 후일의 문구의 수고手稿에서 발견된 것으로 발견된 원래의 위치에서는 무의미한 것이므로 보레티우스Boretius는 이곳으로 옮겼다. 이곳으로 옮긴 것이 약간 논리적이기는 하지만 이곳에서도 불필요한 문구이다. 어떤 경우라도 법령집의 필사본 수고手稿는 신뢰성이 거의 없다.

autem tres fuerint inventi, quorum unusquisque mansum unum habeat, duo tercium praeparare faciant; ex quibus qui melius potest in hostem veniat. Illi vero pui dimidium mansum habent, quinque sextum praeparare faciant. Et qui sic pauper inventus fuerit, qui nec mancipia nec propriam possessionem terrarum habeat, tamen in praecio valente（? *quinque libras?), quinque sextum praeparent.*（*Et ubi duo tercium de illis qui parvulas possessiones de terra habere videntur.*）*Et unicuinque ex ipsis qui in hoste pergunt, fiant conjectati solidi quinque a suprascriptis pauperioribus qui nullam possessionem habere videntur in terra. Et pro hac consideratione nullus suum seniorem dimittat.*"

이 법령은 서문序文부터가 우선 모호하다. "기근饑饉으로 인해propter famis inopiam" 세느강 너머(서쪽)의 모든 사람은 병역의무를 이행해야 한다니? 보레티우스Boretius 는 광범위한 기근이 올 때도 세느강 서쪽 지역은 피해가 가장 적은 지역이므로 그 해의 군사부담을 이행해야 했을 것이라는 해석을 택했다(《법령집 비판 논고 論考 Beiträge zur Kapitularienkritik》, 118쪽). 그러나 이 서문에 이어서 본문은 분명히 모든 사람이 아니라 특정한 사람들만 야전으로 출전한다고 규정했으므로 필자로서는 보레티우스와 같은 해석은 전혀 불가능할 것으로 보인다. 필자는 원문이 복사되는 과정에서 "옴네스omnes"(모든) 앞에 부분 부정否定을 뜻하는 "논non"이란 단어가 빠진 것으로 보고 싶다(역자 주: 델브뤼크의 이런 해석에 의하면 서문 부분이 "기근饑饉으로 인해 세느강 너머의 모든 사람이 병역의무를 이행할 필요는 없음을 명하는 비망록"으로 번역된다).

봉토封土 소유자는 누구나 야전으로 나갔고 사유지私有地를 5~3후프 소유한 자유민도 같았을 것으로 보인다. 2후프 소유자 2인이 1명을 무장시켰고, 2후프 소유자 1명과 1후프 소유자 1명이 조組를 이룰 수 있었을 것이다. 1후프 소유자는 항상 3명 중 2명이 나머지 1명을 무장시켜야 했고, 1/2후프 소유자는 6명 중 5명이 나머지 1명을 무상시켜야 했었디. 토지가 없는 사람도 같은 방식으로 6명이 한 조組를 이루어 1명을 무장시켜야 했다. 이때 제공할 비용에 대한 특별한 기록은 없지만 아마도 5푼트Pfunt/pound 즉, 100솔리디solidi였을 것이다. 이들 중 야전으로 나갈 사람에게는 (장비 외에) 현금으로 5솔리디를 주었다.

서기 808년의 〈특사령特使令/Capitulare Missorum〉 (발췌)
(《게르만 사료집Monumenta Germaniae》, I, 137)

"1. 사유지私有地나 다른 사람이 준 봉토封土가 4후프 이상인 자는 그의 세뇨르Seigneur/senior가 이미 출전했으면 그의 세뇨르나 대공大公과 함께 반드시 무장을 갖추고 직접 출전해야 한다. 사유지 3후프를 소유하게 되는 사람은 1후프를 소유한 사람과 조組를 이루어야 하며 후자는 전자를 지원해서 전자가 두 사람 모두를 위해 복무할 수 있게 해야 한다. 사유지 2후프를 소유한 사람은 역시 2후프를 소유한 다른 사람과 조組를 이루어야 하며 그 중 1명은 다른 1명의 지원 하에 출전해야 한다. 사유지가 1후프인 사람 역시 1후프 소유자

3명과 조組를 이루어야 하며 그 중 1명은 나머지 사람들의 지원 하에 출전해야 한다. 출전하는 사람을 실제로 지원한 사람은 집에 남는다."

(라틴어 원문)

"1. *Ut omnis liber homo qui quattuor mansos vestitos de proprio suo sive de alicuius beneficio habet, ipse se praeparet et per se in hostem pergat, sive cum seniore suo si senior eius perrexerit, sive cum comite suo. Qui vero tres mansos de proprio habuerit, huic adiungatur qui unum mansum habeat et det illi adjutorium ut ille pro ambobus possit. Qui autem duos habet de proprio tantum, iungatur illi alter qui similiter duos mansos habeat, et unus ex eis altero illum adjuvante, pergat in hostem. Qui etiam tantum unum mansum de proprio habet, adjungatur ei tres qui similiter habeant et dent ei adjutorium et ille pergat tantum; tres vero qui ille adjutorium dederunt, domi remaneant.*"

이 법령은 앞의 서기 807년 법령과 유사한 것 같지만 세부내용들은 큰 차이가 있다. 앞의 법령에서는 기본단위가 3후프였는데 이 법령에서는 4후프이다. 앞의 법령에는 토지가 없는 사람에 관한 규정이 있지만 이 법령에는 없다. 앞의 법령에서는 봉토를 받은 사람은 모두 야전으로 나가게 했지만 이 법령에서는 소유한 토지의 크기만을 기초로 소집하고 있다.

연도年度가 불분명한(서기 807년 또는 808년쯤의) 법령
(《게르만 사료집 Monumenta Germaniae》, Ⅰ, 136)

"2. 작센족은 스페인이나 아바리Avariae/Avaria에 구원군이 필요할 때는 5/6가 출전준비를 해야 한다. 보헤미아Böhmen/Bohemia에 구원군이 필요할 때는 2/3가 출전준비를 해야 한다. 소르브Solatium/Sorben 지역 주변의 우리 국토에 병력이 필요할 때는 전원이 함께 가야 한다.

3. 프리스Frisionibus/Friesia족은 봉토封土 소유자로 밝혀진 대공大公과 우리 바쌀Vassal 그리고 말을 타고 다니는 사람은 모두 무장을 잘 갖추고 함께 집결지로 오도록 명한다. 나머지 가난한 사람들은 6/7이 스스로 준비해 군복무에 적합한 무장으로 지정된 집결지로 나와야 한다."

(라틴어 원문)

"2. *Si partibus Hispaniae sive Avariae solatium ferre fuerit necesse praebendi, tunc de Saxonibus quinque sextum praeparare faciant. Et si partibus Beheim fuerit necesse solatium ferre, duo tercium praeparent. Si vero circa Surabis patria defendenda necessitas fuerit, tunc omnes generaliter veniant.*"

3. *De Frisionibus volumus, ut comites et vassali nostri, qui beneficia habere viventur, et caballarii, omnes generaliter ad placitum nostrum veniant bene praeparati. Reliqui vero pauperiores; sex septimum praeparare faciant, et sic ad condictum placitum bene praeparati hostilliter veniant.*"

"기초명부基礎名簿/Stammrolle"와 관련된 서기 829년의 규정 4종이 《게르만 사료집 *Monumenta Germaniae*》, 제II편의 7쪽(7장), 10쪽(5장) 및 19쪽(7장)에 보인다.

一. "자신의 비용으로 군복무를 할 수 있는 인원, 1명이 다른 1명을 지원할 수 있는 인원, 2명이 다른 1명을 지원해 무장시킬 수 있는 인원, 3명이 다른 1명을 지원해 무장시킬 수 있는 인원, 4명이 다른 1명을 지원해 무장시킬 수 있는 인원, 그리고 이들 중 전역에 참가할 수 있는 인원이 각 지역에는 몇 명씩 거주하고 있는지 철저히 조사하도록 우리의 특사特使들에게 명한다. 또한 우리의 특사特使들은 이 인원들 명단을 모두 우리에게 보고해야 한다."

(라틴어 원문)

"*Volumnus atque jubemus, ut missi nostri diligenter inquirant, quant homines liberi in singulis comitantibus maneant, qui possint expeditionem per se facere vel quanti de his, quibus unus alium adiuvet, quanti etiam de his, pui a duobus tertius adiuvetur et praeparetur, necnon de his, qui a tribus quartus adiuvetur et praeparetur sive de his, qui a quattuor quintus adiuvetur et praeparetur eandem expeditionem exercitarem facere possint, et eorum summam ad nostram notititiam deferant.*"

一. "자신의 비용으로 전역에 참가할 수 있는 인원, 2명이 다른 1명을 지원해 무장시킬 수 있는 인원, 3명이 다른 1명을 지원해 무장시킬 수 있는 인원, 4명 또는 5명이 다른 1명을 지원해 무장시킬 수 있는 인원 그리고 이들 중 전역에 참가할 수 있는 인원이 각 지역에는 몇 명씩 거주하고 있는지 철저히 조사하도록 우리의 특사特使들에게 명한나. 우리의 특사特使들은 또한 이런 인원들에 대한 요약보고서를 우리에게 제출해야 한다."

(라틴어 원문)

"*Volumnus atque jubemus, ut missi nostri diligenter inquirant, quant homines liberi in singulis comitantibus maneant, qui possint expeditionem exercitarem per se facere vel quanti de his qui a tertius adiutus et praeparetus, et de his qui a tribus quartus adiutus et praeparetus, et de his qui a quattuor quintus vel sextus adiutus et praeparetus ad expeditionem exercitarem facere, nobisque brevem eorum summam deferant.*"

一. "각 지역에 자유민들이 얼마나 거주하는지 철저히 조사하도록 우리의 특사特使들에게 명한다. 따라서 이 목록은 매우 치밀하게 각 센테나centena(역자 주: 백호百戶)를 통해 검토되어 누기 군사원징에 나설 수 있는지를 우리의 특사特使들이 알고 또 서면書面으로 기록할 수 있도록 해야 한다. 이때 출전할 수 없는 사람들은 그들에 관한 우리의 명백한 명령에 따라 2명이 다른 1명에게 장비를 제공해야 한다. 그리고 우리의 특사特使들은 아직도 우리에게 충성을 서약하지 않은 사람을 우리에게 충성을 서약하도록 해야 한다."

(라틴어 원문)

"*Volumnus atque jubemus, ut missi nostri diligenter inquirant, quant liberi homines in singulis comitantibus maneant. Hine vero ea diligentia et haec ratio examinetur per singulas centenas, ut veraciter sciant illos atque describant, qui in exercitalm ire possunt expedi-tionem; ac deinde videlicet secundum ordinem de his qui per se ire non possunt ut duo tertio adiutorium praeparent. Et qui necdum nobis fidelitatem promiserunt cum sacramento nobis fidelitatem promittere faciant.*"

一. "각 지역에 군사원정에 나설 수 있는 자유민이 얼마나 거주하는지 철저히 조사하고 그들에 관한 요약보고서를 제출하도록 우리 특사特使들에게 명한다. 그리고 우리 특사特使들은 아직도 우리에게 선서를 통해 충성을 서약하지 않은 사람을 우리에게 충성을 서약하도록 해야 한다."

(라틴어 원문)

"*Volumnus atque jubemus, ut missi nostri diligenter inquirant, quant liberi homines in singulis comitantibus maneant, qui possint expeditionem exercitarem facere nobisque per brevem eorum summam deferant. Et qui nondum fidelitatem promiserunt cum sacramento nobis fidelitatem promittere faciant.*"[35]

보레티우스Boretius 이후로 위의 법령들은 우선 동일한 내용이 매년 반복 공포된 한시限時 규정들이며 서기 829년의 "기초명부基礎名簿/Stammrolle" 작성을 통해 일반징집 제도를 확립하려고 했을 때까지 대략 공포된 내용대로 집행되었을 것으로 해석되어 왔다. 그러나 자유민들의 직접징집이 곧 완전히 사라진 것은 이런 시도가 물론 성공하지 못했다는 증거다. 하지만 서기 864년 대머리 샤를즈Charles le Chauve/Karl des Kahlen는 (서기 829년의 예에 따라서) 기초명부에 관한 규정들을 또다시 제정했다(〈피스텐스 법령Capitulare Pistense〉, 《게르만 사료집Monumenta Germaniae》, II, 321).

작센족과 프리스족에 관한 규정들은 어떤 상황에서 공포된 것인지 불분명하고 또한 한시限時 규정이었는지 아니었는지도 불분명하다.

여타 법령들은 지속적 법률이 아니라 한시限時 규정들임이 분명하지만 이들이 실제로 문언文言 그대로 이행되었다는 생각은 다른 법령들의 내용과 모순된다.

우리는 서기 808년의 〈특사령特使令/Capitulare Missorum〉(앞의 25쪽)에서 우리는 출전할 사람에게는 세뇨르Seigneur/senior가 있는 것이 당연한 것으로 간주되었음을 알 수 있었다. 이런 점은 "금년에 그의 세뇨르와 함께 군대에 가지 않은 것으로 판명된 자유민은 군세軍稅를 완전히 납부해야 한다quicumque liber homo inventus fuerit anno praesente cum seniore in hoste non fuisse, plenum heribanum persolvere cogatur"고 한 서기 811년의 〈불로뉴 법령Capitulare Boulogne〉(《게르만 사료집Monumenta Germaniae》, I, 167)도 마찬가지다. 이 규정들을 보면 세뇨르가 없는 자유민 전사戰士는 없었고 자유민 전사는 모두 바쌀Vassal이었음을 알 수 있다.

---

35) 《게르만 사료집Monumenta Germaniae》에서는 이 네 번째 법령이 앞의 두 번째 법령이 약간 변형되어 반복되어 있는데 실제의 원문이 그대로 보존되지는 못한 것 같다.

서기 811년의 〈불로뉴 법령〉은 이어서 "그의 세뇨르 또는 대공大公이 그를 집으로 보내려 할 때는 그 사람에 대한 세금을 납부해야 한다*Et si senior vel comis illius eum domi dimiserit, ipse pro eo bannum persolvar*" 했는데 이는 자유민 전사들이 세뇨르나 대공 밑에 있었던 것은 아니고 단지 그들과 협의할 수 있었다는 의미였음이 분명하다. 이는 뒤의 41쪽에서 다시 소개할 서기 819년 〈특사령特使令/*Capitulare Missorum*〉, 제27장을 보아도 —《게르만 사료집*Monumenta Germaniae*》, I, 291에 수록된 보레티우스Boretius의 《법령집 비판 논고論考 *Beiträge zur Kapitularienkritik*》에서는 이 〈특사령〉을 서기 817년 법령으로 보았다)—알 수 있는데 이를 보면 이 문제는 출전하지 않은 자유민에 대한 벌칙은 결코 아니었으며 바쌀에 대한 벌칙이었을 뿐이다. 또한 서기 847년에 메르센Meersen에 병력을 집결시킬 당시 대머리 샤를즈는 "또한 우리 왕국 내의 모든 자유민들은 우리들 아니면 그가 원하는 우리의 바쌀들 중 한 명을 세뇨르로 수락할 것을 명한다*Volumus etiam, ut unus quisque liber homo in nostro regno seniorem, qualem voluerit in nobis et in nostris fidelibus accipiat*" 그리고 "또한 누구도 정당한 이유 없이 그의 세뇨르를 떠나면 안 되며 누구도 조상 때의 관습에 의하지 않고는 세뇨르로 수락하지 말 것을 명한다*Mandamus etiam, ut nullus homo seniorem suum sine justa ratione dimittat nec aliquis eum recipiat nisi sicut tempore antecessorum nostrorum consuetudo fuit*"고 공포한 적도 있다.

결국 사료의 문언文言들은 어떤 것들은 농민들이 교대로 징집되었음을 말하고 다른 어떤 것들은 바쌀만 징집되었음을 말하고 있다. 양자는 상호 배타적이므로 혹 바쌀군대Vassalenheer가 농민징집으로 보완되었을 수도 있겠지만 모든 전사戰士들이 세뇨르 밑에 있으면서 자유민으로 지칭되었던 군대에 농민이 있었을 수는 없다. 세뇨르 밑에 있는 농민은 자유민일 수가 없다. 세뇨르 밑에 있고 동시에 자유민인 자는 전사戰士이다. 이런 모순을 어떻게 설명할 수 있을까?

가장 큰 모순은 대머리 샤를즈의 칙령들에 존재하므로 우리가 해결책을 찾아야 할 곳도 바로 이 칙령들이다. 그의 서기 864년 〈피스텐스 칙령*Edictum Pistense*〉에 옛 조組 편성 규정이 반복된 것은 분명히 옛 문언文言을 그대로 베꼈기 때문인데 그는 17년 전에 이미 메르센Meersen에서 모든 자유민은 세뇨르 밑에 있도록 명했었다. 또한 조組 편성을 요구한 같은 〈피스텐스 칙령〉도 다른 장章에서는 말을 소유하고 있거나 말을 타고 올 수 있는 사람은 대공大公과 함께 출전해야 한다고 규정했다(제26장). 결국 이 칙령의 조항들은 어느 것이나 모두 옛 칙령들의 문언을 그대로 베낀 것에 불과하며 법 조항이 실제의 상황과 얼마나 차이가 있었는지를 보여주는 예가 될 뿐이다. 독자들은 앞서 이 책 제II편에서 소개한 서西고트족Westgoten/Visigoths 군사법령들도 이와 마찬가지로 무의미했다는 점과 더불어 뒤의 제II권, 제V장에서 소개할 플란태지네트Plantagenets 왕소(역자 주: 중세 영국의 왕조)의 〈무기령武器令/Wehr Assis/Assize of Arms〉들에 유의하기 바란다.

대머리 샤를즈의 법령들도 그렇지만 샤를마뉴 대제大帝의 법령들도 때로는 실생활과는 전혀 다른 옛 군사제도를 말한 것일 수 있고 또 실제로 그랬을 것이 분명하다. 샤를마뉴 대제大帝 때는 물론이지만 그 앞 시대부터 이미 징집은 사실

서류 상의 징집에 불과했었다. 서기 807년 법령에 언급된 "기근饑饉/famis inopia"이라는 말도 역시 관례화 된 행정적 표현이었을지 모른다.

여기서 필자는 《베르티니 연대기年代記 Annal.. Bertiniani》에 기록되어 있는 서기 869년의 어느 보고서 중 한 구절을 그대로 인용해 보겠다. 이 기록에 의하면 국가적 통계가 다시 시도되었는데 이번에는 그 기초가 이미 봉건체계였다.36)

"또한 그는 콘데Conde로 가기 전에 왕국 전역의 주교主敎/episcopis, 대수도원장大修道院長/abbates 및 대수녀원장大修女院長/abbatissae들에게 각자의 토지가 몇 후프Huf/hide인지에 관한 사무목록事務目錄을 5월 1일까지 작성해야 한다는 서신을 발송했다. 그러나 바쌀Vassal들의 봉토封土는 대공大公/comitibus의 봉토로 등재登載해야 했고, 대공들은 바쌀들의 봉토를 자신의 봉토로 등재해야 했으며, 그들은 앞서 언급한 집결장소로 교회敎會들의 목록을 가져와야 했다. 그는 또한 100 후프 당 하이스탈두스haistaldus(역자 주: 앞의 각주 13에서 말한 가스탈두스gastaldus 즉, 봉토封土 없는 전사戰士) 1명과 1,000후프 당 수소 2마리가 끄는 짐차 1대 그리고 왕국이 필요로 하는 여타 필수품들을 피스타스Pistas/Pistres로 보내도록 명했는데 이는 그곳에 나무와 돌로 구축해 놓도록 명한 성城에서 하이스탈두스들이 살면서 수비하게 하려는 것이었다."

(라틴어 원문)

"Et antequam ad Conadam pergeret, per omne regum suum litteras misit, ut episcopi, abbates et abbatissae breves de honoribus suis, quanta mansa quisque haberet, ad futuras Kalendas Mai deferre curarent, vassalli autem dominici contium beneficia et comites vassallorum beneficia inbreviarent et praedicto placito aedium breves indeferrent, et de centum mansis unum haistaldum et de mille mansis unum carrum cum duobus bobus praedicto placito cum aliis exeniis, quae regnum illius admodum gravant, ad Pistas mitti praecepit, quatenus ipsi haistaldi castellum, quod ibidem ex lingo et lapide fieri praecepit, excolerent et custodirent."

필자가 제시한 개념과 흔히 인정되는 개념의 차이점은 군대가 바쌀군대Vassalenheer로 전환된 시기가 빠른 점과 더불어 그렇게 전환된 이유들이다. 브루너는 《게르만 법제사法制史 Deutsche Rechtsgeschichte》, 제II편, 206쪽에서 "보편적 병역의무의 흔적이 끝까지 남은 것은 직접 병역을 이행할 수 없는 사람들에 대한 군세軍稅뿐이었다"고 했다. 필자는 "직접 병역을 이행할 수 없는" 대부분 사람들의 경제적 사정 때문만 아니라 군대의 질적 수준 향상도 그에 못지 않게 군대가 바쌀군대Vassalenheer로 전환된 중요한 이유였다고 본다. 브루너는 이어서 "실제로는 대공大公이 유능한 전사戰士를 제공하고 집에 남는 사람들이 납부한 군세軍稅로 이 유능한 전사戰士를 무장시키는 상황이 발전했고 이렇게 됨으로써 대공大公은 어려움 없이 자신이 거느리고 있는 집단에서 전사戰士들을 동원할 수 있었음이 분명하다"고

---

36) 《게르만 사료집Monumenta Germaniae》, *SS.*, I, 481쪽.

했다. 그의 견해는 분명히 정확한 견해이지만 이런 변화의 동기는 클로드비크 Chlodwig/Clovis 당시부터 이미 존재했고 이런 변화는 샤를마뉴 대제大帝 때 이미 거의 완성되어 있었다. 옛 제도는 샤를마뉴 때 이미 근근히 명맥만 유지했을 뿐이다.

바살 체계 즉, 기사형騎士型 군사체계 탄생의 시기와 이유가 이와 같았으므로 중세의 군사체계와 민족대이동民族大移動/Völkerwanderung 그리고 게르만족의 로마인 정복은 서로 관계가 있는 일들이다. 그러나 메로빙 왕조의 사료에는 농민민병대農民民兵隊와 일반적 병역의무라는 개념이 등장하기 때문에 이런 관계가 감추어져 있었던 것이다.

병역의무가 납세의무로 전환된 문제는 뒤에 다시 재검토할 것이다. 샤를마뉴 대제大帝 당시 일반국민을 징집하는 옛 제도가 여전히 존속하면서도 온갖 현실적 이유로 인해 기사형騎士型 군사체계로의 전환이 완성되었다는 사실은 당시 군대가 순수한 바쌀군대Vassalenheer였음을 보여주는 사료들에 의해 입증된다. 다만 우리는 법령들과 현실 사이에 얼마나 차이가 있었는지에 대해서는 알 수가 없다.

일례로 서기 817년 트리에르Trier의 하티Hatti 대주교大主教가 이태리 베른하르트Berhard 왕의 반란을 진압하려고 황제 특사特使 자격으로 툴Toul의 주교主教에게 병력동원 을 명한 서신에서도 이 문제에 대해 아무 결론도 얻을 수 없다. 바이츠Waitz(《독 일헌법사Deutsche Verfassungsgeschichte》, 제IV편, 465쪽)와 프렌쩰Prenzel(《카롤링 왕조 전쟁사 연구Beiträge zur Geschichte des Kriegswesens unter den Karolingern》, 라이프찌히 대학교 학위논문, 서기 1887년, 23쪽)이 부케Martin Bouquet의 《프랑스사史 Rerum Gallicarum et Francicarum Scriptores》, 제VI편, 395쪽에서 인용한 이 서신에는 황제의 명령을 전하는 다음과 같은 구절이 있다.

"모두 이태리로 출정할 준비가 되었으므로 빈틈없이 또한 최대한 서둘러 대수도원장大修道院長, 대수녀원장大修女院長, 내공大公, 세뇨르Seigneur/senior가 거느리고 있는 바쌀 등 귀하 관할 교구教區 내의 사람들 중 황제의 군대에 복무하기에 적합한 모든 사람에게 통보할 것과, 그들은 무장을 갖추었으므로 저녁에 이 를 통보 받았으면 이튿날 아침에 그리고 아침에 이를 통보 받았으면 그 날 저녁에 지체 없이 이태리로 출발하도록…."

(라틴어 원문)

"quantinus universi se praeparent, qualiter proficisci valeant ad bellum in Italiam…ut solerti sagacitate studeas cum summa festinatione omnibus abbatibus, abatissis, comitibus, vassis dominicis vel cuncto populo parrochiae tuae, quibus convenit militiam regiae potestati exhibere, indicare, quatenus omnes praeparati sint, ut si vespere eis adnuntiatum fuerit, mane, et si mane, vesperi absque ulla tarditate proficiscantur in partes Italiae."

알프스 너머의 이태리 전역戰役을 치르기 위해 각 지역에서 동원한 전사戰士들의 수는 아주 적었음이 분명하다. 《라우레쉬 연대기年代記 Annal. Lauresh/Lorch》에 의하면 "골 지역과 게르만 지역의 모든 사람 중에서ex tota Gallia atque Germania" 군대가 집결했 다고 했지만 위의 서신에서는 거만하게 "황제의 군대에 복무하기에 적합한 모든 사람에게cuncto populo…, quibus convenit militiam regiae potestati exhibere"라고만 했다.

★ ★ ★

서기 811년의 《비망록Memorial》

(《게르만 사료집Monumenta Germaniae》, I, 165)

"3. 흔히 자신의 사람을 주교, 대수도원장, 대공大公, 재판관 또는 센테나리우스centenarius(역자 주: 백호百戶 지휘관 후노Hunno의 다른 이름)에게 보내지 않으려는 자가 있으면 그 한심한 자가 원하건 원하지 않건 그 사람을 보내거나 팔 때까지 그에게 불리한 핑계와 결점을 찾아내 그 사람을 출전하게 할 수 있다고 한다. 사실 자신의 사람을 보낸 사람은 아무 괴롭힘도 받지 않고 집에 남는다.

5. 그리고 어떤 사람들은 그런 한심한 자들을 체포해서 출전하게 해야만 한다고 말하며, 또한 그들은 자신들의 재산에 따라서 1명을 내줄 수 있다고 주장하는 자는 그대로 놓아둔다.

(라틴어 원문)

"3. *Dicunt etiam, quod quimcumque proprium suum episcopo, abbati vel comiti aut iudici vel centenario dare noluerit, occasiones quaerunt super illum pauperem, quomodo eum condempnare possint et illum semper in hostem faciant ire, usque dum pauper factus volens nolens suum proprium tradat aut vendat; alii vero qui traditum habent absque ullius inquietudine domi resideant.*

5. *Dicunt etiam alii, quod illos pauperiores constringant et in hostem ire faciant, et illos qui habent quod dare possint ad propria dimittunt.*"

바쌀Vassal체계와 봉토封土가 그 기반인 군사조직에서는 당연히 전사戰士 계층을 떠난 자유민의 지위를 격하시켜야 했다. 대공大公들은 자신들의 재량권을 이용해서 서둘러 그렇게 했고 이때 지위가 격하된 자들을 자신들에게 개인적으로 종속된 신분으로 만들었다. 테간Thegan의 《경건왕敬虔王 루드비히의 생애Das Leben Ludwigs des Frommmen》, 제XIII장37)에서는 루드비히가 황제가 된 직후 제국帝國 전역에 사절을 파견해서 이렇게 지위가 격하되어서 세습재산이나 자유를 박탈당한 자들의 권리회복을 도와주게 했다는 설명이 있는데 호이슬러Heusler의 《헌법사憲法史 /Verfassungsgeschichte》에서는 이를 일반적으로 인정되는 개념에 따라 농민문제로 보고 있다. 필자는 테간이 말했던 것은 단순한 농민문제가 아니라 지위가 격하된 모든 사람들의 문제였음을 분명히 지적해 두고 싶다.

우리는 이런 일이 어떻게 생긴 것인지를 "어떤 대공大公이라도 성직록聖職祿을 받는 자신의 사람에게 전사戰士를 봉토封土 경작자로 주면 안 된다ut nullus comitum arimanos in beneficia suis hominibus tribuat"고 규정한 서기 898년 법령(《보레티우스와 크라우제의 게르만 사료집-프랑크 왕국 법령집Monumenta Germaniae, Capitula regum Francorum denuo ediderunt

---

37) *S. S.* II, 593쪽.

Alfred Boretius et Victor Krause》, II, 109)(역자 주: 람베르트Lambert 황제의 칙령. 뒤의 193쪽 참고)을 통해 알 수 있다. 과거 자유민 전사戰士였던 사람들의 지위가 납세納稅 의무자로까지 점차 격하되자 대공들은 이들을 아예 소작인으로 취급하면서 자신의 농장을 그들에게 봉토封土(역자 주: 이곳에서는 '소작지'의 의미)로 나누어주려고까지 할 수 있었다. 이를 금지시키려던 왕의 조치는 거의 효과가 없었을 것이다.

★ ★ ★

《벌칙罰則에 관한 규정》

서기 802년의 법령

(《게르만 사료집*Monumenta Germaniae*》, I, 96)

"29. 우리 주인이신 황제께서 칙령을 내려 그들의 복무를 자비롭게 면제해 준 가난한 자들에 관해서 재판관, 대공大公 및 특사特使들은 이렇게 복무를 면제받은 문제로 인해 그들을 체포해서는 안 된다고 (그는 명했다).

34. 우리의 명령 또는 포고가 도착할 때는 언제나 완전히 좋은 무장을 갖출 것. (이와 유사한 구절이 《게르만 사료집》, I, 100에 수록된 서기 802년 법령에도 보인다.) 그러나 만약 이때 자신은 준비가 되어있지 않다면서 이 명령을 위반한 자가 있으면 그는 법정法廷으로 소환될 것이며 그 사람뿐 아니라 우리의 법령이나 명령에 따르지 않으려는 사람은 모두 그렇게 될 것이다."

(라틴어 원문)

"29. *De pauperinis vero qui (quibus) in sua elymosyna domnus imperator concedit qui (quod) pro banno suo solvere debent, ut eos judices, comites vel missi nostri pro concesso non habeant constringere parte sua.*

34. *Ut omnes pleniter bene parati sint, quandocunque iussio nostra vel annuntiatio advenerit. Si quis autem tunc se inparatum esse dixerit et praeterierit mandatum, ad palatium perducatur, et non solum ille, sed etiam omnes qui bannum vel praeceptum nostrum transgredere praesumunt."*

서기 805년의 법령

(《게르만 사료집*Monumenta Germaniae*》, I, 125)

"19. 군세軍稅에 관하여, 우리의 특사特使들이 금년에 우리이 명령에 따라서 성실하고 공평무사하게 징수하도록 명한다. 그들이 징수해야 할 정규세금은 다음과 같다. 금, 은, 동, 쇠미늘 갑옷, 온전한 피복, 말, 소 및 여타 재산을 합해 6푼트(파운드)를 소유한 자에게는 3푼트를 징수한다(단, 부녀자 피복은 징수하면 안 된다). 앞서 말한 재산이 진정 3푼트 이하인 자는 30솔리디(즉, 1.5푼트)를 납부한다. 재산이 2푼트 이하인 자는 10솔리디를 납부한다. 재산이 진정 1푼트인 자에게는 5솔리디를 지급해서 그가 하느님과 우리의 용도 대로 무장을 갖추고 복무할 수 있도록 해 준다. 우리의 특사特使들은 타고난 사악邪惡 때문에 납부할 몫을 타인에게 떠맡김으로써 우리의 정의正義를 파괴 하는 자들이 없도록 철저하게 경계해야 한다."

(라틴어 원문)

"19. *De heribanno volumus ut missi nostri hoc anno fideliter exactare debeant absque ullius personae gratia, blanditia seu terrore secundum iussionem nostram; id est ut de homine habente libras sex in auro, in argento, bruneis, aeramento, pannis integris, caballis, boves, vaccis vel alio peculio(et uxores vel infantes non fiant dispoliati pro hac re de eorum vestimentis) accipiant legitimum heribannum, id est libras tres. Qui vero non habuerint ampulius in suprascripto praecio valente nisi libras tres, solidi triginta ab eo exigantur(id est libra et dimidia). Qui autem non habuerit amplius nisi duas libras, solidi decem. Si vero una habuerit, solidi quinque, ita ut iterum se valeat praeparare ad Dei servitum et nostram utilitatem. Et nostri missi caveant et diligenter inquirant, ne per aliquod malum ingenium subtrahant nostram iustitiam, alteri tradendo aut commendando.*"

서기 808년의 법령
(《게르만 사료집*Monumenta Germaniae*》, I, 137)

"2. 전년도에 군대가 소집되었을 때 앞서 설명한 방식대로 하도록 가난한 자유민들에게 내렸던 명령을 위반하고 집에 남아있었던 자가 누구인지도 철저히 조사하도록 우리의 특사特使들에게 명한다. 그리고 우리의 명령대로 그의 주인에게 합류하는 동료를 지원해 주지도 않고 스스로 전쟁터로 가지도 않은 자는 우리의 군세軍稅를 모두 부담해야 하며 법에 따라 이 군세를 납부할 것을 서약해야 한다.

3. 그러나 혹 자신이 무장해야 할 비용 등을 자신의 대공大公, 센테나리우스centenarius 또는 비카리우스vicarius(역자 주: 백호百戶 지휘관 후노Hunno의 또 다른 이름)의 명령에 의해 바로 그 대공, 비카리우스, 센테나리우스 또는 여타 그들의 사람에게 주었기 때문에 자신이 전역戰役에 참여하지 못했다고 말하는 자가 있고 우리 특사特使가 그 말이 사실임을 확인할 수 있을 때는 그를 집에 남게 명령한 사람이 군세軍稅를 납부해야 한다. 그런 명령을 내린 사람이 대공이건 비카리우스이건 주교主敎나 대수도원장大修道院長의 대리인이건 마찬가지다.(역자 주: 이 조항의 해석에 대해서는 뒤의 39쪽 참고.)

(라틴어 원문)

"2. *Volumus atque jubemus, ut idem missi nostri dilligenter inquirant, quo anno praeterito de hoste bannito remansissent super illiam ordinationem quam modo superius comprehenso de liberis et pauperioribus hominibus fieri iussimus; et quicumque fuerit inventus qui nec parem suum ad hostem suum faciendum secundum nostram iussionem adjuvit neque perrexit, haribannum nostrum pleniter rewadiet et de solvendo illo secundum legem fidem faciat.*

3. *Quod si forte talis homo inventus fuerit qui dicat, quod iussione comitis vel vicarii aut centenarii sui hoc quo ipse semetipsum praeparare debeat eidem comiti vel vicario aut centenario vel quibuslibet hominibus eorum dedisset et propter hoc illud demisisset iter et missi nostri hoc ita verum esse investigare potuerint, is per cuius iussionem ille remansit bannum nostrum rewadiet atque persomvat, sive sit comes sive vicarius sive advocatus episcopi atque abbatis."*

서기 810년의 법령
(《게르만 사료집 *Monumenta Germaniae*》, I, 153)

"12. 특사特使들은 군세軍稅에 대해 철저히 조사할 것. 군세軍稅를 납부할 재산이 있는 자도 출정에 참여하고 군세軍稅는 납부하지 않을 수 있다. 군세軍稅를 납부할 재산이 없는 사람에게는 책임감을 가지고 출전하게 하되 우리의 주인이신 황제께서 아시게 될 때까지는 그로부터 아무 것도 징수하지 말 것.

(라틴어 원문)

"12. *De heribanno, ut diligenter inquirant missi. Qui hostem facere potuit et non fecit, ipsum bannum componat si habet unde componere possit, et si non habuerit unde componere valeat, rewadiatum fiat et inbreviatum et nihil pro hoc exhactatum fiat usque dum ad notitiam dommi imperatoris veniat."*

서기 811년의 불로뉴Boulogne 법령
(《게르만 사료집 *Monumenta Germaniae*》, I, 166)

"1. 군대에 소환되고도 출전하지 않는 자유민은 60솔리디solidi의 군세軍稅를 납부해야 한다. 그가 이 금액를 납부할 재산이 없으면 대공大公이 명한 대로 자유에 대한 내가를 완납完納할 때까지 자신의 책임에 대한 담보로 대공大公의 하인이 되어야 한다. 군세軍稅 때문에 하인이 된 사람이 하인으로 일하다가 죽었을 때 그의 상속자들은 자신에게 돌아갈 유산遺産과 자신의 자유를 잃지 않으며 그 군세軍稅에 대한 책임도 지지 않는다.

2. 우리 특사特使가 먼저 우리에게 징집에 관해 문의한 후 그 대공大公에게 우리의 명령에 의한 승인을 제3자로서 전달한 경우가 아니면 그 대공大公은 경비근무, 군복무, 수비근무, 숙영 또는 다른 칙령을 이유로 군세軍稅를 징수해서는 안 된다. 토지나 거느린 사람을 군세軍稅로 받아서는 안되며 금, 은, 의복, 무기, 짐승 또는 여타 유용한 물건을 받아야 한다."

(라틴어 원문)

"1. *Quincumque liber homo in hostem bannitus fuerit et venire contempserit, plenum heribannum id est solidus sexaginta persolvat aut si non habuerit unde illam summam persolvat semetipsum pro wadio in sevitium pricipis tradat donec per tempora ipse bannus ab eo fiat persolutus; et tunc iterum ad statum libertatis suae revertatur. Et si ille homo qui se propter heribannum in servitim tradidit in illo servitio defunctus fuerit, heredes eius hereditatem quae ad eos pertenet non perdant nec libertatem nec de ipso heribanno obnoxii fiant.*

2. *Ut non per aliquam occasionem nec de wacta nec de scara nec de warda nec pro heribergare neque pro alio banno heribannum comis exactare praesumat, nisi missus noster prius heribannum ad partem nostram recipiat et ei suam tertiam partem exinde per iussionem nostram donet. Ipse vero heribannus non exactetur neque in terris neque in mancipiis, sed in auro et argento, pannis atque armis et animalibus atque pecoribus sive talibus speciebus quae ad utilitatem pertinent.*"

서기 811년의 《비망록*Memorial*》
(《게르만 사료집*Monumenta Germaniae*》, I, 165)

"6. 대공大公들은 농민들 중 일부가 자신에게 복종하지도 않고 군세軍稅를 대공大公이 아니라 우리 주인이신 황제의 특사特使들에게 납부해야 한다면서 황제의 명령을 거부하려 한다고 불평한다. 그가 자신의 집에 거느린 사람을 황제를 위해 출전시켰다고 해도 후일 그를 자신의 집에 받아들여 그가 원하는 것을 할 수 있게 하지 않으면 이로 인해 존경받을 이유가 없다."

(라틴어 원문)

"6. *Dicunt ipsi comites, quod alii eorum pagenses non illis obediant nec bannum domni imperatoris adimplere volunt, dicentes quod contra missos domni imperatoris pro heribanno debeant rationem reddere, nam non contra comitem; etiam etsi comes suam domum illi in bannum miserit, nullam exinde habeat reverentiam, nisi intret in domum suam et faciat quaecumque ei libitum fuerit.*"

이러한 벌칙罰則 규정들을 볼 때 법적으로는 군대 동원을 위한 옛 징집체계가 제도상으로는 존속했지만 실제로는 거의 시행되지 않다시피 했음을 알 수 있다. 때로는 불만이 제기됨에 따라 제도가 제대로 작동되게 하는 방법이 모색되기도 했고 개혁이나 부분적 수정이 모색되기도 했다.

사료에 남아있는 법령들을 보면 병력 징집 시에 대공大公들이 군세軍稅로 60솔리디solidi를 요구했다. 당시 경제규모로 볼 때 이 금액이 얼마의 가치가 있었는지는 알기 어렵다.[38) 법령에 규정된 금액은 과거부터 일정했지만 그 가치는 클로드비크Chlodwig/Clovis 때부터 샤를마뉴Karl/Chalemagne 대제大帝의 후계자들까지 계속 변했고 솔리두스solidus(역자 주: 솔리디의 단수單數형) 자체도 가치가 변했다. 샤를마뉴 대제大帝 때 금융개혁도 있었다. 본래 솔리두스는 현 화폐가치로 약 12마르크mark 가치를 지닌 금화金貨였다. 《리푸아리엔 법전lex Ripuaria》(역자 주: 리푸아리엔족 법전)에 의하면 건강한 암소 1마리가 1솔리두스, 수소는 2솔리디, 암말은 3솔리디, 종마種馬는 3솔리디, 칼집을 포함한 칼 1자루는 7솔리디였다(XXXVI, 11). 《살리 법전lex Salica》(역자 주: 살리Salier/Salian 왕조 법전. 프랑크 왕국 몰락 후 하인리히Heinrich/Henry I세가 세운 게르만 왕국

---

38) 쇠트베르Soetbeer, "독일의 화폐 체계와 그 주조鑄造 체계에 관한 연구Beiträge zur Geschichte des Geld- und Münzwesens in Deutschland," 《독일사 연구Forschungen zur deutschen Geschichte》, 제I편 및 제II편; 페셸Peschel, "귀금속들과 여타 상품간 상대적 가치의 변화 연구Ueber die Schwankungen der Wertrelationen zwischen den edlen Metallen und den übrigen Handelsgütern," 《독일 계간지季刊誌 Deutsche Vierteljahresschrift》, 제4권(서기 1853년), 1쪽 이하.

은 처음에 남계男系로 나중에는 여계女系인 살리 계系로 이어가며 200년 동안 계속되었다) 부록에 의하면 여자 노예 1명을 15~25 솔리디로 보통 노예를 12솔리디로 평가한 구절도 있다. 이런 척도대로라면 보통의 농민 1명에게 60솔리디의 벌금은 너무 터무니없는 금액이었을 것이다. 농민 1명이 암소 60마리나 수소 30마리 또는 암말 20마리를 납부하는 것은 불가능했을 것이므로 1후프Huf/hide의 토지를 소유한 사람의 벌금이 60솔리디나 될 수는 없었을 것이다. 그러나 1/2후프의 토지를 100솔리디의 재산과 동일시한 한 징집령徵集令도 보이는데 이를 기준으로 한다면 우리는 좀 달리 생각할 수도 있다.39) 이는 토지 자체의 가격은 아니므로 가옥, 농사도구, 무기 및 여타 동산動産들의 총 가격으로 보아야 하며. 따라서 1후프Huf/hide의 토지를 소유한 농가는 가옥, 농사도구, 무기 및 여타 동산動産의 총 가격을 200솔리디로 보아야 한다. 이런 농민에 대해 재산의 거의 1/3을 벌금으로 부과한다면 이는 분명히 혹독한 것이기는 하지만 벌금 납부가 불가능한 것은 아니다. 원래 카마브-프랑크Chamav-Frank족의 경우 소집에 불참하면 벌금이 4솔리디였고 롬바르디Longobard/Lombard족의 경우 20솔리디였지만 카롤링Karoling/Caroling 왕조 때는 벌금이 어느 곳에서나 60솔리디로 일반화되었다.40) 60솔리디란 금액은 농민들에게는 혹독한 벌금이라 해도 부유한 사람들에게는 몇 개월 간 전역戰役에 참가하기 위한 비용에 비하면 훨씬 적은 금액이었으므로 군복무 면제의 대가로는 적절한 금액이었을 것이다. 그러나 특사特使들은 물론 대공大公들까지도 벌금 액수를 임의로 증가시켰을 것이 분명하다. 완전무장을 갖추라는 명령을 어긴 자는 법정法廷으로 소환될 것이라고 한 서기 802년 법령 제34조(역자 주: 앞의 33쪽 참고)가 공표 될 당시는 사회배경이 그러했음이 분명하다. 이 법령에는 복무소집에 관한 말이 전혀 없는데 만약 이 규정이 자유민의 일반징집에 적용하기 위한 것이었다면 법정이 있는 곳 즉, 황제가 있는 곳으로 전 인구의 "민족대이동Völkerwanderung"이 이루어졌을 것이다.

반면 가난한 사람들에 대한 60솔리디의 벌금은 절대적으로 금지되었다. 때에 따라 황제는 벌금 액수를 낮출 수밖에 없는 경우도 있었는데(앞의 33쪽에 소개한 서기 802년 법령, 제29항) 이는 물론 차후 벌칙罰則의 효과를 떨어뜨리는 변화였다. 황제가 벌금 납부 능력이 없는 사람들에 대해 스스로 징수를 보류해야만 할 경우도 있었는데(앞의 35쪽에 소개한 서기 810년 법령, 제12항) 가난한 사람들에게는 같은 효과가 있었다. 재산별로 벌금액에 차등을 두는 방법이 시도되기도 했지만 역시 실패했다. 개인의 재산에 대한 평가는 매우 어렵고 또 자의적 평가가 이루어질 수 있는 문제였기 때문이다. 드디어 가난한 사람들의 신분을 임시로 하인 지위로 격하시키는 방법이 시도되었고 바로 이 규정이 가난한 보통 자유민이 자유를 포기하고 결국은 타인에 종속된 신분으로 변하게 되는 과정을 훨씬 가속화시켰을 것이다. 서기 811년의 〈불로뉴 법령Capitulare Boulogne〉, 제1항을

39) 앞의 제24쪽에서 소개한 서기 807년의 세느강 서부지역에 관한 법령. 바이츠Waitz, 《독일헌법사Deutsche Verfassungsgeschi-chte》, 제IV편, 473쪽.
40) 보레티우스Boretius, 《법령집 비판 논고論考 Beiträge zur Kapitularienkritik》, 145쪽.

보면 종속민으로 신분이 변한 사람은, 비록 그 자녀들은 자유를 보장받았겠지만, 자신은 자유를 포기했을 것이다. 하인 신분으로 60솔리디의 빚을 갚으려면 평생 하인 일을 해도 모자랐을 것이기 때문이다. 군사적 기질과 전통을 지닌 가족들이 이 시기에 이미 사라졌을 것이다. 다음 세대 역시 전쟁에 징집될 수도 있고 주인의 통제와 보호 아래 일정한 의무와 부담만 지니는 소작농민으로 집에 잔류할 수도 있었다면 후자의 길을 택하는 경우가 흔했을 것이다.

병역기피에 대한 벌금규정이 강력했던 것으로 보이지만 벌금 징수권이 대공大公에게는 없고 특사特使에게만 있었다고 보면 완전한 오해다. 특사特使들은 황제의 대리인으로 각 지역을 순회하며 감독했던 매우 지위가 높은 인물들이었다. 이런 인물들이 각 지역마다 군복무를 태만히 한 모든 사례를 일일이 조사해서 그들의 재산과 징수할 벌금을 평가하고 암소, 수소, 무기 또는 피복 등으로 판단한 액수를 모두 징수한다는 것은 불가능한 일이다.

사료에는 가끔 특히 병역기피자 감독관이라는 칭호를 지닌 별도의 관리들이 징세관徵稅官으로 등장하기도 한다. 그러나 서기 802년 샤를마뉴 대제大帝가 가난한 사람이 특사特使에 임명되어 직권을 남용해서 백성들을 억압하자 부유한 사람만 특사特使에 임명되도록 명령한 적이 있는 것을 보면 그 당시에 이미 하급 징세관들이 거의 자의적인 평가로 가난한 자에게 흡혈귀 노릇을 했었음이 분명하다.

징세권徵稅權이 대공大公에게 위임되기도 했을 것이고 이때 그가 제멋대로 세금을 징수하면 백성들은 당연히 그의 징세권의 적법성을 부인했을 것이다.

대공大公들은 백성들을 괴롭히고 파산시키기 위해 징집권徵集權을 이용했으므로 (서기 811년 《비망록Memorial》, 제3항) 〈역자 주: 앞의 32쪽 참고〉 백성들은 언제든 재산을 그에게 바치고 그의 노예가 될 수 있지만 중앙정부는 그런 일이 없기를 헛되이 원할 뿐 달리 할 일이 없었다. 백성들의 부담이 과중한 것인지, 그런 징집절차를 백성들이 선호하는지 그리고 정확한 재산평가를 기초로 백성들로부터 소출所出과 소, 피복, 무기 등이 거두어들여지고 있는 것인지에 대해 제대로 조사하고 통제한다는 것 역시 불가능했기 때문이다.

병역의무자가 실제 모두 징집된 것은 결코 아니고 대부분은 온갖 처벌의 위협 하에서 군세軍稅만 납부해야 했다는 것은 서기 808년의 법령(《게르만 사료집Monumenta Germaniae》, I, 137) 한 곳에서만 확인된다. 대공大公은 항상 군세를 자신에게 직접 납부하게 강요했다. 따라서 병역기피에 대한 벌금은 처음부터 주로 어느 정도는 부유한 사람들을 대상으로 한 것이고 대부분의 규정들은 물론 그런 취지였다. 그러나 이런 규정들의 경우에도 처벌 자체와 군복무 면제가 유일한 고려사항은 결코 아니었고 재정문제도 중요한 것이었음을 우리는 알 수 있다. 카롤링Karoling/Caroling 왕조에는 용감하고 자발적인 전사戰士들이 충분했기 때문에 황제에게는 마지못해 또는 반半 자발적으로 복무소집에 응하는 지주地主들보다는 체계적 징세徵稅제도가 훨씬 더 중요한 것이었다. 따라서 대공大公들이 직접 벌금을 징수하게 하지 않고 특사特使들을 통해서 징수하게 한 것은 벌금징수에 대한 욕심 때문만은 아니고 황제가 자신의 몫을 확보하려는 조치이기도 했다. 벌금이 결국 세금으로 변했을 뿐이다. 《베르티니 연대기年代記 *Annal. Bertiniani*》는 서기 866년 항에서 "모든 프랑크족에게서 군세軍稅를 받았다*heribanni de omnibus Francis accipiuntur*"고 했는데 이때 거두어들이고 있던 것은 병역 기피 벌금이 아니라 단순한 세금이었다. 모든 프랑크족이 납부해야만 했던 이 세금은 암소 60마리 가격인 옛날의 60솔리디solidi 그대로였을 수는 없다. 병역의무를 대신하는 세금이 후일 2~3솔리디로 고정되었음이 발견된다.[41]

벌금을 납부 받고 납부자에게 집에 남도록 허용해 준 관리는 자신이 60솔리디를 몰수당한다고 한 서기 808년의 법령(《게르만 사료집*Monumenta Germaniae*》, I, 137), 제3항(역자 주: 앞의 34쪽 참고)은 관리들의 그런 조치가 아예 금지되었다는 의미로 이해되면 당연히 안 되고 징수한 납부금으로 타인을 무장시키지 않고 이를 착복한 관리에 대한 제재규정일 뿐이라고 보아야 한다. 그런 의미가 전혀 명시되지 않은 것은 너무나 당연한 일이기 때문일 것으로 볼 수 있을 것이다.

★ ★ ★

서기 811년의 불로뉴Boulogne 법령
(《게르만 사료집*Monumenta Germaniae*》, I, 166)

"3. 우리 봉토封土를 지닌 자로서 군대에 소집되고도 지정된 날 집결지로 오지 않은 자는 그가 늦게 온 날짜만큼 고기와 술을 삼가 해야 한다.

(라틴어 원문)

"3. *Quincumque homo nostros honores habens in ostem bannitus fuerit et ad condictum placitum non venerit, quot diebus post placitum condictum venisse conprobatus fuerit, tot diebus abstincat a carne et vino.*"

너무 늦게 도착한 사람에 대한 이런 벌칙은 병역기피자에 대한 벌금과 분명히 본질적 차이가 있다. 이 규정에는 늦게 도착한 날짜만큼 고기와 술을 금지한 것 외에 다른 벌은 없었다. 뿐만 아니라 이런 벌은 결국 집행에 대한 감독이 불가능했을 것이므로 전혀 두려워 할 내용이 아니었다. 이런 법령들에서 현실을 반영한 점을 말하라면 프랑크족에게는 전역戰役에 소집되어도 주전투主戰鬪가 끝나기를 기다렸다 늦게 전역에 참가하는 것이 가장 편했을 것이라고 말해야 할 것이

---

41) 《이르미논의 폴리프티콘*Polyptychon Irmininos*》, 제II편, 274쪽(XXX, 20장)에는 징집 대신의 세금(헤르반Heerbann)으로 2명이 함께 2솔리디를 납부했다는 구절이 있다: "그들은 군세軍稅로 2솔리디를 납부했다. 포쎄의 성聖 모에의 폴리프티콘, 제6장*Solvunt de airbanno sol. II. Polypt. de St.. Mauer des Fossés, c. 6*"(게라르Guérart, 《이르미논의 폴리프티콘*Polypt. Irmin*》, II, 284쪽). "출전할 사람을 고용하려고 3솔리디를 납부했다 *Solvunt Vestü mansi hairbannum pro homine redimendo de hoste sol 3.*" 바이츠Waitz의 《독일헌법사*Deutsche Verfassungsgeschichte*》, 제IV편(제1판), 485쪽, 각주 5 및 플라크Flach의 《고대 프랑스의 기원*Les origines de l'ancienne France*》, 제I편, 321쪽을 볼 것. 바이츠의 《독일헌법사》, 제VIII편, 147쪽, 각주 5 및 148쪽, 각주 1도 참고할 것. 바이츠는 자신이 인용한 사료는 "옛 법률상 벌금"을 말한 것이고 "그런 성직자들은 복무를 면제받거나 이를 그들에게 넘겼다"고 믿는다. 필자에게는 오토Otto III세, 하인리히Heinrich/Henry II세 및 하인리히 V세 때는 "헤르반Heerbann"이 "옛 법률상 벌금"일 수가 없고 단순한 세금이었을 것으로 보인다. 쾌치케Kötzschke의 "칼로링 왕조 당시의 군세軍稅*Heeressteuern in karolingischer Zeit*"(《계간季刊 역사지歷史誌 *Historische Vierteljahresschrift*》, 제10권, 서기 1899년, 231쪽 이하)에서는 후일 작센족의 세금과 카롤링 왕조 때 도입된 아드주토리움adjutorium 간의 관계에 대한 증거를 소개해 놓았다.

다. 그렇게 하더라도 몇 주일 혹은 몇 달 동안 채식菜食만 하라는 벌 이외에는 아무 벌도 없었을 것이고 그나마도 이런 자비로운 벌을 제대로 이행하고 있는지 감독할 수 있는 것은 벌을 받는 사람의 양심밖에는 없었을 것이다.

★ ★ ★

《병역면제 규정》

서기 808년 법령
(《게르만 사료집*Monumenta Germaniae*》, I, 137)

"4. 대공大公의 토지에 딸린 사람들 중 그의 부인과 함께 있을 2명과 그의 구역을 지키면서 우리를 위해 일할 다른 2명은 징집에서 면제된다. 따라서 이제 모든 대공大公들은 부인과 함께 있을 2명 이외에 그가 소유한 구역이 몇 구역이건 이 구역들을 지킬 2명만 그의 집에 남겨 놓도록 명한다. 그는 나머지 인원을 빠짐없이 다 데리고 출전해야 하며 만약 자신이 집에 남아 있게 되면 자신 대신에 출전하는 사람에게 그들을 보내야 한다. 주교主敎나 대수도원장大修道院長도 토지에 딸린 인원들 중 2명만 집에 남겨야 한다."

(라틴어 원문)

"4. *De hominibus comitum casatis isti sunt excipiendi et bannum rewadiare non iubeantur. duo qui dimissi fuerunt cum uxore illius et alii duo qui propter ministerium eius custodiendum et servitium nostrum faciendum remanere iussi sunt. In qua causa modo praecipimus, ut quanta ministeria unusquisque comes habuerit, totiens duos homines ad ea custodienda domi dimittat praeter illos duos quos cum uxore sua. Ceteros vero omnes secum pleniter habeat vel si ipsi domi remanserit cum illo qui pro eo in hostem proficiscitur dirigat. Episcopus vero vel abbas duo tantum de casatis et laicis hominibus suis domi dimittant.*"

서기 811년의 불로뉴Boulogne 법령
(《게르만 사료집*Monumenta Germaniae*》, I, 167)

"9. 금년에 그의 세뇨르Seigneur/senior와 함께 출전하지 않은 자유민은 군세軍稅를 전액 납부해야 한다. 그의 대공大公 또는 세뇨르가 그를 집에 남아있게 한 경우면 그 대신 그의 대공大公 또는 세뇨르가 집에 남아있게 한 사람의 숫자만큼 세금을 납부해야 한다. 또한 금년에 각 세뇨르가 2명만 집에 남길 수 있도록 허용했으므로 이 2명의 명단을 우리 특사特使들에게 제출할 것을 명한다. 이들에게만 군세軍稅를 면제했기 때문이다."

(라틴어 원문)

"9. *Quicumque liber homo inventus fuerit anno praesente cum seniore suo in hoste non fuisse, plenum heribannum persolvere cogatur. Et si senior vel comis illius eum domi dimiserit, ipse pro eo eundum bannum persolvat, et tot herbanni ab eo exigantur quot homines domi dimisit. Et quia nos anno praesente unicuique seniori duo homines quos domi dimitteret concessimus, illos volumus ut missis nostris ostendant, quis hisque tantummodo heribannum concedimus."*

서기 819년의 〈특사령特使令/*Capitulare Missorum*〉, 27장[42]
(《게르만 사료집*Monumenta Germaniae*》, I, 291)

"금년도에 출전하지 않은 우리의 바쌀Vassal과 주교主敎, 대수도원장大修道院長, 대수녀원장大修女院長 및 대공大公의 바쌀은 군세軍稅를 납부해야 한다. 다만 과거 우리의 주인이고 아버지이신 샤를마뉴 대제大帝께서 인정하신 절박한 이유로 인해 집에 남겨졌던 자들 즉, 대공大公이 부인과 집의 평화와 안전을 지키기 위해 집에 남겨놓은 자들과 이와 유사하게 주교, 대수도원장 및 대수녀원장大修女院長이 평화를 지키고 농작물을 수확하고 가사家事를 돌보고 또한 특사特使들을 영접하기 위해 집에 남겨놓은 자들은 예외로 한다."

(라틴어 원문)

"Ut vassi et vassi episcoporum, abbatum, abbatissarum et comitum qui anno praesente in hoste non fuerunt heribannum rewadient, wxceptis his qui propter necessarias causas et a domno ac genitore nostro Karolo constitutas domi dimissi fuerunt, id est qui a comite propter pacem conservandam et propter conjugem ac domum eius custodiendam et ab episcopo vel abbate vel abbatissa similiter propter pacem conservandam et propter fruges colligendas et familiam constringendam et missos recipiendos dimissi fuerunt."

위의 법령들이 열거하고 있는 병역면제 대상을 비교해 보면 매년 숫자가 달랐음을 알 수 있다. 대공大公들은 어느 때는 2명을 집에 남길 수 있었고 어느 때는 4명을 남길 수 있었다. 이런 것이 실제의 의도였는지 보다도 더 중요한 문제는 집에 남길 수 있던 인원이 어느 부류에 속한 사람인지의 여부이다. 병역의무를 지닌 자가 모두 군복무 적격자였을까? 다른 때는 그들이 소유한 토지를 합해 몇 후프Huf/hide가 되면 그들 중 1명만 군대에 가면 되었는데 이 해에는 특수한 상황 때문에 모든 인원이 징집이 된 것일까? 이에 관한 보레티우스Boretius의 견해(《법령집 비판 논고論考 *Beiträge zur Kapitularienkritik*》, 118쪽 및 123쪽)가 아주 분명한 것은 아니다. 필자는 분명히 이 규정은 면제 대상이 2명 또는 4명만 되어도 문제가 될 만큼 극소수의 사람들에게만 적용되는 규정일 때 비로소 의미 있는 규정이 된다고 본다. 다시 말해서 이 규정의 적용 대상은 일반인 모두가 아니라 바쌀Vassal 또는 봉토封土 소유자에 한정되었었던 것이다.

서기 801년에서 813년 사이의 법령(《게르만 사료집*Monumenta Germaniae*》, I, 170, 8장)은 비카리우스vicarius(역자 주: 백호百戶 지휘관 후노Hunno 또는 쎈테나리우스centenarius의 또 다른 이름)는 늑대사냥꾼 2명을 두도록 명했고 이들은 병역이 면제되었다.

---

42) 보레티우스Boretius의 《법령집 비판 논고論考 *Beiträge zur Kapitularienkritik*》에서는 아직도 이를 서기 817년 법령이라고 말하고 있다.

《징집徵集 규정》

"군대가 출정할 때는 그의 구역 내 모든 사람이 60솔리디를 납부하지 않으면 출전하도록 공포하는 것이 대공大公의 업무이다de hoste pergendi, ut comiti in suo comitatu per bannum unumquem- que hominem per sexaginta solidos in hostem pergere bannire studeat"는 서기 801년~813년 사이의 〈아헨 법령Capit. v. Aachen〉(《게르만 사료집Monumenta Germaniae》, I, 171, 9장)에 의하면 대공大公은 다른 세뇨르Seigneur/senior의 바쌀을 포함 모든 전사戰士들을 소집했었다.

트리에르Trier의 하티Hatti 대주교大主教가 툴르Toul의 주교主教에게 보낸 서신(앞의 31쪽 참고)에 의하면 황제의 특사特使가 주교에게 서신을 보내면 주교는 ("대수도원장大修道院長, 대수녀원장大修女院長, 대공大公, 세뇨르가 거느린 바쌀 등 그의 관할 교구教區 내의 사람들 중 황제의 군대에 복무하기에 적합한 모든 사람에게omnibus abbatibus, abatissis, comitibus, vassis dominicis vel cuncto populo parrochiae tuae, quibus convenit militiam regiae potestati exhibere") 징집을 공포하는 식으로 징집이 시행되었다.

반면, 풀라트Fulrad 대수도원장은 황제로부터 직접 소집령을 받았다(이 책 제II편, 448쪽).

이런 모순점 때문에 서기 801년~813년 사이의 〈아헨 법령Capit. v. Aachen〉 중 "모든 인원unumquemque hominem"(역자 주: 앞의 21쪽, 각주 31 참고)이 누구까지를 말하는지에 대해 바이츠Waitz가 의문을 가졌음이(《독일헌법사Deutsche Verfassungsgeschichte》, 제IV편, 제1판, 513쪽, 각주) 분명하다.

필자는 이때 "모든 인원"은 다른 전사戰士들의 바쌀들까지 포함한 "모든 전사戰士들"을 의미하는 것으로 확신한다. 위의 모순점은 샤를마뉴 대제大帝 당시 모든 군사체계에 일반화 되어있던 모순점과 같으며 더 큰 모순점은 아니다. 타인의 바쌀을 포함해서 모든 자유민은 왕의 신하임이 아직 완전히 잊혀진 것은 아니었기 때문에 왕의 징집이 있을 때면 대공大公은 자유민을 소집한 것이다. 자유민은 현실적으로는 물론 한 세뇨르Seigneur/senior의 종자從者/Gegolg로 나타날 뿐이고 이 때문에 소집령은 대영주大領主/grossen Seigneur들에게 직접 하달된 것이다. 특사特使를 통해 주교主教에게 소집령을 보내고 주교가 이를 다시 그의 교구教區 내의 대공大公과 대영주大領主들에게 하달한다고 해서 징집 자체를 위해 직접 소집보다 더 중요한 의미가 있었던 것은 아니다.

《장비 및 보급 규정》

서기 800년 또는 그 이전의 〈부동산 법령Capitulare de villis〉
(《게르만 사료집Monumenta Germaniae》, I, 82)

"64. 우리의 마차 바스테르니basternae를 잘 만들고 가죽을 잘 씌운 덮개와 짐차를 잘 결합해서 짐차가 물에 젖는 경우에도 안에 있는 보급품이 물에 젖지 않고 강을 건널 수 있게 하고 우리가 말한 물건들이 안전하게 강을 건널 수 있게 할 것. 또한 짐차 1대 당 우리가 쓸 밀가루는 12모디modii씩, 술

의 경우에도 우리의 기준대로 12모디씩 실어서 보낼 것을 명한다. 짐차 1대
당 방패, 창, 화살통 및 활도 하나씩 실어서 보내야 한다."

(라틴어 원문)

"*Ut carra nostra quae in hostem pergunt basternae bene factae sint, et operculi bene sint cum coriis cooperti, et ita sint consuti, ut si necessitas evenerit aquas ad natandum, cum ipsa expensa quae intus fuerit transire flumina possint, ut nequaquam aqua intus intrare valeat et bene salva causa nostra, sicut diximus, transire possait. Et hoc volumus, ut farina in unoquoque carro ad spensam nostram missa fiat, hoc est duodecim modia de farina: et in quibus vinum ducunt, modia XII ad nostrum modium mittant; et ad unumquodque carrum scutum et lanceam, cucurum et arcum habeant.*"

서기 801년에서 813년 사이의 〈아키스그라네세 법령*Capitulare Aquisgranese*〉
(《게르만 사료집*Monumenta Germaniae*》, I, 170)

"10. 왕과 주교主敎, 대공大公, 대수도원장大修道院長 및 왕의 고관高官들의 스펜사
spensa(보급품)로 밀가루, 술, 베이콘(소금에 절인 돈육豚肉), 풍족한 음식, 맷돌,
도끼, 곡괭이, 송곳 및 푼디불라fundibula(투석기投石器)를 짐차 1대로 수송해야
하며 이 짐차에는 투석기를 잘 쓸 줄 아는 사람들이 따라가야 한다. 왕의
보안관은 필요할 경우 페트라petras(돌맹이) 12사우마sauma를 휴대해야만 한다.
또한 모든 인원은 군복무 준비를 갖추어야 하며 필요한 연장들을 충분히
보급 받아야 한다. 모든 대공大公은 각자의 구역 내 초지草地 중 2/3를 군사용
으로 쓸 수 있게 해야 하며 좋은 교량(역지 주: 조립식 교량을 밀한 것으로 보임)과
보트를 보유하고 있어야 하다."

(라틴어 원문)

"10. *Ut regis spensa in carra ducatur, simul episcoporum, comitum, abbatum et optimatum regis: farinam, vinum, baccones et victum abundanter, molas dolatorias, secures, taretros, fundibulas, et illos homines qui exinde bene sciant iactare. Et marscalci regis adducant eis petras, in saumas viginti, si opus est. Et unusquisque hostiliter sit paratus, et omnia utensilia sufficienter habeant. Et unusquisque comis duas partes de herba in suo comitatu defendat ad opus illius hostis, et habeat pontes bonos, naves bonas.*"

서기 807년의 세느Seine강 서부 지역의 〈특사령特使令 *Capitulare missorum*〉
(《게르만 사료집*Monumenta Germaniae*》, I, 134)

"3. 그리고 또한 우리의 모든 충성스런 대장隊長들은 부하들과 함께 그리고
선물을 실은 짐차 1대에 충분한 보급능력을 갖추고 지정된 집결지로 와야
한다. 각 구역으로 나가있는 우리의 특사特使들은 우리의 바쌀Vassal들 가운
데 1명이 검열을 실시하게 하고 또 각 구역에서 그 적은 인원들과 함께

짐차 1대를 보내도록 우리 이름으로 명해야 하며, 또한 그곳에 아무도 남겨 놓지 말고 8월 중순에는 그들이 라인 강에 도착하도록 그들을 우리에게 평화롭게 데리고 와야 한다."

(라틴어 원문)

"3. *Omnes itaque fideles nostri capitanei cum eorum hominibus et carra sive dona, quantum melius praeparare potuerint, ad condictum placitum veniant. Et unusquisque missorum nostrorum per singula ministeria considerare faciat unum de vassalis nostris et praecipiat de verbo nostro, ut cum illa minore manu et carra de singulis comitatibus veniat et eos post nos pacifice adducat ita, ut nihil exinde remaneat et mediante mense Augusto ad Renum sint.*"

바스테르니basternae는 2마리의 짐승이 끄는 특수한 짐차로서 방수防水 가죽으로 덮개를 씌우게 했다. 각 짐차에는 밀가루나 술을 12모디modii씩 싣게 했다. 1모디우스Modius(역자 주: 모디modii의 단수單數형)는 52리터쯤 되었던 것으로 추정된다. 밀가루 1리터는 600g에 불과하나 술 1리터는 1kg이다. 이런 계산에 의하면 밀가루를 실은 짐차에는 800*lb*가 실리는 반면 술을 실은 짐차는 1,300~1,400*lb*가 실린다. 우리는 이런 규정들이 매우 개략적 규정이었을 것으로 볼 수 있다. 짐승 2마리가 짐만 1,300*lb* 이상 나른다는 것도 당시 상황에서는 매우 높은 기준이었다(이 책 제II편, 제IV권, 제IV장, 부기 5 〈식량 및 보급대열〉 참고). 그들이 이 규정을 개략적 기준이 아니라 실질적 요구사항으로 보았다면 아마 하루하루 줄어들어 갔을 출발 시의 무게를 1,300*lb* 이상으로 계산했을 것이다. 밀가루를 실은 짐차도 마찬가지였을 것이다. 우리가 유의할 것은 이 같이 실린 무게가 각각 다른 짐차들을 하나의 보급대열로 편성하는 것은 비현실적이라는 점이다.

《이태리 법령》

우리들에게 전해져 있는 롬바르디Longobard/Lombardy 왕국 법령들도(이 법령들도 보레티우스Boretius의 《법령집 비판 논고論考 *Beiträge zur Kapitularienkritik*》에 모두 수록되어 있다) 프랑크 왕국 법령들과 세부적으로는 큰 차이가 있지만 기본적인 면에서는 일치하기 때문에 우리의 해석들이 다행히도 일치한다.[43]

롬바르디 왕국 법령을 보면 그들의 전사戰士 계층이 민족대이동民族大移動/Völkerwanderung 시기 이후 호전성을 잃은 주민들 사이에서 어떻게 살아가며 발전했는지에 대해 프랑크족의 경우보다 훨씬 더 분명히 알 수 있다. 지금껏 우리는 아주 긴밀히 조직되지 않고 큰 종자從者집단Gefolgschaft을 형성하지도 못하고 생활기반으로 봉토封土도 없는 전사戰士 계층은 생각할 수 없었다. 따라서 중세 이태리 법제사法制史의 대

---

43) 징집기피에 대한 벌칙은 프랑크족의 헤르반Heerbann과 유사하지만 세부적으로는 달리 규정되어 있다. 즉, 첫 번째 기피와 두 번째 기피 그리고 세 번째 기피에 대해 차이를 두었다. 브루너Brunner, 《게르만 법제사法制史 *Deutsche Rechtsgeschichte*》, 제II편, 213쪽.

표작인 헤겔Carl Hegel의 《이태리 자치시自治市 조직의 역사Geschichte der Städteverfassung von Italien》에서는 우리에게 당시의 진실을 그대로 전해주는 사료의 내용들을 현실적으로 불가능한 것으로 보고 이를 임의로 잘못 수정하면서 진실을 외면하고 말았다.

사료 기록은 롬바르디 지역과 롬바르디가 정복하지 못했던 지역 모두에 관한 것이다.

그레고리Gregor/Gregory I세(서기 590년~604년 재위)의 한 서신에서는 모든 계층들을 열거하고 있는데 그 중에는 "전사戰士/milites" 계층도 있다. 자라Zara 또는 자데라Jadera에 보낸 또 다른 서신에도 동일한 구절이 있다.[44]

7세기 중엽에는 교황 마틴Martin을 체포하려 했던 그리스 황제가 총독에게 로마 "군대"의 태도를 먼저 살펴보고 그들이 저항하면 아무런 조치도 취하지 말도록 권고한 적도 있다.[45]

8세기 사료들에도 전사戰士 계층과 군사귀족Optimates militae에 관한 말이 계속 보이는데 만약 이 경우에는 어느 용병傭兵집단이 우연히 그곳에 있었을 뿐이라고 생각할 수 있다면 우리는 더 이상 다른 해석이 필요 없을 것이다. 그러나 그들(군대 귀족들primates exercitus)에게는 교황敎皇 선출에도 나름대로 권리가 있었고 선거규칙의 최종 서명에도 그들이 소집되었다. 헤겔Carl Hegel 자신도 이러한 군대가 용병군대였을 수 없고 국민군대 전체였을 수도 없다고 보고 이 군대는 "핵심적 시민들 중 존경받는 전사戰士 계층"으로 구성되었었고(제I편, 253쪽) "로마인들은 다시 군사적 성향을 지니게 되었고 국민이 하나의 군대가 되었으며"(250쪽) 이들은 토지소유와 무기사용 능력을 통해 완전한 자격을 갖춘 로마사회 구성원들로서 주로 종래의 대지주大地主들이었다고(254쪽) 주장한다.

그러나 이때 로마와 라벤나Ravenna에서 가옥 소유자가 아닌 온선한 누시민들이 소집됨에 따라서 나머지 "존경받는 시민들cives honesti"에게는 군사적 성향이 없었는데 어떻게 가옥 소유자들이 또다시 군사능력을 갖춘 것으로 본다는 말인가? 당시의 군대는 어느 날 갑자기 무기 다루는 능력을 지니게 된 것이 아닐뿐더러 명예로운 시대의 군사조직인 "스콜라스군scholas militiae"(역자 주: 이 책 제II편, 452쪽 참고)이라는 정예부대들까지 이미 보유하고 있었다. 이 부대는 콘스탄티누스 대제大帝 당시 창설되었고 교황敎皇 하드리아누스Hadrian/Hadrianus는 이 부대를 프랑크의 카롤Carol 왕과 싸울 때 보낸 적도 있다(헤겔Carl Hegel, 제I편, 259쪽). 라벤나에서 그들은 일요일이면 도시 성문 앞에서 무술武術 시합을 열고 도시 각 구역들이 서로 피를 흘리며 싸울 정도로 야만적 성향이 높았다(헤겔, 제I편, 263쪽).

---

44) 헤겔Carl Hegel의 《이태리 사치시自治市 조직의 역사Geschichte der Städteverfassung von Italien》, 제I편, 196쪽에 인용되어 있는 《사도서간司徒書簡/Epistle》, VI, 27에 의하면 서신 수신자受信者가 "라벤나Ravenna의 마리니아누스Marinianus 주교主教와 그 형제들 그리고 라벤나에 있는 동료 주교들, 사제司祭들, 부사제副司祭들, 성직자聖職者들, 귀족들, 백성들 그리고 전사戰士들에게Mariniano Episcopo Ravennati cum cereris fratribus et coepis copis sacerdotibus, levitis, clero, nobilibus, populo, militibus Ravenna consistentibus"로 되어 있다.

45) "만약 군대가 그런 일에 대해 적대적 태도를 보이는 것이 발견되면 그 이후 조용히 있을 것Si inveneritis contrarium in tali causa exercitum, tacitum habitote". 헤겔Carl Hegel, 《이태리 자치시自治市 조직의 역사Geschichte der Städteverfassung von Italien》, 제I편, 239쪽.

벨리사리우스Belisar/Belisarius의 전투에 참여하려 했지만 그 호의만 인정되고 전투 참여는 정중히 거절당한 적이 있는 로마시민들(역자 주: 6세기 초 동東로마 제국 장군 벨리사리우스가 고트Goten/Goths족으로부터 로마를 탈환했다가 다시 고트족에게 포위되었을 때 로마시민들은 자발적으로 무기를 들고 그를 지원하려 했다. 그러나 벨라사리우스는 전투능력이 없는 그들이 전투 중 공포에 질려 무너지면 군대 전체에 영향을 줄 것을 우려해 그들의 호의만 기꺼이 받아들였고 전투부대에 편입시키지는 않았다. 이 책 제II편, 제II권, 제IV장 참고)의 후손들로서는 이는 어쨌든 너무나도 큰 변화로 보인다. 특히 이때는 그들이 그리스 총독 또는 섭정攝政 성직자들의 보호 하에 있을 때였다. 이때 완전히 다른 어떤 요인이 작동했음이 분명한데 우리는 이 요인을 어렵지 않게 찾아낼 수 있다.

이 새 전사戰士 계층은 돌연 군사적 성향을 지니게 된 가옥소유자 계층이 아니었다. 반대로 당시 로마에는 야만인 전사戰士들이 있었다. 이들은 점차 로마화되고 시민들로 동화되었으며 가옥 등의 재산을 소유하게 되었을 수도 있지만 여러 세대 동안 이렇게 변하면서도 실전을 통해 전사戰士 기질을 유지했다. 그들은 언제나 필요한 존재였고 그들 없이는 이 국가는 방어력을 모두 상실했을 것이다.

오토Otto 대제大帝가 서기 963년 그의 유명한 페테르키르케Peterskirche/St. Peter's 종교회의를 개최했을 때도 "모든 로마인들의 군대omnis Romanorum militia"가 참여했다.46)

고트족과 달리 롬바르디족은 긴밀히 조직화된 단일민족으로 행동한 적은 없고 그들이 주축이 되어 게피트Gepiden/Gepids족, 작센족, 판노니아Pannonier/Pannonians족, 노리크Noricer/Noricans족 및 불가리아Bulgaren/Bulgaria족까지 가담한 군사동맹체로 역사무대에 등장했다. 이들은 이태리를 정복한 직후 소규모 영역들로 분할되어 35명의 영주領主/Herzog들이 국토를 나누어 다스렸고 후일까지도 선출직選出職의 무력한 왕을 두고 있었다. 우리는 이런 공국公國 시대에 규모가 큰 도시들에서는 한 집단의 지도자(씨족장氏族長 후노Hunno)가 정착해서 권력을 장악하고 자신이 원하는 것을 취하고 필요한 일을 무엇이든 자신이 거느린 사람들에게 요구했을 것으로 생각해야만 한다. 사료에 의하면 이 시기에는 침입자들의 당연한 탐욕 때문에 탁월한 로마인은 살해되거나 추방되었다고 한다.47) 로마인 대지주大地主들은 거의 사라졌을 것이다. 로마인들은 거의 알디엔aldien(또는 리티litti)이라는 반半자유민 처지로 몰락하고 롬바르디족만으로 완전한 자유민 전사戰士 계층 즉, 아리만니arimanni가 형성되었다. 프랑크족 사이의 로마인 신분에도 물론 같은 변화가 있었지만 좀 차이가 있었다. 프랑크족은 강력한 왕조가 있었기 때문에 탁월한 로마인 가문家門이 처음부터 생명과 재산을 보호받을 수 있었고 또 왕실 관리나 전사戰士 계층으로 편입되어 완전한 자유민 지배 계층의 구성원이 될 수도 있었는데(이 책 제II편, 제IV권, 제I장 참고) 롬바르디족 사이에서는 이런 일은 불가능했었다.

모든 롬바르디족이 지주地主로 변했고 야전 출정 때는 말을 타고 나갈 정도로 중요한 인물들이 되었을 것으로 추정한 하르트만Hartmann의 견해(《중세 이태리사

---

46) 리우트프란트Liutprant, 《오토 대제의 역사Historia Ottonis》, 제9장.

47) 파울루스Paulus Diaconus, 《롬바르디의 역사Historia Longobardorum》, II, 2장.

Geschichte Italiens im Mittelalter》, 제II편, 제I권, 42쪽 및 제II권, 50쪽)는 분명 오류이다. 새 지주들은 대부분 왕이나 장군Herzog, 종자從者/Gefolg 또는 관리였다. 평범한 롬바르디족 전사戰士들은 이 책 제II편, 제IV권, 제I장에서 우리가 알아낸 이유 때문에 전혀 토지에 정착하지 않고 왕의 장군Herzog, 종자 또는 관리가 되거나 소작 농지에서 살더라도 농지의 소출이 아니라 전투나 노략질에 참여한 보수로 살았다. 하르트만은 《중세 이태리사》, 제II편, 제I권, 52쪽에 어미語尾가 "파라*fara*"(씨족)인 꽤 많은 이태리 지명地名들을 열거해 놓았다. 이를 통해 우리는 꽤 큰 규모의 롬바르디족들이 대지주大地主가 아닌 소지주小地主로 그곳에서 살았다고 볼 수 있다. 그러나 소지주들은 자신의 재산만으로는 말을 타고 전쟁터로 나갈 수 없었다.

하르트만이 《중세 이태리사》, 제II편, 제II권, 52쪽에서 "호전적인 롬바르디족은 불로소득不勞所得을 얻기 위해 이동해 나갔으며 이들이 이태리 전역에 분산된 것은 불로소득을 얻기 위한 것이었다"고 한 것은 틀린 말이지만 그래도 게르만족은 농민으로 사는데 필요한 토지를 얻으려고 로마제국으로 들어갔다는 취지의 다른 표현보다는 진실에 가까운 편이다. 하르트만의 말 중에는 이 정복자들이 토지의 소득을 취하기만 한 것이 아니라 토지를 지배하고 전사戰士 계층 복무를 도맡았다는 중요한 부분이 누락되어 있다. 그들은 처음에는 마치 후일의 바이킹Waiking/Viking족이 그랬던 것과 같이 단순한 약탈자로 이태리를 침입했지만 지속적으로 정착해서 권력을 장악했을 때는 군복무를 도맡았다. 하르트만의 위와 같은 수사적修辭的 과장은 역사에서 바로 취한 것이 아니라 역사에 이입移入된 현대 이론에서 취한 것으로서, 우리는 기사騎士들의 언어로는 전쟁 자체를 "아르바이트Arbelt"(노동)라고 했다는 사실을 가지고 그런 견해를 반박할 수 있다.

하르트만이 《중세 이태리사》, 제II편, 제I권, 132쪽에서 6~세기에 이태리의 로마인들에게 일어난 군사체계 변화를 묘사한 말 중 "군사체계를 지방화地方化 한 결과 군사경제軍事經濟가 화폐경제에서 물물교환경제로 바뀌었다고 볼 수 있을 것이다"라는 구절이 있다. 이 구절의 내용은 옳다고 볼 수 있지만 그 인과관계는 뒤바뀌어져야 한다. 화폐경제가 (3세기 이후로) 물물교환경제로 바뀜에 따라서 군사체계도 "지방화" 된 것이다. 즉, 전사戰士들은 금전적 보수 대신 같은 가치를 지닌 식량을 받아 생활하게 되었고 결국은 지주地主로 생활하게 된 것이다.

★ ★ ★

서기 726년 〈리우트프란드 칙령Edictum Liutprandi〉
(《게르만 법령집Monumenta Germaniae Leg.》, IV, 140)

"83장. 모든 사법관은 전쟁을 시작할 필요가 있을 경우 말 1필匹씩 소유한 사람 6명 외에는 남겨두지 말 것. 이 6명은 그들이 소유한 등짐 짐승 외에 말 6필을 사육해야 한다. 또한 사법관들은 가옥도 토지도 없는 가장 빈곤한 사람들 중 10명을 남겨두어야 하며 이들은 사법관이 전쟁터에서 돌아올 때까지 사법관을 위해 1주일에 3일씩 일을 해주어야 한다. 촌장村長은 말 1필씩 소유한 사람 3명만 남겨두어야 하며 이들도 그들이 소유한 등짐 짐승 외에 말 3필을 사육해야 한다. 촌장은 재산이 좀 적은 사람 중 5명을 집에 남겨두어야 하며 이들은 촌장이 전쟁터에서 돌아올 때까지 촌장을 위해 사법관들의 경우와 같이 1주일에 3일씩 일을 해주어야 한다. 장원莊園 관리관은 말 소유자 1명만 남겨두어야 하며 남겨진 사람은 재산이 좀 적은 사람 중 그를 위해 복무할 1명을 부양해야 하며 또 앞서 말한 바와 같은 일을 해주어야 한다. 사법관, 촌장 또는 장원 관리관이 그를 출전하게 한 왕의 허가나 명령 없이 더 많은 사람을 남겨두려 했을 경우 자신의 벌과금wergeld/widrigild을 신성한 기여금畜與金으로 납부해야 한다."

(라틴어 원문)

"cap. 83. De omnibus iudicibus, quando in exercito ambolare necessitas fuerit, non dimittant alios homenis nisi tantummodo, qui unum cavallo habent, hoc est homines sex et tollant ad saumas suas ipsos cavallos sex, et de minimis hominibus qui nec casas nec terras suas habent, dimittant homenis decem, et ipsi homenis ad ipsum iudicem faciant per ebdomata una operas tres usque dum ipse iudex de exercito revertitur. Sculdahis vero dimittat homenis tres, qui cavallus habent, ut tollant ad saumas suas cavallos tres; et de minoribus hominibus dimittant homenis quinque qui faciant ei operas, dum ipse reversus fuerit, sicut ad iudicem discemus, per ebdomata una operas tres. Saltarius quindem tollat cavallo uno et de minoribus qui ei operas faciat tollat homine uno et faciat si operas, sicut supra legitur. Et si amplius iudex vel sculdahis aut saltarius dimittere presumpserit homines sine regis permisso aut iussione, qui in exercito ambolare devit, conponat wirgild suo in sagro palatio."

이 규정도 프랑크족의 규정이나 마찬가지로 문언文言상으로는 전시동원戰時動員이 있으면 모든 사람들이 다 출전한다는 고대 게르만 개념을 기초로 한 규정이다. 이 규정에 명시되어 있지는 않지만 이때 모든 사람들이란 롬바르디족과 군사공동체에 편입되었을 로마인 또는 반半로마인의 전사戰士들뿐임이 묵시적으로 표현되어 있다. 그러나 이런 기본원칙도 완벽하게 이행될 수는 없었다. 출전자 선발과정에 프랑크족은 조組 편성 체계를 확립했지만 롬바르디족은 다른 방법을 적용했다. 사법관들은 자신의 관할구역 내에서 말 1필匹씩 소유한 사람 6명과 그렇지 못한 다른 10명에게 출전을 면제하고 집에 남겨 둘 권한이 있었다. 촌장村長들도 역시 말을 소유한 3명과 여타 5명에게 출전을 면제하고 집에 남겨 둘 수 있었다. 또한 장원莊園 관리관(살타리saltarii 또는 데카니decani)들은 각자 말 소유자 1명을 집에 남겨 둘 수 있었다. 이렇게 해서 출전이 면제된 사람들은 그 대신 전역戰役이 끝날 때까지 필요시에는 그들의 말과 함께 그들의 상전을 위해 1주일에 3일씩 일을 해주어야 했다. 그들이 만약 이런 노동까지 일종의 기여금을 내고 피해갈 수 있었다면 프랑크족의 조組 편성 체계와 매우 유사한 체계가 된다.

이 롬바르디족 규정이 지금까지 전해진 프랑크족 법령들보다 훨씬 전인 서기 726년의 규정이라는 사실이 중요하다. 이런 사실은 프랑크족의 경우에도 역시 지금껏 우연히 남아있는 법령들에 의해 직접 확인되는 것보다 훨씬 더 오래 전부터 병역면제를 통해 일반징집을 제한 통제해야 할 필요성이 있었다는 증거가 될 수 있을 것이다.

헤겔Carl Hegel의 《이태리 자치시自治市 조직의 역사Geschichte der Städteverfassung von Italien》, 제Ⅰ편, 430쪽에서는 이 법령이 당시의 롬바르디 왕국에서는 로마인을 포함한 "모든" 자유민에게 적용되었으므로 더 이상 특정 인종人種만 징집하지는 않았음을 보여준다고 주장한다. 그러나 헤겔 자신도 이미 모든 로마인은 알디엔aldien이라는 반半자유민 신분으로 몰락했다는 견해에 옳게 동조했었다. 결국 로마인 자유민은 없었으며 8세기의 로마인은 다시 자유를 얻은 로마인들과 그들의 후손들 아니면 이민移民 해 들어온 사람들이었다. 이런 사람들이 그다지 많았을 수는 없지만 이들 중 다수는 실제로 전사戰士 계층에 편입되었을 것이다.

★ ★ ★

서기 750년 〈아이스툴프 법령Capitular Aistulfs〉
(《게르만 법령집Monumenta Germaniae Leg.》, Ⅳ, 196)

"2장. 흉갑胸甲을 가질 수 있거나 적어도 이를 구입할 재산은 있는 사람, 그들보다 재산이 좀 적지만 말 1필匹과 방패와 창을 가질 수 있거나 적어도 이들을 구입할 능력은 있는 사람 그리고 그런 것들을 가질 수도 없고 구입할 재산두 없는 사람도 모두 방패와 화살통은 하나씩 가지고 있어야 한다. 소작인小作人 있는 7필지의 토지를 가진 사람은 나머지 장비와 함께 자신의 흉갑을 가지고 있어야 하고 또 말들도 가지고 있도록 규정했다. 추가로 7필지가 넘는 토지를 가진 사람은 말들과 나머지 장비를 가지고 있어야 한다. 소작인 있는 토지는 없고 40 면적의 토지만 가지고 있는 사람은 말 1필匹과 방패와 창을 가지고 있도록 명했다. 영주領主/principi께서는 또 재산이 좀 적은 사람도 가능하면 방패 하나는 가지고 있어야 하고[49] 화살 채운 화살통 하나와 활 하나는 적어도 가지고 있어야 한다고 했고,[48] 또한 사업가인 재산 없는 사람도 같다. 그러나 부유한 사람은 흉갑과 말들과 방패와 창을 가지고

---

48) 《게르만 법령집Monumenta Germaniae Leg.》과 보레티우스Boretius의 《법령집 비판 논고論考 Beiträge zur Kapitularienkritik》에 수록된 원문에서는 원래 2장이 이곳에서 "arcum"("활")이란 단어로 끝나고 다음의 "item" ("또한")이런 딘어로 3징이 시직된다. 그리고 3장의 원문 중 "habent"와 "Qui" 사이가 마침표가 아니라 콜론(:)으로 되어 있다. 그렇다면 3장은 원래 "또한 사업가에 대해 우리는 다음과 같이 규정한다: 부유하고 재산이 있는 사람Majores et potentes은 흉갑과 말들과…을 가지고 있어야 한다"는 의미가 된다. 그러나 이는 말이 되지 않으므로 보레티우스는 3장의 원문 중 "pecunias"(부유한)를 "부동산不動産이 있는"으로 번역했다(《법령집 비판 논고》, 132쪽). 그러나 "pecunias"는 토지소유를 의미하지 않는다. 이 구절의 번역을 위해 필자는 친구 브루너Heinrich Brunner를 찾아갔고 그의 조언에 따라 모든 문제점들이 가장 바람직한 방향으로 제거될 수 있게 문장 배열을 바꾸고 "habent"와 "Qui" 사이의 콜론(:)을 마침표로 바꾸었다.

있어야 하고, 지위가 좀 낮은 사람은 말들과 방패와 창을 가지고 있어야 하며, 보다 빈곤한 사람은 화살을 채운 화살통과 활을 가지고 있어야 한다.

7장. 재산이 있는 사람을 군대에서 집으로 가게 한 사법관과 촌장村長 그리고 관리는 우리가 문서로 하달한 법령에 규정된 금액을 납부해야 한다."

(라틴어 원문)

"*cap. 2. De illos homines qui possunt loricam habere et mnime et lanceam et minime habent, vel illi homines qui non possunt habere nec habent unde congregare, debeant habere scutum et coccura. Et stetit ut ille homo qui habet septem casas massarias habeat loricam suam cum reliqua conciatura sua, debeat habere et cavallos; et si super habuerit per isto numero debeat habere caballos et reliqua armatura. Item placuit, ut illi homines, qui non habent casas massarias et habent quandraginta jugis terrae, habeant cavallum et scutum et lanceam, item de minoribus hominibus principi placuit, ut si possunt habere scutum,*[49] *habeant coccora cum sagittas et arcum,*[48][49] *item di illis hominibus qui negotiantes sunt et pecunias non habent. Qui sunt majores et potentes, habeant loricam et cavallos, scutum et lanceam; qui sunt sequentes, habeant caballos, scutum et lanceam; et qui sunt minores, habeant coccoras cum sagittas et arcum.*

cap. 7 De iudicis es sculdahis vel aactores, qui homines potentes dimittunt ad casa seu de exercitu; qui hoc faciunt conponant sicut edictus continet pagina."

이 규정은 단지 구두口頭로만 협의하고 공포한 결정임을 시사하는 기록형식을 지니고 있다. 왕은 일정한 사람들에게는 갑옷과 더불어 완전한 일체의 장비를, 또 다른 사람들에게는 말과 방패와 창을 그리고 가장 빈곤한 사람들에게는 단지 방패와 화살통(즉, 활과 화살)을 각각 갖추도록 요구하고 있다. 출전한 사람이 규정된 장비를 갖추지 않았을 때 어떤 처벌을 받을 것인지는 언급이 없는데 이 부분은 단지 기록자에 의해 누락되었을 것으로 보인다. 토지 7후프Huf/hide를 소유한 사람은 완전한 갑옷을 착용하고 말을 타고 출전해야 했고, 그보다 더 많은 토지를 소유한 사람은 그와 동일하게 무장한 사람을 7후프당 1명씩 출전시켜야 했다. 40쌍의 소가 하루에 갈아엎을 면적의 토지만 소유한 사람은 방패와 창을 가지고 말을 타고 출전해야 했고 보다 빈곤한 사람은 가능하면 방패를 가지고 출전하되 어떤 경우건 화살통과 화살과 활은 가지고 출전해야 했으며,[49] 토지가 없는 사업가Negotiantes(상인, 무역업자, 공장工匠)에게도 동일한 요구를 했다. 그러나 그들 중 보다 지위가 높고 부유한 사람들은 완전한 무장을 갖추고 출전해야 했고 어느 정도 재산이 있는 사람은 방패와 창을 갖고 말을 타고 출전해야 했다.

---

49) 필자는 원문을 이런 식으로 해석할 수 있다고 믿는다. 원문 중 "그들이 방패를 가질 수 없다면*ut si possunt habere scutum*"이라는 구절을 부인한 보레티우스Boretius의 견해(《법령집 비판 논고論考 *Beiträge zur Kapitularienkritik*》, 133쪽)는 옳다. 원문은 "그들이 방패를 가질 수 있다면 (방패 하나와) 화살을 채운 화살통 하나와 활 하나는 가지고 있어야 하고, (그들이 방패 하나를 가질 수 없으면 화살을 채운 화살통 하나와 활 하나는 가지고 있어야 한다) *ut si possunt habere scutum, habeant (scutum) coccora cum sagittas et arcum; (si non possunt habere scutum, habeant coccora cum sagittas et arcum)*"라고 고쳐서 읽혀져야 한다. 그러나 괄호 속의 말들이 반드시 삽입되어야 한다는 것은 아니다. 오히려 그런 말들이 삽입되지 않는 것이 거칠고 불완전한 전체적인 문서형식에 어울리지만 원문을 읽을 때는 이 같은 내용을 염두에 두고 읽어야 한다.

이 규정에는 병역면제 문제는 거론되지 않았다. 이번에는 왕이 국민 모두를 징집해서 야전으로 출전하게 할 계획이 있었건—그랬다면 이는 라벤나_Ravenna를 그리스인들로부터 다시 떼어놓으려는 계획이었을 것이다—이 문제에 관한 규정들이 현실적 가치가 없었건 간에 왕은 계획의 집행을 관리들의 손에 전적으로 맡겨 놓았다. 또한 실제 공포되었던 몇몇 규정들도 물론 매우 불완전했다. 특히 알기 어려운 문제는 그의 재산이 7후프_Huf/hide의 토지를 소유한 사람과 40쌍의 소가 하루에 갈아엎을 수 있는 면적의 토지를 소유한 사람 중간인 사람들은 어떤 무장을 해야 했는지에 관한 부분이다. 또한 7후프_Huf/hide 이상의 토지를 소유한 사람이 완전한 무장을 갖추어서 출전시켜야 했던 사람들은 어떤 종류의 사람들이었는지에 관한 문제도 있다.

이 규정에서 가장 흥미 있는 부분은 사업가_negotiantes에 관한 부분이다. 이로부터 우리는 아주 많은 옛 전사戰士 계층이 농민으로 변했을 뿐만 아니라 도시민 계층에도 동화되어 있었음을 알 수 있다. 앞서 우리는 부르고뉴_Burgund/Bourgogne족의 경우 모든 사람이 시골로 이주해 토지에 정착한 것이 아니라 도시에 거주하는 대공大公들이 주변에 상당한 병력을 유지하면서 도시에서 그들에게 가옥을 제공했음이 물론 명백하다는 증거를 발견했었다(이 책 제II편, 제II권, 제VI장 참고). 이미 헤겔_Carl Hegel도 이태리를 정복한 롬바르디족은 대부분 시골이 아니라 바로 도시에 정착했음을 지적한 바 있다.[50] 사료에는 영향력이 있는 도시거주민으로 아리만니_Arimanni(역자 주: 롬바르드족만으로 구성된 완전한 자유민 전사戰士 계층)에 관한 언급이 계속 등장한다.[51] 그들은 전쟁 중간의 평화시기에 일부 민간 직업을 갖기 시작했지만 곧 바로 전사戰士 성향을 포기하지는 않았고 시골의 지주들 역시 마찬가지였다. 이 문제를 유추해 볼 수 있는 근거로 우리는 후일(서기 1233년) 브레멘_Bremen 도시민들에게 선포한 게브하르트_Gebhart 대주교大主敎의 조례를 인용해 볼 수 있을 것이다.[52] 그는 "미니스테리알이나 교회사람으로서 교회로부터 봉토封土를 받은 상인을 제외하고_exeptis illis mercatoribus, qui vel tamquam ministerials, vel tamquam homines ecclesiaeab ecclesiasunt feodati" 상인_mercatores들을 본인 의사를 무시하고 전쟁에 출전시키지는 않겠다고 약속했다. 우리는 브레멘에서는 봉토封土를 받은 상인도 전사戰士 계층에 포함되어 있었음을 알 수 있다.

★ ★ ★

샤를마뉴 대제大帝 당시 이태리 〈특사령特使令/Capitulare Missorum〉 (발췌)
(《게르만 사료집_Monumenta Germaniae》, I, 206)

"7. 자유민의 능력에 관해: 자유민들은 그들의 재산의 크기에 따라 군복무를 해야 한다.

---

50) 《이태리 지방자치 조직의 역사_Geschichte der Städteverfassung von Italien》, 제I편, 345쪽 및 368쪽.
51) 같은 책, 제II편, 27쪽.
52) 엠크_Ehmk · 비펜_Bippen 편編, 《브레멘 원사료집原史料集 Bremer Urkundenbuch》, 제I편, 문서번호 172번.

13. 대공大公들은 우리의 거주지로부터의 특사特使 또는 우리의 아들의 특사特使가 징집을 요구하러 온 경우가 아니면 자유민들로부터 군대를 위한 징집이나 기여금을 받거나 받으려 해서는 안 된다."

(라틴어 원문)

"7. *De liberorum hominum possibilitate: ut iuxta qualitatem proprietatis exercitare debeant.*

13. *Ut haribannum aut aliquod conjectum pro exercitali causa comites de liberis homini-bus recipere aut requirere non persumant, excepto si de palacio nostro aut filii nostri missus veniat qui illum haribannum requirat.*"

★ ★ ★

서기 825년 2월 코르시카 전역戰役을 위한 로타르Lothar/Lothair 황제의 징집령徵集令
(《게르만 사료집Monumenta Germaniae》, I, 324)

"자신과 함께 코르시카Corcica로 출전하는 사람과 그곳에 잔류해야 할 사람에 대해 다음의 규정을 지키도록 모든 대공大公들에게 명한다.

1. 우리 집의 바쌀Vassal 중 아우스탈두스austaldus(역자 주: 앞의 각주 13에서 말한 가스탈두스gastaldus 즉, 봉토封土 없는 전사戰士)로 우리 왕실에서 빈번히 근무하는 사람은 잔류토록 명하며, 그들이 과거에 거느렸고 이 일을 위해 그들에게 자신을 추천한 사람은 그들의 세뇨르Seigneur/senior와 함께 잔류해야 한다. 우리는 그들의 토지에 잔류한 사람이 누구인지 또 누가 출전하고 누가 잔류하는지에 대해서도 알기를 원한다. 사실 우리는 우리의 봉토封土를 소유하고 있으면서 공적 생활을 계속하고 있는 사람들이 출전하기를 희망한다.

2. 주교主教나 대수도원장大修道院長의 사람으로서 공적 생활에 참여하고 있는 경우에는 그들의 대공과 함께 출전하도록 진정으로 명한다. 다만 그가 선정한 2명만 예외로 하며, 우리는 그들의 자유민 아우스탈두스들은 4명 외에는 모두 출전하기를 원한다.

3. 그들이 바리길디bharigildii라고 부르는 여타 자유민들에 관해, 모든 대공大公들이 다음과 같은 규칙을 지키도록 진정으로 명한다. 재산이 많아서 자신의 비용으로 출전할 수 있고 건강과 힘이 쓸만한 것으로 확인된 사람은 출전해야 하고, 진정으로 재산은 있지만 출전할 수 없는 사람은 건강하지만 가난한 사람을 지원해야 한다. 진정으로 빈곤 때문에 자신의 비용으로 출전할 수는 없지만 한 몫을 분담할 수는 있는 제2 계층의 자유민은 그들 중 1명이 출전하도록 지원할 수 있다고 대공大公이 판단하는 2명, 3명 또는 4명(실제로 필요하다면 그 이상까지)이 조組를 편성해야 한다. 지나치게 빈곤해서 출전하기에 적합하지 않고 타인을 지원할 수도 없는 다른 사람들에게도 이런 방식으로 그 명령이 준수되도록 하라. 대공大公들은 우리 바쌀들의 옛 관습에 따라 출전 유예猶豫를 허용해야 한다."

(라틴어 원문)

"*Volumus ut singuli comites hanc districtionem teneant inter eos qui cum eis introeant in Corsica vel remanere debeant.*

1. Ut domnici vassali qui austaldi sunt et in nostro palatio frequenter serviunt, volumus ut remaneant, eorum homines quos antea habuerunt, qui propter hanc occassionem eis se commendaverunt cum eorem senioribus remaneant. Qui autem in eorum proprietate manent, volumus scire qui sint et edhuc considerare volumus, quis eant aut quis remaneant. Illi vero qui beneficia nostra habent et foris manent, volumus ut eant.

2. Homines vero episcoporum seu abbatum qui foris maneant, volumus ut cum comitibus eorum vadant, exceptis duobus quos ipse elegerit, et eorum austaldi liberi, exceptis quattuor, volumus ut pleniter distringantur.

3. Ceteri vero liberi homines quos vocant bharigildi, volumus ut singuli comites hunc modum teneant: videlicet ut qui tantem substantiae facultatem habent qui per se ire possint et ad hoc sanitas et viris utiles adprobaverit, vadant, illi vero qui substantiam habent et tamen ipsi ire non valent, adiuvet valentem et minus habentem. Secundi vero ordinis liberis, quis pro paupertate sua per se ire non possunt et tamen ex parte possunt, coniungantur duo vel tre aut quattuor (alii vero si necesse fuerit) qui iuxta considerationem comitis eunti adiutorium faciant quomodo ire possit, et in hunc modum ordo iste servetur usque ad alios qui pro nimia paupertate neque ipsi ire valent neque adiutorium eunti praestare. A comitibus habeatur excusatus post antiqua consuetudo eis fidelium comitibus observanda."

★ ★ ★

서기 825년 5월 로타르Lothar/Lothair 황제의 법령(발췌)
(《게르만 사료집Monumenta Germaniae》, I, 319)

"1. 군복무를 잘할 수 있을 정도로 재산이 많으면서 군복무를 명빌고 이를 거부한 자유민에 대해서는 이것이 첫 번째 위반일 때는 그들에 대해 법이 규정한 벌칙을 가하도록 명한다. 두 번째로 그런 행위를 한 경우에는 우리의 군세軍稅 60솔리디solidi를 납부해야 하며, 세 번째일 경우는 모든 재산을 몰수당하거나 유배流配될 것임은 그는 알아야 한다. 진정으로 빈곤 때문에 자신의 비용으로 출전할 수 없는 자유민은 2명, 3명, 4명 또는 필요할 경우에는 그 이상의 인원이 우리의 군복무를 보다 잘 할 것으로 보이는 1명을 지원하게 하도록 우리는 충성스런 대공大公들에게 위탁한다. 또한 지나치게 빈곤해서 군복무를 할 수도 없고 타인을 지원할 수도 없는 사람들에 대해서는 그들이 회복될 때까지 군복무를 유예猶豫하라."

(라틴어 원문)

"*1. Statuimus ut liberi homines qui tantum proprietatis habent unde hostem bene facere possunt et iussi facere nolunt, ut prima vice secundum legem illorum statuto dammo subiaceant, si vero secundo inventus fuerit neglegens, bannum nostrum id est LX solidos persolvat, se vero tertio quis in eadem culpa fuerit implicatus, sciat se omnem substantiam suam amissurum aut in exilio esse mittendum. De mediocribus quippe liberis qui non possunt per seu hostem facere comitum fidelitati committimus, ut inter duos aut tres se quattuor vel si necesse fuerit amplius uni qui melior esse videtur adiutorium praebeant ad nostrum servicium faciendum. De his quoque qui propter nimiam paupertatem neque per se hostem facere neque adiutorium prestare possunt, conserventur quosque valeant recuperare."*

프랑크 왕국 카롤링 왕조는 그리 많지 않은 병력으로 알프스를 넘어 이태리로 진격했다. 따라서 롬바르디족가 전투 한번 없이 프랑크족에게 굴복한 것은 프랑크 왕국이 더 큰 왕국이었기 때문이라기보다는 롬바르디족이 전혀 봉건체계를 통해 군사력을 보완하지 않은 채로 민간인화 된 것이 더 큰 원인이었을 것이다. 우리는 위 법령들로부터 샤를마뉴 대제大帝는 그의 롬바르디 왕국에도 프랑크족 군사체계를 도입했음을 알 수 있다. 위 법령들은 조組를 편성해서 그 중 1명을 징집할 때 법령에 명시한 내용 이외의 나머지 절차는 전적으로 대공大公의 재량에 맡겨서 신체적으로 가장 적합한 인원을 선발토록 분명히 강조하고 있다. 이를 보면 이태리 지역에서는 이런 방법이 순수한 바쌀vassal 전사戰士 계층이 생길 때까지 실제로 시행되었을 것이라는 생각이 든다.

서기 866년 루드비히Ludwigs/Louis II세의 법령(《게르만 사료집Monumenta Germaniae》, II, 94)을 보면 이 당시에도 물론 옛 체계를 계속 유지하면서 변혁하려는 시도가 있었다.

"1. 동산動産 중에 자신의 벌과금wergeld/widrigild을 납부할 능력이 있는 사람은 출전해야 한다. 2명이 1명분의 벌과금을 납부할 능력이 있을 경우 이 2명이 1개 조組를 편성한 다음 그중 신체능력이 우수한 사람을 무장시켜 출전할 수 있도록 해야 한다. 진정 가난한 사람들은 해안이나 이웃의 경비 임무를 수행해야 한다. 따라서 동산이 10솔리디solidi 이상인 사람은 그와 같은 경비 임무를 수행해야 함이 분명하다. 동산이 10솔리디 이하인 사람에게는 진정으로 아무런 요구도 하지 말라. 또한 1명의 아버지에게 1명의 아들이 있고 이 아들이 아버지보다 능력(역자 주: 신체능력을 말한 것으로 보임)이 크면 그 아들이 아버지의 부담으로 무장하고 출전해야 한다. 진정 그에게 2명의 아들이 있으면 2명 중 보다 능력이 큰 1명이 출전해야 하며, 나머지 1명은 아버지와 함께 집에 남는다. 그러나 그에게 더 많은 아들이 있으면 능력이 있는 아들들이 모두 출전해야 하며 가장 능력이 적은 1명만 집에 남는다. 분가分家하지 않은 형제들에 관해서는 우리의 주인인 아버지 황제의 칙령에 따라서 형제가 2명이면 모두 출전하고, 형제가 3명이면 가장 능력이 적은 것으로 보이는 1명은 집에 남고 나머지는 출전하며, 또한 능력 있는 것으로 보이는 형제가 더 많으면 그들은 출전하고 가장 능력이 적은 1명이 남도록 명한다. 이 규정이 명령, 지시 또는 여타의 이유로 인해 유예猶豫되지 않도록 명하며, 대공大公이나 가스탈두스gastaldus(역자 주: 봉토封土 없는 전사戰士. 앞의 각주 13 참고) 또는 그들의 대리인은 누구에게도 출전을 유예해 줄 수 없으나 다만 대공大公은 각 구역에서 구역 경비를 위해 1명 그리고 그의 부인 곁에 2명을 남겨 놓을 수 있다. 따라서 주교主教는 평민 1명을 남겨 놓을 수 없다.

2. 실제로 우리는 이 법령에 위반해 감히 집에 남아있는 사람이 있으면 우리의 휘하에 있는 특사特使들이 차후 그의 재산을 압수해서 우리의 용도에 쓰도록 하고 또 그를 추방하도록 명했으며, 이는 우리가 우리의 선배들은 이미 이 법령에 따라 재산을 몰수했지만 자비를 베풀어 그들이 이에 대한 청구권을 얻었음을 모두에게 알리고자 함이다. 그러나 이제부터는 재산을 몰수당한 사람이 다시 그 재산을 회복하기가 어렵다는 것을 알아야 한다.

3. (원문에는 이곳에 많은 지명地名이 열거되어 있으나 생략함.) 이상의 지역들 주민 모두의 권리를 박탈하고 감시 하에 두며 그들이 평시에도 성城에 거주하도록 명한다. 이제 감히 그들을 눈감아 주는 특사特使가 있으면 그는 집에 남아있는 어떤 사람의 재산도 몰수할 수 없고 그들의 권리를 박탈할 수도 없으며, 그런 특사가 있으면 그 재산은 몰수된다. 앞서 우리가 언급한 경우 외에 어떤 사람을 출전을 유예시켜 집에 남기거나 그 자신의 바쌀vassal을 집에 남긴 대공大公이 있으면 그는 직위職位를 잃게 되며, 이와 유사하게 어떤 사람을 가도록 한 그의 대리인도 그 재산과 지위를 잃게 된다.

4. 그러나 질병 때문에 유예猶豫된 것이 아님에도 집에 남은 대공大公이나 우리의 바쌀vassal들이 있거나, 자신의 사람들을 모두 출전시키지 않은 대수도원장大修道院長이나 대수녀원장大修女院長이 있으면 그들도 직위를 잃게 되며 그들의 바쌀들은 지위와 봉토封土 모두를 잃게 된다. 하지만 그의 바쌀이 명백한 질병이 없이 집에 남은 주교主教가 있으면 그는 이런 비행非行 때문에 다음과 같은 벌을 받아야 한다. 주인이신 왕께서 황송하게 허용해 주시면 그는 군대가 다시 그곳으로 갈 때까지 그 변경지역에서 거주해야 한다.

5. 그대들은 우리가 최대한 많은 인원을 동원해서 이 전역戰役을 수행하려 한다는 것을, 또한 만약 어느 주교主教, 대공大公 또는 우리의 바쌀이 의문스런 질병으로 출전이 유예되었을 경우, 그가 아주 분명한 질병 때문에 군복무를 이행할 수 없었던 때를 제외하고, 그 주교主教는 (그가 더 좋다고 보는) 그의 특사特使를 통해서 분명하게, 그리고 그 대공大公과 우리의 바쌀은 스스로 진실하게, 자신이 아무런 이유도 없이 집에 남아있었음을 선서宣誓와 함께 인정하도록 우리가 규정한다는 것을 아주 확실하게 알아야 한다.

6. 모든 사람들은 완벽한 군사장비를 가지고 와서 우리가 이를 검열하고 목록을 만들었을 때 태만했음이 나타나지 않고 좋은 평가를 받을 수 있게 하기를 명한다. 더욱이 그들은 1년분의 피복과 그 지방이 다시 추수秋收를 할 수 있을 때까지 필요한 식량을 차질 없이 휴대하고 있어야 한다."

(라틴어 원문)

"1. *Quincumque de mobilibus widrigild suum habere potest, pergat in hoste; qui vero medium widrigild habet, duos iuncti in unum utiliorem instruant, ut bene ire possit. Pauperes vero personae ad custodiam maritimam vel patriae pergant, ita videlicet, ut qui plus, quam decem solidos habet de mobilibus, ad eandem custodiam vadant. Qui vero non plus, quam decem solidos habet de mobilibus, nil ei requiratur. Si pater quoque unum filium habuerit et ipse filius utilior parte est, instructus a patre pergat; nam si patre utilior est, ipse pergat. Si vero duos filios habuerit, quicumque ex eis utilior fuerit, ipse pergat; alius autem cum patre remaneat; quodsi plures filios habuerit, utiliores omnes pergant; tantum unus remaneat, qui inutilior fuerit. De fratribus indivisis, iuxta capitularem domini et genitoris nostri volumus, ut, si duos fuerint, ambo pergant; si tres fuerint, unus, qui intutilio apparuerit, remaneat, ceteri pergant; si quoque plures omnes utiliores apparuerin, pergant, unus inutilior remaneat. De qua condicione volumus, ut neque per praeceptum neque per advocationem aut quamcumque occasionem excusatus sit, sut comes aut gastaldus vel ministri eorum ullum excusatum habeant, praeter quod comes in unoquoque comitatu unum relinquat, qui eundem locum custidiat et duos cum uxore sua; episcopi ergo nullum laicum reliquant.*

2. *Quincumque enim contra hanc institutionem remanere presumpserit, proprium eius a missis, quos subter ordinatum habemus, praesentaliter ad nostrum opus recipere iussimus et illum foras eicere. Omnibus enim notum esse volumus, quia iam aprioribus nostris iuxata hanc institutionem tultae fuerunt, sed pro misericordia recuperare meruerunt. Nunc autem certissime scitote, cuiuscumque proprietas tulta fuerit, vix a nobis promerebitur recuperatione.*

3. *···Hi volumus, ut populum eiciant et custodiam praevideant et populum in castella residere faciant etiam et cum pace. Nam si missus aliquis ausus fuerit pretermittere, quin omnibus, (qui) remanserint, presentaliter proprium tollat et eum foris eiciat, et si inventus fuerit ipse missus, proprium suum perdat. Et si comes aliquem excusatum aut bassllum suum, preter quod superius diximus, dimiserit, honorem suum perdat; similiter eorum ministri, si aliquem dimiserint, et proprium et ministerium perdant.*

4. *Quodsi comes aut bassi nostri aliqua infirmitate (non) detenti remaserint, aut abbates vel abbatissae si plenissimo homines suos non direxerint, ipsi suos honores perdant, et eorum bassalli et proprium et beneficium amittant. De episcopis autem cuiuscumque episcopus absque manifesta infirmitate remanserit, pro tali neglegentia ita emendet, ut in ipsa marcha resideat, quousque alia vice exercitus illuc pergat, in quantum Dominus largire dignatus fuerit.*

5. *Et ut certissime sciatis, quia hanc expeditionem plenissime explere volumus, constitui-mus, ut episcopus, comes aut bassus noster, si in infirmitate incerta detentus fuerit, episcopus quippe per suum missum, quem mwliorem habet, comes vero et bassi nostri per se ipsos hoc sub sacramentum affirment, quod pro nulla occasione remansissent, nisi quod pro certissima infirmitate hoc agere non potuissent.*

6. *Omnes enim volumus, ut omni hostili apparatu secum deferant, ut, cum nos hoc prospexerimus et inbreviare fecerimus, non neglegentes appareant, sed gratiam quoque nostram habere mereantur. Vestimenta autem habeant ad annum unum, victualia vero quosque novum fructum ipsa patria habere poterit*"

이 법령에 의하면 보통의 자유민으로서 1인 당 150솔리디solidi인 벌과금wergeld/widrigild을 납부할 재산을 소유한 사람은 야전에 나갈 사람이고 이 벌과금의 절반을 납부할 재산밖에 없는 사람은 2명 당 1명이 야전으로 나가도록 되어 있다. 부자父子 또는 몇 명의 형제들이 상속받은 땅의 분할되지 않은 몫을 점유하고 있을 때는 부담의 경감이 허용되는 몇 가지 경우가 있었다.

우리는 이 규정의 실제 효과를 평가할 수 없다. 벌과금을 전액 또는 1/2이라도 납부할 개인재산을 소유한 사람을 몇 명으로 평가했는지에 관한 척도가 우리에게 없기 때문이다. 어떤 경우건 그런 재산을 소유하지 못한 사람이 매우 많았을 것이 분명한데 이런 사람들이 야전군에서 완전히 배제되고 오로지 경비임무에만 소집되었고 재산이 10솔리디 이하이면 아무런 병역의무가 없었다는 사실 때문에 우리는 이 규정 전체를 매우 조심스럽게 분석해 보지 않을 수가 없다. 재산이 적은 사람 중에도 군사적으로 매우 유용한 사람들이 분명 있었을 것이고 부유한 사람들 중에도 군사적으로 전혀 쓸모없는 사람들이 있었을 것이다. 개인들의 허약성이 긴밀히 조직되고 잘 훈련된 전술단위부대에 의해 보완되지 못한 군대의 경우 소유재산만을 기준으로 하는 징집체계는 전투를 열심히 수행할 병력의 획득 수단이 되지 못한다. 결국 이 법령도 대머리 샤를즈Charles le Chauve/Karl des Kahlen의 서기 864년 〈피스텐스 법령Capitulare Pistense〉(《게르만 사료집Monumenta Germaniae》, II, 321)과 같이 순수한 이론적 처방 즉, 왕실의 열성적 자문관諮問官이 지니고 있던 삶의 현실과는 전혀 동떨어진 개념에 기초한 접근방법이었다는 의구심을 우리는 지울 수 없다. 엄격한 이행을 요구하고 출전 면제는 최소한으로만 허용했다고 해서 이 법령이 실제 이행되었을 것이라는 증거는 결코 되지 못한다.

《스카라scara》

필자의 스카라에 대해 실명은 아이크호른Eichhorn, 스텐젤Stenzel, 로렌츠Lorentz, 바르트홀트Barthold 및 포이커Peucker가 주장하던 옛 견해로 되돌아간 것이다. 이들의 견해는 발다무스Baldamus의 강력한 지지를 받고는 있지만 주로 바이츠Waitz와 니취Nitzsch의 비판 이후 일반적으로 배척된 견해이다. 바이츠는 "당시는 왕실 복무자들로 구성된 군대가 전부였고 이 군대로 많은 전쟁을 수행했다고 지금껏 보아왔지만 이는 입증될 수 없는 추정일 뿐이다"라고 했다(《독일헌법사Deutsche Verfassungsgeschichte》, 제IV편, 514쪽). 필자는 오히려 그가 비판한 견해는 추정이 아니라 문헌상으로나 객관적으로나 분명히 입증될 수 있는 사실이라고 생각한다.

왕실에는 분명 늘 많은 전사戰士가 있었고 사료도 이를 증명한다. 힝크마르Hinkmar 주교主敎가 일부 내용을 기록으로 남긴 아달하르트Adalhard의 서기 826년 왕실규정에는53) 늘 왕궁에 머물던 자들이 어떻게 살았는지에 관한 설명이 있다. 임무가 없는 전사戰士들에게도 대장隊長들이 교대로 식량을 제공했고 왕실 고관高官의 크네크트Knecht(직역하면, 하인)(역자 주: 크리크스크네흐트Kriegknecht 즉, "사병私兵")와 바쌀vassal은 주인

---

53) 《보레티우스와 크라우제의 게르만 사료집-프랑크 왕국 법령집Monumenta Germaniae, Capitula regum Francorum denuo ediderunt Alfred Boretius et Victor Krause》, II, 517.

들이 식량을 제공했기 때문에 약탈이나 도둑질을 하지 않고도 살 수 있었다.

★ ★ ★

"27. 늘 궁전에 있어야만 했던 수많은 사람들이 계속 그곳에 있게 하기 위해 그들은 다음과 같이 세 부류로 나뉘어 있었다. 첫째 부류는 공식임무 없이 전투대기중인 병사들이었음이 분명하다. 고관高官들이 그들에게 친절과 관심을 베풀었고 음식, 피복, 금, 은, 말 및 여타 장식품들이 보다 자주 그들에게 제공되었고 때로는 개별적으로 때로는 특별한 일이 있을 때마다 예산과 계급을 고려해 더 귀한 것을 받을 기회도 있었기 때문이다. 그러나 그들에게는 왕에 대한 충성심 확보를 위한 지원이 끊기지 않아 사기士氣가 더욱더 올라갔었다. 미니스테리알ministerial의 대장隊長/capitanei들이 그들을 거의 매일 무리 별로 자신들의 농장으로 불러서 능력껏 술과 음식을 배불리 먹이고 우정과 애정을 분주하게 보여주었기 때문이다.

28. 각자 임무가 있던 둘째 부류는 학생들과 비슷해서 각자 자신의 상관에게 딸려 있었고 양측은 기회가 있으면 각자 위치에서 경례를 주고받았고 그들을 감독하고 훈시를 하는 한 고관高官의 지원을 받았다. 셋째 부류 역시 나이가 많거나 적은 소년들과 바쌀vassal들이었는데 이들이 강도나 절도 같은 죄를 짓지 않고도 지낼 수 있게 모든 사람이 열심히 식량을 지원해 주었다. 늘 궁전을 드나드는 자들보다 지금 언급한 이런 부류들로 적이 기습공격 등 위기상황에 대처하게 하는 것이 바람직한 일임이 분명했다. 그러나 흔히 말하기를 그들 대부분은 앞서 말한 친절로 인해 늘 즐거움과 유쾌함과 더불어 단순한 마음과 결연함을 지녀야 했다고 한다."

(라틴어 원문)

"27. *Et ut illa multitudo quae in palatio semper esse debet, indeficienter persistere posset, his tribus ordinibus fovebatur. Uno videlicet, ut absque ministeriis expediti milites, anteposita dominorum benignitate et sollicitudine, qua nunc victu, nunc vestitu, nunc auro, nunc argento, modo equis vel caeteris ornamentis interdum specialiter, aliquando prout tempus, ratio et ordo condignam potestatem adminisirabat, saepius porrectis, in eo tamen indeficientem consolationem necnon ad regale obsequium inflammatum animum ardentius semper habebant: quod illos praefati capitanei ministeriales certatim de die in diem, nunc istos, nunc illios ad mansiones suas vocabant et non tam gulae voracitate, quam verae familiaritatis seu dilectionis amore, prout cuique possibile erat, impendere studebant; sicque fiebat, ut rarus quisque infra hebdomadam remaneret, qui non ab aliquo huiusmodi studio convocaretur.*

28. *Alter ordo per singula ministeria discipulis congruebat, qui magistro suo singuli adhaerentes et honorificabant et honoroficabantur locisq ue singuli suis, prout opportunitas occurrebat, ut a domino videndo vel alloquendo consolarentur. Tertius ordo item erat tam maiorum quam minorum in pueris vel vassallis, quos unusquisque, prout gubernare et sustentare absque peccato, rapina videlicet vel furto, poterat, studiose habere procurabant. In quibus scilicet denominatis ordinibus absque his, qui semper eundo et redeundo palatium frequentabant, erat delectabile, quod interdum etnecessitati, si repente ingrueret, semper*

sufficerent, et tamen semper, ut dictum est, major pars illius propter superius commemoratas benignitates cum jucunditate et hilaritate prompta et alacri mente persisterent."

코르시카Corcica 전역戰役 당시인 서기 825년 로타르Lothar/Lothair 황제의 징집령徵集令에도 이런 왕실 전사戰士들이 보인다.54) 이 징집령은 "우리 집의 바쌀Vassal 중 아우스탈두스(역자 주: 앞의 각주 13에서 말한 가스탈두스gastaldus 즉, 봉토封土 없는 전사戰士)로 우리 왕실에서 빈번히 근무하는 사람domnici vassali qui austaldi sunt et in nostro palatio frequenter serviunt"과 "그들의 토지에 잔류한Qui autem in eorum proprietate manent" 여타의 사람을 구분하고 있다.

왕실이 식량을 제공하던(즉, 봉토封土에 의존해서 살지 않는) 전사戰士들을 흔히 스카라Scara, 스카리Scarii, 스카리티Scariti 등으로 불렀다. 프랑크 왕국의 왕이 도시나 그가 지키려 하는 거점據點에 수비대로 주둔시켰던 스카라Scara(부대)는("그는 아키타니족을 통제하려고 프랑크족을 보냈고 비투리카Biturica/Bourges에도 1개 프랑크족 스카라를 주둔시켰다Francos misit Aquitaniam continendo, similiter et in Bituricas Francorum scaram conlocavit"; "앞서 말한 성城들이 구축되었고 프랑크족 스카라를 배치해서 그곳에서 살며 지키게 했다perfecta supradicta castella et disposita per Francos scaras resedentes et ipsa custodientes")55) 결코 봉토封土가 있는 바쌀vassal들을 징집한 부대일 수 없다. 바쌀들은 일정기간 이후에는 고향으로 돌아가려 했을 것이기 때문이다.

페펭 왕Pipin der König과 아키타니족 바이파르Waifar 간의 투쟁을 기록한 프레데가리우스Fredegar/Fredegarius의 후계자는 "페펭 왕은 바이파르를 잡기 위해 그의 대공大公들이 이끄는 4개 부대와 스카라 및 레우데스들을 보냈다rex Pippinus in quatuor partes comites suos, scaritos et leudibus suis ad persequendum Waiofarium transmisit"라고 했다. 원문을 어떻게 해석하건 스카라scaritii와 레우데스leudes(바쌀vassal 또는 측근)는 다른 병력임이 분명하다.56)

서기 803년 샤를마뉴 대제大帝가 실제 전투는 벌이지 않으면서 주변지역 몇 곳으로 보낸 병력이("같은 해에 필요한 이웃지역에 스카라를 보낸 것 외에 그는 군대 없이 행동했다sine hoste fecit eodem anno, excepto quod scaras suas transmisit in circuitu, ubi necesse fuit.") 바쌀들을 징집한 병력일 수는 없다.57)

서기 803년 작센족을 비그모디아Wigmodis 구역에서 다른 지역으로 이주移住 시킬 때 샤를마뉴 대제大帝는 그의 스카라에게 이들을 이끌고 가게 했다("그는…그 지방에서 그들을 이전시키려고 그의 스카라를 보냈다misit scaras suas…ut illiam gentem foris

54) 《게르만 사료집Monumenta Germaniae》, I, 324.
55) 쿠르쩨Kurze 편編, 《프랑크 왕국 연대기年代記 Annal. regni Francorum》, 24쪽 및 48쪽. 개정본에서는 첫째 문장은 "비투리카Biturica/Bourges에 프랑그 요새 하나가 주둔한 이후에dispositoque ibi necnon et in Biturica civitate Francorum praesidio"로 그리고 둘째 문장은 "각기 (성城에) 큰 요새 하나가 남겨진 후에in utroque (castello) non modico praesidio relicto"로 단어들이 교체되었다.
56) 《메로빙 왕조 사료집Monumenta Germaniae SS. Rer. Meroving》, II, 192, 135장(52). 이 구절의 가장 논리적으로 해석한다면 이 글을 쓴 사람은 대공大公들이 거느린 징집군, 지방에 정착시킨 왕의 병력, 왕실의 경비 및 경호를 담당하는 왕실 상주병력(하우스칼Housecarl/Hauskerle)을 열거한 것으로 보인다.
57) 《로레샴 연대기年代記Annal. Lauresham》, SS I, 39. 유사한 기록으로는 《구엘페르비타니 연대기年代記 Annal. Guelferbytani》, 서기 793년, 《게르만 사료집Monumenta Germaniae》, SS., I, 45.

patriam transduceret").58)

서기 851년 베네벤트Benevent/Benevento 공국公國의 분할에 관한 사료를 보면59) 모든 관련자들에게 그의 지역을 그의 군대 및 스카라와 함께 통과하도록 허용했다 ("그대들과 그대들의 백성은 그들을 징벌하기 위해 그대들의 군대와 스카라와 함께 나의 영토를 통과해 그들에게 가도록 허락한다. 단, 나의 백성과 토지에 대해 살인, 방화, 약탈을 해서는 안 되며 나의 영토 내에 있는 성城들을 포위해서도 안 된다. 다만 마초馬草와 땔감과 물까지 그대들에게 거절하지는 않을 것이다*vos vestrumque populum liceat per terram meam transire contra illios hostiliter et cum scara, ad vindicandum absque homicidio vel incendio et depraedatione seu zala de populo et terra mea et oppressione castellorum portionis meae, excepta erba et ligna et aqua, quos vobis non negabimus*").

아르눌프Arnulph/Arnulf 황제가 서기 894년 베르가모Bergamo를 포위했을 때의 일에 관해 《풀다 연대기年代記 *Annal. Fuldenes*》는 팔라티니군milites palatini(역자 주: 왕실의 병사들로 구성된 군대)은 그들의 지도자가 보는 앞에서 특별히 열심히 싸웠다고 했다.60)

한 주교主敎가 "스카라의 병사ostinarius vel scario"를 시켜서 어떤 사람을 체포케 한 사건도 있었는데61) 이 병사를 뒤의 설명에서는 "바쌀루스vassallus"라고 했다.

서기 869년에 대머리 샤를즈는 왕의 소환에 불응한 라온Laon의 힝크마르Hinkmar 주교主敎와 충돌한 적이 있는데 이때 왕은 한 스카라를 보내 주교를 강제로 데려오도록 했다("그는 이 주교를 강제로 자신에게 데려오기 위해서 그의 영역 내의 최대한 많은 대공大公들로부터 한 스카라를 라온으로 보냈다*scaram ex quamplurimus comitibus regni sui confectam Laufanum misit, ut ipsum episcopum ad eum violenter perducerent*").62)

서기 877년에는 스카리티scatitii가 크리크스크네흐트Kriegknecht(사병私兵)들이 아니라 백작대공伯爵大公/Pfalzgraf(역자 주: 자신의 영토에서 국왕과 같은 권력을 행사하던 영주)의 수행원인 종자從者/Gefolg들로 특별히 등장하는 경우도 있다. 백작대공에게 다른 사정이 있을 때는 그 대신 "그와 같이 있는 스카라 구성원 중 1명*unus eorum, qui cum eo scarati sunt*"이 왕실 청문회를 지휘하라는 규정이 있었다.63)

이 사료 구절들 중에는 혹 달리 해석되어야 할 경우도 있겠지만 대개 카롤링 왕조 때는 왕실 내에 군사 임무와 경찰 임무를 동시에 지니고 있으면서 그 호칭으로 스카라*scara* 또는 이를 변형한 이름을 쓰는 인원들이 있었다는 증거가 된다.

스카라*scara* 또는 이를 변형한 호칭들이 단순히 "군부대Heerschar"나 "군대Heer"의 의미로 쓰이기도 했고64) 일정한 농지農地나 가족에게 필요한 "사무Dienst" 또는 "일

---

58) 〈모이사크 연대기年代記*Chronik Moiddac*〉, 《게르만 사료집*Monumenta Germaniae*》, *SS., II*, 257.

59) *LL. IV*, 221.

60) 《게르만 사료집*Monumenta Germaniae*》, *SS., I*, 409.

61) 상갈Monach Sangall, 〈게스타 카롤리*Gesta Caroli*〉, 《게르만 사료집*Monumenta Germaniae*》, *SS., II*, 738.

62) 〈베르티니 연대기年代記 *Annal. Bertiniani*〉, 《게르만 사료집*Monumenta Germaniae*》, *SS., I*, 480.

63) 〈카르카셴스 법령*Capitulare Carcacense/Carcassone*〉, 17장(《보레티우스와 크라우제의 게르만 사료집-프랑크 왕국 법령집*Monumenta Germaniae, Capitula regum Francorum denuo ediderunt Alfred Boretius et Victor Krause*》, II, 359). 제I편, 213쪽 구절은 "우리 특사特使들이…그들의 스카라에 남은 것으로 보인 그들의 동료들과 함께*Ut missi nostri una cum sociis qui in eorum scara commanere videntur*…"라는 의미 외에는 달리 번역될 수 없다.

64) 쿠르쩨Kurze 편編, 〈프랑크 왕국 연대기年代記 *Annal. regni Francorum*〉, 40쪽에는 "작센 지역으로 4개 스카

Leistung"의 의미로 쓰이기도 했지만65) 그렇다고 문제가 달라지지는 않는다. 오히려 이 스카라scara라는 단어의 의미가 이렇게 여러 가지로 갈라졌다는 것은 그 뿌리를 증명하는 특별한 새로운 증거가 된다.

바이츠Waitz는 스카라scara라는 단어가 일반적으로는 "그 구성이나 조직과는 무관하게 크건 작건 군부대들을 그리고 때로는 군대 전체를 의미했고" 한편으로는 "종속된 사람이 주인을 위해서 하는 일" 특히 안내 업무나 경호 업무 등 "전혀 다른 의미"를 지니기도 했다는 결론만 내리고 있다.66) 어떻게 한 단어가 그렇게 다른 의미들을 동시에 지닐 수 있었을까? 이 질문에 대한 답으로 우리는 다음과 같이 해석할 수 있다. 스카라scara는 원래 주인의 집에 늘 보이는 힘 센 사람인 크리크스크네히트Kriegknecht(사병私兵)가 하던 일을 지칭했던 용어였지만 이런 개념에서 시작해서 우리는 이를 "군부대Kriegsschar"를 말하는 용어로 보기도 했고 더 나가서는 완전히 일반적인 개념으로 "군대Heer"를 말하는 용어로도 보게 되었다. 왜냐하면 이런 무장 인원들을 왕실만 거느린 것이 아니고 모든 대공大公, 주교主敎 또는 대수도원장大修道院長들도 일정 수의 그런 인원들을 거느리고 있었으므로 이들을 합하면 전체 군대의 상당부분을 차지했었고67) 봉토封土가 있는 바쌀vassal들을 소집하지 않고 이들만으로도 소규모 원정은 감당할 수 있었기 때문이다.

여타의 많은 사료 구절들에서는 스카라scara 인원들이 군사작전에 등장하기도 하는데 이들이 바쌀vassal이나 또는 지금 우리가 염두에 두고 있는 식솔전사食率戰士 (덴마크식 표현으로는 "집친구Hauskerle")들을 소집한 병력인지는 그리 분명하지가

라를 보내고mittens quatuor scaras in Saxoniam(서기 774년)"라는 구절이 있고, 개정본에는 스카라를 "3개 부대로 보냈다tripertitum misit exertitum"는 구절이 아주 흔하게 보인다. 힝크마르Hinkmar의 말 중에도 "노르만족의 스카라scara de Nortmannis"라는 문구가 보인다(《게르만 사료집Monumenta Germaniae》, SS., I, 515). 에르감베르트Erchambert의 《롬바르디의 역사hist. Lang》, 35장에는 "그는 사라센Sarazen/Saracen 스카라를 공격했다super Saracenorum scaram irruit"는 구절도 있다(SS., III, 252). 바이츠Waitz의 《독일헌법사Deutsche Verfassungs-geschichte》, 제IV편(제2판), 611쪽에도 유사한 사료 구절들이 인용되어 있는데 바이츠는 원래 제1판에서는 "스카라"라는 단어가 샤를마뉴 대제大帝가 그의 부인인 파스트라다Fastrada에게 보낸 서신에서와 같이 어떤 경우에는 단지 "군대" 또는 "군부대"를 의미한다는 증거가 있으므로 이와 다른 해석들은 충분히 반박될 수 있다고 했었지만(제IV편, 514쪽) 제2판에서는 이런 견해를 스스로 포기했다(610쪽).

65) 이런 의미로 쓰인 사료 구절들은 너무 많기 때문에 특별히 인용할 필요도 없다. 케사리우스Cäsarius von Heisterbach는 "스카라를 한다는 것은 대수도원장大修道院長이 명한 근무를 하는 것과 그의 서신이나 글을 그가 지정한 장소로 가지고 가는 것이다Scaram facere est domino abbati quando ipse jusserit, servire et nincium ejus seu litteras ad locum sibi determinatum deferre"라고 했다.

로타르Lothar/Lothair 황제는 자유민 5명을 그들이 이제껏 국가를 위해 했던 일을 이제는 수도원을 위해 해야 한다는 조건으로 무르바크Murbach 수도원修道院에 보냈다. 이에 관한 문서는 결국 전쟁수행을 위한 징집을 의미하는 "이테르 엑세르시알레iter exercitale"를 "스카라scara"와 구분한다: "징집으로 지키는 일이건, 스카라이건, 도중의 경우나 집결지로 참여하는 일이건, 멀리 여행하는 일이건, 여타의 임무나 벌칙을 이행하는 일이건: 무엇이든 그는 대공大公을, 그들의 부하들 또는 후계자들을 위해 요구할 수 있었다de itinere exercitali seu scaras vel quamcumque quia in praesumat aut mansionaticos aut mallum custodire, aut navigia facere vel alias functiones vel freda exactare: et quidqui ad partem comitum ac juniorum eorum seu successorum exigere poterat." 부케Martin Bouquet, 《프랑스사史Rerum Gallicarum et Francicarum Scriptores》, 제VIII편, 366쪽, 제2번 문서. 발다무스Baldamus도 이 구절을 인용하고 있다(《후기 카롤링 왕조의 군사조직Das Heerwesen unter den späteren Karolingern》, 71쪽).

66) 바이츠Waitz, 《독일헌법사Deutsche Verfassungsgeschichte》, 제IV편, 23쪽(제2판은 26쪽).

67) "우리가 스카레마니scaremanni라고 부르는…하인들은…우리 집의 다른 병사들을 위해서도 일을 해야 한다servientes…quos scaremannos vocamus…cum ceteris nostrae familiae militibus servire debent." 《서기 382년 라인 중류지역 기록Mittelrheinische Urkundenbücher 382》, 제I편, 439쪽.

않다. 그러나 이런 식솔전사食率戰士들이 무장경호, 보초, 안내, 위병 그리고 순찰 같은 일들까지 했기 때문에 이런 일들을 포괄적으로 지칭할 만큼 스카라scara라는 말의 범위가 넓어졌고 이런 일을 상시 배정된 하인들이 아니라 토지나 농장에서 가족과 함께 사는 사람들에게 계속해서 맡겨졌을 때도 마찬가지였다. 우리가 이 용어의 본래 의미를 "하는 일", "연락업무" 등의 일로 본다면 이 용어가 어떻게 "군대"를 의미하게 되었는지 이해하기가 어렵고 만약 이 용어의 본래 의미를 "군대"로 본다면 예를 들어 어떻게 해서 프뤼메Prüme의 농부들이 1년에 두 차례 씩 보트를 타고 생 고아St. Goar나 뒤스부르크Duisburg까지 다녀와야 했던 일을 "스카라scara"라고 했었는지[68] 이해하기가 어렵다.

발다무스Baldamus는 이 문제에 관한 정확한 개념에 접근했으며 그 역시 확실한 인용구들을 모두 참고했다(《후기 카롤링 왕조의 군사조직Das Heerwesen unter den späteren Karolingern》, 69쪽 이하). 필자가 그의 견해 중 동의할 수 없는 곳은 그가 스카라scara 의 기본성격을 안전근무와 경찰근무로 보고 경찰과 군대의 "통합체"를 언급함으로써 경찰이 군대의 일부로 간주되는 상황변화가 있었음을 발견했다고 한 점뿐이다. 스카라scara는 그런 상이한 두 기능의 통합과는 무관하다. 스카라scara는 원래 경찰 기능을 수행하다가 후일 군대 기능이 추가된 것이 아니다. 그들이 수행한 모든 기능은 원래부터 내부와 외부의 적을 모두 제압할 임무를 지닌 무력이라는 완전한 단일 개념에 기초한 것이었다. 고대 게르만족 대공大公/Princep들이 ("전시에는 그를 지켜주고 평시에는 그의 명예를 높이기 위해in bello praesidium, in pace decus") 주변에 거느렸던 종자從者/Gefolg들은 당연히 평시에도 주인을 위해 일했는데 이는 모양새로만 주인의 품위를 빛내주기 위해서가 아니라 실제로 주인의 권위를 높이고 유지하기 위해서였다.(역자 주: 종자에 관해서는 이 책 제II편,제I권, 제I장 참고.) 스카라scara도 신분만 옛 종자들보다 훨씬 낮았을 뿐 같은 존재였다. 옛 종자들은 주인의 식탁 동료였지만 스카라scara 구성원은 훨씬 수가 많은 평범한 전사戰士들로서 당연히 대부분 비자유민이었고 메로빙 왕조 때의 푸에리pueri(직역하면 "소년들")의 후신 이었으며 다음 세기에 나타나는 미니스테리알ministerial의 전신이었다. 우리는 그렇다고 해서 후일의 미니스테리알을 스카라 구성원과 같은 존재로 보면 안 된다. 흔히 인정되는 추론에 의하면 미니스테리알의 중요한 특징은 비자유민 지위에 있지만 스카라 구성원에 대해서는 이 점이 증명될 수도 없고 추론될 수도 없기 때문이다. 후일 한편으로는 미니스테리알의 비자유성非自由性이 점차로 흐려지고 무의미해진 반면 다른 한편으로는 자유민들이 스스로 자유를 포기하고 그들과 같은 처지로 바뀌는 과정은 아마도 사료를 통해 직접 확인할 수 있는 것보다는 훨씬 이전에 이미 시작되었을 것이다. 따라서 대충 말하자면 스카라 구성원은 비자유민이 아니었던 만큼 이런 스카라 인원으로부터 미니스테리알이 발전했다는데 대해 직접 의문을 제기했던 발다무스의 견해는 정확한 견해이다. 그러나

---

68) 발다무스Baldamus, 《카롤링 왕조 후기의 군사조직Das Heerwesen unter den späteren Karolingern》, 76쪽.

자유와 비자유라는 요소는 이런 제도들에 있어서 유일한 요소는 아니며 결정적 요소도 아니다. 이런 제도들에 있어 결정적 요소는 그 주인 밑에서 직접 복무한 전사戰士들이 했던 일에 있다. 기본적으로 발다무스는 필자와 같은 말을 했던 것이다. 우리 두 사람의 차이가 있다면 아마도 개념의 표현형식 뿐일 것이다.

(제2판에서 추가한 내용) 이제 이 책 제IV편에서 입증한 된 바와 같이 "란트스크네흐트Landsknecht"는 말은 원래 경찰관을 말했지만 후일 군인을 말하는 단어로 의미가 확장되었다. 이런 사실은 물론 시간상으로는 역유추逆類推가 되겠지만 우리의 견해가 옳은 것임을 증명해 준다.

제 II 장
작센족 정복

이제 우리는 샤를마뉴Karl/Chalemagne 대제大帝의 군대가 매우 작은 군대였다는 점을 확신할 수 있게 되었지만 또 하나의 큰 의문이 남아있다. 그렇다면 과거 로마인이 훨씬 크고 경제적으로도 훨씬 강력한 제국과 잘 훈련되고 병력도 이들보다 10배쯤 되는 군대를 가지고도 굴복시키지 못했던 게르만 부족들을 샤를마뉴는 어떻게 굴복시킬 수 있었을까? 그가 작센족 지도자 비테킨트Wittekind와 싸운 투쟁은 과거 게르마니쿠스Germanicus가 아르미니우스Armin/Arminius가 같은 땅 위에서 서로 싸웠던 투쟁(역자 주: 이 책 제II편, 제I권, 제V장 참고)과 외형外形뿐만 아니라 내면적으로도 같은 투쟁이었다. 샤를마뉴는 위대한 황제를 의미하는 아우구스투스Augustus라는 칭호를 차지했을 뿐만 아니라 게르만 혈통임에도 로마제국이라는 개념을 부활시키고(역자 주: 고대 로마 제국은 서기 395년 테오도시우스Theodosius 대제大帝 사망 후 동서東西 두 로마제국으로 영구히 나뉜다. 서西로마 제국은 서기 476년 게르만족 용병대장 오도아케르Odoaker/Odoacer에 의해 멸망했고 오도아케르는 동東로마제국〈비잔틴 제국〉 황제에 의해 제국 서부를 통치할 부황제副皇帝의 지위로 이태리를 통치했다. 샤를마뉴는 서기 800년 이 서西로마 제국 황제가 되었고 이 서西로마 제국이 후일 신성神聖로마 제국Heiliges Römisches Reich으로 불리게 된다) 교회敎會 형식으로 존속해 온 로마체계를 750년 전에 베제르Weser 강 양안兩岸 지역에서 고대 로마제국의 침공을 막아냈던 부족늘에게까지 확상시키려고 했나. 낭시 작센Sachsen/Saxons족(이 이름의 유래는 알려져 있지 않다. 타기투스Tacitus 때는 이런 이름이 없었다)으로 알려진 베제르 강 양안 부족들은 일부는 쪼개지고 일부는 없어지고 일부는 거주지만 옮기기는 했지만 과거 토이토부르크Teutoburg 숲 전투(역자 주: 서기 9년. 이 책 제II편, 제I권, 제IV장 참고)에서 바루스Varus의 로마군을 격멸했고 이디스타비소Idistaviso 전투와 안그리바리Angrivarier/Angrivarii족과 케루스키Cherusk/Cherusci족의 경계선 둑 위에서 벌어진 전투에서는 게르마니쿠스에게 저항했던(역자 주: 이 책 제II편, 제I권, 제IV장 참고) 부족들과 기본적으로 동일한 부족들인데 그렇게 오랜 세월 동안 자유와 독자적 생활방식을 보존해 온 그들이 이제 샤를마뉴에게 모두 굴복하지 않을 수 없게 된 것이다.

로마 아우구스투스 시대와 왕에서 황제가 된 샤를마뉴 시대간 가장 큰 차이는 기독교가 전파되지 않은 게르만 지역의 빔위가 크게 죽소되었다는 점이다. 라인 강 바로 우안右岸의 헤쎈Hessen/Hesse 및 튀링겐Thüringen/Thuringia 지역은 이미 프랑크족에게 속해 있었다. 과거 리페Lippe 강 통로로 베제르 강까지 올라갔던 로마군은 적지敵地 깊은 곳에서 사면으로부터 위협을 받았었고 퇴로가 하나밖에는 없었다. 그러나 이제 샤를마뉴 왕국의 국경선은 남쪽으로는 리페 강 남쪽 약 10Km까지 그리고 북쪽으로는 잘레Saale강까지 뻗어 있었으므로 프랑크군은 남쪽과 서쪽 양 방향에서 작센 지역으로 들어가거나 철수할 수 있었다.

우리가 또 알고 있어야 할 중요한 점은 작센족의 영역은 동쪽으로 잘레강과 엘베Elbe강을 넘어서지 못했다는 사실이다. 과거 로마군과 케루스키Cherusk/ Cherusci족이 싸울 때도 엘베강 동쪽 게르만족은 직접 개입하지 않았지만 양측 지휘관들은 케루스키족 배후에는 전쟁에 뛰어들 수 있는 더 많은 게르만 부족들이 있다는 전제 하에 행동했을 가능성이 얼마든지 있다. 그러나 이제는 엘베강 바로 서쪽 지역까지도 작센족에게 적대적인 슬라브slav족이 차지하고 있었다.

따라서 이제 프랑크-로마의 황제가 할 일은 처음부터 옛 로마 황제보다 훨씬 더 쉬운 일이었다. 그러나 과거 북해를 경유해 엠스Elms강과 베제르강 내지 엘베강까지도 로마군에게 식량을 공급해서 작전을 지원해 주던 가장 중요한 수단인 함대艦隊가 그에게는 없었다. 샤를마뉴는 해상통로와 대규모 함대의 지원 없이는 작센 지역 내지內地에서 60,000~70,000명을 먹여 살리는 일은 게르마니쿠스 때나 마찬가지로 불가능하다는 것을 알았을 것이다. 그러나 이제 그는 그보다 훨씬 작은 규모의 군대로 작전을 수행했기 때문에 함대가 없어도 되었다.

그렇다면 우리의 의문은 샤를마뉴가 어떻게 로마인들이 성취하지 못한 업적을 그들보다 훨씬 적은 병력으로 달성할 수 있었는지로 좁혀진다. 이 문제에 대한 해답은 공격자보다 방어자 측에서 발견된다. 작센족이 옛날 케루스키족, 브루크테리Bructerer/Bructeri족, 마르시Marser/Marci족 및 앙그리바리족과 같은 부족들이었다면 마병馬兵 수 천명만으로는 그들을 상대할 수 없었을 것이다. 그러나 세월은 이 자연의 아들들에게도 흔적을 남겼다. 그들도 선사先史시대의 자연상태로부터 인간적 역사적 발전과정을 밟고 있었다. 초기 게르만족의 힘의 기초는 절대 야만상태에 있었다. 당시는 남성은 전사戰士일 뿐이고 전사戰士만이 남성이었다. 그러나 8세기 사정은 변해 있었다. 작센족에게도 비非자유민 또는 반半자유민들이 상당히 많았음을 사료를 통해 알 수 있다.[1] 이는 게르만족이 게르만족을 굴복시킨 결과도 아닌 것 같고 작센이란 이름이 알려진 것도 이와는 무관한 것 같다. 비非자유민 또는 반半자유민은 아르미니우스와 시대 게르만족 같이 애향심 강한 전사戰士가 아니었다. 작센족은 도시를 건설하거나 도시생활을 발전시킬 정도로 발전하지 못했다. 그러나 이런 점만 제외하면 그들의 사정은 시저Cäsar/Caesar가 묘사한 골Gallien/Gaul족의 경우와 유사했을 것이다. 시저가 골 지역에서 보았었고 프랑크 왕국에서 재현된 것 같이 전사戰士 계층 또는 기사騎士 계층과 호전성 없는 농민과 도시민들로 주민들이 분리되는 현상이 작센족에게도 이미 뚜렷했음이 분명하다.

---

[1] 니타르트Nithard, IV, 2. 《베르티니 연대기年代記 Annal. Bertiniani》, 서기 841년 항.

그렇지 않았다면 이들은 프랑크족에게 정복당한 후 그들의 사회상황에 그렇게 빨리 적응하지 못했을 것이다. 그러나 실제 그랬기 때문에 샤를마뉴의 사정은 티베리우스Tiberius나 게르마니쿠스의 경우와 전혀 달랐다. 과거 로마군은 게르만 지역에 들어가려면 아주 큰 강한 군대를 보내야 했다. 그렇게 하지 않으면 어느 때나 게르만족에게 격파될 수 있었기 때문이다. 그러나 이제 작센족은 개개인은 아무리 용감해도 그리 위험한 적이 아니었다. 문명의 단계마다 군사력에 어떤 변화가 생기는지는 다음 장章들을 보면 계속 드러날 것이다. 비非기독교도 작센족은 과거의 케루스키족보다 몇 단계는(그렇게 많은 단계는 아닐 것이다) 발전된 경제와 문명을 지닌 부드러운 부족이었다. 이점이 바로 바루스VaruS의 군대보다 훨씬 적은 군대가 작센 지역으로 감히 들어갈 수 있었던 궁극적 이유였다.

그러나 병력수만 아니라 전쟁수행을 위한 여타의 전략적 상황들도 변했다.

로마군은 거대한 병력수 때문에 병력들을 먹여 살리는 일에 엄청난 어려움을 겪었기 때문에 수로水路에 매달리지 않을 수 없었다. 그러나 규모가 작은 카롤링 왕조의 군대는 육로로 식량을 나를 수 있었다.

토지경작 상황도 현저히 발전했음이 분명한데 이 역시 침략군에게는 사람과 짐승들을 먹여 살리기에 유리한 또 다른 상황이었다.

그러나 프랑크족이 해야 할 일은 여전히 어려운 일이었다. 그들에게는 시저가 골 지역에서 보여주었던 것과 같이 대규모의 병력을 집결시켜 적의 중앙지점에 위치한 후 어떤 상대방이라도 즉시 격파한다는 식의 전략은 생각할 수 없었다. 샤를마뉴에게는 물론 그럴만한 병력이 없었다. 그가 목표를 달성하기 위해 어떤 노력을 기울였는지 보기로 하자.

서기 722년에 샤를마뉴는 헤쎈을 출발해서 디에멜Diemel 강변의 오베르마르스베르크Obermarsberg를 거쳐—이곳에 있던 에레스부르크Eresburg를 이때 탈취했다—작센 지역으로 밀고 들어갔다. 그는 베제르강까지 간 다음 그곳에서 작센족과(또는 단지 엥게르Engern/Angrians족과) 협정을 맺었다. 적의 저항이 없었음에도 프랑크족은 국경선으로부터 10마일(약 75km) 이상 진출하지 않았다.

작센족이 서기 774년 프랑크 영역을 침범 프리쯜라Fritzlar까지 진출하자 이듬해 프랑크 왕은 이태리 롬바르디Longobard/Lombardy 왕국을 정복하고 돌아온 후 체계적으로 반격해서 작센 지역까지 정복하게 된다. 프랑크군은 별 저항을 받지 않고 작센 족과 국경지역에 있는 루르Rhur 강변의 시기부르크Sigiburg(호헨시부르크Hohensyburg) 요새와 에레스부르크 요새를 탈환한 후(역자 주: 에레스부르크는 서기 772년에 프랑크군에 점령당했다가 이듬해 작센족이 탈환했던 곳이다) 계속 베제르강 쪽으로 진출했는데 작센족 은 그들의 도하를 저지하지 못했고 프랑크군은 하르쯔Harz 산맥 북쪽 오케르Ocker

강까지 올라갔다. 이때 한 부대는 베제르강 좌안左岸을 따라 토이토부르크Teutoburg 숲과 비헨Wiehen 산맥을 거쳐 이동하다가 뤼베케Lübbecke에서 작센족의 기습공격을 받자 얼마든지 철수할 수 있는 상황에서 적에게 항복했지만2) 그 사이에 오케르에서는 동東팔리Ostphalen/Eastphalians족과 엥게르Engern/Angrians족이 샤를마뉴와 협상 끝에 항복했고 프랑크군이 베제르강을 넘어 돌아오는 길에 베스트팔렌Westphalen/Westphalia 지역에 나타나자 작센족도 항복하고 인질人質들을 내놓았다.

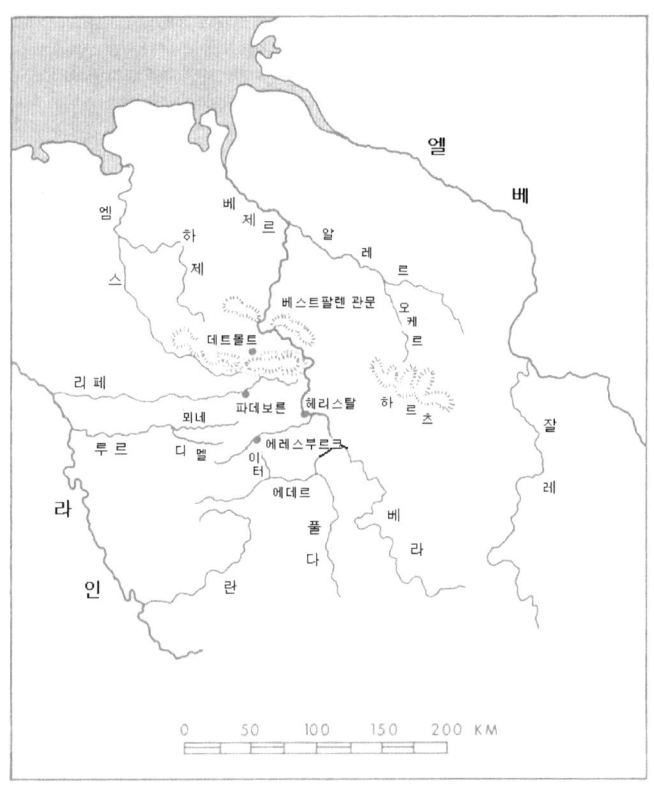

요도 1. 라인강과 엘베강 사이의 게르만 지역

---

2) 현재 흔적이 남아있는 바빌로니Babilonie 요새를 뤼벨Rübel의 《프랑크족: 게르만 지역에서 그들의 정복 및 주거 체계 *Die Franken, ihr Eroberungs- und Siedlungssystem im deutschen Volkslande*》, 400쪽에서는 오페르만 Oppermann의 《남부 게르만 지역의 요새들의 요도要圖 *Atlas niederdeutsche Befestigungen*》나 마찬가지로 서기 755년 뤼베케Lübbecke 전투와 관련이 있는 시설물로 본다. 이 큰 요새는 일련의 프랑크 왕국 왕성王城들 같이 좀 작지만 잘 보존된 팔라티움palatium(궁전)과 7.5헥타르쯤 되는 좀 큰 숙영시설인 헤리베르굼 heribergum(군대 숙영지)으로 나뉘어 있다. 그러나 서기 1905년 봄 발굴 때 학자들은 이곳에서 발견된 질그릇조각들을 보고 이 거점은 프랑크족의 것이 아니라 작센족의 것이라고 판정했다.

이 일련의 사건들은 보면 작센족 지도자들 중에는 자신들이 프랑크 제국 밑에 들어가는 것을 못마땅히 여기지 않고 오히려 그렇게 되기를 단호히 희망했을 것 같은 분파가 있었음이 분명하다. 물론 먼 옛날에도 케루스키족 대공大公들의 다수는 로마인에게 호감을 지니고 있었다. 비록 시적詩的 허구虛構일지라도 아르미니우스와 그의 동생 플라부스Flavus 간의 대화(역자 주: 이 책 제II편, 제I권, 제VI장 부기, 「서기 16년 전역戰役에 관하여」, 1항 참고)를 상기想起해 볼 필요가 있다. 작센족은 과거 프랑크족에게 대항했었고 서기 772년에는 프랑크족에 의해 신성한 이르민Irmin 입상立像이 파괴당한 적은 있지만 이번에는 프랑크족이 그들의 영역 중 중요한 부분을 점령하지도 못했는데 결전決戰 한번 치르지 않고 항복했다. 양측의 국경선에서 오케르까지는 약 20마일(약 150km) 거리이다. 작센족은 단지 항복을 가장하고 우호적인 말로 프랑크족을 속였고 샤를마뉴는 자신의 병력과 식량으로는 더 이상 적지敵地 깊이 들어가서 전투를 할 수 없자 강화조약을 체결한 것일 가능성도 없지 않을 것이다. 그러나 다음의 사건들을 보면 그는 작센족이 반쯤은 자발적으로 합병合倂에 응할 것을 기대하고 있었고 그의 이런 기대가 정당한 것이었음을 증명한다. 서기 772년에 그는 베제르강 하류나 엘베강쪽으로 진출하지 않았을 뿐 아니라 적을 지배하기 위한 기지基地로 시기부르크 요새와 에레스부르크 요새만 점령했다. 이듬해 자유를 갈망하는 작센족이 다시 봉기해 에레스부르크를 탈환하고 시기부르크를 봉쇄했을 때도 그는 즉시 현장으로 가서 세력 판도를 바꾸고 자신에게 우호적인 삭센족 분파分派에게 힘을 실어주기만 하면 되었다.3) 그가 리페강 상류에 머물고 있던 서기 776년 작센족 무리들이 그를 찾아와 자비를 요청하고 다시 굴복했지만 이때도 그는 패권을 강화하기 위한 다른 조치는 아무 것도 취하지 않고 단지 에레스부르크를 탈환한 후에 국경선에서 아주 가까운 리페강 주변에 칼스부르크Karlsburg 요새 하나를 세우기만 했다. 이 요새의 정확한 위치는 아직 알 수 없다. 이듬해 그는 작센족이 그에게 항복했던 리페강 상류의 파데보른Paderborn 부근 지역에서 종교회의를 개최하는데 이때 데인Dänen/Danes족(덴마크)에게 도주한 베스트팔렌의 비테킨트Wittekind 외에는 작센족 지도자들도 모두 참석한다.

그 이듬해 그가 피레네산맥 너머에 있을 때 비테칸트는 다시 동료들을 규합해 무장시킨다. 그들은 국경을 넘어서 도이츠Deutz에서 라인강 쪽으로 밀고 들어가 라인강 상류 쪽으로 얼마큼 이동했다가 란Lahn강 계곡을 따라 철수했다. 그러나

---

3) 데이스테르Deister 북단에는 "하이스테르부르크Heisterburg"라는 카롤링 왕조 감시탑의 흔적이 보이는데 이 시설물도 서기 775년 전역戰役과 관련이 있는 것으로 흔히 생각해 왔다. 그러나 이 감시탑은 후일에 만들어진 것이다. 서기 776년 작센족의 봉기에 관한 연대기年代記 기록에서는 에레스부르크의 재탈환과 시기스부르크 봉쇄에 대한 언급만 보인다. 뤼벨Rübel, 《프랑크족: 게르만 지역에서 그들의 정복 및 주거 체계 *Die Franken, ihr Eroberungs- und Siedlungssystem im deutschen Volkslande*》, 24쪽, 각주 참고.

그들은 작센 땅에 있는 프랑크족 요새 중 칼스부르크 한 곳만 탈환했을 뿐이다. 그들은 철수 중 스페인에서 귀환 중인 프랑크군과 에데르Eder강에서 조우해서 큰 피해를 입었지만 이듬해 샤를마뉴 자신이 상당한 병력을 이끌고 나타났을 때도 크게 저항하지 않았다. 베스트팔렌 지역과 프랑크 지역의 경계인 리페강 북쪽 보콜트Bocholt에 작센족이 만들었던 한 거점據點이 프랑크족에게 탈취되었다. 샤를마뉴는 베제르강까지 진출했고 모든 부족들이 그에게 항복했다. (그가 행군한 경로와 그가 베제르강에 도착해서 숙영지를 구축했던 "메도풀리Medofulli"의 위치는 알 수가 없다.) 이듬해인 서기 780년 그는 아무 저항을 받지 않고 처음으로 엘베강까지 진출했고 오레Ohre강 하구河口의 마그데부르크Magdeburg 북쪽에 도착했다.

서기 782년 모든 작센족이 프랑크족과 함께 집결하기에 가장 편한 곳인 파데보른에서는 새 종교회의가 개최되었고 이때 프랑크 기독교 왕국과 작센 지역의 완전한 합병이 선포되었다. 고대의 대공大公(타키투스Tacitus가 말한 프린시프Princip)들과 같이 백성들의 가장 앞에 서있던 작센족 귀족들은 이제 새 대공大公/Graf과 왕의 관리로 변했고 이교異敎 숭배는 사형死刑의 벌로 금지되었으며 침례浸禮 의식을 행하도록 명령이 내려졌다. 모든 지역에 사제司祭들이 임명되어서 토지와 하인이 하사되었으며 교회에 십일조를 내게 되었다.

이는 작센족에게는 지나친 것이었다.[4] 덴마크에서 돌아 온 비테킨트는 적절한 안전조치 없이 그를 진압하러 온 프랑크군 파견대를 쉰텔Süntel에서 대파했다(서기 782년). 이곳의 지형과 교전交戰에 관한 세부기록들은 내용이 너무 차이가 있어서 필자는 더 이상 할 말이 없다. 그러나 비테킨트의 이 승리에도 불구하고 봉기는 크게 확산되지 않았고 샤를마뉴가 직접 병력을 이끌고 나타나자 비테킨트는 감히 대적하지 못하고 다시 덴마크로 도주했으며 다른 작센족 지도자들은 샤를마뉴에게 가서 모든 책임을 비테킨트에게 돌렸다. 우리가 살펴 본 사건들의 경과에 의하면 샤를마뉴가 거느린 병력이 매우 큰 병력이었을 수는 없다. 샤를마뉴는 아직 강을 건너기 여의치 않던 봄에 파데보른으로 가서 종교회의를 열었었다. 그는 라인강을 넘어 돌아오던 6월 말쯤 소르브Sorben/Sorbs족이 튀링겐Thüringen/Thuringia 지역을 침범했다는 보고를 받자 병력을 그곳으로 보냈고 이들은 이동 중 비테킨트의 봉기 소식을 들었고 테오데리히Theoderich/Theodoric라는 대공大公이 자발적으로 이끌고 온 병력과 합류했지만 쉰텔에서 비테킨트에게 패한 것이다. 따라서 이 교전은 8월이나 9월 이전에는 일어날 수 없는 사건이었다. 샤를마뉴가 작센족의 봉기 소식을 듣자마자 바로 병력동원을 선포했다고 해도 소집령을 하달

---

4) 뤼벨Rübel은 부족들의 경계선들을 확실하게 선으로 그어서 종전까지 국경선 역할을 했던 황무지 지역들을 프랑크 왕국 지배지역으로 편입시킨 조치들도 작센족의 분노를 일으켰을 것으로 본다.

하고 왕성王城들로부터 바쌀vassal(역자 주: "가신家臣"으로 통상 번역된다. 구체적 의미에 대해서는 이 책 제Ⅱ편, 제Ⅳ권, 제Ⅳ장 참고)들을 집결시키고 이들을 무장시키고 농민들로부터 식량을 거두어들이는 등의 조치는 항상 많은 시간이 소요되므로[5] 좀 먼 지역이 보낸 파견대들은 이 해 가을에 베제르강까지 도착할 수 없었을 것이다. 파리Paris만 해도 베스트팔리카 관문Porta Westphalica까지 직선거리가 600km이며 이를 행군거리로 따지면 900km는 되고 행군시간으로 따지면 2개월 거리는 된다. 샤를마뉴는 디에덴호펜Diedenhofen으로 돌아가서 그 해 크리스마스를 보냈다고 한다.

결국 우리는 샤를마뉴가 소규모 병력만 대동하고 현장에 나타난 것만으로도 작센족을 손들게 하기에 충분했던 것이라고 보아야 할 것이다.

샤를마뉴는 작센족의 심장부인 베제르 강 하류까지 들어갔고 이곳에서 많은 죄인들을 처형했는데(서기 782년 가을) 아마 그 중에는 반란군에게 적극적으로 저항하지 않은 자들도 포함되어 있었을 것이다.

흔히 그렇듯 이 경우에도 잔인한 조치로 성공을 거두지는 못했다. 이제 처음으로 야만적 복수심이 가득 차게 된 작센족은 대규모로 봉기했고 이듬해(서기 783년)부터 프랑크군과 정면대결을 벌이게 된다.

그 첫 교전은 데트몰트Detmold 부근 되레협곡Dörenschlucht과 가까운 토이토부르크Teutoburg 숲에서 벌어졌는데 이곳은 먼 옛날 게르만족이 로마군을 상대로 그들의 자유를 지켜낸 곳이었다. 이번에는 작센족이 패했지만 이런 승리에도 불구하고 샤를마뉴는 병력보강을 위해 파데보른으로 퇴각했다 하는데 순수한 군사적 관점에서 보면 이는 이해가 불가능한 일이다. 승리 이후의 퇴각은 성공적인 작전에 있어 가장 중요한 요소인 사기士氣를 떨어뜨리는 일이다. 정말로 프랑크족이 이곳에서 승리했다면 그들은 어떤 경우라도 파데보른에서 불과 2~3일 행군거리에 있는 이곳에서 보충병력을 기다릴 수는 있었어야 했다. 그들의 철수는 패배의 을 주었거나 적어도 승리에 대한 의심을 일으켰을 것이고 결국 흔들리고 있던 작센족이 다시 자신감을 갖고 비테킨트 편에 붙게 될 수밖에는 없었을 것이다. 그러나 분명히 데트몰트에서 교전은 있었고 프랑크군이 이 전투에서 패배했을 수는 없다. 만약 프랑크군이 패배했다면 훨씬 더 엄청난 결과가 생겼을 것이다. 결국 당시의 상황은 다음과 같았을 수 있다. 샤를마뉴는 이번에도 대부분 작센족이 곧 스스로 굴복하고 자신과 동맹을 원하게 될 것으로 생각하고 아주 적은 병력만 거느리고 진격했을 것이다. 그러나 데트몰트 교전은 큰 교전은 아니지만 작센족은 이 교전에서 그와 맞서려는 의지를 보여준 것이다. 따라서 그는 적은

---

[5] 바쌀vassal체계를 규정한 후일의 게르만 법전에는 주인Heer들은 전역을 시작하기 전 최소 6주일 전에 바쌀을 소집하도록 하는 규정들이 있다.

병력으로 나온 것이 실수였고 데트몰트에서 승리는 했어도 산악지대 북쪽에서 자신이 매우 난처한 상황에 처해 있음을 알게 되었을 것이다. 그러나 달리 대안이 없던 그는 우선 접근중인 보충병력을 안전한 곳에서 기다리려고 퇴각하면서 이 퇴각이 사기土氣에 미칠 불이익을 감수하려고 했을 것이다. 여하간 그는 데트몰트 교전 이후 4주일 남짓 지나자 다시 진격할 수 있었다. 그는 이번에는 비록 정확한 위치는 알려져 있지는 않지만 오스나브뤽Osnabrück 부근이었을 하제Hase라는 곳에서 결정적 승리를 거두었다. 이 승리로 활력을 얻은 프랑크군은 적지敵地를 휩쓸며 베제르강을 건너 엘베강까지 진출했다. 프랑크군이 그 해 가을에 철수한 것은 사실이지만—샤를마뉴는 그 해 10월 9일 보름스Worms에 있었고, 마스Maas/Meuse강 주변 헤리스탈Heristall에서 크리스마스와 부활절을 보냈다— 이듬해(서기 784년) 봄 다시 출정나가 리페강 하구에서 라인강을 건너 민덴Minden 북쪽 베제르 강변의 후쿨비Huculbi(페테르스하겐Petershagen)에 도착했다. 이곳부터 작센족의 대대적 저항이 전혀 예상되지 않자 샤를마뉴는 그의 맏아들 샤를르Karl/Charles/Charles the Bald와 병력을 나누었다. 샤를르가 거느린 부대는 베스트팔렌 방향으로 방향을 바꾼 후 리페강에서 전투를 벌이게 되었다. 왕 자신은 처음에는 남쪽으로 휘돌아 튀링겐으로 갔다가 다시 북쪽의 오스트펠리Ostpälische/Eastphalia 방향으로 올라갔다. 왕실기록에서는 그가 후쿨비에서 더 이상 북쪽이나 직접 동쪽으로 나가지 않은 것은 심한 홍수 때문이었다고 했지만 우리는 식량문제도 큰 이유였고 먼저 옛 튀링겐 지역으로 들어가서 식량을 보충할 수 있었을 것으로 볼 수 있을 것이다.

이제 오스트펠리 지역은 굴복한 것으로 보였지만 전쟁은 끝나지 않았으므로 그는 적이 겨울 동안 다시 기력을 회복하도록 기회를 주면 안 된다고 결정했다. 프랑크군은 남쪽에서 다시 북상하면서(샤를마뉴는 데트몰트 동쪽 약 26km쯤의 베제르강 좌안左岸에서 가까운 뤼크테Rügde에서 그 해 크리스마스를 보냈다) 베스트팔리카 관문Porta Westphalica(레메Rheme)까지 전진했다가 약 75Km 떨어진 국경요새 에레스부르크Eresburg(오버마르스베르크Obermarsberg)로 철수한 다음 그곳에서 겨울을 나며 계속 흔들리고 있던 국경지역을(《프랑크 왕국 연대기年代記》는 이를 크게 과장해 거의 모든 국경지역이 흔들리고 있었다고 했다) 지켰다. 《프랑크 왕국 연대기年代記》에 기록된 특별평가에 의하면 그는 프랑크 영토에서 식량을 올려와야 했다고 한다. 그러나 그는 이듬해(서기 785년) 봄에는 매우 많은 준비를 해서 엘베강 하류의 바르덴Barden 지역까지 진출할 수 있었다. 그는 그렇게 멀리 전진했지만 정치가로서의 기질을 발휘해 엘베강 너머로 도주했던 비테킨트와 협상했고 그에게 평화와 우정을 약속했다. 비테킨트는 자신의 꿈이 실현될 가망이 없자 결국 굴복했고 샤를마뉴의 궁전으로 가 서침례浸禮를 받았다. 이렇게 해서 작센족의 봉기는 3년만인 서기 785년에 끝이 났다.

그 이후 서기 793년~804년 사이에 있었던 이동과 충돌도 그리 사소한 것들은 아니었지만 군사적 관점에서는 흥미를 끌만한 것은 없었다. 전쟁은 일방적 소탕 작전의 연속이었다. 홀스타인Holstein의 동東엘바ostelb/East Elba 작센족만 다시 정면대결을 벌였고 샤를마뉴는 이들과의 싸움에 슬라브Slav족, 오보드리트Obodrites/Abodrites족 및 빌쯔Wilz족에게서 큰 도움을 받았다. 이 시기에 그가 평화 유지를 위해 동원한 결정적 수단은 작센족을 대규모로 이주시켜 프랑크 땅에 정착하게 한 조치였다. 그는 서기 797년에서 798년 사이 겨울에 다시 한번 작센 지역에 병력을 집결시켰으나 이번엔 에레스부르크가 아니고 더 동쪽에 있는 디멜Diemel강과 베제르강의 합류점 헤리스탈Heristal(헤르스텔레Herstelle)에서 숙영했다. 옛 로마군은 알리소Aliso에서부터는 반쯤 북쪽으로 휘돌아 베스트팔리카 관문 쪽으로 갔었는데 이는 그들의 제2기지基地인 바다와 접촉하기 위한 것이었다. 그러나 샤를마뉴는 가급적 그의 고향 땅에서 가까운 곳에 멈추었다.

이런 차이 때문에 우리는 다시 한번 같은 지역에서 양자가 채택했던 전쟁수행 방법을 비교해 보게 된다. 로마군은 수로水路 특히, 리페Lippe강과 그 상류 보급기지 알리소에 의존해서 전쟁을 수행했다. 지금은 파데보른Padeborn이라 부르는 이곳은 카롤링 왕조의 전역戰役에서도 중요한 역할을 하기는 했지만 이는 거의 우연의 일치였을 뿐이다. 양자가 서로 다른 시대에 이 지역을 이용하게 된 이유는 전혀 다르다. 샤를마뉴도 리페상 통로를 여러 번 이용한 것이 분명하지만 그의 주된 공격축선은 남쪽 헤쎈/Hesse에서 베제르강으로 이어지는 선이었다.6) 헤쎈 지역과 튀링겐 지역이 이미 그의 왕국으로 편입되었다는 사실 때문에 그의 상황은 처음부터 로마군과는 전혀 달랐다. 그는 이 지역에서 출발함으로써 매번 신속하게 작센 중부의 베제르강에 도착할 수 있었다. 그러나 그가 혹시라도 풀다Fulda강을 보급로로 이용했다는 기록은 없다. 그는 보급품 수송을 위한 수로水路의 중요성을 분명 알고 있었고 도나우Donau/Danube강과 마인Main강을 운하로 연결한 것도 물론 이 때문이었지만 이 운하는 작센 전역戰役에서는 아무 역할도 하지 못했다. 대규모 보급기지를 건설하지도 않았다. 각 파견대는 비록 규모는 작았지만 자신들에게 필요한 보급품을 가지고 다녀야 했다. 서기 772년과 774년의 첫 전역戰役들은

---

6) 뤼벨Rübel은 "샤를마뉴는 그의 전역戰役들에서 일반적으로 하천 통로를 이용했고 보급품을 수로水路로 끌어올렸다"고 했는데(《왕궁王宮/Reichshöfe》, 97쪽) 이는 지나친 말이다. 그의 말을 입증할 직접 증거는 오직 서기 791년 아바르Avar족과의 전역에 관한 기록뿐이다. 서기 785년 6월 파데보른 종교회의 때도 식량을 리페강 수로水路로 미리 올려보냈을 가능성은 있다. 아인하르트Einhard의 설명에 의하면 서기 790년에 샤를마뉴는 보름스Worms에서 자신의 왕궁이 있는 프랑크 지역 잘레Saale강 옆의 잘츠Saltz까지 배로 이동했다가 같은 길로 돌아왔다. 그러나 우리가 추적해 볼 수 있는 그의 전역戰役들은 대개 수로水路와는 멀리 떨어져 있다.

리페강에서 선박 운항이 전혀 불가능한 가을에 있었다.

그러나 카롤링 왕조의 전쟁수행에도 보급문제가 결정적 요소였음이 분명하다. 활발한 작전수행을 위해서는 계속 전진이 필요했지만 적의 큰 저항이 없음에도 전진하지 못하는 경우가 많았다. 그 이유는 분명 보급문제에서 찾아볼 수 있다. 우리는 샤를마뉴가 북해北海를 통한 함대의 지원 없이 베제르강 하류와 엘베강 하류까지 밀고 올라가는 데 성공한 것을 매우 큰 업적으로 평가해야 할 것이다. 그곳까지는 침략군들에게 제공할 자원이 거의 없는 지형이었기 때문이다.

서기 16년 봄 로마군 주력이 알리소Aliso에 숙영하면서 베제르강에 함대 도착을 기다리고 있던 시간에 그들의 지휘관은 이곳에서 라인강까지 연결하는 도로를 건설했다(이 책 제II편, 103쪽 및 121쪽 참고). 샤를마뉴가 서기 784년에서 785년 사이 겨울에 에레스브루크에 숙영하며 작센족을 압박하고 있을 당시의 왕실문서 에는 그 역시 같은 일을 한 것으로 기록되어 있다.[7] 여기서 우리는 로마군은 이 지역에서 자신들의 군사작전을 지원하기 위해 도로를 건설하면서 리페강 상류의 한 지점을 그들의 중심지로 선택했던 반면 샤를마뉴는 정확하게 로마군과 같은 일을 하면서도 로마군이 선택한 지점보다 약 5마일(약 38Km) 남쪽에 있는 디멜 Diemel강 상류의 한 지점을 선택한 이유가 무엇인지 궁금할 수밖에 없다.

로마군은 대규모 보급기지를 확보하기 위해 최대한 적지敵地 깊은 곳에서 수로 水路와 연결된 기지를 이용했고 리페강은 이런 수로를 제공했다. 이 강은 한여름 에는 수량이 크게 줄어들지만 봄에는 작은 노력으로 그들이 필요한 모든 보급품 을 거의 수원水源 지점에 이르기까지 끌어올릴 수 있는 고도의 기회를 제공했다. 강력한 로마의 상비군은 언제나 이 전진기지를 유지할 수 있고 필요시에는 구원 할 수 있는 준비가 되어 있었다.

샤를마뉴는 그의 바쌀군대Vassalenheer를 가지고는 적지敵地 깊숙이 전진한 기지를 유지할 수도 없었지만 그의 작은 군대와 자급自給체계를 갖춘 파견대에게는 규모 가 큰 보급기지나 수로교통이 필요가 없었다. 하지만 그 대신 그는 라인 지역 뿐 아니라 헤쎈 지역으로부터도 작센족을 공격할 수 있는 위치에 있었다. 결국 투쟁 초기 그의 주기지主基地는 라인강과 마인Main강으로부터의 두 작전선作戰線이

---

7) "또한 그는 그곳에 머무는 동안 자주 스카라를 내보내 전투를 벌였다. 그는 반란을 일으킨 작센족을 약탈했고 그들의 숙영지를 빼앗고 그들의 요새화 된 거점들을 괴롭혔으며 도로들을 정비했다et dum ibi resideret multotiens scaras misit, et per semet ipsum iter peregit; Saxones, qui rebelles fuerunt, depraedavit et castra coepit et loca eorum munita intervenit et vias mundavit." 원문 중 마지막의 "vias mundavit" 부분은 종래 "도로들을 청소했다"로 번역되었고 따라서 게릴라 무리나 도적떼를 소탕했다는 의미로 해석되었으며 최근에도 뮐비커Mülbacher 는 그렇게 번역하고 있다(《카롤링 왕조의 독일사Deutsche Geschichte unter den Karolingern》, 134쪽). 그러나 우리는 이런 해석을 인정할 수 없다. 그런 무리는 도로가 아니라 농촌에 숨어있는 법이기 때문이다. 따라서 필자는 "통행 가능한 도로들을 건설했다"로 번역한 뤼벨Karl Rübel의 해석(《왕궁王宮/Reichshöfe》, 95쪽)이 정확한 해석임을 확신한다.

교차하는 지점에 위치해 있었을 수밖에는 없다. 이곳이 바로 디멜Diemel강 상류의 에레스부르크Eresburg였다. 만약 샤를마뉴가 풀다Fulda강을 전진선前進線으로 선택해서 베제르 지역에 자리 잡았다면 서쪽으로 라인강에 이르는 직선 통로가 지나치게 긴 통로가 되었을 것이다. 만약 그가 언제인가 리페강 상류에 자리를 잡았다면 이는 적지敵地 속으로 너무 깊이 들어간 것이 되었을 것이다. 만약 그가 자신의 기지를 루르Rhur강 주변에, 예를 들어 브릴론Brilon 지역이나 뤼텐Rüthen(뫼네Möhne) 지역에 두었다면 헤쎈Hessen/Hesse과 연결이 너무 어려웠을 것이다.

그러나 에레스부르크에서는 그에게 필요한 모든 통로들이 연결된다. 남쪽에서는 에데르Eder강 계곡과 이테르Itter강 계곡을 경유하는 통로, 서쪽에서는 루르강와 뫼네강을 따라가는 통로도 이곳으로 연결된다. 이곳에서 동쪽 통로는 디멜강을 따라 내려가 베제르강까지 연결되며 북쪽 통로는 신트펠트Sintfeld를 넘어 리페강 상류의 파데보른Paderborn과 토이토부르크Teutoburg 숲을 지나는 통로와 연결된다.

이때 왜 샤를마뉴는 알메Alme강과 리페강의 합류점 파데보른을 직접 확보하지 않고 여기서 1/2마일(약 4km) 이상 떨어진 작은 지류 파데르Pader강을 확보했을까? 라인강 지류 중 하나를 따라가지 않고 파데보른에서 소에스트Soest, 운나Unna 및 도르트문트Dortmund를 거쳐 뒤스부르크Duisburg까지 루르강과 리페강 사이에 두 강과 나란히 뻗어나가는 유명한 도로인 헬베그Hellweg(역자 주: 라인강과 엘베강을 잇는 옛 군용 도로) 문제는 파데보른의 위치 문제와 관련이 있다.

최근 뤼벨Karl Rübel의 유명한 책들은 이 문제를 해결해 놓았는데 필자가 보기에 더 이상 논할 것이 없는 완전한 견해인 것으로 보인다. 헬베그는 정확히 작센 전쟁 당시 샤를마뉴가 구축한 도로이다. 이 도로는 특히 비옥한 지역에 새로이 축성한 일련의 왕성王城들을 연결했고 따라서 지나치게 크지 않은 부대들이 이를 따라 중간에 보급을 해결할 수 있는 군사도로가 되었다. "헬베그Hellweg"란 이름은 적이 침략했을 때 이 길을 따라 이곳저곳 경보警報를 전달할 수 있는 도로인 "할 베그Hallweg"(역자 주: 경보를 뜻하는 '할Hall'과 도로를 뜻하는 '베그weg'의 합성어)가 소리가 변한 것이 분명할 것이다. 이 도로는 리페강 수로水路가 로마군에게 해 준 역할을 프랑크 왕국 지도자들에게 해 주었다. 여름 가을 여러 달 동안 이용할 수 없는 리페강 수로는 샤를마뉴에게는 실제 중요하지가 않았다. 따라서 그는 양질의 음료수를 얻을 수 있는 샘물이나 물레방아를 돌릴 수량도 풍부하고 여러 방향의 산들로 도로가 연결되는 평원에 헬베그의 종착점 역할을 할 도시를 세웠던 것이다.

헬베그와 같이 중간 중간 왕성王城들이 위치한 도로들은 루르강, 리페강 및 디멜강을 따라 작센과 프랑크의 국경지대로 이어졌는데 이 강들과 같은 방향으로 뻗어나가기도 하고 이 강들을 가로지르며 강 계곡들을 연결해 주기도 했다. 후일 샬레마뉴는 이 같이 중간 중간 왕성王城들이 위치한 연결도로들은 작센 지역 전체에 건설한 것이 분명하다. 최근 슈크하르트Schchardt는 라이네Leine강에서 선박 운항이 가능해지기 시작하는 지점인 하노버Hannover/Hanover 같은 곳이 그런 카롤링 왕조 시설물일 가능성이 있다고 했다.[8]

마지막 문제점으로 과연 파데보른 지역이 로마군에게나 샤를마뉴에게나 모두 그렇게 중요한 전략적 지점이었다면 이 지역이 그 후로 아무런 특별한 역할도 못하고 파데보른이 큰 도시로 발전하지 못한 이유는 무엇일까? 이 문제에 대한 해답은 절대적 전략적 중요성을 지닌 장소란 존재하지도 않지만 한 지역이 지닌 전략적 중요성은 지리적 상황의 연속성 이외에 각 시대의 역사적 상황에 따라 달라진다는 것이다. 시저Cäsar/Caesar 시대에 파리Paris는 아무런 역할도 없었던 반면 비브라크레Bibracte와 알레시아Alesia(역자 주: 이 책 제II편, 제VII권, 제IV장 참고)는 오늘날 촌락村落이 되어있다. 샤를마뉴와 로마군 지휘관 드루수스Drusus가 모두 알메Alme강과 리페Lippe강의 합류점 부근에 기지를 세웠던 것은 우연의 일치며 기지를 세운 이유가 서로 달랐다. 후일 자연적 조건마저 어느 정도 바뀌었다. 중세에는 모든 하천에서 수로水路 운항과 물레방아용 댐 건설이라는 두 가지 강력한 이해관계가 충돌했었다. 주主교통로가 리페강 수로에서 헬베그 육로로 바뀌자 리페강 이용에서는 물레방아용 댐 건설이 수로 운항보다 우위를 차지하게 되었다. 원래 리페강을 수로로 이용할 수 있는 기간은 연중年中 2/3도 채 안되었지만 이제 수로 운항은 완전히 뒷전으로 밀려나게 되었다. 서기 1486년 소에스트Soest 시市가 리페 수로 이용을 다시 시도했다는 것은 우리에게는 사람들이 이 강의 중요성과 유용성을 확실히 인식했다는 분명한 증거로서 매우 중요한 사실이지만 그들의 시도는 그 당시 베스트팔렌 지역의 혼란한 정치적 상황 때문에 예상대로 성공하지 못했다(역자 주: 이 책 제II편, 126쪽 참고).

리페강이 수로로 이용되지 못하자 파데보른 역시 크게 발전할 수 없었다.

---

8) "하노버 시市의 유래에 관한 연구Ueber den Ursprung der Stadt Hannover," 《니더작센 역사학회지歷史學會誌 Zeitschrift des historischen Vereins für Niedersachsen》, 서기 1903년.

제 Ⅲ 장
카롤링 제국과 노르만족 및 형가리족

샤를마뉴 대제大帝의 제국帝國은 내부가 단결되어 있지 않았고 아르눌프Arnulf 가家왕조가 탄생할 때부터 그랬었다(역자 주: 카롤링 왕가는 족보가 페펭Pipin과 메츠의 주교 아르눌프까지 올라가기 때문에 아르눌프 왕가라고도 한다). 게르만족 상속법相續法에서는 모든 아들에게 가족재산에 대한 청구권이 있었다. 서기 817년 왕위계승법Thronfolgegesetz을 제정해 상속제도를 조정해서 제국의 단결을 도모하려고 했지만 오히려 왕가에 반목反目만 초래했고 왕조 내부의 불화로 인해 새 정치원칙인 봉건영지법封建領地法/Lehnrecht만 진가를 발휘하게 된다. 샤를마뉴 때까지 최소한 이론상으로라도 유지되고 있던 신속동맹臣屬同盟/Untertanenverband이란 옛 원칙은 봉건영지법 때문에 완전히 사라지게 된다. 경건왕敬虔王 루드비히Ludwig des Frommen/Louis the Pious(역자 주: 카롤링 왕조의 3대 왕 겸 서로마제국의 제2대 황제. 서기 814년~840년 재위. 루드비히Ludwig/Louis I세로 불리기도 한다)의 아들들은 아버지와도 싸우고 그들끼리도 서로 싸우면서 지지세력이 필요했고 이 와중에 당시까지 확고히 유지되어 온 관직官職/Staatsamts이란 개념이 희생되었다. 이제 왕이 임명한 대공大公/Graf은 더 이상 왕이 마음대로 임명을 철회할 수 있는 관리가 아니었고 임명행위가 봉토封土 수여로 간주되었으며 대공大公이 죽으면 그 아들들이 아버지의 직위와 영지領地에 대한 권리를 주장하게 되었다. 당시의 여건들도 자연스럽게 이런 상황을 발진시킬 수밖에 없었나. 중앙성부가 대공大公들의 행정을 검증할 수 없었기 때문에 대공大公들의 개인적 가족적인 이해관계와 영지領地가 긴밀하게 결속되어야 왕은 그들로부터 필요한 지원도 보장받고 그들의 극심한 권한남용을 억제할 수도 있었다. 특히 빈번히 교체되는 관리들에 의해서는 바쌀vassal(역자 주: "가신家臣"으로 통상 번역된다. 구체적 의미에 대해서는 이 책 제Ⅱ편, 제Ⅳ권, 제Ⅳ장 참고)체계와 봉토封土를 기반으로 한 군대조직이 기능을 발휘할 수 없었다.

그러나 이제 영지들이 점차 봉토로 변함에 따라 왕실의 권위는 증발해 버렸다. 이때의 상황은 또다시 메로빙 왕조 후기와 비슷해졌다. 카롤링 왕조의 제1대 왕 페펭과 제2대 왕 샤를마뉴 대제大帝는 넓은 제국을 하나의 단위로 통치하며 왕실의 권위를 회복하고 유지할 수 있었지만 이제 왕실의 명령에 즉시 복종하지 않은 대공大公도 두려워 할 것은 왕실의 불만밖에 없게 되었다. 게르만 루드비히Ludwigs Deutschen와 대머리 샤를즈Charles le Chauve/Karl des Kahlen의 대공大公들과 특히 그들의 후계자들은 그들이 원할 경우에만 왕실의 소집에 관심을 보였다. 왕은 백성들을 혹독하게 대할 수도 없었다. 백성들은 동료들의 계급적 단결심에 의해 보호받았겠지만 단결되지 않은 왕실의 왕들은 그들의 지원에 의존하지 않을 수 없었다.

카롤링 왕조의 국가에 효율적인 전사戰士집단을 제공했던 바로 그 봉건적 조직이 이제는 국가를 해체시키는 요인이 되었던 것이다.(역자 주: 카롤링 왕조의 제3대 왕 루드비히 I세에 이어 그의 맏아들인 로타르 I세는 프랑크족 전통에 따라 영토를 동생인 대머리 샤를즈 즉, 샤를즈 II세 및 게르만 루드비히 즉, 루드비히 II세와 나누어야 했고 이로 인해 형제들 간 내전內戰이 일어났다. 이 전쟁은 서기 843년 베르됭Verdun 조약에 의해 끝이 났고 영토는 세 부분으로 분할되었다. 로타르 I세는 중中프랑크 왕 및 서로마제국의 황제가 되고 대머리 샤를즈는 서西프랑크의 왕이 되고 게르만 루드비히는 동東프랑크의 왕이 되었다. 그러나 이로부터 30년이 채 지나지 않은 서기 870년에는 메르센 조약에 의해 프랑크 왕국은 완전히 분열되었고 그 후 중中프랑크는 이태리, 서西프랑크는 프랑스, 동東프랑크는 게르만 제국 즉, 독일로 각각 발전한다)

이 순간 놀라운 적敵이 서양세계에 새로 등장했다. 야만적 게르만족의 마지막 잔재殘在였던 노르만Norman족이 바로 그들이다.

당시까지 그렇게 군사적으로 강했던 프랑크 제국이 노르만족으로부터 영토를 방어하지 못한 이유에 대한 학자들의 견해는 매우 다양하다. 샤를마뉴가 많은 전쟁을 치른 결과 인구가 감소했기 때문이라는 견해까지 있다. 그러나 실제로 경건왕 루드비히 당시인 서기 830년까지는 수 세대에 걸쳐 내란이 없었으므로 프랑크 제국은 경제도 번성하고 인구도 늘었을 것이다. 군사적 기술과 경험이 크게 줄어든 것은 바로 샤를마뉴가 그리고 평화시에는 경건왕 루드비히가 개별 구역들에게 적절한 제한을 요구했었기 때문이다. 도전 받지 않는 권위를 지닌 중앙정부가 있는 한 상당한 규모의 군대가 집결될 수 있었지만 중앙정부의 이런 권위가 사라지고 왕들이 대공大公과 주교主敎 그리고 바쌀vassal들의 호의에 의존할 수밖에 없게 되자 좀 먼 구역들로부터는 병력징집이 불가능해졌다.

이때 상황은 리메스limes(역자 주: 라인 강과 도나우 강 지역의 로마제국 국경선. 이 책 제II편, 제I권, VI장, 부기 6 및 VII장 참고)가 뚫린 이후 로마제국에서 전개되었던 상황과 같은 상황이었다. 노르만족 병력수는 4~5세기에 로마 속주들을 약탈한 게르만족보다 많지 않았음이 분명하고 아마 약간 적었을 것이다. 덴마크와 노르웨이에서 온 이 바이킹Waiking/Viking들은 본래의 땅이 매우 좁고 척박했기 때문에 많은 인구가 먹고 살 수 없었을 것이다. 스웨덴 지역 부족도 노르만족의 원정에 수시로 동참했을 수 있지만 목적지가 달랐다. 그들은 러시아를 정복한 바레그Waräg/Varang족(역자 주: 스칸디나비아 출신 유랑민족. 뒤의 194쪽에 상세한 설명이 나온다)으로 같은 계통 종족들과 함께 지브랄타 해협과 지중해를 거쳐 콘스탄티노플Konstantinopel/ Constantinople로 왔다. 이 북방족北方族들이 유럽을 공포에 떨게 했던 것은 병력수 때문이 아니었고 과거 킴브리Cimbern/Cimbri족과 튜튼Teuton족이 접근했을 때 고대 로마를 전율케 했던 고대게르만족의 호전적 기질이 그들을 통해 다시 등장했기 때문이다. 그들의 호전성이

500년 후인 지금 유럽 전역을 뿔뿔이 흩어지게 만든 것이다.

우리는 앙겔-작센angelsachsen/Anglo-Saxons족의 경우에서 이런 변화를 보다 뚜렷이 추적해 볼 수 있다. 서기 827년 브리튼britischen/British 제도諸島에서 에크베르트Ekbert/Egbert 왕이 앙겔-작센족 지역들을 단일왕국으로 통일하자 곧 바이킹족의 공격이 시작되었다. 우리는 이 큰 게르만족 왕국은 해적떼의 공격에서 자신을 방어할 수 있었으리라고 생각할 수도 있다. 그러나 이 앙겔-작센족의 선조들이 400년 전 브리튼 제도諸島를 정복하고 켈트Kelt/Celt족을 굴복시킬 때 지니고 있던 호전적 강인성은 이때쯤은 모두 사라지고 없었다. 우리는 이 옛 게르만족 정복자들이 데인Dänen/Danes족의 지배 하에 들어갔다 다시 골Gallien/Gaul족에 동화된 노르만족의 지배 하에 들어가는 자세한 과정을 뒤에 다시 다루게 될 것이다(역자 주: 제Ⅱ권, 제Ⅳ장 참고).

봉건체계로 인해 아직은 꽤 많은 전사戰士 계층을 유지할 수 있던 프랑크 제국으로서는 이런 변화가 앙겔-작센족의 경우보다 더 진전되지는 않았지만 그들의 봉건 군대도 결국 바이킹족을 막을 수 없었다. 샤를마뉴도 가지고 있던 가장 큰 문제는 랑케Leopold Ranke의 표현에 의하면 전체 힘의 절반인 해상세력이 없었던 점이다. 샤를마뉴도 이를 알고 선박 건조를 시도했었지만(서기 800년) 별 성과가 없었음은 서기 810년 노르만족이 선박 200척으로 침입해서 아무런 저항도 받지 않고 프리스란트Friesland를 격파한 것을 보면 알 수 있다. 함대건설을 위한 충분한 시간과 자원이 있었을 경건왕 루드비히도 한 일이 전혀 없었다. 그 후 벌어진 내전內戰 기간에는 함대건설에 노력을 기울일 여력이 없었다. 노르만속은 그들이 보유한 함대와 항해술航海術로 해안의 전혀 예상치 못한 이곳저곳에 출몰했다. 비록 그들의 병력이 수천 명에 불과해도 이를 상대할 수천 명의 프랑크 바쌀군대가 집결해서 그들을 향해 이동하려면 얼마나 많은 시간이 필요했을까? 적敵은 그들이 도착하기 한참 전에 약탈품을 챙겨서 사라질 수 있었을 것이다. 더욱이 좀 멀리 있는 대공大公들에게는 비용이 많이 드는 이 전역戰役에 섣불리 뛰어들기보다 고향에 남아 자신들의 힘을 보존하고 싶은 유혹이 늘 있었을 것이다.

적敵을 차단하기 위해 농민들도 분명히 소집되었겠지만 연대기年代記에 의하면 많은 인원이 집결하고 무장이 좋아도 전투에 대해 아는 것이 없는 이 평민무리들은 노르만족에게 격파 당하고 가축 같이 도살당했다고 한다.[1] 농민이던 리푸아리엔 프랑크ripuarische Franken족은 첫 접전에서 바로 꼬리를 돌렸음이 분명하다.

---

1) 레기노Regino의 연대기 서기 882년 항에는 "농촌에서 온 수 많은 보병들이 하나의 종대縱隊로 막 공격할 기세로 그들에게 접근했다. 그러나 노르만족은 그들이 무장은 그리 나쁘지 않지만 훈련 되지 않은 천민賤民들의 무리임을 알자 단숨에 그들을 휩쓸며 도살했했는데 사람을 죽이는 것이 아니라 마치 말 못하는 짐승을 죽이는 것 같았다*innumera multitudo peditum ex agris et villis in unum agmen conglobata eos quasi pugnatura aggreditur. Sed Normanni cernentes ignobile vulgus non tantum inerme quantum disciplina militari nudatum tanta caeda prosternunt, ut bruta animalia, non homines mactari viderentur.*"는 구절이 있다.

그 결과 노르만족은 쾰른Köln/Cologne과 아헨Aachen을 불태우고 코블렌츠Koblenz/Coblenz와 트리에르Trier까지 올라갈 수 있었으며 황제 카를Karl/Charles III세(역자 주: 동東프랑크의 왕 게르만 루드비히의 막내아들로 동·서·중 3프랑크의 왕과 서로마제국 황제를 겸했었다. 뚱보 카를Karl der Dicke로도 불린다. 서기 839년~888년 재위)가 이태리에 머무는 사이에 파리Paris를 포위할 수도 있었다. 이때 지중해 해안 특히 이태리 해안은 사라센Sarazen/Saracen(역자 주: 아랍 족. 이슬람 세력을 총칭하는 용어로도 쓰임) 해적들의 공격을 받았고 이 해적들은 나폴리 Neapel/Naples와 로마에 있는 생페테르St. Peter 성당을 약탈했다.

이때까지의 사건들만 해도 게르만족 무리가 침입했을 당시 로마제국이 처했던 속수무책의 상황을 염두에 둔다면 이해가 별로 어렵지 않을 것이다. 그 당시도 게르만족은 전사戰土 숫자가 매우 적었었다. 그러나 프랑크 제국 전체의 병력이 또다시 집결했을 때도 배로 철수하지 않은 노르만족이 그들을 정면 공격하고 패 배하지 않은 것을 이해하려면 상당한 노력이 필요하다.

이 북방족北方族은 초기初期의 공격과 파괴적 원정에서는 해상에서의 우위로 인해 어느 곳이건 기습을 가할 수 있었고 프랑크 왕조가 분열되어 서로 다투는 덕을 보기도 했다. 그러나 결국 프랑크 제국은 게르만 루드비히Ludwigs Deutschen의 아들 칼Karl/Charles III세 때 다시 단결했고 이제 노르만족을 압도할만한 대규모 병력이 집결했을 것으로 기대할 수 있게 되었다. 하지만 그런 일은 일어나지 않았다.

카를III세는 한때 동東프랑크 왕국과 로트링겐Lothringen/Lorraine 및 이태리의 왕으로 서 대규모 병력을 집결시킨 후 마스Maas/Meuse 강 주변의 아스클루Aschloo(엘슬루Elsloo) 에 안전한 숙영지를 구축해 놓았던 노르만족을 향해 진군한 적이 있었다. 이태 리도 증원병력을 보냈기 때문에 그의 병력은 적지 않았을 것이다. 그러나 그는 노르만족을 공격하지 않고 그들의 지도자인 고트프리트Gottfried/Godfrey가 침례浸禮를 받고 카롤링 왕조의 공주와 결혼하는 대신 그와 그의 백성들을 위한 거주지로 프리스란트Friesland를 할당해 주는 조건으로 그와 강화조약(서기 882년 엘슬루Elsloo 조약)을 체결했다. 이때 그에게 황금 2,412푼트pfund/pound도 주어야 했다. 당대인의 증언에 의하면 카를III세의 군대는 이 조약에 불만을 품고 싸우기를 원했다 한 다. 그러나 황제와 그의 조언자들은 확실치도 않은 승리를 시도하기보다 노르만 족을 조용히 제국 영역 내로 받아들이는 것이 득이 많다고 믿었던 것 같다.

그러나 이런 정치적 해결책도 파리Paris에서의 사건 때문에 성공하지 못했다. 카를III세는 전 병력과 함께 세느Seine강 북안北岸 몽마르트Montmarte 언덕을 점령했지 만 노르만족은 강의 남안南岸으로 물러난 후 굳게 버텼다. 바로 이때가 결정적 승 부수를 던져야 할 순간이었지만 카를III세는 모험하지 않고 적이 파리 포위를 푸 는 대가로 700푼트의 은銀을 주고 당시 보소Boso 대공大公이라는 인물이 왕으로서 제국에서 분리되기를 바라고 있던 부르고뉴Burgund/Burgogne의 월동越冬 막사幕舍들을 그들에게 할당해 줄 것을 약속한 새 조약을 체결하게 된다(역자 주: 서기 886년).

당대인當代人들은 이 수치스런 조약의 책임을 무능하고 소심한 황제의 탓으로 모두 돌리고 그의 심복들을 반역자라고 비난했다. 반발은 매우 심했으며 얼마 후 카를Ⅲ세는 결국 퇴위되고 말았다(역자 주: 서기 888년). 그러나 전쟁사의 관점에서는 이 문제를 이렇게만 보고 끝낼 수는 없다.

카를Ⅲ세가 영웅적 인물은 아니었음이 분명하나 당시 군사지도자들에게 적을 이길 수 있다는 확고한 신념만 있었다면 황제를 설득해서라도 총사령관을 임명해서 자신들을 이끌고 전투를 하게 하라고 요구하는 인물이 없었을 수가 없다.

우리는 당시 황제의 결정(이는 결국 군무회의軍務會議의 심의를 거치지 않은 것이다)이 왜 객관적 관점에서 이해될 수 있는 것으로 보였는지 알아보아야 한다.

프랑크 제국의 왕들 중에는 몇 해 전인 서기 881년 소꾸르Saucourt에서 승리한 스타므러 루드비히Ludwig dem Stammler 왕이나 5년 후인 서기 891년 루뱅Louvain/Löwen에서 승리한 아르눌프Arnulf 왕(카를Ⅲ세의 후계자) 같이 노르만족에게 승리를 거둔 왕도 있었다. 그러나 이들이 큰 승리를 거두었던 것일 수는 없다. 유명한 루뱅 전투의 경우 프랑크군 손실이 1명에 불과했다는 기록도 매우 왜곡된 과장으로 보이며 프랑크군은 결코 큰 소득을 얻었을 수가 없다. 노르만족은 패배한 바로 그 곳을 불과 몇 주일 후에 다시 차지하고 이곳에서 약탈원정을 재개해서 본Bonn을 거쳐 아르덴느Ardennen/Ardennes까지 진격했기 때문이다.

우리는 당시 시정을 한 세대가 지난 후 서구 세계를 심하게 압박하던 또 다른 야만인 헝가리Ungaren/Hungarian족을 상대했던 게르만 왕국 하인리히Heinrich/Henry Ⅰ세의 경우와 비교할 수 있을 것이다. 강력한 왕이었다는 평판을 남긴 하이리히 Ⅰ세도 헝가리족에게 조공租貢을 바치는 것이 낳겠다고 생각했지만 9년이나 조공을 바치고도 왕국 전체가 아닌 자신의 작센 공국公國/Herzogtum의 안전만 얻을 수 있었다. 서기 886년~924년 사이 게르만족의 군사기술은 큰 차이는 없었을 것이다. 결국 역사이해의 기본요소로 우리가 처음부터 끝까지 분명히 알아야 할 것은 거대한 왕국들을 거느리고 있던 카롤링 제국이 집결시킨 병력은 제국에 침입한 소규모 야만족과 근근히 균형을 이룰 수 있는 정도였고 따라서 어떤 상황에서 누가 우위를 차지했는지는 당시의 상황, 특히 지도자들에 의해 좌우되있다는 사실이다. 후일 모든 게르만족 병력을 강력하게 통제한 오토Otto 대제大帝는 결국 정면대결에서 헝가리족을 격파할 수 있었다. 그러나 노르만족은 결코 패하지 않았다. 노르만족은 일부는 브리튼 섬에 영원히 정착했고 또 다른 일부는 (이보다 초기의 사건들에 대해서는 생략하고) 과거 카를Ⅲ세가 서기 882년 엘슬루Elsloo 조약에서 구상했던 방식대로 서기 911년 조약에 따라 세느Seine강 하구河口에 정착했다. 10세기 중 덴마크와 노르웨이까지도 기독교를 받아들이자 북방北方의 나머지 게르만족들도 서구문화 세계로 들어왔고 결국 위험했던 순수한 호전성을 잃게 되었다.

따라서 이 북방 게르만족의 바이킹 원정은 그 기원과 성격 뿐 아니라 그 결말과 소득에 있어서도 민족대이동民族大移動/Völkerwanderung(역자 주: 이 책 제II편, 제II권 참고) 당시 게르만족의 이동과 매우 유사했다. 원정 무리의 일부는 그들이 처음 약탈하고 고의적으로 파괴했던 지역들에 결국 정착했다. 그러나 프랑크 제국은 과거의 로마 제국 같이 전혀 무방비 상태는 아니었다는 점에서 차이가 있다.

로마제국은 잘 훈련된 레기온legion이라는 견고한 핵이 사라진 후 자신의 인종으로 구성된 유용한 전사戰士 체계를 만들지 못했다. 그들에게는 한 야만인들로 다른 야만인들을 막게 하고 그들을 로마군에 복무하게 하는 방법 외에는 자신을 방어할 방법이 없었다. 기이세리히Gaiserich/Gaiseric가 카르타고Karthago/Carthage를 공격할 때 카르타고는 "고트족 푀데라티 무리를 가지고cum Gothorum foederatorium manu" 방어했었다 (역자 주: 푀데라티는 로마군의 모집에 개별적으로 응해 로마인 지도자 휘하에 할당되었지만 특별부대를 구성했던 부유한 야만인들을 말함. 이 책 제II편, 349쪽 참고). 나르세스Narses는 훈Hunnen/Huns족의 도움으로 고트Goten/Goths족을 정복했다. 프랑크족과 앙겔–작센족의 왕국들과 후일의 게르만족은 노르만족 및 헝가리족과 싸울 때 진 경우건 이긴 경우건 최소한 자신의 병력과 백성들로 싸웠다. 과거의 생각대로 샤를마뉴 대제大帝 치하의 프랑크족이 농민군이었다면, 다시 말해서 대부분 백성이 여전히 군사기술을 지니고 전쟁을 할 수 있었다면 그가 죽은 후 단 한 세대만에 이런 백성들 수백만 명이 야만인 침략자를 막을 수 없었다는 것은 이해할 수 없는 일이 된다. 그렇지만 카롤링 왕조 당시에 군사기술을 지닌 백성들은 이미 극소수 계층으로 제한되어 있었다. 우리가 알 수 있는 여타 시대의 경우나 마찬가지로 샤를마뉴 대제의 군대도 매우 적었다. 따라서 그의 증손자曾孫子들 역시 큰 무리의 유능한 병사들을 집결시킬 수는 없었고 약간의 기사騎士 부대들만 집결시킬 수 있었다.

이제 카를III세가 처해 있던 상황과 포위된 파리Paris의 구원 문제로 돌아가 보자. 노르만족은 서기 885년 9월 이후 거의 1년 동안을 파리 바로 앞에 자리를 잡고 심한 공격을 퍼부었고 때로는 포위망을 너무 좁혔기 때문에 도시 내부에서는 들키지 않게 몰래 빠져나가거나 강습 출격을 해야만 겨우 외부와 연락을 취할 수 있을 정도였다. 파리는 이때 이미 큰 도시가 되어 있었다.

연대기年代記는 30,000∼40,000명에 달했던 노르만족은 쓸모없는 인원들이라고 했지만 그들은 군대는 숫자가 상당히 많았음이 분명하다. 카를III세가 구원군을 이끌고 접근했을 때 노르만족은 정면대결을 하지 않고 세느Seine강 남안南岸의 요새화 된 숙영지로 철수했다. 프랑크군은 이 노르만족의 숙영지를 강습強襲하든지 아니면 포위한 다음 기아작전饑餓作戰으로 굴복시키든지 해야 할 상황이었다. 그러나 강습작전은 성공가능성이 없어 보였다. 만약 시저Cäsar/Caesar가 이와 같은 전략적 상황에 처했었다면 그는 물론 참호와 목책으로 적군을 포위해서 결국 굶주린 적이 항복하게 만들었을 것이다. 그러나 이런 작전을 펴려면 장기간 적을 포위하고 있을만한 충분한 식량이 필요했을 것이다. 우리는 이 프랑크 황제가 세느Seine강과 그 지류支流의 유리한 통로를 이용해 필요한 식량을 가져오게 할 수 있었을 것으로 생각해 볼 수도 있다. 그러나 그에게는 이런 작전을 위해 필요한 행정적 전제조건이 결여되어 있었다. 카롤링 왕조 군대의 보급체계는 각 파견대가 자신의 식량을 휴대하고 오는 체계였다. 카를Ⅲ세는 서기 886년 8월 이미 파리Paris 바로 옆까지 와 있었지만 11월까지도 조약은 발효되지 않았었다. 추측컨대 파견대들이 11월까지도 모두 집결하지 못했을 것이다. 그러다가 마지막 파견대가 도착할 때쯤에는 일찍 도착해 있던 파견대들은 자신들이 휴대하고 왔던 3개월 분의 식량을 이미 모두 소모했을 것이다. 그러나 그들에게는 충분한 현금을 가지고 있다가 멀리서라도 숨겨진 소량의 식량이라도 찾아내서 이를 수송해 올수 있는 조직을 갖춘 경험 있는 보급책補給責들도 없었을 것이다. 가까운 곳에서는 이미 노르만족이 식량을 모두 빼앗아 갔기 때문에 더 이상 징발할 식량이 없었을 것이다. 전투현장에서 좀 먼 곳은 식량획득이 가능하더라도 황제의 권위가 미치지 못했기 때문에 이를 강제로 징발해서 운송해 올 수가 없었을 것이다.

샤를마뉴 대제大帝 당시의 상황도 기본적으로는 같았겠지만 우리는 그런 강력한 통치자 밑에서도 이 같은 일이 일어났을 것으로 보면 안 될 것이다. 그의 시대와 그의 증손자들 시대 사이에 일어난 변화는 군사기술적 측면에서는 매우 적었지만 정치적으로는 큰 변화가 있었고 이런 정치적 요소는 군사작전에도 영향을 미쳤다. 샤를마뉴 대제 당시는 종류가 다른 저항이 있었을 것이고 따라서 적이 파리를 포위한다거나 그런 적과 돈으로 협상하는 것 같은 일은 애초에 일어나지 않았을 것이다. 노르만족의 군사적 성공은 단지 그들의 야만적 용기 때문만은 아니었고 프랑크족 내부의 분열과 제국의 해체에 따른 내전內戰도 큰 원인이었다. 이런 상황 속에서 노르만족은 첫 승리를 거둘 수 있었고 이 승리로 인해 그들은 자신감과 우월감을 지닐 수 있었으며 이런 자신감과 우월감은 점점 더 커졌다. 역으로 프랑크족은 상대방을 두려워하기도 했지만 그보다도 황제의 권위가 계속 마비되어 갔으며 제국이 다시 단결한 이후에도 별 차이는 없었다. 앞서 우리가 알 수 있었듯이 시저Cäsar/Caesar의 로마군이 골Gallien/Gaul 전쟁을 이길 수 있었던 매우 중요한 요인은 그들의 우월한 행정에 있었다. 파리에서 카를Ⅲ세가 노르만족과 가련한 조약을 체결할 수밖에 없었던 최종적이고도 결정적인 이유는 그가 그렇게 큰 노력을 기울여서 어렵게 집결시켜 놓은 군대를 겨울 동안 먹여 살릴 수 없었던 프랑크 제국의 행정적 무능 외에 다른 이유는 없었을 것이다. 그들의 행정적 무능은 봉건체계로 인한 제약 때문이었다. 샤를마뉴의 경우는 틀림없이 대공大公들에게 군대를 집결시키게 하고 필요한 식량을 보급하도록 강제로 요구할 수 있는 권력을 보유하고 있었을 것이다.

 노르만족이 파리를 포위하고 있을 때 카를III세는 해상왕海上王 시그프리트Siegfried가 지휘하던 포위병력의 일부에게 60푼트pfund/pound의 은銀을 선물로 주고 철수하도록 설득했다. 카를III세와 포위군 사이에 합의가 이루어지고 카를III세가 철수했지만 그 직후에 시그프리트가 다시 나타나서 황제 등뒤의 오이세Oise로 올라왔다 한다. 《풀다 연대기年代記 Annal. Fuldenes》에 의하면 카를III세가 협상을 하게 된 것은 시그프리트가 접근하고 있는 것을 알았기 때문이라고 한다. 그러나 실제 상황을 보면 반드시 그렇게 볼 근거도 없지만 이 기록이 정확한 정보에 근거한 것인지 따져 볼 필요는 없다. 카를III세에게는 오히려 새로운 적의 접근이 규모가 작은 이 적에게로 가서 정면전투를 벌일 기회가 되었을 것이라는 반론反論도 가능할 것이기 때문이다. 프랑크군은 이 정면전투에서 이겼다면 자신감을 가질 수 있었을 것이며 그 결과 카를III세가 파리의 요새화 된 노르만족 숙영지를 공격하도록 영향을 미쳤을 수도 있었을 것이다.

 그러나 우리는 당시의 실제 상황을 충분히 알지는 못하므로 이 문제에 대한 추론을 더 이상 전개해 볼 수 없다. 여하간 다시 단결한 프랑크 제국의 통치자가 자신의 영역 중심부까지 쳐들어 온 단순한 해적들의 무리를 공격해서 격파함으로써 그들을 몰아내려 하지 않았던 것은 사실이다. 결국 프랑크 제국의 군사력은 믿을 수 없을 정도로 약했었던 것이다.

부 기附記

파리Paris 포위

파리 포위에 관한 역사기록으로는 연대기年代記들에 기록된 짧은 문구들 외에도 실제로 포위 현장에 있었던 아보Abbo 사제司祭가 남긴 장문의 서사시紋事詩가 있다.2) 그러나 이 서사시에는 너무나도 부자연스러운 수식修飾과 심한 과장으로 인해서 그 진의眞意를 파악하기가 어려운 부분이 자주 등장한다. 이 서사시에서는 거룩한 성聖 게르마누스St. Germanus가 행한 기적奇蹟이 실제의 작전보다 더 큰 역할을 하고 있기 때문에 이로부터 전쟁사의 관점에서 알 수 있는 것은 양측이 모두 광범위하게 활과 화살을 사용했었다는 점밖에는 없다.

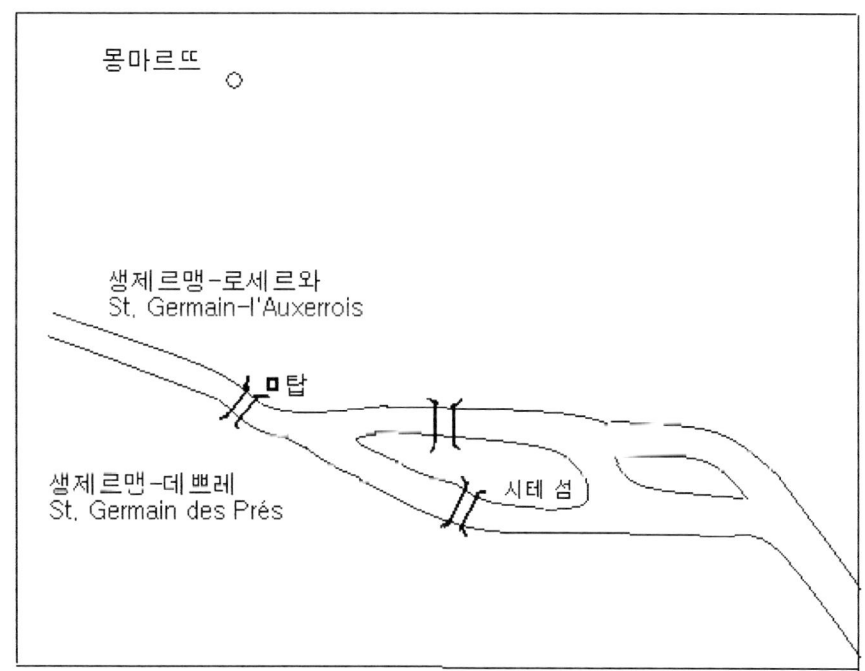

요도 2. 파리 지역(역자가 첨부함)

필자가 보기에 현재의 독일 학자들이나 프랑스 학자들는 모두가3) 프랑크군은

2) 《게르만 사료집Monumenta Germaniae》, SS., 11, 806. 페르츠G. H. Pertz 편編, 《아보의 파리 전쟁Abbonis de bello Parisiaeo libri III, in usum scholarum recudi fecit G. H. Pertz》. 타라네N. R. Taranne 역譯, 《서기 885년과 886년 노르만족의 파리 포위, 아보의 서사시Le Siège de Paris par les Normands en 885 et 886, poème d'Abbon》 (파리, 서기 1834년). 뀌조Guizot의 《프랑스사 비망록집Collection de mémoires relatifs à l'histoir de France》, 제IV편에는 또 다른 번역문이 있다.

3) 필자는 파리 포위를 다소 상세히 다룬 글로 다음과 같은 것들을 비교해 보았다. 칼크스타인C. von Kalkstein, 《초기 까페 왕조 치하의 프랑스 왕국사王國史Geschichte des französischen Königtum unter den ersten

처음부터 파리 시의 세느Seine강 양안兩岸으로 펼쳐진 구역들은 포기하고 시테cité 섬 (역자 주: 파리 시 중앙을 흐르는 세느강 가운데 있는 동서 길이 약 914m, 남북 너비 약 183m의 섬. 파리의 발상지로 노트르담 사원 등이 이곳에 있다)만 방어하고 있었을 것으로 이해하고 있다. 그러나 필자에게는 그런 일은 불가능했을 것으로 보인다.

이 시테cité 섬은 당대의 묘사대로 큰 도시였던 파리의 주민 전체를 1년 동안이나 보호하기에는 너무 작은 섬으로서 파리 포위를 묘사한 여러 기록들과는 부합되지 않는 장소이다. 반면 분명히 서로 모순이 있는 시귀詩句들에 대해서는 다른 해석도 가능하다. 모든 것은 다리 문제에 달려 있다. 처음에 노르만족은 세느강 북안北岸에 위치한 어느 다리의 출구出口를 엄호해 주는 탑塔을 공격했었다. 그러나 그들은 프랑크군의 용감한 방어를 극복할 수가 없자 동풍東風을 이용해서 불붙은 뗏목 3개를 둑 위에서 밧줄로 조종해 가면서 그 다리로 보냈다고 한다(아보Abbo의 서사시敍事詩, I. 375행 이하). 이 기록을 얼핏보면 노르만족은 세느강의 북안을 모두 장악하고 있었던 것처럼 보인다. 여하간 이들의 공격은 뗏목들이 다리의 돌기둥 쪽으로 휩쓸려갔고 프랑크군이 뗏목의 불을 꺼버리자 실패한다. 그러나 며칠 후인 서기 886년 2월 6일에 노르만족 포위군들은 이 다리가 급류에 휩쓸려 파괴되는 행운을 만나게 되었고 이 때문에 프랑크군은 외부로부터 아무 도움도 받을 수 없게 되었다. 이때 노르만족은 그 탑을 사방에서 공격해서 불 태웠고 탑을 지키던 병력을 전멸시켰다. 만약 이 기록에 보이는 다리와 탑이 처음부터 같은 다리와 탑이었다면—원문은 달리 해석될 여지가 없다—프랑크군은 세느강 북안北岸과는 완전히 차단되었을 것이다. 더욱이 이때 프랑크군은 포위되어 있었기 때문에 그런 다리를 다시 만들 수도 없었을 것이다. 그러나 뒤로 가면 오도Odo 대공大公이 북쪽에서 출격出擊을 나가서 "몽마르뜨 언덕cacumina Montis Martis"(역자 주: 파리 시 세느강 북안의 북서쪽)을 거쳐서 그 출구出口까지 가는데 성공했었고(아보Abbo의 서사시敍事詩, II. 195-205), 황제가 도착했을 때도 그쪽으로 들어왔다는 기록이 있다. 이에 많은 학자들(마르텡Henry Martin, 타라네N. R. Taranne, 달만F. C. Dahlmann, 칼크스타인C. von Kalkstein)은 프랑크군이 앞서 급류에 잃은 다리는 시테cité 섬 남쪽 다리였을 것으로 믿는다. 그러나 이는 아주 왜곡된 해석일 뿐 아니라 만약 당시에 이 시테cité 섬 거점據點이 두 다리만 제외하고 모두 포위되어 있었다면 파리 포위에 관한 모든 기록이 달리 이해되어야 한다. 기록에는 노르만족이 가지고 왔던 공성攻城 장비들에 관한 구절과 그들이 파리Paris 시를 향해 화살과 돌멩이 등을 쏘아댔다는 구절

Capetingern》, 제I편(서기 1877년). 뒤믈러E. Dümmler, 《동東프랑크 왕국사Geschichte des ostfränkischen Reichs》, 제III편(제2판, 서기 1888년). 달만F. C. Dahlmann, 《덴마크사史Geschichte von Dänemark》, 제I편(서기 1840년). 부르농Bournon, 《파리사史Paris Histoire, etc.》(파리, 서기 1888년). 모노르바E. Monorval, 《파리의 기원Paris depuis ses origines, etc.》. 페랜F. T. Perrens, 《파리의 일반 역사Histoire générale de Paris》. 보타미Botamy, 《금석문 학회 비망록Mémoires de l'Académie des Inscriptions》, 제17권(서기 1759년). 마르텡Henry Martin, 《프랑스 역사Histoire de France》,제II편. 데핑Depping, 《10세기 노르만족의 해상 원정 및 프랑스 정착Histoire des expéditions maritimes des Normands et de leur établissement en France au dixième siècle》(브뤼셀, 서기 1844년).

들이 계속 나온다. 성물聖物들과 함께 성벽城壁을 따라 행진하던 대열에서 성물을 들고 가던 사람이 노르만족이 날려보낸 돌멩이에 맞았다는 구절도 있고(아보Abbo 의 서사시敍事詩, Ⅱ. 146-150), 또 성벽 가까이 있던 교회에 노르만족이 잠입했다는 구절도 있다(아보Abbo의 서사시敍事詩, Ⅱ. 321).

결국 이런 기록들이 일관성을 지닐 수 있으려면 세느강 북안에 있었던 탑의 방어에 관한 기록 특히 불붙인 뗏목에 관한 기록이 프랑크군이 세느강 북안의 파리 시가지市街地 전체를 방어하고 있었을 때의 사실에 관한 기록이어야 하며 필 자는 그런 해석이 가능할 것으로 생각한다.

착오였다고 해도 우리에게는 별로 관계가 없지만 서기 861년 아니면 862년에 대머리 샤를즈Charles le Chauve/Karl des Kahlen가 파리에 다리를 놓게 했다는 기록이 있다 ("과거에 안티시오도렌시스라고 불렀던 교외郊外의 생제르맹 공국公國 주거지역에 있는 앞서 언급한 도시 외곽에…큰 다리를 건설해서 편리하게 이용토록 하도록 명한다Placuit nobis extra praedictam urbem supra terram monasterii sancti Germani suburbio commorantis, quod a priscis temporibus Antisiodorensis dicitur…opportunum majorem facere pontem.")4) 생제르맹-로세르와St. Germain-l'Auxerrois 공국의 땅(역자 주: 생제르맹 지역은 시테 섬 서쪽의 세느강 양안兩岸 지역으로 북안 北岸 쪽이 생제르맹-로세르와St. Germain-l'Auxerrois이고 남안南岸 쪽은 생제르맹-데쁘레St. Germain des Prés이다)에 있는 파리 시 외곽의 이 다리는 시테cité 섬의 서쪽 끝에 있었을 수밖에는 없으며 이 다리가 당시에는 지금 같이 긴 다리는 아니었을 것이다. 파리 시의 세느강 북안北岸 지역은 이 다리보다는 약간 동쪽에서 시작해서 동쪽으로 펼쳐져 있었음 이 분명하다. 그렇다면 노르만족은 파리 시의 세느강 북안 지역 서쪽 끝과 이 다리의 중간쯤에서 불붙은 뗏목들을 강물에 풀어놓고 동풍東風의 도움으로 약간 서쪽에 있는 이 다리 쪽으로 보냈을 가능성이 있다.

다리의 위치를 이렇게 보는 것이 사료의 문구에 대한 유일한 합리적 해석일 것으로 보인다. 사료에서는 "도시 외곽extra…urbem"이라고 했는데 이는 파리 시의 한 중앙인 시테cité 섬 시가지市街地의 외곽을 말한 것일 수는 없고 세느강 북안 시 가지의 외곽을 말한 것일 수밖에 없기 때문이다. 물론 시테 섬 시가지의 서쪽 바깥쪽에 다리가 하나쯤 있는 것은 매우 자연스러운 일이다. 이 다리의 특징은 이 다리가 시테 섬의 시가지와 세느강 북안北岸의 시가지를 연결해 주는 다리가 아니라—이런 다리는 이미 하나가 따로 있었다—시테 섬 서쪽 바깥쪽(하류쪽)에 서 세느강 양안의 파리 시 바깥쪽 개활지를 연결해 주는 다리였다는 점이다. 이 다리를 요새화 된 탑塔으로 엄호했던 것은 바로 이 때문이었을 것이다.

이상과 같이 해석해야만 모든 문제들이 다 해결된다. 이 다리는 파리 시 중앙 을 흐르는 세느강을 이용해서 노르만족이 접근하는 것을 차단하고 있었다. 세느

---

4) 《프랑스 연혁집沿革集Collection des Cartulaires de France》, 제Ⅳ편. 게라르M. Guérard 편編, 《파리 노틀담 사원의 연혁Cartulaires de l'église Notre Dame de Paris》, 제Ⅰ편(서기 1850년), 243쪽. 발루지우Balusius에서 발간된 연혁집, 제Ⅱ편, 1491행 및 부케Martin Bouquet, 《프랑스사史Rerum Gallicarum et Francicarum Scriptores》, 제Ⅷ편, 568쪽.

강 양안兩岸 파리 시의 서쪽 교외郊外 지역에도 당연히 성벽들이 있었지만 세느강 하류에서부터 강으로 배를 타고 올라오는 노르만족이 이 다리로 인해 처음부터 차단되어 있었기 때문에 파리 시의 방어는 훨씬 더 단순해져 있었다. 바로 이런 이유 때문에 프랑크군은 이 다리와 이 다리 북단北端의 탑을 전력을 다해서 지키려고 했던 것이다. 그러나 이 다리와 탑을 잃고 난 후에도 승부는 나지 않았다. 이때까지 노르만족은 이 탑뿐 아니라 이 탑 부근의 세느강 북안北岸 교외郊外 지역 전체를 동시에 공격했었을 것이 분명하다. 그러던 중 이 다리가 강물에 휩쓸려 무너지고 탑이 고립되자 노르만족은 이를 탈취하기 매우 쉬울 것으로 생각하고 이 탑에 공격을 집중했었다. 그러나 프랑크군 수비대가 완강히 저항하자 그들은 사기士氣가 떨어졌었고 그 결과 탑 점령에 성공한 후에는 곧 포위를 풀고 단순한 차단작전遮斷作戰으로 전환했으며 세느강 남안南岸에 구축해 놓은 숙영지를 기지基地 삼아서 그 주변지역을 약탈했다.

따라서 외곽 방어시설이었던 다리 하나와 이를 엄호해 주던 탑 하나를 잃은 후에도 프랑크군은 시테 섬을 통해 다른 다리들로 연결되어 있던 도시의 세느강 양안兩岸을 계속 지켰다. 이 때문에 아보Abbo는 그 이후의 일에 대해서 "성벽들과 감시탑들 뿐 아니라 모든 다리들까지 그들을 지켜주었고*ballabant muri, speculae, pontes quoque cuncti*"라고 사실대로 노래할 수 있었다(아보Abbo의 서사시敍事詩, II. 232). "도시 거주자*urbani*"들이 "교외郊外 거주자*suburbani*"들과 싸웠다는 구절(같은 시, II. 160)에 대해 타라네N. R. Taranne는 교외 거주자 즉, 노르만족이 시테 섬을 제외한 파리 시 전역全域을 점령하고 있었음이 분명하다는 의미로 해석했다(《서기 885년과 886년 노르만족의 파리 포위, 아보의 서사시敍事詩*Le Siège de Paris par les Normands en 885 et 886, poème d'Abbon*》, 258쪽). 물론 그렇게 해석할 필요는 없다. 아보Abbo의 서사시敍事詩, 서문序文 (I, 10-19)을 파리 시 전체가 모두 섬 안에 있었다는 의미로 해석할 필요가 없는 것이나 마찬가지다. 여하튼간에 성벽城壁이 있는 교외郊外 지역들이 있었으며(같은 시, II. 322), 프랑크군이 처음부터 이 지역들을 비워놓았을 것으로 볼만한 근거는 없다. 세느강 북안北岸의 생제르맹 로세르아St. Germain l'oxerrois나 남안南岸의 생제르맹 데쁘레St. Germain des Prés에는 모두 외곽에 성벽이 있었다.

(이하는 제2판에서 추가한 내용임.) 포겔W. Vogel은 9세기의 노르만족이 프랑크족보다 우위에 설 수 있었던 주된 이유는 "그들이 개인적으로 더 용감했기 때문이라기보다는 프랑크 제국의 국민군대가 전환기를 거치고 있을 때 노르만족의 군대가 보다 엄격한 조직과 보다 발전된 전술을 갖고 있었기 때문"이라고 본다 (《노르만족과 프랑크 제국*Die Normannen und das Fränkische Reich*》, 서기 1906년, 39쪽). 그의 말이 정확하다면 그 핵심은 "조직"이라는 단어에 있다. 노르만족 군대에는 분명한 단위대單位隊들이 있었다. 그러나 봉건국가는 일정한 규모의 병력을 집결시키기가 어려웠고 언제나 많은 시간이 필요했다. 이 점이 봉건체계에서 "조직"이 지니는 의미였다. 그러나 노르만족에게 더 발전된 "전술"이 있었다는 것은 포겔

의 환상이다. 또한 당시의 프랑크 국민군대가 "전환기를 거치고" 있었다면 이는 그들의 취약점이 아니라 오히려 강점이었을 것이다. 전환이 아직 완성되지 않았었다는 것은 과거와 같은 백성들의 전사戰士적 능력의 흔적이 아직도 남아있었다는 말이 되며 실제로 그렇다면 그들은 노르만족에게 저항하기가 훨씬 수월했을 것이다. 결국 노르만족이 프랑크족보다 우위에 설 수 있었던 결정적인 요인은 프랑크 제국의 국민군대가 "전환기를 거치고" 있었던 것이 아니라 그런 전환이 이미 완성되어 있었다는 점이다.

제 II 권
전성기의 봉건국가

《 요도要圖 목록 》

제 I 장
카롤링 제국의 몰락과 새 국가 형성

그리스-로마 고전시대의 엄격한 국가國家 개념은 민족대이동民族大移動/Völkerwanderung (역자 주: 이 책 제II편, 제II권 참고)으로 인해 무너졌고 야만인들의 군사지도자나 왕들은 힘으로 최고 권력은 장악하기는 했지만 곧이어 통합을 위한 정치체계를 만들어 낼 능력은 없었다. 새로 형성된 정치체계들 중에 가장 강력했던 프랑크 왕국도 계속적인 분열이 보여주듯이 왕국이 왕가王家의 소유물所有物이라는 생각을 버리지 못했고 이 소유물을 새로 부상한 카롤링Karoling/Caroling 왕조(역자 주: 메로빙Merowing/Meroving 왕조를 이어받은 프랑크 왕국 후기 왕조)는 원소유자 메로빙 왕조로부터 빼앗았다.

궁재宮宰 페펭Pipin der Hausmeister, 카를 마르텔Karl/Charles Martel, 페펭 왕Pipin der König에 이어서 샤를마뉴 대제大帝까지 4대에 걸친 카롤링 가家 통치자들은 제국을 재건한 후에 국가 개념을 불어넣었고 이를 서西로마 제국으로 확장시켰다. 그러나 샤를마뉴 대제가 죽자 카롤링 제국은 메로빙 제국보다 더 빠른 속도로 붕괴했다.

샤를마뉴 대제의 아들은 서기 817년 왕위계승법을 제정해서 국가 통합을 시도했지만 실패했다. 불안정한 구조의 정치체계에서 원심력이 너무 강했다.

여하간 샤를마뉴 대제는 클로드비크Chlodwig/Clovis(역자 주: 메로빙 제국의 창시자)의 국가보다 더 강력하고 정신적으로도 우월한 국가를 후계자들에게 물려주었는데 왜 이들이 클로드비크의 후계자들보다 오래가지 못했는지 제대로 검토된 적이 아직 없었다. 지금껏 이 문제에 대한 해답이 제시된 적은 없지만 필자는 이제 분명한 해답을 찾아 낸 것 같다. 군대가 국민군대Volksheer에서 바쌀군대Vassalenheer(역자 주: 바쌀은 "가신家臣"으로 통상 번역된다. 구체적 의미에 대해서는 이 책 제II편, 제IV권, 제IV장 참고)로 전환되는 과정은 클로드비크 때는 겨우 시작되었을 뿐이지만 샤를마뉴 대제 때는 이미 완성되어 있었다. 그러나 자신들을 먹여 살리는 봉건영주封建領主/Lehnsherr에게 직접 예속되어 있던 바쌀들은 왕실의 권위가 흔들리게 되자 큰 영지를 소유한 대공大公/Graf 가문들에게 권력을 안겨주었고 제국이 분열되어 경건왕敬虔王 루드비히Ludwig des Frommen/Louis the Pious의 아들들과 손자들 밑에서 내분에 휩싸이게 되자 이 대공大公 가문들이 바로 제국을 붕괴시켰다.

이런 몰락을 딛고 새 왕국이 일어났다. 그러나 이 왕국은 더 이상 통일왕국이 아니었고 게르만, 프랑스, 부르고뉴Burgund/Burgogne, 이태리 등 다양한 형태의 왕국들이었다. 이들 모두는 카롤링 제국에서 갈라진 큰 가문과 특수한 영토구조가 특징이었고[1] 이제 강력한 단일왕국으로의 통합 압력은 없었다. 오히려 이 왕국들은 신흥왕가新興王家들과 결합된 정치체계를 형성했다. 봉건조직이 시대를 지배했었고 이런 조직에서는 국가라는 개념보다는 상급, 하급 및 중급으로 분리된 권리 개념이 더 중요했다. 왕의 권리는 제한되어 있었고 왕 자신이 영주領主/Herzog로서 권력과 재산을 갖고 있지 않을 경우 더 이상 왕이 아니었다. 이제 국가라는 개념은 창백한 그림자만 남게 되었다. 정치적 실체를 건설하고 이를 유지시킨 것은 국가라는 개념이 아니라 바쌀vassal들의 충성심이었다.

과거의 프랑크 제국 동쪽 지역에는 처음엔 작센Sachsen/Saxony, 바이에른Byern/Bavaria, 슈바벤Schwaben/Swabia, 프랑켄Franken/Franconia, 로트링겐Lothringen/Lorraine 등지의 옛 가문들과 결합된 여러 공국公國/Herzogtum들이 생겼고 이들이 작센 영주領主 하인리히Heinrich I세를 왕으로 선출한 후 그에게 복종하면서 게르만 왕국Deutsche Reich이 탄생했다.

새 왕국은 왕이 공국公國들을 독립된 정치단위로 인정했었다는 점에서 카롤링 왕국보다 약한 왕국이었다. 후일 하인리히는 영주領主 가문들을 제거하고 영주領主들을 새로 임명했지만 공국公國들 자체를 건드릴 수는 없었다. 그에게는 분명한 왕위계승권은 없었고 그가 주장한 세습권世襲權이 같은 영주領主들의 투표를 통해 수락됨으로써 왕이 되었다. 그러나 이런 절차로 인해 왕권에 가해졌던 제약은 군사적 측면에서는 국가에 유리한 쪽으로 작용했다. 샤를마뉴 대제大帝의 후계자들로서는 그들의 영주領主들 중 한 명이 유능한 전사戰士들을 너무 많이 거느리게 되면 위험한 존재가 되므로 좋을 수가 없었지만 그런 상황이 생길 수 있었고 또 실제로 생겼었다. 그러나 이 왕국의 기초는 결국 가장 중요한 귀족인 바쌀vassal들의 자유의사自由意思와 이들과 이들이 선출한 왕간의 협력에 있었다. 따라서 이제는 모든 수준의 봉건조직에서 왕과 영주領主/Herzog 및 대공大公/Graf들이 그리고 얼마 후

---

1) 푸파르댕Poupardin은 이런 가문들의 숫자가 그렇게 많지 않았음을 입증했다("카롤링 시기의 큰 대공가문大公家門Les grandes familles comtales à l'époque carlovingienne," 《역사평론Revue historique》, 제72권, 서기 1900년, 72쪽). 이 가문들의 기원은 대개 아우스트라스Austrasien/Austrasia 가문에 있었고 왕국 내에 아주 널리 분산되어 있었고 서로 밀접한 관계에 있었다. 그들의 소유토지가 아주 멀리 떨어진 여러 지역에 분산되어 있는 경우가 흔했는데 이는 왕국이 여러 국가로 분할되는 과정에서 매우 중요한 요소였다. 냉대冷待를 받게 된 인물도 이 때문에 왕국 내의 다른 지역으로 쉽게 이동할 수 있었기 때문이다. 이 때문에 왕들은 한 인물이 왕국 내의 여러 곳에 동시에 봉토封土를 갖는 것을 그대로 방치하지 않으려고 했었다.
　　필자는 셸링거Seelinger가 "중세 초기 토지규제의 사회적 정치적 중요성Soziale und politische Bedeutung der Grundheerschaft im früheren Mittelalter"(《작센 학회 역사철학분과 논문집Abhandlungen der historischen-philosophischen Klasse der Sächsischen Gesellschaft der Wissenschaft》, 제22권)에서 큰 영지領地/Herrschaften 형성에 있어 이런 특권이 너무 중요시되고 있음을 잘 설명했다고 본다. 중요한 공권력은 늘 대공령大公領/Grafschaft에 있었고 후일 국가권위는 큰 영주領主지역이 아니라 대공령大公領으로부터 파생되어 나왔다.
　　이런 사실을 통해서만 로마인 지역과 게르만인 지역 간의 차이가 왜 그렇게 작았는지에 대해서도 설명할 수 있는데 셸링거는 이를 지적하지 않았다. 또한 그는 대공大公 지위가 세습 지위가 되었다는 기본적인 사실과 그렇게 된 이유에 대해서도 언급하지는 않았다. 그의 설명의 기본개념을 완성하기 위해 이런 점들은 추가시키는 것은 어려운 일은 아니다. 그러나 셸링거가 소홀히 한 문제들에 대해 별도의 논쟁을 전개하는 것은 지금의 우리 주제와 어울리지 않는다.

에는 또한 주교主敎들이 각자 자신의 권리로서 그리고 전체를 위해서 유능한 전사戰士집단을 창설하려고 모든 노력을 기울이게 된 것은 자연스런 일일뿐이다. 각 구성요소가 일정한 정치적 독립성을 갖는 봉건국가가 점차 건설됨에 따라 중세 군대는 최상의 효율성을 지닐 수 있게 되었다. 유능한 개인적 전사戰士의 원칙은 메로빙 왕조 때부터 점차 발전되어 온 것으로서 이런 원칙과 정치적으로 완전히 양립할 수 있던 것은 10세기 이후의 봉건국가들뿐이었다.

하인리히Heinrich I세의 후계자들은 처음에는 남계男系로 나중에는 여계女系(살리 Salier/Salian계系)로 이어가며 게르만 왕국을 200년 동안 실제로 통치했으므로 카롤링 왕국과 새 왕국이 차이가 없는 것처럼 보인다. 그러나 이 왕조의 통치는 내면적으로는 앞 왕조와 달랐다. 이 왕조의 왕위王位는 명확한 세습권世襲權에 의한 것이 아니라 선출選出에 의한 것이었다. 따라서 이 왕조는 서로 대립하지만 법적으로 인정된 각 세력들의 존재를 인정하고 존중해야 했었다. 왕위나 마찬가지로 영주領主/Herzog나 대공大公/Graf 같은 고위 직위도 법적으로는 명백한 세습적世襲的 지위가 아니라 봉토封土와 함께 일생동안만 허용된 지위였다. 그러나 실제 그들의 지위는 통상 아버지로부터 아들에게 넘겨졌고 점차 완전한 세습직에 접근했다. 우리는 세습원칙이나 선출원칙 또는 임명원칙 중 어느 하나가 왕위나 봉토를 지배하지 못하고 세 원칙 모두가 실제로 균형을 이루는 상황을 가장 순수한 형태의 봉건국가의 기초였다고 말할 수 있을 것이다.

교회敎會라는 특수 정치조직이 병행並行해서 존재했던 이런 계층적 권력분할은 다른 면에서 보면 정치적 분할을 의미했다. 각자 독립된 일정한 군대를 보유한 모든 부분적 주권들은 늘 서로 마찰했다. 중세는 거의 끊임없는 내전內戰의 시대였다. 그러나 군사력이 증대된 것은 바로 이 같은 상시적 불화 때문이었다. 마치 고대 그리스의 도시국가들의 경우와 같았다. 그들이 페르시아의 공격을 막아낼 수 있었던 것도 그에 앞서 일어났던 아테네와 에기나Aegina 간 내전의 결과였다. 헤로도투스Herodote/Herodotus의 말에 의하면 이 내전 때문에 그들은 함대를 건설했다. 극도의 비상사태로 인해 무엇이든 끌어 당겨야 할 필요가 생겼을 때 위대하고 결정적인 행동과 성공이 가능했다. 게르만 왕국의 경우에 그런 성공이 더 가능했던 것은 모든 작은 권력들의 상위에 한 왕조가 계속 존재했었고 이 왕조가 자연스런 구심점이 되어 자연스런 리더십을 발휘할 수 있었기 때문이다.

그러나 지금도 자주 인용되는 한 기록에 의하면 게르만 왕국의 기초를 확립한 하인리히Heinrich I세는 독특한 군사체계도 만들었다고 한다. 그는 작센족을 마병馬兵으로 육성하고 요새화 된 성城들을 구축했으며 전사戰士 9명 중 8명에게 늘 토지를 경작하면서 연간 소출의 1/3을 나머지 전사戰士 1명이 들어가 살면서 요새도 지키고 동료 8명을 위한 보급품도 비축하고 있는 거점據點으로 보내게 했다 한다. 그러나 우리는 세부내용에 대해 다양한 평가가 이루어지고 있는 이 기록 전체를 단순한 우화寓話나 전설傳說로 보고 비판적 역사연구에서는 이를 부인해야 한다.

하인리히Heinrich I세의 위대한 치적治績은 정치적 치적으로서 그는 먼저 작센 공국公國을 창건하거나 적어도 더욱 발전시킨 후 제한된 권력의 새 왕조를 창건했다. 군사체계는 오래 전부터 발전되어 온 형태 그대로였다.[2] 그의 아들 오토Otto 대제大帝 당시에는 요새화 된 성城들과 강력한 도시성벽들과 그렇게도 큰 업적을 남긴 전사戰士 계층이 그의 아버지 하인리히 I세 때 만들어진 것이라는 인상이 있었고 또 그의 영주가문領主家門/Fürstenhaus에 충성과 명예를 바쳤던 비두킨트Widukund도 《작센 연대기年代記》에서 그렇게 기록해 놓았다. 그러나 이는 예를 들어 헤로도투스Herodote/Herodotus의 기록에 보이는 페르시아 왕조 이야기나 마찬가지로 유명한 전설傳說들에서 흔히 보이는 여러 사건들을 압축해서 반영한 이야기에 불과하다. 샤를마뉴 대제大帝 때도 작센족과 프리센Friesen/Friesia족은 말을 타고 싸웠고 그들의 이런 기술은 다음 세기에도 보존되어 있었음이 분명하다.[3] 작센족에게는 기억할 수 없는 먼 옛날부터 말이 "헤르게베테Heergewäte"("군사장비")의 한 부분이었다. 그들은 또한 이교도異敎徒였을 때 이미 요새화 된 성城들을 구축했었고 적어도 프랑크 왕국에 편입된 이후부터는 도시도 건설했었다. 따라서 하인리히 I세는 물려받은 군사체계를 물적·인적 측면에서 발전시키고 강화시킨 것 외에는 달리 한 일이 없었다. 비두킨트의 기록은, 특히 요새화 된 성城으로 들어가야 하는 전사戰士는 언제나 9명 중 1명이었다는 말을 볼 때, 전설傳說 성격의 기록임이 분명하다. 국경지역에 있건 내지內地에 있건 평시에는 요새 수비대 병력수가 그 요새의 크기와 규모에 따라 달라지는 것이며 크기나 인구가 서로 큰 차이가 있을 각 성城 지역의 전사戰士 숫자에 따라 결정될 수는 없는 법이다. 더욱이 연간 소출의 1/3이나 창고에 비축할 수는 없다. 마지막으로, 토지를 경작하면서 성城으로 식량을 공급해야 하는 사람들은 결코 전사戰士들이 아니라 비전투원인 농민들이었다. 따라서 하인리히 I세는 결코 이 비슷한 칙령을 결코 공포했을 수 없다. 그가 작센족을 마병馬兵으로 훈련시켰다는 말 역시 이를 마치 그가 경기병輕騎兵 부대를 창설했다

---

2) 로덴베르크Rodenberg는 하인리히가 새로 도입한 것은 아무 것도 없다고 정확하게 평가하면서도 그가 카롤링 제국의 제도들을 단지 부활시키기만 한 것은 아니라고 굳게 믿고 있다(《오스트리아 연구소 보고서 *Mitteilungen des Oesterreichischen Instituts*》, 제17권, 서기 1896년, 165쪽). 물론 하인리히가 "옛 제도들을 부활시키기만 했다"고 말한다면 이는 잘못일 것이다. "단순한 부활"일 경우에도 세부적으로는 언제나 약간의 변화가 생기는 법이지만 그의 중요한 업적은 군사력 재건과 대폭 강화였으며 이를 위해서는 (예를 들어 빌헬름Wilhelm I세의 프로이센군 재조직의 경우와 같이) 매우 큰 부담이 새로 필요했었다. 따라서 하인리히 I세의 업적은 정치적 업적이었다.

3) 이 문제에 대해 뒤의 제Ⅲ권, 제Ⅱ장, 부기附記의 「게르만 기사騎士의 보기전투步騎戰鬪 기술」도 참고할 것.

든지, 그와 반대로 중기병重騎兵 부대를 창설했다든지,4) 아니면 마병馬兵들에게 밀집
대형으로 이동하는 법을 가르쳐주었다든지5) 하는 식으로 특별히 새로운 무엇이
있었던 것 같이 해석하려는 것 역시 쓸모없는 일이다. 비두킨트Widukund의 기록은
하인리히Heinrich I세의 시대보다 근 반세기가 지난 후에야 쓰여진 것으로서 결코
그 세부내용이 직접적 역사 증거로 이용되면 안 된다. 그의 기록에는 하인리히
시대에는 정치력의 재개발과 집중을 통해서 군사체계도 질적으로 그리고 특히
양적으로 육성되고 발전되었다는 분명하고도 중요한 사실 외에는 참고할 것이
없다. 하인리히의 시대에 등장한 새로운 제도는 없다.

이런 기반 위에서 발생했던 세계사적으로 결정적인 중요성을 지니는 사건이
오토Otto 대제大帝가 레크Lech 평원에서 헝가리Ungaren/Hungarian족을 격파하고 승리한 사건
이었다. 이 승리 후 로마-게르만 세계는 새 야만인들의 공격을 물리치고 게르만
제국deutsches Reich과 더불어 게르만 민족deutsches Volk의 형성을 촉진시킬 수 있었다.
이 전투에 대해서는 다음 장章에서 별도로 다루게 될 것이다.

프랑크 왕국의 서부西部에서는 발전과정이 크게 달랐었다. 우선 이 지역에서는
카롤링 왕가王家가 두 세대를 더 이어갔다. 그러나 큰 영역들을 통제하고 있었던
큰 왕가들이 결국 떨어져 나간 후 이 지역에서는 프랑시아Francien/Francia 영주領主/Herzog
카페Hugh Capet를 왕으로 선출했지만 이 카페 왕조는 게르만 왕국의 오토Otto 대제大帝
와는 달리 서부 프랑크 지역 전체를 장악하는 진정한 왕권을 확립하지 못했다.
수세기 농안 이슬레-드-프랑스Isle de France 영주領主들의 머리 위에 올려셨던 왕관은
명색만 왕관인 허구虛構에 불과했다. 그러나 그들의 군사소식은 게르만 왕국의 경
우와 크게 다르지 않았고 이태리의 군사조직 역시 마찬가지였다.

봉건체계의 징집

앞서 우리는 샤를마뉴 대제大帝 때는 왕들이 각 영지領地에서 특정 수의 병력을
징집하지 않고 각 영지의 전사戰士 계층을 모두 징집하거나 특정 할당비율을 징집
했음을 알 수 있었다. 징집할 병력수를 정할 근거는 없었으며 각 영지領地는 토지
나 부富의 크기가 달랐다. 집결지점까지 거리도 어느 정도 고려대상이 되었다.
집결지에서 먼 영지領地의 경우 도중에 질병, 탈영병, 도적 떼와 전투, 지방주민과
충돌 등으로 다소간의 손실이 늘 있을 수 있었기 때문이다. 각 영지領地별로 전사
戰士를 몇 명이나 내보낼 수 있는지에 관한 통계도 없었으므로 왕은 특정 수치를

---

4) 바이츠Waitz, 《하인리히 I세 *Heinrich I*》, 제3판, 101쪽 등.
5) 니취Nitzsch, 《게르만 민족사民族史 *Gedchichte des deutschen Volkes*》, 제I편, 306쪽.

각 영지領地에 요구할 수도 없었다. 더욱이 전사戰士 숫자가 가장 중요한 고려사항은 아니었고 진정한 부담도 아니었다. 장정壯丁 특히 유능한 장정을 찾아내는 일도 그리 어렵지 않았다.6) 결정적인 문제는 값비싼 장비와 식량보급 문제였다.

10세기 이후의 완성된 봉건국가에서는 카롤링 제국 때와는 달리 징집이 쉬운 형태로 변했다. 정확히 말하자면 영주領主/Herzog와 대공大公/Graf 그리고 곧 주교主教와 대수도원장大修道院長까지 점차 관리官吏로서의 기능을 잃고 실권을 지닌 지방통치자 Fürst의 기능을 지니게 되었기 때문에 군대 문제가 직접 자신들의 문제가 되었고 누구의 감독도 받지 않게 되었다. 왕은 회의석상에서 이 지방통치자들의 조언助言에 따라 전역戰役을 결정하고 공포했으며 또 이 지방통치자들이 전역에 참가할 것을 개별적으로 엄숙히 선서하는 관행이 생겼다. 하인리히Heinrich Ⅰ세 당시 이미 이런 절차에 따랐던 예가 있던 것으로 보이며7) 프리드리히Friedrich Ⅱ세(재위: 서기 1215-1250년) 때까지는 이런 절차를 따르는 것이 관행이었다.8) 이때는 지방통치자들이 기사騎士와 일반하인을 얼마나 데리고 나갈 것인지는 그들 자신의 문제였고 왕실회의에서 그의 조언이 지니는 영향력은 그가 데리고 나갈 파견대 병력수와 전투력에 직접 비례했다. 그러나 이렇게 하는 것이 병력수를 감독하거나 검열을 실시하는 것보다 더 확실하게 그들의 적극적 참여를 보장할 수 있었다.

따라서 붉은 수염 프리드리히Friedrich Barbarossa(역자 주: 프리드리히 Ⅰ세의 별칭. 재위: 서기 1152년-1190년)가 론칼리ronkalischen/Roncaglian 평원에서 공포한 이후 후일에도 반복된 군대 규정에는 전역戰役 불참에 대한 벌칙으로 봉토封土를 삭감한다는 규정은 있었지만 너무 적은 병력만 데리고 올 경우에 대한 언급은 없다. 사료 기록에는 병력수를 고려했던 흔적이 거의 발견되지 않는다. 병력수가 언급된 예로는 하인리히Heinrich Ⅰ세가 바이에른Byern/Bavaria 영주領主의 영역을 침입했을 때(서기 1233년) 아우스부르크 Ausburg 부근의 레크Lech 평원에 집결한 왕군王軍 병력이 약 6,000명으로 보였다는 구

---

6) 이 점은 봉건영주封建領主가 봉토封土를 준 그의 바쌀vassal들에게 전쟁소집에 복종할 엄격한 의무를 요구했던 사실과 모순되지 않는다. 법전法典에도 이에 관한 극히 엄격한 규정들이 보인다. 그러나 우리는 이미 카롤링 왕조의 경우를 통해 바쌀들이 이런 의무를 실제로 직접 이행해야만 했던 것은 아님을 알 수 있었다. 이런 의무는 돈으로 대체될 수 있었다. 영주들이 이런 규정의 수정을 허용하지 않은 것은 바로 이 때문이었고 이런 규정 없이는 병력을 집결시킬 수 없었기 때문이 아니었다. 프리드리히 Friedrich Ⅰ세의 론칼리ronkalischen/Roncaglian 칙령에 대한 후일의 부록들은 바쌀vassal들에게 적절한 대체인원을 보내든지 봉토封土의 연간 소출 중 절반을 납부하도록 요구했다. 바이츠Waitz, 《독일헌법사Deutsche Verfassungs- geschichte》, 제Ⅷ편, 145쪽. 이에 상응하는 작센 법전에서는 바쌀들이 연간 소출의 1/10만 납부하게 했었다. 《봉토법封土法/Lehnrechte》, 4, 3. 《Auct. vet》, Ⅰ, 13. 《게르만 봉토법전Deutschenspiegel Lehnrechte》, 11. 《슈바벤 봉토법전Schwabenspiegel Lehnrechte》, 8. 로젠하겐Rosenhagen, "하인리히 Ⅵ세로부터 합스부르크 왕조의 루돌프까지 왕군의 전역사戰役史 연구Zur Geschichte der Reichsheerfahrt von Heinrisch VI. bis Rudolf von Habsburg," 라이프찌히 대학교 학위논문, 서기 1885년, 59쪽에서 재인용.

7) 바이츠Waitz, 《독일헌법사Deutsche Verfassungs- geschichte》, 제Ⅷ편, 100쪽.

8) 발쩌Baltzer, 《게르만 군제사軍制史 Zur Geschichte des deutschen Kriegsverfassung》, 23쪽. 로젠하겐Rosenhagen, "하인리히 Ⅵ세로부터 합스부르크 왕조의 루돌프까지 왕군의 전역사戰役史 연구," 18쪽.

절이 《쾰른 왕실연대기王室年代記 *Kölner Königschronik*》에 보일 정도다(VII장).9)

따라서 모든 영주領主/Fürst는 파견대 규모를 결정함에 있어 일정한 병력수보다는 각 전역戰役별 상황과 자기 자신의 이해관계를 따졌다.10)

카롤링 왕조 왕들은 대공大公들이 파견할 병력수를 결정하고 대공大公들로 하여금 병력을 징집하고 보수를 주게 하려고 엄청난 노력을 기울였었지만 아무 성과도 없었다. 그러나 새로 생긴 왕국에서는 그런 노력이 필요 없었다.

19세기 역사가들은 카롤링 법령들을 근거로 카롤링 왕조의 군사체계를 재현해 보려 했지만 샤를마뉴 대제大帝의 노력을 재현해 보려던 시도나 마찬가지로 성과가 있을 수 없었다. 학자들은 또한 작센Sachsen/Saxons 시대와 살리Salier/Salians 시대 및 호헨스타우펜Hohenstaufe/Hohenstaufen 시대(역자 주: 프랑크 왕국 몰락 후 하인리히Heinrich/Henry I세가 세운 게르만 왕국은 처음에는 남계男系로 중간에는 여계女系인 살리계系로 이어갔고 다시 그 뒤를 이은 것이 호헨스타우펜 왕조이다)에 군사부담을 할당해 지시했을 객관적 기준들을 찾아보려 했지만 그들은 중세국가들의 특성에 대한 충분한 이해 없이 현대국가의 경우를 통해 옛 시대를 이해하려 했다. 현대국가의 문제들은 세금 및 병역 부과에 관한

---

9) 《꼴로뉴 대연대기大年代記 *Annal. Colonienses maximi*》, *SS*, XVII, 843. 지금은 《꼴로뉴 왕실연대기*Chronica regia Coloniensis*》, 제IV편continuatio quarta, 265쪽. "아우구스타Augusta 부근의 리쿰Licum 지역에 있던 왕군王軍의 병력수는 거의 6,000명으로 보였다*In campis Lici secus Augustam fere 6 milia militum in exercitu regio sunt inventa*." 병력수가 언급된 기록으로 필자가 본 또 다른 유일한 예는 14세기 퀴케마이스터Christian Küchermeister의 《생갈 주교主敎 재조명再照明 *Neue Kasus Monst. St. Galli*》이라는 글이다. 이 글에 의하면 대수도원장大修道院長 베르톨트Berthold(서기 1244년~1272년)는 그가 소집한 기사騎士 및 병사들과 함께 바젤Basel 주교主敎와 싸우는 합스부르크Hapsburg 대공大公을 도우러 가면서 "300명 이상의 기사 및 병사들을 데리고 갔는데 이들은 모두 브루그Brugg 북쪽의 제킹겐Säckingen에서 헤아려 본 숫자였다." 《생갈 역사학회 Historischen Verein von St. Gallen》, 제1권(서기 1862년), 19쪽.

10) 요즘은 왕 밑에서 군복무를 이행할 의무가 있는 경우가 왕으로부터 봉토封土를 받은 경우뿐이었는지 아니면 영주領主로부터 봉토를 받은 경우나 사유지私有地가 있는 경우까지 포함되는지 그리고 이러한 의무들이 상황에 따라 달라졌던 것인지에 관한 핵심을 잃은 논쟁을 자주 볼 수 있다(바일란트Weiland, "왕군王軍의 전역戰役Die Reichsheerschaft," 《독일사 연구*Forschungen zur deutschen Geschichte*》, 제3권; 발쩌Baltzer, 《게르만 군제사軍制史 *Zur Geschichte des deutschen Kriegsverfassung*》, 제I장, 3항; 로젠하겐Rosenhagen, "하인리히 VI세로부터 합스부르크 왕조의 루돌프까지 왕군의 전역사戰役史 연구*Zur Geschichte der Reichsheerfahrt von Heinrisch VI. bis Rudolf von Habsburg*," 라이프찌히 대학교 학위논문, 서기 1885년 등). 왕이 직접 봉토를 준 영주는 자신이 그 숫자를 결정해서 동원한 병력을 거느리고 소집에 응할 의무가 있었고 자신의 봉토나 사유지에서 몇 명이나 동원할 것인지는 자신에게 달려 있었다. 하급바쌀After=Belehnten들에 대해서는 당연히 왕에게 아무 권리도 없었지만 왕의 징집이 있을 경우 그의 주인이 하급바쌀에게 참여할 것을 명했고 관행과 합의에 따른 기여금을 낸 하급바쌀에게는 책임이 면제되기도 했다. 영지領地 내 사유지에 대해서도—호이슬러Heusler는 아직도 이 문제를 해결할 수 없는 문제로 보고 있다(《독일헙법사 *Deutsche Verfa- ssungsgeschichte*》, 137쪽—왕의 징집령에 따라 대공大公이 관행대로 세금을 부과했다. 특권을 지닌 사람 외에는 당연히 누구에게나 군사부담이 있었다. 왕은 자신의 왕실 미니스테리알ministeria(역자 주: 주인 밑에서 직접 복무한 전사戰士들로서 본래 비자유민이었으나 점차 자유빈에 가까운 신분이 된다. 앞의 제I장, 부기 마지막 부분의 '스카라*Scara*' 항 참고)에 대해서도 영주들이 자신의 미니스테리알에 대해 요구한 것과 동일한 것을 요구했다. 왕국 내에 있는 지방통치자 아닌 자유민自由民들의 13세기 이후의 경우는 특별한 경우로서 이 문제는 이곳에서 다룰 필요가 없다.

도시에서 전역戰役 수행을 위해 만들었던 기여금이 후일 황제가 자유도시들에 요구한 도시세都市稅로 발전했다. 이는 황제 밑에서 군복무를 이행할 의무가 황제에게 봉토를 받은 사람에게만 요구된 것이 아니라는 적극적 증거가 되며 이는 물론 어느 경우에나 당연한 것으로 간주되었을 것이다. 로겐하임, 67쪽 및 조이메르Zeumer의 《중세의 게르만 도시세*Deutsche Städtesteuern im Mittelalter*》를 참고할 것.

분명한 법규와 조직 및 규정을 떠나 생각할 수 없다. 그러나 중세국가를 제대로 이해하려면 우리는 먼저 중세국가에서는 그런 규정이 불필요했을 뿐만 아니라 적용될 수도 없었음을 먼저 이해해야만 한다. 봉건체계는 최고의 주권적 권력이 계층적으로 분할되어 있던 체계로서 각자 독립된 세력들이 자신의 판단에 따라 국가의 문제에 협력했던 것이지 상부의 감독과 지시된 기준 때문에 협력했던 것은 아니다. 이 점이 바로 군사문제에 있어 우리가 느낄 수 있는 봉건시대의 진정한 심장박동 소리이다. 우리는 이런 점을 아무리 강조해도 지나침이 없다.

그러나 현대국가 역시 배타적으로 법규와 명령과 규정들만 있으면 모든 것이 해결되는 것은 아니고 시민들의 자발적 협조가 있어야만 하는 측면들이 있듯이 중세시대에도 역으로 특별한 상황과 조건 하에서는 상부에서 병력수를 지정해서 징집을 실시한 경우도 있었다. 어떤 경우에 병력수가 지정되었는지 사료를 통해 알아보는 것은 특별한 의미가 있는 일이다.

그가 파견할 일정한 병력수(기사騎士 300명)가 상부에서 지정된 유일한 기록에 사료에 보이는 게르만 왕국의 상급바쌀grosse vassal은 보헤미아Böhmen/Bohemia 영주領主/Herzog(후일의 왕)이다. 그는 게르만 왕국과 게르만 민족회의 소속이 아닌 외국인(체코인Tscheche/Czech)으로서 게르만 왕국에 부속되어 있었을 뿐이므로 그가 파견할 병력수가 지정되는 것은 매우 당연한 일이었다. 이 보헤미아 영주領主에게는 파견해야 할 병력수가 지정되어 있었지만 자신에게 지극히 큰 이해관계가 있던 레크Lech 평원 전투 때는 스스로 1,000명의 기사騎士와 함께 봉건군주Lehnsheern에게 갔었다. 하인리히Heinrich IV세의 가장 충성스런 바쌀들 중 하나였던 그는 자신에게 할당된 몫(기사騎士 300명) 이상을 군주에게 지원하는 일이 이렇게 자주 있었을 것이다.

후일 프리드리히Friedrich I세도 이와 유사하게 일정한 지원을 이태리 도시들에게 요구했다. 예를 들어 루카Lucca 시市에게는 왕실과 군대를 위해 현금 400리라lire/lira와 포드룸Fodrum(식량과 마초馬草) 외에 로마와 저지低地 이태리 전역戰役에 기사騎士(밀리테스milites) 20명을 제공하도록 요구했다.11)

오토Otto II세 시대 이후의 사료에는 병력수를 지정한 징집의 예가 광범위하게 보인다. 이 황제는 아마 이태리에서 있었을 서기 981년에 아랍Arab과 전쟁을 위해 동원령을 공포했는데 마인쯔Mainz, 쾰른Köln/Cologne, 스트라스부르크Strassburg/Strasbourg 및 아우그스부르크Augsburg의 주교主敎들은 각 100명씩, 그리고 트리에르Trier, 잘츠부르크Salzburg 및 레겐스부르크Regensburg/Ratisbon의 주교主敎들은 각 70명씩 보내도록 했다. 여타의 구역과 관리들은 각각 다음과 같이 파견대를 제공하도록 했다. 베르둔Verdun 구역, 리에즈Lüttich/Liége 구역 및 뷔르쯔부르크Würzburg 구역 그리고 풀다Fulda 대수

---

11) 헤겔Carl Hegel, 《이태리 자치시自治市 조직의 역사Geschichte der Städteverfassung von Italien》, 제II편, 191쪽.

도원장大修道院長과 라이케나우Reichenau 대수도원장은 각 60명; 로쉬Lorsch 구역과 바이쎈부르크Weissenburg 구역은 각 50명; 콘스탄쯔Konstanz/Constance, 쿠르Chur, 보름스Worms, 프라이징Freising, 프륌Prüm, 헤르스펠트Hersfeld 및 엘방겐Ellwangen 구역은 각 40명; 켐펜Kempen 구역은 30명; 스페예르Speyer, 투르Toul, 제벤Seben, 생갈St. Gallen/Gall 및 무르바크Murbach 구역은 각 20명; 캄브라이Cambray/Cambrai 구역은 12명; 엘사스Elsass/Alsace 공국公國은 70; 저지低地 로트링겐Niederlothringen/Lower Lorraine 공작公爵/Herzog은 20명; 고트프리트Gottfried/Godfrey 변경대공邊境大公/Markgraf, 아르눌프Arnulph/Arnulf 변경대공, 오토Otto 공작, 코노Cono 공작 및 헤첼Hetzel 대공大公은 각 40명; 여타 대공大公들은 30명, 20명, 12명 또는 어떤 경우는 10명을 각각 제공해야 했다. 일부 바쌀들에게는 파견대와 함께 직접 오도록 했다. 40명을 제공하게 되어 있는 헤첼Hetzel 대공大公의 경우 대공 자신이 직접 오면 30명만 데리고 와도 된다는 말이 추가되었다. 징집된 병력은 총 2,080~2,090명이었다. 이 사료기록을 근거로 학자들은 징집이 있을 경우 항상 이런 식으로 병력수가 지정되었을 것이고 유일하게 이 기록만 보존된 것은 우연일 뿐이라고 보기도 하고 각 지역이 몇 명의 병력을 제공해야 하는지에 관한 왕국 전체의 기초명부基礎名簿가 분명 있었을 것으로 보기도 한다.[12] 그러나 우리는 오토Otto II세의 이런 징집은 예외적인 경우에 불과했다고 단정할 수 있다. 만약 어떤 명부가 있었다면 개별적으로 병력수를 지정할 필요는 없고 비율만 지정하면 되었을 것이다. 병력수를 지정했다는 것은 이것이 예외적 경우였음을 보여주는 것이 분명하다. 위의 기록에는 속인영주俗人領主/weltlichen Fürst의 전부와 고지高地 로트링겐Ober=Lothringen/Upper Lorraine 공작, 작센 지역 전체 그리고 우트레크트Utrecht 주교主敎가 빠져있고 총 병력 중 1,482냉을 성직자聖職者들이 제공해야 했지만 속인俗人들은 1/4을 약간 넘는 598~608명만 보내면 되었다. 군사부담이 왕국 전체에 걸쳐 계속 매우 불균등하게 할당되었을 가능성이 있고 이는 특히 당시에는 성직자들의 권력이 다음 세기들에 그들이 지니게 되는 영향력에 비해 아직은 매우 약했기 때문일 것이다. 따라서 이번 징집은 특별한 상황에서 특별한 관점에 따라 또한 주로 전역戰役을 위해서가 아니라 이미 이태리에 주둔해 있던 병력의 보강만을 위해 실시된 징집이었음이 분명하다. 따라서 우리는 이때 왜 병력수를 지정했는지 알 수 있다. 이때는 당시 사정 때문에 국가가 성직영주聖職領主/geistlichen Fürst들에게 몇 명의 병력을 기대하고 있는지 지침을 줄 필요가 있었다. 이때 같이 아풀라Apulien/Apula 전역戰役과 병력 보강만 필요한 상황에서는 각 지역의 가용병력이 모두 출전하게 하는 통상적 징집 지침은 적절하지 못했다. 일례로 저지低地 로트링겐Niederlothringen/Lower Lorraine 공작은 자신에게 요구된

---

12) 왕국 전체의 명부名簿가 분명히 있었을 것이라는 견해는 바이츠Waitz의 견해(《독일헌법사Deutsche Verfassungsgeschichte》, 제VIII편, 133쪽)이다.

병력이 단지 20명임을 알기만 하면 되었었다. 특별한 이유 때문에 성직영주聖職領主들이 속인영주俗人領主들보다 훨씬 더 큰 부담을 져야 했고 대부분의 속인영주들은 아예 소집되지도 않았던 것이다. 병력수가 지정된 징집이 이때만 있었던 것은 아니고 분명히 꽤 자주 있었을 것이다. 그러나 징집이 늘 이런 식이었다면 체계적인 징집명부徵集名簿가 분명히 작성되었을 것이지만 앞서 알 수 있었던 것 같이 그런 흔적이 전혀 발견되지 않으며13) 이에는 충분한 이유가 있었다.

붉은 수염 프리드리히Friedrich Barbarossa가 황제로 선출된 직후 쩨링겐Zähringen 영주領主 베르톨트Berthold Ⅳ세와 맺은 계약(서기 1152년 6월 1일)에는 흥미 있는 조항이 포함되어 있다.14) 이 계약에서 프리드리히는 부르고뉴Burgund/Bourgogne의 왕위王位에 관해 일정한 권리가 있는 베르톨트를 부르고뉴 왕으로 세워주고 베르톨트는 프리드리히가 부르고뉴에 머무는 동안에는 장갑기병裝甲騎兵 1,000명과 함께 그를 따르기로 약속했다. 그러나 프리드리히가 이태리에 머물 때는 장갑기병 500명과 쇠뇌수弩手/Armbruster 50명만 제공하기로 했다. 베르톨트는 사유재산인 테크Teck 성城 및 부속토지 전체를 이 계약의 담보로 제공했다. 우리는 이 계약을 봉건계약과 동맹조약의 중간쯤으로 볼 수도 있다. 이 계약은 나중 다시 다루겠지만 당연히 병력수가 명시된 계약이었고 후일 용병傭兵계약으로 바뀌게 된다.

왕과 그의 중급바쌀unmittelbar Vassal 사이의 기존 관계와 바로 아래 단계의 관계인 영주領主/Fürst와 하급바쌀Untervassal 사이의 관계는 약간 차이가 있었다. 하급 단계에서는 강력한 개인적 기여 노력을 유도할만한 개인적 이해관계가 존재하지 않았으므로 병력수가 명시되는 것이 기본이었다.

영주들은 자신이 그들의 개인적 사정과 능력을 알고있는 봉토封土 있는 바쌀, 봉토 없는 인원, 미니스테리알ministerial(역자 주: 주인 밑에서 직접 복무한 전사戰士들로서 본래 비자유민이었으나 점차 자유민에 가까운 신분이 된다. 뒤의 부기 마지막 부분의 '스카라Scara' 항 참고), 기사騎士 및 하인들 중 많은 인원을 재량에 따라 소집했고 자신의 지역에 장비와 보급에 대한 부담도 부과했다. 그들이 이렇게 자의적恣意的으로 결정한 병력과 장비와 보급에 대한 부담은 전체적으로나 개별적으로나 매우 큰 강제부담이었으므로 실제 관행을 기초로 명백한 기준을 세우려는 시도가 일찍부터 있었다. 이

---

13) 발쩌Baltzer는 《게르만 전쟁사Zur Geschichte des deutschen Kriegswesen》, 제I장, 5절에서 이미 "파견대 병력수" 문제를 정확하게 인식하고 이런 상황들에 대해 훌륭한 논거를 제시했다. 필자는 독자들에게 이 책을 상세히 읽어보기를 권한다. 다만 필자가 동의하지 않는 부분이 한 곳 있다. 발쩌는 이런 상황이 하인리히Heinrich Ⅳ세 이후에만 존재했던 것으로 묘사하고 필자의 설명도 이와 같다고 하면서 이보다 앞의 시대에는 오토Otto Ⅱ세의 명령과 같이 상황에 따라 달라지는 특정 병력수가 요구되었을 것으로 믿고 있다. 그러나 필자는 그렇게 병력수를 특정해서 요구하는 방식이 예외적으로만 요구되었던 봉건적 조직은 하인리히 I세 때부터 이미 시작된 것으로 본다.

14) 야페Jaffé, 《로마 교황 교적부敎籍簿Regestra pontificum Romanorum》, 제I편, 514쪽.

런 시도는 사료에서 발견되는 시기보다 더 일찍부터 있었음이 분명하다. 이 문제에 관한 일부 수도원修道院과 교구敎區의 기록이 원사료原史料에서 발견된다. 미니스테리알과 그 주인 사이의 권리의무 관계에 관한 징표들도 발견된다.15) 특히 메츠Metz 교구 내에 있던 엘사스Elsass/Alsace 의 마우르뮌스터Maurmünster 수도원의 다음과 같은 기록은 매우 생생한 기록이다.

> 왕의 전역戰役/profectio이 주교主敎에게 통보되면 그는 관리 1명을 대수도원장大修道院長에게 보내고 대수도원장은 그의 미니스테리알들을 집결시켜 전역戰役이 통보되었음을 알린다. 그러면 그들은 6마리 암소와 6명의 인원이 딸린 수레 1대, 안장 없고 장비 싣고 2명의 인원 (마부와 지도자)이 딸린 짐 말 1필을 집결시킨 후 이들을 성문城門 앞 광장에서 지정된 일자에 지정된 관리에게 인계한다. 그 암소나 짐 말이 쇠약한 것일 때는 그 관리가 주교의 짐승에서 이를 교체해 내보낸다. 왕이 군대를 이태리로 이동시키면 모든 농장은 이를 위해 그들의 통상 세금을 납부한다(1년 임대료를 비상시의 세금으로 납부했을 것이다). 그러나 군대가 작센이나 프랑드르Flandern/Flandre 또는 알프스의 같은 방향으로 이동하면 세금을 절반만 납부한다. 이 추가세금으로는 식량 등 원정에 필요한 여타 품목을 짐차와 짐승으로 싣고 간다.16)

각 영지領地에서 개인이 부담할 분담분分擔分이 이렇게 지정되었다면 영지 전체의 분담분도 어떤 의미로는 결정된 것이다. 그렇다 해서 국가가 영주領主/Fürst들에게 특정된 분담분을 요구하지는 않았다는 우리의 견해가 이와 모순된 것은 아니다. 영주들이 상부로부터 요구받은 특정된 분담분을 마련하려고 이렇게 그들의 지역에서 개인별 부담을 지정하는 방법을 썼을 수는 있지만 이런 방법을 사용하지 않는 경우도 수시로 있었을 것이고 그의 지역 전체에 대해서 이런 방법을 사용하지는 않았을 수도 있다. 도시는 물론 특히 농촌에서는 이런 방법을 사용하지

---

15) 참고문헌 목록이 브루너Brunner의 《게르만 법제사 주요 내용Grudzüge der deutschen Rechtsgeschichte》, 제2판, 111쪽 및 바이츠Waitz의 《독일헌법사Deutsche Verfassungsgeschichte》, 제V편(제2판), 342쪽에 수록되어 있다. 이와 관련된 특히 중요한 문서는 서기 1883년 프렌스도르프Frensdorff가 편집한 〈쾰른 대주교大主敎의 복무규정Recht der Dienstmannen des Erzbischofs von Köln〉(라틴어-독일어 대역본對譯本)과 〈로마 원정에 관한 포고령constitutio de expeditione Romana〉이다. 샤를마뉴 대제大帝의 칙령으로 보이는 후자는 비록 위작僞作이긴 하나 중요한 사료이다. 셰퍼Scheffer-보이코르스트Boichorst는 이 문서가 서기 1154년 슈바벤Schwaben/Swabia 라이케나우Reichenau 수도원에서 작성된 것으로 본다(《라인강 상류지역 역사지歷史誌Zeitschrift für Geschichte des Oberrheins》, 제42권, 서기 1888년, 173쪽. 두 사람이 서기 1897년 발간한 《12세기 및 13세기의 역사 Zur Geschichte des 12. und 13. Jahrhunderts》에도 수록되었다). 이 문서는 온갖 것을 요구받던 수도원 미니스테리알들의 권리 의무를 특정하려 작성한 것이다. 이 문서는 《게르만 사료집Monumenta Germaniae》, LL, II, 2. 2에도 수록되어 있다. 기세브레크트Giesebrecht의 《게르만 제국 시대의 역사Geschichte der deutschen Kaiserzeit》, 제II편, 부록, 686쪽에 수록된 〈바이쎈부르그 복무규정Weissenburger Dienstrecht〉(서기 1029년)도 참고.

16) 쇄플린Schöpflin, 《알라스티아 디플로마티카Alsatia diplomatica》, 제I편, 226쪽. 바이츠Waitz, 《독일헌법사 Deutsche Verfassungsgeschichte》, 제VIII편, 156쪽.

않았을 가능성이 높다. 따라서 항상 재량권이 있던 영주領主는 자신이 요구받은 특정된 비용을 자신의 금고에서 또는 대출貸出을 통해 마련할 수도 있었고 물적 자원만 어떻게든 마련할 수 있다면 자신의 지역에서 그를 따를 준비가 된 마병馬兵과 사병私兵(역자 주: 보병)들을 찾아내기는 어렵지 않았다.17) 영주領主가 왕에게 자신의 분담분을 확정된 수치로 약속한 경우에는 바쌀vassal과 미니스테리알ministerial들도 영주領主들에게 같은 약속을 했었다.18)

스스로 무장을 갖추고 전역戰役에 나갈 수 있을 만큼 큰 봉토封土를 소유한 기사騎士들에게는 출전 의무가 있었다. 카롤링 왕조의 법령집에서 발견되는 것과 같이 3개월 간 복무를 요구한 규정들의 흔적은 13세기의 게르만과 이태리에서도 발견된다.19) 프랑스의 경우는 바쌀vassal이 그의 봉토封土를 떠나 출전해야 하는 기간이 40일뿐이었다는 징표들이 계속 발견되는데20) 이런 규정들에 관해 흔히 40일이 지나면 귀향歸鄕이 허용되었을 것으로 해석해 왔지만 실제로 그랬다면 전쟁수행은 불가능했을 것이다. 여하간 그들의 주인은 복무가 연장된 바쌀들에 대해서는 연장된 기간 동안 보급을 책임 져야 했다. 바쌀들은 그의 봉토封土가 반으로 줄면 20일만, 1/4로 줄면 10일만 각각 복무하면 되었고 이보다 더 줄어든 예도 있다. 군복무 의무가 방어상황에 한정된 경우도 있었고 지리적으로 그의 주인의 구역 내로 한정된 경우도 있었다.21) 하지만 그런 제한이 있는 봉건적인 군사의무는

---

17) 서기 1158년 보헤미아의 라디스라우스Ladislaus가 이태리 원정을 위해 병력을 징집했을 때 처음에는 불만이 많았지만 가기 싫은 사람은 집에 남아도 좋지만 원정에 동참한 사람은 보상과 명예를 누릴 것이라고 설명하자 모두 열성적으로 소집에 응했다.

18) 셰퍼Scheffer-보이코르스트Boichorst의 《12세기 및 13세기의 역사Zur Geschichte des 12. und 13. Jahrhunderts》, 12쪽에 소개된 〈서기 1154년 베르켈리 복무규정Dienstrecht von Vercelli vom Jahre 1154〉에서도 이런 식으로 "로마 원정에 관해 지방통치자가 그 자신의 계급에서 왕에게 한 보장을 바쌀들도 그들의 교회 주인인 주교主敎에게 해야 한다Illam securitatem, quam dominus fecerit regi secundum suum ordinem, illam securitatem debent facere vassali super evangelio domino episcopo de expeditione Romana"고 했다.

19) 서기 1234년 11월 7일 교황 그레고리 IX세는 많은 게르만 지역통치자들에게 다음 번 출정에는 자신을 따라 출정하도록 요구했다("대공大公 직책의 고유한 군복무로서 오가는 기간 외에 자신의 비용으로 그대들이 직접 3개월 간 복무할 것을te personaliter decenti militia comitatum, quae in expensis tuis per tres menses praeter tempus, quo veniet et recedet…commoratur"). 후일라르Huillard-브레올레Bréholles, IV, 513. 서기 1247년 11월 프리드리히Friedrich 황제는 기사騎士들에게 3개월 분 급료를 지불하라는 명령을 투스커니Tuscischen/Tuscan의 도시들에 내렸다. 같은 글, VI, 576. 서기 1243년쯤 프리드리히의 것으로 보이는 의심스런 어느 문서에서는 "무장을 갖춘 마병馬兵 1명을 필요한 경우 3개월간 계속해서unius militis equitis armati per tres menses continuo infra regnum, cum necesu erit" 제공한 대가로 빌렐름Wilhelm 왕이 그의 가족에게 준 토지를 마테우스 불필라Matthäus Vulpilla라는 기사騎士에게 추인追認하고 있다. 같은 글, VI, 939.

20) 뀌이에모Guilhiermoz의 《중세 프랑스 귀족들의 기원起源考 Essai sur l'origine de la noblesse en France au moyen âge》(파리: 알퐁제 피카르 에뜨 피유Alphonse Picard et fils 출판사, 서기 1902년), 276쪽에서는 40일 복무제도는 처음 노르망디Normandie/Normandy 전역戰役을 위해 헨리Heinrich/Henry II세에 의해 도입되었고 차후 플랜태지네트Plantagenet 왕조의 여타 지역들로 확산되었던 것으로 믿고 있다. 또한 그는 여타의 프랑스 지역들에서는 처음부터 주인Heern 비용으로 군복무가 제공되는 관습법이 발전했던 것으로 믿고 있다.

21) 이런 경우에 관해서는 부타리Boutaric의 《상비군 제도 도입 전의 프랑스 군사제도Institutions militaires de la France avant les armées permanentes》, 126쪽 이하를 볼 것. 이 책 233쪽에서 부타리는 마르테네Martène의 《신일화사전新逸話辭典 Thesaur. nov. anecdot.》, 제I편, 834쪽에서 인용한 "알비 지역 관습coutume d'Albigeous"을 소개하고 있는데 이 관습에 의하면 징집에서 지정된 인원과 함께 오지 않은 바쌀vassal은 자신이 데리고 오지 않은 전사戰士 1인 당 벌금으로 그 사람의 보수액의 2배를 납부해야 했다고 한다.

용병傭兵 군복무의 기초적 도입 이상은 아무런 의미도 없게 된다.

게르만 기사騎士들의 복무규정들 중 일부 조항들을 보면 이런 상황을 이해하기 쉽다. 쾰른Köln/Cologne 대주교大主敎의 미니스테리알Miinisterial들은 대주교가 소유한 토지의 방어를 위해서는 교구敎區 내외內外에서 무장복무 의무가 있었지만 그 이상의 복무는 자신들이 동의가 있는 경우에 한했다.

로마 원정의 경우 연간 수입이 5마르크Mark 이상인 미니스테리알은 집사執事/Bogts와 시종侍從/Kämmerers 외에는 직접 출전해야 했다. 수입이 그보다 적은 경우에는 그의 봉토封土에서 나온 수입의 1/2을 군세軍稅로 납부하고 출전하지 않을 수 있었다. 로마 원정은 출발에 앞서 만 1년 전에 알려주어야 했다.

이때 대주교는 출전하는 미니스테리알들에게 1인당 현금 10마르크(꽤 수입이 많은 사람의 2년 수입)와 딸린 사람의 옷을 만들 옷감(샤로트Scharlot) 40엘러Elle(역자 주: 옷감 치수로 1엘러가 약 66cm)씩 주어야 했다. 대주교는 또한 기사騎士 2명당 모든 장구를 갖춘 등짐 짐승 1마리와 편자 4개 및 편자못 24개씩 주어야 했다.

또한 대주교는 알프스를 넘어가면 기사騎士 1명당 매달 1마르크씩을 지급했다. 이 돈을 못 받은 기사騎士는 대주교의 관리에게 통보한 후 여전히 못 받았으면 대주교의 침상 위에 껍질을 다듬은 나뭇가지를 올려놓았는데 누구도 이를 마음대로 치워버릴 수 없었다. 그래도 돈을 받지 못한 기사는 이튿날 아침 대주교 앞으로 나가 무릎을 꿇고 그의 옷자락에 입을 맞추고 귀향할 수 있었는데 이는 명예나 의무에 위반되지 않는 행동이었다.

원정에 참여해야 할 의무와 주인으로부터 보수를 받을 권리에 관한 개별조항들이 각종의 관습에 따라 달리 표현된 여타의 규정들도 있다.22)

월급은 없이 총 보수로 3~10푼트pfund/pound를 일시에 줄 때도 있었다. 또한 주인은 장구를 갖춘 말과 노새 및 하인들을 제공하고 식량에 대한 책임도 졌다.

라이케나우Reichenau에서는 소득이 아니라 토지의 크기로 출전 의무가 결정되었으나23) 기준은 계층별로 달랐고 주인은 출전할 미니스테리알과 돈을 납부해야 할 미니스테리알을 결정해야 했다. 이 복무규정에는 주인과 미니스테리알 간에 약탈품 분배를 위한 조항들도 들어 있었다.

밤베르크Bamberg에서는 카롤링 왕조 법령집에 있는 것과 같이 기사騎士들이 일정액의 벌금을 납부하는 대신 3명이 1개 조組를 만드는 옛 방식이 시행되었다.

우리는 이런 규정들을 통해서도 역시 징집 규모가 매우 작았다는 것을 알

---

22) 바이츠Waitz, 《독일헌법사Deutsche Verfassungsgeschichte》, 제VIII편, 162쪽.

23) 《게르만 사료집Monumenta Germaniae》, LL, II, 2. 2에 있는 소위 〈로마 원정에 관한 포고령constitutio de expeditione Romana〉 (역자 주: 앞의 각주 15 참고).

수 있을 것이며 또한 샤를마뉴 대제大帝가 엘베Elbe강에서 피레네 너머까지 그리고 북해北海에서 로마까지 갈 때 거느리고 갔던 군대가 과연 대규모의 농민군農民軍일 수 있었는지를 판단할 수 있을 것이다.

12세기 이후로 독일과 프랑스의 상황은 서로 다르게 전개되었다. 독일에서는 왕조가 약화되어 지방통치자들의 재량권이 훨씬 커진 반면 프랑스에서는 보다 강력한 세습왕조가 발전했고 이로 인해 수치가 확정된 봉토명부封土名簿가 생겼다. 그러나 이 명부도 역시 분담분分擔分이 너무 적고 규정이 너무 복잡해서 이로부터 우리가 얻을 수 있는 결론은 아무 것도 없다.24) 봉건체계와 분담분分擔分의 지정은 본질상 서로 양립할 수 없는 것이다.

---

24) 부타리Boutaric는 《상비군 제도 도입 전의 프랑스 군사제도*Institutions militaires de la France avant les armées permanentes*》, 191쪽 이하에 이 문제에 관한 사료 구절들을 모아 놓았다. 그는 완전한 봉건징집명부는 존재하지 않지만 남아있는 명부들을 보면 상급바쌀grosse vassal들의 의무가 얼마나 작은 의무였는지 알 수 있다고 한다. 필리프 아우구스트Philipp August/Philip Augustus 왕 당시 각 지역 영주領主/Herzog들이 제공한 기사騎士 수는 브레타뉴Bretagne/Brittany 40명, 안주Anjou 40명, 프랑드르Flandern/Flandre 42명, 불로네Boulonnais 7명, 폰퇴Ponthieu 16명, 생폴St. Pol 8명, 아르토아Artois 18명, 베르만도아Vermandois 24명, 피카르디Picardie/Picardy 30명, 파리시스Parisis와 오를레앙Orléanais은 도합 89명 그리고 툴레인Toulain은 55명이었다.

앙리Heinrich/Henry IV세(서기 1152년-1181년) 때부터 샹파뉴Champagne 지역 대공大公/Graf들은 그들의 바쌀 명부를 작성했고 그 일부가 지금도 남아있다. 다르보아D'arbois de Jubainville의 《샹파뉴 지역 공작公爵과 백작伯爵의 역사*Histoire de ducs et comtes de Champagne*》(제II편, 서기 1860년) 참고.

이들 중 가장 먼저 작성된 명부에는 도합 2,030명의 기사騎士(밀리테스*Milites*)가 수록되어 있다. 샹파뉴는 왕에게 바네레트Bannerherr/banneret(역자 주: 몇 명의 기사騎士를 거느린 상급 기사騎士로서 기령기사旗領騎士라고도 한다) 12명을 제공했다.

노르망디Normandie/Normandy에는 왕 밑에서 복무한 기사騎士 581명과 배론Baron 밑에서 복무한 기사騎士 1,500명이 있었다.

서기 1294년에 브레타뉴Bretagne/Brittany에는 원정에 참여할 의무가 있는 기사騎士(슈발리에chevaliers〈여기사女騎士〉, 에퀴에écuyers〈예비기사豫備騎士〉 및 아르헤archers〈궁사弓士〉) 166명이 있었다. 다른 사료에 의하면 기사騎士 166명 외에 스키레squires〈에퀴에écuyers〉 17명이 있었다고 한다. 브러타뉴는 왕에게 40명만 제공하면 되었다.

부 기附記

1. 농민들의 군복무

고대 게르만족의 일반백성 징집 제도는 오랜 세월을 거치며 서서히 단계적으로 바쌀vassal 징집 제도로 바뀌었지만 카롤링Karoling/Caroling 제국의 순수 게르만족 지역에서도 극단적인 위기 시의 비상수단으로 민병民兵 형태의 일반백성 징집이라는 정치적 개념이 모두 사라지지는 않았다. 변경邊境지역 특히 작센Sachsen/Saxony지역에서는 이런 제도가 오랜 기간 동안 실제로 가끔 이용되었다. 비두킨트Widkind의 《작센 연대기年代記》에 쓰인 글귀들을 보면 직업적 전사戰士 계층과 옛날 같은 징집군을 구별했던 흔적이 가끔 보이는 것 같다.

이 《작센 연대기》에는 콘라트Konrad 왕이 하인리히Heinrich가 "강한 기사騎士들의 충분한 무리와 수많은 군대를 거느린suppeditante fortium militum manu, exercitus quoque innumera multitudine" 강력한 영주領主/Herzog임을 알았다는 구절(제I편, 21장)이 있다. 이 구절에서 "밀리툼militium"("밀리테스milites")은 "직업적 전사戰士"를 그리고 "엑세르키투스exercitus"는 "백성 징집군"을 각각 말한 것으로 보인다. 베른하르트Berhardt에게 "엑세르키투스와 함께 기사騎士 근위대exercitus cum praesidio militari"를 주며 레다리Redarier/Redarians족과 싸우게 했다는 구절(제I편, 36장)과 "튀링겐 레기온과 무장한 기사騎士 몇 명legio Thuringorum cum raro milite armato"을 보내서 헝가리Ungaren/Hungarian족과 싸우게 했다는 구절(제I편, 38장. 제II편, 3장도 볼 것)도 직업적 전사戰士와 백성 징집군을 구별한 것으로 보인다. 그러나 이런 표현들은 그리 분명하지 않고 일관성도 없다. 튀링겐Thüringern/Thuringians족 관련 구절에는 백성 징집군을 말하는 용어로 "엑세르키투스" 대신 "레기오legio"(레기온legion)란 용어가 쓰였지만 "레기오"는 특별한 군사적 의미를 지닌 용어이다. 또한 제I편, 17장에서는 "엑세르키투스와 기사騎士exercitus et militia"라 해서 양자를 구별되는 개념으로 표현했지만 제I편, 21장에는 기사騎士에 대한 언급에 바로 이어 "모든 작센 엑세르키투스totius exercitus Saxonici"가 콘라트 왕에게 분노했다는 구절이 있는데 이는 기사騎士들까지 포함된 말임이 분명하다. 그리고 제I편, 38쪽에는 하인리히가 "엑세르키투스"가 있는 곳으로 헝가리족을 유인하려고 했다는 구절이 있는데 여기에서 "엑세르키투스"는 주로 기사騎士들을 말한 것이 분명하며 백성 징집군은 기껏해야 일부 포함되어 있었을 것이다. 이 구절 조금 앞에도 "엑세르키투스"가 이와 동일한 의미로 쓰인 곳이 두 곳이 있다.

따라서 필자는 콘라트 영주領主/Herzog가 "강한 기사騎士들의 충분한 무리suppeditante fortium militum manu"와 함께 로트링겐Lothringen/Lorraine의 "엑세르키투스"를 상대로 작은 전투를 벌였다는 비두킨트의 말(제III편, 17장)에 대해 후자를 로트링겐의 백성 징집군이었다는 의미로 본 쇄퍼Dietrich Schöfer의 해석25)은 지나쳤다고 생각한다. 붉은 얼굴 콘라트Konrad der Rote는 기사騎士들을 데리고 상대방의 단순한 농민군農民軍을 격파한 것임이 분명하다.

심지어 발쩌Baltzer는 농민들도 말을 타고 복무했을 것으로 믿고 있다(《게르만 전쟁사Zur Geschichte des deutschen Kriegswesen》, 3쪽). 그는 티에트마르Thietmar von Merseburg(서기 975

---

25) 《베를린 과학아카데미 의사록議事錄Sitzungsberichte der Berliner Akademie der Wissenschaften》, 제27권, 서기 1905년, 6쪽.

년~1018년)가 자신의 《작센 연대기年代記》에서 병사가 말 없는 전쟁에 참여한 것은 흔한 일이 아니라고 말한 것으로 해석하며 농민들도 말을 타고 복무했다고 보았다. 그러나 정확히 결론을 내리자면 농민들은 전혀 군복무를 하지 않았다.

우리는 결코 발쩌Baltzer의 견해와 같이 농민마병農民馬兵 제도가 살리Salier/Salian 시대에 다시 사라졌다고 볼 수는 없다. 운스트루트Unstrut 강변의 전투 때 "보병 무리vulgus pedestre"가 싸웠다고 했기 때문이다. 물론 하인리히Heinrich IV세의 내전內戰에도 농민들이 징집되었다. 작센 전쟁을 노래한 시詩(비두킨트, 《작센 연대기》, 제II편, 130쪽 이하)에서는 모든 마을에서 부대들이 집결했고 농민들도 왕과 싸우려고 쟁기를 내려놓았다고 했다(이 책 뒤의 제III장 〈하인리히 IV세 황제의 전투〉도 참고할 것). 하인리히 IV세는 후일 남부 게르만에서도 농민들을 징집한 적이 있다. 그러나 이들 농민징집군들은 앞 세대에서 노르만족과 싸운 농민징집군들과 마찬가지로 아무 것도 한 일이 없다. 과거 프랑크 제국의 농민 징집군이 노르만족에게 당했던 것 같이 이번에는 작센의 농민징집군이 운스트루트 강변 전투에서 하인리히 IV세의 기사騎士들에 의해 도살屠殺 당한다. 서기 1078년에 엘사스Elsass/Alsace와 넥카르Neckar에서 왕을 위해 싸웠던 농민들은 완전히 격파되었을 뿐 아니라 건방지게 감히 무기를 들었다는 이유로 상대방 기사騎士들에 의해 거세去勢 당하는 벌罰을 받는다.

꿰이에모Guilhiermoz는 10세기 이후 사료들은 백성들을 비무장의 비호전적 무리로 취급했음을 입증했지만 바로 이 시기 법령들이 농민들에게도 군복무를 요구하기 시작한 것으로 믿고 있다(《중세 프랑스 귀족들의 기원고起源考 Essai sur l'origine de la noblesse en France au moyen âge》, 346쪽 이하). 그는 농민들은 보병이 되었는데 그들의 무기는 아주 형편이 없어서 "가시 없는inermes"(즉, 비무장의) 병력으로 불릴 정도였다고 설명한다. 이런 모순은 있을 수 없음을 입증하려면 다른 증거는 필요가 없다. 실제로는 모순이 아예 존재하지도 않기 때문이다. 꿰이에모 자신이 농민의 군복무와 관련해서 수집해 놓은 11~13세기의 사료기록들(387쪽)을 좀 더 상세히 검토해 보면 농민들에 관한 것이 아니거나(각 호戶에서 1명씩 제공하려 했다는 "앙도레 골짜기 사람들hommes de la vallée d'Andorre") 민병民兵에 관한 것들뿐이다. 특히 마이어Ernst Meyer가 각 호戶당 1명씩만 나왔다는 증거로 인용한 기록들(《독일과 프랑스 헌법사Deutsche und französische Verfassungsgeschichte》, 제I편, 123쪽, 각주 4)을 자세히 보면 당시의 군대가 농민군이었을 가능성은 전혀 없다. 그러한 대규모 징집은 단 몇 일 동안 아주 가까운 곳에서 싸울 때만 가능한 것이기 때문이다.

서기 1070년 노르트하임의 오토Otto von Nordheim는 농민들에게 "그들은 싸울 수 없으므로 그를 위해 기도할 수 있었다pro se, quoniam arma ferre non possent, supplicita ad Deum voto facere flagitavit"는 말을 했다.26) 그는 이 말을 한 직후부터 겨울 내내 왕과 전투를 벌였음에도 불구하고 병력보강을 위해 농민을 이용한 적이 없다. 이런 모습과는 달리 현대 역사가들은 작센 농민군이 하인리히Heinrich IV세와 전투에서 큰일을 했던 것으로 보지만 뒤에 개별 전투들을 연구할 때 알게 되겠지만 이를 입증할 사

---

26) 람베르트Lambert von Hersfeld의 기록(《게르만 사료집Monumenta Germaniae》, SS., V, 178).

료기록은 전혀 없다. 과연 비두킨트Widukind의 말만을 근거로 군사적인 업적이 전혀 없는 두 시대의 중간에 군사적 효율성을 갖춘 세대가 한번쯤은 있었을 것으로 보아야만 할까? 이는 분명 불가능한 일이다. 그의 기록 중 관련 구절들의 일부는 수사적修辭的 과장에 불과함이 분명하다. 그러나 18세기의 상비군 시대에도 민병대民兵隊들이 있었던 것 같이 하인리히 I세 등도 때로는 그들의 직업전사職業戰士들을 민병들을 동원해서 보강하기는 했을 것으로 볼 수 있다. 그러나 이런 관행도 점차 사라졌다. 다만 어느 정도의 군사적 기질이 백성들 사이에 유지되었을 변경지대는 예외였을 것이다.

니취Nitzch는 《역사지歷史誌 Historische Zeitschrift》, 제45권, 205쪽에서 이렇게 말했다.

12~13세기에도 엘베Elbe강 동쪽 지역에서는 총체적 위기가 닥치면 여전히 일반징집이 있었고 징집에 응하지 않는 사람에게는 그의 집을 불태우겠다고 위협했다. 12세기 말에 이 지역에서는 성城이 포위공격을 받을 때는 주민을 교대로 징집했던 관습법이 발견된다. 먼저 징집된 사람들은 다음에 징집된 사람들이 도착하면 집으로 돌아가는 방식으로 교대로 징집이 이루어졌었다.

니취는 또한 "작센 지역의 헤르게베테(역자 주: 군사장비) 및 홀스타인-디트마르 지역의 농민 무장 Das sächsische Heergewäte und die Holstein-Ditmarsische Bauernrüstung"이라는 논문(《슐레스비크, 홀스타인 및 라우엔부르크 공국公國 국정정보國政情報 연보年報Jahrbücher für die Landeskunde der Herzogtümer Schleswig, Holstein, Lauenburg》, 제1권, 서기 1858년, 335쪽 이하)에서 자신은 14세기 북쪽 지방 농민들은 여전히 말을 타고 군복무를 했던 증거를 제시했다면서 만약 15세기에는 그렇지 않았다면 이는 중대한 변화였다고 믿고 있다. 그러나 일례로 브레멘Bremen의 한 교회장로(15세기 중엽의 인물)가 100년 전 일인 클라우스Klaus 대공大公의 마병馬兵에 대해 언급한 구절 등 그가 제시한 사료 구절들의 일부는 사료적 가치가 없으며 기껏해야 그 당시의 민병 징집군 중에 마병馬兵도 있었다는 자명自明한 사실을 입증할 수 있을 뿐이다. 그 자신이 인용한 구절 중에서도 서기 1342년 빌스터Wilster 원정 당시의 징집군에 관한 구절(353쪽)은 브레멘 교회장로의 말과는 완전히 모순된다.

니취는 작센족은 군마軍馬를 헤르게베테로 보았고 농민들도 군마를 소유했던 몇 가지 징표들이 있다는 사실을 그들도 말을 타고 싸운 적이 있다는 특별 증거로 본 자신의 견해가 옳을 것으로 믿고 있다. 그는 이런 일은 하인리히Heinrich I세 때도 있던 일로서 하인리히 I세가 "모든 백성들에게 말을 타고 싸우는 법을 가르쳤던 것으로 보인다"고 믿고 있다. 그러니 농민들에게도 역시 군마軍馬기 헤르게베테의 일부였다는 징표들은 매우 미약한 징표들이며 이런 것들까지 증거로 본다고 해도 이런 증거들만으로는 말이 일반적으로 헤르게베테의 일부인 때도 있음을 입증할 수가 없다. 마지막으로 이런 상황을 하인리히 I세의 상황과 연계시킬 만한 근거도 없다. 그렇게 연계시킬 수만 있다면 오히려 훨씬 더 이전 시대의 상황과도 연계시킬 수 있을 것이다.

프로이센Preussen/Prussia 백성들에게는 상당한 전사戰士 기질이 유지되었을 가능성이 매우 높다. 그러나 일례로 브란덴부르크Brandrnburg 같은 다른 지역에서는 시장市長이 군마軍馬를 제공해야 했다는 말은 단지 말을 제공해야 했다는 의미가 분명하며 시장市長 자신이 말을 타고 출전해야 했다는 의미는 아니다.

앞으로 알게 되겠지만 잉글랜드의 해롤드Harold 왕은 노르만족과 싸울 때 농민들을 징집한 적이 없다. 엥그로–색슨족의 농민들은 해롤드와 윌리암Wilhelm/William 사이의 투쟁에 별로 관심이 없었기 때문이다. 이 투쟁이 이민족의 지배를 몰아내려는 투쟁이었음을 그들이 안 것은 후일의 일일 것이다. 그러나 하인리히 Heinrich IV세에 대한 작센의 봉기에는 대중적 봉기의 요소가 있었음이 분명하다. 반면에 후일 하인리히가 농민들을 징집하게 된 것 역시 소집에 응해야 한다는 빨치산 기질Parteigeist이 그의 시대에는 충만했었기 때문임이 분명하다. 결국 이런 농민 징집들은 쉽게 설명하자면 예외적인 현상이었다.

서기 1082년의 혹독한 비상사태 당시에는 오스트리아Oestreich/Austria 변경대공邊境大公 /Markgraf이 보헤미아Böhmen/Bohemia군의 침입을 방어하기 위해 소나 말을 키우고 있던 사람들까지 포함해서 모든 주민을 다 동원했던 것으로 보인다.27)

그러나 서기 1156년의 치안법治安法/Landfriede은 "만약 무기나 창을 든 농민이 있으면si qui rusticus arma vel lanceam portaverit" 처벌한다고 명시적으로 규정하고 여행중인 상인商人은 칼을 말안장에 붙들어 매고28) 기사騎士처럼 허리에 차지 못하게 했다.

다음은 〈로스비타의 시詩 Gedicht der Roswitha〉(《게스타 오도니스Gesta Odonis》, V. 194)의 일부이다:

"최대한 정성을 다해 선발한 그의 기사騎士들
그리고 전국에서 모인 저 큰 부대"

(원문)
"Militibus suis summo conamine lectis
Necnon immodica tota de gente caterva"

만약 이 시의 내용과 같이 오토Otto I세가 그의 기사騎士들 외에 평민들까지 동원했다고 해도 우리는 이 평민들을 민병民兵으로 이해하면 안 된다. 이 구절의 의미는 다음의 두 가지 중 하나다. 첫째, 백성들 중에서 모집한 인원으로 진정한 직업 전사職業戰士들을 크게 보강했다는 말일 수도 있다. 농민들과 도시민들에게는 군사 조직도 없었고 무기를 들 권리도 없었지만 그 당시에도 젊은 농민이나 도시민을 개인적으로 모집해서 전사계층을 보충했었기 때문이다. 둘째, 그보다도 더 가능성이 높기로는29) 로스비타Roswitha에서 왕의 "밀리테스 수이milites sui"(역자 주: 원문의

---

27) 코스마스Böhme Cosmas, 《보헤미아 연대기年代記 *magnum opus/Chronica Boemorum*》, 제II편, 35쪽.

28) 바이츠Waitz의 《독일헌법사*Deutsche Verfassungsgeschichte*》, 제V편, 403쪽, 각주 1.

"밀리티부스 수이스*Militibus suis*")란 바쌀vassal이건 미니스테리알ministerial이건 왕 밑에서 직접 복무할 의무가 있는 전사戰土 즉, 카롤링 왕조 때의 스카라리*scararii*〈스카라*scara*부대 구성원〉〈역자 주: 앞의 제I권, 제I장, 부기附記, 마지막 부분의 '스카라*Scara*' 항 참고〉, 아르눌프 Arnulf 시대의 팔라티니palatini(왕궁 병사들) 또는 후일 하인리히Heinrich III세 시대의 아 누리키aulici(왕궁 사람들) 같은 인원을 말하고30) 나머지는 전국에서 대공大公들이 징집해서 왕에게 데리고 온 전사戰土들을 의미한 것일 수도 있다.

비두킨트Widukind의 《작센 연대기年代記》, 제III편, 2장에는 오토Otto I세가 농담 삼아 휴고Hugo 대공大公이나 그의 아버지는 이 같은 모습을 본 적이 없겠지만 자신은 아주 많은 밀짚모자들을 이끌고 프랑스와 싸우러 가겠다고 한 말이 있는데 이해 할 수 없는 말이다. 그가 농민군을 이끌고 적에게 겁을 주려했다는 것은 전혀 있을 수 없는 일이다.

2. 하인리히 I세의 개혁

비두킨트의 《작센 연대기》, 제I편, 35장에는 "그는(역자 주: 하인리히 I세는) 농촌 병사 들 9명 중 1명씩 골라 성城에 살게 하면서 그에게 나머지 동료들을 위해 8채의 집을 짓게 하고 추수한 총 식량의 1/3을 받아서 지키게 했고 이로써 나머지 동 료들은 씨를 뿌리고 작물을 수확한 다음 동료를 위해 이를 모아서 그들의 집에 보관하게 했다. 그는 모든 회의와 집합과 연회宴會를 성城 안에서 열도록 명했다*ex agrariis militibus nonum quemque eligens in urbibus habitare fecit, ut caeteris confamiliaribus suis octo habitacula extrueret, frugum omnium tertiam partem exciperet servaretque, ceteri vero octo seminarent et meterent frugesque colligerent nono et suis eas locis reconderent. Concilia et omnes conventus atque convivia in urbibus voluit celebrari*"는 유명한 구질이 있다. 또한 제39장에는 "그에게는 이미 기마전騎馬戰 능력이 입증된 병사들이 있었기 때문이다*cum jam militem haberet equestri proelio probatum*"는 구절도 있다.

쉐퍼Dietrich Schöfer는 최근 《베를린 과학아카데미 의사록議事錄*Sitzungsberichte der Berliner Akademie der Wissenschaften*》, 제27권(서기 1905년, 5월 25일)에서 "농촌 병사*agrarii milites*" (원문의 "*agrariis militibus*")와 축성築城에 관한 위의 첫 구절에 대해 견해를 피력했 다. 반면, 니취Nitzsch는 "우리는 '아그라리 밀리테스*agrarii milites*'가 무엇을 의미하는 지 알 수 없다"는 말만 하고 있다(《게르만 민족사民族史*Gedichte des deutschen Volkes*》, 제I편, 306쪽). '아그라리 밀리테스'를 헤겔Carl Hegel은 "농촌에 퍼져 사는 사람들"을 말한 것으로, 코이트겐Keutgen은 "군사적 의무를 지닌 농민"을 말한 것으로 이해하 고 있다. 로덴베르크Rodenberrg는 이를 자유민自由民 전체를 말한 것으로 이해한다 (《오스트리아 역사연구회 보고서*Mitteilungen des Instituts für östreichische Geschichte*》, 제17권, 서기 1896년, 162쪽). 쉐퍼Dietrich Schöfer는 과거 쾌프케Köpke, 바이츠Waitz, 기세브레케트

---

29) 발쩌Baltzer 역시 이렇게 이해하고 있으나(《게르만 전쟁사*Zur Geschichte des deutschen Kriegswesen*》, 29쪽) 바 이츠Waitz는 이런 해석은 최소한 자신의 견해(108쪽)와 모순된다고 보고 있다(《독일헌법사*Deutsche Verfassungsgeschichte*》, 제VIII편, 126쪽).

30) 〈알타헨스 연대기年代記*Annal. Altahenses*〉, 서기 1044년 항. 《게르만 사료집*Monumenta Germaniae*》, *SS.*, XX, 799.

Giesebrecht가 인정하던 견해가 옳음을 입증하려 하면서 '아그라리 밀리테스*agrarii milites*'는 왕이 거느린 직업전사職業戰士로서 토지에 정착한 자 즉, 미니스테리알Ministerial을 의미한다고 믿고 있다. 필자는 쇄퍼Dietrich Schöfer의 주장에 전적으로 공감한다. 다만 그는 9명의 기사騎士들과 관련된 비현실적인 문제점 즉, 농촌에 남은 8명이 씨를 뿌리고 추수도 했다는 문제점에 대해는 제대로 깊이 있게 검토하지 않았다.

그러나 이 문제는 기본적으로 난해한 문제로서 해답을 찾기가 어렵다. 쇄퍼Dietrich Schöfer는 '아그라리 밀리테스'가 직업전사職業戰士임을 분명히 입증했다. 그러나 비두킨트Widukind는 그들이 전사戰士임과 동시에 농민이라고 분명히 기록해 놓았다. 하지만 직업전사職業戰士이면서 동시에 농민이 될 수는 없다.[31] 결국 비두킨트의 기록은 진정한 역사라기보다는 전설傳說에 불과할 뿐이다. 우리가 이런 관점에서 비두킨트의 기록을 검토하기 시작하는 순간 모든 수수께끼들은 다 풀린다. 서로 다른 여러 사건들이 서로 혼동되어 있으면서 그 모순점이 인식되지 않는 것은 유명한 전설에서 흔히 그리고 쉽게 보이는 일이다. 비두킨트의 시대에는 전사戰士 계층의 일부인 카롤링 왕조의 스카라*scara*는 성城에 상주수비대常駐守備隊로 살았고 다른 일부는 봉토封土를 받아 토지에 정착해서 살았는데 이런 당시 상황이 모든 자유민이 전사戰士임과 동시에 농민이었던 과거에 대한 회상回想에 투영投影된 것이며 또한 이런 상황에 변화가 생긴 이유를 하인리히Heinrich I세의 한 법령에서 찾아보려 했던 것이다. 이렇게 되자 옛날의 (아직 농민이었던)'아그라리 밀리테스'와 새 시대의 (직업전사職業戰士였던)'아그라리 밀리테스'가 같은 집단으로 혼동되었다. 따라서 농촌에서 성城으로 보낸 식량과 공물貢物이 농민들이 보낸 것으로 보이지 않고 토지에 정착해 살던 바쌀vassal들이 보낸 것으로 보이는 모순이 발생했다.

하인리히 I세의 군사제도에 대한 비두킨트의 기록만큼 재미있는 또 다른 전설傳說이 앞서 소개했던 브레멘Bremen의 한 교회장로의 기록에서도 발견된다. 15세기 중엽쯤에 쓰여진 그의 기록은 다음과 같다.

"스케네벨데Scenevelde, 하데메르시Hademersch, 베스테데Westede, 노토르페Nortorpe, 보르네호베데Bornehovede, 브람스테데Bramstede, 콜덴케르켄Koldenkerken, 켈링후센Kellinghusen 등 여러 교구敎區의 농민들과 빌스트리아Wilstria 초지草地의 주민들은 진정한 홀사티Holsati 사람이라고 불렸다. 이들의 도움 때문에 홀사티의 대공大公 전하殿下들은 승리할 수 있었다. 니콜라우스Nicolaus 대공大公은 (14세기 중엽에) 그들 중에서 큰 농장에서는 1농장에 1명씩 작은 농장에서는 2농장에서 1명씩 믿을 만한 빌레인villein/villan(역자 주: 농노農奴?)들을 선정했다. 그는 필요할 때는 이들을 무장시켜 그의 곁에 두었다. 실제로 니콜라우스는 자신의 대리인이 이 농민

---

31) 비두킨트Widukind의 《작센 연대기年代記》, 제II편, 30-31장에서는 "기사騎士들이 게로Gero의 무리에 참여하자 치안관治安官들은 전역戰役이 빈번해 질 것을 우려했고 선물과 보수도 줄였으며 그들이 자신들에게 보수지급을 자주 거부하자 게로Gero에 대한 극도의 분노에 휩싸이게 되었다*cum milites ad manum Geronis praesidis conscripti crebra expeditione attenuarentur et donativis vel tributariis praemiis minus adjuvari possent, eo quod tributa passim negarentur, seditioso odio in Geronem exacuuntur*"고 했다.

들은 괴롭히지 못하게 했고 이 농민들에게 튼튼한 말을 타고 무기 특히, 철 모鐵帽, 방패, 트로야troya 또는 두블레doublet/diploid역자 주: 몸에 꽉 끼는 남자용 상의), 철 제鐵製 토시, 철제 장갑을 착용하고 폭 넓은 벨트를 허리에 두르게 했다. 그 러나 집에 남는 농민들은 토지의 주인들과 함께 야전으로 나간 사람들이 집으로 돌아올 때까지의 비용을 부담해야 했다."

(원문)

"*Rustici de parochiis Scenevelde, Hademersch, Westede, Nortorpe, Bornehovede, Bramstede, Koldenkerken Kellinghusen cum inhabitantibus paludem Wilstriae, hi dicuntur veri Holsati. Et horum auxilio seniores comites Holsatie obtinuere triumphos. Ex his elegit comes Nicolaus certos viros, de magnis villis unum villanum, de parvis duabus villis unum. Hos, quando indiguit, habuit secum in armis. Nam dictus e. N. sic ordinavit, quod dicti rustici non offendebantur ab advocatis et quod equos valentes tenerent et arma haberent praesertim pileum ferreum, scutum et troyam sive diploidem, ferrea brachialia et chirothecas ferreas, circum amicti balteis latis et amplis. Rustici autem remanentes domi stabant expensas illorum, qui fuerant cum domino terre in campo usque ad reditum ipsorum in domos suos*"

기마騎馬 복무에 관해 바이츠Waitz는 "하인리히Heinrich Ⅰ세는 일반 징집군에게 말을 타고 복무하게 하거나 최소한 이 징집군에서 경기병輕騎兵 부대 하나를 만들었을 가능성이 있다"고 했다(《하인리히 Ⅰ세*Heinrich I*》, 391쪽; 제3판에서는 101쪽. 《독일헌법사*Deutsche Verfassungsgeschichte*》에서는 제Ⅷ편, 112쪽). 그는 특히 이들이 바쌀vassal이었다는 쾨프케Köpke와 기세브레크트Giesebrecht의 견해를 배척한다. 그러나 농사를 짓는 말을 탄 농민들이 어떻게 경기병이 되어서 헝가리족을 상대로 업적을 남길 수 있겠는가? 물론 쾨프케와 기세브레크트의 견해가 진실에 보다 가깝다. 다만 이 문제는 새로운 문제는 아니며 사료의 내용들을 주의 깊게 해석하면 바로 알 수 있는 문제이다.

바이츠 자신은 《독일 헌법사》, 제Ⅷ편, 114쪽에서 사료에 자주 등장하는 "엑스페디티 에키테스*expeditii equites*"("전투준비가 된 마병馬兵")는 특별한 종류의 마병이 아니라고(또한 그 같은 특별한 종류의 마병이 존재했을 가능성도 없다고) 했다. 람베르트Lambert는 바이츠가 인용한 "전투용의 등짐과 여타의 화물들을 내려놓은 다음에 전역戰役과 전투를 위해 최선의 준비를 갖춘*qui rejectis sarcinis et ceteris bellorum impedimentis, itineri tantum et certamini se expedierant*"이라는 구절을 정확하게 설명했다.

제 II 장
레크 평원 전투

서기 955년 8월 10일

레크Lech 평원 전투 또는 아우그스부르크Augsbrg 전투는 게르만 왕국이 외적外敵과 싸운 척 민족전쟁이었다. 게르만 루드비히Ludwigs des deutschen의 아들들이 서西프랑크 의 삼촌을 몰아냈던 안데르나크Andernach 전투(서기 876년)는 같은 왕조王朝 내의 반 목이었다는 점 외에는 다른 특징은 없었다. 이 새 왕조의 탄생과 더불어 게르만 민족은 진정한 정치적 실체를 탄생시켰고 프랑크 제국에서 완전히 해방되었다. 이 새 국가의 모든 부족이 협력해서 승리함으로써 그 존재를 입증한 첫 전투가 바로 이 전투였다. 코르베이Corvey 수도사修道士 비두킨트Widukind가 쓴 《작센 연대기 年代記》에는 이 전투가 상세히 기록되어 있다.[1] 2차 사료로는 포위 현장 목격자 인 게르하르트Gerhard/Gerhardi라는 인물이 쓴 아우스부르크의 우달리쿠스Ulrich/dalrich/ Udalricus 주교主敎의 전기傳記도 있고.[2] 그 외에도 여러 개별적인 기록들이 있으므로 우리는 이 전투의 모습을 확실히 알 수 있다.

오토Otto I세는 아들들이 일으킨 대반란을 진압한 후 작센Sachsen/Saxony으로 돌아오자 내전內戰 기간 중 게르만 지역을 침범했던 헝가리Ungaren/Hungarian군이 또다시 침입해 왔다는 보고를 받았다. 두 번째 보고는 그들이 도나우Donau/Danube강 남쪽에서 바이 에른Byern/Bavaria을 통과해 레크Lech 강 옆의 슈바벤Schwaben/Swabia 변경도시 아우그스부 르크를 포위했다는 것이었다(역자 주: 레크Lech 강은 슈바벤과 바이에른의 경계선이었다). 그 곳에서는 우달리쿠스 주교가 용감한 전사戰士들과 함께 적을 방어하고 있었다. 게 르하르트에 의하면 우달리쿠스는 "내 비록 어두운 죽음의 골짜기를 걷더라도"라 는 잠언箴言을 주제의 설교로 전사들의 사기를 북돋운 후 투구나 갑옷도 없이 주 교 의상만 걸친 채 전사들과 함께 출격을 나가기도 했다고 한다.

오토는 첫 보고를 받은 후 즉시 대규모 구원군을 집결시키고 있었다. 구원군 은 8개 부대 또는 비두킨트의 표현에 의하자면 8개 레기오legio(레기온legion)였다. 이들 중 한 부대는 보헤미아군(체코군)이었고 병력은 1,000명이었다고 한다. 병력 으로 보면 그들은 분명히 매우 큰 파견대였을 것으로 보이며 영주領主/Herzog 볼레 슬라우스Boleslaus가 친히 지휘했다는 다른 사료기록을 보아도[3] 분명하다. 그러나

---

1) 《게르만 사료집Monumenta Germaniae》, SS., III, 408.
2) 게르하르디Gerhard/Gerhardi, 《성聖 우달리쿠스의 생애Vita S. Oudirici》, 《게르만 사료집Monumenta Germaniae》, SS., IV, 377.

가장 큰 파견대는 오토의 부대("왕의 레기온*legio regia*")였고 이들은 숫자가 그리 적었을 수 없는 왕의 평시 종자從者/Gefolg인 작센 전사戰士들이었고 왕이 직접 지휘 했던 프랑켄Franken/Franconia 기사騎士들도 행군 중 합류했을 것이다. 작센 바쌀vassal(역 자 주: "가신家臣"으로 통상 번역된다. 구체적 의미에 대해서는 이 책 제II편, 제IV권, 제IV장 참고)들의 주력은 왕과 함께 갈 수 없었는데 그들이 슬라브Slab족과 전쟁 중이라 그랬을 것 으로 흔히 보지만 그보다는 헝가리군의 침입 사실이 처음 보고된 후 6주일도 안 돼 전투가 시작되어 그들이 늦게 도착했기 때문일 가능성이 더 높다. 6주일이란 기간은 작센 북부 및 서부 지역으로서는 소집령을 전파해 병력을 동원한 후 아 우그스부르크까지 가기에는 너무 짧았다. 사료에 의하면 총병력은 7,000~8,000명 으로 평가된다. 분명 이보다 많지는 않았고 적었을 것이다. 이들은 모두 기사騎士 였다. 걷거나 말을 타고 기사騎士들과 동행하는 인원으로 역시 전사戰士로 볼 수 있는 인원이 더 있었을 것으로 보는 것은 옳지 못하다. 모든 기사騎士들은 하인 1 명씩, 지위가 높은 기사騎士인 경우는 몇 명씩 거느리고 있었음이 분명하고 이들 도 특정한 경우에는 전투기능을 수행했지만 정면전투에는 나타나지 않았다. 모 두가 훈련받은 직업전사職業戰士인 7,000~8,000명의 기병騎兵은 매우 큰 병력이며 샤 를마뉴Karl/Chalemagne 대제大帝 때도 이런 병력이 한 전투에 집결된 적이 거의 없다.

게르만 측의 연대기年代記들은 당연히 헝가리군을 거대한 병력으로 묘사했지만 그들이 게르만군보다 많았는지는 따질 필요가 없다. 아마 적었을 가능성이 높다.

학자들은 전투장소가 레크Lech 강 좌안인지 우안인지 논쟁을 벌이고 있다.

레크Lech 평원이란 지명地名에서는 이 문제의 답을 찾을 수 없다. 현지 역사가들 은 아우스부르크 남쪽 양안兩岸의 평원을 모두 같은 이름으로 부르기 때문이다.[4]

이 문제에 대한 열쇠는 라이센부르크Reisenburg의 베르톨트Berthold의 배신으로 게르 만군의 접근이 헝가리군에게 노출되었다는 기록에서 찾을 수 있을 것 같이 보이 기도 한다. 라이센부르크는 울름Ulm에서 도나우강 하류 쪽으로 3마일(약 23km)쯤 떨어진 곳에 있다. 따라서 우리는 오토가 그 부근에서 도나우강을 건넌 다음에 북서北西 쪽에서 아우그스부르크로 접근했을 것으로 생각해 볼 수 있다. 그러나 좀 자세히 분석해 보면 이 기록은 신빙성이 거의 없다. 누가 게르만군의 접근을 헝가리군에게 알려주었는지 게르만군이 어떻게 알 수 있었다는 말인가? 도주 중 인 헝가리 왕을 잡아 목을 매달아 죽인 게르만군이 그를 죽이기 전에 이 문제를 먼저 심문했을 것 같지는 않다. 헝가리군은 주력이 아우그스부르크를 포위하고 있는 동안에도 일부 기병騎兵들은 주변지역 전체를 돌아다녔음이 분명하며 전투

---

3) 플로도르트Flodoard, 《게르만 사료집*Monumenta Germaniae*》, *SS.*, III.

4) 스타이켈레Steichele, 《아우그스부르크 교구教區 *Das Bistum Augsburg*》, 제II편(서기 1864년), 491쪽 및 브루 너L. Brunner, 《헝가리군의 게르만 침입*Die Einfälle der Ungarn in Deutschland*》, 서기 1855년, 38쪽.

경험이 많은 그들은 분명 도나우강을 체계적으로 관측하고 있었을 것이다. 게르만 대군이 그들 몰래 도나우강을 건넌다는 것은 불가능한 일이었다. 헝가리군은 게르만 측 누군가의 제보 없이도 이를 알 수 있었다. 배신자 베르톨트는 심지어 이긴 전투를 포함에서 세계사의 모든 전투에 등장하는 전형적 배신자 중 하나에 불과할 것이다. 이런 배신자는 마라톤Marathon 전투때는 어떤 알 수 없는 사람이 평원에 있던 페르시아군에게 산에서 방패로 신호를 보냈다는 이야기로부터 쾌니히그래츠Königgrätz 전투 때는 한 물레방앗간 주인이 물레를 돌려 황태자의 접근을 베네데크Benedek에게 알려주었다는 이야기까지 잘 알려진 환상적 이야기들 속에서 아주 중요한 역할을 한다. 제Ⅰ차 세계대전 때도 이런 미신적 생각 때문에 수없이 많은 불행한 사람들, 특히 물레방앗간 주인들이 희생되었다. 베르톨트는 오토가 폐위시킨 고대 바이에른 영주 가문의 백작대공伯爵大公/Pfalzgraf 아르눌프Arnulf의 아들이었다. 우리는 그가 실제로 헝가리군과 내통한 것인 지의 여부는 따질 필요도 없다. 다만 그 이후 아무 일도 없었던 것을 보면 그랬을 가능성은 거의 없다.

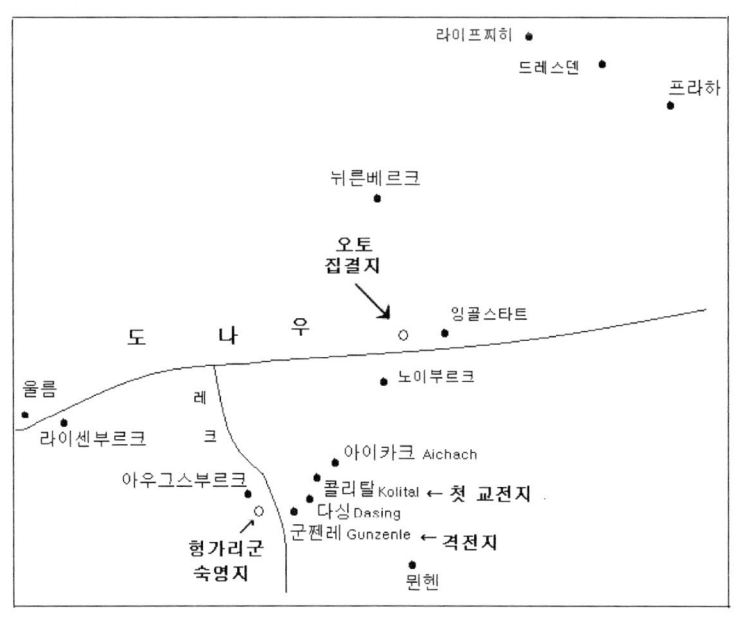

요도 1. 레크 평원 전투의 지형(역자가 첨부함)

그의 배신 기록이 신뢰성이 없으므로 오토가 북서北西 방향에서 접근했다는 증언도 신뢰성을 잃게 된다. 우리는 이 기록 자체를 부인해야만 할 뿐 아니라 게르만군이 라이센부르크 지역에서 왔음을 입증할 여타 증거들이 충분할 것으로 믿어서도 안 된다. 그런 합리적인 경우에는 전설傳說이 생기지도 않는다. 게르만군은 다른 방향에서 왔을 수 있고 당시 사람들이 베르톨트를 주목하고 의심했기 때문에 전설傳說이 그에게 배신자란 누명을 씌운 것일 수 있다.

이제 라이센부르크의 상황이 신빙성이 없다면 우리는 전투장소를 입증할 근거를 헝가리군은 오토가 접근하고 있음을 알자 신속히 레크Lech 강을 건너서 그를 맞이하러 나갔다고 한 비두킨트Widukind의 《작센 연대기年代記》에서 찾아 볼 수도 있을 것이다. 포위 현장 목격자인 게르하르트Gerhard가 쓴 우달리쿠스 주교主教 전기傳記에서는 헝가리군이 아우구스부르크를 포위하고 있었다 했고 이 도시는 강의 좌안左岸 쪽에 있고 강에 바짝 붙어있지도 않으므로 헝가리군은 오토를 맞이하러 강 좌안左岸에서 우안右岸 쪽으로 건넌 것이 분명하다. 그렇다면 오토는 동쪽 잉골스타트Ingolstadt나 노이부르크Neuburg로부터 접근하고 있었을 것이다. 그러나 아직은 확실하지 않다. 비두킨트Widukind의 기록에 아우그스부르크 포위에 대한 말이 전혀 없기 때문이다. 포위기간도 매우 짧았다. 아마도 단 2일간의 포위였을 것이다. 헝가리군도 동쪽에서 접근해서 막 레크Lech 강을 건넌 후였다. 결국 헝가리군이 신속히 레크 강을 건너 오토를 맞이하러 갔다는 비두킨트의 말은 여러 사건들을 압축하는 과정에서 그들의 첫 도하渡河(역자 주: 동쪽에서 서쪽으로의 도하渡河)를 말한 것일 수 있고 그렇다면 전투가 강 좌안左岸에서 있었다는 말이 될 수도 있다.5)

그러나 바이에른Byern/Bavaria에서 전투가 벌어졌다는 비두킨트 자신의 말은("바이에른에서 이 일이 벌어지던 중dum haec in Boioaria geruntur") 전투가 우안右岸에서 벌어졌다는 직접증거로서 더 중요한 부분이다. 슈바벤Schwaben/Swabia은 레크Lech 강 너머로 아우그스부르크 쪽으로 더 멀리 또 더 상류 쪽(남쪽)까지 뻗어 있다는 점에서

---

5) 학자들은 헝가리군이 레크Lech 강을 건넜다는 비두킨트의 기록과 관련해서 그들이 이미 강 좌안左岸에 있었다는 사실(역자 주: 이미 아우구스부르크를 포위하고 있었다는 사실)과 그럼에도 불구하고 전투는 우안右岸에서 있었을 것이라는 생각을 조화시켜 보려 한다. 그들이 제시한 근거는 헝가리군의 도하渡河에 관한 말은 결전決戰이 시작되기 전에 게르만군 배후를 공격한 병력에 관한 것이며 따라서 그들은 일부만 강을 건넌 것이고 그것도 강 하구河口 가까운 곳에서 두 번째로 건넌 것이며(역자 주: 첫 도하는 동쪽에서 아우구스부르크 쪽으로 건넌 것을 말함) 이 일부 병력이 게르만군을 후방에서 공격했다는 것이다. 특히 비네켄Wyneken이 이렇게 믿고 있다(《독일사 연구Forschugen zur deutschen Geschichte》, 제21권). 그는 다른 학자들이 범한 과오들을 효과적으로 바로잡기는 했지만 이 사건의 경우에는 사료들을 분석함에 있어 꿰어 맞추기에 그쳤음이 분명하다. 비두킨트의 의미는 분명하다. 즉 헝가리군 전체가 전투를 위해서 강을 건넜다 했지 일부만 포위를 위해 강을 건넜다가 다시 돌아왔다고 하지는 않았다. 만약에 전투장소를 강 좌안으로 보려고 헝가리군이 전투 전 레크Lech 강을 건넜다는 비두킨트의 증언("헝가리군은 전혀 지체 없이 레크를 건넜다Ungarii nihil cunctantes Lech fluvium transierunt")을 배척하려 한다면 이와 일관성을 유지하기 위해서라도 본문에서 필자가 말한 대로 아우그스부르크 포위에 대해서 아무 말도 없는 비두킨트의 말을 헝가리군의 첫 도하渡河를 말한 것으로 볼 수밖에는 없게 된다.

더 그렇다 그러나 이 역시 결정적 요소는 아니다. 동부의 작센 지역 수도사修道士 비두킨트가 남부 게르만 지역 지리를 착각했거나 잘 몰랐을 수 있기 때문이다.

비두킨트가 직접 언급한 부분은 그의 기록에서 간접적으로 발견되는 요소들에 의해서도 확인된다. 그는 게르만군 8개 부대의 행군순서를 말했는데. 선두 3개 부대는 바이에른군, 네 번째 부대는 콘라트Konrad 영주領主가 지휘하는 프랑켄Franken/Franconia군, 다섯 번째 부대는 왕의 직속부대, 여섯 번째와 일곱 번째는 슈바벤군, 마지막은 보헤미아군이었다. 만약 오토가 슈바벤 지역을 통과했다면 통과지역의 지형을 잘 아는 슈바벤군이 행군대열 선두에 서지 않은 것이 매우 이상한 일일 것이다. 선두가 바이에른군이었다는 것은 자연스런 부대편성을 흩트리지 않고 통과지역을 가장 잘 아는 병력이 가장 앞에 섰다는 말이 된다. 비두킨트는 이어 콘라트 영주領主의 프랑켄군이 도착하자 오토는 전투를 하기로 결정했다고 했다. 병력집결지가 서쪽 먼 곳, 예를 들어 울름Ulm과 딜링겐Dillingen 사이였다면 우리는 왜 프랑켄군이 보헤미아군보다 늦게 도착했는지 이해하기 어려울 것이다. 그러나 집결지가 잉골스타트Ingolstadt 부근이었다면 그의 가문의 토지들이 스파이어Speyer와 보름스Worms에 있던 콘라트Konrad로서는 그렇게 늦게 온 것이 아주 당연한 일이다. 스파이어에서나 프하하Plag/Plague에서나 잉골스타트까지의 거리는 비슷했지만 보헤 미아 영주領主가 훨씬 먼저 소식을 듣고 소환령을 내렸어야 했다(역자 주: 동쪽의 보헤 미아가 헝가리에서 가깝기 때문에). 끝으로 쾰른Köln/Cologne 대주교大主教 겸 로트링겐Lothringen/Lorraine 부왕副王/Stadthalter 브루노Bruno의 전기傳記를 쓴 루오트거Ruotger에 의하면 로트링겐 군은 적시에 도착할 수 없었을 뿐 아니라 침략지로부터 자신의 지역도 방어해야 했으므로 이 전투에 불참했다 한다. 이 말 중 뒷부분은 마치 핑계 같이 들린다. 로트링겐을 위한 최선의 방어는 말할 필요도 없이 왕국의 전 병력이 집결해서 이 헝가리군을 격파하는 것이었기 때문이다. 그러나 만약 병력집결지가 잉골스 타트 부근이었다면 로트링겐 전사戰士들이 가야만 할 거리는 사실 너무 멀었고 이 경우 작센과 같은 이유로 그들도 소환되지 않았을 것이다.

강 어느 쪽에서 전투가 있었는지에 대한 검토는 외견상으로는 단순한 지리적 관심사에 불과한 것으로 보인다. 이리 정밀하게 진투현장을 결정해야 할 필요가 과연 있을까? 우리는 이 분명히 사소한 문제가 세계사적 의미를 지닌 문제임을 곧 알 수 있게 되는데 전투현장 위치에 따라서 당시의 전략상황을 알 수 있기 때문이다. 그러나 이 전투에는 또 다른 성격의 문제점도 있다.

오토는 집결된 병력과 함께 북쪽에서 도나우강을 건너왔다. 레크Lech 평원은 아 우그스부르크 남쪽에 있으며 현장목격자인 게르하르트Gerhard에 의하면 전투가 아 우스부르크에서 너무 먼 곳에서 벌어져 아우스부르크 성벽에서는 보이지 않았다고 한다. 그는 또한 그때까지 아우스부르크 성벽을 포위하고 있던 헝가리군은 게르만군의 접근을 보고 받자 바로 그들을 맞이하러 이동했다고 했다. 그렇다면 어떻게 전투가 아우그스부르크 남쪽 레크 평원에서 있었을 수 있는가? 어떻게 게르만군이 그렇게 남쪽 멀리까지 올 수 있었을까?

헝가리군이 게르만군을 맞으러 나간 것이므로 최초 접촉은 아우그스부르크의 북쪽이나 북서쪽 또는 북동쪽에서 이루어졌을 것이 분명하다.

게르하르트는 이 전투는 그렇게 치열한 전투는 아니었다면서 아우그스부르크 시민들은 전투현장에서 뒤로 물러나는 헝가리군의 물결을 보았을 때 그 숫자가 별로 변화가 없어 처음에는 전투가 아예 없었던 것으로 믿었다고 한다. 헝거리 군은 한 궁수弓手부대를 게르만군 후방으로 보내 그들의 후방을 포위하려 했던 것으로 보인다. 그러나 이 공격은 격퇴되었고 게르만군 기병騎兵의 큰 무리가 칼 과 창을 휘두르며 돌격해 오는 것을 본 헝가리군은 꼬리를 돌려 아우그스부르크 남쪽에 있던 그들의 숙영지쪽으로 몰려갔다. 이때 그들은 비록 전투와 전쟁에서 모두 졌음을 알았다고 해도 그들의 보급대열과 등짐 짐승과 약탈한 물건 그리고 특히 그들을 동반해 따라왔을 것이 분명한 꽤 많은 여인들을 구조하는데 최선을 다해야 했다. 그러려면 그들은 무엇보다 우선 레크Lech 강을 다시 건너야 했었고 신속하게 강을 다시 넘어간 다음 그들의 고향인 동쪽으로 가는 도로로 들어서야 했다. 만약 최초 접촉이 아우그스부르크 북서쪽의 강 좌안左岸(서안西岸)에서 벌어 졌다면 헝가리군은 자유로이 물러설 수 있는 퇴로를 확보하고 있었을 것이다. 강에서 꽤 멀리 떨어진 곳에서 교전이 있었을 것이므로 그들은 중기병重騎兵인 게 르만군에 비해서 큰 이점이 있었을 것이며 더 이상 큰 전투는 없었을 것이다. 헝가리군은 최대한 빠른 속도로 강을 건널 수 있었을 것이며 강에는 급류急流와 수심水深 깊은 지점들이 있을 수는 있어도 이때가 8월이었으므로 수량이 많지 않 아서 큰 장애가 되지는 않았을 것이다. 따라서 그들은 고향 쪽으로 그저 말을 달리기만 하면 되었을 것이다. 그러나 만약에 게르만군이 강의 우안右岸 북동쪽에 서 온 것이라면 상황은 완전히 달라진다. 이때는 최초 접촉에서는 헝가리군의 상황이 그저 그랬겠지만 곧 게르만군이 레크Lech 평원과 헝가리군의 퇴로인 레크 Lech 강 도하지점에 나타나서 이곳에서 실제 결전決戰이 벌어졌을 것이고 퇴로를 차단당한 헝가리군은 이 전투에서 대부분 격파되었을 것이다. 헝가리군은 강을 건너기 위해 점점 더 상류 쪽(남쪽)으로 달려 올라가고 오토 역시 게르만 전사戰士 들이 적을 완전히 격파하려고 레크 평원 전체로 때로는 그 너머까지도 분산되는 것을 고통스럽게 지켜보았을 수도 있다. 물론 레크 강에는 별로 장애물이 없으 므로 쉽게 건널 수는 있었겠지만 밀려오는 게르만군에게 쫓기던 많은 병사들이 수심水深 깊은 곳에 빠져서 사료에 기록된 대로 익사溺死했을 가능성도 있다. 따라서 이 전투는 시간으로나 장소로나 별개인 두 전투로 나뉘어 있었다는 말이 된다. 그렇다면 전투(즉, 첫 교전)가 바이에른Byern/Bavaria에서 있었다는 비두킨트의 말도 옳고 이 전투가 "레크 평원 전투"로 불렸다는 말 또한 옳은 것이다.

이제 우리는 게르만군은 북쪽에서 왔는데 전투는 아우그스부르크 남쪽에서 있었다는 모순을 해결했다.

그 자체로는 거의 신뢰성이 없는 후일의 한 사료가 있는데 이 기록은 앞의 맥락과 잘 들어맞기 때문에 신뢰성 있는 기록이 된다.

12세기 문서인 《쯔비팔터 연대기年代記 Annals. Zwifaltenses》는 이 전투의 장소를 "콜리탈Kolital"이라 했다. 아우그스부르크에서 잉골스타트Ingolstadt로 가는 도로에서 남동南東쪽으로 2마일(약 15km) 떨어진 곳에는 다싱Dasing과 아이카흐Aichach 중간쯤에 현재 갈렌바크Gallenbach 마을과 골렌호펜Gollenhofen 농장이 인접해 있다. 두 지명地名은 서로 다른 모음母音을 쓰고 있어 같은 어원語源에서 파생된 것인지 의심스럽고 "콜리탈"이란 지명과 어원語源상 진정한 관련이 있는지도 입증될 수 없다. 그러나 "콜리탈"이라는 단어가 허공에서 생겨난 것일 수는 없고 "갈렌바크"나 "골렌호펜"과 발음도 유사하다. 따라서 정확하지 못하게 들은 지명이 왜곡된 형태로 바뀌어 기록된 발음發音상 문제일 수도 있다. 그렇다고 양측이 정확히 현 골렌호펜에서 충돌했다는 말은 아니다. 지명이란 여러 세기를 거치며 파괴, 재건 등의 결과로 옮겨다닐 수도 있는 것이기 때문이다. 그러나 아우그스부르크에서 한나절 거리에 있고 오늘날도 골렌호프라는 지명이 콜리탈이라는 지명을 연상케 하는 이 언녁지형이 첫 교전이 있던 전투장소였음이 분명하다.

12세기와 13세기의 또 다른 두 연대기年代記는 아우그스부르크에서 상류쪽(남쪽)으로 6km 떨어진 레크Lech강 우안右岸의 "군쩬레Gunzenle"란 언덕을 전투장소라 했다. 이 언덕은 지금은 강물에 쓸려나고 없지만 모든 증거들은 전투의 마지막 단계의 무대로 이 곳을 지목하고 있다.6) 그러나 아직은 모든 것이 해결되지는 않았다.

7월 초 마그데부르크Magdeburg에서 헝가리군의 침입을 처음 보고 받은 오토는 먼저 왕군王軍 병력의 집결지를 어디로 할 것인지 먼저 생각했을 것이 분명하다. 그곳은 물론 도나우강 북쪽이었다.7) 바이에른Byern/Bavaria 영주領主와 슈바벤Schwaben/Swabia

---

6) "군쩬레라고 불리는 언덕으로ad clivum, qui dicitur Gunzenle"(〈팔리덴세스 연대기年代記Annals Pöhlde/Palidenses〉, 《게르만 사료집Monumenta Germaniae》, SS., XVI, 60). "그러나 리쿰강 즉, 레크강에 있던 전투장소는 지금까지 라틴 이름인 군쩬레로 불렸다. 흔히들 실제는 군쩬렌이라고 부른다Locus autem certaminis usque in hodiernum diem super fluvium Licum, id est Lech, latino eloquio nominatur Conciolegis, vulgares vero dicunt Gunzenlen"(《에베르스베르크 연대기Chronicon Eberspergense》, SS. XXV, 869). 스타이켈레Steichele는 《아우그스부르크 교구敎區 Das Bistum Augsburg》, 제Ⅱ편(서기 1864년), 491쪽에서 이 언덕이 이제는 존재하지 않는다고 했다.

7) 비두킨트Widkind는 왕이 "아우그스부르크 시의 경계에in confiniis Augustanae urbis" 숙영지를 세웠고 다른 파견대들은 그곳에서 왕과 합류했다고 했다. 이는 그 집결지가 아우그스부르크 시에 속한 지역의 안이나

영주領主는 이미 자발적으로 그들의 기사騎士들에게 집결을 명했을 것이다.

병력집결에 필요했을 5주일 동안 적이 얼마나 빨리 또 얼마나 멀리 진군했을지는 알 수 없었겠지만 여하간 적이 실제로 슈바벤의 경계선인 레크Lech강 앞에 진지를 구축하고 있지 않았으므로 오토는 그들이 처음에는 도나우강 남쪽에 머물며 전혀 강을 건너 나가지 않았을 것으로 볼 수 있었을 것이다. 오토가 집결지를 더 먼 슈바벤 후방 울름Ulm이나 그보다 더 서쪽으로 정했다면 더 이상의 진출은 분명 적에 의해서 차단되었을 것이다. 또한 그가 이를 염두에 두었다면 로트링겐 병력을 소집하지 않은 것은 이해할 수 없는 일이 된다. 그가 7월초에 마그데부르크Magdeburg에서 소환령을 내렸을 때는 아우그스부르크 부근에서 결전決戰이 벌어질 것이라고는 예상할 수 없었을 것이고 전투가 넥카르Neckar강 동쪽 지역이나 라인 지역에서도 벌어지지 않을 것으로 예상되었을 것이다. 이렇게 다양한 가능성이 있는데 과연 왕이 보헤미아 병력은 소집하고 로트링겐 병력은 소집하지 않았을 수 있었을까? 루오트거Ruotger가 쓴 로트링겐Lothringen/Lorraine 부왕副王/Stadthalter 브루노Bruno의 전기傳記를 보면 브루노가 자신의 판단에 따라 기사騎士들을 붙잡아 놓았던 것 같이 보이나 그와 그의 형인 왕과의 관계가 매우 좋았던 것을 보면 이런 결정이 왕의 승인 없이 내려진다는 것은 전혀 불가능한 일이었을 것이다. 만약 (라인란트Rheinland와 네델란드Niederlande/Nethelands까지 포함해서) 모든 공국公國들 중 가장 크고 가장 부유한 공국으로 어쨌건 작전구역에서 아주 멀리 떨어진 로트링겐의 부왕副王이 자신의 공국公國을 지키려고 왕군王軍에 합류하라는 소환령에 불응했다면 이는 항명抗命에 그치지 않고 대역죄大逆罪가 됨을 우리는 알아야 한다. 그러나 이제 전투장소가 레크Lech 강 우안右岸이었음이 입증되었다는 사실을 우리가 기억하는 순간 이 모든 문제가 분명히 정리된다. 전투장소가 우안右岸이었다는 것은 게르만군의 집결지가 슈바벤의 울름Ulm 부근이 아니고 바이에른의 노이부르크Neuburg나 잉골스타트Ingolstadt 부근의 어느 곳이었음을 의미한다. 오토는 헝가리군 앞으로 가서 그들을 게르만 땅에서 몰아내기만 할 것이 아니라 그들의 후방을 공격해서 퇴로를 차단하고 격멸擊滅함으로써 다시는 고향으로 돌아가지 못하도록 할 수 있는 전략구상戰略構想에 따라 행동하고 있었던 것이다.

마그데부르크를 떠나 잉골스타트로 온 왕은 매우 신속히 보헤미아, 바이에른, 슈바벤 및 프랑켄의 병력들과 쉽게 합류할 수 있었다. 바이에른군은 아마 라티스본Ratisbon 부근에서 집결했을 것이다. 슈바벤군은 분명 최대한 전진해서 아우그스부르크에서 집결한 다음에 적이 접근하자 북쪽으로 가서 도나우뵈르트Donauwörth

---

옆이라는 말은 아니며 아우그스부르크 인근에 후일 전투가 벌어진 지역이었다는 말일뿐이다. 어떤 파견대도 돌아다니는 헝가리 병력으로부터 개별적으로 공격을 받지 않으려면 병력이 도나우강 북쪽에서 집결해야만 했었다. 모든 파견대들이 다 집결한 후에 비로소 그들은 강을 건너서 전투를 준비했다.

부근에 집결했을 수도 있다. 프랑켄군은 라인 강 너머에서 왔으므로 마지막에 도착한 것이 아주 당연하다. 로트링겐군은 그렇게 먼 동쪽 집결지에 제때 도착할 수도 없었지만 그들에게는 다른 임무가 있었다. 헝가리군은 게르만 대군大軍이 후방에서 접근함을 안다고 해도 이번에는 과거 서기 932년과 954년의 경우 같이 로트링겐과 서西프랑크 왕국과 이태리를 거쳐 고향으로 돌아가려고 서쪽으로 철수하는 것이 물론 불가능했다. 로트링겐 병력이 그들의 퇴로를 막을 수 있었기 때문이다. 로트링겐의 브루노bruno 부왕副王은 필요할 때는 오토가 주력과 함께 도착해서 적의 후방을 공격할 때까지 적이 라인강을 건너지 못하게 충분히 오랫동안 막을 수 있도록 준비를 갖추고 기다리고 있었을 수도 있을 것이다.

따라서 로트링겐의 기사騎士들은 비록 레크 평원 전투에는 참여하지 않았지만 이 전투의 기초가 된 전략개념에서 여전히 중요한 역할을 했던 것이다.

사료에 우연히 기록된 외견상 극히 피상적인 요소들은 지금 우리가 재현시킨 모습을 아주 멋지게 마무리할 수 있게 해 주고 있으며 오토가 적을 완전히 격멸하려고 의도적으로 정면正面을 역전逆轉시켜 전투를 수행했음을 입증해 주고 있다. 집결지에 마지막으로 도착한 병력은 오토의 사위 콘라트Konrad가 이끌고 온 라인 지역 프랑켄군이었고 이들은 보헤미아군, 바이에른군, 슈바벤군 및 마인Main 지역 프랑켄군보다 더 먼 거리를 행군해야 했다. 만약 오토가 병력집결을 앞당기려 했다면 콘라트 쪽으로 1~2일 거리를 가서 그와 합류할 수 있었을 것이다. 그러나 그렇게 하지 않고 더 먼 동쪽인 적의 퇴로 상에서 콘라트를 기다리기로 한 오토는 사신이 무엇을 하고 있는지를 알고 있었음이 분명하다.

이어서 게르하르트Gerhard는 왕은 전투가 끝난 날 밤을 아우그스부르크에서 보냈지만 최대한 빨리 전령傳令 편에 모든 도하지점을 점령해서 헝가리군의 도주를 차단하라는 지시를 하달했다 했다. 이 전령들은 아마 전투 중에 떠났을 것이며 오토는 전투에서 승리한 기사騎士들의 일부 특히 바이에른 기사騎士들을 즉시 도하지점으로 보냈을 것이다. 이로써 이사르Isar강이나 인Inn강쯤에서 도주하는 적의 퇴로를 차단할 수 있었다. 헝가리군 지도자들은 전투가 끝난 후 몇 일만에 바이에른의 하인리히Heinrich 영주領主에게 잡혀 목이 매달려 죽였다. 보헤미안군도 헝가리군과 단독교전이 있어서 적을 격파하고 렐레Lele 왕을 포획했다는 기록을 이와 동일한 경우로 생각해 볼 수 있다. 이 기록은 당대 기록인 〈생갈 대연대기大年代記 Annal. Sanngallenses majores〉에 보인다.8) 이런 교전들은 레크Lech 강 자체에서도 있었을 수

---

8) 《게르만 사료집Monumenta Germaniae》, SS, I, 79. 이 연대기에 있는 짧은 기록을 보면 헝가리군과 보헤미아군간의 교전과 렐레Lele의 포획이 보헤미아 변경에서 있었던 전혀 다른 전역戰役의 일이었을 것으로 볼 수도 있다. 그러나 우리는 〈에베르스베르크 연대기Chronicon Eberspergense〉(SS., XX, 12)를 통해 이 문제를 명확히 할 수 있을 것이다. 이 기록은 100년 후의 것으로 매우 왜곡되어 있지만 도주 중 에베

있다. 이곳에도 헝가리군의 도착 전에 승리자가 나타났을 것이며 헝가리군은 그대로 계속 도주하려다 패했든지 방향을 바꾸어서 더 상류 쪽으로 올라가 강을 건너려 하다가 그곳에서 보헤미아 병력의 공격을 받았을 것이다.

이런 세부적인 요소들을 더 자세히 검토할수록 우리는 모든 것이 게르만군이 동쪽에서 접근하는 결정적 전략을 구사했음과 이 전략에 의해 이 전투의 혁혁한 승리가 결정되었음을 알 수 있다. 이제 놀랍게도 우리는 서쪽으로부터 접근해서 전투를 치른다는 생각이 얼마나 평범한 생각인지를 알 수 있게 되었다. 그러나 사람들은 아직도 로트링겐 공국公國이 이기적이고 근시안적인 생각으로 왕에게 협력하지 않았다며 이들의 용맹스런 기사단騎士團을 비난하고 있다. 또한 니취 Nitzsch는 사료에 기록된 오토Otto Ⅰ세는 진정으로 위대한 전사戰士가 아니라 위대한 애원자哀願者로 보인다 했다(《게르만 민족사民族史 Gedchichte des deutschen Volkes》). 바이츠Waitz 는 황제들 중 아르눌프Arnulf와 하인리히Heinrich Ⅰ세와 Ⅲ세 그리고 로타르Lothar/Lothair가 중요한 군사지휘관 자질을 보여주었다면서(《독일헌법사Deutsche Verfassungsgeschichte》, 제 Ⅷ편, 174쪽) 오토를 이에 포함시키지 않았고, 브레쓰라우Bresslau는 아예 오토의 위대한 군사지휘관 자질을 적극적으로 부인했다(외츨리Oechsli, 《독일 전기傳記 총서叢 書 Allgemeine deutsche Biographie》). 만약 레크Lech 평원 전투가 레크 강의 좌안左岸에서 벌어진 전투였다면 그들의 생각이 옳았을 것이다. 그러나 이제는 한 용감한 기사騎士의 행동으로만 알려져 온 행적이 위대한 지휘관의 행적이었음이 그리고 로트링겐 Lothringen/Lorraine군이 왕군王軍과 합류하지 않았던 것은 탁월한 책략이었음이 밝혀졌 다. 두 세대 전 뚱보 카를Karl der Dicke은 프랑크 왕국 전역에서 징집한 병력을 가지 고도 노르만Norman족이 파리Paris를 포위했을 때 아무 일도 할 수 없었고 오토의 아버지 역시 헝가리에 조공租貢을 바쳤다. 비두킨트Widukind 등 성직자聖職者 역사가들 은 당시 상황을 이해하지 못했을 것이며 후일의 역사가들은 당대인들이 오토에 게 부여한 "대제大帝"라는 칭호를 그대로 사용하면서도 이 칭호의 의미는 깨닫지 못한 채 그저 옛 성직자聖職者 역사가들의 기록을 그대로 답습하기만 했던 것이다. 그러나 이제 우리는 오토는 세계사世界史가 이런 칭호로 찬양하는 몇 안 되는 왕 들 중 진정한 한 명으로 볼 수 있을 것이다. 이제 우리는 적이 돌연 바이에른을 침입했다는 보고를 마그데부르크에서 받았을 때 오토가 처했던 입장에 서보기로 하자. 그는 적에게 가야 할 뿐 아니라 최대한 신속하고 단호하게 가야만 했다. 상당한 준비기간도 없이 바쌀vassal들을 집결시키는 것이 얼마나 어려운 일인가? 뿐만 아니라 이는 도나우강 남쪽의 슈바벤과 바이에른을—슈바르쯔발트 Schwarzwald("검은 숲")로부터 또한 알프스로부터—적이 통과하고 있는 보헤미아와

___

르스베르크 요새 부근에서 포획된 헝가리 영주領主 이름으로 "렐Lel"이라는 같은 이름이 기록되어 있다.

작센과 프랑켄Franken/Franconia 을 단결시켜야 하는 일이었다. 어디를 집결지로 해야 적당할까? 적의 앞을 점령해서 그들을 차단하는 것이 누가 보아도 가장 논리적이지 아닐까? 시간은 더 걸리더라도 작센 전체와 로트링겐의 병력까지 불러서 제국 전체의 병력을 한 곳에 모으는 것이 가장 안전한 길은 아닐까? 혹 이렇게 하면 우리 병력이 접근하고 있는 것을 본 헝가리군이 전투를 회피해서 이렇게 힘들여 동원한 일이 모두 물거품이 되게 만들지 않는다는 보장이 있을까?

당시 마그덴부르크에서는 분명 이런 모든 문제점들이 제기되었을 것이며 이제 우리는 그들이 어떻게 이 문제들에 대한 해답을 찾았는지 알고 있다. 멀리 있는 작센과 로트링겐의 병력은 불러오지 않기로 결정했고 집결지로는 넥카르Necka 강 남쪽 같은 곳으로 하지 않고 레크Lech 강과 아트뮐Altmühl강 사이 바이에른의 도나우강 북안北岸으로 정했다. 바이에른과 슈바벤 병력은 헝가리군에 앞서 이곳으로 후퇴해야 했었다. 파견하는 전령傳令들과 각 영주領主들에게는 만약 이 명령이 아침에 도달하면 바로 그 날 저녁에 행군을 시작하고 이 명령이 저녁에 도착하면 다음 날 아침에 행군을 시작해야 한다는 취지의, 과거 카롤링Karoling/Caroling 제국이 사용한 적이 있는 말과 함께 최대한 빠른 속도로 움직이라는 명령을 내렸을 것이다. 또한 "이 명령('무시무시한 명령terrible imperium')대로 하지 않는 자에게는 화가 미칠지어다!"라는 말도 첨부되었을지 모른다.9) 왕은 즉시 그의 종자從者/Gefolg들과 가장 가까운 작센 기사騎士들을 거느리고 집결지로 향했다. 로트링겐에는 라인강을 점령해서 자체방어를 하라는 명령이 하달되었다.

이렇게 전략이 세워지자 헝가리군은 모든 것이 달린 이 전투에서 게르만군을 이기지 못하면 최후를 맞을 수밖에는 없게 되었다. 이 전투가 그런 전략이 옳았는지 판가름할 진정한 시험대였기 때문이다. 만약 게르만군이 레크Lech 평원 전투에서 패했다면 비평가들은 곧 오토는 왜 제국의 기사騎士들이 모두 집결할 때까지 기다리지 않았느냐 라든지, 왜 헝가리군의 퇴로를 차단하고 후방에서 공격해서 그들이 절망하도록 만들지 않았느냐 라든지, 왜 적에게 물러설 황금의 다리를 만들어주면 안 되었느냐 라든지 등의 비난을 쏟아냈을 것이다.

오토가 위대한 군사지휘관이었다는 것은 단지 그가 현명한 계획을 세웠고 이를 그리도 신속하게 집행했고 또 그의 바쌀vassal들이 그렇게 잘 복종했기 때문만은 아니다. 그가 위대한 지휘관이었다는 것은 주로 이런 상황 속에서 적에게 감히 도전을 해서 전투를 벌였기 때문이다.

---

9) 서기 817년 트리에르Trier의 하티Hatti 대주교가 황제의 특사特使로 툴르Toul의 주교에게 전한 칙령에는 이렇게 쓰여 있었다. 앞의 31쪽 참고.

부 기附記

1. 사료 비판

비두킨트Widukind는 "왕의 레기온legio regia"을 "수 천명의 모든 기사騎士들 중 가장 뛰어난 바쌀들이며 선발된 활발한 젊은이들princeps vallatus lectis ex omnibus milibus alacrique juventute"이라고 했지만 우리는 이를 모든 소규모 봉건 파견대에서 선발된 개인들이 왕이 친히 지휘한 부대에 편입되었다는 의미로 보면 안 된다. 왕 밑에 직접 복무한 기사騎士들에 대한 수사적 찬양에 불과할 뿐이다. 바로 뒤에는 콘라트Konrad가 지휘한 프랑켄군이 후방을 공격한 헝가리군을 격퇴했다는 말이 있다("승리의 영광에 익숙한 노련한 기사騎士들이 머뭇대는 동안에 그는 거의 전쟁을 모르는 신출내기 기사騎士들과 함께 승리를 거두었다cunctantibus veteranis militibus gloria victoriae assuetis cum novo milite et fere bellandi ignaro triumphum peregit.") 이 말 역시 당연히 수사修辭에 불과하며 그것도 전혀 성공적이지 못한 수사이다. 프랑켄 기사騎士들은 슈바벤이나 바이에른의 기사騎士들보다 더 젊지도 않고 전투경험이 부족하지도 않았을 것이다.

비두킨트의 말에 의하면 마지막 날에 "부대를 거칠고 험한 지형으로 데리고 갔는데 이 때문에 나무들이 우리 대열을 보호해 주었지만 적에게는 그들이 맹렬하게 사용한 화살로 우리를 괴롭힐 기회를 얻지 못했다dicitur exercitus per aspera et difficilia loca, ne daretur hostibus copia turbandi sagitiis agmina, quibus utuntur acerrime, arbustis ea protegentibus"고 한다. 이는 영민하다기 보다는 용감했을 것으로 우리가 기대할 수 있는 어떤 전투원 친구가 말한 전술적 지혜를 이 선량한 수도사修道士 비두킨트가 곧이곧대로 그의 기록에 첨부해 놓은 것으로 보인다. 그러나 지형 묘사는 잘 되어 있다.

비두킨트의 말에 의하면 마지막 날 행군에서 전 부대의 보급대열이 대열 후미에 있었고 보헤미아군이 이를 보호하고 있었다. 후미가 안전할 것으로 보였기 때문일 것이다. 그러나 그의 설명에 의하면 그곳은 안전하지 못했다. 헝가리군이 레크Lech강을 건너 게르만군을 포위해서 후방을 공격했다. 그들은 보헤미아군과 슈바벤의 2개 부대를 격파하고 보급품을 탈취한 것으로 보인다. 이때 왕은 적이 전방과 후방 모두에 있는 것을 보고 콘라트Konrad의 프랑켄군을 보냈으며 이들이 헝가리군을 몰아내고 약탈당했던 것들을 되찾았다고 한다.

그러나 이 기록은 논리가 너무 허술해서 필자는 이를 역사적 기록에는 포함시키고 싶지 않다. 행군 순서로 마지막 "여덟 번째 레기온"이 먼저 격파되고 이어 일곱 번째와 여섯 번째 레기온들이 격파되었다면 부대는 아직 행군 중이었음이 분명하기 때문이다. 그러나 오토는 이들을 구원하려고 가장 가까이 있던 다섯 번째 레기온이 아니라 네 번째 레기온을 보냈다. 이들은 일각이 아쉬울 때 먼저 다섯 번째 레기온을 타고 넘어야 했을 것이다. 규모가 크지는 않았을 헝가리군 포위병력이 게르만군 전체의 3/8을 격파할 수 있었을 것 같지도 않다.

아마도 상황은 다음과 같았을 것이다. 부대는 이미 전개되어 7개의 레기온이 나란히 전진하고 보헤미아군은 후위대로 보급대열을 보호하고 있을 때 기습공격이 있었다면 본대 중앙에 전개되어 있던 네 번째 레기온이 돌아서서 보헤미아군을 구하는 것이 논리적이다. 그렇다면 슈바벤군은 이미 도주하고 있었다는 말은 비두킨트의 상상에 의한 허구에 불과하다. 그는 부대가 앞뒤로 종대로 행군하고 있었던 것으로 묘사했지만 이는 그의 추정일 뿐이다. 아마도 이는 아주 사소한 사건에 불과했을 것이며 비두킨트에게 정보를 준 사람이나 비두킨트 자신이 나중 이 전투에서 영웅적 죽음을 맞은 왕의 사위 콘라트Konrad를 찬양하려고 이를 크게 과장한 것일 가능성도 있다.

필자는 이 교전이 흔히 알려진 것 같이 레크Lech 평원 전투와 같은 날 아니면 그 이튿날에 일어난 사건이라고 말할 준비가 되어 있지 않다. 비두킨트 자신도 이 문제를 정확히 알지 못했을 수 있다.

왕이 친히 그의 병력과 함께 전투를 시작했다는 그의 말은 물론 역사적 사실이 아니며 왕을 찬양하기 위한 말이었을 것이 분명하다. 말이 나온 김에 우리는 비두킨트의 기록과 같은 2차 사료가 얼마나 신뢰성이 없는 것인지를 알 수 있는 추가적 예로 페르츠Pertz, 그림Grimm, 라크만Lachmann, 랑케Leopold Lanke 그리고 리터Ritter가 감수監修하고 바텐바크Wattenbach가 서문을 붙여서 출판한 《초기 게르만 시대의 역사작가들Geschichtsschreiber der deutschen Vorzeit》에서 비두킨트의 글을 번역한 부분을 보자. 이 책에서는 "그들은 여섯 번째 부대와 일곱 번째 부대에서도 유사한 공격을 받았고 그들은 그들의 대부분이 흩어진 후에 도주했다similiter septimam ac sextam aggressi, plurimis ex eis fusis in 렸coc verterunt"라는 부분 전체를 아예 빼버렸다.

쉐퍼Dietrich Schöfer는 "서기 955년 힝가리군과 전두Die Ungarnschlacht von 955"라는 논문(《베를린 과학아카데미 의사록議事錄Sitzungsberichte der Berliner Akademie der Wissenschaften》, 제27권, 서기 1905년)에서 "헝가리군은 8월 10일 아우구스부르크 부근 콜리탈에서 오토 왕에게 패했고 이 전투에서 우리측은 성포 우달리쿠스의 형제들인 콘라트 영주와 디에폴트가 죽었다Ungari juxta Augustam apud Kolital ab Ottone rega bello vincuntur 4. idus augusti, ubi ex nostris Cownradus dux et Diepolt frater santi Oudalrici occubuerunt"고 한 〈쯔비팔텐세스 연대기年代記 Annals. Zwifaltenses〉(《게르만 사료집Monumenta Germaniae》, SS., X, 53)의 구절에 주목했다. 쉐퍼는 이 기록 중 "콜리탈Kolital"을 아우구스부르크에서 약 25km 떨어진 레크Lech 강 좌안左岸 슈무터바케Schmutterbache 위의 언덕지형 동쪽 끝 부분에 있는 퀼렌탈Kühlental과 같은 곳으로 보고 있다. 이는 어원語源상으로는 가능한 말이겠지만 방향은 논외論外로 하더라도 우선 아우구스부르크에서 25km라는 거리는 전투가 그곳에서 있었다고 보기에는 너무 먼 거리이다.

쉐퍼Dietrich Schöfer는 헝가리군이 이 전역戰役에서 "검은 숲silva nigra"까지 모든 것을 황폐화시킨 것으로 보인다는 게르하르트Gerhard의 기록 대해서도 자신이 그곳은 슈바르쯔발트Schwarzwald("검은 숲")가 아니라 알프스 기슭의 지형임을 자신 있게 입증했다고 생각하고 있다.

필자는 이 책 제1판에서 이 전투를 재현했을 때도 지금과 같은 결론에 도달했었지만 그때는 의문점들은 우회했고 확신도 없었다. "레크Lech 평원 전투"의 작전에 관한 절대적으로 믿을만한 당대 기록이 없는 것으로 보였기 때문이다. 필자는 그런 기록을 제1판이 인쇄에 들어간 후 브레쓰라우Harry Bresslau의 탁월한 논문 덕분에 발견했다. 그는 《역사지歷史誌Historische Zeitschrift》, 제93권, 137쪽에서 게르하르트의 《성聖 우달리쿠스의 생애 Vita S. Oudirici》에 기록된 한 광경光景(역자 주: 아우구스부르크에서 꽤 먼 곳에서 전투가 일어나서 성벽에서 전투현장이 보이지는 않았지만 퇴각하는 헝가리군은 성벽에서 보였었는데 이 전투에서 큰 피해를 입지 않은 것으로 보여 과연 전투가 있었는지 의심스러웠다는 기록)이 이 전투에 관한 것임을 입증했는데 이는 종래에는 학자들로부터 의심을 받던 부분이다.

슈뢰더Alfred Schröder는 "서기 955년 헝가리군과 전투Die Ungarnschlacht von 955"라는 글(《아우그스부르크 주교구主敎區의 독일 역사지歷史誌 Archiv für deutsche Geschichte des Hochstifts Augsburg》, 제1권, 서기 1919년)에서 또다시 레크Lech 강 좌안左岸이 전투장소라는 견해를 강력하게 옹호하고 나섰다. 그러나 그는 그런 결론과 관련된 난제들을 여전히 해결하지 못했고 이를 회피하거나 숨겨버렸을 뿐이다.

헤프너Hefner-알테넥Alteneck의 명저名著인 《무기의 역사Waffen, Ein Beitrage zur Historischen Waffenkunde》, 도표 Ⅳ에는 그가 소유한, 레크Lech 평원에서 발견된 것으로 보이는 12세기 칼 한 자루를 소개되었다. 헝거리군과 전투 당시의 유물遺物일 수 있는데 날이 길고 넓으며 끝 부분은 둥그렇기 때문에 베기에는 적합해도 찌르기에는 적합하지 않다. 손 보호대 부분은 그 이전 시대의 칼보다 크지만 적절한 크기이다.

이 제Ⅱ장이 이미 인쇄소로 넘어간 후 필자는 발너Eduard Wallner 교수의 "군쩰레와 레크 평원 전투Der Gunzenlee und die Lechfeldschlacht"라는 논문(《슈바벤 및 노이부르크 역사학회 회보 Zeitschrift des Historischen Vereins für Swaben und Neuburg》을 받았다. 그는 또 친절하게 그의 논문에 대해 보충할 부분을 편지로 보내주기도 했다. 그의 글은 레크 평원 지형 연구에 매우 유용했고 필자의 연구를 수정하는 데 광범위하게 사용되었다. 특별히 필자의 관심을 끈 부분은 지금은 없어진 "군쩰레Gunzenlee"가 과거에 흔히 추정되어 온 것과 달리 아우그스부르크에서 실제로는 5km 밖에 안 되는 가까운 지점에 있었다는 사실이다. 더욱이 "콜리탈Kolital"과 "골렌호프Gollenhof"는 발음發音상 관련성은 있지만 어원語源상 관련성은 부인될 수밖에 없었다. "골렌호펜Gollenhofen"이 서기 1231년의 한 문서에서는 "골덴호벤Goldenhoven"으로 불렸음을 발너 교수가 입증했기 때문이다. 그러나 여하간 "콜리탈Kolital"과 "골렌호프Gollenhof" 또는 "골덴호벤Goldenhoven" 사이의 발음상 관련성은 분명 존재한다. 첫 자음 "G"가 바이에른 사람들의 입에서 "K"로 변했던 것일 수 있고 《쯔비팔터 연대기年代記 Annals. Zwifaltenses》의 수고手敲에서는 중복된 "l" 중 하나가 누락된 것일 수 있기 때문이다 (역자 주: 'Gollenhofen'의 'Goll'이 'Kol'로 변했다는 의미로 보임). "탈Tal"("골짜기")은 여러 하천들이 흐르는 그 언덕지역의 이름이 되기에 적합했을 것이다.

이제 우리가 이 전투를 두 단계로 나누어서 첫 전투는 아우그스부르크Augsburg

에서 북서쪽으로 한나절 거리의 레크Lech 강 우안右岸 골렌호펜 부근에서 있었으며 두 번째 결전決戰은 강과 가까운 레크Lech 평원의 군쩬레Gunzenlee 부근에서 있었던 것으로 보지 않을 수 없는 이유들을 다시 한번 열거해 보겠다.

비두킨트Widukind는 전투가 바이에른 지역에서 있었다고 명시했다. 이 점은 당시 바이에른군이 행군종대의 최선두에 있었다는 사실에 의해서도 확인된다.

만약 게르만군이 아우그스부르크 서쪽 슈바벤 지역에서 집결했다면 로트링겐 군이 전투에 참여하지 않은 이유와 라인 프랑켄 병력이 가장 늦게 도착한 이유 를 우리가 이해할 수 없게 된다. 또한 왜 왕이 이 지역에 익숙한 슈바벤군을 선 두에 세우지 않았는지도 우리는 이해할 수 없게 된다.

이 전투에 관해 우리가 알고 있는 가장 확실한 정보는 전투가 아우구스부르크 에서 꽤 먼 곳에서 일어나서 성벽에서 전투현장이 보이지는 않았지만 퇴각하는 헝가리군은 성벽에서 보였었는데 이 전투에서 큰 피해를 입지 않은 것으로 보여 과연 전투가 있었는지 의심스러웠다는 기록이다. 만약 이러한 사건들이 아우그 스부르크 서쪽에서 일어났다면 대규모 전투가 아니었을 것이며 헝가리군은 어 렵지 않게 레크Lech 강을 건너 퇴각했을 것이며 또한 그들이 이사르Isar강과 인Inn 강을 건너는 것을 차단하라는 오토Otto의 명령은 아직도 그가 매우 강한 적을 상 대하고 있었던 것이 될 것이므로 무의미한 명령이었을 것이다. 그런 명령을 내 렸다는 것은 적이 완전히 붕괴되었다는 증거이다.

동쪽과 남쪽 그리고 북쪽이 모두 레크Lech강과 베르타크Wertach강에 의해 보호되 는 아우그스부르크를 헝가리군이 포위했다면 그들의 숙영지는 남쪽 즉, 레크강 좌안左岸에 있었을 것이 분명하다. 그들은 적을 맞아 싸우려고 강을 건너갔으므로 결국 우안右岸으로 건너간 것이다. 만약 그들이 처음부터 전투를 회피힐 의도가 없었다면 다른 대안은 없었다. 만약 그들이 아우스부르크에서 아주 가까이 있던 숙영지에서 게르만군을 기다렸다면 기동이 극도로 제한을 받았을 것이다. 기마 궁수騎馬弓手였던 그들로서는 기동이 매우 중요했었다.

비록 헝가리군의 숙영지가 아우그스부르크 동쪽에 있었고 게르만군은 울름 쪽 에서 접근하고 있었고 헝가리군이 그들을 맞이하러 울름Ulm 방향으로 이동했을 것으로 상상하더라도 최초 접촉이 아우스부르크 남쪽에서 이루어졌을 가능성은 더욱 낮다. 그랬을 경우 도시 성벽에서 퇴각하는 헝가리군은 보였고 전투 자체 는 보이지 않았다는 것이 이해할 수 없는 일이 될 것이다.

성聖 우달리쿠스Udalrich/Udalricus 주교主敎의 형제인 디에트발트Dietbald(역자 주: 앞의 127쪽 에서 소개된 원문에는 디에폴트Diepolt로 되어 있음) 대공大公은 전투 전날 밤 왕군王軍과 병력 을 합류시키기 위해 (물론 도시에는 성벽을 지키는데 필요한 충분한 인원을 남 겨두고) 도시를 떠났다. 이 점은 왕이 북쪽으로부터 왔을 가능성과는 충돌한다. 그랬을 경우 왕은 이미 아우스부르크에 아주 가까이 와서—이미 지나갔을지도 모른다—디에트발트는 야간행군을 할 필요가 없었을 것이다. 이제 남는 방향은 북서쪽이나 북동쪽밖에는 없는데 우리는 사료의 기록과 객관적 분석을 통해서 왜 북서쪽일 가능성을 배제해야 하는지 이미 알 수 있었다.

게르하르트Gerhard의 기록에서 우달리쿠스 주교主敎가 보았다고 하는 광경光景에 의하면 전투장소는 발너Wallner 교수가 입증한 것과 같이 아우스부르크로부터 레크Lech 강 상류 쪽(남쪽)으로 6km 떨어진 군쩬레Gunzenlee 부근이다. 후일의 두 연대기年代記에서도 군쩬레를 전투장소로 명시적으로 지목했다(역자 주: 앞의 각주 6 참고). 그러나 이 군쩬레 전투는 첫 번째 전투일 수 없다. 헝가리군은 첫 번째 교전에서 패주하면서 아우그스부르크 성벽을 통과했기 때문이다. 결국 이 군쩬레 전투는 특별한 전투로서 분명히 매우 중요한 전투이다. 만약 게르만군이 서쪽에서 와서 첫 교전이 레크Lech 강의 좌안左岸에서 벌어졌었다면 이런 전투는 없었을 것이다. 그러나 만약 게르만군이 북동쪽에서 왔고, 헝가리군이 첫 번째 교전에서 그들의 숙영지 쪽으로 몰려갔고, 이때 게르만군이 군쩬레에서 이들과 두 번째로 마주쳐서 그 퇴로를 차단했었다면 이 군쩬레 전투는 쉽게 일어났을 것이다. 이 점은 헝가리군이 왕과 대적하기 위해 레크Lech 강을 건넜고 전투가 —즉, 첫 번째 교전이— 바이에른에서 벌어졌다는 비두킨트Widukind의 기록에 의해서도 확인된다.

이 전투에 관한 여타의 많은 가정假定들을 사료에 근거해서 분석적으로 특별히 부인한 하당크Hadank의 글이 《델브뤼크 축하논집祝賀論集 Delbrück Festschrift》(서기 1908년, 게오르크 스틸케 출판사Georg Stilke)에 수록되어 있다. 이 논문에서 하당크는 콘라트Konrad 영주領主가 머리에 열이 나서 투구 끈을 늦춘 사이에 헝가리 병사의 화살에 목을 맞았다는 널리 알려진 잘못된 생각도 바로잡아 놓았다. 그는 실제로는 목 가리개와 쇠미늘 갑옷(역자 주: 앞의 3쪽 참고)을 이미 열어놓고 있었다.

2. 이 전투 이전 헝가리군의 전투

리우트프란트Liudprand의 《안타포도시스Antapodosis》에는 어린 루드비히Ludwig 왕을 상대로 헝가리군이 승리했다는 기록이 있다(Ⅱ, 4). 헝가리군은 매복을 설치해 놓고 도주를 가장했던 것으로 보인다. 그러나 이 기록과 이 작가는 신뢰성이 없다.

제Ⅲ장
하인리히 Ⅳ세 황제의 전투

운스트루트Unstrut 강변의 홈부르크Homburg 전투
서기 1075년 6월 9일

이 전투에 관한 꽤 상세한 기록으로 람베르트Lambert von Hersfeld의 기록과 브루노 Bruno의 기록1) 그리고 영웅서사시英雄敍事詩 한 편이 있다.2) 그러나 앞의 두 기록은 내용이 편파적이고 중요한 부분들은 서로 모순되며 영웅서사시 한 편은 순수한 수사적修辭的 기록일 뿐이다. 람베르트와 브루노는 하인리히Heinrich Ⅳ세가 완전히 기습적으로 이동해서 작센Sachsen/Saxons군을 공격했다 했지만 이런 말이 작센군의 패배를 제대로 설명할 수 있을지는 의문이다. 작센군이 몇 명만 겨우 갑옷을 걸 치고 허둥대며 "문門들"을 통해 쏟아져 나오는 모습이 마치 로마군의 요새화 된 숙영지에서 나오는 것 같았다고 한 람베르트의 말은 분명히 수사적인 과장이다. 또 그들 중 상당수는 운스트루트강 북쪽에 있었고 전투가 있었음을 알기도 전에 패배의 소식부터 들은 것으로 보인다. 그러나 전투의 추이는 정오부터 계속 요 동치고 있다가 밤 9시에야 하인리히 측의 새 병력이 가담하면서 승부가 결정된 것으로 보인다. 이 문제에 관해서는 전투는 치열했지만 승부는 단시간에 결정되 었다는 브루노의 말이 더 정확할 것으로 보이는데 그의 말에 의하면 작센 측은 지도자가 3명만 죽었지만 왕군王軍 측 지도자는 8명이나 죽었다고 하기 때문이다. 슈바벤Schwaben/Swabia과 바이에른Byern/Bavaria의 많은 귀족들이 죽었다거나 몇 명은 전혀 부상도 없었다는 람베르트의 기록은 잘못된 것임이 분명하다.

이 전투는 지위 높은 대공大公들이 선두에서 싸운 오로지 기사騎士들만의 전투가 분명할 것으로 보인다. 노르트마르크Nordmark의 변경대공邊境大公/Markgraf 우도Udo는 그의 사촌이며 후일 대립왕對立王/Gegenkönig이 되는 슈바벤의 루돌프Rudolf 영주領主의 머리를 칼로 쳤지만 루돌프는 단단한 투구 덕에 목숨을 건진 것으로 보인다. 루돌프는 온몸에 멍이 들었다고 한다. 왕군王軍 측에서는 바이에른의 변경대공 에른스트Ernst 가 치명상을 입고 죽었고 작센군 측에서는 후일 황제가 되는 로타르Lothar/Lothair의 아버지인 수플린부르크Supplinburg의 게프하르트Gebhard 대공大公이 죽었다. 황제 측에

---

1) 두 기록 모두 《게르만 사료집Monumenta Germaniae》, SS, Ⅴ에 수록되어 있다.
2) 〈작센전쟁 노래Carmen de bello Saxonico〉, 《게르만 사료집Monumenta Germaniae》, SS, ⅩⅤ.

보병이 있었는지는 분명하지 않다. 람베르트에 의하면 작센 측 보병은 전투 중 숙영지에 있었고 이는 전혀 그들의 의도가 아니었다고 한다. 그들이 단지 보급 대열 하인들이 아니었다면 왜 보병을 데리고 왔을까? 그러나 이는 사실이었는데 기병들이 쏟아져 나간 후에 너무 빨리 승부가 결정되었기 때문이다. 브루노는 작센군은 대부분 전투가 시작되기도 전에 이미 부리나케 달아났다고 한다.

학자들은 대량학살을 당한 이 보병을 농민징집군으로 생각했다. 〈작센전쟁 노래Carmen de bello Saxonico〉(《게르만 사료집Monumenta Germaniae》, SS, XV, 2, 1231)에서는 작센 기사騎士들은 백성들에게 호전성을 고취시켜 군복무에 강제 동원했고 농부 와 양치기들이 농기구로 무기를 만들어 가지고 모두들 전쟁터로 나가는 바람에 농촌에는 사람이 없었다고 한다. 그러나 람베르트는 하인리히Heinrich의 군무회의軍 務會議에서는 작센족을 비호전적인 백성으로 평가했다고 했다("군대보다 농사일이 익숙한 이 멍청한 오합지졸은 군인정신이 아니라 높은 사람들이 무서워서 관습 과 전통과는 달리 억지로 전투에 참여했다vulgus ineptum, agriculturae pocius quam militiae assuetum, quod non animo militari sed principum terrore coactum, contra mores et instituta sua in aciem processisset").

하지만 작센 대공大公들이 농민민병대를 정면전투에 투입하려고 했다는 것은 전혀 있을 수 없는 일이다. 〈작센전쟁 노래〉는 완전한 환상이다. 전투를 이긴 하인리히가 마을과 성城들을 불태우고 작센 전역을 초토화시켜 작센 백성들에게 남겨진 재산("집이나 가축이나 다른 재산domus, aut pecus aut res")이 없었다는 이 노래 끝 부분은 더 환상적이다. 실제 하인리히는 병력을 거느리고 하르쯔Harz를 돌아 동쪽으로 할베르스타트Halberstadt까지만 진군했고 그곳부터는 소규모의 종자從者/Gefolg 들만 데리고 고슬라Goslar로 갔다가 7월 1일에는 돌아갔다.3) 일반백성들의 징집에 관한 기록을 다시 해석해 보자면 작센 대공大公들은 기사騎士들 외에 여타 말을 탄 쓸모 있는 인원들을 상당수 데리고 나간 것일 수도 있다. 특히 이들 외에도 꽤 많은 보병도 찾아내거나 모집해서 무장을 시켜서 병력을 보강했는데 이때 전투 경험이 없는 인원들도 상당수 포함되어 있었을 것이다.

왕군王軍은 일제히 동시에 공격할 만한 지형이 못 되자 병력이 앞뒤로 늘어져 전개했으며 이때 왕은 다섯 번째 부대에 보헤미아 병력은 후미에 있었다는 람베 르트의 말은 타당성이 없다. 운스트루트Unstrut강 남쪽 지형은 기병부대들이 어느 정도 횡으로 전개하기에 결코 부족하지 않은 곳이다. 행군대형을 전투대형으로 착각한 것일 수 있다. 이 전투에서 8,000명의 작센군이 죽었다는 라이케나우 Reichenau의 수도사修道士 베르톨트Berthold의 기록도 물론 전혀 타당성이 없다.

---

3) 이 점은 람베르트의 기록과 브루노의 기록이 일치한다.

하인리히 Ⅳ세와 대립왕對立王/Gegenkönig 루돌프Rudolf간 전투

성직자 임명권 문제로 교황 그레고리Gregor/Gregory Ⅶ세과 대립하다 파문破門 받은 하인리히 Ⅳ세가 이태리에서 교황과 화해를 모색하며 카노싸Canossa에서 굴욕적인 참회懺悔를 하고 있는 중에 그를 반대하는 대공大公들이 프랑켄의 포르크하임Forchheim 에 모여 하인리히의 매부들 중 하나인 슈바벤의 루돌프 영주領主를 왕으로 선출 했다(서기 1077년 3월 15일). 그러나 파문에서 사면을 받은 하인리히가 돌아오자 많은 대공과 주교主教들이 그의 편에 합류했기 때문에 루돌프는 남부 게르만에서 곧 철수하지 않을 수 없었다. 루돌프는 후퇴해서 작센과 합류했다. 하인리히에 대해 구원舊怨이 있는 작센은 루돌프에게 우호적이었다. 바이에른, 슈바벤 그리고 프랑켄의 대공과 주교主教들 중 절대 다수가 하인리히 편에 섰지만 이들 점잖은 신사들은 바로 그를 따라 전투를 벌이려 하지 않고 평화적 합의를 통해 왕위王位 문제를 해결하려 했다. 상황이 어쨌건 이 문제는 결국 루돌프가 포기해야 해결 될 수 있는 문제였으나 그는 모든 병력을 집결시킨 후 작센군과 더불어 쩨링겐 Zähringen 가문의 두 영주領主(케른텐Kärnten의 베르톨트Berthold와 바이에른의 벨프Welf)와 합류한 후 넥카르Neckar로 갔다. 그는 이렇게 병력을 보강했음에도 하인리히에게 전투를 강요할만한 병력은 되지 못해서 철수하지 않을 수 없었고 그 해 겨울과 이듬해 봄을 일면 협상을 계속하고 일면 몇 차례 원정을 나가 몇 개의 성城들을 포위하며 보냈다. 한여름이 되자 그는 비로소 두 번째 결전을 위해 남부 게르만 영주領主들과 합류하려고 작센군과 함께 나섰다.

멜리크스타트Melrichstadt 전투(서기 1078년 8월 7일)

루돌프는 베르톨트Berthold 영주領主와 벨프Welf 영주領主가 이끄는 슈바벤군이 라인 과 넥카르Neckar 사이에서 집결하고 있는 중에 튀링겐Thüringen/Thuringia을 거쳐 밀고 올라갔다. 그러나 이때 하인리히도 병력이 충분했으므로 작센군을 향해 진격해 멜리크스타트 부근 튀링겐과 프랑켄의 경계지점에서 그들과 만났다. 브루노의 상세한 기록에서는(라이케나우Reichenau의 수도사修道士 베르톨트의 기록은 완전히 헷 갈리는 우화寓話다) 이 전투는 기사騎士들만의 전투였으며 양측 모두 일부는 승리 하고 일부는 도주했다고 한다. 그런 전투는 적지 않게 있었지만 기사騎士들간의 전투는 한번 도주를 시작한 기사騎士들을 세우는 것이 거의 불가능하다는 특징이 있다. 이는 잘 훈련된 기병대騎兵隊라도 매우 어려운 일이지만 기사騎士들의 경우 심리적으로 더 어려운 일일뿐 아니라 상황을 확실히 알기 위해 지연수단을 쓰며 재집결하기가 불가능하기 때문이다. 아주 특별한 경우를 빼고 기사騎士들은 방어 전투를 할 수 없다. 적이 접근하면 기사騎士들은 적을 맞으러 나가거나 철수해야 한다. 멜리크스타트에서 패배를 인정하고 도주한 작센군 사이에 루돌프 자신도 끼어 있었지만 그는 매우 용감한 인물로 인정받았다. 그로서는 사실 전투에서 패한 것이 아니다. 상대방인 하인리히도 전장戰場을 포기했었고 백작대공伯爵大公 /Pfalzgraf(역자 주: 자신의 영토에서 국왕과 같은 권력을 행사하던 영주) 프리드리히Friedrich가 지휘 하는 작센군의 한 파견대가 전장을 장악했었기 때문이다. 그러나 루돌프는 작센 까지 계속 철수했다. 그의 대공大公들 중 일부는 도중 농민들로부터 약탈당하거나 살해되었고 붙들려 하인리히에게 인계된 경우도 있었다. 프리드리히 휘하에서 승리한 작센 병력도 노획물들을 챙겨 고향으로 돌아갈 수밖에 없었다.

어떤 확실한 기록을 참고한 것일 수도 있는 후일의 사료인 〈푈더 연대기Annals. Pöhlder〉에서는 루돌프는 자신이 승리를 앞두고 철수했다는 것을 알고 절망 끝에 죽은 것일 수도 있다고 했다.[4]

결국 하인리히는 전투에서는 패했지만 적을 분리시킨다는 전략적 목표는 달성 한 셈이다. 우리는 이제 보헤미아 영주領主가 새 병력을 이끌고 그에게 합류했기 때문에 하인리히가 목표를 슈바벤군 쪽으로 돌렸을 것으로 기대해 볼 수 있을 것이다. 그러나 그의 기사騎士들 역시 고향으로 돌아갔기 때문인지 아니면 알려져 있지 않은 어떤 다른 이유 때문인지 모르지만 그는 처음에는 그저 바이에른으로 가기만 했고 그곳에서 10월이 되어서야 새 병력을 집결시켜 슈바벤에 있는 적을 격파하려는 전역戰役을 준비했다.

멜리크스타트Melrichstadt 전투는 기사騎士들만의 전투라는 큰 특징을 지니고 있다. 기세브레크트Giesebrecht(역자 주: 《게르만 제국 시대의 역사Geschichte der deutschen Kaiserzeit》)는 하인 리히는 철수하지 않을 수 없었고 그렇게 하지 않았다면 두 적군 사이에 갇히게 되었을 것이라고 했지만 우리는 이 말대로 이 전투를 이해하고 가볍게 넘어갈 수는 없다. 작센군 역시 철수했었고 설령 그들이 다시 돌아왔더라도 그 사이에 하인리히는 남부 게르만 영주領主들을 격파할 수 있었을 것이기 때문이다. 플로토 Floto(《하인리히 Ⅳ세의 생애Leben Heinrichs IV》)는 그 사이 넥카르Neckar에서 농민들 을 격파한 남부 게르만군이 그의 후방으로 이동했을 것이므로 하인리히는 작센

---

4) 〈푈더 연대기Annals. Pöhlder〉(《게르만 사료집Monumenta Germaniae》, SS, XVI)에서는 서기 1080년 전투에 대해 "하인리히와 루돌프간 전투가 다시 시작되었는데 루돌프는 고함소리를 듣고 그의 병사들이 쓰러 져 도주했다고 생각했다. 그러나 그는 결말을 알자 자신이 승리로부터 도주한 것이 분명함을 알고 죽 기보다 살기를 더 주저했다Rursus inter Heinricum et Rodolfum bellum gestum est, ubi Rodolfus percepto clamore suos occubuisse putavit et fugit. At ubi eventum rei dicidit, se scilicet propriam fugisse victoriam, magis vivere quam mori recusavit."고 했 다. 이는 서기 1080년 전투가 아니라 서기 1078년의 멜리크스타트 전투에 관한 말일 수밖에 없을 것이 다. 그는 서기 1080년 전투에서 부상을 입고 죽었다.

군을 추격할 수 없었을 것이라고 보았지만 이는 진실과 아주 거리가 멀다. 만약 남부 게르만군이 그의 후방으로 왔다면 그들은 언제라도 작센군 추격을 멈추고 돌아설 수 있던 하인리히의 수중에 떨어졌을 것이다. 하인리히의 철수는 전략적 이유로는 결코 설명될 수 없다. 우리는 그 정확한 이유를 (우리가 알지 못하는 다른 어떤 이유 때문이 아니라면) 기사군騎士軍의 본질 즉, 반쯤만 패해도 더 이상 전투를 계속할 수 없는 기사군騎士軍의 특성에서만 찾아 볼 수 있을 것이다.

플라크하임Flarchheim 전투(서기 1080년 1월 27일)

멜리크스타트Melrichstadt 전투는 어느 편에도 직접적인 소득은 없었지만 루돌프는 전략적 공세를 펴기에는 너무 약했고 당시의 갈등은 협상으로 끝낼 수 있는 성질이 아님이 분명히 드러났다는 점에서 결과적으로 왕에게 유익한 전투였다. 이제 이 때문에 왕은 추종자들에게 자신이 공세를 취할 수 있게 충분한 지원을 제공하도록 설득할 수 있었고 겨울 전역戰役을 열 수 있게까지 되었다.

작센의 최고위 대공大公들은 루돌프에게 실망하고 그를 떠났다. 따라서 하인리히는 이제 자신이 갑자기 루돌프 앞에 나타나면 루돌프는 그와 정면전투를 벌일 수 없을 것으로 생각했을 수 있다.5) 하지만 루돌프는 노르트하임의 오토Otto von Nordheim와 함께 그와 맞서려고 튀링겐의 뮐하우센Mühlhausen 남쪽으로 나왔고 이들 작센군은 왕군王軍이 강을 건너 언덕으로 올라오는 순간 공격하려고 강둑 뒤 언덕에 포진布陣했다. 그러나 하인리히는 불리한 지형임을 알고 이곳을 우회했다. 편파성 강한 작가들은 이후 전개된 전투의 결과에 대해 서로 모순된 말을 한다. 브루노Bruno와 베르톨트Berthold는 작센군이 이겼고 하인리히는 도주했다고 하며, 《아우그스부르크 연대기年代記Annals. Augsburger》는 작센군이 도주했고 하인리히 편인 보헤미아 영주領主 라디스라우스Ladislaus는 루돌프의 황금창을 빼앗기까지 했고 하인리히는 이후 보헤미아 영주領主에게 공식석상에서는 언제나 이 창을 지니고 다니게 명했다고 한다. 반면 에케하르트Ekkehard는 그의 연대기年代記에서 작센군 한 부대가 하인리히의 숙영지를 공격해 시종侍從/knappe들을 죽이고 많은 것들을 약탈해 갔기 때문에 하인리히는 동東프랑켄으로 돌아가 병력을 해산했다 한다.

하인리히의 철수 이유를 보면 분명히 그의 패배를 숨기려는 변명으로 보이며 그가 진정한 승리는 거두지 못한 것이 분명하다. 그러나 이 전투의 경과도 멜리크스타트Melrichstadt 전투 때와 유사했고 하인리히의 철수는 실제로 전투에 패했기 때문이라기보다 작센이 더 이상 루돌프를 지원하지 않을 것이라는 그의 기대가

---

5) 베르톨트에 의하면 하인리히는 그의 종자從者/Gefolg들에게 이렇게 될 것이라고 장담했다고 한다(《게르만 사료집Monumenta Germaniae》, SS, Ⅴ).

잘못된 것임을 알았기 때문이라고 보는 것도 전혀 불가능하지는 않다. 브루노는 왕군王軍 숙영지에 대한 작센군의 공격에 관해 아무 말이 없고 베르톨트는 단지 어둠 때문에 병력이 분산되었다고 한 것을 보아도 하인리히가 이 전투에서 실제 패하지는 않은 것이 분명할 것으로 생각된다. 그러나 베르톨트는 물론 작센군이 승리했다고 보면서 루돌프는 한밤중까지 전장戰場에서 버티다가 단지 참기 힘든 추위 때문에 인근 마을로 가서 몸을 녹이고 동이 트자 다시 전장戰場으로 나왔을 뿐이라고 했다. 여하간 추격은 없었다는 말이 된다.

베르톨트는 루돌프 측 전사자가 겨우 38명이었고 "그것도 2명만 기사검객騎士劍客이었고 나머지는 모두 하급 병력들이었다et hi omnes praeter duos de minoribus non de militaribus ensiferis cesidisse referuntur"고 했다.

엘스터Elster강 전투(서기 1080년 10월 15일)

플라크하임Flarchheim 전투가 끝난 후 교황 그레고리Gregor/Gregory는 서기 1080년의 부활절 종교회의에서 다시 하인리히를 파문하고 두 번째로 그리고 결정적으로 그와 결별했다. 이 조치로 인해 군사적 긴장도 최고조에 달하게 되었다. 지금껏 양측 병력 중 일부의 참여를 억제해 왔던 평화적 해결에 대한 환상은 사라졌고 이제 가용병력을 총집결시켜서 가능한 빨리 최종 결전決戰을 벌이려는 생각뿐이었다. 루돌프는 과거 수년간 경험을 통해 자신이 공세를 취하기에는 역부족임을 알게 되었다. 주도권은 상대적으로 강력한 하인리히 측에 넘어갔다. 하지만 그는 여름 내내 종교문제로 인해 분주했었다. 그는 1차는 마인쯔Mainz에서 그리고 2차는 브릭센Brixen에서 이태리 주교主敎들과 종교회의를 열고 최종단계로 대립교황對立敎皇/Gegenpapst을 세운 다음 루돌프 쪽으로 관심을 돌렸다.

우리는 현장 목격자일 것으로 추정되는 브루노Bruno의 상세한 기록을 통해서 하인리히의 전역戰役과 전투들을 비교적 잘 알고 있다. 그러나 진지하고 성직자답기는 하지만 편파적인 그의 기록으로는 우리는 당연히 하인리히의 경우는 물론이고 작센 지도자들의 경우까지도 완전한 설명을 기대할 수 없다.

하인리히의 과제는 서부와 남부 게르만 병력과 보헤미아 병력 그리고 그의 편으로 넘어온 메이쎈Meissen 변경대공邊境大公/Markgrafen의 병력을 한 곳에 집결시키는 것이었다. 그는 잘레Saale강 또는 엘스터강에서 여타 파견대들과 합류하기 위해 작센의 경계를 따라 헤쎈Hessen/Hesse에서 튀링겐을 통해 가는 위험한 행군로를 택했다. 그는 왕군王軍이 에르푸르트Erfurt를 거쳐 동쪽으로 이동하고 있는 동안에 고슬라Goslar 쪽으로 양동陽動작전을 펴서 집결되어 있는 작센군을 처음에는 그 방향으로 유인하는데 성공했다. 그러나 작센군은 자신들의 과오를 곧 알아차리고 방향을 틀어서 하인리히를 쫓아갔고 엘스터강에서 그를 따라잡았다. 남쪽에서 온 바이에른 병력은 이미 이곳에서 하인리히와 합류해 있었을 것이다.6) 보헤미아군과 메이쎈군은 아직 엘스터강 건너편에 있었다.

　브루노는 하인리히가 병력의 도주를 막으려고 일부러 강을 등지고 포진布陣했던 것으로 본다. 〈페가우 연대기年代記Pegauer Chronik〉가 말한 후일의 이 지역 전설傳說에서는 "엘스터 강변juxta Elstram"의 밀신Milsin(묄센Mölsen)이란 곳에서 전투가 있었다한다. 이를 보면 전투가 바로 강의 둑 위에서 벌어졌던 것이 틀림없다.

요도 2. 엘스터강 전투의 지형

6) 브루노는 이에 대해 아무 말이 없다. 그러나 우리는 이 때문에 《페가우 연대기年代記Pegauer Chronik》는 하인리히가 베이다Weida(게라Gera 남쪽 엘스터강 상류)를 거쳐서 올라왔다고 했을 것으로 볼 수도 있을 것이다. 물론 브루노의 기록에 의하면 이는 불가능한 일이지만 하인리히는 어쨌건 자신에 대한 지지자가 특히 많은 바이에른 병력을 이 전역戰役에 소집했을 것이고 이 병력이 다른 길로 올 수는 없었을 것이므로 《페가우 연대기》는 왕군王軍이 베이다를 거쳐서 왔다는 현지 전설을 믿었을 것이다. 물론 전장戰場에 위치한 베이다 마을이 그 전설에서 말한 곳일 수도 있다.

그러나 하인리히는 더 이상 전투를 미루지 않으려 했다는 브루노의 말은 분명 실제 상황을 혼동시키고 있다. 그러면 그는 왜 먼저 그리 멀리 행군을 했을까? 더욱이 브루노 자신도 하인리히가 숙영지를 강가에 둔 것은 자의自意가 아니었다 ("놀렌스nolens")고 했다. 하인리히는 만약 마음대로 할 수 있었다면 분명히 보헤 미아군과 메이쎈군이 그와 합류할 때까지 전투를 뒤로 미루었을 것이다.

어느 사료에도 왕이 그렇게 큰 장애물도 아닌 엘스터강을 건너지 못한 이유가 무엇인지에 관한 단서가 없다. 그는 나움부르크Naumburg를 함락할 능력이 없어 그 남쪽 잘레Saale강을 건넜으므로7) 보헤미아군과 합류하기 위한 진로는 물론 자이 츠Zaitz 방향이었다. 앞으로 알게 되겠지만 이 점은 이후 사건들을 보아도 알 수 있다. 자이츠에는 엘스터강을 건널 수 있는 다리가 분명히 하나 있었다. 아마도 자이츠는 나움부르크나 마찬가지로 왕을 가로막고 가장 가까운 도하지점을 차단 했을 것인데 왕이 새 도하시설을 구축하기 전에 작센군은 이곳에 출현한다.

그가 엘스터강을 건널 수 없어 병력을 한 곳에 집결시킬 수 없었다면 왜 엘스 터강을 따라 남쪽으로 철수하지 않았을까? 작센군이 몰려왔기 때문에 그는 정상 적인 방법으로는 그렇게 철수할 수도 없었다. 그런 철수는 도주로 변하기 십상 이었다. 근접전투 무기밖에 없고 그것도 주로 기병으로 구성된 부대는 본대가 질서 있게 철수할 수 있는 시간을 벌기 위해 후위대가 지연작전을 벌이는 것이 너무 어렵다. 더욱이 엘스터강은 전투가 벌어진 것이 분명한 지형의 남쪽에서 급히 서쪽으로 꺾이므로 북쪽에서 오는 부대는 도하가 매우 어렵게 된다. 헤쎄 Hesse에서 튀링겐을 거쳐서 왔다는 보헤미아와 메이쎈의 증원병력이 이미 강의 반대편에 바짝 접근해 있었을 수도 있다. 물론 훨씬 후대 기록이지만 현지 전설 傳說을 반영한 것이 분명한 〈페가우 연대기〉에는 보헤미아군이 전투에 참여했 다는 말도 있다. 이 점은 브루노의 직접적 반대증언으로 보면 부인되어야 할 것 이다. 그러나 이 연대기는 이어 보헤미아 영주領主가 보헤미아를 통과하는 하인리 히를 엄호하면서 구조救助했다고 한 것을 보면 보헤미아군이 전투에 참여했다는 것도 있을 법한 일로서 완전한 허구虛構일 수만은 없다. 아마 전투의 경과에 관해 세부내용까지 정확하게 기억할 수는 없게 된 시기에 이 도주와 구조에 관한 말 이 전투에 참여했다는 말로 변질되었을 것이다. 그러나 보헤미아 영주領主가 하인 리히를 구조할 수 있었다면 이제 우리는 그가 전투 당시에는 이미 전위대前衛隊와 함께 강의 반대편 둑에 도착해 있었을 것으로 볼 수 있을 것이다. 하인리히로서

---

7) 우리는 그가 나움부르크에 얼마나 가까이 접근했었는지 말할 수 없다. 브루노의 말은 그가 나움부르 크를 휩쓸려고 했었다는 의미로 이해될 수 있을 것이다. 그러나 작센군 아니면 그들의 전위대前衛隊가 이미 나움브루크에 도착했음을 알았을 때는 하인리리가 그 남쪽으로 1일 행군거리에 있는 잘레Saale강 을 건넜을 가능성도 있다. 그러나 양측 정찰대들의 교전만 마을 앞에서 있었을 뿐이다.

는 이 병력과 직접 합류할 수 있는 가능성이 보이자 멀리 남쪽으로 철수하지 않고 어떤 식으로든 기동을 통해 필요한 시간을 벌려고 노력했던 것이다.

따라서 그는 작센군이 직접 공격할 수 없도록 습지 계곡의 뒤에 포진布陣했다. 브루노에 의하면 이 습지는 "그로나Grona"로 불렸다. 우리는 이 이름이 엘스터강에서 자이츠Zaitz 반대편 마을인 "그라나Grana" 또는 "그로나Grona"에 보존된 것으로 추정할 수 있다. 이곳에는 서쪽에서 동쪽 엘스터강 쪽으로 뻗어나간 한 계곡이 있는데 이 계곡이 과거에는 습지였을 것으로 추정된다. 하인리히가 잘레Saale에서 행군해 올라 온 도로는 이 계곡의 남쪽 끝을 따라서 나있고 엘스터강 부근에서 습지를 건너 급히 북쪽으로 꺾여서 자이츠의 다리로 이어진다. 아마도 우리는 이 다리가 그 당시에도 거의 같은 위치에 있었을 것이라고 볼 수 있다. 따라서 하인리히는 작센군이 등 뒤에 나타났을 때 이 습지를 건너 계곡 북쪽에 있었다.

그러나 작센군은 상대방이 훤히 쳐다보고 있는 상황에서 이 습지를 건널 수 없었다. 브루노는 양측 기사騎士들이 서로 상대방에게 욕설을 퍼부으며 서로 자기들 쪽으로 건너오라고 화를 돋웠다고 한다.

습지의 보호 때문에 하인리히는 잠시 공격을 피할 수 있었다. 그가 직접 엘스터강을 건널 수 있는 통로를 자이츠가 가로막고 있었지만 강 건너편에서는 보헤미아 영주領主와 메이쎈 백작대공伯爵大公이 자이츠로 접근해 오고 있었다. 만약 이로 인해 통로가 열리지 않았다고 해도 하인리히로서는 어렵지 않게 단시간 내에 자이츠 외곽에 도하시설을 설치할 수 있었고 이 도하시설을 이용해서 두 병력이 이쪽에서건 저쪽에서건 합류할 수 있었을 것이다.

작센군은 그들이 왔던 길을 조금만 되돌아가면 이 습지를 서쪽으로 우회할 수 있었다. 하인리히도 이를 알고 있었을 것이 분명하지만 상대방이 그렇게 하려면 하루는 걸릴 것이고 자신은 그 동안 충분히 도하시설을 설치할 수 있을 것으로 판단했거나 상대방이 우회하고 있는 사이에 자신이 습지 남쪽으로 되 건너가서 또다시 상대방과 습지를 사이에 두고 대치할 수 있을 것으로 생각했을 것이다.

그러나 루돌프와 노르트하임의 오토Otto von Nordheim는 문제점을 정확히 알고 상황에 대처할 능력이 있었다. 브루노의 설명에 의하면 작센군은 그들의 보병 중 다수가 적을 추격하며 튀링겐을 지나오는 동안 지쳐 쓰러졌기 때문에 약한 말을 가지고 있는 기사騎士들에게 말에서 내려 발로 싸우라는 명령을 내렸다. 말에서 내린 병력이 어디에 필요했을까? 이 기사騎士들을 말에서 내리게 한 것은 그들의 말이 더 이상 전투를 할 수 없었기 때문이 아니라 그들로 잃어버린 보병을 대체하려는 것이었다. 우리는 정면전투에서는 보병에 비해 기병이 얼마나 큰 전투력을 발휘하는지 잘 알고 있다. 그러나 이때 인위적으로 편성한 보병부대는 루돌프 측에서 2인자였던 오토가 이들의 지휘를 맡았던 것을 보면 매우 중요한 특별임무를 지녔던 것이 분명하다. 우리는 이 병력의 임무는 기병騎兵들이 우회기동을 하는 사이에 그로나Grona 습지의 도하지점들을 점령해서 하인리히의 병력이 되넘어오는 것을 차단하는 데 있었을 것으로 추정해 볼 수 있다. 전투 중에 이 보병병력은 도하지점들을 차단하고 있었다. 작센군은 병력수가 분명히 왕군王軍보다 훨씬 많았기 때문에 이런 병력을 별도로 운용할 수 있었고 이제 바로 이 병력이 하인리히로 하여금 강물 속으로 뛰어들지 않는다면 퇴로가 없는 상황에서 전투에 응하지 않을 수 없도록 만들었다.

말에서 내린 이 병력은 습지를 방어할 수 있었을 뿐 아니라 기병騎兵은 건널 수 없는 지점에서도 습지를 건널 수 있었다.

이후 사건의 전개를 보면 이런 추정이 옳은 것임이 입증된다. 동서東西로 서로 마주보며 전개된 기병전騎兵戰은 서로 밀리고 밀리는 혼전混戰이 되었다. 기록에 의하면 오토가 보병병력을 이끌고 남쪽으로부터 등장했을 때 작센군의 일부는 이미 도주 중이었다고 한다. 브루노에 의하면 오토는 적의 일부를 격파하고 적의 숙영지까지 밀고 들어갔지만 병사들에게 약탈을 하지 못하게 하고 아직 전투 중인 나머지 적을 향해 이들을 이끌고 갔다 한다. 그는 가는 곳마다 승리했다. 보병들을 가지고 (다른 것들이 같은ceteris paribus) 기병騎兵들을 상대로 그런 업적을 이루었다는 것은 전혀 믿어지지 않는 일이다. 그러나 기병전의 결말이 아직 의문시되는 상황에서 오토가 자신의 보병과 함께 습지를 건넜을 것으로 우리가 생각해 보면 모든 것이 바로 명확해 진다. 그는 습지의 도하지점을 방어하는 적 병력을 먼저 몰아낸 다음 왕군王軍 숙영지를 공격했지만 여전히 병력을 잘 통제하고 있다가 이들을 이끌고 기병전에 가담했으며 이들의 가담으로 인해 이제 기병전은 작센군에게 유리하게 승부가 났다. 세부적인 사건들까지 이런 식으로 전개되었는지 다른 어떤 방식으로 전개되었는지에 대해서는 따져 볼 필요가 없을 것이다. 우리의 사료인 브루노의 기록은 이런 점들에 관한 명확한 개념을 보여주지 못하고 있다. 우리에게 중요한 점은 기사騎士들을 말에서 내리게 한 이유와 발로 싸운 그들이 기병전에서 결정적 역할을 한 이유에 관한 설명이다.

하인리히는 완패했고 그의 병력 중 일부는 엘스터강에서 사라졌지만 그 파편들은 승자에게도 날아가서 대립왕對立王 루돌프 자신이 죽었다. 그는 오른손이 잘려나갔고 복부에 심각한 상처를 입고 이로 인해 결국 죽었다. 우리는 그의 묘지석墓地石을 아직도 메르세부르크Merseburg 성당에서 볼 수 있다. 우리는 멜리크스타트Melrichstadt 전투에서는 "자신의 승리 앞에서 도주한" 그리고 플라크하임Flarchheim 전투에서는 자신의 황금창을 빼앗긴 이 자존심 강한 기사騎士가 이번에는 운스트루트Unstrut강 전투 이후 실추되었던 그의 명성을 니벨룽겐의 노래Nibelungenlied에 있는 표현을 빌리자면 "진노震怒한듯aslam er wuote" 회복했지만 바로 이 기사騎士적인 열정 때문에 죽은 것으로 생각해 볼 수 있다. 그를 추종했던 사람들은 그의 명예를 기리기 위해 다음과 같은 글을 새긴 비석을 세웠다.

그의 병사들이 승리한 그곳에서,
그는 신성한 제물祭物로 쓰러졌다.
그에게는 삶이 죽음이었고
교회를 위한 죽음이었노라.

(원문)〈역자 주: 비석의 원문은 라틴어로 쓰여있을 것이다.〉
Da wo die Seinen gesiegt,
siel er als ein heliges Opter.
Leben war ihm der Tod,
den für die Kirche er litt.

그러나 에케하르트Ekkehard는 그의 연대기年代記에서 루돌프의 잘린 오른손을 그의 앞에 가져오자 그는 한숨을 쉬며 자신을 둘러싼 주교主敎들에게 "저 손은 내가 주인 하인리히에게 충성을 서약했던 손이다. 그대들은 보라. 나를 올바른 길로 인도했건 아니건 그대들은 나로 하여금 그를 왕위王位에 앉히도록 이끌었었다"고 말했다 한다.

하인리히의 결정적 패인敗因은 그가 튀링겐을 거쳐 행군한 것이었다. 민약 그가 좀 더 남쪽으로 가서 잘레Saale강 상류지역에서 바이에른, 보헤미아 및 메이쎈의 병력과 합류하면서 프랑켄을 거쳐 행군해서 전 병력이 함께 진군했었다면 어느 편이 더 강했을지 우리는 모른다. 그러나 그가 절반 병력만 거느리고 튀링겐을 거쳐 행군함으로써 작센군과 거리가 너무 가까워졌고 이 때문에 그의 전 병력이 한 곳에 집결하기 전에 작센군은 그에게 전투를 강요할 수 있었다. 잘 분석해 보면 이는 단 몇 시간 차이의 문제로서 엘스터강 같은 중간 정도 크기의 강을 자유롭게 건너지 못했던 우연한 상황 때문이었을 수 있다. 하인리히가 조심스런 행군로를 택했던 이유가 무엇인지 우리는 모른다. 우리는 그가 작센군을 다른 방향으로 유인하려 했던 것을 보면 자신이 하고 있는 일의 위험성을 잘 인시하고 있었음을 알 수 있을 뿐이다. 추측컨대 그가 모든 파견대의 집결지를 최대한 멀리 전진한 곳에 정했던 것은 보급문제에 대한 우려 때문이었을 것이다. 만약 하인리히가 라인, 남부 게르만, 보헤미아 및 메이쎈의 모든 병력을 한 곳에 집결시키는데 성공했다면 그 병력수가 비정상적으로 많아졌을 것이 분명하며 따라서 단일 부대로 이동하기가 매우 어려웠을 것이다. 더욱이 그는 서부 지역 파견대들과 함께 튀링겐을 거쳐 행군함으로써 자신의 지역들은 전화戰禍를 입지 않게 하면서 적의 지역들에 벌을 가할 수 있었다. 그는 작센군의 공격력을 너무 과소평가하고 자신의 양동陽動작전에는 너무 큰 기대를 걸었던 것일 가능성도 있다. 물론 이런 것들은 모두 추정일 뿐이지만 이는 그 시대의 전투의 본질과 상황 그리고 관련된 자들의 정신상태를 생각해 보면 저절로 얻어지는 결론이다. 대규모 군대는 이동과 급양給養이 모두 어렵고 병력을 분리하거나 규모를 줄이면 작은 군대가 패배한다는 어려움은 모든 시대의 전쟁수행이 공통적으로 지니고 있는 것이지만 특히 봉건군대와 물물교환경제의 시대에는 이런 어려움이 다른 시대에 비해 훨씬 더 컸었다.

하인리히 Ⅳ세가 이런 난관을 극복하지 못했다는 사실은 왜 중세에는 집결된 대규모 병력으로 전장戰場에서 대규모 결전決戰을 강행하려 했던 경우가 거의 없었는지 이해하는데 도움을 준다.

부 기附記

엘스터Elster강 전투의 모습은 브루노Bruno의 기록만으로는 알기 어렵다. 이 전투를 재현시켜 보려면 다른 두 가지 요소를 끌어들일 필요가 있다. 하나는 기병과 보병이라는 두 병종이 그 시대에 지녔던 가치와 중요성에 관한 이론적 이해이며, 다른 하나는 이 전투가 벌어진 장소와 지형에 관한 정확한 정보이다. 우리는 후자의 정보를 란다우G. Landau 박사의 연구(《독일사 및 고고학 연합학회 소식*Korrespondenzblatt des Gesamtverbands der deutschen Geschichts und Altertumsvereine*》, 제10권 5호, 서기 1862년, 38쪽)에 의존한다. 플로토Floto는 하인리히 Ⅳ세에 관한 소중한 연구서에서 이 전투의 모습을 필자와 전혀 달리 묘사했는데 이는 필자가 말한 두 가지 요소를 얻을 수 없었기 때문이었다. 그는 하인리히가 자신의 병력을 모두 집결시키지 못해서 전투를 회피하려고 했던 반면 작센군은 우세한 병력으로 그에게 전투를 강요했었다는 이 전투의 전략적 배경까지 간과했다. 따라서 그는 처음에는 왕군王軍의 한 측익側翼을 지휘하며 승리했지만 다른 측익에서 벌어지고 있는 일에 관심을 돌리지 않고 정지명령을 내린 후 "키리에 엘레이손Kyrie eleison"(역자 주: "주여 긍휼히 여기소서"라는 구약성서舊約聖書, 시편詩篇 86장 3절의 구절)을 읊게 했던 라크Laach의 백작대공伯爵大公/Pfalzgraf 하인리히의 이해할 수 없는 행동을 통해서 밖에는 달리 이 전투의 결과를 설명할 방법이 없었던 것이다.

기세브레크트Giesebrecht와 마이어Meyer von Knonau는 란다우G. Landau 박사의 견해를 부인하고 전투장소를 1마일쯤(약 8km) 더 북쪽인 호헨-뮐센Hohen-Mölsen 부근 그루나우Grunau 개울로 추정한다. 주민들이 말하는 "그루나우-바크Grunau-Bach"는 "그로나Grona"와 발음도 유사하며 밀신Milsin 부근에서 전투가 있었다는 현지 전설傳說 역시 오늘날 뮐센Mölsen으로 불리는 지점을 연상케 한다. 그러나 호헨-뮐센의 위치는 하인리히의 숙영지와 전투장소가 엘스터강 바로 옆이라고 한 브루노의 기록과 충돌한다. 호헨-뮐센은 엘스터강과 거의 1.5마일(약 11km)쯤 떨어졌다. 후일의 사료들도 뮐센을 엘스터 강변이라고 했다. 〈페가우 연대기年代記*Pegauer Chronik*〉(《게르만 사료집*Monumenta Germaniae*》, SS., XVI, 241)는 "그들은 엘스터 강변의 밀신에 도착했다*Milsin juxta Elstram fluvium pervenerunt*"고 했고 〈푈더 연대기*Annals. Pöhlder*〉(SS, XVI, 70)에도 "엘스터 강변의 밀신*Milsin juxta fluvium Elstram*"이란 구절이 있다. 하인리히가 나움부르크Naumburg 쪽에서 오면서 자이츠Zeitz가 아닌 페가우Pegau 쪽을 선택했을 수도 있다. 그러나 브루노의 기록에서 그가 이미 도착했다고 한 엘스터강에서 그루나우Grunau 개울 쪽으로 1마일 이상 물러났다면 이는 이해할 수 없는 일이 될 것이다. 또한 전투가 호헨-뮐센 부근에서 있었다면 브루노는 하인리히가 병사들 용기를 북돋기 위해 일부러 강을 등지고 포진했다고 말할 수 없었을 것이다. 또한 이곳에서는 도주 병력을 그렇게 바로 강물로 몰아 부쳤을 수도 없었을 것이다. 이곳에는 그들이 옆으로 비켜설 충분한 공간이 있기 때문이다. 1마일이나 추격을 계속하는 것은 쉬운 일이 아니다. 따라서 사료에서 말한 밀신Milsin이 오늘날의 호헨-뮐센 Hohen-Mölsen은 아니라고 볼 수밖에 없다. 엘스터강과 잘레Saale강 사이의 언덕 위에 있는 이 호헨-묄센과는 달리 당시에는 자이츠Zeitz보다 약간 하류쪽의 엘스터강 계곡에 또 다른 묄센Mölsen이 있었음이 분명하다.

〈페가우 연대기〉는 이어서 이 전투가 "밀신에서 비더호베 마을까지ₐ Milsin usque ad villiam Widerhove" 계속되었다고 했다. "비더호베"란 이름에서 란다우Landau 박사는 현재의 베이다Weida 마을을 연상하고 있는데 이 마을은 그로나Grona 계곡의 북쪽 전투장소의 끝단에 위치해 있다. 그러나 "비더호베"는 현재 페가우 하류 쪽으로 약 1/2마일(약 4km) 그리고 전투장소에서는 거의 2마일(약 15km)쯤에 있는 "바이더라우Weiderau"라는 이름과 더 발음이 가깝다. 만약 다른 어느 면에서 전투장소를 현재의 호헨-묄센 부근 그루나우Grunau 개울로 볼 수 있다면 추격이 현재의 바이더라우 방향으로 이루어진다는 것이 사리에 맞는 일이 될 것이다. 그러나 전투장소를 그루나우Grunau 개울로 보는 것은 그라나Grana 북쪽으로 보는 것과도 논리적으로 연결된다. 전투는 물론 추격도 그곳에서 바이더라우까지 계속될 수 없음은 사실이지만 왕군王軍으로서는 그렇게 멀리 도주할 수도 있었을 것이다. 왜냐하면 남쪽의 퇴로는 막혀있었고 동쪽에는 강물이 바로 뒤에 있어서 패배한 병력의 일부가 북쪽으로 철수해서 훨씬 하류 쪽의 바이더라우 부근에서 엘스터강을 건넌다는 것이 매우 자연스런 일이기 때문이다. 비록 이들이 소규모 병력이었다고 해도 이들의 행동에 관한 기록이 가까운 지역에 있던 페가우 수도원修道院에 보존된다는 것 역시 아주 자연스러운 일이다.

우리는 후일의 전설이나 지명을 너무 믿으면 안 된다. 이 지역에는 베이다Weida, 바이더로데Weiderode, 바이더라우Weiderau 등 엇비슷한 지명들이 그득하며 오랜 세월을 거치며 마을들이 사라지거나 다른 곳에 재건되는 것은 흔한 일이다.

우리가 이 전설을 얼마나 믿건 또는 얼마나 믿지 않건 간에 전투가 묄센에서 바이더라우까지 계속되었다는 말은 묄센을 호헨-묄센과 동일시하는 것과는 아무래도 충돌한다. 왜냐하면 호헨-묄센은 전투장소였을 수 있는 그루나우 개울의 동쪽 둑에서 약 1/2마일(약 4km)쯤은 떨어져 있기 때문이다.

기세브레크트Giesebrecht는 호헨-묄센과 뇌드리츠Nödlitz 마을 부근에서는 창촉槍鏃, 말박차拍車 등 많은 유물들이 땅에서 발굴되었다고 한다. 그러나 이런 것들은 결코 이 전투의 유물일 수 없다. 위치가 그루나우 개울에서 너무 멀기 때문이다. 뇌드리츠 역시 호헨-묄센 남쪽으로 약 1/2마일은 남쪽으로 떨어져 있다.

가장 불분명한 것은 왕군王軍이 엘스터강을 건널 수 없었던 이유이다. 자이츠Zeitz 마을이 그들의 도하지점을 차단했기 때문이라면—이는 아마 있을법한 유일한 이유일 것이다—우리는 왜 브루노는 이를 전혀 언급하지 않았는지 묻지 않을 수 없다. 그 자신이 이를 몰랐을 것이 분명하다. 그는 이곳에서 전투가 있었던 이유를 서로 모순되는 두 가지로 설명하고 있기 때문이다. 그는 먼저 하인리히가 이곳을 원했고 의도적으로 강을 등뒤에 둔 지점을 선택했다고 했지만 이어서 하인리히가 자신의 의사에 반해 이곳에 숙영지를 설치했다고 했다. 두 번째가 옳은 말임이 분명하다. 그러나 첫 번째 말을 한 이유도 역시 분명하다. 그에게 유리한 순간에 하인리히 측 병력의 절반만 격파한 것임을 승자의 자존심 때문에 인정하고 싶지 않아서 상호합의에 따라서 대등한 기사군騎士軍간에 전투가 벌어진 것으로 상정想定했던 것이다. 마라톤Marathon 전투(역자 주: 이 책 제Ⅰ편, 제Ⅰ권, 제Ⅴ장 참고) 이후 우리가 계속 볼 수 있던 현상은 상대방 병력이 자신만 못한 상황에서 승리한 것을 전략적 업적으로 생각하지 못하는 경향이 일반적이라는 사실이다. 아마 이런 심리적 분위기 때문에 자이츠Zeitz 다리가 봉쇄되어 있었다는 말이 기록에서 사라져버렸을 것이다.

이 전투에 관한 필자의 설명의 기초가 된 권위 있는 연구서는 토프Erich Topp의 베를대학교 학위논문(서기 1904년, 에베링E. Ebering 출판사)이다. 최근에는 빌케R. Wilcke의 글과 제르기벨E. Zergiebel의 글이 서기 1919년에 자이츠Zeitz에서 출간되었다.

플라이크평원Pleichfeld 전투(서기 1086년 8월 11일)

대공大公들이 반란을 일으켜 뷔르쯔부르크Würzburg를 포위했다. 하인리히 Ⅳ세가 대군大軍과 함께 접근해 오자 대공大公들은 그와 맞서려고 북쪽으로 2마일(약 15km)쯤 이동했고 첫 접촉에서 왕군王軍은 도주했다. 현장에 있던 수도사修道士 베르놀트Bernold의 기록(《게르만 사료집Monumenta Germaniae》, SS., V)에 의하면 승리한 쪽 군대는 단지 15명을 잃었고 그 중에서도 바로 죽은 자는 단 3명이었고 나머지는 부상으로 인해 수년 이내에 모두 죽었다고 한다. 같은 시대 다른 기록에 의하면 그들은 총 10,000명의 아주 큰 군대였다 한다. 이어 베르놀트는 왕군王軍의 병력은 총 20,000명 이상으로 추정된다고 하나 이는 전혀 믿을 수 없는 수치다. 왕군王軍 측에서는 이 패전이 배신 때문인 것으로 생각했다. 〈아우그스부르크 연대기年代記 Annals. Augustani〉에 의하면 왕군王軍의 즉시 도주는 "음모陰謀 아니면 비겁함utrum consilio an ignavia" 때문이었다고 한다. 〈스코투스 마리아누스의 후계자Continnuatur Scoti Mariani〉 (SS., V) 및 〈하인리히 Ⅳ세의 생애Vita Heinrici IV〉, (SS., IV)도 볼 것. 그러나 후자는 이 전투를 서기 1078년의 멜리크스타트Melrichstadt 전투와 혼동하고 있다(역자 주: 앞의 각주 4 참고).

이 전투 이후 뷔르쯔부르크를 방어하던 병력은 항복했지만 같은 해에 이 도시가 다시 왕의 수중에 떨어졌다. 결국 이 전투는 진정한 결전決戰이 아니었다.

벨프Welf 영주領主와 마그데부르크Magdeburg에서 온 병력은 말은 뒤에 남겨두고 보병으로 왔다는 베르놀트의 기록은 주목할 만하다. 왜 그랬는지에 대한 설명은 없다. 기습을 위한 것이었을까? 사건 전체가 매우 불명확하므로 우리는 전쟁사에서 중요한 의미를 가질만한 결론을 이끌어 낼 수가 없다.

그러나 주목할만한 것은 베르톨트의 말에 의하면 반란군에게 이태리의 카로키오carroccio(역자 주: 12세기 롬바르디 동맹군의 밀라노 시민들이 도시의 자유와 종교적 권리를 위해 붉은 수염 프리드리히와 싸울 때 그들의 수호성자守護聖者의 깃발을 꼽고 그 위에서 미사를 드려가며 싸웠던 우차牛車. 뒤의 349쪽 참고)와 흡사하게 군기軍旗를 실은 수레가 있었다는 점이다.

제 IV 장
노르만족의 앙겔-작센족 정복

브리튼britischen/British 제도諸島에 정착한 게르만족에서 발전된 앙겔-작센angelsachsen/ Anglo-Saxons족의 역사는 이미 개괄적으로 소개되고 토의된 바 있다(역자 주: 앞의 79쪽 및 이 책 제I편, 7쪽 참고). 우리는 이들의 역사를 통해 타키투스Tacitus가 묘사한 브리튼 제도의 본래 상황이 점차 어떻게 발전되었는지를 가장 명확하게 알 수 있다. 켄 트Kent 왕국의 에텔베르트Aethelbert/Ethelbert 왕 당시의 법령들(서기 600년경)을 보면 케 올Keorl/churl들이 아직은 호전적인 자유민 농민이었으며 이들이 국내 치안治安에 위 반행위를 했을 경우 벌금도 에올Eorl들의 경우에 비해 절반밖에 안 되었었다.

그러나 약 100년 후 이네Ine 왕 당시의 웨식스Wesser/Wessex(역자 주: 영국 남서부의 고대 앙겔-작센 왕국) 법령집을 보면 상황이 이미 달라져 있었다. 과거의 국가에서는 노 예나 농노農奴였던 웨일즈인Wälschen/Welsh들의 지위가 이제는 높아져 있었다. 우리 는 게르만족이 브리튼 제도를 점진적으로 정복함에 따라서 정복자와 원주민의 관계가 철저한 적대관계에서 조약에 기초한 합의체제로 변했음을 알 수 있다. 그러나 정복자 내에서도 계층구조가 변했다. 그들 내에서도 흘라포르트Hlaford 또 는 주인lord에게 예속되어 복무하는 케올들이 보인다. 하지만 왕의 종자從者/Gefolg인 게시트Gesith 또는 게시트쿤트만Gesithkundmann들은 대지주大地主가 되어 있다. 이들과 과 거의 백호百戶 지도자(엘도르만Ealdormann 또는 에올Eorl)들은 귀족계층이 되어 있다. 이들과 왕 밑에서 복무하는 기마전사騎馬戰士 테인Thegn/Thane(데겐Degen 또는 푸에리 pueri)들의 벌과금Wergeldes/widrigild(역자 주: 병역기피 벌금. 앞의 제I권, 제I장, 부기, 서기 726년 〈리우 트프란드 칙령Edictum Liutprandi〉 참고)은 케올들의 벌과금의 2배였다. 이로써 우리는 케올들 이 이미 완전한 전사戰士 지위를 포기했음을 알 수 있다.

또다시 100년이 지나서 에그베르트Egbert 왕이 본래의 소왕국小王國들을 자신의 권 력 밑에 통일했을 바로 그 시기에(서기 827년) 노르만Norman족(데인Dänen/Danes족)의 침입이 시작되었다. 과거에 앙겔-작센족은 로마 속주屬州 브리튼의 주민들이 무방 비상태였음을 알 수 있었지만 이번에는 노르만족이 이 거대한 앙겔-작센 왕국이 거의 무방비상태에 가까웠음을 알 수 있었다. 이를 보면 우리는 케올들은 이미 전투기술을 모두 잊어버렸고 테인Thegn/Thane들은 이 잃어버린 힘을 대체할 수 없 었음을 알 수 있다.[1]

---

[1] 앨바니Albany 소령少領의 《웨식스의 초기 전쟁Early Wars of Wessex》(서기 1913년)은 리버만J. Libermann의 평 론(《역사지歷史誌 Historische Zeitschrift》, 제117권, 500쪽)에 의하면 전혀 학문적 가치가 없는 책이다.

앙겔-작센 왕국에는 징집이 있을 때는 토지 5후프Huf/hide(역자 주: 경작지 면적의 단위로 1후프는 1가족을 부양할 수 있는 면적) 또는 재산 20푼트pfund/pound의 단위에서 각 1명씩 전역戰役에 내보내야 했다는 점에서 잘 정비된 군사조직이 있었다는 의견이 있었고 나아가 이 5후프 단위는 이와 유사한 규정이 있었던 것으로 보이는 샤를마뉴Karl/Chalemagne 법령들의 단위와 비교되었었다. 그러나 이런 개념은 사료에는 보이지도 않고 진정으로 유용한 군사조직의 기초가 될 수도 없었다. 우리는 이미 3~5후프씩 조組를 편성해서 1명씩 내보내게 했던 카롤링Karoling/Caroling 법령들(역자 주: 프랑크 왕국 후기 왕조의 법령)도 기껏해야 일시적으로만 문자 그대로 이행될 수 있었음을 알 수 있었다. 우리는 또 이런 형태의 징집으로는 전혀 효과적인 작전을 수행할 수 없었음도 알 수 있었다. 도시민-농민 의식체계가 일단 전사戰士기질을 밀어내면 농민민병대는 군사적으로 무용한 병력이 되었었다. 요크York 대주교大主敎 불프스탄Wulfstan의 병력소집 기록이 남아있는데 이 기록에서 그는 1명의 데인Dänen/Danes족을 상대하려면 10명의 앙겔-작센족이 나서야 하던 것을 탄식하고 있다.

우리는 앙겔-작센 왕국과 프랑크 왕국의 유사점을 무엇보다 게르만족의 일반적인 전사戰士체계가 없어지고 특수한 전사戰士 계층이 발전했다는 점에서 찾아야 한다. 이런 전사戰士 계층이 브리튼에서는 테인Thegn/Thane이었고 프랑크 왕국에서는 바쌀vassal(역자 주: "가신家臣"으로 통상 번역된다. 구체적 의미에 대해서는 이 책 제II편, 제IV권, 제IV장 참고)이었다. 프랑크 왕국의 이 전사戰士 계층은 봉건제도 덕에 위대한 카롤링 지도자들에 의해 결속되어 있었고 적어도 강력한 권위가 이 바쌀vassal체계 전체를 후원하던 기간만큼은 대단한 군사능력을 발전시켰다. 그러나 앙겔-작센 왕국 테인Thegn/Thane체계는 발전형태가 달랐다. 이들 역시 대부분 토지를 제공받았고 그들의 주인 곁에 정착했었다. 그러나 그 절차가 주인이나 바쌀vassal의 사망과 관련된 엄격한 봉건규칙에 따라 이루어진 것이 아니라 약간의 제한만 존재하는 세습世襲 권리의 형식으로 이루어졌다. 1명의 테인Thegn/Thane에게 제공된 토지는 보통 5후프였다. 그들은 이로써 비교적 대지주大地主가 되면서 군사의무를 부담했지만 그들에게 군사적 자질을 유지하게 할 담보는 전혀 없었다. 따라서 이 전사戰士 계층은 곧 1후프의 토지만 소유한 사람보다 군사적 능력이 나을 것이 없는 단순한 대지주로 변했다. 우리는 토지 5후프와 투구, 쇠미늘 갑옷(역자 주: 앞의 3쪽 참고) 그리고 금으로 장식된 칼을 하나씩 소유한 사람은 누구나 테인Thegn/Thane이라고 규정한 몇몇 법규정들을 통해 이런 사실을 분명히 알 수 있다. 자신의 비용으로 해외여행을 3차례 한 상인商人들에게도 같은 지위가 허용되었다. 따라서 우리는 테인Thegn/Thane의 기원이 군사적이었다는 것까지는 알 수 있었지만 그들이 이제는 더 이상 군사능력은 없는 사회적 위계 내의 단순한 한 계급으로 변했다.2)

바쌀vassal 전사戰士체계의 군사적 능력은 대륙에서의 기마騎馬전투에서 최고조에 달했다. 이들에게는 필요한 무기 외에 유용한 군마軍馬뿐 아니라 완전한 헌신적 자세와 끊임없는 연습을 통해서만 얻을 수 있는 전투기술이 요구되었다. 그러나 평범한 전사戰士 계층인 앙겔-작센족의 테인Thegn/Thane은 조금 전에 말한 법 규정을 보아도 알 수 있지만 말을 타지 않고 싸웠다는 것이 특징이다. 앙겔-작센족의 영웅서사시英雄敍事詩인 〈베오울프Beowulf〉에도 군마軍馬에 관한 언급은 단 한 차례밖에 없다. 물론 우리는 해롤드Harold 왕 자신과 그의 왕실과 영지領地의 고위직은 말 타는 방법뿐 아니라 말 타고 싸우는 방법도 알았을 것으로 보아야 할 것이다. 그러나 기마騎馬 전투원 숫자는 매우 적었고 하스팅Hasting 전투에서 압도적으로 숫자가 많았던 노르만족 기사騎士들을 상대할 때도 앙겔-작센족은 완전한 기병전騎兵戰은 피하려 했고 기병騎兵도 말에서 내리게 한 후 보병 횡렬橫列에 같이 세웠다. 마라톤Marathon 전투 역시 이와 완전히 같았었는데 보통 때는 말을 타고 복무하던 아테네의 고위직 인물들이 모두 말에서 내려 싸웠었다. 다만 지휘관 1명만 예외였을 것으로 보인다. 하스팅에서는 해롤드 왕 자신도 그의 하우스칼Housecarl(역자 주: 사병私兵 또는 근위대)들 틈에서 그의 형제들과 함께 발로 싸웠다.[3]

앙겔-작센족에게는 법에 따라서 전쟁에 소집되더라도 엄격한 무엇이 있을 수 없었다. 모든 케올Keorle/churls에게는 여전히 출전出戰 의무가 있었고 테인Thegn/Thane에게는 이런 의무가 훨씬 더 컸다. 그러나 실제는 과거 서西고트Westgoten/Visigoths족의 경우 같이 그들에게는 아무 조직도 없었다. 왕이 소집령을 내리면 그의 치안관治安官/Sheriff들은 모든 지주地主와 마을과 촌락에 대해 이미 관습적으로 확립되어 있었을 어떤 기준에 따른 요구를 할 수 있었다. 일부에게는 장비나 보수가 지급되었다. 그러나 자세히 분석해 보면 이런 식으로 집결된 파견대의 규모나 유용성은 개개 관리들의 능력과 정열 그리고 그들의 부하들의 의지 여부에 달려있었다. 이런 민병대 성격의 동원체계로는 결코 큰 일을 할 수 없었다. 군사력의 핵심은 토지에 정착하지 않고 왕실이나 큰 귀족의 종자從者집단Gefolgschaft에서 유지되던 전사戰士들로만 구성되어 있었다. 프랑크 왕국 스카라scara와 같은 집단이었다.

---

2) 필자는 독자들에게 앞서 인용한 법령들이 수록되어 있는 오만Oman의 《병법사兵法史/History of the Art of War》를 읽어보도록 권한다. 오만은 이 책 109쪽에서 테인Thegn/Thane계층이 만들어지게 된 것은 농민과 도시민들이 좋은 무기를 갖춤으로써 군사력이 증대되기를 국가가 원했기 때문인 것으로 본다. 그러나 필자는 이런 견해에 동의할 수 없다. 부유한 농민이나 도시민들이 좋은 무기를 구입하기만 하면 유용한 전사戰士가 되는 것은 아니다. 그들은 전쟁이 났을 때 그들의 무기를 숨기기만 하면 그가 새로 획득한 지위를 부인할 수 있었을 것이다. 무기 소유라는 미약한 조치만으로는 바이킹Viking과 맞설 유능한 인간이 만들어질 수 없을 것이다. 결국 앞서 우리가 알 수 있었듯이 이 법령들은 오만과는 정반대로 해석될 수 있을 뿐이다. 즉, 테인Thegn/Thane계층은 종래와 같은 전사戰士 지위는 이미 잃어버렸고 단지 부유한 농민이나 도시민들이 얻기를 원하는 하나의 시민사회적 지위만 유지했던 것이다.

3) 스터브스Stubbs는 윌리암Wilhelm/William 왕 이전의 잉글랜드에는 전사戰士/milites가 없었다는 취지의 어느 캔터베리Canterbury 사료를 인용하고 있다(《헌법사Constitutional History of England》, 제II편, 262쪽).

　이렇게 호전성을 잃은 앙겔-작센족은 바이킹Viking의 침입으로 인해 처음으로 무서운 공포에 시달리게 되었고 침입자들은 곧 이 땅에 정착했으며 두 집단은 이제 얼굴을 마주보며 살게 되었다. 알프레드Alfred 대왕 휘하에서 앙겔-작센족은 자신들이 다시 단합해서 최소한 잉글랜드 섬의 일부라도 지배해야겠다는 주장을 펼 정도가 되었다. 서로 밀접한 관계를 맺고있던 앙겔-작센족과 데인Dänen/Danes족은 알프레드의 후계자 때 주로 교회를 통해 단일 정치단위를 만들 수 있었다. 그러나 잉글랜드는 결국 이민족의 지배로부터 자신을 방어할 수 없었다. 스벤Sven 왕과 그의 후계자인 덴마크-노르웨이의 크누트Knut 왕은 잉글랜드 전체를 굴복시켰다(서기 1013년). 연대기年代記에 의하면 크누트는 3,000명의 하우스칼Housecarl을 거느리고 있었는데 이들을 이끌고 여름에는 전역戰役으로 나갔다가 겨울에는 성城으로 돌아와 지냈는데 성城에서 치안을 어지럽히는 일이 흔했다 한다. 부르고뉴Burgund/Burgogne족도 600년 전 사오네Saône강과 로네Rhône강에서 왕국을 창건할 당시 숫자가 3,000명을 넘지 않았던 것으로 보인다. 앙겔-작센족은 그들의 굴레를 다시 한번 벗어던지는데 성공한 적이 있었지만(서기 1042년) 노르만족인 윌리암Wilhelm/William 영주領主/Herzog가 곧 현장에 나타나 앙겔-작센족의 독립을 영원히 종식시킨 후 이들을 노르만-프랑스normannisch-französischen/Norman-France 집단에 동화시킴으로써 잉글랜드englische/English 민족이 탄생하게 되었다(서기 1066년).

　윌리암은 150년 전 노르만족을 이끌고 잉글랜드에 정착한 바이킹족 롤로Rollo의 후손이고 상속자였다. 이 150년 동안 노르만족은 게르만어를 버리고 원주민들과 함께 살며 동화되면서 프랑스어를 사용했다. 그러나 그들은 프랑크 왕국의 봉건 체계의 형식으로 그리고 이와 관련된 끊임없는 반목反目 속에서 그들의 호전성을 유지했다. 이런 과정을 통해 그들은 로마식 우월한 문화와 게르만식 호전성이 접목된 뛰어난 집단이 되었다. 앙겔-작센족 왕실 자체는 케르딕Cerdic/Cerdik 왕가의 마지막 왕 밑에서 노르만족에게 우호적인 주장을 폈지만 백성들 사이에서는 이를 비판하는 분위기가 일었다. 앙겔-작센족은 이 로마-게르만 혼합종족과 분리되기를 모색했고 심지어는 교회 내에서도 그랬다. 이때 노르만족인 윌리암 영주領主는 잉글랜드의 왕이 되려고 준비하고 있었으므로 당시 로마에서 막 시작된 새 종교방침을 지지했고 그레고리Gregor/Gregory Ⅶ세의 전임자 알렉산더Alexander 교황은 전쟁터에 나갈 때 가지고 다닐 기旗를 그에게 선물하게 되었다.

　노르만족의 잉글랜드 정복이 유럽 역사에서 오래 동안 매우 큰 영향을 미치게 된 것은 바로 그들이 이 시대의 보편적 사상 및 문화적 요소들과 이런 관계를 맺은 결과이다. 그러나 이는 지난 수세대 동안 데인Dänen/Danes족의 힘이 그들 사이에 스며들었던 앙겔-작센족이 이제 군사능력을 잃어버렸기 때문에 가능했었다.

이 부유하고 풍요로운 땅은 누구든 용감한 지도자의 차지가 될 것이라는 생각이 일반적으로 퍼져있었을 것이 분명하다. 당시 사건들에 관해 가장 오래된 기록을 남긴 포이티어의 윌리암Wihelm von Poitiers/William of Poitiers의 말에 의하면 노르만족 영주領主 윌리암Wihelm/William은 하스팅Hasting 전투에 앞서 전사戰士들에게 행한 연설에서 잉글랜드인들은 자주 정복당했었고 군사력도 전투경험도 없다는 말을 했다 한다. 조금 후일의 역사가 비탈리스Ordericus Vitalis도 앙겔-작센족은 전투보다는 농사짓는 일과 잔치에서 축배의 잔을 부딪는 소리를 좋아한다고 했다. 정복자 윌리암과 함께 잉글랜드에 온 군대는 단순한 노르만족 봉건 징집군이 전혀 아니었다. 그들은 보수와 약탈품을 기대하며 그의 밑에 복무하려고 프랑스 거의 전역全域에서 모인 전사戰士집단이었다. 노르만족 기사騎士들 자신은 그들의 봉건 의무 때문이라기보다는 전쟁 그 자체를 위해 윌리암을 따라갔다. 당시의 상황은 대공大公/princeps들이 전역戰役을 벌이려고 병력을 소집하면 호전적 백성들 중 지원자가 넘쳤던 초기시대 게르만 원시림의 상황과 크게 다르지 않았다. 다만 이제는 이 거대한 병력을 구성한 모집단母集團이 일반백성들 자체가 아니라 일반백성들로부터 분리된 특수한 전사戰士 계층이란 점만 달랐다. 부일론의 고트프리트Gottfried von Bouillon/Godfrey of Bouillon의 아버지 유스타케Eustache von Boulogn 대공大公/Graf과 같은 독립적 지도자 Herr들까지 그들의 종자從者/Gefolg들을 거느리고 윌리암과 합류했다.

하스팅Hasting 전투(서기 1066년 10월 14일)

이 전투에 관한 기록으로 우리에게는 후대에 쓰인 매우 상세한 서사시敍事詩가 한 편 있는데 아직도 많은 영국학자들은 이로부터 역사정보를 끄집어내 보려고 노력하고 있지만 이는 모두 헛수고일 뿐이다. 프리맨Freeman이라는 작가가 불필요하게 〈센락Senlac 전투에 관한 프리맨Freeman의 유명한 기록〉이라는 제목을 붙인 이 서사시는 거짓 군사분석(물론 프리맨은 영국 장군참모부 소속 장교의 조언을 기초로 이 서사시를 썼다)과 거짓 사료비판의 가장 요상한 혼합물이다. 이런 식으로는 페르시아 전쟁에 관한 헤로도투스Herodote/Herodotus의 기록이나 마리우스Marius와 술라Sulla의 전투들에 대한 플루타크Plutarch의 기록만큼도 정확한 역사정보를 후대에 전할 수 없다. 그러나 우리는 이렇게 오로지 화음만 맞춘 연출을 버리고 실질적 비판적 연구로 눈을 놀리기만 하면 신뢰성도 있을 뿐 아니라 확인까지 된 이 전투의 모습을 알 수 있다. 이 전투에 관한 주된 사료는 노르만족 성직자인 포이티어의 윌리암 Wihelm von Poitiers/ William of Poitiers의 기록이다. 윌리암 영주領主의 군목軍牧이었던 그는 참전자들로부터 얻은 정보를 기초로 전투가 끝난 몇 년 후에 이 전투에 관한 기록을 썼다. 물론 그의 기록은 편견이 그득하고 멋대로 과장되어 있기는 하나 다른 사료들도 많기 때문에 그의 기록은 점검이 가능하며 또한 기본문제에서는 믿을 수 있는 기록임이 분명하다. 사료로 이용될 수 있는 매우 특이한 형태의 또 다른 증거가 있다. 길이 70m에 높이는 50cm인 베욕스Bayeux의 벽걸이 융단에는 전투가 각 장면별로 자수刺繡로 그려져 있고 라틴어 설명문도 새겨져 있다. 이는 당대의 작품이 분명하다.

노르만군의 병력은 대략 7,000명 정도로 평가될 수 있다. 약간 적었을 가능성은 있지만 크게 많았을 가능성은 결코 없다.

노르만측의 한 사료에 의하면 앙겔-작센군은 120만명이었다고 한다. 윌리암 포이티어는 그들은 병력이 너무 많아서 그들이 건넌 강의 강물을 마셔 없앴다고 한다. 루Roman de Rou는 40만명으로 보는 것에 만족하고 있다. 노르만족의 편견을 지닌 또 다른 인물인 말메스베리의 윌리암Wilhelm von Malmesbury/William of Malmesbury의 기록에서는 분명히 이들의 병력이 매우 적었다고 한다("해롤드는 극소수 기사騎士들을 거느리고 하스팅에 왔다Haroldus paucissimo stipatus milite Hastingas protendit"). 전투의 경과 자체에 대해서는 앞으로 알게 되겠지만 아무 의문도 남지 않으므로 이를 진실로 보아야 한다.4) 우리는 해롤드 측의 병력은 기껏해야 노르만군과 같았을 것으로 볼 수 있다. 상대방보다 약간 적었으며 4,000~7,000명 사이였을 것이다.

두 군대의 중요한 차이점은 잉글랜드군은 모두 보병이고 노르만군에는 일부 기병騎兵이 있었다는 점이다. 이 점은 사료기록들과 베욕스Bayeux의 벽걸이 융단에 너무 분명히 계속 드러나므로 완전히 확인된 것으로 보인다. 따라서 해롤드가 만약 적을 평원에서 맞이했다면 그의 부대들은 노르만 기사騎士들에 의해 즉시 격파되었을 것이 분명하다.5) 이 때문에 해롤드 왕은 평퍼짐한 어느 언덕을 점령해서 이 언덕을 밀집대형으로 덮었다. 그들의 위치 또한 뒤로 약간 경사가 있고 중간에는 직접 숲으로 이어지는 좁은 협부狹部가 있는 특별한 이점을 지닌 곳이었다. 그들은 패배할 경우 걸어서 언덕을 따라 내려가 바로 숲 속으로 들어갈 수 있는 반면 상대방 기병은 그들을 쉽게 따라올 수 없는 지형이었다.

노르만군은 앙겔-작센군에 비해서 2차 무기인 활에서도 우세했다. 활은 말을 타고 쏘려면 전문적 훈련과 기술이 필요하다. 베욕스Bayeux의 벽걸이 융단에서도 이를 확인할 수 있다. 노르만족은 화살세례를 퍼붓지만 해롤드 측에는 단 1명의 궁수弓手만 보인다. 해롤드의 핵심병력은 말은 타지 않았지만 노르만군과 같은 좋

---

4) 프리맨Edward A. Freeman의 《노르만족의 잉글랜드 정복사History of the Norman Conquest of England》, 제Ⅲ편, 부록 H. H., 741쪽에는 병력수에 관한 다양한 평가들을 모두 열거해 놓았다.

5) 앞의 제Ⅱ편, 제Ⅳ권, 제Ⅱ장에서 전술변화를 연구할 때 소개한 바 있는 아리스토텔레스Aristoteles/Aristotle 의 견해와 프리드리히Friedrich/Frederick 대왕의 견해(407쪽)를 비교해 볼 것.

은 갑옷을 입고 창과 칼 그리고 특히 도끼 등 다양한 무기로 무장한 모습이다. 해롤드 측에는 이런 핵심병력 외에 일부는 방패를 들고 일부는 방패가 없이 투창投槍이나 자루도끼 등을 휴대한 경무장 전투원들이 보인다. 이들은 물론 케올Keorl/churl과 테인Thegn/Thane외에 추가로 동원한 농민징집군은 아니었다. 이들이 노르만군의 궁수弓手와 기사騎士들 앞에 서면 무방비상태였을 것이며 즉시 도주할 수밖에는 없었을 것이다. 우리는 앙겔-작센군의 이 경무장 병력이 진짜 전사戰士들의 종자從者/Knapen와 사병私兵/Knechte였을 것으로 보아야만 한다. 진짜 전사戰士들은 그들 사이에 있었다. 경무장 인원들은 처음에는 얼마큼 앞으로 뛰어나가서 투창 등을 던지고 난 후 적이 접근하면 갑옷을 착용한 전투원들 뒤로 철수했을 것이다.

노르만군은 정면을 넓혀서 기병, 보병, 궁수 세 병종兵種이 좌우로 나란히 서서 언덕 위로 밀고 올라갔다. 궁수들은 적을 쏘려고 약간 앞으로 튀어나갔다. 이들은 많은 인원과 사거리射距離가 큰 활이 있다는 장점이 있었지만 위에서 아래를 쏘는 상대방에 비해 아래에서 위를 쏘아야 하는 단점이 있었다. 근접전 무기를 휴대하고 보병과 섞여있던 기병은 언덕 위로 치달아 올라갔다. 그러나 방어군의 위치상 이점이 너무 크고 돌격의 충격력이 언덕 경사로 인해 둔화되어서 방어군이 이들을 밀어냈다. 노르만 기병의 일부는 언덕 아래로 밀려나고 일부는 적의 횡렬橫겠을 돌파할 수 없자 잠시 후 다시 돌격을 시도해 보기로 하고 우선 발길을 돌렸다. 이런 종류의 기병전투에서는 흔히 그렇게 한다. 그들 중 일부는 이런 식으로 자신들에게 유리한 아래쪽 계곡 지형까지 적을 유인한 후 돌아서서 반격할 수 있을 것으로 생각했을지도 모른다. 이렇게 밀고 밀리는 중 궁수들에게는 적에게 활을 쏠 수 있는 기회가 반복해서 찾아왔고 결국 노르만족이 우세를 차지하게 되었다. 물론 앙겔-작센군의 힘은 방어에 국한되어 있었고 이런 방어만으로는 전투에서 승리할 수 없다. 방어는 소극적인 것이고 승리는 적극적인 것이기 때문이다. 극단적인 예외도 있기는 하지만 결국 승리를 얻을 수 있는 방어는 적절한 순간에 공세로 전환하는 경우이다. 우리가 이를 역사상 가장 먼저 확인할 수 있었던 예는 마라톤Marathon 전투였다. 개활지에서 적을 상대할 능력이 없던 아테네인들은 방어 위치를 선택했지만 적절한 순간에 밀티아데스Miltiades의 지휘에 의해 조직적 공세로 전환했었다. 그러나 해롤드는 그렇게 할 수 없었다. 그의 하우스칼Housecarl과 테인Thegn/Thane들은 아마 개인적으로는 아테네의 도시민 농민들보다 용감했을 것이다. 그러나 그들에게는 명령에 따라 하나의 단위로 움직일 수 있게 훈련된 팔랑스Phalanx나 다른 전술적 구성체가 없었다. 그들은 이곳 저곳에서 철수하는 적의 뒤를 쫓아서 본능적으로 개인별로 또는 소집단별로 쏟아져 나왔다. 그러나 이런 식으로는 이룰 수 있는 것이 전혀 없었다. 노르만군은 그들의 이런 움직임에 의해 밀려서 도주한 것은 아니었다. 앙겔-작센군은 허둥지둥 계곡까지 쫓아 내려왔지만 노르만 기병에 의해 다시 밀려났고 결국 완전히 압도당했다. 해롤드는 자신의 병력이 전혀 언덕 위에서 움직이지 않기를 기대했을지도 모른다. 그러나 이는 통제가 어려운 일이며 설령 통제가 가능했다 해도 그들이 전투에서 패하는 것을 면하기는 어려웠을 것이다. 왜냐하면 노르만군은 밀려났을 때마다 상대방이 추격해 오지 않으면 종전의 전사戰士집단으로 재집결해서 계속 공격을 재개했을 것이기 때문이다. 결국 앙겔-작센군의 정면 어느 곳에선가 질서가 깨지는 곳이 생길 수밖에 없고 이때 노르만군의 기병이 상대방 전선을 돌파했을 것이며 이렇게 해서 생긴 틈으로 점점 더 많은 병력이 밀고 들어가면 앙겔-작센군의 전투대형은 깨지고 말았을 것이다. 노르만 기병의 당연한 우세가 앙겔-작센군의 지형상 이점으로 인해 일시 상쇄될 수는 있었겠지만 계속 그럴 수는 없었을 것이다. 노르만 기병의 우세는 살아있고 재생되는 힘이었던 반면 앙겔-작센군의 지형상 이점은 역학적이고 외형적인 이점으로서 공격측은 강력한 의지만 있으면 이를 극복할 수 있었다.

기록에 의하면 이 전투는 오래 지속된 치열한 전투였음이 분명한데 이는 앙겔-작센군이 농민징집군이 아니었다는 증거다. 그들이 농민징집군이었다면 압도적 다수의 병력으로 상대방을 압도하지 못했으면 바로 도주했을 것이다. 해롤드 왕과 그의 두 형제를 비롯해서 그들 대부분은 용감하게 싸웠으며 그들이 선택했던 장소에서 쓰러졌다. 그들의 이런 죽음은 그들이 적보다 높은 전사정신戰士精神과 명예심을 가지고 있었음을 보여주는 증거이다. 윌리암 영주領主가 우세했던 부분은 직업적인 훈련과 기마전투와 궁수에 있었고 병력도 우세했을 것이다.

쌍방의 전략을 잘 보면 앙겔-작센군이 농민징집군이 아닌 전사戰士 계층으로서 상대방과는 훈련과 숫자에서만 차이가 났을 것이라는 결정적 증거가 발견된다. 윌리암이 9월 28일에 페벤시Pevensey 만灣에 상륙했을 때 헤롤드는 가까이 없었다. 해롤드는 북쪽에서 윌리암의 동생 토스티크Tostig가 이끄는 바이킹Viking의 공격을 몰아내고 있는 중이었다. 윌리암이 상륙한 곳에서 수도首都 런던London까지는 4~5일 행군거리(직선거리 12마일〈약 90km〉) 이내였지만 해롤드는 노르만군이 상륙한 지 10일이 지나서야(10월 7일이나 8일) 북쪽의 전장에서 수도首都로 돌아왔다. 따라서 윌리암으로서는 이 기간 중에 때로는 런던의 점령까지 포함해서 중요한 일을 할 수도 있었다. 사료는 이때 그가 왜 아무 일도 안 했는지에 대해 말이 없지만 우리는 왜 그랬는지 상상해 볼 수 있다. 그는 큰 도시들을 함락하려면 훈련되지 않은 자신의 병력이 줄어들게 될 것이고 그리 되면 마지막으로 치러야 할 전투에서 그의 병력을 동시에 함께 사용하지 못하게 될 것을 우려했었을 것이 분명하다. 뿐만 아니라 그는 자신이 정복자로 보이거나 잉글랜드를 적으로 취급하는 것을 원치 않았으며 왕 선출 장소에 나타나서 적법한 후보자로 보이기를 원했는지도 모른다. 여하간 그는 이런 이유 아니면 그 비슷한 이유로 해변에 눌러앉아 있음으로써 전략적 주도권을 상대방에게 넘겨주었다. 그는 아무 저항 없이 순조롭게 시작된 공세를 계속하지 않고 하스팅 부근 해안에서 거의 꼼짝 않고 눌러앉아 있으면서 해롤드에게 준비시간을 주었다. 사료에서는 윌리암이 이 기간 중에 주변지역을 황폐화시킴으로서 자신의 농촌이 시달리는 것을 참지 못한 해롤드가 전투에 응하지 않을 수 없도록 하려고 했다지만 이는 시중에서 떠돌던 말이거나 연대기年代記 작가 자신의 생각이었을 뿐 윌리암의 생각이었을 수는 없다. 꼼짝도 않고 있던 군대가 주변에 입힐 수 있는 피해만으로는 해롤드를 준비를 갖추지 못한 채 전투에 응하도록 만들 수는 없었을 것이다. 윌리암이 그런 일을 원했었다면 그는 병력을 이끌고 이동해서 런던을 위협했어야 되었을 것이다. 만약 윌리암의 선거출마라는 이 전역戰役의 정치적 기본구상에 위배되는 사건들이 있었다면 이는 그의 특별한 명령에 의한 것이 아니고 약탈을 즐기는 일부 병사들이 보통 저지르는 비행非行 정도였을 것이다. 그런 일은 결코 전략적 의미를 지닐 수- 없다. 전략적 의미를 지니는 것은 윌리암이 상대방에게 주도권을 넘기고 상대방에게 준비를 완료할 수 있는 완전한 행동의 자유를 주었다는 사실뿐이다. 이 점은 노르만군이 오래 버틸 여유가 없었다는 점에서 더 충격적이고 중요한 요소이다. 윌리암은 바다를 건너기 전에도 보급문제에 어려움을 겪었었다. 병력이 집결된 후 순풍順風이 불 때까지 오래 기다려야만 했기 때문이다. 그가 보급품을 순조롭게 인계 받으려고 해변에 머문 것도 바로 이 때문이었다. 보급문제는 그의 대군大軍에게는 항상 큰 제약이었다. 그에게 보급문제가 얼마나 큰 문제였는지는 베욕스Bayeux의 벽걸이 융단을 보아도 알 수 있다. 이 그림에는 상륙 직후에 말 탄 병사들이 식량을 얻으려고 하스팅으로 가는 모습이 보인다.

만약 윌리암이 기습 상륙한 후에 방어자 앙겔-작센 측에게 준 자유로운 준비 기간이 그들이 일반백성을 징집하는데 필요한 기간이었다면 이런 윌리암의 행동은 전혀 이해할 수 없는 행동이 될 것이다. 설령 잉글랜드는 인구가 매우 적고 윌리암의 병력은 매우 많았을 것으로 볼 수 있다 해도 잉글랜드 일부에서 만이라도 진정한 일반징집을 이루어진다면 앙겔-작센군은 압도적으로 많은 병력을 동원할 수 있었을 것이기 때문이다. 윌리암이 신속하게 전진해서 상대방이 그런 대군大軍을 만드는 것을 막지 않았다는 것은 잉글랜드에는 일반징집체계가 존재하지 않았고 앙겔-작센의 군사조직이 바이킹의 파리Paris 포위 당시 프랑크군과 동일했었다는 충분한 증거가 된다. 우리는 이런 사실을 알면 윌리암의 전략을 이해할 수 있게 된다. 해롤드에게는 하우스칼Housecarl과 테인Thegn/Thane 외는 징집할 병력이 없다는 것을 그리고 이들이 진정으로 유능하고 참전參戰 의지도 높은 병력이라는 사실을 윌리암도 알고 있었던 것이다.

여기서 또다시 제기되는 문제는 이렇게 구성된 앙겔-작센군이 전투 당일에 좀 더 많은 병력을 동원할 수는 없었는지 여부이다. 일부 사료들 특히 플로렌티우스 비고니엔시스Florentius Vigorniensis(보케스터의 플로렌스Florence von Worcester/Florence of Worcester)의 기록에서는 분명히 해롤드가 몇 일만 더 기다렸다면 병력을 2~3배는 동원할 수 있었을 것이라고 했다. 그러나 필자는 이를 거침없이 부인한다. 그런 말은 패전敗戰에 늘 등장하는 뒷북치는 말로서 패배자를 위로하는 상투적 말에 불과하다. (플로렌스는 앙겔-작센 측에 편향적인 인물이었다.) 물론 앙겔-작센 병력이 모두 동원되지 않은 것은 사실이다. 북쪽의 큰 에올Eorl/earl 2명이 해롤드를 지원하지 않았다. 그들은 아마 해롤드나 윌리암 누가 왕이 되든 관계없었을 것이다. 더 기다렸다 해도 그들은 오지 않았을 것이다. 다른 보강병력이 올 가능성이 있었을지 몰라도 우리는 보급문제가 얼마나 어려운 것인지 잘 알고 있다. 해롤드가 다른 병력을 기다리는 사이에 이미 집결해 있는 다른 병력 중 보급품이 다 떨어져가자 참지 못하고 돌아가는 병력이 생길 가능성도 있었다. 여하간 자신이 선택한 방어위치가 보여주듯 자신의 약점을 잘 알고 있던 이 앙겔-작센 왕이 비록 전략적으로 모든 상황을 완벽하게 통제하고 있었더라도 병력이 모두 집결하기 전에 결전決戰에 뛰어든 참담한 실수를 저질렀다고 볼만한 설득력 있는 증거는 발견되지 않는다. 회피할 수도 있었을 전투에 충분한 병력도 없이 무모하게 뛰어든 기사騎士 지도자의 예가 중세中世 전반에 걸쳐 자주 발견되므로 해롤드 역시 이와 유사한 경향의 인물이었을 것으로 연상聯想해 볼 수 있을는지 몰라도 이런 심리적 연상이 지금은 적절치 못하다. 해롤드는 결코 적에게 함부로 대들지 않았고 방어위치를 잘 선정한 후 전투에 대비해서 포진하고 있었을 뿐이다. 따라서 우리는 해롤드가 양적으로나 질적으로나 그의 왕국이 동원할 수 있고 또 기꺼이 동원하려 했던 병력을 모두 동원한 것으로 보아야 할 것이다. 또한 그는 용감한 인물이었지만 자신의 왕관과 국가를 방어하기 위해 서둘러서 적을 공격하지도 않았다. 윌리암 역시 자신에게는 예상되는 앙겔-작센군을 다룰 능력이 충분하고 또 자신의 병력이 그들에 비해 우세하다고 믿었었기 때문에 해롤드가 준비를 위해 얼마나 시간을 쓰건 관계없이 조용히 사태의 추이를 지켜보며 앞서 언급한 이유들로 인해 기다릴 수 있었던 것이다.

부 기附記

1. 참고문헌과 이들에 대한 비판

이 주제에 관한 권위 있는 연구서로 빌헬름 스파츠Wihelm Spatz의 베를린 대학교 학위논문인 《하스팅 전투Die Schlacht bei Hastings》(서기 1896년)가 있고 이 논문은 에버링E. Ebering 출판사에서 역사연구Historisch Studien 씨리즈로 출판되었다. 상세한 내용은 이 논문을 보기 바란다.

프리맨Edward A. Freeman의 《노르만족의 잉글랜드 정복사History of the Norman Conquest of England》, 제Ⅲ편에도 하스팅 전투를 설명한 부분이 있지만 영국에서는 이 책이 나오자마자 이를 비판적으로 분석해서 부인한 글을 라운드J. H. Round가 발표했고 라운드의 글은 그의 《봉건시대 영국Feudal England》(런던, 서기 1895년)에 재수록再收錄되어 있다. 라운드는 《역사평론Revue Historique》, 제65권(서기 1897년), 61쪽 이하에서도 스파츠Wihelm Spatz의 견해를 지지하면서 스파츠는 기본적인 문제들에 대한 자신의 분석 특히, 프리맨의 견해에 대한 자신의 분석을 잘 이해하지는 못했지만 그 결론은 자신과 동일함을 확인했다. 라운드는 스파츠의 분석은 작은 문제들에 있어서만 지나친 면이 있다고 믿고 있다. 그러나 이 역시 일부 오해에서 비롯된 말이다. 일례로 기사군騎士軍에서는 전술단위의 부재不在로 인해 리더십이 전혀 존재하지 않았다는 것은 스파츠의 견해가 아니다. 또한 스파츠는 윌리암이 상대를 유인하려고 거짓으로 도주하는 척 했을 가능성은 없다고 보는데 반해 라운드는 그랬을 가능성이 있다고 확신한다.

라운드의 비판이 등장했을 당시 영국의 여론은 프리맨의 학문적 권위를 크게 신뢰하고 있었기 때문에 한 줄 한 줄 모두 학문적 권위가 흘러 넘치는 라운드의 비판적 글이 활자화되기가 지극히 어려운 정도였다.

세부적인 면은 많은 차이가 있지만 쾰러Köhler 장군의 설명〔《11세기 중반부터 후시테 전쟁까지 기사騎士 시대의 전쟁과 용병술用兵術의 발전Die Entwickelung des Kriegswesen und der Kriegsführung in der Ritterzeit von Mitte des 11. Jahrhunderts bis zu den Hussitenkriegen》(역자 주: 이하 《기사騎士 시대의 전쟁과 용병술用兵術의 발전Entwickelung des Kriegswesen und der Kriegsführung in der Ritterzeit》로 인용함), 제Ⅰ편, 서기 1886년〕은 프리맨의 설명과 유사하다. 스파츠는 쾰러가 노르만군은 영리하게 기동했다면서 말하는 것을 모두 듣다보면 누구나 가벼운 현기증을 느끼지 않을 수 없다고 했는데 옳은 말이다.

오만Oman의 《병법사兵法史/History of the Art of War》는 프리맨과 라운드의 중간적 태도를 취하려 하지만 라운드의 견해에 가까운 편이다. 그러나 라운드의 비판에는 충분한 설명이 없어서 오만Oman은 그의 비판을 제대로 이해하지 못하고 있다.

이제 각 견해들의 중요 차이점을 모두 알아 본 후 이를 바탕으로 왜 프리맨의 견해에 우리가 동의할 수 없는지를 알아보는 것이 여러 가지로 유익할 것이다.

프리맨은 병력수를 특정해 말하지 않았지만 오만Oman은 전투공간을 고려해서 앙겔-작센군의 병력수를 약 25,000명으로 보았다. 그의 계산에 의하면 앙겔-작센군이 점령했던 언덕은 폭이 1,500m이므로 개인간 횡橫 간격을 3ft(역자 주: 약 0.9m)로 보면 정면에 1,700~2,000명이 횡으로 늘어섰을 것이고 또 기록에 의하면 그들은 매우 밀집된 대형을 취한 인상이 있었다고 하므로 종심縱深이 10~12명쯤 되었을 것이고 따라서 그들의 총병력이 약 25,000명은 된다는 것이다.

그러나 필자의 생각으로는 그들이 언덕 좌우 끝까지 모두 채워 늘어설 필요도 없었고 오만이 말한 그들의 종심 역시 노르만 측의 기록에 의해 확인된 것으로 보이지도 않는다. 정면에는 1,000명 정도만 횡으로 늘어섰을 것이고 종심縱深 역시 6명이나 그 이하였을 수 있다.

프리맨은 해롤드Harold가 그의 전선戰線 앞에 3개의 출구가 있는 녹채鹿砦 장애물을 세웠다고 했다. 이 장벽에 대해 쾰러Köhler 장군은 "각 단위부대들을 휘감아서 전방으로 비스듬히 눕혀진 말뚝들이 일정한 간격으로 땅속에 깊이 박혀있었고 말뚝 끝에는 적의 말의 가슴을 겨냥한 쇠촉鐵鏃이 꼽혀 있었으며…이 말뚝들은 3~4ft 높이의 망으로 연결되어 있었는데 이는 분명히 적의 기병騎兵을 방어하기 위한 것으로서 적의 기병騎兵은 해롤드의 병력을 공격하려면 먼저 이 장애물을 뛰어넘어야만 했었다"고 묘사했다(8쪽).

쾰러의 이런 생각은 라운드가 충분히 설명한 대로 사료에는 아무 근거도 없고 웨이스Wace의 환상적인 시詩 한 편이 유일한 근거일 뿐이다. 언덕을 뛰어 올라온 기사騎士들이 이 장애물을 뛰어 넘었을 것이라는 쾰러의 말은 역사가들에게는 군사교육을 받은 사람조차 말도 되지 않는 군사행동이 실제로 가능하다고 생각한다면서 위안이 될 수 있을 것이다. 더욱이 쾰러는 그들 주변에 이런 장애물을 구축했을 병력을 60,000~75,000명으로 보고 이 병력이 전투 바로 전날 저녁까지도 현장에 도착하지 않았다고 했는데 그런 병력이 이런 장애물을 세운다는 것은 더욱 더 불가능하다.

오만은 널리 인정되어 온 그런 말뚝에 관한 이야기와 행군해 오느라고 지친 병력이 하룻밤 사이에 그런 장애물을 설치할 수는 없다는 사실 그리고 당대의 어떤 사료에도 그런 말뚝에 관한 기록이 없다는 사실을 놓고 중립적인 설명을 시도했다. 그는 이 전투로부터 90년이 지난 후 글을 쓴 웨이스는 어떤 구전口傳의 전설을 들었거나 지금은 잃어버린 지 오래되는 어떤 문서기록을 가지고 있었을 수도 있고 이 말뚝들은 상대방 말을 방어하기 위한 견고한 말뚝이 아니라 화살을 막기 위한 가벼운 장애물이었을 수도 있다고 했다. 그는 또 이런 장애물이 효과를 보지 못했기 때문에 당대의 사료들이 이를 무시했을 수도 있다고 했다.

이 장애물이 실제 효과가 없었다면 이 전투의 연구에서 이를 외면해도 될 것이다. 또한 행군에 지친 병력이 그런 장애물을 세우려고 밤을 새웠을 리도 없다. 한 시인詩人이 사건 이후 100년 만에, 그것도 역사를 쓰려는 의도가 아니라 그저 흥미를 위해 쓴 시詩 한 편의 권위와 내용은 신빙성이 부족하다.

앙겔-작센군의 장애물 설치를 믿는다 해도 이 장애물이 전투에 큰 역할을 못했다. 그러나 이보다 더 큰 문제가 있는 말은 해롤드의 생각과 지휘에 따라서 앙겔-작센군은 방어만을 위한 위치에서 언덕을 고수固守하려고 했었지만 윌리암이 도주를 위장해서 그들을 방어에 유리한 위치에서 유인해 낸 다음 격파했다는 말이다. 프리맨은 앙겔-작센군이 해롤드의 명령대로 언덕에서 내려오지 않았다면 분명 이겼을 것이라고 했다. 그러나 우리는 해롤드가 실제로 그런 명령을 내렸는지 알 수가 없다. 쾰러Köhler 장군은 방어로만 이기려는 것은 "희망 없는 출발"이라고 정확히 보았다. 물론 기병騎兵이 없는 그들로서는 달리 방법이 없었다. 그러나 쾰러 장군의 정확한 지적과 같이 앙겔-작센군은 노르만군을 쫓아 나올 바에는 그들 같이 조금씩 차례로 나와서 적에게 압도당하기보다 전 병력이 함께 추격에 들어가는 것이 좋았을 것이다. 프리맨은 앙겔-작센군이 추격에 나선 것을 잘못으로 보지만 쾰러는 그들이 위치를 고수하려고 했던 것 역시 그에 못지 않은 잘못으로 본다. 우리는 실제로 기사騎士 전투는 일단 혼전混戰에 들어가면 통제가 불가능하다는 것을 이해해야만 한다. 현대의 훈련된 병력들도 일단 전투가 시작되면 더 이상 지휘관 명령이 필요 없게 되고 마지막 예비대까지 투입한 장군은 자신도 소총을 들고 전투에 합류하는 것 외에 할 일이 없다 한다. 현대의 훈련된 병력에 비해 중세 기사騎士들의 경우는 더 말할 필요가 없었을 것이다.

결국 스파츠Spatz가 이미 효과적으로 입증한 대로 윌리암이 위장도주로 적을 유인했다는 것은 환상에 불과하다. 전투의 열기와 흥분 속에 어떻게 수천 명 병력에게 명령을 전파할 수 있겠는가? 혼란의 와중에서 병사들이 그 명령을 듣고 이해했는지 그리고 명령대로 함께 행동하는지 어떻게 감독할 수 있겠는가? 전원이 명령을 완전히 이해하고 함께 행동하지 않는 한 수많은 병력이 일부의 "위장도주"를 실제도주로 알고 귀신은 꼬리부터 잡아먹는다면서 그들을 따라 실제로 도주하지 않는다는 보장이 어디에 있다는 말인가? 우리는 도주하는 기병을 다시 돌려세우는 것이 매우 어려운 일임을 이미 잘 알고 있다.

따라서 "위장도주"란 이를 사전에 통보를 받았거나, 적어도 트럼펫 신호와 같은 것에 이유 없이 복종하는 것이 습관화 된 소규모 부대나, 이런 행동이 일상절차인 궁수弓手들의 경우에나 있을 수 있는 기동이다. 하스팅Hasting 전투는 앞서 필자가 생각한 것 이외의 다른 방식으로 진행되었을 수 없다. 이 전투에 관한 가장 오래된, 최선의 기록인 포이티어의 윌리암Wihelm von Poitiers/William of Poitiers의 기록도 이와 큰 차이는 없다. 그의 기록에는 윌리암 영주領主 자신이 도주를 명했다는 말이 없다. 포이티어의 윌리암은 한 경우에는 실제도주가 있었고 다른 두 경우에는 위장도주가 있었다는 말은 했지만 이 위장도주로 인해 전세가 직접 역전되었다는 보지 않았다.

〈하스팅 전투 노래carmen de bello Hastingensi〉에는 노르만군이 위장도주 하자 "촌뜨기들은 환호하면서 자신들이 이겼다고 생각했다rustica laetatur gens et superasse putabat"는 구절이 있다. 우리는 이를 앙겔-작센군이 농민군이었다는 의미로 이해하면 안 된다. 이 말은 노르만족에 편향적인 한 시인詩人(아미앙Amien의 구이도Guido 주교主敎일 것이다)이 허술한 앙겔-작센군의 테인Thegn/Thane을 뛰어난 기사騎士 훈련을 받은 훌륭한 노르만-프랑스군과 비교하려고 사용한 경멸적輕蔑的 표현일 뿐이다.

2. 앙겔-작센족Angelsachsen/Anglo-Saxons과 잉글리쉬속Engländer/English

우리가 추적 해 볼 수 있는 한 브리튼 제도諸島에 정착한 게르만족은 자신들을 "앙겔-작센족" 또는 "작센족"이라고 하지 않고 "엥겔족Engel" 또는 "엥겔킨Aengelcyn"("cyn"은 "혈족" 또는 "종족"을 말함)이라고 했다. "앙겔-작센족"은 옛 사료에는 거의 보이지 않는 주로 학문적인 표현이다. 노르만족의 잉글랜드 정복 당시 당대인들은 "작센족"과 "노르만족"이라는 표현을 쓰지 않고 "앙겔족Angeln/Angel"과 "프랑크족Franken/Frank"(라틴어 표기로 는 "앙글리족Angli"과 "프랑키족Franci")이라는 표현을 썼다.

그러나 프리맨Freeman은 처음부터 이 국가를 "잉글랜드England"로 그리고 이 민족을 "잉글리쉬족Engländer/English"으로 부른다. 그는 "앙겔-작센"이라는 단어의 사용에 반대 하면서 이 단어를 쓸 경우 "잉글리쉬족Englische/English"이란 개념의 기원이 "앙겔-작 센족"과 "노르만족"의 혼합만을 의미하는 것 같은 인상을 주기 때문이라고 한다. 그는 이 민족은 헹기스트Hengist와 호르사Horsa(역자 주: 5세기 말 잉글랜드에 정착한 앙겔-작센 족 첫 정착민의 전설적 지도자들) 때부터 줄곧 동일한 민족으로서 이민족인 브리튼족과 데인족Dänen/Danes 및 노르만족을 받아들였을 뿐 이들의 영향 때문에 민족의 동일성 이 깨졌다고 할 수 있을 정도는 아니었다고 한다.

그러나 정확히 말하자면 그와는 정반대이다. 독특한 성격과 언어를 지닌 잉글 리쉬족의 탄생은 노르만족의 정복 즉, 프랑스어 사용 계층이 앙겔-작센족의 옛 게르만 정치체계를 지배한 결과일 뿐이다. 앙겔-작센족의 옛 게르만 정치체계 역시 과거에는 그들이 정복한 옛 브리튼 원주민들의 자취를 흡수하고 교회敎會의 영향으로 로마적 요소를 수용했었음은 분명하다. 이제 새로운 정복자와 그 후계 자들이 이곳에 정착시킨 프랑스화된 노르만족과 프랑스인들은 비록 숫자는 적었 지만 그래도 지배자가 되었고 그들의 특성, 관습, 법령 그리고 정신이 과거 소수 프랑크족이 메로빙 왕조 때 골Gallien/Gaul 중심부를 정복한 후에 정복지 원주민과 섞여 새로운 민족단위를 형성할 때나 마찬가지로 우월한 위치를 차지했다. 비록 프랑스의 골-로마인 원주민의 경우보다는 잉글랜드의 앙겔-작센족 원주민의 전 통이 더 잘 유지되기는 했지만 이는 정도차이에 불과했고 두 경우 모두 정복자 의 특성, 관습, 법령 그리고 정신이 우월한 위치를 차지하는 과정은 기본적으로 같았다. 따라서 비록 "앙겔-작센족"이란 표현이 그리 정확한 표현도 아니고(앙 겔족은 작센족의 일부였기 때문이다) 고대사료에 기록된 표현도 아니지만 일반 적인 언어관행상 이 옛 시대의 그들을 잉글리쉬족Engländer/English이란 이름보다는 앙 겔-작센족이란 이름으로 부르는 것이 옳다.

3. 앙겔-작센족의 백호百戶/Hundertschaft

프로데로Prothero는 《영국사 평론English Historical Review》, 제11권(서기 1896년), 544쪽에서 백호 에 관한 필자의 개념에는 예외가 있다면서 잉글랜드에서는 10세기 에드가Edgar 치세治世 때 비로소 백호가 등장했다고 한다. 그의 말에 의하면 잉글랜드의 백호는 새로이 인위적으로 탄생한 단위라는 말이 된다.

그보다 앞 시대 사료에 백호가 보이지 않는 것은 특이한 일이기는 하나 필자는 이를 우연한 상황이라고 볼 수밖에 없다. 그런 조직이 어느 한 시대에 인위적으로 탄생했을 가 능성은 전혀 없고 특히 그렇게 늦게 인위적으로 탄생했을 가능성은 더 없다. 고대 헤프타르키Heptarchie/Heptarchy(역자 주: 앙겔-작센족이 지배하던 시대의 영국의 7왕국) 시대에는 국가와 작은 마을 공동체 사이에 연결조직이 필요했다. 큰 조직으로 샤이어Shire들이 있었지만 이들만으로는 충분치 못했다. 샤이어는 작은 왕국 규모였다. 후일의 영지領地/Grafschaft/county들도 이런 샤이어 또는 왕국이었고 이들과 가장 작은 부락들 사이에는 너무 큰 거리가 있었다.

젠크스Jenks는 "백호 문제The problem of the Hundred"라는 글(《영국사 평론English Historical Review》, 513쪽)에서 자신은 웨스트고탈라그Westgotalag(?)에서 스웨덴의 헤레드Haeraed(백호)는 사법구역司法區域임과 동시에 조합組合/Korporation이었지만 이는 여러 마을로 구성된 단위가 아니라 그와 반대로 이 단위가 나뉘어 마을들이 생긴 것임을 입증할 수 있다고 했다. 그가 말한 증거가 유효한 증거인지 의심스럽기는 하나 그의 결론은 필자의 견해와 정확히 일치한다.

프로데로Prothero는 잉글랜드에서는 10세기에 백호가 등장했다는 생각에서 한 발짝 더 나가서 필자의 견해를 부인하면서 앙겔-작센족 백호의 엘도르ealdor는 엘도르만ealdorman보다 훨씬 밑에 있던 별개의 하급관리였고 엘도르만은 10세기의 얼earl이 아니며 10세기의 얼earl은 본래의 독립왕국 대표였다고 한다. 그의 말에 의하면 10세기에도 얼earl과 엘도르만은 극소수에 불과했었다.

그의 말이 정확할 수도 있겠지만 여하간 필자의 견해와는 모순된 말이 아니라 오히려 필자의 견해를 확인해 주는 말이 된다. 10세기에는 얼earl과 엘도르만ealdorman이 아직 같은 것이 아니고 두 칭호가 따로 존재했었다고 해도 단지 "엘도르만ealdorman"이란 칭호만 지니고 있던 사람도 후일 흔히 얼earl로 불렸던 사람들과 같은 대지주大地主였다. 그렇게 탁월한 인물이 만약 고대의 알터멘Altermänn(백호의 지도자 후노Huno) 즉, "마조르 나투major natu"(자연적 지도자)와 실제로 무관하다면 그가 어떻게 "엘도르만ealdorman"이란 칭호를 얻었을까?

때로는 높은 직위인 엘노르만ealdorman 외에 별도로 백호의 낮은 직위인 엔도르ealdor가 있었다고 해도 필자는 같은 뿌리인 알터멘Altermänner(후니Hunni)에서 나뉜 두 직위 즉, 높은 직위와 낮은 직위가 지리적으로 나뉜 것은 아니었고 앙겔-작센족 에게는 잠시 이 두 직위가 공존했었다는 사실을 이 책의 제II편(25쪽, 34쪽, 37쪽 및 305쪽)에 추가해야 할 것이다.

4. 게시트Gesith와 테인Thegn/Thane

게시트는 타키투스Tacitus가 말한 코미테comite와 프랑크 왕국 메로빙 왕조 때의 안트루스디오네antrustione에 해당하는 용어이며 테인은 메로빙 왕조 때의 푸에리pueri에 해당한다. 바씨vassi의 경우나 마찬가지로 테인은 점차 성장해서 "게시트"(게시트만Gesithmann)을 능가하는 지위가 되었다. 리틀Little은 《영국사 평론English Historical Review》, 제16호(제4권, 서기 1889년, 723쪽 이하에서 이런 발전과정을 누구보다 잘 설명해 놓았다. 그러나 그는 알프레드Alfred 당시에는 5후프Huf/hide 토지를 소유한 자는 누구나 "테인"이란 칭호를 받았다는 스터브스Stubbs의 견해를 부인하면서 오히려 테인이 된 자에게 주는 토지가 보통 5후프였다고 주장하지만 필자는 이에 동의할 수 없다.

5. 5후프Huf/hide 규칙

군사의무와 관련된 카롤링Karoling/Caroling 왕조 법령들의 의미에 대한 오해는 영국의 군사조직의 역사를 오해하게 만드는 효과가 있다. 최근 메이트랜드Maitland는 그의 매우 탁월한 저서인 《돔스데이 북과 그 이후Domesday Book and beyond》 (서기 1897년) (역자 주: 《돔스데이 북Domesday Book》은 서기 1086년 영국 윌리암 I세 당시 작성된 잉글랜드 지역의 토지대장)에서 몰락 시기의 앙겔-작센족 군사조직은 분명치는 않지만 모든 지역들이 5후프 당 1명씩 출전시켜야 했을 가능성이 있다는 견해를 또다시 피력했다.

이런 개념을 "잉글랜드의 기사騎士 복무 도입The Introduction of Knight's Service into England" 이란 글에서(《봉건시대 영국Feudal England》, 런던, 서기 1895년) 이미 뿌리 채 깨어 버린 적이 있는 라운드J. H. Round는 이번에는 《영국사 평론English Historical Review》, 제12권 (서기 1897년), 492쪽에서 메이트랜드가 새로 발견했다고 믿고 있는 자신의 옛 견해의 분명한 근거라는 것을 또다시 반박했다.

사료에 아무런 언급이 없는 점을 떠나서 우리는 단순한 비판적 고려요소 하나만으로도 5후프Huf/hide 규칙이란 불가능함을 알 수 있다. 전쟁시의 군사소요는 그런 단일 기준을 가지고 해결하기에는 그 종류가 너무 다양하다. 징집에는 소규모 바이킹Viking 무리를 몰라내기 위한 징집, 반란을 진압하기 위한 징집, 웨일즈인Wälschen/Welsh들의 침입약탈을 징벌하기 위한 징집 등 개별지역별 징집도 있었고 잉글랜드에 이미 정착했던 데인Dänen/Danes족과 싸우기 위한 알프레드Alfred 당시의 징집 같이 대규모 전쟁을 위한 징집도 있었다. 5후프 당 1명은 때로는 너무 많은 인원이었고 때로는 너무 적은 인원이었을 것이다.

제 V 장
잉글랜드의 노르만족 군사조직

서기 1066년~1087년 윌리암Wihelm/William I세

서기 1087년~1100년 윌리암 II세(윌리암 I세의 아들)

서기 1100년~1135년 헨리Heinrich/Henry I세(윌리암 II세의 동생)

서기 1135년~1154년 스티븐Stephan/Stephen(헨리 I세의 외사촌)

서기 1154년~1189년 헨리 II세(헨리 I세의 외손자)(역자 주: 플랜태지네트Plantagenet 왕조의 시조始祖)

서기 1189년~1199년 리차드Richard I세(헨리 II세의 아들)

서기 1199년~1216년 존Johann/John I세(리차드 I세의 동생)

서기 1216년~1272년 헨리 III세(존 I세의 아들)

서기 1272년~1307년 에드워드Eduard/Edward I세(헨리 III세의 아들)

　　새로운 앙글로-노르만Anglo-Norman 왕국에서는 지금껏 우리가 대륙에서 보아 온 것과는 크게 다른 군사조직이 발전했다.

　　역사는 윌리암Wilhelm/William 영주領主/Herzog에게 "정복자Eroberer/Conqueror"란 칭호를 붙였지만 그 자신은 이런 칭호로 영국 왕이 되지는 않았다. 그는 앙겔-작센족에게 자신은 그들의 마지막 왕 "고백왕告白王 에드워드Eduard des Bekenner/Edward the Confessor"의 친척으로서 장성한 상속자가 없던 에드워드가 후계자 선택권을 행사해서 자신을 지명했다고 까지 소개했다. 그는 또한 앞서 왕으로 선택되었던 해롤드Harold 대공大公/Graf은 왕위를 탐내지 않겠다고 1년 전 자신에세 엄숙히 서약했있으므로 왕이 될 권리가 없다고 했다. 그는 전투에서 승리 후 합법적 승계를 가장해서 왕위를 차지했다. 그는 정복자로서 군법으로 빼앗은 것은 아무 것도 없었지만 해롤드와 그 추종자들의 재산만은 반란자의 재산이라며 몰수했다. 결전決戰 당시 해롤드를 지원하지 않은 북쪽의 큰 세력인 얼earl들이 뒤늦게 반란을 일으켰지만 곧 진압되었고 새 왕은 그들의 재산도 몰수했다. 이런 식으로 윌리암은 정통성을 주장하면서 정복사업을 병행했고 몰수재산의 상당 부분을 그의 전사戰士 종자從者/Gefolg 약 300명에게 분배했다. 이들 중에 후일 로드lord 또는 배론Baron 칭호를 지니게 되는 약 40명은1) 왕에게 기사騎士들을 제공할 의무를 부담하면서 매우 큰 토지를 받았다. 이렇게 해서 병역의무가 생긴 사람(세르비티아 데비타servitia debita)의 숫자는 고위성직자들이 출전시켜야 할 인원을 포함해서 5,000명 이하였고 분명히 그 이상은 아니었

---

1) "로드Lord"는 원래 "빵을 주는 사람"을 의미하는 앙겔-작센 말이었다. "배론baron"은 정복자들과 함께 잉글랜드로 들어 온 말로서 "호모homo", "바쌀vassal"과 같은 말로 원래 왕으로부터 직접 봉토封土를 받은 인물을 의미했지만 점차 그들 중 가장 중요한 인물들만 지칭하는 칭호로 변했고 그들 중에서도 가장 탁월한 인물들에게는 "얼earl"이라는 칭호가 주어졌다.

다. 요구되는 병력을 제공하려고 배론Baron들은 하급바쌀Untervassal을 두었다. 그러나 이를 위한 재봉토再封土/Afterlehen 숫자와 필요한 병력수가 같을 필요는 없었다. 필요시 지체 없이 동원할 수 있도록 토지에 정착하지 않은 상당수 기사騎士들을 배론Baron 자신이 직접 거느리고 있었기 때문이다. 로드lord들의 궁宮에서 거느리고 있었다는 ("점유지占有地 없는super dominium") 자들이 바로 그들이다. 이와 달리 성직자건 속인俗人이건 로드lord들이 왕에게 제공할 숫자보다 더 많은 기사騎士들을 여러 가지 이유로 유지했던 때도 있었다.

기사騎士 60명을 출전시킬 배론Baron들은 이미 가장 힘있는 얼earl이 되었다.

왕의 상급바쌀gross Kronvassal(역자 주: 배론)들은 전원 노르만족이었으나 왕의 소小바쌀klein Kronvassal(역자 주: 봉토 없이 왕궁에 둔 바쌀)들 중에는 작센족의 이름도 보인다. 또한 하도급下都給 바쌀Aftervassal(역자 주: 배론이 자기 봉토를 나누어주고 거느렸던 바쌀) 가운데는 작센족의 이름이 비교적 많이 보이는데 이는 작센족 테인Thegn/Thane(기마전사騎馬戰士)들이 정복자들을 위해 복무했기 때문이다. 윌리암 당시 잉글랜드에서 봉토封土를 받은 전사戰士는 작센족(데인Dänen/Danes족 포함)을 포함해 대략 5,000명쯤 되는데[2] 이들 중 대략 1/4은 옛 원주민이었고 나머지 3,000~4,000명은 정복자로 들어와서 정착한 프랑스어를 사용하는 기사騎士들이었다. 이들의 숫자가 지금도 계속 인용되고 있는 후일의 우화寓話 같이 60,000명은 되지 않았고 어떤 사람들의 생각과 같이 32,000명도 되지 않았다. 브리튼 제도諸島에 봉토封土를 받은 노르만족 외에도 봉토封土 없이 왕이나 어느 로드lord 밑에서 복무하는 노르만족이 있었을 것으로 추정된다. 인구가 1,800만이나 되는 매우 호전적 백성이 점령하고 있던 국가를 점령해서 계속 지배할 수도 있었던 전사戰士들의 숫자는 양자를 모두 합해도 참으로 적었다.

한때 봉토封土를 받은 기사騎士들 수가 약간 늘었다. 윌리암의 손자인 헨리 II세 때인 서기 1166년 인구조사에서는 이들의 숫자가 6,400명이나 되었다. 성직자건 속인俗人이건 고관高官들은 너무 많은 기사騎士에게 봉토封土를 주어서 봉토기사封土騎士 숫자가 정복자 윌리암 당시의 징집 대상보다 크게 증가한 것이다. 이는 고관高官들이 자신의 권력을 늘이려고 더 많은 전사戰士들을 보유하려고 했었기 때문은 아닐 것이다. 그들은 궁宮에서 전사戰士들을 거느릴 수도 있었기 때문이다. 또한 내전內戰이 있던 스티븐Stephen 왕 당시도 새로 생긴 봉토기사封土騎士는 거의 없었다. 우리는 봉토기사封土騎士의 수가 늘어난 이유를 봉토封土를 소유한 기사騎士는 지위가 더 높아졌었다는 사실에서 찾아보아야 할 것이다. 이 때문에 배론Baron들은 자신

---

2) 따라서 토지에 정착하지 않은 자들이 제공한 세르비티아 데비타servitia devita의 숫자와 이들 이상이었던 정착자 숫자는 거의 균형을 이루어서 두 경우 모두 5,000명으로 나타난다. 뒤의 179쪽 참고.

의 토지를 일부 희생시키는 재봉토再封土의 방법으로 사회적 지위가 높고 재능과 야망이 큰 종자從者/Gefolg들을 자신을 위해 만들어냈을 것이다. 이로써 그들은 충성스런 추종자들의 헌신적인 복무에 보답할 수 있었다. 우리는 그들이 준 보상의 의미를 제대로 평가하려면 이 보상이 단순한 물질적 보상에 그친 것이 아니고 한 가문家門을 창립할 기회를 준 것임을 이해해야 한다. 로드lord의 궁宮에서 사는 전사戰士들에게는 그런 기회가 없었다. 기록에 의하면 교회敎會의 고위 성직자들 사이에서는 족벌주의 때문에 종교재산이 친척이나 친구들을 위한 봉건 선물로 부당하게 전환되는 사례가 있었다고 한다.

기사騎士 1명의 봉토封土가 5후프Huf/hide(역자 주: 경작지 면적의 단위로 1후프는 1가족을 부양할 수 있는 면적)라든지 하는 특정한 기준은 없었다. 각 영지領地/Grafschaft/county의 군사적 부담이 얼마인지에 관한 명확한 기준도 거의 없었다. 왕이 큰 세력을 지닌 봉건 로드lord(역자 주: 영주領主)들에게 그들의 재산규모에 따라서 그저 10명 또는 5명 단위로 나눌 수 있는 아주 일반적 수치로 요구사항을 부과했을 뿐이다. 직접 또는 2차로 봉토封土를 받아 토지에 정착한 기사騎士들이 개인적으로 소유한 토지의 크기는 극단적 차이가 있어서 한 뙈기에 불과한 경우도 있었다. 후일 기사봉토騎士封土/Ritterlehen는 1년 수입 20파운드pfund/pound에 상당한 것으로 본다는 개념이 등장했을 때도 이는 그저 이론에 그쳤을 뿐이다.[3]

정복자 윌리암이 배론 개인에게 큰 토지를 줄 때는 한 지역 토지를 주지 않고 왕국전체에 흩어진 여러 필지의 토지를 주었다. 대륙에서 같이 그들이 결정적 힘을 지닌 공국公國으로 난합되는 것을 방지하려는 의도였음이 분명하다. 세력이 큰 배론Baron도 있었지만 잉글랜드의 노르만족 왕은 이 때문에 치안관治安官/Sheriff이란 관리를 통해 모든 영지領地들을 정상적으로 통제할 수가 있었다. 치안관 직위는 봉토직封土職이 되지는 않았고 얼earl은 단순한 호칭으로 변했다. 정복자 윌리암의 손자인 스티븐Stephen 왕 때는 한때 상황이 대륙의 경우에 접근했었음이 분명하다. 배론Baron들은 고압적 권위와 공적 지위를 지니게 되고 성城을 축조했고 주화鑄貨를 찍고 사적私的 봉토封土제도를 시행했다. 그러나 스티븐의 후계자로 플랜태지네트Plantagenet 왕조의 시조始祖 헨리 Ⅱ세는 이들의 성城을 모두 헐고 엄격히 통제하면서 왕실권위를 회복할 수 있었다. 왕조가 계속 우위에 있을 수 있었던 것은 영리한 토지분배가 아니라 주로 기사騎士 계층과 백성 사이에 존재했던 일반적인 적대감 때문이었는데 이 때문에 기사騎士 계층은 단합해서 왕조에 맞설 수가 없었다. 다음 세기 인물인 비탈리스Ordericus Vitalis는 잉글랜드 새 귀족계층을 "벼락출세에 취해

---

3) 폴락Pollock・메이트랜드Maitland, 《에드워드 Ⅰ세 전의 영국법제사 *The History of the English Law before the Time of Edward*》, 제2판, 서기 1898년, 제Ⅰ편, 236쪽.

그들이 하고자 하는 것은 무엇이든 할 수 있다고 생각하는 거친 벼락부자들"로 묘사했다. 백성들은 이 이민족 로드lord들에 대항하려면 왕조에 의존할 수밖에 없었고 이런 상황은 두 계층이 단일국민으로 통합될 때까지 두 세대를 이어갔다. 거의 중세 말까지 왕실언어는 프랑스어였다. 이런 풍토 때문에 얼earl들은 대륙과 같이 지방 통치자Fürst로 성장할 수 없었고 왕은 관리를 이용해 지방 영지領地들을 통제할 수 있던 반면 전사戰士들은 봉건법을 기초로 기사騎士 계층이 되었다.

우리가 앞 장章들을 통해 배운 바에 의하면 이런 상황에서는 관리들이나 그의 토지가 이곳저곳 분산되어 있는 배론Baron들이 기사군騎士軍을 동원할 수 없었을 것이므로 군사조직이 전혀 쓸모없는 조직이 되었을 것이다. 관리들은 전투력의 실체인 전사戰士 개인들과는 직접적인 관계가 없었고 배론Baron들도 그들의 토지에 소출과 인력과 짐차들이 있을 때만 징집에 응할 수 있었다.4) 프랑크 왕국 대공大公/Graf들도 처음엔 단순한 관리였지만 전사戰士들의 자연적 본능에 의해 봉건영주로 변했고 이로써 구역 내의 자원을 가지고 유능한 전사戰士들을 공급할 수 있었다. 처음에는 정복자 윌리암도 변경지역에서 만은 불가피하게 그런 견고한 대륙 식 조직의 영지領地들이 형성되도록 허용함으로써 그들이 스코틀랜드인과 웨일즈인들을 방어하게 했다. 이런 변경지역을 "팔라틴 백작령Palatinate"(역자 주: 자신의 영토에서 국왕과 같은 권력을 행사하던 백작대공伯爵大公/Pfalzgraf의 영역)이라고 했는데 이제는 그런 팔라틴 백작령도 해체되고 없었다.

잉글랜드의 노르만 왕들은 치안관治安官/Sheriff이라는 공직公職을 두고 배론영지barony들을 서로 분리시킴으로써 대륙 식 바쌀 체계가 잉글랜드에 도입되는 것과 각 지역들이 독립하는 것을 방해하면서 중앙집권화된 큰 왕국을 탄생시켰지만 돈과 보수와 세금이라는 전혀 새로운 요소들을 도입해서 유능한 개인적 전사戰士들을 기반으로 한 그들 시대의 군사조직을 유지했다.

정복자 윌리암은 처음에는 자신의 바쌀vassal들에게 봉건징집을 통해 자신에게 병력을 제공하도록 하고 그들 중 가장 세력이 큰 바쌀들에게는 특정된 숫자의 하도급下都給 바쌀Aftervassal들을 제공하도록 요구했지만 곧 이런 방법은 실행 불가능한 비현실적 방법임이 드러났다. 윌리암 자신도 데인Dänen/Danes족이 침입한 서기 1084년에는 바쌀들을 징집하지 않고 토지 1후프Huf/hide 당 세금 6실링Shilling을 내게 해서 이 돈으로 용병傭兵들을 야전으로 내보냈다. 그의 아들 헨리 I세도 용병들을

---

4) 스티븐Stephen 왕이 포획된 링컨Lincoln 전투(서기 1141년) 당시 스티븐 밑에는 몇 명의 얼earl들이 있었고 이들이 중요한 호칭으로 불리고 있었음은 분명하지만 거느린 병력은 소수에 불과했다. 캔터베리Canterbury의 게르바시우스Gervasius가 남긴 사료에 의하면 이들은 "거짓된 허구의 백작fcti et factiosi comites"이었다고 한다. 이들은 자신의 명의로 된 영지領地/Grafschaft/county에서 총 소출의 1/3을 지급 받는 외에는 그 영지領地와 다른 관계는 없었다(오만Oman, 《병법사兵法史/History of the Art of War》, 393쪽). 따라서 이들이 왕을 위해 더 많은 병력을 동원하지 않은 것은 고의가 아니라 자원부족 때문이었다.

고용해서 전쟁을 치렀다 한다.5) 연대기年代記에서는 헨리 Ⅱ세가 그의 기사騎士들과 도시민들과 농민들에게 부담을 주기 싫어 용병들을 데리고 야전으로 나갔다고 한다("그는 토지 있는 기사騎士들 또는 도시와 농촌의 주민을 괴롭히지 않으려고 수없이 많은 용병기사傭兵騎士들을 데리고 갔다nolens vexare agrarios milites nec burgensem nec rusticorum multitudinem⋯duxit solidarios vero milites innumeros").6) 이 점은 국고國庫 운용을 설명하며 "대공大公이 전시에는 바쌀들보다 용병들을 데려오기를 선호해서mavult enim princeps stipendiarios quam domesticos bellicis apponere casibus."라고 했던 그의 재무관財務官 피쯔-닐Richard Fitz-Neal이 말에서도 확인된다.7)

그 결과 정복자 윌리암이 그의 시대가 거의 끝나갈 무렵인 서기 1086년 작성토록 했던 그의 왕국의 거대한 토지대장土地臺帳인 《돔스데이 북Domesday Book》에 농지, 물방앗간, 산림, 양어장 등의 형태를 지닌 모든 유용한 토지들과 계층별 인구가 모두 등재登載되었지만 군사의무 관련 기록은 전혀 등재되지 않는 일이 발생했다. 이는 봉건국가로서는 도저히 믿어지지 않는 일이므로 학자들은 봉건적 기사騎士체계가 윌리암 당시에는 아직 존재하지 않았고 그의 후계자들이 처음 도입했을 것으로 보기까지 했다. 그러나 이 생각은 잘못된 것임이 곧 입증되었다. 봉건적 기사騎士체계와 병력수가 지정된 동원체계는 서로 무관한 별개의 개념임을 이해한다면 우리는 정복자 윌리암이 이 토지대장에 군사적인 요구사항을 등재하게 하지 않은 일에 대해 놀라지 않게 된다.

결국 잉글랜드에서는 봉건주의와 바쌀vassal체계가 대륙의 경우와는 전혀 다른 의미를 지녔었다. 정복자 윌리암은 토지소유 문제에서는 봉건적 개념을 최대로 활용했음이 분명하다. 그는 자신이 전국토의 최종 소유권자라고 생각했다. 그의 시대 이후에는 토지소유권이라는 개념이 없었다. 소유자가 이를 누구에게 양도한 적이 없기 때문이다. 그러나 이러한 봉권적인 주권 개념은 토지법과 상속법 그리고 로드lord의 권력과 부동산에 대해서만 적용되었다. 실제의 본질적 문제인 군복무 문제는 세금에 의해 처음에는 보충되었고 마지막에는 대체되었다.

에드워드Edward/Eduard Ⅰ세 시대(서기 1272년~1307년)까지도 봉건 징집과 용병傭兵 고용이 공존했었다. 〈마그나 카르타Magna Charta〉(역자 주: 서기 1215년 존John 왕이 내란의 위협에 직면하여 반포한 인권대헌장人權大憲章), 제51조는 왕이 이용해 온 강력하지만 위험했던 힘인 용병傭兵의 고용을 금지했었고8) 세력이 큰 배론Baron들이 자신들에게는 왕

---

5) 스터브스Stubbs, 《헌법사Constitutional History of England》, 제2판, 제Ⅰ편, 434쪽.
6) 로베르Robert de Monte(서기 1159년)의 기록. 스터브스Stubbs, 《헌법사Constitutional History of England》, 제2판, 제Ⅰ편, 588쪽에서 재인용함.
7) 서기 1178년~1179년 사이의 글인 〈국고國庫에 관한 대화Dialogus de scaccario〉. 스터브스Stubbs, 《헌법사 Constitutional History of England》, 제2판, 제Ⅰ편, 588쪽에서 재인용함.

에게 봉건적 군복무를 제공할 의무가 있다는 이유로 군사적 임무수행에 대한 보수의 수령을 사양한 적도 있었다.[9] 그러나 사물의 본성은 이러한 정치적 계산보다 강했었고 용병체계는 계속 우위를 유지했다.

바쌀vassal들이 어느 정도 군사의무를 지니고 있었는지는 처음부터 의문이었다. 프랑크 왕국의 샤를마뉴Karl/Chalemagne 대제大帝는 로아르Loire 지역의 한 프랑크 대공大公과 그의 추종자들에게 몇 달이 걸리는 엘베Elbe강 너머 전역戰役에 그들 비용으로 참전하도록 명령할 수 있었고 이는 대공大公들이 영주領主와 관리의 중간쯤 되는 지위에서 영지領地 전체의 자원을 동원할 수 있는 처지에 있었기 때문이다. 그러나 잉글랜드 왕은 배론Baron들에게 무한정 그들의 비용으로 기사騎士들을 제공하라고 요구할 수 없었다. 특히 대륙에서 전역戰役이 있을 경우 그랬을 것이다. 대륙의 경우와 같이 잉글랜드에서도 곧 바쌀vassal들이 자신의 비용으로 출전하는 기간을 40일로 제한하는 것이 규칙으로 간주되었다. 대륙으로 출전할 경우에도 이 규칙이 적용되는지에 대해 논란이 있었지만 배론Baron들은 이를 정면으로 거부했다.[10] 40일로 한정된 전쟁이란 이웃 간의 사소한 충돌 외에는 있을 수 없다. 따라서 반란이나 약탈습격 그리고 스코틀랜드나 웨일즈와 국경분쟁 등 사소한 충돌의 경우에만 엄격한 의미의 봉건적 복무가 요구되었고 여타 경우에는 금전적 보수를 수단으로 병력이 동원되었었다. 카롤링Karoling/Caroling 왕조 법령에 보이는 것과 비슷한 방식으로 몇몇 기사騎士들이 힘을 모아 자신들 중 1명에게 장비와 보급품을 대주는 일도 있었고 이로써 두 체계 사이의 전환기가 형성되었다.

서기 1157년 헨리 II세는 웨일즈로 "매우 큰 원정maximam expeditionem"을 나갈 때 "매 3명 당 2명이 나머지 1명의 장비를 갖추어 주었다duo milites de tota Anglia tertium pararent."[11] 서기 1198년 리차드 I세는 노르망디Normandie/Normandy 전역戰役을 위해 매 10명 당 9명이 나머지 1명의 장비를 갖추어 주도록 했다.[12] 서기 1205년 존Johann/John 왕도 동일한 요구를 했다.[13] 헨리 III세 때는 서기 1230년 등 수 차례에 걸쳐 1년에 쟁기 2개

---

8) 제51조. "또한 즉시…왕국을 위협할 수 있는 말과 무기를 가지고 들어오는 외국인 병사, 쇠뇌수弩手, 하급 간부 및 용병傭兵을 왕국 내에서 모두 없앤다Et statim…amovebimus de regno omnes aliegenas milites, balistarios, servientes, stipendiarios, qui venerint cum equis et armis ad nocumentum regni."

9) 모리스John E. Morris, 《에드워드 I세의 웨일즈 전쟁, 원사료에 기초한 중세 전쟁사 연구The Welsh Wars of Edward I, A Contribution to Military History based on Original Documents》, 185쪽 등.

10) 폴락Pollock·메이트랜드Maitland의 《에드워드 I세 전의 영국법제사The History of the English Law before the Time of Edward》, 제2판, 서기 1898년, 제I편, 233쪽에서는 이 40일 규칙은 결코 법적 실효성이 있었을 수 없으며 언제나 이론으로만 유지되었을 것이라고 지적했다. 잉글랜드의 존John/Johann 왕은 80일을 요구한 적도 있다. 최근 뀌이에모Guilhiermoz(《중세 프랑스 귀족들의 기원고起源考 Essai sur l'origine de la noblesse en France au moyen âge》, 파리, 알퐁제 피카르 에드 피유Alphonse Picard et fils 출판사, 서기 1902년)는 이 40일 규칙을 도입한 것은 잉글랜드의 헨리Henry/Heinrich II세라고 확언했다.

11) 로베르Robert de Monte의 기록. 스터브스Stubbs, 《헌법사Constitutional History of England》, 제2판, 제I편, 455쪽에서 재인용.

12) 폴락Pollock·메이트랜드Maitland, 《에드워드 I세 전의 영국법제사The History of the English Law before the Time of Edward》, 제2판, 서기 1898년, 제I편, 234쪽.

로 갈 수 있는 크기의 토지마다 공동체 비용으로 1명을 40일 동안 출전시키도록 요구했다.14) 이런 요구들은 실제는 모두가 보수를 지급하고 필요한 인원을 모집함으로써 충족될 수 있는 요구였음이 분명하다.

우리는 알반스St. Albans 대수도원大修道院의 경우를 통해 이런 발전과정을 상세히 알 수 있다.15) 이곳 대수도원장大修道院長에게는 6곳의 기사봉토騎士封土가 있었는데 각 봉토는 다시 하도급下都給바쌀Aftervassal들에게 분배되어 있었다. 왕이 병력을 징집할 때면 각 봉토의 다양한 지주地主들이 모여서 기사騎士 1명을 공급할 준비를 했다. 이를 위해 그들은 가끔 기사騎士 1명 아니면 하급 간부 2명을 고용하기도 했고 어떤 때는 자신들 중 1명을 선정해서 복무하게 하면서 그의 장비와 보급품을 지원해 주기도 했다. 말메스베리Malmesbury의 기사騎士들 사이에서도 이와 유사한 약정이 있었던 것으로 보인다.

헨리 Ⅱ세 시대 이후로는 이런 소위 "방패 값Schildgeld/scutagia" 약정에 관한 직접적 증거가 계속 발견되는데 이는 훨씬 오래 전부터 있던 관행이었음이 분명하다.16) 그러나 이런 관행이 군사의무가 전적으로 돈으로 "대체"되었음을 말해주는 것은 아니며 모든 배론Baron이나 기사騎士들은 직접 징집에 응하든지 특정된 금액을 납부하든지 선택할 수 있었을 것이다. 다시 말해 징집에 응하지 않는 자의 봉토는 회수한다는 원칙을 왕은 유지했을 것이며 징집에 응하지 않은 혐의를 받는 자는 결정될 벌금을 국고에 납부하고 자신의 지위를 유지할 수밖에 없었을 것이다. 봉건의무에 관한 논쟁은 또한 일반세금의 개념 문제와 연결된다. 그러나 세부적으로는 불명확한 부분들이 많으며 특히 로드lord가 징집에 응하시 않았을 때 그의 하도급下都給 바쌀Aftervassal들이 얼마의 금액을 누구에게 지불해야 했었는지 우리는 아직 모른다. 그러나 우리는 이런 의문점들을 접어 둘 수 있다. 군사조직 문제에 있어 중요한 점은 인적 복무가 금전 납부로 대체될 수 있게 되었다는 점과 이 돈이 용병기사傭兵騎士들의 모집과 유지에 사용되었다는 점이다.17)

---

13) 스터브스Stubbs, 《헌법사Constitutional History of England》, 제2판, 제Ⅰ편, 590쪽.
14) 그나이스트Gneist, 《영국헌법사Englische Verfassungsgeschichte》, 289쪽, 각주(카튼 도서관Cotton Library에 수장收藏된 수고手稿의 기록이라 함).
15) 폴락Pollock·메이트랜드Maitland, 《에드워드 Ⅰ세 전의 영국법제사The History of the English Law before the Time of Edward》, 제2판, 서기 1898년, 제Ⅱ편, 252쪽.
16) 같은 책, 제Ⅰ편, 246쪽.
17) 같은 책, 제Ⅰ편, 255쪽에서 추정하고 있는 것과 같이 인적 복무가 금전 납부로 변한 것이 징집인원 감소의 근본원인이며 그 이외에는 징집인원 감소를 설명할 방법이 없다. 서기 1166년에 기사騎士 784명을 출전시켜야 했던 같은 성직자가 서기 1277년에는 제공할 병력이 100명도 되지 않음을 시인했다. 세력이 큰 얼earl들 역시 마찬가지였다. 반면 기사騎士 개인에 대한 보상은 이에 따라서 증가했다. 그러나 모리스John E. Morris의 모리스John E. Morris, 《에드워드 Ⅰ세의 웨일즈 전쟁, 원사료에 기초한 중세 전쟁사 연구》에서는 징집인원 감소의 원인을 물론 달리 설명하고 있다. 그는 출전시켜야 할 병력이 감소한 것은 복무기간의 통상적 기준인 40일을 수 차례 연장한 데 대한 보상이었다고 한다(45쪽).

따라서 이때부터는 전통과 훈련과 경험을 통해 호전성을 유지하고 있는 기사騎士 계층을 돈으로 모집하려면 큰 토지가 중요한 군사적 의미를 지니게 되었다고 보아야 한다. 잉글랜드 기사騎士들은 영주領主/Senior의 징집에 의해서가 아니라 그가 받을 보수에 관한 자신의 결정에 따라 야전으로 나가면서 호전성을 유지했다. 대륙에서는 대공大公/Graf이 왕의 바쌀vassal로서 봉건기사封建騎士들을 공급했고 때로는 그 위의 영주領主/Herzog나 그 밑의 바네레트Bannerherr/banneret(역자 주: 몇 명의 기사騎士를 거느린 상급 기사騎士로서 기령기사旗領騎士라고도 한다) 같은 중간단계가 존재하기도 했지만 잉글랜드에서는 배론Baron("상급 소작인tenentes in capite")과 그의 하도급下都給 바쌀("하급 소작인subtenentes") 사이의 차이가 단지 대지주大地主와 소지주小地主라는 양적인 차이에 불과할 정도로 변했다. 그러나 서기 1292년의 〈키아 엠프토레스Quia emptores〉 [역자 주: 에드워드 1세에 의해 웨스트민스터 의회에서 반포된 법률로서 보통 그 첫 문구를 따서 "키아 엠프토레스"("왜냐하면 토지양도자들이")로 불리며 봉건 토지를 받은 사람이 이를 재임대再賃貸하는 것을 금지했다. 영국 최초의 재산양도관계법에 해당한다] 는 새로 봉토封土를 양도받은 사람은 어떤 경우이건 직접 왕의 바쌀이 된다 했는데 이는 정치적으로 법적으로 중간 봉건단계를 금지한 것이다. 그러나 이제 군사적 측면에서는 큰 토지가 기반인 원래의 바쌀 체계가 배론Baron이 콘도티에리condottieri(역자 주: 용병대장傭兵隊長)로서 모병募兵을 담당하는 형태로 바뀌었다. 대륙에서 대공大公/Graf이 병력을 끌고 야전으로 나간 것같이 잉글랜드에서도 민병民兵 징집의 경우에만 치안관治安官/Sheriff들이 병력을 끌고 나가고 야전에 나갈 때는 기사騎士들과 그 수행원들은 배론Baron들이 끌고 야전으로 나갔지만 이 배론들은 왕과 약정한 보수를 가지고 자신의 명의와 개인적인 명성과 돈으로 기사騎士들과 그 수행원들을 모집해서 무장을 시키고 보수를 주었다.

진정한 봉건체계의 기반은 순수한 물물교환경제였지만 잉글랜드에서 노르만 왕들과 그들의 후계자인 플랜태지네트Plantagenet 왕조 때 수정된 봉건체계의 기반은 물물교환경제와 화폐경제의 결합이었다고 할 수 있다. 전사戰士 계층의 핵인 기사騎士들은 그 사회적 기반이 하사 받은 토지에 있었고 또 이로부터 지원을 받았던 반면 실질적인 군대는 돈으로 모집되고 유지되었기 때문이다. 잉글랜드 왕들은 유럽에서 시작된 경제생활 변화로 인해 이런 제도를 도입할 수 있었다. 우리는 바로 이 시기에 귀금속의 현저한 생산증대로 인해 화폐경제가 부활되기 시작한 것으로 볼 수 있다. 차후 용병傭兵체계에 관한 장章에서 다시 다루겠지만 이렇게 금은金銀의 유통이 증대한 효과가 군사조직에 처음 나타난 곳은 놀랍게도 금은金銀의 생산지인 대륙이 아니라 잉글랜드였는데 이곳에서는 교역을 통해서 금은을 들여왔고 발전된 정치로 인해 이 금은의 사용이 가능해졌다. 11세기에는 이미 교역이 상당히 늘어났다. 이 시기는 게르만 왕국의 도시들이 하인리히 IV세 밑에서 처음으로 정치세력으로 부상한 시기였다. 쾰른Köln/Cologne과 프랑드르Flandern/Flandre의 도시들은 잉글랜드와 교역이 활발했다. 잉글랜드 연대기年代記 작가인 헨리Henry of Huntingdon(서기 1155년경)가 남겨준 기록에는 잉글랜드는 납鉛, 주석朱錫, 육류, 물고기, 모직, 석탄 등을 게르만으로 수출했고 이런 일반 소비재의 대금으로 은銀을 받았다고 했다.[18] 대륙에는 이렇게 통화通貨를 조절할만한 힘을 지닌 중심적 정치세력이 아직 없었고 백성들은 세금稅金에 익숙하지 않았다. 가장 강한 세력 이었던 무서운 바이킹Viking들만 가끔 지역이나 국가를 불문하고 조공租貢을 요구하고 이를 일반분담금 형식으로 거두어 들였을 뿐이다. 이 야만인 뱃사람들은 잉글랜드를 대륙보다 더 괴롭혔고 이들에게 지급해야 할 소위 "데인 돈Dänengeld/Danish money"이 때로는 정기세금 성격을 띠기도 했다. 앙겔-작센족 크누트Knut 왕(역자 주: 재위 서기 1016년-1035년)이 잉글랜드를 통치할 당시 그는 자신의 하우스칼Housecarl(역자 주: 사병私兵 또는 근위대)들에게 정기적으로 보수를 지급하고 겨울에는 그들이 머물 곳을 지정했다. 정복자 월리암 당시에는 "데인 돈"의 관습이 이미 사라지고 없었지만 그는 과거 전통과 결부시켜 세금을 거두어들일 수 있었고 그의 후계자들 때는 강력한 왕권을 기초로 세금체계를 점차 발전시킬 수 있었는데 이는 그들이 법적으로는 고대 앙겔-작센족 왕들의 후계자였기 때문이다. 그러나 그들은 옛날 전통과 그들이 잉글랜드로 들어올 때 함께 들여온 봉건적 패권의 개념을 접목시킴으로써 권력을 더욱 강화했다. 이제 잉글랜드 왕은 국가원수이며 전국토의 소유자였다. 앙겔-작센족 왕조에는 위탄Witan(역자 주: '본다' 혹은 '안다'는 뜻을 지닌 앙셀-삭센족 단어로 왕의 자문위원회에 부쳐진 이름이었다. 크누트는 이 자문위원회에서 왕으로 선출되었다)이라는 견제기구가 있었고 대륙 왕조들에는 세력 큰 바쌀vassal들의 특권과 세습 경향이 있는 영지領地/Grafschaft/county라는 제약이 있었지만 잉글랜드 왕조에는 이런 제약이 없었다. 위탄을 대체한 배론회의(콘센서스consensus)가 있었지만 우리가 앞서 보았듯 배론들 자신이 잉글랜드에 깊고 넓은 권한이 없었다. 로드lord들이 가지고 들어온 노르만-프랑스법이 앙겔-작센 민족법의 상위에 있었으므로 분쟁이 생길 경우 어떤 법체계가 적용될 것인지에 대한 결정권은 왕에게 있었다. 왕조는 중앙권력으로서 치안관治安官/Sheriff을 통해 각 영지領地/Grafschaft/county를 통치하고 법을 공포했고 왕국 전체의 토지대장土地臺帳을 작성케 해서 이를 기초로 세금을 징수하고 벌을 가했고 재량으로 호의를 베풀기도 했다. 봉토封土 수혜자가 사망 시에 상속사가 같은 봉토를 갱신更新하려면 왕조가 제멋대로 결정한 대가를 지불해야 했다. 왕은 세력이 약한 봉토封土 소유자에 대해 보호권을 주장하면서 이런 권리를 멋대로 행사했다. 사망한 바쌀vassal의 딸이 마음에 들면 그와 결혼해

---

18) 커닝햄Cunningham, 《영국 상공업의 성장The Growth of English Industry and Commerce》, 제3판, 제I편, 196쪽.

버렸다. 혹독한 치안벌금(아머시아먼트amerrciaments) 체계가 발전해서 타국을 점령한 군대의 엄격한 군기軍紀에 비교가 될 정도였다. 처벌이 피고인의 재산과 비례했기 때문에 단순한 절차태만 같은 사소한 위법행위의 경우에도 매우 높은 벌금이 부과되었다. 대륙에서는 어떤 통치자도 그의 부하와 지위 높은 바쌀vassal들을 이런 식으로 대우하거나 《돔스데이 북Domesday Book》과 같은 토지대장을 작성케할 수는 없었을 것이다. 치안관들은 담당 영지領地에서 세금을 일반 임차료賃借料로 받았다. 정상적 수입인 방패 값Schildgeld/scutagia과 사례금Gebühr/fee과 벌금이 충분하지 않을 때는 "휠펜fülfen"(지원세支援稅)을 징수하고 또 개인 재산의 1/9 또는 1/4까지 세금으로 징수했다.19) 연체延滯에 대한 처벌은 벌금으로 끝나지 않았다. 헨리 II세의 막내아들인 존John/ Johann 왕은 벌금을 내지 않으려는 한 유태인의 이를 매일 1개씩 뽑게 했다. 이 유태인은 이 7개를 뽑힌 후 그에게 요구되었던 10,000마르크Mark를 냈다.

간단히 말해 잉글랜드 왕들은 세금을 거두어서 이 돈으로 특수한 군사체계를 만들었다. 용병傭兵군대를 지원할 막대한 돈을 백성들로부터 끌어내는 데 필요한 전제專制권력과 무서운 위력을 정복자로서 지니고 있었기에 가능한 일이었다.

정복자 윌리암의 막내아들인 헨리 I세 때 이미 압제와 강탈에 대한 불평 및 이를 개선하겠다는 엄숙한 약속이 있었다 한다. 헨리 II세는 사실 백성들의 부담 자체를 덜어준 것은 아니지만 관리들 외에 특별 평의회評議會를 만들어 백성들의 재산평가나 세금결정에서 매서운 칼날 같은 자의성을 배제하려는 일정한 조치를 취했다. 그는 한때 치안관 전원을 해직시킨 적도 있다. 서기 1198년 리차드 I세는 잉글랜드 기사騎士 300명을 보내 도버Dover 해협 너머의 전역戰役에서 1년 내내 복무하게 하거나 이런 병력을 1인 당 하루 3실링씩 주고 1년간 유지할 돈을 내라고 요구한 적이 있는데 이들은 이를 터무니없는 요구라고 불평했다 한다.20) 기사騎士 300명은 적정한 요구같이 보이지만 이를 위한 총 328,500실링 또는 16,425파운드의 돈은 거대한 액수였다. 리차드 I세의 동생 존John/Johann 왕 때는 바로 이런 요구 때문에 그 유명한 헌법충돌과 〈마그나 카르타Magna Charta〉가 생겼다. 이 충돌에서 배론Baron들이 일시 승리하기는 했지만 행정을 완전히 장악한 강력한 중앙집권 정부가—자신의 재량에 의해서건 계층 간 약정에 의해서건—세금을 거두어들여 이 세금으로 용병기사傭兵騎士들과 평범한 전사戰士들로 구성된 부대들을 야전으로

---

19) 서기 1294년에는 성직자는 1/2, 얼earl과 배론Baron과 기사騎士는 1/10 그리고 도시는 1/6을 각각 내야했고 이듬해에는 성직자는 1/2, 귀족은 1/11 그리고 도시는 1/7을 각각 내야했으며 서기 1307년에는 잉글랜드 전체에서 1/15을 냈는데 그 액수가 40,000파운드에 달했었다.

20) 스터브스Stubbs, 《헌장선憲章選/Selected Charters》, 235쪽(로저Roger of Hoveden, 〈잉글랜드 연대기年代記〉, 제II편, 261쪽).

내보냈던 것만큼은 분명한 사실이다.

잉글랜드의 군사조직에서 용병傭兵과 기사騎士들이 혼합되자 봉건 개념은 완전히 그늘에 가려지게 되었다. 잉글랜드 왕권이 프랑스 대봉토大封土들(노르망디Normandie/Normandy, 브레따뉴Bretagne/Brittany, 프와트Poitou 및 가스꼬뉴Gascogne/Gascony)에까지 미치게 됨에 따라 전쟁이 계속되지만 않았다면 브리튼 제도諸島에 정착한 노르만 기사騎士 계층은 곧 평화를 사랑하는 대지주大地主 계층으로 변했을 것이다. 그러나 본래 개념대로 군사봉토軍事封土/Kriegerlehen가 실질적인 전사戰士에게만 허용되게 하는 엄격한 통제도 없었음에도 높은 보수를 가지고 인간을 유혹했던 이 전쟁 때문에 노르만 기사騎士 계층은 호전적 전통을 계속 유지했다.

잉글랜드에서는 진정한 군사봉토軍事封土의 개념이 너무 빨리 근절되어서 정복자 윌리암의 외증손자(손녀 마틸다Matilde/Matilda의 아들)인 헨리 II세 당시에 벌써 바쌀vasssal 체계는 흔적도 보이지 않고 군사조직의 기반을 지주地主들의 시민민병市民民兵 개념에만 둔 법령이 나타났다.

서기 1181년 잉글랜드 국방법령인 〈잉글랜드 무기령武器令Assisa de armis habendis in Anglia〉은 기사봉토騎士封土/Ritterlehen가 있는 사람은 누구나 갑옷, 투구, 방패 및 창을 갖고 있어야 한다고 규정했다. 16마르크mark 이상 가치를 지닌 가축Vieh이나 여타 동산動産mobilen Vermögen을 소유한 사람도 그와 동일한 장비를 갖고 있어야 했으며 10마르크mark 이상 가치를 지닌 재산을 소유한 사람은 목 보호대와 철제鐵製 투구 및 창을 하나씩 갖고 있어야 했고, 여타 모든 자유민은 허리가 잘룩한 웃옷, 철제 투구 및 창을 보유하고 있어야 했다. 어떤 방식으로든 이런 무기를 처분할 수 없었고 보호자는 자신의 어린 상속자들이 군복무 적령기가 될 때까지 그들을 위해 이런 무기를 보관해야 했다. 순회판사들은 배심원들에게 백성들을 부류별로 나누게 한 후 영지領地/Grafschaft/county 집회에서 이 규정들을 읽어주고 선서를 하게 했다. 집회 불참자는 왕궁이 있는 웨스트민스터로 가게 했고 그곳에서 그에게 의무를 알려준 후 선서를 하게 했다. 판사들은 왕은 규정대로 무기를 보유하지 않는 자를 벌금으로 끝내지 않고 죽일 수도 있다는 말을 어느 곳에서나 공표해야 했다.

존John/Johann 왕의 서기 1205년 포고령은 적이 침입했다는 첫 보고가 있으면 모든 사람은 서둘러 적절한 무장을 갖추고 나라를 지켜야 한다고 규정했다. 질병으로 불참한 어느 지주地主는 처형을 당하지는 않았지만 상속자와 함께 모든 재산을 잃었다. 재산이 없는 사람은 상속자와 함께 농노農奴가 되어서 매년 인두세人頭稅로 4데나리denarii를 내야 했다. 가난을 이유로 징집을 피할 수도 없었다. 병력이 집결하는 순간 왕이 보급을 책임졌기 때문이다. 치안관治安官/Sheriff과 집행관執行官/bailib/bailiff들은 어느 곳에서나 시장市場이나 연례집회 등 공공장소에서 이런 규정을 공표

해야 했고 징집기피자를 왕에게 보고할 책임이 있었다.

헨리 III세의 서기 1252년 새 국방법령은 헨리 II세의 서기 1191년 국방법령을 크게 확대했다. 헨리 II세는 자유민의 무장만 명시적으로 규정했지만 이제는 16~60세의 모든 남성("도시거주민, 자유민 소작인, 마을거주자 및 기타*cives burgenses, libere tenentes, villanos et alios*")을 다 소집했고 헨리 II세는 3개 계층만을 구분했지만 이제는 5개 계층으로 구분했다. 최고 계층은 말을 타고 복무해야 했고, 나머지 4개 계층은 장검과 단검 외에 궁시弓矢로 무장해야 했다. 가장 작은 땅뙈기나 40실링 이상 동산動産을 소유한 마지막 계층은 큰 낫Sense/scythe, 단검, 손칼 및 이와 유사한 작은 무기만 휴대해도 되었다. 경관Constable들은 이 징집병들을 지휘해야 했다.

만약 역사적 사실들을 알려고 한다면 이런 법령들은 이 경우와 같이 원문들이 보존되어 있다 해도 우리가 법령들을 통해 알 수 있는 것이 얼마나 없는지 보여주는 예가 될 것이다. 현재도 존재하는 잉글랜드 민병民兵의 기초가 이런 무기령武器令들에 있었음은 사실이지만 옛날이나 지금이나 전쟁의 역사에서 이런 민병民兵들이 한 일은 거의 없다. 혹독한 벌칙에도 불구하고 이 중세법령들은 실제 이행된 적이 거의 없다. 아무리 이행이 잘 되어도 그 군사적 효율성이 너무 적었을 것이지만 계층분류, 명부작성, 무기조달의 강제와 점검 등은 너무나 어려운 일이었다. 우리가 앞서 알 수 있었다시피 진짜 전쟁은 이와는 전혀 다르게 조직된 병력들의 몫이었다. 헨리 III세의 명을 받은 16~60세의 모든 남성으로 민병民兵이 조직되면 병력수가 수십만은 되었겠지만 그 다음 시대에까지도 결정적 전투들은 여전히 수천 명에 불과한 인원들이 벌인 전투였다.

그나이스트Gneist는 잉글랜드에서 백성들이 단계적 군사의무를 지닌 다섯 계층으로 나뉜 것을 고대 로마 센튜리Centurie/century 조직에 비교했다. 외적으로 양자는 분명히 유사하지만 우리는 그 차이점을 이해해야 한다. 로마군의 경우 훈련된 병력의 징집조직이 문제였지만 잉글랜드군의 경우에는 진정한 전사戰士 계층과는 거리가 먼 거의 서류상으로만 존재하는 민병民兵의 문제였다. 더욱이 이제는 그 유명한 세르비우스 헌법servianischen Verfassung(역자 주: 고대 로마의 세르비우스Servius Tullius왕 때의 헌법)상의 계급분화階級分化도 2세기 카토Cato의 허구적인 중도정책中道政策 그 이상은 아니었다(이 책 제I편, 제IV권, 제I장, 부기 참고).

이런 군사 법령들은 현실에서는 아무 의미도 없었지만 이에 대한 지식은 우리에게 매우 중요하다. 이들은 우선 그 같은 비조직적 대량징집이 얼마나 무가치한지를 잘 보여주는 증거이며 특히 중세 초기부터 있던 것으로 알려진 서西고트Westgoten/Visigoths 왕국과 프랑크 왕국의 유사법령들과도 비교되기 때문이다. 잉글랜드 무기령武器令의 본래 명칭 중 "아씨사*Assisa*"가 본래 무슨 뜻의 말인지 우리는 모른다.

아마 "평가"를 의미하는 "센텐티아 아씨사*sententia assisa*"의 약칭略稱일지도 모른다. 스터브스Stubbs는 이들을 단순히 프랑크 왕국 카롤링Karoling/Caroling 왕조 법령들 같이 "카피툴라리*Capitulary*"라고 부르는데21) 이 단어 역시 본래 무슨 의미인지 우리는 모른다. 필자는 이들을 쉽게 비교해 보기 위해 그 원문들을 뒤의 부기附記에 수록해 놓았다(역자 주: 카롤링 왕조 법령들은 그 원문과 번역문이 앞의 제I권, 제I장, 부기附記에 수록되어 있다). 학자들은 카롤링 왕조의 법령들을 연구하면서 곳곳에서 기만을 당했었고 이들로부터 현실적인 의미를 찾아내기 위해 필자 역시 말할 수 없이 큰 고통을 겪었었다. 중세의 법령들은 그 문언文言이 실생활과는 일치하지 않을 뿐 아니라 오히려 실생활과 완전히 정반대라는 사실에 대한 이해가 먼저 필요했기 때문이다. 플란태지네트Plantagenets 왕조의 무기령武器令들을 통해서 우리는 카롤링 왕조 법령들에서 이해하기가 매우 힘들었던 부분들을 분명히 이해할 수 있게 되는데 이는 13세기 사료들은 8~9세기 사료들 같이 허술하지 않으며 이를 통해 우리가 실제의 점진적 발전과정을 추적해 보는 것이 가능하기 때문이다. 그러나 이들은 13세기 상황을 설명해 줄 뿐 아니라 그 앞 시대에 관한 필자의 해석이 정당했음을 확인해 주기도 한다. 마치 부르고뉴 전쟁에 관한 스위스인들의 기록이 페르시아 전쟁에 관한 헤로도투스Herodote/Herodotus의 기록을 평가할 수 있는 길잡이별이 되는 것과 같다(역자 주: 이 책 제I편, 제I권, 제I장 및 뒤의 제V권, 제VII장 참고).

---

21) 《헌법사*Constitutional History of England*》, 제2판, 제I편, 573쪽.

부 기附記

서기 1181년의 〈잉글랜드 무기령武器令Assisa de armis habendis in Anglia〉

(스터브스Stubbs, 《헌장선憲章選/Selected Charters》, 153쪽)

1. 기사騎士 1명 몫의 봉토封土를 소유한 사람은 누구나 쇠미늘 갑옷(역자 주: 앞의 3쪽 참고), 투구, 방패 및 창을 하나씩 갖고 있어야 하며, 모든 기사騎士들은 자신의 영역 내에 있는 기사봉토騎士封土 숫자만큼 쇠미늘 갑옷, 투구, 방패 및 창을 갖고 있어야 한다.

2. 누구든 16마르크marcis 이상의 가치를 지닌 가축cattalo 또는 동산redditu이 있는 자유민 평민은 쇠미늘 갑옷, 투구, 방패 및 창을 하나씩 분명히 갖고 있어야 하며, 10마르크의 가치를 지닌 가축 또는 동산이 있는 자유민 평민은 목 가리개aubergellum, 철제鐵製 투구capellet ferri 및 창을 하나씩 확실히 갖고 있어야 한다.

3. 또한 모든 도시민과 자유민은 전투용 웃옷wambais, 철제 투구 및 창을 하나씩 가지고 있어야 한다.

4. 그러나 그들 각자는 성聖 힐라리Sancti Hillarii 축일祝日 이전에 이런 무기들을 갖고 있어야 하며 마틸다Matildis 공주의 아들 헨리Henrico 왕 전하께 충성을 바치며 왕 전하와 그의 왕국에 충성하기 위해 출전할 때는 이런 무기들을 스스로 지니고 나갈 것을 서약해야 한다. 이런 무기들을 지닌 사람은 이를 팔거나 저당 잡히거나 타인에게 빌려주어서는 안 되며 어떤 식으로든 이들이 자신에게서 떠나게 하면 안 된다. 그의 로드dominus도 벌칙forisfactum, 선물, 빚 담보vadium 등 여하한 방식으로도 그에게서 이를 빼앗으면 안 된다.

5. 이런 무기들은 이들을 가진 자가 죽으면 상속자의 것이 된다. 그의 상속자가 아직 나이가 적어서 필요할 때 이런 무기들을 사용할 수 없는 경우에는 그의 후견인이 이를 보관하면서 이를 사용할 능력이 있고 왕 전하를 위해 출전할 사람을 물색해 본다. 그러나 상속자가 이를 사용할 수 있는 나이가 되면 그가 이를 갖는다.

6. 그의 평가재산에 따라 필요한 것보다 더 많은 무기를 보유한 사람은 잉글랜드 왕 전하를 위해 복무하기 위해 무기가 필요한 사람에게 초과분의 무기를 팔고 양도해야 한다. 누구도 자신의 평가재산에 따라 필요한 것보다도 더 많은 무기를 보유하면 안 된다.

7. 또한 유태인Judaeus은 쇠미늘 갑옷이나 목 가리개를 집에 갖고 있으면 안 되며 가지고 있는 것이 있으면 이를 다른 사람에게 팔거나 주거나 자신의 소유에서 제거함으로써 왕 전하를 위해 복무할 사람들이 이를 쓸 수 있도록 해야 한다.

8. 또한 왕 전하의 명령 없이는 누구도 잉글랜드 밖에서 무기를 휴대하면 안 되며 잉글랜드 밖으로 이를 반출할 수 있는 사람에게 무기를 팔아서도 안 된다.

9. 또한 판사Justitiae들은 앞서 말한 대로 흉갑胸甲, 투구, 창 및 방패를 보유해야 할 만큼의 가축을 갖고 있는 사람들 중에서 전투에 필요하다고 판단하는 인원수만큼 기사騎士의 법적 신분을 지닌 자, 여타 자유민, 백호百戶/hundredis와 도시burgis에서 법적 신분을 보유한 자들에게 선서하게 해야 한다. 다시 말해서 가축 또는 동산으로

재산이 16마르크가 되는 자들과 10마르크가 되는 자들이 그들의 백호와 이웃과 도시 앞에서 이런 것들을 모두 말하게 해야 한다. 그런 다음 판사는 배심원juratores 등에게 그들이 지닌 가축과 수입이 얼마나 되는지 그리고 이에 따라서 그들이 갖고 있어야 할 무기가 무엇인지를 기록하게 해야 한다. 또한 그런 다음 판사들은 총회總會에서 그들에게 무기보유에 관한 평가를 읽어 주고 그들이 앞서 말한 그들의 가축과 수입에 따라 보유해야 할 무기들을 갖고 있을 것과 앞서 말한 평가에 따른 무기들을 헨리 왕 전하를 위해 출전할 때 갖고 나와 왕 전하와 그의 왕국의 지휘에 따라 충성스럽게 사용할 것을 서약하게 해야 한다. 이런 무기들을 갖고 있어야 할 사람이 혹 판사가 자신의 구역comitatu에 와 있는 기간 중 다른 곳에 있는 경우가 있으면 판사는 그 사람에게 다른 구역에서 자신에게 출두할 날짜를 지정해 주어야 한다. 만약 그가 그 지역에 없어서 판사가 지나가는 구역 어느 곳에도 나오지 않았을 때는 그에게 성聖 미카엘Sancti Michaelis 축일祝日 8일차에 웨스트민스터로 오게 날짜를 지정해 주어서 그가 자신과 자신의 재산을 존중한다면 그곳에서 선서를 할 수 있게 해주어야 한다. 그리고 그가 준비하기 편리하게 성聖 힐라리Sancti Hillarii 축일祝日까지만 그의 무기를 보유하도록 그에게 명령해야 한다.

10. 또한 판사들은 왕 전하는 앞서 말한 대로 무기를 보유하지 않은 사람의 신체에 벌을 가할 것이며 결코 그의 토지와 가축을 빼앗는 것으로 그치지 않을 것임을 그들이 지나갈 모든 구역에 공표해야 한다.

11. 또한 16마르크 아니면 10마르크 가치에 상당하는 가축을 소유하지 못한 충성스런 자유민에게는 선서를 하게 하면 안 된다.

12. 또한 판사들은 자신과 자신의 재산을 존중하는 사람이라면 잉글랜드를 떠나기 위해 선박을 매매할 수 없고 누구도 선박자재maironiam/Bauholz를 획득하거나 잉글랜드 밖으로 반출할 수 없게 통제해야 한다. 또한 왕께서는 자유민 외에는 누구도 무기를 보유할 수 없노록 명하셨다.(출처: 《대수도원장 베네딕트의 헨리 II세의 행적行蹟Gesta Regis Henrici Secundi Benedicti Abbatis》, 제I편, 278쪽. 로저Roger of Hoveden, 《잉글랜드 연대기年代記》, 제II편, 261쪽.)

(원문)

1. *Quincunque habet feodum unius militis habeat loricum et cassidem, clypeum et lanceam; et omnis miles habeat tot loricas et cassides, et clypeos et lanceas quot habuerit feoda militum in dominico suo.*

2. *Quincunque vero liber laicus habuerit in catallo*(가축vieh) *vel in redittu*(동산mobilen Vermögen 또는 소출rent) *ad valentiam de XVI. marcis, habeat loricam et cassidem et clypeum et lanceam; quincunque veri liber laicus habuerit in catallo vel redittu X. marcas habeat aubergel*(목 가리개 Halsberge), *et cappelet ferri*(철제鐵製 투구Eisenhaube) *et lanceam.*

3. *Item omnes burgenses et tota communa liberorum hominum habeant wambais*(전투용 웃웃Wämser) *et capellet ferri et lanceam.*

4. *Unusquisque autcm illorum juret, quod infra festum Sancti Hilarii haec arma habebit et domino regi Henrico scilicet filio Matildis imperatricis fidem portabit, et haec arma in suo servitio tenebit secundum praeceptum suum et ad fidem domini regis et regni sui. Et nullus ex quo arma haec habuerit, ea vendat, nec invadiet nec praestet, nec aliquo alio modo a se alienet; nec dominus suus ea aliquo modo ab homine suo alienet, nec per forisfactum*(벌칙으로als Busse), *nec per donum, nec per vadium*(빚 담보로als Lohn), *nec aliquo alio modo.*

5. *Si quis haec arma habens obierit, arma sua remaneant haeredi suo. Si vero haeres de tali aetate non sit, quod armis ut possit, si opus fuerit, ille qui eum habebit in custodia habeat similiter custodiam armorum, et hominem inveniat qui armis uti possit in servitio domini regis, donec haeres de tali aetate sit quod arma portare possit, et tune habeat.*

6. *Quincunque burgensis plura arma habuerit, quam habere oportuerit secundum hac assisam, ea vendat vel sic a se alienet tali homini qui ea servitio domini regis Angliae retineat. Et nullus eorum plura arma retineat quam eum secundum hanc assisam habere oportuerit.*

7. *Item nullus Judaeus loricam vel aubergellum penes se retineat, sed ea vendat, vel det, vel alio modo a se removeat, ita quod remaneant in servitio regis.*

8. *Item nullus portet arma extra Angliam nisi per praeceptum domini regis; nec aliquis vendat arma alicui, qui ea portet ab Anglia.*

9. *Item Justitiae*(판사die Richter) *faciant jurare per legares milites vel alios liberos et legales homines de hundredis et de burgis, quot viserint expedire, qui habebunt valentiam catalli*(가축vieh) *secundum quod eum habere oportuerit loricam et galleam et lanceam er clypeum secundum quod dictum est; scilicet quod separatim nominabunt eis omnes de hundredis suis et de visnetis et de burgis, qui habebunt XVI. marcas vel in catallo vel in redditu, similiter et qui habebit X marcas. Et Justitiae postea omnes illos juratores et alios faciant inbreviari, qui quantum catalli vel redditus habuerint, et qui secundum valentiam catalli vel redditus, quae arma habere debuerint; et postea coram eis in communi audientia illorum faciant legere hanc assisam de armis habendis, et eos juare quod ea arma habebunt secundum valentiam praedictam catallorum vel redditus, et ea tenebunt in servitio domini regis secundum hanc praedictam assisam in praecepto et fide domini regis Henrici et regni sui. Si vero contigerit quod aliquis illorum qui habere debuerint haec arma, non sint in comitatu ad terminum quando Justitiae in comitatu illo erunt, Justitiae ponant ei terminum in alio comitatu coram eis. Et si in nullo comitatu per quos iturae sunt, ad eos venerit, et non fuerit in terra ista, ponatur ei terminus apud Westmuster ad octavas Sancti Michae;is, quo sit ibi ad faciendum sacramentum suum, sicut se et omnia sua diliget. Et ei praecipatur quod infra festum praedictum Sancti Hilarii habeat arma secundum quod ad eum pertinet habendum.*

10. *Item Justitiae faciant dici per omnes comitatus per quos iturae sunt, quod qui haec arma non habuerint secundum quod praedictum est, dominus rex capiet se ad eorum membra et nullo modo capiet ab eis terram vel catallum.*

11. *Item nullus juret super legales et liberos homines, qui non habeat XVI. marcas, vel X. marcas in castallo.*

12. *Item Justitiae praecipiant per omnes comitatus, quod nillus sicut se ipsum et omnia sua diligit, emat vel vendat aliquam navem ad ducendum ab Anglia, nec aliquis deferat vel deferre faciat maironiam*(선박자재Bauholz) *extra Angliam. Et praecepit rex quod nullus reciperetur ad sacramentum armorum nisi liber homo.*

서기 1205년 〈병력징집 영장令狀 Writ for the levying of a force〉

(스터브스Stubbs, 《헌장선憲章選/Selected Charters》, 281쪽)

왕 등이 로텔란다Rotelanda의 치안관Vicecomiti 등에게 보냄. 대주교大主敎, 주교, 대공大公/comit, 배론Baron 등 우리 충성스런 잉글랜드인들의 승인 하에 잉글랜드 전역에서 기사騎士/milites들은 매 9명이 1명을 우리 왕국 방어를 위해 말과 무기를 잘 갖추게 할 것과 그 9명이 그 1명에게 1일당 2솔리디solidos씩 수당을 주게 한 규정이 제정되었음을 그대들에게 알린다. 따라서 그대들이 만약 자신과 자신의 재산을 존중

한다면 그대들 집행관구역_ballia_에서 10명의 기사_騎士_가 말과 무기를 잘 갖추고 앞서 말한 수당을 받아서 부활절 후 3주일 내에 런던으로 와서 우리가 지시한 곳에서 복무하면서 필요한 기간 동안 우리 영역을 지킬 준비를 하게 할 것을 지시한다. 또한 외국인이 우리 땅에 들어온 경우 모든 사람은 그들의 침입에 관한 첫 소식을 들은 후 모든 분쟁을 멈추고 지체 없이 군대와 무기로 그들과 싸워야 한다는 규정도 제정되었다. 또한 의무를 다 하지 않은 기사_騎士/miles_, 하급간부_serviens_ 또는 여타 소작인_tenens_이 발견되면 그가 나오지 못할 만큼 큰 질병에 걸린 것이 아닌 한 그 자신과 그 상속자는 상속권을 잃게 되고 그의 봉토_封土_는 토지 주인_domino_이 원할 경우 주인에게 넘어가며 상속권을 잃은 자와 그 상속자는 이를 다시 회수하지 못한다. 토지가 없는 기사_騎士_, 하급간부 등이 그와 유사하게 의무를 다 하지 않은 것이 발견되면 그들과 그들의 상속자들은 매년 1인 4데나리_denarios_의 금액을 납부해야 한다. 앞서 말한 병력집결이 있음을 알면 가난을 이유로 이에 불참해서는 안 된다. 그들이 군대에 들어오는 때부터 그들이 복무하기에 충분한 수단이 제공될 것이기 때문이다. 치안관_vicecomes_, 집행관_ballivus_ 또는 사제_司祭/praepositus_가 의무를 다하지 않은 사람들의 명단을 서면_書面_ 또는 구두_口頭_로 우리에게 제출하지 않으면 그 치안관, 집행관 또는 사제의 생명과 신체는 우리의 처분에 맡겨질 것이다. 따라서 우리는 그대들에게 모든 집행관구역_ballia_의 법정_法廷_, 시장_mercatis_, 집회장소_nundinis_ 등에서 이 모든 사항들을 서둘러 공포할 것을 명한다. 또한 그대들이 이행하지 않더라도 우리가 처벌할 필요는 없는 일들도 그대들은 이행해야 한다. 그대들은 또한 앞서 말한 날짜에 런던에 와있어야 하고 그대들이 있는 지역에서 문서를 보내야 하며 그 문서에는 출전할 기사_騎士_ 10명의 명단이 포함되어 있어야 한나. 나는 8월 3일 윈토니아_Wintonia_에서 이 명령에 직접 서명했다.(출처: 《영장철_令狀綴 Patent Rolls_》, 제I편, 55쪽.)

(원문)

Rex etc. Vicecomiti Roteladae etc. Scias quod provisum est cum assensu archiepiscoporum, episcoporum, comitum, baronum et omnium fidelium nostrorum Angliae, quod novem milites per totam Angliam invenient decimum militem bene paratum equis et armis ad defensionem regni nostri; et quod illi novem milites inveniant decimo militi qualibet die II. solidos ad liberationem suam. Et ideo tibi praecipimus quod, sicut te ipsum et omnia tua diligis, provideas quod decimi milites de ballia tua sint apud Londonias a die Paschae in tres septimanas, bene parati equis et armis, cum liberationibus suis sicut praedictum est, parati ire in servitium nostrum quo praeceperimus et existere in servitio nostro ad defensionem regni nostri quantum opus fuerit. Provisum est etiam quod si alienigenae in terram nostram venerint, omnes unanimiter eis occurant cum forcia et armis sine aliqua occasione et dilatione, auditis rumoribus de eorum adentu. Et si quis miles vel serviens vel alius terram tenens inventus fuerit, qui se inde retraxerit, dummodo tanta non fuerit gravatus infirmitate quod illuc venire non possit, ipse et haeredes sui in perpetuum exhaeredabuntur, et feodum suum remanebit domino fundi ad faciendum inde voluntatem suam; ita quod exhaeredatus vel haeredes sui nunquam inde aliquam habeant recuperationem. Si qui vero milites, servientes, vel alii qui terram non habent, inventi fuerint qui se similiter retraxerint, ipsi et haeredes sui servi fient in perpetuum reddendo singulis annis IV. denarios de capitibus suis, nec pro paupertate omittant ad *praedictum negotium venire cum illud audierint, quia ex quo ad exercitum venerint, providebitur unde sufficienter in servitio nostro poterunt sustentari, Si vero vicecomes vel ballibus praepositus illos qui se retraxerint nobis per breve vel per scriptum vel vita voce non ostenderint, dicti vicecomes vel ballivus vel praepositus remanebit in misericordia nostra de vita et membris. Et ideo tibi praecipimus quod sub festinatione haec omnia proclamari facias in foris per totam balliam tuam, et in mercatis et nundinis et alibi, et ita te de negotio illo faciendo intromittas quod ad te pro defectu tui capere non debeamus. Et tu ipse sis apud Londonias ad praefatum terminum, vel aliquem discretum ex parte tua mittas, et facias tunc nobis scire nomina decimorum militum, et habeas ibi hoc breve. Teste me ipso apud Wintoniam III die Aprilis.*

서기 1252년의 〈무기령武器令/Assize of Arms〉

(스터브스Stubbs, 《헌장선憲章選/Selected Charters》, 370쪽)

또한 다음 같은 규정이 제정되었다. 모든 치안관은 이 임무를 위해 특별 임명된 기사騎士 2명과 함께 그의 구역comitatus에서 모든 백호百戶, 도시 및 마을을 어느 하나 빠뜨리지 말고 순회해야 한다. 그들은 도시민, 자유민 소작인, 촌락 거주민villianos 및 여타 15세에서 60세까지의 남성들을 집합시켜 그들의 토지terrarum와 가축 catallorum의 가치에 따라 무기를 보유하도록 서약하게 해야 한다. 그의 토지의 가치가 15리브라타librata(파운드)인 사람은 쇠미늘 갑옷, 철제鐵製 투구, 큰칼gladium, 손칼cultellum 각 1개씩과 말 1필을, 10리브라타인 사람은 목 가리개, 철제 투구, 큰칼 및 손칼 각 1개씩을, 100솔리디solidatas(실링)인 사람은 전투용 웃옷, 철제 투구, 큰 칼, 창 및 손칼 각 1개씩을, 40솔리디 이상 100솔리디 미만인 사람은 큰칼, 활arcus 및 손칼 각 1개씩과 화살을, 40솔리디 미만인 사람은 작은 낫falce, 단도短刀/gisarmas, 손칼 및 여타의 작은 무기를 각각 휴대해야 한다. 그의 가축의 가치가 60마르크marcarum 인 사람은 쇠미늘 갑옷, 철제 투구, 큰칼, 손칼 각 1개씩과 말 1필을, 40마르크인 사람은 목 가리개, 철제 투구, 큰칼 및 손칼 각 1개씩을, 20마르크인 사람은 전투용 웃옷, 철제 투구, 큰 칼 및 손칼 각 1개씩을, 40솔리디solidorum(실링) 이상 10마르크 이 하인 사람은 작은 낫, 단도短刀 및 여타의 작은 무기를 각각 휴대해야 한다. 또 숲 에 살지 않으면서 활과 화살sagittas을 보유할 수 있는 사람은 이를 보유해야 하고, 숲에 사는 사람일 경우에는 활arcus과 화살pilatos을 보유해야 한다(필자는 이 마지막 부 분은 숲에 사는 사람은 활Bogen과 화살Pfeil이 아닌 쇠뇌弩/Armbrust와 굵은 쇠뇌화살Bolzen을 보유해야 한다는 의미로 이해한다).

모든 도시와 촌락에서 그들은 무기를 보유할 것을 도시 장로長老/majoribus 앞에서 선서해야 하며 장로가 없는 곳에서는 사제司祭/praepositis와 집행관ballivis 앞에서 선서 해야 한다. 여타 모든 촌락은 주민 수와 앞서 말한 규정에 따라 경관constabularius 1 ~2명을 확실히 임명해야 한다. 모든 백호百戶/hundredis는 고위 경관capitalis constabulerius 1 명을 실제로 임명해야 하고, 무기 보유를 선서한 모든 사람은 그의 지휘 하에 그들의 백호百戶로부터 집결해야 하며, 그들은 우리의 평화 보존에 관련된 일을 수행하는 행정관intendentes이 되어야 한다.

(원문)

Provisum est etam quod singuli vicecomites una cum duobus militibus ad hoc specialiter assignatis, circumeant comitatus suos de hundredo in hudredum, et civitates et burgos, et convenire faciant coram eis in singulis hundredis, civitatibus et burgos, cives, burgenses libere tententes, villianos et alios quindecim annorum usque ad aetatem sexaginta annorum, et eosdem faciant omnes jurare ad arma, secundum quantitatem terrarum et catallorum suorum; scilicet, ad quindecim libratas terrae, unuam loricam, capellum ferreum, gladium, cultellum et equum; ad decem libratas terrae unum habergetum, capellum ferreum, gladium et cultellum; ad centum solidatas terrae unum purpunctum, capellum ferreum, gladium, lanceam et cultellum; ad quadraginta solidatas terrae, et eo amplius ad centum solidatas terrae, gladium, arcum, sagittas et cultellum. Qui minus habent quam quandraginta solidatas terrae, jurati sint ad falces, gisarmas(단도短刀/Dolch), cultellos et alia arma minuta. Ad catalla sexaginta marcarum, unum loricam, capellum ferreum, gladium, cultellum et equum; ad catalla quadraginta marcarum, unum habercum, capellum ferreum, gladium et cultellum; ad catalla viginti marcarum, unum purpunctum, capellum ferreum, gladium et cultellum; ad catalla novem marcarum, gladium, cultellum, arcum et sagittas; ad catalla quadraginta solidorum et eo amplius usque ad decem marcas, falces, gisarmas et alia arma minuta. Omnes etiam illi qui possunt habere arcus et sagittas extra forestam, habeant; qui vero in foresta, habeant arcus et pilatos.

In singulis civitatibus et burgis jurati ad arma sint coram majoribus civitatis et praepositis et ballivis burgorum, ubi non sunt majores, in singulis vero villatis aliis constituatur unus constabularius vel duo secundum numerum inhabitantium et provisionem praedictorum; in singulis vero hundredis constituatur unus capitalis constabulerius, ad cujus mandatum omnes jurati ad arma de hundredis suis conveniant, et ei sint intendentes ad faciendum ea quae spectant ad conservationem pacis nostrae.

서기 1285년 에드워드 Ⅲ세의 〈윈체스타 법STATUE OF WINCHESTER〉
원문은 프랑스어임. 아래 구절의 영어 번역문은 스터브스Stubbs의
《헌상선憲章選/Selected Charters》, 474쪽에서 인용함.

또한 모든 사람은 평화를 지키기 위한 무기harness를 옛 무기령武器令/Assiz에 따라서 그의 집에 보유해야 한다. 다시 말해 15세에서 60세까지 남성은 그들의 토지lands와 동산動産/goods 의 가치를 평가받고 무기armour를 보유할 것을 선서하도록 명한다. 즉, 토지의 가치가 15파 운드 이상이거나 동산의 가치가 40마르크 이상인 사람은 쇠사슬 갑옷, 철제鐵製 투구, 큰칼 및 손칼 각 1개씩과 말 1필을, 토지의 가치가 10파운드 이상이거나 동산의 가치가 20마르 크 이상인 사람은 쇠사슬 갑옷, 철제 투구, 큰칼 및 손칼 각 1개씩을, 토지의 가치가 5파 운드 이상인 사람은 전투용 웃옷, 철제 투구, 큰칼 및 손칼 각 1개씩을, 토지의 가치가 40 실링 이상인 사람은 큰칼, 활 및 손칼 각 1개씩과 화살을, 1년간 수입이 40실링 이하인 사 람은 단도短刀와 손칼 및 여타 작은 무기를, 동산의 가치가 20마르크 이하인 사람은 큰칼 과 손칼 및 여타의 작은 무기를, 숲 밖에 사는 여타 사람은 활과 화살을, 숲 속에 사는 사람일 경우 활과 굵은 화살Boult을 각각 보유해야 한다. 무기현황은 년 2회 검열을 받아야 한다. 각 백호百戶 및 구역franchise은 무기armour 검열 경관constable 2명을 선정해야 한다. 이 경관은 무기, 복장, 경계 및 간선도로 통제에 관한 의무를 다 하지 않은 사람이 지역 내에서 발견되면 이들을 관할 법원으로 보내야 하며, 또 고지대高地帶 마을에서 쏘아

쓰러뜨린 수상한 사람이 있으면 이들을 관할 법관 앞으로 보내야 하며 이들을 쏜 행위에 대한 책임은 지지 않는다. 관할 법원에서는 그들이 발견한 의무위반자를 각 고등법원高等法院/parliament을 통해 왕에게 보고해야 하며 왕은 그 이후의 조치를 알려준다.(역자 주: 영어 번역문은 생략함.)

참고문헌 및 병력수 평가

엘리스Henry Ellis 경卿의 《돔스데이 북 개론槪論General Introduction of Domesday Book》 (런던, 서기 1833년), 제Ⅰ권과 제Ⅱ권 및 부록 등은 노르만족의 군사조직에 관한 수치數値들을 분명히 이해할 수 있는 기초가 된다.

그러나 노르만족 군사조직을 제대로 이해한 최초의 글은 라운드J. H. Round의 《봉건시대 영국Feudal England》 (런던, 서기 1895년)에 수록된 논문들이다. 이를 기초로 노르만족 군사조직에 대한 연구를 발전시킨 글이 폴락Pollock・메이트랜드Maitland의 《에드워드 Ⅰ세 이전 영국법제사The History of the English Law before the Time of Edward》, 제2판(서기 1898년)이다. 메이트랜드Maitland의 《돔스데이 북과 그 이후Domesday Book and beyond》 (서기 1897년)도 참고가 된다. 또 매우 가치 있는 글로 인만A. H. Inman의 《돔스데이 북과 봉건적 통계Domesday and Feudal Statistics》 (서기 1900년)가 있다. 그나이스트Gneist의 《영국헌법사Englische Verfassungsgeschichte》 (서기 1882년)는 기본개념이 부정확하고 불분명하나 103쪽 이하의 수치평가는 정확한 상황을 알려주는 매우 유용한 부분이다. 최근의 가장 효과적인 연구는 드루몬트Drummond의 베를린 대학교 학위논문, 《12세기 잉글랜드 전쟁사戰爭史Studien zur Kriegsgeschichte》 (베를린, 나우케Georg Nauke 출판사, 서기 1905년), 제Ⅰ장에 보인다.

엘리스Henry Ellis의 평가에 의하면 《돔스데이 북Domesday Book》이 말한 "상급 소작인tenentes in capite"(역자 주: 주로 배론Baron)은 약 1,400명 정도였다고 한다. 그러나 이들 중에 재산이 불분명한 하급소작인subtenentes(관리 등)(역자 주: 하도급下都給바쌀Aftervassal/ subvassal)이 너무 많이 포함되어 있어서 그나이스트Gneist는 왕의 실제 바쌀vassal은 600명뿐이었다고 보고(104쪽), 인만A. H. Inman은 300명만 "기사騎士로 복무하는 상급 소작인"이었다고 본다(68쪽). 그나이스트는 "왕의 하급소작인 중에 아직 작센족 이름이 꽤 보이고" 하도급下都給바쌀들 이름 중 "약 절반은 작센족 이름"임을 입증했다(같은 쪽). 필자는 하도급下都給바쌀의 상당수는 이를 전사戰士 계층으로 볼 수 없고 잉글랜드에 정착한 노르만족은 대부분 전사戰士였음이 분명하므로 《돔스데이 북》에 기록된 작센족 이름의 사람 중에는 노르만족 이름의 사람들보다는 전사戰士 아닌 사람의 비율이 훨씬 더 높았을 것으로 본다. 《돔스데이 북》이 말한 하도급下都給바쌀은 총 7,871명이다. 따라서 왕의 바쌀 1,400명을 합하면 그 당시 소작인tenentes 수는 총 9,000~10,000명이었다. 그러나 이런 수치들이 아무리 가치 있는 것으로 보여도 전사戰士와 전사戰士 아닌 인원이 충분히 구분되어 있지 않기 때문에 이를 가지고 우리가 할 수 있는 일은 거의 없다. 이런 상황은 11세기에는 밀레스miles라는 단어가 후일과 같이 기사騎士를 지칭하는 용어가 아니었고 엘리스Henry Ellis가

《돔스데이 북》에서 쓰인 용어들을 설명하며 명확히 지적했던 것과 같이(그의 책, 60쪽) 완전히 타인에 예속된 하인들도 흔히 그렇게 불리었던 점 때문에 더 복잡해진다. 《돔스데이 북》에는 병역의무자_servitium debitum_에 관한 기록이 전혀 없기 때문에 프리맨_Freeman_은 봉건기사_封建騎士_ 체계가 정복자 윌리암 시대에는 아직 잉글랜드에 존재하지 않았고 그의 시대 이후에 도입되었다고 보기까지 했다. 그러나 라운드_Round_는 이런 개념을 부인하고 다른 사료에서 일부 지역에는 로드_lord_들의 병역의무자가 있었던 증거들을 찾아낸 후 이를 잉글랜드 전역에 적용함으로써 총 병력수를 약 5,000명으로 평가했다. 그러나 드루몬트_Drummond_는 이 평가에 관해 봉건군대가 그런 식으로 징집된 일이 아주 드물기 때문에 라운드가 말한 수치는 겉보기보다는 그리 중요한 수치가 아니라고 정확하게 말했다. 병역의무자 숫자는 봉토_封土_가 있는 바쌀 숫자나 잉글랜드에 있는 전사_戰士_들 숫자나 이를 기초로 징집한 군대의 병력수 그 무엇과도 일치하지 않는다. 배론_Baron_들의 파견대와 왕 자신이 직접 봉토_封土_를 준 바쌀들 외에도 왕의 직속 종자_從者/Gefolg_로 봉토_封土_ 없는 전사_戰士_들이 언제나 상당수 존재했었기 때문이다.

초기 노르만 왕들의 시대에는 봉토_封土_ 있는 전사_戰士_들의 숫자가 결코 확실히 결정되어 있지 않았었던 것으로 보인다. 어느 배론_Baron_이 병역의무자를 봉토_封土_ 있는 전사_戰士_들로 채울 것인지 봉토_封土_ 없는 전사_戰士_들로 채울 것인지는 왕에게는 중요한 일이 아니었기 때문이다. 봉토_封土_ 있는 전사_戰士_ 숫자를 공식적으로 결정케 했던 첫 왕은 헨리 II세(서기 1166년)였다. 드루몬트는 이때 결정된 숫자를 6,000명으로 평가하지만 우리는 이들을 12세기와 같은 좁은 의미의 진정한 전사_戰士_로 볼 수 없다. 그러나 헨리 II세 역시 이렇게 전사_戰士_ 숫자를 정한 것은 병력징집을 위해서가 아니라 과거에 전혀 자의적이었던 병역의무자 지정을 개선하고 《돔스데이 북》보다 좀 더 낮은 세법_稅法_ 재정의 기초로 쓰기 위한 것이었다.

윌리암 I세 때 잉글랜드에 총 약 5,000명의 봉토전사_封土戰士_가 있었을 것이라는 필자의 평가는 서기 1166년에 이들 숫자가 6,400명이었다는 드루몬트의 계산과 《돔스데이 북》에 기록된 하도급_下都給_바쌀_subtenentes_ 7,871명 중 약 절반은 작센족 이름이라는 그나이스트_Gneist_의 계산에 기초한 것이다. 분명 이 작센족은 다수가 전사_戰士_가 아니었고 노르만족도 소수는 전사_戰士_가 아니었다.

서기 1086년에 약 5,000명의 봉토전사_封土戰士_들이 있었을 것으로 본 필자의 평가와 같은 시기의 병역의무자를 5,000명으로 계산한 라운드의 평가는 기본적으로 무관하다. 이는 전혀 우연이며 사실 같은 평가도 아니다. 라운드의 평가는 최대 수치를 말한 것이 분명하지만 필자의 평가는 그렇지 않기 때문이다. 그러나 우리 두 사람의 평가는 이로부터 병역의무자 숫자와 배론_Baron_들이 개인적으로 봉토_封土_를 준 기사_騎士_ 숫자의 차이가 어떤 때는 크고 어떤 때는 작지만 일반적으로는 거의 비슷했다는 결과가 도출된다는 점에서 서로 보완적이다.

엘리스_Henry Ellis_가 1,400명으로 계산한 것을 그나이스트_Gneist_는 600명으로 평가한 (104쪽) 왕의 바쌀 중에는 성직자 153명과 여성 30명이 있었다.

　　드루몬트Drummond가 계산한 바쌀vassal/*tenentes* 숫자 8,471명(8쪽)은 엘리스Henry Ellis가 말한 하급소작인subtenentes 숫자 7,871명과 그나이스트가 말한 상급소작인*tenentes in capite* 숫자 600명을 합한 것이다. 그러나 이는 정확하지가 않다. 기사騎士 아닌 자들이 상급소작인의 숫자에서는 이미 제외된 반면 이런 집단이 하급소작인 숫자에는 포함되어 있기 때문이다. 결국 소작인*tenentes* 수는 인만Inman의 평가와 같이 9,000명 ~10,000명으로 계산되어야 한다.

제 VI 장
이태리의 노르만족 국가

이제 잉글랜드의 노르만족 국가에 이어 이태리의 노르만족 국가에 대해 알아보자. 후자는 윌리암Wilhelm/William의 잉글랜드 정복보다 약간 먼저 세워졌지만 양자는 유사한 부분들이 많아서 각자의 사건들은 서로를 이해하는 데 도움이 되며 또 우리가 이들 각자에 대해 알아낸 모습들은 서로를 통해 확인이 된다.

무엇보다 중요한 점은 두 국가가 거의 동시에 세워졌다는 사실이며 이는 그 당시 작전 참여 병력 규모가 매우 적었다는 새 증거가 된다. 윌리암 영주領主/Herzog는 잉글랜드를 정복하러 도버Dover 해협을 건너면서 자신의 영지領地 내의 병력들을 동시에 이용할 수도 없었다. 일부가 이태리로 떠난 후였기 때문이다. 곧 알게 되겠지만 이태리로 원정간 노르만 군대는 큰 군대가 아니었지만 윌리암의 영지 크기에 비하면 상당한 규모였다. 반면 그런 적은 군대가 이태리에서 왕국을 세울 수 있었다면 잉글랜드에서도 같은 결론을 얻게 된다.

비록 지금껏 우리의 병력수 평가는 직접적이고도 신뢰성 있는 사료들보다는 대부분 우연한 기록들과 귀납적 결론에 의존해 왔지만 이태리에서의 노르만족에 관해서는 직접 인용할 수 있는 기록들이 일부 남아있다.

서기 1016년 노르만 기사騎士 40명이 예루살렘 순례를 마치고 귀환 중 우연히 살레르노Salerno에 도착했을 때 이 마을은 시라센Sarazen/Saracen(역자 주: 중세에 이슬람 세력을 총칭하던 용어)에 굴복하기 직전이었는데 이 용맹한 소부대가 개입해서 이 도시를 구원할 수 있었다. 이 사건을 계기로 노르만족은 점차 많은 병력이 저지低地 이태리로 진출했다. 당시 저지低地 이태리에는 롬바르디Longobard/Lombardy의 작은 영지領地/Herzogtum와 대공령大公領/Grafschaft과 독립마을Stadtheerschaft들이 상당수 있었는데 이들은 끊임없이 서로 돌아가며 싸우기도 하고 그리스 제국과도 싸우고 시실리Sizilien/Sicily를 완전히 정복한 사라센과도 싸우고 있었다. 노르만족은 용병傭兵으로서 때로는 그리스에 고용되어 사라센과 싸우기도 했고 때로는 롬바르디 귀족가문에 고용되어 그리스와 싸우기도 했다. 그러나 그들은 결국 과거 로마제국에서 오도아케르Odoaker/Odoacer의 서西고트Westgoten/Visigoths족이 그랬던 것 같이(역자 주: 이 책 제II편, 제II권, 제V장 및 제VI장 참고) 스스로 이태리의 주인이 되었다. 그들이 서기 1041년에 그리스군을 격파한 최초의 두 결전決戰인 올리벤토Olivento 전투와 칸네Cannä/Cannae 전투 당시 그들의 병력은 각각 3,000명과 2,000명이었다. 그러나 이조차 모두 노르만족은 아니었고 그리스군과 싸우려고 그들을 지원한 원주민까지 합한 숫자였다. 다른 기록들에 의하면 올리벤토 전투 때 노르만군은 기사騎士 500~700명과 보병 500명이었다고 한다.1) 한 기록에 의하면 로베르트Robert Guiscard는 처음에는 칼라브리Kalabrischen/Calabrian 주민의 하층민 중 로마인 소작농들과 노예들의 후손으로 약탈품을 노리는 추종자들을 거느리고 이태리를 약탈하고 다녔다고 한다.2) 따라서 바이킹Viking의 타고난 용맹성을 지닌 노르만족이 이 군대의 핵이 되고 그들 주위에는 군사작전에 숙달된 각종 형태의 호전적 인간들이 모여 있었던 것이다. 정복자 윌리암의 군대에도 이같이 노르만족 뿐 아니라 모든 지역에서 온 용병傭兵들이 있었다.

억압받던 이태리 주민들은 몇 차례 반란과 계략으로 이 호전적 지배자 계층을 몰아내려 했었다. 말라테라Gaufredus Mallaterra의 〈시실리 역사Geschichte Siciliens〉는 시실리인들은 노르만족이 그들 지역에 머물자 부인과 딸들을 걱정한 적도 있다 했다.3) 그러나 그들의 노력은 모두 실패했다. 결국 노르만 모험가들 중 가장 강력하고 운이 좋은 로베르트Robert Guiscard의 가문은 패권을 장악하고 저지低地 이태리 전역과 시실리를 사라센에게 다시 빼앗아 통합하는 데 성공했다. 이들은 세력이 매우 강해서 게르만 황제들과도 맞설 수가 있었다. 로베르트는 하인리히Heinrich/Henry IV세를 로마에서 추출했고 교황 그레고리Gregor/Gregory VII세를 그의 보호 하에 두었고 심지어 비잔틴 제국을 격파하고 콘스탄티노플Konstantinopel/Constantinople을 정복할 생각을 하게 되었다. 이를 위해 그가 아드리아adriatische/Adriatic 해海(역자 주: 이태리와 발칸반도 사이의 바다)를 건널 당시 거느렸던 병력이 노르만 기사騎士 1,300명 및 여타 전사戰士 15,000명이라 하는데4) 여타 전사戰士에 관한 부분은 분명히 크게 과장된 것이다. 같은 사료에서 하인리히 IV세를 상대할 당시 로베르트의 병력이 기병 6,000명 및 보병 30,000명이라 한 것은 훨씬 더 악명 높은 과장이다. 다른 증언에 의하면,5) 이들의 주력은 사라센 용병傭兵들이었다 하는데 이들이 그렇게 많을 수 없었다는 사실로부터 우리는 앞서와 같은 결론을 얻을 수 있다. 만약 저지低地 이태리에 30,000명은 고사하고 15,000명이라도 병력을 동원할 인적 자원이 있었다면 소수의 노르만족이 이곳에서 패권을 장악했다는 것은 이해할 수 없는 일이 될 것이다. 비잔틴 공격 시 로베르트가 기사騎士 1,300명을 거느리고 아드리아 해를 건넜다는

---

1) 프로토스파타리우스Lupus Protosphatharius(《게르만 사료집Monumenta Germaniae》, SS, V, 52)에 의하면 3,000명, 말라테라Gaufredus Malaterra의 〈시실리 역사Geschichte Siciliens〉(무라토리Ludovico Antonio Muratori, 《중세 이태리의 옛 제도Antiquitates Italicae Medii Aevi》, SS., 제V편, 533 이하)에 의하면 500명, 빌헬름Wilhelm von Apulien이 로베르트Robert Guiscard의 아들에게 헌정한 서시시敍事詩(《게르만 사료집Monumenta Germaniae》, SS, IX, 239 이하)에 의하면 1,200명이라고 각각 말한다. 칸네 전투의 병력수는 바리Barri의 연대기年代記(《게르만 사료집》, V, 51 이하)에 기록된 수치이다. 이상은 모두 하이네만von Heinemann의 《저지低地 이태리 노르만족의 역사Geschichte der Normannen in Unteritalien》, 359쪽에서 재인용한 것이다.

2) 하이네만von Heinemann, 위의 책, 113쪽에서 재인용.

3) 같은 책, 207쪽에서 재인용.

4) 같은 책, 311쪽에서 재인용.

5) 같은 책, 325쪽에서 재인용.

것도 최대치를 말한 것이 분명하지만 그 정도만 해도 기사騎士가 얼마나 중요한 존재였는지를 보여주는 증거이다.

저지低地 이태리에서 노르만족이 만든 정치조직은 잉글랜드에서 그들의 동족이 만든 조직과 매우 유사한 형태를 지녔었다. 이는 이 민족의 특수한 종족적 또는 인종적 성격 때문이 아니라 역사적 상황 때문이었다. 이들의 정치조직은 기사騎士 체계와 더불어 관리官吏들이 운영하며 세금 부과를 기반으로 하는 행정 체계를 기반으로 탄생된 조직이었다. 기사騎士 체계는 위계적 상부구조를 지닌 봉건조직을 지향하는 본능적 경향이 있지만 노르만족의 국가에서는 관리와 세금 체계를 지닌 강력한 왕조가 있어 그런 봉건조직의 발전이 제약되었다. 그러나 강력한 왕조가 없었다면 이 외국인 전사戰士 집단은 지배력을 유지할 수 없었을 것이다. 노르만 기사騎士들은 프랑크 기사騎士나 게르만 기사騎士 못지 않게 다루기 힘들고 자부심 높은 집단이었지만 왕조가 없어지면 다시 정처 없는 떠돌이 신세로 전락할 수밖에는 없었기 때문에 결국 왕조에 복종했다. 그러나 서기 1083년 로베르트가 뜻밖에 비잔틴을 상대로 전쟁을 시작했다가 일이 뜻대로 되지 않자 자신만 이태리로 돌아가자 대부분 병력은 그리스 알렉시우스Alexius 황제에게 패한 후에 그에게 귀순해 버릴 정도로 이태리의 노르만족은 이태리에서 정착감을 느끼지 못하고 있었다. 2년 후 로베르트가 죽자 아직 그리스 영토에 남아있던 노르만족 수비대까지 과거의 적을 위해 복무하게 된다.6)

이 떠돌이 외국인 전사戰士들이 정복지의 민족과 하나로 통합되기까지는 여러 세대가 걸렸다. 실제로 봉건주의가 도입되었음에도 이 기사騎士들은 여전히 봉선 기사보다는 용병傭兵의 성격을 유지했다. 이런 체계를 발전시키고 완성한 지도자는 마지막 노르만족 왕비 콘스탄쩨Constanze/Constance의 아들인 호헨스타우펜Hohenstaufe/Hohenstaufen 왕조의 게르만 황제 프리드리히Friedrich/Frederick Ⅱ세였다(역자 주: 프랑크 왕국 몰락 이후 하인리히Heinrich/Henry Ⅰ세가 세운 게르만 왕국은 처음에는 남계男系로 중간에는 여계女系인 살리계系로 이어가다 그 뒤를 이은 것이 호헨스타우펜 왕조이다).

프리드리히 Ⅱ세는 연대기年代記가 말하는 "봉토封土가 있기도 하고 없기도 한 전사戰士들milites tam feudati quam non feudati"인7) 전사계층에 속한 사람들도 징집했을 것이다("복무할 의무가 있는 자를 모두 데리고cum toto servitio quod facere tenentur").

그러나 이런 실질적 봉건징집이 한 역할은 매우 작았다. 전사戰士들은 거의 대부분 보수 때문에 모병募兵에 응한 기사騎士들과 도시민들과 일반병사들이었다.

---

6) 같은 책, 330쪽 및 333쪽에서 재인용.

7) "그는…모든 배론들과 봉토기사封土騎士들을 그에게 오도록 소집했다vocat ad se…omnes barones et milites infeudatos." 리카루두스Ryccardus de San Germano의 말(《게르만 사료집Monumenta Germaniae》, SS, XIX, 369, 서기 1233년), 376쪽).

프리드리히 II세는 서기 1277년 십자군十字軍 원정을 준비하며 각 기사봉토騎士封土에서는 금 8온스를 세금으로 낼 것과 기사봉토 8곳 당 기사騎士 1명씩 무장시켜 출전시킬 것을 요구했다.8) 결국 이런 체계는 각 조組에서 1명을 출전시킬 집단이 농민집단이 아니라 기사騎士집단임을 명시한 점 외에는 카롤링Karoling/Caroling 왕조의 법령들에서 발견된 체계와 거의 동일한 체계였다. 또한 세금을 대공大公/Graf에게 내는 것이 아니라 직접 왕의 국고에 내야 한다는 점도 명시되어 있다.

프리드리히 II세는 왕의 바쌀vassal(역자 주: "가신家臣"으로 통상 번역된다. 구체적 의미에 대해서는 이 책 제II편, 제IV권, 제IV장 참고)과 진정한 봉건체계의 기반이었던 하도급下都給바쌀Aftervassal/subvassal 사이의 인적人的 결합을 원칙적으로 끊었다. 그의 법전法典은 이런 하도급下都給바쌀들에게도 왕이 봉토를 줄 것이며 어느 누구도 왕 외의 다른 사람을 위해 복무할 의무가 없다는 점을 강조했다. 그런 하도급下都給바쌀들과 그들의 명목상 봉건영주領主/Lehnsherr들 간의 관계가 이제는 금 10온스의 보수를 주고받는 관계에 불과하게 되었다. 물론 잉글랜드의 노르만족 국가의 바쌀체계에도 이와 동일한 발전이 있었다.

---

8) "모든 바쌀들은 각 봉토封土 당 8온스의 금과 8곳의 봉토 당 1명의 기사騎士를 다음 5월까지 낼 것을 명하며*statuens ut singuli feudatarii darent de unoquoque feudo octo uncias auri et de singulis octo feudis militem unum in proximo futuro mense Maii.*" 리카루두스Ryccardus de San Germano의 말(《게르만 사료집*Monumenta Germaniae*》, *SS*, XIX, 348).

부 기附記

디라키움DYRRACHIUM 전투(서기 1081년)

오만Oman이 그의 《병법사兵法史/History of the Art of War》, 164쪽 이하에서 이 전투를 상세하게 설명하고 있는 것은 이 전투를 말에서 내려 싸운 기사騎士나 단순한 민병民兵 또는 궁수弓手들이 싸운 전투가 아니라 하스팅Hasting 전투 당시 해롤드Harold의 군대 같은 실질적 보병이 일정한 역할을 했던 300년간 전투의 마지막 교전으로 또한 앙겔-작센족의 전투용 도끼와 활의 지원을 받은 노르만족의 창이 싸운 마지막 전투로 보았기 때문이다.

로베르트Robert Guiscard가 아드리아adriatische/Adriatic 해海를 건너 디라키움(두라쪼Durazzo)을 포위하자 그리스의 알렉시우스Alexius 황제는 비잔틴 제국에서 복무하던 바레그Waräg/Varang족(역자 주: 스칸디나비아 출신 유랑민족. 뒤의 194쪽에 상세한 설명이 나온다)이 포함된 구원군을 끌고 왔다. 안나 콤네나Anna Komnena(역자 주: 동로마 제국의 알렉시우스 황제의 딸로 십자군전쟁 기록 《알렉시아드Alexiad》를 남겼다)는 이들이 "방패와 함께γένος ἀσπιδοφόρον"* 어깨 위에 양날 칼 또는 "전투용 도끼πελεχυφόροι"*를 메고 다녔다고 했고(《알렉시아드》, Ⅱ, 6) 이어서 그들은 말에서 내린 후 "밀집된συνησπιχότας"* 대형을 형성해서 노르만군을 공격했다고 했는데 이에 앞서 그들은 기마궁수騎馬弓手들이 적을 해치우기 전에 노르만족을 밀어붙였다고 했다. 그러나 이런 행동으로 인해 그들은 나머지 비잔틴군과 분리되고 결국 노르만 기병에 의해 격파된다.

이런 모습은 하스팅 전투 당시의 테인Thegn/Thane(역자 주: 앙겔-작센족의 기마전사騎馬戰士. 하스팅 전투에서는 말을 타지 않고 보병 횡렬橫列에 같이 서서 싸웠다)들의 모습보다 고대 게르만족 쐐기Keils/Wedges 대형의 모습에 더 가깝다. 하스팅 전투 당시 테인들도 말에서 내리기는 했지만 전적으로 방어작전으로 승리하려 했었던 반면 디라키움 전투 당시 바레그Waräg/Varang족은 고대 게르만족과 같이 공격을 했기 때문이다.

하지만 그들은 왜 말에서 내렸을까? 그들은 너무도 대담하게 공격했다. 아마 이는 나머지 비잔틴 병력과 협조가 잘 되지 않았기 때문일 것이다. 그러나 이에 관한 기록이 충분치 않고 안나 콤메나의 기록은 그리 신빙성이 높지 않으므로 이 전투를 전쟁사의 관점에서 평가하기는 거의 불가능하다.

특히 〈로베르트의 행적行蹟Gesta Roberti Wiscardi〉(《게르만 사료집Monumenta Germaniae》, SS., IX, 369 이하)을 포함해서 이 전투에 관한 여타의 기록들도 이 문제들에 대해 아무런 해답도 주지 않고 있다.

제 Ⅶ 장
비잔티움

앞서 우리가 마지막으로 보았던 동東로마 제국은 유스티니아누스Justinian/Justinianus 황제 치하에서 모병한 야만인 용병傭兵들을 이용해서 힘차게 부활해서 반달Vandalen/Vandals족과 동東고트Ostgoten/Ostrogoths족의 국가들을 격파하고 아프리카와 이태리를 제국에 재편입한 후 스페인까지 거의 다시 차지해가고 있었다. 그러나 제국에는 이런 상태를 계속 유지할 힘이 없었다. 시민들은 용병傭兵의 유지를 위한 세금과 위험한 이웃들을 잠재우는 데 필요한 조공租貢을 감당하려고 하지 않았다. 특히 그 자신이 군사령관인 인물이 다시 황제가 되자 제국은 결국 큰 재앙災殃을 맞게 되었다. 유스티니아누스는 오로지 정치가였다. 그는 장군들을 전쟁터로 보냈고 자신은 통치자로서 서로 삐거덕거리며 마찰을 빚던 도시와 속주屬州, 교회와 군대 등 다양한 세력들을 장악하고 조종했었다. 그의 세 번째 후계자로서 그 자신이 탁월한 군사령관인 마우리티우스Mauritius(재위: 서기 582년~602년)가 왕위를 계승한 것을 보고 우리는 제국의 기초가 더욱 견고하고 안전해 질 수 있었을 것으로 그리고 제국이 본래의 지위를 회복하려면 이 길밖에는 없었을 것으로 생각할 수도 있을 것이다. 그러나 그들에게는 그럴만한 힘이 없었다. 레기온legion 군기軍紀라는 기초가 사라졌기 때문이다. 교조적敎條的 성향이 상당히 강했던 것 같은 마우리티우스는[1] 종래의 군사조직에 야만인 용병 무리를 포함시키려고 했다. 그는 외국보다는 최대한 제국 내에서 용병을 모집했지만 슬라브Slaw/Slav족 및 타타르Tatar족과 싸울 때 병사들에게 도나우Donau/Danube강 북쪽의 겨울 숙영지에 머물도록 요구하자 병사들이 반란을 일으켰는데 이는 그들이 요구한 보수조차 지급할 수 없게 되자 일어난 반란이기도 했다. 수도首都 시민들까지 그에게 반기를 들었고 페르티낙스Pertinax, 아우렐리안Aurelian 및 프로부스Probus 등 3세기 후반에 설치던 군인황제들의 경우와 같이 그도 역시 피살되었다(서기 602년).

우리는 보수報酬가 이 같이 군기軍紀 있는 군대를 만들려던 마지막 노력과 관계 있었음을 주목할 필요가 있다. 그들이 많은 노력을 기울였지만 승리와 패배를 반복한 끝에야 겨우 야만인 부리의 짐입을 격퇴할 수 있었던 것을 보면 병력이 매우 적었음을 알 수 있다. 마우리티우스 같이 능력과 판단력을 갖춘 황제라면 병력들을 만족시켜 주려 했을 것이다. 그러나 그가 무기와 피복의 부족 문제로

---

[1] 《전략론Strategikon》이라는 글이 그의 작품이라면 그가 교조적 성격의 인물이었음이 분명할 것이다. 그러나 이 글이 그의 작품인지는 불분명하다. 뒤의 195쪽 및 202쪽 참고.

그들과 충돌한 것을 보면 국고에 더 이상 여력이 없었음이 분명하다. 황제들이 백성들의 호감을 얻기 위해 유스티니아누스가 죽은 후 그의 엄격한 과세課稅 체계를 포기했었기 때문이다. 이미 현금 획득이 불가능한 상태였다.

결국 동東로마 제국의 군사체계도 우리가 서쪽 로마-게르만 지역에서 익숙히 보아 온 군사체계에 접근해 있었던 것이다. 7세기 중엽에는 토지가 테마thema라는 군사구역과 그 하부구역(메로스meros, 투르마turma)으로 나뉘었고 각 구역은 일정한 병력을 유지할 책임이 있었다. 이를 위해 그렇게 오랫동안 분리되어 있던 군사권한과 민간권한이 이제 프랑크 왕국 대공大公/Graf의 권한 같이 다시 통합되었다. 기존 군부대의 이름이 테마thema의 이름으로 그대로 쓰인 것을 보면 기존 군부대가 구역별로 분산 배치되어서 영속적으로 배속된 것임이 분명하다. 국경지대나 도시에 주둔하면서 제국 전역에서 보낸 보수와 식량을 받았던 과거와 달리 이제 각 지역에 일정한 병력이 주둔하면서 현지 생산물을 공급받거나 그곳의 토지에 정착하게 되었다. 전쟁 때는 이 병력 중에 일부는 인접구역에 증원군으로 파견되거나 야전으로 나갔다.

봉건체계의 등뼈는 단순한 국경수비대의 경우를 제외하면 토지에 정착한 전사戰士들이었다. 동東로마 제국에서도 이때부터 이런 방향으로 변화가 일어난 결과 군사력을 보유한 대지주大地主 가문이 등장하게 되었다. 군복무를 위한 토지("군인토지χτήματα στρατιωτιχά/ktēmata stratiōtika")가 하사되기도 했고2) 큰 토지를 소유한 유명한 군사가문들의 배론영지barony들이 발전해서 평민들은 노래와 구담口談으로 이들을 찬양하기도 했었다. 최근에는 10세기 이후의 그러한 서사시집敍事詩集인 《디게니스 아크리타스Digénis Akritas》가 발견되었다.3) 이 시집의 편집자들은 이 영웅들을 서구西歐 지역의 변경대공邊境大公/Markgraf들과 비교했는데 적절한 비교다.

우리는 당시의 어떤 법령에서도 당시 사정을 추론推論해 낼 수 있는데 동東로마 황제들은 디나토이δυνατοι/dynatoi(귀족)라는 큰 가문이 자유민 농민들의 토지를 병합倂合하지 못하도록 프랑크 왕국 샤를마뉴Karl/Chalemagne 대제大帝와 매우 유사한 방식으로 투쟁했었다. 그러나 양자의 경우 모두 군대가 진정한 농민집단은 아니었다. 프랑크 왕국과 동東로마 제국의 농민들은 모두 비호전적인 소작농小作農들이었다. 큰 가문에 토지를 병합倂合 당한 농민들은 원래는 전사戰士였다가 점차 민간인으로 변해 농민이 된 사람들이었다. 유스티니아누스 황제 당시 이미 이런 토지병합을 금지하는 칙령들이 공포되었고4) 일부 10세기 황제들도 귀족들의 이런 월권越權을

---

2) 자카리에Zachariä von Lingenthal, 《그리스-로마 법제사Geschichte des griechisch-rämischen Rechts》, 제3판, 271쪽, para. 63.
3) 〈디게니스 아크리타스의 공적功績Les Exploits de Digénis Akritas〉(사타G. Sathas · 레그랑E. Legrand, 《10세기 비잔티움 영웅서사시 Epopée byzantine du Xème siècle》, 파리, 서기 1875년).

금지하기 위해 조직적으로 투쟁했다. 이들은 가장 과격한 조치로 그런 병합이 무효임을 단호히 선언했고 시효時效/verjährung 완성의 항변도 인정하지 않았다.5) 이때 공포된 2개의 개정법률에서는 누구도 전사戰士를 토지를 경작하는 농민으로("소작인小作人 식으로ἐν παροίχου λόϓφ/en paroikou logōi"*) 사용하면 안 된다고 명령함으로써 대공大公들이 자신의 사람에게 아리만니arimanni(역자 주: 자유민 전사戰士)를 봉토封土 경작자 또는 개인적 하인으로 주지 못하도록 했는데6) 마치 서기 898년 람베르트Lambert 황제의 칙령(앞의 32쪽 참고〈역자 주: 서기 898년 법령은 "어떤 대공大公이라도 성직록聖職祿을 받는 자신의 사람에게 전사戰士를 봉토封土 경작자로 주면 안 된다ut nullus comitum arimanos in beneficia suis hominibus tribuat"는 내용이다〉)을 연상케 하는 내용이다.

일련의 부칙附則들은 병사 1명이 소유해야 할 재산가치를 명시했다. 기병騎兵과 일부 선원船員은 금 4푼트pfund/pound의 재산을, 나머지 선원은 금 2푼트의 재산을 소유해야 했다. 니케포루스Nicephorus Phokas 황제는 최소 재산가치를 4푼트로, 서구西歐 지역 기사騎士와 같은 중기병重騎兵의 경우는 12푼트pfund/pound로 규정했다.7) 상속자가 여럿 있을 경우 재산의 크기에 따라 그들이 협력해서 1명을 출전시켜야 했다.

서구 지역과 매우 유사하기는 했지만 동東로마에는 완전한 봉건적 위계질서가 확립된 적이 없다. 배론Baron들은 있었지만 진정한 기사騎士 계층은 없었고 서구와 같은 봉건정신 즉, 게르만 종자從者/Gefolg와 같은 개인적 충성관계라는 매우 강력한 관념은 없었다. 비잔틴 군사조직이 일시 노르만족 잉글랜드의 군사조직에 매우 유사하게 접근한 적은 있었다. 몇 가지의 봉건주의적 요소들이 과세課稅 조직 및 관리官吏 체계에 연결되고 흡수되었다. 징집은 모병募兵의 형태로 이루어졌고 잉글랜드의 경우와 같이 실제 복무가 금전납부로 대체되기도 했다.8) 그러나 야만인들의 정착 및 이주移住에도 불구하고 제국 내에는 유용한 인적 자원이 충분하지 않았거나 그들이 너무 빨리 호전성을 잃었으므로 병력수를 채우려면 계속해서

---

4) 자카리에Zachariä von Lingenthal,《그리스-로마 법제사Geschichte des griechisch-rämischen Rechts》, 제3판, 265쪽.

5) 노이만Carl Neumann,《십자군 이전 비잔틴 제국의 세계적 위상Weltstellung des byzantinischen Reichs vor den Kreuzzügen》, 서기 1894년, 58쪽. (역자 주: 원문 중 '시효 완성의 항변Einwand der verjhrung' 부분을 미 육군사관학교 렌프로Renfroe Jr. 교수의 영역본英譯本〈그린우드 출판사Greenwood Press, Inc., 서기 1982년〉, 191쪽에서는 '노령퇴직老齡退職의 변명pretense of superannuation'으로 번역했다. 더 이상 전투에 참여할 수 없는 늙은 전사戰士들에게 농사를 짓게 했다고 핑계 대는 것을 허용하지 않았다는 의미로 원문을 이해한 듯 싶다. 그러나 필자는 이 문제를 법조문의 해석 문제로 보고 법률용어로 직역했다.)

6) 자카리에Zachariä von Lingenthal, 위의 책, 273쪽, 각주 916.

7) 자카리에Zachariä von Lingenthal, 같은 책, , 273쪽. 노이만Carl Neuman은 전사戰士의 재산가치를 이렇게 3배나 인상한 것은 군사작전의 준비와 시행에 드는 비용이 증가했기 때문일 것으로 볼 수 있다고 했다(위의 책, 56쪽). 그러나 비용이 그렇게 증가했을 수는 없다. 군복무가 기병 복무로 바뀐 것은 이미 오래 전 일이다. 그러나 노이만은 바로 이어서 이런 인상은 소규모 토지소유권을 복원하는 것을 가능하지도 필요하지도 않은 일로 보고 포기하려는 의도가 있었음을 의미한다고 했는데 아마 정확한 말일 것이다.

8) 콘스탄틴 포르피로겐티우스Constantin Porphyrog/Constantine Porphyrogentius,《제국통치론帝國統治論De administrando imperio》, 제XII장.《존 메우르시우스의 저작著作Joh. Meursii opera》, 제VI권, 1110쪽. 여타의 증거에 관해서는 노이만Carl Neumann, 앞의 책, , 68쪽 및 69쪽 참고. 예를 들어 콘스탄틴 IX세 때부터는 "그는 병사들에게 많은 급료를 주었다ἀντὶ στρατιωτῶν φόρος ἐπορίζετο"*고 했다. 케드레누스Cedrenus, 제II편, 608쪽.

용병傭兵에 의존하지 않을 수 없었다. 비잔틴 황제의 군대에서는 모든 게르만족, 슬라브Slaw/Slav족, 페세네그Petscheneg/Petcheneg족, 마기아르Magyar족, 불가리아Bulgaren/Bulgaria 족 및 심지어 투르크Türk/Turk족까지 어깨를 맞대고 지내게 되었다. 매우 특별하고 중요한 임무들은 오랫동안 바레그Waräg/Varang족이 수행했는데 이들은 원래 스웨덴 Schweden/Swede족과 노르만Norman족으로서 러시아를 거쳐 흑해黑海까지 온 종족이다. "바레그"라는 이름은 "동맹군 병사들"(포이데라토이φοιδεράτοι/phoideratoi 또는 푀데라티 föderaten/foederati)을 의미한다. 후일에는 다양한 종족들이 이런 이름으로 불리었다. 윌리암이 잉글랜드를 정복한 후에는 잉글랜드를 탈출한 앙겔-작센족까지도 이 집단에 포함된 것으로 보인다.

요한네스 스킬리체스Johannes Skylitzes의 기록은 한 국가의 징집군의 모습이 10세기 인물의 눈에 어떻게 비쳤는지 합리적으로 보여주는 기록이다.9) 그는 투르크Türk/ Turk족이 수시로 킬리키아Cilicien/Cilicia에 침입해서 이 지역을 휩쓸며 약탈을 일삼고 있을 당시 보토니아테스Nicephorus Botoniates 영주領主/Dux가 병력을 집결시켰지만 질투와 태만으로 인해 모든 노력은 물거품이 되었다고 했다. 병사들은 충분한 식량이 제공되지 않자 그들이 받은 것만 챙겨 고향으로 돌아갔고 이에 야만인들은 다시 지역을 휩쓸고 다닐 수 있었다. 이때 한 무리 젊은이들이 안티오크Antioch로 집결해서 젊은 패기로 싸우려 했지만 전투경험도 없고 군마軍馬도 없고 무기도 빈약하고 식량도 부족했으며 사정이 불리하게 돌아가자 아무런 찬양도 받지 못하고 고향으로 돌아갔다.10) 결국 보토니아테스는 그의 "종자從者/Gefolgsleuten/ὑπασπιστεὶς들*" 과 소수 용병傭兵으로 야만인들을 몰아내려고 했다.

물론 노르만족이나 헝가리Ungaren/Hungarian족이 침입했을 당시에 프랑크 왕국 상황 도 역시 이와 유사했었다. 예를 들어 뚱보 카를Charles der Dicke은 파리를 구원하러 갔었지만 아무 성과도 거두지 못했다(앞의 124쪽 참고).

10세기와 11세기에 비잔틴 제국은 또다시 크게 흥기興起했었다. 불가리아족은 이때 완전히 그리고 영원히 격파되었다. 기록에 의하면 바실Basil II세(서기 1025년 사망)는 포로 15,000을 잡아 100명당 1명씩 한쪽 눈만 남기고 모두 눈알을 뽑아 낸 다음 외눈박이가 된 자들의 인솔 하에 고향으로 가게 했다 한다. 그들의 지 도자는 이 처참한 모습을 보자 기절해서 이틀 후에 죽었다고 한다. 비잔틴 제국 은 킬리키아Cilicien/Cilicia와 안티오크Antioch를 칼리프Kalif/caliph(역자 주: 회교回教 교주 무하메드의 후

---

9) 《요한네스 스킬리체스 큐로팔라테스 선집選集 *Excerpta Johannis Scylizae Curopalatae*》, *SS.* 비잔틴Byzantini(본 Bonn 편편). 케드레누스Cedrenus, 제II편. 662쪽.
10) "전쟁경험도 말도 없고 거의 무기도 없이 벌거벗다시피 한데다 매일 식량도 없던 그들은 많은 절망 을 경험하고 영광도 없이 그들의 땅으로 돌아갔다ἀπειροπόλεμοι δὲ ὄντες χαὶ ἄφιπποι, σχεδὸν χαὶ ἄοπλοι χαὶ Υυμνοὶ χαὶ μηδὲ τὸν ἡμερήσιον ἄρτον ἔχοντες, πολλὰ παθόντες ἀνήχεστα εἰς τὴν σφῶν ἀχλεῶς ἐπανέστρεφαν Υῆν."*

계자)들로부터 다시 찾았고 아르메니아Armenien/Armenia(역자 주: 이란 북부 지역)도 제국 영역에 흡수되었다. 이제 제국 영역은 서쪽 아드리아adriatische/Adriatic 해海로부터 동쪽의 유프라테스Euphrat/Euphrates 강 너머까지 확장되었다. 필자는 이런 국운國運 변화는 화폐경제가 점차 부활되기 시작한 것과 관련이 있을 것으로 생각한다. 그들이 다시 세금을 거두었다는 많은 기록들이 발견되며,11) 그들은 이 돈으로 용병傭兵 고용이 가능해졌다. 서구西歐 속주屬州들에서도 농산물 등이 여전히 공급되었지만 지방에서만 이를 사용할 수 있었고 아시아에서는 현금을 중앙 국고로 보냈다.12) 그러나 제국 내부의 이런 사소한 변화보다도 더 중요한 것은 적敵의 변화였다. 불가리아족은 점차 야만적 호전성을 상실했고 반대쪽의 아랍족도 역시 같았다. 그러나 상황이 또 바뀌어 새로운 적들이 등장하자 비잔틴 제국의 르네상스는 곧 막을 내렸다. 그들은 동쪽에서는 셀주크Seldschuck/Seljuk족에게 무릎을 꿇었고 서쪽에서는 노르만족의 방어에 곤욕을 치르게 되었다.

우리는 비잔틴 제국의 군사조직에 관해 많은 것을 알고 있는 것처럼 보인다. 여러 세기에 걸쳐 이 그리스 제국의 군사조직을 체계 있게 설명한 문헌이 많이 남아있기 때문이다. 그들의 전쟁과 전투를 상세히 설명한 당대當代 작가들의 글도 많이 남아있다. 마우리티우스 황제(서기 602년 사망)와 "철학자"란 별명이 붙은 레오Leo IV세 황제(서기 911년 사망)는 전반적이고도 체계적인 저술을 남겼으며 니케포루스Nicephorus Phokas 황제(서기 960년 사망) 역시 값진 개별적 기록들을 남겼다. 그러나 이들의 글들을 깊이 연구할수록 우리는 과연 이를 인정헤야 할는지 의문만 늘어난다. 우리는 이미 고대사古代史를 연구하면서 고대인들이 남긴 이론적이고 체계적인 저술들이 우리가 신뢰할 수 있는 사료들로부터 알 수 있는 사건들과는 내용이 부합되지 않는다는 것을 알 수 있었다. 이들 작가들이 마치 로마군의 레기온legion이나 전술들에 대해서는 전혀 들어 본 일도 없는 것 같이 마케도니아 팔랑스phalanx와 관련된 모든 종류의 이론들만 계속 반복하고 있다는 것은 믿어지지 않더라도 사실이다. 그러나 이들의 설명 뿐 아니라 고대 로마의 마니플 전술manipular-Taktik에 관해 리비우스Livy/Livius가 남겨놓은 기록이나 모병募兵 방법에 관한 살루스티우스Sallustius/Sallust의 기록 그리고 베게티우스Vegez/Vegetius(역자 주: 5세기 이론가)의 기록 역시 대부분이 큰 오해 아니면 순전한 환상이었음이 입증되었다. 비잔틴 제국에 관한 기록들도 이와 다르지 않다. 이들을 상세하게 섬토해 보면 서

---

11) 노이만Carl Neumann, 앞의 책, 60쪽 및 68쪽. 슐룸버거Gustave Schlumberger, 《12세기 비잔틴 황제 니케포루스 Un Empereur byzantin au dixième siècle, Nicéphore Phocas》, 파리, 서기 1890년, 532-533쪽. 크룸바커Krumbacher, 《비잔틴 문헌사文獻史Geschichte der byzantinischen Literatur》, 985쪽.

12) 노이만Carl Neumann은 야만인 거주자 숫자가 많았던 서구西歐 지역은 문화적으로 동東로마 지역보다 뒤쳐졌을 것이고 따라서 현금으로 세금을 낼 능력이 없었을 것으로 본다(67쪽).

로 모순된다는 것을 우리는 알 수 있다. 우리는 그들이 남긴 자료들의 거의 대부분을 실제 사실에 관한 기록이 아니라 과거 마케도니아 팔랑스를 체계적으로 설명해 놓은 알렉산드리아 작가들의 이론들을 단순히 베끼거나 나름대로 발전시킨 것으로서 진실과는 거리가 먼 환상적 이론으로 보아야 한다.

16세기 빌헬름Wilhelm Ludwig과 17세기 몽떼쿠콜리Montecuccoli는 레오Leo 황제의 전술을 많이 활용했고 18세기 리뉴Ligne 영주領主/Fürst는 장군들을 위해 레오 황제의 글과 프리드리히Rriedrich/Frederick 대왕의 규정들을 수집하면서 이들이 시저Cäsar/Caesar의 기록보다도 우수하다고 주장했다. 시저의 기록은 사건기록에 그쳤지만 레오와 프리드리히는 규정들을 제정했기 때문이라는 것이다.13) 그러나 앞서 우리가 알 수 있었듯이 이런 평가는 전혀 잘못된 것이다. 레오 황제는 베게티우스Vegez/Vegetius의 명성에 너무 현혹되어 있던 인물로서 베게티우스와 동일한 평가를 받을 수밖에 없다. 베게티우스는 군사문제에 대한 통찰력이 매우 부족한 인물이었다(이 책 제II편, 제I권, 제IX장 참고).

브리에니오스Nicephorus Bryennios(역자 주: 비잔틴 제국의 장군으로 만찌케르트Manzikert 전투에서 큰 공헌을 했고 두라쪼Durazzo 영주領主/dux로 있던 서기 1077년 반란을 일으켰으나 실패하고 피신해 있다가 니케포루스 III세가 황제가 된 후 잡혀서 눈알이 뽑힌 인물)의 기록이나 안나 콤네나Anna Komnena 의 기록(역자 주: 《알렉시아드Alexiad》) 등 전쟁과 전투에 관한 비잔틴 제국의 기록들 역시 극히 환상적이고 신뢰성은 없지만 이런 사료들을 비교검증해 보면 우리는 로마 레기온legion과 같은 훈련된 보병이 서구西歐지역이나 마찬가지로 이 그리스 제국에도 분명히 존재하지 않았다는 사실만큼은 확실히 알 수가 있다. 두 지역 모두 군대의 핵은 오히려 소수의 중기병重騎兵 집단들이었다. 이와 충돌하는 다른 역사적 증언을 평가할 기준이 될 증거는 "중기병 5,000~6,000명을 보유한 사령관에게는 신의 가호 외에 더 이상 다른 것이 불필요했다"는 니케포루스Nicephorus Phokas 황제의 표현이다. 역사적 증언들은 우리가 치열한 비판정신을 유지하면서 충분히 확인되지 않는 요소들만 이들로부터 제거하면 니케포루스의 이 말과 부합된다. 브리에니오스 역시 미카엘Michael III세 황제(재위: 서기 1071년~1078년) 당시의 소위 "불멸군단不滅軍團/τῆς τῶν ἀθανάτων χαλουμένων φάλαΥΥοο"*의 대형을 묘사하며 그 훈련의 핵심은 무기조작과 승마기술이었다고 평가했다.14)

동방東方 군대와 서구西歐 군대의 중요한 차이는 무엇보다 전자의 경우 외국에서 온 야만인 용병傭兵들이 자신의 힘으로 전쟁을 치른 후자의 경우보다 더 큰 역할을 했다는 점과 중기병重騎兵과 기마궁수騎馬弓手의 비중이 동방東方 군대가 더 컸다는

---

13) 옌스Max Jähns, 《독일 군사학사軍事學史 Geschichte der Krigswissenschaften vornehmlich in Deutschland》, 제I편, 170쪽.
14) 제IV권, 제IV장, 본Bonn 편編, 134쪽.

점이다. 특히 서기 1071년 만찌케르트Manzikert 전투에서 셀주크Seldschuck/Seljuk족에게 패한 후 원주민 전사戰士의 역할은 크게 줄고 거의 외국인 용병傭兵에 의존했던 것으로 보인다. 이 용병마저 패하자 콘스탄티노플Konstantinopel/Constantinople은 십자군十字軍 손에 들어갔지만 그리스 제국이 재건된 후 옛 군사체계가 부활했다.

이때의 군사조직은 3세기에 유스티니아누스가 동東고트Ostgoten/Ostrogoths족과 싸울 당시 로마제국의 군사조직과 기본적으로 같았고 이 조직으로 그리스 제국은 1,000년의 세월을 버텼다. 내부분열과 종교분쟁, 계속된 군사혁명과 궁정혁명과 왕위찬탈에도 불구하고 또한 발칸반도 자체의 불가리아족(훈족)과 아시아에서 와서 서기 654년 이미 콘스탄니노플을 포위했던 무슬림Muslim/Moslem(역자 주: 회교도回敎徒) 등 각 방면에 적이 있었음에도 이 그리스 제국은 끝까지 버티며 여러 번 승리를 거두고 동쪽 국경을 다시 옛 로마제국과 같이 티그리스Tigris 강까지 확장했다.

동방東方 즉, 그리스권은 이렇게 강력하고 완강하게 번틴 반면 서구西歐 즉, 옛 로마제국 라틴권은 왜 야만인들에게 지배권을 빼앗겼을까? 그리스권이 그 조직으로 인해 정치적 또는 군사적으로 로마권보다 우월했었음은 말할 필요도 없다. 비잔틴 제국의 큰 귀족가문들이 계속적으로 탁월하고 강력한 전사戰士들을 생산했고 봉건징집병이건 야만인 용병이건 이들이 군대 선봉先鋒에서 영웅적 전투를 수행했음이 분명하다. 이 가문들의 일부는 야만인 출신이었음이 분명하며 알렉산더 대왕 시대 이후 그리스 세계가 더욱 더 그리스 언어를 사용하고 그리스적 사고思考를 하는 혼합종족으로 변했듯이 이 가문들도 물론 비잔틴 제국에서 처음으로 세련된 가문이 되었다. 그러나 서구西歐 즉, 리틴권에서도 그랬을 가능성이 더 높기 때문에 이런 점이 동방東方과 서구西歐의 차이였을 수는 없다.

필자는 그리스 토양에 이식移植된 로마제국 동방東方이 오래 지속된 주된 이유는 지리적 이유 즉, 어느 곳과도 비교될 수가 없는 콘스탄티노플의 군사적 위치에 있었을 것으로 믿는다. 그리 크지 않은 강을 끼고 있는 내륙도시인 로마는 어느 정도 강한 적이 맹렬히 공격해 오면 이를 막을 수 없다. 황제들은 보다 안전한 라벤나Ravenna에 있기 위해 수시로 로마를 떠났다. 그러나 바다의 한 큰 지류支流를 끼고 3면이 물로 둘러싸인 콘스탄티노플은 매우 강한 적에 대해서도 난공불락의 도시였다. 적敵은 이쪽저쪽에서 증원군과 보급품이 이 도시로 들어가는 것을 차단할 수 없었다. 로마가 세계의 수도首都가 되었던 것은 그리 크지 않은 경제적 이점 때문이 아니라 정치와 전쟁을 통해 그렇게 된 것이었다. 로마가 더 이상 여러 민족들로부터 조공租貢 받는 수도首都가 아니게 되자 자연자원의 지원도 중단되었다. 토지가 크고 세계무역의 수로水路들의 교차점인 콘스탄티노플은 수도首都였을 뿐 아니라 그 자체가 극도로 많은 자연자원을 가지고 있어 방어에 극도로 유리했다. 서기 616년 헤라클리우스Herakius/Heraclius 황제 때는 페르시아가, 서기 626년에는 아바르Avar족이, 서기 654년과 667년과 672년과 717년 및 739년에는 아랍Arab족이, 서기 764년에는 불가리아족이, 서기 780년과 798년에는 또다시 아랍족이, 서기 811년과 820년에는 슬라브족이, 서기 866년에는 러시아가, 서기 914년에는 또다시 불가리아족이 콘스탄티노플을 포위했지만 누구도 승리하지 못했다.15)

만약 과거에 로마가 고트Goten/Goths족과 반달Vandalen/Vandals족에게 정복당했던 것 같이 콘스탄티노플이 어떤 야만민족 특히 서기 700년경에 무슬림Muslim/Moslem에게 정복당했다면 서西로마와 마찬가지로 동東로마 제국 역시 막을 내렸을 것이다. 그러나 모든 공격에 버틴 이 수도首都는 계속해서 제국 재건의 기지基地 역할을 했고 적이 약점을 보이게 된 때는 제국을 다시 승리와 정복의 길로 이끌어 주기도 했다. 비잔티움(역자 주: 동東로마 제국의 수도 콘스탄티노플)의 역사는 세계사에서 승리와 패배가 가장 뚜렷이 교차된 역사이다. 이웃 야만인들의 침략과 습격이 수시로 수도首都 지역까지 제국 전역을 휩쓸었다. 북쪽으로부터, 도나우강 너머로부터, 모든 소小아시아 지역을 거쳐 아랍 동쪽과 유프라테스 지역으로부터 또한 각종 해적들이 바다를 건너 제국을 침략하고 습격했다. 이런 전쟁들의 와중에 많은 주민을 잃고 야만인들이 자리를 차지하기도 했다. 불가리아족과 슬라브족은 이 당시 발칸반도에 자리 잡고 멀리는 펠로폰네수스Peloponnes/Peloponnisos/Peloponnesus에 까지 그들의 마을을 세웠다. 그러나 제국은 살아남았고 결국 이들을 자신들의 몸체와 조직 속으로 흡수했다. 이는 어디까지나 콘스탄티노플이 끝까지 버티며 고대의 정치체계 즉, 고대의 정치적 이상을 보존하고 전해주었기 때문에 가능한 일이었다.

물론 서기 1204년에 십자군十字軍에게 콘스탄티노플이 함락을 당한 적이 있었다. 그러나 제국은 존속했고 반세기 후 속주屬州에 의해 수도首都가 탈환됨으로써 고대 제국은 다시 재건되었다. 그러나 이 삽화揷畵적 사건은 두 가지 관점에서 예외로 간주되어야 할 것이다. 서기 1204년에 콘스탄티노플은 사실상 무방비 상태였다. 내부적으로 분열된 세력이 서로 상대방을 격파해 가며 교대로 수도를 지배했고 속주屬州들로부터 증원을 받을 수 없었다. 반면에 그 자체 만해도 강한 군대였던 십자군은 베니스Venedig/Venice 함대와 연합했고 이 함대가 바다에서 콘스탄티노플을 봉쇄함으로써 많은 자연적 힘을 지닌 이 도시를 함락시킬 수 있었다.

이때 속주屬州들이 끈질기게 대항하고 결국 적을 몰아낼 수 있었던 것은 강력한 그리스 정신이나 전투력 때문이 아니었고 일부 종교적 이유와 일부 십자군 자체의 성격 때문이었다. 정복자인 프랑크족이 아직도 야만인 이교도異教徒였다면

---

15) 이 예들은 햄머Hammer의 《터키 제국의 역사Geschichte des Osmanischen Reichs》, 제I편, 552쪽의 목록에서 발췌했다. 이 목록 중에는 완전히 확인된 것은 아닌 것들도 일부 포함되어 있다.

그들은 아마 계속 콘스탄티노플의 주인으로 남았을 것이고 그리스인들 역시 서구西歐지역의 경우와 같이 그들의 지배를 받기는 했겠지만 이와 동시에 정복자들을 자신의 문화와 종교 속으로 흡수했을 것이다. 그러나 십자군은 이 그리스인들에게 군사적 힘이라는 멍에만 씌운 것이 아니고 그레고리Gregor/Gregory Ⅶ세가 도입한 로마교회 정신이라는 멍에까지 씌웠다. 이때 그리스인들이 로마교회에 굴복했었다면 자신들의 사고방식을 완전히 바꾸어야 했을 것이다. 그러나 바로 이런 종교적 적대감 때문에 그들은 강력한 저항력을 얻을 수 있었고 프랑크족은 이를 극복할 수가 없었다. 이때의 프랑크족에게는 민족대이동民族大移動/Völkerwanderung (역자 주: 이 책 제Ⅱ편, 제Ⅱ권 참고) 당시 게르만 군대 같은 본능적 강인성이 없었다. 베니스 함대와 함께 온 십자군은 막강한 군대였지만 승리한 후에 프랑드르Flandern/Flandre의 한 대공大公/Graf이 통치자가 되었을 때 그의 기용병력은 극히 소수에 불과했었다. 베니스인들은 그들이 정복한 제국 영토의 1.5배에 대한 권리를 요구하며 그에게 복종하지 않았고 큰 영토를 받은 대봉토大封土 소유자들도 마찬가지였다. 프랑크 왕국의 창건자인 클로드비크Chlodwig/Clovis(역자 주: 프랑크 왕국 메로빙 왕조 창시자)와 그의 후계자들은 콘스탄티노플의 라틴 황제들이 기사騎士들을 통치한 방식과는 전혀 다른 방식으로 프랑크족을 통치했었다. 그 결과 서구西歐의 정복자들은 동방東方의 수도首都를 점령하기는 했지만 결국 그리스 제국에서 철수할 수밖에 없었다.

부 기附記

오만Oman의 《병법사兵法史/History of the Art of War》 중에 매우 유익한 부분은 비잔틴 제국의 군사체계를 설명한 장章이며 필자도 이곳에서 상당한 자료의 도움을 받았지만 여러 중요한 부분에서 그와는 다른 결론에 도달하게 되었다.

오만Oman은 중세 비잔틴 군사체계의 기초는 서구西歐의 경우나 마찬가지로 (기마궁수騎馬弓手와) 중기병重騎兵이었음을 정확하게 인식했지만 옌스Max Jähns(《독일 군사학사軍事學史Geschichte der Krigswissenschaften vornehmlich in Deutschland》, 제I편, 163쪽)와 같이 레오Leo 황제의 《전술론Taktik》 중 특히 보병步兵 관련 구절들을 인정한다. 그러나 당시에는 보병은 존재하지 않았고 레오Leo의 보병규칙들은 분명 고대문헌의 이론적 유물遺物들을 베낀 것에 불과하다. 만약 비잔틴 제국에 알렉산더 대왕이나 로마군 같이 보병이 있었다면 전투기록에 분명히 이들이 등장했을 것이며 또한 단순히 등장하는 데 그치지 않고 중요한 역할을 수행했을 것이다. 물론 오만Oman 자신도 전투는 거의 기병騎兵이 하고 보병은 요새수비, 매복, 통로차단 등의 임무나 수행했을 것으로 정확히 보았고 옌스Max Jähns 역시 레오Leo 황제가 보병부대(메로스meros와 투르마turma) 수를 기병부대의 수와 같게 기록한 것은 정상이 아니라고 정확히 보았다(163쪽). 오만Oman은 레오Leo 황제의 기록 중에 보병의 무장과 조직에 관한 기록은 기병에 관한 기록과 달리 거의 부정확한 것임을 강조했다. 이런 점들은 레오 황제의 기록이 당시의 실제 사실을 말한 것이 아님을 말해준다.

기록상의 수치들 역시 이런 사정과 부합된다. 오만Oman은 비잔틴 제국의 군사 구역인 테마thema의 지휘관인 스트라테고스strategos 1명이 거느린 병력은 8,000명, 10,000명 또는 12,000명이었고 이들 중 4,000명 내지 6,000명의 정예기병이 야전에 동원될 수 있었다고 한다(182쪽). 그렇다면 당시에는 병력이 매우 많았다는 말이 될 것이다. 10세기 비잔틴 제국은 소小아시아에 17개의 테마thema, 유럽에 11개의 테마thema가 있었기 때문이다. 오만Oman은 또한 소小아시아(역자 주: 야전)에 상비군이 120,000명이 있었다고 한다(221쪽). 그의 계산은 레오Leo 황제의 설명 중 각 스트라테고스strategos 밑에 2~3명의 투르마르크turmarch가 있다는 구절(제IV장, para. 45)과 각 테마thema는 기병騎兵 4,000명을 야전으로 보낼 수 있다는 구절(제XVIII장, para. 149 및 para. 153)을 기초로 한 것이다(역자 주: 총 28개의 테마가 각각 4,000명씩 야전으로 보냈다면 야전군이 약 120,000명이 됨). 그러나 이런 수치는 계산상으로는 정확하나 방법론상으로는 신뢰성이 없다. 레오Leo 황제가 말한 구조는 너무 이론적이므로 우리는 이로부터 직접 실제 수치를 계산해 낼 수가 없다. 우리는 레오Leo 황제의 이론이 어떤 성격인지 몇 가지 예를 통해 정확히 알아보는 것이 좋을 것이다. 우리는 그의 《전술론》, 제XVII장, para. 89에서 기병 300,000명이 정면 600필, 종심 500필의 대형을 취할 때 차지하는 공간이 얼마인지에 관한 설명을 발견할 수 있는데(마우리티우스Mauritius 황제의 글이라는 《전략론Strategikon》에도 유사한 설명이 있다) 옌스Max Jähns는 이런 묘사에 대해 정확한 풍자적 설명을 덧붙이고 있다.

또한 레오Leo 황제는 (마우리티우스Mauritius의 글이라는 《전략론》, 제Ⅳ권, 제3장과 같이) 전투 전날 저녁에는 병력이 점령한 진지陣地 뒤에 참호나 함정을 파놓거나 마름쇠를 깔아놓고 중간에 아군이 다닐 통로를 표시해 놓도록 권장했다 (제ⅩⅣ장, para. 43 이하). 이렇게 한 다음 아군이 미리 표시해 둔 통로를 따라서 위장도주偽裝逃走 하면 적군은 참호나 마름쇠 위로 뛰어들게 된다는 것이다.

또 레오Leo 황제는 기병은 적이 멀리서도 강한 인상을 받도록 창끝에 군기軍旗를 걸도록 권장했다(제ⅩⅡ장, para. 55). 다만 전투 중에는 여러모로 불리하므로 적과 1미글리miglie(역자 주: 1 영국 마일)쯤 접근하면 군기軍旗를 창에서 제거하라고 했다.

레오Leo 황제의 이런 비현실적 공상空想들을 보면 우리는 그가 말한 수치에 대해서도 의심하지 않을 수 없다. 그리고 레오 황제 자신이 테마thema들로부터 집결시킬 수 있는 총 병력을 겨우 40,000명 남짓으로 평가한 것(제ⅩⅧ장, para. 153)도 오만Oman이 평가한 병력수와 직접 충돌한다. 레오 황제는 고대古代보다도 병력이 적고 이들 7~8개가 모여 1개 투르마turma가 되는 단위부대 타그마타tagmata 의 병력이 256명이 넘으면 안 된다고 했다(제Ⅳ장, para. 62). 그는 또 전투에 통상 동원되는 기본 병력수를 기사騎士 4,000명으로 보면서 적이 매우 강할 때는 이 수치를 2~3배로 늘려야 한다고 했다(제ⅩⅧ장, para. 143~para. 150). 그러나 다른 구절에서 그는 5,000명 또는 12,000명의 병력을 "시메트론symetron"이라고 했는데(제ⅩⅡ장, para. 132~para. 133) "시메트론"이라는 단어는 "정상적"이라는 의미의 형용사이다. 그는 또한 병력이 훨씬 적어도 되는 상황도 있다고 했다.

비잔틴 군대가 그리 크지도 않고 작지도 않은 군대일 수 있었다는 마지막의 증거는 아랍Arab족의 병력수와 십자군十字軍의 병력수이나.

만찌케르트Manzikert 전투(서기 1071년)

아르메니아Armenien/Armenia의 만찌케르트(또는 말라스가르트Malasgard) 전투에서 셀주크Seldschuck/Seljuk족의 술탄Sultan 알프 아르슬란Alp Arslan은 로마누스Romanus Ⅳ세와 싸워 승리하고 황제를 포로로 잡았으며 비잔틴 군대의 대부분을 격파했고 이 전투로 인해 투르크족은 소小아시아를 얻게 되었다. 오만Oman은 비잔틴 제국은 이때 대부분의 병력 특히 소小아시아 테마thema들을 잃게 됨에 따라 국민징집이 불가능해지자 그 이후 전적으로 용병傭兵들에 의존하지 않을 수 없게 되었기 때문에 이 전투 역시 비잔틴 군사체계의 한 전환점이 된 것으로 본다. 그의 이런 생각은 그의 병력수 판단으로 연결된다. 그는 이 전투 당시 로마누스 황제의 병력은 60,000명이었고 상대방 병력은 100,000명이었다고 믿는다. 그는 또한 로마누스의 한 후계자는 큰 어려움 끝에 테마thema 징집군의 나머지 중에서 10,000명의 병력을 집결시켰다는 기록이 보이는데 이 기록은 비잔틴 제국은 과거에는 물론 소小아시아 지역에서만 120,000명의 병력을 모두 공급했었기 때문에 이들의 대부분을 잃은 후에는 군사작전을 할 수 없었다는 것을 의미한다고 했다.

그러나 그의 이런 결론은 앞서 우리가 이미 유지되지 못할 것으로 보았던 그의 추론과 더불어 더 이상 인정될 수 없다. 즉, 양측 군대는 이 전투를 비롯해서 어느 경우에도 그런 수치에 접근할 수가 없었다. 아직 테마thema들로부터 집결시킬 수 있었다는 10,000명의 병력도 너무 큰 수치로 보인다. 이 기록을 남긴 사람이 이 병력들은 아시아의 징집군 중 나머지와 용병傭兵들을 집결시킨 것이라는 말은 하지 않았기 때문이다.16) 여하간 이 수치는 너무 높은 수치일 것이다.

필자 역시 오만Oman이 그랬던 것 같이 만찌케르트Manzikert 전투에 관한 묘사에 대해 강한 이의異議를 제기하고 싶다. 이 전투에 대한 연구와 평가는 어디까지나 사료를 바탕으로 이루어지는 것이 바람직할 것이다.

비잔틴 시대의 군사문헌軍事文獻

마우리티우스Mauritius 황제의 글이라는 《전략론Strategikon》에 대해서는 옌스Max Jähns의 《독일 군사학사軍事學史 Geschichte der Krigswissenschaften vornehmlich in Deutschland》, 제I편, 152쪽과 크룸바커Krumbacher의 《비잔틴 문헌사文獻史 Geschichte der byzantinischen Literatur》, 제2판, para. 262(635쪽)을 참고할 것. 마우리티우스 황제의 글이라는 《전략론Strategikon》은 셰퍼Scheffer의 《아리안의 전술과 마우리티우스의 병법兵法 Arriani tactica et Mauricii ars militaris》 (우프살라Upsala, 서기 1664년)에 편집되어 수록되어 있다. 크룸바커는 이 《전략론Strategikon》이 내용상 마우리티우스의 글이 아닐 것으로 본다. 그러나 오만Oman은 이 글이 마우리티우스의 글로서 그가 황제가 되기 전 서기 579년에 쓴 글로(《병법사兵法史/History of the Art of War》, 172쪽), 그로쎄Grosse는 8세기 작품으로(《로마-비잔틴 행군 숙영지 Das römisch-byzantische Marschlager》, 106쪽) 본다.

레오Leo VI세(재위: 서기 886년~911년)에 관해서는 옌스Max Jähns의 《독일 군사학사軍事學史》, 제I편, 160~170쪽과 크룸바커Krumbacher의 《비잔틴 문헌사》, 제1판, 350쪽을 참고. 그의 글이라는 〈요약 전술개론戰術槪論 παράδοσις τών έν πολέμφ ταχτιχών〉 * 또는 〈병기兵器와 군사적 대비 Διά'ταξις πολεμιχών παρασχευπαρά〉 *는 라미우스Lamius가 편집한 《메우르시우스의 저작著作 Meursii opera》, 제VI편(서기 1745년)에 가장 잘 인쇄되어 수록되어 있다. 크룸바커는 이 글의 성격에 대해서 "이는 오노산데르Onosander, 아에리안Aelian, 폴리에누스Polyaenus 등의 과거 사료들을 모아놓은 것이다. 이 글에는 군대의 구성과 장비와 훈련을 장章 별로 나누어 설명하면서 많은 주석註釋이 붙어 있지만 일관성은 별로 없다"고 보았다. 그는 제2판에서는 이 글이 레오Leo VI세가 아니라 레오Leo III세 이사우리안Isaurian(재위: 서기 718년~741년)에 의해, 정확히 말하자면 그의 후원 하에 쓰여진 글이라는 견해를 취했다(636쪽).

---

16) 브리에니오스Nicephorus Bryennios, IV, 4(본Bonn 편編), 133쪽.

콘스탄틴Konstantin/Constantine Ⅶ세 포르피로겐티우스Porphyrogentius(재위: 서기 912년~959년)의 글에 대해서는 옌스Max Jähns의 《독일 군사학사軍事學史》, 제Ⅰ편, 171쪽을 참고할 것. 이 황제는 레오Leo Ⅵ세의 아들이다. 그의 글이라고 하는 《전술론》은 실제는 콘스탄틴Konstantin/Constantine Ⅷ세(재위: 서기 1025년~1028년)의 글로 내용은 대부분 레오Leo Ⅳ세의 《전술론》을 거의 베껴놓은 것으로 새로운 내용은 거의 없다. 크룸바커Krumbacher의 《비잔틴 문헌사》, 63쪽을 참고할 것. 이 글은 라미우스Lamius가 편집한 《메우르시우스의 저작》, 제Ⅵ편에도 포함되어 있다.

니케포루스Nicephorus Phokas 황제의 글에 대해서는 옌스Max Jähns의 《독일 군사학사軍事學史》, 제Ⅰ편, 176쪽과 크룸바커Krumbacher의 《비잔틴 문헌사》, 985쪽 및 슐룸버거 Gustave Schlumberger의 《12세기 비잔틴 황제 니케포루스Un Empereur byzantin au dixième siècle, Nicéphore Phocas》(파리, 서기 1890년), 779쪽, 4°등을 참고할 것.

니케포루스 황제가 쓴 것으로 알려진 글에는 〈전쟁의 전초전前哨戰에 관하여Peri paradromēs polemou〉라는 제목이 붙어 있다. 하세Hase가 편집한 책(본Bonn, 서기 1828년)에서는 이 글이 이 황제의 명에 의해 쓰여진 글임은 분명하지만 황제 사후에도 완성되지 못한 것으로 본다.

옌스Max Jähns는 이 글은 레오Leo Ⅳ세의 《전술론》을 일부 참고하기는 했지만 훨씬 독자적인 글이라고 본다. 그러나 그는 이 글에 적극적 군사행동의 흔적이 보이지 않는 것은 쇠퇴기衰退期적 성격이 나타난 것이라며 "니케포루스는 야만인들의 침략을 방어하려고 제국 북쪽 국경으로 보낸 군대에게 진지를 점령한 후 관측임무나 기껏 호송임무 정도 외의 다른 일을 할 것으로는 기대하지 않았다"고 했다. 그러나 옌스의 이런 말을 인정한다면 우리는 오히려 비잔틴 군은 군사행동을 규율하는 자신들의 규정에 적敵이 끌려 다니지 않을 수 없게 만들었다는 것을 더 할 수 없이 분명하게 인식할 수 있게 된다. 니케포루스 황제가 쓴 글의 성격에 대한 옌스Max Jähns의 평가는 그 자신이 말한 이 황제의 인간성이나 군사업적들과도 물론 크게 모순된다. 이 황제는 완전히 공격적인 인물로 정복활동을 계속했었다. 그는 특히 공포의 무슬림Muslim/Moslem 해적들의 표적이 되어왔던 크레타Kreta/Crete 섬도 정복했고 안티오크Antioch도 정복했다(서기 968년).

반면에 슐룸버거Gustave Schlumberger는 니케포루스 황제의 글에 도취되어 그의 글을 상세히 분석한 결과 다음과 같이 평가했다(173쪽).

"필자는 이 25개 장章의 병법서兵法書를 읽으며 대단히 큰 감명을 받았다. 이 글은 10세기 국경지역 전투의 계획을 완벽히 설명해주고 있다. 이 가장 완성된 비잔틴 제국의 전략stratigos에서 군대의 선봉先鋒이 사라센sarrasine군의 침입을 방어하기 위해 해야 할 일과 그들의 행군을 중단시키거나 그들의 약탈에 매섭게 보복하기 위해 해야 할 일이라고 말한 것들은 육군대학에서 우리 장교들이 배울 교범敎範이 될 수도 있다. 이 글은 모든 상황을 철저히 예상해서 모든 문제들에 대한 완벽한 해답을 주고 있다. 거친 그리스어로 쓰여진 글이지만 독특한 애국적 열정과 국방업무에 대한 깊은 애정 그리고 진정한 무인武人 다운 정열이 배어있는 이 책을 다 읽었을 때 필자의 눈앞엔 매복과 기습과 우렁찬 질주疾走로 점철된 매우 대담하고 야성적인 전투장면들이 그리고 초승달(역자 주: 회교도들의 상징)과 십자가(역자 주: 기독교도들의 상징) 간의 수세기에 걸친 투쟁 동안 검은 숲과 골짜기 속의 좁은 길과 옛 타우루스Taurus 산의 푸른 언덕을 수천 번 피로 물들였던 그러나 그렇게도 오랜 세월 동안 완벽하게 잊혀져 있던 그 당시의 전투장면들이 주마등과 같이 스쳐갔다. 나는 또 아득히 먼 곳부터 저 훌륭한 비잔틴 정찰병 트라페지테trapézite의 끊임없는 감시에 걸리지 않고 무방비 상태로 고이 잠든 그리스인 마을들을 번개 같이 습격하려고 숨은 거의 멈추고 양손에는 방패와 창을 들고 몸은 안장머리 앞으로 수그린 채 말이 없는 병사들을 태우고 울창한 관목灌木 숲 사이를 새벽녘에 몰래 지나가는 사라센 군마軍馬들의 억제된 말 발굽 소리를 꿈속에서 들었다. 나는 또 기계術計와 기계術計가 서로 마주치고, 비밀스런 치열한 추격이 계속되고, 책략策略들이 끊임없이 탄로 나고 새로 시작되던, 번개같은 기습에 이어 근접전투를 벌이던 세계에서 가장 독특한 형태의 전쟁터에서 싸우던 완벽한 무인武人이며 서기 1,000년 당시의 진정한 창기병槍騎兵/hulan이었던 그리스 무적 정찰대를 다시 보았다. 또한 나는 허리 보호대와 쇠미늘 갑옷(역자 주: 앞의 3쪽 참고)을 외투로 가린 채 신비롭고 정확한 말발굽 소리를 내며 서기 1870년 독일 창기병이 가장 무서운 예를 보여준 과감한 수색과 대담한 정찰의 전쟁을 수행 중인 그들을 보았다.

그렇다. 저들은 우리에게 침략자의 애처로운 상징으로 남아있는 이 독일 창기병의 진정한 선구자였다. 저들은 불굴의 비잔틴 트라페지테trapézite였고 니케포루스 황제의 "전술론Tactique"(역자 주: 〈전쟁의 전초전前哨戰에 관하여Peri paradromēs polemou〉를 말함)을 편집한 사람들은 저들의 위험한 복무를 상세하게 묘사해 놓았다. 저들은 확실한 정보를 얻기 위해 적지敵地 한 복판에서 2명 1개 조組로 질풍 노도와 같이 말을 달렸다. 저들은 어떠한 대가를 치르더라도 기필코 돌아가서 자신들을 신뢰한 지도자에게 정확한 정보를 알려주기 위해, 또 적敵의 병력수와 지휘관 이름, 그들이 가려는 방향과 예상진로 등 지도자가 알아야 할 모든 것들을 보고하기 위해 위험을 겁내지 않았으며 침착하고 대담했으며 단호하고도 훌륭하게 복무했다. 그들은 이런 정보들을 얻기 위해 영리하게 노력했으며, 수없이 기계術計를 썼으며, 정보수집 과정을 엄격하게 지켰으며, 창조적인 천재성을 발휘했으며, 교범敎範 대로 군기軍紀를 지켰으며, 아직 야만적이었던 그 시대에 모든 자원이 부족한 극도의 어려움 속에서도 빈틈없이 정확하고 완벽하게 임무를 수행했었다. 그 시대 동방東方의 전쟁이 단지 혼잡스런 무리들의 무질서한 전쟁이었고 가끔 야만스런 무리들의 충돌이나 있었을 것으로 생각하려는 사람이 있다면 그들은 큰 착오를 범하고 있는 것이다."

비잔틴 창기병槍騎兵/hulans(프)/uhlans(영)들에 대한 이와 같은 찬사讚辭는 옌스Max Jähns의 판단과는 다르지만 각자의 판단은 나름대로 옳다. 다만 옌스가 잘못 생각한 것은 사실은 니케포루스 황제의 글을 결정적 전쟁의 전략에 관한 글로 본 점이다. 그러나 니케포루스 황제의 글은 그런 전쟁이 아니라 국경전투 즉, 게릴라전에 관한 글이며 이런 전쟁은 결코 적극성과 정열이 결여된 전쟁이 아니다. 10세기와 11세기 비잔틴 군대가 수행했던 대규모 전쟁은 지금 말하고 있는 전쟁과는 다른 전쟁이었다. 니케포루스 황제의 글은 국경전투만 다루고 있기 때문에 이로부터 그 시대의 정신에 관한 결론을 말하는 것은 소용없는 일이다.

슐룸버거Gustave Schlumberger는 이 글이 니케포루스 황제의 글이라고 흔히 말하지만 그의 시대에는 아직 편집도 되지 않은 글이라고 보며(186쪽), 그라욱스M. Graux는 물이 없는 곳으로 병력을 끌고 들어가면 안 된다든지 야전으로 나갈 때 불필요하게 식량만 소모할 인원을 대동하면 안 된다든지 향도나 간첩은 전투에 매우 요긴한 존재라는 등 이 글의 일부 구절들만 발췌해서 출판했다.

니케포루스 황제는 한 종교회의에서 무슬림Muslim/Moslem과 전쟁에서 죽은 병사를 모두 순교자로 추존追尊한다는 포고령을 요구한 적이 있다. 그러나 총대주교總大主敎 폴리유크테스Polyeuktes/St. Polyeuctes는 그의 제의를 거부했다.17)

(이하는 제2판에서 추가한 내용임.) 바리R. Bári가 편집한 레오Leo 황제의 《전술론Taktik》 신판新版이 서기 1917년 부다페스트Pesth/Pest에서 출판되었는데 모든 비잔틴 군사문헌들과의 관계에 대한 새로운 연구를 기초로 편집된 책이다. 이 책에 관한 게르란트L. Gerland의 보다 상세한 평가가 《독일 문예평론Deutsche Liter- atenzeitung》, 제27-29호(서기 1920년)에 게재되어 있다.

---

17) 노이만Carl Neumann, 앞의 책, 37쪽. 크룸바커Krumbacher, 앞의 책, 985쪽.

제VIII장
아랍족[1]

고대 로마군에서 복무하며 로마군의 기병대騎兵隊를 구성했던 야만인 마병馬兵들 중에는 초기시대로부터 아랍Arab족 또는 사라센Sarazen/Saracen족도 포함되어 있었다. 크라수스Crassus가 파르티아Parthern/Parthian와 싸운 전역戰役에도 아랍 왕자가 이미 등장한다(역자 주, 이 책 제I편, 제VI권, 제V장 참고). 발렌스Valens 황제가 고트Goten/Goths족과 싸울 때 동방에서 데리고 갔으나 서기 378년 아드리아노플Adrianopel/Adrianople에서 게르만 군에 패한 자들도 아랍 마병馬兵들이었다(역자 주, 이 책 제II편, 제II권, 제III장 참고).

로마군은 게르만족 정복과 동시에 아랍족 정복에도 착수한 적이 있었다. 아우구스투스Augustus 황제(역자 주: 시저의 양자인 옥타비아누스. 시저가 암살된 후 '존엄한 자'란 뜻을 지닌 '아우구스투스'란 이름으로 로마제국 최초의 황제가 된다) 당시에 이집트 총독 엘리우스 갈루스Aelius Gallus는 아랍족을 공격해(기원전 26년-25년) 큰 마을을 빼앗는데 성공했지만 기아飢餓와 질병으로 심각한 병력손실을 입었고 그 이후 로마군은 이쪽 방향으로는 공세를 재개하지 않았다.

서구西歐 지역의 게르만족 같이 아랍족도 특히 유스티니아누스Justinian/Justinianus 황제 시대를 전후한 로마와 페르시아간 전쟁 때를 비롯해서 용병傭兵으로 문명세계에 들어왔지만 그들 스스로 자신들을 지휘하기로 결정하는 때가 찾아왔다.

하지만 그들이 이렇게 되는 과정은 세르만족의 경우와는 크게 달랐다.

게르만족에게는 아무 것도 없었고 그들이 가지고 들어온 것은 전사戰士 기질뿐이었다. 게르만족은 스스로 문명세계 주인이 되어가고 있을 당시도 아직 완전한 야만인이었고 이 과정에서 문명세계를 대부분 파괴했다. 그러나 아랍족은 오래 전부터 그 내부에 두 부류가 있었다. 하나는 호전적 야만 유목민遊牧民인 사막의 베두인Beduin/Bedouin족이고 다른 하나는 상당한 문명을 지닌 도시상인都市商人들이었다. 이 두 부류는 공통의 민족성과 언어와 종교문화를 통해 결속되어 있었다. 물론 이들이 공유했던 종교문화는 베두인족의 적대감과 야만성을 누그러뜨리고 통제하기 위해 그들의 수도首都 메카Mecca의 현명한 상인들이 의도적으로 조장한 것이었다.[2] 그들은 유태인과 기독교의 영향으로 종교宗敎적 충동을 받았다.

---

1) 크레머Alfred von Kremer의 《칼리프 치하의 동방東方 문화사Culturgeschichte des Orients unter den Chalifen》(비엔나, 서기 1875년)에는 군사체계에 관한 장章이 있는데(203-205쪽) 관련 사료기록들을 아주 많이 수집해 놓기는 했지만 군사적 목적과 이해가 없이 수집된 자료들이고 이들에 대한 분석도 없다. 이 자료들 중에는 필자가 활용할만한 자료가 전혀 없었다.
2) 뮐러August Müller, 《이슬람 역사Geschichte des Islam》, 제I편, 31쪽.

예언자 무하메드_{Muhammed/Mohammed}(역자 주: 서기 570년 4월 22일 출생, 서기 632년 6월 8일 사망)는 이런 모든 요소와 경향들을 정치적-종교적 단일체로 통합시켰다. 이슬람_{Islam}은 기독교와 같은 종교가 아니라 종교적 힘을 바탕으로 한 정치적-군사적 민족 조직이다. 양자를 철저히 비교해서 근본적 차이점을 말해보자면 이슬람은 마치 아르미니우스_{Armin/Arminius}(역자 주: 이 책 제II편, 제I권, 제V장 참고)가 예언자이기도 하면서 그의 지도 하에 모든 게르만 부족들을 통합하는 것이나 같았을 것이다.

전사戰士이고 민족지도자이고 예언자였던 무하메드는 아랍 세계로부터 돌연 한 세력을 조직해서 그 무적無敵의 힘을 가지고 당시 로마에 속해있었던 시리아와 이집트를 그리고 로마와 밀고 밀리는 투쟁을 끊임없이 계속 중이었던 페르시아 등 좌우의 인접지역들을 모두 굴복시켰다.

게르만족에게 굴복한 로마제국 서구西歐 지역들은 고대문화를 교회가 유지했고 이런 지역에서는 교회와 국가가 서로 독립된 양극兩極적 요소로 계속 발전했다. 그러나 이슬람 세계는 교회와 국가가 하나였다. 예언자 무하메드와 그의 후계자 이고 대리인이었던 칼리프_{Kalif/caliph}들은 정신적 수장首長임과 동시에 속세 지도자 즉, 신의神意의 해석자임과 동시에 군사지도자였다. 오래 전부터 공포의 대상으로 세상에 알려진 베두인_{Beduin/Bedouin}족의 군사적 힘은 운명(키스메트_{kismet})과 낙원에 관한 종교적 교리에 의해 배가倍加되었고 알라_{Allah} 신神의 권위는 복종을 보장해 주었다. 경건자敬虔者(역자 주: 칼리프의 별칭) 조차도 "최선의 섭리攝理는 칼로 신神을 보좌 하는 것이다"라는 말을 했고[3] 약탈을 일삼던 베두인족은 문명세계의 보화寶貨를 그들 손에 던져주는 이 정신적 권위를 즐거운 마음으로 추종했다. 이런 권위는 타고난 전사戰士인 사막의 아들들 힘에 군기軍紀를 더 얹어주었다. 그들의 군기軍紀 는 전사戰士들이 술 마시는 것을 금지할 정도로 강력했다.

비록 14세기에 쓰여진 것이기는 하지만 고대로부터의 그들의 전통을 잘 말해 주고 있는 군사체계에 관한 아랍 문헌이 있는데[4] 이 문헌에는 신자信者들의 복종 이 다음과 같이 묘사되어 있다(28쪽).

이부 이샤크_{Ibu Ishâk}는 전역戰役에 대해 이렇게 설명했다. 신神이 보낸 사람이 와딜 카프라_{Wâdil Cafrâ}를 떠나려 할 때 쿠리이쉬_{Kuraish}가 그를 상대하러 오고 있다는 소식을 듣자 그는 그의 사람들에게 충고를 구했다. 아부 베크르_{Abu}

---

3) 벨하우젠_{Wellhausen}, "고대 아랍세계의 종교적-정치적 분파分派들에 관한 연구Ueber Die religiös-politischen Oppositionsparteien im alten Islam," 《괘팅겐 왕립 학술원 논집論集Abhandlungen der Königlichen Gesellschaften der Wissenschaften zu Göttingen》, 철학 및 역사 분과, 새 시리즈, 제5권, 제2호, 10쪽.

4) 뷔스텐펠트_{Wüstenfeld}는 이 글을 편집 번역해서 《괘팅겐 학회 논집論集Abhandlungen der Gesellschaften der Wissen-schaften zu Göttingen》, 제26권(서기 1880년)에 수록했다. 뷔스텐펠트의 글에는 아에리안_{Aelian}의 《전술론 Taktik》을 번역해서 수정한 부분이 일부 포함되어 있으므로 독자들은 유의해서 읽어야 한다.

Bekr가 가장 먼저 매우 좋은 말을 했고 오마르Omar가 그에 이어서 매우 좋은 말을 했다. 그런 다음 엘-미크다드 벤 아므르el-Mikdâd ben Amr가 일어나 "오, 신神의 사자使者여! 당신은 명령받은 곳으로 가시오. 우리들도 당신과 함께 있을 것이오. 우리는 이스라엘Israel 애들과 같이 '그대와 그대의 군대는 가서 싸우시오. 우리는 이곳에 남아있겠네'라고 말하지는 않겠소. 우리는 '당신과 당신의 군대는 가서 싸우시오. 우리는 당신 옆에서 나란히 싸우겠소'라고 말할 것이오. 당신이 진실로 당신을 보낸 분의 명에 따라 비르크 엘-기마드Birk el-Mikdâd까지 우리와 함께 가길 원하면 우리는 당신이 그곳에 도착할 때까지 그곳에서 우리의 길을 위해 싸울 것이오"라고 했다. 신神이 보낸 사람은 이 말을 듣자 "좋은 말이오"라며 그를 축복한 후 돌아서서 "그대도 충고를 해주시오"라며 앙카르Ancâr(무하메드 편이 된 메카Mecca 시민들)를 주목했는데 그곳에 그들이 많이 있었기 때문이다. 이때 사드 벤 무아드Sa'd ben Mu'âds가 "오, 신神이 보낸 사람이여. 당신은 내게 말한 것 같소"라고 하자 그는 "물론이오"라고 답했고 이에 사드 벤 무아드는 "우리는 당신을 믿어왔고 당신이 진실하다고 생각했고 당신이 우리에게 가르쳐 준 모든 것이 진실임을 알고 있소. 그래서 우리는 이를 듣고 복종하겠다 맹세하며 이를 당신께 확인해 주었소. 그러니 신神이 보낸 사람이여. 당신은 명받은 곳으로 곧 가시오. 우리도 당신과 함께 있을 것이오. 당신이 진실로 당신을 보낸 이의 명령에 따라 우리와 함께 이 바다를 건너기를 원한다면 우리는 당신과 하께 이 바다로 뛰어들 것이오. 우리 중 누구도 뒤에 남지 않을 것이오. 당신이 우리와 함께 내일 적敵과 싸우기 원하면 우리는 반대하지 않을 것이오. 우리는 분명히 전쟁에서 굳게 버티며 전투에서 의지할 만한 사람들이오. 아마도 신神은 우리를 통해 당신의 눈을 즐겁게 할 무엇을 보여 줄 것이오. 그러니 신神의 축복 아래 우리와 함께 진격하시오"라고 말했다. 신神이 보낸 사람은 이 말에 기뻐하면서 매우 신이 난 목소리로 "일어나라! 이 좋은 말을 모두에게 알리라. 신神은 나에게 두 계파로부터 한 가지를 약속했노라. 신神이여! 나는 마치 우리 군대가 뛰어나가는 것을 벌써 본 것 같나이다"라고 말했다. 이에 오마르Omar는 "나의 목숨의 주인이신 그분의 힘이 있으니 저들은 쓰러지지 않고는 견디지 못할 것이오"라고 했다.

무하메드 이전의 아랍족은 게르만족 이상으로 수없이 많은 부족들로 나뉘어 있었고 마을들이 발전함에 따라서 대립된 사회계층들이 그들 속에서 탄생했다. 예언자 무하메드는 자신이 만든 체계를 통해서 이런 부족들과 계층들을 긴밀한 단일체로 통합했고 이로써 큰 내적인 힘뿐 아니라 협력적인 거대한 대중을 탄생시켰다. 게르만 민족은 결코 함께 행동한 적이 없다. 우리는 로마제국을 휩쓸던 고트Goten/Goths족, 부르고뉴Burgund/Burgogne족 그리고 반달Vandalen/Vandals족의 군대가 아주 소규모였음을 알 수 있었다. 아랍Arabien/Arabia도 독일과 마찬가지로 인구밀도는 매우 낮았지만 널리 퍼져있는 모든 부족들과 계층들이 이제 한 사람 밑에서 긴밀한 군대로 결합되었다. 무하메드는 서기 630년에 비잔틴 제국과의 전역戰役을 위해 병력 30,000명을 집결시킨 것으로 보인다. 다만 이들은 국경지역에서 발길을 멈추고 아무 성과도 얻지 못했다.5) 아부 베크르Abu Bekr의 군사령관 칼리드Chalid도 18,000명을 이끌고 페르시아로 진격했었다.6) 아랍족이 페르시아군에게 패한 서기 636년의 다리Brücken 전투 때는 그들의 병력이 10,000명뿐이었다는 기록도 있다.7) 그들이 페르시아군을 격파한 서기 637년의 카데시아Kadesia 결전決戰 때도 "가장 오래되고 가장 믿을만한"8) 기록에 의하면 그 병력은 겨우 9,000~10,000명이었고 그 직후의 드샤블라Dschabula 전투 때도 12,000명이 싸웠다고 한다.9) 이런 수치들은 유스티니아누스Justinian/Justinianus 황제의 전쟁들을 통해 우리가 익숙해진 병력수를 가지고 보면 불가능한 수치로 보이지 않는다. 이런 수치들의 신뢰성이 크테시폰Ctesiphon에서 얻은 전리품들을 분배할 때 60,000명이 그들의 몫을 받았다는 사실 때문에 떨어지는 것은 아니다. 카데시아Kadesia 전투 이후 증원군이 오기는 했지만 아마 우리는 각 지도자들이 보고한 그들의 병력수는 진실의 한계를 너무나 크게 넘어 선 것이라는 의심부터 해야 할 것이다. 16~17세기 게르만 랭스크넷Landsknecht/lansquenet(역자 주: 독일인 용병) 지도자들의 경우를 통해 우리가 알 수 있듯이 이 극심한 탐욕자 베두인족 지도자들도 많은 전리품을 차지하려고 그들의 병력수를 3~4배는 과장했을 것이다. 그러나 보다 최근의 학자들의 견해에 의하면 페르시아군을 격파한 그들의 병력은 10,000~12,000명보다 많았을 수 있다. 그러나 우리는 페르시아에서 싸운 병력은 무슬림Muslim/Moslem군 전체가 아니었고 그 당시에 이와 비슷했거나 더 많은 병력이 시리아에서 그리스군과 싸우고 있었다는 사실을 반드시 고려해야 할 것이다. 그들이 예루살렘에서 약간 남쪽에서 처음으로 그리스군을 격파했던 서기 634년의 아드샤나데인Adschanadein 전투에서는 물론 불분명한 평가이기는 하지만 아랍측 병력이 25,000~30,000명이었던 것으로 추정된다.10) 이때 아랍군은 상대방보다 큰 병력을 확보하기 위해 유프라테스

---

5) 뮐러August Müller, 앞의 책, 제Ⅰ편, 164쪽.
6) 바일Weil, 《칼리프의 역사Geschichte der Chalifen》, 제Ⅰ편, 30쪽.
7) 바일Weil, 같은 책, 제Ⅰ편, 60쪽.
8) 뮐러August Müller, 앞의 책, 제Ⅰ편, 238쪽.
9) 뮐러August Müller, 같은 책, 제Ⅰ편, 243쪽.

Euphrat/Euphrates 강 쪽에서 페르시아군과 전투 중에 있던 마병馬兵 3,000명 이상을 빼왔고 이들은 음료수를 휴대하고 사막을 통과해서 왔다. 25,000~30,000명이라는 수치는 너무 높은 수치일수 있지만—그렇게 먼 곳에서 마병馬兵 3,000명 이상을 데리고 왔다는 것은 25,000~30,000명이라는 수치가 너무 높은 수치라는 증거가 된다—그리스 제국은 오랜 세월 동안 어느 곳에서도 이와 비슷한 규모의 병력을 동원할 수 없었다. 유스티니아누스 황제가 고트족과 반달족을 상대하러 나가는 벨리사리우스Belisar/Belisarius에게 15,000명이란 병력을 줄 수 있었던 것도 오랫동안 페르시아와 평화를 유지할 수 있었기 때문에 가능한 일이었다. 물론 아랍 측의 사료들은, 마치 고대 그리스인들이 밀티아데스Miltiades, 파우사니아스Pausanias, 알렉산더 등이 격파했던 페르시아군을 그런 식으로 기록했던 것 같이, 이 신자信者들의 칼에 의해 격파되고 죽은 그리스군이나 페르시아둔의 병력수를 자신들보다 압도적으로 많은 수십만 명으로 기록했을 수도 있다.[11] 그러나 이 모든 경우에 실제로 병력이 우세했던 것은 승자勝者 측이었다.

이 호전적인 사막 부족들을 모두 그들의 지휘 하에 들어오도록 굴복시킨 칼리프Kalif/caliph들은 무한한 전사戰士 공급원供給源을 가지고 있었고 상대방들보다 많은 병력을 동시에 각 방면으로 보낼 수가 있었다. 그들은 보수가 지급되지 않으면 바로 반란을 일으키는 단순한 용병傭兵들이 아니었고 신神의 전사戰士로서 단시간 내에 정복지에서 풍부한 보상을 얻어내기 위해 궁핍과 자기부정自己否定의 기간을 수 없이 견디어 냈다. 결국 그들은 로아르Loire 강에 도착해서야 교주敎主와 합류하며 트리폴리Tripoli의 불모지不毛地를 휩쓸고 지나가 카르타고와 북아프리카 전역 그리고 나중에는 스페인까지 정복할 수 있었다.[12] 북아프리카를 정복한 병력을 20,000명 또는 40,000명으로까지 보는 것은 너무 높은 평가임이 분명하다. 그렇게 많은 병력을 트리폴리를 거쳐서 그렇게도 먼 거리를 이동하는 동안 먹여 살릴 방법은 없으며 그 1/4 정도의 병력만 있었어도 그들은 같은 임무를 얼마든지 수행할 수 있었다. 그러나 같은 시간 이슬람군은 한쪽에서는 서구西歐의 헤라클레스 기둥(역자 주: 지브롤터Gibraltar 해협)에서도 나타났고 다른 쪽에서는 고대 마케도니아의

---

10) 뮐러August Müller, 같은 책, 제Ⅰ편, 252쪽, 각주.

11) 뮐러August Müller, 같은 책, 제Ⅰ편, 222쪽.

12) 물론 한번에 그런 것은 아니다. 사건은 이렇게 전개되었다. 아랍족은 서기 641년 이집트를 정복했다. 서기 643년 또는 644년에는 트리폴리Tripoli를 점령했다. 서기 648년-649년에는 모아위자Moawija가 시리아 총독으로서 함대를 건설했다. 이집트 총독도 같은 일을 했다. 서기 647년-648년에는 이집트 총독이 20,000명을 거느리고 카르타고Karthago/Carthage를 점령했지만 곧 철수했다. 10여년 후부터는 트리폴리에서 튀니지아Tunis를 수시로 침공했다. 서기 683년에는 아랍족이 패해서 트리폴리를 잃었고 바르카Barka/Barca로 밀려났다. 서기 696년에는 하쎈Hassen이 40,000명을 거느리고 카르타고를 휩쓸었다. 몇 차례 역전이 거듭된 끝에 그리스 함대가 움직이자 서기 706년-709년 사이에 대양大洋에 이르기까지 모든 지역이 다 굴복했다. 베르버Berbern/Berbers족도 이슬람과 합류했다.

알렉산더의 경로를 따라서 투르키스탄Turkestan과 인도까지도 진출했고 한편으로는 비잔티움(역자 주: 콘스탄티노플)도 혹독하게 압박하고 있었다.

이 승자勝者들은 정복지에서 마치 이태리와 스페인과 아프리카에서 고트족과 반달족이 그랬던 것과 같이 스스로 전사戰士 지배층이 되었다.

이미 잘 조직된 정치조직을 지니고 있던 아랍족은 게르만족 같이 그들이 정복한 문명세계를 파괴하지는 않았다. 단기간의 간섭은 있었지만 정복지에서는 곧 정상적인 경제생활이 계속되었고 서구西歐와 같이 완전한 물물교환 경제로 돌아가지는 않았다. 정복지의 비신자非信者들은 전사戰士들의 지배계층을 유지하기 위한 세금을 납부해야 한다는 원칙이 새로운 정치체계의 기초가 되었다.

과거 게르만 전사戰士들은 현지주민들로부터 생산물을 공급받아 먹고살기 위해 전 국토에 흩어질 수밖에 없었고 이런 상황에서 봉토封土제도 또는 봉건제도가 발전했다. 그러나 아랍세계는 화폐경제에 기초한 문명이 그리 급속히 파괴되지 않아서 전사戰士 계층은 세금과 보수를 가지고 살 수 있었으므로 그리 넓게 흩어지지 않아도 되었다. 정복자들은 특히 쿠파Kufa나 바스라Basra 등 큰 군사 주거지에 함께 있을 수 있었고 이 군사 주거지들이 나중에 도시로 성장했다.

그러나 특히 반달족과 서西고트족의 경우에서 우리가 알 수 있었던 것과 같이 가족적 전통 위에서 자체적인 확장만 모색하는 전사戰士 계층은 오래가지 않는다. 게르만족의 경우 그런 전사戰士 계층이 정복지 백성들과 섞여서 교회 구성원으로 통합되어 갈수록 더 빨리 사라졌다. 하지만 아랍족의 경우는 그런 계층이 좀 더 오래 갔는데 이는 피정복민들도 대부분 자신들의 종교를 유지했었고 지배계층도 그들의 특성인 전사戰士적 성격을 잊지 않고 있었기 때문이다. 그 외에도 칼리프Kalif/caliph들의 정신적-종교적 권위로 인해 이 신자信者들은 자신들의 전통적 체계를 견고히 유지할 수 있었기 때문이기도 했다. 그러나 200년쯤 지나자 그들이 사막에서부터 가지고 왔던 원초적 힘이 문명의 땅 위에서 소진消盡되었다. 인위적으로 혼화混和되어 있던 전사戰士체계와 종교가 무하메드가 죽은 후부터 이미 서로 충돌해 오다 결국 분리되기 시작했다. 칼리프Kalif/caliph 직職 승계에 관한 분명한 원칙은 없었다. 신정神政은 본질상 혈연으로 상속될 수 없는 것이다. 예언자 무하메드의 사위 알리Ali와 그의 아들들 즉, 무하메드의 외손자들이 암살당한 후에 집권한 옴미아드Ommaiiiad/Ommiad 대왕조大王朝는 호전적 베두인Beduin/Bedouin 계통의 대표에 가까웠고 그 다음의(서기 750년 이후) 아바씨드Abbassid 왕조는 종교적 계통의 대표에 가까웠다. 우리는 이 두 왕조를 하나는 프랑크 왕국의 극히 호전적이기만 했던 메로빙Merowing/Meroving 왕조와 다른 하나는 교회와 관계를 맺은 카롤링Karoling/Caroling 왕조에 비교해 볼 수 있다. 결국 칼리프들의 제국도 샤를마뉴Karl/Chalemagne 대제大帝의 카롤링 제국이 그의 후계자들 치하에서 신속히 분리된 것 같이 아바씨드 왕조 제5대 칼리프 하룬 알 라쉬드Harun al Raschid의 후계자들 치하에서 붕괴되었다. 9세기 초부터는 용병傭兵 부대들이 신자信者들을 대신했다. 특히 예언자 무하메드의 교리教理를 따르는 셀주크 투르크Seldschuckischen Türk/Seljuk Turk족이 이제는 전사戰士를 공급하게 되었고 곧 그들의 에미르emir(역자 주: 왕족 장군)들과 사령관들은 칼리프Kalif/caliph 직職을 단지 존엄한 정신적 대표로만 바그다드에 남겨둔 채 스스로 통치자가 되었다. 스페인, 이집트 등 많은 지역들이 곧 바그다드와 관계를 끊고 스스로 나름대로의 특별한 칼리프Kalif/caliph 직職을 창설했다.

이후 동방東方에서도 서구西歐와 매우 유사한 상황이 생겼다. 예언자 무하메드의 교리에도 불구하고 정신적 세력과 세속적 세력의 자연스런 대립이 이슬람에도 생겼다. 셀주크족 통치자 술탄sultan들은 서구西歐의 왕과 같이 세속적 통치자였고 이들은 서구의 왕이 기사騎士의 지원을 받았던 것 같이 전사戰士의 지원을 받았다. 통치원칙은 기본적으로 양자가 매우 달랐지만 랑케Leopold Ranke가 이미 언급했던 대로 우리는 외적 측면에서는 붉은 수염 프리드리히Friedrich/Frederick Barbarossa(역자 주: 프리드리히 I세의 별칭. 재위: 서기 1152년-1190년)나 살라딘Saladin/Salah al-Din/Salahuddin Al-Ayyubi (역자 주: 12세기 후반 십자군十字軍에 맞선 아랍의 영웅) 같은 통치자들간 큰 차이를 발견할 수 없다. 순수한 군사적 측면에서는 아랍과 셀주크의 전사戰士를 그저 기사騎士였다고 볼 수 있다. 다만 이들은 이슬람 세계의 전사戰士체계와 종교간 독특한 관계 때문에 서구西歐 기사騎士보다 지도자의 좀 더 긴밀한 통제를 받았을 뿐이다.

그들의 지휘관이 하루종일 행군에 지친 병사들에게 숙영지를 요새화 하도록 요구한 것을 보면 그들의 군기軍紀가 로마군과 같이 매우 엄했던 것으로 보인다. 앞서 인용한 아랍 문헌(역자 주: 앞의 각주 4 참고)은 이렇게 요구했다(13쪽).

숙영지를 점령한 에미르emir는 지체하거나 머뭇거리지 말고 무엇보다도 먼저 그 날 내로 참호를 파게 명령해야 한다. 참호는 적으로부터 아군을 방호하고, 아군 병사들의 탈영脫營을 막아 주고, 적이 기습공격을 가할 생각을 못하게 하며 또한 적의 계략이나 예상 밖의 사건으로 인해 생길 수도 있는 다른 위험들도 막아준다.

이 규정을 아랍군이 실제로 지켰을 지는 의문스럽다. 그들은 로마군과 같이 이런 규정을 기계적으로 이행하지는 않았을 것이다.

그들의 전투원은 주로 마병馬兵인 개별 전사戰士였다. 지도자의 직무와 군기軍紀체계는 전술적 단위부대를 형성할만한 형태는 아니었다. 우리는 "신神은 자신이 마치 견고하게 지어진 건물의 일부인 것 같이 전투대형 속에서 신神을 위해 싸우는 이들을 사랑한다"[13]는 예언자 무하메드의 말(코란Koran, 61장, 4절)이나 서기 636년 히에로미케스Hieromax/Hieromyces 전투에 앞서 사령관 칼리드Chalid가 병사들 앞에서 연설하는 중에 "그대들을 향해 질서 있는 부대로 접근하는 사람들(그리스인)과 개인으로 싸우지 말라"[14]고 명한 말을 읽고 있자면 접적기동接敵機動 중 밀집대형의 유지를 강조했던 게르만 왕국 하인리히Heinrich/Henry I세의 규정을 연상케 된다.

레오Leo 황제는 투르크족을 갑옷을 입고 갑옷 입힌 말을 타고 창과 칼과 활을 교대로 쓰며 싸우는 전사戰士로 묘사했었다(《전술론Taktik》, 18장, 49-50절). 군사체계에 관한 아랍 문헌(역자 주: 앞의 각주 4 참고)에는 다음 같은 구절이 있다.

무장은 무겁지도 가볍지도 않고 질기고 단단한 갑옷, 속의 모자와 연결된 투구, 팔뚝 보호대 2개, 정강이 보호대 2개, 장갑 2개로 구성된다. 군마軍馬는 반드시 발굽이 단단하고 가슴, 앞쪽 1/4, 목 및 뒤쪽 1/4이 튼튼해야 한다(역자 주: 말에도 목에서부터 앞발 발굽까지 그리고 엉덩이에서 뒷발 발굽까지는 갑옷을 입혀야 한다는 말로 보임). 전투장비는 다음과 같다: 강궁彊弓 2자루; 대는 곧고 촉은 뾰족하고 중간은 단단하고 쇠깃eisernen Flügeln을 부착한 화살 30대(역자 주: 쇠깃은 이상하다. 깃은 화살이 활에서 떠날 때 활을 쥔 손의 엄지를 스치고 지나가므로 동서고금을 막론하고 새털 등 부드러운 재질로 만드는 것으로 알려져 있다); 너무 거추장스럽거나 눈에 띄게 크거나 화살 30대를 담지 못할 정도로 너무 작지도 않으며 견고하게 봉합된 긴 가죽끈이 달려있고 튼튼한 주머니에 넣은 중간 크기의 화살통 1개; 아주 곧바르고 너무 길거나 용도에 맞지 않게 짧지도 않으면서 견고한 자루가 달리고 여러 개의 날카로운 날이 있고 특별히 강한 최고 품질 쇠로 만들어졌고 끝은 목표물을 파고들 수 있게 뾰족한 촉이 달린 장창長槍 1자루; 곧바른 투창投槍 1자루; 전체를 담금질된 쇠로 만들어 잘 들고 날카로운 칼이나 다루기 쉽게 짧고 날카로운 칼 1자루; 양쪽으로 날이 있고 끝은 뾰족한 손칼 1자루; 다루기 힘들게 너무 무겁거나 위력이 없게 너무 가볍지 않고 목표물을 세게 타격 했을 때 뚫고 들어갈 수 있는 갈고리가 달린 강한 철퇴鐵槌 1개; 단단한 손잡이가 달리고 한번 가격으로 상대방의 강한 무기를 부술 수 있고 양쪽에 날카로운 날이 있는 도끼 1자루; 말안장머리 좌우에 매달린 2개의 주머니에 담긴 30개의 작은 돌맹이.

이 구절 다음에는 위에 열거된 무기들을 모두 소지하지 않은 전사戰士는 무장을 완전히 갖추지 않은 것이라는 평가가 있는데 우리는 이를 이 글을 쓴 작가의

---

13) 뷔스텐펠트Wüstenfeld, 앞의 글, 24쪽에서 재인용. 같은 글 27쪽에서는 전투 시 대열을 이탈하고 싶은 유혹이 복종해야 한다는 징후로 인해 분명히 억제되었다고 했다.

14) 바일Weil, 앞의 책, 제I편, 42쪽.

과장된 교리敎理로 보아야 한다. 사리事理로 보아도 그렇지만 작가 자신의 다른 말들을 보아도 그렇게 볼 수밖에는 없다. 작가는 이 구절 바로 앞에서는 완전히 무장을 갖춘 전사戰士들은 최선두 횡렬橫列에 서고 제5횡렬까지 무장이 부족할수록 뒤에 선다고 했다. 결국 작가 자신도 대다수 전사戰士들이 완전한 무장을 갖추지 않는 것을 전제로 하고 있는 것이다. 더욱이 이 작가는 뒤로 가면 (1) 장창長槍든 마병馬兵, (2) 투창投槍 든 마병馬兵, (3) 궁시弓矢 든 마병馬兵, (4)완전한 무장을 갖춘 마병馬兵 등 4종의 전투병과戰鬪兵科로 병사들을 나누었다.

이들과 서구西歐 전사戰士들의 큰 차이는 광범위한 궁시 활용이지만 궁시는 중장갑重裝甲과 어울리지도 않는다. 중장갑을 착용하면 활을 제대로 다룰 수도 없을 뿐 아니라 강한 말이 필요하며 말에 갑옷까지 입히면 빨리 달릴 수도 없게 된다. 그러나 말이 빠르지 못한 기마궁수騎馬弓手는 근접전을 피할 수 없게 되며 근접전에서는 활은 그에게 별로 도움이 되지 않는다. 레오Leo 황제는 아랍 전사戰士들이 모두 같은 전투병과인 것처럼 묘사해 놓았지만 실제로 그들이 언제나 그렇지는 않았다면 아마 그들은 갑옷을 입힌 말을 타고 자신도 갑옷을 입은 근접전近接戰 전사戰士와 가볍고 빠른 말을 타고 가벼운 무장을 착용한 궁수弓手의 2종으로 나뉘어져 있었을 것이다. 그들이 항상 기마궁수騎馬弓手라는 전투병과를 양성했던 것은 아시아인 특히 초원지대 민족의 오랜 전통 때문이었음이 분명하다. 십자군十字軍은 처음 이들과 익숙해지게 되었을 때 바로 이런 병과兵科를 채택했으며 그들이 기마궁수騎馬弓手를 부르던 이름인 "투르코폴Turkopole"이란 이름(역자 주: 뒤의 286쪽 참고)이 기사騎+체계 국가인 프로이센Preussen/Prussia까지 전해지게 되었다.

이 점에서 동방東方과 서구西歐 전사戰士들은 약간 차이는 있었지만 근본적으로 다르지는 않았다. 서구西歐 기사騎士들이 성지聖地/heiligen Lande(역자 주: 팔레스타인 지역)에서 기사騎士들의 마상경기馬上競技를 개최했을 때 무슬림Muslim/Moslem 기사騎士들이 나타나 결국 이들도 경기 참여를 초대받은 것 같다. 그들이 어울려서 마상경기를 벌였다는 것은 장비, 전투방식과 전투관행 등이 매우 유사했었다는 충분한 증거가 된다. 십자군十字軍 관련 기록 중에는 기독교 기사騎士와 회교回敎 기사騎士들은 서로 종교적 인종적 적대감은 있지만 계급의식은 꽤 비슷했다는 많은 증거들이 있다.

서기 1192년 종려 성일聖日(역자 주: 예수가 수난을 앞두고 예루살렘에 들어간 기념일)에 아콘Accon/Akko에서 사자심왕獅子心王/Löwenherz 리차드Richard I세(역자 주: 영국 프란태지네트Plantagenet 왕조의 왕)는 살라딘Saladin/Salah al-Din/Salahuddin Al-Ayyubi의 아들 세이페딘Seifeddin의 허리에 검劍을 둘러주었다. 세이페딘은 자파Jaffa 전투 때(동년 8월 5일) 급히 전투현장으로 걸어온 리차드에게 군마軍馬 2마리를 보냈고 리차드는 이를 기꺼이 받아 사용했다.

기독교도와 회교도가 서로 봉건적 관계를 맺은 적까지 있다.

부 기附記

씨핀SSIFFIN 전투(서기 657년 7월 26-27일)

제3대 칼리프 오트만Othman이 암살당한 후 무하메드의 딸 파티마Fatima의 남편 알리Ali가 부름을 받고 칼리프가 된다. 그는 경건자敬虔者가 되기를 지망했던 대표적 상속권자였다. 그러나 왜 예언자 무하메드의 후계자가 특히 그의 가족 중에서 나왔을까? 분명히 알라Allah 신神은 그의 도구로 다른 인물을 선택할 수도 있었을 것이다. 시리아군 사령관으로서 야만적이고 호전적인 베두인Beduin/Bedouin족의 대표자였던 옴미아드Ommaiiiad/Ommiad 가문의 모아위자Moawija는 알리Ali에게 반기反旗를 들었고 사태는 무력으로 해결될 수밖에 없을 것으로 보였다. 알리Ali를 지원하는 세력은 주로 유프라테스Euphrat/ Euphrates강과 티그리스Tigris강 지역인 이라크Irak/Iraq에 정착한 정복자들이고 그의 수도首都는 군사주거지 쿠파Kufa였다. 모아위자는 다마스커스Damaskus/Damascus에 살았다. 둘은 유프라테스 강가의 씨핀Ssiffin 지역에서 마주쳤는데 같은 부족들끼리 서로 싸울 수 있도록 포진布陣했다. 바스라Basra의 아스드Asd족은 시리아의 아스드족과 마주 보았고, 쿠파Kufa의 카탐Chath'am족은 시리아의 카탐족과 마주 보았다. 알리Ali 자신은 그를 지원하러 온 메디나Medina 병사들에게 둘러싸여 중앙을 지휘했었다. 뮐러August Müller는 이 전투를 사료에 기록된 대로 다음과 같이 묘사했다(《이슬람 역사 *Geschichte des Islam*》, 제I편, 321쪽).

양측은 병력수에 큰 차이가 없었다. 알리Ali의 마병馬兵 70,000명이 최대 80,000명쯤 되는 시리아군과 대치했다. 양측은 각자 특별 정예부대 하나를 자랑할 정도로 비슷했다. 모아위자의 정예부대는 그에게 자신들은 적을 굴복시키거나 죽거나 둘 중 하나일 것이라고 엄숙히 맹세했다. 알리Ali를 지원하러 쿠파Kufa에서 온 병력 중에는 쉬지 않고 코란Koran을 연구하기 때문에 "독서가讀書家들"이라는 별명이 붙어있고, 여러 측면에서 결속이 잘 되어 있고, 이곳에서는 의지가 굳은 인물들인 이븐 부데일Ibn Budeil과 케이스 이븐 싸아드Keis Ibn Ss'ad와 늙은 암마르 이븐 야씨르Ammar Ibn Jassir의 지휘 하에 3개 부대로 편성된 병력이 있었고 이들 외에도 오트만Othman 왕(역자 주: 제3대 칼리프)을 암살한 자들로서 오트만에 대한 그들의 증오심이 이제는 두 배로 늘어나 모아위자에게로 옮아간 자들도 상당수 있었다. 이븐 부데일Ibn Budeil이 시리아군 좌익左翼을 강타하는 것으로 전투는 시작되었다. 그는 하비브Habib를 밀어내는데 성공했고 그의 "독서가들"과 함께 적진 중앙을 압박해 들어가 모아위자의 텐트까지 진짜 거의 접근했다. 그러나 이때 모아위자에게 맹세했던 그의 정예부대가 그들 앞으로 밀고 들어와서 그들을 밀어냈다. 알리Ali가 이븐 부데일Ibn Budeil을 지원하도록 중앙에서 보낸 병력들도 이번에는 특별히 뛰어난 행동을 보여주지 못했고 자신들도 지키지 못했다. 알리Ali

측인 이라크Irak/Iraq군의 좌익左翼에서도 사정은 여의치 않아서 이븐 딜-칼라 Ibn Dhi'l-Kala의 남부 아랍 병력에게 크게 밀렸고 라비아Rabi'a 부족들이 그곳에 배치한 몇몇 병사들만 용기 있게 굳게 버티고 있을 뿐이었다. 이때 알리Ali 자신이 개입해서 도주하는 병사들을 집결시킨 후 전투를 재개했다. 그는 우익右翼 쪽으로 말리크Malik와 그의 마병馬兵들을 보냈는데 말리크도 도주하기 시작하는 병사들을 정지시킨 후 극도로 위험한 상황에 처해있던 이븐 부데일Ibn Budeil과 그의 "독서가들"을 구원하는데 성공했다. 적敵이 이때 우측에서 다시 전진하며 이븐 부데일Ibn Budeil에게 돌격을 재개해서 병사들 앞에 "숫양 같이wie ein Widder" 튀어나가 있던 이븐 부데일을 죽였다. 그러나 말리크Malik가 즉시 지휘권을 승계한 후 모아위자Moawija의 맹세한 정예부대를 밀고 들어가서 다시 모아위자의 텐트까지 접근할 수 있었다. 말리크가 적의 용맹한 전사戰士들을 네 번째 횡렬橫列까지 격파했을 때 모아위자는 이미 도주하기 위해 그의 말을 불러서 말 등에 올라타 있다가 문득 남성적인 옛 격언格言이 생각나자 자존심이 살아나 도주하지 않았다. 아므르Amr는 그를 쳐다보고 있다 조용히 그에게 "오늘은 전투가 요란하나 내일은 통치자가 자랑스러우리"라고 말했다. 이에 모아위자의 맹세한 정예부대는 자신들의 의무를 다했다. 그러나 "독서가들"의 한 부대가 암마르 이븐 야씨르Ammar Ibn Jassir의 지휘 하에 또다시 모아위자에게 가까이 접근했다. 예언자 무하메드의 동지로 늙은 나이에도 사자 같이 싸우던 암마르 이븐 야씨르는 "여기 아므르Amr가 있구나. 그대는 양심을 이집트에 팔아먹었으니 이제는 끝을 보리라!"라고 외쳤다. 암마르 이븐 야씨르의 희생에도 알리는 승리는 얻을 수 없었으며 양측은 언제 끝날 줄 모르는 전투를 계속했다. 이때 알리가 멀리서 모아위자를 주목하며 "우리는 왜 부하들에게 서로를 죽이게 하고 있나? 이리 오라! 내가 그대를 신神의 법정으로 초대한다. 우리 둘 중 상대를 죽인 자가 통치자가 된다"고 외쳤다. 아므르Amr는 모아위자에게 도전을 받아들이라고 했지만 그는 거절하면서 "그대도 알다시피 누구도 그를 상대해서 그에게 죽지 않은 사람이 없소"라고 했다. 아무르Amr가 도전을 피하는 것은 매우 부당하다고 말하자 모아위자는 화를 내며 "그래서 그대가 내 대신 통치하려 하오?"라고 반박했다. 실제로 알리Ali의 용기와 기술은 너무 알려져 있어서 모아위자가 그를 이길 가능성은 없었다. 따라서 그가 이런 상대가 되지 않는 대결을 피한다고 해도 누구도 그를 비난할 수는 없었다. 전투는 밤이 되어도 그치지 않고 각처에서 이튿날 아침까지 계속되었다. 카데시아Kadesia의 승자勝者들은 격랑激浪이 포효咆哮하는 이튿날 밤도 견디어 내야 했다. 드디어 3일 차 아침(싸파르Saafar 10일 즉, 서기 657년 1월 28일) 드디어 승부의 순간이 다가온 것으로 보였다. 알리Ali측의 우익右翼의 지휘권을 승계했던 말리크Malik는 그 사이에 마지막 큰 공격을 위해 가용한 모든 병력을 집결시켰다. 그는 앞의 시리아군을 멀리 그들의 숙영지까지 밀어냈다. 중앙에서는 알리Ali가 그의 부장副將이 승리해 진격하는 것을 보며 자신의 보병과 함께 모아위자Moawija를 향해 밀고 들어갔다. 이때 모아위자 는 그의 좌익左翼이 이미 밀려난 다음이라 양쪽에서 포위될 극도로 위험한 상황에 처하게 되었다. 그러나 예언자 무하메드는 일찍이 "전쟁은 속임수 의 게임이다"고 말한 적이 있다. 아마 이런 경우를 위해 세계역사상 가장 꼴사나운 희극戲劇들 중 하나가 일찍이 준비되어 있었고 아므르Amr는 이를 다시 생각해 낸 것으로 보인다. 찾아낼 수 있는 코란Koran 사본들이 모두 동 원되어서 창 위로 들려졌고 그들은 이라크 병사들을 향해 신자信者들 간의 분쟁의 해결책은 상호파괴가 아니라 이곳 신神의 책에서 찾아내야 한다고 외쳤다. 그들은 전투를 멈추고 알리와 모아위자의 주장을 이 지상至上의 말 씀에 따라 조사해서 모든 것을 해결할 법정法廷을 만들어야 한다고 외쳤다. 승리가 이미 결정된 순간에 이런 제의를 한다는 것은 우스운 일이었고 왜 피를 흘리기 전 그런 제의를 하지 않았었는지도 분명했지만 이런 제의는 효과가 있었다. 진정 경건한 회교도回敎徒들이라면 모두 이 신성한 책에 대해 지니고 있던 존경심은 너무 강한 것이라 어떤 경우라도 그들은 이 무오류 無誤謬의 말씀에 따라 결정을 보자는 생각에 감명을 받을 수밖에 없었다. "독서가들"은 경건한 사람들일뿐 아니라 고대 아랍민족의 독립의식에 젖어 있는 사람들이라는 사실은 이런 감명을 더 크게 일으켰다. 그들의 민주적 태도에서는 신神의 계시에 가장 익숙한 자들로 하여금 공동체의 대표로서 칼리프를 결정하도록 한다는 생각 자체가 분명 큰 매력이 있었을 것이다. 결국 "독서가들"은 전투를 중지했고 이를 따르는 사람들이 많았는데 이들 의 동기는 "독서가들"과 크게 달랐었음이 분명하다. 이들 배신자背信者들은 휴전기간 중에 모아위자가 보낸 사자使者들의 속삭이는 소리를 들었다. 이 사자使者들은 아마 이제는 그들이 부끄럼 없이 수행할 역할을 떠맡았을 것 이다. 배신자背信者들의 수괴는 다른 사람이 아니라 바로 킨디테Kindite 지위에 있으면서 그의 민족을 배반한 엘-아샤트 이븐 케이스El-Asch'ath Ibn Keis였다. 그는 메디나Medina의 경건자敬虔者 알리가 남부 아랍 왕국을 자신으로부터 빼 앗은 것을 결코 용서하지 않고 있던 인물이다. 이제 그는 적이 알리Ali로부 터 승리를 훔치는 것을 도와주고 늦추어진 복수를 즐길 수 있는 기회를 포착했다. 그는 의장議長 같이 행동하면서 알리에게 아직도 반대쪽에서 싸움 을 멈추지 않고 있는 아쉬타르Aschtar를 즉각 소환하고 자신을 모아위자에게 보내서 법정法廷 설치에 합의할 수 있도록 할 것을 요구했다. 칼리프 알리Ali 는 "독서가들"에게 처음부터 줄곧 모아위자Moawija나 아므르Amr나 이븐 아비 싸크Ibn Abi Ssarch 같은 자들이나 그들의 동료들은 신앙과 코란Koran의 적敵이며 따라서 저들의 제의는 순전한 속임수임을 상기시켰지만 그의 말은 헛수고로 그쳤다. 환상에 눈이 멀어 배신적이 된 군중은 그를 더욱 압박하면서 점점 큰 위협을 가했고 곧이어 만약 그가 더 이상 머뭇거린다면 오트만 Othman(역자 주: 암살당한 제3대 칼리프)과 같은 운명을 맞이할 것이라는 외침소리가 들렸다. 이제 그는 말리크Malik에게 전투의 중지를 요구할 사절을 보내지 않을 수 없었다. 이 대담한 기병사령관 말리크는 분노해 명령을 거역하려다 그가 전투를 중지하지 않으면 알리를 죽이겠다는 위협에 결국 무거운 마음으로 양보했다. 그는 "독서가들"을 보자 어리석음을 심하게 꾸짖으며 이미 전투는 이겼으니 잠시 자신을 병력들에게 보내서 한번도 코란Koran에 문의해 본 일이 없는 저 무신론자들을 끝까지 격파할 수 있게 해달라고 말했다. 그러나 소용이 없었다. 그들은 배신자들의 경건하고 완강한 지원을 받으며 요구를 굽히지 않았다. 전투에서는 수없이 겁 없는 모습을 보여주었지만 살해 위협에 물러섰고 지금은 불행히도 복종하지 않는 무리들에 의해 그의 개인적 종자從者/Gefolg들과 분리되어서 강한 결단을 내릴 수 없게 된 알리Ali는 배신자 엘-아샤트 이븐 케이스El-Asch'ath Ibn Keis를 시리아군에게 보내지 않을 수 없었다. 자신과 자신의 목표를 포기한 것이다.

최근의 비평가들은 뮐러August Müller의 이런 전투묘사와 알리가 결국 굴복한 것으로 발전된 돌연한 결말結末을 부인하고 있다. 필자가 이해할 수 있는 한 그들이 부인하는 것은 알리Ali가 창끝에 코란Koran들을 매달아 보여준 시리아군의 행동을 우연한 행동이 아니라 사전 계획된 배신背信의 결과로 보았다는 단 한 가지 사실 뿐이다. 벨하우젠Wellhausen 역시 그의 논문인 "고대 아랍세계의 종교적-정치적 분파分派들에 관한 연구Ueber die religiös politischen Oppositionsparteien im alten Islam"에서 이런 사실을 부인하고 이는 결국 신빙성이 그리 높지 않다고 주장한다. 알리Ali의 경건한 추종자들 중에도 과연 법法이 진정으로 그의 편인지 즉, 그가 진정한 칼리프인지 의문이 생겼을 것이고 그럴만한 충분한 근거가 있었을 것이다. 또 양측은 모두 신자信者들이 서로가 서로를 죽이는 것은 어리석은 일이라는 점에 대해 민감했을 것이다. 우리는 후일 경건왕敬虔王 루드비히Ludwig des Frmmen/Louis the Pious와 그의 아들들 치하의 프랑크족도 사태를 자신들간 유혈사태流血事態로까지 극단적으로 끌고 가는 것을 얼마나 주저했었는지 기억해야 한다. 따라서 벨하우젠은 시리아군이 코란 Koran을 마치 군기軍旗와 같이 창끝에 묶어 들어 올렸을 때 양측이 모두 신성시神聖視하던 것에 대한 이런 호소가 알리Ali 측의 병사들에게도 이미 강하게 자리 잡고 있던 감정 즉, 시리아군에도 예언자 무하메드의 추종자들이 있다는 감정을 자극할 수 있었을 것이라고 보게 되었다. 이런 감정이 지배하게 되자 결국 알리Ali도 휴전을 수락하게 되었다는 말이다.

필자에게도 벨하우젠의 주장이 세부적인 부분들까지 확실해 보이기는 한다. 그러나 군사적인 측면에서는 그의 주장은 다듬어져야 할 필요가 있다. 사료에 기록된 진실을 인정하지 않으려 해온 사람들의 생각도 적어도 전투 도중 수없이 많은 병사들에게 책을 창끝에 묶게 함으로써 그런 소득을 얻을 수 있다는 것은 그런 행동이 사전 약속된 것이 아니라면 전혀 불가능한 일이라는 점에서는 옳은 생각이다. 만약 병력이 뮐러August Müller의 생각 같이 터무니없이 많았었다면 그런 행동은 더더욱 있을 수 없는 행동이다. 양측이 모두 수만 명 내지는 심지어 80,000명까지 되고 그것도 모두 마병馬兵인 병력이 (그렇게 많은 병력이 동원될 수 있었을 것으로 본다면) 그렇게 넓은 지역을 차지하고 극심한 소음騷音 속에서 싸우던 중에 그렇게 일치된 행동을 취한다는 것은 있을 수 없는 일이다. 그보다 훨씬 적은 병력이라도—양측을 각 10,000~12,000명 정도로 보자—일단 교전交戰에 들어가면 그들을 통제하거나 멈추게 하거나 철수하게 한다는 것은 불가능하다. 전혀 불가능한 일이다.

이제 이 전투에 대한 기록을 자세히 검토해 보면 이 기록은 완전한 전설傳說에 불과함을 우리는 알 수 있다. 필자는 이 기록을 한 단어도 믿지 않는다.

양측은 일단 접촉이 이루어진 후에도 바로 전투에 들어가지 않고 꼭 2달간이나 기동과 약간의 탐색전探索戰만 벌이면서 대치하고 있었던 것으로 보인다. 이는 무엇보다도 양측 모두 병력이 그리 많지 않았음을 말해준다. 한 곳에서 그렇게 오랫동안 많은 병력을 먹여 살린다는 것은 불가능한 일이기 때문이다. 그러나 우리는 분명히 이에서 한 걸음 더 나가서 이 전투에 관한 기록 전체를 완전히 과장된 묘사로 꾸며진 기록으로 보고 배척해야 한다. 양측 모두 접적기동接敵機動을 시작하자마자 가능한 한 상호파괴를 피하려는 생각만 하고 있었을 것이다. 따라서 그들의 접촉은 결코 큰 전투로 발전할 수 없었다. 만약 큰 전투가 있었다고 해도 사료의 기록 같이 전개될 수는 없었을 것이다. 세계 역사에는 소규모 교전交戰들을 마치 큰 전투가 있었던 것 같이 부풀린 전설傳說들의 예가 더 있다.

이런 수정을 거쳐야만 이슬람 분파分派들과 알리Ali의 굴복에 관한 벨하우젠Wellhausen의 개념은 비로소 인정을 받을 수 있다. 이런 수정을 거치면 그의 개념은 지극히 명료한 개념이 될 것이다. 모아위자Moawija의 종자從者/Gefolg들이 그들도 역시 진실한 신자信者들이라는 상징으로 코란Koran 사본들을 창끝에 묶어 보여준 것은 전투 도중이 아니라 양측이 무력시위를 하고 있을 때였을 것이다. 상대방은 이 행동의 의미를 이해했을 것이고 저녁때는 텐트 곁에 모여 이에 대해서 토의했을 것이고 결국 이런 행동을 정면으로 거부할 필요 없이 평화적 해결을 모색하자는 사람들의 목소리가 분위기를 장악했을 것이다.

제 IX 장
십자군 개관槪觀

 이 연구에서 십자군十字軍/Kreuzzüge/Crusades 연구의 위치를 결정하기란 그리 쉬운 일은 아니다. 우리는 이들의 동일한 또는 매우 유사한 집단들이 끊임없이 계속 투쟁하는 것을 볼 수가 있지만 전쟁사의 관점에서는 이들을 여러 측면에서 하나의 존재로 볼 수 있다. 그러나 이들은 너무 오랜 세월 동안 큰 변화를 겪으며 존재했기 때문에 우리는 이들에 대한 연구를 시대적으로 그리고 내용적으로 나누는 것이 바람직할 것 같다. 서구인西歐人들은 동방東方이라는 특이한 상황에서 특이한 적敵들을 상대하면서 자신들도 자연히 특이한 새 제도들을 발전시키게 되었다. 12세기와 13세기 서구西歐 전투에서 십자군들로 인해 생긴 변화들을 보면 우리는 이런 변화가 십자군들 때문이었는지 아니면 단지 십자군들이 서구西歐의 변화를 따라간 것에 불과한지 의문이 생긴다. 서구西歐의 상황에 십자군들이 어느 정도 영향을 받은 것은 분명하지만 이들의 반응은 자연적 발전을 가속화하고 강화한 것에 불과하다. 따라서 필자는 엄격한 의미의 십자군들의 군사적 측면에 대한 연구는 이를 다음 제III권에서 전반적 맥락 속에서 다루는 것이 가장 좋은 방법일 것으로 믿고 지금 단계에서는 단지 그들의 강력한 활동들에 대해서만 일반적으로 검토해 보기로 하겠다.

 권한과 권력들이 다양한 계층으로 나뉜 중세 봉건국가의 형성이 중세시대의 유일한 특징은 아니다. 교회도 중세시대의 중요한 특징이었고 이들은 느슨했던 정치체계 전반에 손을 뻗고 개입했다. 로마-게르만 중세시대를 가장 정확하게 말하자면 게르만, 프랑스, 잉글랜드 및 여타 왕국이 병립竝立했던 시대가 아니라, 랑케Leopold Ranke의 표현을 빌리면, 각자가 다소 견고한 지위를 확립한 개별적 왕국들로 구성된 "단일한 정신적 세계국가einen geistlichen Universalstaat" 시대였다. 게르만, 프랑스, 잉글랜드, 스페인, 스웨덴, 덴마크 및 이태리를 품안에 껴안고 있던 교회로부터, 그리고 이들의 이슬람에 대한 적대감으로부터 나온 것이 십자군들이었다. 이들의 행동은 그 기원起源상 인종적-정치적 동기가 아니라 무하메드Muhammed/Mohammed 세계의 한 복판에 위치한 작은 성지聖地/das heilige Land(역자 주: 기독교의 발상지인 팔레스타인)를 점령해야만 한다는 영적靈的 계시啓示에 의한 것이었다.

 전쟁은 정치의 수단이고 전쟁행위는 결국은 정치적인 목적에 의해 결정되는 것이지만 십자군들은 영적靈的 계시啓示에 따라서 움직였기 때문에 애초부터 어떤 합리적 전략이라는 것이 존재할 수 없었다. 서구西歐가 팔레스타인으로 보냈다가 무슬림에 의해 격파 당한 거대한 병력의 일부만이라도 국경지역에 투입했었다면 그들은 계속 승리를 이어갔을 것이 분명하다. 붉은 수염 프리드리히Friedrich Barbarossa (역자 주: 프리드리히 Ⅰ세의 별칭. 재위: 서기 1152년-1190년)가 나뉴브강 남쪽으로 내려갔을 때 이미 라틴적 요소로 채워져 있던 그리스 제국의 황제는 이들 십자군이 콘스탄티노플Konstantinopel/Constantinople을 점령하려는 것은 아닌지 크게 우려했고 세르비아Serb족, 발라키Walacy/Wallachy족 및 불가리아Bulgaren/Bulgaria족은 그리스 제국에서 떨어져 나가서 로마황제의 신민臣民이 되려고 궁리하고 있었다. 랑케Leopold Ranke는 호헨스타우펜Staufen/Hohenstaufen 왕조 때 이럴 생각이 있었다면(역자 주: 십자군 원정에 뜻이 있었다면) 어찌 되었을까 라고 했다. 붉은 수염 프리드리히의 아들 하인리히Heinrich/Henry Ⅵ세는 아버지의 정책을 완성할 수 있기 전에 죽었다. 아마도 이를 위한 병력이 없지 않았을 그의 아버지와는 달리 그에게는 그런 병력이 없었을 것이다.

그러나 우리는 그들에게 그런 병력이 있었을 지에 대해서는 따져 볼 필요가 없다. 우리는 십자군들의 사고思考의 밑바탕에는 전략적 논리성이 없었다는 사실을 분명히 이해하고 그렇게 된 이유를 이해하고 있는 것으로 충분하다. 영적靈的 계시啓示를 받은 인간의 영혼은 큰 힘을 발휘할 수는 있지만 이 힘을 현실적이고 구체적인 목적에 지향할 능력은 없으므로 이 힘은 결국 소득 없이 소모된다.

십자군들의 맹세는 성묘聖墓/das heilige Grab(역자 주: 예수의 무덤)를 해방시키겠다는 것이었고 팔레스타인을 지키기 위해 그곳에서 계속 살겠다는 것은 아니었다. 물론 팔레스타인에서 살 준비가 된 인원이 소수 있어서 십자군 원정은 식민지 개척을 의미하기도 했다. 그러나 그들은 에데싸Edessa(우르파Urfa)에서 예루살렘에 이르기까지 여러 영지領地/Herrschaft들로 나뉘어진 회교도들에게 둘러싸여 있었기 때문에 서구西歐로부터 새 병력이 수시로 끊임없이 와서 일시적으로 보강해 줄 수 있을 때까지만 겨우 버틸 수 있었다.

십자군 원정 175년 동안 서구西歐가 예루살렘으로 보내고 또 보냈던 군대들의 병력수에 관한 기본문제에 있어서는 골Gallien/Gaul 지역에서 시저Cäsar/Caesar의 레기온legion들의 경우나 민족대이동民族大移動/Völkerwanderung(역자 주: 이 책 제Ⅱ편, 제Ⅱ권 참고) 당시 군대의 경우나 마찬가지로 양립할 수 없는 두 부류의 수치가 또다시 사료에 기록되어 있다. 첫 부류는 그들이 수십만 명이었다 하고, 다른 부류는 성지聖地에서 전투를 벌인 것은 기사騎士 수백 명이 포함된 겨우 수천 명이었다고 하며, 때로는 수백 명에 불과했다는 기록도 있다. 얀Hans Jahn의 체계적 연구에 의하면 십자군 군대들도 우리가 앞서 중세 군대들에 대해 말했던 것과 꼭 같이 병력수가 아주 적었음이 밝혀졌다.[1] 하인리히Heinrich von Sybel의 《제1차 십자군의 역사Geschichte des ersten Kreuzzuges》, 제2판(서기 1881년)에서는 사료에 기록된 수치들을 그저 그대로 인용하는 것

외에는 달리 방법이 없지만 이런 수치들을 믿으면 안 된다고 했다. 제1차 십자군 관련 사료들은 당시의 병력에 대해 "쇠미늘 갑옷(역자 주: 앞의 3쪽 참고)과 투구를 착용한 인원*lorics et galeis muniti*" 100,000명과 "전쟁 할 수 있는 인원*ad bellum valentium*" 총 60,000명 그리고 수 없이 많은 비무장 인원(풀케르Fulcher, 《예루살렘 전역사戰役史 *Historia Hierosolymitana*》) 또는 300,000명의 "전투원*pugatorum*"(에케하르트Ekkehard의 기록)이 참전했다고 했다. 그러나 필자는 이 거대한 병력이 도리레움Dorylräum/Dorylaeum 전투에 앞서 놀랍게도 "단 하루에" 다리 하나를 건너 행군했던 것으로 보이는 기록을 발견했다. 이후 필자는 《역사지歷史誌 *Historische Zeitschrift*》, 제47권(서기 1882년), 423쪽 이하에 게재한 논문에서 모든 사정들을 다 고려해서 이 순례자巡禮者 군대의 상상 가능한 최대 병력수를 105,000명으로, 그 중 실제 전투원을 15,000명으로 보았다. 필자는 이에 덧붙여서 이 최대수치는 총 인원이 60,000명이었고 완전무장한 인원은 10,000명이었을 수도 있다고 했었다. 그러나 현재 필자는 최대 60,000명은 물론이고 10,000명의 전사戰士라는 수치조차 너무 높은 수치임이 분명하다고 본다.

헤르만Otto Heermann의 마르부르크Marburg 대학교 학위논문인 "제1차 십자군 시대에 동방東方에서 서구西歐 군대의 전투*Die Gefechtsführung abentländischer Heere im Orient in der Epoche des ersten Keuzzuges*"(서기 1887년)에서는 팔레스타인 전투 당시 마병馬兵의 최대수치가 1,200명, (서기 1099년 8월 12일 아스칼론Askalon/Ascalon에서) 말을 타지 않은 병력의 최대수치가 9,000명이라는 기록이 있음을 이미 지적했다. 고유 의미의 십자군이 끝난 이후의 기독교도 군대는 마병馬兵 260명과 말을 타지 않은 인원 900명으로 변했고 이 조차도 큰 어려움 끝에 집결시킬 수 있었던 병력이다. 마병馬兵 700명으로 기록된 경우가 세 차례 있고 한 번은 1,100명으로 기록되어 있는데 보병은 각 2,000명 및 3,000명으로 기록되어 있다. 총 병력이 8,000명으로 기록되어 있는 경우도 있는데(서기 1123년 아쉬도트Ashdod에서) 필자는 이 수치 역시 크게 과장된 수치가 아닌지 의문을 제기하고 싶다.

여하간 이런 기록들 때문에, 자신이 상대한 골Gallien/Gaul 병력이 수십만 명이었다고 시저Cäsar/Caesar가 우리에게 친절히 전해 준 기록들이 에부론Eburonen/Eburones족에 관한 그 자신의 말로 인해 허위임이 탄로 났던 것과 같이(이 책 제Ⅰ편, 제Ⅶ권, 제Ⅵ장 참고), 초기 십자군 병력이 수십만 명이었다는 모든 기록들은 거짓임이 분명히 드러났다. 기사騎士 수백 명으로 성지聖地를 방어할 수가 있었다면 이를 정복할 때도 기사騎士 수천 명만 있었으면 충분했을 것이다. 수천 명이란 규모는 지금껏

---

1) 《십자군들의 병력수*Die Heereszahlen in den Kreuzzügen*》, 베를린 대학교 학위논문(게오르크 나우크 출판사 Georg Nauck, 서기 1907년). 이 글은 특히 제3차 십자군과 제4차 십자군을 연구했다.

우리가 알 수 있었던 것과 같이 민족대이동民族大移動/Völkerwanderung(역자 주: 이 책 제II편, 제II권 참고) 당시의 병력수, 샤를마뉴Karl/Chalemagne 대제大帝의 병력수 그리고 유럽을 휩쓸고 결국 세느강 남부지역과 잉글랜드와 나폴리를 점령한 노르만족 병력수와 완전히 일치한다. 기독교도 군대의 이 작은 규모는 상대방들의 병력 규모와도 일치한다. 비잔티움은 이미 호전성을 잃었고, 아랍Arab족이 야만적 전사戰士로서의 힘을 포기 한지 이미 오래 된 칼리프Kalif/caliph의 땅에서 칼리프들은 정신적인 간판 수령으로 변했었고 권력은 셀주크Seldschuck/Seljuk족 또는 쿠르드Kurd족 추장들의 손에 있었다. 이 추장들의 병력들은 비호전적인 일반백성의 상위계급으로 서구西歐 기사騎士들과 마찬가지로 숫자가 얼마 되지 않았다. 기독교 순례자 군대의 거대한 병력수가 진정한 신앙적 열정에 의한 환상의 산물이었던 것과 마찬가지로 기독교도 작가 들이 말한 이교도異敎徒들의 거대한 군대라는 것도 모두 명성名聲을 누리려는 환상 幻想의 산물에 불과하다.

팔레스타인에 정착했던 기독교 전사戰士들은 너무 규모가 작아서 파상적으로 밀려왔던 서구西歐의 십자군이 없어진 후로는 시리아와 이집트의 회교도回敎徒들이 월등히 강했을 것이 분명하다. 이 때문에 기독교도들은 특별 기사단騎士團 조직인 템플 기사Templer/Templars(역자 주: 서기 1118년경 성묘聖墓 및 순례자들을 보호하기 위해 예루살렘에서 조직된 일명一名 성당기사단의 구성원)들과 성聖 요한 기사Johanniter(역자 주: 십자군 부상자의 간호나 순례자 안내를 위해 서기 1048년 예루살렘에서 조직된 성聖 요한 기사단Johanniter/Knights Hospitaler의 구성원. 이 기사단을 자선기사단慈善騎士團이라고도 한다)들 및 후일에는 게르만 기사deutsche Ritter(역자 주: 튜튼 기사Teutonic Knight라고도 함. 중세의 티에트마르 등이 게르만족을 비非게르만 민족과 구분하려고 '튜 튼족'이라는 말을 맨 처음 쓰기 시작했다고 한다)들로부터 계속 큰 도움을 받지 못했다면 그렇게 오래 버티지 못했을 것이 분명하다. 속세기사俗世騎士들은 약탈과 전리품과 살인을 통해 그들의 힘을 추구했던 것에 비해 유고Hugo von Payens에 의해 (서기 1118년) 창설된 템플 기사단Templer/Templars 구성원들은 그 기사단 규정의 서문을 읽 어보면 교회와 정의를 위해 봉사하려 했고 진정한 신앙의 전파를 위해 신에 대 한 희생犧牲으로 그들의 영혼을 자발적으로 바쳤다. 템플 기사단 창설에 참여했던 클레르보Bernard de Clairvaux는 템플 기사들을 다음 같이 묘사했다.[2]

그들은 집에서도 야전에서도 군기軍紀가 없는 자들이 아니었고 복종을 큰 자랑으로 여겼다. 그들은 오나가나 단장團長/Meister의 눈짓에 복종했다. 그들은 단장이 준 옷을 입었다. 그들은 피복이나 음식에 대해 누구를 부러워하지 않았다. 그들은 피복과 음식에서 사치나 과식을 피했으며 기본적 욕구만

---

2) 마빌론Mabillon 편編, 《성聖 베른하르트의 저작著作 Opera St. Bernhardii》, 제I권, 549쪽. 빌켄Wilcken의 《십자 군Keuzzüge》, 제II편, 555쪽의 번역을 인용함.

충족시켰었다. 그들은 처자식 없이 그들끼리 절제하며 즐겁게 지냈으므로 복음주의적 극치에 달했고 사유재산 없이 "한 집"에서 "한 마음"으로 평화로운 무리 속에서 조화를 이루려 노력했으므로 그들 모두에게는 같은 심정과 같은 영혼이 머무는 것 같았다. 그들은 한가하게 앉아있을 때가 없었고 호기심에 가득 차서 원을 그리며 빙빙 돌았다. 가끔 이교도異教徒들과 전투가 끝나고 휴식을 취할 때는 망가지거나 낡은 옷과 무기들을 고쳤으며 일하지 않고 빵을 먹는 법이 없었다. 그들은 누구나 그렇게도 좋아하는 소일거리인 장기將棋도 안 했으며 매사냥을 포함해서 사냥 나가는 것도 반대했다. 그들은 마술사, 시詩 낭송가朗誦家, 감성적인 가수 그리고 배우들을 세상에서 가장 헛되고 어리석은 자들이라고 혐오했다. 그들은 전투에 들어갈 때는 거칠고 무모하지 않았으며 진정한 이스라엘 소년(역자 주: 소년시절 다윗왕) 같이 주의 깊고 침착했다. 그러나 일단 전투가 시작되면 그들은 자신들을 양이라고 생각하고 단호하게 적진으로 돌격했고 겁이 없었으며 숫자가 적을 때라도 만군萬軍의 주님Herrn Zebaoth/Lord of Sabaoth께서 도와주실 것을 믿고 마찬가지였다. 그 결과 때로는 그들 1명에게 상대방 1,000명이 도주했고 그들 2명에게 상대방 10,000명이 도주한 적도 있다. 그들은 어린양보다 순하고 동시에 사자보다 사나운 두 가지 특성을 구비했던 희귀한 존재였기 때문에 사람들은 그들을 수도자修道者라고 불러야 할지 기사騎士라고 불러야 할지 애매하다고 생각했었다. 그러나 그들은 두 가지 이름 모두로 불릴 만 했다. 그들은 수도자의 부드러움과 기사의 대담함을 모두 지닌 사람들이었기 때문이다.

현실적 상황을 생각해서 우리가 이런 이상적 모습을 부인하건 않건 간에 수도修道생활을 선서한 수도원 기사단 형태의 이런 기사騎士 조직은 특이한 현상이다. 그들이 비록 특별한 군사적 의미로는 아무 업적도 못 남겼지만 우리는 앞으로 이들과 이들의 활동에 대해 주목할 기회가 여러 번 있게 될 것이다.3)

---

3) 이런 기사단騎士團들에 관한 주요 사료와 후일의 부록들은 규정집 형식으로 남아있다. 이들 및 이들과 관련된 자료들이 수록되어 있는 편집본들이 여럿 있지만 이들 편집본들이 완전히 정리된 것은 지난 수십년 사이의 일이다. 슈뉘러Schnürer의 〈템플 기사들에 관한 최초의 규정들Die ursprüngliche Templerregel〉, 그라우에르트Grauert가 편집한 《역사 분야의 연구 및 묘사Studien und Darstellungen auf dem Gebiet der Geschichte》(프라이부르크Freiburg, 서기 1903년), 제III편, 제I권 및 제II권이 그런 편이다. 쿠르죵E. de Curzon이 편집한 《템플 기사 규정La Règle du Temple》(파리, 서기 1886년)에는 사료비판이 포함되어 있다. 이 책을 기초로 옛 프랑스어를 대중들이 읽기 편하게 독일어로 훌륭하게 번역하고 주석註譯을 붙여놓은 책으로는 쾌르너R. Körner 박사의 《템플 기사 관련 규정들Die Templerregel》(예나Jena, 서기 1902년)이 있다. 프루츠Prutz의 《십자군 문화사Kulturgeschichte der Kreuzzüge》에는 라틴어로 쓰여진 〈성聖 요한 기사단 규정Die Regel des Johanniter=Ordens〉이 부록으로 수록되어 있다. 페를바크Perlbach의 《게르만 기사단 규정―보충규정 및 관습 포함Die Regel des deutschen Ordens, mit allen nachträglichen Gesetzen und Gewohnheiten》(할레Halle, 서기 1890년)은 5개 언어본言語本(라틴어, 불어, 덴마크어, 독일어 및 저지低地 독일어)을 모두 수록한 모범적 형식의 책이다.

제 III 권
중세 중기 中期

《 요도要圖 목록 》

제Ⅰ장
기사騎士의 사회적 지위

민족대이동民族大移動/Völkerwanderung(역자 주: 이 책 제Ⅱ편, 제Ⅱ권 참고)은 원시적이고 정력적이며 고결한 관습을 지닌 인종이 노쇠하고 타락한 인류의 일부를 쇄신한 것도 아니고 게르만족 농부들이 로마인 농민들의 자리에 정착한 것도 아니며 철저한 전사戰士들인 일자무식一字無識 게르만족 귀족계층Aristokratie이 도시에 사는 교양 있고 부유한 로마인 귀족계층을 대체한 것일 뿐이다. 이런 게르만 귀족계층은 타키투스Tacitus 가 말한 초기 게르만 부족의 지도적 상류층Fürstlichen Adel(역자 주: "프린시프princip"들을 말함. 이 책 제Ⅱ편, 6쪽 참고)과 거의 아무런 관계가 없다. 프랑크 제국 메로빙Merowing/ Meroving 왕조는 그런 초기의 상류층이 남아있던 유일한 왕조다. 새로운 귀족계층의 가장 큰 뿌리는 왕들의 총애寵愛와 전쟁시의 행운 때문에 큰 토지를 소유하게 된 가문들이다. 특히 이들은 대공大公/Graf 또는 대공의 측근으로 정부의 실권을 장악했다. 그러나 프랑크 제국 초기에는 이런 새로운 귀족계층이 완전히 분리되어 있지 않았다. 당시의 프랑크 사료에는 귀족을 말하는 "노블리스noblis"라는 단어가 자유민을 의미하는 "인게누스ingennus"라는 단어와 동의어同義語로 쓰이고 있고 이 "인게누스"는 기본적으로 프랑크족 즉, 전사戰士들을 지칭하는 단어였다. 사회적 경제적으로 빈곤했던 이런 귀족들의 무리에서 새로운 귀족계층으로 보아야 할 극소수의 계층이 새로 생겨났던 것이다.

작센Sachsen/Saxons족의 경우는 게르만족 초기의 지도적 상류층Fürstliche Uradel이 프랑크족과는 달리 계속 존재했다. 이들은 샤를마뉴Karl/Chalemagne 대제大帝(역자 주: 메로빙 Merowing/Meroving 왕조를 이어받은 카롤링Karoling/Caroling 왕조 2대 왕)에게 패한 후 하층 집단들과 완전히 분리된 계층을 형성했고 따라서 이 귀족이란 단어의 의미는 엄격히 말해 작센족의 경우 프랑크 제국의 경우와는 전혀 다르다. 그러나 이는 전환기轉換期의 현상이었을 뿐이고 작센족 귀족도 프랑크족 대공大公/Graf들과 같은 책무를 맡게 되자 역시 관리귀족官吏貴族/Amtsadels 성격을 지니게 된다.[1] 바이에른Byern/Bavaria에서도 역시 초기의 귀족가문Uradelsgeschlechter이 그들의 지위를 유지했다.

특별히 정의를 내리거나 법령문언 상 의미에 구애받지 않고 잘 분서해 보면 귀족계층Aristokratie이란 의미의 상류층Adel은 카롤링Karoling/Caroling 제국 전반에 걸쳐서 대지주大地主로 고위관리Hofämter나 대공大公/Grafschaft 직책을 맡고 있었다. 상류층이란

---

1) 슈뢰더Richard Schroeder, "고대 작센족의 상류층과 지주地主 이론Der altsächsische Volksadel und die grundherrliche Theorie," 《법제사지法制史誌, 게르만 편編Zeitschrift für Rechtgeschichte, Germanische Abteilung》, 제24권, 347쪽.

개념은 근본적으로는 자유민이란 개념과 같은 것이었다. 그러나 이제 이 자유민 이란 개념은 점차 그 가치와 의미를 잃어버리고 전사戰士 개념과는 더욱 더 멀어 졌는데 이는 한편에서는 점점 더 많은 비자유민들이 전사戰士 신분을 갖게 되고 다른 한편에서는 자유민들이 전사戰士 신분을 포기하고 농민이 되었기 때문이다. 우리들 자신은 11세기까지의 로마-게르만 지역들의 전사戰士라는 신분을 자유민 이었건 비자유민이었건 사회적 신분은 낮고 경제적으로는 궁핍했던 지위로 즉, 평범한 도시민이나 농민들의 사회계층과 다를 것이 없었을 것으로 생각한다. 그 들 중 일부는 왕, 영주領主/Herzog, 대공大公/Graf, 주교主教 또는 대수도원장大修道院長/Aebt/abbot 의 궁宮에서 이들의 직접 통제를 받으며 살거나 요새화 된 성城에서 수비대 생활 을 했고 다른 일부는 봉건체계 하에서 작은 농지를 받아서 살았다.

당시의 상황을 잘 보여주고 있는 사료들은 일반적으로 전사戰士 신분(밀리타리 스 오르도militaris ordo)이나 기사騎士 신분(에쿠에스트리스 오르도equestris ordo)만[2] 언급 하는데 그치지 않고 보통 전사戰士(그레가리 밀리테스gregari milites)와 고급 전사戰士 (프리미 밀리테스primi milites)를 구분하기도 했고[3] 때로는 전사戰士들을 1급에서 3급 까지 나누기도 했다.[4] 그러나 이런 용어들은 어떤 것도 전문적 법률용어는 아니 었다.[5] 우리는 이들 중 가장 낮은 계층도 이를 자동적으로 비자유민 계층으로 볼 수 없다. 이런 계층에도 자유민이 포함되어 있었기 때문이다. 이와는 반대로 비자유민도 기본신분은 그대로 유지한 채 꽤 높은 사회적 지위를 갖고 자신의 지위를 상속자에게 물려주기도 했었다.

사회적 지위가 낮은 전사戰士라도 계속 신분이 향상되어 귀족 신분에 접근할 수 있었다. 우리는 이들이 귀족지배계층에 접근했다고도 볼 수 있다. 잉글랜드, 저지低地 이태리 및 시실리Sizilien/Sicily를 정복한 노르만족은 북방계통 민족만은 아니 었고 극히 다양한 민족들이 노르만족을 중심으로 결속된 민족이었다. 게르만족

---

2) 리세르Richer의 기록-서기 930년 및 888년 항(《게르만 사료집Monumenta Germaniae》, SS., Ⅲ, 584). 보니 토Bonitho의 기록 야페Jaffé, 《로마 교황 교적부敎籍簿Regestra pontificum Romanorum》, 제Ⅱ편, 639쪽.

3) 위포Wipo, 《콘라트Conrad Ⅱ세 전傳》, 제4장.

4) 브루노Bruno의 기록, 제88장. 코스마스Böhme Cosmas, 《보헤미아 연대기年代記 magnum opus/Chronica Boemorum》, 제Ⅱ편, 제25장(서기 1087년). 로타르Lothar/Lothair 황제의 서기 1134년 문서에는 "높은 기사騎士 신분과 낮 은 기사騎士신분ordo equestris major et minor"을 구분했고(슈뢰더Schröder, 《게르만 법제사法制史 Deutsche Rechtsgeschichte》, 430쪽에서 재인용함), "높은 기사騎士와 낮은 기사騎士milites tam majores quam minores"가 구분 된 경우도 있으며(부케트Bouquet 편編, 〈안주Anjou 지역 대공大公들의 행적行蹟 Gesta Consulum Andegavensium〉, Ⅹ, 254), "백성들의 병사들milites plebei"라는 용어도 있다(에이몽Reimund von Agiles/Raymond of Agiles, 《십자군 역사 연구지Recueil des histoires des Croisades》, 제3권, 274쪽).

5) 이 점은 바이츠Waitz의 《독일헌법사Deutsche Verfassungsgeschichte》, 제Ⅴ편, 439쪽에도 정확하게 표현되어 있는데 그는 많은 예들을 인용해 놓았다(389쪽, 각주 4도 참고할 것). 다만 그는 이런 표현들이 어떤 의미로 사용된 것인지는 정확히 말할 수 없다고 했는데 필자는 그런 의심을 지녀야 할 근거가 없다고 본다. 누구나 인정하듯 이 표현들은 법적 의미로 사용된 것은 아니지만 이들의 사실적 사회적 의미는 매우 명확하다. 사료에 대해서는 쾰러Köhler 장군의 《기사騎士 시대의 전쟁과 용병술用兵術의 발전Entwickelung des Kriegswesen und der Kriegsführung in der Ritterzeit》, 제Ⅲ편, 20쪽도 참고할 것.

왕들이 이태리에서 패권을 확장함에 따라 게르만족 기사騎士들에게 좀 더 높은 지위와 재산을 얻을 기회가 생겼다. 게르만족의 식민지가 동방東方으로 계속 확대되자 새로운 지배 가문들을 위한 지역들도 끊임없이 늘었다. 프랑스 사람들은 십자군十字軍에 가장 큰 파견대를 보냈고 십자군 원정에는 식민활동도 포함되어 있었다. 스페인 사람들은 이베리아 반도에서 무어Mauren/Moors족을 향해 진격했다.

오늘날까지 옛 게르만 지역에 기사령騎士領/Rittergüt 숫자가 매우 적다는 것은 큰 토지를 소유한 기사騎士 숫자가 본래 극소수였다는 증거가 된다. 이들 대부분은 식민지역植民地域/Kolonialgebiet 즉, 오늘날의 오스트엘비엔Ostelbien 지역에 위치해 있다.

이런 끊임없는 팽창은 서구西歐 기사騎士 집단의 사회적 신분을 더 높여주고 과거에는 사실상 사회적 분리에 불과했던 것이 이제 법적 분리로 굳어지기 시작했다. 과거에는 사회계층간 가변적 분계지대分界地帶가 있었지만 이제는 이 분계지대가 뚜렷한 분계선分界線으로 바뀌었다. 처음에는 높은 귀족계층만 뚜렷이 구분되었지만 12세기부터 거의 중세 말까지는 낮은 귀족 계층까지도 뚜렷이 구분되었다.

주인Herr의 궁宮에 직속된 자들을 제외한 기사騎士 계층의 경제적 기반은 봉토封土였고 봉토는 원래 세습되는 것은 아니라 바쌀vassal의 생전에만 허용된 것이었고 주인이 죽을 때도 회수될 수 있었다(이 책 제II편, 제IV권, 제IV장 참고). 그러나 적절한 상속자가 있으면 봉토封土가 그에게 이전되는 것은 자연적 현상이다. 이런 관행으로부터 상속을 요구하는 관행이 발전했고 이 요구가 점점 더 법적 상속권으로 발전한 결과 이 계층의 사회적 지위는 강화 향상되었다. 콘라트Conrad II세의 전기傳記 자가 비포Wipo는 이 황제가 "오랫동안 봉토封土를 소유했던 자의 상속인으로부터 봉토封土를 박탈하지 않아서 기사騎士(밀리툼militum)들의 마음을 아주 크게 얻었다"고 했다. 콘라트 II세는 또한 이태리에서 봉건영주들이 기사봉토騎士封土를 소작료나 임대료를 내는 농지로 만들거나 봉토封土 소유자에게 관행보다 더 많은 복무를 요구하는 것을 금지하는 법령을 정식으로 공포했다. 이에 관한 분쟁이 있을 때는 기사騎士 신분의 동료들을 배심원으로 해서 법정法廷을 구성하도록 했고 황제나 백작대공伯爵大公/Pfalzgraf(역자 주: 자신의 영토에서 국왕과 같은 권력을 행사하던 영주)에게 상소上訴를 제기하는 것도 허용되었다. 황제의 이런 태도 때문에 그의 의붓아들인 슈바벤Schwaben/Swabia 영주領主/Herzog 에른스트Ernst가 반란을 일으킨 것일 수도 있다. 이때 슈바벤의 바쌀들이 영주에게 복종하지 않아서 결국 황제가 이겼다.

기록에 의하면 슈바벤의 바쌀들은 영주에게 "우리는 우리를 당신에게 준 사람 이외에 누구와 싸울 때도 당신께 충성하기로 약속한 사실을 부인하지 않습니다. 우리가 왕인 우리 황제를 위해 복무하는 사람이고 그가 우리를 당신에게 넘겨준 것이므로 우리는 당신으로부터 멀어지지 않을 것입니다. 그러나 우리는 자유민이고 우리에게는 우리 자유의 땅의 수호자며 왕인 황제가 있으므로 우리가 그를 버리면 우리는 자유를 잃게 됩니다. 누군가 말했듯이 용감한 사람이라면 목숨을 바치더라도 자유는 포기할 수 없는 것입니다"라고 말했다고 한다.

아마도 이 기록은 큰 신빙성은 없을 것이다. 자유는 목숨과도 바꿀 수 없다는 말은 살루스티우스Sallustius/Sallust의 《카틸리나Catilina》에서 인용한 말이며 슈바벤의 대공大公들이 이 구절을 알고 있었을 수는 없었을 것이기 때문이다. 그러나 기본 개념 즉, 봉건국가의 위계구조 하에서는 각 계층이 그들의 지위와 특권을 서로 지원하고 보장해준다는 생각은 정확한 생각이다. 황제는 대공大公들의 조언을 듣고 통치했고 대공大公들은 자신의 기사騎士들의 조언을 듣고 다스렸다. 이런 식으로 권한과 자유가 균형을 이루었을 것이다. 기사騎士들은 대공大公들의 권력에 그리고 대공大公들은 황제의 권력에 제한적인 영향력을 행사했었다. 따라서 황제로서도 기사騎士들이 지위를 유지하는데 관심이 있었다.

하급 귀족이 사회적 신분을 분명히 획득했음을 확인하는 형식이 리터슈라그 Ritterschlag/dubbing(역자 주: 칼로 어깨를 두드리는 기사작위騎士爵位 수여의식授與儀式) 의식이었다. 이 의식이 고대 게르만족 관습인 베르하프트마쿵Wehrhaftmachung 또는 슈베르트라이테 Schwertleite와 관련이 있다고 해도 전투체계가 전반적으로 변하자 이 의식은 다른 성격을 지니게 되었다. 슈베르트라이테Schwertleite는 무기 다룰 능력이 있는 것으로 보이는 젊은이에게 처음 무기를 줄 때 거행된 의식儀式이었다. 그러나 군사기술이 점차 발전함에 따라서 등장한 무거운 장비와 큰 전마戰馬는 이제 겨우 소년기를 벗어난 젊은이에게는 가당치 않은 것이 되었다. 그는 오래 동안 교육과 훈련과 시험을 거치며 무거운 장비를 착용하고 전마戰馬를 다룰 수 있을 만큼 팔다리가 튼튼해져야 했다. 14세 또는 12세쯤에 행해졌던 베르하프트마쿵 또는 슈베르트라 이테 의식 대신에 리터슈라그 의식이 등장했고 이 의식은 적어도 20세 이후나 그보다 훨씬 더 늦은 나이에 거행되었을 것이다. 아마 두 의식이 얼마 동안은 공존했겠지만 전자는 중요성을 잃은 반면 후자는 매우 중요하게 여겨지는 의식 으로 발전했다. 모든 기독교도 기사騎士들은 일종의 우애집단友愛集團을 형성했었고 누구든 이 집단에 들어온 자는 자신의 지위에 따른 의무를 다할 것을 선서했고 교회까지 이를 특별히 축복해 주는 일이 아주 빈번했다. 기사騎士의 상징은 어깨 띠와 기사騎士 허리띠cingulum militare와 황금 박차拍車였다. 게르만족이 로마 레기온legion 을 대체한 시대의 문헌에서 이미 전사戰士 신분의 상징으로 칼띠와 허리띠가 등장 한 것이 발견된다. 콘스탄티누스 대제大帝 당시 순교자 성聖 아르켈라우스Archelaus는 많은 병사를 개종改宗시킨 일로 찬양 받는 인물인데 이때 개종한 병사들은 기사騎士 허리띠를 풀었다고 한다.6) 경건왕敬虔王 루드비히Ludwig des Frommen/Louis the Pious(역자 주: 프랑크 왕국의 3대 왕 겸 서로마제국 제2대 황제. 서기 814년~840년 재위. 루드비히Ludwig/Louis I세로 불리기도 한다)이 서기 834년에 마지못해 라임스Reims 성당에서 공개적으로 고해성사告解聖事를 하고 수도자修道者가 되었을 당시의 특별한 기록에 의하면 그는 "기사騎士 허리띠를 풀어 제단祭壇 위에 올려놓았다cingulum militare deposuit et super altare collocavit"고 한다.7) 모든 기사騎士에게는 리터슈라그Ritterschlag/dubbing 의식을 통해 1명을 자신과 동일한 지위로 올려놓을 수 있는 권리가 있었다. 이 권리에 특별한 제한이 없었을 때는 기사騎士 되기가 쉬웠고 따라서 기사騎士 계층은 공개된 집단이었다. 그러나 곧 기사騎士 혈통 외에는 기사騎士가 될 수 없다는 제약규정이 발견된다. 프랑스 루이Ludwig/Louis VI세는 서기 1137년 기사騎士 혈통이 아닌 자로 기사騎士가 된 자를 거름더미 위에 올려놓고 박차拍車를 벗겨내도록 명령했다고도 한다.8) 붉은 수염 프리드리히 Friedrich Barbarossa(역자 주: 프리드리히 I세의 별칭)는 서기 1187년 성직자와 농민의 아들에게 기사騎士 허리띠를 수여하는 것을 금했다.9) 그의 삼촌이자 역사편수관歷史編修官이 었던 프라이징Otto von Freising 주교主敎는 이태리 도시들은 장인匠人의 아들도 기사騎士가 된다고 비웃었다(서기 1158년).10) 템플 기사Templer/Templars 규정의 부록(13세기)은

---

6) "그들 대부분이 군인 허리띠를 포기하고 우리 주 예수 그리스도의 신앙 대열에 참가하도록ut plurimi ex ipsis adderentur ad fidem domini nostri Jesu Christi derelicto militiae cingulo." 하르나크Harnack, 《그리스도의 군대Militia Christi》, 84쪽에서 재인용함.

7) 부케트Bouquet 편編, 〈안주Anjou 지역 대공大公들의 행적行蹟 Gesta Consulum Andegavensium〉, 《십자군 역사 연구지Recueil des histoires des Croisades》, 제10권, 254쪽. 공격을 받던 성민城民들이 "군인 허리띠를 두르고 무기로 보호함으로써 성城의 기사騎士들 같이 전투를 준비했고cingulis militaribus accincti armisque protecti ad pugnam se more militum castrensium paraverunt" 그런 다음에 출격出擊 했다는 기록이 있다. 이 기록에서 기사騎士 허리띠는 마치 기사騎士들이 와서 공격을 시작한 것 같이 색을 현혹시키는 역할을 하고 있다.
　　필자는 발쩌Baltzer와 같이(《게르만 전쟁사Zur Geschichte des deutschen Kriegswesen》, 5쪽) 사료에 자주 언급된 진홍색 또는 주홍색 망토가 기사騎士 복장이었다고 보고 싶지 않다. 《하인리히 IV세의 생애Vita Heinrici IV》, 제VIII장에는 그들은 너무 가난해서 물들이지 않은 망토로 만족한 것이 분명하다는 구절이 있다. 그들은 십자가를 패용 할 때 화려한 의복을 포기했고 단지 검은색 겉옷을 입었다는 기록도 있다(기아르Guiart, 〈왕계보王系譜 Branche des royeax lignages〉, II, 698. 슐츠Alwin Schultz, 《궁宮 생활Das höfische Leben》, 제II편, 313쪽, 각주 3에서 재인용). 그러나 그들은 신분의 상징까지 포기하지는 않았고 화려한 옷차림만 포기했을 뿐이다.

8) 현대 학자들의 글에서는 이런 설명이 자주 보이지만 필자는 이에 관한 원사료를 찾을 수가 없었고 법제사에 관한 글에서도 그런 명령을 발견하지 못했다. 루이 VI세에 관한 특별연구에서도 마찬가지다. 다니엘Daniel, 《프랑스 군사사軍事史 Histoire de la Milice Français》, 서기 1724년; 부타리Boutaric, 《상비군 제도 도입 전의 프랑스 군사제도Institutions militaires de la France avant les armées permanentes》, 서기 1863년; 동인同人, 《봉건체계, 그 역사적 문제점 재검토Le Régime féodal. Revue des questions historiques》, 제XVIII편, 서기 1875년; 글라쏭Glasson, 《프랑스 법과 제도의 역사Historire du droit et des institutions de la France》, 서기 1891년; 로셰르 A. Lochaire, 《프랑스 제도 편람. 카페 왕조 직계 시대Manuel des institutions françaises, période des Capétiens directs》, 서기 1892년; 동인同人, 《프랑스의 왕조제도사Histoire des institutions monarchiques de la France》, 제III권(제목이 《루이 VII세의 법령 연구Études sr les actes de Louis VII》로 된 경우도 있다), 서기 1885년; 동인同人, 《루이 VII세의 생애와 연대기年代記 Louis VII, Annales de sa vie》, 서기 1890년.

9) "우리는 사제司祭, 부사제副司祭 및 농민의 아들은 어떤 경우라도 기사騎士 허리띠를 둘러서는 안 된다는 것과 속주屬州의 판사判事는 그런 사람이 이미 기사騎士 허리띠를 두르고 있을 경우 이들을 군복무에서 방출시킬 것을 명한다 De filiis quoqe sacerdotum dyaconorum ac rusticorm statuimus, ne cingulum militare aliquatenus assumat, et qui jam assumserent, per judicem provintiae a militia pellantr." LL. 2. 185.
　　프리드리히Friedrich/Frederick II세의 칙어勅語에 "기사騎士 가문 출생이 아닌 자는 법령으로 기사騎士가 될 수 없도록 하자nostris constitutionibus caveatur, quod milites fieri neqeant, qui de genere militari non nascuntur"는 구절이 있다.

기사騎士 태생이 아닌 자에게 흰 망토를 수여하는 것을 금지했으며 그의 출생에 관한 정보가 잘못되어 기사騎士가 된 자가 있으면 그를 방출토록 했다.11) 이 봉건법령은 이와 동시에 그의 아버지나 할아버지 때부터 기사騎士 태생이 아닌 자는 봉토封土를 받을 수 없다는 중요한 규칙을 확립했다.12)

봉토수혜자격封土受惠資格/Lehnsfähigkeit을 말하는 용어로 "헤르쉴트Heerschild"(역자 주: 원래는 봉건 가문의 문양文樣을 그려 넣은 방패)라는 단어가 있고13) 이 단어는 봉토수혜자격의 등급을 말할 때도 사용되었다. 누구도 동급同級의 헤르쉴트로부터는 봉토封土를 받지 않았다. 봉토封土를 받는다는 것은 서약을 하고 "그의 밑으로"("그의 은총 아래Hulde"; "그의 지위 아래Mannschaft") 서는 것을 의미했기 때문이다. 1급의 문양文樣 방패는 황제, 2급은 백작대공伯爵大公/Pfalzgraf, 3급은 공작公爵/Herzog, 4급은 대공大公/Graf의 것이었고 이런 식으로 7급까지 계속되었는데 다만 남부 독일과 북부 독일은 약간 차이가 있었다. 그러나 이런 엄격한 위계질서는 곧 지켜지지 않게 되었고 14세기에는 이미 옛날 일로 치부되게 되었다.

리터슈라그Ritterschlag/dubbing 의식 자체는 신분확인 의식보다는 개인적 명예의식으로서 큰 의미가 있었다. 이 의식은 개인 능력을 표창하는 의식이었기 때문이다. 이 의식에서 결정적으로 중요한 요소는 선배 기사騎士들과 같은 능력을 갖추는 것이었다. 비록 아직 법적으로는 그렇지 않았지만 관행상으로는 이때부터 그의 지위가 세습적인 지위로 되었다.14)

---

10) "그들은 다른 나라에서는 병균 같이 여기고 명예나 자유의 추구를 금지하고 있는 하층민下層民, 천민층賤民層 장인匠人 그리고 심지어 공예가工藝家들의 젊은이들까지도 군복무 허리띠를 두르고 계급장을 패용할 가치가 있다고 생각한다inferioris conditionis juvenes, vel quoslibet contemptibilium etiam mechanicarum artium opifices, quos caeterae gentes ab honestioribus et liberioribus studiis tanquam pestem propellunt, ad militiae cinglum vel dignitatm gradus assumere non dedignantur." 프라이징Otto von Freising, 〈프리드리히 II세의 행적行蹟 Gesta Friderici II〉, 제13장.

　　다니엘Daniel의 《프랑스 군사사軍事史 Histoire de la Milice Français》(서기 1724년), 33쪽에서는 〈리구리누스Ligurinus〉(역자 주: 서기 1501년 콘라트 피켈Conrad Pickel/Conradus Celtis이 편찬한 프리드리히 I세 찬양 시집詩集)에 의하면 군터Gunther가 황제에게 "군대 힘으로 그의 영토에서 모든 적敵을 몰아내고 나라를 지키려면 프랑스에서는 추하다고 보는 하층민에게도 모두 기사騎士 칼을 허리에 차게 Utque suis omnem depellere finibus hostem posset(possit), et armorum patriam virtute tueri Quoslibet ex humili vulgo, quod Gallia foedum Judicat, accingi gladio concedit equestri"해야 한다고 말했다고 한다.

　　만약 〈리구리누스Ligurinus〉가 지금껏 보존되어 있지 않았다면 이 구절은 우리를 매우 당혹스럽게 만들었을 것이며 우리는(특히 고대사 연구나 고전 문헌학자들은) 2차 사료가 얼마나 우리를 얼마나 크게 잘못된 길로 쉽게 인도할 수 있는지를 입증해 주는 자료로 이 구절을 활용했을 것이다. 다니엘의 글은 다른 면에서는 아주 치밀하지만 이곳에서는 헛 다리를 집고 군터가 실제로는 이태리인들에게 말한 것(〈리구리누스〉, 제II권, 151절 이하)을 프리드리히 I세에게 말한 것으로도 오해했다. 다니엘도 그가 본 (다른 어떤) 사료를 그대로 믿었던 것이다. 또한 다니엘은 "골Gallien/Gaul" 지역을 말할 때도 잘 알려진 중세시대의 언어관행에 따라 게르만 지역까지 이에 포함시키고 있다.

11) 쿠르종Curzon, 《템플 기사들의 규칙La Règle du temple》, 제337장, 431장 및 제586장.

12) "농민과 상인 그리고 그의 아버지나 할아버지 때부터 기사騎士가 아닌 자의 아들은 봉토封土 서약을 금지한다rustici et mercatores et omnes qui non sunt ex homine militari ex patris et avi jure careant beneficiali." 〈봉토封土에 관한 옛 저술著述 Vetus auctor de beneficiis〉, I, 4.

13) 본래의의미에 관해서는 바이츠Waitz, 《독일헌법사Deutsche Verfassungsgeschichte》, 제VIII편, 117쪽 참고.

14) 슈뢰더Schröder는 《게르만 법제사法制史 Deutsche Rechtsgeschichte》, 430쪽에서 (리터슈라그 의식으로 탄생한) 기사騎士와 귀족의 종자從者(크나페Knappe)가 구분된 것은 13세기 이후의 일이지만 법적으로는 결코 그런 구분이 없었다고 믿고 있다.

이런 리터슈라그 의식을 받을 수 있는 자격으로 인해 하나의 계층이 형성된 선구적 예로 붉은 수염 프리드리히Friedrich Barbarossa가 재위在位 초기인 서기 1156년에 공포한 〈평화유지조례constittio de pace tenenda〉를 검토해 보면 이 조례는 부모의 지위로 인해 "밀레스miles"인 자들만 결투자격決鬪資格/duellfähig이 있다고 명시했다.15)

이제는 그렇게 오랜 세월을 뒤섞여있던 자유민과 비자유민간 차이와 가치가 새로운 개념으로 대체되게 되었다. 기사騎士 태생의 새로운 기사騎士 계층에 소속된 비자유민은 이제 귀족계층으로 들어갔으므로 그들의 비자유민 신분은 차차 소멸되어서 본래부터 자유민이었던 많은 기사騎士들이 자발적으로 이런 신분을 취득하게 되었을 정도이다.16) 비록 거의 중세 말기까지 이곳저곳에서 전사戰士들에게 과거와 같은 비자유민 흔적들이 일부 남아있기는 했지만 결국 그런 차이는 완전히 사라지게 되었다. 과거에는 전사戰士는 아니나 비자유민 전사戰士보다 신분이 높은 자유민이 게르만 땅에 존재했었지만 12세기 이후는 자유민이건 비자유민이건 전사戰士들이 평민인 자유민보다 언제나 우위에 서게 되었다.17)

따라서 옛 게르만 전사戰士는 현대적 의미의 "귀족"이 되려면 분명히 "번데기" 단계를 거쳐야 했는데 이때 그는 자신의 신분이 비자유민임을 처음 알게 되었고 이 과정에서 진짜 비자유민 후손과 직접 뒤섞이게 되었다. 그러나 이 비자유민 전사戰士들과 관리官吏들의 계층은 스스로 지배계층으로 도약했다. 그러나 우리는 옛 게르만 전사戰士들이 이렇게 비자유민 신분을 거쳐 신분을 전환했다는 사실에 너무 큰 비중을 두면 안 된다. 그런 과정이 실제 존재했다는 것은 독일의 경우에만 입증될 수 있는 사실이다. 프랑스의 경우에는 그런 과정이 너무 미약해서 전혀 없었다고 볼 수도 있다.18) 잉글랜드에서는 미니스테리알ministerial 집단이 전혀

---

15) "평화가 깨지거나 어떤 중요한 범법행위로 인해 어느 기사騎士가 다른 기사騎士와 결투를 하려 할 때 그가 자신과 자신의 부모가 옛날부터 법적 지위를 지닌 기사騎士 태생임을 입증하지 못하면 그에게는 결투의 기회가 허용되어서는 안 된다 Si miles adversus militem pro pace violata aut aliqua capitali casa duellum committere voluerit, facultas pgnandi ei non concedatr, nisi probare possit, quod antiquits ipse cm parentibus suis natione legitimus miles existat." 《게르만 사료집Monumenta Germaniae》, LL, II, 103.

16) 11세기 말의 〈밤베르크 복무규정 Bamberger Dienstrecht〉에서는 주교主敎가 봉토封土를 주지 않은 미니스테리알ministerial(역자 주: 주인 밑에서 직접 복무한 전사戰士들로서 본래 비非자유민이었으나 점차 자유민에 가까운 신분이 된다. 앞의 제I권, 제I장, 부기 마지막 부분의 '스카라scara' 항 참고)은 타인을 위해 복무할 수는 있으나 봉토로 그를 구속하면 안 된다고("봉토封土를 받은 사람이 아니라 자유민으로서 자신이 원하는 사람을 위해 복무하도록cui vult militet, non beneficiarie, sed libere") 명시했다. 이런 규정은 이미 비자유민 상태라는 개념이 크게 약화된 것을 말하는 것이다.

17) 여러 세대에 걸쳐서 더 정교한 구별과 발전들이 있었지만 이곳에서는 생략했다. 찔링거Zalinger는 《미니스테리알과 기사騎士Ministeriales und Milites》(서기 1878년)에서 예를 들어 바이에른Byern/Bavaria 법의 지배를 받던 지역에서는 미니스테리알 또는 하인(디엔스트만Dienstmann)들이 13세기에는 평민 밀리테스milites보다 분명히 상위인 특별 지위를 차지했고 후자를 더 이상 자신과 같은 태생으로 보지 않았음을 자신이 입증했다고 믿고 있다. 비자유민이지만 지위는 높은 이런 하인(디엔스트만Dienstmann)들을 왕실과 공작公爵/Herzog들만 거느릴 수 있었다. 후일 이런 하인 부류는 영주領主/Herr나 지주地主/Landherr의 신분을 지닌 자유민 귀족들과 완전히 뒤섞이게 된다.

없기도 했지만 잉글랜드 왕들이 그들의 기사騎士들에게 행사했던 실질적 권한은 게르만 영주領主/Fürst들이 그들의 미니스테리알들에게 행사했던 권한에 비해 너무 강력했었다. 게르만족의 미니스테리알은 이론상으로는 비자유민이지만 자신들의 지위를 매우 잘 알고 요구사항도 많았으며 자신들의 권리를 큰 소리로 주장하는 우애집단友愛集團/Genossschaft/fraternity을 형성했었다.

이런 계층의 형성은 매우 중요한 의미를 지니지만 이들을 발전과정에 맞추어 정확한 단어들로 이해하기는 여전히 쉽지 않다. 오늘날의 용어로 우리는 기사騎士들을 지위가 높고 보통은 지주地主였던 전사戰士들로, 정확히 말해 12세기에 형성되기 시작해서 낮은 귀족계층으로 발전한 사람들로 이해한다. 그러나 전쟁사의 관점에서는 기사騎士 계층을 민족대이동民族大移動/Völkerwanderung 이후 로마제국에 다소 정착한 게르만 부족들로부터 발전되었거나 투르Tours 전투(역자 주: 프랑크 왕국의 카롤링Karoling/Caroling 왕조를 세운 페펭Pipin Ⅲ세의 아버지 마르텔Karl/Charles Martell이 아랍세력을 격퇴한 전투) 이후의 바쌀vassal 및 봉토封土 체계로 인해 발전된 복합적 전사戰士 집단으로 보아야만 하거나 아니면 최소한 그렇게 볼 수 있다. 다만 이렇게 볼 경우에는 같은 단어가 12세기 이후 훨씬 좁은 의미로 변한다는 이상한 상황이 생기지만 이런 약점은 또다시 역사적으로 정당화된다. 중세의 언어관행 자체가 이런 면에서 극히 불명확하기 때문이다. 여하간 문제의 핵심을 말하자면 종래 그렇게 중요시되지 않던 전사戰士 집단 내의 그런 계층이 12세기 이후로는 훨씬 중요시되었고 "기사騎士"란 호칭이 비교적 높은 사회계층만 말하게 되었음은 분명하다. 신분이 낮은 전사戰士는 "세르게안트Sergeant"(세르비엔스serviens) 또는 "크네크트Knecht"라고 불렸으며 그 결과 "기사騎士/Ritter 및 크네크트/Knecht"라는 표현은 흔히 군대 전체를 지칭하는 말로 쓰였다. 독일어에서는 "라이터Reiter"("말 탄 사람" 또는 "마병馬兵")라는 단순한 단어가 "리터Ritter"("기사騎士")란 특수한 단어로 발전했고 "크네크트Knecht"는 낮은 계급을 지칭하는 단어로 변했지만, 영어에서는 정확하게 반대로 "나이트Knight"라는 단어가 분명히 독일어의 "크네크트Knecht"에 해당되는 단어가 되었다는 사실을 보면 우리는 전혀 우연한 일이 이런 발전과정에서 얼마나 크게 작용했는지 알 수 있다. "크네크트Knecht"와 대등한 단어 "크나페Knappe"는 어원학語源學 상 같은 의미이다. "크나페Knappe"는 "크나베Knabe"(소년)와 같은 말이고 "크네크트Knecht"도 원래 젊은이만 말하기 때문이다. 그러나 "크나페Knappe"는 점차 수행

---

18) 예를 들어 뀌이에모즈Guilhiermoz는 이를 부인한다(《중세 프랑스 귀족들의 기원고起源考 *Essai sur l'origine de la noblesse en France au moyen âge*》). 반대로 마이어E. Meyer는 뀌이에모즈를 비판한다(《법제사지法制史誌, 게르만 편編*Zeitschrift für Rechtsgeschichte, Germanische Abteilung*》, 제23권, 서기 1902년, 310쪽). 이런 논쟁과 관련해서 필자는 독자들에게 "하인이나 노예가 아닌 자는 기사騎士 지위를 요청하지 않는다. 자신은 법률상 결혼을 통해 태생적 기사騎士라고 한 말이 진실이면 그는 본질적으로 자유민이기 때문이다"라고 한 〈템플 기사 규정집〉, 제35장에 주목하기를 바란다. 독일의 경우에는 이와는 상황이 달랐을 수 있다.

원이며 보조자로서 기사騎士를 따르는 젊은이를 말하게 되고 특히 기사騎士 태생인 사람이 도제徒弟 훈련 책임을 그 주인에게 맡겼을 때 그렇게 불렀다. 이 문제와 관련해서 마지막으로 우리가 기억해 두어야 할 사실은 독일어에는 "크네크트 Knecht" 및 "크나페Knappe"와 본래 동일한 의미를 지닌 또 다른 단어로 "텐Thegn"("탄 Than")(역자 주: 영어의 "테인thane") 또는 "데겐Degen"이란 단어도 있다는 점이다.

결국 로마-게르만 유럽의 사회계층은 다음 같은 방식으로 발전했던 것이다. 침략자이고 정복자인 게르만족은 전사戰士들만 즉, 실제로는 게르만족 자신들만 완전한 자유민으로 보았지만 그들은 아직 진정한 사회계층으로 발전하지 못하고 있었다. 그 기반을 인종人種 자체에 너무 크게 의존했었기 때문이다. 그러나 인종 자체에 기반을 두었던 이런 전사戰士 집단을 바쌀vassal 체계와 봉토封土 소유를 기반 으로 하는 전사戰士 집단이 대체했고 이렇게 기반이 달라진 전사戰士 집단에서는 자유민과 비자유민의 구분이 무시되게 되었다. 그러나 아직도 직업적인 그리고 근본적으로 세습적인 전사戰士 계층과 비전사非戰士 계층의 구분은 남아있었고 전자 로부터 지위가 높은 귀족과 지위가 낮은 귀족이 모두 발전했다.

따라서 기사騎士 태생으로 리터슈라그Ritterschlag/dubbing 의식儀式을 통해서 기사騎士들의 우애집단友愛集團/Genossenschaft//fraternity에 가입한 새로운 의미의 기사騎士들이 전사戰士 계층 내의 전사戰士 계층을 형성했다. 어떻게 그런 일이 있을 수 있었는지를 이해하는 것은 쉽지는 않지만 중요한 일이다. 그런 전사戰士 계층이 법적으로 인정을 받을 뿐 아니라 전투능력을 발휘하려면 그들의 진정한 군사적 우월성이 입증되어야 했었기 때문이다. 게르만족이 어떻게 단번에 부르주아의 평화지향적 로마세계를 지배하게 되었는지 그리고 바이킹Viking은 어떻게 그리 뒤늦게 군사행동을 통해 그들을 둘러싼 세계를 지배하고 전사戰士 계층이 되었는지는 쉽게 이해가 된다. 그러나 새 기사騎士 계층이 어떻게 주변으로부터 그렇게 분리되어서 결국은 귀족 지배계층이 될 수 있었을까? 이 문제에 대한 해답을 찾자면 좀 더 깊은 분석이 필요하다. 그들의 타고난 군사적 자질, 육체적 힘 또는 용기가 그럴 정도로 뛰어 나지는 않았을 것이고 교육 역시 그들을 같은 자질을 타고 난 같은 민족의 다른 계층의 아들들이 필적하지 못할 정도로 만들지는 못했을 것이기 때문이다. 특히 이 기사騎士 계층 곁에는 역시 세습 계층인 세르게안트Sergeant란 군사계층도 있었다. 이 계층에도 육체적 힘이나 무기 다루는 기술이나 용기가 기사騎士들 못지않은 사람들이 아주 흔했을 것이 분명하다.

리터슈라그 의식儀式은 종교의식과도 관련이 있었고 교회에 봉사하겠다는 말도 이 새로운 젊은 기사騎士들의 선서宣誓에 보이므로 이 새로운 계층의 기원을 교회 에서 찾아보아야 할 것으로 보는 사람도 있을 것이다. 기사騎士들은 조직이 너무 느슨했었기 때문에 "~단團"이라는 표현을 쓰는 것이 너무 과장된 표현같이 보이기는 하지만 그들은 실제로 거대한 일반적 기독교도단基督敎徒團/christlichen Orden을 형성했었다. 우리는 이들의 집단을 바로 얼마 전 동방東方/Morgenlande에서 창설된 템플 기사단Templer/Templars이나 성聖 요한 기사단Johanniter/Knights Hospitales 같은 실질적 기사단騎士團/Ritterorden과 비슷한 것으로 보아야 하고 이런 일반적 기독교기사단基督敎騎士團/christlichen Ritterordens이 형성된 것을 제2차 십자군(서기 1147년)에 대한 종교적 찬양의 결과로 보아야 할 것으로 믿어 왔다. 그러나 그렇게 보면 잘못된 생각으로 이어질 수 있다는 것을 우리는 쉽게 알 수 있다. 일부 전사戰士들이 의식儀式 형태의 선서宣誓를 했고 옷에 특정한 종교 표지를 부착한 이상 다른 의미는 없는 현상만으로는 병법사兵法史에서 중요한 의미를 지닐 수도 없고 그로 인해 수세기 동안 위력을 발휘한 강력한 귀족계층이 형성되었을 수도 없다. 그러나 이때 병법사兵法史에서 매우 강력한 힘을 지닌 현상이 한 가지는 분명히 있었지만 이 발전과정을 이해하려면 우리는 중세 군대의 본질 문제에 완전히 몰입해서 그들의 동력動力이 무엇이었는지 찾아내야 한다. 이를 위해서는 기술적 문제로부터 살펴보아야 한다.

샤를마뉴Karl/Chalemagne 대제大帝 이후 비로소 전사戰士들에게 보급된 투구와 방패와 쇠미늘 갑옷(역자 주: 앞의 3쪽 참고) 등 보호장비들은 앞서 우리가 알 수 있었듯이 아직은 그리 무겁지 않았다. 투구에는 챙이 없었고 쇠미늘 갑옷에도 목 부분이 없었다. 그러나 우리는 이런 보호장비들이 중세시대 전반에 걸쳐 점점 무거워졌음을 알 수 있다.[19] 과거에는 "스쿠타티scutato"("방패를 든 사람")라는 호칭과 같이 전사戰士라고 하면 의례 주요 보호장비로 방패가 연상되었지만 11세기 말에는 그 대신에 "로리타티loricati"("갑옷을 착용한 사람")라는 호칭이 등장했으며 13세기 이후로는 병력수를 갑옷 입힌 말("덱스트라리 코오페르티dextrarii cooperti" 또는 "팔레라티 코오페르티falerati cooperti")의 숫자로 계산했다.[20]

중세의 전투는 로마 레기온legion의 경우 같이 견고한 대형 유지, 현명한 기동, 군기軍紀가 있고 훈련된 전술단위부대의 통합된 힘 같은 것이 아니라 각 개인의

---

19) 뵈하임Böheim이 《무기편람Handbuch der Waffenkunde》, 12쪽에서 주장하듯이 서기 1400년경에 보호장비의 경량화 현상이 생겼다는 것이 정확하다면 이는 지속적으로 무거워지던 흐름 속에서 일시적으로 생겼던 현상에 불과했을 것이다. 그러나 그런 사실 자체가 있었는지는 의심스러우며 아직 충분히 입증도 되지 않았다. 뵈하임도 이어서 15세기 초에 보호장비들이 강화되었다고 한다(14쪽).

20) 이에 관한 발쩌Baltzer의 말(《게르만 전쟁사Zur Geschichte des deutschen Kriegswesen》, 52쪽 이하)은 정확한 말이다. 그 중간에 투구(갈레아galea) 숫자로 병력수를 계산한 기록도 보이지만 그런 기록이 계속 발견되지는 않고 일반적 발전추세에는 변함이 없다. 발쩌가 위의 책 56쪽에서 기사騎士들이 전투를 좀 더 쉽게 하려고 갑옷을 벗었다는 취지로 한 말은 쾰러Köhler 장군의 정확한 설명과 같이 전투 시에 그랬던 것이 아니고 추격 시에나 그랬을 것이다. 그러나 필자는 그런 기록을 역사적 사실이 아니라 수사修辭/Ausschmükung로 보고 싶다. "덱스트라리 코오페르티dextrarii cooperti"("갑옷 입힌 전마戰馬")란 용어가 처음 사용된 것은 쾰러 장군의 발견에 의하면 서기 1238년이다(《기사騎士 시대의 전쟁과 용병술用兵術의 발전Entwickelung des Kriegswesen und der Kriegsführung in der Ritterzeit》, 제Ⅲ편, 제Ⅱ권, 440쪽).

전투기술과 용맹성에 의해 승부가 났다. 개인의 전투기술은 좋은 무기에 의해 매우 크게 보강될 수 있었다. 부러지지 않는 창槍, 쇠도 뚫거나 벨 수 있는 칼, 뚫리지 않는 투구와 방패와 갑옷 이런 것들이 승리를 만들었다.

호머Homer의 서사시敍事詩 같이 영웅들을 칭송하고 그들의 튼튼한 장비 그리고 "발뭉Balmung"(역자 주: "큰 슬픔"이란 뜻으로 니벨룽겐의 노래의 주인공 시그프리트가 안개의 땅 니벨룽겐에서 난쟁이들에게 획득한 길고 날이 넓은 칼의 이름)과 같은 칼의 역사와 특별한 성능 같은 것들을 노래하는 시詩들이 다시 등장했다. 칼 뿐 아니라 기사騎士들의 다른 무기들에도 고유한 이름이 있었다.

그런 무기와 무거운 장비들을 완전히 갖춘 채 움직이는 훈련을 거친 사람들은 무장이 빈약한 사람들에 비해 개인전투에서 우세했다. 그러나 모든 전사戰士들이 그럴 수는 없었다. 무거운 갑옷 때문에 그들은 전쟁시에 필요한 다른 활동들은 할 수 없었기 때문이다. 그들은 말을 타지 않았을 때는 고정된 자리에서 별로 움직이지 못하고 상당히 거북하게 싸웠다. 그들은 말에 올라타거나 말에서 내리기도 힘들었고 한번 낙마落馬 하면 다시 일어서기도 어려웠다.21) 그들은 적을 멀리 추격할 수도 없었다. 그는 투사무기도 사용할 수 없었다. 그는 한 마리의 말만 가지고는 싸울 수 없었다. 무거운 무장 때문에 말이 지치지 않게 하려면 가능한 최대로 그의 전마戰馬를 아껴야만 했다. 그는 수시로 말을 갈아타야 했으므로 말도 한 마리로는 안 되고 두 마리 또는 세 마리까지 필요했다(11세기 이후 사료에 이런 기록이 분명히 보인다).22) 12세기 후반에는 말에 갑옷을 입히는 관행이 시작되었다. 우연이시만 동東고트Ostgoten/Ostrogoths족이 벨리사리우스Belisar/Belisarius와 싸울 때도(역자 주: 6세기 전반) 이미 그런 일이 있었다.23)

따라서 우리는 카롤링Karoling/Caroling 왕조 시대(역자 주: 8세기 말~9세기 초)부터 오토Otto 대제大帝 시대(역자 주: 10세기 말)까지 전투기술과 무기는 약간의 미세한 변화는 있어도 비교적 같았을 것으로 볼 수 있다. 그러나 바로 이때 일반 전사戰士 집단 속에서 점차 더 우월한 집단이 형성되었다. 이 집단에 속한 전사戰士 들은 여러

---

21) "그렇게 여러 겹 갑옷을 입고 안장도 크게 구부러졌으니 말에서 내리기도 어렵지만 올라타기는 더 어렵고 특히 필요할 때 말에서 내려 싸우기는 더 힘들 것이 분명하다Cum illa nimirum armatura miltiplici sellisque recurvis et altis difficile descenditur, difficilius ascenditur, difficilime cum opus est pedibus itur." 기랄두스Giraldus Cambrensis (서기 1220년 사망한 인물), 〈아일랜드 정복Expugnatio Hibernica〉. 작품번호Opera 5번, 395.

22) 쾰러Köhler, 《기사騎士 시대의 전쟁과 용병술用兵術의 발전Entwickelung des Kriegswesen und der Kriegsführung in der Ritterzeit》, 제III편, 제II권, 81쪽. 기사단騎+團 규정집을 보면 오늘날도 기병 장교는 여러 말을 지니고 있는 것과 같이 여러 마리의 말을 지닌 기사騎士("에키타투리스equitaturis")의 경우 그 말들은 기사騎士가 타는 말이었고 그를 따르는 사람이 타는 말이 아니었음이 분명하다. 쿠르종E. de Curzon 편編, 《템플 기사 규정La Règle du Temple》(파리, 서기 1886년), 제77장, 94쪽. 〈성聖 요한 기사단 규정Die Regel des Johanniter=Ordens〉, 제59장 및 제60장(프루츠Prutz, 《십자군 문화사Kulturgeschichte der Kreuzzüge》, 610쪽). 페를바크Perlbach, 《게르만 기사단 규정—보충규정 및 관습 포함Die Regel des deutschen Ordens, mit allen nachträglichen Gesetzen und Gewohnheiten》, 98쪽.

23) 발쩌Baltzer, 《게르만 전쟁사Zur Geschichte des deutschen Kriegswesen》, 59쪽. 쾰러Köhler 장군의 《기사騎士 시대의 전쟁과 용병술用兵術의 발전》, 제III편, 제II권, 77쪽에 의하면 비올레-르-두크Viollet-le-Duc는 13세기 말까지는 기사騎士들의 전마戰馬에 보호 덮개를 씌우지 않았다고 말했다고 한다.

마리 말과 하인들과 가장 비싸고 완벽한 갑옷을 마련해 사용할 수 있는 지위에 있었다. 이 기사騎士들은 홀로 싸울 수 없었다. 그의 곁에는 각종 보조원이 있어야 했다. 개인적 하인Diener과 종자從者/Pferdeknechte들 뿐 아니라 가벼운 무기와 보병 전사戰士와 궁수弓手도 필요했다. 우리는 고대에서 중세로 넘어가면서 보병과 기병 등 다양한 병종兵種 구분이 사라지고 서로 뒤섞인 것을 알 수 있었다. 동일인이 말 타고 싸우기도 했고 걸어서 싸우기도 했고 투사무기로 싸우기도 했고 근접전 무기로 싸우기도 했다. 이런 상황은 수세기간 계속되었다. 그러나 이제 또다시 병종兵種이 등장했다. 하지만 고대와는 전혀 다른 형태의 병종兵種이 생겼다. 중장갑重裝甲 기사騎士 외에 경기병輕騎兵, 기마궁수騎馬弓手, 궁수弓手와 쇠뇌수弩手/Armbruster인 보병이 있었고 근접전 무기를 휴대한 보병도 있었다. 우리가 이들을 무기만 가지고 피상적으로 본다면 고대와 그리 큰 차이는 보이지 않을 것이다. 이때도 고대와 같이 공격용 무기도 있었고 방어용 무기도 있었다. 하지만 자세히 분석해 보면 그들은 고대와 외형적으로는 비슷했어도 개념적으로 근본적 차이가 있었다.

고대와 가장 유사했던 인원은 경무장 보병 특히 궁수弓手였다. 이들은 이 당시에도 고대와 같이 단순한 지원병종支援兵種이었다. 정복자 윌리암Wilhelm/William이 이미 이런 인원들을 아주 잘 활용한 바 있었다. 게르만 지역에서는 아직도 이들을 잘 활용하지 않았지만 12세기 이후 이들의 중요성은 꾸준히 증대되었다.

원래 서구西歐에는 기마궁수騎馬弓手가 없었다. 로마군에서도 이들은 거의 보이지 않는다. 기마궁수는 원래 페르시아인이나 파르티아인Parther/Parthian 등 동양인들의 병종兵種이었다. 십자군들도 적을 통해서 이들을 처음 알게 되었거나 이들이 무섭다는 것을 알고 스스로 그런 기마궁수騎馬弓手들을 고용했다.

근접전 무기를 휴대한 보병 전사戰士들은 잠시 완전히 사라진 것처럼 보였었다. 특히 게르만 지역에서는 말에서 내려 싸운 기사騎士에 관한 언급이 사료에 전혀 없다. 그들의 전투는 모두 기마騎馬 전투였다.24) 제1차 십자군을 비롯해서 모든 십자군들에 말 없는 전사戰士들이 많이 보이지만 이들은 아마 말을 잃은 기사騎士들인 경우가 많았을 것이다. 그 이후로 서구西歐에서는 이런 인원들이 점차 증대했지만 이들은 고대 군대의 경우와 근본적으로 달랐다. 고대 군대에서는 그들이 진정한 군대의 핵으로서 큰 무리를 이루어 싸웠었고 그로 인한 충격효과를 포기하지 않으면서 수시로 더 세련된 조직으로 발전했었다. 그러나 중세에는 그런 보병은 없었다. 보호장구를 착용하고 찌르기용 또는 베기용 무기를 휴대한 경우라도 보병은 독립된 병종兵種이 아니라 단지 기사騎士들의 보조요원이었다.

---

24) "물론 보병이 전혀 없지는 않았다. 다만 그들은…무기를 쓸 수 있는 자는 모두 동원된 전쟁 등 특수 상황에서 활용되었을 뿐이다. 그들이 원정에 참여한 것은 예외일 뿐이다"는 바이츠Waitz의 말(《독일헌법사Deutsche Verfassungsgeschichte》, 제VIII편, 123쪽)은 정확한 말이다.

기사騎士들 역시 고대의 중장갑重裝甲 기병騎兵과 다르게 되었다. 알렉산더 대왕의 헤타이로이hetailoi는 중세 초기의 기사騎士와 매우 흡사했었다. 그러나 중세 후기의 진짜 기사騎士는 고대의 기병에 비해 훨씬 무거웠음이 분명하다. 한니발Hannibal과 시저Cäsar/Caesar의 기병은 중세 기사들보다 현대 기병에 훨씬 가까웠다. 중세 기사騎士는 독특한 형태의 전투병종戰鬪兵種을 형성했었다. 경기병輕騎兵이나 보병 전투원이나 궁수 등 어떤 병종兵種도 중세 기사騎士를 개인적으로는 상대할 수 없었고 따라서 전투의 승부는 기사騎士들이 좌우했다. 이들이 고대 로마의 레기온legion 같은 대형 도 격파할 수 있었을 지는 매우 의심스럽지만 중세 보병들은 결코 이들을 상대할 수 없었다. 따라서 기사騎士는 그 무기의 형태와 위력으로 군대의 중추中樞가 되었다. 사방 어디에서나 멀리에서도 눈에 띄는 그의 모습은 일반 전사戰士들의 귀감龜鑑이었고 그의 정신은 모든 전사戰士에게 자극을 주었고 그의 영향력은 전사戰士들을 이끌었다. 그의 출생, 훈련, 단결심 그리고 지위는 명예와 야망을 극단적으로 향상시켰다. 그는 누구보다 용감해야 했다. 그렇지 못한 기사騎士는 괴로운 모멸감을 느껴야 했을 것이기 때문이다. 그들이 군대 병종兵種이면서 동시에 사회계층이었다는 것이 단지 인위적으로 발전된 개념이거나 우연한 일은 아니었음을 우리는 알 수 있다. 그런 핵심적 사회계층이 없었다면, 좀 더 잘 표현해서 그들 같이 사회적으로 뿌리가 깊은 계층이 없었다면, 중세 군대의 중기병重騎兵과 같은 정예병력을 집결시키기가 어려웠을 것이다. 그러나 중세에는 고대나 현대 같이 일상생활과 훈련을 통해 전시에 큰 입적을 이룰 수 있도록 훈련된 상비군常備軍은 없었다. 군사훈련 임무는 가문家門과 사회계층의 임무였을 뿐이다. 따라서 군대의 한 병종兵種이 세습적인 사회계층이 될 수 있었고 역으로 세습적인 사회계층이 군대의 한 병종兵種이 될 수 있었던 것이다.

게르만 왕국의 프리드리히Friedrich/ Frederick II세가 그의 아들에게 보낸 편지에서 "제국의 명성과 내 권력은 기사騎士들 때문에 존재하는 것이므로cum specialiter in multitudine militum decus imperii et potentia nostra consistat" 기사騎士들을 보내야 한다고 한 것은 정확한 말이다. 쾰른Köln/Cologne이 서기 1263년에 쥘리흐Jülich 대공大公/Graf과 체결했던 옛 동맹조약을 서기 1368년 갱신할 때는 대공大公에게 보낼 기사騎士 9명과 종자從者/Knappen 15명은 "방패가문 출신의 좋은 인원guder Lude, zum Schilde geboren"이어야 한다는 명문의 조항이 추가되었다.25)

라틴 작가들이 중세 기사騎士를 단지 "밀레스miles"라고 부른 것은 이 병종兵種의 중요성을 특징적으로 표현한 것이다. 기사騎士만 진짜 완벽한 전사戰士라는 말이다. 고대 라틴 문헌에서는 일반 전사戰士를 지칭했던 이 단어가 이제는 가장 탁월한

---

25) 에넨Ennen · 에케르츠Eckertz, 《쾰른 시市 사료집Quellen zur Geschichte der Stadt Köln》, 제IV편, 488쪽 및 560쪽.

전사戰士를 지칭하는 단어가 된 것이다. 10세기 말의 작가인 리세르Richer의 글에서 "기사騎士들과 보병들milites pedtitesque"이란 표현이 처음 보이며(서기 995년경) 그 이후 이 용어가 자주 등장한다.26) 이런 기록들을 보면 보병들은 진짜 전사戰士가 전혀 아닌 것처럼 보인다. 물론 이 단어는 확실한 의미를 지닌 정확한 기술적 표현으로 발전되지는 않았다. 그러나 우리는 중세 사료들이 병력수를 말할 때 "몇 명의 밀리테스milites"(역자 주: 밀레스miles의 복수형)라고 한 것만 보고 자세히 조사해 보지도 않고 일정 수의 다른 전투원들(경기병輕騎兵, 종자從者/Knappen, 지위가 낮은 일반 전투원 Knecht, 궁수弓手 등 여타 보병)도 그 중에 당연히 포함된 것으로 결론을 내리면 안 된다. 적어도 12세기에는 달리 명시된 경우가 아니면 밀리테스milites라는 단어는 기마騎馬 전투원 집단을 의미했다. 그러나 우리는 어떤 군대가 기병騎兵으로만 구성된 부대인지 보병도 포함된 군대인지 먼저 확실히 정해야 한다. 하지만 세월이 지나자 밀레스miles라는 단어는 좁은 의미의 진정한 기사騎士라는 의미로 점점 더 굳어지게 되었다.27)

---

26) 로트Roth von Schreckenstein, 《기사騎士의 위엄과 신분Ritterwürde und Ritterstand》, 98쪽. 수거Suger 역시 서기 1119년의 브레뮬Brémule 전투를 설명하면서 하인리히Heinrich/Henry 왕은 "보병을 예비대로 해서 장갑기사裝甲騎士들이 보다 더 용감하게 싸울 수 있게 했다milites armatos ut fortius committant, pedites deponit"는 표현을 썼다. 〈프랑크족의 행적行蹟 Gesta Francorum〉, VI장에는 서기 1097년 도리레움Doryläum/Dorylaeum 전투 당시 "보병들은 정확하고 빠르게 쇠뇌弩를 발사했고 기사騎士들은 용감하게 그들(투르크Türk/Turk족)을 공격했다 Pedites prudenter et citius extendunt tentoria, milites eunt viriliter obviam iis"는 구절이 있다(역자 주: 델브뤼크의 원문에는 이 전투의 연도가 서기 1906년으로 되어 있으나 오기誤記이므로 고쳤다. 도리레움 전투를 설명한 뒤의 제IX장, 403쪽에서는 십자군 관련 기록에 궁수나 쇠뇌수가 전혀 기록에 보이지 않는다고 했다). 풀케르Fulcher의 《예루살렘 전역사戰役史 Historia Hierosolymitana》, 제II편, 395쪽에는 서기 1098년에 "기사騎士들은 보병으로 싸우는 방법을 알았다milites sciebant effici pedites"는 구절이 보인다. 또한 서기 1099년의 아스칼론Askalon/Ascalon 전투에 관한 기록에도 "기사騎士 5,000명과 보병 15,000명quinque milia militum et quindecim milia peditum"이라는 구절이 있다. 게르바시우스Gervasius Dorobernesis/Gervasius of Canterbury의 《영국사 연대기年代記Chronica de rebus anglicis》, 서기1138년 항에도 "기사騎士들과 보병들milites pedtitesque"이라는 구절이 있다. 〈안주Anjou 지역 대공大公들의 행적行蹟 Gesta Consulum Andegavensium》(《골 지역 사료집Recueil des Histoires des Gaules》), XI, 265쪽에도 같은 구절이 있다. 교황 이노센트Innocenz/Innocent IV세가 서기 1243년에 라이너 Reiner 추기경에게 한 말 중에는 "도시방어에는 기사騎士들의 무리가 덜 필요하고 보병이 더 유용한 것으로 알려져 있다cum pro defensione civitatis militia minus necessaria videatur, pedites autem utiliores esse noscantur"라는 구절이 보인다(후이유Huill, 《브레홀레Bréholles》, 제VI권, 131쪽).

27) 짤링거Zalinger는 《미니스테리알과 기사騎士 Ministeriales und Milites》, 4쪽에서 "초기의 사료에서는 밀레스 miles라는 표현이 매우 다양한 의미로 쓰였지만 세월이 지나면서 기사騎士로서의 생활방식이나 출생이 한 계층의 결정적 특징이 됨에 따라서 기사騎士 계층의 정상적 호칭 중 하나로 쓰이게 되었다. 밀레스 miles란 표현은 초기에는 자유민 바쌀vassal의 의미로 후일에는 거의 전적으로 비자유민 기사騎士의 의미로 사용된 경우가 흔하다. 더욱이 밀레스miles라는 표현은 단지 기사騎士 집안 출신이기만 한 크나페 Knappe와는 달리 이미 기사騎士가 되어있는 사람을 특히 의미했다"고 보았다.
　　바이츠Waitz의 《독일헌법사Deutsche Verfassungsgeschichte》, 제V편, 436쪽에 인용되어 있는 많은 사료의 구절들로부터 우리는 좀 더 과거에는 미니스테리알ministerial과 일반적인 비자유민 전사戰士들도 자유민 전사戰士들과 마찬가지로 밀리테스milites로 불렸다는 결론을 내릴 수 있다. 바이츠는 "왕궁의 대신大臣들도 밀레스miles와 세르비엔스serviens로 구분되었다"고 했지만 그는 얼마 동안 그런 구분이 있었는지, 이와 반대되는 예들은 없는지 그리고 연대기年代記들에는 그런 관행을 얼마나 널리 또 오래 유지했는지 등에 관한 결정적 문제들은 다루지 않았다.
　　쾰러Köhler 장군의 《기사騎士 시대의 전쟁과 용병술用兵術의 발전Entwickelung des Kriegswesen und der Kriegsführung in der Ritterzeit》, 제I편, 제IX권에서는 스페인과 이태리에서는 오랜 기간 동안 경기병輕騎兵들도 밀리테스milites 라고 했지만 프랑스와 독일에서는 12세기 이후로 밀레스miles가 기사騎士만 의미했다고 주장한다.

과거의 전사戰士들도 지위가 일반적으로 세습되었고 결혼도 대부분 같은 계층 내에서 했다. 그러나 용기 있는 촌락의 젊은이나 농촌 젊은이들 또는 비자유민들도 이 계층으로 진입해서 전사戰士 가문을 세울 수 있었다. 반면 전사戰士 가문의 젊은이들도 때로는 농촌이나 촌락 생활을 하는 경우도 있었다. 그러나 이제 이 열린 계층에서 보다 높은 계층 하나가 영주領主/Herzog, 대공大公/Graf, 주교主敎의 궁宮 또는 농촌의 귀족 저택이 특별한 문화와 세련된 관습의 사회적 중심지임을 발견하고 떨어져 나감으로써 과거의 전사戰士 계층은 지위가 오히려 하락했고 이러한 분열은 결국 되돌릴 수 없는 현상이 되었다.

이곳에서 필자는 독자들에게 상고시대 로마의 정치체계와 관련해서 이 책 제I편(제IV권, 제I장)에서 언급했던 문제에 관심을 돌려보고 싶다. 아직도 해결되지 않은 고대사의 문제점들 중 하나로 그리스의 유파트리드Eupatriden/Eupatrids나 로마의 패트리시안Patrizier/Patricians 같은 도시귀족들의 유래 문제와 어떻게 이 도시귀족들이 그리스보다 로마에서 숫자도 더 많았고 생명력도 길었는지에 관한 문제가 있다. 필자는 이 문제에 관한 해답을, 마치 후일의 부르고뉴 전쟁을 통해 고대 페르시아 전쟁을 확실히 이해할 수 있었던 것 같이, 고대 사료와 중세 사료를 연계시켜 봄으로써 얻을 수 있었다. 중세에도 군사적 업적이 귀족계층 형성으로 이어졌듯이 모든 사실들은 그리스-로마 고전시대나 선사시대先史時代에도 그와 유사한 발전과정이 있었음을 말해준다. 한 동안 "고중세古中世/antiken Mittelalter/ancient middle age"라는 표현을 쓰는 것이 관례였고 기사騎士 계층의 형성에 매우 큰 역할을 했던 기병전騎兵戰은 그리스보다는 이태리에서 훨씬 더 중요한 전투였다.

그러나 역사시대인 그리스-로마 고전시대에는 기사騎士 계층 즉, 가장 강력한 개인적 전사戰士로서 전쟁의 결정적 요소가 되었던 전사戰士들의 계층이 존재하지 않았다. 로마 패트리시안이나 후일의 옵티마테스optimates는 정치적 힘과 조직으로 지배 계층이 되었다. 로마 콘술Konsul/consul(역자 주: 최고위 집정관)은 게르만 영주領主

풀케르Fulcher의 《예루살렘 전역사戰役史 Historia Hierosolymitana》, 제II편, 31쪽에는(미네트Mignet, 155권, 886쪽) 라므라Ramla/Ramleh 전투와 관련해서 "기사騎士 계층이 아니면서 말을 탄 인원을 제외하면 우리의 기사騎士는 500명이었다. 우리의 보병은 사실 2,000명 이하였다Milites nostri erant quingenti exceptis illis qui militari nomine non censebantur tamen equitantes. Pedites vero nostri non amplius quam duo milia aestimabantur"라는 설명이 있다.

게르만 왕국의 프리드리히Friedrich/ Frederick II세는 자신의 비용으로 2년간 팔레스타인에 밀리테스milites 1,000명을 주둔시키겠다고 교황에게 약속하고 살짜Salza의 대영주大領主/Hochmeister 헤르만Hermann을 게르만 지역으로 보내 이 병력을 모집하게 했었다. 그가 서기 1277년 12월에 보낸 서신에는 "우리는 이 게르만 대영주에게 그의 재량으로 튼튼한 인원을 선택하고 각 개인의 능력에 따라 보수를 약속할 권한을 주어서 기사騎士들을 고용하러 보냈다Misimus magistrum domus Theutonicorum pro militibus solidandis, sed in optione sua potentem, viros eligere strenuos et pro meritis personarum ad 너무 prudentiam stipendia polliceri"는 구절이 보인다. 헤르만이 이 임무를 수행하면서 이미 기사騎士가 된 인원들만 엄격히 선발했거나 아직 기사騎士가 되지 못한 지원자를 선발해서 그를 기사騎士로 만들었을 것으로는 생각하기 어렵다. 그보다는 중기병重騎兵으로 복무할 자질이 있는 인원을 선발했을 것으로 보아야 할 것이다. 따라서 이곳에서는 밀레스miles라는 단어를 엄격한 의미로 보면 안 될 것이다.

/Herzog나 대공大公/Graf 같은 최고 전사戰士가 아니라 선출된 시장市長이었다. 고대 로마에서는 시민군市民軍이 직업군인 개념의 상비군常備軍으로 완전히 대체된 이후에도 그들은 군사령관을 군인으로 보지 않고 기본적으로 정부 공무원으로 보았었다. 프로콘술prokonsul/proconsul과 프로프레토르proprätor/propraetor는 속주屬州 통치자(역자 주: 총독總督)로서 군대도 지휘했다. 반면에 게르만 왕들과 그의 관리들은 본래 전사戰士였고 이런 성격은 그들이 군사적인 지위로 인해 정부 조직 전체를 통제하고 운영하게 되었을 때도 계속 유지되었다. 중세의 게르만 황제와 왕들은 모두 전사戰士였고 궁宮에 있는 사람들도 모두 전사戰士였다. 토지를 소유한 영주領主와 대공大公도 모두 전사戰士였다. 주교主敎와 대수도원장大修道院長/Aebt/abbot들도 전사戰士들로 둘러싸여 있었고 스스로 무기를 들고 싸운 경우가 아주 흔했다. 아인하르트Einhsardt의 기록(서기 778년)에 의하면 샤를마뉴Karl/Chalemagne 대제大帝는 병력들의 가장 선두에 그의 왕궁王宮 인원("아우리키aulici")들을 세웠다고 한다. 이런 사회에서는 전사戰士 아닌 자는 성직자였고 이 두 부류 외는 없었다. 왕이나 여타 지위가 높은 인물이 기사騎士 허리띠를 푼다는 것은 세속世俗 생활을 완전히 포기하고 수도원修道院으로 들어갈 준비가 된 것이었다.28) 니벨룽겐의 노래Nibelungenlied에 등장하는 주방장 루몰트Rumold 역시 "엄선된 데겐Degen"이었다. 성직자들이 하지 않는 모든 고위 직무는 전사戰士들이 이를 겸해서 수행했다. 왕, 영주領主, 대공大公, 주교主敎 및 대수도원장大修道院長의 궁宮과 행정조직에서 직책을 맡은 자들은 높은 지위와 재산과 수입으로 인해 기사騎士 계층이라는 가장 탁월한 집단을 형성했다.

그러나 저명한 로마 지도자들은 관리이기만 해도 되었다. 군부대의 군기軍紀가 엄격해서 그들도 권력을 행사하고 조종할 수 있었기 때문이다. 그러나 중세의 로마-게르만 최고지도자들에게는 로마의 훈련된 마니플Manipel/maniple(역자 주: 현대의 중대급 부대)과 코호르트Kohort/cohort(역자 주: 대대급 보병부대로 탄력성을 지닌 전술조직戰術組織)과 같은 군기軍紀가 엄격한 부대가 없었다. 그들은 자신이 대담하고 가장 강력한 전사戰士가 되어야 지도자가 될 수 있었다.

이들에게는 타키투스Tacitus가 묘사한 옛 게르만족의 영웅에 대한 추억이 살아 있었고 이 추억은 노래와 이야기를 통해 다듬어지고 조장되었다. 이 추억 속에

---

28) 이와 관련된 사료의 문구들이 바이츠Waitz의 《독일헌법사Deutsche Verfassungsgeschichte》, 제Ⅴ편, 400쪽, 각주 5에 수록되어 있다.

꾀이에모Guilhiermoz는 《중세 프랑스 귀족들의 기원고起源考 Essai sur l'origine de la noblesse en France au moyen âge》(파리: 알퐁제 피카르 에뜨 피유Alphonse Picard et fils 출판사, 서기 1902년), 429쪽, 각주 41에서 "우리는 메로빙 왕조와 카롤링 왕조 시대에는 전투와 전혀 관련이 없는 일들을 책임 진 자들을 포함해서 궁宮의 고위관리들에게는 전쟁 때는 병력지휘권이 있었다는 것을 알고 있다"면서 이에 관한 증거들을 제시하고 있다. 그러나 우리는 이 문제를 앞서 말한 것 같이 평시 직책을 맡고있는 사람들에게 병력 지휘권이 있었던 것이 아니라 성직자들의 직무 외에는 가장 평시적인 직무까지도 모두 전사戰士들에게 맡겨졌다고 정반대로 표현하는 것이 정확한 표현이다.

포함되어 있던 본래의 냉혹하고 우울한 측면이 중세 중기中期에는 사람들의 추억에서 멀어졌지만 젊은 세대는 그런 영웅 개념의 아름다움에 눈을 떴고 이것이 기사騎士의 이상理想이 되었다. 이제 기사騎士들은 자기수양을 통해 더 품위를 갖추었고 궁宮의 품위 있는 관습과 사랑의 이상理想이 그들의 가정교사가 되었다.[29] 그들은 교회가 그들에게 말해준 영원한 생명을 위해 용기를 바쳤다.

가장 높은 사회계층이기도 했던 기사騎士 계층은 중세 중기中期의 특수한 전사戰士 계층이었지만 그들이 전사戰士 집단의 모두는 아니었다. 일반 전사戰士들 가운데도 태생적 지위가 군대의 한 병종兵種이 되기에 충분하고 또 동일한 업적을 세울 수 있는 인원들이 당연히 많이 있었다. 더욱이 작은 봉토封土의 소유자로서 대부분 관리의 직책은 맡지 않은 인원들은 이 새로운 기사단騎士團으로 진입하지는 않았지만 그들의 가문도 역시 세습적인 전사戰士 계층에 속했었다.[30] 군사지도자들이 작은 봉토封土 소유자이건 아직 자유민이 되지 못한 자이건 개인적 자질이 있는 것으로 보이는 사람들에게 기사騎士들의 장비와 무기를 주어서 무장시키는 것을 방해하는 요소는 아무 것도 없었다.[31]

어떤 군대이건 진정한 기사騎士 외에 그들과 같은 장비와 무기를 갖춘 전사戰士들이 많았고 그것도 흔히 매우 많았다.[32] 한편으로는 리터슈라그Ritterschlag/dubbing

29) 로에테Gustav Roethe, 《게르만족의 영웅들*Deutsches Heldentum*》, 베를린, 스카데G. Schade 출판사, 서기 1906년.

30) 필자는 쾰러Köhler 장군이 《기사騎士 시대의 전쟁과 용병술用兵術의 발전*Entwickelung des Kriegswesen und der Kriegsführung in der Ritterzeit*》, 제III편, 제II권, 123쪽에서 이 점을 정확하게 설명한 것으로 본다.

31) 쾰러Köhler 장군은 같은 책, 제III편, 91쪽에서 루이 IX세가 에쿠예écuyer(게르만족의 크네크트Knecht)들에게 전신 갑옷과 두건과 가죽토시Armleder를 착용하지 못하게 했다면서 그 근거로 다니엘Daniel의 《프랑스 군사사軍事史 *Histoire de la Milice Français*》(서기 1724년), 제I편, 394쪽을 말하지만 이곳에는 그런 말이 전혀 안 보인다. 쾰러는 다니엘의 책, 제I편, 286쪽을 잘못 말한 것 같다. 이곳에서 다니엘은 두칸게Ducange가 어떤 논문에서 루이 IX세 이후의 마상무술경기馬上武術競技에 대해 한 말을 인용하고 있는데 이에 의하면 에쿠예écuyer는 "쇠미늘 바지와 쇠미늘을 입힌 바시네bacinet(셔츠)" 그리고 "브라세레brachere" (필자는 두칸케가 "브래싸brassat/brassard" 즉, "쇠미늘 입힌 팔뚝보호대"를 "브라세레brachere"라고 한 것으로 믿는다)를 착용하지 않았던 것으로 보인다. 그러나 이는 마상무술경기에 관한 말일뿐이며 실제 전투에서 계층적 자존심 때문에 갑옷의 효율성을 떨어뜨렸다면 이는 너무 터무니없는 일이었을 것이다.

쾰러Köhler 장군은 제III편, 제II권, 67쪽에서 또다시 (니드너F. Niedner의 《12세기 및 13세기의 게르만 집단 마상무술경기*Das deutsche Turnier im 12. und 13. Jahrhundert*》와 슐츠Alwin Schulz의 《궁宮 생활*Das höfische Leben*》을 인용해서) 뷔르쯔부르크Würzburg의 콘라트Konrad가 남긴 《파르텐오프터*Partenopter*》, v. 5225 이하의 말을 크나페knappe는 칼을 기사騎士처럼 칼띠로 허리에 차지 못하게 하고 상인商人 같이 말안장에 붙들어 매게 했다고 잘못 해석했다. 그러나 원문에 의하면 한 부인이 그에게 칼의 점쇠를 잠그지 말라고 간청했을 뿐이다("그 순진한 부인이 그를 기사騎士로 만들기 전에ê sie, daz viel reine wîp ze ritter in gemachete").

32) 〈하이나우트 연대기年代記*Chronicon Hanoniese*〉(《게르만 사료집*Monumenta Germaniae*》, XXI, 552쪽)에는 하이나우트Hennegau/Hainaut의 대공大公/Graf이 프랑스 왕과 합류 때 "정예기사精銳騎士 110명과 장갑을 착용한 마병馬兵으로 세르비엔스serviens(역자 주: 신분이 낮은 전사戰士) 80명을 자신의 비용으로 데리고 왔고 그가 귀환할 때의 비용도 언제나 그의 몫이었다*Cum 110 militibus electis et 80 servientibus equitibus loricatis in propriis expensis venit et ibi in redit in propriis expensis semper fuit*"는 구절이 있다.

쾰러Köhler 장군이 《기사騎士 시대의 전쟁과 용병술用兵術의 발전*Entwickelung des Kriegswesen und der Kriegsführung in der Ritterzeit*》, 제III편, 제II권, 39쪽에서 인용한 기스레베르트Gislebert의 기록(〈하이나우트 연대기年代記〉(《게르만 사료집》, *SS.*, XXI, 520쪽)도 정확하지 못하다. 기스레베르트의 같은 기록, 522쪽에서는 하이나우트Hennegau/Hainaut의 발트빈Waldwin이 서기 1172년에 그의 삼촌인 룩셈부르크Luxemburg의 하인리히Heinrich/Henry를 도우러 "340명의 기사騎士와 같은 수의 장갑을 착용한 세르비엔스serviens 및 무기를 든 정예보병 1,500명"과 함께 왔다고 했을 뿐이다.

의식儀式을 거치지 않고 기사騎士들과 같은 식으로 싸우는 자들이 있었고 다른 한 편으로는 기사騎士 계층에 속해 있으면서도 여타의 신분 낮은 자들의 병종兵種으로 싸우거나 자신의 갑옷을 입지 않고 그의 주인Herr이 빌려준 갑옷을 입고 싸운 자들도 있었다. 또한 리터슈라그 의식을 거치지 않은 기사騎士 태생의 젊은이 크나페Knappe가 일반 경기병輕騎兵 전사戰士들과 함께 경기병 집단에 섞여있는 경우도 있었다. 이렇게 사회적 기능적 역할이 뒤바뀐 경우는 매우 흔했고 따라서 병종兵種과 계층의 구분은 이론상으로도 쉽지 않았지만 실제로는 더 어려웠다.33)

기사騎士 계층은 처음에는 도시의 상류 부르주아가 지주귀족地主貴族/Landadel이 되어 가자 이들로부터 아주 점진적으로 분리되었을 뿐이다. 전사戰士 집단의 상당수는 언제나 도시에 살았었다. 로마 영토에 정착한 모든 게르만족이 농촌에 정착했었다고 보는 것은 아주 잘못된 생각이다. 그들은 원래 대공大公들을 따라서 대부분 도시에 남아 있었다. 떠돌이 상인商人들 역시 사업자로 그친 것은 아니라 무장한 인원 즉, 파트타임 전사戰士이기도 했다. 도시의 대공大公과 주교主敎들의 전사戰士들 중에는 적지 않은 수가 직접 사업자로 변했던 것으로 보인다. 롬바르디Longobard/Lombardy의 아이스툴프Aistulf 왕의 서기 750년 칙령과 브레멘Bremen 대주교大主敎 게브하르트Gebhart 의 서기 1233년 조례(앞의 49~50쪽 참고)에는 "사업가인qui negotiantes sunt" 전사戰士라는 특별한 호칭이 보인다. 재산이 많은 전사戰士들은 전사戰士 직업을 유지하면서 도시의 행정부서로 들어가서 부유한 상인商人 가문과 함께 도시귀족인 패트리시안Patrizier/Patricians 계층을 형성했다.34) 붉은 수염 프리드리히Friedrich Barbarossa (역자 주: 프리드리히 I세의 별칭. 재위: 서기 1152년-1190년)의 칙령에서는 농민과 성직자Pfaffen의 아들들에게는 리터슈라그 의식을 금지했는데 이는 도시의 부르주아 계층에 문제가 생기는 것을 방지하기 위한 의도적인 조치였다.

모든 면에서 매우 큰 다양성이 존재하기는 했지만 중세 군사체계의 핵심이 기본적으로 세습적 전사戰士 계층이었다는 점만은 우리가 이를 부인 할 수 없다. 이로 인한 마찰과 극복하기 어려운 상황들은 현실적 방법에 의해 조절되었다. 기사騎士의 아들이라도 타고난 자질과 훈련이 모자라 신체적 정신적으로 기사騎士

---

33) 심지어 기사騎士 태생 사람들이 리터슈라그 의식을 비웃고 이를 받지 않으려 했지만 주인들에 의해 강제로 받는 경우들도 발견된다. 프랑드르Flandern/Flandre의 발트빈Waldwin 대공大公은 서기 1200년에 기사騎士의 아들로서 25세까지 기사騎士가 되지 않은 사람을 농민으로 간주한다고 공포했다. 서기 1293년에 프랑스에서는 귀족("최소한 아버지 쪽이 귀족nobiles saltem ex parte patris")이고 1년 소출이 200파운드인 토지가 있으며 그 중 4/5가 상속받은 토지인 사람에게는 24세 전에 기사騎士 작위 수여 의식을 받도록 하고 받지 않을 경우 처벌했다. 뀌이에모Guilhiermoz, 앞의 책, 231쪽 및 477쪽. 쮜리히Zürich에서는 30세 전에 작위 수여 의식을 받게 했다. 쾰러Köhler, 앞의 책, 제III편, 제II권, 65쪽. 13세기 잉글랜드 왕들은 리터슈라그 의식을 받지 않는 사람의 재산을 몰수하는 조치를 취했다.

34) 쾰러Köhler 장군의 《기사騎士 시대의 전쟁과 용병술用兵術의 발전Entwickelung des Kriegswesen und der Kriegsführung in der Ritterzeit》, 제III편, 제II권, 6쪽 및 135쪽에서는 도시 기사騎士들은 바쌀vassal 집단에 속하지 않았으므로 즉, 바쌀 또는 미니스테리알ministerial이 아니었으므로 전사戰士 계층으로 취급되지 않았었다고 주장한다. 이는 개념적으로 틀린 주장이다. 봉토封土를 받아 바쌀이 되지 않으면서도 전사戰士가 될 수는 있었다.

가 되기에 필요한 높은 자질을 구비하지 못한 자는 성직자로 밀려나 수도원修道院으로 갔다. 다른 계층 출신이라도 기사騎士가 되기에 필요한 높은 자질을 구비한 젊은이는 누구보다 먼저 크나페Knappe와 세르게안트Sergeant로 복무할 수가 있었고 진짜 기사騎士가 되지는 못하더라도 기사騎士와 같은 방식으로 복무할 수 있었다. 결국 기사騎士 태생이 아니면 기사騎士가 될 수 없다는 법규정은 불가침의 규정은 아니었다. 황제 자신과 왕들은 그들이 적절하다고 본 사람에게 리터슈라그 의식儀式을 베풀어주었고 프리드리히 II세 당시에 벌써 황제는 공적功績 있는 사람에게 기사騎士 작위를 줄 수 있다는 규정이 발견된다.35) 평민에게 기사騎士 작위를 주는 것에 대해 분개하는 표현들이 그 당시 문헌에 자주 보이는 것을 보면 그런 일이 그리 드물지 않았던 것으로 보인다. 비른트Wirnt von Gravenberg가 서기 1204년에서 1210년 사이에 쓴 희곡戲曲 《비가로이스Wigalois》에는 이미 "하느님이여 기사騎士 자격이 없고 기사騎士 태생도 아닌 자에게 칼을 준 이들을 쓰러뜨려 주소서"라고 불평하는 구절이 있었다. 13세기 후반 인물 자이프리트Seifried Helbling는 칼과 방패로 농민을 기사騎士로 만든다는 것은 교회에서 부활절 아침 축하 음식으로 양고기 대신에 산 염소를 내놓는 것이나 마찬가지로 불가능한 일이라는 농담을 했다. "이제 기사騎士 방패는 농민들의 쟁기 흙가리개로 칼은 보습으로 비단지갑은 씨앗주머니로 허리띠는 말 매는 끈으로 쓰자"는 비아냥 소리도 보인다. 스타이어마르크Steiermark의 오토카르Ottokar는 "철모鐵帽로 바뀐 촌뜨기들"이라는 농담도 했다. 삭센Sachsen/Saxons의 봉건법封建法 용어사전에는 "농민이 왕에게 선택되어 기사騎士가 되고 작위와 기사騎士로서의 권리들을 받으면 이로써 왕은 법을 위반한 것이다. 농민은 기사騎士가 되어도 기사騎士의 관습을 따르지 않는다"는 설명이 있다.36)

붉은 수염 프리드리히가 어느 마병馬兵에게 (서기 1155년 토르토나Tortona에서의) 뛰어난 공적을 이유로 기사騎士 작위를 수여하려고 하자 이 마병이 이를 거절하면서 자신은 낮은 계층 출신으로서 본래 계층에 그대로 남아있고 싶다고 했다는 유명한 이야기도 있다.37)

---

35) 로트Roth von Schreckenstein, 《기사騎士의 위엄과 신분Ritterwürde und Ritterstand》, 197쪽. 프랑스에서는 평민을 귀족으로 승격시키는 일이 매우 이상하게도 13세기 말에 가서야 있었다. 서기 1271년 필리프Philipp/Philip II세는 어느 금은 세공인을 귀족으로 승격시킨 일이 있다. 바른쾌니히Warnknig·스타인Stein, 《프랑스 정치와 법의 역사Franzsische Staat- und Rechtsgeschichte》, 제I편, 250쪽. 다니엘Daniel, 《프랑스 군사사軍事史 Histoire de la Milice Français》, 제I편, 74쪽.

36) 이 인용구들은 베델von Wedel의 《게르만 기사騎士Deutschlands Ritterschaft》에서 재인용한 것임.

37) "그러나 그는 자신은 평민으로서 평민 계급에 계속 남아있기 바라며 평민 계급도 자신에게는 충분하다고 말했으므로… At ille, cum se plebejum diceret, in eodemque ordine velle remanere, sufficere sibi conditionem suam…." 프라이징Otto von Freising, 〈프리드리히 II세의 행적行績Gesta Friderici II〉, 제18장. 〈리구리누스Ligurinus〉(역자 주: 붉은 수염 프리드리히 I세 찬양 시집詩集)는 이 젊은이에 대해 다음과 같이 말했다(II, 580).

　"이름이 많이 알려지지 않은 것이 분명한 평민 젊은이 하나가 있었고
　그는 성城에서 적은 급료를 받고 일했었다."
　(원문)
　"Strator erat de plebe quidem nec nomine multrum

이 이야기를 보면 진짜 기사騎士들의 관습과 생활방식은 그 당시 이미 평민의 경우와 너무 차이가 났었기 때문에 적절한 자질이 있는 평민이라도 기사騎士 계층으로 들어가면 괴로워했던 것으로 보인다. 그는 자신을 이방인 같이 느꼈을 것이다.

백성은 일하기 위해, 기사는 싸우기 위해 그리고 사제司祭는 기도하기 위해 존재한다는 800년 동안 계속된 공식은 프랑스의 어느 주교主敎가 카페Capet 왕조의 경건왕敬虔王 로베르 Robert den Frommen/Robert the Pious에게 보낸 싯귀詩句에 다음과 같이 처음 표현되어 있다.38)

> 그러므로 하느님의 집은 셋으로 나뉘어 있지만 모두는 하나입니다.
> 이제 어떤 이는 기도하고 어떤 이는 싸우고 어떤 이는 일을 합니다.
> (원문)
> *Tripex ergo Dei domus est, quae creditur una*
> *Nunc orant, alii pugnant, aliique laborant.*

중세의 군사훈련은 모두 개인적으로 이루어졌다.39) 보병에게는 훈련이란 것이 없었고, 궁수弓手들은 활 쏘는 것을 배웠으며, 기사騎士들은 어릴 때부터 말 타는 법과 무기 다루는 법을 배웠는데 처음에는 집안에서 배우다 나중에는 한 주인Herr 밑에서 복무하며 배웠다. 이렇게 계층별로 이루어진 훈련은 모두가 무기 다루는 방법의 훈련이었다.

잉글랜드 연대기年代記 작가 로저Roger of Hoveden는 헨리Heinrich/Hery Ⅱ세가 셋째 아들인 브리타니 Bretagne/Brittany 영주領主/Herzog 고드프리Gottfried/Godfrey에게 리터슈라그Ritterschlag/ dubbing 의식을 해 준 일과 야망에 가득 찬 고드프리가 이후 그의 형들인 헨리Heinrich/Hery와 리차드Richard(후일의 사자심왕獅子心王/Löwenherz Ⅰ세)에게 군사적 명성에서 뒤지지 않으려고 열심히 기사騎士 훈련을 한 일에 대해 "그들은 모두 무기 다루는 법에서 상대에 앞서려는 마음이 있었고 누구도 미리 연습하지 않으면 필요할 때 써야 할 기본기술을 지닐 수 없다는 것을 알고 있었기 때문이다. 한번도 상대방 주먹에 맞아보지 않은 권투선수는 자신 있게 링으로 들어갈 수

  Vulgato, modica in castris mercede merebat."

 이때 프리드리히 Ⅱ세는 그에게 다음과 같은 것들을 주려고 했다 한다(Ⅱ, 580).

  "기사騎士의 자격과 호칭
   그리고 무기들과 사나운 말과 화려한 의복들."

  (원문)

  "titulos et nomen equestre
   Armaque, cornipedesque feros, cultusque nitentes."

38) 뀌이에모Guilhiermoz는 《중세 프랑스 귀족들의 기원고起源考 *Essai sur l'origine de la noblesse en France au moyen âge*》, 372쪽에서 이런 공식公式의 선구적인 예로 서기 747년에 교황 자카리아스Zacharias가 궁재宮宰로 있다가 후일 왕이 되는 페펭Pipin에게 보낸 편지를 인용하고 있는데 이 편지에는 "속인전사俗人戰士/die Laien und Krieger에게는 나라를 지킬 소명召命이 있고 성직자die Priester에게는 자문諮問과 기도의 소명이 있습니다"라는 구절이 있다. 교황은 일반 백성에 대해서는 전혀 언급이 없는데 사료에 의하면 그 당시의 일반백성들은 "비호전적이고 무장하지 않은 종種*imbelle, inerme vulgus*"이었으며 전사戰士들은 이들을 늑대들로부터 양떼를 보호하듯 보호해야 했었다.

39) 루스트Rust의 《고대 프랑스 영웅담 속에 나타난 기사騎士들의 훈련*Die Erziehung des Ritters in der altfranzösischen Epik*》(베를린 대학교 학위논문, 서기 1888년)에는 새로운 내용이 없다.

없다. 자신의 피가 흐르는 것을 본 사람, 상대방 주먹에 자신의 이가 부서지는 것을 느껴 본 사람, 상대방 발 밑에서 땅바닥에 쓰러져 본 사람, 그러고도 용기를 잃지 않은 사람, 계속 땅바닥에 쓰러지면서도 다시 굳건히 일어서는 사람 바로 이런 사람이라야 큰 희망을 갖고 전투에 나설 수 있다. 능력은 자극을 받았을 때 성장하지만 두려움으로 포기한 정신에는 영광이란 없기 때문이다. 감당하기 힘든 무거운 짐을 지게 되어도 이를 적극적으로 지고 가려는 자는 자랑스러운 사람이다. 노력한 시간에 대한 대가는 승리의 성전聖殿이 서있는 곳에서 기다린다"[40]라고 설명했다. 주된 훈련장소는 영주궁領主宮/Fürstenhöfe이었고 큰 가문들은 아들들을 훈련을 위해 이곳에 보냈다.[41]

13세기 볼프람Wolfram von Eschenbach의 무훈시武勳詩 〈빌레할름Willehalm〉에서는 성城 앞 광장에서의 훈련 모습에 대해 "성城과 보리수나무 사이에서 귀족 자제들이 이곳에서는 두 명이 저곳에서는 네 명이 창槍과 방패를 가지고 경기競技를 하는 모습을 누구나 볼 수 있었는데 이곳에서는 서로에게 파도 같이 돌격하고 저곳에서는 몽둥이를 들고 대련을 하고 있었다"라고 묘사했다.

중세 독일의 영웅서시시 〈볼프디트리히Wolfdietrich〉에서는 훈련에 대해서 "영주領主/Fürst 3명이 방패 쓰는 방법, 칼로 싸우는 방법, 목표물을 공격하는 방법, 멀리 뛰기, 창槍을 제대로 쥐는 방법, 안장에 똑 바로 앉는 방법 등 기사騎士의 무예武藝들을 배웠다. 그들은 이에 숙달되었다"고 묘사했다.

11세기 말 스페인 사람인 페트루스 알폰시Petrus Alfonsi는 〈디스플리나 글러리칼리스Disciplina Clericalis〉에서 학문적 자유기예自由技藝 7가지와 기사기예騎士技藝("프로비타테스probitates") 7가지를 비교했는데 후자에는 "승마乘馬, 수영, 활쏘기, 권투, 그물로 새 잡기, 장기將棋 및 시작詩作"이 포함되어 있다.[42](역자 주: 나라의 젊은이들에게 예禮·악樂·사射·어馭·서書·수數 즉, 예의·음악·활쏘기·전차戰車 몰기·서예 및 셈법의 육예六藝를 가르쳤다는 중국고전 《주례周禮》의 구절이 연상되는 대목이다) (아주 이상하게도 가장 중요한 검법劍法은 이 구절에 빠져있고 다른 구절에는 음식접대와 식탁예절이 예비기사豫備騎士 훈

---

40) "Eodem(1178) rex Angliae pater transfretavit de Normannia in Angliam, & apud Wodestocke fecit Gaufridum filium suum, Comitem Britanniae, militem: qui statim post susceptionem militaris officii transfretavit de Anglia in Normanniam, et in confinibus Franciae & Normanniae militaribus exercitiis operam praestans gaudebat se bonis militaribus aequiparati. Et eo magis ac magis probitaris suae gloriam quaesivit, quo fratres suos, Henricum videlicet regem, & Richardum Comitem Pictavis in armis militaribus plus fiorere cognovit. Et erat his mens una, videlicet, plus caeteris posse in armis: scientes, quod ars bellandi, si non praeluditur, cum fuerit necessaria non habetur. Nec potest athleta magnos spiritus ad certamen afferre, qui ninquam suggilatus est. Ille qui sanguinem suum vidit; cuius dentes crepuerunt sub pugno; ille qui supplantatus aduersarium toto tulit corpore, nec proiecit animum proiectus; qui quotiens cecidit, contumacior surrexit, cum magna spe descendit ad pugnam. Multum enim adiicit sibi virtus lacessita; fugitiva gloria est mens subiecta terrori Sine culpa vincitur oncris immensitate, qui ad portandam sarcinam etsi impar, tamen devotus occurrit. Bene solvuntur sudoris praemia, ubi sunt templa Victoriae. 스터브스Stubbs 편編, 《로저Roger of Hoveden의 《잉글랜드 연대기年代記》, 제II편, 166쪽. 스터브스에 의하면 이 격언格言은 모두 세네카Seneca의 글에서 인용한 것이다.
41) 뒤의 제V권(역자 주: 델브뤼크의 원문에는 제IV권으로 되어 있으나 오기誤記이므로 바로 잡았다), 제VIII장(이론) 중 라바누스Maurus Rabaus의 이론 부분을 참고할 것.
42) 이 구절은 베델von Wedel의 《게르만 기사騎士Deutschlands Ritterschaft》 및 슐츠Alwin Schultz의 《궁宮 생활Das höfische Leben》, 제I편, 170쪽에서 재인용한 것임.

련과목으로 언급되어 있다.)43) 많은 군중 앞에서 벌이는 무술경기武術競技는 훈련의 극치였지만 이는 먼 옛날부터 있던 훈련방법이다. 타카투스Tacitus의 글에 이미 텐크테리Tencterern/Tencteri족의 무술경기와 훈련방법까지 소개한 부분이 있다("어린이들 놀이, 젊은이들 경기競技 lutus infantium, juvenum aemulatio." 《게르마니아Germania》, 32장). 이런 훈련방법은 동東고트Ostgoten/Ostrogoths 테오데리히Theoderich/Theodoric 대왕의 왕궁에도 있었다고 한다.44) 게르만 루드비히Ludwigs des deutschen와 뚱보 카를Karl der Dicke이 서기 842년 스트라스부르크Strassburg/Strasbourg에서 공동으로 개최한 마상무술경기馬上武術競技에 대해서는 상세한 기록이 있는데 이때 양측 경기 참여자들은 상대방에게 엄숙히 선서를 하고 경기에 임했으며45) 서로 창槍을 상대방을 향해서 수평으로 눕혀 쥐고 무리를 지어 직진했지만 상대방을 실제 가격하지는 않아 부상자는 생기지 않았다. 그러나 무기가 점차 무거워짐에 따라 이 모의전투는 한 단계 발전해서 창槍으로 상대방을 실제로 타격 했었지만 끝이 무딘 창槍을 사용했다. 이 경기의 옛 형태를 "부호르트Buhurt"라고 했으며 프랑스에서 시작된 새 형태를 "조스트Tjost"("겨루기") 또는 "스테켄Stechen"("붙기")이라 했고 특히 전원이 동시에 상대방에게 몰려가는 형태일 경우는 이를 "토너먼트Turnier/Tournament"라고 했다. 이런 무장 경기와 함께 그들의 궁중 생활 전체가 정립된 것은 프랑스에서였고 이후 독일을 비롯한 다른 지역으로 전파되었다. 중세 사람들 자신은 이 토너먼트의 관행을 처음 시작한 사람은 프랑스 기사騎士 고드프리Gottfried/Godfrey de Preully(서기 1066년 사망)라고 인정했었다. 토너먼트에서는 우선 끝이 무딘 창槍으로 상대방을 말에서 떨어뜨리는 것이 목표였고 매우 위험한 경기였다. 중상자重傷者가 자주 발생했고 사망자도 드물지 않게 발생하자 교회가 계속 개입해 종교회의의 단호한 결의로 이런 관행을 금지시켰으며 위반 시는 파문破門 시키겠다고 위협했다. 최초의 금지 결의는 서기 1131년 라임스Rheims/Reims 종교회의에서 채택되었다.46) 그러나 전사戰士 계층은 그들의 정신을 가장 잘 과시할 수 있고 자신들을 대중과 확연히 구분시킬 수 있는 이 스포츠를 빼앗기지 않았다. 비록 단순한 게임이었다 해도 그들은 이 경기에서 자신이 진짜 기사騎士임을 그리고 무기 다루는 법을 완전히 익혔을 뿐 아니라 위험 앞에서도 몸을 사리지 않음을 보여주어야 했었다. 세월이 흐르면서 경기의 조건과 형태는 더 날카로워졌던 것으로 보인다. 그들은 이제 끝이 무딘 창槍뿐 아니라 날카로운 창槍도 사용했다. 그러나 그들이 사용한 창槍은 끝

---

43) 뀌이에모Guilhiermoz, 《중세 프랑스 귀족들의 기원고起源考 Essai sur l'origine de la noblesse en France au moyen âge》, 433쪽, 각주 60에서 재인용.

44) 로트Roth von Schreckenstein, 《기사騎士의 위엄과 신분Ritterwürde und Ritterstand》, 167쪽. 로트는 이 구절을 엔노디우스Ennodius의 글에서 인용했다.

45) 니타르트Nithard, 제Ⅱ편, 6쪽.

46) 슐츠Alwin Schultz, 앞의 책, 제Ⅱ편, 108쪽에서 재인용한 것임.

보다 조금 앞에 금속 가로대를 붙여서 목표물을 너무 깊이 파고들지 않게 하거나 자루를 가늘게 해서 상대방의 방패나 갑옷을 뚫고 들어가기 전에 부러지게 했을 것이다. 그러나 자루가 강한 창槍도 사용되었다. 진짜 적들끼리 이 토너먼트를 벌려 생사를 걸고 싸운 경우도 있었다.

각 편은 무리 전체가 또는 일대 일로 상대방을 향해 동시에 직진한 후 서로 맞물고 돌아갔으므로 최소한 심한 타박상이라도 입을 수밖에 없었다.

돌진 거리는 언제나 매우 짧았고 현대 기병대의 일제돌진 거리와 비교할 수 없었다. 이렇게 하려면 단순한 쇄도殺到가 아니라 장기간 합동훈련 등이 필요했다. 따라서 돌진 이후에는 전원이 개인전에 들어갔을 뿐이다.[47]

도시에서도 토너먼트를 즐겼다. 한때 프리드리히Friedrich/Frederick Ⅱ세가 뤼베크Lübeck 시市에서 무질서를 이유로(심지어 "기혼부인과 미혼여성의 강간强姦 violationes matronarum et virginum"까지 있었다고 한다) 토너먼트를 금지한 적도 있지만[48] 〈쉐펜 연대기年代記Schöppenchronik〉에 의하면 서기 1270년에 마그데부르크Magdeburg 시민들은 기사騎士들이 원하는 토너먼트를 개최해서 모든 상인商人들까지 초청했다. 서기 1368년에는 콘스탄쯔Konstaz/Constance 시민들이 이 "스테켄Stechen"을 구경하려고 쮜리히Zürich로 여행을 간 적도 있었다.[49] 15세기에 가서야 비로소 도시귀족 패트리시안Patrizier/Patricians들의 토너먼트가 실제로 금지되었는데 이는 아마도 길드Zunft/guild(동업조합同業組合)가 승리한 후 패트리시안들의 정치적 지위에 큰 변화가 생겼기 때문일 것이다. 그 이후 패트리시안들은 흔히 자신들보다 길드 구성원들이 더 많이 참여했던 종교敎會의의 결정에 복종해야 했고 다른 시민들과 마찬가지로 세금도 내고 경계임무도 수행해야 하게 되었다. 자존심이 극히 높았던 패트리시안들의 다수는 이제 지배계층에서 밀려나자 도시를 떠나 농촌으로 갔다.[50]

이와 같은 기사騎士 중심 군사체계의 특별한 취약점은 군기軍紀 문제였다. 사실 필자는 이곳에서 군기軍紀라는 용어를 사용할 수 있는지조차 의심스럽다. 우리들에게는 이 용어가 매우 전문적 의미를 지니는 용어이기 때문이다. 우리는 로마 지역으로 이동해서 정착한 게르만 민족군대들에서 중세 전사戰士 계층의 뿌리를 발견했었다. 이 민족군대의 조직 및 위계질서와 관련해서 우리는 그들에게 사실 군기軍紀라는 것이 없었다고 말했지만 그들의 전반적인 사회 정치적 구조는 군기軍紀와 다소 유사한 무엇을 실제로 만들어 냈었다. 따라서 봉건국가들에게도 역시

---

47) 토나먼트에 관한 사료들을 매우 체계적으로 연구한 유익한 글이 2종이 있다. 하나는 니드너F. Niedner 의 《12세기 및 13세기의 게르만 토너먼트Das deutsche Turnier im 12. und 13. Jahrhundert》(베를린, 서기 1881년) 이고, 다른 하나는 벡커Becker의 《무장경기Waffenspiele》(뒤렌 프로그람Prog. von Düren, 서기 1887년)이다.

48) 서기 1230년 7월 24일. 《후이유 브레홀레Huill Bréholles》, Ⅲ, 202. 이 문서는 일부분만 보존되어 있다.

49) 〈콘스탄쯔 연대기年代記Konstanzer Chronik〉. 모네Mone, 《사료집Quellensammlung》, 제I편, 310쪽.

50) 로트Roth von Schreckenstein, 《기사騎士의 위엄과 신분Ritterwürde und Ritterstand》, 661쪽.

독특한 조직과 위계질서 그리고 명령과 복종이 존재했었다. 그런 요소가 없으면 집단은 결코 움직일 수 없다. 그러나 그런 요소는 고대 로마군이나 현대 군대의 군기軍紀와는 다른 것이었다. 군기軍紀는 명령권命令權과 연계된 징벌권懲罰權 즉, 구성원 개인의 의지를 무조건 굴복시키고 효율적인 습관을 만들 수 있도록 징벌을 가할 수 있는 권한이 있어야 존재할 수 있다. 그러나 어떤 군기軍紀 체계에서도 가장 어려운 부분은 일반 구성원들의 복종 문제보다 예하 지도자들에 대한 장군將軍의 통제문제이다. 최근 역사를 보면 군대에 내부적 충돌이 흔했고 이는 상급 지휘부에 대한 장군들의 반발로 인한 것이었다. 하지만 현대군대의 위계질서와 비교해 볼 때 중세 지도자Fürst들이 자신의 상급바쌀grosse vassal들에게 지닌 권한이 얼마나 빈약했던가! 바쌀은 주인에게 충성을 서약해도 무조건 복종을 서약하지는 않았다. 서기 1158년에 붉은 수염 프리드리히Friedrich Barbarossa가 이태리 왕국을 평정했을 당시 이태리의 자치시自治市/Kommun의 시장들과 주교主敎들이 그에게 행한 충성서약의 문언이 전해져 있다.51) 그들은 모든 명령을 인정하고 이행하겠다고 서약하지는 않았고 황제가 그의 권리 내에서 내린 명령에만 복종키로 서약했다. 물론 복종을 거부하면 봉토封土가 회수될 가능성이 있었던 것은 사실이지만 그럴 경우 내전內戰으로 이어질 수 있었을 것이다. 바쌀vassal은 주인Herr의 "호의적" 보상을 기대했고 이런 보상을 불복종과 불이행으로 잃을 수도 있었다. 그러나 보상의 박탈과 주인의 호의를 잃을 것에 대한 두려움은 직접적인 강한 징벌에 대한 두려움보다는 훨씬 약한 법이다. 징벌은 조직체계 속에서 가해지는 징벌들 같이 즉결처형卽決處刑을 포함한 심각한 징벌로 확대될 수도 있고 이를 우리는 군기軍紀라고 부른다. 물론 기사騎士들도 주인에게 복종해야 한다는 것을 알고 있었음이 분명하지만 이 전사戰士 계층의 기질은 이런 복종의 한계를 쉽게 넘어서 충돌을 일으켰다. 니벨룽겐 노래Nibelungenlied에서 볼프하르트Wolfhart가 주인의 명령을 말하자 볼커Volker는 성을 내면서 "금지를 위반한 것이 전혀 없는 사람이 너무 겁이 많구려"라고 했는데 이는 진정한 기사騎士 기질에서 나온 생각이 분명하다.

어느 현대학자는 "쾌락 추구, 통명, 이기심, 약속 파기, 교활 등 각종의 불충한 행동들이 옛날 호시절好時節의 빛나는 덕행德行들의 자리를 차지하자 최상의 권위를 포함해서 누구의 의지 앞에서도 자신의 의지를 굽히지 않고 반발하는 기사騎士의 그릇된 이상理想이 존재할 수 있게 되었다"면서 훈련된 전술부대의 발전을 방해했던 불복종과 독립심은 기사騎士 체계가 쇠퇴하는 시기에 처음 나타났다는 견해를 피력했다. 독일역사책의 책장을 넘겨 본 사람은 누구나 이곳에서도 "옛날의 호시절好時節"이란 생각이 우리를 잘못된 생각으로 이끌고 있음을 발견할 수 있게

---

51) 라헤빈Rahewin, 제III편, 제19장.

된다. 물론 강력한 카롤링Karoling/Caroling 왕조(역자 주: 메로빙Merowing/Meroving 왕조를 이어받은 프랑크 왕국의 후기 왕조) 때도 모반謀叛이 드물지 않게 있었지만 기존의 권위는 이에 강력히 대응해서 저항을 극복했었다. 그러나 카롤링 왕조가 해체된 후로는 "최상의 권위를 포함해서 누구의 의지 앞에서도 자신의 의지를 굽히기를 거부하는 불복종과 독립심"의 예를 우리는 수시로 만날 수 있고 왕권이 회복되었던 시대도 예외는 아니다. 샤를마뉴Karl/Chalemagne 대제大帝(역자 주: 카롤링 왕조 제2대 왕. 서西로마 제국 황제가 됨. 재위기간은 서기 768년~814년)의 손자들 당시에 벌써 아버지에 대한 아들의 봉기, 왕에 대한 영주領主/Herzog의 봉기, 영주에 대한 대공大公/Graf의 봉기 그리고 파문破門을 받고 이단자異端者가 될지언정 복종은 거부하는 작센Sachsen/Saxons과 바이에른Byern/Bavaria의 귀족들의 봉기가 끊임없이 발생하기 시작했다. 오토Otto 대제大帝는 그의 가문의 옛 친구인 에버하르트Eberhart 영주와 그의 프랑크족이 내전內戰을 일으키자 큰 고통을 겪어가며 이들을 달래려 했었지만 헛수고로 돌아가고 이들을 처벌하지 않을 수 없었다. 슈바벤Schwaben/Swabia 영주 에른스트Ernst가 아버지 오토Otto와 싸운 전투들을 찬양한 무용담武勇談을 보면 그의 기질과 그에 앞서 역시 아버지 오토Otto와 싸웠던 루돌프Rudolf 영주의 기질이 완전히 같은 것을 볼 수 있는데 아마 틀리지 않은 말일 것이다. 혹시 이런 일들은 모두 최상층 귀족들의 경우고 낮은 계층의 전사戰士들은 기질이 달랐을 것이라고 생각하는 사람이 있다면 그는 잘못 생각하고 있는 것이다. 군기軍紀는 위에서 시작해서 아래로 내려간다는 것은 불변의 법칙이다. 연대장이나 장군들이 반항적이면 병사들도 마찬가지가 된다. 왕의 권위에 대해 대공大公/Graf들이 품고 있는 생각과는 다른 생각을 기사騎士 계층이 대공大公들의 권위에 대해 품는다는 것은 불가능하다. 붉은 수염 프리드리히 시대 이후 황제의 명을 무시한 영주領主/Herzog들의 예뿐 아니라 개별적인 기사騎士들의 예를 우리는 알고 있다.52) 제1차 십자군十字軍의 역사는 가장 시급하게 필요했던 리더십과 조직이 얼마나 어렵게 유지되었는지를 각 단계마다 잘 보여주고 있다.

프랑스인 아달베호Adalbero 주교主敎는 "벨라토레bellatore"("전사戰士")인 "노빌레nobile"(귀족)를 노래하면서 "어떤 힘도 이들을 제지하지 못하오, 왕이 금한 범죄만 범하지 않으면Quales constringit nulla potestas, Crimina si fugiunt quae regum sceptra coercent"이라고 했다.53) 우리는 이 구절을 쉴러Schiller의 싯귀詩句와 같이 "자유민은 군인밖에는 없소"라고 해석할 수 있을 것이다. 앞서 우리는 전사戰士 계층의 등뼈인 미니스테리알ministerial들은 법적으로나 사회직으로나 비사유빈이었음을 알았다. 그렇다면 기사騎士 계층

---

52) 모레나Otto Morena의 기록(《게르만 사료집Monumenta Germaniae》, SS., XIII), 622쪽. 서기 1160년 아다Adda에서도 이런 일이 있었다. 보헤미아Böhmen/Bohemia 영주領主/Herzog와 튀링겐Thüringen/Thuringia 지방대공地方大公/Landgraf은 밀라노Mailand/Milan 전투 때 황제의 명을 거부하고 홀로 전투에 돌입했다.

53) 뀌이에모Guilhiermoz, 《중세 프랑스 귀족들의 기원고起源考 Essai sur l'origine de la noblesse en France au moyen âge》, 358쪽에서 재인용.

에도 여러 다양한 요소들이 있었다거나 프랑스 기사騎士와 독일 기사騎士는 차이가 있었다는 말일까? 결코 그렇지는 않다. 그러나 인간이란 존재는 너무 복잡해서 그 내용이나 형식이 완전히 모순될 수가 있다.

하지만 기사단騎士團에는 매우 엄격한 복종의무와 엄격한 징벌체계가 있었으며 정밀한 규칙들이 복무와 생활 모두를 규율했다. 일례로 템플 기사단Templer Ordens 규정에서는 말들을 보호하기 위해 특별한 허가 없이 말을 모는 것을 금지했고 (제315장), 쇠미늘 웃옷을 입지 않고 가방에 넣고 있으려면 가죽 주머니나 쇠줄 주머니(헝겊 주머니가 아닌)에 넣어야 했고 이 주머니를 허가 없이 다른 곳에 묶어두면 안 되고 반드시 손에 들고 다니도록 했다(제322장). 징벌로는 평시에 땅바닥에 앉아 식사하기, 흰 망토의 착용 금지, 구류拘留, 기사단에서 방출 등이 있었다. 한 형제는 "잠시 기다려, 바로 끝내겠다espoir, je le ferai"는 지휘관의 명령 에 대꾸를 했다고 면전面前 불복종죄(제588장)로 총회에 회부되어 투표 결과 만장 일치로 기사단 제복을 벗은 경우도 있다.

일반병사(크네크트Knecht)들의 경우 매질로 군기軍紀가 강요되었음이 분명하나54) 이 경우 역시 우리는 복종의 기준이 상관에 대한 부하들의 복종보다는 주인에 대한 하인들의 복종에 가까웠을 것으로 생각해야 한다.

프리드리히Friedrich/Frederick I세가 재위 첫해인 서기 1158년에 공포한 야전규정野戰規程 이 지금 남아있다. 흔히 이를 "군율軍律/Kriegsartikel"이라 하는데 이는 합당한 이름은 아니다. 이 규정 중에 군기규정軍紀規定은 전혀 없고 주로 무장인원 사이의 무질서 와 다툼에 대한 일정한 금지만 있다. 다투다 동료들이 도우러 오게 전투함성을 외치는 것을 금지했고 싸움을 칼로 말리면 안 되며 방어무기나 몽둥이로 말려야 했다. 포도주통을 보고 동료들이 마실 수 있도록 뚜껑을 열어서 내용물이 흘러 나가게 하면 안 되었다. 사냥 나가서는 사냥감을 떨어뜨린 사람이 그 사냥감의 임자였다. 여인을 데리고 있으면 안 되었다. 어떤 식으로든 여인을 데리고 있는 자는 보호장비("그의 모든 장비omne suum harnasch")를 뺏겼고 그 여인은 코를 잘렸다. 그러나 군기규정을 공포하는 것은 언제나 쉬운 일이지만 아무리 강력한 황제라 해도 이를 지키도록 만들기는 어려운 법이다. 프리드리히는 이런 "평화"를 엄숙 히 공포한 해에 숙영지에서 수없이 많은 창녀娼女들을 쫓아내야만 했었다.55)

---

54) 템플 기사Templer/Templars 규정은 기사騎士들에게 신앙심으로 복무하는 하인들을 때리지 못하도록 명시 했다(제61장). 맞을만한 일을 저지른 노예(에스클라프esclaf)라고 그를 등자鐙子 가죽끈으로 때리는 것은 허용되었지만 상처를 입히거나 불구로 만들지 못하게 했고 상부 허가 없이는 그들의 목에 철쇄鐵鎖를 씌우지 못하게 했다(제336장).

55) 라헤빈Rahewin, 제III편. 엘스너Elsner의 《서기 1158년 프리드리히 I세의 군법Das Heergesetz Friedrichs I. vom jahre 1158》(서기 1882년) 참고.

진정한 군기軍紀는 체계적인 연습Uebungen 없이는 결코 얻을 수 없는 인위적인 것이다. 최선의 수단은 동작 하나 하나에서 인간을 상관 마음대로 통제할 수 있게 만드는 훈련Exerzieren이 항상 효과적임이 입증되었다. 그러나 중세에는 이런 훈련들이 없었다. 전사戰士 집단이 군사지도자의 바쌀vassal이나 미니스테리알ministerial이 되었을 때 자유를 포기하게 했던 외적으로는 그리고 엄격했던 수단들도 우리가 굴복이라고 부를만한 진정한 복종심을 요구하지는 않았다.

자신들이 힘이 있다고 느끼지만 엄격한 군기軍紀로 억제되지 않은 전사戰士 계층은 일상생활에서도 즉, 노동자 계층과의 접촉이나 자신들끼리의 접촉에서도 이 힘을 사용한다. 이 전사戰士 계층은 진화된 야만인들이며 이 야만인들은 민족대이동民族大移動/Völkerwanderung(역자 주: 이 책 제II편, 제II권 참고) 당시 고대 문명세계를 거칠게 쳐부수고 짓밟은 자들이다. 봉건국가에서는 내전內戰과 반목을 겪는 중에도 내부적으로 전쟁 때나 있을법한 유혈사태와 파괴활동들이 있었다. 11세기에 제정된 보름스Worms 주교主敎 부카르트Burchard의 〈복무규정Dienstrecht〉에는 단 1년간에 교구敎區 내의 신민臣民 35명이 아무 죄도 없이 동료들 손에 쓰러진다는 구절이 있다. 모욕을 당한 자는 사적私的 제재를 가하는 것이 관습이었고 확립된 규칙이었다.[56] 성城을 구축해 놓고 그들의 대공大公/Graf이나 영주領主/Lehnsherr들과도 맞설 수 있었던 대영주大領主/Grössere Lehnsbesitzer들은 곧 주변지역 농민들을 억압하고 여행중인 상인商人들로부터 조공租貢을 거두고 그들의 재물을 빼앗으려는 유혹에 빠지게 되었다.[57] 그러나 보다 안락한 생활을 위한 사회적 발전이 이루어진 결과 이 사회계층은 스스로 일정한 교육을 실시했고 경제질서를 탄생시켰으며 새로운 문명생활을 꽃피우게 하기도 했다. 니벨룽겐의 노래Nibelungenlied는 붉은 수염 프리드리히Friedrich Barbarossa(역자 주: 서기 1152년-1190년 재위)와 사자공獅子公 하인리히Heinrich der Löwe(역자 주: 작센 영주〈서기 1142년~1180년〉 겸 바이에른 영주〈서기 1156년~1180년〉) 그리고 이들의 아들들의 시대에 기사騎士들 사이에서 생긴 노래다. 세계문학사 상 완전히 독자적인 장르인 음유시吟遊詩/Traubadour와 궁중가宮中歌/Minnesang들은 이 전사戰士 계층의 지적知的 창작품이다. 랑케Leopold Ranke는 "전쟁은 인간의 격정과 잔인한 본능과 거친 감정을 폭발시키기도 했지만 이 때문에 기사騎士들은 운명적으로 진정한 인간존재를 보존하고 그들의 힘을 관습과 여성의 영향으로 완화시키고 종교의 교훈으로 변형시키게 되었다"고 했다. 그러나 교육에 의한 기사騎士 계층의 이런 문명창조력은 무너져버리는 일이 매우 흔했다. 기사騎士들도 그랬지만 특히 할 일 없이 유랑생활

---

56) 헬슈너Hälschner, 《프로이센 징벌법Preussische Strafrecht》, 제II편, 212쪽.
57) "그 때는 귀족을 포함해서 많은 이들이 사실상 약탈을 일삼았다Multi enim illis temporibus, etiam nobiles, latrociniis insudabant." 《레기노 속편續編 Continnuatio Reginonsis》(서기 920년). 발다무스Baldamus의 《카롤링 왕조 후기의 군사조직Das Heerwesen unter den späteren Karolingern》, 18쪽 이하에는 더 많은 구절들이 인용되어 있다.

을 하던 전사戰士들은 수시로 약탈자 신세로 전락했다. 인간 본성은 그런 것이다. 시그프리트Siegfried(역자 주: 〈니벨룽겐 노래〉의 주인공)와 파르지팔Parzival/Parsival(역자 주: 볼프람Wolfram von Eschenbach이 지은 같은 제목의 서정시의 주인공) 같은 이상적인 인물을 탄생시켰던 계층이 발터Walter von der Vogelheide(중세 독일 최고 서정시인으로 꼽히는 인물. 서기 1170년~1230년)의 서정시에 등장하는 약탈자 기사騎士들도 탄생시켰다. 이런 패러독스는 전설傳說과 역사에도 반영되어 있다. 전설傳說과 역사는 한편으로는 봉건체제의 야만성과 상실된 자유를 비난하고 고발하면서도 다른 한편으로는 기사騎士들을 낭만적으로 찬양하고 있다. 이런 두 가지 시각이 모든 역사적 관점에 스며들어 있는 것이 사실이다. 영국군 데니슨Denison 중령의 《기병대의 역사History of Cavalry》를 프로이센 전쟁성戰爭省의 브릭스Brix가 서기 1879년 독일어로 번역해서 주석을 첨부해 놓은 번역본58)에는 옛 문헌을 인용한 다음 같은 기사騎士 관련 구절이 있다(126쪽).

> "10세기 중반쯤 여러 주권 세력들의 권한 남용에 시달리다가 정당방위를 위해 단합한 가난한 기사騎士 몇 명이 백성들의 고통과 눈물을 가슴에 담고 있었다. 그들은 성聖 조지George를 증인으로 세우고 하느님 앞에서 자신들은 억압받는 백성을 위해 헌신하고 약한 자들을 자신의 칼로 보호하겠노라고 서로 맹세했다. 검소한 의복, 엄격한 관습, 승리 후의 겸손한 태도 그리고 패배 이후의 침착한 태도로 인해 그들은 곧 대단한 명성을 얻게 되었다. 백성들은 그들을 믿고 감사하면서 그들의 기적적인 무훈武勳을 찬양했으며 그들의 용기를 북돋아 주었으며 이 고결한 해방자들에게 하느님께서 힘을 주시기를 기도했다. 억압받던 자들이 자신들에게 위안을 준 자들을 신성시神聖視 하는 것은 아주 자연스러운 일이다."

우리는 이미 봉건국가가 바이킹Viking, 사라센Sarazen/Saracen, 마자르Magyar(역자 주: 헝가리) 등 야만인들이 나타났을 당시 그들의 병력수와 관계없이 얼마나 취약했었는지 알 수 있었다. 우리는 왕권이 국내에서 반목과 약탈을 억압하는 일에도 얼마나 소극적이었는지 알게 되면 그들의 취약성을 보다 분명하게 알 수 있을 것이다. 게르만 봉건왕국의 힘이 정점에 도달했던 시기는 하인리히Heinrich/Henry III세 때로서 그는 오토Otto 대제大帝의 딸 류트가르데Liutgarde의 증손자인 강력한 콘라트Conrad의 아들 이다. 하인리히 III세 때 리에즈Liège 주임사제主任司祭 안젤름Anselm은 바조Wazo 주교主敎의 자서전을 집필했는데(서기 1041년~1048년) 이 자서전에는 바조가 그의 교구敎區에서 약탈자 기사騎士들에 대해 취한 조치들이 별도의 장章으로 기록되어 있다. 이 기록은 가장 강력했던 통지자들 당시 왕국의 치안상태와 이로 인한 투쟁의

---

58) 필자가 《프로이센 역사 및 국정國情 학술지Zeitschrift für Preussische Geschichte und Ladeskunde》, 제17권, 702쪽 이하에 게재한 이 책에 대한 평론을 참고할 것.

성격 그리고 효과적인 권위확립의 어려움을 너무 잘 보여주고 있기 때문에 필자는 이곳에 이 장章 전체를59) 소개하고 싶다. 그 내용은 다음과 같다.

"자비慈悲, 의지할 곳 없는 사람들에 대한 연민憐愍 그리고 불쌍한 사람들의 비탄悲嘆 때문에 주교主敎는 안온하고 평화스럽던 생활에서 떨치고 일어나서 그들을 돕기로 했다. 무고한 백성들을 억압하는 저 약탈자들의 광기狂氣를 잠재우는 것보다 더 하느님을 기쁘게 해 들릴 일은 없다는 확신이 있었기 때문이다. 약탈자들은 많은 인원이 늪지나 절벽에 견고한 피난처를 만들어 놓고 이를 발판 삼아 주변지역을 약탈하고 지역주민에게 참기 힘든 노역을 부과하면서 농촌지대를 널리 휩쓸고 다니고 있었다. 하느님의 선택을 받은 이 사람은 언제나 강력했지만 이때 특히 매우 강력했던 무장 약탈자들의 거점據點들을 평정하고 백성들을 지치게 만드는 그들로부터 농촌을 해방시키기로 결심했다. 일찍이 사무엘Samuel이 발Baal의 성직자들인 아말레키테Amalekite 사람 아각Agag과 엘리아스Elias를 쓰러뜨릴 때(역자 주: 구약성서 〈사무엘 상〉에 있는 이야기) 같은 신념에 가득 찬 우리의 영웅에게는 소수의 기사騎士/militibus밖에 없었지만 이에 만족하고 약탈자들의 거점據點을 하나씩 포위하기 시작했다. 자신들의 방벽과 늪지를 믿는 약탈자들은 우리 사람들을 조롱하면서 감히 자연의 보호를 받는 자신들의 주거지를 함락시킬 생각을 하는 미친놈들이라고 했다. 그러나 우리 사람들은 탁월한 지도자의 격려 하에 각자가 누구보다도 열심히 방벽들을 헤치고 동로를 열었다. 그들은 등이 휘는 정열적 노력을 기울인 끝에 자연을 정복했다. 과서에 물고기와 개구리들만 살던 늪지를 단단한 평지로 만들었고 약탈자들을 무력화시킬 수 있는 장치들을 만들었다. 그들은 밤낮을 가리지 않고 일해 가면서 성城에 돌덩어리들을 쏘아 보냈고 주교主敎 자신도 그들과 함께 하며 찬송가와 기도로 독려했다. 구원병력이 없는 저들은 곧 아무 처벌도 하지 않겠다는 보장을 받고 투항했다. 이렇게 저들의 거점들은 하나씩 함락되었다. 필자가 한가지 더 말하고 싶은 것은 포위 기간 중에 1,000명 이하인 때가 없던 병력들에 대해 주교主敎는 고대 로마의 관례에 따라 기사騎士(아르마티스armatis)들에게는 일종의 급료를 주었고('그들에게 매일 필요한 것을 공급했다cottidianos sumrtus praebedat') 일반병사(그레가리오 밀리티gregario militi)들을 위해서는 농사에 필요가 없는 가축들을 도살했으며 가축 임자에게는 충분한 보상을 주어서 그런 위기상황에서도 정의가 무시되지 않게 했다."

---

59) 《게르만 사료집Monumenta Germaniae》, *SS*, V, 222.

이것이 안젤름Anselm의 기록이다.60) 강력한 왕국이 전혀 없었던 프랑스에서는 교회가 도움에 나서서 "하느님의 정전停戰"("트로이가 데이Treuga Dei")을 선포했고 최소한 성스러운 역사에서 축복 받은 기간인 화요일 저녁부터 금요일 아침까지 만이라도 모든 반목을 중단하고 안전이 땅을 지배하도록 명시했다. 이 하느님의 정전停戰은 부르고뉴와 일부 게르만 지역까지도 전파되었다. 후일에는 특정기간 동안 전국에 걸쳐 일반휴전을 선포함으로써 시민의 평화를 확보하려는 노력이 수시로 있었다. 싸울 일이 있으면 최소한 적대행위를 개시하기 3일 전까지는 이를 알리도록 했던 칙령(붉은 수염 프리드리히의 서기 1186년 칙령)도 있었다. 그러나 "영원한 국내평화國內平和 ewigen Landfrieden"는 막시밀리안Maximiilian 황제가 즉위할 때(서기 1495년) 비로소 이루어졌었고 이때 기사騎士체계와 봉건체제 그리고 중세 시대는 모두 막을 내렸다.

---

60) 이 기록으로부터 우리는 당시 "밀레스miles"라는 단어의 의미가 얼마나 변화가 많았고 불분명했는지 알 수 있다. 우선 이 주교主敎가 만족했다고 한 소수의 "밀리티부스militibus"는 "기사騎士"를 말한 것임이 분명하다. 그 후 이 작가는 기사騎士와 일반 징집병력을 구분하려 전자를 "아르마티스armatis"("중무장 인원")라고 불렀고 후자를 "그레가리오 밀리티gregario militi"라고 불렀다. 그들의 수가 항상 1,000명 이상이었던 것을 보면 그들 모두가 직업전사職業戰士였을 것으로 볼 수는 없다. 이 주교主敎는 가장 유능한 농민들과 그들의 자제들인 민병民兵(란드스투름Landstrum)으로 보강된 자신의 군사조직을 거느리고 있었음이 분명하다. 부르고뉴족의 군도바트Gundobad 왕과 고트족의 토틸라Totila 왕의 경우도 이미 이와 비슷한 상황이었다고 한다(이 책 제II편, 387쪽 참고).

부 기附記

슈베르트라이테Schwertleite와 리터슈라그Ritterschlag

이 두 가지 행위의 차이점과 의미에 대한 지식은 최근 뀌이에모Guilhiermoz의 《중세 프랑스 귀족들의 기원고起源考 *Essai sur l'origine de la noblesse en France au moyen âge*》(서기 1902 년), 393쪽 이하를 통해 눈에 띄게 확대되었지만 필자에게는 중요한 몇 가지가 아직도 의문으로 남아 있다. 고대 게르만 부족들은 14살의 이른 나이에 군복무 자격을 부여받았고 심지어 12살에 부여받기도 했을 것이다. 뀌이에모는 20세가 되어야 그런 자격이 인정되었을 것이라고 주장하지만 그가 말하는 증거는 확실 하지 못하다. 다만 성인成人 인정에는 계속 이어진 몇 단계가 있었고 이 단계들 은 머리털을 자르는 카필라투리아capillaturia 의식 및 수염을 자르는 바르바토리아 barbatoria 의식과 연계되어 있었다는 그의 말은 매우 옳은 말이다. 칼로 어깨를 두 드리는 기사騎士 작위 수여 의식 리터슈라그Ritterschlag는 완전히 성장한 것을 전제로 하는 의식이므로 고대의 성인 인정 행위와는 무관했을 것이다. 그러나 우리는 이 의식이 가장 늦게 행해졌던 바르바토리아barbatoria 의식을 대체한 것으로 11세기 까지는 군복무 자격을 부여 할 때 기사騎士 허리띠cingulum militare를 주는 의식이 있 었지만 12세기 이후 이 의식이 두 번째 의식으로 늦추어지고 리터슈라그 의식과 결합되었을 것으로 볼 수도 있을 것이다. 기사騎士 허리띠를 주는 의식이 군복무 자격을 부여하는 행위였던 때는 이 의식에 신분 부여 효과까지 있었을 수 없는 것이 당연하지만 이 행위가 두 번째 의식이 되었을 때는 그런 효과까지 있었을 것이 분명하다. 이 의식을 행할 때는 부유한 사람들만 소유했고 언제나 기사騎士 지위에 있는 사람들만 입을 수 있던 무겁고 완전한 갑옷을 착용했었다. 그 결과 이 의식이 진정으로 중요한 의식으로 간주되어서 공식적으로 치러지게 되었고 과거에는 보다 중요한 의식으로 간주되던 군복무 자격 부여 의식 슈베르트라이 테Schwertleite는 이제 뒷자리로 물러났다. 이로써 우리는 기술적인 면(무거운 갑옷 과 튼튼한 군마軍馬)과 사회적인 면(신분 부여)의 상호관련성을 알 수 있다.

슈뢰더Schröder는 기사騎士와 크나페Knappe가 13세기까지는 구별되지 않았던 것으로 믿고 있지만(《게르만 법제사法制史 *Deutsche Rechtsgeschichte*》, 제42장, 430쪽) 리터슈라그 의식에 큰 의미를 부여하지 않는다. 그는 리터슈라그 의식에 비해 군복무 자격 부여 때 기사騎士 허리띠cingulum militare를 수여하는 슈베르트라이테는 계속 중요한 의식이었다고 본다. 그는 "드문 예외를 제외하면 슈베르트라이테는 언제나 집단 적으로 그리고 마상무술경기馬上武術競技를 통해 젊은 기사騎士에게 새 직무를 수행할 능력이 있음을 입증할 수 있는 기회를 동시에 부여하는 궁중宮中 행사로 거행되었 다고 한다. 그러나 젊은 기사騎士가 이 의식이 끝난 다음 바로 마상무술경기에서 자신의 기술을 보여주어야 했던 것이 사실이라면 이 의식은 옛날의 군복무 자격 부여행위와 동일한 것일 수는 없다. 12세기와 13세기의 마상무술경기에서 착용했던 무거운 갑옷은 오랜 훈련을 거친 완전한 성인이라야만 착용할 수 있었기 때문이다. 물론 우리는 진짜 경기가 끝난 후 일종의 젊은이를 위한 특별경기가 다시 열렸을 것으로 생각해 볼 수도 있다. 그러나 서기 1184년 마인쯔Mainz에서 하인리히Heinrich/Henry Ⅵ세가 군복무 자격을 공식적으로 부여받았을 당시의 나이가 19세 아니면 20세였다는 사실을 보면 그랬을 가능성은 없다. 사자공獅子公 하인리히Heinrich der Löwe의 한 아들과 오스트리아 레오폴트Leopold 영주領主/Herzog의 한 아들도 역시 기사騎士가 되기 전에 이미 전쟁터에 나갔었다고 한다.61)

로트Roth von Schreckenstein는 리터슈라그 의식과 슈베르트라이테 의식 문제에서 자기 모순에 빠져있다(《기사騎士의 위엄과 신분Ritterwürde und Ritterstand》, 215쪽 및 224쪽).

최근에는 에르벤W. Erben도 이 문제를 다룬 논문을 발표했다("슈베르트라이테와 리터슈라그Schwertleite und RitterschlagRitterschlag," 《무기 발전사 잡지Zeischrift für historische Waffen-kunde》, 서기 1919년).

북방 게르만족

북방 게르만 국가들(덴마크, 노르웨이 및 스웨덴)의 군사조직들은 당연히 각각 나름대로의 역사를 지니고 있다. 달만Dahlman은 《덴마크 역사Geschichte von Dänemark》, 제Ⅱ편, 308쪽 이하 및 제Ⅲ편, 50쪽에서 이 문제를 전반적으로 다루고 있다. 최근 발표된 뷔크너Büchner의 "노르웨이 라일렌디거의 역사Die Geschichte der norwegischen Leiländiger" (베를린 대학교 학위논문)도 참고할 것. 필자는 아직 이 두 글을 점검해보지 못했다.

---

61) 발쩌Baltzer, 《게르만 전쟁사Zur Geschichte des deutschen Kriegswesen》, 7쪽.

제 Ⅱ 장
기사騎士의 군사적 측면

우리는 시대순時代順으로 연구를 진행해 오면서 앞서 제Ⅰ권과 제Ⅱ권에서는 주로 군조직사軍組織史의 관점에서 중세의 군사체계를 평가하고 이를 일련의 전역戰役과 전투들을 통해 조명해 보려고 했었다.

다음으로 제Ⅲ권, 제Ⅰ장에서 우리는 기사騎士들의 독특한 계층분화階層分化 문제를 다루면서 군사체계와 군사행동이 과거보다 훨씬 더 복잡해진 시기까지 왔는데 변화는 점진적으로 이루어졌지만 그 결과는 너무 차이가 커서 우리는 중세를 또 다시 시기적으로 구분할 수 있었다. 이제는 기사騎士 시대의 전투방법과 전략에 관한 이론을 정립하기 위한 일반적인 연구에 착수하기에 적절한 시점이 되었다. 물론 제Ⅰ장에서도 이 문제를 다루었었고 기본 연구도 이미 완성되어 있다. 앞의 연구에서 우리는 기사騎士라는 신분의 실질적인 기초는 그들의 전투방법에 있었음을 알 수 있었다. 그러나 이제 우리는 정반대의 관점에서 즉, 당시의 계층형성이란 관점에서 이 문제에 더 폭넓고 세밀하게 접근해 보아야 한다. 이 문제에 관한 연구는 고대의 경우보다 더 어렵다. 고대의 경우에는 발전의 단계와 시기들이 서로 쉽고 명확하게 구분되지만 중세에는 그런 구분이 없기 때문이다.

앞서 우리는 12세기를 일반적 전환점으로 보았지만 이때를 전후한 두 시기에는 한 시기의 특성이 수시로 다른 시기에도 나타나며 발전은 계속 진행되었다. 결국 각 세기世紀가 분명히 구분되기는 하지만 완전히 분리될 정도로 구분되지는 않는다. 기본적인 모습은 중세 전반에 거쳐서 즉, 민족대이동民族大移動/Völkerwanderung(역자 주: 이 책 제Ⅱ편, 제Ⅱ권 참고) 시기부터 거의 15세기 말까지 그대로 유지되었다. 프랑스 루이Ludwig/Louis XI세와 대담한 샤를르Charles le Téméraire/Karls des Kühnen 대공大公 사이의 서기 1465년의 몽레리Montl'héry 전투(역자 주: 뒤의 제Ⅲ편, 제Ⅳ권, 제Ⅵ장 참고)는 거의 완벽한 기록이 남아있는 마지막의 진정한 기사騎士 전투지만 이 전투는 양상이 하인리히Heinrich/Henry IV세와 대립왕對立王들 사이의 전투(역자 주: 앞의 제Ⅱ권, 제Ⅲ장)나 심지어 클로드비크Chlodwig/Clovis(역자 주: 프랑크 왕국 메로빙 왕조 창시자)와 테오데리히Theoderich/Theodoric (역자 주: 민족대이동 당시 동東고트Ostgote/Ostrogoth 왕국의 왕) 사이의 전투와도 별 차이가 없다. 필자는 한때는 연대를 무시하고 15세기 전투가 11세기 전투와 얼마나 비슷하게 전개되었는지 보여주려면 현장 목격자 코미네Comines/Commynes가 생생하고 분명한 기록(역자 주: 《필리프 비망록Mémoires de Philippe》)을 남긴 몽레리 전투를 직접 하인리히 IV세의 전투와 연계해 소개해야 하는 것은 아닌지 생각해 본 적도 있다. 그러나 결국 그렇게 하지 않았는데 양자간 세부적으로는 차이점들이 있고 이런 차이점들은 우리의 평가작업이 진행되어야 분명히 밝혀질 수 있기 때문이었다. 하지만 필자는 독자들에게 하인리히 IV세의 전투에 관한 장章을 읽은 다음 잠시 순서를 뛰어넘어서 몽레리 전투에 관한 장章을 먼저 읽어보도록 권하고 싶다. 그렇게 해보면 독자들은 양자의 유사성을 잘 느끼면서 이를 통해서 중세 초기 사건들의 모습을 좀 더 현실적이고 생생하게 이해할 수 있을 것이다.

우리는 중세 전반에 걸쳐 군사체계의 기본 모습이 매우 유사했다는 점 외에도 또한 전혀 다른 모습을 보여주는 많은 차이점과 변형과 특수대형들이 있었음을 자연스럽게 알 수 있었고 이를 통해 결국 그런 유사성들은 잊을 수 있게 되었다. 그러나 우리는 그런 유사성을 이해하도록 노력해야 한다. 이 연구는 12세기와 13세기를 전제로 진행되겠지만 언제나 많은 요소가 초기와 유사했고 또한 용병체계를 향한 발전과 무기류의 발전이 있었음에도 불구하고 15세기까지도 많은 요소가 그대로 보존되었다는 생각을 전제로 진행될 것이다. 그러나 우리는 또한 개별 전투와 전역戰役에 대한 기록들을 통해 그리고 이 제II장을 전후한 연구들을 통해서 가능하면 시기상의 구분도 발견해 내야 한다. 또한 우리는 개별적 문제점들을 검토함에 있어서 십자군十字軍의 특수한 상황들과 이들이 서구西歐에 미친 영향들을 잊지 말고 수시로 찾아내도록 해야만 한다.

이제 새로 연구를 시작해야만 하는 마당에 우리는 샤를마뉴Karl/Chalemagne 대제大帝 (역자 주: 카롤링 왕조 제2대 왕. 서西로마 제국 황제가 됨. 재위기간은 서기 768년~814년)와 오토Otto 대제大帝(역자 주: 카롤링 왕조 몰락 이후 게르만 왕국을 세운 하인리히 I세의 아들)의 전사戰士들은 좋기는 했지만 너무 무겁지는 않은 보호장비를 착용한 마병馬兵들이었고 이들은 상황에 따라 말에서 내려 싸우기도 했었다는 사실을 잘 알고 있다. 그들에게는 순수한 보병이나 궁수弓手가 실제로는 없었다. 그러나 12세기부터는 전사戰士들의 전투병종戰鬪兵種에 날카로운 구분이 생겼는데 이때 과연 여러 전투병종들이 전투시에 어떻게 협력했는지에 관한 문제가 생긴다. 기본적으로 두 가지의 대형이 있었을 수 있다. 그 하나는 중기병重騎兵, 경기병輕騎兵, 보병궁수步兵弓手, 근접전 보병 등 각 병종 별로 큰 단위부대들을 형성하는 대형이고 다른 하나는 주병종主兵種인 기사騎士들을 지원병종支援兵種들이 에워싼 단위부대들로 나뉘는 대형이다.

두 대형이 모두 존재했지만 첫째 대형은 편법이었고 지원병종들이 기사騎士들을 에워싸는 둘째 대형이 주로 쓰였다. 이는 전투기록들을 보면 분명히 알 수 있는 사실이며 또 각 병종兵種의 특성상 그럴 수밖에 없었을 것이다. 3종의 지원병종은 주병종인 기사들과 상대가 되지 않았었다. 만약 동일한 정상적 조건에서 기사騎士들과 접촉하게 되면 이들은 곧 바로 사라졌을 것이다.

가벼운 갑옷을 입거나 갑옷 없이 가벼운 말을 탄 마병馬兵은 튼튼한 전신 갑옷을 입고 또 보호복을 입힌 무거운 말을 탄 마병과 감히 충돌할 수 없었다.

쇠뇌수弩手/Armbruster를 포함해 궁수弓手들은 자신의 화살이 기사騎士나 그의 말에서 갑옷으로 가려지지 않은 부분에 명중해서 그들의 돌격을 정지시킬 수 있기를 바랐을 것이다. 그러나 명중률은 희박한 편이었고 동일한 적에게 여러 화살을 계속 쏠 기회도 없었다. 궁수는 적이 아주 가까이 접근할 때까지 기다리지 못하기 때문이다. 그렇게 하는 궁수는 거의 죽게 될 것이다. 따라서 그는 적과 일정한 거리를 유지할 수 있는 범위 내에서 가능한 많은 화살을 쏘려 한다. 결국 지형의 보호 없이 홀로 개활지에 위치한 보병궁수步兵弓手들의 집단은 기사騎士를 감히 상대할 수 없다. 우리는 중세 후기에 영국과 프랑스의 전쟁이 이 분야에 초래했던 특별한 상황을 별도의 장章(역자 주: 뒤의 제Ⅳ권, 제Ⅱ장)으로 다루게 될 것이다.

서구西歐에서는 자체적으로 기마궁수騎馬弓手를 발전시키지 않았다. 그들이 이들을 본 것은 형가리Ungaren/Hungarian족과 만났을 때가 처음이었지만 특히 십자군十字軍들을 통해서였다. 우리는 이 병종의 장단점을 다시 돌아볼 기회가 있을 것이다. 지금은 단지 그들도 창과 칼을 든 기사騎士를 상대할 수 없었다는 점만 강조해 둔다.

기사騎士를 가장 잘 상대할 수 있는 병종은 근접전 무기를 들고 있다 상대방 기사騎士들의 돌진을 피해 그들의 측면이나 그들의 말의 측면을 공격할 수 있을 정도로 침착하고 민첩한 보병이었다. 그러나 이는 단지 일대 일로 싸울 때에나 가능한 일이었다. 큰 보병집단은 밀집대형을 취한 다음 창을 앞으로 내뻗으면 기사騎士들을 막아낼 수 있있지만 견고한 대형을 유지하지 못하거나 어느 곳에 틈이 생겨 기사騎士들이 이곳에 침투하면 보병들은 기사騎士들을 감당할 수 없게 된다. 만약 어느 부대가 기사騎士들을 상대로 끝까지 버티면 기사騎士들이 궁수弓手들을 이쪽으로 불러왔을지도 모른다. 로마군 코호르트Kohort/cohort(역자 주: 대대급 보병부대로 탄력성을 지닌 전술조직戰術組織)라면 이때 공세로 전환했을 것이고 이 방법만이 그들이 살길이었다(역자 주: 기병이나 궁수들은 가까이 접근한 밀집된 보병을 상대할 수 없었다). 그러나 중세 보병은 그렇게 할 수 없었다(그렇게 한 경우는 매우 예외적인 특별한 경우였다). 필요한 결집력과 밀집이동 훈련이 그들에게 없었기 때문이다. 중세에도 보병이 끝까지 버텼다고 칭찬 받은 경우가 있지만 그들은 수세적守勢的으로 기사騎士들의 공격을 막아내는데 그쳤다. 필자는 보병이 기사騎士들을 독자적으로 공격한 예를 후시테Hussiten/Hussite(역자 주: 체코의 종교개혁가 후스Jan Hus 〈1369?-1415〉를 따르던 무리) 시대와 스위스 시대 이전에는 중세 전반에 걸쳐 한두 차례밖에는 보지 못했다. 확실히 그랬던 예는 프랑드르Flandern/Flandre 도시들이 프랑스군을 이긴 서기 1302년 쿠르트라이Courtray/Courtrai 전투이고 스코틀랜드가 잉글랜드의 에드워드Eduard/Edward Ⅱ세에게 이긴 서기 1314년 반노크번Bannockburn 전투도 그랬을 가능성이 있다. 중세 보병은 궁수弓手로 전투에 참여했건 혼합전투에 참여했건 밀집대형으로 수동적 방어에 참여했건 모두 보조병종補助兵種에 불과했다.

이는 중세시대의 결정적 특징임을 우리는 앞서 계속 확인할 수 있었다. 이는 아무리 강조되어도 지나치지 않다. 로마시대에는 기병騎兵이 레기온 병사legionär/legionary와 대등한 병종으로 취급되지 않았다(“결코 같게 보지 않았다nequaquam par habetur”).1) 그러나 중세에는 “100마리 말은 보병 1,000명과 같은 가치가 있다”고 했다.2) 중세 보병은 경기병輕騎兵이나 궁수 같이 단지 보조병종이었을 뿐이다.

보통의 경우 보조병종들을 가장 잘 활용하는 방법은 주병종主兵種의 효과를 최대한 지원해 줄 수 있는 방법이었고 최종 승부는 물론 주병종이 좌우했다. 보조병종들은 측면에서도 일부 그런 활동을 할 수 있었지만 혼합전투의 경우에 가장 큰 효과를 발휘했고 고대부터 그런 경우가 많이 있었다. 다양한 전투병과戰鬪兵科들이 형성된 후로는 사실 혼합전투가 중세시대의 정상적 전투형태가 되었다.

이런 혼합전투 형태를 다양한 가능성 속에 좀 더 깊이 평가하기에 앞서 우리는 전술의 발전과 제도의 발전 사이의 관계 즉, 보조병종의 기원과 사회적 성격에 대해 주목해 보기로 하자.

보조병종의 뿌리는 세 갈래가 있다. 첫째, 고대 전사戰士 계층의 일부지만 신분이 기사騎士 계층으로 향상되지 않고 다른 방향으로 발전한 자들이다. 둘째로는 독립심에 눈을 뜬 도시민 중 새로 전사戰士 계층으로 들어가 창병槍兵이나 궁수弓手로 싸운 자들이 있었다. 셋째로는 종자從者/Gefolg, 초기 전사戰士의 수행원, 크나페Knappe(견습기사見習騎士/Ritter=Lehrlingen) 및 말을 탄 크네크트Knecht(하인) 중에서 나온 자들로 이들은 12세기에 가서야 전투원이 된다. 그러나 당시에도 이들이 완전한 비무장 인원은 아니었고 그리스의 프실로이ψιλοι/psiloi(갑옷이 없는 경보병)나 고대

---

1) 《스페인 전기戰記 Bellum Hispaniense》, 15장.
2) 다음은 아르토아Artois 대공大公/Graf이 서기 1302년 쿠르트라이Courtray/Courtrai 전투 때 한 말이다(기아르Guiart, 〈왕계보王系譜 Branche des royeax lignages〉. 《역사의 귀감龜鑑Spiegel historical》, 제Ⅳ편, 제XXV장에서 인용).

그래서 아르토아는 아주 거만하게 말한다:
저들이 그렇게 구성된 것을 보니 기쁘다;
우리는 말을 타고 저들은 걷는다.
100필의 말과 1,000명의 사람
이들은 모두가 같다.

(원문)
Dit sprac Artoys met ouermode:
Ic belge mi, dat gi dit doet;
Wi syn t'ors, ende si te voet.
Hondert orsse ende M. man
Dat's al eens.

로마의 경무장 병력과 같이 2차적 군사임무에 활용되었다. 다만 이들은 정면전투에서는 전사戰士로 간주되지 않았으며 주인을 따라 전투에 뛰어들지도 않았었다. 그러나 기사騎士 체계의 내부에 구분이 생기면서 상황은 바뀌었다. 중장갑重裝甲을 착용한 자는 강력한 전사戰士였지만 그 숫자가 적어 전투 시에도 가벼운 장갑을 착용한 자의 도움을 얼마든지 활용할 수 있었다. 이들이 특별 형태의 병력이었다면 기사騎士의 종자집단에서 나온 크네크트Knecht들 특히 방패휴대병Schildträger(역자 주: 기사騎士의 방패를 들고 다니는 인원)들도 마찬가지였다. 이들을 지칭하는 스쿠타리우스scutarius(에쿠에escuyer와 에스콰이어esqire라는 단어는 이로부터 나왔다)라는 호칭이 낮은 계급의 전사戰士에게 흔히 쓰인 것을 보면 우리는 이 전투병종戰鬪兵種이 기사騎士의 종자從者 중 비전투원 부류와 고대 전사戰士 중 신분이 기사騎士로 올라가지 못한 부류로부터 발전했다고 말할 수도 있을 것이다. 두 부류 중 전자는 전투원으로 변했지만 후자는 신분이 그대로이거나 더 후퇴했을 것도 같다. 후자에게는 잉여장비가 있을 때만 장비가 제공되었기 때문이다. 그러나 이 두 부류의 차이는 기사騎士는 결코 개인이 아니었고 언제나 한 주인을 추종하는 자로서 큰 집단의 일원이었음을 이해한다면 그렇게 큰 차이는 아니었을 것이다. 일반 전사戰士들을 함께 두고 자신의 용도대로 사용할 것인지 아니면 이들을 방패휴대병과 보조전투요원으로 기사騎士들에게 할당해 줄 것인지는 봉건영주들의 재량이었다.

고대에는 기병과 보병이 혼합전투를 벌인 기록이 자주 보인다. 보헤미아Böhmen/Bohemia족도 이런 전투방법을 썼고 시저Cäsar/Caesar도 파르살루스Pharsals 전투에 앞서 이를 위한 특별부대를 고안했었다.3) 베게티우스Vegez/Vegetius의 《로마 군제軍制 Rei militaris instituta》, III, 16장에서는 아무리 뛰어난 기병도 그런 혼합부대를 상대할 수 없다 했다. 시저는 《골 전기戰記 De Bello Gallico/Bellum Gallicum.》, I, 48장에서 고대 게르만족 혼합전투와 관련해서 아리오비스투스Ariovist/Ariovistus의 군대를 "기병 3,000명이 있었고 같은 수의 매우 민첩하고 용감한 보병들이 있었는데 이들은 모두 기병들이 자신을 보호하기 위해 전 병력 중에서 선발한 자들이었다. 기병 1명과 보병 1명이 1개조로 싸웠다. 기병이 위험한 상황에 처해 보병 뒤로 물러서면 보병은 서둘러서 그를 지원했다. 기병이 말에서 떨어져 큰 부상을 입으면 보병들이 그를 둘러싸고 보호했다. 신속히 전진하거나 서둘러 후퇴할 필요가 있을 때 훈련된 보병들은 말갈기를 잡고 말과 같은 속도로 달릴 수 있을 정도였다"고 묘사했다.

그러나 중세 전투는 이런 방식일 수 없었다. 기사騎士는 더 무겁고 둔해졌으며

---

3) 투키디데스Thucydides, 《펠로폰네소스 전쟁Peloponnesischen Kieges》, V, 57. 2. 크세노폰Xenophon, 《그리스인 Hellenica》, VII, 5. 23. 이와 간접적으로 연관된 것이 마병馬兵이 전투 도중 말에서 내리는 것이다. 뒤의 부기附記와 이 책 제I편, 제VII권, 제IX장을 참고할 것.

보병은 훈련이 거의 없었고 기사騎士와 동료관계도 아니었고 단지 그들의 밑에 있는 사람이거나 낯선 사람이었다. 하지만 양자간 협조는 비슷했다.

사바 말라스피나Saba Malaspina의 기록에 의하면 기사騎士들이 중심인 혼합전투의 본질과 그 의미가 잘 표현된 고전문구가 서기 1266년의 베네벤토Benevento 전투에 앞서 안주Anjou의 카를Karl/Charles 왕이 그의 전사戰士들에게 행한 연설 중에 보인다고 한다. 이 왕은 사람보다 말을 공격하도록 권하면서 일단 말이 쓰러지면 보병이 기사騎士들을 처리할 수 있고 기사騎士들은 무거운 장비 때문에 움직이지 못할 것 이라고 했다. 따라서 모든 기사騎士들은 한두 명의 보병과 동행해야 했었고 달리 사람이 없을 때는 용병傭兵을 써야 했었다. 그들은 전투에 단련된 자들로서 말과 말에서 내린 기사騎士를 쓰러뜨리는 방법을 알고 있었기 때문이다.[4]

이런 식으로 보병이 기병전투에 참여한 첫 경우가 서기 1126년 메르디-세페르 Merdy-Sefer 전투에 관한 십자군十字軍 역사가 빌헬름Wilhelm von Tyrus의 기록에 등장한다. 이와 유사한 기록들은 후일 아주 흔하게 발견된다. 예를 들어 아르수프Arsuf 전투 (서기 1191년), 부빈Bouvines 전투(서기 1214년) 및 코르테누오바Cortenuova 전투(서기 1237년)에서는 방패휴대병("아르미니게리 밀리툼arminigeri militum": 직역하면 "기사騎士 의 하인")들이 쓰러진 적을 잡아서 포박했었다.

궁수弓手는 기사騎士 옆에 있거나 앞으로 뛰어나가서 기사騎士가 상대방과 실제로 충돌하기 전에 탐색전探索戰으로 적에게 최대로 피해를 입히려 했었다. 프로이센 전쟁 당시 기록(서기 1264년)에는 기사騎士와 보병이 서로 협력한 예가 보인다.[5] 나탕Natangen/Natangi족 지도자 몬테Heinrich Monte는 쾌니히베르크Königsberg 앞에서 기사騎士 들과 함께 싸우고 있었다. 그는 "쇠뇌弩/balistam/Armbrust"의 시위를 막 당기고 있던 울렌부취Heinrich Ulenbusch라는 기사騎士를 창으로 찔러 상처를 입혔다. 이때 울렌부취 의 "보병famulus"이 "작은 창으로cum modica lancea" 몬테에게 상처를 입혀 몬테는 물러 나지 않을 수 없었다. 분명 이는 정상적인 경우가 아니다. 기사騎士 자신이 활을 쏘고 있기 때문이다. 우리는 각 병종兵種의 가치와 협력에 관한 이론적인 평가를

---

4) "그대들은 사람보다는 말을 공격해야 하고 칼의 날이 아니라 끝으로 찔러 말을 쓰러뜨려 대기 중인 우리 보병이 그 기수騎手를 쉽게 잡아서 죽일 수 있게 해야 한다. 그들은 말에서 떨어지면 무거운 갑옷 때문에 동작이 둔해진다. 이렇게 하지 않으면 그대들은 첫 충돌에서 쓰러지게 된다. 모든 기사騎士들은 비록 하인들밖에 없을 경우라도 자신의 곁에 보병 한두 명을 거느리고 있어야 한다. 실제 전투경험에 의하면 그들은 적의 말을 쓰러뜨릴 때도 그렇고 말이 상처를 입어 흔들리는 기사들을 죽일 때도 유용 함을 잘 알 수 있다." 무라토리Ludovico Antonio Muratori(이태리 역사가), 《중세 이태리의 옛 제도Antiquitates Italicae Medii Aevi》, SS., 제VIII편, 823쪽.

(원문) "*Poyius equos quam homines offendatis, feriatis et cum gladii cspide non cm acie ita qod eqis hostim vestris ictibs sccumbentibus, nostrorum peditm promta manus sessores equorm taliter prostratos ad terram et prae armorum gravidine lentos liberius excipiet et trucidet. Reguletor et aliter in primo conflictu probitas vestra. Singuli militis singulos juxta se pedites habeant, 몃 duo quilibet, si valeat, etiamsi non possirt habere alios, quam ribaldos. Hosenim tam pro conficiendis equis hostilium, tam pro conterendis iis qui excutientur ab equis, experientia pugnae valde necessarios et utiles esse probat.*"

5) 〈두스부르그 법령Dusburg Capitlary〉, 104(99). SS., 《프로이센 법령집Rer. Pruss》, 제I편.

헨리Heinrich/Henry Ⅱ세의 아일랜드Irland/Ireland 정복(서기 1188년경)에 관한 잉글랜드 연대기年代記 작가 기랄두수Giraldus Cambrensis의 기록에서 찾아볼 수 있다.6)

그의 기록에 의하면 노르만족이 잉글랜드로 가지고 들어온 것으로 자신은 알고 있는 골Gallien/Gaul의 전투방법은 아일랜드나 웨일즈의 전투방법과는 매우 달랐

---

6) 〈아일랜드 정복Expugnatio Hibernica〉, 작품번호Opera Ⅴ번(중세의 영국역사가들Rerum Britannicarum Medii Aevi Scriptores), 395쪽. 앞의 제Ⅰ장, 각주 21에서 소개한 구절도 이 글에서 인용한 것이었다.

"내가 잘 알고있는데 기사騎士들은 고향 땅에서 가장 탁월하고 무기 사용법도 가장 잘 배운 사람들이지만 골 지방에서의 군복무는 아일랜드나 웨일즈에서의 군복무와 크게 다른 것으로 알려져 있다. 사실 그곳에서는 평평한 땅과 개활지를 좋아하고 이곳에서는 거친 땅과 숲을 좋아한다. 그곳에서는 갑옷을 명예로 생각하지만 이곳에서는 짐으로 생각한다. 그곳에서는 완강한 행동으로 정복하지만 이곳에서는 민첩한 행동으로 정복한다. 그곳에서는 기사騎士를 포획되지만 이곳에서는 목을 벤다. 그곳에서는 속환금贖還金을 받고 기사騎士를 돌려주지만 이곳에서는 죽여버린다.

따라서 기사騎士들이 평지에 무리를 지어 집결해 있을 때는 분명히 아마포亞麻布와 가죽으로 만든 저 무거운 여러 겹 갑옷이 멋도 있고 기사騎士들을 잘 보호해주지만 숲이나 늪지 같이 닫힌 곳에서 싸울 때는 보병이 기사騎士보다 유리해서 가벼운 무장을 훨씬 더 좋아한다. 사실 첫 공격에서 거의 언제나 바로 이기거나 지는 갑옷 없는 자들과 싸울 때는 가벼운 장비로 충분하다. 빠르고 민첩한 민족과 닫혀 있거나 험한 지형에서 싸울 때는 언제나 장비가 무거운 쪽이 저들의 빠른 동작 때문에 당황하게 된다.

물론 그렇게 여러 겹 갑옷을 입고 안장도 크게 구부려졌으니 말에서 내리기도 어렵지만 올라타기는 더 어렵고 특히 필요할 때 말에서 내려 싸우기는 더 힘들 것이 분명하다..

따라서 웨일즈 경계선 뒤의 민족은 아일랜드 민족이건 웨일즈 민족이건 간에 모든 전역戰役에서 이 지역에 익숙해서 이 지역에서 누구보다도 전투에 능하고, 그들의 생활방식대로 관습이 순수하고, 위험에 대비가 되어있고 대담하고, 상황에 따라서 어느 때는 기병騎兵에 익숙하고 다른 때는 보병에 익숙하며, 음식이나 음료수가 까다롭지 않고, 상황이 급박할 때는 빵과 술도 자제할 줄 안다. 우리는 그러한 아일랜드 사람들과 전역戰役을 벌여서 이제 그들의 정복을 마무리해가고 있다. 그러니,

'제대로 준비된 자들이여
그대들의 자리가 있으리로다'

라는 말대로 서슴없이 무거운 갑옷을 입고 오로지 힘과 무기의 도움에만 의존하면서 개활지 전투를 서두르면서 힘으로 이기려는 자들을 상대할 때는 우리에게도 갑옷 입은 사람과 힘이 필요하다고 단정한다. 그러나 가벼운 갑옷을 입고 동작이 빠르며 험한 지형을 쉽게 오가는 자들을 상대할 때는 우리도 그런 상황에 효과적으로 훈련되고 가벼운 갑옷을 입은 사람들을 진두에 써야 한다.

그러니 아일랜드 전투에서 그대들은 기사騎士들과 궁수弓手들을 섞어서 활용해야 한다. 궁수들은 동작이 빨라 안전하게 공격하고 언제든 반복해서 후퇴할 수 있기 때문이다. 그들은 또한 돌맹이로 석에게 피해를 줄 수도 있다. 그들은 화살과는 다른 방법으로 돌맹이를 던져 무거운 갑옷을 입은 자들을 공격하는데도 익숙하기 때문이다."

(원문) "*Novi vero, quamquam in terra sua milites egregii fuerint, et armis instructissimi, Gallica tamen tamen militia multum ab Hibernica, sict et a Kambrica distare dinoscitur. Ibi namqe plana petntur, hic aspera; ibi campestria hic silvestria; ibi arma honori, hic oneri; ibi stabilitate vincitur hic agilitate; ibi capitntr milites, jhic decapinatur; ibi redimuntur, hic perimuntur*

Sicut igitur ubi militares acies de plano conveniunt, gravis illa et multiplex armatra, tam linea scilicet quam ferrea, milites egregrie munit et ornat, sic bi solum in arcto configitur, seu loco silvestri seu palulustri, bi pedites potius quam eqites locum habent, longe levis armatra praestantior. Contra inermes namque viros, quibus semper in primo fere impetu vel parta est statim vel perdita victoria, expeditiora satis arma sufficint; bi fugitivam et agilem per arcta vel aspera gentem sola necesse est gravi quandam et armata mediocriter agilitate confidi.

Cum illa nimirum armatura miltiplici sellisque recurvis et altis difficile descenditur, difficilius ascenditur, difficilime cum opus est pedibus itur.

In omni igitur expeditione, sive Hibernica sive Kambrica gens in Kambriae marchia nutrita, gens hostilibus partim illarm conflictibs exercitata, competentissima; puta formatis a convivtu moribus, audax et expedita, cum alea; Martis exergerit, nunc equis habilis, nnc pedibus agilis inventa; cibo potque non delicata, tam Cerere quam Baccho, casis rgentibus, abstinenrc parata. Talibus Hibernia viris initium habit expugnationis talibus quoque consmmabilis finem habitra conquisitionis. Ut igitur

Singula quaeque locum
teneant sortita decenter,

contra graves et armatos, solumque virium robere, et armorum ope confios, de plano dimicare, victoriamque vi obtinere contendenters, armatis quoqe viris et viribus opus hic esse procul dbio protestamr. Contra leves autem et agiles, et aspera pedentes, levis armaturae viri taliumqe praesertina exercitati congressibus adhibendi.

In Hibernicis autem conflictibs et hoc smmopere crandm, ut semper arcarii militaribus turmis mixtim adjiciantr. Qatinus et lapidum, quorum ictibs graves et armatos cominus oppetere solent, et indemnes agilitatis beneficio, crebris accedere vicibus et acscedere, e diverso sagittis injuria propulsetr.

다 한다. 전자는 개활지 또는 평원을 후자는 단절된 지형 또는 숲을 선호했는데 이는 전자는 완강한 힘으로 후자는 민첩성으로 승리하기 때문이라고 했다. 평원에서는 상의에 쇠를 붙인 완벽하고 무거운 갑옷이 몸을 보호해 주지만 숲이나 늪지 등 좁은 지역에서는 보병이 기사騎士보다 활동이 편하고 경무장 인원이 훨씬 장점이 많다. 한번 충돌하면 이기건 지건 언제나 바로 승부가 나는 갑옷 없는 인원들을 상대할 때는 가벼운 무장과 무기로도 충분하기 때문이다. 하지만 협소하고 바닥이 고르지 못한 지형에서 적을 추격하려면 무거운 무장과 무기가 방해가 될 수밖에 없다. 복잡한 갑옷, 높고 구부러진 안장 때문에 마병馬兵은 말에 오르거나 내리기도 매우 어렵고 특히 걷는 것이 가장 힘들기 때문이다.

"따라서 아일랜드와 웨일즈 지역에서는 이 혼란한 지역에서 강인하게 성장한 현지인들이 최고였다. 아일랜드 전투에서는 늘 기사騎士에게 궁수弓手들이 배속되었던 것으로 보인다. 아일랜드인이 중무장한 인원을 돌로 공격한 후 재빠르게 도망쳤다가 다시 돌아오면 이들에게 화살로 대응할 수 있어야 했기 때문이다."

완전 무장한 무거운 기사騎士들이 전투 시 경기병輕騎兵들과 어떻게 협조했는지에 관한 기록이 사료에는 보이지 않는다. 소수 기사騎士들만 있는 전초전前哨戰에서는 협조가 별로 어렵지 않았을 것이다. 그러나 기사騎士 숫자가 많아지면 지원병종은 활동공간이 제한되고 기사騎士들을 효과적으로 지원할 수 없다. 템플 기사단Templer Ordens 규정에는 기사騎士들이 전투에 돌입하면 크나페Knappe(견습기사)들은 일부는 등짐 짐승들을 끌고 후방으로 가고 다른 일부는 곤파노니아gonfanonia/gonfalonier(역자 주: 끝이 갈라진 중세 군기軍旗)의 유도 아래 주인을 따라 전투에 참여하게 하는 명문 규정이 있다(제179장). 그러나 갑옷이 불완전한 크나페들에게 기사騎士들 전투에 뛰어들도록 너무 큰 기대를 하는 규정도 있다(제172장 및 제419장). 이 규정들은 깃발이 흔들리고 있는데도 전투에서 이탈한 기사騎士 형제와 완전한 갑옷을 갖춘 자는 기사단騎士團에서 불명예 방출한다고 한 후 갑옷이 없는 자에게는 아무 도움을 기대할 수 없고 더 이상 버틸 수 없다고 양심적으로 판단되면 후퇴해도 무관하다며 선택권을 주었다. 그러나 후자 중 전투이탈자가 너무 흔했으므로 게르만 기사단deutschen Orden(역자 주: 튜튼 기사단Teutonic Order라고도 함) 규정은 크나페에게 전투에 따라가도록 하는 조항을 아예 두지 않고 그 대신 크나페들은 주인들이 전투에서 돌아올 때까지 깃발 아래서 기다리게 했다.[7] 그들은 전투에 참여해도 별로 도움을 줄 것이 없었고 오히려 적의 압력을 받아 후퇴할 때는 매우 위험했고 그들이 공황상태에 빠지면 기사騎士들까지 영향을 받았다. 그러나 그들은 적의 기사騎士들

---

7) 〈관습Gewohnheiten〉, 제61장(페를바크Perlbach, 《게르만 기사단 규정—보충 규정 및 관습 포함Die Regel des deutschen Ordens, mit allen nachträglichen Gesetzen und Gewohnheiten》, 116쪽).

로부터 직접 압박을 받지만 않으면 여러 가지로 그들의 주인을 도울 수 있었고 기사들에게 영향을 미치지 않으면서 후퇴해서 달아날 수도 있었다.8)

쾰러Köhler의 《기사騎士 시대의 전쟁과 용병술用兵術의 발전Entwickelung des Kriegswesen und der Kriegsführung in der Ritterzeit》에서는 13세기에는 기사騎士의 종자從者/Gefolge들 중 말을 탄 무장 하인Diener이 아직 없었고 있었다 해도 전투원은 아니었다고 반복 주장한다. 그러나 이는 지나친 말이다. 그런 인원이 언제나 다소 있었고 그들은 무장하고 마초馬草를 구하러 간다든지 적 지역을 황폐화시키는 임무 등 2차적 목적에 쓰였다는 점에서 역시 전투원들이었으며 기사騎士들을 지원할 경우에는 또한 소규모 전투의 진정한 전투원이었다. 그들에게 규칙적으로 기사騎士들을 따라 전투에 나가게 하는 관행은 매우 서서히 발전되었을 뿐이다.

14세기 중반쯤에는 기사騎士 개인에게 지원병종을 배속시킨 결과 "글레베Glebe/gleve" 또는 "랑쎄lance/Lanze"라는 개념이 생겼다. 이 용어는 1명의 기사騎士와 그 수행 인원들을 통칭하는 말로 이해되었다. 물론 전투에 기사騎士만 등장하는 경우도 있었고 이때는 그를 "1인조組 Einspäniger"라고 불렀다. 그러나 군대의 병력수는 보통 글레베 단위로 계산되었다. 물론 글레베는 불확실한 개념이었다. 1개 글레베에 기사騎士 1명과 보병 9명이 포함된 경우도 있었다. 이는 당시 기사騎士를 얼마나 중요한 병종兵種으로 보았는지를 보여주는 또 다른 증거다. 1개 글레베의 병력이 몇 명이건 간에 준전투원들은 병력수 계산에서 제외되었다. 반면 태생적 기사騎士로 리터슈라그Ritterschlag 의식(역자 주: 칼로 어깨를 두드리는 기사騎士 작위 수여 의식)을 거친 엄격한 의미의 기사騎士만 글레베의 기사騎士였던 것은 아니었고 그 중에는 아직 리터슈라그 의식을 거치지 않은 귀족이나 기사騎士 장비를 갖춘 전사戰士도 있었다. 사회적인 신분 구별이 엄격해지고 기사騎士라는 낮은 귀족계층이 뚜렷이 형성되

---

8) 기스레베르트Gislebert는 〈하이나우트 연대기年代記Chronicon Hanoniese〉(《게르만 사료집Monumenta Germaniae》, SS., XXI, 552쪽)에서 하이나우트Hennegau/Hainaut의 발트빈Waldwin 대공大公/Graf과 부르고뉴 영주領主/Herzog간의 전투(서기 1172년)를 묘사해 놓았다. 빌트빈은 그의 "종자從者와 하인들armigeri et garciones"을 무장시켜서 보병으로 자신을 방어할 수 있게 했다고 말했다. 델페쉬Delpech는 이를 발트빈은 그렇게 하려고 그들을 말에서 내리게 했다는 의미로 이해한다(《13세기의 전술La tactique au XIII siécle》, 제I편, 306쪽). 그러나 쾰러Köhler 장군의 《기사騎士 시대의 전쟁과 용병술用兵術의 발전》, 제III편, 제II권, 83쪽에서는 그런 해석을 부인한다. 그들이 말을 타고 있었다는 징표는 없지만 말을 타고 있었다고 해도 우리가 앞서 알 수 있었듯이 그들이 말에서 내려서 싸웠다고 보는 것이 옳을 것이다. 원문은 다음과 같다.
"하니나우트 대공大公은 자신의 영지에서 온 기사騎士 5명과 함께 있었는데 세르비엔스servens들을 보병으로 대동한 너무 거만한 수없이 많은 기사騎士들을 거느린 부르고뉴 영주 하인리히Heinrich/Henry가 그를 상대하러 왔다. 이때 하니나우트 대공大公은 좋은 생각이 바로 떠올라서 그의 종자從者와 하인들을 보병 병력으로 정렬시키고 많은 적敵들을 방어할 수 있도록 그가 줄 수 있는 무기들을 주었다. 적敵 측의 많은 기사騎士들이 전개되자 그는 용감하게 그들과 싸워서 이겼다."
(원문)
"cum comes Hanonienis in parte sua quinque terre sue milites secum haberet, et ex adversa parte eum duce Burgundie Henrico quamplures in superbia nimia, servientibus peditibus atipati, advenirent, comes Hanoniensis vivido ac prudente animo assumpto de armigeris suis et garcionibus clientes pedites ordinavit et eos quibus potuit armis quasi ad defensionem contra multos preparavit militibusque multis ex adversa parte constitutis viriliter restitit et eos expugnavit."

어 갈수록 진정한 기사騎士의 수는 적어졌다. 전사戰士의 후손 중 12세기와 13세기에는 "세르게안트Sergeant"나 "크네크트Knecht"로 야전으로 나갔던 많은 사람들이 이제 귀족이 되었지만 봉토封土를 유지 못하고 평민 신분으로 떨어진 사람들도 많았기 때문이다. 결국 진정한 기사騎士 외에도 능력이 입증된 선발된 사람으로 기사騎士와 어느 정도 대등한 임무를 수행할 수 있는 전사戰士들이 언제나 필요케 되었다. 12세기에는 아직 탄력성을 완전히 잃지는 않았던 "기사騎士"라는 단어가 이제는 진정한 기사騎士 즉, 귀족만 말하는 엄격한 의미로 변했기 때문에 동원된 기병騎兵 전체를 말할 때는 "기사騎士와 크네크트Knecht"라는 표현이 쓰이게 되었다.

혼합전투 이론이 사료에서는 서기 1126년에야 겨우 확인되지만 다양한 무기가 있는 곳에는 기억할 수 없는 먼 옛날부터 이런 이론이 존재했을 것이다. 그러나 이제 이런 이론에 의한 병종兵種 편성이 그 형태나 상황 또는 지도자들의 특별한 개념과 명령에 따라 다양하고 특별한 모습을 지니게 되었다. 전투가 발전할수록 혼합전투의 형태와 병종 편성이 다양해진 것이다.

기병騎兵들이 적과 충돌하기 전에 궁수弓手들이 앞으로 나가 적에게 가능한 최대의 피해를 주려 하다가 마지막 순간에 철수해서 기병騎兵들 사이에 남겨두었던 매우 넓은 공간 속으로 들어오던 전투방법도 보인다. 당시 기병騎兵들이 궁수들로부터 도움을 받기는 했지만 이런 도움을 결정적 도움으로 보지는 않았다는 것을 우리는 알 수 있다. 그런 도움이 없이 전투가 이루어질 때도 있었다. 궁수들이 그런 임무를 수행할 시간은 매우 제한적일 수밖에 없었고 따라서 큰 도움을 줄 수 없었기 때문이다. 오히려 이들이 기병騎兵들 사이를 통과하거나 측면을 돌아서 빨리 철수하지 않고 이곳저곳 몰려있어 기병騎兵들의 전진을 방해하기도 했다.

창槍을 든 보병들은 방벽 같은 장애물을 사전 제거해야 할 필요가 있을 때만 앞으로 나갔을 것이다. 그들은 보통 후방에서 기사騎士들을 따라가다 전투에 개입했다. 엘스터Elster 전투(서기 1080년)의 경우와 같이 말을 타고는 통과할 수 없는 측면으로 적에게 접근하려고 일부 기사騎士들이 말에서 내린 경우는 물론 전혀 다른 상황으로서 우리가 다루고 있는 문제와는 무관하다. 그런 특별한 경우를 제외하면 보병인 창병槍兵들이 가장 큰 효과를 발휘하는 때는 밀집대형으로 정렬해서 위험한 순간 기사騎士들에게 피난처를 제공해 주는 경우이다. 필자는 이런 기능을 보병에게 부여한 이론을 베게티우스Vegez/Vegetius의 글에서 처음 보았다.9)

9) 강조할 만한 점은 베게티우스가 보병에게 이런 수동적 방어 기능을 강조한 점이다(《로마 군제軍制 Rei militaris instituta》, II, 17장 및 III, 14장). 이 부분은 고대 로마작가들의 글에서 인용된 것일 수는 없다. 고대 로마의 레기온legion은 공세적 밀집공격으로 최대의 위력을 발휘했기 때문이다. 만약 베게티우스가 반대로 말했다면 이는 당대 작가들의 말을 인용했기 때문이었을 것이며 그렇다면 이는 진정한 로마의 전투방식이 그의 시대에도 이미 없었고 당시의 전투가 이미 중세시대의 전투와 같았다는 증거가 될 것이다. 옌스Max Jähns는 《독일 군사학사軍事學史 Geschichte der Krigswissenschaften vornehmlich in Deutschland》, 제I편,

레오Leo 황제의 《전술론Taktik》에서도 적敵은 기병騎兵으로 구성되어 있고 우리측에 약간의 보병이 있을 경우에는 이 보병을 아군 기병騎兵의 후방 1~2미글리miglie(역자 주: 1~2 영국마일)쯤에 위치시켜 놓고 기병騎兵에게는 뒤로 밀릴때우 바로 이 보병 쪽으로 철수하지 말고 이들을 빙 돌아서 철수한 다음 이들 뒤에 집결하도록 명령할 것을 권하고 있다(제XIV장, para 20).[10]

로베르트Robert Giscard(역자 주: 앞의 제II권, 제VI장 참고)에 관한 서사시敍事詩에 소개된 모습은 이런 전투방법의 첫 번째 예가 될 것이다.[11] 제1차 십자군十字軍 당시의 도리레움Doryläum/Dorylaeum 전투(서기 1097년)에 관한 기록은 그 실행방법까지 매우 분명히 소개된 예이다. 물론 이 기록에서는 발로 싸운 전투원들의 대부분이 말을 잃은 기사騎士들 같지만 이를 통해 우리는 십자군들이 이런 방법을 매우 체계적으로 이용했었음을 알 수 있다. 안티오크Antioch 영주領主 로저Roger의 사제司祭 가우티어 Gautier는 매우 중요한 기록들을 남겨놓았는데 그는 하브Hab 전투(서기 1119년)에 관한 기록에서 보병 전투원들을 3개 기사騎士 부대 뒤에 배치해서 서로 엄호케 했었다 한다.[12] 그들이 이런 방법을 쓰게 된 것은 고향에서 데리고 온 말들이 대부분 행군 중 죽고 달리 말을 구할 길도 여의치 않았던 시리아에서는 보병과 기병騎兵의 비율이 서구西歐에 있을 때와는 크게 달라졌었기 때문이다. 물론 모든 측면에서 크게 과장된 것이기는 하지만 이 영주領主가 교황에게 보고한 내용에

186쪽에서 이미 이런 점을 정확하게 지적한 바 있다. 베게티우스가 시대별 특징들을 잘 구분하지 못했다는 것은 널리 알려진 사실이다. 누군가 치밀한 연구를 통해 그의 글에 포함되어 있는 여러 가지 요소들의 차이점을 서로 구분할 수만 있다면 매우 큰 가치를 지니게 될 것이다. 그러나 과연 그런 일이 가능할까?

10) 제XVIII장, para. 69에서는 투르크Türk/Turk속과 싸울 때는 이와 반대로 기병騎兵을 처음에는 보병의 뒤에 위치시킬 것을 권하고 있다. 무슨 의도 때문인지 분명하지 않다.

11) 여러 가지 측면에서 흥미가 있는 〈로베르트의 행적行蹟Gesta Roberti Wiscardi〉, I, v. 260 중의 구절은 다음과 같다.
   "무장한 보병에게 좌우 측면을 둘러싸게 했고,
   일부 기병騎兵에게는 그들과 합류하도록 했는데
   이들의 지원으로 보병이 훨씬 더 강력해 졌다.
   그는 그들의 전장戰場 이탈을 엄격하게 금해서
   그들이 적에게 밀려나도 구조될 수 있게 했다."

   (원문)
   "Artmati pedites dextrum laevumque monentur
   Circumstare, aliquod sociantur equestres
   Firmior ut peditum plebs sit comitantibus illis.
   His interdicunt omnino recedere campo
   Ut recipi valeant, si forte fugentur as hoste."

12) "보병들의 무리는 그들을 보호하고 그들의 보호를 받기 위해서 자신들 앞에 배치된 3중의 전선戰線 후방에 있었다*Tribus aciebus antepositis manus pedestris, ut has protegar et ab his protegatur, retro slsuiui.*" 프루츠Prutz 편編, 《십자군 역사에 대한 사료 연구*Quellenbeitrge zur Geschichte der Kreuzzüge*》, 제I편, 44쪽.
   라둘프Radulf의 〈탄크레드의 행적行蹟 *Gesta Tancredi*〉, 제32장(《십자군 역사가 연구집. 서구西歐 편*Recueil des Historiens des Croisades. Historiens Occidentaux*》, 제3권, 629쪽)에서는 도주하는 투르크Türk/Turk족에 관해 "그들은 마치 도주만 하면 안전이 보장된 것 같이 보일 정도로 도주 후 돌아설 생각을 하지 않았다*nec fuga gyrum senserunt, ad대 fugere est sperare salutem*"고 했다. 문맥상 이런 행동은 밀집대형을 형성했을 것으로 볼 수 없는 기병騎兵의 행동으로 되어있다. 이 구절은 이 시인詩人이 보병 전투원의 행동을 거룩한 영감靈感 때문에 기병의 행동으로 잘못 말한 것일 수도 있을 것이다.

의하면 안티오크에서는 기사騎士들의 말이 겨우 100필만 남았다고 했다. 일일보고日日報告들이 기록된 사료에 의하면 말을 약탈당했다는 말이 계속 있는 것을 보면 말이 크게 부족했던 것이 분명하기는 하다. 기사단騎士團 규정들을 보아도 고향에서 보낸 말에 관한 언급이 자주 보인다. 만약 시리아에서 적당한 말을 구할 수만 있었다면 말들을 장거리 수송하는데 필요한 비용을 절감할 수 있었을 것이 분명하다. 결국 십자군들의 경우는 보병 창병槍兵들이 서구에서보다 훨씬 큰 역할을 했는데 이는 원칙이 그랬던 것도 아니고 이에 관한 특별한 전투기술이 개발되었기 때문도 아니며 단지 말이 부족했기 때문일 뿐이다.

비록 다음 세대들 때도 군사작전 지역에 새로운 병력들이 등장하기는 하지만 앞서 말한 십자군의 경험이 서구西歐에 영향을 주었다는 것은 입증될 수도 없고 그렇게 보아서도 안 된다. 후일 새로운 군대에서는 이런 형태의 병력 즉, 기사騎士들을 지원하기에 적합한 병력으로 도시민 특히 이태리 자치시自治市/Kommun 주민들이 이용된 것 같기도 하다. 그러나 이런 의문스런 현상이 성공을 거둔 것으로 볼 수 있는 예는 실제로는 레그나노Legnano 전투 단 한 차례뿐이다. 이 전투는 뒤에 호헨스타우펜Staufen/Hohenstaufen 왕조와 이태리인들 사이의 투쟁을 다룬 별도의 장章(역자 주: 뒤의 제Ⅴ장)에서 다시 검토 될 것이다.

부빈Bouvines 전투(서기 1214년)에 관해서도 비슷한 기록이 있지만 일화逸話에 불과할 뿐이며 시적詩的 과장에 의한 기록임이 분명하다.13)

노르트알레톤Northallerton 전투(서기 1138년)에서도 유사한 독특한 행동이 보인다. 이 전투에서 잉글랜드의 민병民兵 징집군은 말이 없는 기사騎士들을 제1횡렬橫列에 세우고 스코틀랜드군의 돌격을 격퇴하지만 공세攻勢로 전환하지는 않았다.

---

13) 영웅서사시英雄敍事詩 형식으로 쓰여진 브리토Guillemus Brito의 〈필리프 왕의 행적行蹟Gedta Philippis regis〉, 제 Ⅳ권, v. 605-612(두케스네Duchesne, v, 238)에서는 이렇게 말하고 있다.

　　　"보병 방벽으로 안전하게 자주 후퇴했던 후라
　　　대공大公은 적을 전혀 두려워하지 않았고
　　　우리 기사騎士들은 적의 창보병槍步兵을 두려워했는데
　　　자신들은 칼을 가지고 싸웠기 때문이다:
　　　그들은 짧은 무기를, 상대는 창槍을 가지고 있었는데
　　　그들의 창은 우리의 손칼이나 긴칼보다 더 길었고
　　　저들은 벽 같은 3중 원圓의 단단한 대형으로 정렬해서
　　　조심스럽게 전개한 우리의 접근을 허용하지 않았다."

　　(원문)

　　　"*In peditum vallo totiens impune reseptus*
　　　Nulla parte Comes metuebat ab hoste noceri
　　　Hastatos etenim pedites invadere nostri
　　　Horrebant equites, dum pugnant ensibus ipsi:
　　　Atque armis brevibus, illos vero hasta cutellis
　　　Longior et gladiis, et inextricabilis ordo
　　　Circuit triplici murorum ductus ad instar
　　　Caute dispositos non permittebat adiri."

보병이 궁수弓手나 창병槍兵으로 혼합전투에서 직접 기사騎士들을 지원하려 했던 이런 방법은 일반적으로 유지되었다. 서기 1262년 스트라스부르크Strassburg/Strasbourg 성민城民들이 하우스베르겐Hausbergen에서 그들의 주교에게 승리한 전투는(역자 주: 뒤의 363쪽 참고) 그런 행동이 어떻게 성공할 수 있는지를 잘 보여주는 예이다.

갑옷이 충분하지 못한 크나페Knappe와 보병이라도 혼전混戰에 끼어들면 반드시 죽는 것은 아니었다. 앞서 템플 기사Templer/Templars의 예에서 알 수 있었듯이 그들은 상대방 기사騎士의 공격을 받았을 때 도주해도 명예를 버리는 것이 아니었다. 그러나 기사騎士들은 언제나 우선 적의 기사騎士들을 공격했다. 그들의 이런 행동만이 승부를 결정할 수 있었고 따라서 그들에게는 이런 행동만이 명예로운 행동이었기 때문이다. 부빈Bouvines 전투에서 프랑드르Flandern/Flandre 기사騎士들은 300명의 경기병輕騎兵이 공격해 올 때 자신들의 위치에서 번거롭게 움직일 필요가 없다고 생각하며 기다리다 보호장비를 입히지 않은 상대방 말을 가격한 다음에야 적의 기사騎士들에게 달려나가 전투를 벌였다. 보링겐Worringen 전투(서기 1288년)를 찬양한 헬루Ian von Heelu의 서사시敍事詩에서는 어느 세르게안트Sergeant(보병)가 "모든 병사들은 적의 지도자들 중 하나를 노리고 그를 때려죽일 때까지 공격을 늦추면 안 된다. 그들의 병력이 너무 많아서 쾰른Köln/Cologne까지 늘어져 있어도 지도자들만 죽으면 그들은 격파된다"라고 외치는 대목이 있다(v. 4954).

보조병종補助兵種 특히 보병궁수步兵弓手와 보병창병步兵槍兵이 때때로 기사騎士들에게 주는 도움이 얼마나 중요했건 간에 이는 어디까지나 보조적 행동에 불과했음을 우리는 잊어서는 안 된다. 기사騎士들이 결정적인 병종이라는 기본적인 사실에는 변화가 없었다. 중세의 관점에서 이 문제를 논할 때는 정면전투에서 이상적인 최상의 군대는 항상 순수한 중기병重騎兵들로만 구성된 군대였다는 점을 아무리 강조해도 지나치지 않다. 그럼에도 보조병종이 계속 증가한 것은 그들이 중기병에 비해 쉽게 얻을 수 있는 병종이었기 때문이다. 특히 중기병과 진정한 기사騎士를 많이 보유할 수 없던 소규모 세력이나 왕조나 도시들간의 대립에서는 전투원 대부분이 보조병종인 경우가 흔했다. 그러나 타글리아코쪼Tagliacozzo 전투, 마르크 March 평원 전투, 꾈하임Göllheim 전투 등 왕들간의 큰 결전決戰은 흔히 순수한 기병전 騎兵戰이었을 것으로 보인다. 보병들이 함께 왔으면서도 전투에는 참여하지 않고 뒤에 남겨져 있었다고 특별히 언급된 기록들도 매우 흔하다.

그렇다면 기사騎士들 자신은 어떤 전투대형을 취했을까? 이에 관한 기록들은 내용이 매우 다양하다. 비잔틴 제국 레오Leo 황제는 그의 《전술론Taktik》에서 프랑크족은 게으르고 전투기술도 선견지명도 조심성도 없다고 했다(제XVIII장, para. 88). 그들은 기병騎兵들도 질서 있는 대형에 관심이 없었다는 말이다. 그러나 질서와 무질서는 상대적 개념이며 이 유명한 황제는 이 구절 바로 앞에서는 프랑크족이 전선戰線을 정렬한 후 밀집대형으로 전진했다고 말했다.14) 어떤 형태건 질서 있는 대형이 없이는 프랑크족이나 그들의 뒤를 이은 어떤 민족들도 적을 향해 병력을 전진시킬 수 없었을 것이다.

프랑크 왕국이 몰락한 후 게르만 왕국을 세운 하인리히Heinrich/Henry I세가 헝가리Ungaren/Hungarian족과의 전투에 앞서15) 자신의 작센Sachsen/Saxons 병력에게 누구도 말을 빨리 몰아서 측면 병사들보다 먼저 앞으로 튀어나가려 해서는 안 되며 전원이 함께 적과 충돌해야 한다고 명령했다는 기록이 있는데 이는 레오Leo 황제의 말과 똑 같은 말이다. 우리는 이를 특별하거나 혁신적인 것으로 볼 것이 아니라 잊기 쉬운 논리적인 규정을 새삼 강조한 것으로 보아야 한다.

우리는 앞서 아랍 군사역사가의 글에서도 같은 경고를 본 적이 있다(앞의 213쪽 참고). 템플 기사단Templer Ordens 규정에도 "어떤 형제도 허가 없이 공격하거나 그의 횡렬橫列에서 달려나가서는 안 된다Ne nul frère ne doit poindre ne desranger sans congié"는 조항이 보인다(제162장). 게르만 기사단deutschen Orden 규정에도 유사한 조항이 있다.16)

그러나 질서와 통일성은 기사騎士들에게는 자연스러운 것이 아니었다. 그들에게 가장 소중했던 것은 개인적인 용기, 명예, 명성 그리고 용기였다. 오히려 횡렬을 박차고 나가 돌진하는 것이 자연적인 추세였다. 따라서 공격 시에 하인리히 I세의 명령과는 반대로 특출한 영웅 1명이 선두에서 적진을 돌파하면 나머지가 그를 따라가는 장면을 영웅서사시英雄敍事詩에서 자주 볼 수 있다.17)

그러나 시詩 속에서의 평가는 전술적 평가는 아니다. 질서 있게 전투에 들어간 군대를 칭송하거나 무질서로 인한 패배를 지적한 사료 기록은 흔하다.18)

기사騎士들을 질서 있게 정렬시키는 것이 그의 임무였을 것이 분명하지만 이를 어긴 부대장이나 기병대장이 영웅서사시에는 자주 보이지만 실제 역사문헌에는 그런 인물이 전혀 보이지 않는다.19)

---

14) 필자는 적어도 이 바로 앞의 구절(para 86)인 "Ισον δε τὸμέτωπον τῆς παρατάξεως αὐτῶν ποιοῦνται χαὶ πυχνὸν ἐν ταῖς μαχαις(Ison de to metōpon tēs parataxeōs autōn poiountai kai pyknon en tais machais)" 부분을 "그들은 전선戰線 정면을 고르고 질서 있게 밀집 정렬시켰다"라는 의미로 해석하고 싶다.

15) 리우트프란두스Liutprand/Liutprandus, 《복수론復讐論 Liber Antapodosius》, II, 31.

16) 페를바크Perlbach, 《게르만 기사단 규정―보충 규정 및 관습 포함Die Regel des deutschen Ordens, mit allen nachträglichen Gesetzen und Gewohnheiten》(할레Halle, 서기 1890년), 117쪽.

17) 하르퉁Hartung, 《니벨룽겐의 노래와 쿠드룬의 노래 시절의 고대 게르만족Die deutschen Altertümer des Niebeungenliedes und der Kudrum》, 505쪽. 〈쿠드룬의 노래〉, 647. 2, 1403. 1 및 1451. 1을 〈니벨룽겐의 노래〉, 203 및 204. 2210과 비교해 볼 것.

18) 서기 1075년 운스트루트Unstrut 강변의 홈부르크Homburg 전투 당시 8,000명의 작센군이 죽은 데 대한 수도사修道士 베르톨트Berthold의 평가(역자 주: 앞의 132쪽 참고); 십자군의 서기 1096년 전투에 관한 에케하르트Ekkehard의 연대기年代記, 223쪽; 서기 1102년 라므라Ramla/Ramleh 전투에서 패배한 예루살렘의 발두인Balduin/Baldwin 왕에 대한 풀케르Fulcher(《예루살렘 전역사戰役史 Historia Hierosolymitana》)의 평가.

또한 그들은 현대 기병騎兵 같이 충격효과를 위해 빠른 속도로 공격하지 않았으며 규칙상 천천히 전진해야만 했던 경우들을 우리는 많이 볼 수 있다.20)

물론 군대 전체는 물론 규모가 큰 분견대도 봉건적인 위계질서에 기초한 단위부대들로 나뉘어야 했었고 이렇게 나뉜 단위부대들이 규모에 큰 차이가 있는 경우가 흔했다.21) 따라서 우리는 이 단위부대들이 종심縱深이 깊은 경우도 있었지만

---

19) 하르퉁Hartung의 《니벨룽겐의 노래와 쿠드룬의 노래 시절의 고대 게르만족》, 503쪽과 렉시스Lexis와 그림Grimm의 《역사사전歷史辭典》들에 이런 인물에 관한 구절이 몇 곳 있을 뿐이다.

20) "영주領主는…기사騎士들을 훈련 때와 같이 횡렬로 정렬하지 않았고, 가축 떼 같이 전진했다가 부대의 대형이 흩어지면 무질서하게 돌아오는 그의 병력을 이끌고 침착하게 전진하지 않고 쏜살같이 달려나가면서 적에게 돌격했다Dux…secus quam disciplina militaris et ordo exposuit, non pedetemptim incendes sed praecipitanter advolans in hostem ruit suis gregatim adventantibus et dirupto legionum ordine confuse venientibus." 프라이징Otto von Freising, 〈프리드리히 Ⅱ세의 행적行績 Gesta Friderici II〉, I, 32.

"그들은 궁수弓手와 보병들을 정렬시키고 자신들이 앞장서 프랑크족의 관습대로 침착하게 전진했다 Sagittarios et pedites suos ordinaverunt et ipsis praemissis pedetemptim ut mos est Francorum, pergebant." 발드릭Baldric, 〈예루살렘 역사Historia Jerosolimitana〉(《십자군 역사가 연구집. 서구西歐 편Recueil des Historiens des Croisades. Historiens Occidentaux》, 제4권, 95쪽.

보링겐Worringen 전투(서기 1288년)를 찬양한 헬루Ian von Heelu의 서사시敍事詩에는 기병의 접적기동接敵機動에 대해 "양측이 서로를 향해 이동하고 있을 때 마치 잔치가 열린 곳에서 말을 타고 신부를 안장 앞에 태우고 이동하는 신랑들 같이 그들은 서로를 향해 너무 침착하게 이동했다"는 대목이 있다(v. 4898).

뻬벨레 산Mons-en-Pévèle 전투에 관한 기아르Guiart의 기록(〈왕계보王系譜 Branche des royeax lignages〉, V. 11484)에도 "각 집단은 방진方陣으로 전진하면서 천천히 이동했다"는 구절이 있는데(쾰러Köhler, 《기사騎士 시대의 전쟁과 용병술用兵術의 발전Entwickelung des Kriegswesen und der Kriegsführung in der Ritterzeit》, 제Ⅱ편, 269쪽에서 재인용) 각 부대가 밀집대형으로 천천히 말을 몰았다는 말이다.

21) 레오Leo 황제는 《전술론Taktik》, para. 80 이하에서 "프랑크족은 기병이건 보병이건 병력수가 일정한 연대나 기병단을 편성하지 않았고 가족이나 동료집단 별로 부대를 편성했다"고 했다("로마인들 같이 단團이건 대隊이건 일정한 규모와 대형이 아니라 부족별로 친족별로 서로 배속되어서 또한 많은 경우에는 서로 맹세한 약정에 따라서"*).

바이츠Waltz는 개별적인 사료 구절들을 보면 당시 1,000명 단위가 특별한 조직이 있었고 이들은 비록 항상 모두 그런 것은 아니라도 중기병重騎兵들이 분명한 것으로 믿고 있다. 바이츠의 말에 의하면 그들은 그런 집단은 "레기온legio"이라고 불렀고 이런 명칭은 전투를 위해 편성된 전술단위부대에도 쓰였다고 한다(《독일헌법사Deutsche Verfassungsgeschichte》, 제Ⅷ편, 179쪽).

그러나 이는 잘못된 생각이다. 근 1,000명이나 되는 기병騎兵이 포함된 큰 조직을 전술단위부대라고 할 수 없고 고정된 병력수의 편성은 봉건영주 밑의 봉건 분견대의 본질에 맞지 않는다. 레오Leo 황제는 이에 대한 정확한 개념을 지니고 있었다. 레크Lech 평원 전투에 관한 비두킨트Widukind의 기록에 언급된 1,000명이란 수치는 그저 수치에 불과할 뿐이며 "레기온legion"이란 이름도 학문적으로 과장된 명칭일 뿐이다(역자 주: 레크 평원 전투와 비두킨트의 기록에 관해서는 앞의 제Ⅱ권, 제Ⅱ장 참고).

우리는 노르만족의 경우 전사戰士 10명 단위의 조직이 있었던 희미한 흔적을 발견할 수 있다. 탄크레트Tancred von Hauteville가 노르망디Normandie/Normandy의 "대공大公/Graf 궁эем에 기사騎士 10명을 거느리고 있었다in curis comitis decem milites sub se servivit"는 기록이 있다. 고트프리트Gottfried Malaterra, 《미뉴Migne》, CXLIX, 1121. 더욱이 정복자 윌리엄이 그의 가장 중요한 바쌀vassal들에게 요구한 기사騎士 숫자는 언제나 5명 또는 10명으로 나뉘는 숫자였다.

템플 기사가 야전에 나갈 때는 항상 "에쉴레eschielle"("구대區隊/Staffel") 단위로 편성되었다(템플 기사단 규정 161장). 필자는 1개 구대區隊의 병력수가 몇 명이나 되었는지 알 수 없었다.

프리드리히Friedrich/Frederick I세는 십자군十字軍 병력을 50명 단위로 나누었다. 우리의 눈에는 자연스럽고 불가피한 이 수치가 중세 군대에서는 얼마나 낯설게 보였는지는 이 수치에 특별히 관심을 보인 안스베르트Ansbert의 다음과 같은 기록(《오스트리아 사료Fontes rerum Austriacarum》, 제I편(역사가), 제Ⅴ권, 34장)을 보면 잘 알 수 있다.

"이때 왕가王家의 충직하고 현명한 청지기로서 늘 십자군 문제를 걱정했던 이 가장 고귀한 황제는 펜타르코스Pentarchos 규칙(역자 주: 5 또는 50 단위 규칙)으로 병력 50명의 지휘관들이 십자군을 책임지게 하는 규칙을 만들었다. 이는 분명히 전 병력을 50명 단위로 나눈 다음 1명의 지휘관이 이 50명의 군사 문제를 관할할 뿐 아니라 왕궁王宮 치안관治安官의 권리로 질서에 관한 분쟁들도 관할하게 하려는 것이었다. 황제는 또한 군대 내에서 자질이 뛰어나고 신중한 사람 60명을 선발해서 그들의 자문과 판단을

얕은 경우도 있었을 것이고 또한 그들이 서로 횡橫으로 정렬한 경우도 있었지만 종縱으로 정렬한 경우도 있었을 것으로 생각해 볼 수 있다. 그러나 수없이 많은 당시의 전투기록들 가운데 그들의 대형에 관한 정보가 직접 기록된 사료는 거의 없다. 정확하고 자세한 기록은 단 하나 뿐인데 이 기록이 작성된 시기는 수많은 새로운 요소들이 이미 전쟁수행에 등장했기 때문에 깊은 연구 없이는 이로부터 중세 중기中期에 관한 어떤 결론을 말하기가 주저되는 시기이다. 이 기록은 서기 1450년 변경대공邊境大公/Markgrafen 알브레흐트Albrecht Achilles와 뉘른베르크Nürnberg/Nuremburg 시민들간 교전交戰 기록이다. 전장戰場에 화약火藥이 등장한 것도 이미 오래 전 일이었고 활이나 쇠뇌弩/Armbrust의 위력도 크게 발전되어 있었지만 기병전騎兵戰의 조건들은 13세기와 너무 유사했다. 따라서 우리는 이 기록을 통해 큰 오류에 빠지지 않고 중세 기사騎士 전투의 일련의 특성들을 연구할 수 있다.

필렌로이트PILLENREUTH 교전交戰
(서기 1450년 3월 11일)

이 교전은 사령관으로 교전에 직접 참전했던 뉘른베르크 시장市長 에르하르트 Erhard Schürstab의 전집全集22)에 잘 묘사되어 있다. 그는 적에 대해서도 잘 알고 있었는데 변경대공 알브레흐트의 종자從者/Gefolg였던 많은 귀족들이 뉘른베르크에 포로로 잡혀와 있었기 때문이다.

알브레흐트는 도시 남쪽 2시간 거리의 필렌로이트에 있는 뉘른베르크 시민의 연못에서 낚시를 하겠다고 통보하면서 시민에게 도전했다. 연못 주변 주민들은 그를 환영했고 낚시와 잡은 고기로 요리하는 일을 도와주었다. 그는 이곳에서 뉘른베르크 시민을 기다리고 있었을 것이다. 시민들은 일반징집령을 내려 쇠뇌弩/Armbrust와 소총小銃/Büchse과 창으로 무장한 기병騎兵 500명과 보병 4,000명을 데리고 도착했다.23) 이때 뉘른베르크의 주민은 20,000명이었고 그 외에도 주변 농촌에서 전화戰禍를 피해서 도시 장벽 안으로 들어 온 9,000명이 그들을 에워싸고 있었다.

통해 모든 군대업무를 수행했다. 그러나 후일에는 좀 더 신중을 기해 명확한 계획을 가지고 더 적은 인원에게 군대업무를 맡겼으며 60명을 16명으로 줄였다."

(원문)

"*Interea serenissimus imperator ut fifelis et prudens familiae domini dispensator de statu sanctissimae crucis exercitus in dies sollicitus, praefecit eidem pentarchos seu quinquagenos magistros milituim, ut videlicet universi in suis sicietaribus per quinquagenarios divisi singulis regerentur magistris, sivi in bellicis negotiis, sive in dispensationum controversiis salvo iure marschalli aulae imperialis. Sexaginta quoque meliores ac prudentiores de exercitu delegit, quorum consilio et arbitrio cuncta exercitus negotia perficentur, qui tamen postea solertioris cautelae dispensatione et certi causa mysterii pauciori numero designati sedecim de sexaginta sunt effecti.*"

22)카를헤겔Karl Hegel 편編, 《게르만 도시들의 연대기年代記Chroniken der deutschen Städte》, 제Ⅱ편, 서기 1864년.
23) 위의 전집全集, 485쪽. 그러나 같은 글, 203쪽에는 단 400명이 도착했다고 했다.

용병傭兵들도 있었으며 이 중에는 후일 약탈자 대공大公으로 이름을 떨친 기사騎士 쿤츠Kunz von Kaufungen와 뉘른베르크 전 병력을 지휘하는 플라우엔Heinrich Reuss von Plauen 도 있었다. 변경대공 알브레흐트에게는 기사騎士 500명이 있었다.[24]

전체 대형과 전투에 관한 세부내용은 생략하겠다. 지금 우리의 관심사는 양측 기사騎士들의 본대本隊 대형이다. 플라우엔은 "남자다운 귀족edlen und männlichen"이라는 별칭이 있던 젱거Hainz Zenger에게 다른 기사騎士 4명과 함께 첨두尖頭/Spitze를 만들도록 했고 "이들 5명은 제1횡렬横列/Glied에서 첨두가 되었다." 제2횡렬에는 7명, 제3횡렬 에는 9명, 제4횡렬에는 11명이 각각 섰다. 다음에는 크네크트Knecht(일반 병사)들이 섰고 마지막 열列/Glied에는 뉘른베르크의 "명망가名望家/Ehrbare"(패트리시안Patrizier/patrician) 14명이 서서 "대형이 흩어지지 않게 했다." 선두에 섰던 기사騎士들은 이름까지 일일이 기록되어 있다. 이 부대의 병력은 총 300명이었다. 후미 횡렬들은 각각 12명씩이었는지 13명씩이었는지 아니면 14명씩이었는지 분명하지 않지만 이는 중요한 요소가 아니다. 어쨌건 각 단위부대의 종심縱深은 22~25명이었다.

이런 대형을 현대 용어로 말해 보자면 각각 4개 종렬縱列/Rotte로 정렬한 대등한 기병단騎兵團/Schwadron/squadron 3개가 횡横으로 늘어서고 연대장과 기병단장 및 그들의 부관들이 최선두와 최후미最後尾/Schliessende/file closer에 선 1개 중갑창기병重甲槍騎兵/Lanzen= Kürassiere/lancer-cuirassier 연대와 거의 비슷했다고 할만하다.

그러나 만약 현대의 어느 연대장이 그의 연대를 앞서 말한 대형으로 편성해서 전장戰場으로 이끌고 간다는(이 대형은 행군대형이 아니라 전투대형이었음이 분명하나) 말을 현대의 기병대騎兵隊 요원이 듣는다면 그는 이 연대장이 군법회의에 회부되거나 정신병동으로 보내질 것이라고 말할 것이 분명하다.

그러나 이 기록은 특별히 중요한 기록이다. 우리가 이를 세밀히 검토해 보면 현대 기병대騎兵隊와 중세 기사騎士 집단의 기본적 차이점을 발견하고 이를 설명할 수 있기 때문이다. 이 기록은 그 출처出處를 보면 환상幻想에 의한 기록이 아님이 분명하다. 또 같은 사료에서 알브레흐트도 그의 주력부대를 같은 대형으로 정렬 시켰다고 한 것을 보면(알브레흐트의 대형에서도 각 열列/Glied별로 기사騎士들 이름 이 기록되어 있다) 이 대형이 플라우엔에 의한 즉흥적 대형이 아니라는 사실도 분명히 알 수 있다. 이와 유사한 대형들은 다른 구절들에서도 보인다.[25]

---

24) 위의 연대기年代記, 제Ⅱ편, 495쪽에 수록되어 있는 알브레흐트Albrecht Achilles의 한 서신에 의하면 "타는 말gereisige Pferde" 450필과 "드라반텐Drabanten"이라는 말 약 50필이 있었다.

25) 쾰러Köhler 장군의 《기사騎士 시대의 전쟁과 용병술用兵術의 발전Entwickelung des Kriegswesen und der Kriegsführung in der Ritterzeit》, 제Ⅱ편, 695쪽에서는 탄넨베르크Tannenberg 전투 당시 폴란드인들이 이런 대형으로 말을 달렸 다는 사실을 들루고스Dlugoss의 《폴란드 역사Hist. Polon》(서기 1711년), 제11편, 270쪽에서 인용하고 있 지만 이는 물론 정확한 말이 아니다.
그러나 뷔르딩거Würdinger의 《바이에른 전쟁사Kriegsgeschichte von Bayern》에서는 고문서古文書를 근거로 노이 대형의 특징은 좁은 정면(최대 14개 종렬縱列/Rotte)과 앞의 첨두尖頭에 있었다. 좁은 정면은 무엇보다 깊은 종심縱深을 의미한다. 그러나 이때 병력수가 동일한 상대방이 이들과 달리 2개의 횡렬橫列/Glied로(또는 3개나 4개 횡렬로까지도) 대형을 정렬했을 것으로(역자 주: 결국 종심縱深 2~4명의 대형으로 정렬했을 것으로) 가정해 보자. 이 상대방은 이 대형과 접촉하면서 양 측면에서 이들을 휘감아 포위하려 할 것이다. 그러나 종심縱深 깊은 대형으로 정렬했던 이 대형의 기병騎兵들은 진행방향을 자신들을 포위해 들어오는 상대방 쪽으로 갑자기 바꾸지 못하고 적의 창에 옆구리를 찔리는 것을 피할 수 없게 될 것이다. 깊은 종심의 장점이 이런 약점을 상쇄해 줄 수 있을까? 보병의 경우라면 큰 집단이 종심을 깊게 하면 전방추진력이 생겨 종심이 얕은 적의 대형을 밀어내거나 중간으로 침투해 들어갈 수 있다. 그러나 기병의 경우는 깊은 종심에서 이런 효과가 발생하지 않는다. 고대 이론가들도 이미 이런 사실을 알고 있었다. 아엘리안Aelian의 《전술론Taktik/ Tactics》에서도 기병 대형은 종심을 깊게 해도 이와 유사한 보병대형과 같은 장점을 발휘하지 못하며 이는 뒤에 선 기병들이 앞에 선 기병들을 보병의 경우와 같이 앞으로 밀어주지 못하기 때문이라고 했다(제18장, §8). 기병의 경우 앞에 있는 동료들과 밀착함으로써 육중하고 추진력 있는 대형을 형성할 수는 없다. 그렇게 하려고 한다면 오히려 말들이 흥분해서 모두 혼란에 빠져들게 될 뿐이다.

이 때문에 현대 기병대의 규정들은 필렌로이트Pillenreuth에서의 기사騎士 대형과는 정반대의 대형을 요구하고 있다. 현대 기병대의 규정에는[26] "기사騎士의 전투대형에는 횡대橫隊/Linie 대형 이외는 없다. 따라서 공격 시 종대縱隊/Kolonne 대형을 취하면 안 된다(전개展開를 위한 공간과 시간이 없을 경우에만 편법으로 종대 대형을 취할 수도 있다). 우리가 종대 대형을 취할 경우 우리와 병력수가 동일한 적의 기병부대가 횡대 대형을 취하면 적이 유리하기 때문이다"란 조항도 있고 "공격의 성공은 주로 충격하중衝擊荷重과 무기 사용에 의해 좌우된다. 전원이 동시에 무기

이마르크트Neumarkt 또는 노인부르크Neunburg의 요한Johann/Jonn 영주領主/Herzog가 후시테Hussiten/Hussite(역자 주: 체코의 종교개혁가 후스Jan Hus 〈1369?-1415〉를 따르던 무리)를 격파했던 서기 1433년 힐터스리트Hiltersried 전투에서는 이 필렌로이트 전투 때와 완전히 동일한 대형을 사용했었고 또 기사騎士들의 이름까지 기록되어 있다고 했다. 군기軍旗들은 제3횡렬에 있었다고 한다. 하지만 노인부르크의 지방판사地方判事 라이머Reimer가 필자에게 보내 준 그의 논문에 의하면 당시에 쐐기Keils/Wedges 대형을 썼다는 기록은 없다고 하며 기사騎士들은 수레를 쌓아놓은 후시테의 방벽을 공격한 돌격종대의 첨두尖頭에서 말에서 내려 보병으로 싸웠다고 한다.

전투대형에 첨두를 두는 것은 규정화 되어 있었다. 선거후選擧侯/Nurfürst(역자 주: 황제나 왕을 선출 시 투표권이 있는 영주) 알브레흐트Albrecht Achilles가 그의 아들 요한Johann/Jonn이 사간Sagan의 영주와 싸울 때 내린 지령인 소위 서기 1477년의 〈전투준비령Preparation〉에도 그런 규정이 있다. 옌스Max Jähns의 《군사사軍事史 편람Handbuch einer Geschichte der Kriegswesens von der Urzeit bis zur Renaissance》, 979쪽 이하 및 최고일반 참모부grandig Generalstab 문서인 《전쟁사Kriegsgeschichte》(서기 1884년), 제Ⅲ편에서 재인용함. 이 〈전투준비령 Preparation〉에 의하면 군기軍旗들은 제11횡렬이나 제14횡렬 또는 제19횡렬에 있었다.

[26] 《왕립 군사학교 전술지침서Leitfaden für den Unterricht in der Taktik der Königlichen Kriegsschulen》, 제2판, 서기 1890년, 45쪽. 《기병대 훈련규정집Exerzier-Reglement für die Kavallerie》, 서기 1895년, 제319조~제331조.

를 사용할 수 있는 대형은 횡대 대형이며 종대 대형에서는 일부만 무기를 사용할 수 있다. 병력수가 일정할 때 횡대 대형은 종대 대형에 비해 전방에 더 넓은 정면을 지니는 장점이 있고 정면이 적보다 넓으면 펼쳐진 측익側翼으로 적을 포위해서 적의 약점인 측면을 공격할 수 있다. 측면이 노출된 기병대나 제자리에서 적을 기다리는 기병대는 패배한다"라는 조항도 있다.

따라서 필렌로이트Pillenreuth 때와 같은 종대縱隊 대형은 첨두尖頭로 적을 돌파해도─그럴 수 있었는지도 불명확하지만─어떤 장점도 얻을 수 없다. 적의 측면공격을 막을 수 없는 본대本隊가 그 사이에 적에게 격파될 것이기 때문이다.

그러나 중세의 기사騎士 전투는 현대 기병대의 전투와는 완전히 달랐었다.

현대의 기병전騎兵戰과 마찬가지로 기사騎士 전투에서도 측면에서의 승리는 특히 중요했지만 쉬운 일은 아니었다. 그들은 언제나 이동이 느렸기 때문이다(역자 주: 말에도 갑옷을 입혔고 기사들의 보호장비도 무거웠기 때문일 것이다). 그들은 부대가 적과 접촉하기까지는 말에 박차拍車를 가하지 않았었고 적과 접촉이 이루어진 후에도 그리 빨리 말을 몰지는 않았으므로 측면에서 접근하는 적을 향해 말머리를 돌릴 수 있었다. 그러나 필렌로이트Pillenreuth에서의 종심縱深 깊은 종대縱隊 대형은 전투 중에도 같은 대형을 유지하면서 대부분 병력이 무기를 사용할 수 없도록 되어있는 그런 대형은 아니었을 것이다. 우리는 그들은 적에 접근하려고 달려나가는 순간 후미 횡렬橫列들이 계속 좌우로 퍼져나가서 적과 접촉해서 충돌하는 동안에는 전개가 이루어졌을 것으로 보아야 할 것이다. 현대의 경우와는 달리 그들은 이동이 느렸기 때문에 이렇게 할 수 있었다. 이런 방식이 유리한 점도 있었다. 이렇게 할 경우 공격 중에 밀집대형을 유지할 수 있었기 때문이다. 이론상으로는 사전에 전개를 끝내는 방식이 더 좋을 것이 분명하지만 그럴 경우 넓은 정면을 유지하면서 전진해야 하고 이는 매우 어려운 일이다. 또한 그렇게 하려면 상당한 훈련이 필요하지만 군기軍紀가 느슨했던 그들에게는 그런 훈련이 없었다. 넓은 정면을 유지하면서 적과 접촉하려고 빠른 속도로 이동하면 전개된 정면에 간격이 생겨 위험이 초래될 수 있었다.

앞서 소개한 《왕립 군사학교 전술지침서》는 기병대는 기동이 쉬워야 한다며 "횡대橫隊 대형은 이런 능력이 없다. 전진 방향 전환이 거북한데다 이런 대형으로 통과할 수 있는 지형도 드물기 때문이다. 따라서 기병대는 기동을 위해서는 종대縱隊 대형이 필요하다. 종대 대형은 어떤 지형에서도 기동이 용이할 뿐 아니라 신속 간단하게 횡대 대형으로 전개될 수 있다"고 했다(46쪽). 그러나 횡대 대형으로 신속 간단하게 전개하려면 기동성機動性과 훈련이 필요한데 소위 "기사騎士와 크네크트Ritter und Knechte"(역자 주: 기사騎士 중심의 중세 군대를 일반적으로 지칭하는 말)에게는 이런 것이 없었다. 접적기동 속도가 느리고 종심縱深이 깊은 그들의 종대 대형은 적과 접촉하는 순간에야 비로소 횡대 대형으로 전개되었을 것으로 보인다.

이제 우리는 그들의 특이한 첨두尖頭도 역시 이해할 수가 있다. 부대가 가령 정면이 12명, 종심縱深이 25명인 깊은 종심縱深의 종대縱隊 대형으로 정렬하면 정면이 어느 정도 넓은 적의 대형과 만났을 때 선두 횡렬橫列들은 바로 측면을 적에게 포위당할 위험이 있다. 그러나 각 횡렬의 정면을 뒤로 갈수록 계속 좌우로 1명씩 넓혀가며 정렬한다면 각 횡렬의 이 양끝 2명은 앞 횡렬의 측면을 보호해주는 동시에 자신들도 적의 측면공격에 노출되지 않을 수 있게 된다. 더욱이 적에게 측면을 포위당할 위험성은 앞에서부터 5개 내지 6개 횡렬에만 생기는 문제며 그 다음의 횡렬들은 선두에서 적과 접촉이 이루어지는 순간 자동적으로 좌우로 넓게 퍼지므로 적의 포위기동에 대처할 수 있게 된다. 그러나 이 종대 대형이 각 횡렬의 길이를 점진적으로 넓히는 일을 후미까지 계속 이어간다면 정면이 좁은 대형이 지니는 장점인 쉽고 확실한 병력통제가 다시 불가능하게 될 것이다.

결국 깊은 종심縱深의 종대 대형으로 적에게 접근하는 것은 적과 접촉할 때까지 전 병력이 밀집대형을 유지하기 위해서였을 것이다. 최후미最後尾/Schliessende/file closer에 선 기사騎士들은 보호장비가 허술한 크네크트Knecht(일반 병사)들이 견고한 대형을 유지할 수 있게 해 주었을 것이다. 그러나 전 병력은 전투를 시작함과 동시에 또는 직전에야 각자 무기를 쓸 수 있을 정도로 넓게 전개되었을 것이다. 최선두 횡렬을 5명으로 줄이면 종대의 통제를 쉽게 할 수 있었을 것이고 뒷 횡렬로 갈수록 인원수를 늘이면 마치 오늘날 제2제대가 좌우로 퍼져debordierendes/overlapping 전진하며 제1제대 측면을 보호하듯 최선두 횡렬들의 측면을 보호할 수 있었을 것이다.

선두를 횡대로 정렬할 경우 이렇게 선두를 종대로 정렬한 상대방과 접촉할 때 통제가 매우 힘들고 중간에 간격들이 있는 느슨한 대형으로 적을 맞이해야 하는 단점이 있을 것이며 그들의 측면포위능력 역시 그리 큰 효과를 발휘하지 못할 것이다. 상대방의 종대는 이미 후미가 계속 옆으로 퍼져나가서 그들의 포위에 대처할 수 있게 되기 때문이다. 양측 모두 기동이 느리므로 상대방은 그렇게 할 수 있는 시간이 충분하다. 실제로 포위될 가능성이 있는 상대방의 선두 횡렬들은 바로 첨두尖頭 대형 때문에 보호를 받을 수도 있다. 이 첨두 대형 내에서 뒷 횡렬들이 전진하면서 자연스럽게 좌우로 퍼져나갈 수 있기 때문이다.

현대 기병대는 가능한 견고한 충격행동과 특별한 측면보호가 있어야 통일된 전술조직戰術組織으로서의 위력을 발휘할 수 있다. 밀집대형으로 정렬한 단위부대는 측면공격에 대한 자체 방어가 불가능하기 때문이다. 그러나 기사騎士들이 밀집된 종대 대형을 취하는 것은 다수의 밀집된 힘을 통해 충격효과를 얻기 위한 것이 아니었을 것이다. 이는 단지 접적기동接敵機動을 위한 대형이었을 뿐이며 개인전투를 위한 전개는 마지막 순간에야 이루어졌을 것이다.

그러나 필렌로이트Pillenreuth에서의 대형은 분명히 그런 목적의 대형이었다 해도 첨두尖頭/Spitze의 편성은 너무 이론적이었던 것 같다. 우리는 이를 교조적教條的이라고까지 볼 수 있을 것이다. 앞 횡렬보다 좌우로 퍼진debordierendes/overlapping 뒷 횡렬 양끝의 두 기사騎士는 앞이 비어있으므로 자신의 횡렬과 함께 전진하도록 말을 통제하기가 거의 불가능했을 것이고 적과 충돌 순간에는 이미 앞 횡렬과 함께 있었을 것이다. 말이란 짐승의 기질과 속도도 그렇지만 기사騎士의 기질에도 차이가 있어서 자신의 횡렬과 같은 속도를 유지한다는 것이 전혀 불가능했을 것이기 때문이다. 따라서 이런 첨두尖頭/Spitze는 지나치게 멋을 부린 부분으로서 실제 전투가 시작되면 이미 사라졌을 것이며 당대인當代人들은 아주 잠시만 이런 첨두를 유지할 수 있었을 것이다.27) 기사騎士 전투에서 결정적으로 중요한 요소는 종심縱深이

---

27) 15세기 이전에는 이 "첨두"가 보이지 않는다. 서기 1304년의 뻬벨레 산Mons-en-Pévèle 전투에 관한 기아르Guiart의 기록(〈왕계보王系譜 Branche des royeax lignages〉, v. 11484)에는 "각 집단은 방진方陣으로 전진하면서 천천히 이동했다"는 말만 보인다(쾰러Köhler, 《기사騎士 시대의 전쟁과 용병술用兵術의 발전》, 제Ⅱ편, 269쪽에서 재인용). 첨두의 첫 예는 아마 서기 1421년 비모에 산Mons-en-Vimeux 전투 때 "첨두en pointe" 대형을 취한 도피네Dophiné의 병력일 것이다(쾰러Köhler, 같은 책, 제Ⅱ편, 226쪽, 각주에서 재인용). 15~16세기 문서에서 첨두를 지닌 대형을 권장한 예들이 엔스Max Jähns의 《독일 군사학사軍事學史Geschichte der Krigswissenschaften vornehmlich in Deutschland》, 제Ⅰ편, 328쪽, 738쪽 및 740쪽에 소개되어 있다. 15세기 말 말시밀리안Maximillian 황제 당시에는 대형이 다시 방진으로 변했다. 레온하르트Leonhard Fronsperger는 "첨두" 전투대형은 시대에 뒤진 대형이라고 했다(쾰러Köhler, 같은 책, 제Ⅲ편, 제Ⅱ권, 251쪽에서 재인용). 우리는 쐐기Keils/Wedges 또는 마름모꼴rhombus/rhomboid의 고대 기병騎兵 대형이 아엘리안Aelian의 《전술론Taktik》, 제18장과 아스클레피오도투스Λολlepiodot/Asclepiodotus의 글, 제7장에 이미 언급되어 있는 것을 볼 수 있고 이런 대형을 쓰는 이유 중 하나로 방진보다 통제와 선회기동旋回機動이 쉽다는 점을 들고 있는데 이는 적어도 부분적으로는 이론상의 환상에 불과할 것이다. 물론 통제문제에서는 이 말이 분명 옳다. 그러나 선회기동에 관해 필자는 이 말을 이런 대형은 실제로 선회동작을 할 필요 없이 각 개인이 전진방향을 절반 정도 왼쪽 또는 오른쪽으로 돌려주기만 하면 마름모꼴을 방진으로 바꿀 수 있었다는 말로 이해한다.

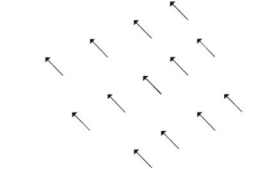

좌측으로 방향을 돌린 전투대형(방진)

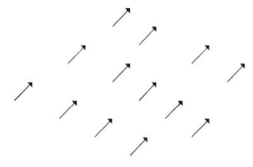

우측으로 방향을 반쯤 돌린 대형(방진)

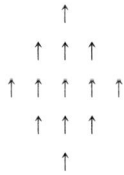

접적기동 대형(마름모꼴 대형)

요도 1. 필렌로이트 교전-마름모꼴 대형에 관한 델브뤼크의 이해(역자가 첨부함)
("↑"는 기사騎士 개인이 서는 방향)

매우 깊은 종대縱隊(사료에서는 이를 "아키에스_acies_", "쿠네우스_cuneus_", "쐐기Keils/Wedges" 또는 "첨두尖頭/Spitze"라고 한다)에 의한 접적기동接敵機動이었고 이는 현대의 기병전騎兵戰 이론과는 크게 충돌하는 부분이다.

이제 우리는 최선두 몇 개 횡렬横列이 앞으로 갈수록 종렬縱列 숫자를 줄여나간 멋진 첨두가 실제 전투에서는 중요하지 않았을 것으로 보고 나머지 문제인 매우 종심이 깊은 종대대형의 접적기동 문제를 검토해 보자.

기사騎士 전투의 본질상 이런 접적기동이 있었던 사실은 얼마든지 확인되므로 우리는 더 이상 검토해 보지 않더라도 이런 관행이 중세 중기中期의 초반부터 실제로 있었다고 볼 수 있을 것이다.

그러나 이런 종대 대형만 당시의 정상적 대형은 아니었다. 당시에도 결정적 장점은 아니지만 정면이 넓고 종심이 얕은 대형으로 포위기동을 실시할 경우의 장점들이 망각되지 않고 있었다. 당시에 이런 장점들이 기억되고 있었고 종대대형보다는 횡대 대형이 더 선호되었을 수도 있다는 분명한 증거가 있다. 보링겐Worringen 전투(서기 1288년 6월 5일)에 관한 헬루Ian von Heelu의 서사시敍事詩에는 리데케르케Liedekerke 영주領主/Heer가 전진 도중 "적이 좌우로 널리 퍼져있어 우리는 자신도 모르는 새 포위될 것이다. 이제 서로 떨어져 종심을 얕게 하는 게 좋겠다"고 외치는 대목이 있다(v. 4918). 헬루는 그런 대형은 실전에 적합하지 않은 집단마상무술경기集團馬武術競技Turnier/Tournament의 관행이라고 비판하고 이와 반대되는 견해를 지닌 인물로 브라방Brabant(역자 주: 현 벨기에 중부지역)의 가장 탁월한 기사騎士였던 리브레크트Liebrecht von Dormael의 말을 소개했다. 리브레크트는 "(종심을) 얕게 하라!"는 고함소리를 듣자 화를 내면서 "깊게 하라, 깊고 좁게 하라! 모두들 앞사람에게 최대한 바짝 접근하라, 그러면 오늘 우리는 이길 수 있다!"라고 소리쳤다.

반면 빌헬름 브리테Wilhelm der Britte(역자 주: 기렐무스 브리토Guillemus Brito와 동일인이며 〈필리프 왕의 행적行蹟Gedta Philippis regis〉의 저자이다)는 부빈Bouvines 전투(서기 1214년) 당시 어느 프랑스인은 기사騎士들을 1열 횡대로 정렬시킨 후에 그들에게 "전장戰場이 넓다. 퍼져라. 적이 우리를 포위하지 못하게 해야 한다. 한 기사騎士가 다른 기사騎士를 자신의 방패로 삼는 것은 옳지 못하다"라고 말했다고 한다.[28]

이제 마지막으로 우리는 정면이 넓고 종심이 얕은 대형이라야 보병들과 협조하는 혼합전투가 가능하다는 점을 기억해 두어야 한다. 필렌로이트Pillenreuth에서와

---

28) "그는 그들을 1개의 무리로 정렬시킨 후 그들에게 말했다: 들판은 크다; 퍼져나가 직선으로 들판을 가로질러서 적이 그대들을 자르지 못하게 하라. 기사騎士가 다른 기사騎士를 자신의 방패로 삼는 것은 옳지 못하다. 그러나 모두가 한 정면을 보고 싸울 수 있도록 서야 한다Istos inuna et prima acie posit et dixit illis: campus amplus est; extendite vos per campum directe, ne vos hostes intercludant. Non deceti ut nus miles scutum sibi de alio milite faciat; sed sic stetis, ut omnes quas, una fronte possitis pugnare."

같이 밀집종대 대형으로 기병騎兵이 전진하면 그들은 궁수弓手나 창병槍兵의 지원을 받을 수 없다. 궁수弓手나 창병槍兵이 우군友軍 말발굽에 밟혔을 것이다. 결국 필렌로이트에서 뉘른베르크Nürnberg/Nuremburg 군의 거대한 보병은 기병騎兵들로부터 멀리 떨어져서 뒤를 쫓아갔을 것이고 따라서 예비대에 불과했을 것이다. 만약 그들을 실제 전투에 참여케 할 의도였다면 기병들은 매우 느슨한 대형으로 정렬했어야 했다. 넓은 정면을 유지하면서 적에게 접근했다면 자동적으로 그렇게 되었을 것이지만 그들은 20~30개 횡렬의 종대로 전진했었기 때문에 각자 앞으로 떠밀려 가듯이 전진했을 것이고 앞에 큰 간격이 발생하면 뒤의 기병들은 그 간격으로 전진해 들어가 이를 채웠을 것이므로 보병의 활동공간이 없었을 것이다.29)

첨두尖頭가 있는 종대 대형과 횡대(앙 하예en haye) 대형은 이론상 너무 큰 차이가 있기 때문에 동시에 존재할 수도 없었고 전투 시에도 나란히 쓰일 수가 없었다. 필자가 반복해서 강조했듯이 전자는 전투대형이 아닌 접적기동接敵機動 대형이었기 때문이다. 접적기동이 종심 깊은 종대로 이루어진 때라 해도 전투가 시작되는 시점에는 이 종대 대형이 횡대 대형으로 변했을 것으로 볼 수 있다. 모든 병사들이 자신의 무기를 사용하려고 했을 것이기 때문이다. 양자간의 차이점은 전자의 대형으로 접근하는 병력은 멀리서부터 이미 횡대로 전개되어서 돌격하는 병력들에 비해 훨씬 더 좁고 밀집된 정면을 만들려고 한다는 것이다.

물론 매우 규모가 큰 병력은 여러 종대로 나뉘어서 서로 일정한 간격을 두고 옆으로 나란히 진개했어야 되었을 것이다. 그들이 앞뒤로 전개하면 제일 마지막 종대는 적과 아주 늦게야 접촉하거나 전혀 접촉하지 못할 것이기 때문이다.

중세 초기의 군대는 후기의 군대와 일정한 차이가 있었는데 15세기쯤에는 크네크트Knecht(보병)에 비해 기사騎士의 비율이 훨씬 작아졌다. 따라서 기사騎士들이 밀집된 대형을 취하려는 경향이 증가했을 수도 있을 것이다.

기사騎士들이 적과의 "우선 접촉Vorstreit" 권리를 두고 경쟁했다는 기록이 중세의 초기부터 반복 등장하는데 병력이 여러 종대로 나뉘어 옆으로 나란히 전개했었다면 그럴 수는 없었을 것이다. 적과 먼저 접촉할 수 있는 권리는 고대로부터 첨두尖頭/Spitze에 있었고 운스루트Unstrut 강변 전투(서기 1075년) 때는 슈바벤Schwaben/Swabia 파견대가 이 권리를 차지했다고 한다. 이는 별개의 두 사료(람베르트Lambert von Hersfeld의 기록과 베르톨드Berthold의 기록)에서 모두 확인되는 사실이므로 정확한 기

---

29) 쾰러Köhler 장군은 횡대 대형이 처음 등장한 것은 15세기인 것으로 믿고 있다(《기사騎士 시대의 전쟁과 용병술用兵術의 발전Entwickelung des Kriegswesen und der Kriegsführung in der Ritterzeit》, 제Ⅱ편, 226쪽 및 제Ⅲ편, 제Ⅱ권, 226쪽). 그러나 필자는 그렇게 볼 근거를 발견할 수 없다. 혼합전투가 있는 곳에는 분명히 횡대대형이 있었을 것이다. 부타리Boutaric는 일반적으로 "기사騎士들은 '앙 하예en haye'로 즉, 1개의 전투선戰鬪線으로 싸웠다; 에쿠예écuyer(역자주: 게르만족의 크네크트Knecht와 같은 보병)들은 그들 뒤에 정렬했다"고 했다 (《상비군 제도 도입 전의 프랑스 군사제도Institutions militaires de la France avant les armées permanentes》, 297쪽).

록일 수 있다. 셈파크Sempach 전투(서기 1386년)에 앞서서도 그런 경쟁이 있었다는 기록이 있는데 이때는 기사騎士 집단들이 특정 지역 별로 자신들에게 그런 권리가 있었다는 주장을 폈다.30) 만약 서로 다른 지역에서 온 병력의 종대들이 옆으로 나란히 전개해 있었다면 그런 권리는 무슨 의미를 갖는 것일까?

아마도 이는 병력이 완전히 전개되기 전에 전투가 시작되는 일이 매우 흔했기 때문일 것이다. 그랬을 경우 여타 부대들이 뒤에 그대로 남아있는 것이 아니라 숙영지로부터 또는 행군종대로부터 전진해서 가장 앞서 출발한 부대의 옆으로 최대한 신속하게 접근하려 했을 것으로 본다고 해도 역시 가장 먼저 숙영지를 출발해서 적과 접촉한 부대가 이들보다 먼저 전투를 시작했을 것이다. 그렇다면 결국 그들은 제대梯隊 순으로 순차적으로 적과 접촉해서 전투에 들어갔다는 말이 된다. 또 전투를 먼저 시작한 부대가 실제 전투를 벌인 유일한 부대였던 경우가 매우 흔했는데 첫 충돌에서 자신들이 열세劣勢임을 알게 된 측은 자신들이 진 것으로 알고 전투를 포기한 결과 전투가 끝까지 계속되지 않고 첫 충돌로 승부가 결정 나는 경우가 흔했기 때문일 것이다. 따라서 처음에는 전투를 위해 전개하면서 각 부대가 이상적으로 옆으로 나란히 정렬한다 해도 명성名聲이 중요했던 기사騎士 부대에게는 첨두尖頭/Spitze에 서는 것이 남들이 부러워할 이점이었을 것이다.

십자군十字軍 관련 문헌에서도 각 파견대의 종대들이 점차 옆으로 나란히 정렬했다가 제대형梯隊型/staffelförmig 공격을 실시하면서 "우선 접촉Vorstreit" 개념을 유지했던 것으로 믿을 증거가 있다. 가우티어Gautier는 아타레브Athareb 전투(서기 1119년) 당시 먼저 전진해 적과 우선 접촉할 수 있는 권리가 성聖 페투루스Petrus/Peter의 종대縱隊(아키에스acies)에게 있었다고 했다.31) 이 부대 뒤로는 가우프리트Gaufrid의 부대와 구이도Guido의 부대가 있었는데 이들은 앞 부대의 공격을 지원하지 않고 그들이 승리한 것을 본 후 적의 다른 부대를 공격해서 같은 식으로 승리했다. 우리는 이 3개 부대가 순차로 제대형梯隊型 공격을 실시한 것으로 볼 수밖에 없다.32)

특히 십자군十字軍들은 이런 제대형梯隊型 공격방법을 원칙으로 알고 있었을 것이다. 그들의 전역戰役에서는 적敵이 주로 기마궁수騎馬弓手들이었기 때문이다. 그들은 자연스럽게 일부가 먼저 전투를 시작했다. 그들에게 가장 유리한 시간은 상대방이

---

30) 발쩌Baltzer의 《게르만 전쟁사Zur Geschichte des deutschen Kriegswesen》, 106쪽에서는 이에 관한 두 가지 증거를 인용해 놓았다.
31) "우측에서 먼저 나간 축복 받은 테테우스의 종대縱隊로서, 그에게는 먼저 나가서 적을 먼저 공격할 특권이 있어다acies…beati Petri a dextris antecedens, cujus juris est antecedere et primum hostes percutere." 프루츠Prutz 편編, 《십자군 역사에 대한 사료 연구Quellenbeitrge zur Geschichte der Kreuzzüge》, 29쪽.
32) 이 귀한 평가는 이미 헤르만Otto Heermann에 의해 이루어졌던 평가로서("제1차 십자군 시대에 동방東方에서 서구西歐 군대의 전투Die Gefechtsführung abentländischer Heere im Orient in der Epoche des ersten Keuzzuges," 마르부르크Marburg 대학교 학위논문, 서기 1887년, 85쪽) 쾰러Köhler 장군 역시 이런 평가에 동의했다. 그러나 여하간에 그들은 결국은 크게 패하고 만다.

전개 중에 있는 몇 분의 시간이었다. 서구西歐에서는 먼저 전개를 마친 병력이 바로 적에게 돌진한 경우는 흔히 조급함과 군기軍紀 없는 기사騎士들 때문이었지만 동방東方에서 그렇게 한 것은 합리적 이유가 있었기 때문이었다. 즉, 그들은 가급적 신속히 적에게 접근하지 않으면 적의 궁수弓手들로부터 피해를 입을 수밖에 없었다. 아르수프Arsuf 전투 당시서 사자심왕獅子心王/Löwenherz 리차드Richard I세(역자 주: 영국 프란태지네트Plantagenet 왕조의 왕)는 충분한 이유가 있어서 공격신호를 보내지 않았지만 기사騎士들은 자신들이 아무 방어수단도 없이 적에게 희생당하고 있다고 얼마나 불평을 늘어놓았던가! 또 살라딘Saladin/Salah al-Din/Salahuddin Al-Ayyubi(역자 주: 12세기 후반 십자군에 맞선 아랍의 영웅)의 역사편수관歷史編修官 보에딘Boaeddin이 남긴 기록에 의하면 투르크Türk/Turk족은 기사騎士들의 공격을 받고 그들의 창끝에 얼마나 큰 피해를 입었던가! 이미 서기 933년에도 게르만 왕국 하인리히Heinrich/Henry I세가 형가리Ungaren/Hungarian족과 싸울 때 작센Sachsen/Saxons군의 공격이 너무 빨라서 상대방은 첫 화살을 쏜 후 두 번째 화살을 쏠 틈이 없었다고 한다.33) 프라이징Otto von Freising에 의하면 하인리히Heinrich/Henry Iosomirgott 영주領主는 서기 1146년 형가리족과 싸울 때 신속히 공격해서 형가리 궁수들의 공격은 극복할 수 있었지만 형가리 왕의 기사騎士들에게 패했다고 했다.34)

이런 기록들과 함께 우리는 이미 기사騎士와 기마궁수騎馬弓手간 관계에 존재했던 중요한 문제점들을 알고 있다.

기마궁수는 중앙아시아 민족들(페르시아, 파르티아Parther/Parthia, 훈Hun, 아랍 및 투르크Türk/Turk)의 역사가 깊은 전투병종戰鬪兵種이다. 이 민족들의 계속된 승리를 보면 알 수 있듯이 그들에게는 이 병종이 큰 기여를 했지만 이에는 일정한 조건이 있었다. 이 기마궁수들에게 활 외에 근접전 무기가 전혀 없었다면 창과 칼로 돌격했던 십자군 기사騎士들에게 그렇게도 잘 저항할 수 없었을 것이다. 따라서 그들의 무기는 서구西歐 무기와 큰 차이가 있었던 것은 아니며 그들 역시 충분한 수적 우세를 이용해서 근접전투를 벌일 수도 있었을 것이다. 기마궁수들은 원할 때 얼마든지 철수할 수 있고 적이 지치거나 추격을 포기하면 곧 다시 돌아서서 공격을 재개할 수 있는 넓은 평원에서 최대의 능력을 발휘할 수 있다. 따라서 우리는 이들의 기원起源을 초원지대에서 찾아 볼 수 있다. 초원지대에서는 활의 장점이 너무 크기 때문에 그들은 활 쏘는 기술을 갖추기 위한 훈련에 필요한 큰 고통을 감내하려고 했었다. 물론 다른 지역에서도 활쏘기 기술을 배워서 전통傳統으로 발전시키면 이 병종을 보유할 수 있다. 십자군들은 이런 기병騎兵들의 위력을 아주 일찍 알아차리고 투르크Türk/Turk족을 그들의 군대에서 복무하게 함으로써

---

33) 리우트프란두스Liutprand/Liutprandus, 《복수론復讐論 *Liber Antapodosius*》, II, 31.
34) 〈프리드리히 II세의 행적行績*Gesta Friderici II*〉, I, 32.

자신들을 방어하려 했었다. 이런 "투르코폴Turkopole"에 관한 최초 기록은 서기 1115년에 등장하지만 라이문트Reimund von Tououse/Raymond of Tououse에게 항복한 후 그의 휘하에서 예루살렘의 다윗 성城을 수비하던 병력이 이미 기마궁수 부대였을 수도 있다. 프리드리히Friedrich/ Frederick Ⅱ세는 이태리 전역戰役에서 그의 군대에 사라센 Sarazen/Saracen(역자 주: 아랍족. 이슬람 세력을 총칭하는 용어로도 쓰임) 출신 보병궁수와 기마궁수를 보유했었다. 서구인들 자신은 산악과 숲과 습지가 많은 그들의 지형에서 기마궁수를 양성하지 않았다. 그런 곳에서는 기마궁수가 별 효용이 없고 이들의 양성에 너무 큰 노력이 필요했기 때문이다.35)

일부 학자들은 기사군騎士軍은 관례적으로 3개 제대梯隊/Treffen로 편성되어서 싸웠다는 견해를 지니고 있으며 특히 쾰러Köhler 장군의 연구는 전적으로 이런 견해에 바탕을 두고 있다.36) 그러나 우리는 이런 생각을 부인해야 한다. 기사군은 결코 그렇게 한 적이 없다. 우리는 차후 기사騎士들이 기병대騎兵隊/Kavallerie/Cavalry로 전환되기까지 발전과정을 먼저 추적해 보고 "제대梯隊/Treffen"가 무엇을 의미하는지를 확실히 알아 본 후에 이 문제를 다시 다루게 될 것이다.

우리가 다루고 있는 시기의 전투는 첫 충돌에서 한 편이 패배를 인정하고 도주하면 바로 전투가 끝나는 경우가 매우 흔했다. 만약 교전交戰이 계속될 경우 기사騎士의 임무는 게르만족의 영웅서사시에서 말하는 소위 "케레Kêre"즉, 적의 전투부대 속으로 들어가 돌아다니면서 빙글빙글 돌며 전투를 계속하는 것이었고 이런 행동은 이미 시저Cäsar/Caesar의 《골 전기戰記 De Bello Gallico》에도 골 기병騎兵들의 행동으로 묘사되어 있다(Ⅶ, 66장).37) 그러나 이렇게 적진을 휘젓고 다니며 싸우다가 앞뒤로 정렬한 부대들(제대梯隊들이) "연속적으로 쇄도殺到하는roulement perpétuel" 대열 속으로 다시 돌아온다는 것은 환상幻想에 불과하다. 이러한 행동은 각 "제대"가 여러 횡렬橫列들로 편성된 종심 깊은 종대 대형이었다는 생각38)과 결코 조화될

---

35) 쾰러Köhler 장군은 《기사騎士 시대의 전쟁과 용병술用兵術의 발전》, 제Ⅲ편, 제Ⅰ권, 95쪽에 서구에서 기마궁수騎馬弓手를 자체적으로 양성했던 사료의 구절들을 몇 가지 수집해 놓았다. 특히 잉글랜드의 에드워드 Eduard/Edward Ⅲ세는 서기 1356년에 기마궁수로 한 근위부대를 편성했었다. 쾰러는 그의 책 부록(특히 보유補遺 편)에 비갈로이Wigalois의 또 다른 구절을 수록해 놓았다. 필자는 그 외에 롬바르디 동맹조약(무라토리Ludovico Antonio Muratori, 《중세 이태리의 옛 제도Antiquitates Italicae Medii Aevi》, 제Ⅳ편, 490쪽)도 이런 기록에 속한다고 본다. 그러나 잉글랜드에서조차도 기마궁수가 진정한 병종으로 발전하지는 않았다. 15세기에는 말을 탄 궁수弓手들에 관한 기록이 많이 발견되지만 그들에게 말은 단지 이동수단이었을 뿐이고 전투 시에는 말에서 내려 싸웠다.
쾰러는 프리드리히 Ⅱ세가 보유했던 사라센 병력은 모두 보병궁수였던 것으로 본다. 그러나 서기 1248년 파르마Parma에서 이 황제가 "말을 탄 쇠뇌수弩手와 보병 쇠뇌수balistarii tam equites quam pedites"를 보유했다는 명문의 기록이 있다(〈파르마 대연대기大年代記 Annales Parmenses majores〉, (《게르만 사료집Monumenta Germaniae》, SS., XVIII, 673).

36) 쾰러Köhler, 같은 책, 제Ⅰ편, 5쪽 및 제Ⅲ편, 제Ⅲ권, 355쪽. 그는 10세기까지 그들은 단일 제대로 싸웠지만 11세기 이후로는 계속 3개 제대로 싸웠다고 한다.

37) 쾰러Köhler 장군은 같은 책, 제Ⅱ편, 35쪽에 이런 장면에 관한 사료 구절들을 몇 가지 수집해 놓았다. 그러나 영웅서사시에 많이 등장하는 이 전투기술이 역사기록에는 별로 보이지 않으며 이 전투기술이 성공을 거둔 경우는 더 드물다.

수 없는 행동이다. 또한 전투원에게 병력을 재정비할 기회를 주기 위해 전투 중 때때로 휴전을 선언했다는 기록이나39) 어떤 기사騎士가 상대방에게 리터슈라그 Ritterschlag 의식(역자 주: 칼로 어깨를 두드리는 기사작위騎士爵位 수여의식授與儀式)을 베풀려고 싸움을 중지했을 것이라는 기록은40) 역사기록이 아닌 소설에 불과하다.

기사騎士 전투의 기본원칙에서 보면 개별 전투에서 얼마나 많은 단위부대들이 나란히 또는 앞뒤로 정렬했는지 또는 각 단위부대의 종심과 정면이 얼마인지는 그리 중요한 요소가 아니다. 결정적인 요소는 병력수와 개인의 전투기술 그리고 자신들이 어느 정도 동시에 적과 접촉할 것이라는 사실에 대한 동료들간의 확신이었다. 대형은 가용 전투원 숫자와 지형이 허용하는 공간에 의해 거의 자동적으로 결정되었다. 우리는 한 단위부대를 필요한 곳을 지원하게 즉, 예비대 역할을 하게 지정했다는 취지의 기록들에서 가장 큰 전술적 의미를 발견해야 한다. 그러나 우리는 이 부대의 역할을 마지막 순간에 투입될 현대적 의미의 예비대와 혼동하면 안 된다. 현대에는 병력수가 같은 군대가 만나 한 쪽 지휘관은 자신의 전 병력을 전투에 투입했고 상대방 지휘관은 예를 들어 병력의 1/3을 대기시켜 놓았을 경우 후자는 비록 상대보다 약하지만 자신의 2/3 병력이 상당 시간 동안 버티면서 우세한 적의 전술대형을 교란시켜 놓은 후 질서를 유지하며 대기 중인 나머지의 1/3 병력이 승부를 결정지을 수 있을 것으로 기대할 것이다. 그러나 기사騎士 전투에서는 상대방 대형을 교란시켰을 때의 효과가 너무 작아서 처음에 일부 병력의 참여 없이 싸우는 불이익을 상쇄할 수 없다. 주력이 거의 패배해 갈 때 비로소 투입된 예비대는 할 일이 거의 없을 것이며 병력을 그렇게 운용한 지휘관은 병력을 축차 투입했다는 비난을 받을 것이다. 기사군騎士軍 예비대의 목표는 현대 군대의 예비대와는 크게 다르다. 기사군騎士軍 예비대는 잠시 전진을 보류했다가 적이 강력하게 밀어붙여 아군이 버티기 힘들게 된 지점이 발생하면 그곳으로 투입하기 위한 것이었다. 현대군대의 관점에서 보자면 이는 예비대를 두는 것이라기보다는 한 제대梯隊의 전진을 보류시켜 놓는 것일 뿐이다.

예를 들어 타글리아코조Tagliacozzo 전투 같이 이미 승기勝機를 잡았던 측이 돌연 적의 예비대가 투입되자 패배했다는 기록이 실제 있지만 이런 기록은 어떤 원칙들을 말하기에는 너무 불명확한 사료의 기록이다. 이런 경우에 예비대 투입은 아마도 계획적 기동이 아니라 우연한 행운이었을 것이다. 특히 적이 분산되고 무질서하게 되었을 때 이를 예비대로 공격하려고 자신의 본대本隊를 거의 패배할 때까지 방치하는 지휘관은 없을 것이다. 계획단계에서는 항상 승부가 결정되기

---

38) 쾰러Köhler, 같은 책, 제Ⅰ편, 468쪽 및 제Ⅱ편, 13쪽.
39) 쾰러Köhler, 같은 책, 제Ⅱ편, 42쪽.
40) 다니엘Daniel, 《프랑스 군사사軍事史 Histoire de la Milice Français》, 82쪽.

전에 마지막 병력을 투입한다는 생각을 가지고 있어야 한다.

마지막 제대梯隊/Staffel의 투입은 리더가 취할 수 있는 마지막 조치이다. 그러나 당시의 전투에서는 각 단위부대들이 차지할 위치를 사령관이 명령하거나 여러 지휘관들이 합의하면 왕이나 영주領主/Herzog들은 지휘권 행사가 아니라 기사騎士의 전통에 따라 몸소 전투에 참여해서 개인적 명성을 차지하려고 했었다.[41]

우리는 기사騎士들간 개인전個人戰에서 약간의 외형적 통제와 여타 병종兵種들의 지원이 있었던 중세 전투의 전형적인 형태를 알았지만 그렇다고 전형적인 전투 외에 다른 형태의 전투가 없었던 것은 아니다. 기사騎士들 자신이 말에서 내려서 싸우는 것이 적절함을 알게 되었거나 지원병종들이 평소보다 더 크고 효과적인 지원을 제공했을 경우도 있었다. 우리는 그런 예를 알고 있다.

이런 전투방식을 기사騎士들의 전술戰術/Taktik/tactics로 볼 수 있는지 의심하는 경우도 있지만 이는 말장난에 불과하다. 클라우제비츠Clausewitz의 정의定義에 의하면 전술이란 "교전交戰을 위한 병력운용Verwendung der Streit=kräfte zum Zwecke des Gefechts"을 말한다. 이런 정의에 의하면 기사군騎士軍에게도 물론 전술이 있었다. 부대편성을 위해 병력이 배치되어야 했고, 예비대는 대기시켜 놓았다가 투입되었고, 궁수弓手와 보병의 전개와 전진에 관한 명령이 하달되었고 또 특정한 상황에서는 궁수와 보병에게 다른 임무를 부여되었던 것을 보면 우리는 그 당시도 일정한 통솔기법이라는 의미에서 전술이 존재했음을 알 수 있다. 그러나 언제나 그런 일들로 인해 결과에는 별로 차이가 없었으므로 기사군騎士軍에게는 전술이 없었다고 보는 견해도 현실적으로는 옳을 것이다.

프랑스인 작가인 비올레 르 두Viollet le Duc는 "봉건군대에는 전술이 전혀 없었다고 주장하는 것은 어떤 국가의 문자를 해독하지 못하는 사람이 그 국가에는 문헌이 없다고 주장하는 것과 같다"면서[42] 사료에서 일련의 중세 전술들을 어떻게 찾아내고 해석해야 하는지를 학자들이 아직 이해하지 못하고 있을 뿐이라고 했다. 그 이후로 그가 제기한 문제를 해결하기 위한 많은 노력이 있었지만 아직 가치 있는 결과는 등장하지 않았다.

물론 중세 사료들로부터 한두 가지 개념을 추론해 내는 일이 어렵지는 않다. 그러나 이런 사료들은 이 연구의 목적으로 볼 때 그 성격이 매우 의심스럽다.

중세 작가들은 세부적 내용으로 들어가기만 하면 대부분 실제로 일어났거나

---

41) 예를 들어 서기 1125년의 아스칼론Askalon/Ascalon 전투에서와 같이(헤르만Otto Heermann, "제1차 십자군 시대에 동방東方에서 서구西歐 군대의 전투," 120쪽 참고) 왕이 전투선戰鬪線 뒤에 머무는 경우는 매우 드물었다. 탄넨베르그Tannenberg 전투 당시 폴란드의 늙은 왕 이아기엘로Iagiello도 그런 예에 속한다.

42) 비올레 르 두Viollet le Duc, 《카롤링 왕조 시대부터 르네상스 시대까지 프랑스 관련 지식의 이론사전理論辭典 Dictionaire raisonné du mobilier franais de l'époque carloviningienne à la renaissance》, 제Ⅱ편, 372쪽.

자신들이 보기에 믿을만한 일이 무엇인지를 기록할 의사는 없이 전투의 내용을 채색하고 과장하기에 바빴는데 특히 가장 긴장되고 흥분되는 장면을 묘사할 때 그랬었다. 물론 고대 사료 중에도 이런 사료들이 있고 현대인들은 조심성 없이 이들을 이용하고 있지만 고대에는 진정한 역사가들도 일부 있었기에 우리로 하여금 당시의 실제 상황을 이해할 수 있게 해 준다. 적어도 칸네Cannä/Cannae 전투에 관해서 만큼은 우리는 이런 두 종류의 사료들을 비교해 볼 수 있는 처지에 있고 이는 매우 중요한 사례라 할 수 있다. 필자는 진정한 사료가 없어 보이는 경우를 연구할 수 있으려면 칸네 전투에 관한 여타 기록들과 아피안Appian의 기록을 자세히 비교 검토해 볼 것을 독자들에게 더 없이 강력하게 권한다. 특히 중세 역사 연구에 있어서는 이런 절차가 더 필요하다. 중세에는 풍조가 변덕스럽고 무비판적이었고 지위가 아주 높았던 작가들도 거의 없었으며 그들에게는 외국어인 라틴어로 기록을 작성한 작가들이 현실과 동떨어진 매우 위험한 기록들을 남겨놓았기 때문이다. 그들의 기록은 늘 고대 작가들의 글이 짜깁기 식으로 끼어들어 있고 당시 상황과는 맞지 않는 개념과 이미지들로 채워져 있다. 붉은 수염 프리드리히Friedrich Barbarossa(역자 주: 프리드리히 I세의 별칭. 재위: 서기 1152년-1190년)의 사관史官이었던 라헤빈Rahewin은 크레마Crema 전투에 관한 기록을 작성하면서 당시의 병력이 7개의 분견대로 나뉘어 있었다는 등 그 세부적 내용까지 티투스Titus의 예루살렘 포위작전에 관한 조세푸스Flavius Josephus의 기록(역자 주: 《유태 고대사Anitiquitates Judaica e》)을 서슴없이 그대로 베꼈다. 10세기의 프랑스 시제司祭 리세르Richer는 서기 892년 오도Odo 왕이 노르만족과 싸운 기록 등 일련의 군사적 사건늘을 우아한 필치로 매우 상세하게 기록해 놓았지만 그의 묘사는 완전한 환상일 뿐이다.

작가들의 이런 태도 때문에 개별 기록들은 아무리 정확한 기록으로 보이는 것이라도 별로 중요하지 않고 이 시대 전체에 걸쳐 모든 사료들을 비교해 보아야 비로소 이 시대의 전형적 사건들에 대한 정확한 개념이 나타난다.

기사騎士들의 전투방식을 알게 되면 왜 중세에는 진정한 군기軍紀를 확립할 생각이 없었는지 이해할 수 있게 된다. 군사적 목적으로만 보면 그들은 군기를 통해 얻을 것이 없었다. 승부는 결국 언제나 기사騎士들에게 달려있었다. 그들이 버틸 수 있을 때까지 버티고 있는 곳에서는 그들이 다른 병종兵種들에게도 버팀목이고 신경이고 골격이었다. 그러나 기사騎士들의 근본은 고도의 개인적 명예심에 있었으며 엄격한 군기는 이런 그들의 명예심에 도움 될 것은 아무 것도 없고 오히려 방해만 되었을 것이다. 기사騎士들에게는 승리가 전부가 아니었다. 그들은 승리를 통해 개인적 명성을 얻으려 했다. 그들에게는 이런 것이 필요했다. 개인적 명성이 삶의 목표였기 때문이다. 이런 개념은 군기軍紀와는 상반된 것이며 이를 위해 그들은 개인전투원이 된 것이다. 이 때문에 비잔틴 제국 레오Leo 황제는 기병이건 보병이건 프랑크족의 공격은 "그들의 강인성 때문에 거칠고 저항하기 힘든"[43] 것이었다고 말하게 되었다. 기사騎士들이 어리석은 고집 때문에 지휘관에게 복종하지 않아 전투를 잃는 경우도 물론 있었다. 그러나 이는 가장 군기가 센 군대에서도 일어날 수 있는 예외적인 경우였다. 앞서 우리가 알 수 있었듯이 기사騎士군대에는 리더십 발휘의 여지가 거의 없었기 때문에 우리는 이런 실수들을 중요시하면 안 된다. 군기軍紀가 결여되었을 경우의 중요한 문제점은 아마도 무질서하게 추격하거나 추격보다는 우선 약탈에 열중하는 자들에게 있을 것이다. 제1차 십자군 당시에는 완전한 승리가 확인되기 전에 약탈에 나선 자는 코와 귀를 자르겠다고 한 경우도 있었다.[44] 부빈Bouvines 전투에 앞서 필리프 아우구스투스Philip Augustus는 자신이 많은 교수대絞首臺를 세워놓았으며 승리가 확인되기 전에 약탈을 하는 자는 이 교수대에 목이 매달릴 것이라고 선포했다.[45]

약탈품에 대한 탐욕은 포로획득 노력으로 이어졌다. 포로를 돌려주면 몸값을 받을 수가 있었기 때문이다. 포로 획득 노력은 점차 발전하는 기사騎士들의 계급의식階級意識 때문에 더 확대되었다. 이들은 적敵의 기사騎士들까지 기사단騎士團의 일원인 형제 내지는 거의 동료로 생각하고 비록 적이라도 극단적 희생으로부터는 구하고 보호하려는 감정을 자연스럽게 갖게 되었다. 이런 인도정신人道精神의 발휘는 진정한 전투정신戰鬪精神에는 매우 위험한 요소지만 그런 경향은 아주 초기부터 발견된다. 오르데리크Orderich의 기록에 의하면 잉글랜드의 헨리 I세가 프랑스 루이 VI세를 격파한 서기 1119년의 브레뮐Brémule 전투 당시 프랑스 기사騎士 중 죽은 자는 3명뿐이지만 포로가 된 자는 무려 140명이었는데 이는 "그들이 완전히 쇠로 몸을 감싸고 있었고 또한 신神에 대한 두려움과 동료의식으로 양측이 서로 상대방을 아꼈기 때문"이라고 했다.[46] 약 100년 후 기랄두스Giraldus Cambrensis의 기록(역자주: 〈아일랜드 정복Expugnatio Hibernica〉)에서도 웨일즈인들과 기사騎士들은 다른 차이점도 있었지만 특히 전자는 상대를 죽이려 하고 후자는 상대를 포로로 잡으려 한다고

---

43) 이는 《전술론Taktik》 중 직역하면 "고집쟁이처럼 거칠고 멈출 수 없는σφοδρῶς χαὶ ἀχατασχέτως ὡς μονότονοι/sphodrōs kai akataschetōs hōs monotonoi"이라는 구절(para. 87)에 대해 필자가 선호하는 해석이다.

44) 서기 1099년 아스칼론Askalon/Ascalon 전투 직전의 일이었다. 알베르트Albert von Aachen의 기록, VI, 62(뢰리크트Röhricht, 《제1차 십자군의 역사Geschichte des ersten Kreuzzuges》, 200쪽, 각주 8에서 재인용).

45) 리케르Richer von Sens의 기록(《게르만 사료집Monumenta Germaniae》, SS, XXV, 294).

46) "그들은 완전히 쇠로 된 옷을 입었으며 신神에 대한 두려움과 같은 무기를 든 사람들로서의 형제애兄弟愛로 서로 아꼈기 때문이다. 그들은 도주하는 자를 죽이기보다는 포로로 잡으려고 했었다 ferro enim undique vestiti erant et pro timore Dei notitiaque contubernii vicissim sibi parcebant nec tamen occidere fugientes quam comprehendere satagebant." 오르데리크Orderich의 기록, XII, 18.

"저곳에서는 기사騎士들을 포로로 잡았고 이곳에서는 그들의 목을 베었다. 저곳에서는 기사騎士들을 몸값을 받고 돌려주었고 이곳에서는 그들을 죽였다 ibi capiuntur milites, hic decapitantur; ibi redimuntur, hic perimuntur." 기랄두스Giraldus Cambrensis, 〈아일랜드 정복Expugnatio Hibernica〉. 작품번호Opera 5번, 396.

했다. 후일 오스트리아Oestreich/Austria 기사騎士들은 스위스인들과 싸울 때 상스런 농민들이 적을 포로로 잡으려 하지 않고 죽이려고만 한다고 불평했다고 한다.

기사단騎士團 규정에는 기사騎士들의 군인 생활과 전투의 모습을 잘 보여주는 구절들이 보이는데 특히 템플 기사단Templer Orden 규정에 그런 구절들이 많다.[47]

부대가 숙영지를 구축할 때는 먼저 예배소禮拜所 공간을 줄로 표시했다. 그런 후 총단장總團長, 식당, 각 파견대장, 보급관의 위치가 지정되었다. 나머지 형제들은 "형제들이여, 신神의 이름으로 숙영하라!"는 구령이 떨어져야 구역 내에서 각자의 자리를 골랐다(148장).

어떤 형제도 구령이나 종소리가 들리지 않을 정도로 숙영지에서 멀리 벗어나면 안 되었다. 각 기사騎士의 크네크트Knecht 2명 중 1명은 땔감이나 마초馬草를 구하러 나가더라도 1명은 항상 주인 곁에 대기해야 했었다(149장).

기사騎士들은 명령이 없으면 말에 안장을 얹거나 말을 타면 안 되었다. 그들은 잊은 장비는 없는지 세심히 점검해야 했다. 이동 중 기사騎士의 갑옷을 든 크네크트Knecht들은 말을 타고 기사騎士 앞에 가야 했고 말을 인솔하는 크네크트들은(기사騎士 1명이 3~4필의 말을 데리고 다녔다) 기사騎士 뒤를 따라가야 했으며[48] 말을 점검하려고 잠시 벗어나는 경우 이외는 자신이 속한 종대縱隊에서 벗어나면 안 되었다. 명령 없이 자신이 속한 횡렬橫列에서 뛰어나가 공격하면 안 되었고 이를 어기면 기사단騎士團에서 추방되었다(162장, 163장 및 166장). 전투에 들어갈 때는 군기관軍旗官/Marschall이 군기를 들고 5~10명의 기사騎士들에게 자신을 바짝 둘러싸서 군기를 보호하게 했다. 군기를 둘러싼 이 형제들도 가능한 최대로 적을 쓰러뜨려야 했다. 다른 형제들은 적에게 해를 입힐 수 있는 곳이면 어느 방향으로도 공격할 수 있지만 이들은 군기軍旗에서 절대 떨어지면 안 되었다(164장).[49] 지휘관 1명은 예비 군기軍旗를 창 자루에 감고 있다 군기軍旗에 무슨 일이 생기면 이를 펼쳐 들었다. 그는 기회가 생겨도 예비 군기가 달린 이 창을 가지고는 주변의 적을 타격하면 안 되었다(165장, 241장 및 611장).

군기軍旗를 든 기사騎士는 큰 부상을 입더라도 허가 없이는 군기를 포기하면 안

---

47) 앞의 225쪽, 각주 3을 참고할 것.

48) 게르만 기사단deutschen Orden(역자 주: 튜튼 기사단Teutonic Order라고도 함) 규정도 "관습", 46장에서 템플 기사단 규정의 예를 따라서 기사騎士들은 행군 중에 자신의 갑옷을 길 감시할 수 있게 크네크트Knecht들을 자신의 앞에서 달리게 해야 한다고 했다. 페를바크Perlbach, 《게르만 기사단 규정—보충 규정 및 관습 포함Die Regel des deutschen Ordens, mit allen nachträglichen Gesetzen und Gewohnheiten》, 111쪽.

49) 게르만 기사단 규정도 이와 매우 유사하게 "어떤 형제도 군기軍旗가 먼저 돌진하는 것을 보기 전에 공격하면 안 된다. 군기軍旗가 돌격한 후에는 각자가 자신의 정신과 육체의 힘에 따라 할 수 있는 범위 내에서 전개했다가 자신이 적절하다고 생각할 때 군기軍旗 곁으로 돌아온다 Nullus frater insultum faciat, nisi prius vexillum viderit insilisse. Post insultum vexilli quilibet pro viribus corporis et animi, quidquid poterit exercebit et redibit ad vexillum, cum viderit oportunum"고 했다. 페를바크Perlbach, 같은 글, 117쪽.

되었다(419장 및 320장). 기사騎士들은 패배할 경우에도 군기가 아직 휘날리고 있으면 전장戰場을 이탈할 수 없었고 이를 어기면 기사단騎士團에서 추방되었다. 자신의 군기 위치를 놓친 기사騎士는 자선기사단慈善騎士團(역자 주: 십자군 부상자의 간호나 순례자 안내를 위해 서기 1048년에 예루살렘에서 조직된 성聖 요한 기사단Johanniter/Knights Hospitaler을 말함)의 군기나 다른 십자가기十字架旗 곁으로 가야 했다. 동료가 모두 쓰러진 다음이라야 형제 기사騎士는 하느님의 인도대로 피신할 수 있었다(168장 및 421장).

우리는 앞서 필렌로이트Pillenreuth에서의 종대縱隊 대형을 현대 기병대騎兵隊 규정과 비교해 보면서(역자 주: 앞의 277쪽 이하) 기사군騎士軍과 현대 기병대의 차이점을 이해할 수 있었듯이, 이런 기사단 규정들로부터도 이들과 현대 기병대騎兵隊 규정들을 비교해 보면 양자의 차이점을 모두 이해할 수 있을 것이다. 기사騎士들의 경우 밀집해서 말을 몰거나 전개하거나 선회旋回하는 훈련이 있었던 흔적들이 전혀 발견되지 않는다. 통제가 있었다면 횡렬橫列 이탈의 금지나 명령에 의하지 않은 개별적 공격의 금지—이는 현대 기병대라면 언급조차 필요 없는 것이다—또는 군기軍旗 보호에 관한 지시 정도에 국한되어 있었다. 따라서 전투 통제는 적과 접촉이 동시에 이루어지게 하려는 것에 불과했으며 일단 전투가 시작되면 군기軍旗를 높이 휘날리게 해서 최대한 맹렬한 기세로 끝까지 싸우게 하려는 것이었다.

이런 점들은 현대 기병 전술가들의 교훈과는 정반대이다. 오늘날은 "돌파만이 진정한 기병대의 전투행위이고 직접 승리를 안겨준다50). 돌파 성공이 불분명한 경우에만 이어지는 혼전混戰이 사태의 특별한 전기轉機를 만들어 준다"는 것이 기병대의 규칙이다. 현대의 기병대 규정은 이어서 "기병대에게 가장 취약한 시기는 공격에 성공한 후"라면서 신속한 재집결의 필요성과 단위부대들이 가능하면 시종일관 밀집대형을 유지할 것을 특별히 강조한다.51) 기사騎士들의 경우에도 군기軍旗 주변의 병력들은 어느 정도 이렇게 했다. 그러나 그들에게는 전투 도중의 집결이나 신호 또는 명령 같은 것은 없었다. 또한 공격시의 포위기동이나 적의 포위기동에 대한 방어 같은 것도 없었고 제2제대梯隊나 예비대 같은 것도 없었다. 그들의 승부를 결정한 것은 오로지 싸움 즉, 각자의 혼전混戰이었다. 그들에게는 리더십이란 없었고 전투는 기사騎士들 개인에게 맡겨져 있었고 자신의 능력범위 내에서 어느 곳에서건 어떤 방법으로든 적에게 해를 가할 수 있었다.

지도자의 통제 하에 밀집 편성된 부대가 현대 기병대騎兵隊의 본질이다. "집합"이라는 구령은 그들의 훈련에서 너무 중요한 신호라서 말들도 이 소리만 들으면

---

50) 멕켈Meckel, 《전술론Taktik》, 제I편, 50쪽.
51) "기병대에게 가장 취약한 순간은 공격을 실시한 직후다. 이 취약한 순간은 언제나 있으며 이런 순간에는 부대가 우발적인 상황에 대처할 수 있도록 충분히 신속하게 질서와 냉정한 마음과 밀집대형을 회복할 수 없다." 칼Carl von Schmitt 소장小將의 《지침서Instruktionen》, 서기 1876년, 152쪽.

어디서든 소리가 난 곳으로 자동적으로 달려간다. 그러나 기사騎士들은 그런 훈련이나 신호와는 아무 관계가 없었고 트럼펫 소리와도 아무 관계가 없었다.52)

중세 전쟁에 관한 초기 연구에서는 과거를 분명히 이해하기 위해 현대의 사건들을 유추하려는 경향이 자연스럽게 있었다. 그러나 이 연구의 결과 무엇보다 중세전투가 현대전투와 다른 점뿐 아니라 고대전투와 다른 점도 드러났다. 기사군騎士軍은 현대 중갑창기병重甲槍騎兵/Lanzen=Kürassiere/lancer-cuirassier의 기병단騎兵團/Schwadron/squadron과 매우 달랐다. 왜 고대 전쟁사에서는 그렇게 흔히 보이던 전술개념들이 중세에는 존재하지 않았는지 다시 한번 분명히 기억해 두도록 하자.

고대 지휘관의 임무는 공격과 방어의 특별한 장점, 각종 무기의 특별한 능력 그리고 지형의 특징들을 잘 활용하는데 있었다. 그들은 이런 요소들을 관련된 단점들을 회피해 가면서 자신들에게 유리하게 전환시키는 방법을 알고 있었다.

우리는 마라톤Marathon 평원에서 지휘관이 특정한 순간이 올 때까지 전 병력을 전진하지 못하게 억제시켜 놓았던 것을 볼 수 있었다(역자 주: 이 책 제I편, 제I권, 제V장 참고). 후일에는 지휘관이 자신의 소수 병력에게 적의 다수를 수세守勢를 통해 견제하게 해 놓고 적의 소수를 자신의 다수로 공격했던 경우들이 계속 보인다. 그러나 이런 행동은 기마騎馬 부대에서는 불가능했다. 기병騎兵은 방어적 병종兵種이 아니며 공격적 행동만 가능한 병종兵種이기 때문이다.

이런 상황에서는 지형의 전술적 이용 역시 무의미해 졌다. 기사군騎士軍은 평원 위에서 싸울 때와 다른 방식으로 싸울 수 없었다.53) 기사군騎士軍에게도 그들의

---

52) 필자는 중세 사료에서 전투 도중의 신호에 관한 기록을 본 기억이 없다. 템플 기사騎士들은 숙영지 내에서만 종소리를 신호로 사용했다. 가우티어Gautier에 의하면 아타레브Athareb 로저Roger 영주領主는 전투에 앞서 첫 트럼펫("이는 일종의 트럼펫 이었다audito primo sonitu gracilis") 소리에 전원이 장비를 착용할 것과 두 번째 트럼펫 소리에 집결하고 세 번째 트럼펫 소리에 예배의식禮拜儀式에 나올 것을 명령했다 하며(프루츠Prutz 편編, 《십자군 역사에 대한 사료 연구》, 27쪽에서 재인용) 이 기독교도들은 전투에 들어가면 "트럼펫과 파이프와 호른이 울리는 동안gracilibus, tibiis, tubisque clangentibus" 전진했다고 한다(같은 책, 29쪽에서 재인용). 요한Johann von Brabant 영주도 보링겐Worringen 전투에 앞서 전투원들의 사기를 돋구려고 공격하거나 싸우는 방식을 트럼펫을 불어 신호해 주도록 명했는데 "미니스트레레ministrere"들은 영주의 군기軍旗가 내려가자 트럼펫 소리를 멈추었다가 군기軍旗가 다시 올라오자 다시 불기 시작했다고 한다(헬루Ian von Heelu의 서사시敍事詩, v. 5668. 프루츠Prutz 편編, 같은 책, 211-212쪽에서 재인용). 쾰러Köhler 장군은 이 구절을 근거로 이는 정상적 관행이었고 트럼펫 부는 사람은 안개가 군기軍旗를 가리더라도 어디 있는지 알려주려고 언제나 그 옆에 있었을 것이라고 했다(《기사騎士 시대의 전쟁과 용병술用兵術의 발전》, 제III편, 제II권, 340쪽). 그러나 그의 견해는 어느 면에서 보건 좀 지나치다. 두캉게Ducange는 〈성聖 판둘프의 생애 Vita St Pandulfi〉, 각주 15에서 "나는 전투를 알리기 위한 신호로 호른을 불게 했다illam tubam, quam ad significandum proelium tubare significavi"는 구절을 인용했다.

53) 헤르만Otto Heermann은 제1차 십자군 시기의 서구西歐 군대를 연구해 본 결과 현재 그 전투장소를 알 수 있는 경우(도리레움Doryläum/Dorylaeum 전투, 안티오크Antioch 호수 전투, 아스칼론Askalon/Ascalon 전투, 서기 1101년 라므라Ramla/Ramleh 전투 및 요페Joppe 전투, 서기 1105년 라므라 전투 등) 그 지형은 모두 평원이고 험한 지형이나 마을이나 숲에서 전투가 있었던 흔적은 보이지 않는다고 했다("제1차 십자군 시대에 동방東方에서 서구西歐 군대의 전투Die Gefechtsführung abentländischer Heere im Orient in der Epoche des ersten Keuzzuges," 103쪽).

레오Leo 황제는 기병전騎兵戰에서는 험한 지형이 프랑크족에게 불리했었는데 이는 창槍으로 적을 강타하는 것이 프랑크족의 일상적 전투방법이었기 때문이라고 했다(《전술론Taktik》, 제XVIII장, para. 92). 물론 우리는 프랑크족의 이런 전투방법을 현대적 의미로 이해하면 안 될 것이다.

한 측면을 특정한 지형에 의지케 하는 것이 특별한 경우 일정한 의미를 지닐 수는 있었지만54) 이로써 별 효과를 얻을 수는 없었다. 기사騎士들의 전투는 정면과 측면이 별다른 의미가 없는 전반적인 혼전混戰으로 곧 전환되기 마련이다. 지도자들의 임무는 측면이 의지할 좋은 지형의 확보가 아니라 기마騎馬 부대의 기동에 필요한 충분한 공간의 확보에 있었다.

각종의 전투병종戰鬪兵種이 서로 지원했던 것은 중세와 고대가 마찬가지였었지만 중세에는 궁수弓手와 보병과 경기병輕騎兵이 기사騎士를 일방적으로 지원했을 뿐이다. 당시에 합동병종合同兵種 전술이 있었다고는 말할 수 없다. 이 지원병종支援兵種들은 독립적인 전투능력이 없었기 때문이다. 고대 팔랑스phalax나 레기온legion의 경우와 같이 예를 들어 궁수나 보병이 상대방의 공격을 저지하는 사이에 기사騎士들이 포위기동을 하는 식의 전투는 있을 수 없었다. 지원병종들이 기사騎士를 상대하기에는 너무 허약했기 때문이다.

결국 기마군騎馬軍의 전술적 임무는 고대 그리스군이나 로마군과 전혀 달랐다. 병종兵種간 상호지원은 진정한 합동병종合同兵種 전술에서 필수적 요소이다. 그러나 중세에 여러 병종兵種이 함께 전투에 나간 것은 상호지원을 위한 것이 아니었다. 오로지 다른 병종들이 주병종主兵種인 기사騎士들을 지원했을 뿐이다. 기사騎士들이 전장戰場과 전투수행을 지배했다. 그러나 기사騎士들에게는 방어력이 없었고 지형도 매우 단편적으로만 이용할 수 있었다. 따라서 여러 병종간의 영리한 전술적 결합 같은 것은 처음부터 불가능했다.

모든 문제의 중심에는 근접전 무기를 휴대한 보병의 취약성이라는 문제점이 있었다. 뤼스토프Rüstow는 이를 "보병은 존중을 받지 못했기 때문에 그 중요성이 감소되었다"는 식으로 말했다. 그러나 보병이 왜 존중을 받지 못했을까? 로마군에서는 기병騎兵보다 보병이 더 중시되었었다. 그러나 보병은 고대와 같은 입지를 한번 잃은 후로는 그 영광이 점점 추락해서 이제 더 이상 주목을 받지 못하게 되었으며 가장 유능한 인간들은 이 병종에 아무 매력도 느끼지 못하게 되었다. 그러나 이런 변화의 결정적 원인은 전술조직戰術組織이 사라진 데 있었다. 중세 보병은 개인이었을 뿐 코호르트Kohort/cohort(역자 주: 로마군의 대대급 보병부대) 같이 긴밀하게 구성되고 훈련된 전술조직의 구성원이 아니었다. 따라서 보병이 무가치하게 된 것을 보병의 책임으로 돌릴 수는 없다. 그들은 이제 옛날의 그들 이상이 될

---

54) 특히 기마궁수騎馬弓手를 상대할 경우 즉, 십자군十字軍의 경우에 그랬었다. 헤르만Otto Heermann은 그 이유를 엄청난 수적 우세를 이용해서 이 기독교도基督敎徒들을 포위하려 했던 무슬림Muslim/Moslem(역자 주: 회교도回敎徒)들 때문이라고 하지만 우리는 이교도異敎徒들이 병력수가 엄청나게 많았다는 것은 기독교도들의 우화寓話에 불과한 것으로 보아야 할 것이다. 그들이 한 측면을 특정한 지형에 의지했던 경우는 무슬림에 비해 숫자가 열세했기 때문이라기보다는 장비의 차이 때문이었을 수 있다.

수는 없었다. 옛날의 그들 이상으로 취급되지 않았다고도 말할 수 있다. 물론 기사騎士들이 결정적 병종으로 간주되었기 때문이다. 그러나 보병은 숫자도 많았지만 결코 불필요한 존재는 아니었고 전투 시에도 기사騎士들을 지원하는데 유용하고도 불가결한 존재였다. 더욱이 전투 이외의 임무 특히 포위작전에서는 절대적으로 필요하고 불가결한 존재였다.

이쯤에서 우리는 십자군十字軍들이 서구西歐 기사騎士들의 전투방법에 미친 결과들을 다시 한번 모두 생각해 보기로 하자.

우선 십자군十字軍들은 사실 새로운 병종인 기마궁수騎馬弓手들과 대적하게 되었다. 더욱이 그들은 기사騎士들이 말을 잃었을 때 그들이 고향 땅에서 관습적으로 이용했고 또 필요했었던 방식과는 매우 다른 방식으로 보병으로 전투에 참여하게 되었다. 이 두 가지 점은 매우 큰 영향을 미쳐서 여러 전투병과들 간 상호지원 방법을 주의 깊게 연구하고 개발할 필요가 생겨 혼합전투混合戰鬪가 주로 개발되고 권장되었고 한편으로는 기마궁수라는 병종을 도입하려는 노력도 있게 되었다. 또한 기마궁수들의 기습공격으로부터 자신들을 방어하기 위해 그들이 서구西歐에 있을 때보다는 행군대형에 훨씬 더 주의를 기울이지 않을 수 없게 되었다. 그들은 모든 방향에서 동시에 전투를 벌일 수 있도록 3개의 평행 종대縱隊로 이동했다는 기록이 자주 보인다. 이는 물론 필요한 도로망과 자유로운 기동이 허용되는 지역에서만 가능한 방법이었다.55)

---

55) 헤르만Heermann은 그의 논문 서론에서 초기 십자군들을 보아야 기사騎士들의 전투방법을 가장 정확히 알 수 있다고 했다. 그는 초기 십자군들은 그들 고유의 전술을 가지고 승리했을 것이 분명하지만 후기 십자군들은 동방東方의 전술을 채택했을 가능성이 있다고 했다. 나아가 그는 그런 사건들에 관한 사료들이 광범위하게 존재하기는 하지만 서구西歐에서의 사건들에 관한 사료들에 비하면 내용이 훨씬 빈약하다고 했다. 그러나 이런 헤르만의 생각이 매우 논리적인 것 같이 보일지는 몰라도 결코 정확한 생각이 아니다. 독특하고 새로운 전투환경은 처음부터 즉, 도리레움Doryläum/Dorylaeum 전투(서기 1097년) 때부터 존재했었고 따라서 십자군들은 새로운 상황에 적응하기 위해 처음부터 노력해야 했었다.

부 기附記

게르만 기사騎士의 보기전투步騎戰鬪 기술

게르만 기사騎士들이 9세기부터 10세기까지 실제로 보병步兵으로 싸우기도 하고 기병으로 싸우기도 했는지 만약 실제 그랬다면 어느 정도나 그랬었는지에 대해 발쩌Baltzer는 내용이 서로 모순되는 일련의 증거들을 수집하여 놓았다(《게르만 전쟁사Zur Geschichte des deutschen Kriegswesen》, 98쪽 이하). 아르눌프Arnulf 왕의 전사戰士들은 서기 891년 노르만족 보루堡壘들을 공격했을 때와 서기 896년 로마 성벽城壁을 타고 올라갈 때 말에서 내려서 싸웠다. 노르트하임Nordheim의 오토Otto는 서기 1080년 엘스터Elster 강변에서 하인리히 Ⅳ세와 싸울 때 작센 기사騎士들 중 일부를 보병으로 싸우게 했다. 서기 1086년 브라이크Bleich 평원 전투와 콘라트Conrad Ⅲ세 때인 서기 1147년 다마스커스Damascus 전투에서도 같은 일이 있었다. 십자군十字軍 역사가歷史家 빌헬름Wilhelm von Tyrus은 "그들은 보병이 되었는데 이는 큰 위기가 닥쳤을 때 게르만족이 군사업무를 수행하는 방식이었다facti pedites, sicut mos est Teutonicis in summis necessitaribus bellica tractare negotia"고 했다.56) 기렐무스 브리토Guillemus Brito의 〈필리프 왕의 행적行蹟Gedta Philippis regis〉, 제Ⅹ권, v. 680에서는 서기 1214년 부빈 Bouvines 전투 당시 필리프 아우구스트Philipp August/Philip Augustus 왕이 "튜튼족(역자주: 게르만족)은 보병으로 싸우게 하라. 그대들 골족은 전투 때 언제나 말을 타야 한다Teutonici pugnent peredites, tu, Gallice, semper eques pugna"고 말하고 있다. 로베르트Robert Guiscard 전기傳記를 쓴 작가作家에 의하면 게르만족이 특별히 기병騎兵은 아니었다 한다.57) 비잔틴의 키나무스Joh. Cinnamus는 게르만 병사들은 보병전투가 프랑스 병사들보다 월등하다고 칭찬했다 한다(발쩌Baltzer, 《게르만 전쟁사》, 47쪽, 각주 5). 이런 기록 외에도 레오Leo 황제 (재위, 서기 886년-911년)의 《전술론Taktik》에도 프랑크족이 기병 전투나 보병전투를 모두 선호했다는 구절이 있다.58) 또한 기사騎士들은 특히 극도로 위험한 상황에서는 싸우기 위해 말에서 뛰어내렸다는 개별적인 기록이 무수히 많다.

반면 게르만 병사가 이태리 병사보다 뛰어난 기병騎兵이라고 자랑한 경우도 있다(리우트프란두스Liutprand/Liutprandus, 《복수론復讐論 Liber Antapodosius》, Ⅰ, 21 및 Ⅲ, 34). 《풀다 연대기年代記 Annal. Fuldenes》는 프랑크족은 서기 891년 노르만족과 싸울 때 실제 기병전투를 했다고 한다. 비잔틴 제국 니케포루스Nicephorus Phokas 황제는 리우트프란두스에게 게르만 병사들은 기병전투 보병전투 모두 익숙하지 않다고 말했다

---

56) 제ⅩⅧ권, 제Ⅳ장(바젤Basel 판版, 서기 1549년, 397쪽).

57) 〈로베르트의 행적行蹟Gesta Roberti Wiscardi〉, Ⅱ, 154(《게르만 사료집Monumenta Germaniae》, SS., Ⅸ, 257).

58) "그들은 보병전투와 기병돌격에 모두 익숙했었다 χαίρουσι δὲ μάλλον τῆ πεζομαχία χαι ταίς μετὰ ἐλασίας χαταδρομαίς (Chaiousi de mallon tëi pezomachiai kai tais meta elasias katadromais)."(XVIII, 84). 헬라어의 "말론μάλλον(mallon)"은 "더욱" 이 아니고 "매우"를 의미한다. (역자 주: 위의 번역은 델브뤼크 자신의 의역意譯이며 미국 육군사관학교 렌프로Walter J. Renfroe Jr. 교수의 영역본英譯本에서는 이를 직역해서 "그들은 보병전투와 말을 타고 돌격하는 공격에서 큰 즐거움을 느꼈다"고 했다.)

하며, 코스마스Böhme Cosmas는 게르만 병사들이 보병전투에는 숙달되지 않았다고 했다(《보헤미아 연대기年代記 magnum opus/Chronica Boemorum》, Ⅱ, 10). 발쩌Baltzer는 티에트마르Thietmar von Merseburg(서기 976년-1019년)의 《작센 연대기年代記》에는 전쟁에 보병이 참여한 것을 이상하게 보았다고 한 구절도 있다고 한다(《게르만 전쟁사》, 3쪽).

발쩌는 여러 구절들을 비교해 본 결과 게르만 병사들은 기병騎兵 복무가 그들의 관행이 된 지 오랜 세월이 지난 후에도 기병騎兵 전투에 완전히 숙달되지는 못했으며 기병騎兵 전투에서 큰 업적을 남기지 못했다고 본다.

그러나 사실들을 분석해 보거나 사료 내용을 살펴보면 이는 잘못된 평가임을 우리는 알 수 있다. 게르만족은 시저Cäsar/Caesar 시대부터 이미 훌륭한 기병騎兵이었고 특히 작센Sachsen/Saxons족은 샤를마뉴Karl/Chalemagne 대제大帝(역자 주: 프랑크 왕국 후기 카롤링 왕조 제2대 왕)와 싸울 때 기병騎兵으로 싸웠다. 카롤링Karoling/Caroling 왕조 법령들에도 프리센Friesen/Friesia족은 기병騎兵으로 묘사되어 있다(앞의 27쪽 참고). 말을 타는 기술을 태생적으로 지니고 있고 기사騎士 계층이 된 후 이런 기술을 늘 사용했던 민족이 기마전투騎馬戰鬪 기술을 고도로 발전시키지 못했을 리 없다. 발쩌Baltzer는 말을 타고 싸우는 것이 가장 편한 기병騎兵들은 선택의 여지가 전혀 없을 때만 말에서 내려 싸울 것이고 상황이 불명확할수록 그런 결정을 내리기가 어렵다고 했다. 그러나 일반적으로 그렇게 말하면 안 된다. 기병騎兵은 특히 집단을 이루어 싸울수록 더 우세하다. 개활지 전투에서는 말을 탄 100명의 기사騎士가 보병 100명보다 우세할 것은 말할 나위도 없다. 이런 전투에서는 보병은 대부분 곧 쓰러지고 말 것이다. 쿠르트라이Courtray/Courtrai 전투에 앞서 프랑스군 지휘관은 아르토아Artois 대공大公/Graf은 기병騎兵 100명이 보병 1,000명과 전투력이 같다고 말한 것으로 추정된다.59) 그러나 개인전투個人戰鬪에서는 전투기술이 뛰어난 보병 1명이 기병騎兵 1명을 얼마든지 상대할 수도 있으며 이상하게도 전쟁사를 보면 말에서 내려서 싸운 기병騎兵에 관한 기록이 꽤 있다. 예를 들어 코사크Kosak/Cossack족도 그렇고60) 고대에도 그런 경우가 있다.61) 그런 일이 끊임없이 기록에 남아있는 로마군의 경우 그 원인을 말 타는 방법을 잘 몰랐었기 때문이라고 보려는 사람이 혹 있을지 몰라도 이는 사료에서 확인되지 않는 사실이다. 오히려 이와는 반대로 폴리비우스Polyb/Polybius의 《역사Historiai》, Ⅲ, 115장을 보면 칸네Cannä/Cannae의 기병전騎兵戰에서는 뛰어난 기병대 자질이 있던 한니발Hannibal 측 기병騎兵들이 정상적인 방법으로

---

59) 기아르Guiart, 〈왕계보王系譜 Branche des royeax lignages〉. 앞의 264쪽, 각주 2 참고.
60) 《주간군사週刊軍事/Militär-Wochenblatt》, 서기 1894년 호의 부록 제7권과 제8권에는 서기 1812년에 코사크족이 한 고립된 중대를 공격한 일을 기록한 중대장 키싱겐Kinsingen의 일기가 수록되어 있는데 이 중에 "이상하게도 백병선이 멀어지자 대무문의 코사크 기병들은 말에서 뛰어내린 다음 발로 싸웠다"는 구절이 있다(277쪽). 그것도 기병창騎兵槍을 가지고 싸웠다고 한다.
61) 프뢸리히Fröhlich는 리비우스Livy/Livius의 《로마사史 Ab urbe condita》에 기록된 이 문제에 관한 구절 11곳을 발췌해 그의 《로마인의 전투방법이 역사에 미친 공헌Beiträge zur Geschichte der Kriegführung der Römer》(서기 1886년), 60쪽에 수록해 놓았다. 필자는 그 외에도 원문 해석이 물론 불분명한 폴리비우스Polyb/Polybius의 《역사Historiai》, ⅩⅠ, 21장과 켈티베레Keltiberern/Celtiberians족 기병들이 전투를 위해 말에서 뛰어내렸다는 기록 하나(Polyb. Fragm. 125 〈Dindorf〉)를 그런 기록으로 추가한다.

싸우지 않고 말에서 뛰어내려서, 폴리비우스의 표현에 의하면, 야만적 방식으로 로마군을 격파했다고 한다. 시저Cäsar/Caesar는 특히 유능한 기병騎兵이 많기로 유명한 게르만족이 이런 행동을 한 예를 여러 차례 기록해 놓았다(《골 전기戰記 De Bello Gallico》, IV, 2장 및 12장). 니벨룽겐의 노래Nibelungenlied에도 작센Sachsen/Saxons족이 이렇게 전투를 하는 장면이 있다(Str. 212).

더욱이 자신이 졌다고 생각하지만 도망갈 생각도 없고 도망을 갈 수도 없고 끝까지 싸우다 죽으려는 사람은 싸우기 위해 기꺼이 말에서 뛰어내려 싸웠었다. 만약 그대로 말 위에 있다가 말이 부상을 입으면 자신이 말에서 끌려 내려와 더 이상 싸울 수 없게 되지만 미리 말에서 내려서 싸우면 자신의 능력대로 싸울 수 있기 때문이다. 이 시대 기록들 중 가장 확실한 기록은 "프랑크족이 발로 싸우는 것은 정상적인 일이 아니었다Francis pedetemptim certare inusitatum est"라고 한 《풀다 연대기年代記 Annal. Fuldenes》의 기록이다. 발쩌Baltzer는 이 구절을 좁은 의미의 프랑크족이나 로트링겐Lothringer/Lotharingians족에게만 해당하는 말이라고 설명해 버리고 말려고 한다. 하지만 그의 견해는 전혀 근거가 없는 견해이다. 이 기록은 분명히 로트링겐족이 아니라 프랑크족에 관한 기록이다. 또한 로트링겐족이 특별히 말을 잘 탔다고 볼만한 근거가 어디에 있는가?[62] 만약 그런 식으로 단어의 의미를 축소시킨다면 우리는 어떤 말이라도 이를 정반대의 의미로 뒤집을 수 있다. 그러나 필자도 발쩌와 반대로 해석할 만한 근거는 없다. 따라서 우리는 그 같은 구절들이 모두 신뢰할 수 없는 기록이라는 것만 인식하면 된다. 그런 기록들은 어느 것이나 우리로 하여금 모종의 경향 때문에(지금 우리에게는 어떤 분명한 경향도 없다) 그리고 어떤 착오와 단순한 분위기 때문에 완전히 그릇된 판단을 하도록 유도할 수 있다. 그렇기 때문에 우리는 외형상으로는 모두 동일한 신뢰성을 지닌 것으로 보이지만 상호 모순된 근거들을 모두 수집하고 있는 것이다. 그러나 이런 경우에는 사료들에 대한 단순한 분석만 가지고는 문제를 해결할 수 없으며 반드시 전체적 관점에서 그 시대 전체를 조망해 보는 객관적 분석방법에 의존해야 한다. 개별적인 기록에 근거해서 우리의 개념을 형성하는 것이 얼마나 위험한 일인지 우리는 앞서 봉건제도의 기원을 연구하며(역자 주: 앞의 제II편, 제IV권, 제IV장 참고) 알 수 있었다. 학자들이 민족대이동 시기 프랑크족은 아직은 그저 보병 전사였을 뿐이라는 견해를 갖게 되었던 것도 그런 개별적 기록 몇 가지만 참고한 결과였다. 그들은 또한 이로 인해 봉건국가의 출발점이라는 그렇게 중요하고 또 결정적인 문제에 있어서도 잘못된 궤도로 빠져들고 말았던 것이다.

우리가 게르만 민족들은 민족대이동 시기 이후로 줄곧 기병전투騎兵戰鬪 기술을 발전시켰고 그들의 이런 기술이 매우 높은 평가를 받았다고 볼 수 있었던 것은 전혀 신뢰성 없고 상호 모순된 단편 증거들에 의존하지 않고 개별적인 사료들을

---

62) 필자는 발쩌가 《게르만 전쟁사Zur Geschichte des deutschen Kriegswesen》, 99쪽, 각주 11에서 근거로 제시한 구절은 증거가 되지 못한다고 본다.

전체적 관점에서 비판적으로 검증하고 평가하면서 전투방법의 전반적 발전과정과 비교해 보았기 때문이다. 다만 앙겔-작센angelsachsen/Anglo-Saxons족은 기병전투騎兵戰鬪를 실제로 발전시키지 못한 것으로 보이는데 이는 그들에게 말이 있었어도 바다를 건널 때 거의 데리고 가지 못했기 때문일 것이다. 그들에게는 진정한 전사戰士 계층이 매우 제한적 범위에서만 발전했었다. 그러나 대륙에서 발전해서 노르만족과 함께 잉글랜드로도 들어간 진정한 기사騎士는 기병임과 동시에 보병이었다. 그들이 발로 싸웠다 해서 그들에게 기병전투騎兵戰鬪 기술이 충분하지 못했던 것은 결코 아니다. 우리는 비두킨트Widukind가 붉은 얼굴 콘라트Konrad der Rote 영주領主/Herzog를 가리켜 "그는 적에게 기병으로 가건 보병으로 가건 무적無敵의 전사戰士일 것이다 *dum eques et dum pedes iret in hostem, bellator intilerabilis*"라고 칭찬한 말은(《작센 연대기年代記》, 제Ⅲ편, 44장) 진정한 기사騎士 모두에게 해당하는 말로 보아야 한다.

기사騎士와 크네크트Knecht

기사騎士 계층은 과거의 일반 전사戰士 계층에서 떨어져 나온 신분이 낮은 귀족 계층이 분명할 것으로 보인다. 또한 그렇게 된 과정도 분명하다. 그러나 기사騎士 계층 밑의 하급 전사戰士 집단 특히 보병이 어떻게 구성되고 존속했는지를 이해하기는 좀 어렵고 이 분야에 대한 많은 연구가 계속되고 있다. 특히 문제가 되는 것은 말을 탄 기사騎士를 따라다니던 보병이 전투원이었다면 그들이 전투원이 된 정도와 시기와 방식에 관한 문제이다.

발쩌Baltzer는 대부분의 기사騎士는 11세기까지는 아직 종자從者/Gefolg나 방패휴대병 Schildträger(역자 주: 265쪽 참고)과 함께 다니지 않았으며 이는 기록에 흔히 보이듯이 기사騎士들 스스로 마초馬草를 구하러 다녔기 때문이라고 믿고 있다(《게르만 전쟁사*Zur Geschichte des deutschen Kriegswesen*》, 78쪽 이하). 그러나 필자는 약간 달리 생각하고 싶다. 우리가 알다시피 민족대이동 시기 이후 군대에서 가장 뛰어난 인물들도 지휘관에 그친 것이 아니라 그들 자신이 전투원이었다. 왕에서부터 영주領主/Herzog들을 거쳐 일반 전투원들에 이르기까지 그들 사이에는 전환기적인 중간 지위가 있었고 아주 초기부터 일반 기병騎兵들까지 하인을 데리고 다니는 관습이 있었다. 그러나 이 기병騎兵들 중 여전히 스스로 마초馬草를 구하러 나가는 사병私兵으로서 하인이 없는 경우가 흔했다. 이들은 때로는 보급대열과 함께 가면서 등짐 짐승이나 수레를 몰기도 했었다. 그러나 신분이 점차 높아진 기사騎士 계층 사람들은 자연스럽게 대부분의 경우 최소한 1명의 무기휴대병 또는 방패휴대병과 더불어 몇 명의 하인들을 데리고 다니게 되었다.

발쩌Baltzer는 또한 11세기 중반 이후로 크네크트Knecht들의 숫자가 증가한 것으로 보았다. 이들은 때로는 말을 타기도 했지만 긴급한 경우에만 무장했으며 2차적 군사임무에만 사용되었고 이들이 전투에 참여하는 것은 예외적인 경우였다.

중세 시대 각 전투병종戰鬪兵種의 형성 및 이들 상호간의 관계에 관한 쾰러Köhler

장군의 견해는 그 자신의 말들 가운데 서로 모순되는 곳이 많아서 인정되기 어렵다. 그는 기사騎士를 따라다니던 인원은 원래 무기도 말도 없었고 전투 시에 기사騎士를 따라다니지도 않았다는 생각을 고수한다. 그러나 그가 다루고 있는 시기에는 처음부터 기사騎士들 외에 경기병輕騎兵이라는 특수한 전투병종이 있었을 것으로 추정된다. 그리고 11세기부터는 보병도 때때로 중요한 역할을 했던 것으로 추정되며 전투 시에 기사騎士를 따라다닌 보병 병사와 독립 보병부대에 관한 기록도 있다. 이론상 1명의 기사騎士 개인에게 지원병종 여러 명이 배속된 "글레베Glebe/gleve" 또는 "랑쎄lance/Lanze"라는 편성이 등장한 것은 14세기 중반쯤으로 추정된다.

필자는 기사騎士를 따라다니던 인원도 원래는 전투 중에는 따라다니지 않았다는 쾰러 장군의 견해에 동의한다.63) 그러나 그들이 어떤 종류이든 무기를 휴대했음은 분명하다.64) 기사騎士를 따라다니던 인원 중 1명이 전투용이나 수송용으로 늙은 말을 가지고 있었건 아니건 이는 우연의 문제일 뿐 중요한 의미는 없다. 쾰러 장군은 기사騎士가 말을 탄 하인 1명을 데리고 있었는지에 관한 문제와 말을 탄 이런 인원이 전투 중에도 그를 따라다닌 것인지에 관한 문제를 잘 구분하지 못하고 있다. 첫 번째 문제에 대한 대답은 분명히 긍정적이다. 12세기에는 기사騎士를 따라다니던 집단 속에 말을 타고 무장한 인원들이 보인다. 붉은 수염 프리드리히Friedrich Barbarossa(역자 주: 프리드리히 I세의 별칭)가 서기 1155년 토르토나Tortona에서 기사騎士 작위를 주려 했지만 이를 사양한 사람(역자 주: 앞의 제I장, 각주 37 참고)은 호칭이 "스트라토르strator"(하인)였고 말을 탄 하인이었다.65) "이런 사람들이 보통 자신의 말안장에 달고 다니던 종류의 도끼"를 그가 지니고 있었다는 기록이 있기 때문이다.66) 서기 1155년에는 브레스키Bresciaer/Brescians족이 보헤미아족의 "스쿠티페리scutiferi"(방패휴대병)들을 기습해 그들의 말들을 빼앗아 갔다는 기록이 있다.67) 이 "스쿠티페리"가 말을 탄 인원이었다면 같은 전역戰役에서 농촌을 휩쓸며 정복하고 파괴하고 가축떼와 마을들을 불태웠다는 "기사騎士와 스쿠티페리milites et scutiferi"들68) 역시 그런 인원들이었음은 말할 나위도 없다. 문헌증거로는 소위 〈아르 복무규정Ahrer Diendtrecht〉에 기록된 "세르부스 에키탄스servus equitans"(말을 탄 하인)라는 표현이 있는데69) 이런 증거를

---

63) 헤르만Otto Heermann도 역시 제1차 십자군 시대에 이런 일이 있음을 입증했다. "제1차 십자군 시대에 동방東方에서 서구西歐 군대의 전투Die Gefechtsführung abentländischer Heere im Orient in der Epoche des ersten Keuzzuges"(서기 1887년), 101쪽.

64) 쾰러 장군의 《기사騎士 시대의 전쟁과 용병술用兵術의 발전Entwickelung des Kriegswesen und der Kriegsführung in der Ritterzeit》, 제III편, 제II권, 29쪽 및 83쪽에서는 "종자從者와 하인들armigeri et garciones"이 무기를 지급 받았다는 기록들(역자 주: 앞의 각주 8 참고)을 근거로 이들이 평상시에는 무기를 들지 않았을 것이라는 결론을 끄집어내고 있지만 이는 지나친 견해이다. 이 기록들의 의미는 그들이 종전에는 가지고 있지 않던 무거운 방어용 무기를 새로 지급 받았다는 의미일 뿐이다.

65) "콘라트 왕은…교황의 하인…직책을 가졌다rex Chonradus…papae…stratoris officium exhibuit."는 기록 참고. 수도사修道士 베르놀트Bernold의 기록(《게르만 사료집Monumenta Germaniae》, SS., V), 1095쪽, 바이츠Waitz, 《독일헌법사Deutsche Verfassungsgeschichte》, 제VI편, 194쪽에서 재인용.

66) 프라이징Otto von Freising, 〈프리드리히 II세의 행적行績Gesta Friderici II〉, 제18장.

67) 모레나Otto Morena의 기록(《게르만 사료집Monumenta Germaniae》, SS., XIII), 603쪽.

68) 모레나Otto Morena, 같은 기록, 606쪽. 프라이징겐Otto von Freisingen, 《게르만 사료집Monumenta Germaniae》, SS., XX, 398.

그냥 빗겨가려는 쾰러Köhler 장군의 태도(《기사騎士 시대의 전쟁과 용병술用兵術의 발전 Entwickelung des Kriegswesen und der Kriegsführung in der Ritterzeit》, 제Ⅲ편, 제Ⅰ권, 17쪽)는 너무 옹색하므로 굳이 반론을 펼 가치도 없다. 반면 필자가 보기에 서기 1029년 〈바이쎈부르크 복무규정Wissenburg Diendtrecht〉의 문구들에 대한 그의 교정은 정확한 것이기 때문에 이 증거는 예외이다.[70]

그러나 서기 1240년 프리드리히 Ⅱ세는 "모두 말을 탄" 기사騎士 20명, 궁수弓手 20명 및 크네크트 20명에게 사르디니아Sardinien/Sardinia로 가라고 명령한 적이 있다.

사보이Savoyen/Savoy 대공大公/Graf이 제노바Genua/Genoa와 체결한 조약에서는 대공이 "무장한 견습기사見習騎士 1명과 크네크트 2명을 거느린 기사騎士 1명pro milite cum donzelio armatis et duobus scutiferis"당 1개월에 16푼트pfund/pound를 받기로 했었다(〈제노바 연대기年代記Annal. Jan.〉, 《게르만 사료집Monumenta Germaniae》, SS., XVIII, 158). 더욱이 브레시아Brescia 영주領主/edle Herr 로타링구스Lotharingus의 군대에는 "각자 말 2필과 방패휴대병 3명과 견습기사 몇 명을 거느린 기사騎士 50명cum militibus 50, quorum quisque erat cum duobus equis et cum tribus scutiferis et donzellis nene armatis"이 있었고 그 외에 "등짐 짐승 1마리와 방패휴대병 2명을 거느린cum saumerio et duobus scutiferis" 다른 인원도 있었다. 쾰러 장군의 《기사騎士 시대의 전쟁과 용병술用兵術의 발전》, 제Ⅲ편, 제Ⅱ권, 87쪽에서는 "돈젤루스donzellus"(역자 주: 돈젤리스donzellis의 단수형)라는 단어를 "귀족 크네크트Edelknecht"로 번역하고 "스쿠티페리scutiferis"라는 단어를 "기사騎士 가문의 젊은 자제들이었을 여타의 크네크트"라고 보았다. 이런 해석은 완전한 자의적 해석임이 분명하다. 그러나 모든 말들은 기사騎士들이 타는 말이었고 크네크트들이 모두 보병으로 전투에 참여했을 수도 있다.

서기 1239년에 교황은 베니스Venedig/Venice와 소약을 제결했는데 이 조약에 따라 베니스 시市는 "1명 당 전마戰馬 1필, 등짐 말 2필 그리고 무장한 크네크트 3명을 각각 거느린 300명의 기사騎士 300 milites et pro qualibet milite sextraium unum, roncinos duos, scutiferos tres cum armis"를 제공해야 했다. 쾰러 장군은 같은 책, 제Ⅰ편, 10쪽에서 이 기록에서 말 3필은 모두 기사騎士가 쓰기 위한 것이고 "스쿠티페리scutiferis"는 걸어다녔을 것으로 보았다. 이는 정확한 해석일 수도 있다. 만약 그렇지 않았다면 말이 최소한 4필은 있어야 했을 것이기 때문이다.

그러나 12세기와 13세기의 말을 탄 크네크트를 그런 식으로 본다고 해도 이로써 그가 말을 탄 그의 주인을 따라 전투에 특히 전면전투에 참여했다는 것이 입증되는 것은 아니다. 따라서 필자는 14세기 중반에야 비로소 그 같은 일이 관행이 되었다는 쾰러 장군의 지적에 대해서만큼은 이를 반박하고 싶지 않다.

말을 탄 크네크트에 판한 문제 외에 독립된 경기병輕騎兵 문제노 있다.

이런 전사戰士들은 그들의 무기와 계급에서 서로 차이가 있었다는 것은 분명한

---

69) 라콤브레트Lacomblet, 《사료집Urkundenbuch》, 제Ⅳ편, 792쪽.
70) 기세브레크트Giesebrecht의 《게르만 제국 시대의 역사Geschichte der deutschen Kaiserzeit》, 제Ⅱ편, 부록, 686쪽에 수록되어 있다.

사실이지만 그 차이는 형태상의 차이도 아니었고 분리된 별도의 전투병종戰鬪兵種들을 형성할 정도로 큰 차이도 아니었다. 실제로 그랬었다면 수많은 전투기록들 속에 그런 차이점들이 뚜렷이 표현되어 있었어야 한다.

쾰러 장군은 이와 관련된 문제에 있어서 실제는 차이가 그리 분명하지 않은 온갖 문제들을 날카롭게 구분하고 있다. 하지만 그 결과 그는 계속해서 스스로 모순에 빠지게 되었고 실제로는 의미가 없는 자신의 주장들만 강력하게 고집하게 되었다. 우리는 그의 날카로운 구분을 통해 그가 실제로 의미한 것이 무엇인지를 더 명확하게 이해하기는커녕 더 혼란만 느끼게 되었다. 문제가 되는 중요한 부분들은 다음과 같은 구절들이다.

제II편, 14쪽에서는 12세기에는 기사騎士의 하인Diener들은 무장도 안 하고 말도 타지 않았다고 했다. 제III편, 제II권, 83쪽에서도 같은 말을 했다.

제III편, 제II권, 14쪽에서는 13세기에는 귀족 크네크트Edelknecht(크나페Knappe, 스쿠티페리scutiferi, 아르미게리armigeri)들에게 기사騎士들을 따라 보병으로서 전투에 참여하게 하는 관행이 생겼다고 했다.

그러나 제III편, 제III권, 249쪽에서는 12세기에는 걸어서 기사騎士를 따라다니는 인원에게 무기를 들고 전투에 참여하게 하는 관행이 생겼다고 했다.

제I편, ix쪽에서는 기사騎士 1명과 그를 따르는 경기병輕騎兵 2명으로 구성된 글레베Glebe/gleve(또는 랑쎄lance/Lanze)가 프랑스에 처음 도입된 것은 서기 1364년 일이고 독일에 처음 도입된 것은 서기 1365년의 일이라고 했다. 쾰러Köhler 장군은 《괴팅겐 학술비평學術批評 Göttingische Gelehrte Anzeigen》, 1883년 호, 412쪽에서도 같은 말을 했다. 또한 그는 제III편, 제II권, 89쪽에서도 글레베가 도입되기 전에는 말을 탄 종자從者/Gefolg들이 기사騎士에게 없었다고 특별히 강조하고 있다.

그러나 제II편, 14쪽에서는 기사騎士의 하인Diener 2명은 이미 무장을 했었는데 그 중 1명이 서기 1240년부터 말을 타게 되었다고 했다. 이 2명이 전투원이 아니었다는 그 다음의 말 때문에 이 구절은 앞서 인용한 구절들과 직접 모순되지는 않지만 그렇다면 우리는 (분명히 12세기까지는 무장을 하지 않았었다고 한) 이 하인들이 이제 13세기에는 왜 무장을 하게 되었는지 묻지 않을 수 없다.

제I편, ix쪽과 제III편, 제II권, 2쪽 및 24쪽에서는 경기병輕騎兵들이 보통 제1제대梯隊/Treffen를 형성했었다고 했다.

그러나 제III편, 제II권, 75쪽에서는 "중세 기병騎兵들은 경무장輕武裝 인원들로 구성되고 기사騎士들은 보통 첨두尖頭/Spitze와 최후미 횡렬橫列에만 섰지만 숫자가 충분할 때는 좌우의 바깥쪽 횡렬들에도 서서 경기병輕騎兵들의 부대를 에워쌌던 밀집 정렬된 집단 속에서 싸웠다… 프랑스인들이 중기병重騎兵들로 구성되고 그들 뒤에는 경무장 기병들이 섰던 '앙 하예en haye' 대형(역자 주: 1개 전투선戰鬪線의 횡대橫隊 대형)을 발전시킨 것은 15세기 일이다"라고 했다. 그러나 독일의 경우 이런 대형이 관례화 된 일은 없고 밀집대형이 계속 유지되었다는 기록이 있다.

쾰러 장군의 같은 책, 제I편, 193쪽, 각주도 참고할 것.

제Ⅱ편의 도입부, vi쪽에서 쾰러 장군은 센락Senlac 전투(서기 1066년) 이후 바로 등장한 병력인 유능한 보병 징집군과 이들이 전투대형에 미친 영향을 말했다. 그는 특히 11세기의 작센 보병과 12세기의 브라방Brabant 및 13세기의 독일 도시들의 보병을 말했다.

제Ⅲ편, 제Ⅲ권, 248쪽에 의하면 서구西歐에서는 12세기 말과 13세기 초에 잠시 동안 보병이 중요시되었는데 이는 제3차 십자군十字軍 때의 경험 때문이라고 했다. 또한 독일인들도 이런 변화를 기꺼이 받아드리기로 하기까지는 서기 1197년의 사건들을 경험해야 했다고 한다. 쾰러 장군은 이 시기 보병의 발전은 십자군들이 서구에 미친 가장 큰 영향이라고 보았다.

같은 책, 274쪽에서는 그 이전의 서구에는 보병이 있었던 흔적이 많지 않다고 했다. 378쪽에서는 적어도 노르만족에게는 보병이 있었다고 했다. 하지만 그는 다른 곳에서도 그 중요성이 크게 강조되고 있는 12세기의 브라방족을 이 구절에서 분명히 간과하고 있다.

같은 책, 309쪽에서는 보병과 함께 싸우는 전술을 발전시킨 것은 제3차 십자군十字軍이 아니라 전체 십자군이라고 했으며 서구에서 이런 전술을 채택한 대표적 예로 제1차 십자군의 안티오크Antioch 전투와 아스칼론Askalon/Ascalon 전투를 꼽는다.

같은 책, 307쪽에서는 보병의 중요성이 가장 중요시되던 시기는 13세기 초이며 (그는 앞에서 소개한 바와 같이 보병의 중요성이 대두되기 시작한 때를 12세기 말 제3차 십자군 이후로 보았다.) 그 이후로 점차 쇠퇴했다고 했다.

같은 책, 272쪽을 보면 우리는 프리드리히 Ⅱ세의 전쟁에서도 기병騎兵이 보병의 지원에 의존했었음을 알 수 있다.

제Ⅰ편, 219쪽에서는 코르테누오바Cortenuova 전투 당시 프리드리히 Ⅱ세의 보병인 사라센Sarazen/Saracen 병사들은 "그 이후 오랜 세월 동안 이태리에서의 관행과 같이" 좌우 측익側翼에 섰다고 했다.

그러나 제Ⅲ편, 제Ⅲ권, 275쪽에서 Köhler 장군은 13세기에는 보병과 기병이 결합된 조직은 없었고 따라서 코르테누오바 전투(서기 1237년) 등 프리드리히 Ⅱ세의 전투는 주로 기병전騎兵戰이었을 것으로 보아야 한다고 했다. 또한 334쪽에서는 프리드리히 Ⅱ세가 보병을 경멸하자 보병의 처지가 가련하게 되었다고 했다.

같은 책, 308쪽에서는 독일의 경우 보병이 어떤 역할을 했던 기간은 13세기 초 잠시였고 프랑스에서는 그 기간이 더 짧았다고 했다. 이후 13세기 전반에 걸쳐 게르만족 보병과 브라방족에 관한 기록이 없다고 했고(309쪽). 유일한 예가 도시에 소속된 보병에 관한 기록이라 한다.

그러나 그는 378쪽에서는 자치시自治市/Kommun 병력들은 "보병횡대步兵橫隊/Infanterie de ligne"의 역할을 한 일이 결코 없다고 했다.

제Ⅲ편, 제Ⅱ권, 145쪽 및 제Ⅲ권, 308쪽에서는 보병의 신세가 최악이 되기 시작한 시기는 14세기 중반쯤이며 이태리에서는 기병이 널리 활동했다고 보았다.

반면 제III편, 제III권, 275쪽에서는 14세기에는 보병이 별도로 등장한다고 했다.

같은 책, 310쪽에서는 보병에게 독립적 지위를 줄 수 있었던 것은 소총小銃이 아니라 창槍뿐이었다고 했다. 그러나 창槍을 처음으로 크게 중요시한 것은 스위스였고 부르고뉴 전쟁 때까지 즉, 15세기 말까지는 크게 중요시되지 않았다고 했다.

같은 책, 329쪽과 334쪽과 377쪽에서는 세르토몬도Certomondo/Certomundo 전투(서기 1289년)와 같은 시기의 여타 전투들은 보병의 역사에 있어 극히 중요한 —사실상 "획기적인"— 사건으로 보인다고 했다.

쾰러Köhler 장군은(같은 책, 320쪽) 보병이 계속 존중을 받을만한 뛰어난 업적을 이루지는 못했다고 인정하고 있다. 그러나 제I편, 429쪽에서는 보병은 이미 과거부터 있었고 그 시대의 풍조 속에 살던 프리드리히 II세는 보병에 생각이 미치지 못했다고 했다. 그는 "기사騎士들은 자존심 때문에 그들 이외에 다른 형태의 전사戰士를 용인하지 않았다"고 했다. 그의 말에 의하면 이런 기사騎士들의 배타적인 태도는 슬픈 영향을 미쳤다. 비슷한 맥락에서 그는 제III편, 제II권, 327쪽 과 제III권, 307쪽 및 316-318쪽에서는 기사騎士들의 계급의식階級意識을, 제II권, 310쪽에서는 심지어 기사騎士들의 타락 때문에 보병의 발전이 억제되었다고 했다.

우리는 이런 구절들 가운데 우선 기사騎士들 외에 독립된 병종兵種으로 경기병輕騎兵이 원래 있었다는 말은 틀렸음을 입증할 수 있다. 보다 앞 시대의 사료에는 그런 경기병이 독립된 병종兵種으로 존재했었다는 기록이 전혀 없다. 쾰러 장군이 인용한 구절들은(제III편, 제II권, 11쪽 및 29쪽) 결정적 증거가 되지 못한다.

〈알타헨세스 연대기年代記Annales Altahenses〉, 서기 1042년 항(《게르만 사료집 Monumenta Germaniae》, SS., XX, 197)에는 기사騎士와 크네크트Knecht에 관한 언급이 있지만 이들을 별개의 병종兵種으로 볼 만한 근거는 없다.

〈카시노 연대기Chronica monasterii Casinensis〉(SS., VII, 818)에는 자존왕自存王 하인리히 Heinrichs des Stolzen의 서기 1137년 베네벤토Benevento 전투에 관해 "그러나 그의 스쿠티페리scutiferi들이 아키에acie에서 도주하자 이 영주領主는 운運이 바뀌었다고 판단하고 기사騎士들에게 강을 건너 이 도시가 있는 산 위로 올라가서 황금의 문을 통해 이 도시를 공격하라고 명했다Set cum scutiferi ducis in prima acie terga vertissent, dux eventm fortnae alteratum perpendens, praecepit militibus ut fluvium transvadentes montem in quo civitas sita erat ascenderent et ab Aurea porta civitatem invaderent"라고 했다.

이 구절 중 "스쿠티페리scutiferi"를 쾰러 장군은 제1제대梯隊를 형성한 경기병輕騎兵으로 이해하고 있지만 이는 분명 불가능한 생각이다. 제1제대는 이를 뒤따르는 제2제대를 전제로 한다. 또한 제1제대가 모두 도주했다면 제2제대가 제1제대와 전혀 무관한 방향으로 공격할 수는 없다. 이 구절 중 "스쿠티페리"가 어떤 특별한 종류의 부대를 말한다 해도 "아키에acie"라는 단어는 결코 "제대梯隊"를 의미할 수는 없고 기껏해야 "전투부대"를 의미할 수밖에 없다. 그러나 전혀 그럴 것 같지도 않다. 그랬을 경우 만약 이와 같이 기병을 독립된 병종兵種으로 분리시키는 것이 중세 시대의 전투에 적합했었다면 그런 기록이 자주 사료에 보여야 하기 때문이다. 이 구절 중 "아키에acie"는 그보다는 "전투"를 말한 것일 가능성이 높다. 결국 마초馬草를 구하러 내보냈던 방패 크나페Schild=knappe(역자 주: 방패휴대병scutiferi인 견습기사見習騎士)들이 기습을 받아 패했고(이때 "인 프리마 아키에in prima acie"는 "첫 교전에서" 또는 "전투 초기에"로 번역될 수 있다) 그 이후에 영주는 기사들에게 다른 방향에서 도시를 공격하게 했던 것이다.

쾰러Köhler 장군은 추격에 내보냈지만 "거의 아무런 방해를 받지 않은 기병騎兵"을 단정적으로는 아니지만 특수한 전투병종으로 추정하고 있다.

13세기 이후의 《모엔무티어의 연대기年代記 Chronik von Moyenmoutier》 (SS., IV, 59)에서는 클리페아티clypeati(방패를 든 인원)들과 대수도원장大修道院長이 공급해야 했던 로리카티loricati(쇠미늘 갑옷 〈역자 주: 앞의 3쪽 참고〉을 착용한 인원)들의 부대를 구분하고 있다. (바이츠Waitz의 《독일헌법사Deutsche Verfassungsgeschichte》, 제VII편, 116쪽을 볼 것.) 쾰러 장군은 그의 책, 제III편, 제II권, 31쪽, 각주에서 클레페아티와 로리카리가 별개 부대로 간주된다는 발쩌Baltzer의 견해에 동의한다. 그러나 사료의 문언에는 그렇게 볼만한 말이 없다.

이태리에 관해 "그들은 적敵 중에 무거운 무기 사용 인원 외에 방패 휴대 인원 1,300명을 죽였다occiderunt de inimicis suis 1300 clipeatos, praeter alios qui armis gravibus utebantur"고 한 〈쾰른 대연대기大年代記 Annales Colonienses majores〉, 서기 1282년 항(《게르만 사료집 Monumenta Germaniae》, SS., XVII, 209)에서도 기병들의 별도 부대가 있었다는 결론을 내릴 수는 없다.

서기 1261년의 리보니아Livländische/Livonian 문서(그의 책, 제III편, 제II권, 45쪽에 인용되어 있음)에서는 기사騎士는 토지 60후프Huf/hide(역자 주: 경작지 면적의 단위로 1후프는 1가족을 부양할 수 있는 면적)를 소유했고 "뛰어난 병사probus famulus"와 "말과 평판 갑옷을 휴대한 하인servus cum equo et plata"은 10후프를 각각 소유했던 것으로 추정된다고 했다.

쾰러 장군은 네 구절에서(제I편, 175쪽 및 219쪽; 제II편, 15쪽 및 17쪽) "갑옷 입힌 말을 타고 가벼운 갑옷을 입은 병력leichten Waffen auf verdecken Pferden"을 말했지만 이는 불가능한 일이다. 이 네 구절은 "앞서 말한 바쌀들과 그들의 상속자들은 가벼운 갑옷을 입고 갑옷 입힌 말에서 복무했다sepedicti teodales et eorum heredes in dextrariis faleratis et armis levibus erunt obligati deservire"는 서기 1285년 게르만 기사단deutschen Orden(역자 주: 튜튼 기사단Teutonic Order라고도 함) 문서(〈바름 법령Cod. Warm.〉, I, 122. 쾰러 장군의 책, 제II편, 15쪽에서 재인용)에서 나온 말이다. 우리는 아마 이 구절을 가벼운 갑옷 입은 병력이 갑옷 입힌 말 '옆에' 정렬했었다는 의미로 이해해야 할 것이다.

이 설명과 밀접한 관련이 있는 것이 그의 책에 매우 자주 보이는 "스쿠타리우스scutarius", "스쿠티페르scutifer" 및 "아미게르amiger"란 단어의 의미에 대한 반복적인 논의論議이다. 그는 "스쿠타리우스"와 "아미게르"는 기본적으로 같다고 보지만71)

"스쿠티페르"와 "스쿠타리우스"는 엄격히 구분한다(제Ⅲ편, 제Ⅱ권, 37쪽, 각주).

그의 책, 제Ⅱ편, 11쪽에서는 스쿠타리_scutarii_(역자 주: 스쿠타리우스_scutarius_의 복수형)를 이들이 보급대열 크네크트_Trossknecht_(릭사이_lixae_)보다 지위가 높기 때문에 기사騎士의 종자從者/_Gefolg_들을 말한다고 했다. 따라서 그는 제Ⅲ편, 제Ⅱ권, 86쪽에서는 이들을 "기사騎士가 자신의 시중을 들게 하려고 데리고 다닌 인원들의 집단"이라고 했다. 그는 "돈젤루스_donzellus_", "다모아소_damoiseau_", "발레투스_valetus_", "세르부스_servus_", "세르비엔스_serviens_"등이 모두 스쿠타리우스_scutarius_와 같은 말이라고 했으며 "가르시오_garcio_"와 "부불쿠스_bubulcus_"역시 스쿠타리_scutarii_와 같은 말이라고 했다.

그는 "스쿠티페르_scutifer_"와 "아르미게르_armiger_"를 귀족 크네크트_Edelknecht_ 또는 견습기사見習騎士로 보았고 따라서 이들도 넓은 의미에서는 "스쿠타리_scutarii_"에 속하는 것으로 보았다(제Ⅲ편, 제Ⅱ권, 86쪽).

그러나 그는 "스쿠티페르_scutifer_"에는 훈련된 기사騎士 가문 출신으로 봉토封土는 없는 사람과 중장갑을 착용한 봉토 있는 사람도 포함된다 했고(같은 책, 19쪽) 또 비자유민 지위의 경기병輕騎兵들도 포함된다고 했다(같은 책, 31쪽. 24쪽도 볼 것). 이로써 우리는 "스쿠타리우스_scutarius_"와 "스쿠티페르_scutifer_"를 구분해 보려던 쾰러 장군의 노력이 그 자신의 손에 의해 물거품이 된 것을 보았다.

쾰러 장군이 보병부대와 그 발전에 대해 한 말들은 물론 너무 모순이 많아서 자가당착에 빠져버리고 말았다. 그의 말 중 가장 의미 있는 것은 "기사騎士 시대에 기병과 결합해서 등장하는 보병부대는 지원병종支援兵種에 불과했으며 따라서 그 시대에는 현대적 의미의 병종은 아니었다"는 말이다(제Ⅲ편, 제Ⅲ권, 306쪽)

다시 한번 요약해서 말하자면, 각 병종의 비중比重과 질質에는 실제로 차이가 있었고 각 전사戰士의 지위에는 더 큰 차이가 있었지만 12세기에 이르기까지는 전사戰士들이 이론상 단일한 집단을 형성하고 있었다. 실제 전투병종戰鬪兵種에 어떤 구분이 생긴 것은 12세기 이후 일로서 매우 무거운 무장을 했던 기사騎士 집단은 쪼개져서 그 상층부에 좁은 의미의 기사騎士 계층이 형성되었다. 군사적 가치가 적은 새로운 인원들은 전사戰士 집단에 들어가기는 했지만 주로 보병으로만 들어 갔다. 종래 비전투원으로서 기사騎士를 따라다니던 인원들은 점차 전투원 성격을 지니게 되었고 상황에 따라 주인과 함께 전투에 참여했다. 그 결과 병력수 평가 문제에 있어서 11세기까지는 밀리테스_milites_가 전투원을 의미하는 말이었지만 12세기부터는 전투원 수 평가에 주의해야 하며 단순한 평가가 허용되지 않는 경우들이 흔하다. 전투원과 비전투원의 경계가 유동적이 되었기 때문이다.

필자는 그 당시 1명의 중장갑 기병과 몇 명의 지원 전투원으로 구성된 집단인 글레베_gleve_라는 개념이 발전되었다고 단정적으로 말하지는 않으려고 한다. 쾰러 장군의 말과 같이 그런 호칭이 1364년 이전에는 없었을 수도 있지만 그런 개념 자체는 최소한 그보다 이전인 12세기에도 있었다. 옌스_Max Jähns_는 《독일 군사학사

---

71) 그의 책, 제Ⅲ편, 제Ⅱ권, 50쪽. 그러나 그의 책, 제Ⅱ편, xi쪽에서는 이 둘을 다시 또 구분한다.

軍事學史*Geschichte der Krigswissenschaften vornehmlich in Deutschland*》, 제Ⅰ편, 295쪽에서 이런 개념을 처음부터 봉건군대의 특징적 요소로 보고 있다. 그는 십자군에서 유래된 기사騎士 1명과 궁수弓手 1명의 조합을 1개 "이중 글레베doppelte Gleve"로 부르고 있다. 그러나 이에 관한 사료 기록은 없다.

　우리는 기사騎士의 말을 덱스트라리우스dextrarius(전마戰馬)와 론시누스roncinus(짐 말)로 구분하는 것을 절대적 구분으로 보면 안 된다. 때에 따라 덱스트라리우스를 크네크트Knecht들이 타기도 했고 짐을 지게 할 수도 있었다. 중요한 것은 기사騎士들은 항상 싱싱한 말을 탈 수 있어야 했다는 점이다. 그에게 3필의 말이 있어서 1필은 자신이 타고 다른 1필은 크네크트가 타고 또 다른 1필은 짐을 지게 했다면 짐을 진 말이 싱싱한 말이었다. 말이 지는 짐은 보통 사람보다 훨씬 가벼웠기 때문이다.

제Ⅲ장

용 병傭兵

앞서 우리는 전쟁터로 가는 사람들이 각자 자신의 비용으로 나갔을 것이라는 생각은 잘못임을 알 수 있었다. 그런 일은 가까운 이웃과의 분쟁 등 단기短期 전쟁에서나 가능한 일이었고 지금 우리가 다루고 있는 큰 국가들의 전쟁에서는 그런 일이 불가능했다. 클로드비크Chlodwig/Clovis(역자 주: 프랑크 왕국 메로빙 왕조 창시자) 때부터 야전으로 나가는 전사戰士들은 보다 큰 조직이나 지위 높은 지도자Herr들의 힘에 의해 무장과 식량을 해결해야 했었다. 이런 식으로 전역戰役을 계획한 지도자들은 주로 대공大公/Graf들이었고 그들은 자신이 봉토封土를 주었거나 봉토를 주지 않고 직접 거느렸던 바쌀vassal(역자 주: "가신家臣"으로 통상 번역된다. 구체적 의미에 대해서는 이 책 제Ⅱ편, 제Ⅳ권, 제Ⅳ장 참고)들 중에 전사戰士를 선발하거나, 전사戰士 자질이 있는 자를 일반 병사로 선발하거나, 방랑 기사騎士나 병사들 중 자신에게 찾아 온 자들 중 쓸만해 보이는 자들을 선발하거나 간에 임무 수행에 별 차이가 없었다. 지도자들은 자신의 사람들에게까지도 식량 외에 현금으로 얼마를 주어야 했을 것이며 12세기부터는 그 액수가 상당했다. 앞서 우리는 미니스테리알ministerial(역자 주: 봉토 없이 주인 밑에서 직접 복무한 전사戰士들)이 로마로 원정 나갈 때 얼마를 받았는지 몇 가지 예를 들어 설명한 바 있다(앞의 105쪽 참고). 따라서 바쌀vassal과 미니스테리알을 징집해서 편성했던 군대가 용병傭兵/Söldner/mercenaries 군대로 바뀌는 과정은 두 종류의 군대간 개념적 차이에 비해 현실적으로는 훨씬 쉬운 일이었다. 아마도 이 두 종류의 군대는 어느 정도 항상 공존했을 것이다. 이미 10세기에 베니스 총독이던 비탈리스Vitalis나 우르세올로Urseolo는 롬바르디Longobard/Lombardy와 투스키아Tuscien/Tuscia에서 용병을 모집했고 이로 인해 베니스의 시민들에게 살해되었다는 기록도 있다.[1] 서기 992년 안주Anjou의 풀코Fulco 대공大公은 "그의 사람과 용병들로" 구성된 군대를 브리타니Bretagne/Brittany 영주領主/Herzog 코난Conan과의 전투에 보냈다.[2] 하인리히Heinrich/Henry Ⅲ세 황제 당시 교황 레오Leo Ⅸ세는 저지低地 이태리에서 노르만족과 싸우려고 게르만 지역에서 병력을 모집했다.[3] 정복자 윌리암Wilhelm/William이 서기 1066년 잉글랜드로 건너갈 때 거느리고 간 병력은 대부분 용병이었으며 우리

---

1) 페투루스 다미아니Petrus Damiani, 〈로무알두스의 생애Vita Romualdi〉, 《게르만 사료집Monumenta Germaniae》, SS., Ⅳ, 848(서기 1040년경의 글).
2) "그는 자신의 사람들과 고용한 사람들을 집결시켰다exercitum tam de suis, quam conducticiis congregabat." 리세르Richer의 기록, Ⅳ, 82.
3) 헤르만누스 콘투락투스Hermannus Contractus, 《게르만 사료집Monumenta Germaniae》, SS., Ⅴ(서기 1053년).

는 앞서 노르만족이 잉글랜드로 갈 때 일부 함께 갔던 봉건조직적 요소들이 잉글랜드로 건너간 후 아주 빠르게 용병체계로 바뀐 것을 알 수 있었다. 또한 대륙에서도 그런 현상이 곧 일어난 것을 알 수 있었다. 하인리히 Ⅳ세의 전쟁에서는 이미 돈이 큰 역할을 했다. 콘스탄티노플의 황제가 이 게르만 제국 황제에게 노르만족의 로베르트Robert Guiscard가 자신에게 가까이 접근하지 못하게 하라고 건네 준 돈을 게르만 제국은 자신들의 군비軍費로 썼다. 하인리히 Ⅳ세는 돈을 빌리기도 했고 그의 도시에서 세금을 징수하기도 했었다는 기록이 매우 흔하다. 그의 아들 하인리히 Ⅴ세 때 "왕실 국고의 탐욕스런 목구멍regalis fisci os insatiabile"이란 말이 처음 등장했다.4) 서기 1106년 로트링겐Lothringen/Lorraine 영주領主는 쾰른Köln/Cologne을 돕기 위해 겔두니Gelduni/Gelduni족을 보냈고5) 붉은 수염 프리드리히Friedrich Barbarossa(역자 주: 프리드리히 Ⅰ세의 별칭) 때는 브라방Brabant족이 그의 군대에서 매우 중요한 역할을 했다. 마인쯔Mainz 대주교大主敎 크리스티안Christian이 서기 1171년 알프스를 넘을 때 함께 간 병력은 대부분 브라방족이었다. 서기 1158년 제노바Genua/Genoa 사람들은 황제와 싸울 궁수弓手들을 모집했고 게르만 작가作家 라게빈Ragewin의 표현(Ⅳ, 20)에 의하면 비잔티움(역자 주: 동로마 제국)은 이태리에서 "용병이라는 기사騎士 milites qui solidarii vocantur"들을 모집했다. 이들이 주로 게르만 지역에서만 나온 것은 아니었다. 아라곤Aragon(역자 주: 스페인 동북부), 나바레Navarre(역자 주: 프랑스 남부와 스페인 북부), 바스크Bask/Basque(역자 주: 스페인 북부)에서도 용병이 나왔다. 이런 용병의 이름으로 코테렐리coterelli, 루프투아리ruptuarii(약탈자), 트리아베르디니triaverdini, 스티펜디아리stipendiarii, 바스타토레스vastatores(파괴자), 구알다나gualdana(또는 겔두니gelduni: 부랑자浮浪者 무리), 베로에리berroerii(세르게안트sergeant, 무장한 하인), 마이나르디에리mainardieri, 포루스키티forusciti(망명자), 반디티banditi(추방자), 반데리banderii, 리발디ribaldi(난폭자, 약탈자), 사텔리테스satellites(시종, 종자) 등이 있었다.6)

봉건 전사戰士 체계는 물물교환 경제의 산물이었다. 다소 화폐경제가 부활되지 못했다면 봉건 전사戰士 체계와 함께 또는 이로부터 다시 용병 체계가 발전될 수는 없었을 것이다. 귀금속이 어느 정도 유통된 것은 이런 변화와 관련이 있다.

정상적인 채광採鑛 산업이 완전히 중단된 민족대이동民族大移動/Völkerwanderung(역자 주: 이 책 제Ⅱ편, 제Ⅱ권 참고) 시기에 귀금속 공급은 꾸준히 감소되었을 것이 분명하며 카롤링Karoling/Caroling 왕조(역자 주: 메로빙Merowing/Meroving 왕조를 이어받은 프랑크 왕국의 후기 왕조) 초기

---

4) 바이츠Waitz, 《독일헌법사Deutsche Verfassungsgeschichte》, 제Ⅷ편, 238쪽, 402쪽 및 411쪽.

5) 〈히델스하임 연대기年代記 Annales Hidelsheimes〉, 《게르만 사료집Monumenta Germaniae》, SS., Ⅲ, 110.

6) 미쿨라Mikulla, 《프리드리히 Ⅱ세의 군대와 용병Die Söldner in den Heeren Kaiser Friedrichs Ⅱ》, 베를린 대학교 학위논문, 서기 1885년, 5쪽.
　두캉게Ducange는 "트리아베르디니triaverdini"를 일종의 단도短刀 이름에서 유래된 "트리아멜리니triamellini"로 읽으면 안 되는지 의문을 제기했다.

에는 공급이 최하점에 도달했을 것이 분명하다.7) 그러나 벌써 8세기에는 새로운 광맥鑛脈이 발견된 것으로 보인다. 프랑스와 독일의 강에서 사금砂金이 채취되었고 포아투Poitou(역자 주: 프랑스 서부)에서는 카롤링 왕조 당시에 벌써 은銀이 생산되었다. 9세기에는 엘사스Elsass/Alsace와 슈바르첸발트Schwarzwald(검은 숲)에서, 10세기 초부터는 티롤Tirol/Tyrol, 스타이어마르크Steiermark, 케른텐Kärnthen/Carinthia 및 특히 보헤미아 Böhmen/Bohemia와 작센Sachsen/Saxon의 에르쯔게비르게Erzgebirge에서, 서기 970년부터는 하르쯔Harz 산악지대에서 은銀이 발견되었다. 이보다 같거나 이른 시기에 보헤미아, 잘쯔부르크Salzburg, 헝가리Ungaren/Hungarian, 지벤뷔르겐Siebenbürgen 등 주로 과거 로마인들이 거의 개발하지 못했거나 극히 일부만 개발했던 지역에서 금金이 생산되었다.

이런 지역에서 채광이 성공한 일자는 불명확하고 본격적인 채광이 이루어진 것은 보다 후일의 일이지만 12세기 이후 줄곧 채광량이 상당히 증가했던 것을 보면 훨씬 이전부터 채광이 시작된 것이 분명하다. 사제司祭 아보Abbo는 파리 포위(서기 886년)를 묘사하면서 벌써 금으로 장식된 옷만 입으려 하던 기사騎士들을 비난하고 있다(제Ⅱ편, v. 605-609). 오토Otto 대제大帝의 동생인 브룬Brun 대주교大主敎의 전기傳記에도 비슷한 장면이 있는데 그의 기사騎士들은 황금으로 장식된 자주빛 화려한 옷을 입고 활보했다고 한다("자주 빛으로 화려하게 장식한 관리들과 번쩍이는 황금으로 장식한 군인들 틈에서 그는 평범한 겉옷을 입고 다녔다inter

---

7) 페셀Peschel, "귀금속들과 여타 상품간 상대적 가치의 변화 연구Ueber die Schwankungen der Wertrelationen zwischen den edlen Metallen und den übrigen Handelsgütern," 《녹일 계간지季刊誌Deutsche Vierteljahresschrift》, 제Ⅳ권, 서기 1853년, 1쪽.
쇠트베르Soetbeer, "독일의 화폐 체계와 그 주조鑄造 체계에 관한 연구Beiträge zur Geschichte des Geld- und Münzwesens in Deutschland," 《독일사 연구Forschungen zur Deutschen Geschichte》, 제Ⅰ권~제Ⅵ권 및 《페테르만 보고서Petermanns Mitteilungen》(서기 1879년), 제57회 부록.
《정치과학 소사전小辭典 Handwörterbuch der Staatswissenschaft》, "금Gold" 항 및 "은Silber" 항(렉시스Lexis의 글임).
바이츠Waitz, 《하링리히 Ⅰ세 Heinrich I》, 부기附記 15("하인리히 Ⅰ세 당시 하르쯔 산악지대의 광맥 발견에 관한 기록들Ueber die angebliche Entdeckung der Metalle im Harz unter Heinrich I"). 바이츠의 견해에 의하면 오토Otto Ⅰ세 당시 하르쯔 산악지대의 채광採鑛은 비두킨트Widukind의 《작센 연대기年代記》와 티에트마르Thietmar von Merseburg의 《작센 연대기年代記》에서 확인된다 하지만 이곳에서 하인리히 Ⅰ세 때부터 실제 채광이 시작됐는지는 의문이다. 이나마-스테르네그Inama-Sternegg, 《10~12세기 독일경제사Deutsche Wirtschaftgeschichte des 10. bis 12. Jahrhundert》, 제Ⅱ편, 430쪽 이하 참고.
곡물穀物들의 가치에 대한 페셀Peschel의 평가는 신뢰성이 없고 유럽에서 14세기로부터 광물鑛物 생산이 감소되었음을 알 수 있다는 그의 견해는 분명히 틀린 견해이다.
쇠트베르Soetbeer는 위의 논문(《독일사 연구》, 제Ⅱ권), 306쪽에서 메로빙 왕조 때도 국고에 많은 현금이 있었던 징후들을 자신이 발견한 것으로 생각하고 있다. 그러나 이는 더 조사해 보아야 될 문제다.
피렌체Florentiner/Florentines의 굴트guld/guilder 주화鑄貨는 시기 1252년부터 주조鑄造되고 있다.
헬페리크Helfferich는 《화폐와 은행Geld und Banken》, 제Ⅰ편, 87쪽에서 "5~17세기에 서구西歐에서 귀금속이 비정상적으로 감소된 것은 귀금속 생산이 거의 중단되고 비잔틴 제국과 극동지역으로 귀금속이 대량으로 흘러 들어갔기 때문"이라고 한다. 그러나 필자는 귀금속이 특히 비잔틴 제국으로 유입되었다는 것은 입증되지 않은 사실이라고 본다. 적어도 당시에는 비잔틴 제국도 귀금속이 부족했기 때문이다. 로마 제국에서 귀금속이 일반적으로 감소된 것은 훨씬 이전부터 시작된 일이었고 서기 3세기경에는 벌써 대재앙으로 가고 있었다. 이 책 제Ⅱ편 208쪽 이하 참고.

purpuratos ministros et milites suos auroque nitidos vilem ipse tunicam induxit").8)

이 용병들이 보병이었는지 아니면 기사騎士들 같이 말을 타고 싸웠는지에 관한 기록이 개별적 사료에는 보이지 않는다.9) 여하간 아주 초기부터 엄격한 의미의 기사騎士들도 용병 복무에 참여했었다.10) 연대기年代記에 의하면 서기 1158년 보헤미아 라디스라우스Ladislaus 왕이 이태리 전역戰役을 위해 병력을 소집했을 때 그들은 처음에 불만이 많았지만 왕이 참여한 자에게 보상과 명예를 약속하면서 가기 싫은 자는 남아도 좋다고 하자 모두가 다투어 참여했다고 한다. 초기시대에는 별로 소득이 없는 봉토封土를 주거나 궁宮 안에서 식량과 거처를 제공하는 것이 군복무에 대한 대가였지만 현금과 부富가 늘어나자 군복무 역시 보다 큰 소득과 이윤의 기회를 제공하게 되었다. 독일과 프랑스에는 봉건적 체계가 잉글랜드와 같은 수준으로 사라지지는 않았지만 상황은 점차 비슷해졌다. 봉토封土와 기사騎士 계층은 이제 더 이상 군복무의 직접적인 동인動因은 아니었고 다만 이로 인해서 훌륭한 인적 자원을 꾸준히 공급해 주는 계층 즉, 용병전사傭兵戰士들의 이상적인 공급원供給源이 유지되었다는 의미만을 지니게 되었다. 우리는 군사체계가 모든 구성원이 다 강하고 용감하고 경험이 많은 용병체계로 점점 더 전환되었음에도 불구하고 기사騎士들은 여전히 하나의 계층으로 존속했고 바로 이 시기에 그들이 하급 귀족으로 신분이 전환되었다는 사실을 통해 기사騎士 병종兵種의 계층적 기반인 이 사회적 뿌리의 중요성이 충분히 입증되었다고 말할 수 있을 것이다.

이때 동시에 나타난 현상이 봉토封土를 소유한 기사騎士들이 단순한 대지주大地主들로 바뀌는 경향의 증대였다.

1283년~1299년 사이의 작품인 〈작은 루키다리우스*Kleinen Lucidarius*〉(〈자이프리트 헬블링*Seifried Helbling*〉 이라고도 함)에는 루키다리우스란 크나페Knappe(역자 주: 견습기사見習

---

8) 루오트거Ruotger, 〈브루노의 생애 *Vita Brunonis*〉, 30장.

9) 델페쉬Delpech는 브라방족이 기병이었을 것으로 믿고 있다(《13세기의 전술*La tactique au XIII siécle*》, 제Ⅱ편, 43쪽). 쾰러Köhler 장군은 그들이 보병이었다고 했지만 근거는 제시하지 않았다(《기사騎士 시대의 전쟁과 용병술用兵術의 발전*Entwickelung des Kriegswesen und der Kriegsführung in der Ritterzeit*》, 제Ⅲ편, 제Ⅱ권, 148쪽 이하). 그는 같은 책 152쪽에서 부빈Bouvines 전투 이후 그들이 사라지고 게르만 도시에 보병인 국민징집군만 보이는 데 대해 놀라움을 표시하고 있지만 이는 브라방족이 이미 매우 발달된 보병이었다는 그 자신의 견해와 앞뒤가 맞지 않는다. 더욱이 그 자신이 같은 책, 147쪽 각주에서 역사상 최초의 용병 지도자인 이페른의 빌헬름Wilhelm von Ypern/William of Ypres은 "많은 기사騎士와 보병들*milites et pedites multos*"을 거느리고 있었다는 영국 사료(게르바시우스 도로베르네시스Gervasius Dorobernesis의 〈영국사 연대기年代記 *Chronica de rebus anglicis*〉)를 인용하고 있다. 그뿐 아니라 붉은 수염 프리드리히Friedrich Barbarossa와 프랑스 루이Ⅶ세의 서기 1170년 조약에는 "브라방 또는 코테렐리*Brabantiones sive coterelli*"를 "기병 또는 보병*equites seu pedites*"이라고 한 구절이 있다(마르테네Martène·두랑Durand, 《고대작가古代作家…대전집大全集 *Veterum scriptorum…amplissima collectio*》, 제Ⅱ편, 880쪽 참고).

10) 하이나우트Hennegau/Hainaut의 발트빈Waldwin 대공大公/Graf은 "용병은 아니지만 그의 보수지급 명부에 등재된 보조기사補助騎士들 *milites auxiliatore, qui quamvis non essent solidarii, tamen in expensis xjus erant*"을 보유하고 있었던 것으로 추정된다. 기스레베르트Gislebert, 〈하이나우트 연대기年代記*Chronicon Hanoniese*〉(《게르만 사료집 *Monumenta Germaniae*》, SS., XXI), 844쪽.

騎士)가 그의 주인Herr에게 이제 궁宮에 〈파르시발Parcival〉이나 가무레트Gahmuret에 대한 이야기는 없고(역자 주: 〈파르시발〉은 중세 시인 에쎈바흐의 서사시敍事詩이고 가무레트는 이 서사시의 주인공 이름임) 돈벌이와 곡식과 술을 사고 파는 이야기만 있다고 말하는 대목이 있다.11) 다음 세기의 오스트리아 시인詩人 수켄비르트Suchenwirt의 시에서는 고향 땅을 떠나 본 적이 없는 한 기사騎士가 다음과 같이 말한다.

　　나는 여기에 젖소 같이 머물고 있네
　　나는 집에 틀어박힌 어린아이라오

　12세기에는 벌써 용병체계가 아주 널리 발전해서 유명한 용병 지도자들도 등장했는데 이들이 후일의 콘도티에리condottieri(역자 주: 용병대장傭兵隊長)의 선구자들이다. 그 역사적 첫 인물이 이페른의 빌헬름Wilhelm von Ypern/William of Ypres이며 그는 플랑드르의 필리프Phillipps von Flandern의 서자庶子로 보인다. 그는 교황 칼릭스투스Calixt/Calixtus의 친척과 결혼했고 슬루이스Sluys의 지배자Herr가 되었고 잉글랜드의 스테판Stephan/Stephen 왕은 그를 켄트Kent 대공大公이라고 불렀다. 그가 이곳 저곳 전쟁터로 이끌고 다녔던 무리는 기병과 보병으로 구성되어 있었고 연대기年代記는 "마치 그가 그들의 군주君主이고 영주領主인 것 같이quasi dux fuit et princeps eorum"라고 그의 지위를 묘사했다.12) 이페른의 빌헬름은 유명한 기사騎士였지만 브라방Brabant족 지도자로 이름이 기록된 캄브라이의 빌헬름Wilhelm von Cambray은 과거에 사제司祭였던 인물이다. 그러나 이런 용병 지도자들은 대개 기사騎士 출신이거나 최소한 봉토封土와 특권을 얻어서 최고의 사회계층에 오른 인물이었을 것이나. 나른 무리의 우두머리로서 프로벤살Provençal이라고도 불리는 메르카디어Mercadier는 사자심왕獅子心王/Löwenherz 리차드Richard I세(역자 주: 영국 프란태지네트Plantagenet 왕조의 왕)가 유폐幽閉에서 풀려나 돌아왔을 때 가장 든든한 후원자였고 아마도 그의 개인적 친구였던 것으로 보인다.

　세월이 흘러 봉건 군사체계와 용병체계 사이의 연결고리로 왕이나 도시 같은 큰 세력과 영주領主/Fürst 등 작은 세력이 명문明文의 재정계약財政契約을 체결하는 관행이 발전했다. 이는 후자가 자신의 경험과 권위 그리고 그가 모집하고 무기공급을 지원하는 핵심 전사戰士들을 상비군으로 보유하고 있다가 어떤 전역戰役을 위해서건 어떤 우발적 비상상태를 위해서건 일정한 병력을 제공할 의무를 부담하는 것을 의미했다. 정복자 윌리암의 아들 헨리 I세는 서기 1103년에 프랑드르Flandern/Flandre의 로베르트Robert 대공大公/Graf과 이런 형태의 조약을 처음 체결했는데 로베르트는 매년 400마르크의 은銀을 받는 대가로 1인당 3필의 말이 따르는 기사騎士

---

11) XV, 100. 로트Roth von Schreckenstein, 《기사騎士의 위엄과 신분Ritterwürde und Ritterstand》, 352쪽에서 재인용.
12) 도로베르네시스Gervasius Dorobernesis, 〈영국사 연대기年代記 Chronica de rebus anglicis〉.

1,000명을 제공하기로 했었다. 이 조약은 아주 세부적인 내용까지 명시했다. 우선 헨리 I세가 로베르트의 봉건군주封建君主/Lehnsherrn인 프랑스 왕과 전투를 할 때는 이 조약이 적용되지 않았다. 로베르트는 통보를 받은 후 40일 이내에 기사騎士들을 출전시켜야 했고 이들을 실어 나를 선박은 헨리 I세가 보내야 했다. 이 프랑드르 병력이 잉글랜드에 주둔하는 동안 헨리 I세는 그들에 대해 식량과 보충 보급품을 자신의 종자從者/Gefolg("가족")와 같은 수준으로 제공해야 했다. 조약에는 로베르트의 배론Baron과 성주城主들이 잉글랜드 왕에 대한 자신들의 의무를 인정한 별도 문서가 첨부되어 있다. 50년 후인 서기 1163년(델브뤼크의 원문에 이렇게 기록되어 있음)에는 양측의 후계자들이 이 조약을 갱신更新했다.13)

후일 독일의 자유시自由市들과 인접 왕조들 간에도 이런 조약들이 수 없이 많이 체결되었다.14)

총치자Fürst들로서는 보수를 마련해서 즉시 지불할 수만 있다면 완전한 통제가 가능한 용병기사傭兵騎士들을 봉건기사封建騎士 대신 이끌고 전투를 하는 것이 분명히 큰 장점이 있었고 이 때문에 13세기 프랑스에서는 봉건영주들은 비어있는 봉토封土들을 자신을 위해 복무할 새 기사騎士들에게 할당하기보다는 도시민들에게 돈을 받고 팔아버리려고 했었다.15)

앞서 우리는 부유한 진짜 기사騎士들이 얼마나 쉽게 약탈자로 변할 수 있었는 지를 알 수 있었지만(역자 주: 앞의 255쪽 이하 참고) 거처가 일정치 않은 평범한 용병들은 그렇게 되기가 당연히 훨씬 쉬웠다. 그들이 전쟁터로 행군해 나가는 지역들은 이런 군대의 매우 허술한 군기軍紀 때문에 이미 심한 고통을 받았지만 최악의 상황은 전쟁이 끝난 후 이 군대가 해산되어 각자 농촌지대를 이동할 때 일어났다. 그들은 무장을 한 채 떼를 지어 다니며 주민들을 매우 악랄하게 괴롭히고 약탈했으며 교회나 수도원이라고 봐주는 일도 없었다. 물론 이들은 본래 매우 잔인하고 거칠며 민간생활이나 평화스런 사업과는 어울리지 않는 본성을 지닌

---

13) 리메르Rymer의 《포에데라Foedera》, 제I편, 7쪽에는 그 첫 번째 조약이, 22쪽에는 두 번째 조약이 수록되어 있다. 보수의 조건들에 관한 규정들은 내용이 일치하지 않는 것으로 보인다. 배론Baron들의 의무에 관해서는 "봉토封土로pro feodo 30마르크를 받는 자는 기사騎士/milites 10명을 제공해야 한다는 식으로 계속 규정되어 있지만 기사騎士 1,000명에 대한 보수는 총 400마르크밖에 되지 않는다. 그러나 서기 1163년에 갱신된 조약에서는 매 10명의 기사騎士에 대한 보수를 30마르크로 합의했다.

이 협정은 첫 번째 경우는 대공大公/Graf이 자신의 봉건영주에 대한 전투를 배제했지만 두 번째 경우는 그 영주가 잉글랜드를 공격하면 자신의 봉토封土를 박탈당하지 않을 범위 내에서 그를 위해 복무할 의무를 부담했다는 점에서("그러나 그는 이로써 자신의 봉토封土를 박탈당하지 않도록 그의 능력 범위 내에서 최소의 병력만 거느리고 프랑스 왕에게 올 것이다Tam parvam fortitudinem hominum secum adducet quam minorem poterit ita tamen ne inde feodum suum erga Regem Franciae forisfaciat") 보수조약과 정치조약의 중간 형태이다.

14) 쾰러Köhler 장군, 《기사騎士 시대의 전쟁과 용병술用兵術의 발전Entwickelung des Kriegswesen und der Kriegsführung in der Ritterzeit》, 제III편, 제II권, 155쪽. 그는 이런 조약들을 많이 수집해 놓았다.

15) 부타리Boutaric, 《상비군 제도 도입 전의 프랑스 군사제도Institutions militaires de la France avant les armées permanentes》, 1138쪽.

자들이었고 병력모집에 응한 후는 야만적 무법천지인 전쟁터에서 억제되어 있던 그들의 감정과 정열을 모두 폭발시켰다. 라이슈나우의 헤르만Hermann von Reichenau이 작성한 연대기年代記에서는 우리가 알고 있는 최초의 용병군대에 대한 기록이 있는데 이들은 서기 1053년에 엄격하고 정력적인 교황 레오Leo IX세가 노르만족을 상대하기 위해 집결시켰던 군대로서 모함가들과 도주한 범죄자들로 구성된 군대였다. 이런 무리들을 이용했던 왕들조차 나중에는 이들로부터 자신의 지역을 해방시킬 방법을 모색해야 했었다. 프리드리히 황제와 프랑스의 루이 VII세는 서기 1171년 한 조약을 체결했는데 많은 배론Baron들을 직접 만나서 그들의 왕국 내에 브라방Braban족 또는 코테렐리coterelli라고 부르는 "무뢰한無賴漢"들을 허용하지 말 것을 서로 약속하도록 규정했다. 모든 바쌀vassal은 자신의 지역 내에서 부인을 얻었거나 자신 밑에서 영구적으로 복무할 인원이 아닌 한 그런 무뢰한을 받아들이면 안 되었다. 협정을 어긴 자는 주교主敎에 의해 파문당할 뿐 아니라 모든 피해를 배상하도록 했고 이웃들이 이를 집행하게 했다. 이를 강제하기에는 세력이 너무 큰 바쌀에 대해서는 황제 자신이 처벌을 집행하도록 했다.16)

서기 1179년 라테란Lateran 종교회의에서는 모든 "브라방족, 아라곤Aragon족, 나바레Navarre족, 바스크Bask/Basque족 및 트리아베르디니triaverdini족"에 대해 가장 큰 종교적 처벌을 가하도록 규정했고 이들에 대해 무기를 들지 않는 자들도 마찬가지였다.

그들을 강제로 몰아낸 경우에 대한 기록들도 있다. 한때는 잉글랜드의 핸리 II세를 위해 복무하기도 했던 사제司祭였던 캄브라이의 빌헬름Wilhelm von Cambray이 이끌던 브라방족이 리무쟁Limousin에서 보포르Beaufort 성城을 포위한 후 주변을 휩쓸고 다니다가 그곳에서 아데마르Amader 대공大公과 리모게스Limoges의 주교主敎에게 패한 후 모두 근절되었다.17)

서기 1183년에는 브라방족의 큰 무리가 샤렝톤Charenton에서 격파되었는데 이때 그들을 격파하기 위해 오베뉴Auvergne에서 두랑Durant이라는 한 목수木手의 지휘 하에 평민들이 "평화동맹"을 결성했다.

그러나 이 평화동맹이 태도를 바꾸어 그들의 영주領主/Herr들을 공격하자 이번에

---

16) "우리는 다른 무엇보다도 브라방족 또는 코테렐리라고 부르는 범죄자들의 추방에 관해 다음과 같이 합의했다. 우리는 전쟁 때를 비롯해서 어떤 경우라도 라인강과 알프스 산맥과 파리 시市 이내의 우리 제국의 모든 땅에 보병이건 기병이건 소위 브라방족과 코텔레리를 들이지 않기로 한다inter cetera de expellendis maleficis hominibus, qui Brabantiones sive Coterelli dicuntur tale fecimus utrimque pactum et statutum. Nullos videlicet Brabantiones vel Coterellos equites seu pedites in totis terris aut imperii infra Rheunum et Alpes et civitatem Parisius(원문대로 옮김) aliqua occasione et uerra retinebimus"고 이 통치자들은 합의했다. 《게르만 사료집Monumenta Germaniae》, LL, IV, Constitutiones I, 331쪽; 마르테네Martène·두란트Durand, 《고대작가古代作家…대전집大全集 Veterum scriptoru m…amplissima collectio》, 제II편, 880쪽.

17) 제로드H. Géraud, "12세기의 노상강도路上强盜 Les Routiers au douzième siècle," 《샤르테 학파 총서叢書 Bibliothèque de l'Ecole des Chartes》, 제III권(서기 1841년), 132쪽.

는 영주들이 브라방족과 연합해서 이 평민 반란군을 격파했다.

부 기附記

현금 및 병사들의 보수와 관한 몇 가지 참고자료

서기 1268년에 세인트 루드비히S. Ludwig/Louis 왕이 베니스Venedig/Venice 총독과 체결하려 했었던 조약 초안草案이 전해져 있다(이 초안은 왕이 제노바Genua/Genoa와 조약을 체결함에 따라 실제로는 조약으로 성립되지 못했다). 이 항해계약航海契約/contractus navigii 초안에서[18] 마르쿠스 키리누스Markus/Marcus Quirinus는 베니스 총독의 이름으로 만약 왕이 세인트 요한Johannis/St. John 축제일과 정월 초하루 사이에 항해를 하면 4,000필의 말과 10,000명의 병력을 운송할 선박 15척을 제공하기로 되어 있었다. 선원船員 숫자는 12척은 각각 50명, "로카포르티스Roccafortis" 호號와 "산타마리아S. Maria" 호號는 각각 110명 그리고 "세인트니콜라스S. Nicolaus/Nicholas" 호號는 86명으로 되어 있었다. 왕은 선박임대료로 "로카포르티스"호號와 "산타마리아"호號는 각 1,400마르크(현 독일제국 화폐로 약 56,000마르크)씩, "세인트니콜라스"호號는 1,100마르크(현 독일제국 화폐로 약 44,000마르크) 그리고 나머지 12척은 각 700마르크(현 독일제국 화폐로 약 28,000마르크) 씩 지급토록 되어 있었다. 따라서 선박 대여료만 현 독일제국 화폐로 약 500,000마르크에 달했었다. 하인Diener 2명과 말 1필 및 마부 1명이 딸린 기사騎士 1명 당 이들의 식량 외에 운송료(나비기움mavigium)로 8.5마르크(현 독일제국 화폐로 약 340마르크)를 지급하도록 되어 있었다. 딸린 인원 등이 없는 기사騎士는 중간 돛대와 선미船尾 갑판 사이의 실내室內/placa cooperta에 타며 1명 당 운송료가 2.25마르크(현 독일제국 화폐로 약 90마르크)였다. 스쿠티페르scutifer(역자 주: 방패휴대병 등)는 같은 곳 실외室外/placa discooperta에 타며 1명 당 운송료가 7온스(현 독일제국 화폐로 약 35마르크)였다. 마부와 말의 운송료는 4.5마르크(현 독일제국 화폐로 약 180마르크)였다. 나그네pilgrim는 중간 돛대와 뱃머리 사이에 타며 1명 당 운송료가 식량 외에 0.75마르크⟨역자 주: 델브뤼크의 원문에는 3.75마르크로 되어 있으나 0.75마르크의 오기誤記가 분명하므로 바로잡았다⟩(현 독일제국 화폐로 약 30마르크)였다. 취사炊事에 필요한 땔감도 왕이 제공하도록 되어 있었다.

필리프 아우구스트Philipp August/Philip Augustus 왕은 기사騎士 1명 당 매달 금 조각 3개를 지급했고 사자심왕獅子心王/Löwenherz 리차드Richard I세는 아크레Acre 전투에 앞서 자신을 위해 복무할 기사騎士에게 1명 당 매달 금 조각 4개를 지급하겠다고 선언했었다. 이 문제의 금 조각은 아마 비잔틴 금화金貨였을 것이다. 세인트 루이S. Ludwig/Louis 왕 당시 비잔틴 금화의 가치는 10리브르 투르뇌livres tournois였다. 웨일리의 나탈리Natalis de Wailly는 1리브르 투르뇌의 가치를 20프랑franc 26상팀centime으로 평가했으므로 비잔틴 금화 1개의

---

18) 알빈 슐츠Alwin Schultz, 《궁중생활 Das höfische Leben》, 제Ⅱ편, 316쪽에서 재인용.

가치는 202프랑 60상팀이다. 이런 계산에 의하면 매달 1인 당 필리프 아우구스트는 607프랑 80상팀을, 사자심왕은 810프랑 40상팀을 지급한 것이다. 조앙빌Joinville은 루이Ludwig/Louis IX세 왕에게 자신이 야곱Jacob/S. James 축제일(7월 25일)부터 부활절까지 기간 중에 억류되어 모든 재산을 잃게 된 대가로 1,200리브르livre와 함께 자신이 모집한 기사騎士 3명 당 400리브르씩 지급할 것을 요구했다. 이때의 리브르livre를 리브르 투르뇨livre tournois와 같은 것으로 본다면 조앙빌은 24,312프랑을 받은 것이며 기사騎士들은 1명 당 8,104프랑씩 받은 것이다. 그러나 이때의 리브르livre를 리브르 파리시스livres parisiis와 같은 것으로 본다면 그 가치는 각각 30,396프랑과 11,132프랑(역자 주: 델브뤼크의 원문 그대로 옮김)으로 늘어난다. 그렇다면 보수가 50~60년 사이에 크게 인상된 것이 된다. 1년 보수로 필리프 아우구스트는 겨우 7,293프랑 60상팀을 지급했지만 관대한 사자심왕은 9,724프랑 80상팀을 지급했고 루이 IX세는 10,805 (또는 13,509)프랑이나 지급한 것이기 때문이다. 심지어 조앙빌은 매년 32,416(또는 40,528)프랑이나 받았다.

서기 1231년에서 서기 1785년 사이에 각종 전사戰士들이 받았던 보수 일람표가 다베넬 D'Avenel의 《경제사經濟史 Histoir économique》, 제III편, 664~680쪽에 수록되어 있다.

보수에 관한 흥미 있는 통계가 Köhler 장군의 설명(《기사騎士 시대의 전쟁과 용병술用兵術의 발전Entwickelung des Kriegswesen und der Kriegsführung in der Ritterzeit》, 제I편, 167쪽에도 보인다.

프랑드르Flandern/Flandre 대공大公들과 잉글랜드 왕들이 서기 1101년 이후 체결했던 보수협정들을 보면 기사騎士 1인 당 3필의 말을 가지고 있었던 것으로 보인다(리메르Rymer, 《포에데라Foedera》, 제I편, 1쪽).

제 IV 장

전 략戰略

우리가 앞서 중세의 전술戰術에 대해서 말했던 것은(역자 주: 앞의 288쪽 참고) 중세의 전략戰略에 대해서도 마찬가지라고 할 수 있다. 전략 즉, "전쟁戰爭을 위한 교전交戰의 운용運用 Verwendng des Gesechts zum Zwecke des Krieges"(역자 주: 클라우제비츠의 정의)은 중세에도 물론 존재했지만 이를 병법兵法/Kunst 수준의 전략이었다고 말하기는 힘들다.

앞서 우리는 봉건국가들의 군사적 업적은 대개 크지 않았음을 알 수 있었다. 중세 군대는 병력수는 적고 군기軍紀는 거의 없었고 복무기간도 한정되어 있었다.

샤를마뉴Karl/Chalemagne 대제大帝는 거대한 왕국과 확고한 왕권을 기반으로 한 힘있는 왕이었지만 사라센Sarazen/Saracen(역자 주: 아랍족. 이슬람 세력을 총칭하는 용어로도 쓰임)에 대한 느리고 제한적인 대처와 작센Sachsen/Saxons족과의 끊임없는 전쟁이 말해주듯이 그의 진정한 군사적 업적은 매우 작은 업적들이었다. 우리는 그의 전역戰役에 전략이 있었다고 말할 수도 없으며 그의 후계자의 왕국들은 곧 힘을 잃었다. 작센 왕조(역자 주: 프랑크 왕국 몰락 후 생긴 게르만 제국)의 힘있는 왕이었던 하인리히 I세와 오토Otto 대제大帝는 카롤링 제국의 동부 지역에 여타의 큰 봉건가문들 및 자치 왕가와 타협을 통해 강력한 중심세력을 창설했고 특히 오토 대제는 그의 왕국의 모든 병력을 집결시켜서 레크Lech 평원 전투에서 헝가리Ungaren/Hungarian족을 상대로 분명히 큰 승리를 기두었다. 그러나 이 새 왕국의 군사력도 결코 그리 크시 않았을 뿐 아니라 믿을만한 수준도 아니었다. 대大바쌀grosse Kronvassal(역자 수: 배론Baron)들이 늘 왕권에 도전하면서 국내평화를 위협했기 때문이다. 우리는 앞서 레크Lech 평원 전투 때 오토의 병력을 6,000~8,000명 이하로 평가했었다. 우리는 이 수치의 의미를 완전히 이해해야 이교도異敎徒들의 성공을 이해할 수가 있다. 북방의 해적海賊 군대와 아시아 유목민족 기병 군대의 위협을 제거할 수 있었던 것은 자신의 군사력을 통해서라기보다는 주로 이 기독교 문명세계에 노르만족과 마자르Magyar족(역자 주: 헝가리족)이 유입된 결과였다.

오토 II세와 그의 사촌인 프랑스 로타르Lothar/Lothair 왕 사이의 서기 978년 충돌은 중세 전투의 특징을 가장 잘 보여주는 사건이다. 게르만과 이태리의 맹주盟主/Herr이사 로마 황제였넌 이 상력한 게르만 왕도 거의 무력했던 이 서西프랑크 왕이 기습적으로 접근해 오자 그의 수도首都인 아헨Aachen에서 피신하지 않을 수 없었다. 그는 로타르에게 복수하려고 신속히 병력을 집결시켜 파리 앞에 도착하는 데는 성공했지만 이 요새화 된 도시 앞에서 할 수 있는 일이 아무 것도 없음을 알자

결국 발길을 돌려야 했고 돌아오는 길에 막대한 피해만 입었다.1)

살리Salier/Salian 왕조와 호헨스타우펜Staufen/Hohenstaufen 왕조(역자 주: 프랑크 왕국 몰락 후 하인리히Heinrich/Henry Ⅰ세가 세운 게르만 왕국은 처음에는 남계男系로 중간에는 여계女系인 살리계系로 이어가다 그 뒤를 이은 것이 호헨스타우펜 왕조이다)의 황제들이 거느린 군대들도 레크Lech 평원 전투 당시 오토Otto 대제大帝의 군대보다 별로 크지 않았다. 이에 관해서는 몇 가지 믿을만한 사료도 있고 카롤링 왕조 군대의 병력수에 대한 우리의 평가도 이에 대한 보충 증거가 된다. 한편 이 시대의 인구증가와 경제생활의 발전을 고려해 보면 군대 규모가 결코 더 줄어들지는 않았을 것이다.

이 시대의 전쟁 수행의 특징은 정치와 관련이 있다

봉건국가가 점차 더 확실한 형태를 갖추게 되자 이때 반독립적인 지위를 갖게 된 영주領主Fürst나 도시Städte들은 그들의 지역을 요새화시킴으로써 안전을 확보하려고 했었다. 도시에는 성벽이 보강되었고 언덕과 산에는 거의 난공불락難攻不落이라고 할만한 성城들이 세워졌다. 왕들마다 취향은 달랐다. 메로빙 왕조와 카롤링 왕조의 왕들은 평지에 성城을 세웠고 살리 왕조와 호헨스타우펜 왕조의 왕들은 언덕이나 다른 어떤 지형의 보호를 받을 수 있는 지점에 성城을 세워서 자신들을 방어할 수 있도록 했다.2)

그 결과 공격능력에 비해서 방어능력이 더 높아졌다. 약자弱者 측은 결전決戰을 회피하기가 용이해졌으며 강자強者 측은 비록 이길 경우에도 얻을 것이 별로 없게 되었다. 개별적인 도시나 성城들을 공격하는 것은 매우 어려운 일이었고 도시나 성城들은 무수히 많았기 때문이다. 강력한 게르만 황제 프리드리히는 이미 많은 이태리인들이 그에게 합류했음에도 불구하고 서기 1160년에 작은 크레마Crema 시市를 함락시키는데 6개월이나 걸렸다.

진정한 포위 대신에 느슨한 봉쇄가 이용되었던 경우도 자주 발견되는데 적의 도시 주변에 몇 개의 요새를 구축해 놓고 그 도시와 외부세계 사이의 교역交易을 차단하는 방식이었다. 노르만족은 저지低地 이태리에서 이러한 방식으로 그리스 소속 도시들의 항복을 받아냈고 붉은 수염 프리드리히Friedrich Barbarossa(역자 주: 프리드리히 Ⅰ세)는 진정한 포위나 강공強攻 없이도 밀라노Mailand/Milan 시市로부터 두 차례나 항복을 받아낼 수 있었다.3)(역자 주: 뒤의 제Ⅴ장 참고) 그러나 이와 같은 작전을 구사

---

1) "…군대에 필요한 짐차와 수레와 연장들과 더불어 모든 보급품들을 강 건너편에 남겨둔 채relictis in alia ripa fluminis victualibus cum plaustris et carucis et pene omnibus utensilibus, quae exercitui erant necessaria." 《알타헨세스 연대기年代記 Annal Altahenses》, 서기 1044년 항. 적은 이들 모두를 게르만군에게서 빼앗고 그들에게 많은 피해를 입혔다.

2) 바이첼W. Weizel, 《9~16세기 게르만 제국의 성곽城郭 Die Deutschen Kaiserpfalzen vom 9. bis 16. Jahrhundert》(잘 Saale의 할레Halle에서 간행됨).

3) 하이네만von Heinemann의 《저지低地 이태리 노르만족의 역사Geschichte der Normannen in Unteritalien》, 120쪽.

하려면 자신의 병력을 아주 오랫동안 전역戰役에 묶어놓을 수 있어야 했는데 중세 봉건군대에게는 그럴 능력이 거의 없었다.

붉은 수염 프리드리히가 사자공獅子公 하인리히Heinrich der Löwe(역자 주: 작센 영주 겸 바이에른 영주)를 격파할 때나 그들의 아들들인 필리프Phlipp/Phlip와 오토Otto 사이의 전쟁에서나 호헨스타우펜 왕조의 큰 전쟁들에서는 최종 승부가 군사작전보다는 대大바쌀grosse Kronvassal들과 큰 도시들의 편가르기와 편 바꾸기에 의해 결정되었다. 이런 편가르기는 일면 군사적 승리에 영향을 받았을 것이 분명하지만 그것이 모두는 아니었다. 우리는 진정한 전략戰略이라고 말할 정도의 병력 배분과 아주 극적인 병력투입의 예를 이 시기에도 발견할 수 있다. 예를 들어 레크Lech 평원 전투에서 오토Otto 대제가 그리고 슈바벤Schwaben/Swabia의 대립왕對立王 루돌프Rudolf와 싸울 때 하인리히 Ⅳ세가 그런 방식을 사용했다. 당시에는 전쟁에서 정치적, 전략적, 전술적인 다양한 요소들이 항상 서로 영향을 미쳤으므로 이 전투들의 경우에는 다른 전투에서는 찾아 볼 수 없는 전술적 요소가 등장했다. 후일 호헨스타우펜 왕조의 전쟁들에서는 수없이 많은 작전들이 있었지만 서로 유사한 작전들은 없었다. 하스팅Hasting 전투에서 일격에 승리한 노르만족은 앙겔-작센angelsachsen/Anglo-Saxons족의 큰 왕국(역자 주: 잉글랜드 왕국)을 영구히 지배할 수 있었는데 이는 이 왕국의 정치적 상황이 전혀 발전하지 못했기 때문이다. 게르만 왕들은 이태리의 적들이 감히 개활지에서 그들에게 도전할 엄두를 내지 못했음에도 이태리를 장악하지는 못했었는데 이는 로마 세계에 속한 이태리가 그 자치시自治市/Kommun들과 범세계적인 교황敎皇 체제를 통해 앙겔-작센족의 경우보다 강한 저항력이 있었기 때문이다. 이태리인들은 게르만 황제를 레그나노Legnano의 정면전투(서기 1176년)에서 격파할 수 있었지만 이 승리가 최종 승부에는 큰 의미가 없었다. 이 전투는 프리드리히 Ⅱ세가 그의 분견대들을 이끌고 게르만 지역 코모Como에서 밀라노Mailand/Milan 지역을 통해 파비아Pavia로 갈 때 지나친 방심으로 레그나노 시市에서 불과 1마일(약 7.5km)쯤 떨어진 곳을 통과하면서 우연히 일어난 사건이었다. 밀라노 시민들은 동맹군들과 함께 이 통로에서 황제를 맞았고 게르만군은 이들의 우세한 병력에 희생당했다. 그러나 최종승부에 결정적 영향을 미친 것은 프리드리히 Ⅱ세는 사자공獅子公 하인리히와 다툰 후 게르만 지역에서 아주 소수의 병력밖에 동원할 수 없었던 반면 밀라노는 이태리의 다른 자치시들로부터 초기 전쟁 때보다는 더 많은 지원을 받을 수 있었던 점이다. 레그나노에서 패배하지 않았어도 프리드리히 Ⅱ세는 합리적 조약의 체결에 동의하지 않을 수 없는 형편이었다. 밀라노 시민이 전투에서 승리했지만 프리드리히 Ⅱ세에게 많은 것을 양보하려 했다는 것은 그들이 이 전투의 승리를 과대평가하지 않았다는 것을 말해준다.

코르테누오바Cortenuova 전투(서기 1237년)에서는 프리드리히 Ⅱ세가 밀라노Mailand/Milan 시민과 롬바르디Longobard/Lombardy 동맹군을 대파했음에도 불구하고 실제로 큰 성과를 얻지는 못했다.

전쟁에서는 진정으로 결정적인 행동은 정면전투正面戰鬪이고 자신의 모든 전투병력을 전장戰場에 집결시켜 단합하게 만드는 것이 전략의 제1원칙이라는 이론이 과연 중세시대에는 아주 잊혀졌던 것일까? 그러나 흥미롭게도 기사騎士들도 이를 알고 있었다. 프랑스 연대기年代記인 〈안주Anjou 지역 대공大公들의 행적行績 Taten der Grafen Anjou〉 (역자 주: 부케트Bouquet 편編, 〈안주Anjou 지역 대공大公들의 행적行績 Gesta Consulum Andegavensium〉과는 다른 기록으로 보임)을 보면 고트프리트 마르텔Gottfried/Godfrey Martell 대공大公이 서기 1041년에 투르Tours를 포위하고 있던 중에 적의 구원군이 접근해 오자 그의 집사執事/Seneschall인 리세우스Lisäus/Lisaeus는 대공大公에게 다음과 같은 말을 한다.

> 당신과 나뉘어 패하기보다 우리가 합쳐서 싸우는 것이 좋겠습니다. 전투는 금새 끝나지만 승리의 소득은 클 것입니다. 포위는 오래 걸리고 고생을 해야 목적을 달성할 수 있습니다. 전투를 하면 백성들과 도시들이 당신에게 굴복하게 되고 전투에서 패한 자들은 적 앞에서 허무하게 사라집니다. 전투에서 당신이 이기고 적이 패하면 당신은 정국政局과 투르Tours까지 지배하게 될 것입니다.[4]

이와 같은 생각으로 살라딘Saladin/Salah al-Din/Salahuddin Al-Ayyubi(역자 주: 12세기 후반 십자군十字軍에 맞선 아랍의 영웅)은 제3차 십자군十字軍의 대군大軍이 접근해 올 때 시리아 도시들의 많은 성벽을 허물어버리고 그곳을 수비하고 있던 병력으로 자신의 야전군을 보강했다. 동東고트Ostgoten/Ostrogoths의 토틸라Totila 왕도 그런 일을 한 적이 있다.[5] 그러나 이런 경우들은 어디까지나 예외였을 뿐이다. 우리는 중세 전반을 지배했었던 원칙은 이와 정반대였음을 알 수 있다. 당시에는 정면전투에서는 진정한

---

4) 원문은 다음과 같다. 《골 지역 역사가 선집選集 Recueil des historiens des Gaules》, 제ⅩⅠ편, 266쪽.
　"당신과 헤어져 (적에게) 극복되는 것보다는 우리가 합의해서 싸우는 것이 낫습니다. 전투(전쟁)를 하면 지연은 크지 않지만 정복자는 최대의 소득을 얻습니다. 포위에는 많은 시간이 걸리고 포위된 마을들은 큰 어려움이 있어야 정복됩니다. 전투(전쟁)는 분명히 국가와 마을들을 당신의 지배 하에 들어가게 하고 전투(전쟁)로 굴복된 자들은 그들의 적을 위해 연기 같이 사라집니다. 전투(전쟁)가 끝나고 적이 패하면 한 거대한 제국과 투르Tours가 열려있게 될 것입니다miles est nos convenire et pugnare, quam nos a vobis separari et superari. In bellis mora modica est, sed vincentibus lucrum quam maximum est. Obsidiones multa consumunt tempora et vix obsessa subjugantur municipia: bella vobis subdent nationes et oppida, bello subacti evanescent tamquam fumus inimicis. Bello peracto et hoste devicto vastum imperium et Turonia patebit."
　이 구절에서 "벨룸bellum"이란 단어는 일반적으로는 "전쟁"을 의미하지만 이곳에서는 "전투"로 번역되어야 한다. 이 구절이 포함된 기록이 시기적으로도 후일의 기록이고 신뢰성 있는 사료는 아니지만 우리에게는 별 차이가 없다. 우리의 관심사는 이 구절이 실제로 그 집사執事의 말인지 여부가 아니며 이런 생각이 중세에 있었다는 사실이 이 기록을 통해 확인되기 때문이다.
5) 이 책 제Ⅱ편, 376쪽 참고.

승리를 얻을 만한 상황이 거의 존재하지 않았기 때문에 요새화 된 곳의 방어력을 활용했다. 봉건군대들은 정면전투를 벌이기에는 너무 규모가 적고 약했었다. 포위를 구원하기 위한 전투는 상황이 불리한 포위군에게 접근할 수 있는 장점이 있었지만 이런 전투조차 거의 보이지 않는다.

중세의 전투들은 전술적인 행동만 결정하면 그만인 소규모 전투에 그쳤듯이 전략적인 문제에서도 정치적인 결정만 있으면 되었었다. 전투를 "어떻게" 할 것인지 결정함에 있어 특별히 중요한 요소가 그들에게 존재하지 않는 것이 보통이었기 때문에 싸울 수 있을 만큼 병력이 충분한 지의 여부만이 그들에게는 문제가 되었었다. 자신에게는 병력이 충분하지 않다고 느낀 지휘관들은 요새화 된 지역을 찾게 되었고 이 때문에 적은 그들을 포위할 것인지 만 결정하면 되었다. 그런 결정에는 여러 가지 상황이 영향을 미쳤고 결정하기 힘든 경우가 흔했다. 그러나 그런 결정들은 병법兵法/Kunst이라는 고차원적 의미의 진정한 전략적 결정은 아니었다. 장비와 행군대형 그리고 보급 등도 매우 신중한 계산과 정력이 필요한 문제지만 이런 것들은 상대적 의미에서만 전략적 문제일 뿐이다.

중세에는 전투개시에 대한 최종결정도 지휘관의 결단決斷이 아니었다는 점에서 온전한 의미의 전략적 결정이 아니었다. 훈련된 군대의 경우라면 지휘관의 명령에 따라서 전투가 시작된다. 그러나 중세의 지휘관들은 전투의 개시를 자신이 명령할 수 있을 만큼 군대를 장악하지는 못했었다. 중세의 지휘관들은 자신이 아니라 군대 전체가 원하는 경우에만 전투를 할 수 있었다. 훈련된 군대라 해도 최종결과에 대한 병력 집단의 확신은 매우 중요하지만 특히 중세 군대는 이런 요소 없이는 전혀 싸울 수가 없었다. 비두킨트Widukind의 《작센 연대기年代記》에는 이런 예가 두 차례나 보인다(I, 36 및 III, 44). 작센Sachsen/Saxons족이 슬라브slav족과 싸우기에 앞서 그리고 헝가리족이 레크Lech 평원 전투에 앞서 각 전사戰士가 먼저 지휘관을 돕겠다는 것을 개별적으로 약속하고 또한 전사戰士들 상호간에도 서로 돕겠다고 엄숙하게 약속했던 것은 매우 특징적인 현상이다. 다른 기록들에서는 무슬림Muslim/Moslem(역자 주: 회교도回敎徒)들도 전투 직전에 이와 유사한 약속을 할 의무가 있었다는 말이 보인다. 중세에는 전체를 지배해야 할 단합된 의지意志가 지휘관의 의지意志에 따라서 모든 것이 결정되는 군대조직 자체에 의해 생기지 못하고 각 경우마다 병력 전체에 의해 생기고 보장되어야 했었다.

지휘관이 군대의 분위기와 의지意志에 의존해야만 하는 이러한 상황이 중세의 전쟁에는 전투가 매우 드물었던 원인이었음이 분명하다. 전쟁은 거의 끊임없이 있었지만 수년동안 전투는 없는 경우가 흔했는데 이는 어느 한쪽이 불가피하게 전투에 응한 경우가 아니면 양측 모두 자신이 우세하다는 느낌을 동시에 지니고 있는 경우에만 전투가 성립되었기 때문이다. 물론 현대의 지휘관도 승산勝算 없는 전투는 안 하는 것이 보통이지만 자신의 열세를 극복하기 위해 자신보다 분명히 강한 적과 자신의 리더십과 지형의 이점을 이용해서 싸우려는 경우도 있을 수 있다. 그러나 중세 지휘관들은 앞서 전술문제를 검토하며 알 수 있었듯이 그런 일을 기대하지 않았다. 중세 지휘관들은 자신은 물론이고 자신의 군대가 우세를 확신할 경우에만 싸웠다.

기사騎士 전투의 특성과 그런 전투가 진정한 전략의 기초가 되기 힘들다는 사실 때문에 전술적으로 패배한 측이 전략적 목표를 달성할 수도 있는 현상이 자주 발생했다. 적에게 승리한 측이 먼저 자신의 다른 목적도 달성할 수도 있다는 것은 당연한 이치일 것이다. 그러나 기사군騎士軍은 지휘관 통제를 거의 받지 않다시피 했기 때문에 승리 후에도 그렇지만 특히 크게 패한 이후에 긴장이 풀리는 것이 보통이었고 회복 불가능한 상태로 긴장이 풀리는 경우도 흔했다. 따라서 지휘관으로서는 자신의 계획을 계속 추진할 수 없었다. 하인리히 Ⅳ세의 전쟁 중 많은 경우에 그런 현상이 확인되며(역자 주: 앞의 제Ⅱ권, 제Ⅲ장 참고) 또 다른 예를 우리는 앞으로도 더 보게 될 것이다.

중세에는 마라톤Marathon 전투의 밀티아데스Miltiades, 플라타이아Platää/Plataea 전투의 파우사니아스Pausanias, 륜트라Leuktra/Leuctra 전투의 에파미논다스Epaminondas, 칸네Cannä/Cannae 전투의 한니발Hannibal, 나라까라Naraggara(자마Zama) 전투의 스키피오Scipio, 파살루스Pharsalus 전투의 시저Cäsar/Caesar 등과 같은 영웅적인 지휘관들의 행적을 찾아 볼 수 없다. 굳이 그런 예를 들자면 레크Lech 평원 전투의 오토Otto 대제大帝가 그런 경우일 것이고 정복자 윌리암이 잉글랜드에 상륙한 후에 즉시 런던으로 진격하지 않고 해안에 병력을 집결시켜 둔 채로 적이 오기를 기다리기로 결정한 것도 그 뒤에 거둔 승리의 범위와 중요성을 볼 때 강력한 동기를 지닌 전략적 행동으로 간주될 수 있을 것이다. 그러나 우리가 이런 상황에 대해서도 "전략"이라는 용어를 사용할 수 있으려면 상당한 고민이 필요하다. 하인리히 Ⅳ세와 슈바벤Schwaben/Swabia의 대립왕對立王 루돌프Rudolf 간 전쟁에서도 물론 일정한 전략적 사고思考의 흔적은 발견되지만 이로부터 위대한 결정적 행동이 나오지는 않았으므로 크게 우리의 관심을 끌지는 못한다. 코르테누오바Cortenuova 전투에서 프리드리히 Ⅱ세가 밀라노Mailand/Milan군을 공격할 때 같이 여러 차례에 걸쳐 교묘하고 영리하게 기습공격을 가한 것도 전략에 속한다고 볼 수는 있지만 레크Lech 평원 전투의 경우와 같은 수준 높은 형태의 전략은 아니었다.

그렇다고 해서 중세의 군대에서는 지휘관의 개인적인 능력이 별로 중요하지 않았다고 말한다면 이는 완전한 오해일 것이다. 이와는 오히려 정반대로 바로 기술과 더불어서 진정한 내용을 지닌 전술과 전략Kunst der Taktik und Strategie이 없었기 때문에 지도자의 개인적 능력이 더 큰 역할을 해야만 했었다. 이론상 전략가의 천재성은 그가 전투를 시작하고 전술적 기법으로 승리했을 때 나타나는 것이다. 그러나 중세에는 거의 언제나 상대방도 동시에 원할 경우에만 전투가 벌어질 수 있었다. 그러나 양측 군대가 모두 전투를 직접 열망하는 경우는 거의 없었고 또 있을 수도 없었다. 지도자들의 능력과 재능이 발휘될 수 있는 곳은 다른 분야 즉, 주로 느슨히 조직된 봉건국가의 단합을 유지시키는데 있었다.

게르만 제국은 우두머리에 설 인물이 사라졌다가 다시 나타나는 것에 맞추어 붕괴되었다 다시 재건되기를 반복했었다. 이런 상황에서는 지도자의 개인적인 능력이 모든 것을 의미했다.

제Ⅴ장
이태리 자치시自治市와
호헨스타우펜 왕조

카롤링Karoling/Caroling 왕조가 몰락한 후 프랑크 제국 옛 영토에서나 마찬가지로 이태리에도 게르만 공국公國/Herzogtümer과 유사한 변경대공령邊境大公領/Markgrafschaft이라는 몇 개의 큰 영지領地/Territorial=Herrschaften들이 생겼다. 그러나 바로 이때 이태리의 도시들은 알프스 북쪽에서보다는 훨씬 더 빠르고 강력하게 독립적인 정치세력으로 성장했고 이 도시들은 이태리의 영주領主/Fürst들보다 더 큰 역할을 했다.

이태리에는 특별히 많은 전사戰士들이 이미 도시에 거주하고 있었다. 이런 상황은 프랑크 왕국 식으로 봉건체계가 발전했을 때도 변하지 않았다. 모데나Modena 주교主敎의 서기 998년 문서에는 기사騎士들이 교회를 인정한 것 외에 도시민들과 협정도 체결했다는 분명한 기록이 있다.1) 하인리히 Ⅲ세 당시는 밀라노Mailand/Milan에서 기사騎士/milites들과 도시민(평민plebs) 간 장기간 내전內戰도 있었다. 이때 도시를 떠나야 했던 기사騎士들은 6개 성문 앞에 6개 요새를 구축해 놓고 밖에서 도시를 공격하자 하인리히는 기사騎士 4,000명을 그곳으로 보내겠다고 위협해서 이 충돌을 잠재웠고 밀라노 시민들은 밖으로 나간 자들의 사면을 보장해 주었다.2)

서기 1067년 밀라노에서는 각 당파黨派들이 조약을 체결하고 이 조약을 위반할 경우 대주교大主敎는 100푼트pfund/pound, 오르도 카피타네오룸ordo capitaneorum(지위 높은 시민)은 20푼트, 바쏘룸vassorum(바쌀vassal)은 10푼트, 네고티아토룸negotiatorum(상인)은 5푼트를 각각 벌금으로 내기로 약속했다.

이태리 도시들은 롬바르디Longobard/Lombardy 왕국과 카롤링 왕조 때는 독립된 자치시自治市/Kommun로 발전할 수 없었다. 왕조가 너무 강력하기도 했지만 도시 내에서도 계층 간 단합이 약했기 때문이다. 9세기 말 왕권이 약화되고 해체되기 시작하자 비로소 왕가와 같은 영토세력인 독립도시들이 탄생할 수 있었다. 이런 도시에는 독립과 함께 단합된 시민의식市民意識 또는 자치시로서의 애향심이 생겨서 각 계층이 단결했고 비호전적이던 계층에 호전성이 살아났다.

---

1) "같은 도시의 카노니키Canonici와 기사騎士들 그리고 주민들의 협정으로cum consensu…Canonicorum ejusdemque civitatis Militum ac populorum."
   서기 1106년 모데나Modena에서 체결된 조약에서도 "기사騎士/milites"와 "시민市民/cives"을 구분하고 있다. 헤겔Carl Hegel, 《이태리 자치시自治市 조직의 역사Geschichte der Städteverfassung von Italien》, 제Ⅱ편, 174쪽.
2) 아르눌프Arnulph, 제XVⅢ장, 《게르만 사료집Monumenta Germaniae》, SS., VⅢ, 16 이하.

이들이 독립을 하게 된 방법이나 형태의 문제는 지금 따져보지 않아도 좋다.3) 우리에게 중요한 부분은 각 계층이 특히 도시민 계층과 전사戰士 계층이 단결했었다는 점이다. 도시의 공동생활에서는 어떤 식으로든 각 계층이 서로 뒤섞이는 현상이 생길 수밖에 없고 전사戰士 계층은 자신의 전사戰士 지위와 자유민 지위를 포기하지 않고도 민간직업에 종사할 수가 있었다. 앞서 우리는 롬바르디 왕국 당시에 전사戰士임과 동시에 상인商人인 사람들을 볼 수가 있었다. 물론 봉건조직 하에서도 일반적인 국민징집 제도가 감시, 성벽 수비 등 방어임무에 유용하게 채택되었다. 신뢰성이 그리 높지는 않은 후일의 기록이지만 8세기 초에 비잔틴 황제와 충돌과정에서 벌써 라벤나Ravenna 외에 총독도시總督都市/Städte des Exarchats가 3개나 생겨서 이 도시에서는 모든 시민들이 군사적으로 조직되었다는 기록도 있다.4) 10세기 말 오토Otto 대제大帝 당시의 인물인 리우트프란트Liutprant는 지배자였던 롬바르디족의 긍지 때문에 아직도 "우리는 로마인을 너무 경멸하므로 적을 비난할 때 쓰는 말 중에는 '로마놈들'이란 말 이상의 표현은 없다. 이는 상스러움과 비겁함과 부도덕성을 모두 포함해서 의미하는 표현이다"는 말을 할 수 있었다.5) 그러나 이때는 이미 직업적인 독설毒說이고 인종적인 독설이던 이런 말들이 사라지기 시작했던 시기였다. 롬바르디족 언어도 그 잔재가 고지高地 이태리에는 11세기까지도 남아있었지만 곧 사라져 버렸다(이 책 제II편, 440쪽 참고). 롬바르디족이 비자유민으로 생각하던 로마인들도 점차 자유민 지위를 얻었고6) 모든 시민들은 단결해서 자치시의 자유를 방어했다.

이제는 이런 연혁을 지닌 이태리 자치시自治市의 도시 군사체계가 호헨스타우펜 Hohenstaufe/Hohenstaufen 왕조(역자 주: 프랑크 왕국 몰락 후 하인리히Heinrich/Henry I세가 세운 게르만 왕국은 처음에는 남계男系로 중간에는 여계女系인 살리계系로 이어가다 그 뒤를 이은 것이 호헨스타우펜 왕조이며 슈바벤Schwaben/Swabia의 호엔슈타우펜 성城이 이 왕조의 본거지였기 때문에 호엔스타우펜 왕조 또는 스타우펜 왕조라고 하며 6대代에 걸쳐 게르만 제국을 통치했다)와 전쟁에서 어떤 업적을 남겼는지 연구해 볼 차례이다.

---

3) 한트로이케Handloike, 《주교主敎들이 지배하던 롬바르디 도시들과 자치시自治市의 등장Die Lombardischen Städte unter der Heerschaft der Bichöfe und die Enstehung der Kommunen》, 베를린, 1883년.

4) 헤겔Carl Hegel, 제I편, 252쪽. 하르트만Hartmann, 《중세 이태리사Geschichte Italiens im Mittelalter》, 제II편, 제II권, 80쪽 및 117쪽.

5) 〈콘스탄티노플로 보낸 대사大使의 보고문Relatio de Legatione Constantinopollitana〉, 제XII장.

6) 헤겔Carl Hegel, 같은 책, 제II편, 31쪽. 만투아Mantua 시市에 대한 하인리히 III세의 한 조례에는 "주민 즉, 전사戰士 cives videlicet Eremannos"라는 표현이 보인다. 헤겔은 이를 도시민들이 전사戰士로 선언되었다는 의미로 해석했다(같은 책, 제II편, 143쪽).

    계층간 구별이 줄어들었다는 다른 측면에서의 증거로 우리는 "어느 대공大公도 자신의 사람에게 아리만노스를 주면 안 된다Ut nullus comitum arimannos in beneficio suis hominibus tribuat"고 한 서기 898년 람베르트Lambert 황제의 칙령을 인용할 수 있다. 만약 황제가 이런 칙령을 통해 "아리만노스arimannos" 즉, 자유민 전사戰士를 보호해야 했었다면 역으로 이들과 도시민 및 농민들간의 구별을 줄이려는 압력이 그 당시에 반드시 있었다는 말이 될 것이다.

제1차 밀라노 정복(서기 1158년)

이태리에 대한 게르만 제국의 지배는 호헨스타우펜 왕조 초기에는 거의 중단 되어 있었다. 콘라트Konrad/Conrad III세는 황제로 즉위하지도 못했었다(역자 주: 살리 왕 조가 단절된 후 작센 영주 로타르가 국왕으로 선출될 때 콘라트는 대립왕對立王으로 추대되었고 로타르가 죽자 정식 황제로 즉위한다). 그의 후계자인 프리드리히 I세가 겔프스Gelphs와 화해하고 게르만 제국 내부의 평화를 확립한 후 사자공獅子公 하인리히Heinrich der Löwe(역자 주: 작센 영주 겸 바이에른 영주)의 지원으로 황제가 되자 무력으로 이태리를 지배할 수 있는 상황이 곧 발생했다. 그는 서로 다투던 이태리의 자치시自治市들과 영주領主/Fürst들 중 상당수가 가까운 적敵을 피하려고 자신에게 협력하리라고 처음부터 기대할 수 있었다. 예를 들어 피아첸짜Piacenza는 서기 1158년 밀라노 포위 기간 중 기사騎士 100명과 궁수弓手 100명을 황제에게 제공하고 또한 1개월 간 쇠뇌수弩手/Armbruster 100 명도 추가로 지원하기로 약속했다. 이런 상황에서 게르만 제국 영주領主들과 기사 騎士들은 그들에게 제시된 보상을 기대하며 기꺼이 알프스를 넘었다.

큰 전역戰役은 프리드리히 I세의 즉위 7년 차인 서기 1158년에 있었다. 행군에는 4개의 통로가 이용되었다. 오스트리아 영주와 카린티아Kärnthen/Carinthia 영주는 프리 올Friaul을 경유하는 통로를 이용했고, 황제 자신은 보헤미아족과 많은 영주 및 대 공大公들과 함께 브레너Brenner 통로를 이용했으며, 쩨링겐Zähringen 영주는 고지高地 로 트링겐Oberlothringen족 및 부르고뉴족과 함께 로네Rhone 강 계곡을 거쳐 베른하르트St. Bernhard 산맥을 넘었고, 나머지는 라인 강 계곡을 거쳐 스프륑겐Sprüngen 통로를 넘 었다. 당시의 총 병력이 상낭했을 것은 분명하지만 기사騎士들만 10,000~ 15,000명 이나 되고 나머지 병력과 황제 측에 가담한 이태리 병력까지 합하면 총 100,000 명이나 되었다고 한 것은 터무니없는 과장이다.[7] 황제의 병력은 이태리인들이 개활지에서는 감히 대적할 생각을 못할 만큼 당시 기준으로는 매우 큰 병력이었 다. 그러나 100,000만명이 아니라 50,000명이나 30,000명 정도면 그리 어렵지 않게 밀라노 시를 완전히 둘러싸는 진정한 포위가 가능했겠지만 황제의 병력은 그만 한 병력은 못되었다.[8] 성문城門을 몇 차례 기습적으로 공격도 해보았지만 아무 성과도 없자 주변 들판을 황폐화시키고 도시로 드나드는 보급선을 차단하는 방

---

7) 〈롬바르디에서 프리드리히 황제의 행적行蹟 Gesta Friderici in Lombardia〉, 30쪽(《게르만 사료집Monumenta Germaniae》, XVIII, 365)에 의하면 "밀라노 앞에 15,000명의 기사騎士 milites fuerunt appretiati quindecim milia"가 있었다고 하며, 라게빈Ragewin의 기록에 의하면 "그곳에는 100,000명이 있었다circiter 100 milia armatorum vel amplius"고 한다(III, 32). 본문의 수치는 이 두 기록을 결합해 말한 것이다. 〈디시보두스 연대기年代記 Annales Sancti Disibodi〉(《게르만 사료집Monumenta Germaniae》, SS., XVII, 29)에서는 "튜튼족(게르만족)과 롬 바르디족을 합해 Teutunicorum seu etiam Longobardorum" 50,000명뿐이었다고 했다. 기세브레히트Giesebrecht, 《게 르만 제국 시대의 역사Geschichte der deutschen Kaiserzeit》, 제VI편, 259쪽 참고.
8) 라게빈Ragewin의 기록, III, 34.

법에 의존할 수밖에 없었고 결국 1개월이 지나서야 항복을 받아낼 수 있었다. (황제가 밀라노 시 앞에 나타난 것이 8월 6일이었고 항복은 9월 7일이었다.)

제2차 밀라노 정복(서기 1159년~1162년)

밀라노는 서기 1158년 9월 어쩔 수 없이 항복은 했지만 이듬해 초에는 다시 반기反旗를 들었다. 황제는 본격적인 작전을 하려면 게르만 지역에서 병력이 보강 될 때를 기다려야 했으므로 우선 크레마Crema 마을을 포위하기로 했다. 크레마는 비록 둘레가 1/4마일 남짓(약 2km) 되는 작은 마을이었지만 이를 함락시키는 데만 꼬박 6개월(서기 1159년 7월 2일~서기 1160년 1월 26일)이 걸렸고 남은 병력으로 는 보다 큰 작전을 동시에 펼칠 형편이 못 되었다. 황제 자신과 사자공獅子公 하인 리히 및 벨프Welf 영주領主 그리고 아주 먼 곳에서 온 많은 게르만 영주領主들이 함 께 있었지만 크레마 주민들은 몇 차례 공격을 물리치는 등 매우 용감하게 저항 했을 뿐 아니라 출격을 나오기까지 했다. 이때 밀라노 자체에 대해서는 몇 차례 전초전前哨戰 성격의 행군만 실시했는데 일부는 성과가 있었다. 크레마 주민들이 결국 자유로운 행동을 보장받는 조건으로 항복했던 것이다.

황제가 크레마 포위에 여념이 없었을 때 밀라노 시민들이 코머Comer/Como 호수 부근 마네르비오Manerbio 성城을 대담하게 포위했다.9) 황제는 기사騎士 500명을 그곳 으로 파견했고 이들은 세프리오Seprio와 마르테사나Martesana에서 징집한 병력들과 함께 밀라노 시민들을 몰아냈다. 크레마와 마네르비오(에르바Erba) 사이는 62km 또는 2~3일 행군거리였으며 크레마에서는 마네르비오를 포위한 병력과 밀라노 간 교통선을 손쉽게 차단할 수 있었다. 여하간 밀라노 시민들이 마네르비오를 포위할 생각을 했던 것은 황제의 병력이 매우 적었기 때문임이 분명하다.

그러나 프리드리히의 기사騎士들은 크레마에서 너무 많은 힘을 소모한 후라서 바로 2차 작전에 들어갈 수 없었다. 황제는 우선 자신의 병력을 고향으로 돌려 보내야 했는데 서기 1160년 여름 밀라노 시민들이 공세로 전환해서 황제의 성城 여러 곳을 점령했고 이때 좀 큰 개활지 교전交戰이 있었다.

- 카르카노CARCANO 전투(서기 1160년 8월 9일)

크레마에서 승리한 게르만 병력들이 거의 다 고향으로 돌아간 후 밀라노 시민 들은 브레시아Brescia와 피아첸짜Piacenza에서 온 기사騎士들을 포함한 전병력으로 밀라 노에서 5마일(약 38km), 코머Comer/Como 호수에서 동쪽으로 거의 1마일(약 7.5km) 떨어

---

9) 라게빈Ragewin의 기록, Ⅳ, 58.

진 카르카노 성城을 포위했다. 프리드리히 황제는 카르카노를 구원하기 위해 게르만 병력과 이태리 병력을 거느리고 카르카노와 밀라노 중간지점으로 이동한 후 반대방향에서 접근하고 있는 일부 병력과 그곳에서 합류한 다음 포위군과 밀라노 시 사이를 차단하려 했다. 그는 병력이 모두 집결하기 전에 무모하게 카르카노를 포위한 밀라노 시민들의 숙영지 쪽으로 향했는데 여하간 경우라도 그곳에서 적을 격파할 의도였음이 분명하다. 그러나 그는 상대방을 과소평가 했던 것이다. 상대방은 이런 식으로 자신들이 밀라노와 차단되면 지게 된다는 것을 알고 즉시 황제의 구원군을 공격하기로 결정했다.

게르만 기사騎士들에게 접근한 밀라노 측 보병은 적의 공격을 버티지 못하고 대형이 깨지면서 큰 손실을 입었고 카로키오carroccio(역자 주: 밀라노 시민들이 그들의 수호성자守護聖者 암부로소St. Ambrose의 깃발을 꼽고 그 위에서 미사를 드려가며 싸웠던 우차牛車. 뒤의 349쪽 참고)도 잃었다. 그러나 반대편 측면 즉, 황제의 좌익에서는 밀라노 측 기사騎士들과 동맹군(또 다른 보병도 있었을 것이다)이 황제의 이태리 기사騎士와 보병에게 승리했다. 그러나 승리한 측익이 재집결한 후 황제는 자신의 병력으로 2차 전투를 벌일 수 없음을 알게 되었다. 물론 밀라노 측 병력이 처음부터 훨씬 많았고 이 전투가 끝났을 때 황제에게는 겨우 200명의 기사騎士만 남았다고 한다. 그러나 밀라노 시민들도 바로 공격을 재개하지 않았다. 무엇보다도 억센 비가 내리기 시작했기 때문이다. 그들은 숙영지로 돌아가며 황제가 그대로 철수하도록 허용했다. 황제는 코모Como로 돌아왔고 패배한 그의 병력도 이미 코모로 향했었다.

물론 이때 황제는 철수함으로써 로디Lodi와 크레모니Cremona에서 그와 합류하러 이동 중인 280명의 기사騎士와 격리되게 되었고 밀라노 시민들은 이 병력이 황제에게 아주 가까이 왔을 때 기습적으로 공격해서 큰 손실을 입힐 수가 있었다. 이때 패잔병들은 몸소 달려온 황제에 의해 구원되었다.

밀라노 시민들은 승리했음에도 불구하고 황제가 공격을 재개할 것을 우려해서 몇 일 후(8월 20일) 카르카노 포위를 풀었다. 우리는 이 카르카노 전투를 통해 전투에서 패한 측이 오히려 전략적인 목표는 달성하는 중세시대에 흔히 있었던 교전의 예를 볼 수 있다. 이 전투에서 황제 측의 전략적 목표는 카르카노 성城의 구원이었다. 멜리크스타트Melrichstadt 전투 및 플라크하임Flarchheim 전투와 비교해 보라(역자 주: 앞의 133쪽 및 135쪽 참고).

사료 기록 이용 시의 위험성을 보여주기 위해 필자는 현재까지도 역사가들이 다소 신뢰성이 있다고 인정하는 코다넬루스Codagnellus의 밀라노 시민 연대기年代記를 추가로 소개해 보겠다. 이 전투로부터 약 70년 후에 작성된 이 연대기는(《게르만 사료집Monumenta Germaniae》, SS., XVIII, 369 이하) 서기 1160년 여름 플라센트Placent

주민들의 지원을 받은 밀라노 시민들이 농촌지대를 휩쓸던 황제를 향해 진격했다고 한다. 그들은 카로키오carroccio와 100대의 수레를 끌고 갔는데 이 수레는 시장市長 구이렐무스Guilelmus가 만든 것으로 전체적으로 방패 모양이었고 정면을 비롯둘레에 모두 큰 스키테 낫Schilde/Scyhhe이 달려있었다 한다. 그들은 이 수레들을 제1선에, 궁수弓手들과 카로키오carroccio를 제2선에, 기사騎士("밀리테스milites")와 군기軍旗와여타 깃발들을 제3선("코호르트Kohort/cohort")에 그리고 플라센트Placent 주민들을 제4선(쿠아르토 로코quarto loco)에 각각 배치했던 것으로 보인다. 황제는 이 소식을 듣자 겁에 질려서 밤에 철수했다고 한다.

그러나 카르카노 전투 당시 밀라노 시민들은 첫 번째 제대梯隊("아키에스acies")에 40세 이하의 전사戰士 총 1,500명을 배치했고 제2제대에는 50세 이하의 전사戰士 총 1,500명을 배치했다. 제3제대에는 특히 전투 경험이 있는 50세 이상의 전사戰士 총 1,000명을 배치했다. 그들은 시민Volk들 옆에 플라센트플라센트Placent와 브레시아Brescia의 주민들을 배치해서 시민들을 계속 지원하고 카로키오carroccio를 보호하게했다("무리 옆에서 그들을 보강하고 지원하며 그들이 우차牛車를 지키는 것을 도와 줄 수 있도록juxta populum, qui confortarent et manutenerent populum et auxilium praestarent populo ad carocium manutenendum et defendendum"). 밀라노 시민들의 선두 2개 제대가 패배한 후에 프리드리히황제가 카로키오를 빽빽하게 둘러싸고 있는 보병("포풀루스populus")들을 압박해들어가고 있을 때 한 계곡에 숨어있던 밀라노 노병老兵 부대들이 휩쓸듯이 밀고들어오자 카로키오를 둘러싸고 있던 병력들도 공세로 전환해서 전마戰馬와 같이빠르게 공격했고 이에 황제와 그의 병력은 뺑소니를 치면서 패배했다.10)

- 밀라노 봉쇄

이듬해(서기 1161년) 봄에 게르만 지역에서 충분한 보충병력이 다시 도착하자황제는 직접 밀라노로 이동할 수 있게 되었다. 이때 각 분견대의 병력수는 비교적 신뢰할 수 있는 수준으로 기록되어 있다.11) 슈바벤Schwaben/Swabia의 프리드리히영주領主에게는 "600명 이상의 기사騎士 ultra sexcentos milites bene armatos"가 있었다. 쾰른Köln/Cologne의 라이날트Reinald 대주교大主敎에게는 500명 이상, 보헤미아 왕의 아들은그의 삼촌인 한 영주領主와 함께 300명의 기병騎兵(에키테스equites)이 각각 있었다.

---

10) 카르카노 전투에 관한 라우머Raumer, 기세브레크트Giesebrecht, 프루츠Prutz 등의 설명은 모두 정확하지 못한다. 이는 그들이 특히 콘다넬루스Condagnellus의 우화寓話들을 배제하지 못했기 때문이다. 본문과 같은 필자의 설명은 벤노 하노프Benno Hanow의 1905년 베를린 대학교 학위논문인 "호헨스타우펜 시대의 전쟁사 연구Beiträge zur Kriegsgeschichte der staufischen Zeit"를 기초로 한 것이다. 쾰러Köhler 장군의 《기사騎士 시대의 전쟁과 용병술用兵術의 발전Entwickelung des Kriegswesen und der Kriegsführung in der Ritterzeit》, 제Ⅲ편, 제Ⅲ권, 124쪽에 있는 설명도 대부분 환상에 불과하다.

11) 오토 모레나Otto Morena의 기록(《게르만 사료집Monumenta Germaniae》, *SS.*, XIII), 631쪽.

사자공獅子公 하인리히도 밀라노 포위 초기에는 이태리에 있었는데 전투기록에는 그에 관한 언급은 없다. 여하간 그는 밀라노가 함락되기 전에 게르만 지역에 돌아가 있었다. 그의 병력수를 추정해 보기 위해 신뢰할 수 있는 기록 하나를 참고로 소개하자면 그는 2년 전에 기사騎士 1,200명과 함께 그리고 그의 삼촌인 벨프Welf는 300명의 기사騎士와 함께 크레마Crema에 나타난 적이 있었다.12)

황제와 매우 가깝고 충실한 동맹군으로 세력도 컸던 슈바벤Schwaben/Swabia 영주領主나 쾰른Köln/Cologne 대주교大主敎도 600명 또는 500명 이상 병력을 제공하지는 못했고 두 지역의 영주領主를 겸하면서 모든 게르만 영주領主들 중에 가장 큰 세력이었던 사자공 하인리히도 1,200명 이상의 병력을 제공하지 못했다면 황제 측 총병력이 수천 명 이상은 될 수 없었다. 또한 서기 1159년이나 서기 1161년의 병력은 서기 1158년(역자 주: 1차 밀라노 정복)의 병력보다도 작았을 것이다. 여하간 각 전역戰役들을 서로 비교해 보면 서기 1158년의 병력은 아무리 높게 평가해 보더라도 결코 10,000명 이상일 수 없었다는 우리의 결론을 종전보다 한층 더 정당화시켜 준다.

비록 이태리의 여러 자치시自治市와 영지領地들로부터도 많은 분견대들이 황제와 합류했다고 해도 반란 도시 밀라노를 또다시 포위할 형편은 되지 못했다. 이에 프리드리히는 10일 동안(서기 1161년 5월 말~6월초) 밀라노 인접 지역을 완전히 황폐화시켜 놓는 것으로 만족해야 했다. 이후 황제는 이태리 병력들을 고향으로 돌려보냈으며 아다Adda에 숙영지를 두고 이를 거점으로 밀라노 시민들의 보급로를 차단했다. 밀라노로 식량을 들여가려는 자는 오른손을 잘라버리겠다고 위협했고 실제 하루 사이에 피아첸짜Piacenza 시민 25명의 오른손이 잘렸다. 가을에는 게르만 영주領主들과 기사騎士들 중 일부를 고향에 돌려보냈다. 나머지 병력만으로 밀라노를 감시하고 식량의 대규모 반입을 통제할 수 있었다. 또 다른 위협수단으로 황제는 지위 높은 포로의 눈알을 빼거나 손발을 잘라서 돌려보내는 잔인한 행동도 서슴치 않았다. 결국 9개월의 봉쇄 끝에 기아饑餓와 공포와 절망에 빠진 밀라노 시민들은 무조건 항복을 수용하지 않을 수 없었다(서기 1162년 3월 1일).

투스쿨룸TUSCULUM 전투(서기 1167년 5월 29일)

황제는 안코나Ankona를 포위 중일 때 쾰른Köln/Cologne의 라이날트Reinald 대주교大主敎가 점령 중인 투스쿨룸으로 로마 시민Volk과 기사騎士들의 큰 무리가 진격해 왔다.

12) 〈벨피시우스의 바인가르텐 연대기年代記 Annales Weingartenses Welfici〉(《게르만 사료집 Monumenta Germaniae》, SS, XVII), 309. 원문에 의하면 바이에른 영주領主 겸 작센 영주領主(역자 주: 사자공 하인리히)는 "쇠미늘 갑옷(역자 주: 앞의 3쪽 참고)을 입은 병력 약 1200명 in mille ducentis loricis"과 함께 그리고 벨프Welf는 "쇠미늘 갑옷을 입은 게르만 병력 약 300명 in trcentis loricis Deuthonnicorum"과 함께 황제를 지원했다 한다.

마인쯔Mainz의 크리스티안Christian 대주교가 라이날트를 도우러 왔는데 이어진 교전交戰에서는 아무 전술적 특징도 보이지 않는다. 블라시엔의 오토Otto von St. Blasien의 기록(《게르만 사료집Monumenta Germaniae》, SS, XX)에 의하면 크리스티안은 "누가 선두에서 싸우고 누가 적의 양측면을 공격하고 누가 (예비대로 남았다가) 다른 사람들을 지원할 것인지qui primi committunt, qui consertos hostes a latere irrimpant, qui subsidia pondere proelii laborantibus ferunt"를 일일이 지명했다 하지만 이는 수사修辭적인 과장에 불과하다. 이와는 모순되는 좀 낮은 기록이 있는데 이 기록에 의하면 긴 행군에 지친 상태에서 로마군의 기습공격을 받은 크리스티안은 처음에는 곤경에 빠졌다가 쾰른 병력이 개입해서 로마군 후방을 공격하자 겨우 풀려났다고 한다. 이태리 대공大公들 몇 명도 게르만군을 지원했다고 하며 황제 측의 연합군을 만난 로마군은 큰 피해를 입고 처음에는 기사騎士들이 나중에는 보병까지 도주했다고 한다.

이 교전交戰이 흥미 있는 것은 사료 기록에 의하면 병력이 크게 우세했던 로마군이 패배한 것이 분명한데 〈로디Lodi 연대기年代記〉의 작가(그 자신도 이태리인이었다)는 그 이유를 로마군이 "다른 누구보다 게르만군을 두려워했기" 때문이라고 했기 때문이다.13) 이 대목은 옛날 고트Goten/Goths족과 싸울 때 로마 시민들이 자진해서 함께 싸우겠다고 했지만 벨리사리우스Belisar/Belisarius는 이들이 버티지 못할 것을 우려해서 그들의 참여를 사양했다는 기록을 연상시키는 대목이다(역자 주: 6세기 초 동東로마의 벨리사리우스가 고트Goten/Goths족으로부터 로마를 탈환했다가 다시 고트족에게 포위되었을 때 로마 시민들은 자발적으로 무기를 들고 그를 지원하려 했다. 그러나 벨라사리우스는 전투능력이 없는 그들이 전투 중 공포에 질려 무너지면 군대 전체에 영향을 줄 것을 우려해서 그들의 호의만 기꺼이 받아들였고 전투부대에 편입시키지는 않았다. 이 책 제Ⅱ편, 제Ⅱ권, 제Ⅳ장 참고).

13) 오토 모레나Otto Morena의 원문에는 로마군이 도주한 이유를 "이는 이번에는 그들에게 유스티티아justitia가 없었기 때문이고 또한 그들이 야전으로 나간 후 그들의 조상들과는 달리 행동했기 때문이다; 무엇보다도 그들은 가장 무가치했었다. 그들은 또한 다른 누구보다도 튜튼족(게르만족)을 크게 두려워했기 tum quia forte justitiam non habebant, tum etiam quia postquam in campo exeunt, non sicut sui majores fecere, faciunt, imo vilissimi sunt, tum equiam qui Teutonicos magis timebant quam alios"라고 했다. 이 구절 중 "유스티티아justitia"는 무슨 의미일까? "옳은 일"이라는 뜻일까? 아니면 싸울 수 있는 "적절한 방법"이라는 뜻일까?
필자는 이 문제를 지금은 너무 일찍 학문에 뜻을 잃고 말았지만 중세 라틴어의 대가大家였던 파울Paul von Winterfeld 씨에게 문의해 보았다. 그 역시 해답을 몰랐고 필자에게 다음과 같은 답신을 보냈다.
"순수한 문헌학文獻學적 견지에서만 본다면 저에게는 '유스티티아justitia'가 아무래도 '옳은 일'을 의미하는 것으로는 보이지 않습니다. 이 구절은 성경聖經에 있는 표현이 아니기 때문입니다. 성경聖經 용어색인用語索引을 모두 찾아보았는데 제가 찾을 수 있었던 것은 〈구약舊約 신명기申命記〉, 제24장, 13절에 있는 '하느님 앞에서 옳은 일이 되리다habeas justitiam coram deo'는 구절뿐이었습니다."
그렇다면 이를 "적절한 방법"으로 해석할 수 있을까? 이는 결국 매우 중립적인 해석일 것이지만 이 구절과 관련이 있는 것이 다음에 나오는 "무엇보다도 그들은 가장 무가치했었다"는 구절인데 그렇다면 "유스티티아justitia"는 "옳은 일"을 의미한다고 보아야 할 것이다. "유스티티아justitia"가 "적절한 방법"을 의미한다면 다음에 나오는 "무엇보다도 그들은 가장 무가치했었다"는 구절이 "또한 그들은 가장 무가치했었기 때문이다"로 되어 있어야 할 것이다. "유스티티아justitia"가 "적절한 방법"을 의미한다면 다음에 "무엇보다도 그들은 가장 무가치했었다"는 말을 쓸 수 있었을까? 여하간 "유스티티아justitia" 바로 앞의 "포르테forte는"는 일반적으로 그랬던 것이 아니라 "이번에는" 그랬다는 의미이다. 필자는 "유스티티아justitia"가 누군가에 의해 변조된 단어라는 느낌이 드는데 이를 어떻게 교정해야 할지 모르겠다. 이곳에서는 "유스티티아justitia" 대신 "피두시암Fiduciam"이라고 했으면 적합할 것 같은데 물론 이렇게 교정하는 것은 지나치게 과도한 교정이다.

같은 기록에서 게르만군은 그들의 관행대로 "예수 일어섰네"라는 노래를 크게 부르며 전투에 돌입했다고 한 구절 역시 이 전투에서 흥미로운 부분이다. 비록 〈로디Lodi 연대기年代記〉의 작가는 신뢰할만한 탁월한 역사가이지만 필자는 이 구절도 믿을 수 있는지에 대해서는 의구심을 지울 수 없다. 이들은 물론 성묘聖墓를 이교도異教徒들로부터 해방시키기 위해 나선 적도 있고 니벨룽겐Nibelungen의 성격도 지니고 있는 바로 그 기사騎士들이었다. 따라서 경우에 따라서는 어느 주교主教가 이들의 앞에 서서 "예수 일어섰네"를 부르며 돌진했을 수도 있고 또한 이는 십자군十字軍 당시의 관행이기도 했다. 그러나 게르만 기사騎士들이 황제와 교황들의 이 전쟁에서도 그런 전투가戰鬪歌를 부르는 모습은 상상이 되지 않는 모습이다. 원문에서는 "신호가 떨어지면 다른 일과 더불어 튜튼족이 전쟁 때 부르는 튜튼 노래 즉, '예수가 태어났네'라는 노래를 최대한 목소리를 높여 즐겁게 부르면서 로마군을 맹렬하게 휩쓸었다signo dato maximis vocibus cantum Teutonicum, quem in bello Teutonici dicunt videlicet Christus qui natus et cetera omnes laetantes acriter super Romanos irruerunt"라고 했다.

우트레크트Utrecht 교구教區 내 북해北海의 에그몬트Egmond 수도원修道院 연대기年代記도 이 전투의 승리에 관해서 게르만 기사騎士들이 "튜튼의 격정激情 furor Teutonicus"으로 공격했다고 했다. "튜튼의 격정"이라는 표현은 고대에 이미 튜튼족(게르만족)과 관련해서 시인詩人 루카누스Lucanus가 지어냈던 표현이다. 중세에는 서기 1096년에 에케하르트Ekkehard가 경멸적인 의미로 이 표현을 처음 사용했고 이후의 작가들도 이를 때로는 광분狂奔과 무모함의 의미로 때로는 용감함의 의미로 사용했다.14)

라이닐드Reinald 대주교大主教는 그의 승리 소식을 편지로 집에 알렸는데15) 이 편지는 우리가 사료를 이용할 때 얼마나 조심해야 하는지를 보여주는 좋은 예가 될 것이다. 그는 로마군의 병력이 한번은 40,000명이었고 또 한번은 30,000명이었다고 했다. 또 그는 전사자戰士者가 9,000명이었고, 포로가 된 자가 5,000명이었고 귀환한 자는 겨우 2,000명이었다고 했다. 쾰른Köln/Cologne에서 온 기사騎士/milites 숫자는 106명 이하였는데(《쾰른 연대기Cologne Annals》, 140장). 라이날트는 이들 중에 단 1명도 손실이 없었다고 했다("우리는 우리 병력 모두의 숫자를 전혀 손실 없이 회복했다nostros omnes sano et integro numero recepimus"). 이 전투에 관한 당대의 여타 모든 사료들은 내용이 서로 다른데 이는 로마군의 피해를 완전히 제멋대로 기록했기 때문이다.16)

---

14) 《베를린 과학아카데미 의사록議事錄Sitzungsberichte der Berliner Akademie der Wissenschaften》, 제1권, 1897년, 112쪽. 루카누스Lucanus, 《내전內戰에 관하여de bello civili》, I, 256. 〈에그몬트 연대기年代記 Annales Egmondani〉, 《게르만 사료집Monumenta Germaniae》, SS., XVI, 453.
15) 수덴도르프Gedr. Sudendorf, 《레기스트룸Registrum》, II, 146.
16) 바렌트라프Varrentrapp의 《마인쯔의 기독교도基督教徒 Christian von Mainz》, 38쪽에서는 이렇게 다른 수치들을 크기 순으로 정리해서 모두 알아보기 좋게 소개해 놓았다.

우리는 로마군 병력이 크게 우세했었고 또 심각한 피해를 입었다는 것을 의심할 필요는 없다. 추기경樞機卿 보소Boso의 《교황 알렉산더 III세의 생애》에도 같은 기록이 있기 때문이다.[17] 또한 라이날트Reinald 대주교主敎가 거느렸던 기사騎士들이 106명(또는 140명) 이하였다는 것도 맞는 말일 것이다. 크리스티안Christian 대주교가 거느리고 있던 기사騎士들 역시 수백 명 이하였을 것이 분명하며 그 이외에도 두 대주교에게는 세르게안트Sergeant(평민 병사)와 용병傭兵(브라방Braban족)이 있어서 그들이 거느렸던 전사戰士는 최대 수천 명 정도였을 것이다. 그러나 로마군이 30,000~40,000명이나 되었다는 것은 어마어마한 과장이다. 자신이 단 1명도 잃지 않았다는 라인날트 대주교의 말은 비록 이를 과장이라고 의심할만한 근거를 찾아 볼 수는 없지만 그들의 승리 자체를 의심스럽게 하는 말이다. 〈로디Lodi 연대기年代記〉 역시 로마군이 황제군보다 20배나 많았다고 했지만 또한 쌍방에 공히 많은 사상자死傷者가 있다고 했다.

라이날트 대주교의 편지에서 흥미 있는 부분은 계층들을 분명히 구분하고 있는 점이다. 그는 기사騎士들이 전리품을 세르게안트와 용병들에게 모두 양보하고 자신들은 승리의 명성에 만족했다고 쓰여 있다.

이 승리의 결과 황제는 로마를 빼앗게 되었다.

블라시엔의 오토Otto von St. Blasien는 이 전투 전체에 관한 환상적인 기록을 남겼다(《게르만 사료집Monumenta Germaniae》, SS, XX). 필자는 우리의 비판적 분석의식을 강화시키기 위해 그의 기록 전문全文(페르츠Pertz, 그림Grimm, 라크만Lachmann, 랑케Leopold Lanke 그리고 리터Ritter가 감수監修하고 바텐바크Wattenbach가 서문을 붙여 출판한 《초기 게르만 시대의 역사작가들Geschichtsschreiber der deutschen Vorzeit》에서의 번역문)을 이곳에서 소개하고자 한다. 이 기록은 로이터Reuter의 《교황 알렉산더 III세의 역사Geschichte Papst Alexander III》와 그레고로비우스Gregorovius의 《로마 시市의 역사Geschichte der Stadt Rom》에서 기초가 되었던 기록이다.

예수 탄생한 후 1166년에 프리드리히 황제는 앞서 이미 말한 바와 같이 영주領主들간의 충돌을 진정시키고 게르만의 정국政局에 질서를 회복한 다음 제국 각지各地에서 병력을 집결시켜서 이들을 이끌고 4번째로 알프스를 넘어 이태리로 들어갔다. 그는 병력을 이끌고 아페닌Apennin 산맥을 넘은 다음 투스카니Tuscien/Tuscany 지역을 지나[18] 안코나Ancona 쪽으로 방향을 틀어서 이 반란 도시를 포위했다. 그 사이 제국帝國 업무로 황제와 떨어져 있던 쾰른 대주교

---

17) 두케스네Duchesne 편編, 《교황론敎皇論 Liber pontificalis》, 415쪽.
18) 이는 부정확한 기록이다. 황제는 투스카니를 통과하지 않았고 북쪽에서 로마그나Romagna로 침투했다.

라이날트는 황제와 합류하기 위해 돌아오고 있던 중 로마 부근 투스쿨라눔 Tusculanum 성城 쪽으로 방향을 돌려 그곳에서 상황을 살피기로 했다. 이 소식이 로마에 전해지자 약 30,000명의 로마군이 도시에서 모두 나와서 투스쿨라눔 성城에 있던 라이날트 대주교를 기습적으로 포위했다. 안코나에 있던 황제는 이 소식을 듣자 영주領主들을 모아놓고 안코나 포위를 포기하고 대주교를 구하러 가야 할 것인지에 대해 의견을 물었다. 대부분 성직자가 아닌 영주 몇 명이 포위를 풀었을 때 악소문이 퍼질 것을 우려해서 반대의견을 내놓았다. 위엄 있는 마인쯔 대주교 크리스티안은 성직자 아닌 영주들이 이렇게 일치된 의견으로 자신과 자신의 동료에 무관심하고 위험에 방치하려는 것에 화가 나서 자신의 병력과 또 보답할 것을 호소해서 그들의 도움을 얻을 수 있는 다른 병력을 집결시켰다.[19] 그는 적절히 무장한 기사騎士 500명과 용병傭兵 800명을 집결시킨 후 라이날트를 구하기 위해 투스쿨라눔의 로마군을 향해 진격했다. 그는 투스쿨라눔에 도착하자 숙영지를 구축하고 로마군에게 사자使者를 보내 고대 로마군의 특징이던 고귀한 태도를 상기시키면서 병력이 쉴 수 있도록 그 날은 싸우지 말자고 요청했다. 그는 로마군이 자신의 희망을 수용하기를 기대했지만 모든 옛 것을 싫어했던 로마군은 이 요청을 받아들이지 않겠다고 하며 오늘 크리스티안과 그의 병력을 하늘의 새들과 땅의 맹수猛獸들에게 먹이로 주겠다고 거만하게 위협했다.[20] 그들은 포위를 풀고 500명의 게르만 기사들을 행해 30,000명의 전사戰士들로 전선戰線을 형성했다. 그러나 전투경험이 많은 크리스티안 대주교는 적의 대답에 전혀 동요되지 않고 대단한 정력으로 한편으로는 보상을 약속하고 한편으로는 위협을 해가면서 그의 병력에게 용기를 북돋아 주었다. 적에 비해 매우 적은 병력이었지만 대주교는 그들이 전투경험이 많은 전투원이라는 것을 알고 있었다. 그는 엄숙한 목소리로 그대들은 조국에서 너무 멀리 나와 있고 황제의 군대는 도주할 수도 있지만 그대들은 용기를 타고난 사람들이고 상대방은 당연히 겁쟁이들임을 잊지 말고 희망을 잃어서는 안 되며 온 힘을 다해 목숨을 걸고 싸워야 한다고 경고했다.

그는 기사騎士들이 "튜튼의 격정激情 animossitate Teutonicu"에 휩싸여 있는 것을 보고—이는 그의 훈계가 그들의 가슴속에 상당한 불굴의 용기를 심어주었기 때문이다— 그의 전선을 편성하면서 "누가 선두에서 싸우고 누가 적의 양측면을 공격하고 누가 (예비대로 남았다가) 다른 사람들을 지원할 것인지 qui

19) 이 장면은 모두가 허구虛構이다. 크리스티안은 안코나 전투 전에 황제와 함께 있지 않았고 제노바에서 투스카니를 거쳐 이동 중이었으며 라이날트와 가까이 있었다. 황제가 이 사건들에 대해 들은 것은 나중의 일이다. 바렌트라프Varrentrapp의 《마인쯔의 기독교도基督敎徒 Christian von Mainz》, 28쪽 이하를 보라.

20) 이 중에 한 단어도 믿을 수 없다. 바렌트라프Varrentrapp의 같은 구절을 참고할 것.

primi committunt, qui consertos hostes a latere irrimpant, qui subsidia pondere proelii laborantibus ferunt"를 일일이 지명했으며 자신은 최정예 병력과 함께 다른 사람들을 지원할 수 있는 자리에 섰다. 그리고 이제 그는 군기軍旗를 높이 올리고 코호르트Kohort/cohort 들을 넓게 전개시키고 하느님에게 희망을 걸고서 로마군을 향해 진격했다. 이때 쾰른 대주교 라이날트도 무장을 하고 성城을 수비하던 병력 등 모든 병력을 무장시켜서 잘 무장된 기사騎士 300명으로 어떤 경우라도 (크리스티안 대주교의 병력을) 지원할 준비를 갖추고 전투가 시작될 때까지 성城 안에서 침착하게 기다렸다. 전투가 시작되고 병력들의 첫 충돌에서 창槍들이 부러진 다음에는 칼을 가지고 싸웠고 이때 양측의 화살은 마치 하늘에서 눈이 내리듯 해를 가리었다. 그리고 보라! 쾰른 대주교는 그의 성난 기사騎士들과 함께 성城 안에서 쏟아져 나와서 로마군을 후방에서 거세게 밀어붙였으며 그 결과 적을 사방에서 둘러싸고 전면과 후미에서 동시에 공격했다. 로마군은 오로지 큰 무리의 무게만으로 싸우고 있을 때 크리스티안 대주교는 적의 전선을 측면으로 침투한 그의 병력으로 적의 대형 중앙을 분리시킨 후 이렇게 해서 세 부분으로 기술적으로 분리된 적을 계속 타격 했다. 많은 병력이 죽고 포로로 잡힌 후에 패배한 로마군은 도주했고 정복자들은 이들을 도시까지 추격했으며 도살 현장에는 유혈이 낭자했다. 두 대주교는 도살 현장에서 기사騎士들을 불러들인 후에 전장戰場으로 돌아와 크게 즐기고 축하하며 밤을 지샜다.

이튿날 아침 로마군은 서둘러 전장戰場으로 나와서 전사자戰死者들의 유해를 수습하려 했다. 그러나 그들은 대주교들이 내보낸 기사騎士들에게 쫓겨 다시 성城 안으로 들어갔고 유해를 거의 방치할 수밖에 없었다. 결국 그들은 사자使者를 대주교들에게 보내서 성聖 베드로의 사랑과 기독교정신의 존중으로 유해를 수습할 수 있도록 해달라고 간청했다. 대주교들은 이 전투에서 죽은 자와 포로로 잡힌 자의 숫자를 세어서 이를 자신들에게 서면書面으로 직접 보고할 것을 성실하게 서약하게 하고 이런 조건을 이행한 이후라야 조용히 장례를 치를 수 있다는 조건 하에서 그들의 청원을 수락했다. 그들이 계산해 보니 이 전투에서 죽은 자와 포로가 된 자는 15,000명이었다. 그들은 대주교들의 승인을 받고 큰 오열嗚咽 속에 수습한 사망자의 유해를 매장했다.

레그나노LEGNANO 전투(서기 1176년 5월 29일)

평화협상은 소득이 없었고 서기 1176년 봄 붉은 수염 프리드리히(역자 주: 프리드리히 I세의 별칭)는 밀라노와 전쟁을 재개하려고 게르만 지역에서 보충병력이 도착하기를 기다리고 있었다. 밀라노 남쪽의 4마일(약 30km) 떨어진 곳에 위치한 파비아Pavia에서 기다리던 그에게는 개인적 호위병Begleitung들 외에 이태리 용병傭兵 부대가 하나 있었는데 이 부대는 마인쯔Mainz 대주교大主敎 크리스티안의 지휘 하에 아풀리아Apulia 접경지역에서 노르만족과 전투 중이었다. 황제는 로마 부근의 카르세올리Caeseoli에서 3월 16일 한 차례 승리를 거둔 이 부대를 북쪽에서 결전決戰을 벌이려고 소환했던 것으로 보인다. 이번에는 사자공獅子公 하인리히가 참여를 거부해 게르만 병력이 전보다 적었기 때문에 그랬을 가능성이 높다. 그러나 북쪽에서 게르만 병력이 접근 중임을 알았을 때 크리스티안 대주교가 실제로 어디 있었는지에 관한 기록은 없다. 그는 이미 파비아Pavia 가까이 있었을 것 같지만 더 멀리에 있었을 수도 있다. 여하간 황제로서는 디센티스Disentis, 벨린쪼나Bellinzona 및 코모Como를 지나는 북쪽 도로를 통해 직접 밀라노 북쪽으로 접근 중인 게르만 병력과 남쪽 멀리 있는 병력을 최대한 빨리 파비아Pavia에 있는 병력과 합류시켜야만 했었다. 만약 북쪽에서 접근 중인 게르만 병력이 루크마니어Lukmanier 통로로 오지 않고 알프스를 넘기 위해 예를 들어 동쪽의 브레너Brenner 통로로 왔다면 병력을 합류시키기가 별로 어렵지 않았을 것이다. 사료에는 황제가 왜 그렇게 명령하지 않았는지에 관한 기록이 없다. 아마 쾰른Köln/Cologne 대주교와 마그데부르크Magdeburg 대주교, 뷔르쯔부르크Würzburg, 보름스Worms, 뮌스터Münster, 베르덴Verden, 오스나브뤼Osnabrück, 힐데스하임Hildesheim 및 브란덴부르크Brandenburg의 주교主敎들 그리고 프랑드르Flandern/Flandre, 홀랜드Holland 및 자르브뤼켄Saarbürcken의 대공大公/Graf들, 쩨링겐Zähringen 영주領主/Herzog 베르톨트Berthold IV세,[21] 튀링겐Thüringen/Thuringia 지방대공地方大公/Landgraf 등 모두가(3명 제외) 서부 게르만 지역에서 접근 중인 지도자들과 슈바벤Schwaben/Swabia에서 접근 중인 호헨스타우펜 기사騎士들이 동쪽 더 멀리에 있는 통로로 우회하기를 원하지 않았기 때문일 것이다. 결국 적의 거점據點인 밀라노는 아직 합류하지 못하고 있던 게르만 병력들의 한 중간에 위치하게 되었다.

프리드리히는 북쪽에서 접근 중인 병력을 자신이 직접 지휘하기로 결정하고 그들을 만나기 위해 서둘러 밀라노를 우회해 코머Comer/Como 호수 쪽으로 향했다. 그는 병력을 이끌고 거의 같은 길을 돌아서 파비아Pavia로 돌아 올 계획이었다. 그러나 밀라노 시민들은 만약 황제의 병력이 모두 합류하면 자신들이 위험하게

---

21) 뷔쓰Wyss는 베르톨트가 실세로 이 선두에 참여했다가 포로가 되었는지에 대해 의심하고 있지만(외츨리Oechsli, 《독일 전기傳記 총서叢書 *Allgemeine Deutsche Biographie*》, 제540권, 2쪽) 그의 견해는 기세브레크트Giesebrecht의 견해(《게르만 제국 시대의 역사 *Geschichte der deutschen Kaiserzeit*》, 제VI편, 530쪽)와 충돌하는 것으로 보인다. 기세브레크트는 같은 책, 528쪽에서 라우지츠Lausitz 변경대공邊境大公/Markgrafen 디트리히Dietrich도 이 전투에 참여한 것으로 보고 있다. 우리가 알고 있는 것은 서기 1176년 12월 이후 쓰여진 한 문서에서 이 기록을 작성할 당시 베르톨트가 황제의 궁에 함께 있었다고 한 사실뿐이다. 이 기록을 가지고는 같은 해 5월에 그가 어디에 있었는지 알 수가 없다.

된다는 것을 알고 있었다. 당시의 상황은 카르카노Carcano 전투 이전과 어느 정도 흡사했고 밀라노 시민들은 또다시 그때와 같이 황제의 병력이 집결하기 전에 공격하기로 결정했다. 그들은 동맹 도시들에게 보충병력을 보내주도록 간곡히 요청한 후 파비아로 가는 길을 차단하면서 게르만군에게 진격했다.

행군 중인 양측 군대가 밀라노 서북쪽 약 3마일(약 23km) 떨어진 레그나노Legnano 에서 조우하며 전투가 벌어졌다. 종대의 선두에 있던 밀라노 기사騎士들은 게르만 군에게 밀려 도주했는데 대부분 그들 뒤를 쫓아오던 보병을 제치고 도주했다. 이 보병들은 도주하는 밀라노 기사騎士들과 이를 추격하는 게르만군이 도착했을 때 그들이 밤에 점령했던 숙영지를 막 출발했거나 출발하려던 참이었을 것으로 보인다. 그러나 이 보병들은 도주대열에 휩쓸리지 않고 큰 밀집대형을 형성한 후 방패를 들고 창끝을 게르만군에게 겨누고 끝까지 버텼다. 그들 중에는 말에 서 뛰어내려 합류한 기사騎士들도 섞여 있었다. 한 사료에 의하면 숙영지 전체는 아니지만 적어도 여러 곳이 마치 참호나 운하로 둘러싸여 있는 듯 했었고 이로 인해 방어에 큰 도움이 되었다고 한다. 여하간 이 보병들의 밀집대형 때문에 게 르만군의 추격은 무산되었다. 황제가 데리고 왔을 궁수弓手들에 관한 기록이 없는 데 그들의 숫자가 적어서였는지 아니면 황제를 따라왔고 그들 중 궁수弓手들이 있었던 코모Como군이 아직 너무 멀리 있어서였는지는 잘 모르겠다.

게르만 기사騎士들이 밀라노 보병들의 대형 속으로 침투하려 했지만 성공하지 못하고 있는 사이에 밀라노 기사騎士들은 동맹의 수도首都인 밀라노를 돕기 위해 긴 행군 끝에 방금 도착한 브레시아Brescia 기사騎士들을 만나자 도주를 멈추었다. 그들은 전투가 아직 끝나지 않았고 자신들의 보병이 맹공을 받고 있다는 것을 알고 자신들이 돕지 않으면 결국 패할 것이 분명한 심한 압박을 받고 있는 형제 들을 구원하기로 결심했다. 밀라노 보병들을 공격하느라 한눈 팔 틈이 없던 게 르만 기사騎士들은 돌연 자신들이 측면에서 적의 기사騎士들로부터 다시 공격을 받 고 있음을 알게 되었다. 이런 사태의 진전에 고무된 밀라노 보병들은 다시 공세 로 전환할 수 있었을 것이다. 밀라노 보병들은 수적으로 매우 우세했었다. 이에 코모Como군까지 합해 3,000~3,500명쯤 되던 게르만군은 패배했다.22) 황제 자신은

---

22) 〈롬바르디에서 프리드리히 황제의 행적行蹟 *Gesta Friderici in Lombardia*〉(홀더-에거Holder-Egger 편編, 《밀라 노 대연대기大年代記*Annales Mediolanenses majores*》)에 의하면 알프스를 넘어 온 병력은 기사騎士 2,000명이었 다고 한다. 우리는 이 수치를 마치 이 중에 절반만 기사騎士였던 것 같이(기세브레크트Giesebrecht의 견해) 절반으로 나누어도 안 되며 이들 외에 당연히 하급 전투원들도 있었을 것으로 보고 몇 배로 늘여서도 안 된다. 〈롬바르디에서 프리드리히 황제의 행적〉에 의하면 황제 자신이 파비아Pavia에서 기사騎士 1,000명을 데리고 왔다고 하지만 고트프리트Gottfried von Viterbo에 의하면 500명을 데리고 왔다고 한다. 이 들 외에 코머 병력이 있었는데 이들 중 죽거나 포로가 된 것으로 추정되는 인원은 500명 이상이 되지 못한다(〈롬바르디에서 프리드리히 황제의 행적〉 및 〈프라이징겐의 오토 연대기에 관한 산블라시 아누스의 보유편補遺編 *Continuatio Sanblasiana ad Ottonis Frisingensis chronicon*〉, 《게르만 사료집*Monumenta Germaniae*》, *SS.*, XX, 316).

아주 어렵게 파비아Pavia로 도주했는데 어떻게 그가 도주에 성공할 수 있었는지는 알 수 없다. 그는 파비아에 나타나기 전 잠시 사라졌었기 때문이다.23)

슈바벤SCHWABEN/SWABIA의 필리프PHILIPP

우리는 그 강력한 붉은 수염 프리드리히Friedrich Barbarossa(역자 주: 프리드리히 I세의 별칭)의 이태리 전쟁에서 쌍방 병력수가 얼마나 적었는지 알 수 있었다. 큰 왕국 3개를 거느린 지도자가 도시 단 하나를 굴복시키기가 너무 힘들 정도였다.

이후 반대파가 붉은 수염 프리드리히의 아들인 필리프에 대항해서 사자공獅子公 하인리히의 아들 오토Otto를 대립왕對立王으로 추대했을 때도 동일한 일이 있었다. 호헨스타우펜 왕조는 그의 편으로 훨씬 많은 게르만 영주領主들이 가담했었지만 반대파를 누를 수 없었다.

소모적 원정만 계속되었다. 그들이 충돌한지 8년만인 서기 1205년에 거의 모든 게르만 영주領主들로부터 인정을 받은 필리프는 아직도 오토 편에 서있으면서 지원군 없이 오토 홀로 지키던 쾰른Köln/Cologne을 상대로 전역戰役을 열었다. 필리프는 몇 영주領主들로부터 지원을 받고 있었지만 쾰른을 포위할만한 병력은 없었다.

필리프는 서기 1206년 쾰른을 상대로 2차 전역戰役을 열었고 이때 그는 큰 병력이 있었다고 한다. 그러나 쾰른은 오토의 리더십 아래서 대담하게 출전해서 필리프와 개활지 전투를 벌였다. 쾰른의 병력은 기사騎士 400명과 보병 2,000명에 불과했다. 이 병력이 바써베르크Wasserberg에서 황제의 군대에게 거의 다 격파되었지만(동년 7월 27일) 쾰른은 바로 항복하지 않았고 필리프도 쾰른을 포위하러 가지 않았다. 여러 달 협상 끝에 필리프는 쾰른에게 가능한 최대의 관용을 베풀었다.

이는 쾰른이 더 이상의 저항을 포기할 의사가 있다는 보고를 받은 영주領主들이 포위에 참여하려고 하지 않았기 때문임이 분명하다. 그들은 쾰른의 행동을 원칙상 처벌되어야 할 반란이 아니라 선출 왕조 제도 하에서 불가피하게 발생할

---

23) 이 레그나노 전투에 관한 주요 참고자료는 앞서 인용한 벤노 하노프Benno Hanow의 학위논문이다. 《독일 문예평론Deutsche Literaturzeitung》, 제26권(서기 1905년 7월 1일)에서 귀터보크Güterbock는 하노프가 〈톨로사누스Tolosanus 연대기年代記〉를 참고하지 않은 점을 비난하고 있다. 그러나 사실 이 사료는 소개했어야 할 사료임은 분명하지만 중요하지 않기 때문에 배제할 사료로 소개했어야 할 글이다. 이 글은 한 세대가 지난 후에 작성된 것이며 검증 가능한 부분들이 모두 착오이거나 혼동된 내용뿐이다. 귀터보크가 하노프를 비난한 다른 부분들은 내용이 없거나 분명히 잘못된 비평이다. 《독일 문예평론》, 제31권에 수록된 "반론Entgegnung"과 "회답Antwort"을 참고할 것. 《계간季刊 역사지歷史誌 Historische Vierteljahresschrift》, 1911년 호노 참고할 것.

이 전투에 대한 쾰러Köhler 장군의 설명(《기사騎士 시대의 전쟁과 용병술用兵術의 발전Entwickelung des Kriegswesen und der Kriegsführung in der Ritterzeit》, 제I편, 69쪽 이하)은 각종 사료들 속에 포함된 별로 중요하지 않은 잘못된 기록들, 그 중에서도 특히 전혀 신뢰성이 없는 고트프리트Gottfried von Viterbo의 기록에 근거한 것으로서 그가 참고한 기록들은 대부분 환상에 불과하다. 그의 묘사를 가장 효과적으로 반박할 수 있는 자료는 쾰러 자신이 같은 책, 제III편, 제III권, 122쪽 각주에서 한 말이다. 아이로니칼하게도 이 각주는 사료에 대해 비판적인 학자들의 말이 아니라 바로 경험 많은 현역 군인인 쾰러 자신의 말이다.

수밖에 없는 일종의 혼란, 다시 말해서 단순한 구조적 사건으로 보았던 것이다.

그러나 10년간의 갈등 끝에 결국 우세를 차지한 것으로 보였던 순간에 필리프는 암살당하고 만다.

프리드리히 Ⅱ세

롬바르디Longobard/Lombardy와 충돌할 때 프리드리히 Ⅰ세와 그의 손자인 프리드리히 Ⅱ세의 차이는 후자는 게르만 지역에서 거의 지원을 받지 못한 대신 모계母系의 출생 연고권緣故權으로 인해 힘의 기반을 이태리 자체에 즉, 나폴리-시실리Neapel-Sizilien 왕국(역자 주: 이를 양兩 시실리Two Sicilies라고도 한다)에 두었다는 점이다. 게르만 영주領主들은 이제 더 이상 많은 병력과 자신들의 비용으로 알프스를 넘으려고 하지 않았다. 붉은 수염 프리드리히 이후 황제를 위해 복무하면 보상과 명예를 얻을 수 있다는 생각이 사라졌고 영주領主들의 관심사가 제국의 문제보다 가문의 집안 문제로 바뀌었기 때문이다. 프리드리히 Ⅱ세도 하인리히 Ⅵ세가 죽은 서기 1197년 이후 무정부 상태의 섭정기攝政期에 있던 저지低地 이태리 왕국을 기꺼이 그의 권력 밑에 복원시켰다. 이후 그는 나폴리-시실리 왕국의 왕이면서 또한 게르만 제국 황제로서의 권리를 갖고 있었지만 그 사이에 무관심했었던 고지高地 이태리에 대한 권리까지 복원시키려 했다. 이런 그의 정책이 성공했다면 아마도 게르만 제국으로부터 분리된 한 이태리 연합왕국이 존재하게 되었을 것이다.

프리드리히는 서기 1266년에 처음으로 고지高地 이태리 자치시自治市들을 다시 지배하려 했지만 실패로 끝났다. 10년 후 그는 게르만 영주領主들의 영토지배권 주장에 양보할 의사를 가지고 그들로부터의 지원을 확보함으로써 자신에게 유리한 상황을 조성한 후 결정적인 충돌을 재개했지만 끝을 보지 못하고 죽었다.

붉은 수염 프리드리히나 그 이전의 황제들이 게르만 병력을 거느리고 알프스 남쪽에 나타나면 이태리인들은 개활지에서는 감히 이에 맞서려 하지 않았다. 전투가 벌어졌을 때는 밀라노 시민들은 그의 의도대로 모든 병력이 집결하기 전에 기술적으로 그의 일부 병력만을 밀집대형으로 공격해서 이겼었고 특히 붉은 수염 프리드리히가 카르카노Carcano와 레그나노Legnano에서 패배했을 때도 그랬었다. 일반적으로 롬바르디는 늘 그들의 요새화 된 도시들의 방어력에 의존했었다. 그들은 동맹군 병력과 함께 프리드리히 Ⅱ세를 맞이하러 개활지로 나온 적도 있지만 싸울 의도가 있었던 것은 아니었다. 그들은 상대방이 거점들을 포위하고 탈취하는 것을 강과 운하들이 얽혀있는 지형상의 위치와 기동을 이용해서 방해하려고 했을 뿐이다. 그들은 첫 해인 서기 1236년에는 이런 기동을 통해 승리할 수 있었다. 이듬해에는 황제 자신이 다시 게르만 지역으로 돌아갔다가 가을에 기사 騎士 2,000명을 거느리고 브레너Brenner를 넘어 돌아왔다. 그는 만투아Mantua 시市를 롬바르디 동맹에서 탈퇴하도록 설득했고 브레시아Brescia 시市에 대해서는 동남쪽에서 이를 향해 이동함으로써 위협을 가했다. 롬바르디군은 브레시아를 엄호하기 위해서 작은 강인 루시그놀로Lusignolo 강 뒤에 있는 마네르비오Manerbio 부근에 한 진지를 점령했다. 이 진지는 강의 보호를 받고 있어서 황제는 어찌할 방법이 없었다. 11월 말에는 황제는 제국에 충성하는 도시들이 파견했던 분견대들이 더 이상 견디려 하지 않자 이들을 돌려보낼 수밖에는 없었다.

그러나 황제는 바로 이런 상황을 현명하게 이용해서 마지막 순간에 그가 원하던 결정을 내려서 상대방에게 결정타를 날릴 수가 있었다.

코르테누오바CORTENUOVA 전투(서기 1237년 11월 27일)[24]

황제가 분견대들을 돌려보내고 서쪽으로 오글리오Oglio 강을 넘어 크레모나 Cremona의 겨울 숙영지로 돌아가고 있는 것 같이 보이자 롬바르디군 역시 고향으로 돌아가기로 했다. 그들은 일단 브레시아 방어라는 목표를 달성한 것으로 생각했다. 그들의 진지에서 크레마Crema와 밀라노로 가는 직선통로는 프리드리히가 오글리오 강을 건넜던 지점(폰테비코Pontevico)에서 겨우 1일 행군거리에 있는 지점에서 이 강을 건너는 길이었다. 그들은 적과의 조우를 피하기 위해 충분한 주의를 기울여 북쪽으로 하루 이상 더 올라가서 거의 알프스 산자락까지 휘돌아서 이동했다. 그러나 황제는 바로 강을 따라 올라갔고 롬비르디군은 베르가모Bergamo 지역의 코르테누오바에서 평화스럽게 숙영하고 있던 중에 기습공격을 받았다. 황제의 군대는 꽤 먼 거리를 행군해야 했었기 때문에 전투는 그 날 늦게야 시작되었다. 롬바르디군의 전위대前衛隊는 황제의 기사騎士들에게 격파되었다. 즉시 도주하지 않은 나머지 롬바르디군은 공포에 휩싸여 레그나노Legnano 전투 때와 같이 참호 아니면 운하의 보호를 받는 위치에 있던 카로키오carroccio 주위에 집결했다. 프리드리히의 기사騎士들은 이 진지를 휩쓸 수 없었다. 이럴 경우 접근로를 열 수 있는 것은 사라센Sarazen/Saracen 궁수弓手들의 역할이었을 것이다. 일부 사료에 의하면 궁수들도 이 전투에 참여해서 휴대한 화살들을 모두 쏘아보냈다고 한다. 그러나 이 전투에 관한 황제 자신의 기록에는 궁수들에 관한 언급이 없는 것을 보면 그들의 역할이 별로 없었던 것으로 생각된다. 아마 궁수들의 수가 많지 않았거나 그 날 아주 늦게 현장에 도착했을 것이다. 여하간 그 날로 전투를 끝낼 수는 없

---

24) 이 전투에 관한 표준이 될 글은 카를하당크Karl Hadank의 1905년 베를린 대학교 학위논문이다. 이 논문은 리하르트 하노프Richard Hanow 출판사에서 출판되어 있다(총 63쪽).

었다. 황제는 기사騎士들에게 갑옷을 벗지 말고 그 날 밤 휴식을 취하도록 명령해서 이튿날 바로 전투를 재개할 수 있도록 했다.

그러나 롬바르디군은 기다리지 못하고 밤사이에 점점 더 많은 인원이 도주를 해서 결국 거의 모두 도주하는 상황이 되었다. 그들은 카로키오carroccio를 방치한 채 깃대를 부러뜨려서 깃대에 달린 십자가十字架만 가지고 갔다. 그러나 이 조차 결국 버린 것을 황제의 병력이 빼앗았다. 숙영지 전체가 황제의 손에 들어갔고 많은 롬바르디 병력이 도주 중에 죽거나 포로가 되었다.

비네이스의 페트루수Petrus de Vineis가 작성한 게르만 제국의 일종의 공식 회보回報인 〈제국의 충성스런 백성에게 보내는 회칙回勅 Encyklika an die Getreuen des Reiches〉 이란 문서가 보존되어 있는데 이에 의하면 황제의 군대는 이 전투를 위해 행군에 나설 당시 10,000명 이상이었다고 하므로25) 출발 이전에는 병력이 훨씬 더 많았을 것이다. 황제는 많은 도시 분견대들을 이미 돌려보낸 후 출발했었기 때문이다. 우리가 기사騎士 군대에 대해 알 수 있었던 사실에 비추어 보면 이는 매우 많은 병력으로 보이며 이 기록의 논조論調로 볼 때 황제의 힘을 과시하려고 숫자를 부풀려서 말한 것일 가능성도 있다. 여하간 이 기록은 황제의 명성을 높이기 위해 황제의 병력수를 너무 축소시켜 기록한 것이 아님은 분명하다. 그리고 10,000명 이상 되는 "자신의 군대sui exercitus"라고만 했고 기병騎兵 등 병종兵種에 관한 언급은 없으므로 우리는 이 수치를 모든 전투원들의 숫자로 보아야 한다.

서기 1231년 롬바르디 도시들은 동맹을 갱신할 때 동맹 병력수를 보병 10,000명, 기사騎士 3,000명 및 궁수弓手 1,500명으로 합의했었다.26) 합의된 최대병력이 실제 참전했어도 전역戰役이 끝난 11월 말의 병력수는 이보다 훨씬 적었을 것이고 특히 보병은 규정된 숫자의 절반쯤이었을 것으로 볼 수 있다.27) 결국 황제의 병력이 숫자에서 뿐 아니라 병종兵種에서도 우세했을 것이므로 롬바르디Langobarden/Lombards 동맹군은 자연스럽게 그들과 정면 승부를 회피했었을 것이다.

이 전투는 쌍방이 최대병력을 투입한 대규모 작전이었다. 따라서 매우 중요한 점은 우리가 확실하게 말할 수 있는 적극적이고 신뢰성 있는 양측 병력을 모두 합해 1,000명이 넘지 않았을 것이라는 점이다.

---

25) "10,000명 이상 되는 자신의 군대를 거느리고… 그는(황제는) 승리의 신호를 준비했다ultra secem milia sui exercitus secum trahens…signa direcit victricia."

26) 〈구엘프의 피아쎈짜 연대기年代記 Annales Placentini Guelfi〉(《게르만 사료집Monumenta Germaniae》, SS, XVIII, 453). 그들은 "기사와 보병과 궁수militum, peditum et balistariorum"를 서로 지원하기로 약속했다.

27) 〈기벨린의 피아쎈짜 연대기年代記 Annales Placentini Ghibelline〉에 의하면 피아쎈짜 시市 혼자서만 기사騎士 1,000명을 제공했다고 한다. 그러나 우리가 이 수치를 인정하고 다른 동맹 분견대들의 병력수도 이에 맞추어 계산한다면 우리는 왜 롬바르디군이 황제와의 전투를 그렇게 두려워했었는지 이해할 수 없게 된다. 아마도 이 1,000명은 기사騎士뿐 아니라 피아쎈짜가 제공한 총병력의 숫자였을 것이다.

코르테누오바 이후에 계속된 전쟁(서기 1238년~서기 1250년)

코르테누오바에서 황제는 큰 승리를 거두었고 롬바르디는 큰 피해를 입었지만 결정적인 결과는 없었다. 밀라노 시민들은 평화를 원하기는 했지만 프리드리히의 요구대로 무조건 항복을 수용할 뜻은 없었으므로 코르테누오바의 결과에 큰 영향을 받지 않고 전쟁은 계속되었다. 프리드리히는 밀라노 자체에 대한 포위는 엄두도 내지 못했고 이듬해 브레시아Brescia조차 함락시키지 못했다.

황제는 엄격히 관리했던 나폴리-시실리Neapel-Sizilien/Two Sicilies 왕국에 충분한 가용 자원이 있었고, 적지 않은 이태리 자치시自治市와 강력한 영주領主들이 그에게 병력을 제공하고 그의 편에서 싸웠고, 게르만 제국 역시 처음에는 그에게 큰 도움을 주었지만 여전히 정력적이고 효과적인 전쟁을 수행할 만한 병력은 없었다.

기습적인 공성攻城 등에도 불구하고 전쟁은 소모적 전역戰役의 연속이었다. 때로는 중간 크기의 도시를 포위하기도 했지만 도시 내부에 포위군을 지원하는 당파黨派가 있어서 효과적인 도움을 주는 경우가 아니면 성공을 거두지 못했다. 군사 작전보다는 도시와 영주領主들의 편가르기가 승부를 결정했었다. 그러나 대부분의 도시에는 황제로부터 또는 도시 동맹이나 또는 교황으로부터 지원을 받아 도시의 주도권을 잡으려는 당파들이 서로 투쟁하고 있었으므로 그들의 편가르기는 쉽게 바뀔 수 있었다. 따라서 군사적 이유보다 정치적인 이유가 매년 정국政局을 지배했다. 소규모 충돌이나 접전은 물론 꽤 큰 규모의 전투도 끊이지 않았지만 그 결과는 언제나 미미했고 비록 한쪽이 크게 패배한 경우라 해도 마찬가시였다. 대규모 포위를 위한 충분한 병력이 없었기 때문이다.

- 파르마PARMA 포위(서기 1247년~서기 1248년)

쾰러Köhler 장군은 당시 파르마의 인구가 80,000명이었을 것으로 보지만 이는 너무 큰 수치이다. 오늘날도 최대 인구가 50,000명에 불과하다. 쾰러의 설명에 의하면 이 도시의 왼쪽 제방 부분이 그 당시에는 현재보다 훨씬 좁았고 오른쪽 제방 부분도 현재보다 결코 넓지 않았다고 한다.[28] 파르마 연대기年代記에 의하면 황제 자신의 병력만 10,000명이었다고 하는데 이것만해도 이미 매우 큰 규모의 병력이었을 것이다.[29] 여하간 상대방 진영에서

---

[28] 주민이 60,000명이었나는 리가르두스Riccardus di San Germano의 말은 물론 유효한 증거가 되지 못한다.

[29] "여러 지역에서 온 10,000명의 기사騎士 및 헤아릴 수 없이 많은 무리decem militum cum innumerabili populo diversarum gentium." 〈파르마 대연대기大年代記 Annales Parmenses majores〉(《게르만 사료집Monumenta Germaniae》, SS, XVIII, 673). 사건들을 볼 때 우리는 원문의 "밀리테스milites"를 "기사騎士"만 말한 것이 아니고 전투원들 전체를 말한 것으로 이해해야 한다.
　　과거에 학자들은 포위 초기에 파르마 현장에 있었던 인물인 살림베네Salimbene의 기록이 고려할 만한 가치가 있는 기록으로 믿었고 살림베네가 황제의 병력을 37,000명이라고 했다고 보았다. 그러나 이 수

기록한 이 수치는 추정 가능한 최대 수치일 것이다.

프리드리히는 파르마의 왼쪽 제방 쪽의 좁은 부분 맞은 편에 요새화 된 숙영지를 구축하는 것으로 포위를 시작했다. 그는 이 숙영지의 이름을 "비토리아Vittoria"라고 하고 이를 거점으로 해서 파르마 주변을 황폐화시키며 증원군이 도착하기를 기다렸다.30) 그러나 파르마의 넓은 부분은 포위하지 못했었고 도시 내에는 상당한 가용 전투병력이 있었다. 파르마의 동맹 도시 만투아Mantua는 함대를 끌고 포Po 강에 나타나서 강력한 지원을 제공했다. 따라서 황제에게는 진정한 승리의 희망은 없었고 기껏해야 상대를 점차 약화시킬 수나 있었을 뿐이다. 쾰러Köhler 장군은 만약 황제가 도시 전체를 완전히 포위하려 했다면 성벽의 둘레가 1마일 남짓(약 8km) 되었으므로 포위병력이 40,000명은 필요했을 것으로 보았다. 그러나 성벽 둘레를 1마일 남짓으로 본 것이 크게 잘못된 평가가 아니라면 병력이 40,000명까지 필요하지는 않았을 것이다. 성벽 전체를 모두 둘러싸고 균등하게 포위병력을 배치할 필요는 없는 것이기 때문이다. 접근로들에만 난공불락의 요새를 구축해 놓고 목책木柵과 참호로 성내城內 병력이 자유롭게 드나드는 것을 방해하면 충분했을 것이다. 그렇게 해 놓았을 경우 황제는 구아스탈라Guastalla에 별도의 엄호병력을 배치할 필요도 없었을 것이다. 필자가 보기에는 어쨌건 전투경험이 풍부한 전사戰士였던 프리드리히가 그렇게 하지 않고 부분적인 봉쇄로 만족했던 것은 그에게 도시를 포위할 충분한 병력이 없었고 따라서 그의 군대는 그리 큰 규모가 아니었음을 말해주는 충분한 증거라고 본다.

겨울이 되자 황제는 베르가모Bergamo, 파비아Pavia, 토르토나Tortona 및 알레싼드리아Alessandria에서 보낸 병력을 돌려보내고 그의 병력 중 일부를 트레비소Treviso와 알레싼드리아로 파견 내보냈다. 기병 1,100명, 크레모나Cremona에서 온 보병 2,000명 및 약간의 사라센 궁수弓手가 그에게 남아 있었다. 따라서 총병력이 5,000명을 넘을 수는 없었다.

이 병력 중 다시 1,000명 이상이 파견을 나갔고 이듬해 2월 18일 파르마군이 출격을 나왔을 때 황제 자신이 기병 500명을 데리고 이들을 잡으러 갔다.

치는 원문을 잘못 해독한 결과임이 밝혀졌다. 살림베네는 단지 황제에게 큰 병력이 있었다고 하면서 구약성서 〈에스겔 서 Ezekiel〉, 제37장을 인용했을 뿐이다(《게르만 사료집》, *SS.*, XXXVII, 196). 그러나 학자들은 원문의 "*37 Ezekiel*"이란 부분을 "37,000명"으로 해석했던 것이다.

황제의 병력을 60,000명이라고 한 사료들(쉬르마커Schirrmacher의 책, 제Ⅳ편, 441쪽 참고)도 물론 인용할만한 가치가 없는 사료들이다.

30) 셰퍼Scheffer-보이코르스트Boichorst의 《12세기 및 13세기의 역사*Zur Geschichte des 12. und 13. Jahrhunderts*》, 283쪽에서는 콜레누키오Collenuccio가 마이나르디노Mainardino d. Imola의 말을 인용해서 이 숙영지에 대해 "이 '마을'은 길이가 800 로드rod 폭이 600 로드였고 1로드는 9야드이다. 8개의 문이 있었고 둘레를 깊고 넓은 도랑이 감싸고 있었다*Fu da longhezza 야 questa citta 800 canne e la larghezza 600, e era la canna 야 9 braccia; e haveva 8 porte e le fosse larghe e profonde 야 intorno*"고 묘사해 놓았다고 한다. 황제 자신이 마이나르디노Mainardino d. Imola에게 보낸 글에 "우리는 지금 약탈을 하면서 최근에는 우리 자신의 요새화 된 숙영지를 구축하면서 이 도시(파르마)를 포위하고 있는데 이 숙영지는 겨울의 적대적인 기후로부터 포위군을 보호해 줄 것이다. 얼마나 대단한가*civitatem(Parmensem) civitatis nostre, que vires obsistentium ab hyemalis temporis quantaribet tempestate tuebitur, nova constructione vel oppressione comprimimus*"라는 구절이 있다고 한다.

쾰러Köhler 장군은 파르마군의 출격은 예상 밖의 일이었음을 분명히 밝혔다. 기본적으로 파르마군은 절반 병력만 엔지오Enzio 왕을 공격하러 포po강으로 출격 나가려 했었고 나머지 절반이 성城을 나온 것은 출격병력 후방을 엄호하기 위한 것이었을 뿐이다. 이때 지휘관도 없고 장비도 충분치 못했던 황제의 병력은 성城을 나온 병력과 우연히 혼전混戰을 벌이게 된다. 그러나 상황이 황제의 병력에게 매우 나쁘게 전개되어 그들을 추격해 파르마군이 그들을 따라 황제의 비토리아Vittoria 숙영지까지 침투해서 이 숙영지를 탈취하게 되었다. 파르마 측 기록에 의하면 숙영지를 탈취한 파르마군은 황제의 병력 1,500명을 죽이고 3,000명을 포로로 잡았다고 한다. 그러나 기사騎士 100명과 보병 1,500명이 포로로 잡혔다고 한 〈피아센짜 연대기年代記 Annales Placentini〉의 기록이 진실에 가깝다.

만약 프리드리히가 비토리아 숙영지에 큰 병력을 보유하고 있었다면 파르마군의 그런 공격은 성공하지 못했을 것이다. 그러나 5,000~6,000명 정도의 병력이면 황제가 추구하는 전략계획을 수행하는데 그리 적은 병력이 아니었다. 파르마의 수비병력이 더 많았다고 해도 그들은 황제의 비토리아 요새를 탈취할 수 없었을 것이며 추격해 들어간 이 요새 내에서 점차 혼란에 빠지고 말았을 것이다. 과거 노르만족도 대략 이런 식으로 파리 시市를 포위한 적이 있고 밀라노 기사騎士들도 대략 이런 식으로 그들의 도시를 포위한 적이 있었다. 붉은 수염 프리드리히 Friedrich Barbarossa(역자 주: 프리드리히 Ⅰ세의 별칭) 역시 밀라노를 실질적으로 포위하지는 못했고 주변지역을 황폐화시키면서 접근로들만 봉쇄했다. 하지만 그런 식 포위로도 9개월 후에는 적의 항복을 받아낼 수 있었다. 프리드리히 Ⅱ세는 밀라노보나 분명히 훨씬 작은 도시를 포위했지만 병력은 포위된 도시보다도 적었었다. 붉은 수염 프리드리히는 고지高地 이태리를 충분히 장악하고 있었기 때문에 외부에서 밀라노를 돕지 못하게 함으로써 적이 식량부족 때문에 항복하지 않을 수 없게 만들었다. 그러나 서기 1247년에는 많은 자치시自治市들이 프리드리히 Ⅱ세를 향해 반기反旗를 들었고 그는 파르마 뿐 아니라 밖의 다른 도시들과도 싸워야만 했었다. 그럼에도 불구하고 이 황제는 만약 자신이 없는 사이에 군기軍紀가 풀린 어리석은 병사들이 예상 밖의 결정타를 날릴 기회를 파르마군에게 주지만 않았더라면 자신의 목표를 달성할 수 있었을 것이다. 따라서 이 황제를 계획도 없고 전략적 식견도 없었다고 비난할 일은 아니다. 그보다는 많은 병력을 파견 내보내고 약화되어 있던 시간에 그 자신이 숙영지를 떠나면서 일어날 수 있는 일을 예견하지 못한 것을 우리는 비난해야 마땅할 것이다.

이 결과는 앞서의 사건들과의 관계에서도 중요한 의미를 지닌다. 만약 황제가 서기 1247년 가을에도 큰 병력을 집결시킬 수 있었다면 왜 코르테누오바Cortenuova 전투의 승리로 인해 유리해 졌고 이 때문에 최종적인 승리를 거둘 수도 있던 그 시기에 그가 그렇게 하지 않았는지 우리는 이해하기 어렵게 된다. 그러나 서기 1247년에는 그가 이용할 수 있는 새로운 특별한 자원이 전혀 없었으며 오히려 병력이 크게 감소되어 있었다. 그의 병력이 이미 감소되어 있었다는 사실을 인정한다면 우리는 그의 행동을 이해하는 데 아무 어려움이 없게 된다.

다소 우연한 패배로 인해서 이 호헨스타우펜 황제의 계획이 잠시 큰 타격을 입기는 했지만 이 전투의 결과는 앞서 코르트누오바에서의 승리나 마찬가지로 그 영향이 그리 오래가지는 않았다.

회고回顧

근 100년에 걸친 이 전투들을 병법사兵法史의 관점에서 생각해 본다면 우리는 이태리 도시들에는 그리스 팔랑스phalanx나 로마 레기온legion 같은 고대古代 형태의 보병부대가 없었음을 곧 알 수 있다. 때에 따라서 특히 레그나노Legnano 전투 같은 경우에 보병이 상당한 역할을 하기도 했지만 결정적 역할을 하지는 못했었다. 숫자가 얼마였었건 간에 그들은 기사騎士들에 대한 보조병종補助兵種에 불과했었다. 레그나노 전투의 경과에 관해 직접 기록한 사료들은 그 내용이 분명하지는 못하지만 그 이후의 사건들을 보면 우리는 아무 의문점 없이 분명한 결론을 얻을 수 있다. 이 전투에서 보병이 고대 보병과 같은 효과를 발휘한 것을 보면 모종의 발전이 있었을 수 있을 것이다. 그러나 우리는 그런 흔적을 발견할 수가 없다. 말라노 시민들은 이 전투에서 승리하기는 했지만 그들이 이제는 새롭고 월등한 전투방법을 알고 있고 게르만 황제를 더 이상 두려워 할 필요가 없다는 결론을 얻을 수는 없었다. 오히려 그들은 아주 온건한 조건의 평화협정을 맺게 되는데 그쳤으며 우리가 곧이어 연구할 다음 세대에서도 그들의 전투방법은 전후 세기의 여타 국가들의 경우와 전혀 다를 것이 없었다.

결국 이태리 자치시自治市들은 엄격하게 준수되었던 보편적 군사의무의 원칙에 따라 모두 함께 전투에 나가 싸운 고대의 아테네나 로마와 같은 시민전사市民戰士들을 양성하지 않았던 것이다. 전사戰士로서 필요한 기술이 그들에게 있었는지의 여부는 전혀 고려하지 않더라도 고대의 공화국들의 특징이었던 전제조건 즉, 도시와 농촌의 연대 내지는 도시민과 농민의 밀접한 결속도 그들에게는 없었다. 아테네와 로마의 도시민들은 아티카Attica의 농민, 광부, 어부 및 로마 주변 지방 부족들과 똑 같이 팔랑스와 레기온의 밀집대형을 편성했었다. 그러나 중세 이태리의 농촌마을들은 분명히 도시의 지배를 받고 있었지만 도시와 단일체도 아니었고 그들의 동료시민도 아니었다. 자치시自治市 자체는 공화제共和制 성격을 지니고 있었지만 대부분 언제나 기사騎士들의 군사조직을 유지하고 있었다. 군사의무가 어떻게 결정되었는지에 관한 기록은 없다. 일반적으로 말하자면 자원복무제를 벗어나지 않았을 것이지만 극도의 위기상황이나 정치적 흥분의 시기에는 아마도 상당수의 시민들이 최소한 단기원정이나 특히 성벽 방어를 위해 소집되었을 것이다. 성벽 방어를 위해서는 일반적 군사의무가 집행되었을 가능성도 있다.

그러나 야전에서 전쟁을 수행할 때는 기사騎士들과 같은 장비를 갖추고 궁수弓手와 창병槍兵들로 보강된 기병騎兵들이 나갔다. 호전성을 타고난 자들이 이 전역戰役을 위해 전통적인 전사戰士들과 합류했고 그들과 함께 전개함으로써 전체 집단에 생기 있는 공동체적 애향심이 고취된 결과 매우 유용하고 유능한 집단이 생기게 되었다. 이들은 자부심 높은 게르만족이 목수와 공장工匠들도 이태리에서는 기사騎士 작위를 수여한다고 자신들을 조롱하는 속에서도(역자 주: 앞의 233쪽 참고) 왕들이 이끌고 알프스를 넘어 온 게르만 기사騎士들과 감히 맞섰던 것이다.

카로키오 *carroccio*

우리는 이태리 자치시自治市들의 군사체계는 계속 기사형騎士型이었음을 알 수 있었지만 보병도 같은 시대의 어느 곳에서보다도 혼합전투에서 큰 역할을 했다. 그러나 이들의 보병은 고대의 팔랑스phalanx나 레기온legion과 같은 견고한 전술단위 부대를 형성한 진정한 보병은 아니었다. 우리는 이들의 카로키오carroccio를 실종된 전술단위부대의 대체물로 볼 수도 있다. 카로키오는 8마리의 수소가 끄는 거대한 우차牛車였고 그 위에는 깃발이 달린 긴 깃대가 세워져 있었다. 깃대 꼭대기에는 아마 신성한 성체聖體와 함께 성체안치기聖體安置器가 부차되어 있었던 것 같다. 이 수레 위에는 사제司祭들이 타고 있었다. 이 성스러운 수레는 흔히 유태 민족의 결약結約의 궤櫃(역자 주: 모세의 십계명을 새긴 납작한 돌 두 개를 넣은 궤)에 비유되어 왔다. 우리는 엉성한 대형의 보병이 기사騎士들과 만나면 얼마나 취약한 지를 잘 안다. 선두의 바로 뒤에 이 카로키오를 위치시킨 것은 멀리서도 잘 보이도록 구심점 역할을 하게 하려는 것으로서 일시 자신의 자리에서 이탈된 병사나 혼란 속에 빠져든 병사들은 이를 보고 다시 집결할 수 있었다. 부상자들 역시 죽기 전에 사제司祭를 통해 생전의 모든 죄를 용서받으려고 이곳으로 가거나 옮겨졌다. 우리는 아마 그들은 전투가 시작되기 전 전사戰士들에게 군기軍旗를 포기하지 말 것과 가장 위험한 상황에서도 이 성스러운 수레 주변에 모여서 이를 지키거나 함께 죽도록 강조했을 것으로 추정해 볼 수 있을 것이다. 잘 편성되고 효율적으로 지휘되던 (역시 야전군기野戰軍旗가 있었던) 레기온legion에서는 자연스럽게 존재했던 결단의 정신과 승리에 대한 확신이 이제는 이 카로키오에 의해 인위적으로 조장되고 이 상징물의 종교적 성격 때문에 이런 확신이 더욱 고양高揚되었던 것이다. 이 깃발 실은 수레가 처음 등장한 것은 오랜 세월 동안 전사戰士 업무에서 손을 떼고 있었던 이태리 자치시自治市들의 각계각층 시민들이 하나로 단합해서 다시 무기를 들었던 바로 그 시기인 서기 1039년 밀라노 전투 때였다. 사료의 표현에 의하면 헤리베르트Heribert 대주교大主敎는 "농민에서 기사騎士까지, 가난한 자에서 부자까지a rustico ad militem, ad inope usque ad divitem" 모두 무장시켰다고 한다.31) 따라서 교회敎會는 이 도시의 상징물이 처음 등장했을 때는(최소한 사료에 처음 등장했을 때는) 벌써 도시 방어의 후원자가 되어 있었던 것이다. 후일 교회가 자치시自治市들과 동맹을 맺으면서 이 카로키오는 더 강한 종교적 성격을 지니게 된다. 이런 현상은 알프스 북쪽에서 특히 교회와 밀접한 관련을 맺는 군대들에서도 발견된다. 하인리히 IV세와 싸운 상대방은 서기 1086년 브아이크Bleich 평원 전투에서, 요크York 대주교가 지휘하던 잉글랜드 민병대民兵隊는 서기 1138년 노스알러튼Northallerton 전투에서, 사자심왕獅子心王/Löwenherz 리차드Richard I세(역자 주: 영국 프란태지네트Plantagenet 왕조의 왕)는 서기 1191년 시리아에서 이 카로키오를 가지고 있었다. 오토Otto IV세는 서기 1214년 부빈Bouvines 전투에서, 쾰른Köln/Cologne군은 서기 1288년 보링겐Worringen 전투에서, 마인쯔Mainz군은 서기 1298년 알찌Alzey 포위 때 카로키오를 가지고 있었다. 이태리 자치시自治市들의 경우 12~13세기 전반에 걸쳐 시민들이 야전으로 출전할 때 항상 이 카로키오가 그들의 표준장비였음이 분명하다.32)

타글리아코쪼TAGLIACOZZO 전투(서기 1268년 8월 23일)

필자는 마지막으로 호헨스타우펜 황제들과 이태리 자치시自治市들과의 전투가 아닌 전투 하나를 소개하려 한다. 이 전투는 호헨스타우펜 대왕조大王朝의 마지막 황제 콘라딘Konradin/Conradin이 자치시가 아니라 프랑스 안주Anjou 영주領主 샤를르Karl/Charles와 싸우다가 패한 전투였고 샤를르는 교황이 호헨스타우펜 왕가王家를 그들의 세습왕국世襲王國인 나폴리Neapel/Naples에서 몰아내기 위해 불러들인 인물이었다.

이 전투를 설명할 때 흔히 근거로 쓰이는 본래의 주된 사료는 프랑스 수도사修道士 프리마투Primatus가 남긴 기록인데 그는 아마도 이 기록을 파리 부근 쌩데니St. Denys 수도원에서 작성했을 것이다. 빌라니Villani의 기록 역시 주로 이 기록을 근거

---

31) 아르눌프Arnulph, 《게르만 사료집Monumenta Germaniae》, SS., VIII, 16.

32) 카로키오carroccio에 관한 사료의 구절들이 무라토리Muratori의 《중세 이태리의 옛 제도Antiquitates Italicae Medii Aevi》, 제II편, 489쪽에 모두 수집되어 비교되어 있다. 바이츠Waitz, 《독일헌법사Deutsche Verfassungsgeschichte》, 제VIII편, 183쪽; 산 마르테San Marte, 《무기 기술의 연구Zur Waffenkunst》, 323쪽; 쾔러 Köhler, 《기사騎士 시대의 전쟁과 용병술用兵術의 발전Entwickelung des Kriegswesen und der Kriegsführung in der Ritterzeit》, 제I 편, 185쪽과 제II편, 제II권, 147쪽 및 190쪽 그리고 제III편, 제II권, 344쪽 등을 참고할 것. 이런 수레에 대한 아이디어가 동양에서 왔다는 견해도 있으나 필자는 이를 입증된 생각으로 보지 않는다.

로 한 것이며, 라우메르Raumer, 쉬르마커Schirrmacher, 델페쉬Delpech, 쾔러Köhler, 부쏭Busson, 함페Hampe, 오만Oman 등 후일 학자들의 설명도 약간씩 차이는 있지만 주로 이에 근거한 것이다. 그러나 최근에 롤로프Roloff는 좀 더 초기의 좋은 사료를 근거로 이 기록이 신뢰성 없는 기록임을 입증했다.33) 우리는 이 전투에 대해 역사적으로 분명히 말할 수 있는 사실들을 주로 〈기벨린의 피아쎈짜 연대기年代記 Annales Placentini Ghibelline〉와 안주Anjou 영주領主 샤를르Karl/Charles 자신의 단편적 기록들에 의존해야만 할 것이다.

어떤 기록을 보더라도 이 전투에서는 양측 모두 기병만 보인다. 따라서 가끔 언급된 보병들은 아주 미미한 역할만 했을 뿐이고 아마 전투에는 참여하지 않았을 것이다. 피아쎈짜 연대기는 콘라딘과 그의 동맹인 로마 원로의원元老議員(시장市長) 하인리히Heinrich von Kastilien의 연합군은 상대보다 병력이 많았다 하므로 우리는 이를 인정해야 할 것 같지만 필자에게는 확신이 없다. 이 전투기록에도 보병에 관한 언급이 전혀 없는 것이 이상하게 보이기 때문이다. 롤로프Roloff는 콘라딘에게는 기병騎兵 5,000~6,000명이 있었고 샤를르에게는 기병騎兵 4,000명이 있었다는 이 기록을 믿을 수 없다고 본다. 이 기병騎兵을 기사騎士라고 부른다면 우리는 이미 기사騎士의 개념을 잊고 있는 것이 된다. 이들의 상당수는 기사騎士 작위 수여식을 거치지 않은 인원일 뿐 아니라 다소 무거운 갑옷을 착용하기는 했어도 기사騎士 태생이 아닌 평민 기병騎兵들에 불과했음이 분명하다.

전투의 경과를 보면 게르만군, 스페인군 및 이태군의 연합군인 콘라딘의 병력이 먼저 승리했었다. 그러나 그들은 곧 흩어지면서 일종의 밀집대형을 포기했을 때 샤를르 왕이 직접 지휘한 프랑스군 예비대가 개입함으로써 패배하고 말았다.

사료에는 샤를르의 의도가 무엇이었는지 또는 분명히 숨어있던 이 예비대를 그가 어떻게 숨겨 놓았었는지 불분명하다. 물론 사료상으로는 샤를르가 일부러 처음부터 그의 주력에게 패하는 전투를 하게 해서 예비대로 하여금 조직이 흐트러진 승리자를 공격하게 함으로써 자신의 질서 있는 대형으로 그 날의 전투에서 이기려고 했었음은 분명하다. 그러나 만약 이런 단순한 책략으로 적은 병력이 큰 병력을 이길 수 있다면 그런 일이 자주 있었을 것이다. 예비대를 숨겨두었을 경우라도 아직 승부가 결정되지 않았을 때 그들을 개입하게 하려는 의도였을 수밖에 없다. 그러나 적이 일부라도 밀집대형을 유지하며 전투준비가 되어 있을 때는 이 일부가 잠시 흩어진 병력의 재집결 구심점이 되므로 때늦게 개입한 예비대는 오히려 자신보다 몇 배 많은 병력에게 쉽게 격퇴될 수도 있었을 것이다.

---

33) "타글리아코쪼 전투Die Schlacht bei Tagliacozzo," 《고대고전古代古典 신연보新年報, 역사 및 독일 문헌Neue Yahrbücher für das Klassische Altertum, Geschichte un Deutsche Literatur》, 1903년, 제1호, 제IX편, 제1권, 31쪽.

롤로프Roloff는 승리하는 기사군騎士軍의 상황을 다음과 같이 명확하게 설명한다.

"두 기사군騎士軍이 싸우는 모습을 생각해 보자. 전투원 수천 명이 개별적으로 거의 동시에 백병전을 시작한다. 잠시 후 병력이 적은 쪽이 밀리기 시작한다. 이때 승자 측 일부 병력은 당연히 밀려나는 적을 압박하게 되고 그 사이에 일부는 말에서 뛰어내려 자신의 상처를 묶기도 하고, 전투 중 손상된 갑옷을 정비하기도 하고, 말을 바꾸어 타기도 하고, 땅에 쓰러진 적을 마저 베거나 포박하기도 하고 그에게서 값비싼 장비나 무기를 뺏기도 한다. 물론 그런 개인적 약탈행위나 휴식을 방지하고 기사騎士들로 하여금 언제나 무장을 풀지 말고 여하한 상황에도 대비하게 하는 명령 같은 것은 없었다. 승리한 기사군騎士軍에 생기는 이런 불가피한 상황은 분명히 그들의 전투력에 손상을 주었고 그런 혼란한 틈을 공격하는 군대는 비록 상대방보다 월등히 적은 병력이라도 큰 이점을 누렸다. 말에서 내려온 많은 기사騎士들은 공격해 오는 기병騎兵을 거의 막을 수 없을 것이며 공격을 당하는 병력이 넓은 지역에 분산되어 있어 공격자 측은 상대가 될만한 적을 처음부터 만날 수 없었을 것이고 따라서 적을 점차 휩쓸 수 있었을 것이다. 그러나 그런 기습공격의 경우에 전투가 어떻게 전개될 것인지는 상황에 따라 달라질 수도 있을 것이다; 만약 공격받는 측의 병력수가 월등히 많다면 그들이 전투에 응해서 승리할 때까지 끝까지 싸우는 것이 불가능하지는 않다. 기사騎士들은 개별적인 전투원들이었고 따라서 어디로든 방향을 바꿀 수 있으므로 측면이나 후미로부터 기습공격을 받더라도 별 차이가 없었을 것이다; 결정적 요소는 공격받는 순간에 전투준비를 갖추지 못한 기사騎士가 얼마나 많았는지 그리고 그들이 얼마나 넓게 흩어져 있었는지의 여부이다."

이어 롤로프는 샤를르가 분명히 호헨스타우펜군의 조직이 분산되기 시작하는 순간에 공격했을 것이라고 보았다. 실제로 그랬다면 매우 장점이 많았었겠지만 다시 강조하자면 이는 그들의 주력인 안기오뱅Angiovin/Angevine 병력이 샤를르의 예상보다 일찍 패해 도주함으로 인해 생긴 우연한 일이었을 수도 있다. 치열한 전투가 여전히 계속되었다는 것이 분명함에도 불구하고 그들의 도주가 프랑스군의 승리로 이어진 이유가 무엇인지 우리는 알 수 없다. 다른 어떤 추가 요인 없이 새로운 병력의 급작스런 출현과 그들의 질서 있는 대형만을 자신들보다 월등히 병력이 많았고 먼저 승리한 결과 사기가 올라있는 적을 격파할 수 있던 결정적 요인으로 보기에는 무언가 부족하기 때문이다. 롤로프Roloff 자신도 그럴 가능성을 인정하고 있듯이 콘라딘의 연합군 내에는 국적이 다른 세 분견대간에 큰 불신이 있었고 새로운 적이 갑자기 등장했을 때 자신들 중 반역자가 있는 것으로 의심한 결과 공황상태에 빠지게 된 것은 아닐까?

여하간 전쟁사의 관점에서는 이 전투로부터 배울 것이 전혀 없다. 사료에는 중요한 두 요소 즉, 안주Anjou의 샤를르는 예비대 또는 매복을 왜 그리고 어떻게 만들어 놓았는지 그리고 그는 왜 이 병력으로 그리 큰 승리를 얻을 수 있었는지 전혀 언급이 없고 단순한 추측만으로는 이에 대해 아무런 해답도 얻을 수 없기 때문이다. 다만 우리는 그 당시는 제대梯隊 대형이 아직 관행이 아니었다는 소극적 결론밖에는 내릴 수 없다. 만약 콘라딘의 군대에 제2제대가 있었다면 그들의 조직이 그리도 완전히 흐트러질 수는 없었을 것이기 때문이다.

우리는 롤로프의 다음과 같은 세부적 평가들은 중세 사료들의 비판에 기여했다고 말할 수도 있을 것이다. 사료에서는 하인리히Heinrich von Kastilien 자신이 이끈 스페인군은 전장戰場에서 너무 멀리 떨어져 나갔었기 때문에 샤를레가 게르만군을 격파한 이후에야 돌아올 수 있었다고 한다. 그렇다면 이 전투에는 세 번째 단계가 있었다는 것이 된다. 이렇게 이 전투를 3단계로 구분한 것이 적은 병력을 지닌 군대가 승리한 이유에 대한 그럴듯한 설명으로 보이지만 롤로프는 사료분석과 객관적 비판을 통해 이는 환상에 불과함을 지적했다. 사료에 의하면 이 전투의 소위 세 번째 단계에서는 스페인군이 옹벽 같이 굳세게 버티자 프랑스군은 이들 사이로 침투할 수가 없었지만 이 전설의 영웅인 발레리의 에라르트Erard von Valery는 대처방법을 알았다고 한다. 그가 기사騎士 30명과 함께 짐짓 도주하는 척 하자 스페인군은 프랑스군이 모두 도주하는 것으로 알고 그들을 추격하기 시작하면서 밀집대형이 깨졌다는 것이다. 그러나 이때 프랑스군이 이 깨진 대형 속으로 몰려들어가 개인전을 벌였지만 성과가 없었는데 이는 스페인군의 갑옷이 칼날이나 창끝에 뚫리지 않을 정도로 견고했었기 때문이라 한다. 하지만 프랑스군은 스페인군에게 바짝 붙어서 그들의 팔과 어깨를 잡아당겨 말에서 떨어뜨리는데 성공했는데 이는 그들이 가벼운 쇠미늘 갑옷을 착용하고 있어서 민첩했던 반면 스페인군은 무거운 평판平板 갑옷을 착용했었기 때문이라는 것이다. 여하간 스페인군은 용감하게 싸웠지만 완패했다고 한다.

전쟁에 관한 전설傳說을 경계하는 사람이라면 이는 전설에 불과한 것임을 바로 알 수 있다. 갑옷이 가벼운 사람이 갑옷이 무거운 사람을 그렇게 쉽게 이길 수 있다면 그런 기록이 아주 많을 것이 분명하고 무거운 갑옷이 전쟁사에 그렇게 오래 등장하지도 못했을 것이다. 그러나 롤로프는 쌩데니St. Denys의 수도사修道士 프리마투스Primatus가 2년 전 베네벤토Benevento 전투에 대해서 이와 매우 유사한 기록을 남겼고 다만 그때는 인간옹벽을 쌓은 것이 스페인군이 아닌 게르만군이었다는 점만 차이가 있음을 사료분석을 통해 지적했다. 왜 게르만군이 베네벤토 전투 때는 타글리아코쪼 전투 때와 다르게 싸웠어야 했는지 분명치 않으며 몇 년 후 베네벤토 전투에 관한 전반적 기록을 작성한 안드레아스Andreas von Ungarn는 이 흥미 있는 내용을 아예 모르고 있었다. 하지만 이런 기록의 기원起源은 간단하다. 프랑스군이 매우 치열하게 싸운 마지막 전투의 상대에게는 거의 언제나 이런 기록이 등장한다. 그러나 이와 가장 관련이 깊었던 이태리의 가장 오래된 사료들에는 그런 기록이 없다. 이런 전설은 이 전투 이후 어느 정도 세월이 흐른 후 다시는 사료에 등장하지 않는다. 프리마투스는 이태리에서 돌아온 기사騎士들로부터 전해 들은 이야기를 기록한 것으로 이 기사騎士들은 이태리에서 강한 적과 싸울 때는 개인전에 앞서 기계器計와 큰 노력으로 적의 대형을 먼저 깨뜨려야 했었다는 이 환상적인 이야기를 그에게 전해 준 것이다. 또한 과장된 기록이 늘 그렇듯이 그들은 스페인군의 갑옷이 너무 견고한 것으로 보이도록 말하려다 실제로는 적의 전투기술을 헐뜯기나 하고 말게 된 것이다. 도대체 프랑스군이 맨손으로 이길 수 있던 적은 어떤 적이라는 말인가? 전투경험이 풍부한 스페인 기사騎士들이 자신을 말에서 끌어내리려고 자신의 팔과 어깨로 접근하는 상대방의 손가락을 잘라버리기 위해 칼을 쓰면 안 되는 이유라도 있었다는 말인가? 가벼운 갑옷을 입었거나 갑옷이 아예 없는 전사戰士들에게 기사騎士가 패하는 것은 1명의 기사騎士가 여러 명에게 공격을 받은 경우이고 이런 경우에 그가 밀리는 것은 그의 좋은 갑옷과는 무관한 것이다. 타글리아코쪼에서도 역시 마찬가지였을 것이다.

좀 더 잘 살펴보면 무거운 갑옷 때문에 무능했다는 전사戰士들 이야기는 아주 오래 전부터 인간에게 친숙했던 이야기에 속한다. 그리스인들은 살라미스Salamis 해전海戰 당시 병력이 열세했던 자신들이 승리한 이유를 어떻게 설명했었는가? 그들은 어느 나라 사람보다도 우수한 선원船員이었던 페니키아Phönizien/Phoenicia 사람들이 너무 크고 무거운 배를 만들었기 때문에 이 배를 정확하게 조종하고 통제하지 못했다고 설명하지 않았던가?(역자 주: 이 책 제Ⅰ편, 제Ⅰ권, 제Ⅷ장 참고.)

우리가 이 전투의 경과에 대해 세부적으로만 약간씩 다를 뿐 지금까지도 거의 공통적으로 인정되어 온 설명들과 롤로프Roloff가 내린 결론들을 비교해 본다면 객관적 비판적 분석 없이 사료문서들만의 분석을 통해 알 수 있는 것이 얼마나 문제가 많은지를 입증할 증거를 다시 발견하게 된다. 롤로프 같은 우리 역사가들이 중세 사료들의 분석에 적용한 방법이 얼마나 정확하고 자랑스러운 방법이었는가? 반면에 고대 역사가들이 크세르크세스Xerxes나 킴브리Cimbern/Cimbri족 및 튜튼Teuton족에 관해 그렸었던 것 같이(역자 주: 이 책 제Ⅰ편, 제Ⅵ권 〈크세르크세스〉 및 제Ⅵ권, 제Ⅳ장 〈킴브리족과 튜튼족〉 참고) 현대의 비판적 학자라는 사람들은 이 타글리오코쪼 전투에 관해 환상적인 묘사를 지금껏 만들어 왔다.

부 기附記

이태리 보병

디트리히Julius Reinhard Dietrich는 자신의 학위논문인 "롬바르디 전쟁에서 호헨스타우펜군의 전술Die Taktik in den Rombardenkriegen der Staufer"(마르부르크Marburg 대학교, 서기 1892년)에서 이태리 도시들은 진정한 보병을 양성했었고 이들이 호헨스타우펜 황제들과 전투에서 결정적인 역할을 했다는 개념을 체계적으로 발전시켰다. 이 연구는 기본개념은 물론 그 세부 결론들까지 부인되어야 하지만 그 자체는 사료들에 대한 아주 고통스런 분석에 기초한 것이기 때문에 매우 큰 가치가 있다. 이 연구는 실제로는 필자의 《페르시아 전쟁과 부르고뉴 전쟁Die Perserkriege und die Burgunderkriege》(베를린Berlin: 월터 아폴란 출판사Walther und Apolant 〈현재는 그 후신인 헤르만 월터 출판사Hermann Walther〉, 서기 1887년)에 대한 반론이지만 우리 두 사람의 차이는 기본적인 오해에서 비롯된 것일 뿐이다.

필자는 위의 책에서 처음으로 전술적 구성체와 개인전투원 체계가 서로 정반대의 명제라는 이론을 정립했다. 디트리히는 "두 전사戰士가 병력이 더 많은 상대방을 저지하기 위해 등을 마주 대고 서있거나 몇 명의 전사戰士들이 가까이 붙어서 각자의 오른쪽 가슴이 옆 사람 방패에 의해 보호를 받을 때 그 전사戰士 집단은 실제로 단일의지單一意志를 표현하게 되는 것이므로"라고 말하면서(5쪽) 필자의 이론에 의문을 표시했다. 그는 말은 옳은 말이기는 하나 결정적 요소를 흐리게 하고 있다. 이는 결국 절대적 차이가 아닌 상대적 차이의 문제이다. 기사집단騎士集團과 중갑기병重甲騎兵/Kürassiere들의 기병단騎兵團은 매우 유사한 것도 같지만 전자는 단체성은 매우 적고 개인적 자질은 매우 높은 반면 후자는 단체성은 매우 높고 개인적 자질은 매우 낮다는 점에서 근본적 차이가 있다. 단체성團體性이나 리더십 같은 것이 전혀 없는 기사집단騎士集團이 있을 수가 없듯이 용기나 무기사용기술이 전혀 없는 중갑기병들의 기병단도 있을 수 없다. 그러나 한 경우에는 한 요소가 지배적이고 다른 경우에는 다른 요소가 지배적임은 분명한 사실이다. 디트리히는 중갑기병 기병단이 기사집단이 진화한 것이라고 단순하게 생각할지 몰라도 양자는 크게 다르며 전자는 후자의 특성은 잃어버리고 새로운 특성을 갖고 있다. 그러나 디트리히는 마치 필자가 기사군騎士軍을 아무런 조직적 결속력이나 리더십이나 단체정신 같은 것이 전혀 없는 군대로 생각하고 있는 듯이 말하고 있다. 중세 군대에도 일정한 리더십이 있었다는 그의 지적은 옳은 말이지만 그는 중세군대의 어느 부분 또는 어느 집단도 전술적 단위부대였던 것 같이 말함으로써 중세군대와 고대군대 또는 현대군대 사이의 차이를 부인하고 있다. 물론 어느 정도 중세군대의 행동절차 역시 현대군대의 행동절차와 완전히 또는 거의 같았었던 것 같이 말하고 있는 사료구절들도 많이 있다. 그러나 이로 인해 양자의 차이를 간과할 정도로 오도誤導되면 문제의 핵심을 놓치게 되고 만다. 라둘프Radulf 의 〈탄크레드의 행적行績 Gesta Tancredi〉에 의하면, 도리레움Doryläum/Dorylaeum 전투(서기 1097년) 당시 탄크레드와 그의 동생 빌헬름은 수세守勢에서 공세攻勢로 전환해서 투르크Türk/Turk족을 주변지형을 지배하는 한 언덕에서 몰아내려고 했지만 총사령 관이던 보에문트Boemund는 이를 멍청한 짓이라고 비난하면서 그들을 불러들이려 고 했는데 이는 그런 개인적 행동이 군대질서에 해를 끼쳤기 때문이라고 한다. 헤르만Otto Heermann은 이 기록은 "가장 지위가 높고 용감한 사람에게까지도 요구되 었던 자기부정自己否定을 말한 것"이라고 주장하면서 이 기록으로부터 당시에도 복 종과 군기軍紀가 요구되었다는 결론을 내렸고("제1차 십자군 시대에 동방東方에서 서구西歐 군대의 전투Die Gefechtsführung abentländischer Heere im Orient in der Epoche des ersten Keuzzuges," 17쪽), 디트리히 역시 그의 말을 그대로 반복했다(그의 논문, 20쪽). 그러나 필자 는 오히려 이 일화逸話를 필자의 견해를 입증하는 증거로 보고 싶다. 개인이 멋대 로 공격함으로써 군대 전체가 위험해졌다는 보에문트의 비난은 역사상 수천번 반복된 말이겠지만 그 당시에 그런 행동을 금지한 군율軍律이 있었다는 증거는 되지 못한다. 혹 보에문트와 탄크레드에 관한 이 이야기가 콘슐Konsul/consul 만리 우스Manlius와 그의 아들에 관한 로마의 전설傳說 같이 전개되지는 않았을까?(역자 주: 만리우스는 도전장挑戰狀을 보낸 적敵 병사 한 명과 자신의 명령을 무시하고 개인전투를 벌였던 아들 을 참형斬刑에 처했다. 이 책 제I편, 제IV권, 제III장 참고. 콘슐은 공화정 시대에 투표로 선출했던 로마의 국가 지도자 겸 군통수권자로 흔히 집정관執政官으로 번역된다.) 전혀 그렇지 않다. 탄크레드는 이 명령에 전혀 개의치 않았고 그의 동생 빌헬름도 나가 싸우다가 죽었고 보에 문트는 이론적 비난 이외에 아무런 조치도 취한 것이 없다. 기사騎士 군대에게는 복종이나 기율 같은 개념이 얼마나 낯선 것이었는지를 이보다 더 잘 보여주는 사례는 없다.

디트리히가 제시한 여타 증거들도 같은 종류에 불과하다. 그는 이어서 다음과 같이 말했다(24쪽).

"적절치 못한 시점에 공격한 행동에 대한 이런 엄한 비난, 지도자 개인이 나 집단의 어리석은 행동에 대한 이런 엄한 비난, 협조되지 않은 무질서한 전진에 대한 엄한 비난 또는 불복종과 자의적 행동에 대한 이런 엄한 비난 으로부터 우리는 그 당시에도 엄격한 군기軍紀가 있었음을 알 수 있다. 필자 는 독자들에게 서기 1158년의 밀라노 전투에 앞서 부빙겐Bubingen의 대공大公이 저지른 어리석은 행동에 대해 프리드리히 황제가 한 말과 서기 1148년 토르토사Tortosa 전투와 서기 1221년 벤티미글리아Ventimiglia 전투 당시 제노바Genua/Genoa 병력의 조급한 전진, 서기 1155년 토르토나Tortona 전투 당시 파비아Pavia와 밀라노 시민들이 지도자들 간 합의가 없어서 발생했던 무질서한 교전交戰, 서기 1195년 로디Lodi 전투, 서기 1213년 파비아군에 대한 피아쎈짜Piacenza군의 무의미한 전진, 그러나 무엇보다 카스텔레오네Castelleone 전투, 코르테누오바Cortenuova 전투, 타글리아코쪼Tagliacozzo 전투 등에 대한 광범위한 비난에 주의를 기울여 보기만을 권할 뿐이다."

불복종에 관한 이런 증거들은 이에 대한 비난이 있었다는 이유로 당시에 군기軍紀가 있었음을 입증할 수 있다는 말인가? 디트리히는 또 다음과 같이 말한다.

"이런 경우들과는 달리 파비아의 '기사정찰병騎士偵察兵 miles explorator'이 명령대로 홀로 정찰을 나갔다가 밀라노 시민들에게 잡혔지만 기사풍騎士風의 협상 끝에 풀려나고 적敵은 (지도자들의 의사대로) 신중을 기해서 그들의 숙영지를 떠나지도 않고 공격하지도 않은 사건(서기 1157년)도 있었다. 서기 1160년 파라Farah 포위 당시 게르만 기사騎士/milites들은 단 몇 명을 제외하고 황제의 명령에 따라 전투를 멈추었고 서기 1161년 파비아 시민들과 밀라노 시민들이 싸운 밀라노 전투에서도 이와 같은 일이 있었다. 연합군 사령관인 몬테롱고Montelongo의 그레고리우스Gregor/Gregory는 엔찌오Enzio 왕을 추격하며 전투에 몰입해 있던 피아쎈짜군을 단 한 마디 말로 멈추게 할 수 있었다."

여기서 우리는 다행히도 지도자들의 명령에 복종했던 예들을 다시 볼 수 있게 되었고 이런 일이 흔했음이 분명하다. 그러나 필자는 이 기록들의 논조論調 자체가 이런 복종이 얼마나 기대하기 어려운 일이었는지를 말해 준다고 생각한다. 분명히 예외도 있었겠지만 황제나 사령관의 명령은 기사騎士들을 복종하게 만들 수 있었다 한다. 그러나 결국 사령관의 말에 기사騎士들이 복종하지 않은 경우가 그렇게 많은데 무슨 지휘권이나 군기軍紀 같은 것이 있었다는 말인가?

제 Ⅵ 장
게르만 도시

　게르만 도시들도 이태리 도시들과 마찬가지로 도시에 거주하는 기사騎士들의 집단이 군사체계의 기반이었고 이 집단은 부유한 상인商人이 된 사람들로서 전사戰士 계층과 섞여지는 경향이 있었다. 로트Roth von Schreckenstein는 도시에 사는 기사騎士들이 우선 말을 타고 출전했었다고 이미 정확하게 지적한 바 있다.[1] 그러나 후일에는 기사騎士가 아닌 사람들도 기병 복무에 필요한 충분한 재산만 있으면 기병으로 복무하게 되었다. 재산이 충분하다 해서 군사적 효율성도 발휘할 수 있었는지에 대해 우리는 의심을 해 볼만 하지만 우리는 우선 기사騎士적인 명예심을 유지하고 있던 이 상인 계층의 전통을, 그리고 공공의 법질서가 안전을 보장해 주지 못하던 시기에 이 상인 계층에서 발견되는 전사戰士적 기질을 그리고 또한 스스로를 말을 탄 크네크트reisigen Knecht(기병 병사)라고 표현할 수 있었던 상황을 고려해 보아야 할 것이다. 도시민들을 기사騎士라고도 부르던 예는 매우 흔하다.[2] 아르놀트Arnold는 "그들 중 절반은 이 같이 종교적 또는 세속적 지도자들로부터 봉토封土를 받아서 좋은 말을 타고 갑옷을 입고 복무하면서 기사騎士 계층의 모든 특권들을 누리던 기사騎士들이었다. 나머지 절반은 실제로 도시에 거주하면서 무역과 상업에 종사하고 도시적 이윤을 추구하던 도시민들이었다"라고 했다(《게르만 자유시自由市들의 헌법사 Verfassungsgeschichte der deutschen Freistädte》, 제Ⅱ편, 186쪽).[3]

　스트라스부르크Strassburg/Strasbourg, 마그데부르크Magdeburg, 쮜리히Zürich 및 여타 도시에서는 기병으로 복무하는 도시민을 콘스타플러Konstafler 또는 콘스토플러Konstofler ("코네타블레Connétable" 즉, "마구간(이 있는) 대공大公 comes stabuli"과 같은 단어이다)라고 불렀다. 스트라스부르크의 경우 서기 1363년에 콘스타플러는 81개 글레베

---

1) 《기사騎士의 위엄과 기사騎士 계층 Die Ritterwürde und der Ritterstand》, 502쪽.

2) 로트Roth von Schreckenstein, 같은 책, 470쪽.

3) 엠크Ehmk · 비펜Bippen 편編, 《브레멘의 공문서철公文書綴 Bremer Urkundenbuch》, 제Ⅰ편, No. 172 참고. 대주교大主敎 게바르트Gebbart는 브레멘 시민들에게 다음과 같이 약속했었다.

　"브레멘에 거주하는 상인은 본인이 원하지 않을 경우 브레멘 대주교의 전역에 참여할 의무가 없다. 다만, 그 상인이 관리이거나 교회로부터 봉토封土를 받은 교회 사람이고 그들 중 교회의 전역戰役에 소집된 자가 적절하게 무장을 갖춘 1명으로 자신의 의무를 이행할 능력이 있을 경우는 예외로 한다.

　(원문)

　"Cives Bremenses mercatores non tenebuntur ad archiepiscopi Bremensis expeditionem, ni voluerint, exceptis illis mercatoribus qui vel tamquam ministeriales vel tamquam homines ecclesiae 류 ecclesia sunt feodati, quorum quilibet ad expeditionem ecclesiae evocatus servicium suum per unum hininem poterit redimere, competenter armis instructum."

　도난트Donandt, 《브레멘 도시법령의 역사 Geschichte des Bremer Stadtrecht》, 제Ⅰ편, 111쪽 참고.

Glebe/gleve(역자 주: 1명의 기사騎士와 그 수행 인원들을 통칭하는 말로서 군대의 병력수는 보통 글레베 단위로 계산되었다. 앞의 269쪽 참고), 길드Zunft/guild(동업조합同業組合)들은 21개 글레베, 선원 船員들을 5개 글레베, 상점주商店主들은 4개 글레베, 주류상酒類商들은 4개 글레베 등 이런 식으로 각 계층이 병력을 제공했다. 루드비히 바이에른Ludwig der Byer 황제는 자유시들에게 "옛 관습에 따라서" 기병들과 함께 산을 넘어 자신의 대관식戴冠式 에 동행할 것을 요구한 적도 있었다.4)

이태리 도시들의 경우에도 앞서 보았듯이 호헨스타우펜Hohenstaufe/Hohenstaufen 왕조 와 오래 투쟁하면서도 진정한 시민 군사체계를 확립하지는 못했었다. 그들이 그 럭저럭 할 수 있던 일은 그들의 성격상 제한적이고 일시적인 일뿐이었다. 게르만 지역에서 도시민이 군사기질을 발전시킬 기회는 그들보다 훨씬 적었다. 길드들과 큰 가문들이 패권을 다투기 시작하고 시의회市議會에서도 서로 자리다툼을 시작한 이후에도 그들은 군사업적을 성취할 기회는 없었다. 후일 인접 영주領主 및 기사騎 士들끼리 끊임없이 투쟁하면서도 도시 특성에 맞는 효율적 군사조직을 발전시키 지 못했다. 일반시민들도 무장을 했고 약간의 군사적 성격을 갖게 되었음은 분 명하지만 그들은 여전히 기사騎士들에 대한 보조병력이었고 특히 궁수弓手 역할만 했을 뿐이다.5) 하지만 그들은 그런 역할만으로 황제의 군대에서 명성을 얻기도 했다. 아르놀트Arnold von Lübeck의 연대기年代記에서는 오랜 연습으로 군사기술을 지닌 도시민들을 칭송했다.6) 그들은 특히 약탈자가 된 기사騎士들을 상대하러 자주 출 전하기도 했다. 그러나 이는 전쟁이라기보다는 소규모 전투에 불과했다. 14세기 에는 길드의 조합원들이 수레 1대 당 6명씩 나누어 타고 출전한 일도 있다. 그 러나 1256년에 벌써 시의회는 비용조달이 가능한 범위 내에서 용병傭兵을 고용하 기로 결정했다.7) 그들은 일반 병사나 기사騎士를 모집하기도 했지만 주변지역의 지도자들 및 기사騎士들과 약정을 체결하기도 했는데 이들은 보수를 받고 지속적 으로 그들을 지원하기로 했었다.

이런 약정은 모든 측면에서 게르만 지역 도시들의 군사체계의 특징이 되었다. 서기 1263년에 쾰른Köln/Cologne 시市는 공수동맹攻守同盟 형태의 약정을 베르크Berg의 아 돌프Adolf 대공大公과 체결했다. 그는 쾰른 시민이 되었고 하루에 쾰른 주화鑄貨로 5

---

4) 휘셔H. Fischer, 《자유시自由市들의 제국帝國 전역戰役 참전Die Teilnahme der Reichsstädte an der Reichsheerfahrt》, 서기 1883년, 14쪽. 그들도 실제 참여했던 로마 원정은 물론 서기 1310년에야 있었다. 같은 책, 29쪽.

5) 린트Lindt의 "호헨스타우펜 시대의 게르만 군사조직사 연구Beiträge zur Geschichte der Deutschen Kriegsverfassung in der Staufischen Zeit"(튀빙겐Tübingen 대학교 학위논문, 서기 1881년), 28쪽에서는 이에 관한 몇 가지 사료구절 들을 인용하고 있는데 그 중 이른 것은 서기 1114년의 기록이다.

6) 서기 1204년 항에는 "칼과 창 및 화살을 가지고 계속적으로 군사훈련을 한 결과…충분한 능력을 갖 추게 된 주민들까지도 포함된 기사騎士들의 무리가 집결한 후에collecta multitudine militum vel etiam civium, qui propter continuas bellorum exercitationes gladiis et sagittis et lanseis non parum praevalent…"라는 구절이 있다.

7) 아르놀트Arnold, 《게르만 자유시自由市들의 헌법사 Verfassungsgeschichte der deutschen Freistädte》, 제Ⅱ편, 243쪽.

마르크를 받는 조건으로 기사騎士 9명과 말을 탄 크네크트Knecht(일반 병사) 15명을 쾰른 시市에 지원하기로 약속했다. 그 대신에 쾰른 시市는 자신들도 갑옷을 입고 또 갑옷 입힌 말을 탄 최고가문 사람 25명을 대공大公에게 지원하기로 했다. 이와 유사한 약정들은 쥘리흐Jülich의 빌헬름Wilhelm 대공大公과 발룸Walum 대공大公 그리고 카 체넬렌보겐Katzenellenbogen의 디트리히Dietrich 대공大公과도 체결되었다. 심지어 100년 후 에도 이런 약정들이 거의 옛 문구 그대로 갱신되었다.8) 볼름Wolm 시市도 이와 유 사한 방식으로 라이닝겐Leiningen의 대공大公들로부터 지원약속을 받아냈다.9) 이런 지원을 요청한 것을 보면 쾰른 시市와 보름 시市의 시민들에게 얼마나 군사기질 이 없었는지를 우리는 알 수 있다. 단지 24명 또는 25명의 지원을 얻기 위한 약 정들도 있었다. 그러나 이는 기사騎士들의 숫자였고 그렇다면 25명은 그리 작은 숫자는 아니었다. 자신의 대공大公들에게 각자 2~4명의 전사戰士에 대한 출전 면제 권 만을 주었던 샤를마뉴Karl/Chalemagne 대제大帝의 법령들을 생각해 보라(역자 주: 앞의 제 I권, 제I장, 부기附記 참고). 이 법령들을 제대로 이해할 수 있카롤링Karoling/Caroling 왕조의 군사체계도 그 기반이 농민 징집군이 아니라 기사騎士들의 전사戰士 계층이었음을 알아야 한다. 게르만 도시의 일반시민들은 그 비호전성 때문에 자연히 기사騎士 계층의 보충요소가 되었고 따라서 쾰른 시민들이 아돌프Adolf 대공大公과의 동맹에 제공하기로 한 자신들의 몫도 시민 징집군이 아니라 갑옷 입힌 말이었다.

도시민들은 출전을 나갈 경우 여하한 경우라도 그 날 밤 안으로 집으로 돌아 올 수 있는 거리 이상 멀리 나가려고 하지 않았다. 서기 1388년의 어느 경우에는 라인Rhine 시역과 슈바벤Schwaben/Swabia 지역의 노시들은 명백하게 이런 취지의 결정을 내린 적도 있다.10) 가끔 규정을 공포해서 노시민들이 무기를 유지할 것을 지시 하고 그들이 보유해야 할 무기의 형태를 지정하고 규정 준수 여부를 확인하기 위한 검열을 실시토록 했었지만 이런 규정들은 실효성이 전혀 없었다.

특히 쾰른 시사市史 등 우리가 지니고 있는 기록을 보면 당시의 상황을 매우 명확하게 말해주는 것들도 있다. 시詩 형식으로 쓰여진 시장市長 하겐Gottfried Hagen의 연대기年代記도 바로 그런 예이다.11) 그러나 쾰른 시민들이 대주교大主敎 의 기사騎士

---

8) 에넨Ennen・에케르츠Eckertz, 《쾰른 시市 사료집Quellen zur Geschichte der Stadt Köln》, 제II편, No. 449, 165쪽 및 제IV편, No. 488, 560쪽. 제III편, 232쪽도 볼 것. 아르놀트Arnold, 위의 책, 제I편, 443쪽.

9) 아르놀트Arnold, 위의 책, 제I편, 443쪽.

10) "많은 신사紳士들이 나와 합류하지 않은 것은 그날 중 집에 돌아오지 못하고 밤새 그곳에 있을 것을 우려했기 때문이다." 쾌니히호펜Königshofen, 《게르만 도시 연대기年代記Chronik deutscher Städte》, 제IX편, 845 쪽. 비셔Vischer, 《독일사 연구Forschungen der deutschen Geschichte》, 제II편, 77쪽. 쾰러Köhler, 《기사騎士 시대의 전 쟁과 용병술用兵術의 발전Entwickelung des Kriegswesen und der Kriegsführung in der Ritterzeit》, 제III편, 제II권, 381쪽.

11) 하겐Gottfried Hagen(이 글 작성 당시 그는 시市 서기書記였음), 《13세기 이후 쾰른 시市 시연대기詩年代記 Reinchronik der Stadt Kln aus dem dreizehnten Jahrhundert》. 이 연대기에는 옛 수고手稿에 맞추어 각주와 용어설명이 첨부되어 있다. 라인 주州 쾰른 시市 시의원市議員 그루테E. von Groote가 최초로 완전히 편집한 이 연대기가 서기 1834년에 몬트-샤우베르 크M. Du Mont-Schauberg 출판사에서 출간되었다.

들을 이겼다는 보링겐Worringen 전투(서기 1288년)의 전설傳說은 이런 경우에 속하지 않는다. 쾰른 시민들은 이 전투에서는 보조 역할밖에는 하지 못했기 때문이다.

프레켄FRECHEN 전투(서기 1257년)

서기 1257년에는 쾰른Köln/Cologne 시가 대주교大主敎 콘라트Conrad von Hochstaden와 충돌했다. 몇 차례 교전이 있은 후 대주교는 쾰른으로 들어가는 도로들을 점령하고 육로陸路건 수로水路건 모든 접근로를 차단케 함으로써 기아작전飢餓作戰을 쓰려 했다. 이 도시의 동맹군 지도자들 중 한 사람인 팔켄부르크Falkenburg의 디트리히Dietrich는 시민들의 지휘를 맡은 후 겨우 400명밖에 안 되는 적이 도시로 들어오는 도로를 차단하도록 방치하는 것은 수치라며 나가서 적을 몰아내도록 요청했다. 도시민들은 그를 따르기로 약속했고 프레켄에서 대주교를 공격했다. 하겐Gottfried Hagen의 시연대기詩年代記에 의하면 처음에 물러나서 병력을 보존했던 팔켄부르크 병력이 결정타를 날리자 쾰른 시민들이 승리했다고 한다. 그러나 에넨Ennen·에케르츠 Eckertz(역자 주: 《쾰른 시市 사료집Quellen zur Geschichte der Stadt Köln》)는 그 뒤에 일어난 사건들을 보면 아무래도 시민들이 진정으로 승리한 것 같지는 않다고 한다. 어쨌건 대주교의 병력이 실제로 400명 정도였다면 이는 쾰른 시민들의 군사능력이 매우 뒤떨어졌던 것으로 볼 수 있는 증거이다. 물론 디트리히가 시민들에게 용기를 북돋기 위해 상대방 병력을 크게 줄여서 말한 것일 수도 있을 것이다. 하지만 그렇다고 해도 쾰른 시민들의 군사적 업적은 미미한 업적일 수밖에는 없다.

쾰른의 내분內紛

쾰른 시민들의 내분에 관한 기록들로부터도 우리는 같은 말을 할 수가 있다. 콘라트의 후임 대주교 엥겔베르트Engelbert von Falkenburg Ⅱ세의 지휘 하에 길드Zunft/guild(동업조합同業組合)들이 큰 가문들의 패권에 반기反旗를 든 적이 있다. 그들은 함께 모여 귀족들의 저택을 습격키로 모의했고 곧 도로상에서 격전激戰이 벌어졌지만 패트리시안Patrizier/Patricians(도시귀족)들이 이겼고 그 결과 대학살이 자행되었고 특히 직조공織造工들이 많이 죽었다. 쾰른의 도로들은 매우 좁았지만 기사騎士들은 말을 타고 싸웠다. 하겐Gottfried Hagen은 길드들이 도로를 차단하려고 쳐놓은 쇠사슬들을 돌파하기 위해 기사騎士들이 얼마나 말에 박차拍車를 가했는지 수 없이 강조하고 있다. 기사騎士들과 그들의 보조병력은 숫자가 매우 적었을 수밖에 없으므로 그들의 개인적 전투능력은 시민 무리에 비해 매우 컸다는 말이 된다.

몇 년 후 두 큰 가문인 오베르스톨젠Overstozen 가문과 바이센Weisen 가문 간 도로 위에서 벌어진 전투의 성격도 앞서와 매우 유사했다. 바이센 가문은 패배해서 도시 밖으로 밀려나갔다가 기습적으로 공격할 계획을 세웠다. 자신의 집이 도시 성벽의 한 출입문 밑에 있던 어느 가난한 구두수선공이 얼마의 돈을 받는 대가로 사람을 태운 말 한 마리가 달려서 통과할만한 큰 구멍을 성벽 밑에 파주기로 합의했다. 림부르크Limburg의 발람Walram 영주領主와 클레베Cleve 대공大公 그리고 팔켄부르크의 세뇨르Seigneur는 서기 1268년 10월 14일에 이 구멍을 통해 500명을 이끌고 도시로 들어가기로 약속했다. 발람 영주는 계획대로 이 지하통로로 도시로 들어가서 가장 가까이에 있는 성문을 열었고 이 성문으로 그의 전 병력이 도시로 들어갔다. 그러나 오베르스톨젠 가문은 적시에 이를 통보 받았고 시민들도 그와 합류했다. 치열한 전투 끝에 두 저명한 가문의 사람들이 많이 죽고 결국 공격자 측이 다시 도시 밖으로 밀려나거나 포로로 잡혔다.

하우스베르겐HAUSBERGEN의 교전(서기 1262년 4월 8일)

스트라스부르크Strassburg/Strasbourg 성민城民들과 그들의 주교主教 발터Walter von Geroldseck 간 벌어진 매우 흥미 있는 이 싸움에 관해서는 양 당사자 측의 기록이 모두 전해져 있다. 주교 측 기록으로는 리헤르Richer가 쓴 보스게스Vosges의 세노네Senone 수도원 연대기年代記(《게르만 사료집Monumenta Germaniae》, SS, XXV, 340)가 있는데 이 기록은 서기 1265년 기록으로 끝나므로 리헤르는 당대當代 인물이다. 두 번째 기록은 한 세대 후인 서기 1290년 경 한 무명작가가 남긴 기록이다. 이 기록은 스트라스부르그 측이 작성한 기록이나 큰 신뢰성은 없다. 후일 이곳 저곳 개찬改竄 되고 정확한 원문도 보존되지 못했다. 그러나 《하우스베르겐 전투Conflictus apud Husbergen》(과거의 이름) 또는 《발터의 전쟁Bellum Walterianum》(현재의 이름)이라는 제목이 붙은 리헤르의 이 기록은 전쟁사의 관점에서 보면 매우 가치 있는 사료이다. 일부 전설 같은 내용들이 있기는 하지만 이 작가는 현장 목격자에게 들은 내용들을 기록해 놓았기 때문이다. 이 기록 중의 어떤 부분들은 그 시대의 삶과 전투방식에 대한 진정한 회고를 통해서만 기술될 수 있는 구체적이고 분명한 기록이다. 독일어로 역사를 기록한 최초 인물들 중 한 사람으로서 14세기 스트라스부르크 연대기 작가인 프리쉐 클로세너Fritsche Closener는 후일에 황제가 되는 루돌프Rudolf von Habsburg도 개입되어 있는 이 발터 주교의 투쟁사를 기록하면서 라틴어로 된 《발터의 진쟁》을 그저 번역해 옮겨놓는 외에는 달리 할 일이 없었다.12)

---

12) 이 문서는 뵈머Böhmer의 《게르만 역사자료 모음Fontes rerum Germanicarum》,제Ⅲ편에 수록되어 있으며, 최근에는 야페Jaffé가 이를 편집해서 《게르만 사료집Monumenta Germaniae》, SS., XVII, 105에 끼워 넣었다. 또한 비간트Wiegand의 〈발터의 전쟁Bellum Walterianum〉(《엘사스 역사 연구Studien zur Elsässischen Geschichte》, 제Ⅰ편, 스트라스부르크, 서기 1878년) 및 로트Roth von Schreckenstein의 《발터 주교主教 Herr Walter von Geroldseck》(튀빙겐, 서기 1875년)도 참고할 것.

스트라스부르크Strassburg/Strasbourg 성민城民들과 발터Walter von Geroldseck 주교主教 간의 전쟁은 양측이 마을들을 약탈하고 주교가 도시 진입로를 차단함에 따라 비교적 오래 계속되었다. 세노네Senone 수도원 연대기年代記 작가 리헤르Richer는 엘사스Elsass/Alsace 전 지역에서 사람들은 사라졌고 황폐화되었으며 백성들은 슬픔에 잠겼다고 기록했다. 발터 주교는 농촌에 토지가 있는 기사騎士들이 자신 편이었으므로 경보警報 체계를 수립해서 적이 성城에서 나오면 바로 전 병력에게 알리도록 했다. 그는 하게나우Hagenau와 자베른Zabern으로 가는 도로 상에 스트라스부르크에서 3마일(약 23km) 떨어진 몰샤임Molsheim에서 종소리가 들리면 가장 가까이 있는 마을부터 차례로 종을 치게 하는 방식으로 농촌지대 전체에 경보가 울리게 해 놓았다.13)

성민城民들이 스트라스부르크에서 1마일(약 7.5km)쯤 떨어진 문돌샤임Mundolsheim 부근에 있는 경계탑을 부수러 나오자 주교는 종을 울리게 한 후 병력을 이끌고 나가 귀환 중인 그들을 공격했다. 이때 성城에 남아있던 병력이 출격 나갔던 동료들을 구하러 나와서 스트라스부르크 북서쪽 3/4마일(약 5.5km) 쯤 떨어진 하우스베르겐Hausbergen에서 귀환 중인 병력과 합류했다. 이때 스트라스부르크 시장市長으로 처음 출격 나간 병력을 지휘했던 늙은 기사騎士 라임볼트 리벤젤러Reimbold Liebenzeller는 나중에 구원을 나온 병력을 지휘하던 니콜라우스 조른Nicolaus Zorn에게 "내 동지 조른 씨! 주님 이름으로 환영합니다. 내 생애에 지금같이 당신이 그리웠던 적이 없소"라는 말을 건넸다고 한다.14)

성민城民들은 바로 전투대형으로 정렬하며("자신들의 종대縱隊를 정렬하며ordinantes acies suas") 서로 격려했는데 그들은 특히 보병들에게 "오늘 우리 도시의 명예를 위해 그리고 우리들 자신은 물론 우리 아이들과 우리 후손들의 영원한 자유를 위해 마음 단단히 먹고 용감히 싸워야 한다"고 말했다. 기사騎士 2명에게 특별히 보병들("보병 무리populo seu peditibus")에게 어떻게 싸워야 하는지를 가르치게 했으며 성민城民들은 그들에게 복종하겠다고 약속했다.

주교의 기사騎士들은 적의 규모를 보자 공격을 주저했다고 한다. 그러나 그들이 주교에게 조언을 하자 주교는 그들을 겁쟁이라고 비난하면서 원한다면 이곳에서 떠나도 좋다고 했다. 그러나 그들은 자신들의 명예를 위해 떠나지 않았고 죽을 것이 예상되는데도 불구하고 전투에 뛰어들었다고 리헤르는 기록했다.

---

13) 로트Roth von Schreckenstein는 발터Walter von Geroldseck 주교主教가 자신의 병력을 슐레트스타트Schlettstadt, 라이나우Rheinau, 쟈베른Zabern 및 하게나우Hagenau 부근에 나누어 배치했던 것으로 추정한다(위의 책, 40쪽). 이 지점들 중 일부는 집결지인 몰샤임Molsheim에서 4마일 이상(약 30km) 떨어진 곳이다.

리헤르Richer는 주교의 병력은 처음에는 집결지가 아니라 다켄스타인Dachenstein에 모여 있었다고 했다.

14) 클로세너Fritsche Closener의 번역문을 인용했다. 라틴어 원문은 "Bene veniatis, dilectissime domine Zorn; nunquam in tantum desiderabam vos videre"로 되어 있다.

아직 기사騎士가 되기 전인 스트라스부르크의 젊은 귀족 에크베샤임Marcus Eckwersheim은 창을 겨눈 채 대형 앞으로 돌진해 나갔다. 주교 측 기사騎士 중에서는 베케라리우스Beckelarius라는 기사騎士가 도전을 받아들이고 앞으로 돌진해 나왔다. 두 사람의 창이 너무 세게 부딪치면서 두 사람 모두 말과 함께 땅에 쓰러졌고 두 사람의 말은 모두 죽었다. 이때 양측 모두 동료들이 뛰어나갔는데 성민城民들이 에크베샤임을 구하고 베케라리우스를 죽였다.

상황은 기사騎士들의 전면전으로 발전했고 곧 성민城民들이 이겼다. 그들의 보병들이 창을 들고 전투에 뛰어들어 상대방의 말들을 찔러 쓰러뜨려서 그들이 모두 땅에 떨어졌기 때문이다. 시장市長 라임볼트 리벤젤러Reimbold Liebenzeller는 보병들에게 비록 우리 측 말을 찌르더라도 우리 기사騎士들은 집이 가까워 걸어서도 돌아갈 수 있으니 개의치 말고 무작정 창을 앞으로 계속 찔러대기만 하라고 지시했다 한다. 사료에서 비교적 긴 문장으로 아주 크게 강조한 이 대목은 아마 이 늙은 기사騎士가 진담 반 농담 반으로 한 말일 것이다. 그러나 여하간 이 대목은 기사騎士와 창병槍兵의 합동전투 모습을 묘사해 놓은 매우 귀중한 대목이다.

주교의 기사騎士들은 성민城民들의 보병 창병槍兵들로 인해 곤경에 빠졌고 결국 상대방의 크게 우세한 병력과 두 병종兵種의 혼합전투의 제물祭物이 된 것이었다. 스트라스부르크 쇠뇌수弩手들은 기사騎士들을 돕지 않고 본대本隊에서 빠져나가서 전투가 시작되기 전에 주교의 보병이 그들의 기사騎士들을 도우러 오지 못하도록 대형을 형성했다. 아쉽게도 그들이 어떻게 그렇게 할 수 있었는지에 대한 설명은 없다. 여하간 성민城民들이 성城 주변의 참호로 가기 위해 성城 쪽으로 선회하자 주교는 그들이 전투에서 철수하려는 것으로 판단했는지 기병들을 이끌고 자신의 보병들을 추월해서 보병이 전진하기 전에 먼저 공격을 시작했다.

이때 스트라스부르크의 쇠뇌수弩手들이 주교의 기사騎士와 보병들 사이로 끼어들 수는 없었을 것이다. 우리는 이 쇠뇌수들이 우군의 대형 앞에 있던 한 언덕을 점령하고 있었고 주교의 병력은 이 언덕의 기슭을 따라서 전진했을 것으로 상상해 볼 수 있을 것이다. 여하간 이때 주교의 기사騎士들은 쇠뇌수들의 화살에 전진을 멈추지 않았지만 그 뒤의 보병들은 이에 놀라서 뒤로 물러섰다고 한다. 물론 이 설명을 주의 깊게 검토해 보면 논리적인 설명이 되지 못한다. 주교의 병력이 협곡峽谷으로 왔을 리는 없고 따라서 분명히 그리 많지 않았던 스트라스부르크 쇠뇌수들의 사정거리 밖에서 이동할 수 있었을 것이기 때문이다. 결국 우리는 이 일화逸話를 허구虛構에 불과한 것으로 보아야 한다. 사료에서는 스트라스부르크 쇠뇌수 수를 300명으로 주교의 병력을 5,000명으로 각각 기록해 놓았기 때문이다. 주교의 병력이 800~1,000명뿐이었다고 해도 어떻게 본대에서 그렇게 멀리 떨어져 나와 있던 스트라스부르크 쇠뇌수 300명이 이들을 상대할 수 있었다는 말인가? 개활지에서 소수 쇠뇌수들을 자신 있게 물리칠 수 없었다면 주교의 보병은 형편없는 창병槍兵들이었을 수밖에는 없을 것이다. 아마 양측면에 배치되어 있던 스트라스부르크 쇠뇌수들이 기사騎士들 바로 뒤를 따라오던 주교의 보병들에게 있던 자리에서 쇠뇌를 쏠 수 있었을 뿐인데 사료에서는 그들의 이런 행동을 상대방 보병이 기사騎士들의 전투에 참여하지 못하도록 완전히 차단했다는 식으로까지 과장해 놓은 것일 가능성이 높다.

여하간 중요한 점은 스트라스부르크 병력이 수적으로 크게 우세했다는 점과 기사騎士 가문 출신의 "경건한 기사騎士 frummer Ritter"로 이 전투에 직접 참전한 발터Walter 주교가 이런 큰 병력을 두려움의 대상으로 생각하지 않았다는 점이다.

주교는 패했고 그의 기사騎士 60명이 죽었으며 76명은 포로가 되었다. 성민城民들 중에는 단 1명만 죽었는데 그것도 처음에는 포로로 잡혔다가 전투에서 패하자 화가 난 주교의 병력이 그를 죽인 것이라는 기록은 이 전투의 전체 성격과 너무 모순되므로 믿어지지 않는다. 이 영웅적인 주교의 기사騎士들이 실제로 "자신들의 명예를 위해" 떠나지 않고 죽을 것이 예상됨에도 불구하고 전투에 뛰어들었다면 죽은 기사騎士 60명도 헛되이 그들의 생명을 희생한 것은 아니다. 더욱이 이 전투는 짧은 전투도 아니었다. 주교는 자신의 말이 쓰러지자 다른 말로 갈아탔었고 이 말까지 또 쓰러지자 세 번째 말로 갈아타고 도주했다고 하기 때문이다. 스트라스부르크 성민城民들의 명예는 그들의 전혀 피를 흘리지 않고 승리했다면 그리 큰 명예가 되지 못할 것이다. 이 우화寓話 같은 기록은 한 세대가 흐른 후에 쓰여졌기 때문에 탄생했을 것이다. 스트라스부르크의 무명작가에게 이 전투 이야기를 들려 준 사람은 전투에서 진 상대방에게 부상도 입지 않고 포로로 잡혔다가 끌려가서 죽은 이 푸주간 주인 빌게린Bilgerin의 운명에 특히 분개했었을 것이고 이런 사실을 너무 강조하다 보니 이때 죽은 다른 사람들의 자취는 숨겨버리고 결국 빌게린만 유일하게 죽은 것으로 말했을 것이다.

부 기附記

하우스베르겐Hausbergen 전투에 대한 필자의 설명은 전적으로 스트라스부르크 측 무명작가의 기록인 《발터의 전쟁Bellum Walterianum》을 기초로 한 것이다. 이 기록은 비록 후일의 기록이고 편향성은 있지만 기본적으로 매우 있을법한 내용이기 때문이다. 그러나 필자는 앞서 특히 칸네Cannä/Cannae 전투의 경우를 포함해서 흔히 그래 왔던 것과 같이 사료비판의 귀중한 참고자료로 이곳에서도 또 하나의 사료인 주교 측 리헤르Richer의 기록을 문언 그대로 소개하려 한다. 리헤르는 사건현장에서 멀지 않은 곳에 살면서 사건 직후 기록을 작성했기 때문에 만약 우리에게 다른 사료가 없었다면 우리는 아마도 그의 터무니없는 기록을 그대로 인정했을 것이다.

그의 기록은 다음과 같다.

"발터 주교가 자신을 보호하려고 각 방면에서 집결시킨 병력을 거느리고 그의 성城들 가운데 하나인 다켄스타인Dachenstein이라는 곳에서 기다리고 있을 때 스트라스부르크 병력은 전투준비를 갖추고 성城에서 나왔다. 기사騎士들과 함께 이 소식을 들은 주교는 스트라스부르크 성민城民들에게 '선전포고宣戰布告를 했다cum suis armatis argentinensibus bellum indixit'(이 표현은 의미가 분명하지 않다. 리헤르는 앞서 이미 양측이 주변을 황폐화시키고 불태우고 있었다고 했기 때문이다. 아마 주교가 자신의 병력에게 전투준비를 명령했다는 의미일 것이다). 그러나 스트라스부르크 성민城民들은 주교를 향해 전진했고 곧 전투가 시작되었다. 스트라스부르크 성민城民들은 프랑스말로 '하세 다네세haches danaises'라고 부르는 전투도끼를 스스로 만들어 준비하고 있다 이를 가지고 주교의 병력에게 매우 강하게 돌격하자 그들의 방패, 투구, 갑옷 등 어떤 보호장비도 이를 막을 수 없었다. 더욱이 전투가 매우 치열해지면서 양측이 서로 살육전殺戮戰을 벌이고 있을 때 스트라스부르크군은 보충병력을 받았다. 스트라스부르크 부근에서 전투가 벌어져서 자신들의 병력이 치열한 전투를 벌이는 것을 보게 된 도시 수비병력과 시민들이 의리 있게 그들을 도우러 뛰어 나와 주교의 군대를 맹렬하게 공격했고 그들 앞에 보이는 것들을 다 쓰러뜨렸기 때문이다. 주교 측의 지도자들과 기사騎士들은 자신들이 구조될 길이 없음을 알자 계속 싸우다 죽기보다 스트라스부르크 성민城民들의 포로가 되기로 했다. 성민城民들은 그들을 무장을 해제시킨 후 성城 안으로 끌고 들어갔다. 스트라스부르크 시민들은 이 전투에서 하느님이 자신들을 돕고 있다고 믿으면서 주교가 있던 전투집단을 향해 뛰어들었고 이때부터 주교는 그의 병력이 패배하는 것과 그의 부대가 격파되는 것을 보고만 있다가 그의 말이 죽자 그 자신도 땅에 떨어졌다. 그러나 그의 곁에 있던 기사騎士 몇 명이 그를 부축해 다시 말에 태우고 전장戰場을 떠나도록 설득했다. 이때

스트라스부르크 성민城民들은 그들이 원하는 만큼 많은 적을 죽였고 나머지
는 포로로 성城 안으로 끌고 들어갔다. … 포로 숫자는 80명이라고 보고되었
고 전사자戰死者 숫자는 분명히 말할 수 없다고 한다.

이것이 리헤르Richer의 기록이다. 우리는 이 기록에서 스트라스부르크 측 병력이
크게 우세했다는 점 외에는 전투의 중요 요소들이 모두 사라졌음을 알 수 있다.
독자들은 특히 성민城民들에게 승리를 안겨주었다는 덴마크 전투도끼에 주목해
보기를 바란다. 우리는 성민城民들이 전쟁 발발 초기에 여러 가지 무기를 만들게
했고 이 전투도끼도 그들 중 하나였을 것으로 생각해 볼 수 있지만 이 도끼가
이 전투에서 그렇게 큰 위력을 발휘했다는 것은 믿어서는 안 된다. 실제로 그랬
다면 스트라스부르크 측의 사료인 《발터의 전쟁Bellum Walterianum》에도 이에 관한
언급이 있었어야 하며 또한 이 가공할 무기가 항상 그렇게 유용하게 쓰이지는
못한 이유를 우리는 이해할 수 없게 된다. 오히려 이 전투에서 결정적인 요소는
《발터의 전쟁》에서 말하듯이 기사騎士들을 지원해 주면서 상대방의 말을 쓰러
뜨린 창병槍兵들의 무리임이 분명하다. 비록 어떻게 그렇게 효율적으로 운용되었
는지는 의문이지만 그들의 우세한 쇠뇌수弩手 역시 결정적인 역할을 했을 것이다.
우리는 이런 점들이 아니라 전투도끼를 강조한 주교 측 사료를 역사를 기록하는
사람들은 이 전투와 같이 수적 우세가 정상적 방법으로 승리를 안겨 준 전형적
전투의 경우에조차 무언가 특이한 점을 부각시키기 좋아한다는 것을 알 수 있는
좋은 예로 볼 수 있다.

제VII장
게르만 기사단의 프로이센 정복

십자군十字軍과 교회와 서구西歐의 역사에서 기사단騎士團들은 큰 역할을 했고 이 책에서도 우리는 자주 그들을 언급해 왔다. 그러나 그들이 병법사兵法史의 한 페이지를 차지했다든지 독특한 무엇을 창안했다든지 하는 등의 의미는 아니었다.

우리는 그들의 기율紀律과 복종서약服從誓約을 보고 무언가 다른 것을 기대할 수도 있었지만 그들이 당시의 통상적인 모습과는 다른 어떤 업적을 남긴 경우는 어디에서도 보이지 않는다. 오히려 그들의 기사騎士적인 전쟁수행과 전투의 모습이 분명히 발견되는 곳은 십자군 기사단騎士團들의 규정들이며 십자군 기사단들은 특이한 업적을 남기기에는 전투원이라고 할 수 있는 진정한 기사騎士들의 숫자가 항상 너무 적었었다. 그러나 그들은 효율적 조직을 유지하면서 중요한 업적들을 이룰 수 있었는데 이는 특이한 전술 같은 것이 있었기 때문은 아니었으며 라틴 교회를 신봉하는 전 지역에서 성지聖地를 위한 전투를 지원해 주기 위해서 그들에게 보내 주었던 인적 물적 자원 덕분이었다.

여하간 이런 기사단 중 하나인 게르만 기사단deutschen Orden(역자 주: 튜튼 기사단Teutonic Order라고도 함)은 프로이센 지역에서 말할 수 없이 중요한 위대한 승리를 거두었다.

그렇게 강력했던 게르만 제국이 엘베Elbe강과 오데르Oder강 사이 지역에서 거친 슬라브Slav족을 영원히 굴복시켜 동화시키는데 300년이 걸렸고 히인리히 I세 때로부터 계산해도 200년 이상의 세월이 걸렸다. 이렇게 긴 시간을 염두에 둔다면 폴란드인들이 북쪽에서는 이웃의 이교도異敎徒들을 그리고 비스툴라Vistula강과 메멜Memel강 사이 지역에서는 프로이센Preussen/Prussia 민족을 스스로 막아내지 못하고 결국 게르만 제국의 기사단에게 지원을 요청했던 것은 놀랄만한 일은 아니다.[1]

비정상적인 한 국가의 창건과 이러한 상황변화로 인한 식민사업植民事業에 대한 매우 정확한 정보는 우리에게 없다. 이 시기의 일을 실제로 기록으로 남긴 두스부르크Peter Dusburg는 100년 이상 후일의 인물이다. 그러나 우리는 이 정복기간을 지배했었던 군사원칙들에 대해서는 분명히 알 수 있다.

이 기사단에게는 시저Cäsar/Caesar가 골Gallien/Gaul 지역을 정복할 때 이 지역의 한 가

---

1) 이 문제를 가장 훌륭하게 설명한 글은 카를로마이어Karl Lohmeyer의 《동서東西 두 프로이센의 역사 Geschichte von Ost- und Westpreussen》, 제I부(제2판, 서기 1881년)이다. 에발트A. L. Ewald의 《독일의 프로이센 정복Die Eroberung Preussens durch die Deutschen》(제I편~제IV편, 서기 1882년~1886년)은 다양한 사료들을 기초로 쓰여진 글이다. 프로이센의 제2차 대봉기를 충분히 잘 검토한 글로는 쾰러Köhler 장군의 《기사騎士 시대의 전쟁과 용병술用兵術의 발전Entwickelung des Kriegswesen und der Kriegsführung in der Ritterzeit》, 제II편이 있다.

운데서 자신이 창설해서 무적無敵의 힘을 가지고 모든 반항들을 잠재웠던 것과 같은 상비군常備軍이 없었다. 이 기사단에는 또한 샤를마뉴Karl/Chalemagne 대제大帝(역자 주: 프랑크 제국 후기 카롤링 왕조 제2대 왕. 서西로마 제국 황제가 됨. 재위는 서기 768년~814년)가 자신의 정책에 맞추어 필요할 때마다 동원해서 작센Sachsen/Saxons의 저항을 점차 약화시켜 와해시킬 때 이용한 것 같은 바쌀vassal(역자 주: "가신家臣"으로 통상 번역된다. 구체적 의미에 대해서는 이 책 제II편, 제IV권, 제IV장 참고) 군대도 없었다. 게르만 기사단이 프로이센과 더불어 리브란트Livland/Livinia(역자 주: 발트해 연안 지역)와 쿠르란트Kurland/Courland(역자 주: 라트비아 남부 지역)를 동시에 정복할 수 있었던 직접적인 힘은 사실 매우 작은 힘에 불과했었다. 이 기사단은 이 지역들을 지배하게 된 후 비로소 큰 세력이 되었다. 이상하게 이 기사단의 단원團員 숫자에 대한 기록은 어떤 시기의 사료에도 없어 우리가 이를 알 수가 없다.2) 13세기에 그들의 병력수는 결코 수백명 이상은 되지 못했고 최대 1,000명 정도였다. 이 기사단의 힘은 사실 당시의 위대한 사상에 있었고 기사騎士들과 교회는 이 기사단 때문에 유기적으로 결속했었으며 이 기사단은 교회의 옹호자였다. 역으로 말하자면 게르만 제국 뿐 아니라 서구 전체가 이 기사단의 후원자였다. 교황청의 십자군 교서敎書와 교시敎示 그리고 영주領主와 기사騎士들의 호전적 본성과 모험심은 이 기사단에 강력한 힘을 지속적으로 불어넣었고 이로 인해 이 기사단은 한 과제를 해결할 수 있었다. 이 과제는 황제와 왕들의 병력을 고갈시킬 수도 있었던 과제였고 무력한 폴란드인들을 공포의 도가니로 몰아넣었던 과제였다. 예루살렘으로 갔던 십자군들은 큰 정치적 성공을 거둘 수는 없었던 반면 이 힘찬 물결이 갈라져 발트 해海Ostsee/Baltic see 한 구석으로 방향을 튼 작은 여울 하나는 풍요로운 들판으로 흘러 들어 세계사에 뚜렷한 흔적을 남겼으며 이 흔적은 현재까지도 계속 남아있다.

이 기사騎士들은 우선 비스툴라Vistula강 가의 황폐화 된 폴란드 국경지역에 요새화된 토른Thorn 성城을 구축했고(서기 1230년 또는 1231년). 다시 강을 따라 내려가 쿨름Kulm, 마리엔베르더Marienwerder, 엘빙Elbing에 거점을 구축했다(서기 1237년). 그 후 다시 프리세 하프Frisches Haff강을 따라 내려가 해안海岸에 발가Balga 요새를 구축했다(서기 1239년). 학자들은 그들이 이렇게 국경선을 따라서 이동한 것을 두고 프로이센을 포위하려는 계획 아래 그렇게 한 것으로 생각해 왔지만 이는 논리적이지 못한 생각이다. 그들은 이 두 요새를 기지로 해서 전진해 나갔지만 이는 전략적으로 계산된 전진은 아니었다. 결정적 요소는 그보다는 오히려 이런 모든 거점들이 물가에 있어서 서로 연락을 유지하고 게르만 본토와도 수로水路를 통해서

---

2) 두스부르크Dusburg의 기록이나 올리바Oliva의 연대기年代記에서는 서기 1239년 게르만 기사단의 평단원平 團員 수는 600명이었다고 하지만 이를 믿어야 할지 알 수 없다.

접촉할 수 있었다는 점이다. 그들이 노가트Nogat강을 따라 발트 해海Ostsee/Baltic see에 도달하면서 게르만 항구들과 접촉이 이루어졌다. 엘빙Elbing항은 어느 정도 뤼베크 Lübeck의 식민지였다고 할 수 있었다. 자신의 지역 내의 에르츠게비르게Erzgebirge 산 에서 은광銀鑛이 발견되어 가장 부유한 영주領主가 된 마이쎈Meissen 변경대공邊境大公 /Markgrafen 하인리히는 십자군 원정 중에 이 기사단을 방문해서 큰 선물을 준 적이 있다. 그는 자신의 기사騎士들로 그들을 돕기도 했지만 이 기사단에게 전함戰艦 2척 을 준 것이 더 큰 선물이었다. 그가 준 "필그림Pilgrim"호와 "프리데란드Friedeland" 호 때문에 이 기사단은 프리세 하프Frisches Haff강을 지배할 수 있게 되었다.

이 기사騎士들은 물가에 있는 그들의 성城들을 근거지로 해서 농촌지대에 전진 요새들을 구축했고 그 중 가장 중요한 곳은 레덴Rheden, 바르텐스타인Bartenstein 및 뢰쎌Rössel에 구축한 요새였다. 샤를마뉴 대제大帝가 작센에서 했던 행동과는 전혀 다른 이런 단계적 전진은 어떤 구체적 전략원칙에 기초한 것이 아니었으며 이 기사단의 능력과 상황에 가장 적합한 행동이었다. 기사단은 공세를 취하기에는 병력이 너무 적었다. 그러나 십자군들이 반복해서 그들에게 왔으며, 마이쎈Meissen 변경대공과 브란덴부르크Brandenburg 변경대공, 튀링겐Thüringen/Thuringia 지방대공地方大公 /Landgraf, 브라운슈바이크Braunschweig 영주領主, 메르세부르크Merseburg 주교主教, 안할트 Anhalt 영주領主 등 기병騎兵 종자從者/Gefolg들을 거느린 대영주大領主들도 자주 그들을 방 문했다. 그들은 이런 보충병력이 도착할 때마다 이교도異教徒들에게 일격을 가하며 내륙으로 한발씩 전진하며 영구요새들을 건설했다. 그들은 이런 식으로 성城들을 거점 삼아서 우선 비스툴라Vistula강가의 프로이센 부족들인 포메사니아Pomesanien/ Pomesanian족, 포게사니아Pogesanien/Pogesania족 및 에르므란트Ermland족을 정복했다. 사료에 의하면 서기 1236년에는 시르구네Sirgune(소르게Sorge)에서도 전투가 있었다 하나 이 전투가 그렇게 중요한 전투였는지 또는 실제로 있었던 전투인지는 잘 모르겠다. 여하간 중요한 점은 그런 요새들이 구축되었다는 점이다.

요새 구축이 중요했던 것은 그들의 식민지 정복에서는 최초 정복 시에는 기습 과 책략을 통해 오히려 쉽게 성공할 수 있었던 것에 비해 정복된 민족이 이민족 의 지배와 압력에 친숙해 진 후 곧 일으키게 될 반란의 효과적인 진압이 결정적 으로 중요했고 이 요새들이 이를 위한 기지가 되었기 때문이다. 식민지 정복이 시작된 지 12년만인 서기 1242년에 최초의 반란이 일어나 서기 1253년까지 11년 동안이나 계속되었다. 이런 반란에 견디고 이를 극복할 수 있었던 이유는 야전 병력과 정면전투 때문이 아니라 프로이센 부족들에게는 이 요새들을 함락시키고 기사騎士들을 자신들의 영토에서 몰아낼 능력이 없었기 때문이다. 전사戰士 순례자

巡禮者들이 끊임없이 이 기사騎士들을 도와서 공세에 참여했으며 내륙 깊이 크리스트부르크Christburg에 새로운 요새화 된 지원기지를 구축하도록 도와주었다. 교황의 특사特使 야곱Jacob von Liège은 결국 반란군의 일부와 평화적인 해결방안을 중재했고 (서기 1249년 2월 7일) 관련 문서가 지금껏 보존되어 있다. 그러나 충돌은 재발했고 기사騎士들이 크뤼켄Krücken에서 크게 패하기도 했다. 이때 기사단 단원 54명이 죽었다. 하지만 결국 모든 반란군이 평화를 수락했다.

이에 기사단은 즉시 팽창작전을 재개했다. 오토카르Ottocar 왕이 직접 이끌고 온 보헤미아 병력의 지원 하에 프레겔Pregel강 하구 쾨니히베르크Königsberg에 새 요새를 구축했다(서기 1254년). 쿠르란트Kurland/Courland와 접촉을 위해 메멜Memel(메멜부르크 Memelburg) 요새가 이미 쿠리세 하프Kurisches Haff강 하구에 구축된 바 있었고 크로이 쯔부르크Kreuzburg 요새가 내륙에 구축된 바 있었다. 이어 쿠리세 하프강 강변에 라비아우Labiau 요새가, 내륙 더 깊은 곳의 프레겔Pregel강 강변에 벨라우Wehlau 요새가 각각 구축되었다. 그들은 이 요새들과 몇몇 다른 요새들을 거점으로 동東프로이센 정복을 끝냈다. 동東프로이센의 대부분 지역에는 이미 실제 프로이센 부족들은 살지 않았고 리투아니아Littauren/Lithuanians족이 들어와 살고 있었다.

그러나 6년 후인 서기 1260년에는 두르반Durban에서 리브란트Livland/Livinia 단장團長 부카르트Burchard von Hornhausen와 군기관軍旗官/Marschall 하인리히 보텔Heinrich Botel을 비롯해 기사단 단원 150명이 죽는 큰 패배(7월 13일)를 당한 후 2차 반란이 일어났다. 비스툴라Vistula강 바로 인접 지역인 포메사니아Pomesanien/Pomesanian는 이번 봉기에는 참여하지 않았지만 사므란트Samland, 나탕겐Natangen, 에름란트Ermland, 포게사니아 Pogesanien/Pogesania 및 바르텐Barten 등 5개 내륙 구역이 치밀한 계획 하에 반란을 일으켰다. 그들은 독일식 호칭으로는 헤르조그Herzog(영주領主)라고 부를 수 있는 수령首 領/Hauftleute들을 선출한 후 큰 각오로 15년간 저항했다. 이들 수령들 중 한 사람인 나탕겐의 하인리히 몬테Heinrich Monte는 옛날 게르만족의 아르미니우스Armin/Arminius가 로마에서 그랬듯이(역자 주: 이 책 제II편, 111쪽 참고) 마그데부르크Magdeburg에서 교육도 받고 기독교 세례명洗禮名까지 받은 것 같다. 야전에서는 계속 프로이센 측이 우위에 있었다. 특히 한때 뢰바우Löbau에서는 부단장副團長 헬메리히Helmerich가 기사단 형제 14명과 함께 죽고 기독교도 군대 전체가 격파되기도 했다(서기 1263년 7월 13일). 일반적으로 이 전쟁은 양측 모두의 약탈 및 황폐화 원정의 반복이었고 이 와중에 프로이센 병력이 토른Thorn 성벽城壁까지 접근하기도 했고 마리엔베르더 Marienwerder 요새를 격파하기도 했다. 그러나 최종 승부는 또다시 요새화 된 거점들의 쟁탈전에 의해 결정되었다. 프로이센 측은 크리스트부르크Christburg를 제외한 내륙 거점들을 모두 함락시켰다. 그들은 적으로부터 전쟁장비 이용방법을 배우기는 했어도 공성攻城 기술은 변변치 못했지만 대항거점들을 구축해서 기사단의 성城들을 봉쇄했고 이 대항거점의 수비병력을 계속 교체함으로써 식량이 떨어진 기사騎士들을 성城밖으로 끌어내는데 성공했다. 그러나 옛날 알리소Aliso 요새의 로마군 수비대가 바루스Varus의 패잔병들과 함께 게르만족의 포위에 여러 달 동안 버티다가 식량이 떨어지자 몰래 요새를 빠져나와 20마일(약 150km)나 떨어진 라인강까지 탈주하는데 성공했던 것과 같이(역자 주: 이 책 제Ⅱ편, 제Ⅰ권, 제Ⅳ장 참고) 이번에는 프로이센 내의 기사단 요새 수비병력들이 결국 포위군의 주의를 다른 곳으로 돌려놓은 다음에 몰래 철수했다.

이런 식으로 하일스베르크Heilsberg와 브라운스베르크Braunsberg의 수비병력은 엘빙Elbing 거점으로 탈주했고, 바이젠부르크Weisenburg(라스텐부르크Rastenburg 북쪽)의 수비병력은 폴란드 남쪽 황무지 사쌘Sassen을 거쳐 탈주했다. 바르텐Barten의 프로이센 수령 디반Diwan은 그들의 탈주 사실을 알자 추격에 나서 매우 먼 거리를 달아난 그들 13명과 그들의 말들을 따라잡기는 했지만 그들과 싸우다 그 자신이 부상을 입자 다른 동료들이 싸움과 추격을 포기했다.

크로이쯔부르크Kreuzburg 수비병력의 경우에는 불행히도 몰래 도주하다 발각되어 모두 참살되었다.

바르텐스타인Bartenstein의 경우 4년간 적의 봉쇄를 견디다 절망적인 상황에서 결국 기발한 계획으로 도주에 성공했다. 그들이 며칠 간 숨을 죽이고 숨어 있자 적은 그들이 요새를 포기하고 이미 도주한 것으로 믿고 요새에 접근하다 수비병력에게 기습을 받고 심한 손실을 입은 채 물러났다. 이후 수비병력은 병력을 둘로 나누어 한 편은 쾌니히베르크Königsberg(약 9마일 즉, 약 70km) 쪽으로 다른 한 편은 엘빙Elbing(약 15마일 즉, 약 110km) 쪽으로 도주했다. 이때 눈도 멀고 다리도 저는 기사단 형제 두 명이 뒤에 남아 평상시 같이 일정한 시각에 종을 쳐서 적을 속였는데 적은 앞서 입은 큰 피해 때문에 크게 조심하다가 종소리를 듣고 수비병력이 아직 요새에 머무는 것으로 믿게 되었다. 수비병력이 사라진 것을 그들이 확실히 알게 된 것은 기사騎士들이 이미 흔적도 없이 멀리 가버린 뒤였다. 두 편으로 나뉜 수비병력은 쾌니히베르크와 엘빙에 각각 무사히 도착했다.

기사단은 포위된 요새들을 구원하기 위해 할 수 있는 일이 아무 것도 없었다. 그러나 메멜부르크Memelburg, 쾌니히베르크, 발가Balga 및 엘빙의 강변 및 해변 요새들은 끝까지 버티었고 반란군은 감히 쿨름Kulm과 토른Thorn 요새에는 접근하지 못하고 있었다. 하지만 발가와 특히 쾌니히베르크 요새는 철저하게 포위하고 있었다. 프로이센 포위군은 쾌니히베르크에서는 프레겔Pregel 강 위에 다리를 놓아 기사騎士들이 수로水路를 통해 외부와 연락하는 것까지 차단하려고 했는데 기사騎士들은 이

다리를 파괴했고 식량과 보충병력 그리고 결국은 구원군까지 수로水路를 통해 이 요새에 도착했다. 쾨니히베르크의 프로이센 포위군을 쥘리흐Jülich 대공大公과 베르크Berg 대공大公이 쫓아낸 적도 있었다(서기 1262년 1월 22일). 서기 1265년 브라운슈바이크Braunschweig 영주領主와 튀링겐Thüringen/Thuringia 지방대공地方大公/Landgraf이 도착하자 쾨니히베르크의 기사騎士 형제들은 다시 공세를 취할 수 있게 되었다.

이 2차 대반란도 결국 1차 반란 때와 비슷하게 끝난 것으로 보인다. 프로이센 부족들은 실제로 패한 것은 아니지만 지치게 되었다. 그들의 수령 중 나탕겐의 하인리히 몬태Heinrich Monte와 에름란트Ermland의 글라페Glappe는 속임수에 빠져 그리고 아마도 동료들의 일종의 배신으로 인해 기사騎士들에게 잡혀서 결국 목이 매달려 죽었다. 세 번째 지도자였던 바르텐Barten 수령 디반Diwan도 쇤세Schönsee 성城을 포위 중에 죽었다. 프로이센 민족은 비록 정복자들에게 그렇게 큰 피해를 입히고 그렇게 많은 마을들과 농장들과 거점들을 파괴하고 주민들을 죽이기도 했지만 결국 적을 자신들의 영역에서 몰아낼 수는 없음을 깨달았다. 수다우엔Sudauer/Sudauen 수령 스쿠만트Skumand는 동남쪽 최남단에서 오랫동안 가장 용감히 싸우며 쿨름Kulm 지역까지 전역戰役을 확대한 후 물러서기로 결정했다. 그는 모든 것을 포기하고 병력을 이끌고 이미 리투아니아까지 물러났었는데 돌연 다시 돌아와서 이교異敎를 포기하고 기사騎士들의 패권을 수락했다. 다른 지도자들도 같았다. 토른Thorn에 거점을 구축한지 53년만인 서기 1283년에는 프로이센 정복이 종결된 것으로 간주되었다.

우리는 왜 옛날에 로마인들은 이런 식으로 게르만족을 장악해서 그들의 정치체계를 개르만족에게까지 확대할 수 없었는지 의문을 가져 볼 수 있을 것이다. 그러나 양자간 큰 차이는 무엇보다 로마인들의 게르만족 정복은 훨씬 더 거대한 사업이었다는 점이다. 프로이센은 게르만 지역에 비하면 작은 지역에 불과했다. 게르만 지역도 인구밀도가 낮았음은 분명하지만 프로이센 지역은 그보다 훨씬 더 낮았다. 프로이센에서는 게르만 기사단이 가장 멀리 전진한 거점들도 바다와 비스툴라Vistula 강을 끼고 있는 안전한 기지에서 그리 멀지는 않았다. 또한 게르만 기사단에게는 투쟁기간 중에 항상 폴란드라는 동맹군이 있었다. 포메라니아Pommern/Pomerania(포메렐리아Pommerellen//Pomerlia)지역의 영주領主들은 때로는 기사단에게 매우 적대적이었고 프로이센 민족과 직접 동맹을 맺기도 했었지만 결국은 이들을 진정시킬 수 있었는데 이는 기사단의 군사력 때문이 아니라 이미 기독교 문명권에 속해있던 이 영주領主들과의 외교교섭과 십자군 영주領主들의 개입이 있었기 때문이다. 그 외에도 프로이센의 정복과 기독교 전파를 위해 게르만 제국을 비롯한 서구西歐 전체가 그리고 부분적으로는 폴란드까지 제공했던 자원들을 생각해 보면 이는 정복할 지역의 크기에 비해 엄청난 자원이었다. 우리가 잊을 수 없듯이 이 투쟁은 53년간이나 지속되었다. 반면 시저Cäsar/Caesar는 라인강에 이르기까지 거대한 골Gallien/Gaul 지역의 정복을 완전히 정복하는데 8년밖에 걸리지 않았다. 어떤 면에서 보아도 프로이센 원정 같은 소규모 원정에도 시저와 같은 집중적이고 신속한 승리 추구가 필요했다. 그러나 게르만 기사단은 너무 약했기 때문에 그런 식으로 일을 추진할 수가 없었다. 그들에게 제공된 자원이 거대한 자원이기는 했지만 언제나 찔끔찔끔 간헐적으로 제공된 자원되었다. 결국 왜 옛 로마인들은 게르만 기사단과 같은 방식으로 게르만족을 정복할 수 없었는지에 관한 의문에 대해 우리는 아래와 같이 답할 수 있다. 로마인들에게 게르만 지역 정복이 절대적으로 필요해서 이에 필요한 자원을 동원할 의사가 있었다면 그들은 시저와 같은 방식으로 정복에 나섰어야만 했을 것이다. 그러나 로마 황제들은 게르만 기사단이 프로이센 정복에 사용했던 비용이 많이 드는 방법은 이용할 수 없었다. 게르만 기사단은 1차 패배한 이후에도 즉시 전면전을 재개할 수 있었지만 앞서 우리는 로마군의 게르만 정복 사업에서는 게르마니쿠스Germanicus가 소환된 이후 왜 이런 식의 전투가 불가능했었는지 그리고 왜 그가 소환되었는지 알 수 있었다(역자 주: 이 책 제II편, 110쪽 참고).

제 Ⅷ 장
영국의 궁술弓術과
에드워드 I세의 웨일즈 및 스코틀랜드 정복

　중세 초기 전투에서는 활의 중요성이 제대로 알려져 있지 않으며 사료에서도 이에 관한 기록이 잘 보이지 않고 간혹 보이는 기록에서도 활의 중요성을 높게 평가하려 하지 않거나 변덕스러운 평가를 내리고 있다. 초기 게르만족의 경우 사실 활에 관한 언급이 사료에 보이지 않는다(이 책 제Ⅱ편, 39쪽 참고). 그러나 고트Goten/Goths족과 민족대이동民族大移動/Völkerwanderung(역자 주: 이 책 제Ⅱ편, 제Ⅱ권 참고) 당시 의 여타 게르만 민족들에게는 궁수弓手들이 매우 광범위하게 등장하므로 베게티 우스Vegez/Vegetius(역자 주: 5세기 로마의 군사이론가)는 로마 병사들이 그들의 화살세례에 희생되었다고 쓸 수 있었다(이 책 제Ⅱ편, 230쪽 참고). 카롤링Karoling/Caroling 왕조(역자 주: 메로빙Merowing/Meroving 왕조를 이어받은 프랑크 왕국의 후기 왕조)의 법령에도 활 관련 규정 들이 있지만 당시 사료에 활에 관한 기록이 매우 드물다. 우리는 게르만 기사騎士 들은 오로지 창槍과 칼만 썼다고 보아야 할 것이다. 반면 하스팅Hasting 전투(역자 주: 앞의 151쪽 참고)에서 노르만Norman족은 극단적으로 활을 잘 사용했다. 그러나 십자군 十字軍들은 투르크Türk/Turk족을 상대하면서 그들이 자신들보다 월등히 우수한 궁수 들임을 알게 되었고 그들을 본 따 자신들도 기마궁수騎馬弓手의 전투병종戰鬪兵種을 만들었다. 이태리에서 싸운 프리드리히 Ⅱ세의 군대의 핵심은 사라센Sarazen/Saracen (역자 주: 아랍족. 이슬람 세력을 총칭하는 용어로도 쓰임) 궁수들로 구성되어 있었다고 하나 그의 아들과 손자가 안주Anjou 영주領主 샤를르Karl/Charles와 싸우다가 패배한 전투에 서는 궁수들의 활약이 없었다.[1]

　활과 더불어 쇠뇌弩/Armbrust의 이용이 점점 증대되었다.[2] 쇠뇌를 말하는 독일어 단어 아름부르스트Armbrust는 아름Arm(팔)이나 부르스트Bbrust(가슴)와는 무관한 단어 로서 어원학語源學 상 중세 라틴어 단어인 아르쿠발리스타arcubalista 또는 아르발리스 타arbalista가 발음이 변한 단어이다(역자 주: 서양의 쇠뇌弩/Armbrust/ Cross-bow를 석궁石弓/Stone- bow이 라 부르기도 하는데 이는 고대의 서양 쇠뇌가 큰 돌덩어리를 쏘아 보내는 공성攻城 무기인 대포大砲로 쓰 일 당시의 관행이었을 것으로 생각된다 그러나 동양의 석궁은 화살이나 큰 돌덩어리가 아니라 작은 돌 멩이를 쏘아 보내던 활을 말하며 이를 "탄彈"이라 했고 이 "탄彈"으로 쏘아 보내는 돌멩이를 "환丸"이라

---

1) 투석수投石手인 푼디불라리fundibularii들은 《레기노 연대기年代記 보유편補遺編 Continuatio Reginonsis》, 서기 962 년 부분에 언급되어 있다(역자 주: 앞의 제I권, 제I장, 각주 28 참고). 《생갈 연대기年代記 보유편補遺編 Casus Santi Galli Continuatio》, 158쪽 참고.
2) 옌스Jähns, 《고대 공격무기 발달사Entwicklungsgeschichte der alten Trutzwaffen》, 333쪽 이하를 볼 것.

했었다. 쇠뇌를 서양에서는 크로스-보우Cross-bow라고 부르는 것은 쇠뇌의 활동부위와 화살을 올려놓는 고정부위가 '十' 자 모양으로 결합되어 있기 때문이다.) 아르쿠발리스타 또는 아르발리스타라는 무기는 고대에 이미 대포大砲/Geschütz로서 뿐만 아니라 손무기Handwaffe로도 쓰였던 것으로 보인다. 이 무기는 현재 리푸이Le Puy 박물관에서 볼 수 있는 4세기 부조浮彫에도 그려져 있고 베게티우스(역자 주: 《로마 군제軍制 Rei militaris instituta》의 저자)와 암미아누스Ammian/Ammianus(역자 주: 《사건연대기事件年代記 Rerum gestarum libri》의 저자) 그리고 요르단네스Jordanes(역자 주: 《로마사Romana》의 저자)의 기록에도 보인다. 중세에 이 무기의 최초 흔적으로는 서기 937년 루이Ludwig/Louis IV세의 한 성경책에 그려진 작은 삽화가 있다. 안나 콤네나Anna Komnena(역자 주: 《알렉시아드Alexiad》의 저자)는 이 무기를 "차그라 Tzagra"라는 이름으로 부르면서 동방東方의 독특한 무기라고 했다. 서기 1193년 라테란Lateran 종교회의의 한 결의決議에서는 이 무기에 대해 전혀 이해할 수 없는 말을 하고 있다.3) 그러나 프랑스의 필리프 아우구스트Philipp August/Philip Augustus 왕의 행적을 기록한 그의 역사편수관歷史編修官은 이 무기를 프랑크족에게 처음 소개한 것은 영국의 사자심왕獅子心王/Löwenherz 리차드Richard I세(역자 주: 영국 프란태지네트Plantagenet 왕조의 왕)였고 운명의 여신은 사자심왕이 바로 이 무기에 의해 죽기를 원했던 것 같다고 주장하고 있는 것을 보면4) 12세기에는 이 무기가 그리 흔하지는 않았던 것이 분명하다(역자 주: 프랑스의 필리프 아우구스투스와 잉글랜드의 리처드 I세는 제3차 십자군으로 함께 팔레스타인 원정을 나갔었다. 리처드 I세는 후일 전투 중에 쇠뇌 화살에 맞아서 죽게 된다).

---

3) 야페Jaffé의 《로마 교황 교적부教籍簿Regestra pontificum Romanorum》, 585쪽에 수록되어 있는 결의(39번)에는 "그들은 기독교도와 가톨릭교도에게 쇠뇌와 활의 기술을 사용하는 것을 금지했고 이를 위반하는 자는 처벌받을 것이라고 했다artem ballistariorum et sagittariorum adversus Christianos et catholicos exerceri sub anathemate prohibent"는 구절이 있다. 이 구절을 근거로 이 종교회의에서는 쇠뇌가 너무 치명적 무기이므로 기독교도들이 이를 사용하는 것을 금지한 것으로 보는 경우가 가끔 있다. 뎀민Demmin(《전쟁무기Kriegswaffen》(제2판), 100쪽)이나 바이츠Waitz(《독일헌법사Deutsche Verfassungsgeschichte》, 제VIII편, 190쪽)가 그런 예이다. 그러나 이 구절은 쇠뇌와 활을 함께 언급하고 있기 때문에 그런 의미였을 수는 없다. 만시Mansi의 기록, 제21책, 534쪽에는 위의 구절이 "그러나 우리는 쇠뇌수와 궁수의 치명적인 기술이 타인에 의해 기독교도나 가톨릭교도에게 사용되는 것을 금지하며 이를 위반하는 자는 처벌을 받을 것이다artem autem illam mortiferam et Deo odibilem ballistariorum et sagittariorum adversus Christianos et catholicos exerceri sub anathemate prohibemus"로 되어 있다. 헤펠레 Hefele의 《종교회의의 역사Concil. Geschichte》, 제V편(제2판), 442쪽에서는 이 구절을 집단마상무술경기集團馬上武術競技/Turnier/Tournament 같은 경우에 경기의 상대방에게 쇠뇌나 활을 쏘는 것을 금지한 것으로 해석했다. 산 마르테San Marte는 《무기 기술의 연구Zur Waffenkunst》에서는 이를 쇠뇌나 활의 화살에 독을 발라서 사용하는 것을 금지한 것으로 해석한다. 필자는 헤펠레의 해석이 가장 그럴 듯 하다고 본다.

4) 기렐무스 브리토Guillemus Brito의 〈필리프 왕의 행정行蹟Gedta Philippis regis〉, 제II권에는 다음과 같은 구절이 있다.

"그 당시 우리 프랑스인들은 발레스타리우스가 무엇인지 발리스타가 무엇인지 전혀 몰랐었다.
나는 프랑스인들에게 처음 쇠뇌 사용을 가르쳐 준 리차드가 다른 방법으로 죽지 않기 원한다.
그는 자신이 남에게 가르쳐 준 그 힘에 자신이 당해보아야 한다."

(원문)
"Francigenis nostris illis ignota diebus, Res erat omnito, quid Balestarius arcus, Quid Balista foret.
Has volo, non alia Ricardum morte petrire, Ut qui Francigenis balistae primitus usum.
Tradidit, ipse suam rem primitus experiatur, Quamque alios docuit im se vim sentiat artis."

보호 갑옷의 발전에 따라 공격무기도 발전했다. 유스티니아누스Justinian/Justinianus 황제(역자 주: 재위, 서기 527~565년) 당시 글인 《궁술입문弓術入門/Anleitung zum Bogenschiessen》 에서는5) 벌써 적의 전선戰線에 화살을 쏠 때 말의 다리를 쏘는 경우 외는 직각이 아니라 사각斜角으로 쏘아야 한다고 했고 이는 상대방이 전면을 방패로 가리고 있어 화살로 방패를 뚫는 것이 쉽지 않기 때문이라고 했다. 그렇다면 쇠뇌화살 Bolzen은 보통 화살보다는 관통력이 훨씬 크므로 갑옷을 뚫을 수 있는 이상적인 투사무기投射武器로 보였을 수도 있다. 하지만 쇠뇌는 아주 점진적으로 도입되었고 보통 활을 완전히 대치하지도 않았고 결국 보통 활에게 다시 밀려났다. 그런데 활이 가끔씩 잠시만 나타났던 긴 세월이 경과한 후 14세기와 15세기에는 갑자기 활이 결정적으로 중요한 무기가 되는 일이 영국에서 나타났다. 그 이유는 무엇 이며 그 용도는 수천 년에 걸쳐 알려져 왔지만 사용기술이 크게 발전하지 않았 던 이 고대무기가 어떻게 다시 그렇게 중요한 무기가 될 수 있었을까?

오만Oman의 《병법사兵法史/History of the Art of War》에서는 활이 부활된 기원을 에드워드 Eduard/Edward I세의 통치와 그의 웨일즈Wales 전쟁에서 찾아보아야 한다는 것을 이미 알고 있었다. 후일 이 전쟁 뿐 아니라 이 시기 전투의 모든 측면을 잘 검토한 모리스John E. Morris는 활의 기원 문제를 전반적으로 다루었다.6) 그러나 오만Oman이나 모리스나 한결같이 연구의 출발점을 과거에는 시위를 가슴까지만 당기는 것이 관행이었던 반면 에드워드 I세 때는 장궁長弓의 시위를 귀 너머로까지 당겼다는 기록에 두고 있다.7) 그러나 필자는 이런 말을 그대로 믿고 싶지가 않다. 시위를 많이 당길수록 화살의 힘이 상해신다는 것은 새로운 발견일 수 없고 고대에도 힘센 사람들이 당연히 있었을 것이기 때문이다. 더욱이 우리는 이와 같은 말을 이 시대보다 700년 전에 자신의 시대에 이미 활의 사용이 일반화되었음을 입증 하려 했었던 프로피우스Procop/Procopius의 글(역자 주: 《폴레몬Polemon》, 〈페르시아 전기戰記bell. pers〉, I, 1장)에서도 볼 수 있다(이 책 제Ⅱ편, 347 참고). 장궁長弓이 아닌 단궁短弓만 사용하면서도 페르시아인과 파르티아인Parther/Parthians만큼 궁수弓手로 이름을 날린 시대와 민족이 있었으므로 활의 형태나 길이의 차이만으로는 그렇게 큰 결과가 생길 수 없었을 것이다. 훌륭한 궁수는 언제나 힘닿는 대로 시위를 최대한 당겼 었다. 그러나 모리스의 견해는 약간만 수정하면 정확한 견해가 된다. 비록 우리 는 활과 화살은 수천 년 동안 존재해 온 무기이고 그 사용기술이 크게 발전할

---

5) 쾌클리H. Köchly·뤼스토프W. Rüstow, 《그리스 군사저술가軍事著述家 Griechische Kriegsschriftsteller》, 제Ⅱ편, 제Ⅱ 권, 37쪽 및 201쪽. (이 책 제Ⅱ편, 347쪽을 볼 것.)

6) 모리스John E. Morris(전前 옥스퍼드 마그달렌Magdalen 대학교 문학석사), 《에드워드 I세의 웨일즈 전쟁, 원사료에 기초한 중세 전쟁사 연구The Welsh Wars of Edward I, A Contribution to Military History based on Original Documents》(지도 첨부), 옥스퍼드, 클라렌든 출판사Clarendon Press, 서기 1901년.

7) 모리스, 같은 책, 34쪽.

수는 없었을 것으로 본다 해도 활과 화살의 사용기술이 항상 동일한 최고수준으로 유지되어 있지는 않았을 것이다. 중세 민족들 중 활쏘기에 대해 거의 몰랐었고 궁수弓手 없이 큰 전투를 치른 민족이 있었다 해도 이 무기를 만드는 기술이나 사용기술이 후퇴한 것은 아니었다. 19세기 말에는 종래에는 결코 달성할 수 없던 수준으로 조정경기漕艇競技의 속도가 빨라졌고 이와 더불어 보트 같은 고대도구의 제작기술이 크게 발전했었다는 모리스의 지적은 매우 훌륭한 지적이다. 도구의 계속적인 발전과 그 사용기술의 열성적인 연습은 언제나 함께 진행되는 법이다. 따라서 장궁의 경우이건 시위를 귀 너머까지 당기는 관행의 경우이건 이는 전혀 새로운 무엇을 도입한 것이 아니고 종래 어느 때인가부터 소홀히 해온 이 투사무기投射武器에 대한 보다 철저한 평가가 이루어져서 그 제작과 사용이 다시 발전되기 시작한 것일 뿐이다. 또한 이 무기의 사용기술이 과거의 수준으로 회복된 것에 불과했었지만 당대인들의 눈에는 새롭게 보였던 것일 뿐이다. 결국 이때 완성된 기술은 전쟁의 역사에서 활이 부활된 원인이 아니라 결과였던 것이다. 다시 말하자면 다른 어떤 원인에 대한 반응으로 생겨난 결과인 것이다. 이 무기의 업적이 클수록 이 무기를 사용하려는 경향은 더욱 강해졌을 것이다.

따라서 진정한 문제는 이 특정 시기에 그리고 특별히 영국에서 궁술弓術/Kunst des Bogenschiessens을 다시 수용하게된 동기가 어디에 있었는지에 관한 문제이다.

그 기원起源은 에드워드 Ⅰ세(재위, 서기 1272년~1307년)의 웨일즈 전쟁에 있고 이 전쟁은 웨일즈가 정복되어 잉글랜드와 통일 되면서 끝났다. 그에 앞서 잉글랜드 땅에서 있었던 큰 결전決戰들로서 에드워드 Ⅰ세의 아버지 헨리 Ⅲ세가 그의 배론Baron들과 싸운 루이스Lewes 전투나 에웨샴Ewesham 전투에서는 같은 때 대륙에서 있었던 베네벤토Benevento 전투나 타글리아코쪼Tagliacozzo 전투 같이 사실상 궁수弓手가 사용된 흔적이 없다. 에드워드 Ⅰ세는 이 전투들에 이미 왕세자로서 참전했고 또 십자군十字軍을 만들어 성지聖地 예루살렘으로 원정을 나가기도 했는데 아마도 그는 이때 투르크족 궁수弓手의 능력을 잘 알게 되었을 것이다. 출처가 확인되지 않은 한 사료에 의하면 그는 심지어 투르크족 화살에 부상을 입었다고도 한다. 그는 왕위에 오른 후 스스로 웨일즈 정복을 다짐했다. 웨일즈는 켈트Kelten/Celt족(역자 주: 알프스 남쪽 골 지방에 거주하던 한 종족으로 잉글랜드에 가장 먼저 정착한 종족) 유산인 고대의 야만적 군사기술로 험한 산악지대에서 로마의 잉글랜드 점령, 앙겔-작센족의 침입, 노르만족의 침입 등 외부로부터의 모든 폭풍에 견디어 낸 민족이다. 에드워드의 의도는 끊임없는 국경 전쟁으로 인한 국경 지역들의 고통을 종식시키는데 있었다. 그러나 이 산악과 고지와 협곡들 속에서는 기사騎士들을 가지고는 할 수 있는 일이 없었다. 북쪽 웨일즈인들의 주된 무기는 타키투스Tacitus가 묘사한 게르만족의 고대 관습 같이 아직도 창槍이었던 반면 잉글랜드에 정착한 노르만족이 이미 패권을 장악하고 영향력을 발휘하는 남쪽에서는 활이 잘 발달되어 있었다. 에드워드 I세보다 두 세대 전의 정치 저술가며 역사가였던 기랄두스 캄브렌시스Giraldus Cambrensis(바리의 제랄드Gerald de Barri라고도 하며 서기 1220년 사망했음)라는 인물은 웨일즈인들을 격파할 수 있는 방법을 추천한 적이 있다. 그의 할아버지는 펨브로크Pembroke의 노르만 성주城主였고 할머니는 한 웨일즈 대공大公의 딸이었다. 그는 자신의 양 가계家系에 대한 자부심이 높았고 그들의 업적들을 높이 평가했다. 그는 기사騎士들을 찬양하면서 웨일즈인의 전투방법을 묘사했는데 그들은 무장이 매우 가벼웠고 때로는 용감하게 공격했었고 때로는 접근이 불가능한 산과 숲으로 재빨리 소리도 없이 사라져 버렸다고 하면서 이미 항복하거나 동맹을 맺은 웨일즈 부족에게서 지원병력을 얻을 것과 궁수弓手들을 기사騎士들과 함께 싸우게 하도록 권장했다("궁수弓手들이 항상 기사騎士들의 무리에 섞여있어야 한다 *Semper arcarii militaribus turmis mixtim adjiciantur*").[8] 잉글랜드는 바로 얼마 전 이런 식의 혼합병력으로 아일랜드Irland/Ireland를 정복했고 오래 전 윌리암 I세가 엥그로-색슨족을 정복할 때 사용한 전투방식도 바로 이런 방식이었다. 제랄드가 창으로 싸우는 기사騎士들의 전투방법만을 프랑스식 전투방법으로 알고 이런 방식을 비정상적인 방법으로 보면서도 권장했다는 것은 그 사이 정복자 윌리암의 전투방식이 거의 잊혀져 있었다는 새로운 증거이다. 헨리 II세의 서기 1181년 〈무기령武器令/*Wehr Assis/Assize of Arms*〉 (역자 주: 앞의 제II권, 제V장 참고)에도 활에 관한 말은 전혀 없다.[9]

따라서 에드워드 I세는 완전히 잊혀지지는 않았지만 그동안 소홀히 해왔었고 널리 보급되지 않았던 궁술弓術을 산악전투라는 시급한 필요성 때문에 다시 재건하게 되었다. 궁술의 부활은 궁술이 그들의 전통이었고 생사가 걸린 문제였던 웨일즈와 접경지역에서 처음 시작되었고 이 지역에서 보수를 받고 잉글랜드에 복무하던 웨일즈인들에게 활 쏘는 기술을 배울 수 있었다. 그러나 활을 더 많이 이용하더라도 봉건적 징집군대만으로는 아무 것도 할 일이 없었다. 이 당시도 바쌀vassal(역자 주: "가신家臣"으로 통상 번역된다. 구체적 의미에 대해서는 이 책 제II편, 제IV권, 제IV장 참고)의 복무기간은 40일에 한한다는 규칙은 여전히 존재했다. 실제 복무기간은 40일도 안 되었다. 3주일간의 복무만 요구된 적도 있었고 징집된 전사戰士는 그가 휴대하고 온 식량이 떨어질 때까지만 복무하면 되었다는 기록도 있다. 한 덩어리의 햄만 가지고 와서 최대한 빨리 먹어치운 후 돌아가려는 경우도 있었을 것이다.[10] 그러나 에드워드는 매우 치열한 전쟁을 통해서만 자신의 목표에 도달

---

8) 모리스, 같은 책, 18쪽.
9) 모리스, 같은 책, 558쪽.

할 수 있다는 것을 알고 있었다. 우리는 노르만족 국가에서는 언제나 용병傭兵들이 바쌀vassal 징집군을 보충했고 때로는 대체했음을 알 수 있었다. 에드워드 역시 주로 보수를 주고 용병들로만 전쟁을 수행했고 징집군은 2차 수단으로 쓰거나 용병들과 혼합시켰다.11) 일례로 그는 (재산 가치가 40pfund/pound 이상인) 봉토封土가 있는 기사騎士 계층의 모든 사람에게 3주일간 소집에 응해 복무하고 이 1차 복무 기간 이후 왕의 보수를 받고 추가로 3주일을 더 복무할 준비를 하도록("우리와 함께 출전하고 언제든지 이에 추가해서 우리의 비용으로 3주일간 복무할 준비가 되어 있을 때는 우리의 의사에 따라서 우리의 급료지급장부給料支給帳簿에 이름을 올리도록Ad eundum in obsequium nostrum et morandum ad vadia nostra ad voluntatem nostram quandocunque super hoc ex parte nostra per spacium trium septimanarum fuerint premuniti") 명령했다.12) 전사戰士들은 자신의 영지領地/Grafschaft/county나 변경주邊境州/Mark에서는 무상無償으로 복무했고 전투가 자신의 영지나 변경주의 경계선을 넘어가면 보수를 받았다. 예를 들어 큰 포위작전 등 장기長期 작전에서는 국민 징집군도 3일은 무상 복무였지만 그 이후는 보수를 받았다.13) 에드워드는 잉글랜드 용병들과 함께 싸울 경험 많은 전사戰士들을 프랑스 남서부의 가스꼬뉴Gascogne/Gascony에서도 데려왔고 겨울에도 전쟁을 멈추지 않았다. 모리스는 많은 사료들을 기초로 각종 왕명王命과 용병들의 보수 등에 대해서도 언급해 가며 도해圖解를 곁들여 이 전쟁을 완벽하게 설명했다. 그는 게르만 지역에서의 로마군의 전역戰役과 프로이센에서의 게르만 기사단deutschen Orden(역자 주: 튜튼 기사단Teutonic Order라고도 함)의 전역戰役을 우리들에게 계속 상기시키고 있다. 에드워드의 주된 관심사는 교통선 구축과 식량보급이었다. 그는 이를 위해 옛날 게르마니쿠스Germanicus나 게르만 기사단과 같이 강이건 바다건 수로水路들을 이용했고 그의 다섯 항구에서 선박들을 끌고 왔다. 과거 도미티아누스Domitian/Domitianus 황제가 게르만 지역의 카티Chatt/Chatti족을 정복하기 위해 그들 지역에 180km에 달하는 도로를 건설했던 것과 같이(이 책 제II편, 156쪽 참고) 이제 에드워드도 벌목꾼을 고용해서 웨일즈 산림 속에 접근로를 만들었다.14)

뒤에 든든한 국가가 있던 에드워드는 매우 큰 노력을 기울였지만 그가 일으킨 군대는 우리가 앞서 중세시대에 흔히 본 군대들보다 크지 못했다. 한 특별기록에 의하면 서기 1277년 전쟁 초에 왕에게는 프랑스에서 들여 온 100필 이상의 전마戰馬가 있었다.15) 필자는 이 100필의 "전마戰馬와 지위가 높은 기병騎兵 dextrarii et

10) 모리스, 같은 책, 88쪽.
11) 모리스, 같은 책, 74쪽.
12) 모리스, 같은 책, 37쪽.
13) 모리스, 같은 책, 95쪽.
14) 모리스, 같은 책, 105쪽.

magni equites"이 당시로는 매우 큰 병력이었다는 증거로 이 수치를 언급해 둔다.

모리스는 에드워드 I세에게는 예비기사豫備騎士를 포함 최대 2,750명의 기사騎士가 있었던 것으로 보았다(80쪽 이하). 따라서 기사騎士 1명 당 2명의 다른 기병이 있었다면 그는 잉글랜드 내의 가용可用 기사騎士와 기병을, 물론 이들을 동시에 징집할 수는 없었지만, 최대 약 8,000명으로 추정한 것이다.

모리스는 서기 1277년의 보병 최대 숫자를 15,640명으로 보지만(132쪽) 그 중 잉글랜드인은 6,000명을 크게 넘지 않았고 웨일즈 동맹군이 9,000명 이상이었다. 그러나 이 거대한 전투병력은 매우 짧은 기간만을 위해 집결한 병력이었다

서기 1282년 제2차 전쟁 당시 보병은 웨일즈인 1,800명을 포함해서 총 8,600명이었다. 기병과 기사騎士 및 크네크트Knecht(역자 주: 기사를 따라 다니는 일반병사)는 모두 합해 700~800명이었다.16)

그 해 겨울 전투손실과 탈영 등으로 이 군대는 병력수가 매우 크게 감소했다. 그러나 이 전투손실은 프랑스 가스꼬뉴Gascogne/Gascony에서 데려 온 용병들로 보충되었다. 전쟁 초기에 에드워드는 선조로부터 상속받은 이 지역의 집사執事/Seneschall에게 기마쇠뇌수騎馬弩手/berittene=Armbruster 12명과 보병쇠뇌수Fuss=Armbruster 40명만 요구했었다.17) 그러나 이제 2차 전쟁 때 그곳에서 온 병력은 모리스가 급료지급장부給料支給帳簿를 근거로 정확하게 계산한 결과에 의하면 기병 210명과 보병 1,313명이나 되었다. 그들의 주무기는 쇠뇌였고 쇠뇌화살Bolzen을 70,000개나 가지고 왔다. 이 쇠뇌수들은 보수가 높았던 것을 보면 정예전사들이었을 것이다.18) 에드워드는 최종 승리 때까지 이 보충병력과 함께 싸웠다.

모리스의 평가에 의하면 두 차례의 큰 웨일즈 전쟁 기간 중에 동원된 병력은 총 2,000~3,000명을 넘지 않는다.19)

앞서 우리는 프리드리히 II세 황제와 정복자 윌리암은 많은 궁수弓手를 보유한 지도자였음을 알 수 있었다. 이를 보면 어떤 위대한 지도자가 강력한 중앙집권적 권력으로 군대를 일으킬 때는 언제나 궁수들이 등장했음이 분명하다. 그러나

---

15) 모리스, 같은 책, 115쪽.
16) 모리스, 같은 책, 178쪽.
17) 모리스, 같은 책, 155쪽.
18) 모리스, 같은 책, 87쪽.
19) 에드워드 I세에게는 이들 외에 보수와 식량을 지급 받는 무장종자武裝從者/militärisches Gefolg들도 있었다. 바네레트Bannerherr/banneret(역자 주: 몇 명의 기사騎士를 거느린 상급 기사騎士로서 기령기사旗領騎士라고도 한다)는 1일 4실링Shilling, 보통 기사騎士는 1일 2실링 그리고 세르비엔트servient, 발레투스valetus, 스쿠티페르scutifer 등(역자 주: 앞의 306쪽 참고) 세르게안트sergeant는 1실링을 받았다.
서기 1277년에는 기사騎士가 약 40명이었으나 후일에는 분명히 더 많았다. 같은 해의 세르게안트는 약 60명으로 기록되어 있으나 이는 일부였을 수 있다. 그들에게는 말과 무기가 제공되었고 1인 당 병사 2명과 말 3필의 말을 유지했었다. 이 병사들 중 상당수는 쇠뇌수弩手였다. 그들은 평시에는 소규모 부대들로 편성되어 성城의 수비대로 일하던 자들이다. 그러나 전시에는 그 숫자가 크게 늘어났다.

봉건 징집군대들은 궁수들 없이 지냈었다. 지도자들은 궁수의 가치를 알고 이들을 칭송했지만 보수를 주어야만(또는 정복자 윌리암 같이 최소한 보수를 약속할 수 있어야) 이들을 이용할 수 있었다. 바쌀vassal과 기사騎士는 개인적으로 궁수를 양성하거나 자신의 종자從者/Gefolg 집단에 궁수를 두는 것을 꺼려했다. 이는 그들이 활이란 무기의 기술적 측면과 위력을 높이 평가하지 않았기 때문이 아니라 우리가 앞서 알 수 있었듯이 궁수들은 봉건 기사騎士라는 개념과는 상당한 긴장관계에 있는 병력이었기 때문이다. 궁수들은 최고 지휘부가 보수를 주고 용병으로 활용했던 병력이었고 이는 기사騎士의 본질과 어울리지 않는 일이었다.

사료에는 쇠뇌가 더 높이 평가되고 그 자신도 쇠뇌를 널리 활용했던 바로 그 시기에 왜 에드워드 I세가 궁수들이 쓸 무기로 쇠뇌가 아닌 활을 선택했는지에 대해 직접 언급한 구절이 없다. 프랑스 학자 루쎄Luce의 《게스클렝의 베르트랑과 그의 시대Bertrand du Guesclin et son époque》에서는 현재 박물관들에 보존되어 있는 "너무 무겁고 다루기가 힘든si massive et d'un maniement si complice" 14세기 쇠뇌를 한번 가서 보기만 하면 우리는 이 무기가 잉글랜드의 활과 경쟁이 되지 않음을 바로 알 수 있다고 했지만 필자는 그의 견해를 지나친 견해로 본다. 웨일즈 전쟁에서 잉글랜드는 활로 승리했음에도 불구하고 쇠뇌는 여전히 활보다 우수한 무기로 인정받았고 또 유지되었다. 활은 조작이 쉽고 빨리 연속적으로 발사할 수는 있지만 쇠뇌가 활보다 관통력이 훨씬 크다. 따라서 어느 것이 절대적으로 좋은 무기인 것은 아니며 서로 상쇄될 수가 없는 장점과 단점을 각기 갖고 있는 것이다. 이 문제와 관련해서 이미 학자들은 활과 쇠뇌가 동시에 사용된 것을 19세기 초에 화승총포火繩銃砲/Flinte(무스케트Muskete 총포)(역자 주: 총강銃腔이나 포강砲腔에 선조旋條가 없는 초기의 총포)과 선조총포旋條銃砲/Büchse(역자 주: 총강이나 포강에 선조를 만들어 총알이 회전하며 나갈 수 있게 한 총포. 총알이나 포탄이 회전하면 공기 저항을 극복하고 멀리 정확하게 날아갈 수가 있다)이 서로 경쟁했던 사실과 적절하게 비교한 바가 있다. 화승총포는 빨리 총알이나 포탄을 장전裝塡해서 쏠 수 있는 장점이 있지만 명중률이 떨어진다. 반면에 선조총포는 장전은 어렵지만 명중률이 높다. 이런 문제점은 장전도 빠르고 명중률도 높은 후미장전식後尾裝塡式 총포가 발명되어 비로소 해결되었다. 그러나 활과 쇠뇌는 이런 딜렘마를 해결하지 못했다.[20)](역자 주: 중국의 경우 이미 전국시대戰國時代 말기에 쇠

---

20) 오만Oman은 에드워드 I세 때부터 단궁短弓을 대신해 통상적인 활이 된 장궁長弓은 관통력에서도 쇠뇌를 능가했었고 이때 장궁의 도입과 함께 대단한 기술적 진보가 있었을 것이라는 견해를 지니고 있다(《병법사兵法史/History of the Art of War》, 558쪽). 그러나 필자는 이 견해에 동의할 수 없다. 그의 말이 사실이라면 16세기에도 쇠뇌가 계속 사용된 것은 이해할 수 없는 일이 되고 말 것이다.
활이라는 뛰어난 무기와 그 탁월한 효용성의 철저한 연구에 모든 것을 바친 조지George 역시 장궁을 결정적 무기로 본다(《영국 역사상의 전투들Battles of English History》, 558쪽 이하). 그의 견해에 의하면 장궁이 사우스 웨일즈에서 발명되었고 그 이전에는 단궁 밖에는 없었다고 한다.

뇌에 여러 개의 화살을 동시에 장전하고 시위에 화살이 자동으로 끼워질 수 있게 한 일종의 연발連發식 쇠뇌가 개발되었다. 다만 시위를 당기는 것은 여전히 단발수동식單發手動式일 수밖에는 없었다.) 서기 1414년 우르셍의 유베날Juvénal des Ursins은 브라방Brabant의 요한Johann/John 영주領主/Herzog에 대해 "그에게는 쇠뇌수 4,000명이 있었는데 이들에게는 각자 2개씩 쇠뇌가 있었으며 힘이 센 병사 2명이 그의 시중을 들었다. 1명은 큰 방패를 들고 있고 다른 1명은 쇠뇌에 화살을 장전했다. 따라서 쇠뇌수는 언제나 화살을 발사할 준비가 되어 있었다"고 했다.(역자 주: 중국의 경우 당唐나라 두우杜佑의 《통전通典》, '쇠뇌弩'항에는 이런 구절이 보인다: "옛날에는 황련黃連·백죽百竹·팔담八擔·쌍궁雙弓 등의 이름이 붙은 쇠뇌들이 사용되었다. 지금 사용되는 쇠뇌 중 교차쇠뇌絞車弩는 유효사거리가 700보인 공성攻城 무기이다. 벽장쇠뇌擘張弩는 유효사거리가 300보인 보전步戰 무기이다. 말쇠뇌馬弩는 유효사거리가 200보인 마전馬戰 무기이다. 쇠뇌는 시위 당기는 시간이 길어 한 두 발밖에 쏠 수가 없으므로 불편하지만 전투에 사용하지 못하는 것은 아니다. 다만 장수들이 그 운용방법을 잘 모르고 있을 뿐이다. 쇠뇌수弩手는 늘 단병短兵과 함께 있어야 하며 여러 대隊로 나누어야 한다. 쇠뇌를 집중 발사하면 적의 선두 병사가 서서 버틸 수 없기 때문에 대형을 유지하지 못하게 된다. 집중적으로 발사하는 방법은 제1대隊가 발사하면 뒤로 물러나서 다시 시위를 당기고 그 동안 제2대隊가 앞으로 나가 발사하며 이렇게 여러 대隊가 교대를 반복함으로써 시위소리가 끊기지 않도록 하는 것이다. 이렇게 하면 적이 우리에게 접근할 수가 없다." 이 구절 중 소위 교차쇠뇌絞車弩는 일종의 대포를 말하며, 쇠뇌수弩手는 늘 단병短兵과 함께 있어야 한다는 말은 자체방어를 위한 조치였고 계속적인 쇠뇌 발사 방법도 요한Johann/John 영주領主/Herzog의 쇠뇌수들의 방법과 달랐음을 알 수 있다. 오히려 근대초기의 서양 소총수들은 연속 사격을 위해 당唐나라 쇠뇌수들과 같은 방식을 사용했었다).

필자는 아버지인 사자심왕獅子心王/Löwenherz 리차드Richard I세는 쇠뇌를 선호한데 비해 아들인 에드워드 I세는 활을 발전시킨 이유를 리차드는 기사騎士들을 상대로 싸웠지만 에드워드의 상대는 웨일즈인이었고 그들은 갑옷이 변변치 않았기 때문일 것으로 본다. 이 전쟁과 뒤를 이은 스코틀랜드Schottland/Scotland와의 충돌에서 한번 활의 효용성이 입증되자 잉글랜드 왕들은 프랑스와 전쟁할 때도 활을 유지했고 이를 가장 효율적으로 사용할 수 있는 방법을 발전시켰다. 이 문제에 대해서는 뒤에 다시 검토하게 될 것이다(역자 주: 뒤의 441쪽, 크레시Crécy 전투 참고).

에드워드 I세가 수년에 걸쳐 웨일즈 산악민족을 완전히 굴복시킬 수 있었던 것은 기사騎士들을 지원했던 유능한 수많은 궁수, 지속적 전쟁수행을 가능하게 한 활발한 행정行政, 그리고 잘 정비된 식량과 보급품의 공급체계 덕분이었다. 이때 그가 만든 군대는 곧이어 스코틀랜드에 대한 승리를 그에게 안겨 주었다.

조지는 장궁의 장점과 이 활이 잉글랜드에서 활용된 방식을 자신이 발견했다고 한다. 첫째는 화살을 쏠 때 상궁은 난궁 같이 활을 수병으로 잡지 않고 수직으로 세워서 잡기 때문에 시위를 훨씬 더 뒤로 멀리까지 당길 수 있었고, 둘째는 그렇게 함으로써 활의 긴장력을 훨씬 더 높일 수가 있었으며, 셋째는 이렇게 해서 훨씬 뒤에까지 끌어당긴 화살대를 통해서 목표물 조준도 더 쉬워졌다는 것이다. 그의 말에 의하면 화살의 최대 비거리는 400야드이지만 실전實戰에서 비거리는 보통 1펄롱Furlong(1/8 영국마일 즉, 200야드)이라고 한다.

그는 또한 장궁에 이런 장점이 있는데 사자심왕獅子心王/Löwenherz 리차드Richard I세가 쇠뇌를 선호했고 장궁이 사실상 영국만의 독특한 무기로 남아있었던 것은 "미스테리mystery"라고 했다.

팔커크FALKIRK 전투(서기 1298년 7월 22일)

월리암 월러스William Wallace가 통치하는 스코틀랜드인들은 늪이 전면을 보호해 주는 곳에 자리 잡고 있었다. 그들의 군대는 4개의 큰 창병槍兵 부대로 편성되어 있었고 그들 사이에 궁수弓手들이 위치해 있었다. 그리 많지 않은 수의 기사騎士들은 후방에 배치되어 있었다.

에드워드는 주로 기사騎士와 궁수로 구성된 매우 많은 병력으로 그들을 향해 진군했다. 일부 스코틀랜드인은 그의 편에 서서 싸웠다. 스코틀랜드군의 전면에 있는 늪은 잉글랜드군이 이를 좌우로 돌아서 접근했으므로 방어에 별로 도움이 되지 못했다. 압도적으로 많은 적이 쇄도해 오자 스코틀랜드 궁수들의 전선은 즉시 깨졌고 기병들은 단 1격도 적에게 가하지 못하고 도주했다. 처음 잉글랜드 기사騎士들은 적의 종심 깊은 창병槍兵 부대를 공격했지만 창을 숲과 같이 내밀고 있는 그들의 대형을 돌파하지 못했다. 이에 에드워드는 기사騎士들에게 철수하도록 명하고 궁수들에게 적의 대형을 향해 화살을 날리게 했다. 이때 잉글랜드군 창병槍兵들은 돌멩이를 주워 적에게 던지면서 궁수들을 지원했다. 스코틀랜드군이 곧 지쳐서 더 이상 저항하지 못하자 비로소 잉글랜드 기사騎士들이 그들의 대형을 격파할 수 있었다. 이때부터 대규모 도살이 시작되었다.

스코틀랜드군의 기병은 1,000명이었고 보병은 30,000명이었다는 것이 최소 평가이다. 다른 면에서는 매우 상세하고 믿을만한 기록으로 이 전쟁에 관한 주사료主史料인 기스번Gisburn 승려Kanonikus 월터 헤밍포드Walter Hemmingford의 기록에서는 보병이 300,000명이었다고 한다. 오만Oman은 30,000명 정도를 가능한 숫자로 보려 하지만 필자에게는 이 역시 너무 큰 수치로 보인다. 비록 그들의 큰 창병槍兵 부대들이 주로 농민 민병대로 구성된 병력이었다고 해도 마찬가지다.

쾰러Köhler 장군은 스코틀랜드인들이 서로 몸을 묶고 있었다고 믿고 있지만 이는 사료 중의 "창을 숲 같이 밀집시켜 내밀고 둥그렇게 서있던 스코틀랜드 창병들Scotos lancearios, qui sedebant in circulis cum lanceis obligatis et in modum silvae condensis"는 원문을 잘못 해석한 결과이다. "오블리가티스obligatis"는 단지 창들이 "연합했다" 또는 "밀집되어 있었다"는 의미일 뿐이다.

모리스John E. Morris는 잉글랜드 기병의 총 숫자로 어느 연대기年代記에서 말한 약 7,000명을 부인하고 이를 2,400명으로 평가한다.[21] 그들 중에는 8명의 얼earl과 1명의 주교主教 및 그들이 거느린 병력 그리고 특히 가스꼬뉴Gascogne/Gascony와 웨일즈 등지에서 온 각종 형태의 용병傭兵들이 있었는데 이들은 바로 최근에야 에드워드에게 신속臣屬되어서 그를 위해 복무하고 있는 인원들이었다.

---

21) 《에드워드 I세의 웨일즈 전쟁, 원사료에 기초한 중세 전쟁사 연구The Welsh Wars of Edward I, A Contribution to Military History based on Original Documents》, 79쪽, 82쪽 및 313쪽.

쾰러Köhler 장군은 지금 이 전투에서 잉글랜드가 보여준 것과 같은 기병과 보병의 혼합 활용을 과거의 전쟁사에 전혀 보이지 않는 일이라고 보지만 우리는 오히려 그와 반대로 보아야 한다. 이런 일은 우리가 앞서 알 수 있었듯이 페르시아의 그리스 침공 때나 민족 대이동民族大移動/Völkerwanderung 시기 이후에도 늘 있었고 중세 전반에 걸쳐 정상적으로 있던 일이다. 그러나 이때 특히 궁수弓手들이 큰 효율성을 발휘한 것은 무엇보다도 에드워드의 궁수들이 매우 강력했었기 때문이며 둘째는 전적으로 수세守勢만 취하고 있던 스코틀랜드 인들의 큰 창병槍兵 집단 4개가 이 궁수들에게 더 없이 좋은 표적이 되어주었기 때문이다. 이 스코틀랜드인 집단들은 결국 하스팅Hasting 전투 당시 정복자 윌리암의 기사 騎士와 궁수들에게 격파된 해롤드Harold의 앙겔-작센족 대형(역자 주: 앞의 제II장, 제IV장 참고)과 별반 다를 바가 없었다. 차이가 있었다면 우선 스코틀랜드인들에게는 약간의 기병이 있었 다는 점이지만 이 기병들은 즉시 도주했으므로 실제로는 차이라고도 할 수 없다. 더 큰 차이는 해롤드의 병력은 종심縱深이 거의 없는 단일의 긴 횡대로 정렬했었지만 스코틀랜드 인들은 4개의 집단으로 종심 깊게 정렬했었다는 점이다. 그들이 이렇게 정렬했던 이유는 창병槍兵의 종류가 다양했고 약간의 기병騎兵과 많은 궁수가 있었기 때문일 것이다. 다양한 종류의 창병槍兵들을 1개 팔랑스phalanx로 정렬시킬 수 없었을 것이고 창병槍兵들 사이에 기병 이 통과할 통로도 필요했을 것이며 궁수들 또한 어느 하나의 팔랑스 앞에만 정렬할 수는 없었을 것이다. 또한 해롤드의 병력은 직업전사職業戰士들이었고 스코틀랜드인들은 대부분 민병民兵이었다. 후자와 같은 형태의 병력은 견고하게 버틸 수 있으려면 종심縱深 깊은 대형 으로 정렬해야만 한다. 반면, 직업전사들은 각 개인이 전투에 참여할 기회를 좀 더 많이 갖기 위해서 얕은 종심의 대형으로 정렬했으며 대부분 창보다 더 효율적인 전투도끼를 가지고 싸운다. 종심 깊게 정렬했던 스코틀랜드인들은 전적으로 수세守勢만 취하면서 그들 의 창을 사방으로 내밀고 있었다.

결국 이 전투에서는 잉글랜드 측에도 특징이 있었지만 스코틀랜드 측에 더 큰 특징이 있었다. 이 전투와 같이 큰 보병집단이 기사騎士들의 공격을 받고도 즉시 대형이 깨지지 않은 경우를 중세에는 찾아 볼 수 없다. 반면, 기사騎士들이 격파할 수 없었던 적의 대형을 궁수들이 제압한 전투는 자주 보이는데 다만 이들은 모두 소규모 전투였다. 앞서 보았던 서기 1214년 부빈Bouvines 전투나 서기 1237년의 코르테누오바Cortenuova 전투가 바로 그 런 예에 속한다.

부 기附記

필자는 모리스John E. Morris의 책에서 재정財政과 병력수에 관한 몇 부분을 요약해서 옮겨 보겠다. 에드워드는 서기 1283년 전쟁을 시작한 지 9개월 만에 재정이 고갈되었었다. 지금 까지 보존되어 있는 그들의 재정회계 기록을 보면 이 전쟁에는 거점 건설비용을 포함해 서 근 10만 푼트pfund/pound(98,421푼트)의 돈이 소모되었다 한다. 이 전쟁은 15개월이 걸렸다.

어느 기록에 의하면 같은 해에 에드워드는 전투 중 손실된 방패 200개, 창 자 루 140개 및 창의 촉 120개를 보충해 주어야 했다고 한다(모리스의 책, 83쪽).

에드워드는 돈을 빌리려고 많은 노력을 기울였다. 로데스W. E. Rhodes의 "영국의 이태리 은행가銀行家들과 에드워드 I세 및 II세의 금전차용金錢借用 Die italienischen Bankiers in England and die Anleihen Eduard I and Eduard II"(투트Tout・테이트Tait 편編, 《오웬 대학교 역사논집歷史論集 Historical Essays by the Members of Owen College》, 1902년)을 참고할 것.

에드워드는 서기 1295년 일부 영지領地에서 보병, 궁수弓手 및 쇠뇌수弩手 25,000명을 징집했다. 그는 윈첼시아Winchelsea 법령에서는 공개적인 사열査閱을 명했다.

모리스는 에드워드가 그런 법규정으로 군대를 일으킬 수 있다고 믿을 정도로 낙관적이지는 않았다고 믿고 있다(그의 책, 97쪽 이하). 아마 에드워드는 그렇게 많은 인원을 징집하면 최소한 쓸만한 인원들로 쓸만한 부대 하나 정도는 편성될 수 있기를 기대했었을 것이다. 그러나 이런 기대조차도 별로 충족되지 못했다. 이렇게 온 인원들이 나중에 탈영했기 때문이다. 팔스타프Falstaff 경비대에서 그런 일이 있었다. 부족한 병력을 채우려고 범죄인들도 포함시켰었다.

헤밍버그Hemingburgh에 의하면 서기 1296년에 던바Dunbar 전투에서 승리한 서레이 Surrey 얼earl의 병력수가 기병 1,000명과 보병 10,000명이었고 에드워드에게는 버윅 Berwick에 이보다 많은 병력이 있었다고 한다. 그러나 모리스는 전체 군대의 규모 를 헤밍버그가 말한 서레이 얼의 병력 정도로 평가하고 있다(그의 책, 274쪽).

모리스는 이 시기의 기록들에서 발견되는 가장 큰 군대는 서기 1298년 봄에 스코틀랜드와 싸우기 위해서 동원되었던 군대였다고 한다(그의 책, 286쪽). 이 군대는 28,500명의 보병과 750명의 기병으로 구성되어 있었다. 그러나 이 병력수 는 일시적으로 집결했던 병력의 숫자에 불과하다. 이들 중 7,000명은 바로 돌아 갔고 나머지도 빠른 속도로 줄어들었었다. 이 병력의 일부는 아마 민병民兵이었을 것이다. 에드워드는 나머지 병력만으로 싸우겠다는 생각은 포기하고 사람들을 집으로 돌려보낸 후 그 해 여름 다른 군대를 편성해서 이 군대를 가지고 팔커크 Falkirk 전투에서 승리했다.

모리스는 서기 1300년의 전역戰役에서 보병의 감소 추이를 다음과 같이 도표로 정리해 놓았다(그의 책, 310쪽).

6월 징집병력		7월 1일 칼리슬Carlisle에서	7월 10~15일 캘에라베록Caerlaverock에서	8월 잔류병력
5,000	요크샤이어	2,912	2,932	919
2,000	랑카스터샤이어	267	1,327	1,026
	블랑퀸번 포함			
2,000	컴버랜드		940	346
3,000	노팅햄샤이어	386	900	289
3,000	노트홈버랜드		788	570
1,000	웨스트모랜드		732	31
16,000		3,565	7,619	3,181
	아일랜드	306	361	306
	체스터		307	167
	스태포드샤이어	137	216	188
	로치마벤 "수비대"		487	430
	록스버그 "수비대"		103	93
	버윅 "수비대"			785
		4,008	9,093	5,150

모리스에 의하면 각 영지領地들이 처음에 요구받은 실제 병력수의 1/4 이하를 제공했고, 그것도 1주일이나 늦게 병력이 도착했으며, 결국 총 요구된 병력수의 1/2 이하만 제공한 것을 우리는 알 수 있다고 했다.

제 IX 장
개별적인 전역, 전투 및 교전

이 장章에서 필자는 중세 중기中期와 관련해서 지금껏 필자가 제시한 개념들을 입증하기 위해서 객관적 관점 또는 사료분석의 관점에서 특별히 유용할 것으로 보이거나, 비록 전반적인 검토까지 필요하지는 않지만 필자가 제시한 개념들로 인한 오해나 잘못된 결론을 방지하려면 약간의 토의를 필요로 하는 전투기록들과 전략적 문제들을 요약해 놓았다.(역자 주: 각 전투의 번호는 역자가 붙임.)

1. 틴세브라이TINCHEBRAI 전투(서기 1106년 9월 28일)

영국의 헨리 I세와 그의 동생인 로버트Robert of Normandy가 싸운 이 전투에 대한 언급이 필요한 것은 잘못된 사료 해석으로 인해 양측 기사騎士들이 모두 말에서 내려서 싸웠다는 견해가 생겼기 때문이다. 그런 일은 당시로서는 매우 비정상적 사건이므로 매우 주의해서 보아야만 할 문제이다. 드루몬트Drumond는 특별연구를 통해 이 전투도 "완전한 12세기의 통상적 전투"에 불과했음을 분명히 입증했다.[1] 헨리는 한 성城을 포위하고 있었고 로버트는 이 성城을 구원하러 이동 중이었다. 헨리의 군대에는 보병도 있었지만 그는 이들을 직접 전투에 투입하지 않고 기사騎士들 뒤에 예비대로 배치해 두었다. 이는 기사騎士들이 혹 도주하게 될 경우 재집결을 위한 버림목과 집결시가 되게 하려는 의도였음이 분명하다. 왕 자신은 보병들에게 심적 안정감을 주기 위해 그의 종자從者/Gefolg들과 함께 말에서 내려 그들과 함께 있었다. 그러나 수적으로 우세했던 그의 기사騎士들은 이들 보병의 도움 없이도 전투에서 승리했다.

앞서의 설명대로(228~229쪽), 이 전투 때 기사騎士들의 "제1종대縱隊, 제2종대 및 제3종대prima, secunda, tertia acies"를 그들이 앞뒤로 정렬했던 것으로 볼 필요는 없다.

2. 브레뮬BRÉMULE 전투(서기 1119년 8월 20일)

이 전투에서도 프랑스 루이Louis VI세의 병력이 완강히 버티자 영국 헨리 I세의 기사騎士들이 말에서 내려 이를 격파했다는 기록이 있다. 드루몬트는 이 사료기록이 의미를 지니려면 이 전투가 훨씬 후일의 발전된 모습을 미리 보여준 것으로 보아야 하겠지만 이 경우는 그런 예가 아니며 완전한 환상에 불과할 수 있다고

---

1) 드루몬트J. Douglas Drummond, "12세기 영국 전쟁사 연구Studien zur Kriegsgeschichte Englands im 12. Jahrhundert," 베를린 대학교 학위논문, 서기 1905년.

했다. 이 전투에 참여한 총 900명의 병력 중(헨리 측 500명, 루이 측 400명) 전사자戰士者는 단 3명에 불과했고 프랑스 병력 140명이 포로가 되었는데 이는 양측 기사騎士들이 서로를 아꼈기 때문인 것으로 보인다(앞의 290쪽 참고).

3. 브루그테롤데BOURGTHÉROULDE 교전(서기 1124년 3월 26일)

이 싸움은 반란을 일으킨 기사騎士들을 한 협곡峽谷에서 왕군王軍이 봉쇄하면서 시작되었고 이때 반란군은 힘으로 활로活路를 열어보려다 실패했다. 그들의 말은 왕군의 화살에 죽었고 80명이 포로가 되었지만 죽은 자는 단 1명도 없었다.

이 협곡을 방어하려고 왕의 기사騎士들은 물론 말에서 내렸었다. 이 전투에 대한 기록을 남긴 오르테리커스 비탈리스Ordericus Vitalis는 그들이 말에서 내린 이유를 도주를 불가능하게 하고 단결심을 강화시키려는 것이었다고 한 것은[2] 기억해 둘만한 가치가 있고 사료분석의 관점에서도 흥미 있는 부분이다.

4. 노스알러튼NORTHALLERTON의 스탠더드STANDARTEN/STANDARDS 전투
   (서기 1138년 8월 22일)

스코틀랜드 데이비드David 왕은 잉글랜드를 침공하려고 저지低地/Tiefland 게르만족 바쌀vassal(역자 주: "가신家臣"으로 통상 번역된다. 구체적 의미에 대해서는 이 책 제II편, 제IV권, 제IV장 참고)들과 고지高地/Hochland 켈트Kelt/Celt족 야만인들을 징집했다. 그들의 침공을 받은 지역들은 야만적 파괴와 방화에 대항하기 위해 민병民兵들을 무장소집 했다.

요크York의 늙은 대주교大主敎는 징집병들을 흥분시켜 그들의 전의戰意를 북돋기 위해서 자신을 들것으로 실어 나르도록 했다. 카로키오carroccio(역자 주: 앞의 349쪽 참고) 1대가 준비되었고 그 위에는 요크의 성聖 피터St. Peter, 베벌리Beverly의 성聖 존St. John 그리고 리폰Ripon의 성聖 윌프레드St. WilfredPeter의 깃발들이 함께 걸렸다. 깃대가 세워진 자리에는 성체聖體가 안치된 은관銀棺이 있었다. 모두 금식禁食과 고해성사告解聖事를 하고 죄를 사면赦免 받고 성찬聖餐을 받았으며 서로 배반하지 않고 끝까지 버틸 것을 맹세했다. 그들은 요크 북쪽 노스알러튼Northallerton 부근의 한 언덕을 점령하고 적의 공격을 기다렸으며 기사騎士들도 말에서 내려 민병들의 팔랑스Phalanx 제1횡렬橫列에 같이 섰다. 잉글랜드의 스테판Stephan/Stephen 왕은 현장에는 없었지만 자신의 기사騎士들을 보내 지원하게 했다. 팔랑스 무리 속에는 수많은 궁수弓手들이 있었다. 그들 중 일부는 처음에는 기사騎士들 앞에 나가서 활을 쏘다가 뒤로 물러나서 기사騎士들 틈으로 또는 그들 머리 너머로 화살을 쏘았을 수도 있다.[3]

---

2) 드루몬트J. Douglas Drummond의 앞의 논문에서 인용함.

우리에게는 이 전투 이후 그리 멀지 않은 시기에 쓰여졌고 그 내용들도 거의 일치하는 네 종류의 기록이 있다. 그 하나는 스코틀랜드 경계선 부근 헥삼Hexham 대수도원大修道院의 부원장副院長 리차드Richard가 서기 1154년 이전에 작성한 기록이고 또 하나는 리에보스Rievolx 대수도원장 엘레드Aelred(서기 1166년 사망)가 남긴 기록으로서 그는 젊은 시절 데이비드 왕의 궁전에 살다 이 전투 당시에는 전투현장에서 아주 가까운 곳에 살았던 인물이다.

전투는 다음과 같이 전개되었을 것이다. 고지高地/Hochland 켈트Kelt/Celt족의 맹렬한 돌격과 스코틀랜드 헨리 영주領主의 기사騎士들의 공격이 격퇴되자 나머지 스코틀랜드 병력은 전투를 포기하고 철수했으며 이때 잉글랜드군의 반격은 없었던 것 같다. 헨리 영주가 잉글랜드 팔랑스의 좌측면을 몇 명의 기사騎士들과 함께 돌파했지만 후방을 공격하기에는 병력이 너무 적었을 가능성도 있다.

이 전투는 영국의 매우 유명한 전설傳說들 중 하나로서 신화와 과장으로 수식되어 있다. 이 전설에서는 스코틀랜드 측 병력이 크게 우세했었고 그들 중에 10,000~11,000명이 죽었다고 한다. 그러나 우리는 병력이 우세했던 측은 오히려 잉글랜드 쪽이었을 것으로 볼 수 있다. 집결시킬 수만 있다면 민병民兵들은 언제나 그 숫자가 많았기 때문이다. 그러나 민병들의 취약성은 흔히 전투기술이 없다는 것인데 이 전투에서 대단히 흥미 있는 부분은 이들 민병들이 주교主敎의 설득과 교회가 제공한 자원과 카로키오Carroccio 그리고 기사騎士들과 민병 무리가 혼합 편성된 선두 횡렬 등으로 인해 실제로 끝까지 버틸 수 있었다는 점이다. 그러나 이때의 잉글랜드 민병들은—레그나노Legnano 전투 때와 유사하게(역자 주: 앞의 338쪽 참고)— 끝까지 버티고 석의 공격을 격퇴하는 선까지만 활약했고 마라톤 Marathon 전투 때의 아테네 민병 같이(역자 주: 이 책 제Ⅰ편, 제Ⅰ권, 제Ⅴ장 참고) 달려나가 적을 공격하지는 못했다.

5. 링컨LINCOLN 전투(서기 1141년 2월 2일)

이 전투 역시 양측 모두 보병이 있었고(한쪽은 도시민, 다른 쪽은 농민) 기사騎士들이 말에서 내려서 이들의 사기를 북돋아 준 전투로 주목을 받는다. 전투는 스테판Stephan/Stephen 왕에게 불리한 반역 때문에 끝이 난 것으로 보이는데 스테판 왕은 말에서 내려 싸우다가 반역자 배론Baron들에게 포로가 되었다.4)

---

3) "매우 정열적인 기사騎士들이 선두에 위치했고 그들 틈에 창병槍兵과 궁수弓手들이 끼어 서서 기사騎士들의 무기가 그들을 보호했고…방패와 방패를 서로 연결했다strenuissimi milites in prima fronte locati lancearios et sagittarios ita sibi inseruerunt ut, militaribus armis protecti…Scutis scuta junguntur." 엘레드Aeledl(리에보스Rievallensis 대수도원장), 《스탠다드 전투의 역사Historia de bello Standardii》, 338쪽.

4) 드루몬트J. Douglas Drummond의 앞의 논문에서 인용함.

6. 제1차 십자군의 전투와 교전

제1차 십자군의 전투와 교전들은 헤르만Otto Heermann의 마르부르크Marburg 대학교 학위논문인 "제1차 십자군 시대에 동방東方에서 서구西歐 군대의 전투*Die Gefechtsführung abentländischer Heere im Orient in der Epoche des ersten Keuzzuges*"(서기 1887년)에 치밀히 분석되어 있어 필자는 세부 내용들은 생략할 수가 있다. 다만 이 글은 앞서 소개한 롬바르디 Longobard/Lombardy 전쟁에 관한 디트리히Dietrich의 연구(역자 주: 앞의 355쪽 참고) 같이 객관적으로 잘못된 가정假定에 기초한 글로서 이론상 착오가 있다. 그는 십자군에 보병부대 Infanterie, 기병대Kavallerie, 연대Regimentern, 기병단Schwadron, 기병중대Schwadronen, 장교Offizieren 등의 용어를 사용하는데 이는 그 시대의 기본 군사체계인 기사군騎士軍 체계와 현대의 훈련된 군대의 차이점을 오해한 것이다. 그러지 않았으면 더 좋았을 경우에도 현대용어를 사용한 것이나 이런 현대용어를 통상적인 의미보다 더 넓은 의미로 사용한 것은 단순한 용어 불일치 문제에 그치지 않고 모든 문장에서 사료해석에 영향을 주면서 사료해석을 지배하게 되는 절대적 객관적 원인이 된다. 부대의 성격에 관한 자신의 가정假定을 기초로 그가 사료에서 해석해 낸 교묘한 대형隊形들과 기동機動들은 어느 정도 옳게 해석한 것일 수 있지만 결국 모두 부인되어야 한다. 그의 이론적 가정假定은 십자군 시대에는 적용될 수 없는 것이기 때문이다. 기사騎士들은 "기병대"가 아니었다. 양자는 외형상의 유사성에도 불구하고 매우 다른 것이다. 물론 이는 개별적 전투기록들로부터 얻을 수 있는 결론은 아니며 고대古代의 쇠퇴기로부터 현대에 이르기까지 발전과정 전체에 대한 고찰을 통해 서만 얻을 수 있는 결론이다(역자 주: 앞의 제Ⅱ장 특히 277~295쪽 참고).

그러나 이런 잘못된 모습, 개념, 가정假定 및 결론들을 제외하면 헤르만의 연구 에는 여전히 매우 유용한 핵심적 내용들을 포함되어 있다. 그의 연구를 보충해 주기 위해 필자는 우리의 연구목적 상 중요한 요소 하나를 지적해 주고 싶다.

필자는 그의 말 중 당시 전투는 매우 짧았다는 말은(그의 논문, 105쪽) 특히 타당함을 지적해 둔다. 그러나 이런 평가와 다소 모순된 분명히 부정확한 말이 다시 있다. 당시 전투의 성격을 규정한 다음 구절이다(그의 논문, 121쪽).

"전투에 대한 지나친 망설임. 병력을 몇 개의 무리Haufen 또는 제대梯隊/Treffen
로 나누기. 병력의 전부 또는 일부가 포위당하기. 이때 적의 압박이 가장
심한 부분을 최고지휘관 지휘 하에 예비대로 지원공격 하기. 그리고 마지막
의 승리. 이런 특징들이 대부분의 전투에는 늘 모두 등장한다."

헤르만은 특히 투르크Türk/Turk족의 병력수가 크게 우세했다는 생각 때문에 착오 에 빠졌는데 그런 기독교도 작가들의 말을 믿을만한 근거는 어디에도 없다.

7. 도리레움DORYLÄUM/DORYLAEUM 전투(서기 1097년 7월 1일)

십자군 기사騎士들은 행군 중 우세한 투르크족 기마궁수騎馬弓手의 화살에 밀려서 보병이 숙영지를 구축해 놓고 있던 후방 멀리로 도주했고 이 보병은 기사騎士들을 보호해 주었다. 그러나 이때 "쫓겨온 기사들의 물결이 서서히 이동 중이던 보병을 덮쳤는데 어느 곳에서는 보병의 매우 두터운 창槍 숲이 그들의 도주를 방해했고 어느 곳에서는 그들을 막았다militaris fugae impetus pedestrem conculcat tarditatem, isque vicem desissima pedestrium hastarum sylva nunc fugam impedit, nunc extinguit"고 한다.5) 서로 뒤섞여 혼란이 초래되었을 것이 분명한 이 보병무리와 기사騎士들은 투르크족으로부터 맹공을 당했다. 하지만 곧 기사騎士들이 출격을 나가면서 방어를 지휘했다("이제 우리는 살길이 없었는데…우리의 지도자들이…있는 힘껏 그들에게 저항했고 그들을 자주 공격하러 나갔다. 그들은 분명히 투르크족으로부터 맹공을 받은 바로 그들이었다jamque nobis nulla spes vitae…tunc proceres nostri…pro posse illis resistebant et eos saepe invadere nitebantur, ipsi quidem a Turcis fortiter impetebantur." 풀케르Fulcher, 《예루살렘 전역사戰役史 Historia Hierosolymitana》).

기독교도들은 2미글리miglie(역자 주: 2 영국 마일)쯤 떨어진 다른 길로 행군해 오던 나머지 절반의 병력이 서둘러 도우러 와서 결국 구조되었다. 이 병력이 접근해 오자 투르크족은 도주했다.

8. 안티오크ANTIOCH 호수 전투(서기 1098년 2월 9일)

기독교도들은 안티오크를 포위하고 있던 중 구원군이 접근하자 보병에게 숙영지를 지키게 하고 700명에 불과했던 기사騎士들이 나가 싸우기로 결정했다.6)

이 몇 안 되는 기사騎士들은 강력한 충격행동으로 적을 격퇴할 수 있었다.

헤르만Heermann은 당시에는 좀 좁았을 평원 전체에 기사騎士들이 퍼져서 병력이 우세한 셀주크Seldschuck/Seljuk족(레이문트Raimund의 기록에 의하면 기병 28,000명)이 자신들을 포위하지 못하게 했고 기독교도들이 3개 제대梯隊/Treffen로 정렬했던 점을 강조한다. 겨우 기병 700명으로 그렇게 하는 것은 모순이다. 쾰러Köhler 장군은 이미 이에 이의를 제기하고 좀 더 좋은 사료에는 제대梯隊에 관한 말이 전혀 없고 그들이 성공할 수 있었던 것은 5개 단위부대가 동시에 공격한 덕분이었음을(보에문트Boemund는 6개 단위부대와 함께 예비대로 남아있었다) 지적한 바 있다(《기사騎士 시대의 전쟁과 용병술用兵術의 발전Entwickelung des Kriegswesen und der Kriegsführung in der Ritterzeit》, 제III편, 제III권, 159쪽).

---

5) 라둘프Radulf, 〈탄크레드의 행적行績 Gesta Tancredi〉, 제22장.
6) "보병들은 숙영지를 지키게 하고 기사騎士들은 숙영지를 나가서 적에게 진격하기로Ut pedites castra servarent et milites hostibus obviam extra castra pergerent." 레이문트Raimund의 기록. 라둘프Radulf의 〈탄크레드의 행적行績 Gesta Tancredi〉에서는 "일부 보병pars peditum"만 숙영지를 지키게 했다고 한다.

9. 안티오크ANTIOCH 다리 입구 작전(서기 1098년 3월 초순)

이 싸움은 기독교도들이 방금 탈취한 안티오크 시市에 포위되어 있다가 출격을 나가면서 시작되었다. 특별히 눈에 뜨이는 것은 보병의 참여에 관한 일화逸話이다. 레이문트Raimund의 기록에 의하면 이수아르두스Isuardus von Gagia라는 프로방스provenzalischer/Provençal 기사騎士가 150명의 보병과 함께 무릎을 꿇고 하느님에게 기도를 한 후 그들의 전투의지를 북돋아 놓았다고 한다. 그런 다음 그는 "에야eia! 그대들 주님의 전사들이여!"라는 고함과 함께 그들을 이끌고 싸움터로 갔다고 한다. 다른 집단들도 같은 행동을 했다고 한다.

10. 안티오크ANTIOCH 결전(서기 1098년 6월 28일)

이 전투의 경우에는 많은 목격담들이 있지만 결정적 요소들이 너무 감추어져 있어서 우리가 배울만한 군사적 가치가 있는 요소는 거의 없다.

기독교도들이 요새를 제외한 안티오크 시市를 점령하고 있을 때 모술Mosul의 에미르Emir(역자 주: 아랍족 수장首長들의 호칭) 카르보가Karbogha가 이끄는 대규모 구원군이 접근했다. 이때 기독교도들은 개활지에서 그를 맞이하지 않고 안티오크에 포위되어 있다가 식량이 거의 고갈되자 절망했었지만 결국 전투를 위해 집결했는데 어렵지 않게 전투에서 이겼다 한다. 이에 앞서 어느 사제司祭가 꿈에 본 성창聖槍이 제단祭壇 밑에서 발견되자 그들에게는 승리에 대한 믿음과 의지가 되살아났다 한다. 우리는 이 사건을 기사군騎士軍이 전투 동기動機가 무엇인지에 관한 예로서 강조할 수 있을 것이다. 그들은 훈련된 군대 같이 단지 명령에 복종해서 전투를 하는 것이 아니라 적절한 분위기가 무르익었을 때 즉, 각 개인이 고무되었을 때 전투를 한 것이다. 하지만 매우 특이한 성창聖槍 이야기 하나만으로는 당시 상황이 충분히 설명되지는 않는다. 카르보가Karbogha의 군대 내에 불화와 불신과 배신이 있었다고 하기 때문이다. 우리는 그리 오래 주저하던 기독교도들이 결국 승리한 이유를 아마도 상대방의 사정 속에서 찾아볼 수 있을 것이다.

사료에 대한 지벨Sybel, 쿠글러Kugler, 헤르만Heermann, 쾰러Köhler(그의 책, 제Ⅲ편, 제Ⅱ권, 170쪽) 등의 일반적인 해석에 의하면, 기독교도들은 오론테스Orontes강 다리를 건너면서 전개했던 것으로 본다. 그러나 그들은 한 부대씩 다리를 건너 오른쪽으로(지벨Sybel은 왼쪽이라 함) 선회하며 전개해서 후미가 아닌 측면이 다리 쪽을 향하도록 전개했다. 그러나 필자에게는 이런 일은 전혀 믿을 수도 없고 이해할 수도 없는 일로 보인다. 그렇다면 그의 병력과 함께 가까운 곳에 있던 카르보가Karbogha는 왜 목전에서 이루어지는 기독교도들의 그런 행동을 하도록 방치했다는 말인가? 상대방이 다리를 건너는 것을 처음에는 그대로 보고만 있었을 것으로 생각하는 것이 물론 정확하고 논리적인 해석이다. 하지만 그렇다고 해도 그는 왜 상대방의 병력이 절반쯤 다리를 건너서 힘들게 측면을 향해 선회하고 있을 때 그의 기병으로 그들을 공격하지 않고 전 병력이 모두 다리를 건너도록 허용했다는 말인가? 그들이 다리를 건너는 도중에 공격을 했다면 그들을 다시 다리 쪽으로 밀어붙이면서 모든 것이 뒤엉켜버린 그들을 손쉽게 격파할 수 있었을 것이 분명하다. 카르보가가 그렇게 하지 않은 무슨 이유가 있었을까? 또 기독교도들로서는 어떻게 그런 위험한 일을 할 수 있었다는 말인가?

기독교도들의 전투병종戰鬪兵種별 배치 문제는 잘 알려져 있는 문제이다. 주로 궁수弓手들인 보병이 앞에 있었고 안티오크에서 전리품으로 얻은 말들로 숫자가 늘어난 기사騎士들이 뒤에 있다 앞으로 튀어나가면서 승부를 결정했다.

우리는 헤르만Hermann 같이 각종 부대들의 병력수나 경로나 상대적 위치 등을 중요한 문제로 볼 필요는 없지만 최소한 그들이 '8개 무리acht acies'로 정렬한 다음 4개 제대梯隊/Treffen로 나뉘었다는 점만큼은 분명히 말할 수 있을 것이다. 이 4개 제대는 횡으로 나란히 포진했고 강에서 가까운 부대들부터 제대형梯隊型/staffelförmig 공격을 시작했다. 그러나 이 점도 더 이상 큰 의미는 없다.

오론테스Orontes강에서 산까지 펼쳐진 이 기독교도들의 정면은 그 폭이 2밀리아리아miliaria 즉, 최소 2,000보步로서 아마도 4,000보 정도는 되었을 것이다. 결국 각 전투집단들이 처음부터 종심縱深이 몇 개 횡렬밖에 안 되는 횡대로 전개했거나 아니면 각 집단 간에 매우 넓은 간격을 두고 전개했었을 것이다. 그들의 기병은 최대 2,000명밖에 안 되었기 때문이다.

레이문트Raimund의 기록에서는 그들은 행진 중인 성직자聖職者들 같이 서로 간격이 넓었다고 했다.7) 쾰러Köhler는 이를 각 단위부대들이 넓은 간격을 유지했었던 것으로 해석하는 반면 헤르만Heermann은 기사騎士들 각자가 넓은 간격을 유지했던 것으로 본다. 필자에게는 후자가 더 논리적인 해석으로 보인다.

모든 사료에 의하면 보병이 기사騎士들 앞에서 행군했었다. 그러나 전투 중에는 보병이 기사騎士들의 뒤에서 투르크Türk/Turk족으로부터 공격당했으므로 헤르만은 앞에 있던 보병이 기사騎士들 사이로 빠져나가서 뒤에서 집결했을 것으로 보는데 아마 정확한 해석일 것이다. 그러나 그는 이때 궁수弓手들이 기병들 머리 너머로 적을 향해 화살세례를 퍼부었을 것으로 잘못 생각하고 있다. 그런 행동은 혼전 중에 있는 우군友軍 기수騎手와 말들에게 너무나도 위험한 행동이었을 것이다.

---

7) "우리는 사제司祭들이 행진할 때 늘 그렇게 가는 것 같이 매우 느슨한 대형으로 전진했고 사실 우리는 행진을 하고 있었다Procedebamus ita spaciosi, sicut in processionibus clerici pergere solent et re vera nobis processio erat."

특별히 흥미 있는 부분은 레이문트Raimund의 기록 중 이 보병의 한 부대가 후미에서 투르크족으로부터 공격당하자 원형 대형으로 끝까지 버텼다고 한 부분이다("둥그렇게 정렬한 보병은 적의 공격을 완강하게 저지했다pedites facto gyro impetum hostium sustinuerunt viriliter").

11. 아스칼론ASKALON/ASCALON 전투(서기 1099년 8월 12일)

십자군들은 예루살렘 정복 직후 아스칼론에 상륙한 이집트군을 상대하러 출전해야 했다. 모두 9개 종대縱隊로 나뉜 그들의 병력은 어느 방향에서건 기습공격을 막기 위해 전체를 3개의 큰 종대로 나누어 평행으로 행군했다(역자 주: 뒤의 398쪽에서는 이를 "3x3 종대縱隊dreimal drei Kolonnen"라고 표현했다). 헤르만Heerman과 델페쉬Delpech는 9개 종대 전체가 횡대橫隊 대형으로 행군했을 것으로 생각하지만 그런 식으로 행군하는 것은 매우 어려운 일일 뿐 아니라 그렇게 했을 경우 측면이 정면에 비해 너무 취약해 지며 이는 그들이 분명히 피하려고 했던 상황이다. 따라서 우리는 각 종대들의 모습은 필렌로이트Pillenreuth 교전 때와 매우 유사했을 것으로 생각해 볼 수 있다(역자 주: 앞의 276쪽 참고). 가장 좋은 사료인 레이문트Raimund의 기록에 의하면 그들의 병력은 기병들만 총 1,200명이었기 때문에 9개 종대의 병력은 평균 133명이었다. 3개의 큰 종대로 나누어 행군하던 그들은 전투준비를 갖추자 큰 종대의 후미에 있던 작은 종대들이 선두의 작은 종대들 옆으로 전개했다. 라둘프Radulf의 〈탄크레드의 행적行續 Gesta Tancredi〉에는 영주領主들이 나란히 옆으로 서있었다는 분명한 문구가 있다. 무슬림Muslim/ Moslem(역자 주: 회교도回敎徒)들은 이들의 공격에 맞서지 않고 즉시 도주했다.[8] 총 9개의 작은 종대縱隊가 3개의 큰 병행並行 종대로 나뉜 대형은 이미 3개 제대梯隊/Treffen의 전투대형이었다고(단순한 행군대형이 아니라) 믿고 있는 헤르만은 이 3개 제대가 앞뒤로 줄줄이 늘어서 있었던 것이 아니라 제대형梯隊型/gestaffelt으로 있었던 것으로(제2제대는 앞에 있고 제1제대는 제2제대의 오른쪽 뒤에 있고 제3제대는 제2제대의 왼쪽 뒤에 있었던 것으로) 본다. 실제 모습도 그랬을 수 있지만 우리는 이들을 군이 "제대梯隊/Treffen"라고 부를 필요는 없으며 그저 아직 전개가 완전히 끝나지는 않은 대형이라고 볼 수 있을 것이다. 쾰러Köhler 역시 헤르만의 생각을 부인하지만, 《기사騎士 시대의 전쟁과 용병술用兵術의 발전》, 178쪽(역자 주: 제Ⅲ편, 제Ⅲ권을 말한 것으로 보임)에 쓰여진 그 자신의 생각은 분명하지 않은데 아마도 오기誤記인 것 같다(그는 각주 6에서 처음에는 그들의 횡렬들이 "앞뒤로 줄줄이" 정렬했다고 하고 끝에서는 "옆으로 나란히" 정렬했다고 했다). 그러나 쾰러는 같은 책, 제Ⅲ편, 제Ⅲ권, 339쪽에서는 동방에서의 십자군들은 보병들 때문에

---

8) 영주領主들이 교황에게 보낸 서신(역자 주: 레이문트Raimund의 기록에 소개된 서신으로 보임).

그런 제대 전투대형과 전투방법을 사용할 수 없었다고 본다.

레이문트Raimund의 기록에서는 십자군들에게는 1,200명의 기병 외에 보병 9,000명이 있었다고 하며, 궁수弓手와 창병槍兵이었던 이들은 기병 앞에 서있었는데 뒤에 있던 기병이 공격을 위해 보병 사이로 뚫고 나갔다고 한다.9)

그러나 어떻게 기병이 보병 사이를 뚫고 나갈 수 있었을지 상상이 안 된다. 또 보병이 기병보다 7배 이상 많았는데 어떻게 기병이 결정적인 역할을 한 것 같이 보이는 지도 이해가 되지 않는다. 보병 숫자가 너무 많게 기록된 것 싶다. 물론 십자군 영주領主들이 교황에게 보낸 서신에서 기독교군을 기병 5,000명, 보병 15,000명이었다고 한 것은 사실이지만 같은 서신에서 바빌로니아Babylonier/Babylonia 왕(원문에는 이집트 술탄sultan이라고 했다)의 병력을 기병 100,000명, 보병 400,000명이라 한 점과 앞서 안티오크에서 수백명으로 줄어들었던 십자군 기병이 어디서 기사 5,000명과 말을 얻을 수 있었는지 상상이 안 된다는 점을 고려하면 우리는 어떤 경우라도 레이문트가 말한 수치를 선택하되 다만 그가 말한 보병 숫자는 줄여서 보아야 할 것이다. 레이문트는 성창聖槍 휴대관으로 전투현장에 있었던 인물이다. 영주領主들의 서신에 언급된 수치는 비록 공문서公文書에 기록된 수치라 해도 언제나 신뢰성이 있는 것은 아니라는 증거로 간주되어야 할 것이다.10)

12. 라므라RAMLA/RAMLEH 교전(서기 1101년 9월 7일)

헤르만Heermann은 예루살렘 왕국(역자 주: 서기 1099년 제1차 십자군 전쟁 때 팔레스타인 지역에서 이슬람교도들을 내몰고 건설한 국가. 이슬람 군대가 공격에 마지막으로 항복한 서기 1291년까지 약 200년 동안 존속했으며 내쫓긴 루지낭 왕가는 키프러스 섬으로 후퇴했고 15세기 밀까지 예루살렘 왕이라는 칭호를 사용하면서 키프러스 섬을 지배했다)의 발두인Balduin/Baldwin 왕의 기독교도 군대의 병력이 기사騎士 260명과 보병 900명에 불과했고 특히 보병은 뒤에 남아 실제 전투에는 참여하지도 않았음에도 관련사료들을 근거로 그들의 대형을 교묘한 제대형梯隊形 전투대형staffelförmige Treffen=Austellung으로 이해하려 한다. 승자 측에 대해서는 "앞의 무리anteriores acies"란 표현과 "선두에서in capite"라는 표현을 쓰고 있고 패자 측에 대해서는 "후미에서in cauda"라는 표현을 쓰고 있기 때문에 사료들이 실제 그렇게 말한 것 같이 보이기도 한다. 이런 해석을 부인한 쾰러Köhler의 견해는 옳지만 쾰러는 다른 곳에서는 십자군의 그런 제대대형梯隊隊形을 물론 지지하고 있다(《기사騎士 시대의 전쟁과 용병술用兵術의 발전》, 제III편, 제II권, 186쪽).

---

9) 헤르만Heermann, "제1차 십자군 시대에 동방東方에서 서구西歐 군대의 전투Die Gefechtsführung abentländischer Heere im Orient in der Epoche des ersten Keuzzuges," 52쪽, 각주 2.

10) 더욱이 이 서신이 진짜 공문서인지도 분명하지 않다. 하겐마이어Hagenmeier는 이 서신이 레이문트 자신이 작성한 것임을 입증할 수 있다고 했다(《독일사 연구Forschung zur deutschen Geschichte》, 제XIII편, 400쪽). 병력수 기록에 차이가 있다고 해서 이런 해석이 불가능한 것은 아니다. 이 수치들은 매우 모호한 수치들이다. 레이문트는 여러 민족들을 언급한 후에 여러 곳에서 각기 다른 수치들을 말하고 있다.

13. 라므라RAMLA/RAMLEH 교전(서기 1102년 5월)

예루살렘 왕국의 발두인Balduin/Baldwin 왕은 그의 기사騎士들만으로 월등히 우세한 이집트군을 공격하다 패배했다. 풀케르Fulcher의 기록(《예루살렘 전역사戰役史 Historia Hierosolymitana》)에서는 그가 질서 있는 대형도 갖추지 못했고 보병이 오기를 기다리지 않고 공격한 것이 실수였다고 비난한다. 서기 1098년에는 안티오크에서 기사騎士들이 보병 없이 공격해서 승리한 적도 있으므로 헤르만Heermann은 델페쉬Delpech의 보다 극단적인 해석(《13세기의 전술La tactique au XIII siécle》, 66쪽 및 124쪽)을 부인하면서 "보병"의 중요성은 이 전투로부터 강조되기 시작했다고 보고 있다. 그러나 이는 인정될 수 없는 견해이다. 이 전투에서는 상대방의 전투력이 우세했거나 병력이 더 많았기 때문에 결과가 달라진 것일 수도 있기 때문이다.

작가들이 흔히 어떤 지휘관에 대해 기록해 놓는 비난으로부터 우리가 얻을 수 있는 결론은 거의 없다.

14. 라므라RAMLA/RAMLEH 교전(서기 1105년 8월 27일)

헤르만Heermann은 이 전투의 기록에서도 제대형梯隊形 전열戰列staffelförmige Treffen이라는 자신의 개념을 찾아보려고 했지만 결국 이렇게 해석할만한 설득력 있는 증거가 없음을 스스로 인정하고 말았다.

15. 사르민SARMIN 전투(서기 1115년 9월 14일)와
　　　아타레브ATHAREB(벨라트BELATH) 전투(서기 1119년 6월 28일)

헤르만Heermann은 이 두 전투에 대해서도 제대형梯隊形staffelförmige 공격이 있었다고 주장하며 쾰러Köhler도 이에 동의한다. 우리에게는 안티오크의 로저Roger 영주領主의 수석 비서가 작성한 좋은 사료가 있다. 이 기록 역시 적과의 "우선 접촉Vorstreit"이라는 개념이 부대들이 앞뒤로 나뉘어 정렬했었음을 의미하지는 않는다는 문헌 증거가 된다(앞의 283쪽을 참고할 것).

16. 하브HAB 전투(서기 1119년 8월 13일)

아스칼론Askalon/Ascalon 전투 때 같이 기독교군은 3 x 3 종대縱隊 dreimal drei Kolonnen로 행군했고 여러 방향에서 동시에 적을 공격했다. 그들 중 몇 개 종대는 적에게 격파되었다. 그러나 결국 기독교도들은 자신들이 승리했다고 주장했다.

십자군은 9개 종대로 행군했고 어느 방향에서도 적의 공격에 대처할 수 있게 3개 종대가 옆으로 나란히, 3개 종대가 앞뒤로 줄줄이 위치해 행군했다. 헤르만

Heerman은 이 종대들의 대형을 선형線型 대형으로 묘사한다. 그러나 앞에서 아스칼론 전투를 설명하며 말한 것과 같이 이는 불가능한 해석이다. 헤르만은 아스칼론 전투 때 각 종대의 병력수를 평균 133명의 기병으로 이 전투 때는 100명 이상의 기병으로 계산했는데 이런 종대들은 분명히 필렌로이트Pillenreuth 전투 때와 같은 대형으로 전개했을 것이다(앞의 276쪽 참고). 이는 쾰러Köhler 장군의 견해이기도 하다(《기사騎士 시대의 전쟁과 용병술用兵術의 발전》, 제Ⅲ편, 제Ⅱ권, 211쪽).

17. 하자트HAZARTH 전투(서기 1125년)

헤르만은 이 전투를 묘사한 삽화에서 보병이 기사騎士들 뒤에 있는 모습을 그려 놓았고, 본문(그의 논문, 98쪽)에서는 기사騎士들이 공격을 시작했을 때는 이미 보병이 접전接戰 중에 있었다고 말하지만 이를 입증할 근거는 없다.

18. 메르드-세퍼MERDJ-SEFER (서기 1126년)

빌헬름Wihelm von Tyrus의 기록에 의하면 이 전투에서는 보병이 칼을 가지고 적을 쓰러뜨린 후 부상을 입혔고 도주하는 그들의 퇴로를 차단했으며 말에서 떨어진 동료들을 구조해 주었다고 한다.

19. 히틴HITTIN 전투(서기 1187년 7월 4일)

그로Groh는 "예루실렘 왕국의 몰락Der Zusammenbruch des Reiches Jerusalem"(베를린 대학 ɪɪ 학위논문, 서기 1909년)에서 이 전투를 상세히 설명해 놓았다. 그는 보병과 크네크트Knecht(일반 병사)에 관한 필자의 개념에 동의하고 있다.

20. 아콘AKKON/ACRE 전투(서기 1189년 10월 4일)

이 전투에서는 궁수弓手와 쇠뇌수弩手들이 기사騎士들의 앞에서 진격했다.

21. 아르수프ARSUF 전투(서기 1191년 9월 7일)

아콘Akkon/Acre에서 요페Joppe로 해변을 따라 행군 중 사자심왕獅子心王/Löwenherz 리차드 Richard Ⅰ세(역자 주: 영국 프란태지네트Plantagenet 왕조의 왕)가 살라딘Saladin/Salah al-Din/Salahuddin Al-Ayyubi(역자 주: 12세기 후반 십자군十字軍에 맞선 아랍의 영웅)의 공격을 받았지만 빛나는 승리를 거둔 이 전투는 쾰러Köhler 장군의 《기사騎士 시대의 전쟁과 용병술用兵術의 발전》, 제Ⅲ편, 제Ⅲ권, 2341쪽 이하 및 오만Oman의 《병법사兵法史/History of the Art of War》, 305

쪽 이하에 잘 설명되어 있다. 쾰러의 설명은 주로 베네딕트Benedict von Peterborough의 기록에 근거한 것인데 오만은 이 기록은 전투현장의 지형을 검토해 보면 아주 밀접한 관련이 있는 증거들인 〈리차드 왕의 여정기旅程記 Itinerarium Regis Ricardi〉와 리차드 왕이 클레보Clairvaux 대수도원장大修道院長에게 보낸 서신 및 살라딘의 역사편수관歷史編修官 보아 에드 딘Boa ed din의 기록과 부합되지 않는 것으로 보면서 베네딕트의 기록은 부인되어야 한다고 본다.

쾰러의 설명은 결국 지지를 받지 못할 것으로 보인다. 우리는 십자군의 병력을 100,000명으로 본 쾰러의 견해부터 부인해야 한다. 그는 특히 이 전투는 중세의 전술에 관한 자신의 개념이 확인된 전투라고 보지만 필자는 이 전투에 대한 그의 설명이 아무리 옳다 해도 이를 근거 없는 생각으로 본다.

22. 자파JAFFA 교전(서기 1192년 8월 5일)

사자심왕獅子心王/Löwenherz 리차드Richard I세는 마메루크Mameluck족과 쿠르트Kurd족에게서 공격을 받았는데 그들의 병력은 7,000명이었고 자신의 병력은 겨우 15명에게만 말이 있던 기사騎士 55명과 보병 2,000명뿐이었고 보병들은 대부분 제노바Genua/Genoa와 피산Pisan에서 배를 타고 온 쇠뇌수弩手였다고 한다. 그는 창병槍兵을 1개 횡렬橫列로 정렬시켰었는데 이들은 한쪽 무릎을 땅에 꿇고 그들의 창을 적의 말의 가슴을 향하게 겨누었다. 쇠뇌수들은 명령대로 뒤에서 이 창병들 틈으로 끊임없이 쇠뇌를 쏘았는데 쇠뇌수들을 보조하는 인원들이 뒤에서 또 하나의 쇠뇌에 화살을 장전해서 쇠뇌구들에게 넘겨주었기 때문에 쇠뇌화살의 소나기를 멈춤 없이 적에게 퍼부을 수가 있었다. 무슬림Muslim/Moslem(역자 주: 회교도回敎徒)들은 한 부대씩 파도와 같이 밀려왔지만 감히 공격하지는 못했다. 그들은 말을 타고 화살을 쏘았지만 아무런 성과도 얻을 수 없었고 결국 자신들만 큰 피해를 입었다. 리차드는 기사騎士들과 함께 친히 그들 사이로 밀고 들어가서 그들에게 포위되어 위급한 상황에 처해있던 레이케스터Leicester 얼earl과 랄프 몰레온Ralph Mauléo을 친히 혼전 속에서 무사히 끌고 나오기도 했다. 전투는 몇 시간에 걸쳐 계속되었고 결국 투르크Türk/Turk족은 700명의 병력과 1,500필의 말을 현장에 방치하고 철수했고 십자군들은 단 2명만 죽었다고 한다.[11]

오만Oman은 이런 사료의 내용을 그대로 옮겨놓고 "그들의 대형이 그들을 매우 잘 보호해 주었다" 했지만 필자는 그의 말에 동의할 수 없다. 그렇게 용맹스럽기로 유명한 그것도 큰 병력을 그런 단순한 방법으로 저지할 수 있었다면 그런

---

11) 〈리차드 왕의 여정기〉, 제Ⅵ편, paras. 21-24(스터브스Stubbs 편編, 《영국 중세사 작가들Rerum Britannicarum medii aevi Scriptores》, 415쪽에 수록). 오만Oman, 《병법사兵法史/History of the Art of War》, 316쪽.

일이 역사에 자주 등장했었을 것이다. 우리는 투르크족의 피해에 관한 수치를 보면 이 기록이 매우 강하게 채색된 기록임을 바로 알 수 있다. 1개 창병槍兵 횡렬橫列은 비록 2중의 쇠뇌수 횡렬橫列이 뒤를 바쳐주고 있었다 해도 보호장구를 잘 갖춘 적의 기병을 물리치기에는 너무 약했고 살라딘Saladin/Salah al-Din/Salahuddin Al-Ayyubi 의 전사戰士들은 용감하기도 했지만 좋은 갑옷까지 입고 있었다. 투르크족 병력수가 7,000명이었다는 것이 어느 정도라도 사실에 근접한 수치였다면 사료의 기록은 리차드의 전투대형이 난공불락難攻不落의 견고한 대형이었음을 입증할 수는 없고 다만 투르크 이교도異敎徒들의 전투의지가 그 날 매우 떨어져 있었다는 것 정도만 입증해 줄 수 있을 뿐이다. 아마 살라딘의 병력은 별로 많지 않은 경기병輕騎兵들이었고 자신들이 접근하면 기독교도들이 놀라서 공황상태에 빠지지나 않을지 시험해 보려고 하기는 했어도 실제로 공격할 생각은 하지 못했을 것이다.

오만Oman이 인용한 〈리차드 왕의 여정기旅程記 Itinerarium Regis Ricardi〉 외에 이 전투 목격자인 랄프Ralph von Coggeshale의 기록(스티븐슨Stevenson 편編,《공문서公文書 모음Rolls Series》, 45쪽)도 있는데 이에 의하면 리차드 왕에게는 80명의 기사騎士와 단 6필의 말 그리고 1필의 노새만 있었다고 하며 다음과 같은 구절도 있다.

"(왕은) 우군友軍 기사騎士들을… 밀집 정렬시킨 후 그들에게 움직이지 말고 바짝 붙어 서서 적에게 돌파구가 될 빈틈을 주지 못하도록 했다. 그리고 그곳에서 텐트를 칠 때 썼던 나무토막 몇 개를 각자의 발 앞에다 방책防柵 삼아 놓아두게 했다*Commilitones suos…stricte et conjunctim ordinando disposuit (rex), ut unumquemque juxta latus alterius firmiter collocavit, ne quis aditus perforundi cuneum suum in ipsa congressione ex spatii vacuitate pateret hostibus. Pauca autem ligna, quae ibidem reperta fuere ob tentoria construenda ante pedes singulorum quasi pro antemurali jissit collocari.*"

드디어 리차드는 궁수들을 앞에 세우고 출격 나갔고 단 1명의 기사騎士만 잃고 승리했다고 한다.(역자 주: 이날 살라딘의 아들 세이페딘Seifeddin은 급히 전투현장으로 걸어온 리차드에게 군마軍馬 2마리를 보냈고 리차드는 이를 기꺼이 받아서 사용했다고 하며, 이에 앞서 같은 해 종려성일棕日에는 아콘Accon/Akko에서 리차드가 세이페딘의 허리에 검劍을 둘러준 일도 있었다고 한다. 앞의 215쪽 참고.)

23. 십자군의 보병

헤르만Heermann과 마찬가지로 쾰러Köhler 장군도 전투기술을 갖춘 보병 병력들이 십자군 시대에 실전훈련을 통해 발전했다고 믿고 있다(《기사騎士 시대의 전쟁과 용병술用兵術의 발전》, 제III편, 제III권, 209쪽). 그는 도리레움Doryläum/Dorylaeum 전투 당시 보병의 취약성이 드러난 후 안티오크Antioch 전투나 아스칼론Askalon/Ascalon 전투 당시 이미 전투기술을 갖춘 보병이 주목을 받을 정도가 되었고 그 당시 서구西歐에는 쓸만한 보병이 전혀 없었다고 한다. 그는 이어서 보병이 발전된 이유는 투르크 Türk/Turk족 궁수弓手들을 상대할 때 기병의 보호를 위한 것이었다고 말한다. 그러나 필자에게는 그가 말한 역사적 관계는 핵심을 놓친 것으로 보인다.

도리레움에서 보병이 무능했다는 증거는 없다. 그들이 말을 잃은 기병이었건 아니면 처음부터 궁수弓手와 창병槍兵이었건 어쨌건 보병을 자신의 군대에서 복무 하게 한 지도자들은 쓸만한 인원들을 선발했을 것이다. 사실상 서구에서도 각 방면에서 실전을 통해 보병이 발전할 기회가 많았다.12) 도리레움에서 기독교군 총사령관이었던 보에문트Boemund는 행군 도중에 기습을 받았으므로 자동적으로 기사騎士들과 함께 먼저 공격에 나선 것이다. 확실치는 않지만 이때 그는 보병을 데리고 가지 않았을 가능성이 있다. 풀케르Fulcher는 《예루살렘 전역사戰役史 Historia Hierosolymitana》에서 기독교도들에게는 보병과 기병이 모두 있었지만 투르크족은 모두 기병이었다고 했기 때문이다.

도리레움에서 기사騎士들은 보병의 지원이 있었건 없었건 첫 접전에서 패해서 후방으로 밀려가다 자신들의 보병에게 가로막혔는데 이 보병은 창을 내뻗고 기 병의 도주를 정지시켰다(라둘프Radulf의 〈탄크레드의 행적行績 Gesta Tancredi〉). 이후 전 병력이 함께 제자리에서 버티다가 기사騎士들이 다시 출격해서 약간 전진했다.

불리한 전투에서 창병槍兵이 이때 보다 잘한 경우는 후대에도 없다. 이런 상황 은 후시테Hussiten//Hussite(역자 주: 종교개혁가 후스Jan Hus 〈1369?-1415〉를 따르던 무리)와 스위스의 시대에 가서야 바뀐다.

도리레움에서 기독교도 병력 중 궁수弓手나 쇠뇌수弩手에 관한 기록이 없는 것은 단지 우연한 일임이 분명하다. 아마 그 이유는 투르크족 기마궁수騎馬弓手들로부터 전 방향에서 압박을 받던 보에트문트Boemund의 위급했던 상황을 최대한 인상적으 로 표현하자니 그렇게 기록하게 되었을 것이다. 만약 활로 적을 저지시킨 기독 교도 궁수들을 언급했다면 당시 상황을 그리 위험한 상황으로 묘사할 수 없었을 것이며 또한 고트프리트Gottfried/Godfrey 등이 이끌고 온 나머지 병력에 의한 구조도 그리 극적으로 묘사되지는 않았을 것이다. 우리는 다른 전투에서는 노르만족이 얼마나 궁수들을 잘 활용했었는지 알고 있으며 또한 후일의 십자군 전투에서는

---

12) 물론 우리는 기사騎士들이 안티오크에서 호숫가로 전투에 나갈 때(서기 1098년 2월 9일) 포위된 도시 앞에 남겨두고 간 보병에 관한 레이문트Raimund von Agiles의 분명한 증언("그들은 사실 투르크족만 보면 겁을 먹고 두려워하는 우리 병력은 용감한 군대가 아니라 겁쟁이 군대라고 말했다Dicebant enim, quod multi de exercitu nostro imbelles et pavidi, si viderent Turcorum multitudinem, timoris potius quam audaciae exempla monstrarent")을 통해 보병이 무능했다는 말을 할 수도 있을 것이다. 그러나 이런 기록은 객관적인 증거가 못 된다. 더욱이 안티오크 호수 전투에서는 일부 보병이 기사騎士들과 함께 나갔으며(라둘프Radulf의 〈탄크레드의 행적行 績 Gesta Tancredi〉) 바로 그날 안티오크 시를 포위하고 있다가 출격 나온 적을 성공적으로 격퇴했었다.

궁수들도 참여했었음을 잘 알고 있다. 따라서 도리레움 전투 때도 분명히 그들에게 궁수가 있었을 것이다(역자 주: 앞의 제I장, 242쪽, 각주26에서 델브뤼크는 이 전투에서 "보병들은 정확하면서도 빠른 속도로 쇠뇌를 발사했고 기사騎士들은 용감하게 투르크족을 공격했다Pedites prudenter et citius extendunt tentoria, milites eunt viriliter obviam iis"는 구절을 〈프랑크족의 행적行蹟 Gesta Francorum〉, VI장에서 이미 인용한바 있다).

마지막으로, 십자군들이 보병을 발전시키지 않을 수 없었던 것은 투르크 Türk/Turk족 궁수弓手들을 상대할 때 기병의 보호를 위한 것이었다는 쾰러Köhler 장군의 말은 중세의 전투병종戰鬪兵種의 특성을 전혀 모르고 한 말이다. 기마궁수이건 보병궁수이건 이들로부터 근접전 무기를 휴대한 기병을 보호할 수 있는 유일한 방법은 기사騎士들의 갑옷을 제외하면 가능한 신속하게 그들에게 돌격해서 접근함으로써 그들로 하여금 한 발 이상 정확히 화살을 쏘지 못하도록 하는 것이다. 이때 궁수와 창병槍兵들을 기사騎士들에게 배속시켜 지원하게 하는 방법도 효과가 있었음은 십자군들뿐만 아니라 여러 경우에 입증되었다. 다만 우리는 이때 보병들이 기사騎士들을 보호해 주었다고 말해서는 안 된다.

사료를 보면 시리아에서의 전투 당시에는 보병의 중요성이 커진 것을 알 수는 있지만 이는 단지 말馬의 부족 때문이었음이 분명하다.

24. 무레MURET 전투(서기 1213년 9월 12일)

아라곤Aragonien/Aragon(역자 주: 스페인 동북부)의 페테르Peter 왕은 시몽Simon de Montfort의 십자군에게 심한 압박을 받고 있던 알비Albigensian 파派(역자 주: 카타리Cathari 파派라고도 하며 12세기에서 13세기까지 프랑스 남부 알비와 툴루제를 중심으로 생겨난 이단異端 기독교파로 로마 가톨릭 교회의 삼위일체론三位一體論을 비판하고 물질과 권세의 세계를 지배하는 신이 따로 있다는 영육이원론靈肉二元論의 입장에서 금욕주의禁慾主義를 주장했다. 이들을 징벌하러 출정한 십자군을 알비 십자군이라 한다)의 툴루제Toulouse 대공大公을 도우러 와서 툴루제 위쪽에 있는 가로네Garonne 강변의 무레Muret 시市를 포위했다. 시몽은 포위망을 뚫고 무레 시市로 들어갔다 출격을 나와서 졸고있던 포위군을 몰아냈다.

이 전투는 많은 기록이 남아있어서 다양하게 해석되고 있다. 그러나 이 전투는 특별히 이 전투를 위해 수립된 중세 전술에 관한 여러 특이한 이론理論들의 결과가 아니므로 전쟁사의 관점에서는 특별한 의미는 없다.

사료에 의하면 시몽은 기사騎士들에게 성삼위聖三位(역자 주: 기독교의 삼위일체론三位一體論에서 말하는 성부聖父와 성자聖子와 성령聖靈)의 이름으로 3개의 "오르디네ordines" 또는 "아키에acies" 또는 "바타이유batailles"로 정렬시켰다고 한다. 한 사료에 의하면 프랑스의 필리프 아우구스트Philipp August/Philip Augustus 왕도 부빈Bouvines 전투 때 그렇게 했다고 한다. 이 기록을 근거로 쾰러Köhler 장군은 성삼위聖三位의 이름이 언급된 것을 보면 "오르디네ordines가 제대梯隊/Treffen를 의미하는 것이 분명하다"고 했다 (《기사騎士 시대의 전쟁과 용병술用兵術의 발전》, 제Ⅰ편, 144쪽. 105쪽도 참고할 것). 그러나 제대대형梯隊隊形/Treffenordnung과 성삼위聖三位간의 유사성에 관한 보다 분명한 증거를 얻을 때까지 우리는 그렇게 단정적으로 말할 수는 없을 것이다.

쾰러 장군은 또한 시몽의 몽포르Montfort 병력은 절반 이하만 기사騎士인 기병 800명에 불과했고 페테르Peter의 병력은 보병 38,000명을 포함해 총 40,000명이었다고 계산하고 있다. 그는 또한 "하지만 우리는 시몽 측이 기병 800명으로 40,000명을 상대했다는 말에는 조심해야 한다. 보병들은 거의 전투 참여 병력으로 볼 수 없기 때문이다. 더욱이 기렐무스 브리토Guillemus Brito의 〈필리프 왕의 행적行蹟Gedta Philippis regis〉에서는 이교도異敎徒 영주領主에게 200,000명의 병력이 있었다 한다"라고 했다(같은 책, 101쪽).

마지막으로 쾰러 장군은 십자군 측 손실은 기사騎士 1명에 세르게안트Sergeant(평민 전사戰士) 7명인 반면 상대방은 20,000명을 잃었다고 했다(같은 책, 116쪽).

쾰러 장군은 전 생애를 직업군인으로 실무현장에서 보냈지만 남의 말을 잘 듣는 기질을 타고났기에 전 생애를 책상 앞에서 보낸 사람과 아무 차이가 없다.

최근에 이 교전을 다룬 글로는 될라포이Dieulafoy의 "무레 전투La bataille de Muret" (《금석문 아카데미 비망록Mémoires de l'Académie des Inscriptions》, 제36권, 서기 1899년, 44쪽 이하)가 있다. 이 논문에 대한 키에너Kiener의 평론이 《독일 문예평론Deutsche Literaturzeitung》, 제26호(서기 1900년 6월 23일)에 게재되어 있다.

25. 스테페스STEPPES 교전(서기 1213년 10월 13일)

브라방Brabant(역자 주: 벨기에 중부지역) 영주領主와 리에즈Liége 주교主敎간의 이 전투는 쾰러Köhler의 《기사騎士 시대의 전쟁과 용병술用兵術의 발전》, 제Ⅲ편, 제Ⅲ권, 283쪽과 오만Oman의 《병법사兵法史》, 444쪽에서 충분한 검토가 이루어졌다. 양측 모두 중앙에 창병槍兵이 있었고 리에즈 측 창병은 도시민들이었다. 그러나 이들은 곧 전투에 들어가지 않고 기사騎士들의 전투가 끝난 후에야 전투에 들어갔다. 그때까지 이들은 철수하는 기사騎士들을 보호해 주고 있었다.

쾰러 장군은 양측면 모두에서 기사騎士들이 승리했다고 보는 반면 오만은 좌익左翼에서만 기사騎士들이 승리했다고 보는 것이 다르다(역자 주: 델브뤼크의 원문에는 어느 군대가 승리한 것인지에 대한 설명이 누락되어 있다).

26. 부빈BOUVINES 전투(서기 1214년 7월 27일)

이 전투에 관한 종래의 설명들은 모두가 발하우센C. Ballhausen의 예나Jena 대학교 학위논문(서기 1907년, 슈미트J. W. Schmidt 출판사)에 의해 압도되었다. 필자 역시 이 책 제1판에는 포함시켰던 이 전투 관련 내용을 일부 생략하지만 중요한 몇 가지에 대해서는 그의 견해에 동의할 수 없다. 델페쉬Delpech도 《13세기의 전술La tactique au XIII siécle》, 제I편에서 이 전투를 상세히 다루고 있지만 몰리니어Molinier는 《역사평론Revue historique》, 제36호, 185쪽에서 그의 견해를 부인하고 있을 뿐이다.

오토Otto IV세 황제는 동맹군들과 함께 브뤼셀Brüssel/Brussels 남쪽 니벨레스Nivelles에, 필리프Philipp/Philip 왕(역자 주: 필리프 II세 또는 필리프 아우구스투스Philip Augustus)은 페로네Péronne에 각각 병력을 집결시켰다. 그들은 이동 중 처음에는 서로 너무 멀리 비껴갔다가 결국 완전히 뒤로 돌아서서 필리프는 북쪽 투르나이Tournai 부근에, 오토는 남쪽의 발렌시엔네Valenciennes 부근에 있게 되었다. 이렇게 된 것은 양측 모두가 상대방의 움직임을 몰랐기 때문일 수밖에 없다. (필자는 이에 관한 발하우센의 반론反論에 동의할 수 없다. 필리프가 투르나이로 간 이유에 대한 그의 설명은 충분하지 못하다.) 그들은 상대방의 행방을 알게 된 후에 돌아섰던 것이다. 필리프는 투르나이에서 돌아서서 그가 왔던 길을 따라 부빈Bouvines을 거쳐 릴레Lille쪽으로 갔고 결국 적으로부터 멀어지게 되었다. 반면 오토는 적을 향해 직접 이동했다.

필리프가 동쪽에서 서쪽으로 이동하며 부빈 부근에서 마르끄Marque라는 작은 강의 나리를 건너고 있을 때 게르만군이 그에게 접근 중이고 그쪽으로 나가있던 분견대와 전초전을 벌이고 있다는 보고를 받았다. 필리프는 다리를 이미 건너간 병력에게 즉시 돌아서도록 명했다. 전투에 응할 생각이었다. 적을 그대로 두고 나머지 병력이 모두 다리를 건너기가 불가능했었기 때문이라고 보기는 어렵다. 아직 다리를 건너지 못한 병력이 많았다 해도 오토가 병력을 전개시키려면 아직 많은 시간이 필요했을 수 있기 때문이다. 발하우센은 오토가 필리프의 후위대를 차단하려 했을 것으로 믿고 있으나 필자는 이를 확신할 수 없다. 물론 전략적 관점에서 보면 필리프의 결정은 극도로 위험한 것이었다. 그의 결정대로 했을 때 그는 거꾸로 된 정면을 가지고 적과 싸우게 되고 유사시 그의 퇴로는 다리 하나밖에는 없게 되기 때문이다. 마르끄 강은 어디에서도 도섭徒涉이 불가능했던 것으로 분명히 기록되어 있다. 결국 이런 상황에서 그가 전투에 응한 것은 승리를 확신했었기 때문일 수밖에는 없다. 사료에서는 그에게 체계적 병력 전개를 위한 시간이 있었고 적어도 결정적인 병종兵種인 기사騎士들이 상대보다 많았다고 분명히 말하고 있다는 점이 이런 해석을 뒷받침하고 있다.

물론 그 날 아침까지만 해도 필리프가 오토에게 진격하지 않고 철수했던 것은 사실인데 왜 마음을 바꾸었는지는 의문이다. 그러나 그의 행동이 완전한 모순은 아니었다. 그날 아침 필리프가 결정했던 것은 투르나이에 그대로 있거나 오토에게 진격하지 않겠다는 것이었을 뿐이기 때문이다. 다만 아침에는 몰랐었지만 이제 오토가 자신에게 접근하고 있음을 알게 되자 상황이 변했을 뿐이다.

반면, 병력이 적은 오토가 필리프를 공격한 이유는 강을 사이에 두고 병력이 나뉘어 있는 프랑스군을 공격할 수 있기를 희망했고 또 믿었기 때문일 것이다. 사료에는 적이 전투대형으로 전개해 자신의 앞에 있는 모습을 보자 오토가 놀랐다고 분명히 기록되어 있다. 이때 오토가 포기하고 즉시 철수하지 않은 것 역시 전혀 비논리적이라고 볼 필요는 없다. 그는 자신이 돌아서면 프랑스군은 즉시 공격해 올 것이고 그렇게 되면 자신이 패할 것이 분명하다고 판단했을 수 있다. 이런 상황에서는 병력의 사기士氣라도 유지하려면 오히려 공격을 하다 전투 중에 행운을 잡을 기회를 노리는 것이 낫았을 것이다.

이 전투의 전략적 배경이 그랬다면 결과 역시 동일한 맥락 속에서 찾아볼 수 있을 것이다. 오토의 패배는 강을 사이에 두고 병력이 나누어진 적을 공격하겠다는 희망이 무산되었기 때문이다. 필리프의 승리는 그의 병력이 현저히 많았고 질서 있는 대형으로 적과 상대했기 때문이다. 사실 그는 적보다 질서 있는 대형으로 싸웠다. 게르만군은 접적행군 중 무질서했다고 특별히 기록되어 있다.

양측의 병력수에 관한 믿을만한 기록은 없다. 쉬르마허Schirrmacher 등 학자들은 오토의 병력을 기사騎士 25,000명 및 여타 전사戰士 80,000명으로 본 리하르트Richards von Sens의 평가를 인정하고 있다. 호르쯔찬스키Hortzschansky는 필리프의 병력은 59,000명(기사騎士 2,000명, 크네크트Knecht 7,000명, 보병 50,000명)이었고 오토의 병력은 105,000명(기사騎士 5,500명, 말을 탄 크네크트Knecht 19,500명, 보병 80,000명)이었다고 믿고 있다. 그는 오토가 그렇게 많은 병력을 가지고도 패할 수 있었다는 것은 수수께끼라고 말하고 있다(그의 글, 41쪽).

쾰러Köhler 장군은 필리프 측은 기사騎士 2,500명, 경기병輕騎兵 4,000명, 보병 50,000명이었고 오토 측은 기사騎士는 1,300~1,500명밖에 없었지만 여타의 매우 많은 병력이 있었다고 본다. 오만Oman은 병력수를 비교적 적게 평가하지만 그 역시 필리프는 2,5000~30,000명의 보병이 있었고 오토의 보병은 40,000명이었다고 본다.

오만Oman의 평가를 포함해서 이런 평가들은 보병 숫자를 너무 크게 본 것이 분명하다. 연대기年代記들은 한결같이 그들의 "수없이 많은 무리"란 표현을 쓰고 있지만 앞서 우리가 많은 예를 보았듯이 그런 표현들은 전혀 무의미한 것이다. 오토는 26일 아침 쉘트Scheldt 강변의 모르타뉴Mortagne에서 행군을 출발해서 그가 행군한 직선통로와 평행으로 뻗어 있는 숲 주변의 비유모-프로이드몽Villemaux-Froidmont를 거쳐 반원半圓 형태의 지역으로 들어갔다. 이곳에서 전투현장까지는 3마일(약 23km)은 된다. 아무리 행군군기가 강한 군대라 해도 이틀날 하루 동안에 50,000~40,000명의 병력이 그런 거리를 행군해서 전개를 마치고 전투까지 했다면 이는 참으로 놀랄만한 일이 아닐 수 없다. 몰리니어Molinier의 지적대로 군기軍紀가 없는 용병傭兵, 도시민 및 기사騎士들로서는 그런 일이 불가능했을 것이다.

양측 모두 병력수가 8,000명 이하였다는 발하우센Ballhausen의 평가에 필자는 동의한다. 오토 측 기사騎士는 분명 1,300~1,500명 이하였을 것이다. 필리프 측 기사騎士는 이보다 많았다. 양측 병력수가 모두 5,000명 정도였을 수도 있다. 사료에 병력수가 기록된 여러 곳의 분견대들의 규모가 모두 대단히 작기 때문이다.

그러나 무엇보다 중요한 것은 전투의 성격 자체가 보병이 그렇게 비정상적으로 많았을 것이라는 생각과 충돌한다는 점이다. 양측 모두 보병이 한 일이 없기 때문이다. 빙켈만Winkelman은 프랑스군의 도시민들은 "벽난로와 집을 위해pro aris et focis" 싸운다는 진지한 동기가 있었다고 하나 이는 전혀 근거 없는 말이다. 사료에는 필리프 측의 자치시自治市/Kommun 병력이 결정적인 도움이 되었다는 기록이 어디에도 보이지 않는다. 도시들은 필리프에게 상당수의 궁수弓手들을 제공했을 것이고 이들은 기사騎士들과 함께 정상적인 방법으로 전투를 수행했었을 것이다. 프랑드르Flandern/Flandre의 도시들이 오토에게 제공한 병력도 마찬가지였을 것이다.

프랑스군의 손실은 매우 적었던 것으로 보인다. 약간 후일의 영국 측 기록인 멜로제Melose의 연대기年代記에서는 프랑스군 사망자가 3명에 불과했다고까지 했다. 우리는 그들의 손실이 매우 석었을 것으로 보아야 한다. 그렇지 않았다면 명예로운 전사자戰士者들의 이름이 사료에 더 많이 보일 것이기 때문이다. 반면 오토 측에서는 70명의 기사騎士와 1,000명의 보병이 죽고 아주 많은 인원이 포로가 된 것으로 보인다. 한 사료는 127명의 기사騎士가 죽었다 하고, 다른 사료는 131명의 기사騎士가 죽었다 하고, 또 다른 사료는 220명의 기사騎士가 죽었고 이중에는 대공大公 5명과 바네레트Bannerherr/banneret(역자 주: 몇 명의 기사騎士를 거느린 상급 기사騎士로서 기령기사旗領騎士라고도 한다) 25명이 포함되어 있었다 한다.[13] 키푸러스의 요한Johann von Cypern은 이 때문에 이 전투를 "매우 치열했지만 오래 걸리지는 않은 전투durissima pugna, sed non longa"라고 했다. 그러나 이 전투가 단 3시간만에 끝났다는 오만Oman의 말은 지나친 말로 보인다. 필자는 이 전두는 1차 충돌에서 거의 승부가 났고 이 1차 충돌도 전장戰場 전체에서 동시에 일어나지는 않았다고 믿는 편이다. 그 어떤 작가들의 말보다도 승자 측의 손실이 적었다는 기록이 이를 입증할 수 있는 강력한

---

13) 쾰러Köhler, 《기사騎士 시대의 전쟁과 용병술用兵術의 발전》, 156쪽. 오만Oman, 《병법사兵法史》, 477쪽.

증거이다. 전투의 지속시간에 대한 사료기록들은 항상 신빙성이 없다. 전투의 시작과 끝은 언제나 불확정적인 개념일 뿐만 아니라 크게 과장되는 것이 자연스러운 일이기 때문이다. 기렐무스 브리토Guillemus Brito의 〈필리프 왕의 행적行蹟*Gedta Philippis regis*〉에는 도시민 부대들이 전투가 시작되기 전에 중앙에 도착해서 기사騎士들 사이를 통과한 다음 그들 앞에서 궁수弓手로 정렬했다는 구절이 있다(v. 311). 그러나 다른 구절에서는 전투가 시작된 지 4시간째가 되어서야 그들이 비로소 도착했다고 한다(v. 312). 쌍방의 중앙이 한쪽 측익側翼에서 시작된 전투를 (3시간 동안이나) 그저 쳐다보기만 한다는 것이 가능한 일일까? 아니면 한 측익이 아직 출발도 안 했는데 다른 측익은 그들이 도착하기를 친절히 기다릴 수 있었을까? 기사騎士의 단위부대들이 흔히 동시에 공격을 시작하지 않는 것이 물론 자연스런 일이기는 하지만 양 측익이 서둘러서 행군종대로부터 전개해서 전진하지는 않았다고 해도 결국 성공적으로 공격을 했다면 그 시차時差가 그리 컸을 수는 없다.

이 전투에 관한 주사료主史料는 기렐무스 브리토의 기록인데 그는 필리프 왕의 사제司祭로 전투현장에 있던 인물이며 이 전투에 대한 기록을 리고르Rigord의 기록에 대한 속편續編에서는 산문체散文體로, 그 자신이 작성한 〈필리프 왕의 행적〉에서는 운문체韻文體로 각각 작성했다. 쾰러Köhler 장군은 한편으로는 그를 역사기록자로 매우 높이 평가하지만(《기사騎士 시대의 전쟁과 용병술用兵術의 발전》, 118쪽) 다른 한편으로는 전혀 그의 기록에 동의하지 않으면서 그는 전술문제를 전혀 이해하지 못한 결과 중세전투에서는 개인전이 지배했었다는 인상을 남기는데 기여했다고 비난하고 있다(같은 책, 135쪽). 그러나 전술문제를 전혀 이해하지 못한 측은 사실 쾰러 장군 자신이다. 오만Oman은 그가 기렐무스 브리토의 기록으로부터 이해하고 있는 3개 제대梯隊/Treffen로의 병력분할은 기렐무스 브리토 자신이 말한 대형은 아니며 기렐무스 브리토의 원문을 보면 그런 대형은 특별히 부인되어야 한다고 정확히 지적했다(《병법사兵法史》, 471쪽, 각주). 이 점에서 중세전투에 관한 쾰러 장군의 개념은 앞서 하스팅Hasting 전투에서 이미 알 수 있었던 것 같이(역자 주: 앞의 151쪽 이하 참고) 모두 설득력이 없는 개념이다.

오토 황제 측으로 이 전투에 참전했던 불로뉴Boulogne 대공大公에게는 기사騎士들 외에 자신이 보수를 주는 브라방Brabant 보병 700명(다른 기록에 의하면 400명)이 있었다. 그는 이들에게 자신이 전투에 지칠 때마다 그 속으로 철수할 수 있도록 둥그런 대형으로 정렬하게 했었다. 그가 전투에서 패하고 그의 병력 대부분이 도주했을 때도 이들은 끝까지 버텼다. 프랑스 기사騎士들은 창을 내뻗고 있는 이 대형을 감히 돌파할 생각을 못했다. 그러나 결국 증원군이 도착하자 이 대형도 무너졌고 보병들은 도륙을 당했으며 대공大公도 포로가 되었다.

이 장면의 출처는 〈필리프 왕의 행적〉이란 영웅서사시이므로 세부 내용까지 큰 비중을 두면 안 되지만 이 기록이 정확한 기록일수록 이 시대 보병의 열악한 형편을 더 잘 말해줄 것이다. 어느 연대기年代記에서는 이 브라방 보병들을 전투 기술이나 용기가 기사騎士들 못지않은 병력이라고 분명히 칭송하고 있다("분명히 보병이지만 전쟁수행 지식이나 용기가 기사騎士들 못지 않았다*pedites quidem, sed in scientia et virtute bellan야 equitibus non inferiores*"). 그러나 그들의 행동은 순수한 방어에 그쳤고 비교적 큰 병력이었음에도 겨우 몇 명의 기사騎士들에게 약간의 보호를 제공하는 이상의 기능을 수행하지 못했다. 이들이 결국 기사騎士들에 의해 직접 격파된 것인지 아니면 이미 프랑스 궁수弓手들에 의해 무력화되어 있었던 것인지는 따질 필요가 없다. 중요한 것은 특별히 유능했었다고 사료가 칭송하고 있는 이 보병 집단이 전투에서 독립적이고 능동적인 활동을 하지는 못했다는 점이다.

그러나 사실 우리는 너무 지나치면 안 될 것이다. 필자는 위의 장면은 오토가 거의 패배하게 된 전투의 최종단계였고 이때 패잔병들은 최대한 비싼 값을 받고 자신들의 목숨을 팔려고 했었을 것으로 볼 수 있다고 믿는다. 전투 초기에는 그들도 기사騎士들과 함께 전진했었을 가능성도 있다.

같은 사료에서는 중앙에 있던 오토의 보병에 대해 그들이 프랑스 자치시自治市/Kommun 궁수弓手들을 몰아내고 프랑스 기사騎士들을 뚫고 들어가 필리프 왕에게까지 접근해서 그를 말에서 끌어내렸다고 분명히 말했다. 물론 이 사건은 많은 학자들의 생각과 같이 기사騎士들은 뒤에 정지해 있는 상태에서 이루어진 보병의 독자적인 행동은 아니었고 기사騎士들과 함께 행동할 때 있었던 사건이다.

발하우센Ballhausen은 영국군도 포함된 오토의 군대는 병력수가 프랑스군과 대등했었고 오토의 군대가 패한 주된 이유는 긴 행군 끝의 허기虛飢 때문이라고 하나 이는 근거 없는 말이다. 필자는 오토가 적을 포위하기 위해 긴 행군을 했었다는 그의 말과 그가 입증했다고 주장하는 전투 장소를 믿을 수 없다.

27. 보른회베트BORNHÖVED 전투(서기 1227년 7월 22일)

우징거Usinger는 《독일-덴마크 역사*Deutsche-Dänische Geschichte*》, 428쪽에 이 전투와 관련된 사료들을 수집해 놓았다. 이 사료들은 신뢰성은 있지만 이 전투의 경과에 관해 우리가 배울 수 있는 내용은 아무 것도 포함되어 있지 않다. 덴마크 측 사료에는 덴마크 측이었다가 갑자기 후방에서 덴마크군을 공격한 디트마르센Dithmarschen의 배신으로 인해 발데마르Waldemar 왕이 패배했다고 한다.

헤르만 코너Hermann Korner의 글과 람베크Lambeck의 《함부르크 역사책*Rerum Hambur-*

gensium libri》, Ⅱ권, 37장에는 이 전투의 신화적 내용이 보인다. 시장_{市長} 뤼베크_{Lübeck}가 절을 하자 돌연 덴마크인들의 눈에 태양이 비추어 앞을 볼 수 없었다 한다.

하쎄_{Hasse}의 "보른회베트 전투_{Die Schlacht bei Bornhöved}"(《슐레스비히-홀스타인 역사지_{歴史誌 Zeitschrift für Schleswig-Holsteinische Geschichte}》, 제Ⅶ권 〈역자 주: 델브뤼크의 원문에는 '제ⅡⅤ권'으로 되어 있으나 오기로 보았다〉)는 군사적 관점에서 중요한 내용이 전혀 없다.

28. 몬테 아페르토_{MONTEAPARTI/MONTE APERTO} 전투(서기 1260년 9월 4일)

이태리에서 벌어졌던 이 전투에서는 게르만 기병 800명의 도움을 받은 시녠스_{Sienesen/Siese} 측이 피렌체_{Florentiner/Florentines} 측에게 승리했다.

이 전투에 관한 쾰러_{Köhler} 장군의 설명(《기사_{騎士} 시대의 전쟁과 용병술_{用兵術}의 발전》, 제Ⅲ편, 제Ⅲ권, 289쪽)에는 부인되어야 할 내용들이 많다. 특히 그는 피렌체 측 병력을 사료에 기록된 대로 보병 30,000명과 기병 3,000명으로 보고 있지만 이는 너무 높은 수치임이 분명하다. 또한 전투가 진행될수록 각 200명씩 4개 집단으로 나뉜 게르만 기병들이 크게 중요한 역할을 했다고 하지만 만약 적의 병력이 33,000명이나 되었다면 그 정도 병력으로는 전투 전체의 승부에 큰 영향을 미칠 수 없었을 것이다. 피렌체 측 손실이 전사자_{戰士者} 10,000명에 포로 11,000명이라는 것도 엄청난 과장임이 분명하다.

쾰러 장군의 설명 중 전투에 참여한 도시민 징집군은 주로 궁수_{弓手} 역할을 했을 것이라는 부분은 정확한 견해일 것이다.

29. 루이스_{LEWES} 전투(서기 1264년 5월 14일)

루이스_{Lewes}(역자 주: 잉글랜드 남부 도시)에서는 몽포르의 시몽_{Simon de Montfort}이 영국 배론_{Baron}들의 수장_{首長}이 되어 헨리 Ⅲ세를 격파했다. 헨리 Ⅲ세의 병력은 또한 그의 동생 콘월리스의 리차드_{Richard of Cornwallis}도 지휘하고 있었고 리차드는 게르만인들과 헨리 Ⅲ세의 아들(후일의 에드워드 Ⅰ세)에 의해 왕으로 선출된 인물이었다.

양측 군대는 모두 기병과 보병으로 구성되어 있었지만 보병이 적극적 역할을 했다는 기록은 없으므로 이 전투는 기병전_{騎兵戰}이었을 것으로 보인다.

오만_{Oman}은 양측의 병력을 각각 40,000명과 50,000명이었다는 사료의 기록을 세밀히 분석한 결과 이를 전혀 가능성 없는 과장된 수치로 보았다(《병법사_{兵法史}》, 415쪽). 쾰러_{Köhler} 장군은 사료의 기록을 인정한다(《기사_{騎士} 시대의 전쟁과 용병술_{用兵術}의 발전》, 제Ⅲ편, 제Ⅲ권, 303쪽)

30. 보링겐WORRINGEN 전투(서기 1288년 6월 5일)

림부르크Limburg 대공大公의 승계 문제로 인해 분쟁이 발생했다. 두 동맹세력들이 맞섰는데 한쪽은 브라방Brabant 영주領主 요한Johann/John이 이끄는 세력이고 다른 한쪽은 쾰른Köln/Cologne 대주교大主敎 시그프리트Siegfried가 이끄는 세력이었다. 양자는 저지低地 로트링겐Niederlothringen/Lower Lorraine의 주도권을 놓고 오래 전부터 다투어 오던 사이였다. 양측이 싸운 전쟁과 그 최종승부를 결정한 이 전투에 관한 상세한 기록으로 헬루Ian von Heelu의 서사시敍事詩가 있는데 헬루는 승자인 브라방 영주를 찬양하기 위해 전투 직후에 이 서사시를 썼다.

쾰러Köhler 장군은 이 전투에서는 매우 특이한 전술적 현상이 보인다고 했다. 브라방 영주 측 병력의 일부인 베르크Berg 대공大公의 기사騎士들이 늦게 전투에 가담함으로써 가장 위대한 천재적 지휘관이라 해도 이보다 더 유리하게 만들어 낼 수는 없는 어떤 조화된 결과가 생겼다는 것이다(《기사騎士 시대의 전쟁과 용병술用兵術의 발전》, 제Ⅲ편, 제Ⅲ권, 176쪽). 또한 그는 이 전투를 후일의 게르만 전투에서 나타나는 한 전투방식의 출발점이 되었다는 점에서 더욱 큰 의미를 지닌 전투라고 본다. 그러나 바로 다음 쪽을 보면 이와 똑같은 일이 이미 무레Muret 전투나 타글리아코쪼Tagliacozzo 전투에서도 있었음을 알 수 있고 또한 같은 쪽의 몇 문장 밑을 보면 이런 전투방식이 12세기로부터 시작된 것임을 알 수 있다.

우리는 이 전투에서 특별한 전투방식 같은 것은 찾아 볼 수가 없다. 이 전투에서 브라방 영주의 승리는 양측 기사騎士들의 기동과 보병들의 행동으로 인한 것이었음을 지적해 둘만 하다. 중앙에 카로키오carroccio(역자 주: 앞의 349쪽 참고)가 있던 대주교의 보병은 끝까지 버티지 못한 반면 상대방의 보병인 쾰른 시민들과 산악지대 농민들은 대주교 측 기사騎士들의 측면과 후방으로 이동함으로써 최종 승부가 결정된 것일 가능성이 있다. 그러나 이를 분명히 밝힐 수는 없는데 이 전투 전반을 기록한 유일한 사료인 헬루Ian von Heelu의 서사시敍事詩가 브라방 영주를 부각시키는 일에만 관심을 두고 있었기 때문이다. 리하르트 얀Richard Jahn은 그의 특별연구(베를린 대학교 학위논문, 서기 1907년)에서 높은 통찰력과 세심한 주의력으로 헬루의 이 서사시로부터 전투의 모습을 상세하게 재현시켜 보려고 노력했다. 하지만 필자는 그가 말하는 복잡한 계획과 기동이 과연 기사騎士들의 전투에서 가능한 일이었는지 의심을 지울 수가 없다. 하지만 비록 그는 이 시적詩的 묘사로부터 너무 많은 "전술"을 추론해 내기는 했지만 기사騎士 전투에 관한 당대의 매우 상세한 기록이 남아있는 이 전투를 전술적 관점에서 재현시켜 보려고 한 그의 시도는 매우 값진 것이다. 그의 시도는 매우 주의 깊은 것이었고 그는 상당히 많은 지식을 가지고 있으며 이 주제에 완전히 정통해 있다. 필자는 그의 연구에 대한 앞서와 같은 유보적인 평가에도 불구하고 이를 더욱 깊이 연구하고 모방해 볼 것을 독자들에게 권할 수 있을 뿐이다. 우리는 그런 방법을 통해서 중세의 전투방법을 좀더 충분히 이해할 수 있게 될 것이다.

헬루Ian von Heelu가 기사騎士들의 단위로 말한 "콘루트Konroot"들에 대해 리하르트 얀 Richard Jahn은 이들이 실제로 현대 기병단騎兵團/Schwadron/squadron 조직에 접근했던 것으로 설명하고 있다. 하지만 기사騎士의 개념은 그런 질서 있는 대형과는 거리가 멀기 때문에 그런 단위부대들은 실제로는 아무 효용성도 발휘하지 못했다.

또한 리하르트 얀의 결론에 의하면 헬루는 기사騎士가 아닌 모든 인원에 대해 "크나페Knappe", "세리안테Seriante"(세르게안트Sergeant), "크네크트Knecht"라는 이름을 별 구분 없이 혼용하고 있다고 한다.

우리는 이 전투에 관한 헬루의 귀중한 두 가지 표현을 앞서 기사騎士 전투를 일 반적으로 평가할 때 이미 소개한 적이 있다. 그 하나는 "말을 타고 신부를 안장 앞에 태우고 이동하는 신랑들 같이" 기사騎士들은 천천히 움직였다는 대목(역자 주: 앞의 275쪽 각주 20 참고)이고 또 다른 하나는 "두텁게dick" 즉, 종심縱深 깊은 밀집대형 으로 공격할 것인지 "얕게dünn" 즉, 느슨하게 퍼져서 공격할 것인지를 의논하는 기사騎士들의 대화 대목(역자 주: 앞의 282쪽 참고)이다.

또한 헬루의 기록에는 결국 패배하고 말지만 시그프리트Siegfried 대주교大主敎는 전투에 나설 때 포로들을 묶을 쇠사슬을 가지고 갔다는 멋진 옛날이야기도 보인 다(이 책 제Ⅱ편, 116쪽 참고).

31. 세르토몬도CERTOMONDO 전투(서기 1289년 6월 11일)

쾰러Köhler 장군은 피렌체Florentiner/Florentines 측이 아레티Aretier/Aretians 측을 격파한 이 전투 를 이태리 전쟁사의 "획기적인" 사건이라고 하지만(《기사騎士 시대의 전쟁과 용병술 用兵術의 발전》, 제Ⅲ편, 제Ⅲ권, 329쪽) 필자는 이 전투를 그렇게 중요시할 근거를 발견하지 못했다. 그는 보병이 일부는 기병 옆에 위치하고 일부는 뒤에 위치했 었던 것을 이 전투에서 시작된 혁신적인 사건으로 보지만(337쪽) 이는 특별한 사건은 아니다. 그는 아레티 측 보병이 사방에서 피렌체 측의 말 밑으로 기어 들어가서 긴 손칼로 말의 배를 갈랐다고 하지만 필자는 이를 우화寓話에 불과한 이야기로 본다. 말이 어째서 움직이지도 않고 밑에 있는 사람을 짓밟지도 않았 으며 말 위 기병은 왜 창으로 위에서 그를 찌르지 않았을까? 마지막에는 피렌체 측이 정면 뒤에 수레로 일종의 바리케이드를 만들었다고 하지만 이는 다른 경우에도 자주 보이는 일이다. 또한 병력이 "함께 버티었다"는 말 즉, 쉽게 말해서 꽁무니를 빼지 않았다는 말은 전술적 의미로 말하자면 그들이 긴 손칼로 밑에서 말의 배를 갈랐다는 이야기나 같은 수준의 비책秘策에 속한다.

32. 마르크MARCH 평원 전투(서기 1278년 8월 26일)

쾰러Köhler 장군은 게르만 측 루돌프Rudolf von Habsburg의 군대에는 무장한 말을 탄 300명의 기사騎士를 포함해서 2,000명의 기병이 있었으며 헝가리Ungaren/Hungarian 측 오토카르Ottocar에게는 최소한 무장한 말을 탄 기병 1,000명을 포함해서 30,000명의 기병과 23,500명의 보병이 있었던 것으로 본다(《기사騎士 시대의 전쟁과 용병술用兵術의 발전》, 제Ⅱ편, 106쪽). 또한 그는 보병은 전투에 참여하지 않고 숙영지에 있었을 것으로 보고 있는데 그렇다면 루돌프의 병력이 훨씬 우세했었을 터인데 왜 전투가 그리 오래 지속되었는지 그리고 왜 오토카르가 거의 승리할 뻔했었는지 우리는 설명하기 어렵다. 그가 말한 수치는 연대기年代記들이 말한 전혀 확인되지 않은 수치이다. 이 전투의 큰 특징은 양측 모두 보병 관련 기록이 없고 순수한 기병전騎兵戰이었던 것으로 보이는 점이다. 헝가리 병력은 거의 기마궁수騎馬弓手였다.

쾰러 장군의 설명은 전체가 참고사료들에 의해 오염되고 채색된 환상이다.

이 전투를 다룬 글들 중 만족스러운 글은 없다. 《역사지歷史誌 Historische Zeitschrift》, 제42권(서기 1879년)에 게재된 오토카르 로렌쯔Ottocar Lorenz의 글과 같은 작가의 《13~14세기의 독일역사Deutsche Geschichte im 13. und 14. Jahrhundert》, 제Ⅱ편 그리고 오스발드 레드리히Oswald Redlich의 《합스부르크의 루돌프Rudolf von Habsburg》(서기 1903년) 등을 참고할 것. 아마도 새로운 특별연구에서는 이 중요한 사건을 더 잘 조명하는 데 성공할 것이다.

33. 콘웨이CONWAY 교전(서기 1295년 1월)

옥스퍼드의 도미니코 수도사修道士Dominikaner/Dominican였던 미콜라스 트레베트Nicholas Trevet(또는 트리베트Trivet)는 이 전투에서 잉글랜드가 웨일즈에 승리한 일을 다음과 같이 기록해 놓았다.[14]

워윅Warwick 대공大公은 웨일즈인들의 큰 무리가 두 숲 사이의 어느 평원에 집결해 있다는 보고를 받자 선발된 무장부대들과 궁수弓手 및 쇠뇌수弩手들을 이끌고 야간에 공격해서 사방에서 그들을 둘러쌌다. 웨일즈인들은 창槍의 한쪽 끝을 땅에 박고 촉이 적의 말을 향하게 해서 적의 공격으로부터 자신

---

14) 모리스, John E. Morris, 《에드워드 Ⅰ세의 웨일즈 전쟁, 원사료에 기초한 중세 전쟁사 연구The Welsh Wars of Edward I, A Contribution to Military History based on Original Documents》, 256쪽. 오만Oman, 《병법사兵法史》, 561쪽.

들을 보호하려고 했다. 그러나 대공大公은 자신의 쇠뇌수들을 기병들 사이에 배치해서 웨일즈 창병槍兵들의 대부분을 쇠뇌화살로 쓰러뜨린 후 기병으로 공격해서 그들이 앞서의 여러 전쟁에서 입었던 것보다도 더 큰 피해를 그들에게 입혔다.

34. 펠하임GÖLLHEIM 전투(서기 1298년 7월 2일)

게르만 왕 아돌프Adolf von Nassau와 대립왕對立王 알브레흐트Albrecht von Habsburg-Oesterreich 간의 이 결전決戰은 기록들을 보면 순수한 기병전騎兵戰이었던 것으로 보인다. 보병이나 궁수에 관한 기록은 없다. 쌍방 모두 병력수가 얼마나 되었는지도 모른다.

알브레흐트는 그의 기병들에게 말을 쓰러뜨리게 한 것으로 보인다. 그 결과 죽은 말들이 쌓여 장벽이 되었고 바이에른Byern/Bavaria 기사騎士들은 이 장벽 뒤에서 발로 싸웠던 것으로 보인다. 그들의 영주領主들은 중앙의 전면에 있었다. 그러나 이런 기록은 알브레흐트가 던지는 무기로 쓸 수 있게 그들의 칼끝을 뾰족하게 만들도록 했다는 기록15)과 마찬가지로 우화寓話에 불과할 것이다. 바이에른 기사騎士들은 그들의 말이 쓰러졌기 때문에 잠시동안은 휴식을 취할 수는 있었지만 움직일 수는 없었다는 묘사16)는 사실일 수 없다. 자신의 말이 쓰러졌다고 기사騎士들이 다음에 일어날 일을 조용히 기다리고만 있었을 수는 없고 그들의 상대방 역시 비록 적이 죽은 말들 뒤에서 엄호를 받더라도 그들이 편하게 쉬도록 내버려두지는 않았을 것이다.

---

15) 쾰러Köhler, 《기사騎士 시대의 전쟁과 용병술用兵術의 발전》, 제II편, 206-207쪽. 〈레겐스부르크 연대기年代記 Regensburger Annalen〉(《게르만 사료집Monumenta Germaniae》, SS, XVII, 418)에 근거함.
16) 쾰러Köhler, 같은 책, 제II편, 210쪽.

제 IV 권
중세 후기後期

《 요도要圖 목록 》

서 문 序文

14세기와 15세기의 전투에서는 지금껏 우리가 묘사해 온 중세 전투의 모습을 일부 크게 바꾸어 놓은 일련의 혁신革新적 현상들이 있었기 때문에 이제 우리는 권卷을 바꾸지 않을 수 없게 되었다. 이 현상들은 옛 형식들과 연속적인 발전선 상에 있는 새로운 형식의 것들도 아니었고 상호간 유기적 관련성이 있는 것들도 아니었다. 양자는 각각 독자적인 현상들이었다. 고도로 발전된 궁수弓手들의 전투 방법이나 말에서 내린 기사騎士들이 궁수들과 협동하는 방법 같이 또다시 소멸된 현상도 있었고, 수세기 이후에야 비로소 완전한 위력을 발휘하는 현상이지만 화기火器의 등장도 있었고, 도시민 또는 농민의 보병들이 기사騎士들을 상대로 승리 하는 혜성彗星 같은 현상도 있었고, 후시테Hussiten/Hussite(역자 주: 체코의 종교개혁가 후스Jan Hus ⟨1369?-1415⟩를 따르던 무리. 뒤의 제IV장 참고)의 등장과 같은 독특한 현상도 있었다. 이 런 현상들은 그 자체로는 매우 중요하기는 했지만 이로 인해 전투의 양상이 근 본적으로 변하지는 않았다. 지금껏 우리에게 친숙해진 전투의 중요한 모습들은 중세 말기까지도 거의 변하지 않고 반복 등장했다. 따라서 필자는 이 시대에 있 었던 특별한 현상들을 그 이론적인 의미와 역사적인 독자성 및 인과성因果性을 우 리가 차례로 평가해 볼 수 있도록 주제별로 배열한 후 각 주제별로 몇 개의 전 역戰役과 전투들을 검토했다. 이를 통해 우리는 13세기와 12세기 또는 그보다 앞 시대에 일어났던 군사적 사건들이 동일한 방식으로 계속 반복되었다는 것을 알 게 될 것이다. 이는 이런 변화들이 종래의 현상들이 지속적 점진적으로 발전한 것이라기보다 일련의 독자적 현상들이었다는 증거가 된다.

끝까지 분석해 보면 진정한 역사적 진보는 스위스Schweizern/Swiss라는 한 장소 및 한 지점에서만 있었다. 따라서 필자는 스위스에서의 사건들은 이들을 연대순年代 順을 무시하고 특별히 따로 떼어내서 다음 제V권에서 다루었다.

제Ⅰ장
팔랑스 전투-
시민군과 민병징집군

1. 쿠르트라이COURTRAY/COURTRAI 전투(서기 1302년 7월 11일)

우리는 지금껏 중세의 보병步兵에 관한 말을 많이 듣기는 했지만 그들은 레그나노Legnano 전투의 경우를 포함해서 승자 측의 병력일 경우에는 언제나 보조적 역할만 수행했고 그렇지 않은 경우는 궁수弓手와 결합한 기사騎士들에게 패했었다. 그러나 이 쿠르트라이 전투는 그와는 다른 모습을 보여 준 첫 번째 전투이다.

프랑드르Flandern/Flandre 대공령大公領/Grafschaft은 독일어 사용 지역으로서 카롤링Karoling/Caroling 왕조(역자 주: 메로빙Merowing/Meroving 왕조를 이어받은 프랑크 왕국의 후기 왕조) 몰락 이후 서로마 제국(역자 주: 게르만 제국)의 일부가 되었다. 단려왕端麗王 필리프Philipp der Schöne/Philippe le Bel(필리프 Ⅳ세)는 독자 노선을 걷던 이 지역에서 대공大公들을 몰아내고 프랑스에 합병시켰지만 도시와 농민들은 프랑스의 지배에 반기를 들었다. 브뤼게Brügge/Bruges 시市의 인기 있는 지도자였던 페테르 쾌니히Peter König는 대중들을 움직여서 프랑스 수비병력을 몰아낸 후 일련의 소도시 및 농민집단들을 규합했다. 브뤼게 다음으로 강력한 도시였던 겐트Gent/Ghent 시市는 시민들이 분열되어 있었다. 그들 말로 렐리아르트Leliards라고 불리며 프랑스 왕에게 충성했었던 귀족파貴族派는 얀 포르루트Jan Vorlut가 이끄는 민주파民主派가 브뤼게 시민들을 도우러 가는 것을 막지 못했다. 그러나 투옥중인 대공大公의 젊은 아들 구이도Guido 대공大公과 손자인 빌헬름Wilhelm von Jürich 대공大公이 반란군 전체의 지도자로 등장했다. 특히 빌헬름은 사제司祭가 되었지만 이 때문에 그의 본능적인 호전성이 사라지지는 않았다. 두 대공大公이 아직 25세 전후 젊은이들이었음에도 전체 반란군의 지도자가 된 것은 그들이 지배가문에서 태어나 대표권이 있었기 때문이 아니라 대중 지도자들의 합의에 의한 것이었다. 봉건주의와 민주주의의 기묘한 동맹으로서 고대 마라톤Marathon 전투 당시 밀티아데스Miltiades의 지휘를 연상시키는 사건이었다(역자 주: 이 책 제Ⅰ편, 제Ⅰ권, 제Ⅴ장 참고).

프랑스군이 점령 중인 카쎌Kassel/Cassel과 쿠르트라이 두 도시를 프랑드르인들이 포위하고 있을 때 필리프 왕의 매부인 총사령관 아르토아Artoi 대공大公이 지휘하는 대규모 프랑스 구원군이 접근했다. 프랑드르인들은 카쎌은 포기하고 시민들도 봉기에 가담한 쿠르트라이로 병력을 집중시켰다. 아르토아Artoi는 쿠르트라이 성城 앞까지 행군해 왔다. 이때 그는 자신이 이곳으로 가기만 하면 프랑드르 시민을 설득해서 철수시키고 성城을 구원할 수 있을 것으로 확신하고 있었을 것이 분명하다. 그러나 프랑드르인들은 조국을 구하려면 싸워야만 할 것으로 확신하면서 쿠르트라이 성城 앞에서 단호히 싸울 자세가 되어 있었다. 만약 그들이 철수해서 군대를 해산했다면 프랑스군은 이 성城을 구원하고 저지대低地帶를 황폐화시켰을 뿐 아니라 브뤼게Brügge/Bruges를 포함해서 매우 취약했던 도시들까지 함락시켰을 것이다. 그들은 옛날에 페르시아인들이 아티카Attika/Attica에서 기대했던 것보다도 훨씬 더 큰 지원을 시민들에게 기대하고 있었다(역자 주: 이 책 제I편, 113쪽 참고).

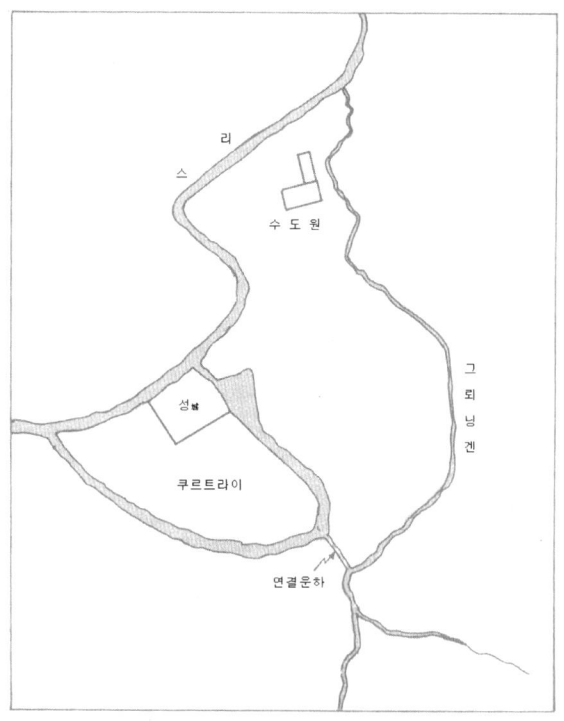

요도 1. 쿠르트라이 전투
(역자 주: 주변지형은 뒤의 433쪽, 요도 2 참고)

프랑스군이 구원하러 온 요새화 된 거점인 쿠르트라이 성城은 리스Lys 강 우안右岸 (또는 남안南岸) 쿠르트라이 시市의 북쪽 구석에 있었다. 프랑드르군은 이 성城의 접근로를 차단하려고 도시와 리스Lys 강 사이에서 도시를 그들 서쪽에 끼고 강물을 따라 남쪽으로 좁고 길게 포진했었다. 그들 북쪽 멀지 않은 강변에 수도원이 있고 동쪽에는 꽤 깊은 그뢰닝겐Gröningen 하천이 있고 이 하천 둑에는 일부 늪이 있었다. 따라서 그들의 위치는 퇴로退路가 없었고 성민城民들 역시 만약 패배하면 바로 뒤의 강물로 밀려들어갈 수밖에는 없었다. 양측 모두 죽기 아니면 살기로 배수진背水陣을 쳤던 것이다. 프랑드르군 대형에 대해서는 "매우 길고 두터운 전선戰線 *acies longa vakde et spissa*" 또는 "함께 뭉쳐 그들의 창들이 마주 닿게 밀집한*pariter adunati et densati lanceis adjunctis*"(〈겐트 연대기年代記*Annales Gandenses*〉), 또는 "브뤼게 시민은 앞에는 쇠뇌수弩手를 그들 뒤에는 창槍과 쇠를 끝에 댄 막대기를 든 나머지 인원을 차례로 위치시킨 무장 인원의 1개 부대만 만들었다*Brugenses unuam solam fecerunt armatorum aciem praemittendo balistarios deinde homines cum lanceis et baculis ferratis alternatim postea reliquos*"(〈프랑드르 대공大公들의 가계家系 *Genealogia Comitum Flandrensium*〉), 또는 "두터운 밀집대형으로 정렬한*serrement et espessement ordonnées*"(〈쌩데니 연대기*Chronik von St. Denys*〉) 등으로 묘사되어 있다. 그렇다면 이 대형은 팔랑스phalanx 같은 대형으로서 그 길이가 최소한 600m는 되었을 것이 분명하고 아마 그보다도 더 길었을 것이다. 그리 숫자가 많지 않던 궁수弓手들은 전선 앞에 정렬했고 그 뒤의 본대는 고덴다그*goedendag*(역자 주: 뒤의 부기에 이에 관한 설명이 있음)로 무장했으며 아마 일부만 방어용 갑옷을 착용했을 것이다. 이들을 지휘하던 누 대공大公은 종자從者/Gefolg인 10명 내외의 기사騎士들과 함께 말에서 내려 팔랑스에 합류했고 그 결과 말을 탄 인원은 하나도 없었다. 그들 앞의 자연장애물 그뢰닝겐 하천은 빌라니Villani의 기록에 의하면 폭이 5엘*el*(5 야드), 깊이 3엘 정도 되었는데 그들은 이 하천을 앞에 함정을 파서 인위적으로 보강했고 아마 수심이 얕은 곳은 깊게 파냈을 것이다.

노련한 기사騎士 요한Johann von Renesse이 지휘하는 한 부대는 팔랑스 뒤에 예비대로 정렬해 있었고 이페른Ypern/Ypres 시민들로 구성된 또 다른 부대는 전투 중 성城의 수비병력이 출격을 나와서 팔랑스 후미를 공격하는 것을 방지하려고 본대와는 반대로 성城을 마주보고 정렬했다.

프랑스군 총사령관 아르토이Artoi 대공大公은 5~6차례의 전투에서 자신의 능력을 보여준 용맹한 전사戰士로 묘사된 인물로서 적이 정면에서 공격하기도 어렵고 좌우 어느 측면을 포위할 수도 없는 위치에 있음을 알았다. 그는 도시 남쪽 1/4마일(약 2km)쯤에 숙영지를 구축하고 몇일을 망설였다. 저 부뤼게Brügge/Bruges 시민들이 과연 퇴로도 없는 위치에서 진짜 전투를 하려 할까? 적을 현재의 위치에서 끌어

내려고 도중의 농촌지역을 황폐화시키면서 이페른 시市쪽이나 아니면 직접 부뤼게 시市쪽으로 갈 수도 있지만 그 틈에 성城의 수비대가 항복할 수도 있다. 이곳에서만 승리하면 전쟁의 승부를 결정될 것이고 적을 일격에 격파할 수도 있는데 다른 곳으로 기동한다 해서 무슨 성과가 있을까?

결국 아르토아Artoi 대공大公은 적을 공격하기로 결정했다.

제노바Genua/Genoa 쇠뇌수弩手와 투석수投石手들이 앞서 나가고 기사騎士들이 한 부대씩 옆으로 전개해서 그 뒤를 따라갔고 예비대는 소규모 병력만 남겨놓았다.

선두의 쇠뇌수와 투석수들은 적의 궁수弓手들을 밀어내고 팔랑스를 공격했다. 그뢰닝겐Gröningen 하천 바로 건너에 포진했던 프랑드르 팔랑스는 프랑스 쇠뇌수와 투석수들의 공격이 너무 거세 버티기 힘들었지만 프랑드르 대공大公들은 대형을 질서 있게 약간 뒤로 물릴 수 있었다. 프랑스 궁수들은 그들을 공격하려고 하천을 넘어갈 수는 없었다. 하천을 넘으면 역공을 당할 위험이 너무 컸기 때문이다. 결국 프랑스군 총사령관 아르토아Artoi 대공大公은 쇠뇌수들은 뒤로 철수하고 기사騎士들이 공격하도록 명했다. 적의 보병이 그뢰닝겐 하천에서 약간 물러나 있었기 때문에 그는 기사騎士들이 하천을 무사히 건너 하천 반대편에 돌격을 위한 충분한 공간을 확보하리라고 기대할 수 있었다. 전진하는 기사騎士들 틈으로 쇠뇌수들이 철수하느라 어느 정도 혼란은 있었고 상당수 쇠뇌수들이 말에 밟히기는 했지만 이런 일은 이 두 병종兵種이 협동작전을 할 때는 늘 있는 일이었고 이로 인해 전투의 진전이나 결과가 영향을 받았을 수는 없다.

그러나 바로 이때 무언가 새롭고 전례 없는 일이 일어났다. 기사騎士들이 하천과 둑 곁의 늪과 적이 설치해 놓은 인공장애물 앞에서 어려운 도하를 거의 마쳐가고 있는 순간에 적의 팔랑스가 돌연 돌진해 와서 프랑스 기사騎士들을 맹렬히 베고 찔러댔다. 기사騎士들은 거의 그들의 무기를 쓸 수 없었고 보통 때 같으면 보병을 단번에 휩쓸어버릴 수 있는 그들의 독특한 장기長技인 무거운 말의 충격효과도 이용할 수 없었다.

프랑드르의 두 대공大公은 이런 전술을 시민들에게 사전에 훈련시켜 놓았다가 이제 적절한 순간에 그들에게 공격신호를 내린 것이 분명하다. 우군友軍 쇠뇌수들이 철수한 프랑스 기사騎士들은 각자 여러 명의 적 보병으로부터 동시공격을 받았다. 기사騎士들은 곧 제압되었고 많은 인원이 도살을 당했다. 프랑드르 보병들에게는 누구든 자비를 베풀거나 승리가 완결되기 전에 전리품을 챙기려는 자는 동료들 칼에 쓰러질 것이라는 명령이 사전에 있었다. 프랑스군은 중앙의 기사騎士들만 겨우 제 시간에 하천을 건너가 정상적 방법으로 적의 팔랑스를 밀어냈지만 프랑드르 측에서 신중하게 뒤로 물려놓았던 요한Johann von Renesse의 예비대가 전진해서 상황을 회복시켰다. 이제 전투는 성공적으로 하천을 건넜던 기사騎士들까지 포함해서 대재앙으로 끝이 났다. 그들도 하천을 되 건너지 않을 수 없었고 하천을 되 건너면서 쉽사리 제압되었다. 아르토아Artoi 대공大公 자신은 전사사제戰士司祭 빌헬름Wilhelm von Süftingen에게 항복하려 했지만 아르토아가 프랑스말을 했으므로 빌헬름은 "무슨 소리인지 모르겠다"라고 외치면서 그를 쓰러뜨렸다고 한다.1)

성城의 수비병력도 한 차례 출격을 나왔지만 이를 대비하고 있던 이페른Ypern/Ypres 시민들의 부대가 이들을 격퇴했다. 쌩폴St. Pol이 지휘하던 프랑스군 예비대는 아무 일도 할 수 없었다.

빌라니Villani의 기록에 의하면 프랑드르인들은 이 전투의 승리를 매우 자랑스럽게 여겼으며 어떤 자는 고덴다그goedendag를 휘두르면 감히 말 탄 기사騎士 2명을 상대하기도 했다고 한다. 빌라니는 자신이 이 전투에 대해 이렇게 상세히 기록하게 된 것은 이 사건이 너무 새롭고 경이로웠기 때문이라고 했다.

프랑드르인들은 쓰러진 적의 기사騎士들로부터 금색 박차拍車 700개를 떼어내서 전리품으로 챙겼다고 주장하며 따라서 그들은 이때의 승리를 "황금 박차의 전투 la bataille des éperons d'or"라고 불렀다 한다.

부 기附記

이 전투에 관한 표준 연구서는 펠릭스 보드삭Felix Wodsak의 "쿠르트라이 전투Die Schlacht bei Kortuyk"(베를린 대학교 학위논문, 서기 1905년, 아르놀트Karl Arnold가 빌헹인인 빌머스도르프 Wilmersdorf 출판사)이다. 이 논문에는 선행 연구문헌들의 목록이 수록되어 있다.

---

1) 다음은 《역사의 귀감龜鑑Spiegel historical》, 제IV편, 제XXXIII장에 있는 구절이다.

　이때 그는(아르토아는)그에게 항복하려 했다
　그리고 그는 이렇게 말했다: ……
　프랑드르인들은 이렇게 외쳤다: 우리는 당신을 모른다.
　대공은 프랑스말로 소리쳤다:
　나는 아르토아 대공大公이다.
　· · · · · · · · · ·
　그들은(프랑드르인들은) 말했다: 이곳에 귀족은 없다
　누가 그대의 말을 알아들을 수 수 있는가.

　(원문)
　Do wilde hi(Artoys) hem Guelke op gewen
　Ende seide · · · · · ·
　De Vlaminge riepen: Wi ne kinnen v niet.
　De Grave riep al in Francoys:
　Ic ben die Grave vn Artoys
　· · · · · · · · · ·
　Si(Vlaminge) riepen: hier's geen Edelman
　Noch die v tale verstaen can!

보드삭은 프랑드르 측 병력을 약 13,000명, 프랑스 측 병력을 기병 5,000명에 궁수弓手 3,000명으로 본다. 이 평가는 비록 그 근거는 명확하지 않지만 진실과 그리 멀지는 않을 것이다.

프랑드르의 시인詩人 벨템Velthem의 기록(이 전투에 관한 주사료主史料임)과 빌라니Villami의 기록에서도 (명백한 오기誤記를 수정하면) 동일한 명단이 발견되는데 이 명단에는 프랑스 측 각 분견대 병력수가 기록되어 있고 이를 모두 합하면 기병 7,500명이 된다. 두 사료의 기록이 일치한다 해서 이 수치의 신뢰성이 확인되는 것은 아니다. 두 기록 모두 동일한 원사료原史料에 근거한 것이지만 이 원사료는 플라타이아Platää/Plataea 전투 당시 그리스군의 병력수에 관한 헤로도투스Herodote/Herodotus의 기록과 같이 매우 허황된 평가로부터 나온 것이기 때문이다(역자 주: 이 책 제I편, 제I권, 제IX장 참고). 보드삭은 이 7,500명이라는 수치는 3명 1조組의 글레베Glebe/gleve 2,500조를 말하며 또 이 3명 중 1명은 전투원이 아닌 마부馬夫이므로 결국 전투원 수는 5,000명이었던 것으로 본다. 그러나 사료 기록이 그런 의미였는지는 의심스럽다. 보드삭은 그의 논문 42쪽에서 서기 1317년의 보수지급명부報酬支給名簿를 인용하고 있는데 이 명부에서는 기사騎士 1명이 3필의 말을 가지고 있는 것으로 되어있으므로 1개 글레베에는 중기병 1명, 경기병 1명 및 말을 탄 마부 1명이 있었던 것으로 해석될 수도 있지만 쿠트라이 전투 때 기병 7,500명을 말하는 사료들은 기마전투원騎馬戰鬪員, 기사騎士 및 일반병사 수만 말하는 것이 분명하다. 하지만 그렇다고 해도 당시의 병력이 5,000명이었을 가능성이 완전히 배제되지는 않으며 5,000명만 해도 이미 강력한 전투력을 발휘할 수 있는 병력이다.

보드삭은 이 전투의 지형연구에 매우 큰 노력을 기울였지만 그의 견해가 항상 명료한 것만은 아니다. 그의 논문에는 16세기에 데벤터Deventer가 작성한 지도를 기초로 한 요도가 포함되어 있고 필자의 요도 역시 이 지도의 단순한 복사본에 불과하지만 이 지도에는 축척縮尺이 빠져 있다. 보드삭이 나중 필자에게 준 요도로부터 필자는 그뢰닝겐Gröningen 하천이 리스Lys강과 합류하는 지점부터 성城까지의 거리를 정확히 1,000m, 리스강을 연한 쿠르트라이 시市의 폭은 600m 그리고 연결운하의 길이는 150m였던 것으로 본다. 이 지역에서는 경작으로 인한 지형 변화가 매우 심했을 것이 분명하다. 보드삭은 프랑드르군 팔랑스가 연결운하로부터 수도원까지 뻗어 있었을 것으로 믿고 있으며 그 길이가 근 1km는 되었다고 한다(그의 논문, 41쪽). 그러나 축척에 의하면 이 두 지점간의 거리는 1km가 넘는다. 그러나 이를 1km로 본다고 해도 보드삭이 평가한 병력수로 보면 팔랑스의 종심縱深은 겨우 7명밖에 되지 않고 필자가 보기에 이는 너무 얕은 종심이다. 그러나 그 전반적인 모습에 큰 변화가 생기게 하지 않으면서도 팔랑스의 길이가 그보다 훨씬 짧았을 것으로 보는 것도 불가능하지는 않다.

필자가 앞서 본문에서 이미 말했듯이 프랑드르군 팔랑스의 남쪽은 연결운하가 아니라 도시의 성벽에 닿아 있었을 것 같고 북쪽으로는 수도원이 약간 상류 쪽 멀리에 자리 잡고 있었거나 늪이나 수도원 담장으로 인해 지형 상 제한이 있었을 것 같다. 빌헬름Wilhelm von Süftingen 사제司祭의 연대기年代記(마테우스Matthaeus, 《고대선집古代選集 Veteris aevi Analecta》, 제II편, 257쪽)에 의하면 프랑드르 팔랑스의 남쪽은 실제로 연결운하에 닿아 있었던 것으로 보인다("그는 보다 적합한 위치를 찾아 내려고 열심히 노력한 끝에 옛 수로水路를 그의 측면과 연결시켰다loca magis commoda studet discernere et fossam antiquam suo lateri sociare"). 그러나 이 연대기는 후일에 작성된 것일 뿐 아니라 남쪽 측면이 운하까지 뻗어 나간다는 것은 이 구절만 보고 그대로 믿기에는 너무 비논리적이다. 플란데르군이 도시 성벽보다 더 나가야만 했을 이유가 있었을까? 운하까지 뻗어나간 병력은 상대방 쇠뇌수弩手들의 화살에 너무 많이 노출되었을 것이다(역자 주: 우측면이 운하 쪽 가까이 갈수록 그뢰닝겐 하천과 가까워지므로). 더욱이 이 연대기의 문언은 필자의 생각과 아주 쉽게 조화될 수도 있다. 프랑드르군의 남쪽 측면이 성벽까지만 뻗어 있었어도 특히 그들이 공세攻勢로 전환해서 그뢰닝겐Gröningen 하천 쪽으로 전진할 때는 운하가 도움이 되었을 것이다.

물론 이런 해석은 처음에 중앙에서만 프랑스 기사騎士들이 승리할 수 있었던 것은 그뢰닝겐 하천의 구부러진 형태 때문이었다는 보드삭Felix Wodsak의 설명과는 다르다. 그는 하천의 구부러진 형태 때문에 중앙의 프랑스 기사騎士들은 적이 밀려올 때까지 가장 많은 시간을 가지고 도하를 끝낸 후에 적어도 적의 예비대가 도착할 때까지는 질서 있는 대형으로 적을 공격할 수 있었다고 했다.

그러나 이 점이 필자의 생각과 모순된 것은 아니다. 그뢰닝겐 하천은 중앙만 건너기 쉬웠을 수도 있고 이를 포함한 다른 모든 상황들도 프랑드르군이 양 측면에서는 바로 승리했음에도 중앙만 밀렸던 이유가 될 수 있었을 것이다.

보드삭은 자신의 논문, 30쪽에 그의 말대로 이 "훌륭한 연내기"에서 "Ende de Vlamingen liegen oostward om te commene ter zyde, daer gheen gracht en was"라는 구절을 인용하고 있는데 과연 그가 이 구절을 제대로 해석했는지 매우 의문스럽다. 이 구절은 분명히 프랑드르군은 동쪽으로 더 이상 "그라크트gracht" 즉, 운하나 하천이 없는 곳까지 뻗어나갔었다는 의미이다. 그렇다면 그들의 동쪽 끝에 무엇이 있었을까? 늪이 있었을까? 필자는 확실한 답을 말할 수 없음을 고백한다.

나베즈Navez의 《쿠르트라이 전투 연구Untersuchung ber Courtray》(브뤼셀, 서기 1897년), 23쪽에서는 고덴다그goedendag라는 무기에 관한 논쟁을 검토하고 있다. 어떤 학자는(드비네De Vigne, 쾰러Köhler) 이 무기는 끝에 쇠촉을 붙인 나무자루라고 하고 다른 학자는(파울린Paulin, 파리스Paris, 비올레-르-두크Viollet-le-Duc, 뎀닌Demnin) 이 무기는 미늘창Hellebarde/Halberd(역자 주: '미늘'이란 물고기 입속에 늘어산 낚시 바늘이 빠져나오지 못하게 촉끝과 반대방향으로 일으켜 놓은 메기수염 모양의 가시를 말한다. 창의 촉 밑에 이와 유사한 모습으로 날을 붙여 도끼의 역할을 하거나 상대방을 끌어내는 역할을 하도록 만든 창을 미늘창이라고 한다) 형태의 무기라고 한다. 브뤼셀의 할러토르Haler Tor 박물관에 비올레-르-두크가 고덴다그goedendag일 것이라고 주장하는(헤르만Hermann van Dnyse, 《할러토르 박물관 소장 무기 및 갑옷 목록Katalog der Waffen und Rstungen des Museums am Haler Tor》, 130쪽), 미늘창 비슷한 무기가 하나 있다(전시품 목록 제7권, No. 37). 발더겜M. Van Walderghem은 이 무기는 보습에 자루를 붙인 무기라고 믿고 있다("고덴다그의 진실Die Wahrheit über den goedendag," 《브뤼셀 고고학 학회 연보年報Annalen der Geselschaft für Archäologie in Brüssel》, 제9권, 305쪽). 나베즈Navez는 이 문제는 아직 해결되지 않은 문제라고 보지만 다음과 같은 설명을 거의 정확한 설명으로 보고 있다.

그의 견해에 의하면 고덴다그goedendag에 관한 최상의 묘사는 빌헬름 기아르Wilhem Guiart의 〈왕계보王系譜 Branche des royeax lignages〉에 있는 묘사라고 한다. 이 묘사가 가장 정확하다는 것은 매우 논리적인 평가이다. 기아르는 몽장페벨레Mons-en Pévèle 전투(역자 주: 뒤의 521쪽 참고) 당시 프랑스군 쇠뇌수弩手로 참전해서 프랑드르군과 싸웠던 인물이다. 그는 자신이 상대한 적의 무기를 아주 잘 알고 있었을 것이며 더욱이 하이게리Haiguerie를 공격하던 중 이 무기에 부상을 입은 적까지 있다. 그는 고덴다그goedendag에 대해 "쇠로 보강된 상당히 무거운 작대기였고, 길고 날카로운 쇠촉이 붙어 있었다Grans bastons pesans ferrez, A un long fer agu devant"고 했다.

이 무기는 날카로운 쇠촉이 있어 창 같이 찌를 수도 있었다. 기아르의 말에 의하면 고덴다그goedendag를 쓰는 사람들은 "전진이지 않고도, 촉으로 찔러서, 적의 배를 가격할 수 있었고, 적을 뚫는 그 쇠는 날카로웠다Ferir sans s'aller mocquant, Du bout devant en estocquant, Son ennemi parmi le ventre. Et fer est agu qui entre"고 한다.

결국 고덴다그goedendag는 장창長槍이었고 여타 창 같이 찌르기estoquant 용으로 사용되고 다만 몽둥이로도 쓸 수 있을 정도로 자루가 "상당히 무거웠다bastons pesans."

기아르는 이 무기는 "자루가 길어서, 두 손으로 사용했다Ci baton sont longs et traitis, Pour férir à deux mains faitis"고 했다.

나베즈는 이 마지막 구절에서 이 무기를 두 손으로 사용했다 하나 "휘두르기"가 아니라 "찌르기"를 말한 것일 수 있다 한다. 결국 그는 이 무기를 미늘창이 아니라 그저 창槍으로만 본 것이다.(역자 주: 미늘창에 대해서는 뒤의 536쪽도 참고할 것.)

2. 반노크번BANNOCKBURN강 전투(서기 1314년 6월 24일)

이 전투는 앞서 토의한 팔커크Falkirk 전투(역자 주: 앞의 385쪽 참고)와 완전히 대조적이고 쿠르트라이Courtray/Courtrai 전투와는 짝을 이루는 전투이다. 에드워드 I세에게 정복되었던 스코틀랜드는 다시 반란을 일으키고 로버트 브루스Robert Bruce를 그들의 왕이라고 주장했다. 배론Baron들과 충돌을 빚고 있던 에드워드 II세는 오랫동안 그들을 방치하다 대규모 병력을 이끌고 그들을 진압하러 나섰다. 에드워드가 나타나자 로버트 브루스는 팔커크로부터 수마일 떨어진 스털링Stirling 약간 앞에까지 조금 철수했다(스털링 성城은 아직 잉글랜드가 점령하고 있었다). 이곳에서 그는 반노크번이라는 작은 강의 높은 왼쪽 둑 위에 포진했는데 이곳은 양 측면이 늪과 숲에 닿아 있어서 쉽게 포위될 수 없는 곳이었다. 정면의 개활지는 길이가 1/4마일(약 2km)도 안 되었고 거의 한가운데로 옛 로마 도로가 있어 깊은 반노크번 계곡을 가로질러 스털링으로 이어졌다. 반노크번 계곡은 폭이 2,000보步가 채 안되었고 스코틀랜드군이 포진한 고지는 계곡 바닥보다 186~240ft가 높았다.

스코틀랜드군의 대형은 팔커크 전투 당시와 같이 4개의 큰 창병槍兵 집단으로 나뉘었고 그들 뒤에는 얼마 안 되는 기병집단이 있었다.[2]

오만Oman은 이 전투 때 브루스는 그 자체만 해도 든든한 장애물인 정면 강 계곡의 깊은 늪을 그가 있는 곳까지 함정을 설치해 보강했다고 한다.

이런 장애물들에도 불구하고 잉글랜드 기사騎士들은 언덕을 밀고 올라가 스코틀랜드 병력을 격파하려고 했다. 그러나 기병 10,000명에 보병 50,000~60,000명은 되었을 그들의 큰 무리는 이 좁은 지형에서 움직일 수 없었다. 그들 대부분은 적에게 도달하지 못한 채 오도가도 못하고 서있게 되었다. 그러나 가장 중요한 점은 그들의 궁수弓手들이 기병 사이를 뚫고 앞으로 나가 스코틀랜드 창병槍兵들을 공격할 수 없었던 점이다. 빙 돌아서 스코틀랜드 군의 측면으로 접근할 수 있던 한 궁수부대도 로버트 케이트Robert Keith가 지휘하는 스코틀랜드 기사騎士들의 공격을 받고 후퇴했다. 마지막 결정적 작전은 스코틀랜드 수송대열 병사들의 행동이었다. 이들은 자신들의 창에 색색의 옷들을 묶은 채 잉글랜드 군 측면에 나타나 마치 새 병력이 그들의 군기軍旗를 들고 나타난 인상을 주면서 전투함성을 크게 외치며 잉글랜드 기사騎士들을 공황상태에 빠지게 했다.

이 마지막의 극적인 이야기는 분명히 전설傳說에 불과하다. 잉글랜드 기사騎士들이 그런 겁쟁이였다 해도 스코틀랜드 병사들이 어떻게 그들 측면으로 접근할 수 있었다는 말인가? 스코트랜드군 양 측면은 통행이 불과했었다. 진짜 의문스러운 것은 왜 잉글랜드군은 과거 팔커크 전투 때와 같이 기사騎士들을 내보내기 전에 먼저 그들의 궁수弓手들로 스코틀랜드 창병 부대들을 무력화시키지 못했는지의 문제이다. 팔커크 전투 때는 먼저 도주했었던 스코틀랜드 기사騎士들이 이번에는

---

2) 필자도 역시 오만의 글에서 이 전투의 지형정보를 취하기는 했지만 그는 매우 명확하고 전술적으로 정확한 지형정보를 제공한다고 했음에도 불구하고(570쪽) 필자는 그의 정보에 동의할 수 없다. 우리가 의존하지 않을 수 없는 사료의 내용이 필자가 보기에는 신뢰성이 없기 때문이다. 이 전투의 주사료主史料는 아버덴Aberdeen 부주교副主教 죤John Barbour이 쓴 영웅서사시인 〈스코틀랜드 왕 브루스 또는 로버트 브로이스의 책 The Bruce, or the Robert de Broyss, King of Scott〉인데 이 시는 서기 1375년에서 1377년 사이 즉, 이 전투 이후 거의 두 세대가 지난 다음에 쓰어진 것이다. 이보다 앞서 쓰여긴 또 하나의 시도 있지만 이 시에는 별 정보가 없다. 이 시는 카르멜 수사修士Carmelite monk 바스톤Baston의 작품으로 그는 잉글랜드 왕을 찬양하는 시를 지으려고 그를 수행했지만 전투에서 패한 후 스코틀랜드 왕의 포로가 되어서 오히려 스코틀랜드 왕을 찬양하는 시를 지어야만 했다(라펜베르크-파울리Lappenberg-Pauli, 《영국사 Geschichte von England》, 제IV편, 243쪽). 잉글랜드 측 사료로는 죠프로이 베이커Geoffroy Baker of Swinbroke(서기 1358년에서 1360년 사이에 사망)의 글과 칼리슬Carlisle의 한 프란시스코 수도사修道士가 일부를 썼을 것으로 추정되는 〈라너코스트 연대기 Chronicle of Lanercost〉가 있지만 이들 역시 별 정보는 없다.

잉글랜드 궁수들을 몰아냈던 이유에 대한 설명이 충분치 못하다. 왜 반노크번에서는 잉글랜드 기사騎士들이 헛되이 스코틀랜드 창병 부대들을 공격하는 대신에 궁수들을 도와서 먼저 소수의 스코틀랜드 기병들을 몰아내지 않았을까? 혹 스코틀랜드 창병들이 밀집된 팔랑스로 정렬해 있었고 측면이 잘 보호되어 있었지만 잉글랜드군이 기병 없이 소수 궁수들만 가지고도 그들을 충분히 포위할 수 있었기 때문일 수도 있다. 그러나 하스팅Hasting 전투 때도 사정이 같았음에도 불구하고 그들은 궁수들을 정면에서 활동하게 할 수 있었다. 더욱이 스코틀랜드군을 포위하는 것이 그리 불가능한 것만은 아니었던 것으로 보인다. 전투 전날 800명의 기사騎士가 스코틀랜드군 좌측면을 우회해서 스코틀랜드군 중앙 후방에 있는 니니아Saint Ninia 교회까지 갔다가 격전 끝에 밀려났다고 했기 때문이다.

헤일즈경卿 Lord Hailes과 링가드Lingard 그리고 파울리Pauli는 스코틀랜드군이 반노크번 강 뒤에 정면을 남쪽으로 향해 포진했던 것이 아니고 좌측면을 스털링 절벽에 그리고 우측면을 반노크번강에 대고 포진했을 것으로 믿고 있다. 그랬을 경우 그들의 좌측면은 물론 포위가 불가능해 지지만 우측면은 훨씬 포위 당하기 쉬워진다. 더욱이 이렇게 정면이 동북쪽을 바라보게 되면 아침 햇살이 잉글랜드군의 얼굴을 비추었다는 사료의 기록과 일치하지 않게 된다. 필자로서는 앞서 소개한 오만Oman의 설명대로 스코틀랜드군이 강의 뒤에서 등을 스털링 쪽으로 향하고 있었다는 지형적 기초에는 의문의 여지가 없다고 본다.

문제의 해답은 이번에도 결국 병력수에서 찾아 볼 수 있을 것 같다. 현재까지 일반적 견해에 의하면 잉글랜드군 병력이 훨씬 많았던 것으로 보고 있다. 포던 Fordun(서기 1384년경 사망)의 스코틀랜드 연대기에 의하면 잉글랜드 측에는 기병 340,000명과 그 정도 보병이 있어 총 병력이 680,000명이었다 한다. 현대 역사가들도 대부분 그들의 병력이 최소한 100,000명은 되었다고 보며 오만Oman도 앞서 말했듯이 60,000명으로는 보아야 한다고 매우 신중히 말했다. 그가 말한 수치는 사료에 근거가 있는 것 같이 보인다. 치안관治安官/Sheriff과 배론Baron들에게 에드워드 II세가 내렸던 징집령徵集令이 지금도 보존되어 있다. 잉글랜드와 웨일즈뿐 아니라 아일랜드와 가스꼬뉴Gascogne/Gascony까지 이 전쟁에 병력을 출전시킨 것으로 보인다. 기사騎士 소집에는 평소대로 숫자를 지정하지 않았었다. 그러나 기사騎士들 외에 "페디테pedite"(보병)도 소집되었는데 이들의 숫자는 요크York 4,000명, 랭카셔Lancashire 500명 등 각 구역별로 지정되었다. 잉글랜드의 총 12개 대공령大公領/Grafschaft과 다수의 변경배론Grenzbarone들 및 웨일즈에서 보병 총 21,540명을 출전시키도록 되어 있었다. 이 지역들은 전 국토의 1/3쯤 되었으므로 만약 오만Oman의 말과 같이 남쪽 지역에서도 이 최북단에서의 전역戰役에 이보다는 적더라도 약간의 병력만 보냈다면 기병과 보병을 합해 총 병력이 적어도 50,000~60,000명은 되었을 것이다.

그러나 필자는 이와는 달리 무엇보다 먼저 남쪽에서는 기사騎士와 종자從者/Gefolg들 외는 이 전쟁에 병력을 보냈다는 기록이 없음을 지적해 두고 싶다. 웨일즈인들이 소환된 것은 그들이 반야만인들로서 전투기술이 뛰어났고 특히 산악전투에 유용했기 때문일 것 같다. 그러나 남부 지역에서도 대규모 징집군을 스코틀랜드로 보냈다는 것은 입증되지도 않았고 믿을 수도 없는 말이다.

하지만 징집명부의 숫자 그대로 병력수를 계산하는 것도 오류임이 분명하다. 우리는 현대의 정확한 징집행정을 16세기에 적용해서는 안 되며 14세기는 더욱 그렇다. 요크York의 치안관에게 4,000명을 출전시킬 책임이 있었다는 것은 그가 그 절반의 병력을 실제로 출전시켰다는 증거도 되지 못한다.

징집령 서한을 주의해서 보면 의문은 더 커진다. 아일랜드에 대한 소집일자는 3월 22일이었고, 페디테pedite의 징집은 5월 27일이었고, 6월 10일에는 병력이 이미 버윅Berwick에 있었던 것 같다. 이런 맥락에서 보면 이 징집령은 물론 이미 내렸던 징집령을 또다시 보낸 것일 수도 있다. 그러나 이 징집 병력을 이 날 비로소 결정된 보충병력으로 보는 것이 합리적이다. 이 징집령에는 페디테pedite가 필요했던 것은 스코틀랜드군이 이미 "(어렵게 접근해도 기병들이 위험해 질) 강력하고 접근하기 어려운 위치에in locis fortibus et morosis (ubi equitibus difficilis patebit accessus)" 위치를 점령하고 있기 때문이라는 구절이 있기 때문이다. 이 징집령 서한이 먼저 내렸던 징집령을 강력한 경고를 위해 다시 보낸 것이건 아니면 처음 보낸 것이건 간에 징집령이 발송된 지 14일 만에(역지 주: 5월 27일~6월 10일) 징집된 수많은 보병이 스쿠틀랜드와 접경지역의 지정된 장소에 실제로 집결했다고 볼 수는 없다. 큰 기대 속에 이 징집령이 내려졌지만 실제로는 전혀 이행되지 않았을 가능성도 없지 않다. 만약 이런 보병병력이 반노크번에 실제로 있었다면 그들은 자신의 존재를 보여주고 어떤 식으로든 무슨 일인가를 했어야 한다. 그들이 소집된 것은 기병들이 접근하기 어려운 곳에 있는 스코틀랜드군에게 접근하기 위한 것이었다. 이때 스코틀랜드군은 그런 위치에 있었다. 그런데도 이들이 숲을 통과하거나 늪을 우회해서 스코틀랜드군의 측면을 포위하지 않고 기사騎士들 뒤에서 아무 것도 하지 않고 가만히 서있기만 했다고 볼 수 있을까?

이때 우리는 또 다른 가능성을 생각해 볼 수 있다. 보병들의 징집령이 실제 선포되기는 했지만 지휘관들이 보병이 도착하기를 기다릴 시간이 없어서 바로 전투를 시작했을 수 있다. 이 전투는 스털링Stirling 성城을 구원하기 위한 전투였고 이 성城의 수비사령관kommandant/commandant 필립 모브레이 경卿 Sir Philip Mowbray은 성聖 요한Saint John 축일祝日까지 이 성城이 구원되지 못하면 항복하기로 하고 항복협상을 준비중이었다. 성聖요한 축일이 바로 전투가 있던 그날이었다.

에드워드 II세의 측근 기사騎士들은 처음부터 민병民兵 때문에 신경을 쓸 필요가 있는지 논란이 있었을 수 있다. 민병을 별 가치가 없는 병력으로 생각하는 그들 중 다수는 민병을 도움이 되기보다 오히려 성가신 존재로 보았을 것이다. 결국 그들은 보병이 얼마 되지 않았음에도 지체 없이 전투에 돌입했을 수도 있다.

이런 점들 때문에 필자는 잉글랜드군은 보통 때 같이 주로 기사군騎士軍이었고 자신의 영토 한 가운데서 자신의 민족적 자유를 수호하기 위해 제대로 대규모 징집군을 집결시킨 스코틀랜드군이 병력수에서 우위에 있었다고 믿게 되었다.

이를 우리가 인정한다면 이 전투의 경과를 우리는 이해할 만하다. 스코틀랜드 군에게는 측면을 의지할 좋은 지형이 있었고 상대방 기사騎士들은 정면공격에 모든 병력이 필요했기 때문에 포위를 시도하지 않았다. 상대방 궁수弓手들이 포위를 했지만 팔랑스 뒤에 있던 스코틀랜드 기사騎士들이 이를 격퇴했다.

승부는 하스팅Hasting이나 팔커크Falkirk 때와 반대로 그러나 쿠르트라이Courtrai 때와 유사하게 공격자가 패했다. 이는 늪과 강, 언덕의 경사, 함정 등 정면 장애물이 기사騎士들에게 너무 힘들었기 때문에 그들이 많은 피해를 입었고, 포위작전은 불가능했고, 자유로운 기동의 제약 때문에 궁수들과 기사騎士들 간 정상적 협조가 불가능했고, 브루스Robert Bruce가 크게 우세한 병력의 밀집대형으로 반격에 나섰기 때문일 것이다. 반노크번 전투에서는 스코틀랜드군의 전투체계가 잉글랜드군에 비해 이론상 우세했다는 것이 입증되지는 않았다. 브루스는 이 전투에서 찬란한 승리를 거두기는 했지만 오만Oman이 정확히 지적한 대로 잉글랜드군과 개활지 전투는 회피했다. 그는 7년 후인 서기 1321년에는 잉글랜드군이 다시 에딘버러 Edinburgh까지 들어오는 것을 허용했고 단지 그들의 보급선을 차단함으로써 다시 농촌지대로 밀어낼 궁리만 했었다.

3. 로제베케ROSEBEKE 전투(서기 1382년 11월 27일)

과거 그리스 도시민과 농민들이 페르시아 기병을 격파한 적이 있었던 것 같이 (역자 주: 페르시아 전쟁. 이 책 제I편, 제I권 참고) 프랑드르Flandern/Flandre군과 스코틀랜드군은 지형을 활용해서 프랑스군(역자 주: 쿠르트라이Courtray/Courtrai 전투)과 잉글랜드군(역자 주: 반노크번Bannockburn 전투)을 각각 격파했다. 또 그리스인은 곧 더 발전해서 페르시아군과 개활지 전투를 회피하지 않게 되었다. 필자는 앞서 반노크번 전투가 스코틀랜드군이 우위에 서는 출발점이 아니었고 쿠르트라이 전투 이후에 이와 유사한 승리가 뒤따르지 않았다고 말했다. 오히려 8년 후 로제베케 전투에서는 도시민들이 지형의 이점을 차지하지 못하자 종전 같이 다시 기사騎士들이 우위에 섰다.

로제베케 전투의 정치적 기원과 전투의 성격은 이번에는 프랑드르의 루이Louis 대공大公이 도시민 편이 아니라 프랑스 왕 편에 섰다는 점에서 쿠르트라이 때와 달랐다. 아르테벨데Philipp von Artevelde의 지휘 하에 겐트Gent/Ghent 시市는 이 지역 통치자 루이Louis 대공大公에게 반기反旗를 들고 회유와 협박으로 다른 프랑드르 도시들을 자신 편으로 끌어들여 그를 몰아냈고 프랑스의 젊은 왕 샤를즈Karl/Charles VI세가 이 반란을 진압하러 올라왔다. 루이Louis 대공大公의 사위로 후일 그를 승계하는 부르고뉴 영주領主 필리프는 이 동맹의 중재를 섰고 아르테벨데는 영국왕과 동맹을 모색했다. 서기 1302년과 다른 이런 정치적 상황은 전략에도 반영되었다.

아르테벨데는 겐트 북쪽 25km 지점에 있는 쉘트Scheldt강 강변 도시 우데나르데Oudenarde를 포위했는데 이곳에서는 한 프랑스 기사騎士가 루이 대공大公을 위해 완강하게 방어하고 있었다. 6개월이 지난 서기 1382년 11월 중순에야 프랑스 왕은 구원군의 집결지점인 아라스Arras에 도착해서 구원군을 이끌고 진격해 올라갔다.

아르테벨데에게는 강력한 포병대砲兵隊가 있었다고 하지만 그는 우데나르데 시市를 제대로 포위하지는 않고 기아饑餓작전을 통해 굴복시키려 했고 참호를 파서 외부의 공격으로부터 포위병력을 보호하려 했다.

같은 해 11월 17일 세클린Seclin에서 모인 프랑스 군무회의軍務會議(올리비에 클리쏭Olivier Clisson 대원수大元帥/Connétable와 왕의 삼촌 3명이 참석)는 왕이 쉘트강을 따라 진격해서 아르테벨데와 그의 병력을 직접 공격해야 할 것인지 아니면 견제牽制 작전을 써서 그가 우데나르데 시市의 포위를 포기하게 하고 그를 요새화된 진지로부터 유인해 다른 어느 곳에서 결전決戰에 응하도록 강요하거나 꾀어낼 수 있는지를 결정해야만 했다. 그들은 포위된 우데나르데 시市가 이미 심각한 곤경에 처해있기는 했지만 직접 공격은 피하고 서부 프랑드르 지방을 침공하기로 결정했다. 80년 전 쿠르트라이에서의 나쁜 경험이 그들의 결정에 영향을 주었을 것이다. 이때 아르테벨데Artevelde는 묵시적으로라도 프랑드르 도시들을 믿을 수 있었다면 우데나르데Oudenarde 시市에 있는 그의 진지를 아직 포기할 필요는 없었을 것이다. 만약 프랑드르 도시들이 성문을 닫아걸고 프랑스군이 반란 가담 도시들을 공격하거나 포위된 그들의 동료들을 구원하지는 않고 국경지대를 따라 비옥한 지역들만 황폐화시키고 있었다면 군대의 사기士氣는 분명 아르테벨데 쪽이 유리했을 것이다. 그러나 프랑드르 영주의 법적 상속자 루이 대공大公도 물론 프랑스 왕의 숙영지로 가있었고. 각 도시들은 과거 그들이 종속되어 있던 프랑스의 대군大軍에 대한 두려움과 아마도 겐트Gent/Ghent 시市와 아르테벨데에 대한 시기심이 결합되어 분위기가 심상치 않았다. 아르테벨데는 프랑드르군의 한 측면을 보호하고 있는 리스Lys강을 지키려 했던 것으로 보이지만 프랑스군은 쿠르트라이보다 상류쪽에 있는 코미네스Comines에서 강을 건너는데 성공했고 이페른Ypern/Ypres 시市 등 일련의 여타 자치시自治市/Kommun들이 왕군王軍에게 항복했다.

이때 아르테벨데가 우데나르데 시市에 그대로 있었다면 프랑스군은 부뤼게 Brügge/Bruges 시市로 가서 여론이 분열되어 있던 이 도시를 탈취했을 것이고 그렇게 되면 이르테벨데의 군대도 쉽게 격파되었을 것이다. 이제 우데나르데에 있던 그에게는 프랑드르의 다른 곳들은 포기하고 겐트 시市로 가서 끝까지 버티든지 프랑스군을 공격해서 전투의 신神에게 운명을 호소하는 방법 외에 대안이 없었다. 후자의 경우 양측이 공평한 조건에서 만나는 단순한 개활지 전투를 의미했다. 이 프랑드르 지도자가 선조들이 쿠르트라이 전투 때 위치했던 곳이나 그 자신이 우데나르데 시市 앞에서 기술적으로 구축해 놓은 곳과 같은 튼튼한 위치를 에페른 시市와 브뤼게 시市 사이 어느 곳에서 찾아보려 했다면 그런 위치를 찾기도 쉽지 않겠지만 우연히 그런 지형이 발견되어도 프랑스군이 자신들을 바로 공격하지 않고 포위하거나 끌어내서 자신들에게 보다 유리한 곳에서 공격하는 것을 막을 수 없었을 것이다. 마라톤Marathon 전투 당시 밀티아데스Miltiades가 점령한 위치나 쿠르트라이 전투 때 프랑드르군이 점령한 위치는 그런 위치를 발견하고 선정했던 지휘관의 날카로운 안목도 있었지만 이렇게 선정된 위치를 적이 공격하지 않을 수 없었던 전반적 정치-전략 상황도 있었다. 그러나 이번에 프랑드르를 침공한 프랑스군은 우데나르데 시市의 직접 구원을 포기했으므로 자신들이 가고자 하는 통로를 마음대로 선택할 수 있었고 자신들에게 불리할 것으로 보이는 곳은 공격할 필요가 없었기 때문에 방어자의 입장에서는 자신들에게 특별히 유리한 곳에서 전투대형을 취한 후 "우리를 공격하던지 아니면 집으로 돌아가라!"고 큰 소리를 칠 상황이 아니었다. 이번 전투는 공격자이건 방어자이건 양측이 모두 유리한 지형이라는 강력한 동맹군 없이 개활지에서 싸울 전투일 수밖에 없었다. 쿠르트라이에서 그런 강력한 동맹군과 함께 승리했던 도시민들과 농민들이 이번에는 전투를 포기하고 패배를 수용하지 않으려면 자신들이 동일한 조건에서 상대편 기사騎士들과 싸울 수 있음을 보여주어야만 했다.

프랑드르의 수호자를 자처하던 아르테벨데는 그런 결정을 내릴 만큼 용기가 있는 인물이었고 도시민들도 과감하게 그를 따라 전투에 들어갔다.

프랑드르군은 이번엔 창槍과 고덴다그goedendag로 무장하고 매우 밀집된 팔랑스 phalanx를 형성한 후 쿠르트라이 때 같이 적의 공격을 기다리지 않고 진군해 오는 적을 맞으러 결연히 앞으로 전진했다. 여기서 분명히 지적해 두어야만 할 것은 그렇게 하는 것만이 승리를 차지할 유일한 방법이었다는 점이다. 만약 그들이 쿠르트라이 때 같이 측면을 보호할 지형이나 기병도 없이 프랑스군 공격을 기다렸다면 처음부터 패한 것이나 같았다. 그르므로 아르테벨데는 스스로 전진해서 공세를 취해 자신이 유능하고 용감한 전사戰士임을 보여준 것이다. 양편 모두 11월 26일 밤을 이페른Ypern/Ypres 시市에서 북서쪽 약 2마일(15km) 떨어진 곳에서 서로 가까운 곳에서 숙영하고 이튿날 아침에 상대방 위치를 정찰해 두었기 때문에 완전히 전개한 상태에서 로제베케Rosebeke 서쪽 마을 가까이에서 접촉했다.

요도 2. 로제베케 전투

프랑스군의 올리비에 클리쏭Olivier Clisson 대원수大元帥는 그의 보병 모두를 중앙에 배치하고 이들을 보강하기 위해 젊은 왕과 그의 최측근 종자從者/Gefolg 몇 명 외에는 중앙에 있던 기사騎士들을 모두 말에서 내리게 했다3) 그러나 이렇게 편성된

---

3) 왜 중앙의 프랑스 기사騎士들이 말에서 내렸는지에 관한 직접적인 설명은 사료에 전혀 보이지 않는다. 그러나 수도사修道士 프리마투스Primatus의 〈쌩데니 연대기Chronik von St. Denys〉 중의 구절은 필자와 같이 해석될 수 있다. 이 연대기에는 "말 자체가 전투원들의 시야에서 제거되었다. 이 때문에 누구나 위험이 닥쳐도 도주할 가능성이 없어짐으로써 더 큰 용기를 보여주게 되었다les chevaux mênes furent éloignés da la vue des combattants, afin que chacun perdant tout espoir de se soustraire au danger par la fuite, monstrât plus de coeur"라고 했다.

중앙은 어디까지나 적의 공격에 버티기 위한 편성이었을 것으로 보인다. 적에게 타격을 가할 병력은 말을 탄 채로 양 측면에 있던 기사騎士들이었다.4) 이런 병력 배치로 프랑스군은 질 수가 없었다. 이 대원수大元帥는 정찰을 나갔다 돌아와서 전투가 임박했음을 왕에게 보고할 때 "저들은 우리의 것입니다. 우리의 평민병사들이 저들에게 패배를 안겨줄 수 있을 것입니다"라고 말했다고 한다.

처음에는 대포大砲를 발사하며 밀집대형으로 언덕을 내려온 프랑드르 팔랑스의 충격행동이 프랑스군을 좀 밀어낼 수 있었다. 프로이싸르Froissart의 《레텐의 케르벵Kervyn de Lettenh.》에서는 "창槍과 몽둥이를 들고 접근하는 무리가 숲 같이 보였다"고 했고 이 무리가 멧돼지 같이 적을 덮쳤다 했다. 수도사修道士 프리마투스Primatus의 〈쌩데니 연대기Chronik von St. Denys〉도 프랑스군이 조금 밀렸음을 인정한다.

그러나 프랑스군은 도주할 정도로 밀리지는 않았다. 이것만으로 그들은 이미 이긴 것이었다. 이때 양 측면의 기사騎士들이 프랑드르 팔랑스로 몰려갔고 이로써 정면의 적이 전진을 멈추게 했기 때문이다. 칸네Cannä/Cannae 전투가 연상되는 모습이다(역자 주: 이 책 제I편, 제V권, 제I장). 패배한 프랑드르군은 무참하게 살해되었다. 상당수는 공포에 질려 점점 가운데로 몰려들다가 동료들 틈에 끼여서 죽었다고 한다. 그중 하나가 바로 아르테벨데였는데 나중에 전투현장에서 병사들의 시체더미에서 발견된 그의 시체에는 부상의 흔적도 없었다고 한다.

이 전투에서 싸운 양측 병력수에 관한 기록은 전혀 없고 이를 평가를 해 볼만한 근거도 충분치가 않다.

이 전투는 적극적 관점이 아니라 소극적 관점에서 볼 때 유럽역사에서 대단히 중요한 의미를 지닌다. 만약 이 전투에서 프랑드르 측이 승리했었다면 이미 큰 말썽을 일으키고 있던 프랑스 도시들은 즉시 그들의 왕에게 반기反旗를 들었을 것이다. 또한 시민군市民軍이 기사군騎士軍을 개활지에서도 격파할 수 있다는 것을 보여주었다면 이와 유사한 사건들이 계속 생겼을 것이고 게르만-로마 민족의 사회발전 방향도 완전히 달라지게 되었을 것이다.

---

4) 우리는 전투의 경과 자체로부터 프랑스군 대형의 의도가 이랬을 것이라고 볼 수 있다. 이 시대에는 이런 전술개념이 있을 수 있었다는 것은 오테Othée 전투(서기 1408년) 당시 문제의 기동에 대해 매우 상세히 설명하면서 "…훨씬 병력이 많은 보병중대가 그대들의 나라를 침공해서 그대들과 싸우고자 할 때는 전투경험이 많고 질서가 잡힌 (그들의) 기병은 다른 인원들이 정면에서 그대들을 향해 돌격하고 있는 사이에 신속히 밀고 올라가서 (그대들) 후방에서 그대들을 분열시키고 그대들의 대형을 격파할 것이다Quand icelle autre compagnie à pied moult plus grade…sera ententive à vous envahir et combattre, iceux que veez à cheval, prestement surviendront de travers par bataille instruite et ordonnée, et s'enforceront de vous séparer et diviser par derrière, entre temps que les autres vous assaudront par devant"라고 한 몽스트렐레Monstrelet의 연대기에서 알 수 있다.

부 기附記

레제베케 전투의 사료들이 진정한 우화寓話의 늪에 잠겨 있고 편견적인 태도를 지니고 있음을 처음으로 밝혀낸 것은 프리드리히 모르Friedrich Mohr의 베를린 대학교 학위논문(게오르크 나우크 출판사Georg Nauck, 서기 1906년)이었다. 이 논문에서는 최근 학자들이 이 전투의 경과를 확인해 본다고 구축해 놓았던 환상적인 모습들도 모두 부인했다.

사료분석의 관점에서 매우 흥미 있는 것은 프로이싸르Froissart의 《레텐의 케르벵 *Kervyn de Lettenh.*》 중 11월 17일 세클린Seclin에서 모인 프랑스 군무회의軍務會議 부분이다. 이 기록에 의하면 참석자 중 한 명인 쿠시Seigneur de Coucy는 식량보급에 유용한 쉘트Scheldt강을 따라 적을 공격할 것을 제안했고 이에 대해 올리비에 클리쏭Olivier Clisson 대원수大元帥/Connétable는 만약 자신들이 그렇게 우회해서 가면 적을 너무 존중하는 것이 된다고 대답했다고 한다. 즉, 용감한 전사戰士들인 그들로서는 직접 적에게 접근하지 않을 수 없었고 따라서 서부 프랑드르로 침공했다는 것이다.

그러나 적의 주력에게 직접 진격하자고 했던 것은 실제로는 물론 쿠시의 제안이었고 대원수大元帥는 보다 높은 전략적 식견을 가지고 요새화 된 진지에 있는 적을 코미네스Comines로 우회해서 서부 프랑드르Flandre로 유인했다.

결국 프로이싸르Froissart는 후일 매우 정확한 이야기를 듣고도 당시 상황에 대한 이해가 너무 부족했기 때문에 두 사람의 말과 동기를 혼동해서 기록한 것이다. 지도를 한 번만 보면 바로 이를 알 수 있다. 쾰러Köhler 장군은 이 전투를 전반적으로 다루면서 사료의 넌센스를 그대로 옮겨놓았다(《기사騎士 시대의 전쟁과 용병술用兵術의 발전*Entwickelung des Kriegswesen und der Kriegsführung in der Ritterzeit*》, 제II편, 574쪽 이하).

4. 시민군市民軍과 민병징집군民兵徵集軍

무장한 도시민 보병들은 레그나노Legnano 전투에서도 최소한 승리에 기여했고 쿠르트라이Courtray/Courtrai 전투에서는 그들만으로 완전한 승리를 거두었음에도 불구하고 로제베케Rosebeke 전투에서는 그런 일들이 그저 일화逸話에 그치고 계속해서 일어날 수 없었음을 보여주었다. 물론 이후에도 도시민들은 계속 징집되어 야전으로 출전했고 전투에서 성공하는 일도 있었다. 그러나 중세 말기에는 그들의 군사능력은 발전하지 못하고 오히려 후퇴했고 결국 다시 무력화되었다. 게르만 도시에서 징집령徵集令이 선포된 적은 많았지만 결국 그들은 용병傭兵을 이용해서 전쟁을 수행했으므로 이 징집령들을 일일이 열거할 필요는 없다.5) 게르만 도시

---

5) 이 문제에 대해서는 매우 치밀한 연구가 있었다. 모지엔Mojean, 《14~15세기 도시들의 군사체계 *Städtische Kriegseinrichtungen im XIV. und XV Jahrhundert*》(스트랄순트Stralsund 김나지움 프로그램, 서기 1876년); 나머Von der Nahmer, 《14세기 후반 게르만 도시들의 군사조직 *Die Wehrverfassungen der deutschen Städt in der 2. Hlfte des 14. Jahrhundert*》(마르부르크Marburg 대학교 학위논문, 서기 1888년); 멘트하임Mendheim, 《특히 뉘른베르

시민군의 능력이 만족스럽지 못했던 증거로 되핑겐Döffingen 전투(서기 1388년)가 있는데 필자는 이 전투를 비교와 상호검증을 위해 스위스의 경우를 분석한 뒤의 제V장에 포함시켰다. 앞서 우리는 뉘른베르크Nürnberg/Nuremburg 시민들이 서기 1450년 변경 대공邊境大公/Markgrafen 알브레흐트Albrecht Achilles를 상대로 승리한 필렌로이트Pillenreuth 교전交戰을 상세히 검토했지만(앞의 276쪽 참고) 이는 순수한 기사騎士 전투였다(역자 주: 뉘른베르크 측에 많은 보병들이 있었으나 이들은 예비대로서 실제 전투에는 참여하지 않았다). 한편 이태리는 완전히 용병傭兵들의 세상이었고 잉글랜드에서는 민병民兵이 진정한 군사적 업적을 남긴 일이 전혀 없으며 프랑스에서는 특히 왕들이 도시민 징집을 거부했는데 그들이 한 일은 없고 성가시기만 한 존재였기 때문이었다.

프로이싸르Froissart의 《레텐의 케르벵Kervyn de Lettenh.》에 의하면 필리프 VI세는 서기 1347년에 앞으로 귀족만 데리고 전투할 것이라고 선언했다. 그는 도시민은 근접전투에서 햇볕에 눈 녹듯 무너지므로 모래덩어리Ballast에 불과하고 그들에게 그래도 쓸모 있는 것은 궁수弓手와 돈뿐이고 그 외에는 집에 머물면서 가족이나 돌보고 그들의 사업이나 계속해야 한다고 했다. 전투에 유용한 인간은 어릴 때부터 군사기술을 배우고 이를 위해 양육된 귀족들뿐이라는 것이다.[6]

이런 말들을 볼 때 당시에는 귀족들의 오만함 또는 기사騎士들의 시기심을 인정하는 것이 관행이었음이 분명하며 이들은 자신들이 받을 보수를 도시민들과 나누려 하지 않았으며 당시 그들의 보수는 실제로 올라갔었다.[7] 그러나 현실도 필리프 왕의 노여운 말에 표현된 내용과 크게 다르지 않았었다.

로제베크 전투에도 불구하고 프랑드르Flandern/Flandre에서는 도시민 징집이 가장 오래 지속되었고 가장 잘 활용되었다. 후일 부르고뉴 영주領主 밑에서 프랑드르에

크 등 자유도시들의 용병체계Das reichsstädtische, besonders Nürnberger, Söldnerwesen》(라이프찌히 대학교 학위논문, 서기 1889년); 발쩌Baltzer, 《단찌히 시의 군사체계 연구Aus der Geschichte des Danziger Kriegswesen》(단찌히 김나지움 프로그램, 서기 1893년); 리베G. Liebe, 《에르푸르트 시의 군사체계Das Kriegseinrichtungen der Städt Erfurt》(서기 1896년); 산더P. Sander, 《뉘른베르크의 도시경제Die reichsstädtische Haushaltung Nürnbergs》(서기 1902년)—특히 이 책의 제II편은 군사조직들을 상세히 다루고 있다.

6) "그는 이제 귀족 외의 사람들과 같이 전쟁에 나가지 않을 것이고 자치시 사람들과 전투에 나가면 이들은 근접전에서는 햇볕 아래 눈 같이 녹아버리므로 완전한 손해고 방해만 된다고…". 크레시Crécy 전투, 블랑크타뉴Blanquetagne 전투, 카엔Caen 전투 등 이들과 함께 간 곳에서는 어디든 그랬다. 결국 그는 요새화 된 도시나 좋은 마을에서 온 궁수弓手 외에는 그런 사람을 원치 않았다. 그는 그들의 금과 은으로 비용과 귀족들의 보수를 지급하려 했지만 그것이 모두였다. 평민들은 그저 집에 남아 가족을 보호하고 사업이나 하면 그것으로 충분했다. 무기 다루는 직업은 어릴 때부터 이를 배우고 훈련받은 귀족들의 일이었다." 프로이싸르Froissart, 《레텐의 케르벵Kervyn de Lettenh.》, 제IV편, 270쪽. 루세Luce의 《게스클렝의 베르트랑과 그의 시대Bertrand du Guesclin et son époque》, 제I편, 156쪽에서 축약 재인용함.

서기 1415년에 파리 시에서 보충병력을 보냈을 때 장Jean de Beaumonts은 "이런 가게 주인들에게 우리가 무슨 도움을 얻겠는가?"라고 말했다고 한다. 쌩데니St. Denys 수도사修道士의 기록, 제35권, 제5장.

몽스트렐레Monstrelet의 연대기에는 "자치시의 무리들은 숫자는 많아도 전투에 단련되고 무기 다루는 일에 익숙한 기사騎士들을 얼마만큼 만나면 아무 저항도 못했다"는 구절이 있다.

7) 미셸레Michelet, 《프랑스사Histoir de France》, 제III편, 299쪽.

통합된 브라방Brabant(역자 주: 벨기에 중부지역)이나 하노니제Hanoniese/Hainau 같은 변경지방들도 15세기에는 영주들에게 병력을 보냈다. 그러나 이들에게는 쿠르트라이 전투 때 승리를 안겨주고 그들이 이후에도 근접전 무기로 무장한 대규모 징집군을 동원할 수 있었다면 힘이 되었을 그런 요소들은 사라졌고 이들은 프랑스의 경우와 같이 주로 궁수弓手들이었으며 따라서 기사騎士들에 대한 보조병력이었다.8)

부 기附記

도시민 징집군의 전역戰役에 관한 분명한 모습이 서기 1431년 후시테Hussiten/Hussite(역자 주: 체코의 종교개혁가 후스Jan Hus ⟨1369?-1415⟩를 따르던 무리. 뒤의 제IV장 참고)와 싸운 레겐스부르크Regensburg 전역戰役 기록에 잘 묘사되어 있다.

그들은 먼저 "성 요한의 잔盞"을 비운 다음 출전했다. 솔러Soller 대장隊長이 지휘한 기병 73명이 첨두尖頭에 섰다. 그 뒤로는 군기軍旗를 든 쇠뇌수弩手 71명과 16명의 소총 저격수들이 따라갔다. 그 뒤로 아Ah 교회 사제를 태운 교회 수레가 갔으며 이어 대장쟁이, 갓바치, 양철쟁이, 빵 굽는 사람, 옷 만드는 사람, 요리사, 백정 등 총 284명이 소총 6자루와 그 부속품, 선조포旋條砲/Büchse(역자 주: 포강砲腔에 선조旋條가 있는 총)에 총알로 쓸 돌덩이 3젠트너Zentner(330파운드pfund/pound)와 납탄 2젠트너(220파운드)를 들고 쫓아갔다. 수레 41대에는 이 파견대가 쓸 화약과 납, 화살 6,000개, 불화살 300개, 선조소총旋條小銃/Handbüchse 19자루, 축사畜舍와 텐트로 쓸 쇠가죽 및 6일분의 곡식을 운반했다. 식량 수레에는 수소 90마리, 지장 처리된 고기 9젠트너, 정제한 돼지기름 9젠트너, 테르미니어 치즈Terminiererkäse 1,200덩이, 말린 대구 80마리, 수지獸脂 양초 56파운드, 그 외에도 식초, 후추, 사프론saffron 향료, 생강, 오스트리아 포도주 73통을 실은 마차 2대, 맥주 73통이 실려 있었다. 이 전역戰役의 비용은 838파운드 3실링Schilling ?페니Pfennige였다.9)

게르만 지역의 많은 영주領主들이 이런 민중군대를 조직하려 할 때 만든 군사규정들에 대해서도 특별히 언급해 둘만 하다. 뷔르템베르크Württemberg 대공大公들은 도시와 싸울 때 농민징집군으로 그들의 군대를 보강했다(서기 1388년). 백작대공伯爵大公/Pfalzgraf(역자 주: 자신의 영토에서 국왕과 같은 권력을 행사하던 영주)들이나 바이에른의 영주領主들도10) 유사한 조치를 취했었지만 후시테Hussiten/Hussite 전쟁과 헝가리Ungaren/Hungarian와의 전투로 인해 그들의 군대를 강화하려면 특별조치가 필요했던

---

8) 뀌이롬Guillaume, "부르고뉴 영주 치하의 군사조직사Histoir de l'organisation militaire sous les ducs de Bourgogne," 《벨기에 아카데미 회의록Mém. cour. de l'Academie Belge》, 제22권(서기 1848년), 94쪽.

9) 뷔르딩거Würdinger, 《서기 1347-1506년 사이의 바이에른, 프랑켄, 팔쯔 및 슈바벤의 전쟁사Kriegsgeschichte von Byern, Franken, Pfalz und Schwaben Von 1347-1506》, 제I편, 182쪽. 그마이너Gmeiner부터는 제III편, 23쪽.

10) 뷔르딩거Würdinger, 같은 책, 제II편, 313쪽.

오스트리아 영주領主들이 특히 그랬었다.[11] 바로 후시테 전쟁이 시작되던 해에(서기 1421년) 알브레흐트Albrecht V세 영주領主는 오스트리아 내의 16~70세 사이의 모든 군복무적격자 명부를 작성토록 했다. 그 이전에 있었던 여러 차례의 징집령을 참고로 한 것이 분명한 서기 1431년 징집령에서는[12] 군복무에 필요한 민첩성과 힘이 가장 뛰어난 사람 1명을 매 10가구에서 출전시켜야 했고 집에 남아 있는 나머지 가구들은 그에게 필요 장비를 제공하고 생업을 돌보아 주어야 했다. 한 지역에서 10가구씩 조組를 짜고 남는 인원은 다른 지역의 같은 인원들과 함께 10가구 조組를 짜도록 했다. 출전할 인원에게 제공해야 할 장비와 무기는 세세한 부분까지 구체적으로 규정되어 있었다. 매 20명 중 3명은 선조총旋條銃/Büchse, 8명은 쇠뇌, 4명은 창, 4명은 도리깨Dreschfigel를 휴대해야 했고 그들 모두는 쇠투구 1개, 갑옷 상의Panzer나 전투용 상의Wams 1벌, 쇠장갑 1짝 및 긴칼 또는 손칼 1개씩을 지녀야 했었다. 이 20명 집단은 수레 1대를 가지고 있어야 했다. 징집에서 그의 사람들을 빼낸 지주地主나 관리는 무거운 벌금을 냈는데 그들이 낸 벌금의 일부는 영주領主에게 일부는 야전지휘관에게 갔다.

오스트리아에서는 이와 유사한 징집령이 매우 자주 선포되었다. 때로는 "정착자gesessenen Leuten" 30명이 1명을 출전시켜야 했고 때로는 20명, 15명, 10명 또는 5명, 심지어는 3명이 1명을 출전시켜야 할 때도 있었다. 때로는 적의 위협에 가까이 있는 지역에서는 먼 지역보다 더 많은 인원이 소집되기도 했다.

이 같은 조組 편성은 카롤링Karoling/Caroling 왕조(역자 주: 메로빙Merowing/Meroving 왕조를 이어 받은 프랑크 왕국의 후기 왕조)의 법령들에 보이는 조組 편성과 매우 유사하므로 옛날 전통이 완전히 단절되지는 않았던 것 같이도 보이지만 카롤링 왕조의 규정들은 농민 전체가 아니라 전사戰士 계층에만 적용되었고(역자 주: 앞의 제I권, 제I편 참고) 따라서 그 당시 전통이 유지된 것은 아니다. 오스트리아의 징집은 비록 현실적인 효과는 매우 적었지만 어느 시대 어느 곳에나 진정한 군사조직 외에 추가적으로 존재했던 민병民兵 의무와 관련된 것이다. 카롤링 왕조의 징집은 여름 동안 수백 마일(역자 주: 원문대로 번역했음) 떨어진 야전으로 출전하기 위한 징집이었지만 오스트리아의 징집은 지역방어를 위한 징집이었고 때로는 헝가리 지역에서 대규모 도적떼를 격파해 피해를 없애려고 출전했던 것 같이(서기 1449년) 국경을 조금 넘어가는 경우도 있었을 것이다. 그러나 카롤링 왕조의 조組 편성과 오스트리아의 조組 편성은 역사적 맥이 이어진 것은 아니지만 같은 필요성 때문에 존재했던 것이다. 이는 징집과 세금부과를 연계시키려던 것으로 앞서 우리가 수없이 보아 온 경우

---

11) 프란쯔 쿠르쯔Franz Kurz, 《옛 오스트리아의 군사조직Oesterreichs Militär-Verfassung in älteren Weiten》, 서기 1825년. 마이네르트Meynert, 《군사조직사Geschichte des Kriegswesen》, 제II편, 서기 1868년, 11쪽, 베룬스키Werunsky, 《오스트리아 제국법률사Oesterreichische Reichs- und Rechtgeschichte》, 서기 1896년, 158쪽 이하. 에르벤W. Erben, "후시테 전쟁 당시 알브레흐트 V세의 징집Das Aufgebot Albrechts V. von Oesterreich gegen die Hussitien," 《오스트리아 역사연구회 보고서Mitteilungen des Instituts für Oesterreichische Geschichts-forschung》, 제23권, 1902년.

12) 에르벤Erben의 같은 책에 의함. 서기 1426년이 아님.

들과 같은 세금징수의 형식이었고 농민과 도시민들과 마찬가지로 전사戰士 계층, 지도자Herren 계층 또는 바쌀vassal(역자 주: "가신家臣"으로 통상 번역된다. 구체적 의미에 대해서는 이 책 제II편, 제IV권, 제IV장 참고) 계층에게도 적용될 수 있는 것이었다.

서기 1237년에 작성된 것으로 보이는 오스트리아의 가장 오래 된 정치법령에 의하면 비상시에 모든 사람은 자신이 그의 "거주자居住者/behauster Mann"인 지도자 즉, 자신이 그로부터 집과 농장을 받은 사람과 함께 출전하거나 그 지도자에게 자신의 토지의 1년 분 소득을 주어야 했다.13)

이들 오스트리아 징집군이 이룬 군사적 업적에 관한 기록은 전혀 없다.

농민 징집군이 승리를 거두었다는 세켄하임Seckenheim 교전에 대해서는 우리는 뒤의 제V권에서 스위스의 경우와 관련해서 토의하게 될 것이다.

5. 로이트링겐REUTINGEN 교전(서기 1377년 5월 14일)

이 전투에 관한 기록에서 뷔르템베르크Württemberg의 울리크Ulrich 대공大公이 주변 지역을 약탈하고 다니던 로이트링겐 군의 퇴로를 로이트링겐 부근에서 차단했지만 집에 남았던 도시민들의 한 집단이 평소에는 닫혀있던 한 성문城門을 통해 그 배후를 공격해서 그가 패배했다 한다. 그러나 요한 야콥센Johann Jacobsen의 특별연구인 "《로이트링겐 전투Die Schlacht bei Reutlingen》(라이프찌히, 서기 1882년)에서는 이 기록이 완전한 전설傳說임을 입증했다. 또한 그는 울리크가 기사騎士들과 같이 말에서 내려 싸웠다는 쾌니히호펜Königshofen의 기록(역자 주: 《게르만 도시 연대기年代記Chronik deutschen Städte》)노 의심한다. 아우 Von der Au(《쾌니히호펜 비판Zur Kritik Königshofens》, 튀빙겐Tübingen, 서기 1881년, 18쪽)와 쇈Schön(《로이드링거 역사Reutringer Geschichtsbältter》, 서기 1899년, 5쪽)도 그의 견해에 동의한다. 결국 이 기록은 전쟁사의 관점에서는 쓸모가 없다.

---

13) 베룬스키Werunsky, 앞의 책, 158쪽.

제Ⅱ장
말에서 내린 기사騎士와 궁수弓手

1. 크레시CRÉCY 전투(서기 1346년 8월 26일)[1]

잉글랜드 왕들은 두 개의 큰 섬을 그들의 홀笏 밑에 흡수한 후 웨일즈와 스코틀랜드를 그들의 영역에 편입하는데 주력했었다. 프랑스의 왕들 역시 겉으로만 자신의 왕권에 종속되어 있는 영주領主들의 공국公國/Lehnsfürstentümer들에 대해 실질적 지배권을 확립하려 했었다. 그러나 이웃한 이 두 왕국은 서로 상대방의 세력이 너무 커지는 것을 처음부터 방해하려 했다. 그 결과 분리독립주의자들은 자신의 필요성 때문에 자신을 억압하는 자의 경쟁자를 자신의 보호자로 여기게 되었다. 스코틀랜드는 프랑스에 붙었고 프랑드르Flandern/Flandre는 잉글랜드 편에 붙었다. 영국과 프랑스간 지속적 충돌은 이 두 지역에서 중앙의 왕조와 분리독립주의자간 투쟁이기도 했다. 이러한 대립은 지속적인 계층 간 투쟁, 왕권 경쟁 그리고 동맹 관계와 여러 측면에서 서로 얽혀 있었다. 프랑스의 옛 카페 Capet 왕계王系가 대代가 끊기자 영국의 에드워드 Ⅲ세가 발로아의 필리프Philipp von Valois를 상대로 프랑스 왕위에 대한 자신과 자신의 상속자들의 권리를 주장하게 되면서 갈등은 최고조에 이르렀다. 필리프가 왕위에 대한 권리를 주장한 것은 전왕前王의 사촌으로서 남계男系 상속권에 근거한 것이었고 에드워드는 전왕前王의 누이의 아들로서 더 가까운 여계女系 상속권을 지니고 있었다. 선조들로부터 상속받은 가스꼬뉴Gascogne/Gascony 지역은 여하한 경우에도 에드워드의 소유였다.

에드워드는 6년 전인 서기 1340년에 슬루이스Sluys 해전海戰에서 프랑스 함대를 격파한 후 제해권制海權을 장악했다. 그는 자신이 원하는 어느 곳이면 어디든지 상륙할 수 있었고 이번에는 망명한 어느 프랑스 귀족에게 설득되어 노르망디 Normandie/Normandy에 상륙키로 결정했다. 프랑스는 잉글랜드 왕의 지역인 가스꼬뉴에 주력을 투입하고 있었기 때문에 영국군은 별 어려움 없이 많은 노르망디 마을들을 점령해서 약탈할 수 있었고 이로써 위험한 상황에 처해있던 남쪽 전구戰區의

---

1) 이 전투에 관한 표준연구는 리하르트 체판Richard Czeppan의 베를린 대학교 학위논문(서기1906년, 세오르크 나우크 출판사Georg Nauck)이다. 뤼스토프Rüstow, 옌스Jähns, 파울리Paili, 쾰러Köhler, 오만Oman 등도 이 주제를 다루고 있지만 각자 연구의 기초가 된 사료들이 다르므로 그들의 설명에는 서로 큰 차이가 있다. 그러나 중요한 문제들을 최종적으로 명확하게 정리해 놓은 것은 체판의 설명뿐이다. 그러나 쾰러의 《기사騎士 시대의 전쟁과 용병술用兵術의 발전Entwickelung des Kriegswesen und der Kriegsführung in der Ritterzeit》(1886년), 제Ⅲ편, 서문, xxxvi쪽에도 활과 화살에 관한 일부 정확한 평가가 보인다. 투트Tout는 《영국사 평론 English Historical Review》, 제9권(서기 1904년), 711쪽 이하에서 이 전투의 배경을 논의하고 있다.

잉글랜드군의 숨통을 터주는 견제효과도 생겼다. 필리프 Ⅵ세(역자 주: 발로아의 필리프Philipp von Valois)이 에드워드 쪽으로 방향을 잡자 에드워드는 육로를 통해 자신에게 우호적인 프랑드르로 가기로 결정했다. 그는 마지못해 이런 결정을 내린 것일 수 있다. 그는 선장船長들 중 일부에게 부상자, 병자 그리고 노획품을 싣고 고향으로 돌아가게 허용했는데 다른 선장들까지 허락 없이 함께 떠나버리자 갑자기 고향과 연락이 차단되어서 육로로 우호 지역으로 갈 수밖에 없었을 수도 있다. 필리프는 병력을 모두 집결시키지 못하고 있었지만 에드워드를 도중에 잡으려고 그가 건너야 할 다리들을 모두 파괴해 놓았기 때문에 에드워드는 멀리 돌아가지 않을 수 없었고 그 사이에 프랑스 병력은 점점 더 집결되었다.

그러나 에드워드는 매우 영리한 기동과 뒤따른 행운으로 세느Seine강과 솜므Somme강을 모두 무사히 건넜다. 그는 패하더라도 마음대로 퇴각할 수 있는 넓은 공간이 뒤에 있을 만큼 북쪽으로 올라가자 추격자를 맞아 싸울 위치를 정했다.

크레시Crécy에서의 영국군의 병력은 14,000~20,000명으로 추산된다. 이 수치는 왕실 재무관 웨테윙Walter de Wetewang이 이 전투 이후 깔레Calais 포위 당시 작성했던 명부에 의해 확인된다. 웨테윙의 명부에는 32,000명으로 되어있는데 크레시 전투 이후 합류한 보충병력을 빼면 20,000명이 된다. 이 수치는 너무 높은 수치이므로 필자는 의심을 지울 수 없지만 전혀 불가능한 수치는 아니다.2)

에드워드가 노르망디에 상륙한 7월 12일 이후 6주 동안에 필리프 Ⅵ세가 에드워드 이상의 병력을 집결시킬 수 있었는지는 분명치 않다. 가스꼬뉴에서 싸운 병력은 최대한 신속히 이동 중이었지만 아직 도착하지 않았다. 자신의 병력이 잉글랜드군보다 적었다 해도 필리프가 전투를 받아들이기로 결정한 것을 우리는 이해할 만 하다. 그는 기사騎士 숫자에서 우세했고 잉글랜드군의 계속적인 철수에서 도주하는 것 같은 인상을 받고 따라서 자신감을 얻었을 것이기 때문이다.

만약 양측의 접촉이 보통 때와 같은 기사騎士 전투로 이어졌다면 거의 틀림없이 프랑스군이 승리할 수 있었을 것이다.

그러나 에드워드 Ⅲ세는 천재성을 발휘해서 새로운 형태의 전술을 창안했다. 그는 중세에는 아직 보이지 않던 방식으로 당시의 지형과 전략 상황에 적합하게 각 병종兵種을 배치함으로써 프랑스 기사騎士들의 용맹성을 극복할 수 있었다.

잉글랜드 병력은 대부분 궁수弓手였다. 사료에 기록된 보통의 전투에서 궁수들

---

2) 로테슬리Wrottesley의 《크레시와 깔레Crecy and Calais》에는 문제의 사료 구절들이 소개되어 있는데 모리스Morris는 이 책에 대한 평론(《영국사 평론English Historical Review》, 제14권, 서기 1899년, 767쪽)에서 32,000명이라는 수치는 필리프 왕이 구원전救援戰으로 잉글랜드 군을 위협했던 아주 짧은 시간 동안의 병력수를 모두 합한 것이라는 사실에 우리의 주의를 환기시키고 있다. 모리스는 크레시 전투 때 에드워드는 40,00명의 기병(기사騎士와 일반병사Knecht)과 10,000명의 궁수를 보유했던 것으로 평가한다.

은 기사騎士들의 보조병종補助兵種이었다. 어느 정도라도 접근이 가능한 지형이라면 궁수는 자신들과 비슷한 수의 기사騎士를 상대할 수가 없었다. 기사騎士들은 빠른 속도로 돌격하면 궁수의 화살에 너무 많은 인마人馬가 쓰러지기 전에 궁수들을 제압할 수 있었다. 더욱이 궁수들은 기사騎士들이 곧 자신들을 덮칠 것임을 알면 마지막 순간까지 활을 쏘지 못하고 심지어 상대방이 화살의 유효사거리有效射距離 내에 도달하기도 전에 목숨을 건지려고 도주했었다. 따라서 전술가들의 고민은 어떻게 하면 궁수들이 마지막 순간까지 도주하지 않고 화살을 발사하게 하느냐 에 있었다. 에드워드는 이를 위해 기사騎士들에게 말에서 내려 궁수와 창병槍兵과 함께 대형에 서도록 했다. 기사騎士들은 말을 타고 있어야 근접전투 초기에 개인 전투원으로서 큰 활약을 할 수가 있었지만 에드워드가 노린 것은 기사騎士들의 이런 직접적인 활약이 아니었다. 크레시Crécy 전투 때 기사騎士들의 주된 임무는 평민 전사戰士 집단에 지속적으로 사기士氣를 불어넣는 데 있었고 기사騎士들이 이들 과 함께 발로 싸운다면 그런 효과를 최대로 거둘 수 있었다. 기사騎士들이 궁수와 창병들과 함께 서있더라도 말이 곁에 있었다면 그들에게 안정감을 줄 수 없었을 것이다. 평민 전사戰士들은 그 정도 숫자의 기사騎士들은 큰 전과를 올리지도 못할 것이고 만약 일이 잘못되면 그들은 말로 달려가고 결국 자신들의 피로 패배의 대가를 치르게 되리라는 느낌을 버리지 못했을 것이다. 중세전투에 관한 기록들 을 보면 보병은 지도자들은 목숨을 구하고 초개草芥 같이 희생당했다고 기록된 경우가 석지 않다. 이런 기사騎士들의 행동이 기사騎士 답지 않은 행동으로 보일지 몰라도 그들을 단지 겁쟁이라고만 할 수는 없을 것이다. 그들로서는 병사들을 구해 낼 방법이 없었고 그대로 있으면 병사들과 함께 죽을 수밖에 없었다. 그 시대의 풍조는 이런 결과를 원하지 않았다. 일단 패배하면 아무리 용감한 사람 이라도 도주할 수 있었고 그가 이용할 수 있는 모든 방법을 다 이용하는 것이 허용되었었다. 물론 기병은 보병보다 쉽게 도주할 수 있다. 그러나 기병이 말과 함께 있을 때의 장점을 자발적으로 포기하는 것을 보는 보병은 자신감에 가득 차기 마련이었다. 물론 기사騎士들은 말을 타고 도주하는 것을 선호했고 말을 탔을 때 가장 전투력이 높은 것으로 알려져 있었다. 또 그들의 전투기술은 타고 있는 말에 따라 좌우되었었다. 그러나 크레시Crècy 전투 때 그들이 최상의 전투수 단인 말을 포기해야 했던 것은 일부 다른 전두의 경우와 같이 지형 때문이 아니 었다. 이 전투에서는 심리적 정신적 요소가 기술적 유형적 요소와 맞서 이겼다. 우리는 아주 고대에도 이 같은 긴장된 경우들이 있었음을 발견할 수 있다. 시저 Cäsar/Caesar는 전투경험이 없는 레기온 병사legionär/legionary들을 이끌고 헬비티아Helvetien/Helvetia 족(역자 주: 지금의 스위스 일대의 부족)과 싸울 때 자신과 고위관리들의 말을 멀리 보낸 다음 발로 전투를 지휘했다. 그는 질서 있는 병력통제에는 어려움을 겪었을 것이 분명하지만 이렇게 하는 것이 헬비티아족의 야만적인 돌격에 맞서 싸울 때 새로 징집한 레기온 병사들의 동요를 막을 수 있는 최상의 수단이었다. 서기 375년의 스트라스부르크Strassburg/Strasbourg 전투 당시에도 알레만Alemannen/Alamanni족은 지도자들도 말에서 내려 싸우게 함으로써 혹 도주를 하게 되더라도 병사들보다 먼저 살아남을 수는 없게 했었다. 서기 1170년 하노니제의 발트빈 Waldwin von Hanoniese/ Hainau 대공大公도 루벵의 고트프리트Gottfried von Löwen/Louvain와 싸울 때 병사들의 사기를 높이려고 말에서 내렸었고,3) 중세 후기에는 이런 일이 자주 발견된다.4)

에드워드는 말에서 내린 기사騎士들을 궁수弓手들 옆에 배치해서 다른 기사전騎士戰 때와는 달리 화살 공격의 이용에 성공했다. 궁수들은 마지막 순간까지 정확하게 계속 활을 쏠 수 있었고 적의 기사騎士들이 접근하더라도 몇 발짝 뒤로 물러서면 말에서 내려 그의 옆에 있던 기사騎士들이 적과 싸우게 되었다.

더욱이 에드워드는 이런 효과를 더욱 증대시킬 수 있었다. 그는 프랑스군이 접근해 오는 도로 곁에 도로와 평행으로 뻗어 있는 한 능선을 그의 진지로 선택했다. 이 언덕에 정렬한 그의 대형 우측에는 무성한 숲이 있고 경사도 급했다. 따라서 프랑스군은 언덕 위의 잉글랜드군을 공격하려면 우선 그들의 좌측면 쪽으로 전개할 수밖에 없었다. 우리도 알고 있다시피 에드워드는 한번 적을 마주 보게 된 기사騎士들이 공격을 억제한다는 것은 매우 어려운 일임을 알고 있었다. 적의 전선戰線을 마주보기 위해 행군대형으로부터 선회旋回를 마친 선두 종대들을 마지막 종대들이 전투대형으로 전개할 때까지 멈추어 있게 한다는 것은 매우 잘 훈련된 군대의 경우에나 가능한 일이었다. 에드워드로서는 이 측면 위치가 정면 위치보다 적의 축차逐次 공격 유도에 훨씬 적합할 것으로 판단했을 것이다. 물론 정면 위치는 적의 접근을 멀리서부터 관측할 수 있다. 그러나 적의 축차 공격은 잉글랜드군 측에게는 화살 공격을 반복할 수 있을 뿐 아니라 그 효과를 여러 배 증대시키는 장점이 있었다. 궁수들은 적의 정면보다는 측면을 공격할 때 훨씬 더 큰 효과를 거둘 수 있기 때문이었다.

마지막으로 잉글랜드군 대형의 형태에도 주목할 필요가 있다. 프로이싸르 Froissart의 《레텐의 케르벵Kervyn de Lettenh.》에 의하면 궁수들은 "헤르제herse 형태로" 서있었다고 한다. 여러 사람들이 의아해 하는 이 표현은 오늘날 우리가 "장기판

---

3) "그의 병사들은 그가 발로 서있는 것을 보고 도주하지 않았지만 기병이나 보병이나 그로 인해 전투 의지를 불태웠다Ut sui videntes eum peditem, non relinquerent, sed cum 때 tam equites 벼므 pedites ad bellum animarentur." 기스레베르트Gislebert의 기록(〈하노니제 연대기年代記〉(《게르만 사료집》, SS., XXI, 519쪽).

4) 후시테Hussiten/Hussite 전쟁 당시 보병들이 "심한 압박을 받아도 우리들은 머물러 있게 되지만 당신들은 도주해 버린다"며 전투를 거부하므로 기사騎士들도 말에서 내려 발로 싸워야 했었다. 구벤Guben의 기록, 64쪽(불프Max von Wulf, 《후시테의 수레 방벽Die Hussitische Wagenburg》, 37쪽에서 재인용 함).

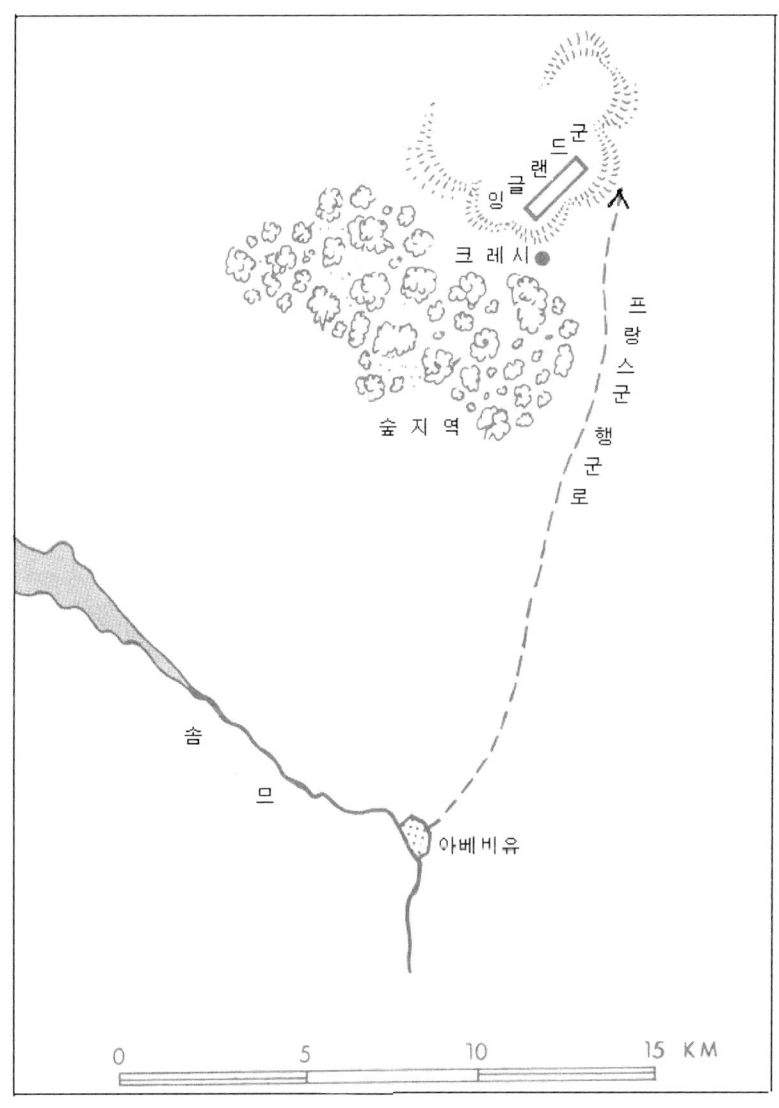

요도 3. 크레시 전투

형태schachbrettförmig"(역자 주: 이 책 제Ⅳ편, 149쪽 참고)라고 부르는 모습에 불과하다. "헤르제herse"는 "써레Egge", "내리닫이 쇠살문Fallgater" 또는 "말뚝울타리Staket"를 말하는데 이 가운데 뒤의 두 가지는 전투대형과 비교할만한 모습이 안 되니 "써레"의 모습이 전투대형의 모습과 특히 가깝다. 써레의 갈라진 날Zinken들은 너무 붙어있으면 전면의 흙을 갈지 못하고 뛰어넘게 되고 앞뒤로 배열되어 있으면 전면의 흙을 조금씩밖에 갈지 못하기 때문이다. 따라서 농부들은 써레의 갈라진 날들을 뒷날이 앞날보다 조금씩 옆에 위치하게 만들거나 써레를 진행방향과 직각이 되도록 놓지 않고 비스듬히 놓고 땅을 갈아서 같은 효과를 얻게 한다. 이와 같이 에드워드는 여러 횡렬이 동시에 활을 쏠 수 있게 하기 위해 뒷 횡렬 궁수弓手들을 앞 횡렬 궁수 바로 뒤에 있게 하지 않고 조금씩 옆으로 이동해서 앞 횡렬 궁수들의 틈으로 활을 쏘게 했다. 이때 문제는 3개 이상의 횡렬도 이런 식으로 동시에 활을 쏠 수 있는지 여부이다.5) 제3횡렬 이하는 비교적 많은 적이 접근하고 있을 경우에만 활을 쏘았을 것이고 곡선 탄도로 화살을 내보내기 위해 어느 정도 뒤로 떨어져 있었을 것이다. 최후미 횡렬들은 적이 가까이 접근했을 때는 활은 쏠 수 없지만 부상자 교체 또는 활과 화살의 교체 등의 방법으로 최선두 횡렬들을 지원해 주었다.

필리프의 군대는 크레시Crécy 남쪽으로 약 2.5마일(18km) 떨어진 아베비유Abbéville와 그 부근에서 그 날 밤을 보냈다. 필리프가 행군 중에 잉글랜드군이 전투대형을 갖추고 그를 기다리고 있다는 보고를 받은 것은 오후 3시경이었다. 그는 공격을 다음 날로 미루기로 결정했지만 최선두 병력은 이미 적의 시야에 들어가 있었고 소식을 들은 뒤의 병력도 이미 앞으로 밀고 올라가고 있었다. 이에 왕은 즉시 결정적인 조치를 취하기로 했다. 그는 우선 제노바Genua/Genoa 쇠뇌수弩手들을 올려보냈지만 그들은 언덕 위의 잉글랜드 궁수들을 상대로 별로 할 일이 없었다. 프랑스 기사騎士들이 이들 쇠뇌수들을 짓밟아 가면서도 그들 사이로 돌격해서 통상적인 방법으로 적의 대형을 격파하려 하자 전투는 비로소 치열하게 전개되었다. 처음부터 프랑스군이 질서 있게 전개해서 전 병력이 동시에 돌격해 들어갔다면 잉글랜드군의 화살이 그들의 돌격을 멈추게 하지는 못했을 것이다. 그러나 프랑스군은 도착하는 대로 축차적으로 돌격했고 그것도 앞의 언덕 때문에 빠른 속도로 돌격하지도 못했다. 이 전투 참전자들은 그들이 15회 아니면 16회의 공격을 실시했다고 주장한다. 그러나 매번 잉글랜드군의 긴 전선戰線으로부터 화살세례가 그들에게 집중되었고 이 화살들의 상당수는 프랑스의 기사騎士들과 그 말들에게 피해를 주지 못했지만 엄청나게 많은 화살들이 표적을 찾아갔고 그 결과 잉글랜드군 횡렬에까지 뛰어들어온 프랑스 기사騎士들은 얼마 되지 않았고6) 이들 역시 곧 잉글랜드 기사騎士와 창병槍兵들에게 쓰러졌다. 프랑스군의 주된 공

---

5) 서기 1192년 자파Jaffa 전투 당시 사자심왕獅子心王/Löwenherz 리차드Richard Ⅰ세의 대형(앞의 400쪽)과 비교해 볼 것.

6) 서기 1465년의 몽레리Montl'héry 전투의 현장 목격자인 코미네Commines/Commynes의 기록에 의하면 "궁수들은 전투를 위해 이 세상에서 가장 중요한 존재이지만 그들은 최소한 수천명은 되어야 하며 숫자가 적으면 별로 쓸모가 없다. 그들은 또한 잃어버려도 아쉬울 것이 없는 비루한 말을 타거나 전혀 말을 타지 말아야 한다."고 했다(만드로Mandror 편編, 만드로Mandrot 편編, 《코미네의 필리프 비망록Mémoires de Philippe de Commynes》, 제Ⅰ편, 31쪽) 〈역자 주: 뒤의 514쪽 참고〉.

격방향은 자연히 그들이 행군해 온 도로에서 가장 가까웠던 잉글랜드군의 좌익 쪽이었다. 잉글랜드군 좌익의 지휘관은 겨우 16세로 "흑태자黑太子/Black Prince"로 불리던 에드워드의 아들 웨일즈 영주領主였다. 한 때 그의 상황이 위급하자 에드워드는 중앙에서 기사騎士 20여명을 보내 그를 지원케 했다. 이 얼마 안 되는 증원 병력의 도움만으로도 프랑스 기사騎士들을 격퇴하기에 충분했다. 백병전을 벌일 정도로 접근한 프랑스 기사騎士들의 숫자가 몇 명 안 되었기 때문이다.

필리프 왕 자신도 아주 가깝게 접근했다가 타고 있던 말이 화살을 맞자 비로소 승산이 없음을 깨닫고 몇 명 안 되는 병력의 호위 속에 전장戰場을 떠났다.

이때 공격에 가담한 프랑스 기사騎士들의 용기를 보여주는 것이 그들의 전사자戰死者 명단이다. 이 명단 가장 앞에는 보헤미아의 무식왕無識王 요한Johann, 룩셈부르크 대공大公 그리고 샤를즈Charles Ⅳ세 황제의 아버지 이름이 있다. 필리프의 동생과 사촌 각 1명, 알렌송Alençon 대공大公, 블로아Blois 대공大公, 라올Rauol 영주領主, 프랑드르의 루이Louis 대공大公, 하르쿠르Harcourt의 요한Johann 대공大公, 살름Salm의 시몽Simon 대공大公, 상세레Sancerre의 루이Louis 대공大公, 오세레Auxerre의 요한Johann 대공大公, 그랑프레Granpré의 요한Johann 대공大公 그리고 83명의 바네레트Bannerherr/banneret(역자 주: 몇 명의 기사騎士를 거느린 상급 기사騎士로서 기령기사旗領騎士라고도 한다)와 1,200명의 기사騎士들이 죽었다.

에드워드 왕의 승리는 전쟁사에서는 매우 드문 순수한 방어전에서의 승리에 속한다. 그는 추격을 엄격히 금했을 뿐 아니라 조금도 전진하지 못하도록 명함으로써 혹 있을지도 모르는 적의 기병의 기습공격을 피하도록 했다.

에드워드 Ⅲ세가 이 전투에서 그들을 데리고 승리한 궁수弓手들은 앞서 알 수 있었듯이 그의 할아버지 에드워드 Ⅰ세가 잉글랜드군에 도입한 병종兵種이었다. 그의 할아버지가 이 병종을 도입한 것은 은 어떤 혁신적 이론의 결과는 아니었고 과거로부터 물려받은 형식을 새로이 수용하고 강화시킨 것일 뿐이다(역자 주: 앞의 제Ⅲ권, 제Ⅷ장 참고). 사실 일글랜드를 정복한 윌리암도 궁수를 잘 활용했고 게르만 제국의 프리드리히 Ⅱ세 황제는 그보다 더 잘 활용했다. 에드워드 Ⅰ세도 궁수를 활용해서 스코틀랜드와 웨일즈를 정복할 수 있었고 궁수의 활용을 매우 강조했 었지만 이로 인해 전투 양상이 바뀐 것은 아무 것도 없었고 잉글랜드가 적들에 비해 계속 우위에 서지도 못했었다. 에드워드 Ⅱ세도 궁수를 이용했지만 반노크 번Bannockburn 전투에서 스코틀랜드인들에게 패배를 면할 수 없었다. 에드워드 Ⅲ세가 서기 1339년 프랑스를 상대로 1차로 큰 전쟁을 일으켰을 때만 해도 그에게는 많은 궁수들의 정확한 솜씨로 적에게 이길 수 있다는 생각은 없었다. 사실 그는 베르크Berg, 마르크Mark, 림부르크Limburg 및 홀란드Holland의 대공大公들과 백작대공伯爵大公/Pfalzgraf(역자 주: 자신의 영토에서 국왕과 같은 권력을 행사하던 영주) 및 브란덴부르크Brandenburg

변경대공邊境大公/Markgrafen 그리고 쥘리흐Jülich, 겔데른Geldern 및 브라방Brabant의 영주領主들 등 수많은 게르만 영주領主 및 지도자들과 동맹 및 용병傭兵 계약을 체결했었고 심지어 직접 루드비히 바이에른Ludwig dem Bayern 황제와도 그런 계약을 체결했었다. 그는 이런 영주領主 콘도티에리condottieri(역자 주: 용병대장)들에게 보수를 지급하려고 많은 세금을 징수했다. 그는 의회가 승인한 액수 외에 훨씬 더 많은 돈을 쥐어짜서 거두었다. 그는 수출하는 모직물에 대해서도 세금을 부과했고 한자Hanse/Hansa 동맹(역자주: 게르만 제국의 북부 도시들과 해외 상업집단이 만든 조직으로 13~15세기 유럽의 중요한 경제 정치 세력이었다. "한자"는 "무리"나 "친구"를 의미하는 고트족 단어에서 유래한 중세 독일어로서 "조합"을 의미했음) 상인들에게 큰돈을 빌리고 그 대가로 특혜를 주어서 잉글랜드 국민들에게 불이익을 주기도 했다. 그는 니더라인Niederrhein 지역(역자 주: 본Bonn 북쪽의 라인강 하류의 저지低地 지역) 영주領主들에게는 계약대로 현금으로 보수를 지급할 수 없게 되자 특정 품질의 모직물 수출계약을 허용하기도 했다. 부유한 대수도원장大修道院長들도 금고에서 지원금을 내야 했다. 에드워드 Ⅲ세는 이런 식으로 많은 병력을 집결시켰지만 서기 1339년 1차 프랑스 침공 때는 아무 성과도 거두지 못했다. 프랑스 필리프 Ⅵ세는 징집군을 끌고 그를 맞이하러 나가기는 했지만 전투는 회피했고 에드워드도 그들에게 전투를 강요할 형편이 아니었다. 필리프는 잉글랜드-게르만 군대가 그리 오래 집결해 있지는 못할 것으로 판단했었고 이는 옳은 판단이었다. 얼마 후 영주領主들이 자신들이 할 만큼 했다고 주장하자 에드워드는 결국 빈손으로 돌아가지 않을 수 없었다.

전쟁을 시작한지 7년이 되던 해에 에드워드는 큰 병력을 이끌고 다시 바다를 건넜는데 이때 그에게 게르만 기사騎士들은 없었고 그 대신 대단히 많은 궁수들을 거느리고 있었다. 이들은 대부분 잉글랜드인 용병傭兵들이었다. 그는 필요한 비용을 염출하려고 극단적으로 억압적인 방법을 동원했었다. 그는 카롤링Karoling Caroling 왕조의 법령과 같이 병역의무자들에게 징집령을 내린 후 금전납부로 이를 대체할 수 있게 하는 방법을 썼다.

에드워드는 1차 침공 때도 프랑스에 결전決戰을 강요할 수 없었지만 이번 2차 침공 때는 그때보다 더 사정이 나빴다. 그가 거느린 기사騎士 숫자가 그때보다 훨씬 적었기 때문이다. 그는 처음부터 직접 가스꼬뉴Gascogne/ Gascony로 가려고 했던 것으로 보인다. 그의 목적은 포위되어 있던 그곳의 잉글랜드 성城들과 병력들을 견제작전을 통해 구원하려는 것이었음이 분명하다.

그러나 잉글랜드군의 계속되는 철수에 고무되어 자신의 힘에 자신감을 얻은 필리프 왕이 적이 있는 위치에서 공격을 하기로 결정하면서 결국 전투가 이루어지게 되었을 뿐이다. 서기 1339년에도 양측이 뷔롱포쎄Buironfosse에서 이와 비슷한 상황에서 대면한 일이 있었지만 그는 공격하지 않았었다.

이 크레시Crécy 전투에서 잉글랜드군이 활로 전례 없는 큰 전과戰果를 올릴 수 있었던 것은 당시 상황과 지휘관이 만들어낸 특별한 전술적 조건 덕분이었다. 이 사실이 사료에 직접 기록되어 있지는 않다. 사료에는 높은 화살 발사 속도와 화살의 효용성 등 영국 활의 장점만 강조되어 있다. 그러나 이 때 잉글랜드군의 승리가 활 자체 때문일 수는 없다. 만약 활 자체가 승리의 원인이었다면 우리는 왜 그 전후에 쇠뇌弩가 활과 대등한 무기로 취급될 수 있었는지 또한 중세 초기에는 왜 활이 중요한 역할을 못했었는지 이해할 수 없게 된다. 크레시 전투와 관련해서 이런 문제를 인식하고 상세히 검토한 진정한 전문가의 증언이 없다. 다만 화살이 "눈발 같이" 날아갔다는 일반적인 기록만 있는데 우리는 이를 사실로 인정할 수밖에 없지만 그 이유는 우리 스스로 찾아볼 수밖에 없다. 빌라니Villani의 설명을 비롯해서 그 이유에 대한 이해가 필요하다고 생각했음이 분명한 많은 후대의 설명들은 잉글랜드군이 수레 방벽Wagenburg을 구축했을 것으로 보기도 했고 혹자는(뤼스토프Rüstow) 잉글랜드군이 그들 앞에 작은 둑을 급조해서 활을 쏘는 궁수弓手들을 프랑스 기사騎士들로부터 보호해 주었을 것으로 해석해 왔다. 하지만 원사료의 어떤 구절을 보아도 그런 장애물이 중간에 없었음이 분명하다. 따라서 그들이 사기士氣를 유지하며 끝까지 버티게 만든 것은 궁수들의 대형을 결정하고 기사騎士와 창병槍兵들을 그들 틈에 배치한 에드워드 왕의 뛰어난 용병술用兵術 덕분일 뿐이다. 한편 프랑스 기사騎士들이 패배한 것은 단호하게 공격하지 못했기 때문이 아니라 군기軍紀가 없었기 때문이다. 그들은 전 병력이 결집하지 못한 채 소규모 병력들이 축차적으로 화살 세례 속으로 뛰어들어가 패배했다.

우리는 그의 궁수들이 매우 강했다는 프리드리히 Ⅱ세는 왜 이와 비슷한 전투를 하지 않았는지 생각해 보면 전반적 상황을 좀 더 명료하게 이해할 수 있다. 그도 이런 식으로 전투를 할 생각이 있었음은 분명했을 것이지만 그렇게 하지 못했던 것은 크레시Crécy 전투는 방어전투였음에 비해 그의 전투는 공격전투였기 때문이다. 방어만 하려는 자에게는 자신의 병력 뿐 아니라 적의 성향도 고려하게 된다. 크레시 전투 당시 극도로 자신에 차있고 힘이 넘치던 프랑스 기사騎士들은 서기 1302년 쿠르트라이Courtray/Courtra 전투 때 프랑드르군을 공격했을 때 같이 이번에도 잉글랜드군을 무모하게 공격했다. 그러나 프리드리히 Ⅱ세가 이태리 자치시自治市의 기사騎士들과 싸울 때 그들에게는 이런 기세氣勢는 없었다. 그들은 처음부터 개활지 전투에서 게르만 황제를 격파할 생각을 하지 않았다. 사실상 그럴 엄두도 못 냈을 것이다. 그들의 목표는 그저 자신들이 이 게르만 황제에게 격파당하지 않고 오래 버티는데 있었고 과거 카르카노Carcano 전투나 레그나노Legnano 전투 때 같은 유리한 여건이 조성될 경우에만 전투에 응하려 했었기 때문에 공격을 주도했던 것은 언제나 게르만 황제였다. 그러나 에드워드 Ⅲ세는 그와는 달리 저지대低地帶들을 황폐화시키거나 약탈하고 때로는 방어가 약한 도시를 탈취하는 식으로 적에게 피해를 주기만 하면서 적이 자신을 공격하게 만들었다.

물론 크레시Crécy에서 잉글랜드 대형은 즉흥적인 대형이 아니었다. 비교적 접근하기 어려운 지형에서 활의 방어력을 약간씩 활용한 경우는 이미 자주 있었다. 12세기의 부르그테룰데Bourgthéroulde 교전(서기 1124년) 및 자파Jaffa 전투(서기 1192년)에서 벌써 그런 예가 발견된다. 크레시 전투의 선구자라 할 전투도 두 차례 있었다. 두플린 뮈르Dupplin Muir 전투(서기 1332년 8월 9일) 때는 에드워드 발리올Edward Baliol이 이끌고 망명한 스코틀랜드 병력이 잉글랜드인 및 용병傭兵들과 함께 섭정攝政 마르Mar 얼earl이 지휘하는 스코틀랜드군에게 승리한 적이 있고 버윅Berwick 근처의 할리든Halidon 언덕 전투(서기 1333년 7월 19일) 때는 에드워드 Ⅲ세 자신이 섭정攝政 우쉬발드 더글러스Archibald Douglas가 지휘하는 스코틀랜드군을 격파한 적도 있다.[7] 두 전투 공히 말에서 내린 기사騎士와 궁수弓手들의 협동작전이 있었으며 특히 영국 측 사료인 베이커Baker of Swinbroke의 기록에는 할리든 언덕 전투 때 잉글랜드인들이 말을 추격용으로 아껴두려고 선대先代의 관습과는 달리 발로 싸우는 방법을 배웠다는 구절이 있다. 이 전투에서는 크레시 때와는 달리 마지막에는 실제로 말을 타고 추격했을 것으로 보이며 이런 측면에서는 할리든 언덕 전투가 전쟁사의 관점에서 크레시 전투보다 더 중요한 전투일 수도 있다. 그러나 필자는 이 전투에 관한 기록을 전쟁사 연구에서 주목을 받을 만큼 신뢰성 있는 기록으로 보지 않는다. 특히 의문스러운 것은 이 전투에 실제로 얼마나 많은 병력이 참전했었는지 여부이다. 또한 할리든 언덕 위에 포진해 있던 잉글랜드군을 스코틀랜드군이 어떻게 감히 공격할 수 있었는지도 이해가 안 된다. 그러나 크레시 전투는 말에서 내린 기사騎士와 궁수들이 협동해서 승리를 거둔 대규모 전투였음을 우리는 믿을 수 있다. 잉글랜드군이 적이 접근 중인 도로의 측면을 전투장소로 선택했던 것은 진정으로 영감靈感에 의한 선택이었을 것으로 보인다. 잉글랜드군의 위치는 적의 축차공격을 유인하기 위한 위치였고 이로써 궁수들의 효율성을 더 증대시킬 수 있었다.

에드워드는 크레시 전투에서 승리한 덕에 칼레Calais 시市까지 포위할 수 있었고 11개월 이상의 긴 투쟁 끝에 결국 적의 항복을 얻어낼 수 있었다. 필리프 왕은

---

7) 오만Oman은 그의 《병법사兵法史/History of the Art of War》, 581쪽 이하에 이 두 전투를 잘 분석해 놓았다. 그는 두플린 뮈르 전투를 《영국사 평론English Historical Review》, 서기 1896년 호에 게재된 모리스Morris의 연구를 기초로 설명했다. 티틀러Tytler의 《스코틀랜드 역사History of Scotland》, 제Ⅱ편, 32쪽 및 454쪽에는 고대의 수고手稿로 보이는 기록을 근거로 할리든 언덕 전투를 자세히 설명했는데 이 수고手稿는 신뢰성이 입증된 기록은 아니다.

칼레Calais 시市를 구원하려고 큰 병력을 이끌고 출전한 일이 있었다. 그러나 그가 접근하자 에드워드는 병력을 32,000명까지 늘렸다. 이를 본 필리프는 특히 크레시 전투의 쓰라린 기억 때문에 감히 공격할 생각을 못했고 칼레Calais를 그 운명에 맡겨 놓은 채 빈손으로 돌아갔다.

그러나 에드워드 역시 그렇게 큰 병력을 가지고도 칼레를 함락시킨 것 외에는 다른 일을 벌이려 하지 않았다. 그는 광활한 왕국에서 32,000명이라는 중세시대 병력으로는 전례 없이 큰 병력을 집결시킬 수는 있었지만 이런 큰 병력을 오랫동안 유지하면서 작전을 벌일 처지는 되지 못했었다. 잉글랜드군은 칼레를 함락시킨 후 여러 지역을 황폐화시키는 일상적 작전을 계속했지만 이에 너무 몰두해 있는 사이에 스코틀랜드가 다시 잉글랜드의 지배에서 벗어나 버렸다.

2. 모페르뛰MAUPERTUIS 전투(서기 1356년 9월 19일)

크레시Crécy 전투로부터 10년 후에 에드워드 III세의 아들 흑태자黑太子/Black Prince는 프랑스 요한Johann 왕을 상대로 다시 비슷한 승리를 거두었다. 그러나 우리는 우선 이 전투에 동원된 것으로 기록된 큰 병력 수치들부터 부인해야 한다. 널리 인정되고 있는 람페Karl Lampe의 특별연구에서는[8] 이 전투에서 잉글랜드군은 기사騎士 1,600~1,800명, 궁수弓手 2,000명 및 상당수 보병으로 구성되어 있었고 프랑스군은 기사騎士 3,000명이었던 것으로 본다. 여하간 이렇게 기사騎士들이 우세했던 프랑스군은 로아르Loire강을 따라 멀리 넓은 지역을 황폐화시키고 있던 흑태자에게 진격했고 흑태자는 석설한 지역이 나타날 때까지 후퇴했다. 그러나 요한 왕도 아직 보충병력이 도착하고 있던 중이므로 서둘러 공격하지는 않았고 상대가 식량부족 때문에 후퇴 중일 수도 있다고 생각하고 평화협상을 시작했다. 이때 흑태자가 후방으로 양동작전陽動作戰을 쓰자 프랑스군 전위대前衛隊가 공격에 들어갔는데 돌연 잉글랜드 기사騎士들이 화살세례와 함께 반격을 시작하자 도주하지 않을 수 없었으며 그들의 도주로 인해 아직 후방 숙영지에 있던 프랑스군의 본대本隊는 공황 상태에 빠지게 되었다. 요한 왕은 명예를 지키기 위해서 기사騎士들에게 말에서 내려서 발로 싸우라고 명하기까지 했지만 오랜 시간 저항 끝에 결국 요한 왕과 그의 측근들은 포로가 되었다.

결국 이 전투는 흑태자가 대단한 솜씨를 발휘해서 수세에서 공격으로 전환한 전투였다. 잉글랜드 용병전사傭兵戰士들은 프랑스 봉건기사封建騎士들보다 지휘관에 의해 잘 통제되었고 이 때문에 용맹한 프랑스 기사騎士들은 패배했다.

---

[8] 베를린 대학교 학위논문, 서기 1908년.

3. 아쟁쿠르AGINCOURT 전투(서기 1415년 10월 25일)

이 전투는 그 전략적 배경이 모페르뛰Maupertuis 전투보다도 더 크레시Crécy 전투와 유사했다. 잉글랜드 왕 헨리Henry Ⅴ세는 노르망디에 상륙한 후 프랑드르Flandern/Flandre로 이동했다. 프랑스군은 또다시 솜므Somme강 하구에서 그들의 도하를 차단했고 이에 헨리는 거의 강의 수원지水源池 부근까지 100km 이상을 올라가서 강이 북쪽으로 구부러진 지점에 도착했다. 이곳부터 잉글랜드군은 강 구비 안쪽에서 짧은 길을 이용할 수 있었지만 프랑스군은 멀리 강 구비의 바깥쪽을 돌아가야 했기 때문에 잉그랜드군이 프랑스군보다 먼저 강에 도착해서 무사히 건널 수가 있었다. 서기 1346년 크레시 전투 때는 잉글랜드군은 솜므강을 건넌 후 행군을 멈추고 뒤로 돌아서 진지를 점령한 후에 그곳에서 추격해 오는 프랑스군을 기다렸다가 전투에 들어갔었다. 그러나 이 전투 때는 프랑스군이 잉글랜드군과 평행으로 서북쪽으로 5일 동안 더 가다가 그들을 추월해서 앞에서 차단하는데 성공했으며 이에 잉글랜드군은 공격을 하지 않을 수 없게 되었다.

따라서 이제 크레시 전투 때와는 상황이 완전히 역전되었고 전술적 관점에서 매우 흥미 있는 전투가 예정되어 있었다. 크레시에서는 기사騎士와 궁수弓手들이 협동작전을 편 잉글랜드군의 전술이 방어작전에서 힘을 발휘했었는데 이제 이 전투는 과연 그들의 전술이 공격작전에서까지 승리를 거둘 수 있는지 시험대가 되었기 때문이다. 이때 프랑스군은 양쪽으로 숲이 있고 어느 사료에 의하면 그 폭이 500m도 되지 않았다는 좁은 지역을 전투장소로 선정했다. 이때 헨리 Ⅴ세는 당황해서 공격을 감행할 것인지를 두고 한 나절을 망설였던 것 같다. 그러나 이때 그는 자신이 프랑스군을 우회하려 하면 적은 또다시 자신의 앞에 서거나 행군 중인 자신을 공격할 것이고 그 사이에 그들의 병력도 더 보강될 수 있을 것이므로 즉시 전투를 시작하는 것이 최선의 방법일 것으로 생각한 듯 하다.

이 전투의 이해에서 가장 중요한 점은 이번에는 크레시 전투나 모페르뛰 전투 때와 같은 이점도 전혀 없었고 프랑스 측 사료를 포함한 모든 사료들이 병력이 결정적으로 열세였다고 한 잉글랜드군이 어떻게 용맹한 프랑스 기사騎士들을 이길 수 있었는지에 관한 문제이다. 지금까지는 어떤 설명도 이 수수께끼를 풀 수 없었다. 필자의 설명은 니테Fridrich Niethe의 특별연구를 기초로 했다.9)

첫째 문제는 우리가 프랑스군의 우세한 병력수를 인정해야만 하고 잉글랜드군이 우세했을 것으로는 볼 수 없는지 여부이다. 물론 모든 사료는 일관되게 프랑스군이 우세했었다고 하기는 하지만 프랑스 측 사료들조차 패배한 프랑스군을

---

9) 베를린 대학교 학위논문, 서기 1907년.

우호적이 아니라 적대적으로 평가하고 있는 점이 좀 이상하다. 지금 남아 있는 프랑스 측 사료 중 오를레앙Orléans 파派 또는 아르마냑Armagnacs 파(역자 주: 반대파인 부르고뉴파와 함께 당시 프랑스를 양분했던 정치세력. 서기 1407년 오를레앙공의 살해사건 이후 그의 인척인 아르마냑 백작 베르나르 Ⅶ세가 지도자가 되어 아쟁쿠르Agincourt 전투 이후 왕을 지지하며 부르고뉴파의 군대와 잉글랜드군과 싸워 100년 전쟁 승리의 기반을 만들었다. 100년 전쟁은 잉글랜드와 프랑스가 프랑드르 지방의 패권을 놓고 서기 1338~1453간 싸운 전쟁으로 처음 영국이 유리했으나 쟌다르크의 출현 이후 전세가 역전되어 결국 프랑스가 승리했다. 이후 프랑스는 통일된 영토에서 왕권을 강화하여 중앙 집권제로 발전한다. 한편 100년 전쟁 이후 잉글랜드에서는 왕위계승 문제로 서기 1455년~1485년간 30년 동안 내란이 계속되었는데 이를 장미전쟁이라고 한다. 장미전쟁은 붉은 장미를 표시로 삼은 랭커스터 가문과 흰 장미를 표시로 삼은 요크 가 사이의 왕위 쟁탈전이다. 이 내란이 끝난 후 랭커스터 가문의 헨리 7세가 왕위에 올라 튜더Tudor 왕조가 시작된다)의 관점에서 서술된 것은 없고 모두가 반대파의 관점에서 서술된 것들이다. 더욱이 뒤에 후시테Hussiten/Hussite 전쟁을 검토해 보면 우리는 자기편 병력수조차 패배한 이후 크게 과장하는 경우가 있음을 알게 될 것이며 이 아쟁쿠르 전투가 사실관계를 보면 바로 그런 경우에 해당됨을 분명히 알 수 있다. 만약 프랑스군이 잉글랜드군을 공격할 생각을 할 수 있을 만큼 충분히 우세했다면 그들은 헨리 Ⅴ세가 솜므강을 건넌 직후 양측이 페로네Péronne에서 서로 마주보고 있었을 때 공격했을 것이다. 그러나 프랑스군은 헨리 Ⅴ세가 그들 곁을 통과하게 허용했고 그에게 기사전騎士戰을 도전하는 어설픈 책략으로 그를 멈추어 세우려고 했다. 우리는 그들의 이런 행동을 병력이 아직 모두 집결하지 못해서 시간을 벌기 위한 행동이었을 것으로 볼 수밖에는 없다. 그러나 헨리 Ⅴ세가 잉글랜드군의 전형적 전술대로 공격을 하지 않으므로 양측 군대는 거의 평행으로 5일간 행군을 계속했다. 앞서거니 뒷서거니 경주 같았다. 헨리 Ⅴ세가 앞서면 그는 전투를 치르지 않고도 자신의 지배 하에 있는 칼레Calais로 갈 수도 있었고 그의 선조가 60년 전 크레시Crécy 전투 때 했던 방식대로 뒤돌아서 적을 공격할 수도 있었다. 그러나 프랑스군이 앞서면 잉글랜드군이 그들의 전형적 전술과 달리 적극적으로 공격하게 만들 수 있었다. 헨리 Ⅴ세는 (10월 8월 하플뢰Harfleur를 출발해서) 이미 14일 동안을 행군했던 그의 병력에게 단 하루도 쉴 틈을 주지 못하고 매우 고단한 행군을 계속하게 했다. 이 때문에 프랑스군은 잉글랜드군보다 앞서는데 성공하기는 했지만 그 대가로 그의 보충병력들이 본대와 합류할 수 없었다. 프랑스 대원수大元帥/Connétable 알브레d'Albret는 이렇게 북쪽으로 계속 올라가다 보면 보충병력을 이끌고 오는 중인 브라방Brabant(역자 주: 벨기에 중부지역) 영주領主에게 좀 더 가까이 갈 수가 있고 자신이 아쟁쿠르Agincourt까지만 가면 수 시간 내에 그가 도착하리라고 기대했을 수도 있다. 그러나 브라방 영주領主는 전투 마지막 순간에 홀로 현장에 나타났고 그의 기사騎士들은 전투에 참가하지 않았음을 우리는 알 수 있다. 이런 점들을 보면 우리는 잉글랜드군이 솜므Somme강을 건넌 후의 6일 동안에 프랑스군에는 큰 보충병력이 합류하지 못했고 아쟁쿠르Agincourt에서도 사료의 기록대로 병력이 우세하지 못했고 열세에 있었으리라는 결론을 내릴 수밖에 없다. 헨리 V세가 그런 그들을 공격하는데 망설였던 것은 잉글랜드군의 수세적守勢的 전술 때문이었을 것이다. 니테Fridrich Niethe는 이 전투에서 잉글랜드군의 병력을 기사騎士 1,000명을 포함한 약 9,000명으로, 프랑스군의 병력을 4,000~6,000명으로 평가했다.10) 그는 또한 헨리 V세에게 창병槍兵은 전혀 없었고 장갑기병裝甲騎兵과 궁수弓手들만 있었고 이 궁수들은 활 외에 어떤 종류건 근접전 무기도 휴대했을 것으로 보았다.

프랑스군에는 그들의 방어계획상 말에서 내린 기사騎士들이 일부 있었고 쇠뇌수弩手들도 이들과 함께 대형을 편성했으며 여타 보병들도 마찬가지였다. 그러나 순수한 방어작전에서 이런 대형은 잉글랜드군의 수많은 궁수들로부터 아무 보호 없이 공격을 당할 수 있으므로 두 기사군騎士軍이 양 측면에 서서 잉글랜드 궁수들이 실제로 밀고 올라오면 이들이 반격해서 그들을 밟아버릴 수 있게 했다.

이 대형은 잘 계획된 대형 같이 보이지만 기본적으로 잘못된 대형이었다. 이 대형은 궁수들이 개활지에서는 기사騎士들의 상대가 안 된다는 것을 전제로 한 것이고 이런 전제 자체는 옳은 것이다. 그러나 그들은 양측 병력수를 간과했다. 프랑스군은 일부가 잉글랜드 궁수들 전체를 공격했고 주력은 방어진지에서 꼼짝 않고 기다리고 있었다. 따라서 프랑스군의 계획은 자신의 병력을 분할시킨 결과를 낳았다. 전략적 상황 때문에 프랑스군은 수세守勢를 취할 수밖에 없었기 때문이었다. 그들은 궁수 숫자만 잉글랜드군과 비슷했어도 전체적인 병력 열세에도 불구하고 이 전투를 이길 수 있었을 것이다. 그러나 프랑스군에는 이 병종兵種이 매우 적었고11) 근접전 무기로 무장한 군대는 방어력이 매우 약하다. 그들에게 적절한 작전은 상대방 궁수들이 충분히 접근한 순간 기병과 보병이 동시에 공격으로 전환하는 작전이었을 것이다. 그러나 그들은 가급적 수세守勢를 지켜야 한다는 선입견으로 이런 작전을 구사할 수 없었다. 반면 그들이 잉글랜드군의 화살공격 앞에 순수한 방어작전만 펼 수 없었던 것은 일부 기병들이 공격에 나섰기 때문이다. 이 기병들은 이런 상황에서는 성공을 거둘 수 없었을 것이다.

아마 프랑스군으로서는 앞서의 행군 기간 중 어느 순간에 잉글랜드군을 공격하는 것이 바람직했을 것이다. 프랑스군은 병력 구성이 방어작전에는 적합하지 않았기 때문이다. 헨리 V세는 그럴 가능성을 예견했기 때문에 궁수들 모두에게

---

10) 영국인 월싱햄Walsingham은 프랑스군의 병력이 140,000명이었을 것으로 믿고 있다.
11) 이는 특히 이 전투의 참전자인 레미St. Remy가 증언한 내용이다.

길이 2m쯤 되는 단단하고 끝이 뾰족한 막대기를 휴대하게 한 후 프랑스 기병이 접근하면 이 막대기를 앞에다 말뚝 같이 세워 신속하게 장벽을 만들게 했었다. 우리는 잉글랜드군이 공세를 취하면서도 이런 대용물을 어떻게 활용했는지를 곧 알게 될 것이다.

과거에는 기사騎士들이 궁수弓手들과 함께 출전할 때는 궁수들이 앞에 서고 기사騎士들이 말을 타고 그들 뒤를 따라갔었다.

그러나 이 전투에서 헨리 Ⅴ세는 기사騎士들을 말에서 내리게 한 후 궁수들과 함께 있도록 했다. 그는 과거 잉글랜드군이 이미 방어전에서 시험한 적이 있는 전투방식을 이번에는 공격전에도 적용했던 것이다. 우리는 그가 이렇게 한 이유를 두 병종兵種의 병력수 관계에서 찾아보아야 할 것이다. 잉글랜드군은 궁수가 기사騎士의 8배는 되었을 것이다. 만약 기사騎士들이 말을 타고 있었다면 그들이 돌진하는 순간부터 궁수들에게는 할 일이 없어진다. 이런 상황은 궁수가 단지 보조병종補助兵種에 머물고 결정적 행동은 기사騎士들에게 의존해야 하는 경우라면 수용될 수밖에 없었을 것이다. 그러나 이번 같이 궁수가 주력을 이룬 경우에는 기사騎士들이 궁수들과 긴밀한 관계를 유지해야 했고 이는 무거운 갑옷을 입고 움직이는 것이 아무리 불편하더라도 기사騎士들이 말에서 내렸을 때만 가능했다. 기사騎士들이 완전히 지치는 것을 방지하려고 전체가 쉬어가면서 전진했다.

잉글랜드군은 적의 유효 공격거리까지 접근하자 그들이 가지고 있던 끝이 뾰족한 막대기들을 앞에다 박았다. 우리는 그들이 왜 그렇게 할 수 있었는지 이해하기가 어렵다. 프랑스 기사騎士들이 언제라도 공격해 올 수 있고 잉글랜드 궁수들로서도 화살 한 대를 날릴 시간도 낭비해서는 안 될 정도로 촉박했던 상황이었을 것이기 때문이다. 더욱이 이 막대기들로 인해 잉글랜드군도 더 이상 전진할 수 없었을 것이다. 그러나 이는 양측의 사료 모두에 특별히 기록되어 있는 사실이다. 이 사료들은 또한 프랑스 기병들이 이 막대기를 넘어 돌진했었다고 특별히 말하고 있는 것을 보면 우리는 이를 믿을 수밖에 없다. 그 이유에 대해서는 수세적守勢的 개념에 사로잡혀 있던 프랑스군이 잉글랜드군이 이런 방어전술로부터 공세로 전환할 수 있게 시간을 주었을 것이라고 볼 수밖에 없다. 하지만 잉글랜드군은 그들의 정면 전체에 막대기를 박아놓지는 않았을 것이고 프랑스 기병과 마주한 양 측면의 일부와 후미에만 프랑스군의 유효 공격거리 내에 들어가기 전에 막대기들을 박아놓았을 것이다. 결국 잉글랜드군은 중앙이 전진해서 프랑스 보병들에게 화살세례를 퍼부어서 프랑스 기사騎士들로 하여금 공격하지 않을 수 없게 만들고 이렇게 함으로써 양 측면의 말뚝 뒤에 남아있던 궁수들의 화살 세례 속으로 프랑스 기사騎士들을 끌어들였을 것이다.

어쨌건 간에 잉글랜드 궁수들의 거대한 무리는 말에서 내린 기사騎士들과 함께 크레시Crécy 전투 때와 똑 같이 프랑스 기사騎士 수백 명의 돌격을 격퇴했다. 이때 프랑스군의 말 탄 기사騎士들과 주인 잃은 말들이 부상을 입은 채 후퇴해오면서 막 돌격해 나가려든 중이거나 아직 조용히 기다리고 있었을 그들의 보병들에게 혼란과 절망감을 안겨주었을 것이다. 이 순간 잉글랜드군은 그들의 대형 속으로 단호히 돌격해 들어갔을 것이고 이때는 궁수弓手들까지도 근접전 무기를 휘둘러 댔을 것이며 프랑스군은 이들의 돌격에 견디지 못하고 압도되었을 것이다. 숫자가 압도적으로 우세한 잉글랜드 궁수들을 만난 프랑스 쇠뇌수弩手들은 처음부터 일찌감치 후방 제대梯隊로 철수해 있었다. 지위가 높은 지도자들도 불운했던 기병 공격 도중에 또는 이후에 말에서 내려 싸우다가 죽거나 포로가 되었다. 무거운 갑옷을 입은 그들은 일단 말에서 내린 후에는 도주가 불가능했다.

살라미스Salamis 해전(역자 주: 이 책 제I편, 제I권, 제VIII장)과 타글리아코쪼Tagliacozzo 전투 (역자 주: 앞의 350쪽)의 경우 같이 이 전투의 경우에도 몸에 꼭 끼는 갑옷을 착용한 프랑스 기사騎士들은 움직임이 불편해서 잉글랜드의 경기병들에게 쉽게 당했다는 기록도 있는데(영국인 월싱햄Walsingham의 기록) 그렇다면 갑옷을 착용한 사람은 갑옷이 없는 사람들보다 전투능력이 떨어진다고 보아야 하나?

4. 결 과

크레시Crècy 전투 이후 말에서 내린 기사騎士와 궁수의 협동전술은 단지 방어전에서만 유용할 것으로 보였었다. 그러나 아쟁쿠르Agincourt 전투 당시 헨리 V세는 동일한 전술을 공격전에도 적용했다. 하지만 그런 일이 가능했던 것은 이 전투의 매우 특수한 조건 때문이었다. 일부 학자들은 이때부터 새로운 전술이 발전했고 잉글랜드 보병은 현대보병으로 전환되었으며 따라서 에드워드 III세를 현대보병의 창시자로 보아야 한다고 생각하나[12] 이는 정확한 견해라고 할 수 없다. 기사騎士와 궁수가 혼합 편성된 팔랑스phalanx가 계속 큰 승리를 거두기는 했지만 이는 어디까지 일화逸話에 불과하며 현대보병의 뿌리는 전혀 다른 곳에서 자라난 것임을 우리는 잊어서는 안 된다. 결과적으로 에드워드 III세와 헨리 V세의 궁수와 창병槍兵과 기사騎士들은 중세의 그들과 다를 바 없었다. 다만 궁수들의 수를 대폭 증가시키고 기사騎士들이 군기軍紀를 유지하면서 새로운 전투형태를 탄생시킴으로써 이들의 일부 특성을 천재적으로 잘 활용한 점만 다를 뿐이다. 여하간에 우리는 당시 필요에 의해 기사騎士들을 말에서 내리게 한 것을 기술적 진보라고

---

12) 일례로 루스Luce의 견해(《게스클렝의 베르트랑과 그의 시대Bertrand du Guesclin et son époque》)가 그렇다.

볼 수 없다. 이때 기사騎士들은 말을 포기한 것이며 이런 기사騎士와 궁수弓手들이 혼합 편성된 팔랑스phalanx는 개활지에서는 말을 탄 적의 기사騎士들이 아주 거세게 공격하면 버틸 수 없었을 것이기 때문이다. 말에서 내린 기사騎士들이 발로 걷는 것은 매우 힘든 일이므로 후일에는 이런 식으로 기동하려 할 때는 기사騎士들이 숨을 돌릴 수 있도록 중간에 어느 정도 간격으로 휴식시간을 주어야 하는지를 특별히 정해 놓아야 했었다. 대담한 샤를르Charles le Téméraire/Karls des Kühnen의 집사장執事長/Hofmeister이었던 올리비에Olivier de la Marche의 기록에는 부르고뉴Burgund/Burgogne 기사騎士들이 행군 중 너무 지치자 그들의 수행원Page들이 옆에서 팔로 부축해 주어야 했다는 구절이 있다.13)

그러나 우리는 14세기 후반에는 기사騎士들이 말에서 내려 싸우는 것이 관행이 되었음을 알 수 있다. 말은 단지 그들의 수송수단에 불과한 것 같이 되었으며 다만 적을 추격할 때만 다시 말에 타기도 했고 도주할 때도 이를 대비해서 하인이 붙들고 있던 말에게 달려갔었다. 이런 관행이 발전된 것은 기술적인 요소가 아니라 심리적인 요소 때문이었고 특히 방어전에서는 모든 기사騎士들이 말에서 내려서 싸웠다. 이렇게 되자 전투는 극도로 치열한 양상으로 변모했다.

전투 중 말에서 뛰어내린 기사騎士들은 뒤의 다리들을 태워버렸었다. 자신들은 이기지 못하면 죽겠다는 의지를 보여준 것이다. 이렇게 보병의 사기士氣를 올린 결과 그들의 외형적인 단점은 보상을, 그것도 큰 보상을 받을 수 있었을 것이다. 기사騎士의 숫자는 줄고 일반 보병의 숫자는 늘어날수록 더욱 그랬을 것이며 기사騎士들의 이런 행동은 보병들의 사기를 올려주고 자신감을 높여주었을 것이다. 우리는 일반 용병傭兵들이 기사騎士들에 비해 너무 많아져서 기사騎士들의 물리적 업적이 2차적 요소가 된 이후에는 기사騎士들의 감투정신을 직접 이용하기보다 일반 보병집단의 사기를 올리는데 간접적으로 이용하는 것이 바람직한 일이 되었다고 말할 수 있을 것이다.

물론 서기 1431년 불레뉴빌Bullegneville 전투 당시 부르고뉴 기사騎士들의 경우 같이 기사騎士들이 말에서 내리기를 거부한 적도 있었다. 불레뉴빌에서는 결국 피카르트Picard와 잉글랜드군의 위협 하에 누구든 신분 고하를 막론하고 말에서 내리든지 사형으로 처벌되던지 선택하기로 결정되었었다.14)

필자는 우리가 이로부터 중세 초기에는 왜 기사騎士들이 말에서 내리는 일이 그리도 적었었는지 그 이유를 알 수 있다고 믿는다.

---

13) 서기 1452년 터몬드Termonde 교전 기록(올리비에Olivier de la Marche의 비망록, 제Ⅰ편, 제25장). (역자 주: 올리비에에 관해서는 뒤의 610쪽, 각주 31 참고).
14) 몬스트레레Monstrelet의 기록, 제Ⅱ편, 제108장.

우리가 지금 검토한 심리적 요소는 어느 시대나 마찬가지였을 것이고 카롤링 Karoling/Caroling 왕조(역자 주: 메로빙Merowing/Meroving 왕조를 이어받은 프랑크 왕국의 후기 왕조) 때나 호헨스타우펜Hohenstaufe/Hohenstaufen 왕조(역자 주: 프랑크 왕국 몰락 후 하인리히Heinrich/Henry Ⅰ세가 세운 게르만 왕국은 처음 남계男系로 중간에는 여계女系인 살리계系로 이어가다 그 뒤를 이은 것이 호헨스타우펜 왕조이다) 때도 이런 요소는 활용되었을 것이다. 그러나 이런 요소가 제대로 활용되려면 한편으로는 일반병사들 특히 궁수弓手의 수가 크게 늘어났어야 했고 크레시Crécy 전투 이후 잉글랜드군이 이를 통해 연이어 승리했던 것 같은 계기가 있어야 했다. 그런 일이 잉글랜드 기사騎士들부터 시작된 것은 그들에게 군기軍紀가 있어서 지휘관 통제에 따랐기 때문이다. 잉글랜드 지휘관들은 그런 전투를 수행할만한 형편이 되었던 것이다. 말에서 내린 기사騎士들이 실제로 큰 승리를 거둔 것이 분명해지자 누구나 저절로 같은 생각을 하게 되었다. 그 결과 이제 기사騎士들이 말을 타지 않고 싸우는 것이 단순한 관행이 아니라 그들의 기사騎士 정신을 보여주는 일종의 형식으로 변했다. 아쟁쿠르Agincourt 전투 당시 부르고뉴 영주領主의 동생으로 브라방 영주領主였던 프랑스 왕자가 몇 명의 기사騎士들만 거느리고 전투가 끝나갈 무렵 현장에 도착해서 싸우기 위해 말에서 뛰어내린 다음 곧 잉글랜드군 손에 죽고 만 것도 이 때문일 것이다. 그의 할아버지인 프랑스 요한Johann 왕은 아더Arthur 왕 전설傳說을 기념코자 "에뜨왈Étoiles"(별星)이라는 기사단 騎士團을 만든 인물이다. 이 기사단 단원들은 규정상 각자의 판단에 따라 4아르팡 Arpent(역자 주: 약 7m)까지만 물러설 수 있었다.15) 이는 너무 가혹한 조건이라 현실적 으로는 따를 수 없었겠지만 이런 규정이 있던 자체가 당시 기사騎士들의 드높은 명예심을 말해준다. 그들이 조금만 더 나갔었다면 거의 일본의 사무라이 같은 할복割腹/Harakiri의 경지에 도달했을 것이다. 기사騎士들이 원칙상 공격 시도 말에서 내린 원천적으로 부자연스러운 행동을 이해할 수 있으려면 우리는 그런 과도한 규정을 상기해 보아야만 할 것이다. 그러나 이런 행동은 너무 부자연스러운 것 이므로 결국 일반화되지는 못했다. 물론 그 이후에도 전면적인 기병전騎兵戰 또는 일부 기사騎士들이라도 말을 타고 싸우는 전투가 수시로 보인다.16) 그러나 지형이 험했기 때문이거나 또는 보병의 의지가 되어주기 위해 말에서 내리는 이런 부자 연스런 일이 얼마나 자주 그리고 어느 정도 있었는지는 알기 어렵다. 사료들을 보면 그들이 말에서 내린 일이 전혀 없거나 모두 말에서 내릴 상황이 아니었음

---

15) 기사騎士들은 "자신들의 판단에 따라 4 아르팡까지만 물러나지만 차라리 죽거나 스스로 포로가 되겠다"고 맹세했다. 루스Luce, 《게스클린의 베르트랑과 그의 시대Bertrand du Guesclin et son époque》, 169쪽.

16) 쇼베레M de la Chauvelays, 《기병이 말에서 내려서 싸운 중세 전투Le combat àpied de la cavallerie au moyen-âge》, 파리, 서기 1885년. 이 작가는 무비판적이며 그가 말한 개별적 사실들은 분명히 신뢰성이 없다. 《11～15세기 프랑스와 잉글랜드의 전쟁Guerres des Français et des Anglais du XIème au XVième siècle》(서기 1875년)의 저자인 라쇼베레M. T. Lachauvelay는 이름의 철자綴字는 다르나 쇼베레M de la Chauvelays와 동일인으로 보인다.

에도 그들이 모두 말에서 내렸다고 한 기록이 많기 때문이다.17)

기사騎士들이 전투를 위해 말에서 내린 일은 비록 중요한 일화逸話에 불과하기는 하지만 우리는 후일 장교단將校團으로 전환되는 한 과정이라는 의미에서 이때의 기사騎士들을 현대 장교단將校團의 선구자로 볼 수도 있을 것이다. 현대적 의미의 장교들은 자신이 직접 싸우지는 않지만 군기軍紀와 모범을 보여가면서 부하들의 전투를 감독한다. 우리는 물론 기사騎士들이 말에서 내렸던 중요한 이유가 일반 전사戰士들의 무리에 대한 이와 같은 심리적 효과 때문이었음을 알 수 있다. 그들은 이러한 효과를 얻기 위해 자신들이 직접 무기를 통해 얻을 수 있는 업적을 포기했던 것이다.

---

17) 예를 들어 트브로츠Thwrocz의 《헝가리 연대기年代記Chronica Hungarorum》에는 서기 1396년 니코폴 Nikopolis/Nikopol 전투에서 프랑스 기사騎士들이 말에서 내려 발로 공격했다는 잘못된 기록이 있다.

제Ⅲ장
오스만 제국

우리는 앞서 아랍Arab의 타고난 호전적好戰的 힘이 수세기 후에는 셀주크 투르크 Seldschuckischen Türk/Seljuk Turk에 의해 대체되었음을 알 수 있었다(역자 주: 앞의 제Ⅱ권, 제 Ⅷ장 참고). 십자군十字軍 시대가 끝나기 전에 동방세계는 징기스칸Dschingis Khan/Genghis Kahn이 이끄는 몽골에게 짓밟혔다. 징기스칸과 그의 발자취를 따른 티무르Timur/帖木兒(타메르란Tamerlan/Tamerlane〈역자 주: '타메르란'은 터키어로 '절름발이 티무르'라는 뜻으로 티무르의 별칭임〉)는 위대한 군사업적을 이룩했지만 우리는 이 연구에서 이들에 관한 논의 는 생략할 수 있다.1) 반면 이때의 폐허에서 태어난 오스만 Osman/Ottoman의 특이한 군사조직은 검토해 볼 필요가 있다.

오스만Osman/Ottoman Turk은 셀주크나 마찬가지로 진정한 투르크의 한 줄기가 아니라 다양한 종족들의 혼합체로서 위대한 군사지도자 (서기 1300년에 오스만 제국을 창설한) 오스만을 추종하는 무리였고 오스만 못지않은 호전적 계승자들이었다. 물론 노르만Norman족도 여러 종족들의 혼합체였다.

오스만 제국은 과거 서구西歐나 동방에서 탄생한 여타 국가와 시작이 다르지 않았다. 그들은 강력한 기마전사騎馬戰士들로서 주변 지역들을 정복한 후 군사적 형제 또는 전사戰士 계층으로 퍼져나갔다. 본래 아랍 체계는 피정복 민족에게서 거두어들인 세금으로 채워진 국고國庫에서 전사戰士 집단을 부양하는 체계였지만 (앞의 212쪽 참고) 이 체계는 아랍인 자신의 손에 의해 점차 서구 봉건주의와 유사한 형태로 변모했다. 전사戰士들에게는 직접 그의 손으로 세금이 들어가고 그 가 일정한 관할권을 행사하는 지역이 할당되었다.2) 셀주크에 이어 오스만도 이 런 체계를 이어갔다. 그러나 서구와는 중요한 차이가 있었다. 필자의 생각으로는 그 차이를 이렇게 설명할 수 있을 것으로 본다. 첫째, 오스만 제국의 봉토封土들 은 항상 그 금전적 가치에 의해 평가되고 구분되었다. 둘째, 봉토封土들이 세습되 기까지 훨씬 오랜 시간이 걸렸다. 셋째, 그 결과로 공직公職 즉, 정부행정은 봉토封

---

1) 한 때 몽골족은 특히 티무르Timur가 창안해 낸 이론적 개념이 있어서 병법사兵法史에서 뛰어난 역할을 한 것으로 보아야 한다고 믿어졌던 적이 있다. 그러나 잘 분석해 보면 그들이 이룬 업적은 여타 유목 민들이 이룬 업적과 차이가 없있고 티무르의 원칙에는 진정한 내용이 없다. 이점을 잘 요약해 놓은 글 로는 옌스Max Jähns의 《군사사軍事史 편람Handbuch einer Geschichte der Kriegswesens von der Urzeit bis zur Renaissance》, 698쪽 이하를 참고할 것. 서기 1242년의 리그니츠Liegnitz 전투는 이에 관한 사료의 전설적 성격 때문에 필자 가 보기에는 병법사의 관점에서 배울 것이 없다.

2) 테센도르프P. A. Tischendorf, 《무슬림 국가 특히 오스만 제국의 봉건체계와 아메드 I세 술탄 치하의 봉 건법령집Das Lehnswesen in den moslimischen Staaten insbesondere im osmanischen Reiche. Mit dem Gesetzbuch der Lehen unter Sultan Ahmed I》, 라이프찌히, 서기 1872년.

土 소유자들이 아니라 술탄Sultan(역자 주: 서구西歐의 왕에 해당하는 통치자)이 계속 장악하고 있었다. 따라서 오스만 국가는 유럽 대륙보다는 앵글로-노르만Anglo-Norman 국가와 비슷했다. 오스만 국가와 앵글로-노르만 국가 모두 완전한 봉건주의가 발전되지 못했지만 오스만 봉건체계는 정점에 도달했을 때 앵글로-노르만의 봉건체계와 큰 차이가 났다. 그 가치에 따라서 분류되던 오스만의 티마르Timar 즉, 봉토封土가 실제는 전사戰士들의 우애집단友愛集團인 소위 시파히Sipahi 전체에게 반복적으로 주어진 것이지 그 소유가문의 소유물이 아니었다. 큰 봉토를 소유한 자의 젊은 아들은 아버지의 영역을 상속받는 것이 아니고 단순한 일개 봉토 소유자로 자신의 생활을 시작했다. 그 자신이 뛰어난 업적을 달성하면 더 큰 봉토를 받을 수도 있었다. 이런 방식으로 티마르리Timarli 즉, 봉토 있는 전사戰士들에 대한 술탄Sultan의 권력이 강화되기는 했지만 이런 전사戰士들 중에서도 전쟁소집에 응하기를 주저하는 자들이 있었다 한다. 정복지 중 하나인 세르비아Serbien/Serbia에서는 봉토를 받은 1개 시파히Sipahi의 관할면적이 약 40k㎡였던 것으로 평가되어 왔다. 술탄은 이 티마르리Timarli 외에도 측근 경호대警護隊로 '출입문 시파히Sipahi der Pforte'를 거느리고 있었는데 이는 프랑크족 '스카라scara' 부대와 유사했다(역자 주: 앞의 15쪽 참고). 그들에게 기병 외에 아사벤Asaben이라고 불리던 창병槍兵도 있었는데 이들은 서구西歐의 경우와 같이 별 업적이 없다. 그들의 제도가 동방의 특징을 보이기는 하나 당시 여타 국가의 제도와 크게 다르지 않았음을 우리는 알 수 있다. 오스만 제국에 봉토 있는 시파히Sipahi와 봉토 없는 시파히Sipahi만 있었다면 이전의 무슬림Muslim/Moslem(역자 주: 회교도回敎徒) 국가들과 다른 강력한 힘을 보여주지는 못했을 것이다.

오스만 제국의 특징이었고 수세기 동안 그들이 패권을 확립하고 유지할 수 있게 해 주었던 병력은 야니샤르Janitscharen/janissaries였다.3)

야니샤르 또는 "새로운 병력Jeni dscheri"은 서기 1330년 창설된 병력으로서 동시대 잉글랜드 궁수弓手들 같은 보병궁수들이었지만 그 조직은 완전히 달랐다. 그들은 훈련된 상비군常備軍이었다. 잉글랜드 궁수들 역시 직업職業적인 전사戰士들이었지만 용병傭兵이었고 단기간 전쟁을 위해 모집되었다가 평화조약이 체결되면 민간직업으로 돌아가던지 다른 지도자 밑으로 가던지 또는 도적이나 강도떼로 각 지방을 돌아다녔다. 야니샤르도 처음엔 모집되었지만 그 후에는 술탄Sultan 밑에서 영구적으로 복무했다. 그들은 정복지에서 부모들로부터 강제로 떼어내서 이슬람교로 개종改宗시킨 후 엄격한 군사훈련을 시킨 소년들로 보강되었다. 야니샤르Janitscharen/

3) 하인리히 슈르츠Heinrich Schurtz, "야니샤르Die Janitschren", 《프로이센 연보年報Preussische Jahrbücher》, 제112권, 서기 1903년. 레로폴트Leopold von Schölzer, 《고대 투르크 군대의 기원과 발전Ursprung und Entwickelung des alttürkischen Heeres》, 서기 1900년. 랑케Ranke, "오스만 스페인 왕국Die Osmanen und die spanische Monarchie", 《랑케 선집選集 Werke》, 제35권.

janissaries는 결혼하지 않았고 가족도 없이 흩어지지 않는 동지들과 함께 생활했다. 이들은 군부대이면서 경제공동체였다. 그들은 10명 단위로 1개 종렬縱列과 천막집 단이 되었고 취사용 밥솥과 등짐 말을 공유했다. 종렬 8~12개가 모여 한 지휘관 밑의 중대급 부대 오다Oda가 되었다. 14세기에는 이 야니샤르 오다Oda가 60개였고 총 병력은 약 5,000명이었다. 동東로마 제국 수도 콘스탄티노플Konstantinopel/Constantinople 을 정복한 무하메드Muhammed/Mohammed Ⅱ세는 33개 오다Oda를 합해 "세그반Segban"를 만들었고 후일 다시 100개 오다Oda를 합해 "야가Jaga"를 만들었다.4)

이 집단의 결속력과 특성의 전제조건은 절대적으로 믿을 수 있는 정기적 보급 체계였다. 오스만의 술탄Sultan들은 이를 위한 자원을 그들이 무력으로 굴복시킨 신민臣民들로부터 획득했다. 그 당시의 기독교 왕국으로서는 불가능한 일이었다. 우리는 야니샤르들의 조직이 얼마나 보급문제를 강조했는지를 간부들의 책임과 관련된 괴상한 호칭呼稱들을 보면 알 수 있다. 오다Oda의 지휘관을 "초르바치 바쉬 Tschorbadschi Baschi" 즉, "수프 분배관"이라고 했고, "주방장"이라고 불리는 지휘관도 있었고, "보급관"이라 불리는 지휘관도 있었다. 부사관副士官급을 "낙타 조종수"라 했다. 오다Oda라는 명칭도 동지들이 함께 자는 "방"을 의미했다. 오다Oda를 그들 이 공동으로 음식을 만드는 "오르다Orda"("화로火爐")라고 부르기도 했던 것 같다. 밥솥은 부대의 신성한 물건으로 간주되었다. 1개 종렬縱列 용의 작은 밥솥 외에 1 개 오다Oda 용의 큰 밥솥도 있었는데 내주 금요일 알라Allah 신神의 전사戰士들을 위 해 술탄Sultan의 부엌에서 쌀과 양고기로 만든 국가적 음식인 필라브Pilav가 이 밥 솥에 보급되었다. 모든 야니샤르는 자신의 숟가락을 모자에 꽂고 다녔다.

그들은 야니샤르에게 처음부터 군인정신과 함께 신앙심을 불어넣었다. 베크타 쉬Bektaschy 승려단僧侶團도 이 병력의 창설에 참여했고 베크타쉬 승려들은 사제司祭로 가수歌手로 또한 어릿광대로 야니샤르들과 함께 전장戰場에도 나갔다. 전사戰士들도 사제司祭와 같은 모자를 썼고 길게 나부끼는 옷자락이 그들의 표지였는데 이 표 지는 마치 승려들이 축원을 할 때 펄럭이는 소맷자락을 연상시켰다. 어린 신병 들의 교육도 이 승려들이 담당했을 것으로 보인다.

부모와 집을 잊은 이 전사戰士들에게는 조국은 없고 궁전만 있었고, 아버지나 주인은 없고 위대한 지도자만 있었으며, 자신의 의지는 없고 위대한 지도자의

---

4) 세그반Segban은 술탄이 사냥할 때 데리고 다니던 측근늘이었던 것으로 보인다. 이들의 숫자가 7,000명 이었다는 기록은 물론 크게 과장된 것이다. 따라서 1개 오다Oda의 병력이 200명이었다는 생각과 그에 따른 종렬縱列 또는 천막 집단에 관련된 생각들도 설자리를 잃게 된다(슈르츠Schurtz, 앞의 논문, 459쪽). 셀림Selim Ⅰ세 당시(서기 1512~1520년) 야니샤르의 숫자는 총 3,000명에 불과했지만 서기 1550년에는 16,000명까지 증가했던 것으로 추정된다(슈르츠Schurtz, 앞의 논문, 454쪽). 그렇다면 3,000명이라는 수치 는 분명히 66개 오다Oda를 말한 것에 불과하다. 슈르츠는 그의 논문, 459쪽에서 무하메드Muhammed/ Mohammed Ⅱ세 당시 야니샤르를 12,000명으로 보았다.

의지만 있었고, 희망은 없고 위대한 지도자의 호의만 있었다. 그들에게는 생활은 없고 엄격한 군기軍紀와 무조건적 복종만 있었고, 직업은 없고 전투만 있었으며, 자신의 목적은 없고 삶과 죽음과 낙원만 있었다. 이슬람 세계에서 낙원의 문은 전투에 의해 열리는 것이었다.

수도원修道院 같은 병영兵營 내에서는 군기軍紀가 너무 엄해서 누구도 병영 밖에서 밤을 보낼 수 없었다. 젊은이는 아무 말 없이 나이든 사람을 섬겼다. 벌을 받는 사람은 얼굴을 가리고 그에게 벌을 내린 사람의 손에 입을 맞추어야 했다.

야니샤르의 장비나 전투기술은 잉글랜드 궁수弓手들과 거의 같았지만 이들은 엄격한 군기軍紀 때문에 큰 업적을 남길 수 있었다. 때로는 창병槍兵 아사벤Asaben이 적의 말을 저지하기 위해 그들에게 배속되었다는 말도 있지만 이는 아주 예외적 경우였음이 분명하다. 아사벤은 기사騎士들 같이 궁수들의 사기士氣를 유지시켜 줄 수 있는 지위 높은 자들이 아니었고 지위가 낮은 자들이었다. 야니샤르는 적의 공격을 스스로 버틸 수 있을 만큼 완강했었다. 물론 개활지에서도 기사騎士들의 자유로운 공격에 맞설 정도는 아니었다. 활과 화살만으로는 그리 할 수 없었다. 그러나 그들은 앞에 약간의 토벽土壁을 쌓거나 참호를 구축하는 법을 알았었고 그 뒤에서 적의 공격을 기다렸다. 공격 임무는 그들의 기사騎士인 시파이siphai에게 맡겨놓았다.

니코폴NIKOPOLIS/NIKOPOL 전투(서기 1396년 9월 25일)[5]

앞서 필자는 콘스탄티노플Konstantinopel/Constantinople의 비상하게 중요한 지리적 위치를 강조한 있다. 그런 자연적인 안전 외에도 이 동東로마 제국의 수도는 교역의 중심지로 그리고 교통의 요충지로 큰 부富와 자원을 누리고 있었다(앞의 197쪽 참고). 투르크Türk/Turk족이 발칸 반도 전제를 정복한 후에야 겨우 이 도시를 정복한 것을 보면 우리는 이 도시가 얼마나 강력한 도시였는지 알 수 있다. 그들은 처음 유럽에 모습을 나타낸 서기 1356년부터 100년이 경과한 서기 1453년에야 이 도시를 함락시킬 수 있었다. 이 한 세기의 기간 동안 아드리아노플Adrianopel/Adrianople이 파디샤Padishah(역자 주: 오스만 제국 황제)의 수도가 되었었고 이곳을 근거지로 세르비아Serbien/Serbia와 불가리아Bulgaren/Bulgaria를 정복했다.

이 시기에 카를Karl/Charles IV세의 아들로서 브란덴부르크Brandenburg 선제후選帝侯였고 후일 그 자신이 황제가 되는 시기스문트Sigismund는 헝가리Ungaren/Hungarian 왕실의 한

---

5) 이 전투에 관한 표준적인 특별연구는 구스타프 클링Gustav Kling의 베를린 대학교 학위논문인 "니코폴 전투Die Schlacht bei Nikopolis"(서기 1906년, 게오르크 나우크 출판사Georg Nauck)이다.

딸과 결혼을 통해 헝가리 왕이 되었다. 그는 헝가리 왕국뿐 아니라 서구西歐 전체를 위협하고 있는 이 위험을 인식하고 자신의 가족 연고緣故를 이용해서 각 지역의 원조를 콘스탄티노플에 제공했다. 시기스문트는 룩셈부르크 대공大公으로 프랑스어 사용 가문의 후손이므로 프랑스와도 오랜 우호관계를 유지해 왔었다. 크레시Crécy 전투에서 전사戰死한 요한Johann 왕이 그의 조부祖父이다. 이때 게르만과 이태리와 잉글랜드에서 인정을 받은 교황 보니파스Bonifaz/Boniface Ⅳ세는 모든 기독교인들에게 소환령을 내리고 십자가十字架를 앞세웠다.

이때 그가 동원한 병력은 십자군의 업적에 버금가는 것이었다. 부르고뉴Burgund/Burgundy/Burgogne 영주領主 필피프Philipps/Philip의 아들인 네베르스Nevers의 젊은 대공大公은 정예 프랑스 기사騎士들을 지휘했다. 베니스Venedig/Venice는 선박 지원을 약속했다. 게르만, 잉글랜드 폴란드 및 이태리는 파견병력을 헝가리 왕 시기스문트의 지휘하에 복무하게 하려 했다. 게르만 영주領主들 중 백작대공伯爵大公/Pfalzgraf 루프레흐트Ruprecht와 뉘른베르크Nürnberg/Nuremburg 성주대리城主代理/Burggraf 요한Johann도 있었고 이들과 함께 스트라스부르크Strassburg/Strasbourg의 도시 기사騎士들도 있었다. 이 당시 본부가 로도스Rhodos/ Rhodes에 있던 성聖 요한 기사단Johanniter(역자 주: 십자군 부상자의 간호나 순례자 안내를 위해 서기 1048년에 예루살렘에서 조직된 기사단. 이 기사단을 자선기사단慈善騎士團/Knights Hospitaler 이라고도 한다)의 기사단장騎士團長도 그의 기사騎士들과 함께 합류했고 발라켄Walachen/Wallachia 영주領主 미르케아Mircea도 보충병력을 보냈다. 프랑스가 보낸 병력들만 해도 기사騎士 1,000명과 크나페Knappe(역자 주: 견습기사見習騎士) 및 지원병력 등 총 2,500명은 되었다. 기독교도 군대의 총병력은 기사騎士들만 9,000~10,000명은 되있을 것이고 행군 중 손실과 남겨둔 수비병력을 빼면 약 7,500명이 실전에 참어했을 것이다. 이는 매우 큰 군대였으므로 기사騎士들이 이교도異敎徒들을 상대하러 원정 나갈 때 자부심과 자신감에 차있었다는 것을 우리는 이해할 만하다. 보병이 있었다는 기록은 없다. 이들은 도나우Donau/Danube강을 따라서 육로로 행군했고 식량은 보급함대가 강으로 수송했다.

이들은 투크크족을 완전히 유럽에서 몰아낼 수 있을 뿐 아니라 예루살렘의 성묘聖廟까지도 되찾을 수 있을 것으로 생각했을 것이다. 헝가리 왕 시기스문트는 하늘이 무너지면 자신의 병력들이 창끝으로 이를 받쳐들 수 있다고 말했던 것으로 보인다. 그런 그들이 인간들을 두려워했을까?

그들은 소위 철문鐵門(역자주: 루마니아 평원과 유고슬라비아의 국경 부근 협곡)에서 도나우강을 건너갔지만 많은 병력의 급양給養 문제 때문에 아드리아노플 쪽으로 깊이 들어가지 않고 보급함대를 따라 더 올라갔다. 그들은 불가리아 도시들을 함락함으로써 술탄Sultan 바야지트Bayazeth/Beyazid와 그의 군대를 유인하려고 했던 것이 분명하며 그들이 원하는 곳에서 적과 결전決戰을 벌일 수 있을 것으로 생각했다.

비딘Widdin/Vidin 시市는 저항 없이 항복했다. 라호바Rahowa 시市 역시 불가리아 주민들이 투르크 수비대를 상대로 봉기함에 따라 5일만에 함락되었다. 그러나 니코폴Nikopolis/Nikopol 시市는 방어가 강력해서 십자군十字軍들은 이를 16일간이나 공격하고도 함락시키지 못한 채 투르크 구원군이 접근하고 있다는 보고가 들어 왔다.

바야지트가 십자군 군대가 진격해오고 있다는 것을 안 것은 콘스탄니노플에 있을 때였다. 그는 준비할 시간도 필요했고 십자군 군대가 깊이 들어오게 할 계획이었던 것으로 보인다. 그는 필리포폴리스Philippopel/Philippopolis 시市를 떠나 스키프카Schipka 통문을 거쳐 티르노바Tirnowa/Tirnova 시市로 진군했다. 이는 동쪽으로 선회旋回한 것으로 니코폴의 그쪽 지형이 그의 전술에 특별히 적합함을 발견했기 때문이었음이 분명하다. 그의 행군은 너무 빨라서 전령傳令들이 그의 도착을 티르노바(니코폴에서 직선거리 90km)에 알린 것과 거의 동시에 자신도 티르노바에 도착했다. 그는 기독교도 군대로부터 불과 5~6km 떨어진 지점에 숙영지를 구축했다(9월 24일 저녁). 기독교도들은 티르노바 시市 앞 도나우 계곡에 있었고 투르크군은 이 계곡에서 동남쪽으로 솟아오른, 폭은 1/2마일(약 4km) 정도 되고, 좌우 측은 급한 언덕으로 이어진, 바닥이 고르지 않은 고지 위에 있었다.

투르크군의 갑작스런 출현으로 기독교도들은 불리한 상황에 처했다. 하루만 여유가 있었다면 그들은 고지대로 올라가서 투르크군을 맞이할 수 있었겠지만 이제는 적이 훤히 내려보는 중에 협곡을 따라 강의 계곡에서 고지대로 올라가지 않을 수 없게 되었다. 그들은 그 날 적의 구원군의 접근 소식들을 듣고 포위를 이미 멈춘 것이 분명하지만 즉시 맞이하러 나가야 할 만큼 적이 가까이 있다는 것까지는 몰랐었다. 그 날 밤에야 시기스문트Sigismund는 병력전개와 전투계획을 논의 차 프랑스군에게 갔다. 누가 적에게 먼저 타격을 가하는 명예를 차지할 지와 관련된 논쟁이 있었을 것이다. 그러나 이런 에티켓 문제 뒤에는 전술 문제가 숨어있었을 수도 있다. 시기문트가 선두에 서기를 원했었다면 이는 명예보다는 자신의 병력의 무장 때문이었을 수도 있다. 여러 세대 동안 헝가리에는 언제나 기마궁수騎馬弓手들이 있었고 따라서 그들은 먼저 전투를 시작하기에 특히 적합했었다. 그러나 프랑스군도 굳이 선두에 서려고 했고 결국 그들의 주장이 통했다. 각 분견대들이 국적 별로 하나하나씩 협곡을 따라 고지대로 올라갔다.

야니샤르Janitscharen/janissaries들은 가벼운 목책으로 보강해 놓은 진지陣地에서 기다리고 있었다. 마치 후일 아쟁쿠르Agincourt 전투 당시(서기 1415년) 잉글랜드 궁수들이 연상되는 위치이다. 아쟁쿠르에서 잉글랜드군의 대형은 이 이 전투에서 야니샤르들의 대형을 모방했을 가능성도 부인할 수 없다. 이 전투에 잉글랜드 기사騎士

들도 참전했고 그들은 투르크군의 승리를 목격했었기 때문이다. 그러나 이 전투는 나머지 면에서 아쟁쿠르 전투보다는 크레시Crécy 전투(서기 1346년)와 더 유사했다. 투르크군은 궁수들에게 유리한 방어위치에 있었고 기독교도들은 전 병력이 동시에 공격하지 못하고 적의 유도에 넘어가 축차적逐次的 공격을 하게 되었다. 바야지트Bayazeth/Beyazid는 기병들에게 야니샤르 앞에서 탐색전을 벌이게 하고 자신은 시파히Sipahi와 함께 언덕 너머에 숨어있었다. 프랑스군은 고지대 위에 올라와서 얼마 안 되는 투르크 기병과 그 뒤의 궁수들을 보고 자제할 수 없었다. 그들은 보이는 것이 적의 모두인줄 알았거나 자신들이 아직 전개 중인 적을 기습 공격하는 것으로 알고 돌격했다. 시기스문트Sigismund는 그들에게 전 병력이 다 올라올 때까지 기다려야 한다고 말해 놓았지만 헛수고였다.

프랑스 기사騎士들은 적의 기병을 손쉽게 밀어붙였지만 적은 그들을 야니샤르들의 화살공격 유효사거리 내로 끌어들이고 있었던 것이었다. 투르크 기병들이 물러나자 프랑스 기사騎士들은 화살세례를 받게 되었고 이때 돌연 파디샤Padishah가 시파히Sipahi들을 이끌고 언덕 위에 나타나서 자신만만하던 프랑스 기사騎士들에게 결정타를 날렸다. 우리는 이때 야니샤르들 좌우에는 이들 궁수들을 짓밟지 않고 시파히들이 공격할 공간이 남아있었을 것으로 볼 수 있다. 그들은 압도적 병력으로 좌우에서 프랑스 기사騎士들을 덮쳤고 곧바로 그들을 포위했다.

시기스문트가 게르만군, 헝가리군 등 여러 분견대들을 끌고 나타났을 때 프랑스군은 거의 다 쓰러져 있었고 투르크군은 곧 승리를 마감했다.

우리는 투르크군 병력이 기독교도 군대보다 더 많았는지에 대해서는 따져보지 않아도 된다. 투르크군 병력을 400,000명이라 한 기록(《에스테 연대기年代記Annales Estenes》)은 믿을만한 기록이 못된다.[6] 기독교도 측에 리더십이 완전히 결여되어 있었음에 비추어 볼 때 투르크 측의 뛰어난 병력구성과 전술적 전략적으로 천재적인 리더십만 가지고도 이 전투에서 그들이 거둔 승리를 설명하기에 전혀 모자람이 없을 것이다. 물론 트루크군의 병력이 다소 우세했었을 수도 있고 따라서 우리는 그들의 병력을 11,000∼12,000명 사이로 볼 수도 있다. 야나샤르들이 기사騎士들의 지원 없이도 끝까지 버티었고 투르크 기병들이 공세攻勢로 전환했다는 점에서 이 전투에서 투르크군의 승리는 그 전투기술과 능력에서 아쟁쿠르Agincourt 전투와 크레시Crécy 전투 당시 잉글랜드군의 승리보다 더 찬란한 승리였다.

---

6) 클링Kling은 투르크군의 병력수를 16,000∼20,000명으로 평가한다. 그렇다면 그들의 병력이 기독교도들의 2배 이상이었다는 것이다. 앞의 각주 4에서 소개한 슈르츠Schurtz의 병력평가를 기초로 클링Kling은 야니샤르만은 단 3,000명에 불과했던 것으로 보지만 비정규 보병들도 참전했고 야니샤르가 그들의 핵을 이루었던 것으로 믿고 있다. 필자는 그가 말한 "비정규 보병들"의 참전을 완전히 부인하는 편이지만—바야지트Bayazeth/Beyazid는 정예전사精銳戰士들 이외에 다른 인원은 거의 데리고 오지 않았을 것이다—야니샤르의 숫자는 그보다 많았을 것으로 본다.

전술적 행동 뿐 아니라 승리의 결정적 이유까지도 세 전투가 모두 동일했다는 점에서 이런 비교는 더욱 적절한 비교가 된다. 세 전투에서 모두 용기만 믿고 통제되지 않던 봉건 바쌀vassal(역자 주: "가신家臣"으로 통상 번역된다. 구체적 의미에 대해서는 이 책 제Ⅱ편, 제Ⅳ권, 제Ⅳ장 참고)들을 상대로 강력한 왕조의 군대가 승리했다. 시기스문트Sigismund에게도 최소한 리더십의 부족에 대한 책임이 있다. 그는 헝가리군을 지휘할 권위가 없었고 프랑스군에 대해서는 더 그랬다. 그러나 술탄Sultan 바야지트Bayazeth/Beyazid는 크레시Crécy 전투 때 에드워드 Ⅲ세나 아쟁쿠르 전투 때 헨리 Ⅴ세의 경우보다 훨씬 더 군기軍紀가 엄한 군대를 잘 통제했었다. 결국 이 전투에서 그의 승리는 에드워드 Ⅲ세나 헨리 Ⅴ세의 승리보다 훨씬 더 위대한 승리였다.

넓은 도나우강과 적의 영토 그리고 성문城門을 닫아걸고 수비병력이 출격 나온 니코폴Nikopolis/Nikopol 시市를 후방에 두고 있던 기독교도 군대는 이 전투에서 충분히 패배할 만 했다.[7] 네르베스Nerves 대공大公은 투르크군에게 포획되었지만 시기스문트는 배로 탈출해 도나우강을 따라 콘스탄티노플과 달마티아Dalmatien/Dalmatia를 거쳐 결국 고향으로 돌아갔다.

이런 오스만 제국의 물결이 니코폴 전투 이후 즉시 서구西歐를 짓밟지 못하고 콘스탄티노플도 계속 잘 버티었던 것은 몽골의 티무르Timur 덕분이었다. 그는 8년 후에 소小아시아의 앙고라Angora에서 벌어진 큰 전투에서 이 용감한 술탄Sultan 바야지트Bayazeth/Beyazid를 포로로 잡았다.

---

[7] 기독교도 군대의 병력수를 100,000명이라고 하고 그들의 전사자 수를 200,000명이라고 한 쾌니히호펜 Königshofen의 기록(역자 주: 《게르만 도시 연대기年代記Chronik deutschen Städte》)을 보면 연대기年代記 작가들이 병력수 계산을 엉터리로 했다는 것을 알 수 있다. (역자 주: 델브뤼크의 원문에는 이 각주가 현 위치에 있으나 내용 흐름상 앞 쪽 본문의 밑에서 두 번째 문장 끝에 위치하는 것이 옳을 것으로 보인다.)

제 IV 장
후시테

후시테Hussiten/Hussite의 군사체계에 관해 필자는 우선 옌스Max Jähns의 《군사사軍事史 편람Handbuch einer Geschichte der Kriegswesens von der Urzeit bis zur Renaissance》, 891쪽 이하의 설명을 그대로 옮겨본다. (역자 주: 후시테는 체코 종교개혁가 후스Jan Hus ⟨1369?-1415⟩의 사상을 추종하던 무리를 말한다. 후스는 영국 옥스퍼드 대학 존 위클리프의 종교개혁사상에 동조하며 성서만을 유일한 권위로 인정할 것을 강조하고 십자군 참여나 헌금을 대가로 한 면죄免罪를 비난했다. 로마 교황청에 의해 이단異端 수괴로 판정 받은 후 망명생활 중 체포되어 서기1415년 화형 당했다. 그를 따르던 보헤미아 귀족들이 지스카Ziska를 우두머리로 게르만 황제와 15년간 싸웠는데 타보르Tabor 산에 본부가 있다 해서 타보리테 Taboriten/Taborites로도 불렸다. 지스카는 이 우두머리의 별명으로 '애꾸눈'을 의미한다고 한다)

타보리테Taboriten/Taborites들은 집에 남는 자들과 야전에 복무하는 자들로 나뉘어 있었다. 전자는 집안일과 농사를 담당하며 전쟁에 필요한 물품을 공급했고 후자는 오로지 전쟁에 관한 일만 담당했다. 그러나 양자는 가끔 서로 임무를 교대한 것으로 보인다.

지스카Ziska의 전투방법은 아주 합리적이었다. 그의 군대에는 기사騎士, 문장紋章이 그려진 갑옷, 마상창술馬上槍術, 예의범절禮儀凡節 같은 것들은 문제가 되지 않았다. 그들에게는 그런 것들보다는 지형의 특성이 더 중요했다.

그들은 토목공사 등 요새구축 기술의 모든 자원을 적극적으로 활용했고 특히 전투수레를 이용한 탁월한 전투방법을 개발했다. 전투수레를 이용해서 공격과 방어를 겸합시킨 지스카의 전투방법은 사람들을 놀라게 했다.

그들의 수레요새는 수레들을 사슬로 연결한 다음 종렬縱列로 이동하던 이동식 요새였다. 2필의 말이 수레 1대를 끌었는데 1필은 바퀴 바로 앞에서 끌고 다른 1필은 그 앞에서 로프를 이용해 끌었다. 이들은 깃발 신호로 기동을 통제했었다. 깃발 하나는 각 종렬의 선두 수레에 있었고 다른 하나는 후미 수레에 있었다. 타보리테들은 이런 이동식 요새를 움직이는 대단히 천재적이고 복잡한 기술에 숙달되어 있었다고 한다. 수레들은 보통 4개 종렬로 정렬했는데 바깥쪽의 2개 종렬을 크라즈니krajni, 안쪽의 2개를 프라츠니placni라 했다. 크라즈니는 프라츠니에 비해 길이가 앞뒤로 더 길었고 이렇게 더 긴 부분을 오크리들리okridli(측면)라고 했다. 이 부분은 상황에 따라서 행군대형의 수레들을 폐쇄된 다보르tabor(숙영지) 형태로 질서 있게 서로 결합시키기 위한 부분이었다. 그러나 이를 이용해서 이동 중에도 매우 다양한 형태의 대형을 만들 수 있었는데 특히 V 자字, C 자字, E 자字 또는 Q 자字 형태의 대형을 만들 수도 있었다고 한다.

그들은 이동형 요새를 폐쇄된 타보르로 바꿀 때는 말을 수레에서 떼어내고 앞뒤 수레의 채Gabel/shaft들을 맞물려 놓고 사슬로 묶었다. 말은 항상 수레 곁에 두고 언제든 다시 수레에 묶을 수 있게 했다. 후시테들은 방어에서 갑자기 공격으로 전환하기를 잘했기 때문이다. 또한 그들은 방패병(파베세니paveseni)들에게 방패로 수레 사이의 좁은 간격을 막게 했다. 각 수레에서는 전사戰士 4명이 끝에 쇳조각을 붙인 도리깨를 1분에 20~30회씩 휘둘렀고 긴 갈고리를 든 전사戰士, 궁수弓手, 쇠뇌수弩手 및 포수砲手들도 상당수 있었다. 수레 하단에는 두꺼운 판자를 매달아 화살, 돌멩이 같은 투사물投射物들을 막게 했고 숙영지 내의 수레 옆 좁은 골목길에는 병사들이 종대縱隊로 정렬해서 수레 전투원을 지원할 준비를 했다. 대기지역Alarmplatze에는 예비대를 대기시켜서 적이 약점을 보이면 즉각 출격구出擊口를 통해 뛰어나가 공격하도록 했다.

후시테 전쟁 당시의 인물인 교황 피우스Pius II세(본명은 에네아 실비오 피콜로미니Enea Silvio Picollomini, 재위 서기 1458~1464년)는 타보리테Taboriten/-Taborites들의 전투방법을 불충분하기는 해도 어느 정도 윤곽이 드러나게 다음과 같이 묘사했다.

그들은 군대에 동행한 처자식들과 함께 야전에서 숙영했는데 이는 그들에게 많은 수레가 있었고 이를 가지고 성벽 같은 요새를 구축할 수 있었기 때문이다. 그들은 전투하러 나갈 때는 이 수레들을 2개 열로 정렬시킨 후 보병들은 그 사이로 들어가고 기병들은 바깥의 멀지 않은 곳에 있게 했다. 전투가 시작되려 하면 수레 조종수들은 지도자의 신호에 따라 재빨리 수레들로 적의 일부를 둘러싸서 울타리를 쳤다. 이때 수레들에 둘러쌓인 적은 후시테 동지들에 의해 차단되었고 보병들의 칼날이나 수레 위에서 공격하는 남녀들의 투사물에 의해 쓰러졌다. 기병들은 수레요새 밖에서 싸웠지만 적에게 밀릴 때는 언제든 요새 안으로 들어가 말에서 내린 후 마치 요새화된 도시 성벽 위에서 싸우듯이 싸웠다. 이런 식으로 그들은 여러 전투에서 승리했다. 주변민족들은 이런 전투방식에 익숙하지 않았지만 광활하고 평탄한 보헤미아 평원지대는 수레를 분리시켰다 다시 집결시키는 데 유리했다.

이는 그들이 매우 자주 쓰는 전투방법이었음이 분명하며 그 모습이 에네아 실비오의 다음과 같은 다른 구절에 더 선명하게 묘사되어 있다.

전투신호가 떨어지면 수레 조종수들은 즉시 적을 향해 이동해서 사전에 하달된 특정 모형이나 문자신호에 따라 골목을 만들었는데 숙달된 타보리테들은 이 골목을 잘 알고있었지만 적에게는 절망적인 미로迷路가 되었다. 적은 그 안에서 빠져나갈 길이 없었고 그물 속에 갇힌 것 같았다. 이런 식으로 적이 분리 차단되어 고립되면 보병들의 칼질이나 도리깨질 또는 수레 위의 궁수들의 화살세례에 의해 모두 격파되었다. 지스카Ziska의 군대는 팔이 여럿 달린 괴물 같았다. 이 팔들은 기습적으로 먹이를 낚아채서 조여 죽인 다음 조각을 내서 먹어치웠다. 이 수레의 악몽에서 탈출한 자는 바깥쪽에서 기다리던 기병들의 손아귀에 떨어져 죽었다.

지스카Ziska는 서기 1421년 12월 타우르강Taurgang 산 위에서 포위되어 처음에는 항복하든지 죽는 외에 다른 대안이 없을 것 같았다. 그러나 이때 그는 수레들을 사슬로 묶고 그 위에 엄선된 전사戰士들을 태우고 적진을 뚫고 산을 내려갔는데 적은 이 움직이는 요새를 감히 공격하지 못하고 맥없이 길을 내주었고 지스카는 콜린Kolin으로 탈출했다.

1년 후 지스카가 이끄는 후시테들은 많은 총기銃器들을 갖추고 헝가리로 출전했으나 상대가 전투를 회피하자 철수했는데 이때 헝가리군이 사면에서 그들을 공격했지만 그들은 수백대의 수레로 만든 요새 대형으로 6일 동안 평원과 숲과 산과 강을 건너 무사히 철수했다. 헝가리군은 이 굴러가는 요새를 수없이 공격했지만 매번 격퇴 당했다.

이상이 후시테의 전투방법에 관한 옌스Max Jähns의 설명이며 옌스 자신의 말로는 이 설명의 중요부분은 에네아 실비오 피콜로미니Enea Silvio Picollomini(후일의 교황 피우스Pius Ⅱ세)의 기록에 근거했다고 한다. 에네아 실비오는 당대當代 인물일 뿐 아니라 후시테의 군사체계를 잘 아는 사람들과도 가까운 사이였다. 그는 바젤Basel 공의회公議會(역자 주: 후스가 지향했던 종교개혁의 정당성을 차후 인정한 공의회)에서도 큰 역할을 했고 추기경樞機卿 케사리니Cesarini와도 가까운 사이였는데 케사리니는 마지막 십자군을 이끌고 후시테와 싸운 인물로 에네아 실비오의 요청에 따라 평화협상 중 보헤미아군 사령관 프로코피우스Procopius로부터 후시테의 군사체계에 관한 설명을 듣고 그에게 전했다. 에네아 실비오 자신도 보헤미아와 타보르 산에 가 본 적이 있고 살아남은 후시테 운동 지도자들과 후일 협상을 벌인 적도 있다.

우리는 이 교황작가의 기록보다 낳은 기록을 기대할 수는 없다. 그의 기록은 비판적 기록은 아니나 훈련된 역사비평가들의 비평의 그물을 통과한 기록이다. 그런데 옌스Max Jähns는 자신의 설명 중 중요부분의 근거가 이 기록이라고 하지만 실세로 이 기록을 직접 인용한 것이 아니라 보헤미아 역사가인 팔락키Palacky의 글을 통해 간접적으로 인용했다. 이 시대 가장 최근 작가인 로제르트Loserth 교수 조차 그의 《중세 후기사Geschichte des späteren Mittelalters》, 490쪽에서 동일하게 설명하고 있다. 옌스는 그의 최근 저서인 《독일 군사학사軍事學史Geschichte der Kriegswissenschaften *vornehmlich in Deutschland*》, 제Ⅰ편, 303쪽에서 팔락키의 설명을 지지하면서 다른 사료를 통해서 이를 더욱 보강했다. 그는 수레요새의 공격기동에 관한 부분에서 특히 헬비티아Helvetien/Helvetia족(역자 주: 지금의 스위스 일대의 부족)과 게르만족이 이미 이와 같은 방법을 사용했다면서 시저Cäsar/Caesar의 기록 중 두 구절을 소개했다.[1]

팔락키Palacky는 니콜라우스Nicholaus von Huss와 지스카Ziska가 "전문가들의 도움으로 고대로마의 경험과 원칙들과 화약火藥 사용을 그 당시의 가장 진보된 병법兵法과 독특한 방법으로 조화시킨 새로운 전쟁수행체계를 수립했을 것"이라고 믿는다.[2]

만약 원사료原史料가 분실되었다면, 이렇게 일반적으로 인정되는 역사적 설명을 비판한다는 것은 매우 어려운 일임이 분명하다. 엔스Max Jähns는 프로이센Preussen/Prussia 장군참모부將軍參謀部/Generalstab(역자 주: 독일의 게네랄쉬탑Generalstab을 흔히 일반참모부一般參謀部로 번역하고 있으나 이는 잘못된 번역이다. 독일 해군은 그와 같은 참모기구를 아트미랄쉬탑Admiralstab이라 부른다) 소속 장교이면서 국방대학Krigsakademia 교수로서 그의 《군사사軍事史 편람 *Handbuch einer Geschichte der Kriegswesens von der Urzeit bis zur Renaissance*》은 몰트케Moltke 원수元帥에게 헌정獻呈된 책이었고, 《독일 군사학사軍事學史 *Geschichte der Kriegswissenschaften vornehmlich in Deutschland*》는 「뮌헨 역사위원회」의 후원 아래 집필된 책이다. 그런데 그는 자신의 연구가 가장 훌륭한 사료들에 기초한 것이라며 가장 훌륭한 사료 기록자들이라는 옛 인물들을 자신의 옆에 면책免責 판정관으로 세워놓았다("시저가 군사적 사건에 대해 남겨놓은 기록에 대해 누가 감히 그의 권위를 부정할 수 있는가?"). 그러나 그의 설명은 환상에 불과하다. 필자는 전쟁사를 연구하기 시작했을 때부터 객관적 분석의 결과 수레요새를 이용한 공격기동은 불가능하다 확신했지만 그런 공격기동을 사료들을 근거로 비판하려면 체코어를 잘 아는 학자의 도움이 필요했다. 필자는 매 학기마다 세미나 학생 중 혹 슬라브Slawist/Slavic 사람이 있는지 알아보다 드디어 발트Balte/Batic 출신의 불프Max von Wulf라는 한 신사를 만났다. 그는 러시아어도 알고 특히 체코 언어에 능통했다. 당시 필자는 아직 교수 신분이 아니어서 그의 학위논문[3]을 그의 지도교수가 수락하도록 도와주는데 많은 시간을 빼앗기는 번거로움은 있었지만 그가 필자의 문제를 훌륭하게 해결해 주었다고 말할 수 있다.

우선 시저Cäsar/Caesar의 기록을 증거로 인용한 엔스Max Jähns의 견해는 무의미함이 밝혀졌다. 그가 인용했던 두 구절은 그가 이해하는 것과는 전혀 다른 의미였다. 불프Max von Wulf는 더 나아가 에네아 실비오Enea Silvio의 기록에도 엔스가 인용한 구

---

1) 《독일 군사학사軍事學史》, 943쪽.
2) 《보헤미아 역사 *Geschichte Böhmens*》, 제Ⅲ편, 제Ⅱ권, 67쪽.
3) 불프Max von Wulf, "후시테의 수레요새Die hussitische Wagenburg"(베를린 대학교 학위논문, 서기 1889년). 동일인, "후시테의 군사체계Hussitische Kriegswesen," 《프로이센 연보年報 *Preussische Jahrbücher*》, 제69권(1892년, 5월), 673쪽 이하.

절은 없음을 입증했다. 수레요새의 교묘한 기동과 영문 문자 형태 대형에 관한 묘사가 최초로 등장시킨 것은 17세기 예수회Jesuiten/Jesuit 수도자修道者 발비누스Balbinus 의 글이다. 역사가 아쉬바크Aschbach는 그의 《시기스문트 황제의 역사Geschichte Kaiser Sigismunds》에서 이 발비누스의 글을 일부 각색해서 인용했고, 메이네르트Meynert는 또 자신의 《병법사兵法史Gedchichte der Kriegskunst》에서 출처를 정확하게 언급하지 않은 채 아쉬바크의 묘사를 그저 "에네아스 실비우스Eneas Silvius의 기록에 의하면"이라 고 잘못 소개했으며, 또한 옌스는 이 구절이 진짜 에네아 실비아의 기록에 있는 것인지를 점검해 보지도 않고 메이네르트의 글을 다시 인용했다.

수레요새의 교묘한 기동이 원사료原史料에 아무 근거가 없듯이 이동 중 수레들 을 사슬로 묶었다는 말 역시 사료에 아무 근거도 없는 말이다. 이는 팔락키Palacky 가 꾸며낸 말에 불과하다.

그러나 많은 정보를 알던 에네아 실비오의 기록이 실제로 수레요새의 공격기 동을 말하고 있다는 것과 그의 설명은 클라타우Klattau 전투(서기 1426년)에 관한 안드레아스Andreas von Regensburg의 기록에서도 분명히 확인된다는 것만큼은 여전히 사실이다. 하지만 불프는 서로가 서로를 입증하므로 의심할 수 없을 듯한 이 두 증언이 오해로 인한 것임을 증명했을 뿐 아니라 이 오해의 과정까지 밝혀냈다. 다행히 울름Ulm의 하인리히Heinrich von Stoffel 대장隊長이 남긴 클라타우Klattau 전투 에 관한 기록이 보존되어 있어서 불프는 이를 근거로 안드레아스의 오류를 수정할 수 있었다. 에네아 실비오의 오류에 대해서는 차후 좀 상세히 검토될 것이다.

필자는 이런 일련의 오류들과 그 원인에 관해 약간 상세히 검토해 보았는데 이런 오류들에 내포된 방법론적 문제점과 우리가 전쟁사에서 흔히 볼 수 있는 유사한 경우들을 위해서였다. 그러나 다른 경우에는 대부분 이번 경우와 달리 다른 사료들을 통해 명확한 원인을 밝힐 수 없어서 전문가에게는 아무리 분명한 오류가 보이더라도 학계學界에서는 남아있는 사료에 기록된 설명을 포기하기가 어렵다. 필자는 많은 학자들이 그리도 오래 답습해 왔고 몸센Mommsen 조차 이를 포 기하지 못한 로마군 마니플 전술Manipular-Taktik에 관한 리비우스Livy/Livius의 기록(《로 마사史 Ab urbe condita/History of Rome》, Ⅷ, 8장)(역자 주: 이 책 제I편, 492쪽 참고), 로마 레기온 병사Legionär/legionaries들의 근접전투 대형에서 개인 간격이 6ft였다는 기록(역자 주: 이 책 제I편, 235쪽 및 362쪽 참고), 샤를마뉴Karl/Chalemagne 대제大帝의 농민군대에 관한 기록(역자 주: 앞의 제I권, 제I장 참고), 보병들이 삼각형으로 정렬했었다는 기록(역자 주: 이 책 제II편, 32쪽 참고) 등 이런 모든 것들이 바로 옌스Max Jähns가 말하는 "굴러가는 요새" 즉, 수 레요새의 공격기동과 완전히 동일한 것이라고 믿는다. 적이 이 수레들을 끄는 말을 창이나 화살로 단 한 마리라도 쓰러뜨리면 도대체 어떤 일이 일어났을까?

후시테의 수레 조종수들이 그들의 깃발 신호에 따라 교묘한 모습의 대형을 만들어서 자신들의 대형을 뚫고 나가는 것을 적은 그대로 보고만 있었을까?

리비우스가 로마군의 기동연습에 관한 모습을 전투대형으로 오해했던 것 같이 에네아 실비오 Enea Silvio는, 불프Max von Wulf의 표현에 의하면,4) 후시테의 수레 종렬의 행군대형과 전투대형을 구분하지 못했던 것이다. 에네아 실비오는 이 사건이 끝난 지 25년 후 기록을 작성하면서 착각으로 인해 행군대형과 전투대형을 환상적으로 혼동해서 수레요새가 이동하며 공격하는 모습을 만들어 낸 것이다. 결국 우리는 다른 경우나 마찬가지로 이번 경우 역시 원사료原史料라 해도 오해와 왜곡 때문에 객관적 관점에서 볼 때 괴상한 결과를 만들어 낼 수 있음을 알 수 있는 좋은 예이다. 그러나 이런 상황들을 파헤쳐 볼 용기는 내지 못하고 취약한 해결책만 모색해 가면서 어느 정도 있을법한 실제 모습을 발견한 척 하고 마는 비평가들은 진정한 지식을 발견하려는 목표가 없는 사람들이라고 할 수 있다.

후시테 전쟁에 대한 설명에 앞서 수레를 이용한 그들의 특징적인 전투방법의 소위 전례前例에 대해 간단히 알아보기로 하겠다.

전투용 수레는 이 연구의 출발 시점(역자 주: 기원전 490년의 마라톤Marathon 전투)보다도 앞선 초기시대에도 있었다. 후일의 사료에도 바퀴에 큰 낫이 달린 스키테드 전차戰車Sichelwagen/Scythed-chariot가 몇 차례 등장하나 큰 효과는 없었다.5) 시저Cäsar/aesar는 브리튼Britannier/Britons족이 《일리아드Ilias/Iliad》(역자 주: 호머Homer의 영웅서사시) 방식으로 사용한 "에쎄디Esseden/essedi" 전차를 매우 유용하고 효과적이라 했다. 그러나 시저 자신은 이런 전차를 모방하지도 않았고 게르만 기병을 그의 군대에서 복무하게 한 것과 달리 그런 형태의 전차나 브리튼족을 자신의 군대에서 이용하지도 않았다. 결국 전쟁사에서 그런 수레의 사용은 너무 일시적 현상이라 우리의 고려대상은 되지 못한다. 이제 그런 수레들이 돌연 큰 역사적 의미를 갖게 되었다는 평가도 있는 만큼6) 우리는 그저 과거의 그런 수레들을 잠시 되돌아보기만 하자.

하지만 우리가 다루고 있는 수레는 스키테드 전차나 안장 없은 말 대신 사용되던 전투전차와는 아무 관계없이 수레요새 용으로만 쓰였던 수레이다.

초기시대에도 이미 수레요새는 전투 시의 유용한 방어수단으로 인식되었었다. 유리피데스Euripides의 《페니키아 여인들Pönissen/Phoenician Women》을 보면 한쪽에만 자연 보호물이 있는 곳에서 다른 쪽을 수레요새로 보호한 대목이 있다(v. 450). 게르

---

4) 불프Max von Wulf, "후시테의 수레요새Die hussitische Wagenburg"(베를린 대학교 학위논문, 서기 1889년), 21쪽. 동일인, "후시테의 군사체계Hussitische Kriegswesen," 《프로이센 연보年報 Preussische Jahrbücher》, 제69권(1892년, 5월), 674쪽.
5) 이 책 제I편, 179쪽, 232—257쪽 및 291쪽 참고.
6) 옌스Max Jähns, 《독일 군사학사軍事學史Geschichte der Kriegswissenschaften vornehmlich in Deutschland》, 제I편, 943쪽.

만 민족의 경우도 처자식을 대동하고 이주移住할 당시 수레의 이용이 분명히 어떤 역할을 했다. 예를 들자면 아드리아노플Adrianopel/Adrianople에서도 그랬었다(역자 주: 이 책 제Ⅱ편, 273쪽 이하 참고).

중세 사료에도 수레요새가 이곳 저곳에서 보인다. 숙영지를 보호하는 가벼운 장애물이나 필요시의 바리케이드로 수레를 이용한다는 생각은 매우 평범한 생각이다. 보헤미아의 벤체스라우스Wenceslaus 왕의 야전사령관 하젝Hajek이 (후시테 전쟁 이전) 서기 1413년에 공포한 법령이 전해져 있는데 그 내용 중 전투수레와 수레요새에 관한 규정도 있다. 그런데 이제 후시테 운동의 결과 이런 전통적 숙영지 요새의 방어수단이 갑자기 새롭게 중요시되게 된 것이다.

후시테 운동은 종교운동임과 동시에 체코의 애국적 민중운동이었다. 프라하Prag 시市는 전쟁 초기 게르만 제국이 "체코 국민의 국적國賊이다"라는 선언서를 공포했고,7) 지스카Ziska는 선전포고문에서 자신이 무기를 드는 것은 하느님의 율법律法을 해방시킴과 동시에 보헤미아족과 슬라브족의 국가를 해방시키기 위한 것이기도 하다고 선포했다.8) 일부 귀족들과 프라하 등 여타 도시의 시위원회市委員會도 이 운동에 동참했다. 그러나 이 운동의 주축은 도시민과 농민들이었다.

우리는 도시민과 농민의 징집군들이 얼마나 허약했는지 잘 알고 있다. 기사騎士들은 그런 집단들을 경멸하며 격파했다. 가장 강력하게 결합된 종교적 열정과 애국적 열정으로 인해 도시민과 농민들은 한껏 용기를 내기는 했지만 직업전사들과 싸워 이길 만큼 군사적 능력이 증대되지는 못했다. 프랑크 왕국이나 앙겔-작센 왕국의 주민들에게도 그들의 생명과 재산과 처자식을 위해 싸우려는 열정은 있었지만 바이킹족으로부터 자신들을 보호하지 못했던 것이나 로마인들이 게르만족과 맞서는데 성공하지 못했던 것이나 마찬가지였다.

보헤미아인들도 처음에는 반란 진압 차 나온 게르만 제국 시기스문트Sigismund 황제(역자 주: 서기 1396년 니코폴Nikopolis/Nikopol 전투 때는 헝가리 왕이었던 인물)의 군대와 개활지에서 맞설 수 없었지만 시기스문트는 프라하 포위에 실패했다. 그가 이끌고 온 십자군은 내부의 불화로 마비되어 있었고 프라하가 완강히 저항하자 결국 철수할 수밖에 없었다. 그에게 대항한 자들은 무질서한 도시민과 농민만이 아니었고 이 지역 지주地主로서 이 운동을 이끌던 당국자들도 상당수 있었다. 이 첫 시기에 게르만군이 승리했던 교전들의 경우에는 종교적 애국적인 동기로 무장한 많은 보헤미아 도시민 농민들이 그들의 지도자와 기사騎士들을 지원한 점 외에는 중세 후기의 여타 전투와 별로 다른 인상을 주지는 않는다.

---

7) 로제르트Loserth, 《중세 후기사Geschichte des spteren Mittelalters》, 489쪽.
8) 팔락키Palacky, 《보헤미아 역사Geschichte Böhmens》, 제Ⅲ편, 제Ⅱ권, 361쪽.

전쟁은 곧 교착상태에 빠졌고 후시테들은 전쟁을 통해 전투에 적응해 가면서 그들의 독특한 체계를 만들 시간을 얻게 되었다. 그러나 처음에는 협력했었던 보수파들이 곧 급진파와 불화하면서 내분이 일어났다. 이 때 급진파가 우위에 서며 새로운 전투방법을 개발해 내기는 했지만 아직 대규모 공세를 펼 능력은 없었다. 그들은 전쟁이 시작 된지 8년만인 서기 1427년에야 게르만 지역을 침공했다. 이 과정은 후일 영국과 프랑스에서 혁명이 일어날 때와 유사했다. 종교적 민족적 열정은 직접 강력한 군대를 만들지는 못하지만 그런 군대가 탄생할 수 있는 상황을 조성한다. 영국에서 크롬웰Cromwell의 전사戰士들과 프랑스에서 혁명전사革命戰士들이 질적으로 우위에 서게 된 것도 혁명이 시작되고 여러 해가 지난 후였다. 서기 1792년 프랑스 공화국이 프로이센-오스트리아의 침공에 맞설 수 있었던 데는 동원된 지원자들보다는 공화국이 승계 받은 옛 왕군王軍의 잔존병력들과 요새들이 더 큰 역할을 했었다.9)

후시테 지도자들의 1차적인 과제는 돌격해 오는 기사騎士들에게 끝까지 버티는 것이었다. 그들이 거느린 병사들은 창槍, 미늘창(역자 주: 앞의 425쪽 참고), 보통 도끼, 가시를 박은 몽둥이, 도리깨 등 무엇이든지 무기가 될만한 것들은 다 들고 있었고 투구나 갑옷이나 방패 같은 보호장구는 사실상 없었다.

이를 위해 수레요새를 이용할 생각을 하고 실행에 옮긴 사람은 아마 전쟁에 단련된 귀족 지스카Ziska였을 것이다. 처음에는 모인 수레들이 보통 농사용 수레였을 것이 분명하지만 후일에는 전투용의 특별한 수레가 제작되었다. 이 수레는 단단한 널빤지를 가지고 있었는데 이를 수레 밑의 바퀴들 사이에 붙여서 수레 밑으로 누구도 기어 들어오지 못하게 했고 수레들을 사슬로 묶어서 적이 어느 한 수레를 끌어내서 틈을 만들지 못하게 했다. 각 수레에는 4필匹 1개 조組의 말이 있었고 적이 근처에 있으면 수레들이 가능하면 몇 개 종렬縱列로 나뉘어 움직여 신속하게 사각형 대형으로 정렬했다. 각자 삽, 도끼, 곡괭이 등도 갖고 있었는데 이는 필요시 길을 닦기 위한 것이었다. 물론 마지막에 진지를 구축할 때만 필요

---

9) 후시테가 서기 1420년 6월 14일에 벌써 프라하 동쪽의 비트코베르크Witkoberg 산(일명, 지스카Ziska 산)에서 게르만군을 상대로 큰 승리를 거둔 적이 있다는 말은 우화寓話에 불과하다. 베졸트Bezold의 《시기스문트 황제와 게르만 제국의 후시테 전쟁König Sigismund und die Reichskriege gegen die Hussiten》, 제I편, 41쪽 이하 및 로제르트Loserth의 《중세 후기사Geschichte des spteren Mittelalters》, 490쪽을 참고할 것. 이 전투는 서기 1792년의 발미Valmy 교전과 비교가 된다. 후시테는 이 전투에서 단지 적의 공격을 격퇴했을 뿐이지만 그들에게는 이 정도의 승리로 충분했고 이로 인해 자신들의 미래를 믿게 되었다. 그들은 서기 1420년 11월 1일의 비쉐라트Wischerad 전투에서도 역시 승리하기는 했지만 아직은 후시테의 특별한 전투방법을 보여주지는 못했다. 이 전투 당시에는 게르만 영주領主들이 고향으로 돌아가 버리고 없어서 시기스문트에게는 주로 모라비Möhren/Moravian족으로 구성된 자신의 병력밖에는 없었다. 그는 후시테가 포위 중인 프라하 부근 비쉐라트 성城을 구원하려고 했었지만 출격 나오기를 기대하고 있던 이 성의 수비병력은 이미 후시테와 휴전협정을 체결한 상태였다. 따라서 우리는 이때 프라하군은 그들의 영주領主들과 다른 도시들로부터 병력보충을 받아서 수적으로 크게 우세했었을 것으로 볼 수 있다. 그들 중 타보리테Taboriten/Taborites들은 얼마 되지 않았다.

한 일이었을 것이다. 흔히 수레 앞에는 도랑을 파면서 파낸 흙을 수레에 던져 수레를 덮었다. 전면과 후면에는 넓은 출격구出擊口가 하나씩 있었는데 처음에는 특별한 방패로 가려놓았을 것이다. 그들은 이 수레요새를 가능하면 언덕 위에 구축했고 방어병들은 투창投槍, 투석기投石器, 돌멩이, 활, 쇠뇌 등 투사무기를 들고 수레 뒤에 있었다. 보통 수레에는 10명의 인원이 있었고 이런 수레들 중 총포銃砲가 실려있는 수레도 있었다.10) 게르만군이 이 수레요새를 공격하려면 우선 기사騎士들은 말에서 내려 무거운 갑옷을 입은 채 언덕을 올라가야 했지만 다 올라가더라도 화살세례와 특히 총포 세례를 받았다. 그들은 수레까지 접근해도 이를 돌파하기는 쉽지가 않아서 적에게 피해를 입히지는 못하고 자신들만 큰 피해를 입었다. 그러다 그들의 질서가 무너지거나 철수할 기미가 보이면 대기 중이던 후시테 예비대는 근접전투 무기를 들고 출격구로부터 쏟아져 나왔다. 물론 이런 일은 종교적 열정으로 궐기한 그들이 이미 군사적으로 강한 자신감에 차 있고 지도자들을 신뢰하며 또 그 지도자들 역시 경험과 훈련을 통해 충분한 자신감을 갖고 있고 병력통제 방법을 터득하고 있었을 때만 가능한 일이었다. 다른 시대에는 농민반란군들이 수레요새로 기사騎士 군대를 격퇴한 일은 없었다. 이번 같이 후시테 전술이 발전된 것은 종교적 민족적 열정을 기반으로 질서, 리더십, 조직, 확신, 신뢰가 생겼고 그런 병력을 어떻게 조직하고 운용해야 하는지 아는 중요 인물들이 있었기 때문이었다.

이제 역사기술歷史記述의 특징을 보여주는 흔한 예로서 중장갑重裝甲을 착용했던 병력들이 고지 위에 구축된 수레요새를 공격하면서 낭연히 쉽게 패배할 수밖에 없었던 이런 상황을 에네아 실비오Enea Silvio가 어떻게 기록했는지 한번 보자.11) 그는 기사騎士들이 패배한 원인을 후시테의 기계術計 때문이라 했다. 후시테의 부인들이 그들의 옷을 수레 앞의 땅바닥에 펼쳐 놓았는데 말에서 내린 기사騎士들이 이를 밟자 옷이 박차拍車에 휘감겨 쓰러졌고 이때 후시테가 그들을 죽였다는 것이다. 이런 일화逸話를 듣노라면 우리는 골Gallien/Gaul족은 벌거벗은 채로 싸웠다든지 잘

---

10) 《보헤미아의 게르만 제국 역사학회 보고서 회보Mitteilungen des Vereins für Geschichte der Deutschen in Böhmen》, 제31권(서기 1893년), 297쪽에는 비데만A. Wiedemann의 뮌헨Münich 수고手原 중 후시테 전투수레를 그린 삽화에 대한 설명문이 있다. 비데만은 "이것이 그 위에서 후시테들이 싸웠던 수레요새이다. 아주 훌륭하고 반듯한 수레이다"라고 매우 단정적으로 말했지만 필자는 이 삽화가 믿어지지 않는다.
　　수레를 4개 종렬로 이동시키면서 바깥쪽 2개 종렬을 안쪽 2개 종렬보다 앞뒤로 더 길도록 만든 후 이 긴 부분을 연결해서 숙영지 앞면과 뒷면을 만든다는 규정은 결국 이론에 불과했거나 아니면 전개진의 마지막 대형을 말한 것이다. 규정대로 4개 종렬로 계속 행군하는 것이 가능한 시역은 지구상에 몇 곳 되지 않는다. 불프Max von Wulf의 《후시테의 수레 방벽Die Hussitische Wagenburg》, 27쪽 및 29쪽을 참고할 것. 안쪽의 2개 종렬은 숙영지 속에서 별도의 출입구가 있는 작은 사각형 대형을 만들었다.
　　불프에 의하면(43쪽), 지스카Ziska는 서기 1423년 헝가리에서 이 수레요새의 앞문과 뒷문 앞에 보루 하나씩을 만들고 그 속에 포砲을 배치하고 그 주위에는 참호를 팠다.
11) 이하는 불프Max von Wulf의 학위논문인 《후시테의 수레 방벽Die Hussitische Wagenburg》, 16쪽에서 재인용한 《보헤미아 역사Historia Bohemorum》, 제40장의 내용이다.

휘어지는 칼을 갖고 싸웠다는 로마인들의 이야기를 폴리비우스Polyb/Polybius가 그대로 옮겨놓은 것이 생각난다. 다만 에네아 실비오Enea Silvio의 기록과 차이를 말하자면 골족은 멍텅구리들이었지만 로마군은 영리한 자들이었다고 한 점뿐이다(이 책 제I편, 제IV권, 제V장, 부기 7 및 8 참고).

후시테가 포병砲兵을 운용해서 큰 효과를 본 것과 관련해서 흔히 지스카Ziska가 이 병종兵種에서 기술진보를 이룬 것으로 믿고 있다. 그러나 이는 입증되지 않은 사실이며 우리는 지스카가 성공한 결정적 요인을 다른 곳에서 찾아보아야 한다. 후시테의 포병은 적의 포병보다 많지 않았다. 그들은 포병용으로 특별히 제작한 수레 위의 든든한 나무 받침에 덮개를 씌우지 않은 선조포旋條砲/Büchse(역자 주: 포강에 선조를 만들어 포탄이 회전하며 날아갈 수 있게 만든 포. 포탄이 회전하면서 공기 저항을 극복하고 멀리 정확하게 날아가지만 포탄 장전裝塡에 시간이 걸린다)를 설치했다. 수레 바리케이드가 구축되면 포구砲口는 항상 밖을 향했지만 포砲가 고정되어 있어 포구를 위로 올리거나 좌우로 돌릴 수 없었고[12] 포탄장전 절차가 복잡하고 느려서 이동하면서 공격할 때는 전혀 쓸모가 없었다. 하지만 후시테의 전술은 물론 적의 공격을 기다리는 것이므로 이런 포가 유용했다. 적이 충분히 접근하면 포탄이 일제히 발사되었고 이는 당연히 적에게 강력한 인상을 주었다. 아마 실제 효과보다 더 큰 인상을 주었을 것이다. 따라서 후시테의 화기火器가 우세했었다는 것은 무기 자체가 우수했다는 말보다는 그들의 전술이 우세했다는 말로 보아야 한다.

고대 보헤미아의 연대기年代記에는 서기 1423년의 호리크Horic 전투가 다음 같이 묘사되어 있다.

지스카는 생고타르트St. Gotthard 교회 부근에 그들과 함께 숙영했었기 때문에 고지 위에 화기 진지를 구축할 수 있었고 말을 타고 온 자들이 이 고지에 오르려면 말에서 내리지 않을 수 없었고 말을 매어 둘 곳도 없었고 그들의 무거운 갑옷 때문에 보병보다 언덕을 올라가기가 힘들었을 것이다. 그들이 언덕 위에 올라가 수레를 공격하려 할 때는 지친 상태였다. 그러나 지스카는 활기 넘치는 병사들과 화기들을 가지고 그들을 기다리다가 적이 수레를 공격할 수 있기 전에 마음껏 그들을 쓰러뜨렸으며 적이 후퇴할 때는 그의 활기 찬 병력을 적에게 풀어놓았다.

지스카Ziska의 서기 1423년 헝가리 전투에 대해서도 이와 유사한 다음과 같은 기록이 있다.

---

12) 불프Wulf, 《후시테의 수레 방벽Die Hussitische Wagenburg》, 43쪽; 쾰러Köhler, 《기사騎士 시대의 전쟁과 용병술用兵術의 발전Entwickelung des Kriegswesen und der Kriegsführung in der Ritterzeit》, 제III편, 제I권, 303쪽 이하.

그러나 그들이 지스카를 공격할 때는 기병들이 말에서 내려 걸어서 공격해야 했기 때문에 결국 지스카의 손에 쓰러졌다. 기병의 전투기술은 보병의 전투기술과 다른데 그들은 보병전투에는 익숙하지 않았기 때문이다.13)

어느 연대기의 표현에 의하면 지스카는 또한 점차 "견습기사die ritterlichen Knecht를 뽑아" 타보리테Taboriten/Taborites에게 가장 적합한 기병부대를 창설했고 포획한 적군 기사騎士들의 장비를 이들에게 지급했다. 그들은 중요한 병력이 되지도 못했고 자체적으로는 적을 상대할 수 없었지만 보병부대 지원과 전과戰果 확대 시에는 큰 도움이 되었다. 그들은 통상 수레요새 내의 후미 쪽에 대기하고 있다 보병이 앞쪽의 문을 통해 쏟아져 나갈 때 뒤쪽 문을 통해 쏟아져 나가서 수레요새 측면을 돌아 적의 측면을 공격하거나 추격에 나섰다.

후시테에게는 출격 시점의 선택이 결정적으로 중요했었다. 너무 일찍 출격해 수레요새 위로부터의 공격에 크게 흔들리지 않은 적이 아무 보호막도 없는 요새 밖으로 출격 나온 이들을 공격해 격파한 경우가 여러 번 있었다. 적이 도주를 가장해 출격을 유도한 후 대기시켜 놓은 병력으로 격파한 때도 있다.14) 서기 1427년에는 나코트Nachod에서 고아부대孤兒部隊/Waisen=Heeres가 그런 실수를 했고, 서기 1431년에는 오스트리아 바이드호펜waidhofen에서 타보리테들도 그런 실수를 했다.

후시테들이 집에 남는 사람들과 야전으로 출전하는 사람들이 정기적으로 교대했다는 기록은 고대 게르만족도 그와 유사했다는 로마인들의 기록과 마찬가지로 부정확하다. 오히려 처음에는 모든 백성들이 함께 출전했지만 점차 이들로부터 진정한 전사戰士들이 분리되어 녹자적 조직을 갖추었고 이들이 상비군이 되었다. 후시테 운동 정신이 가장 왕성했던 사람들은 처자식과 함께 남부 보헤미아 루쉬니츠Luschnitz에 집결했고 그곳에서 하느님의 군대로서 구약성경舊約聖經에서 영감을 받아서 그들이 타보르Tabor라고 부르던 숙영지를 세웠다. 이들 타보리테Taboriten/Taborites 외에 프라하Prag 시市는 자체 군대를 조직했다.

지스카Ziska가 아직 살아있을 때도 타보리테들 사이에 불화가 생긴 적이 있는데 서기 1420년 지스카가 죽은 후에는 이 불화가 지속적 현상이 되었다. 지스카를 신봉하던 자들은 그가 죽자 아버지를 잃었다는 뜻으로 자신들을 "고아孤兒/Waisen"라고 불렀다. 목사牧師(또는 대머리der Kahle) 프로코피우스Procopius는 반대파 지도자가

---

13) 그 자체로서는 정확한 구전口傳의 전설傳說이지만 이를 이해하지 못한 작가가 얼마나 큰 오류에 빠지게 되는지를 알아보려면 언덕 위의 대형에 대해 에이브Ludwig von Eyb가 한 말을 보면 된다. 그는 브란덴부르크Brandenburg의 한 부대장으로 서기 1500년에 《전쟁론Kriegsbuch》이란 글을 저술한 작가이다. 그 역시 수레요새에 관해 이 요새는 언덕 위에 구축되어야 함을 지적했지만 그 이유에 대해 수레가 물 밑으로 가라앉는 것을 방지하려는 것이었다고 했다.

14) 불프Wulf, 《후시테의 수레 방벽Die Hussitische Wagenburg》, 53쪽.

되었는데 이들을 보다 좁은 의미의 타보리테라고 했다. 프라하의 군대는 언제나 징집군 성격을 지니고 있었지만 두 부류의 타보리테 군대는 항구적인 대규모의 군사적 우애집단友愛集團 성격을 지니고 있었고 처음에는 선행善行만 하는 그러나 후에는 악행惡行도 하는 직업전사職業戰士로 점차 변했다. 진정한 후시테 군사체계와 전술을 가지고 세계를 공포로 몰아넣고 전설傳說로 남은 자들은 바로 이들이었다. 이 두 군대는 각자 자신들의 지지자가 지배하는 곳에서 특별징집을 통해 수시로 병력을 보강했다. 이때 "큰 타보르grosse Tabor"라고 불리던 야전군에 비해 그들이 지배하는 지역에서 차출한 징집군을 "집 공동체Hausgemeinde" 또는 "옛 타보르alte Tabor"라 했다.15) 따라서 우리는 그들의 군대를 모두 다섯 부류로 구분해야 한다. 두 부류는 상비군이었고 나머지 세 부류는 징집군이었다. 이들이 모두 한 전투에 같이 참여한 적은 한 번도 없다. 각 부류의 병력수는 5,000~6,000명씩이었을 것으로 볼 수 있다. 이보다 많은 경우는 거의 없고 때로는 이보다 크게 적었을 것이다. 예를 들어, 서기 1426년의 오씨그Aussig 전투와 서기 1428년의 그라츠Gratz 전투 등 몇 번은 이들 중 세 부류가 함께 참여한 적도 있었다.16) 그러나 서기 1430년에 게르만 지역을 침공했을 때는 모든 후시테 군대들과 보헤미아 병력 전체가 함께 간 것으로 보이며, 서기 1431년에는 타우스Tauss에서 전 보헤미아 병력이 십자군 군대를 도주하게 만들었다. 큰 병력이 집결했을 때는 언제나 행군 중에 병력이 흩어졌다. 오늘날과는 달리 당시에는 도로 하나를 이용해서 수천명이 이동하는 것이 매우 어려운 일이었음이 분명하다. 특히 당시에는 처자식들도 따라다녔고 식량과 짐을 실은 수레 외에 전투수레까지 따로 있었다.

그들의 호전성이 한번 기세를 떨치고 이 소식은 곧 게르만 전역에 퍼져나가자 후시테가 가는 곳엔 공포감이 먼저 엄습했고 게르만군은 이들의 전투군가戰鬪軍歌 소리가 멀리에서 들리기만 해도 뿔뿔이 흩어졌다. 이 후시테 운동은 내적으로나 외적으로나 킴브리Cimbern/Cimbri족과 튜튼Teutonen/Teutones족의 이동 또는 민족대이동民族大移動/Völkerwanderung(역자 주: 이 책 제II편, 제II권 참고) 당시 게르만군과 분명히 매우 유사했다.

후시테의 수레요새 전술이 지닌 약점은 분명하다. 이는 잉글랜드 기사騎士들이 발전시켰던 전술의 근본적 약점 즉, 방어용 전술에 국한된다는 약점과 유사했다. 사실 수레요새는 말에서 내린 기사騎士와 궁수弓手들이 결합한 잉글랜드군보다도 취약했다. 수레요새는 매우 번거로웠고 예외적인 공격도 불가능했기 때문이다.

---

15) 불프Max von Wulf, "후시테의 군사체계Hussitische Kriegswesen," 《프로이센 연보年報 Preussische Jahrbücher》, 제69권(1892년, 5월), 680쪽.

16) 불프Max von Wulf는 사료에 기록된 병력수들을 도표로 정리해서 《보헤미아의 게르만 제국 역사학회 보고서Mitteilungen des Vereins für Geschichte der Deutschen in Böhmen》, 제31권(서기 1893년), 92쪽에 게재했다.

그러나 이렇게 순수한 방어용이고 번거로운 것이었음에도 불구하고 수레요새는 매우 중요했다. 수레요새는 바로 얼마 전 발명된 화기火器를 포함한 투사무기를 효과적으로 사용할 수 있게 해주었고, 가시 박힌 몽둥이나 도리깨나 들고 보호 장비도 제대로 갖추지 못한 일반보병에게는 수레요새 자체가 크게 중요했었다. 수레를 이용한 보호와 수레로부터 출격出擊 그리고 승리, 이런 과정은 후시테들의 사기士氣를 높여주었다. 물론 그들은 개활지에서 수레요새의 보호 없이 감히 기사騎士들과 맞상대할 만한 조직화된 보병을 만들지는 못했음이 분명하지만 이 수레 요새 덕에 때로는 유리한 상황에서 공세를 취할 수 있게 되었다. 상대방 군대의 성격상 이 이단자異端者들은 그 정도 공세행동으로도 충분히 결정적인 승리들을 거둘 수 있었고 때로는 무적無敵의 군대라는 명성을 얻을 수도 있었다.

다른 경우나 마찬가지로 후시테 전쟁도 병력수에 관한 잘못된 기록으로 인해 올바른 이해가 어려운 것은 사실이지만 우리의 예상과 달리 이 전쟁은 병력수가 너무 크게 과장되어 있지 않은 예외에 해당한다. 더 특이한 것은 게르만 연대기 年代記들에는 후시테에게 패배한 게르만군 병력수가 과장되어 있는 점이다. 패배한 측에서 훨씬 숫자가 적은 상대방에게 패배했음을 인정했을 때는 누구나 이를 신뢰성 있는 기록으로 보는 경향이 있음은 분명 아주 자연스런 일이다. 그러나 이 경우는 그런 경우도 분명히 아니다. 후시테에 대한 공포심과 슬픔으로 인해 게르만 연대기 작가들은 패배를 인정하며 자기 측 병력수를 너무 과장함으로써 자학적自虐的 쾌락을 택한 것이다.17) 어느 참전자의 증언에 의하면 서기 1421년에 에게르Eger를 거쳐 보헤미아를 침공해서 사츠Saaz로 이동했다가 지스카Ziska가 보헤 미아군을 이끌고 접근하자 전투를 회피했던 제2차 기독교도 군대의 병력이 기병 100,000명과 "수레 및 보병부대들"로 구성되어 있었다 한다.18) 흔히 이 기록에 동의하며 그들이 200,000명 이상이었다는 기록도 있다고 한다.19) 그러나 우연히 보존되어 있는 한 서신書信에는 사자使者들이 그들의 병력수를 평가한 후 "우리는 기사騎士 부대에 4,000명의 기사騎士와 크네크트Knecht(역자 주: 기사騎士를 수행하는 보병)들이 있음을" 발견했다는 구절이 있다.20) 이들 외에 다른 보병들도 있었을 것이므로 이 수치는 정예부대만을 말한 것이 분명하다. 그러나 사츠Saaz 시市가 여러 주일 동안 용감히 맞서자 개별 분견대들은 스스로 떠났고 나머지 병력만으로는 접근

---

17) 이는 에른스트 크로커Ernst Kroker의 뛰어난 논문인 "작센족과 후시테 전쟁Sachsen und und die Hussitenkrieg" (《작센 역사 신보新報 Neues Archiv fr sachsische Geschichte》, 제21권, 1901년, 1쪽 이하)에 의한 것이다. 다음의 인용구들 역시 이 논문과 베졸트Fr. von Bezold의 《《시기스문트 황제와 게르만 제국의 후시테 전쟁König Sigismund und die Reichskriege gegen die Hussiten》(서기 1872~1877년)에서 인용한 것이다.
18) 《게르만 제국 의회 법령집Deutsche Reichstagsakten》, 제Ⅷ권, No. 93.
19) 팔락키Palacky, 《보헤미아 역사Geschichte Böhmens》, 제Ⅲ편, 제Ⅱ권, 250쪽.
20) 《게르만 제국 의회 법령집Deutsche Reichstagsakten》, 제Ⅷ권, No. 94.

중인 보헤미아군을 상대할만한 병력이 되지 못하자 결국 철수했다.

시기스문트Sigismund 황제는 서기 1426년 뉘른베르크 의회에서 6,000글레베Glebe/gleve(역자 주: 1명의 기사騎士와 그 수행 인원들을 통칭하는 말로서 군대의 병력수는 보통 글레베 단위로 계산되었다. 앞의 269쪽 참고)를 소집했지만 영주領主들은 그런 큰 병력을 게르만 지역에서 집결시킬 수도 없고 보헤미아에서는 식량을 해결할 수 없다고 대답하며[21] 3,000 또는 4,000글레베만 제공하려고 했다. 이 중에 1,000글레베는 도시들이 제공하도록 했지만 도시들은 그 비슷한 숫자의 병력도 제공하려 하지 않았다.[22]

게르만군이 후시테에게 패배한 가장 크고 치열했던 전투는 오씨그Aussig 전투 (서기 1426년 6월 16일)였다. 게르만군은 자신들에게 충성하던 이 도시가 후시테들에게 포위되자 구원하러 갔다. 이때 게르만군은 거의 메이쎈Meissen과 튀링겐Thüringen/Thuringia 병력이었고 로시츠Lausitz 병력도 일부 있었다. 확인된 기록에 의하면 그들의 주력은 기병 1,106명 등 총 8,000명이라 하며 나머지의 분견대들까지 합해도 12,000명은 넘을 수 없었을 것이다. 아주 널리 인정되는 평가에 의하면 후시테의 병력은 25,000명이었다고 하지만 두 부류의 타보리테와 프라하 징집군이 동시에 동원되었다고 해도 이는 너무 많은 수치이다. 하지만 여하간에 후시테 측 병력이 현저히 우세했다. 작센Sachsen/Saxons의 여선제후女選帝侯가 떠나는 전사戰士들에게 연설하면서 "적이 숫자가 많다고 머뭇거리거나 두려워하면" 안 된다고 한 말은 옳은 말이다. 그러나 같은 연대기年代記에서는 작센 병력을 100,000명이라고 했고 마티아스 되링Mattias Döring은 게르만군이 보헤미아군의 5배였다고 주장한다.[23]

작센군은 적은 병력을 가지고 후시테의 수레요새를 덮치려 했고 한 곳을 돌파하기도 했었지만 프로코피우스Procopius가 그의 병력을 이끌고 출격을 나오자 결국 큰 피해(3,000~4,000명)를 입고 패배했다.

어느 연대기에 의하면 서기 1427년에는 브란덴부르크 선제후 프리드리히 I세가 다시 보헤미아를 침공했는데 그 병력수가 160,000~200,000명에 달했다고 한다.[24] 그러나 빈데케Windecke의 《시기스문트의 생애Leben Sigismund》에서는 이때도 이 군대가 "매우 작은" 군대였다고 하며 이 출정에 참가했던 스토펠Heinrich von Stoffel 휘하의 기사騎士가 야전숙영지에서 울름Ulm의 시위원회市委員會에 보고한 내용 중에도 같은 말이 있다. 이들은 미에스Mies라는 작은 마을을 포위했다가 후시테가 접근하자 선제후와 잉글랜드 추기경이 버티려고 큰 노력을 했음에도 불구하고 도주했다.

---

21) 《게르만 제국 의회 법령집Deutsche Reichstagsakten》, 제Ⅷ권, No. 390.
22) 베졸트Bezold, 《시기스문트 황제와 게르만 제국의 후시테 전쟁König Sigismund und die Reichskriege gegen die Hussiten》, 제Ⅱ편, 78쪽.
23) 리델Riedel, 《브란덴부르크 문서 사본집寫本集Codex Diplomaticus Brandenburgensis》, 제Ⅳ편, 제Ⅰ권, 210쪽.
24) 베졸트Bezold, 《시기스문트 황제와 게르만 제국의 후시테 전쟁König Sigismund und die Reichskriege gegen die Hussiten》, 제Ⅱ편, 110쪽.

　　서기 1431년에 게르만 의회는 8,200글레베Glebe/gleve 이상의 징집군을 동원하기로 결정했지만 이 수치는 애초부터 환상에 불과했다. 이중 일부가 부르고뉴, 사보아Savoyen/Savoie 및 게르만 기사단deutschen Orden(역자 주: 튜튼 기사단Teutonic Order라고도 함)에 할당되었지만 그들이 병력을 보내지 않을 것을 의회는 처음부터 알고 있었다. 더욱 환상적인 것은 기병 외에 가까운 지역들은 주민 25명 당 1명씩, 좀 먼 지역들은 50명 당 1명씩을 보병으로 동원하기로 결정한 부분이다.25) 이때 실제로 집결된 병력이 얼마였는지 판단할 근거를 필자는 발견하지 못했다. 우리들에게 익숙한 기준을 적용한다면 연대기들에 기록된 수치(일례로 보병 90,000명과 기병 40,000명)는 전혀 믿을 수 없는 수치이다. 백작령伯爵領/Pfalz과 헤센Hessen/Hesse 등 제국의 여타지역들은 분견대를 전혀 보내지 않았으며 오스트리아와 작센은 다른 지역을 공격 중이었다고 해도 이때 브란덴부르크의 프리드리히 I세가 다시 이끌고 나간 황군皇軍은 서기 1427년에 그가 미에스Mies로 갈 때 거느리고 간 병력보다는 훨씬 많았을 수 있다. 그러나 이때 타우스Tauss에서 후시테와 만나자 미에스에서 그랬던 것 같이 이번에도 도주한 이들이 상대방인 후시테보다 병력이 더 많았는지 여부를 필자로서는 결정할 수가 없다.26)

　　당시 게르만 제국의 조직이 처해있던 상황을 고려해 보면 강력한 게르만 황제라도 많은 병력을 집결시키지는 못한 것에 대해 우리는 놀랄 필요가 없다. 당시에는 진정 게르만 제국 소속인지가 불분명한 도시와 지역들이 많았으며 제국은 완전히 해체되어서 확실하고 지속적인 체제가 존재하지 않았다. 제국의회에서는 후시테와 전쟁을 하기로 결정했어도 마인쯔Mainz와 쾰른Köln/Cologne 선제후選帝侯들은 헤센Hessen/Hesse에 대해 선전포고를 했다(서기 1427년). 서기 1428년 후시테와 전쟁을 하기 위한 세금이 공포되었을 때 아우그스부르크Augusburg의 주교主敎 같은 경우는 관할 지역의 성직자들로부터 3,000굴트Guld/guilder를 거두었지만 이를 제국으로 보내지 않았다. 그 자신이 아펜젤러Appenzeller 전쟁에 휘말려 있었기 때문이다. 중앙국고로 약간의 돈을 보냈다 해도 이 돈은 세금을 내지 않으려 버티는 자들에게 경고하기 위한 특사特使 파견 비용으로 다 들어갔다. 영주領主건 귀족이건 자유민 시민이건 누구도 아무 것도 내지 않았기 때문이다. 당대인들의 표현에 의하면

---

25) 이때의 논의에서 흥미 있는 부분은 중요한 숫자 문제에서 그들이 큰 혼란을 겪고 있는 점이다. 10명 당, 12명 당, 또는 13명 당 1명 씩 보내야 한다는 제안이 있었지만 울름Ulm에서 온 사람들은 100명 중 단 1명만 무장시켜도 큰 병력이 된다고 생각했다. 그러나 서기 1428년에는 4명 당 1명을 무장시키기로 계획했다. 에르벤W. Erben, "후시테 전쟁 당시 알브레흐트 Ⅴ세의 징집Das Aufgebot Albrechts V. von Oesterreich gegen die Hussitien," 《오스트리아 역사연구회 보고서Mitteilungen des Instituts für Oesterreichische Geschichts-forschung》, 제23권, 서기 1902년, 264쪽.

26) 베졸트Bezold의 《《시기스문트 황제와 게르만 제국의 후시테 전쟁König Sigismund und die Reichskriege gegen die Hussiten》, 제Ⅲ편, 144쪽에서는 이 군대의 병력수를 100,000명으로 보나 이는 충분한 근거가 없는 말이다. 크로커Kroker는 이 전투를 논하지 않았다.

그들은 "내지 않은 것도 낸 것도 아니었다"고 한다.[27]

바로 이런 시기에 어떻게 연대기年代記 작가들은 게르만 군대를 거대한 군대였다고 기록할 수 있었을까?

인간의 과장하는 습관은 근절될 수 없다. 너무 큰 패배가 돼서 이를 감출 수 없으면 다른 방향으로 왜곡이 이루어진다. 오만한 태도로는 도저히 위안이 되지 못하는 경우에는 비통悲痛 속에서 위안을 찾게 된다. 후시테는 브란덴부르크 선제변경주選帝邊境州/Kurmark에 단 한번 간 일이 있다. 서기 1432년 그들은 베르나우Bernau의 강력한 성벽 앞에 하루 동안 서 있다가 공격했지만 성과가 없자 철수했는데 전투에서 패한 것은 아니었다.[28] 그들은 작센에도 엘베Elbe강 좌안左岸과 우안右岸에 한번 씩 간 적이 있다. 그러나 나움부르크Naumburg까지 진출한 적은 결코 없다.

후시테가 수레요새로 큰 효과를 얻는 것을 본 게르만군은 이를 모방해 보았지만 양측 군대가 모두 수레요새로 싸우며 서로 상대방에게 공격을 미루는 흥미 있는 드라마가 펼쳐지지는 않았다. 오씨그Aussig에서는 작센군이 지체 없이 보헤미아군을 공격했지만 서기 1429년과 1431년에 십자군은 보헤미아군이 도착하기 전에 꽁무니를 뺐다. 그러나 보헤미아군이 게르만 지역을 침공했을 때 게르만에는 가용병력이 없었고 그들은 오로지 요새화된 지역만 방어했다.

이런 식으로 공세적 전역에서도 순수한 방어전술만 운용되었다.

수레를 이용한 포위, 복잡한 대형, 사슬로 묶은 수레의 이동, 굴러가는 요새 등 전설傳說이나 후일의 기록들이 빠져 든 조잡한 환상들은 원천적으로 수레요새들이 공격 시에도 이용되었다는 한 가지 오류에서 기인한 것들이다. 수레요새는 아직은 개활지에서 감히 기사騎士들을 상대할 수 없던 보병을 위한 방어 시 보호장치에 불과했을 것이다. 수레요새는 공격 시 사용하기에는 너무 거추장스러운 것이므로 이런 전술은 더 이상 발전할 수가 없었다. 병법사兵法史의 관점에서는 후시테의 전투방법을 한 발전단계라고 볼 수는 없으며 그저 일화逸話에 불과한 것이다. 이런 수레요새가 공격에 가담했었다는 잘못된 믿음은 이 시대의 가장 중요한 원사료原史料인 에네아 실비오Enea Silvio의 글에서 이미 실제 발견된다. 그러나 가장 훌륭하고 정확한 기록을 수집할 수 있는 위치였던 에네아 실비오는 그런 현실들에 대한 평가를 너무 소홀히 한 결과 자신의 환상에 의해 진짜처럼 만들어 놓은 모습이 무엇인지를 역사적 관점에서 구체적으로 이해할 수가 없었다.

---

27) 베졸트Bezold, 《《시기스문트 황제와 게르만 제국의 후시테 전쟁König Sigismund und die Reichskriege gegen die Hussiten》, 제II편, 153쪽.

28) 셀로Sello, "후시테의 브란덴부르크 변경주邊境州 침공Die Einfälle der Hussitien in die Mark Brandenburg," 《프로이센 역사지歷史誌 Zeitschrift für Preussische Geschichte》, 제19권, 서기 1882년, 614쪽. 이 논문은 애국심으로 인해 역사적 사건들이 얼마나 과장될 수 있는지를 알고자 하는 사람이라면 누구나 한번쯤은 읽어 볼만한 가치가 있는 대표적인 논문이다.

그는 용감한 사람들은 적에게 돌진해서 공격한다는 그 시대의 일반적 사고방식에 따라 수레요새가 공격에 이용되어 승리했다는 이 유명한 이야기를 사실로 보고 이에 따라 자신의 설명을 전개해 나간 것이다.

게르만군은 보다 강력한 전투방법을 창안해 내서 후시테를 상대하지 못했다. 그러나 후시테 역시 비록 패하지 않았지만 주변세계 전체를 종교적으로 상대할 만한 정치적 조직을 구성하지 못했고 이로 인해 내부반발이 생겼다. 처음에는 문명세계 지도자들을 넘어뜨리고 스스로 10년 동안 지도자가 되었던 두 후시테군은 결국 백성들에게 참기 힘든 존재가 되었다. 이에 귀족들과 프라하 등 도시들이 규합해서 군대를 일으켜 서기 1434년 리파니Lipany에서 두 후시테군을 격파했다. 이때 양측 수레요새들이 마주보고 대치하다 결국 의회파議會派 군대가 공격을 시도했다. 그들은 일종의 위장 도주를 위해 뒤로 이동해서 타보리테Taboriten/Taborites들을 수레요새 밖으로 유인해 낸 다음 기사騎士들이 타보리테들의 기병을 밀어붙여 격파했다. 그들은 이어 수레요새를 덮쳐 수레요새 안에 있던 나머지 타보리테들까지 격파했다.[29]

스스로의 호칭대로 "형제부대Bruderrotten" 또는 "제브라켄Zebracken/Zebracki"이라고 불리던 타보리테 잔당殘黨들은 용병傭兵이 되어서 게르만 전역은 물론 폴란드와 형가리까지 돌아다니며 이 지도자 저 지도자 밑에서 15세기 내내 계속 존속했다.

---

29) 이 전투의 실제 경과는 대략 이런 식으로 흘러갔을 수 있다. 불프Max von Wulf, 《후시테의 수레 방벽 *Die Hussitische Wagenburg*》, 55쪽 이하; 쾰러Köhler, 《기사騎士 시대의 전쟁과 용병술用兵術의 발전*Entwickelung des Kriegswesen und der Kriegsführung in der Ritterzeit*》, 제Ⅲ편, 제Ⅲ권, 394쪽.

부 기附記

불프Max von Wulf는 후시테군의 각종 수치를 평가하면서 상황묘사를 위해 기병 600명이 포함된 6,000명 정도의 좀 규모 큰 독립부대를 가정해 보았다(《후시테의 수레 방벽Die Hussitische Wagenburg》, 35쪽). 후일의 기록들에 의하면 15~20명이 수레 1대를 담당했고 수레 1대의 실제 수비병력은 10명이었다고 한다. 그렇다면 6,000명의 군대에는 수레 300대가 있었던 것이 된다. 이 수대들이 4개 종렬縱列로 움직이며 바깥쪽 2개 종렬縱列은 안쪽 2개 종렬縱列보다 길이가 1.5배정도 되었었다면 바깥쪽 종렬縱列에는 수레가 90대씩 있게 된다. 각 수레를 4마리의 말이 끌었던 것으로 보고 행군 시 앞뒤 수레 간 간격을 40ft로 보면 행군장경은 3,600(=90x40)ft 즉, 약 1km가 된다. 숙영할 경우 바깥쪽 2개 종렬縱列에 배치된 총 180대의 수레가 수레요새의 바깥쪽 벽이 되고 각 수레의 길이는 10ft 정도이므로 앞뒤로 2개의 출격구出擊口가 있는 이 요새 또는 숙영지의 둘레는 약 2,000ft, 면적은 250,000 평방ft 또는 25,000㎡가 된다.

그러나 위의 수치들은 보급수레는 고려하지 않은 것이다. 필자는 6,000명 규모 군대라면 그 보급대열도 규모가 컸을 것이므로 그 정도 숙영지는 너무 작다고 본다. 후일의 수레요새 규정은 전투수레 부분인 안쪽 2개 종렬縱列은 제2의 내부 수레요소를 형성하게 했는데 필자에게는 이런 규정은 현실적으로 매우 의문스런 규정으로 보인다. 모든 전투수레들은 수레요새를 구축하게 하고 내부에는 화물 및 식량 수레들이 제2의 원圓을 만들도록 하는 것이 보다 합리적이었을 것이다.

15세기 이후에는 많은 수레요새 규정들이 발견되는데 옌스Max Jähns의 《군사사軍事史 편람Handbuch einer Geschichte der Kriegswesens von der Urzeit bis zur Renaissance》, 943쪽(또한 897쪽) 및 《독일 군사학사軍事學史Geschichte der Kriegswissenschaften vornehmlich in Deutschland》, 제Ⅰ편, 304쪽에서 이 규정들이 요약되어 있다. 불프Max von Wulf의 《후시테의 수레 방벽Die Hussitische Wagenburg》, 9쪽도 참고할 것. 그러나 우리는 이 규정들을 조심해 다루어야 한다. 이런 이론들이 실제 얼마나 실행에 옮겨졌는지 매우 불확실하기 때문이다. 필리프Philip von Seldeneck의 서기 1480년경 글인 〈야전에서 적을 상대할 때와 적에 의한 비상시의 수레요새 정렬 및 이용notdrusst ordenung und geschick der wagenburck in ein feldt zu denen Beind und von denn Beindenn〉에서는 예를 들어 수레 밖 병사들을 수레요새 바깥쪽 종렬縱列들에 배속시킨 후 젖은 짚단을 태우게 해서 많은 연기를 내게 함으로써 적이 수레요새의 기동을 눈치채지 못하게 해야 한다고 권장하고 있다. 또한 산지山地의 언덕은 밤에 넘어가는 것이 최선이라고 권장하고 있는데 이때 병사들로 하여금 작업을 하면서 곡괭이 같은 것으로 땅바닥을 두들기게 해서 수레요새를 보강하고 있는 것처럼 적에게 들리게 하면서 실제로는 언덕을 넘어 철수하라고 했다.

《총포편람Büchsenbuch》이라는 책자(서기 1443년)에는 다크스베르크Augustinus Dachssberg가 그린 "방앗간 주인과 총포수銃砲手"라는 삽화가 그려져 있는데 이 삽화에 삼각형 수레요새 모습이 보인다. 이 삽화에는 다음 같은 설명문이 있다.

현명한 전사戰士는 수레들을 잘 정렬시켜야 한다. 가장 앞에 1대, 그 다음에 나란히 2대, 그 다음에 3대, 4대 이런 식으로 그의 군대의 크기에 따라 수레들을 정렬시켜야 한다. 기병들도 참여해야 하며 모든 것들을 삼각형이 되도록 정렬시켜야 한다. 이런 대형이 깨지면 그대는 혼란에 빠지게 된다.

다음은 에네아 실비오Enea Silvio의 기록 중 후시테의 전투방법에 관한 구절이다.

보헤미아족의 역사.

그들은 식량 구입 때 외는 도시에 잘 들어가지 않았다. 그들은 처자식과 함께 숙영지에서 살았다. 그들은 가능한 많은 수레들을 갖고 있었고 이를 장벽으로 사용했다. 그들이 전투에 나갈 때는 두 수레들(수레의 종렬縱列들?)이 양 측면을 만들어 중앙의 보병들을 둘러쌌다. 기병들은 이 요새 바깥에 가까이 있었다. 그들은 원하는 적의 일부가 서서히 포위된 후 전투에 합류하는 것이 적절할 것으로 보이면 측면을 통제하는 수레 조종수들은 지휘관 신호에 따라 수레의 열들을 함께 묶었다. 이로써 자기 측 병력들의 도움을 받을 수 없게 된 적은 보병들의 칼날이나 수레 위에 있는 남녀의 투사물에 의해 포로가 되거나 살해되었다. 기병들은 요새 밖에서 싸웠는데 이 기병들이 누구에게 공격을 받으면 곧 수레가 열리고 후퇴하는 이들을 받아들였다. 그들은 그 후 마치 도시 성벽을 방어하듯 방어했고 이런 식으로 가능한 많은 승리를 얻을 수 있었는데 이는 인접국가들은 이러한 전투방법에 대해 잘 몰랐고 시면이 트인 그 북쪽 지역들은 2필 또는 4필의 말이 끄는 수레들의 대열이 전개하기에 적합한 것으로 보였기 때문이다.

(원문)

Muro circumdatas urbes nisi necessariorum emendorum gratia perrato ingre야, cum liberis et uxoribus in castris vitam agere. Carros quam plurimos habere, his pro vallo uti. Procedentes ad pugnam duo ex his cornua fesere, in medio peditatum claudere, alae equitum extra munitiones prope adesse. Ubi congredi tempus visum, aurigae, qui cornua ducerent, ad imperatoris signum comprehensa sensim, qua voluerunt, hostium parte, ordines quadrigarum cintrahere; intercepti hostes, quibus sui subvenire non possent, partim gladio a peditatu partim missilibus ab his, qui erant in carris, viris ac mulieribus necari, Equitatus extra munimenta depugnare, quem si forte quis oppressisset, fugientem mox aperti currus excipere indeque velut ex civitate moenibus cincta defendi, eoque modo victorias quam plurimas consequi, cum eam pugnandi peritiam vicinae gentes ignorarent et ager ille Septentrionalis late patens ad explicandas bigarum quadrigarumve ordines peridoneus haberetur.

또 다른 구절인 〈알폰세 왕에게 보내는 비망록Commentarii od Alphonsum regem〉, 제Ⅳ권, 44쪽에는 이렇게 쓰여 있다.

그들의 지역이 매우 평평하고 도랑이 거의 없는 보헤미아족은 기병과 보병을 수레들로 둘러쌓다. 사실상 그들은 적을 투사물로 몰아내기 위해 성벽 위에 있게 한 것 같이 병력을 이 수레들 속에 집결시켰다. 그들이 전투를 시작할 때는 이 수레들로 양 측면을 만들었고 전투원의 숫자와 각 방면의 소요에 따라 이 수레들을 전개시켰다. 그들은 후면과 양 측면이 엄호를 받으며 전면에서 싸웠다. 그 사이에 수레 조종수들은 수레를 서서히 전진시켜 적의 전선戰線을 포위하려 했다. 이렇게 포위하면 그들은 분명히 승리했는데 적을 사면에서 타격 할 수 있었기 때문이다. 또한 이렇게 기술적으로 결합된 수레들은 도주할 때건 적을 추격할 때건 상황에 따라 그들이 원할 때는 언제이건 어느 부분이건 지휘관의 명령에 따라 열릴 수 있게 되어 있었다.

(원문)

Bohemi, apud quos multa plana, raras fossas invenias, equitatum peditatumque omnen intra currus claudunt, in curribus vero quasi moenibus armatos collocant, qui missilibus hostem arceant. Cum praelium committitur ex curribus quasi duo cornua efficiunt eaque pro multitudine pugnatorum et loci necessitate explicant, retroque et a lateribus tecti in fronte pugnant, interea paulatim aurigae procedunt, hostiumque acies circumvenire atque includere conantur. Quo facto haud dubie victoriam parant, cum hostes undique feriantur. Est quoque plaustrorum compages ea arte composita, ut ad Imperatoris jussum, qua velit et quando velit aperiatur sive ad fugam sive ad insequendos hostes ratio postulaverit

전투수레에 관한 정보를 최초로 체계적으로 수집한 문서는 예비역 중령 캄비Kammby가 스프링거Springer 출판사의 위촉에 의해 서기 1864년 출간해서 전술가들과 말馬 애호가들에게 헌정한 《전투수레. 그 독특한 모습과 이용에 관한 평가 및 역사적 연구Der Streitwagen. Eine Geschichtstudie nebst Betrachtungen über die Eigenschaften und den Gebrauch des Streitwagen》라는 소책자이다. 이 글은 원사료原史料들 대신 2차 사료로부터 정보와 참고자료를 얻은 부분이 흔하고 역사적 평가도 거의 없지만 매우 흥미 있는 글이다. 스프링거는 현실적 목적에 관심을 두고 기병과 보병의 장점을 혼합해서 양자의 중간쯤 되는 병종兵種을 만들어 장차 전투수레를 활용할 수 있는 가능성을 지적하고 있다. 상황에 따라 수레로 수송한 보병들이 매우 유용할 수 있음을 우리는 쉽게 이해할 수 있다. 그러나 예비역 포병장교로서 유능한 수레 조종수였던 그가 진정한 기병 임무를 수행함에 있어 이런 수레가 기병과 경쟁할 수도 있을 것으로 믿는 것을 보고 필자는 놀랐다. 이 글은 후시테의 수레 문제 이해에는 도움이 되지 않는다. 자신의 어설픈 개념에 사로잡힌 스프링거는 사료들을 어느 정도 그런 의미로 해석했고 에네아 실비오Enea Silvio의 환상으로부터 전혀 불가능하고 역사적 배경도 거의 없는 또 다른 환상을 이끌어 내고 있기 때문이다. 그는 후시테의 수레를 충격행동으로 적의 밀집대형을 격파하는 기병과 동일한 임무를 수행하는 전투수레로 보았다.

제V장 콘도티에리, 칙령중대, 자유궁수

백성들을 징집한 군대와 바쌀Vassal(역자 주: "가신家臣"으로 통상 번역된다. 구체적 의미에 대해서는 이 책 제II편, 제IV권, 제IV장 참고) 군대 및 용병傭兵 군대라는 세 부류의 중세 전사戰士들 중 용병傭兵 군대가 가장 강했음이 입증되었고 이들은 점차 증가해서 거의 이들의 세상이 되다시피 했다. 그러나 그 발전과정이 우리가 주로 다루고 있는 4개국 즉, 게르만, 이태리, 잉글랜드 및 프랑스의 경우에 각각 일정한 차이가 있었다. 용병傭兵 체계가 가장 먼저 또 가장 크게 발전한 곳은 잉글랜드지만 잉글랜드 용병傭兵들이 가장 많이 활동한 곳은 잉글랜드 섬이 아니고 프랑스 지역이었다. 잉글랜드의 왕들은 프랑스에서 카페Capet 왕조의 주요 바쌀 및 경쟁자들과 100년 전쟁을 치렀고 이 과정에서 프랑스 역시 용병傭兵 병력을 끊임없이 늘여갈 수밖에는 없었다.

게르만 제국도 13~15세기에 불화와 내전이 계속되었지만 이태리나 프랑스 같지는 않았다. 게르만 도시들은 이태리 도시들 같이 독립된 도시국가로 발전하지 않고 경제 지향적이며 평화스런 성격을 유지했기 때문이다. 게르만 도시동맹 중 가장 크고 중요한 한자Hansa 동맹은 자신의 이름으로는 전쟁을 하지 않았다. 게르만 자치시自治市들이나 이들의 동맹이 서로 싸우던 전쟁은 이태리 자치시들이 때로는 영주領主들을 상대로 때로는 서로 싸우던 전쟁보다는 강도가 훨씬 약했다. 결국 용병傭兵으로 전쟁터를 돌아다닌 게르만 병사들은 취업기회를 게르만 제국 밖 즉, 잉글랜드와 프랑스간 전쟁이나 특히 이태리에서의 전쟁에서 찾아냈다.[1]

이태리의 경우 전사戰士 계층이 호헨스타우펜Hohenstaufe/Hohenstaufen 전쟁(역자 주: 앞의 제V장, 제V장 참고) 기간 중 이미 상당한 정도로 용병傭兵들로 변했다. 프라이징Otto von Freising 주교主敎가 이태리 도시들은 장인匠人의 아들도 기사騎士가 된다고 비웃었지만 (역자 주: 앞의 233쪽 참고) 그의 말은 근거가 없다. 전쟁이 가장 치열했던 때는 가끔 백성들을 무장시켰지만 이는 일시적으로만 가능한 일이었다. 호헨스타우펜 왕조와 전투는 한편으로는 서로 경쟁하던 자치시들 간 경쟁이었고 다른 한편으로는 자치시들 내의 당파黨派들 간 투쟁이었다. 따라서 이 혼란기는 호헨스타우펜 왕조의 몰락으로 끝나지 않고 구엘프Guelfen/Guelphs와 기벨린Ghibellinen/ Ghibellines이라는 옛 당파들의 이름으로 여러 세대를 이어갔다. 이로 인해 자연히 시민들은 정치문제에 지쳤고 용병 지도자들에게 정치권력이 넘어가서 이 용병 지도자들은 점점 더 큰 권력을 갖게 되고 계속 그 독립성이 증대했으며 급기야 자신을 고용한 정치권력

---

1) 니제H. Niese는 이태리의 게르만 기사騎士에 관해 "이태리 문서고의 사료와 연구서들Quellen und Forschungen aus italienischen Archiven"(《역사협회Historisches Institut》, 제8권, 서기 1905년, 217쪽 이하)에 수록된 원사료原史料들을 근거로 연구서 한 편을 발표했다.

으로부터 벗어나게 되었다. 용병들은 견고한 집단들을 형성해서 지휘관과 하급 지도자들을 선출하는 우애집단友愛集團이 되기도 했고 용병들을 모집해서 휘하에 거느리는 대장隊長인 콘도티에리condottieri의 종자從者/Gefolgschaft가 되기도 했었다. 이런 무리들과 그 지도자들은 이곳저곳 돌아다니면서 복무하면서 자신들을 독립된 병력으로 생각했다. 이제 상황은 게르만족의 전사왕戰士王이나 씨족氏族집단이 각지를 돌아다니면서 주민들의 재산을 불태우고 노략질하면서 그들을 자신들의 지배 하에 두던 민족대이동民族大移動/Völkerwanderung(역자 주: 이 책 제II편, 제II권 참고) 당시 상황과 다시 비슷해졌다. 로마의 게르만족 용병 지도자 오도아케르Odoaker/Odoacer나 6~7세기의 롬바르디Longobard/Lombardy 영주領主들 같이 14세기에는 용병 무리를 이끄는 씨족 추장 즉, 콘도티에리들이 과거에 그들을 고용했던 도시의 지도자로 변했다. 밀라노Mailand/Milan의 비스콘티Visconti, 베로나Verona의 스칼라Scala/Scalas, 만투아Mantua의 보나코르시Bonacorsi와 그의 뒤를 이은 콘자가Conzaga/Conzagas, 페라라Ferrara의 에스테Este/Estes, 리미니Rimini의 말라타스타Malatesta/Malatestas 그리고 볼로나Bologna의 페폴리Pepoli 같은 인물이 바로 그런 콘도티에리였다. 여타 용병 지도자들은 슈바벤Schwaben/Swabia 기사騎士인 베르너Werner von Urslingen 영주領主가 만든 완벽한 강탈强奪 체계에 만족했다. 이태리인들이 구이르네리오Guarnerio라고 부르고 그의 조상들이 한때 호헨스타우펜 왕조 밑에서 스폴레토Spoleto 영주領主를 지냈기 때문에 영주 호칭을 지니고 있던 베르너는 피사Pisa 시민들이 한때 루카Lucca 시市의 패권을 놓고 피렌체Florentiner/Florentines 와 전쟁할 때 고용했던 전사戰士 무리의 지도자였다. 평화협정이 체결되자 피사 시민들은 이 용병들을 어떻게 내쫓을지 걱정했다. 결국 그들을 단순히 해고하면 자신들에게 위험이 초래할 수도 있으므로 그들에게 해고상여금을 지급하며 적지敵地로 가서 그곳 백성들의 비용으로 생활하라고 말해주는 방식이 채택되었다. 용병들은 이런 제안에 만족했고 부사관Konstablern/Constables과 분대장Korporalern/Corporal들을 지휘관Kommandanten으로, 베르너를 최고지휘관으로 삼아서 단일 조직화된 자유군대로 계속 함께 남아있기로 결정했다(서기 1342년 9월). 그들은 자신들의 호칭을 "그랑 꼼빠냐la gran compagna"("큰 중대中隊die grosse Kompagnie")라고 했고 주민들에게 행군비용을 강요하면서 비용을 얻지 못했을 때는 그들의 재산을 약탈하고 불지르고 그들을 고문해서 숨겨놓은 금고를 빼앗아 가며 반년 동안 이곳저곳 돌아다녔다. 그의 부하들의 분노를 잠재워 주도록 이 지도자에게 불평하거나 항변해보았자 언제나 쇠귀에 경 읽기였다. 그는 자신을 "하느님과 자비와 동정심의 적"이라고 불렀다. 돈 모양으로 생긴 것이나 가치 있는 물건이나 무기, 말 등은 모두 그들의 손아귀에 들어갔고 그들은 이를 사전약정에 따라 분배한 결과 나중에는 각자 꽤 큰 재산을 챙겨 조직을 떠났다.

프랑스는 영국과 100년 전쟁 기간 중 양측에 모두 생긴 대규모 용병 무리들로 인해 이태리의 경우보다 더 큰 고통을 겪었고 주변 민족들 중 호전적이고 약탈을 일삼는 인간쓰레기들의 표적이 되었다.

용병들은 처음부터 공식적인 보수뿐 아니라 전리품 및 특히 포로 속환금贖還金의 분배를 약속 받았다. 그들은 받은 보수가 적을수록 스스로 보수를 확보하려 했다. 그들은 수비를 맡았던 도시들을 왕에게 다시 반환하려 하지 않았다.

이런 무리들은 대개 왕을 위해 복무하지 않고 마치 중세의 봉건영주들 같은 지위를 차지한 조직이 되었다. 이 조직은 한번 생겨나면 제멋대로 규모를 늘여 그들이 통과하는 지역 또는 그들이 탈취한 요새화 된 지역들을 근거로 자신들이 지배하게 된 지역들을 그들의 생활기반으로 만들었다. 그들은 모든 지주地主들을 독립세력으로 취급하고 이들에게 토지를 보존하려면 보수를 지급하라는 공갈을 일삼았으며 자신들의 요구가 충족되면 떠날 것을 약속했고 그렇지 못할 경우는 도시와 농촌을 약탈했다. 그들은 고용되어 전쟁터로 나갈 경우에도 보수를 받지 못하면 복종을 거부했다. 그러나 전쟁이 끝나면 그들은 독립적으로 각 지역을 떠돌며 약탈을 일삼고 이곳저곳 지도자들을 찾아 전쟁터를 돌아다니던 베르너 Werner von Urslingen 같은 공포의 대상이 되었다. 브레티니Bregtiny 평화협정(서기 1360년) 체결 이후 프랑스에서 이 "강탈자强奪者"들의 제거 문제가 대두되었을 때 아비뇽 Avignon에서 살면서 자신도 그들로부터 위협을 받고 있던 교황 우르반Urban Ⅴ세는 이들을 십자군으로 소환해서 선한 목적에 쓰려는 거창한 계획을 세웠다. 그는 게르만 황제 카를Karl/Charles Ⅳ세 및 헝가리 왕 루드비히Ludwig/Louis와 그들의 영토를 통과하기로 합의했다. 기독교 세계에 이보다 더 도움이 될 일은 없었다. 계획대로만 되면 서구西歐는 이방인들로부터 보호를 받는 동시에 강탈자가 된 보호자로부터 해방될 수도 있었다. 그러나 강탈자들이 이 제의에 동의하지 않자 교황은 그들을 엘사스Elsass/Alsace, 스위스(서기 1375년) 및 스페인으로 끌고 가기로 했다.[2] 과거 잉글랜드 군기軍旗 아래 싸웠던 자들이 이제는 프랑스군을 위해 서슴없이 복무하는 경우도 있었다. 그들은 국적이 잉글랜드, 프랑드르Flandern/Flandre, 게르만, 프랑스 등 어느 곳이건 간에 완전한 국제적 시각을 지니고 있었다.

후일의 이런 운동의 결과 큰 전쟁의 잔재인 강탈자들은 약화되고 개인적으로 고향으로 돌아가 평범한 직업을 갖게 되었다. 그러나 새 전쟁이 발발하면 징집 병력만 가지고 국가를 방어할 수 없는 상황이 되어 또다시 용병傭兵을 고용하게 되고 다시 전쟁이 끝나도 전쟁 때 고용한 용병傭兵들을 내쫓을 수 없었다.

---

2) 보트R. Bott, "앙겔-프랑스 용병중대들의 엘사스 전역戰役과 스위스 전역Die Kriegszüge der englisch-französischen Soldkompagnien nach dem Elsass und der Schweiz," 할레Halle 대학교 학위논문, 서기 1891년.

그러나 큰 전쟁은 물론 전적으로 프랑스 땅에서만 있었기 때문에 잉글랜드는 이런 골칫거리를 피해갈 수 있었다. 게르만 제국도 프랑스의 강탈자 무리들이 수시로 국경을 침범하는 정도에 그쳤다. 이태리의 경우는 앞서 보았듯이 이런 무리들의 지휘관들 중 일부가 지속적인 지배적 지위를 확보했다. 프랑스에서는 필요에 의해 전면적인 강력한 개혁조치가 탄생하게 되었다.

프랑스에서는 왕들이 이들을 제거하기 위해 현대적 상비군常備軍을 창설했다.

사료에 의하면 오를레앙Orléans의 소녀 장다크Jeanne d'Arc의 도움으로 잉글랜드군에 처음 대승을 거둔 후 점차 고조된 프랑스인들의 국민감정에 감동된 샤를즈Charles VII세는 서기 1439년 오를레앙 일반의회에 대개혁안大改革案을 제출했다 한다. 의회는 정원 6명의 창기병분대槍騎兵分隊/Lanze/lance 100개로 구성된 중대Kompagnie/company 15개 즉, 기병 총 9,000명 규모의 상비군 유지에 필요한 세금을 걷도록 승인했다. 부유한 시민으로서 타고난 정치가였던 자끄 쉐르Jacque Coeur가 가장 먼저 헌금을 냈고 이로 인해 계획은 추진력을 얻었다. 과거의 용병무리 중 최정예 요원들이 새로 창설된 "칙령중대勅令中隊/compagnies d'ordonnance/Ordonanz=Kompagnien"들에 편입되었고 이들이 약탈자 무리들의 잔당을 제압하고 해체시켰다.

보다 최근의 연구에 의하면 전반적인 발전과정이 대략 이렇게 요약될 수 있을 것이지만 그 세부과정은 매우 복잡하다. 그들이 아주 서서히 방금 말한 것 같은 형태를 지니게 된 후 계속 발전한 것이다.[3]

오를레앙 의회는 처음에는 지속적인 세금징수를 승인한 것도 아니었고, 평화 시에도 상비군 유지를 승인한 것도 아니었으며, 정원 6명의 창기병분대 100개로 구성된 칙령중대 15개의 창설을 모두 승인한 것도 아니었다. 의회에서 처음에 결정했던 것은 단지 봉건영주들에게 군대를 유지하고 이들의 보급문제를 각자의 지역 내에서 해결할 수 있는 권리를 부인한 정도였고 그 이후 영주들은 각자의 성城을 수비할 병력만 보유할 수 있었다. 그 외의 병력을 유지하고 장교를 임명하고 이들의 유지를 위해 세금을 징수할 수 있는 권한은 오로지 왕에게 있었다. 중대장들은 자신이 거느린 병력을 책임져야 했고 누구나 왕의 군대에 편입되지 않은 약탈자들을 체포해서 법정으로 인계할 수 있었다.

이런 조치 덕분에 점차 큰 자금이 각 지역 지도자들의 조력 하에 각 지역에 모였고 이 자금으로 각 지역 지도자들은 그들이 거느리고 있던 믿을만한 병력집단이나 새로 조직한 병력집단에 충분한 보수를 지급할 수 있었고 이 병력집단들

---

3) 당시의 개혁과정 전체를 모범적으로 다룬 글로는 롤로프G. Roloff의 "샤를즈 VII세 치하의 프랑스 군대 Das frazösische Heer unter Karl VII"(《역사지歷史誌 Historische Zeitschrift》, 제93권, 427쪽 이하)라는 논문이 있다. 필자의 연구에 참고가 된 보다 최근의 프랑스 작가의 글로서 특별히 가치 있는 책자는 《리셰몽 대원수 大元帥 Le Connétable de Richemond (부제副題: 브레따뉴의 아르투르Arture de Bregtagne)》(파리, 서기 1886년)이다.

을 가지고 여타 병력집단들의 저항을 제압했다. 그러나 자신의 무장종자武裝從者들을 잃게 되거나 왕에게 권력이 집중되는 것을 우려한 봉건영주들이나 해산하지 않으려는 약탈자 집단들이 저항하자 그 해결책으로 그들을 국경지대로 이끌고 가는 옛 방법이 다시 사용되어 그들을 로트링겐Lothringen/Lorraine이나 엘사스Elsass/Alsace 또는 스위스로 보냈다. 스위스에서는 바젤Basel 부근 야곱St. Jacob에서 유혈교전이 있었고 이때 당시의 호칭대로 이들 아르마낙Armagnaken/Armagnacs 파派(역자 주: 앞의 453쪽 참고)가 승리는 했지만 이들 역시 큰 피해를 입었다.(서기 1444년). 이들은 이듬해 남부 게르만 지역에서 전진 후퇴를 반복하며 여러 전투를 치르는 과정에서 많은 병력을 잃었으며 그 후 샤를즈 VII세는 그의 유능한 대원수大元帥/Connétable 리셰몽Richemond의 도움으로 그 나머지 병력을 굴복시킬 수 있었다. 그들의 중대장들 중 반항적인 자들은 처형되었고 나머지는 과거의 죄를 사면 받은 후에 강제로 고향으로 돌아가서 민간직업에 종사하게 되었다. 지금 보존되어 있는 새로운 군대 조직에 관한 칙령들은 오를레앙 의회가 열린 지 6년 후인 서기 1445년 이후의 것들뿐이다. 이상하게도 최초 기본칙령의 원문이 그대로 보존되어 있지 않아서 최초의 조직이 후일 실제로 발견되는 조직과 얼마나 차이가 있었는지를 우리는 알 수 없다. 그러나 우리의 연구에서는 이 문제가 크게 중요하지는 않다. 결정적인 것은 참기 힘든 너무 큰 부담 때문에 사방에서 불평이 끊이지 않았어도 결국 항구적이고 단호한 과세課稅체계가 도입되었다는 점이다. 처음에는 대개 지역당국들이 현물로 제공했던 물품과 식량도 이제는 세금납부로 바뀌었고 이로써 정기적인 보수지급도 가능해지는 등 다른 모든 것들도 촉진되었다.

실제로 중세시대에는 영구적 세금 징수라는 것은 없었고 이를 원하지도 않았으며 특별한 필요가 있을 경우의 보충적 수단인 임시 세금만 있었다.

조세체계가 없던 왕들은 자신의 전통적 권리로 모든 프랑스인에게 무장소집령을 내림과 동시에 금전납부로 출전의무를 대신하는 것을 허용하는 편법을 썼고 이로써 징집은 세금징수의 수단으로 변했다.[4] 그러나 이제 15세기부터 등장한 영구적 조세는 보수를 지급 받는 영구적 상비군의 기초가 되었고 이런 군대가 전쟁 때만 모집되었던 군기軍紀 없는 용병들을 몰아내고 그 자리를 대신했다.

역사가들은 흔히 이 "칙령중대勅令中隊"의 탄생이 프랑스를 비롯한 유럽 전체의 상비군 탄생의 출발점으로 보지만 형식적으로만 본다면 완전히 정확한 견해는 아니다. 카롤링Karoling/Caroling 왕조 당시 이미 스카라scara 형태의 상비병력이 있었고

---

4) 부타리Boutaric, 《상비군 제도 도입 전의 프랑스 군사제도Institutions militaires de la France avant les armées permanentes》, 214쪽. 필리프Philip IV세 치하의 일반징집leéves générales은 "세금징수의 구실"에 불과했다. 루세Luce도 필리프 VI세 치하의 징집에 대해 같은 말을 한다(《게스클렝의 베르트랑과 그의 시대Bertrand du Guesclin et son époque》, 155쪽).

(역자 주: 앞의 제I권, 제I장, 부기 참고) 후일의 황제나 왕들도 비록 소규모지만 상비병력을 도시 수비병력으로 또는 측근병력으로 두고 있었다. 그러나 이러한 과거의 경계병력, 호위병력 또는 수비병력은 물물교환 경제의 바탕 위에 조직되고 유지되었기 때문에 규모가 매우 제한적이었다. 그러나 영구적 조세체계 및 정기적 보수의 바탕 위에 조직되고 유지된 프랑스 "칙령중대勅令中隊"들의 탄생은 질적 양적으로 큰 진보였고 따라서 우리는 이 "칙령중대"들과 더불어 실직적 상비군이 탄생했다고 볼 수도 있다. 야니샤르Janitscharen/janissaries들은 전혀 다른 세계에 속한 상비군으로서 별개 문제이다(역자 주: 앞의 462~466쪽 참고).

프랑스에서는 13세기 성왕聖王 루이St. Louis/Ludwig dem Heiligen 당시 이미 용병체계 아래 일정한 관리 직책과 행정체계가 창설되었다. 최고사령관으로서 국왕을 대리하는 직위인 대원수大元帥/Connétable가 있었고 그 밑에 몇 명의 원수元帥/Marschall와 궁노사령관 弓弩司令官/Grossmeister der Schützen 및 경리사령관經理司令官/trésorier de guerre/Kriegszahlmeister이 1명씩 있었다.

봉건군대의 자연스런 조직은 영주領主들의 정기旌旗/Bannern/banners에 맞추어 각 병종兵種이 혼합편성 된 조직이었다. 이런 조직에서는 기사騎士 숫자나 병종 간 비율이 통일될 수 없었고 통일 될 필요도 없었다. 각 베네레트Bannerherr/banneret(역자 주: 몇 명의 기사騎士를 거느린 상급 기사騎士로서 기령기사旗領騎士라고도 한다)는 자신의 취향과 재력에 따라 거느릴 병력수를 결정했고 또 가장 효율적으로 전투를 수행할 수 있도록 병종 비율을 결정 했다. 용병傭兵의 경우 두목頭目/Hauptmann이 베네레트를 대신했다.5)

프리드리히Friedrich II세의 용병은 롬바르디Langobarden/Lombards 동맹同盟이 모집한 용병 같이6) 카피타네우스capitaneus 또는 코메스타불루스comestabulus들이 지휘하는 단위부대들로 조직되어 있었고7) 일글랜드 에드워드 I세의 용병도 센테나리우스centenarius들이 지휘하는 100명 규모의 단위부대들로 조직되어 있었다. 서기 1382년 이후로는 밀레나리우스milenarius라는 지휘관 휘하의 1,000명 규모의 부대도 등장했다(최초의 예는 1296년에 보임).8) 서기 1264년 플로렌스Florence가 합스부르크Habsburg 가家(역자 주:

---

5) 티레의 빌헬름Wilhelm von Tyre/William of Tyre이 제1차 십자군 전쟁의 도리레움Doryläum/Dorylaeum 전투(역자 주: 서기 1097년) 당시 이미 센튜리온centurion 또는 킨쿠아게나리우스Quinquagenarius들이 있었다고 했으나 이는 비두킨트Widukind가 레크Lech 평원 전투(역자 주: 서기 955년) 당시 이미 레기온legion들이 있었다고 한 것(역자 주: 앞의 107쪽 참고)이나 마찬가지로 별 의미가 없는 말이다. 붉은 수염 프리드리히Friedrich Barbarossa(역자 주: 프리드리히 I세의 별칭. 재위: 서기 1152-1190년)는 물론 자신의 십자군을 병력수를 기준으로 조직하려고 했었다.

6) 서기 1265년 동맹조약에 의하면 보수報酬는 카피타네이capitanei(역자 주: 카피타네우스capitaneus의 복수형)가 밀리테스milites(역자 주: 기사騎士)에게 주도록 했었다. 무라토리Muratori, 《중세 이태리의 옛 제도Antiquitates Italicae Medii Aevi》, 제VI편, 491쪽.

7) 로젠하겐Rosenhagen, "하인리히 VI세로부터 합스부르크 왕조의 루돌프까지 왕군의 전역사戰役史 연구Zur Geschichte der Reichsheerfahrt von Heinrisch VI. bis Rudolf von Habsburg," 라이프찌히 대학교 학위논문, 서기 1885년, 65쪽.

8) 모리스John E. Morris, 《에드워드 I세의 웨일즈 전쟁, 원사료에 기초한 중세 전쟁사 연구The Welsh Wars of Edward I, A Contribution to Military History based on Original Documents》(지도 첨부), 옥스퍼드, 클라렌든 출판사 Clarendon Press, 서기 1901년.

유럽 최대 왕가로 오스트리아의 왕실을 600년간 지배했고 프랑스 왕실 외의 모든 유럽 왕실과 연결되어 있다)의 두 대공大公/Graf과 병력 200명을 제공키로 약속한 조약을 체결했을 때 8명의 베네레트가 각각 25명씩 지휘하도록 명시했고[9] 앞서 소개한 베르너Werner von Urslingen 영주領主의 "그랑 꼼빠냐la gran compagna"("큰 중대中隊die grosse Kompagnie")의 경우 부사관Konstablern/Constables과 분대장Korporalern/ Corporal이라는 지휘관Kommandanten들이 있었다. 프랑스의 샤를즈Charles VII세가 창설한 "칙령중대勅令中隊/compagnies d'ordonnance/Ordonanz=Kompagnien"의 조직은 기존의 중대 즉, 용병傭兵 집단의 조직과 결부되어 있었다.

"중대中隊"를 말하는 "콤파니Kompanie/company"라는 단어의 라틴어 어원語源은 "쿰*cum*"과 "파니스*panis*"의 합성어로서 "빵 동료들"을 의미한다. 이 단어는 원래 군대와는 무관하게 "게젤샤프트Geselschaft"(이익집단), "게마인샤프트Gemeinschaft"(공동체집단) "게노쎈샤프트Genossenschaft"(우애友愛집단) 등을 의미하는 단어였고 오늘날 상업적 "회사會社"를 "콤파니"라고 하는 것도 이에서 유래한다. 13세기 중반쯤 플로렌스Florence 시市에서는 민병대民兵隊의 징집과 무장의 기초인 시민연합을 "콤파니"라고 했으며 예를 들어 베른Bern 같은 독일의 도시들도 시민연합을 "게젤샤프트"라고 했다. "콤파니"를 군사용어로 직접 사용한 사람은 프랑스의 연대기年代記 작가인 필리프 무스케Philip Mouskés가 처음일 것으로 보인다.[10] 그로부터 100년 후 "콤파니"는 우리가 알게 된 용병부대의 통상적인 명칭이 되었다.[11]

"칙령중대"의 병력구조와 지휘위계는 서서히 발전되어 확립된 것이다. 가장 오래된 칙령에는 15개 중대, 100개 창기병분대, 정원 6명의 창기병분대 같은 개념은 보이지 않고 그 대신 중대 지휘관은 "잃을 것이 있는" 재력가로서 부하들이 그에게 의존할 수 있고 그는 부하들에 대해 책임 질 수 있는 사람이어야 한다는

---

9) 《이태리 역사지歷史誌 *Archiv. storico Ital.*》, 쾰러Köhler, 《기사騎士 시대의 전쟁과 용병술用兵術의 발전*Entwickelung des Kriegswesen und der Kriegsführung in der Ritterzeit*》, 제III편, 제II권, 167쪽에서 재인용.

10) 라퀴르네La Curne 출판사, 《고대 프랑스어 사전*Dictionaire de l'ancien langage français*》.

11) 이미 《살리 법전*lex Salica*》(역자 주: 살리Salier/Salian 시대 법전. 프랑크 왕국 몰락 후 하인리히Heinrich/Henry I세가 세운 게르만 왕국은 처음에 남계男系로 나중에는 여계女系인 살리 계系로 이어가며 200년간 계속되었다), 제66권, 2항에는 "콤파니"란 단어가 전사戰士들의 우애집단의 의미로 쓰였다. 그러나 이 유일한 경우는 언어발전사에 있어 예외임이 분명하다. 발로아Valois 시대의 라틴 사료 및 연대기들에는 이 단어가 아직 "소시에타스*societas*"("사회") 또는 "콤미티바*Comitiva*"("공동체")로 번역되어 있다. 뒤 칸제Du Cange, S. V. 보트*Bott*, 1. c. 4쪽.

서기 1351년 4월 30일자 요한Johann 왕의 포고령(뀌이에모Guilhiermoz의 《중세 프랑스 귀족들의 기원고起源考 *Essai sur l'origine de la noblesse en France au moyen âge*》, 250쪽에 인용된 《프랑스 칙령집*Ordonnances des Rois de France*》, 제IV권, 69쪽)은 다음과 같다.

> 우리는 지휘자 없이 온 소규모의 무장인원gens d'armes들은 그들이 누구이건 우리의 대원수와 원수 및 궁노수 사령관들 또는 이들이 승인한 이들 휘하의 사람들이 유능한 기사騎士들을 선발해서 그들에게 각자 그 무장인원 25~30명씩을 지휘하게 하기를 원하고 명령하며…우리는 이런 중대 하나를 지휘하게 될 이 기사騎士는 삼각형의 창기槍旗 하나와 갑옷을 지급 받고 바네레트Bannerherr/bannerret와 동일한 보수를 받기를 원한다.

"이때 프랑스에는 중대들은 그 규모가 너무 커서 이들로 무엇을 해야 할지 아무도 몰랐다." 프로이싸르Froissart, 《레텐의 케르벵*Kervyn de Lettenh.*》, 제VII편, 80쪽.

취지의 구절이 보인다. 언제부터인지 중대에 통상 매우 유능한 지도자인 지휘관 1명과 보통 때 실제로 부대를 지휘하는 부관과 앙세느enseigne와 기똥guidon이라는 2명의 기수旗手 및 마레샬-데-로지Maréchal des logis(부사관)가 존재하게 되었다.

가장 중요한 점은 이 중대의 구성단위는 개별 전사戰士들이 아니라 14세기부터 확립된 관습적 개념인 "랑쎄Lance/Lanze"(글레베gleve)였다는 점이다(앞의 269쪽 참고). 1개 랑쎄의 병력수는 언제나 유동적이었고 시대와 지역과 지도자와 상황에 따라 달랐다.12) 샤를즈Karl/Charles Ⅶ세 당시 "칙령중대勅令中隊"의 랑쎄의 병력수에 관한 기록들도 역시 다양하다. 기사騎士 1명, 꾸틸리에coutillier(경기병輕騎兵) 1명, 수행원page 1명, 궁수弓手 3명이었던 경우도 있고 단지 궁수 2명과 하인knecht(발레valet) 1명인 경우도 있었다.13) 이들은 모두 말을 탔지만 소년인 경우가 흔했던 수행원page 및

---

12) 쾰러Köhler는 서기 1364년에는 기사騎士들이 말에서 내려 발로 싸우는 관행이 시작된 것이 바로 이때부터였고 이것이 글레베gleve 편성의 기초였다고 본다(《기사騎士 시대의 전쟁과 용병술用兵術의 발전Entwickelung des Kriegswesen und der Kriegsführung in der Ritterzeit》, 제Ⅲ편, 제Ⅱ권, 116쪽 및 118쪽). 그러나 이 같이 생각했던 그는 기사騎士들이 발로 말에서 내려 싸우는 일이 거의 없던 게르만 지역에서도 글레베가 채택된 사실(서기 1365년)에 놀라움을 금치 못하고 있다. 그러나 기사騎士들이 발로 싸우는 일과 글레베의 편성은 아무런 관련도 없고 따라서 그는 놀랄 필요가 없다.

같은 책, 제Ⅲ편, 제Ⅱ권, 173쪽에서 그는 1개 랑쎄에는 말이 2마리가 있는 경우로부터 10마리가 있는 경우까지 있었다고 한다.

뷔르딩거Würdinger는 "1개 글레베의 병력수는 다양했다. 슈바벤Schwaben/Swabia에서는 기병 4명(예거Jäger, 울름Ulm, 제Ⅰ편, 45쪽), 뉘른베르크Nürnberg/Nuremberg에서는 기병 2명과 창병槍兵 1명(울만 스트로머Ulman Stromer, 45쪽), 스트라스부르크Strassburg/Strasbourg에서는 기병 5명(샤브Schaab, 제Ⅱ편, 277쪽), 라티스본Ratisbon에서는 창병 1명과 궁수 1명 및 기병 3명(《레그 보이카Reg. boica》, 제Ⅹ편, 303쪽)이 1개 글레베였다. 창병 1명이 궁수 1명과 결합됨으로써 '랑쎄lance/Lanze' 또는 글레베라는 이름이 붙은 것이 거의 틀림없을 것으로 보인다"고 했다(《서기 1347-1506년 사이 바이에른, 프랑켄, 팔쯔 및 슈바벤의 전쟁사 Kriegsgeschichte von Byern, Franken, Pfalz und Schwaben Von 1347-1506》, 제Ⅰ편, 102쪽). 또 다른 경우들이 아르놀트Arnold의 《게르만 지역 자유시自由市들의 헌법사憲法史 Verfassungsgeschichte der deutschen Freistdte》, 제Ⅱ편, 239쪽과 비셔Vischer의 《게르만 역사 연구Forschungen zur deutschen Geschichte》, 제Ⅱ편, 77쪽 및 피셔Fischer의 《게르만 자유시 들의 제국 군대의 원정 참여Teilnahme der Reichsstädte an der Reichsheerfahrt》, 385쪽, 각주 그리고 쾰러의 같은 책, 제Ⅲ편, 제Ⅱ권, 117쪽과 173쪽에도 보인다.

일례로 쾨니히호펜Königshofen의 《게르만 도시 연대기年代記 Chronik deutschen Städte》에 나오는 되핑겐Döffuingen 전투 기록을 보면 800글레베와 보병 2,000명으로 구성된 군대라는 구절도 있는데 이때 800글레베는 중기병重騎兵 800명을 말한 것에 불과하다는 느낌이 든다. 그러나 "투구Helm"로 병력수를 표현하면서 각 "투구"에는 기병 3명이 있다고 말한 경우들도 보인다. 스텔린Christian Friedrich Stälin, 《뷔르템베르크 역사Württembergische Geschichte》, 제Ⅲ편, 321쪽.

서기 1381년에는 여러 도시들이 창병 1,400명과 보병 500명으로 구성된 동맹군을 편성한 적이 있다. 이 병력 중에 아우그스부르크Augsburg 시市가 제공한 병력은 하스타토스hastatos(창병) 48명과 사기타리오스 에케테스sagittarios equites(기마궁수騎馬弓手) 30명 및 페르테스 아르마토스pertes armatos(무장 보병) 300명이었다. 뷔르딩거, 같은 책, 제Ⅰ편, 93쪽(96쪽 및 98쪽도 참고할 것).

피셔는 같은 책, 30쪽에서 서기 1310년 스파이어Speyer에서 열린 제국의회에서는 로마 원정을 위해 각 도시가 제공할 글레베의 명부를 작성했는데 이때 각 글레베는 말 3필 즉, 기병 3명으로 명시되어 있었다고 한다. 그렇다면 그 당시 이미 글레베라는 개념과 명칭이 게르만 제국에 존재했다는 말이 되지만 그렇다고 보기에는 의문이 있다. 그가 말한 수치들은 훨씬 후일의 수치들이며 서기 1310년의 결정문은 문언이 그가 말한 것과는 달랐을 수도 있기 때문이다.

모리스John E. Morris는 잉글랜드에서 각종 병종兵種들이 처음으로 한 부대에 혼합편성 된 것은 서기 1337년의 던바Dunbar 시市 포위작전 때였다고 주장한다(《에드워드 Ⅰ세의 웨일즈 전쟁, 원사료에 기초한 중세 전쟁사의 연구The Welsh Wars of Edward I, A Contribution to Military History based on Original Documents》, 80쪽). 에드워드 Ⅰ세 때를 포함해서 그 이전에는 병종 별로 부대가 편성된 것으로 보인다.

13) 코스노Cosneau, 357쪽. 같은 책, 610쪽에는 서기 1445년 5월 26일자 루페레샤스텔Luppé-le-Chastel의 법령이 수록되어 있다. 이 법령에는 1개 랑쎄가 기사 기사 1명, 꾸틸리에 1명, 수행원 1명, 궁수 2명, 하인 1명 및 말 6필로 구성되어 있다.

하인은 전투원이 아니었고 궁수들에게는 말이 수송수단에 불과했고 전투 시에는 말에서 내려서 싸웠다.

　"칙령중대勅令中隊"의 편성은 프랑스의 전쟁사뿐만 아니라 민족국가 확립에도 매우 큰 역할을 했지만 이들은 너무 규모가 작아 이 큰 국가의 소요를 충족시킬 수 없었다. 이들 외에도 전시에는 여전히 기사騎士(귀족)와 봉토封土 소유자들을 모두 징집해서 활용했고 이 바쌀vassal들도 이제는 역시 정규 중대 단위로 편성되었으며 그들이 가지고 온 장비에 따라 다양한 수준의 보상을 받았다.14)

　궁수弓手들의 역할이 매우 중요하게 보이기는 했지만 잉글랜드와의 전쟁 당시 이 병종兵種의 훈련방식은 충분하지 못했기 때문에 샤를르Karl/Charles Ⅶ세는 다른 병력들과 별도로 대규모 궁수부대를 창설했다.15)

　서기 1368년 당시 이미 샤를르 Ⅴ세는 모든 국민들에게 활쏘기 연습을 명령한 적도 있고 서기 1394년에도 그런 명령이 반복되었다. 아마 이 두 차례의 명령은 모두 철회되었을 것이다. 귀족들은 백성들이 무장하는 것을 두려워해 이를 억제했었기 때문이다.16) 아마 이 명령은 별 성과가 없었을 가능성이 더 높다. 활과 화살은 대량으로 생산될 수 있는 무기가 아니며 백성들도 대개 궁술弓術을 익히려고 하지 않았을 것이기 때문이다. 결국 그때까지는 귀족들로서도 백성들의 활쏘기 훈련을 우려할 정도가 아니었다. 따라서 왕도 일반적인 규정을 제정하지는 않았지만 서기 1448년에는 각 지역에서 50가구 당 건장한 남성 1명씩 선발해서

---

14) "바쌀과 하도급下都給바쌀ban et arrière-ban이 징집되었다"는 표현이 사료에 매우 자주 보인다.(역자 주: 하도급바쌀은 바쌀 즉, 대大바쌀이 자신의 봉토를 다시 나누어주고 거느렸던 지위가 낮은 바쌀.)
　　꿔이에모Guilhiermoz의 《중세 프랑스 귀족들의 기원고起源考 Essai sur l'origine de la noblesse en France au moyen âge》, 294쪽에 의하면 프랑스의 하도급바쌀arrière-ban은 게르만 제국의 민병民兵/Landwehr 즉, 무장할 수 있는 모든 사람을 징집한 병력과 같은 것이었다 한다. 그는 후일의 봉건체계에서는 이들 하도급바쌀들에게만 군복무 의무가 있었고 하도급바쌀은 봉토封土 소유자를 말했다고 한다.
　　부타리Boutaric의 《상비군 제도 도입 전의 프랑스 군사제도Institutions militaires de la France avant les armées permanentes》, 140쪽 이하에서는 루이Louis Ⅸ세 당시의 징집령이 공포될 당시의 상황 그리고 이때 각종의 "관습coutumes"들이 명시되게 된 상황을 상세히 설명해 놓았다. 이 징집령에서는 영주領主들의 권리를 극도로 제한했다. 그는 방어의 경우에만, 또는 자신의 관할지역 내에서만, 또는 당일로 집에 돌아올 수 있는 거리까지만 백성들을 징집할 수 있었다.
　　루세Luce의 《게스클린의 베르트랑과 그의 시대Bertrand du Guesclin et son époque》, 제Ⅰ편, 159쪽에서는 일자는 서기 1355년 5월 17일자로 되어있으나 공포는 되지 않은 요한Johann 왕의 한 칙령에는 "바쌀과 하도급바쌀ban et arrière-ban, 즉 18세에서 60세에 이르는 신체적으로 군복무에 적합한 모든 인원"을 소집한다는 구절이 있었다고 한다. 이 칙령의 진정한 의도가 그와 같았을 수는 없으며 루세 자신도 프랑스의 자치시自治市들은 이 명령에 복종하지 않았을 것으로 믿고 있다. 루세는 덧붙여 잉글랜드의 에드워드 Ⅲ세는 자신의 모든 신민臣民들을 무장시킴으로써 하도급바쌀에 "진정한 현실성"을 부여했다고 하지만 이 역시 잘못된 견해이다.

15) 앞서 인용한 참고문헌들 외에도 스퐁Spont의 "자유궁수自由弓手들의 민병대民兵隊 La Milice des francs-archers" (《역사문제 논집Revue des questions historiques》, 제65권)을 참고할 것.

16) 부타리Boutaric, 《상비군 제도 도입 전의 프랑스 군사제도Institutions militaires de la France avant les armées permanentes》, 218쪽. 옌스Max Jähns, 《군사사軍事史 편람Handbuch einer Geschichte der Kriegswesens von der Urzeit bis zur Renaissance》, 759쪽. 우르징Ursins의 주배날Juvénal과 생데니St. Denis의 수도사修道士도 같은 말을 한 적이 있는데 특히 후자에 의하면 백성들은 매우 열심히 활쏘기 연습을 했다고 한다.

궁수로 훈련시키도록 명했다. 이 병사는 휴일마다 활쏘기 연습을 해야만 했고 왕의 소집이 있을 경우 언제라도 야전으로 출전한다는 선서를 해야만 했었다. 이 병사들은 아마 처음에는 자비自費로 활과 화살을 준비했을 것으로 보이지만 후일에는 지역에서 충분한 재력을 지닌 인물들의 찬조금으로 장비를 지급하라는 명령이 있었고 기사騎士들 같이 중대 단위로 편성되어 이들을 집합시키고 때로는 이들을 합동으로 훈련시키는 지휘관의 지휘를 받았다. 이런 훈련과 출전의무의 대가로 염세鹽稅와 특별군세特別軍稅 외는 모든 세금을 면제받았다. 이 면세免稅 때문에 그들에게 자유궁수自由弓手/franc archers/freischützen라는 호칭이 생긴 것이다. 이들은 전시에 동원될 경우 한 달에 4리브르livre(파운드pfund/pound)의 보수를 받았다.

그러나 이 조직은 실제로는 무용한 조직임이 드러났다. 그들은 활이나 쇠뇌弩를 쏘는 기술이 충분하지 않았고 그보다도 더 중요한 것은 이런 시민궁수市民弓手들은 전투현장에서 위험에 맞설 만한 호전성이 없었다.

샤를르Karl/Charles Ⅶ세의 아들인 루이Louis ⅩⅠ세는 이 자유궁수들을 공식적으로 없애지는 않았지만 이들을 활성화시키지도 않았다. 따라서 자유궁수들을 프랑스 보병의 원조元祖로 보는 것은 전혀 잘못된 견해이다. 이들은 탄생 이후 군사분야에서 성공하지는 못했지만 성공한 다른 경우 못지않게 흥미로운 예이다.

우리는 아직도 샤를마뉴Karl/Chalemagne 대제大帝의 군대를 농민들을 교대로 징집한 군대였다고 보는 학계의 견해와 비교해 보면 이번 예로부터 얻을 수 있는 교훈을 가장 잘 설명할 수 있을 것이다. 샤를르 Ⅶ세의 자유궁수自由弓手들은 8세기의 그런 징집군보다 분명히 훨씬 큰 장점을 지닌 존재였다. 자유궁수들은 8세기의 징집군 같이 3~6명 당 1명씩이 아니라 단지 50 농가農家 당 1명씩 제공하면 되었으므로 이를 위해 건장한 지원자 1명을 선발하기가 매우 쉬웠다. 이때 선발된 사람은 의무만 부담한 것이 아니었고 대가도 받았다. 이들은 평시에는 세금을 면제받았고 전시에는 보수까지 받았다. 이들은 지휘관들에 의해 훈련과 지휘도 받았다. 하지만 그럼에도 불구하고 이들은 쓸모가 없는 전사戰士들임이 드러났다. 그들은 닭이나 쏘아 죽였다는 말까지 있다. 그렇다면 몇 년마다 수백 마일이나 떨어진 전역戰役에 자비自費로 출전했을 징집군은 얼마나 한심한 모습이었을까!

자유궁수들을 대체한 병력 프랑스 보병의 진정한 모태가 발견되는 데 이들이 어떤 병력인지는 뒤의 제Ⅳ편에서 알아 볼 것이다.

자유궁수들은 결국 퇴조했지만 "칙령중대"들은 여전히 그 위상을 유지했으며 또 다른 프랑스 영주領主로서 조직의 천재였던 대담한 샤를르Charles le Téméraire/Karls des Kühnen에 의해서 크게 발전한다. 그는 부르고뉴Burgund/ Burgundy/Burgogne 영주領主의 자격으로 프랑스와 게르만 영지領地들과 프랑드르Flandern/Flandre, 브라방Brabant, 하이나우트

Hennegau/Hainaut, 룩셈부르크Luxemburg, 부르고뉴 자유대공령自由大公領/Freigrafschaft 및 부르고뉴를 연합시켜 이들을 지휘했다.17)

봉건 징집군 체계는 복종심과 신뢰성의 결여, 빈약한 장비, 귀족들의 무기사용 훈련 부족 등 전통적으로 취약점이 너무 컸기 때문에 더 이상 유지될 수 없을 것으로 보였다.18) 그러나 대담한 샤를르는 두 가지의 해결책을 내놓았다. 그는 언제든 말 타고 출전할 준비를 갖출 것을 약속하고 출전할 수 있는 능력과 무장을 갖춘 것으로 보이는 귀족에게는 약간의 보수를 정기적으로 지급했다. 이들이 바로 "수드와예 아 가제 메나제Soudoyers à gages ménagers"(역자 주: 직역하면 "관리자로부터 급료를 받는 피고용인")였다.19) 그러나 이는 충분한 해결책이 되지 못했다.

우리는 15세기 봉건징집군의 무장과 훈련과 신뢰성이 흔히들 얼마나 부족했는 지를 알고 있다. 붉은 수염 프리드리히Friedrich Barbarossa(역자 주: 프리드리히 Ⅰ세의 별칭. 재위: 서기 1152년-1190년)나 샤를마뉴Karl/Chalemagne 대제大帝(역자 주: 카롤링 왕조 제2대 왕. 서西로마 제국 황제가 됨. 재위기간은 서기 768~814년) 당시에도 상황은 마찬가지였을 수 있지만 이런 체계가 위와 같은 해결책만으로 변할 수는 없었다. 용병傭兵 체계의 진보는 급료 지불을 통해 봉건적 군복무를 개선할 수는 있었지만 이와 동시에 이 용병체

---

17) 대담한 샤를르의 군사체계를 잘 소개한 글로는 길로메M. Guillaume의 "부르고뉴 영주들의 군대조직의 역사Histoire de l'organisation militaire sous les ducs de Bourgogne"(《벨기에 아카데미 수상受賞 논문 및 해외 석학 논문 전집Mémoires courones et mémoires des savants étranges publiés par l'Académie de Belgique》, 제ⅩⅩⅡ편, 부뤼셀, 서기 1848년)가 있다. 큰 가치가 있는 자료들이 또한 쇼베레La chauvelays의 《대담한 샤를르의 군대의 구성La Composition des armées de Charles le Téméraire》(서기 1879년)에도 보인다. 필자도 《디종 아카데미 연구논문집 Mémoires de l'Académie de Dijon》, 세6권(별도의 판으로 파리에서도 발행되었다)에 게재한 "페르시아 전쟁과 부르고뉴 선생Perser= und Burgunder= kriege"에서 이 문제를 다루었다.
18) 서기 1340년 아르마냑Armagnac 대공大公의 병력 800명 중 완전한 무상을 갖춘 인원은 거의 300명뿐이었다(폴링Paulin 편編, 《생데니 대연대기大年代記Grande chronique de St. Denys》, 제Ⅴ편, 393쪽).
   서기 1429년 샤를르 Ⅶ세에게 보강병력을 보낸 귀족들은 "스스로 무장할 수단들이 없거나 스스로 말을 준비할 수 없었다."(팡테온 문예사文藝社Panthéon Llittéraire, 《푸셀 연대기Chronique de la Pucelle》, 442쪽).
   서기 1467년 대담한 샤를르는 징집된 바쌀vassal들 중 완전한 장비를 갖춘 자들을 선발했는데 전체 1,400명 중 그런 인원은 400명뿐이었다. 그러나 이 귀족들은 보수만 챙기고는 집으로 돌아가 버리는 일이 생겼다(길로메M. Guillaume, 같은 논문, 89쪽).
19) 라쇼베레Lachauvelays는 두 부르고뉴는 대담한 샤를르에게 32개 중대의 "수드와예 아 가제 메나제 Soudoyers à gages ménagers"를 제공한 것으로 본다(《11~15세기 프랑스와 잉글랜드의 전쟁Guerres des Français et des Anglais du XIème au XVième siècle》, 170쪽).(역자 주: 앞의 각주 17에서 인용한 쇼베레La Chauvelays는 이곳에서 인용한 라쇼베레Lachauvelays와 동일인이다. 앞의 458쪽, 각주 16 참고.)
   32개 중대면 각자 말 3필씩을 지닌 무장인원homme d'arme(역자 주: 중무장 기사騎士gens d'armes를 말함)만 899명(따라서 수행원page 899명과 하인valet 899명도 함께 있었다), '장 드 트레 아 슈보gen de trait à cheval'(말을 탄 궁수弓手) 541명, '꾸티예 아 슈보coutillier à cheval'(경기병輕騎兵) 178명 및 '데미 랑세demi-lance' 177명이었다. ('데미 랑세'는 궁수 2명분의 보수를 받는 개인적 기사騎士였다.)
   따라서 총병력은 다음과 같다.

'랑세'로서	2,697명(역자 주: 899명x3)	
개인으로서	541명	
	178명	
	177명	
계	3,593명	
	— 899명(비전투원인 수행원page)	
	2,694명	

계 자체의 해체를 가져왔다. 대담한 샤를르는 이 문제에 관해서 과감한 명령들을 내리고 이를 통해 획득한 재력을 이용해서 그리고 그의 사촌들인 프랑스 왕들의 전례를 따라 서기 1471년 자신의 "칙령중대勅令中隊"들을 창설했다.[20] 그는 이 중대 내에 하급 단위부대를 두었다. 처음에는 1개 중대를 10개 랑쎄lance로 구성된 하급 단위부대 10개로 편성했다가 후일 4개 에스카드르escadre로 편성했는데 1개 에스카드르는 4개 샹브르chambre로 1개 샹브르는 6개 랑세lance/Lanze로 편성되었다. 선봉先鋒 에스카드르chef d'escadre는 1개 랑세를 더해 25개 랑세로 구성되었다.

각 중대 지휘관의 정기旌旗/Bannern/banners 색깔이 달랐었고 하급 단위부대들은 그들의 작은 깃발Fähnlein/banneret에 영문 대문자 "C"를 1개 내지 4개 자수刺繡로 그려 넣고 이 문자 밑에 아랍 숫자 1, 2, 3 또는 4를 써넣어 서로 구분되게 했다.

랑세에는 기병과 궁수 외에 일반보병도 있었다. 1개 랑세는 기사騎士 1명, 꾸티예coutillier(역자 주: 경기병輕騎兵) 1명, 수행원page 1명, 말을 탄 궁수 3명, 쇠뇌수弩手 1명, 꿀뢰브리니예couleuvrinier(소총수小銃手/Feuerschütz) 1명, 보병인 창병槍兵 1명 등 총 9명이었지만 지원자가 추가되는 경우가 흔했다.[21] 대담한 샤를르는 식량, 보수, 휴가 및 외출 및 군기軍紀에 관한 규정들을 제정했다. 평시에도 1개 에스카드르의 휴가 및 외출자는 무장인원homme d'arme(역자 주: 중무장 기사騎士를 말함) 5명 및 궁수 15명 이내로

---

20) 하이나우트Hennegau/Hainaut에 적용될 한 규정이 서기 1470년에 제정되었는데 이 규정에 의하면 "1년 수입이 360리브르livre(파운드) 이상인 봉토封土 소유자는 무장인원homme d'arme(역자 주: 중무장 기사騎士를 말함) 1명과 함께 꾸티예coutillier(역자 주: 경기병輕騎兵) 1명, 수행원page 1명 및 보병궁수 1명을 제공해야 했다. 1년 수입이 240리브르 이하인 봉토封土 소유자는 무장인원 1명을 제공해야 했다. 1년 수입이 120 리브르 이하인 봉토封土 소유자는 보병 3명(궁수, 쇠뇌수弩手와 창병槍兵 각 1명)을 제공해야 했다. 이보다 약간 적거나 큰 집단들은 해당 임무에 따라 결합되었다. 1년 수입이 64수sou(역자 주: 1수sou는 1/20리 브르) 이하인 봉토封土 소유자들은 아무 부담이 없었다. 직접 군복무를 할 수는 없어 적절한 대체물을 제공해야 할 사람이 이를 제공할 수 없을 때는 그의 지휘관이 이를 책임졌었다. 4개월에 1회씩 장비 품목들의 검열이 실시되었다"고 한다(길로메M. Guillaume의 "부르고뉴 영주들의 군대조직의 역사Histoire de l'organisation militaire sous les ducs de Bourgogne," 113쪽).

프랑드르Flandern/Flandre에 적용될 이와 유사한 규정이 서기 1475년에 제정되었다.

우리는 이때 일정한 진보가 있었음을 기억해 두어야 한다. 가장 작은 봉토 소유자에게는 전혀 부담 을 주지 않은 점, 상당히 큰 지주地主는 보병 1명을 그것도 말을 탄 인원을 제공해야 했던 점 그리고 군복무 이행자에게는 보수가 지급되었다는 점등이다. 이런 상황은 몇 후프Huf/hide(역자 주: 경작지 면적 의 단위로 1후프는 1가족을 부양할 수 있는 면적) 정도의 토지를 소유한 자유민도 자신의 비용으로 1 명을 출전시켜야 했던 카롤링 제국의 개념과는 비교가 된다.

라쇼베레Lachauvelays의 《11~15세기 프랑스와 잉글랜드의 전쟁Guerres des Français et des Anglais du XIième au XVième siècle》, 258쪽에 의하면 대부분의 봉토封土에서는 1년 수입이 50프랑franc 이하였고 단지 10프랑에 불과한 경우도 있었다고 한다.

대담한 샤를르의 부르고뉴 총독이 서기 1471년 5월 3일 공포한 징집령의 문언에는 "귀족이건 아니건, 그들의 계층과 직업을 불문하고, 봉토를 소유하고 있건 아니건, 현재 군대를 위해 누구를 제공했건 아 니건 간에 무기를 휴대하고 사용할 줄 아는 모든 부류의 사람들은"이라는 매우 특이한 구절이 있다 (라쇼베리, 187쪽에서 재인용함). 샤를마뉴 대제의 법령에 쓰여진 "모든 백성cuncta generalitas populi"이라는 구절(앞의 18쪽, 각주 24)이나 서기 817년 법령에 쓰여진 "모든 사람universi"(앞의 31쪽)이라는 구절을 의역意譯하면 이 규정 같이 될 수 있을 것이다.

21) 이는 서기 1471년 7월 31일의 규정에 의한 편성이다. 그러나 자신이 1개 중대를 지휘했던 올리비에 Olivier de la Marche는 자신의 비망록에서 랑세lance는 궁수 2명, 쿨버린 소총수Couleuvrinier 2명 및 창병槍兵 2 명으로 구성되어 있다고 했다(길로메M. Guillaume, "부르고뉴 영주들의 군대조직의 역사Histoire de l'organisation militaire sous les ducs de Bourgogne," 121쪽에서 재인용).

제한되었고 전시에는 2명 및 6명으로 제한되었다. 각 중대를 따라 갈 여자는 15명 이내로 제한되었고 누구도 어느 한 여자를 독점하지 못하게 했다.

대담한 샤를르는 이런 랑세lance/Lanze 조직에 추가해서 병종兵種 별로 병력을 나누기도 했었는데 전시의 실제 상황에서는 이런 편성이 필요할 때가 많았다. 그는 전투훈련에 관한 세부규정들도 제정했는데 그 중 하나가 다음과 같다.

영주領主께서는 각 중대와 에스카드레 및 소대를 지휘하는 자들은 수비대로 근무 중이거나 여타 여유가 있을 때는 전쟁터에서 무기들을 더 잘 쓰게 하기 위한 훈련으로 자신의 병력들을 때로는 갑옷 상의만 착용하게 하고 때로는 완전 무장을 갖추게 해서 수시로 들판으로 데리고 나가도록 명했다. 들판으로 나가면 병력들이 밀집 정렬한 후 정면을 향해 창을 눕히고 돌격하는 훈련을 실시하되 최대한 빠른 속도로 돌진하면서도 군기軍旗에서 멀어지지 않도록 하고 때로는 명령에 따라 산개散開했다가 다시 집결해서 서로 지원해 가면서 적의 공격을 멈추게 하는 훈련을 해야 한다. 궁수들에게도 말을 타고 무기를 사용하는 훈련을 해야 하며 말에서 내려 활을 쏘는 데 숙달되게 해야 한다. 이때 그들은 크나페Knappe(역자 주: 견습기사見習騎士)의 말안장 머리에 있는 고리에 고삐를 함께 묶은 3필匹의 말이 열을 지어서 그들 뒤를 따라오도록 훈련해야 한다. 그들은 또한 활을 쏘기 위해 질서를 잃지 않으면서 신속히 옆으로 벌려 설 수 있어야 하며 나중에는 횡으로 밀집 정렬한 창병槍兵들의 뒤를 따라 전진할 수 있어야 한다. 그러나 약속된 신호가 떨어지면 이 창병들은 한쪽 무릎을 꿇고 앉아서 촉이 상대방 말의 가슴을 향하도록 창을 앞으로 비스듬히 눕혀 세우게 하고 궁수들은 그들 뒤에서 이 창병들 너머로 마치 성벽 너머로 쏘듯 활 쏘는 훈련을 하게 해야 한다. 이때 창병들은 적이 질서를 잃은 것을 보게되면 명령받은 방식으로 적을 향해 돌진해 들어갈 수 있는 준비를 하고 있어야 한다. 또한 창병들은 양면兩面 방어를 할 수 있도록 서로 등을 맞대고 정렬하거나 둥그런 대형 또는 사각형 대형으로 정렬하는 훈련을 해야 한다. 창병들은 항상 밀집 대형으로 궁수들의 바깥쪽에 위치해야 하며 또한 수행원page과 궁수들의 말을 둘러싸고 있어야 한다. 간부들은 한 소집단에게 이런 훈련을 하다가 그 소집단의 훈련이 끝난 후에 다른 소집단의 훈련을 실시할 수도 있다. 이런 훈련을 함으로써 간부들은 훈련에 나서려고 하지 않은 자는 없는지 그리고 말이나 장비를 팔아넘긴 사람은 없는지도 알 수 있게 된다. 병사들은 언제 간부들이 자신들을 훈련에 소집할지 사전에 모를 것이기 때문이다. 이렇게 하면 각자가 그의 의무를 다하게 되고 전쟁에 대비할 수 있게 된다.

이 훈련규정을 읽다보면 우리는 중세에서 훨씬 더 세월이 흐른 것 같은 느낌을 갖게 된다. 이런 훈련은 아주 현대적인 느낌까지 주고 있다. 그러나 이렇게 느끼는 사람은 속은 것이다. 세계사에서 한 시대로부터 다른 시대로의 전환이 그렇게 빠르고 쉽게 이루어지지는 않는다. 앞서 우리는 프랑스 왕들이 용병들을 정규 중대로 전환시키는 일이 매우 힘든 일이었음을 알 수 있었다. 또한 우리는 중세 기사騎士와 보병이 현대의 기병대騎兵隊와 보병으로 전환되는 데 얼마나 힘든 과정과 많은 시간이 필요했는지 앞으로 알게 될 것이다. 대담한 샤를르의 이런 훈련규정은 아예 그런 과정의 일부도 아니었다. 그의 규정은 정열적이고 천재적이며 강렬한 정신의 소산이었고 옳은 방향을 지향하고는 있었지만 새로운 시대로의 전환을 이루어내지는 못했다. 이 규칙들과 함께 작용한 요소들이 곧 훨씬 강력한 요소에 의해 밀려났기 때문이다. 이 마지막 부르고뉴 영주領主의 군사조직에는 현대적 성격은 없었고 오히려 중세의 마지막 탁월한 지류支流였을 뿐이다. 우리는 이를 가장 불가사의한 중세의 지류였다고까지 볼 수 있다. 이런 체계가 계속 발전해 나가는 진정으로 중요한 출발점은 전투병종戰鬪兵種의 분리에 있었다. 대담한 샤를르의 규정이 요구한 훈련은 환상幻想에 불과했다. 이런 훈련들은 그 성과는 어찌되었건 간에 적어도 우리가 오늘날 훈련이라고 알고 있는 것들과는 전혀 무관하다. 오늘날의 훈련은 이 같이 상부에서 공포한 규정과는 전혀 다른 형태의 강제력이 적용되어야 하지만 대담한 샤를르의 규정은 훌륭한 권고에서 크게 벗어난 것이 아니었다. 우리는 앞으로 이 문제에 관해서 할 말이 더 있을 것이다. "칙령중대勅令中隊"는 기병들로 구성되었다는 점에서는 기사騎士들이 기병대騎兵隊로 전환되는 과정일 수 있지만 가야 할 길은 아직도 멀었다. 무엇보다도 그들의 무장인원들은 아직도 완전한 기사騎士였다. 또한 이런 "칙령중대"의 궁수와 보병들은 미래의 유럽 보병과는 전혀 무관한 존재였다. 미래의 유럽 보병은 뿌리가 그들과 전혀 달랐다. 중세 전사戰士 집단에서 이 "칙령중대"들이 지니고 있던 결정적 특성은 그 조직의 기초가 "랑세lance/Lanze"라는 개념 위에서 형성된 편성에 있었다는 점이다. 본질적으로 "랑세"에서는 기사騎士만 전투원이었고 다른 모든 요소는 지원병종支援兵種에 불과했다. 물론 이 지원병종에 속한 인원이 너무 많았기 때문에 우리는 소부대의 경우에는 기사騎士를 장교로 생각할 수도 있다. 기사騎士가 말에서 내려 일반병사들 대열에 섬으로써 일반병사들의 사기士氣를 올려주는 역할을 실제로 했던 일을 기억한다면 우리는 이를 현대적 의미의 장교가 탄생하는 출발점으로 볼 수도 있지만 "랑세"의 기사騎士는 전쟁사가 말하는 "장교"는 아니었고 주된 전투원에 불과했다. 더욱이 대담한 샤를르는 전투병종戰鬪兵種을 나누기 시작함으로써 미래지향적 요소를 탄생시키기는 했지만 기사騎士가 "장교"로 전환되는 것은 거부했다. 그는 기사騎士와 보병을 나란히 함께 세우지 않았다. 결국 "칙령중대勅令中隊" 내의 랑세는 전형적인 중세 조직을 다듬은 것에 불과했다. 다시 말하자면 명령과 지시라는 특정 수단과 지원병종支援兵種에 의한 기사騎士의 지원을 "혼합전투"에 도입하려고 했던 것에 불과했다.

신흥新興 공국公國/Fürstentum들은 중세 말기에 자연스럽게 이런 체계를 채택했지만 결국 효과는 없었고 이와는 전혀 다른 병력들이 시대를 주도하게 된다. 따라서 우리는 15세기 군사조직에 대해서는 중세초기의 군사조직과는 달리 이를 세부적으로 깊게 연구할 필요가 없다. 기사騎士 체계를 종식시키게 되는 새로운 세력이 어떤 세력이었는지를 우리가 알게 되면 이 중세의 마감시대에 있었던 발전 노력들은 의미 없는 노력이었음을 곧 알 수 있게 된다.

제Ⅵ장 탄넨베르크 전투, 몽레리 전투 및 중세 후기의 여타 교전들

1. 탄넨베르크TANNENBERG 전투(서기 1410년 7월 15일)

이 전투는 매우 중요한 전투였고 당시에는 이 전투에 관한 기록이 매우 많았다고 하지만 우리에게 전해진 기록은 매우 불분명한 기록뿐이다.[1)

데트마르Detmar의 《뤼벡 연대기年代記Lübecker Chronik》 속편續編을 쓴 작가는 폴란드-리투아니아Polnisch-littauisch 연합군의 병력수를 5,100,000명이라고 했는데 이는 역사의 아버지 헤로도투스Herodote/Herodotus가 말한 페르시아 전쟁 당시 크세르크세스Xerxes 왕의 병력의 1.5배나 되는 병력이다. 이와 비슷한 기록이 총 사망자가 630,000명이었다는 《마그데부르크 쉐펜 연대기Magdeburg Schppenchronik》이다. 여러 연대기에 기록된 수치들 중 가장 작은 수치는 게르만군을 83,000명, 폴란드군을 163,000명으로 기록한 경우이다. 헤베커Heveker는 게르만 기사단deutschen Orden(역자 주: 튜튼 기사단Teutonic Order라고도 함)의 병력은 약 11,000명이었고 이중에는 중무장 전사戰士(역자 주: 기사騎士)가 3,850명, 크나페Knappe(역자 주: 견습기사見習騎士)가 3,000명, 궁수弓手가 4,000명이었던 것으로 평가하고 이 궁수들도 말을 탔지만 싸울 때에는 말에서 내렸다고 했다. 이들 외에 소수의 보병도 있었는데 이들은 전투에는 참여하지 않았고 전투 중에는 수레 곁에 남아있었다.

헤베커Heveker는 폴란드-리투아니아 연합군의 병력수를 게르만군의 약 1.5배쯤 되는 기병 16,500명으로 보고 있다. 이 전투에 관한 주사료主史料인 폴란드 측 들루고스Dlugoss의 기록 역시 자신들의 병력수가 크게 많았다고 했다. 그들의 총사령관은 라디스라우스Ladislaus Jagiello 왕이었지만 실질적 최고지휘관은 그의 사촌인 리투아니아 대영주大領主 비톨트Witold였다.

게르만 기사단의 단장團長 울리크Ulrich von Jungingen는 폴란드군에게 주도권을 주고 그들이 비스툴라Vistula강의 우안右岸을 따라 이동하고 있을 때 이 강의 한 지류支流인 드렌벤쯔Drewenz강 뒤에 포진했다. 사료 기록에 의하면 그는 카우에르니크

---

1) 이 전투에 관한 특별연구인 헤베커Karl Heveker의 《탄넨베르크 전투Die Schlacht bei Tannenberg》(베를린 대학교 학위논문, 서기 1906년, 게오르크 나우크 출판사Georg Nauck)는 이 전투에 대한 이해를 크게 향상시켰고 종래의 잘못된 개념들을 많이 바로잡기는 했지만 중요한 몇 가지 점들을 아직 해결하지 못했다. 필자도 이 전투의 분명한 모습을 그려보고자 했지만 필자의 설명 중 많은 부분 역시 추론에 불과할 뿐이다. 필자는 보다 최근의 문헌 중 쿠조트K. Kujot의 논문(《월간月刊 프로이센 역사Die altpreussische Monatschrift》, 제48권, 제1호)과 크롤만Krollmann의 논문(《고지高地 역사지歷史誌Oberländische Geschichtsblätter》, 제13권, 서기 1911년)을 독자들에게 소개한다. 이들 외에 가치 있는 글로는 슈니펠E. Schnippel의 "탄넨베르크의 기사騎士 무덤Das Rittergrab von Tannenberg"(《고지高地 역사지歷史誌》, 제11권, 서기 1909년)도 있다.

Kauernick 부근에서 적이 드레벤쯔강을 건너기를 기다렸던 것 같이 보인다. 그러나 우리는 게르만군이 왜 그랬었는지 이해하기 어렵다. 실제로 그랬었다면 어쨌건 그곳에서 전투가 있었어야 하기 때문이다. 프로이센Preussen/Prussia 병력이 아직 집결하지 못했기 때문이거나 폴란드군이 강을 건너도록 해서 도하 중에 공격하려는 의도였기 때문일 것이다. 여하간 폴란드군은 상황이 어려운 것을 눈치 채고 뒤로 돌아서서 강을 우회하려고 동쪽의 수원지水源池 쪽으로 돌아갔다.

게르만군은 그들과 평행으로 이동하다 강이 북쪽을 향해 예리한 각도로 꺾여 있자 자신이 강을 건넜고 탄넨베르크 마을 부근 적의 숙영지에서 바라다 보이는 곳에서 전투대형으로 전개했다. 폴란드 측 사료나 게르만 측 사료나 모두 게르만군이 아직 전투대형으로 전개하지 못한 폴란드군을 즉시 공격하지 않고 전개한 지점에 머물기만 했던 것은 실수였다고 평가하고 있지만 이는 뒷북이나 치는 말임이 분명하다. 후위대後衛隊인 프로이센 병력은 전투가 거의 끝나갈 때쯤에야 도착했고 중포重砲 역시 너무 늦게 도착해서 숙영지 방어에나 겨우 가담할 수가 있을 정도였다. 결국 게르만군은 전투 초기에 완전히 전개하지 못했던 것이다. 그들이 전개지점에서 너무 오래 기다렸다는 말은 최선두에 서있게 되었던 사람들의 입에서 나온 말로서 그들은 자신들이 그렇게 오래 제자리에 머문 이유를 모르고 있었던 것이다. 그들은 밤중에 뢰바우Löbau 부근에서 행군을 출발했고 밤에는 억센 비가 내렸고 이튿날 7월의 뜨거운 태양 아래 직선거리로 25km 이상이나 행군한 후였다. 따라서 전투대형으로 전개하는데 오랜 시간이 걸리는 것은 당연한 일이었다. 반면 폴란드군은 아침 6시경 행군을 출발해 1.5마일(약 11km) 정도만 행군해서 이미 숙영지를 구축했고 이제 숙영지 앞에서 전투대형으로 전개만 하면 되었다. 따라서 게르만군으로서는 기습공격 같은 것은 생각도 못할 일이었다. 오히려 게르만 기사단 단장의 전략은 방어를 하다가 공격으로 전환하려는 것이어야 당시 상황에 부합되는 현명한 전략이었을 것으로 보인다. 그의 병력 중에는 특히 쇠뇌수弩手와 포수砲手가 매우 많았고 이들은 방어의 경우에만 최대 전투력을 발휘할 수 있는 병력이었다. 만약 그가 적을 공격할 계획이었다면 우리는 그가 5일 전 카우에르니크Kauernick 부근에서 공격하지 않은 이유와 프로이센 땅을 그렇게 오랫동안 약탈하고 돌아다니는 폴란드군을 방치한 이유를 이해할 수 없게 된다. 반면 그가 적의 공격을 유도할 계획이었다면 우리는 그가 상대방을 자신의 땅에서 기다린 일, 그레벤쯔강 뒤에 포진했던 일, 병력을 탄넨베르크에서 그리 오랫동안 소극적으로 머물게 했던 일 등 모든 문제를 명확하게 이해할 수 있게 된다. 당시에 그는 폴란드군 행군로 옆에 아주 가까이 있었기 때문에 폴란드군은 그의 곁을 통과할 수가 없었다. 그의 우측면은 그륀Grün 평원의 숲에 의지할 수 있었고 좌측면은 탄넨베르크 마을에 의지할 수 있었다. 또한 전면의 지형은 대체로 평탄하기는 했으나 어느 정도의 굴곡과 단절된 지점들과 작은 개울들이 있어서 공격자 측에게는 장애가 많은 지형이었다.2)

게르만군이 가까운 곳에서 말에 올라타고 아주 빠른 속도로 전개하고 있다는 첫 보고가 폴란드군에게 들어갔을 때 게르만 기사단 단장이 보낸 사자使者 2명이 라디스라우스Ladislaus Jagiello 왕에게로 와서 칼 두 자루를 건네며 전투 시작을 제의했다. 만약 이런 의식을 좀 더 시간을 벌기 위한 단장의 행동으로 볼 수 있다면 이 전투에 대한 우리의 개념에 잘 어울리는 행동이었다고 할 수 있다.

독자들은 아마 이미 눈치 채고 있을지 모르나 이 전투에서 게르만군의 위치는 니코폴Nikopolis/Nikopol 전투(역자 주: 앞의 464쪽 참고) 당시 투르크Türk/Turk족 술탄Sultan 바야지트Bayazeth/Beyazid의 위치와 매우 유사하다. 게르만 궁수들도 이때 니코폴 전투 당시 투르크군의 야니샤르Janitscharen/janissaries(역자 주: 앞의 462~466쪽 참고)들과 같이 전면에 목책을 설치했다는 기록은 없지만(우연히도 게르만군은 카우에르니크Kauernick에서는 그런 목책을 설치했다고 한다) 그들은 전면에 많은 대포를 가지고 있었다.

그러나 전투의 결과는 니코폴 전투 때와 정반대로 나타났다. 게르만군의 대포들은 전투가 시작되자 바로 천둥과 함께 비바람이 몰아쳐서 화약이 젖었기 때문에 거의 위력을 발휘하지 못했다. 그래도 좌측면에 있던 쇠뇌수弩手와 궁수들은 그들이 상대한 리투아니아군의 경무장 병력을 상대로 크게 승리했고 이 리투아니이 병력은 게르만 기사騎士들의 돌격에 무너져 도주했다. 그러나 중앙과 우측면에서는 게르만군이 치열한 접전을 벌였지만 압도적으로 숫자가 많은 폴란드군에 밀렸다. 폴란드군은 크레시Crécy 전투(역자 주: 앞의 441쪽 참고)나 니코폴 전투 당시의 프랑스군 같이 축차적으로 적을 공격하는 실수를 범하지 않았고 처음부터 완전히 전개한 상태에서 전 병력이 동시에 전진했다. 이들을 상대로 프로이센 쇠뇌수와 대포는 위력을 발휘하지 못했으며 게르만 기사단의 용맹한 공격도 무위로 끝났다. 승리한 좌측면 기사騎士들이 도주하는 리투아니아 병역을 추격하다 돌아왔지만 전세戰勢를 돌려놓지는 못했다. 후일의 기록에 의하면 게르만 기사단 단원들 중 기사단 운영에 반발하던 쿨름Kulm 기사騎士들이 군기軍旗를 내리고 도주하는 배신을 저질렀고 이들의 배신이 전투의 패배에 영향을 주었다고 한다.

그러나 우리는 이런 기록을 믿을 필요기 없다. 니코폴 전투와 이 전투이 상이한 결과를 평가할 때는 지역 내에서 징집된 게르만군 궁수나 기병들이 전사戰士 기질이나 목표에 대한 헌신적 태도에서 바야지트의 야니샤르나 시파히Sipahi들과

---

2) 쾰러Köhler 장군의 《기사騎士 시대의 전쟁과 용병술用兵術의 발전Entwickelung des Kriegswesen und der Kriegsführung in der Ritterzeit》, 제Ⅱ편, 717쪽에는 이곳의 지형을 잘 묘사해 놓았다.

비교가 되지 않았을 것으로 추정해 볼 수 있을 뿐이다. 그들의 마음에 새겨진 무하메드Muhammed/Mohammed의 가르침과 군기軍紀는 큰 전투력을 발휘했다. 아마 니코폴에서도 바야지트의 병력이 적보다 좀 많았겠지만 탄넨베르크에서는 바야지트의 병력이 울리크Ulrich von Jungingen의 병력보다 분명히 크게 많았을 뿐 아니라 울리크가 자신의 전 병력을 이 전투에 제대로 활용하지 못했던 점까지 생각해 보면 유사한 위치와 유사한 전술에도 불구하고 이 두 전투에서 상이한 결과가 발생한 것이 그리 놀랄만한 일은 아니다.

게르만군이 전선戰線 뒤에 중포重砲를 설치해 놓았던 수레요새도 추격중인 폴란드군에게 무너졌고 게르만 기사단은 단장團長을 포함 250명이 현장에서 죽었다.[3]

– 탄넨베르크 전투에 관한 몽스트렐레MONSTRELET의 기록

필자는 얼마간 시간이 지나면 역사적 사건의 내용이 얼마나 왜곡될 수 있는지 보여주기 위해 프랑스인 몽스트렐레가 작성한 탄넨베르크 전투에 관한 연대기를 이곳에 소개하려 한다. 그는 프로이싸르Froissart의 《레텐의 케르벵Kervyn de Lettenh》, 속편續編을 쓴 인물로 그의 글은 당시 사료들 중 가장 중요하고 가장 널리 인용되는 사료들 중 하나이다. 그의 기록은 다음과 같다.

서기 1460년 6월 16일 프로이센 기사단장騎士團長/Hochmeister은 단원團員들과 여러 나라에서 온 약 300,000명에 이르는 많은 기독교도基督敎徒 기사騎士를 거느리고 리투아니아Litthauen/Lithuaniaisc를 침공했다. 리투아니아 왕은 사르마테Sarmate(역자 주: 흑해 북안北岸 유목민족) 왕과 함께 총 400,000명은 되는 사라센Sarazen/Saracen(역자 주: 아랍족. 이슬람 세력을 총칭하는 용어로도 쓰임) 병력을 거느리고 즉시 그를 맞이하러 나갔고 양측은 한 차례 전투를 했다. 이 전투에서 기독교도들이 승리했고 약 36,000명의 사라센 병력이 죽었다. 죽은 자들 중 가장 중요한 인물로는 리투아니아의 함대사령관Admiral과 사르마테의 대원수大元帥/Konnetable도 있었다. 살아남은 자들은 도주했다. 기독교도들은 단지 200명만 죽었으나 부상자는 상당히 많았다.

이 전투 직후 프로이센 기사단장의 큰 적敵으로 최근 왕위를 차지하려고 기독교도로 위장했던 폴란드 왕이 병력을 이끌고 사라센군을 도와주러 와서 프로이센군과 전쟁을 재개하겠다고 그들을 격려했다. 결국 사라센군이 패배한 지 8일 후 그들은 다시 집결해 서로 대치했다. 그러나 이번에는 폴란드

---

[3] 쿠조트Kjot와 크롤만Krollmann은 많은 부분에서 다른 결론을 내리고 있다. 그러나 필자는 여전히 처음의 입장을 일반적으로 유지하려 한다.

왕과 앞서 말한 2명의 다른 왕이 거느린 600,000명의 전사戰士들이 상대방인 프로이센 기사단장과 여타 기독교도 영주領主들을 격파했다. 이때 야전에서 사망한 기독교도가 60,000명 이상이었고 프로이센 기사단장, 노르망디 귀족인 페리에레Jean de Ferrière 경卿, 뵈비유Vieuville 영주領主의 아들 및 피카디Picardie/Picardy에서 온 봐다네켄Bois d'Annequin 영주領主의 아들도 죽었다. 흔히들 이들이 패한 이유는 헝가리 병력을 이끌고 기독교도들의 제2제대梯隊에 있다 병력과 함께 도주한 헝가리 왕의 대원수大元帥/Konnetable 때문이었다고 한다.4)

그러나 사라센군은 이 전투에서 승리했다는 명성을 얻지는 못했고 심한 손실만 입었다. 10,000명의 폴란드군 외에도 120,000명의 사라센군이 이 전투에서 죽었다. 이런 사실은 전령傳令/Herod들과 나중에 헴베Hembe 대공大公에 임명된 스코틀랜드의 바스타드Bastard의 기록에 의한 것이다.

2. 서기 1465년 7월 16일 몽레리MONTL'HÉRY 전투에 관한 코미네Commines/Commynes의 기록5)

샤롤레Chaolais 대공大公/Graf(대담한 샤를르)은 최선을 다해 아버지와 화해한 후 지체 없이 무장인원Gendarmen(역자 주: 중무장 기사騎士/gens d'armes)들을 이끌고 야전으로 출전했다. 그의 모든 일을 돌보아 주던 관리인이었고 그의 군대에서 가장 중요한 지도자인 생폴Saint Paul 대공大公이 그와 함께 갔다. 샤롤레 대공 휘하에는 무장인원 300명과 궁수도 4,000명이 있었고 그 외에 아르토아Artois, 브라방BrabantBrabant(역자 주: 벨기에 중부지역) 및 프랑드르Flandern/Flandre에서 온 다수의 훌륭한 기사騎士들과 에델로이테Edelleute(역자 주: 기사를 수행한 일반보병인 에쿠예écuyer)들도 있었다. 클레베Cleve 영주領主의 동생 라마스틴Ravastin, 부르고뉴 영주領主의 서자庶子 앙통Bastard Anton도 이와 유사한 규모와 구성의 병력을 거느리고 있었고 이 두 사람 밑에도 용감하고 존경받는 기사騎士들이 있었다. 일일이 이름을 말하지는 않겠지만 다른 지도자들도 많이 있었는데 샤롤레 대공은 기사騎士 2명을 특히 아꼈었다. 하나는 생폴 대공의 의붓 형제인 늙은 기사騎士 하우보르덩Haubourdin이었다. 그는 잉글랜드의 헨리 Ⅴ세가 프랑스에서 군림하고 라렝Lalain의 필리프Philipp 영주領主/Herzog가 그와 연합하고 있던 당시에 잉글랜드와 프랑스가 싸운 여러 전투에서 큰 명성을 얻은 인물이었다. 다른 하나는 하우

---

4) 이 구절에는 아마 이보다 14년 전에 있었던 니코폴Nikopol 전투 당시 프랑스 기사騎士들에 관한 설명이 끼어 들어 있는 것 같다. 탄넨베르크 전투 때는 헝가리군이 참전하지 않았다.

5) 앞의 261쪽을 보라. 이 번역문은 만드로Mandrot 편編, 《코미네의 필리프 비망록Mémoires de Philippe de Commynes》, 제Ⅰ편, 제Ⅱ장, 13쪽에서 취한 것이다.

보르뎅과 나이가 같은 콘테이Contay였다. 이 둘은 늙었지만 현명한 기사騎士였고 군대 내에서 가장 중요한 지휘 직책을 맡고 있었다.

젊은 기사騎士들도 많았다. 그중 라렝Lalain의 필리프Philipp라는 젊은이는 좋은 가문 출신이었는데 그의 가문에는 용감하지 않거나 대담하지 않은 사람은 거의 없었고 대부분 그들이 모시던 영주領主들을 위해 싸우다가 전쟁터에서 죽었다. 그러나 샤롤레Chaolais 대공大公의 군대에는 무장이 빈약하고 전투기술이 모자란 무장인원도 1,400명이나 있었다. 이들은 아라스Arras 조약으로 인해 오래 끄는 전투가 없어지면서 장기간 평화스런 생활을 했기 때문에 그리 된 것이다. 내 기억에 그들은 겐트Gent/Ghent군과 몇 차례 소규모 교전이 있던 것 외에는 36년이 넘게 전쟁 없이 살았었다. 하지만 나머지 무장인원들은 좋은 말을 타고 매우 용감했고 장비도 잘 갖추고 있었다. 그들은 대부분 큰 말을 5~6필씩 소유했었다. 궁수들도 8,000~9,000명은 되었는데 병력동원이 끝났을 때는 좋은 자원만 선발한 후 잉여인원을 집으로 돌려보내는 일이 그들을 모집하는 일보다 더 어려울 정도였다.

당시 부르고뉴 가家 신민臣民들은 오래 계속된 평화와 거의 세금을 거두지 않은 좋은 영주領主/Fürst들 때문에 매우 안락하게 살고 있었다. 내가 보기에 그들의 왕국은 지구상의 어떤 왕국보다도 축복 받은 땅이라 할 만 했었다. 그들은 넘치도록 부유했고 아주 편히 살았는데 이런 시절은 이때 이후로 없었다. 그런 생활은 이미 23년 전부터 시작되었다. 사치스런 생활로 인해 남녀들의 의복은 지나치게 호화로웠다. 내가 아는 어느 곳에서보다 크고 화려한 연회宴會가 끊이지 않았다. 부끄러운 줄도 모르고 여성들과 어울려(내가 말하는 것은 지위가 낮은 여성들이다) 방탕하게 목욕沐浴하고 잔치를 벌이는 일이 흔했다. 간단히 말해서 어느 영주도 그의 신민들을 이렇게 만족시킨 적이 없었고 오늘날 지구상에 이 같이 가련한traurige 나라가 있는지 나는 모르겠다. 내 생각에 이 번영기의 죄악罪惡/Sünde이 그들에게 이런 운명을 안겨 준 것 같다. 그들은 이 모든 영화榮華가 하느님의 선물임을 몰랐지만 하느님은 당신을 즐겁게 해주는 곳에는 어느 곳이든 이런 영화를 베풀어주신다.

그 결과 내가 앞서 말한 모든 준비가 매우 신속하게 끝나자 샤롤레 대공大公은 포병 외에는 모두 말을 탄 병력을 이끌고 나섰다. 그의 포병은 당시로서는 매우 큰 규모였고 능력도 출중했다. 수송대열도 대단히 컸는데 이들은 모두 대공이 준비한 것이었다.

대공大公은 노용Noyon을 향해 진격 중 작지만 수비가 튼튼했던 네슬레Nesle 성城을 포위해서 몇 일만에 함락시켰다. 페로네Péronne에서 온 프랑스의 조아킨Joachin 원수元帥/Marshall는 대공大公과 가까운 곳에 있었지만 병력이 얼마 되지 않아서 대공大公에게 별 위협이 되지 않았고 대공大公이 그에게 접근해 오자 파리Paris로 철수했다.

대공大公은 전 구간을 전투 없이 진군했는데 그의 병력들은 자신들이 받는 보수 외에 다른 것들은 탐내지 않았기 때문에 솜므Somme 강 주변의 도시들을 포함해서 여타 도시들은 대공大公이 많은 병력과 함께 도시로 들어와서 돈을 내고 필요한 것들을 구하도록 허용했다. 도시민들은 마치 왕이 더 강한지 영주領主들이 더 강한지에 큰 관심을 두고 있던 것 같았다.

대공大公은 파리 부근 생데니St. Denis에 도착해 다른 영주領主들과 합류하려고 했지만 그들은 나타나지 않았다. 브레타뉴Bretagne/Brittany 영주領主와 베리Berry 영주領主는 자신들을 대신해서 필요한 일을 모두 할 수 있는 백지위임장Blanko=Unterschriften/ carte blanc들을 주어서 브레타뉴 부영주副領主/Vizekanzler를 보냈다. 그는 노르망디 출신의 매우 영리한 신사였는데 그를 질시하는 사람들 때문에 그런 성격이 절실히 필요했다.

대공大公은 파리 성문城門 앞에서 대규모 전초전前哨戰을 벌이면서 시민들에게 피해를 입혔다. 그의 무장인원들에게 방해가 된 것은 조아킨Joachin 원수元帥가 지휘한 중대와 후일 기사단장騎士團長이 되는 인물로 이때 어느 신민臣民보다도 프랑스 왕에게 충성하던 낭투일레Nantouillet 영주領主 뿐이었다. 낭투일레는 이때 매우 충성했었지만 대가를 제대로 받지 못했는데 이는 왕의 잘못 때문이 아니라 그의 정적政敵들이 이유 없이 그를 끈질기게 시기했었기 때문이다. (내가 나중 들은 이야기이지만) 이 당시 많은 파리 시민들은 너무 두려운 나머지 "적이 파리에 들어와 있다"고 외쳤다고 하는데 이는 근거 없는 말이었다. 앞서 말한 늙은 기사騎士 하우부르뎅 영주領主는 이곳서 자란 인물로서 파리를 공격해야 한다고 믿었으며 당시 파리는 현재와 같은 튼튼한 성城이 아니었다. 무장인원들 역시 그렇게 원하고 있었다. 그들은 파리 시민들을 비웃으며 성문城門까지 전초전을 벌이며 올라갔다. 그러나 파리를 함락시킬 수 없을 것 같아 보이자 대공大公은 생데니로 철수했다.

그들은 이튿날 브레타뉴 부영주副領主의 말에 의하면 이 지역에 와있다는 베리 영주領主와 브레타뉴 영주領主에게 가기 위해 세느Seine 강을 건너야 할 것인지 의논했다. 그러나 이때 브레타뉴 부영주副領主가 보여준 것은 두 영주領主가 서명한 백지위임장들에 자신이 내용을 쓴 편지들뿐이었고 그는 두 영주領主의 상황에 대해 실제는 잘 모르고 있었다. 철수를 원하는 자들이 많았지만 그들은 결국 세느 강을 건너기로 결정했다. 이는 두 영주領主가 약속을 지키지는 않았지만 이때쯤은 충분히 솜므Somme 강과 마르네Marne 강은 건넜을 것으로 믿을 만 했었기 때문이다. 그러나 이때 불만이 있는 사람들이 많았는데 필요시 그들이 철수할만한 요새화 된 지역이 그들의 뒤에 없었기 때문이다. 모든 사람들이 생폴 대공大公과 브레타뉴 부영주副領主를 원망했지만 샤롤레 대공大公은 세느강을 건넌 후 생클루Saint Cloud 다리 부근에 숙영지를 구축했다. 그는 이곳에 도착한 다음날 부르봉Bourbonnays/Bourbonnais 왕국의 한 여인으로부터 부르봉 왕(루이Louis XI세)이 그를 향해 출발해서 강행군 중이라는 서신을 받았다.

프랑스 왕은 샤롤레 대공大公이 파리로 접근하고 있고 그 동생 브레타뉴 영주領主도 브레타뉴를 출발했음을 알자 파리 시민들이 왕국의 공공복지公共福祉/öffentliche Wohl/bien public를 주장하는 그들에게(역자 주: 샤롤레 대공의 군대를 '공공복지동맹 Ligue de bien public'이라 했다) 성문城門을 열어주고 다른 도시들도 따라 할 것을 우려해 급히 파리로 돌아가 샤롤레 대공大公과 브레타뉴 영주領主의 두 큰 병력이 합류하는 것을 방해하려 했다. 왕이 이 일에 대해서 나에게 여러 번 들려준 바에 의하면 그는 결코 싸우러 온 것은 아니었다.

앞서 말한 대로 부르봉 왕이 자신에게 오고 있음을 안 샤롤레 대공大公도 왕에게 가기로 결정했다. 그는 편지를 보낸 여인의 이름은 밝히지 않고 그 내용만 공표하면서 자신은 이 우연한 기회를 이용하기로 결정했으니 각자 최선을 다해달라고 당부했다. 그는 파리 부근의 롱주뫼Longjumeau 마을에 숙영지를 구축했고 그의 전위대前衛隊 전체를 지휘하는 대원수大元帥/Connétable는 3마일(약 23km)쯤 상류에 있는 몽레리Montl'héry에 숙영지를 구축했다. 늙은 기사騎士 하우부르뎅 영주領主는 정찰대를 보내 왕의 접근로를 탐지하게 했다. 그들은 생폴 대공大公이 함께 있는 자리에서 롱주뫼 마을을 전투장소로 선택했다. 왕이 접근해 오면 생폴 대공大公은 롱주뫼로 오기로 합의했다. 이 자리에는 하우부르뎅 영주領主와 콘테이 영주領主도 있었다.

전위대를 몽레리에 보내고 롱주메 부근에 숙영 중이던 샤롤레 대공大公은 자신에게 끌려 온 어느 포로에게 마이네Mayne/Maine 대공大公의 병력이 프랑스 왕과 합류했고 왕 측 병력은 무장인원 약 2,200명, 도피네Dauphiné에서 징집한 병력, 사보아Savoyen/Savoie의 귀족 40~50명 등임과 왕은 마이네 대공大公 외에도 노르망디 궁내대신宮內大臣/Grossseneschall과 프랑스 함대사령관Admiral인 몽타우방 Montauban 가문의 브레스지Breszy 등으로부터 자문을 받고 있음을 알았다. 이때 반대의견도 있었지만 왕은 결국 전투는 하지 않고 부르고뉴군 숙영지 쪽을 피해서 바로 파리로 들어가기로 결정했다. 내 생각에 왕의 계획은 훌륭했다.

그는 궁내대신을 믿지 않았었기 때문에 그가 자신에게 대항해 연합한 영주領主들과 비밀약속이 있었는지를 궁내대신에게 물었다. 이 질문에 궁내대신은 평소의 습관대로 웃으면서 자신은 사실 그렇게 했고 저들도 이 약속을 지키겠지만 자신의 몸은 왕의 것이라고 대답했다. 왕은 그 대답에 만족해서 전위대前衛隊 지휘권과 행군로行軍路 결정 책임을 그에게 맡겼다. 왕은 앞서 말한 대로 전투를 피하려 했기 때문이다. 하지만 결국 궁내대신은 제 마음대로 해놓고는 그의 측근에게 "오늘 내가 양측을 아주 가까이 붙여놓을 것이므로 아무리 영리한 사람이라도 양측을 분리시킬 수는 없을 거야"라고 했고 그는 실제로 그렇게 했다. 하지만 이로 인해서 가장 먼저 쓰러질 사람은 궁내대신 자신이었다. 왕은 이 당시 오고간 말들을 샤롤레 대공大公과 함께 있던 나에게도 전해주었다.

서기 1465년 7월 16일에 왕의 전위대가 몽레리Montl'héry에 도착하자 이곳에 숙영 중이던 생폴Saint Paul 대공大公은 전투장소로 계획한 곳에서 3마일(약23km) 떨어진 곳에서 숙영 중이던 샤롤레 대공大公에게 급히 사자使者를 보내 적의 무장인원과 궁수들이 이미 말에서 내려 자신의 수레요새에 가까이 접근해 있으니 가능한 빨리 자신을 도와주러 올 것을 요청했다. 그는 자신이 명령받은 대로 철수하면 상대방은 이를 도주하려는 것으로 알게 될 것이고 그렇게 되면 전 병력이 위험에 빠지니 철수할 수도 없다고 했다. 이에 샤롤레 대공大公은 급히 서자庶子 앙통Bastard Anton을 많은 병력과 함께 보낸 후 자신이 직접 가야하는지 망설이다가 결국 다른 사람들 뒤에 출발해서 아침 7시경 그곳에 도착했다. 왕의 병력은 5~6개 부대가 이미 도착해서 양측 중간에 있는 큰 도랑을 연해 배치되어 있었다.

샤롤레 대공大公은 생폴 대공大公이 말을 타지 않고 서있고 다른 병력들도 도착하는 대로 횡대로 정렬하고 있는 것을 보았다. 궁수들도 말에서 내려 각자 자신 앞에 말뚝을 박아놓고 있었다. 포도주통 몇 개를 마실 수 있도록 마개를 열어놓았다. 내가 대략 둘러보니 모두 전투를 열렬히 원하고 있는 것이 깊은 인상을 주었다. 처음에는 전원이 예외 없이 발로 싸우기로 결정했지만 나중에는 생각을 바꾸어서 무장인원들은 말에 올라탔다. 그러나 코르데Cordes 영주領主 형제를 포함한 일부 용감한 기사騎士들에게는 말에서 내리도록 명령했다. 라렝Lalain의 필리프 영주領主 역시 말에서 내렸는데 이는 부르고뉴에서는 보병들이 안정감을 갖고 잘 싸울 수 있도록 말에서 내려 궁수들과 함께 싸우는 기사騎士들이 가장 큰 존경을 받았었고 이런 기사騎士들이 많았었기 때문이다. 그들은 이런 방식을 프랑스와 32년 동안을 휴전 없이 싸운 잉글랜드인들에게서 배웠고 그 당시 필리프 영주領主는 잉글랜드군과 함께 있었다. 그러나 당시 주요전투는 현명하고 멋지며 매우 용감했던 헨리 왕이 지휘하는 잉글랜드군이 수행했으며, 헨리 왕에게는 용감하고 현명한 형제들도 있었고 그들에 관한 이야기를 나는 많이 들어서 알고는 있지만 내 시대 인물이 아니므로 일일이 이름을 말하지 않겠지만 샐리스베리Salisbury 대공大公 탈보트Talbot 같은 위대한 군지휘관도 있었다. 하느님이 그들의 편을 들다 지쳐 이 현명한 왕이 벵상Vincennes 숲에서 병사病死하자 그의 정신병자 아들이 파리에서 프랑스와 잉글랜드의 왕으로 즉위했다. 그러자 잉글랜드의 다른 탁월한 고관高官들도 교체되었고 오늘날까지 아니 바로 이 순간까지 그들은 계속해서 분열되어 있다. 요크York 가문이 왕국의 권력을 탈취했다고도 하고 합법적으로 권력을 장악했다고도 하는데 나는 그들에게 무슨 권리가 있었는지 모른다. 그런 일은 하늘에서 결정한 일일뿐이다.

여하간 이 전투에서 부르고뉴군은 많은 시간을 잃고 큰 손실을 입었는데 이는 그들이 처음에는 말에서 내렸다가 나중에는 다시 말에 올라탔기 때문이다. 왕의 병력은 투르포Tourfou 숲을 지나 1개 종대縱隊로 이동했다. 우리가 도착했을 때 그들의 숫자는 아직 400명도 안되었고 사람들은 그때 우리가 즉시 공격했으면 아마 그들은 아무 저항도 하지 못했을 것으로 믿었었는데 앞서 말한 대로 후방에서 오는 그들의 병력은 축차적으로 도착할 수밖에 없었기 때문이다. 그러나 그들의 숫자는 계속 늘어났다. 늙은 귀족 기사騎士 콘테이는 이를 보자 급히 샤롤레 대공大公에게로 가서 만약 전투를 이기고 싶으면 지금이 진격할 시기라고 권고했다. 그는 그 이유를 말하면서 만약 보다 일찍 공격했다면 적은 이미 패했을 것이라며 지금은 그들의 숫자가 분명히 늘어나는 중이지만 얼마 전까지만 해도 그들의 숫자가 매우 적었었다고 했다. 그의 말도 옳은 말이었다.

이때 사람마다 자신의 의견을 주장하려 하자 모든 토론은 끝났다. 더욱이 몽레리 마을 어귀에서 이미 대규모 전초전前哨戰이 시작되었는데 양측 모두 궁수들만 있었다. 왕군王軍은 리비에레Riviére의 퐁세Poncet가 지휘하는 황금 장식 제복을 착용한 질서 있는 "칙령중대勅令中隊/compagnies d'ordonnance/Ordonanz=Kompagnien" 궁수들이었지만 부르고뉴 병력은 마치 부담 없이 정찰을 나온 듯 질서도 리더십도 없었다. 라렝의 필리프 영주領主는 말에서 내려 서있었고 자끄Jacques du Mas도 그랬다. 자끄는 아주 유명한 사람으로서 샤롤레 대공大公이 후일 부르고뉴 영주領主가 된 후 사마총관司馬總官/Ober=stallmeister이 되는 인물이다. 그러나 병력수가 우세했던 부르고뉴군은 가옥 한 채를 탈취해서 불을 붙이고 문짝

2~3개를 뜯어내 이를 앞 가리개 대신 쓰면서 거리로 밀려나가기 시작했다. 이때 바람이 그들을 도와서 불길이 왕군 쪽으로 번지자 왕군은 물러나다가 말을 타고 도주했다. 이때 소음을 들은 샤롤레 대공大公이 밖으로 나가면서 앞서 결정했던 모든 대형을 포기했다. 왕군王軍이 너무 멀리 떨어져 있어서 그들은 3단계로 나누어 전진할 계획을 세웠다. 왕군王軍은 몽레리Montl'héry 성城 가까이 있었고 그들 앞에는 거대한 장벽과 도랑도 있었다. 비옥한 들판에는 콩 등 농작물들이 무성하게 자라고 있었다. 샤롤레 대공大公의 궁수들은 질서 없이 앞에서 행군하고 있었다. 내 생각에 궁수는 전투를 위해서는 이 세상에서 가장 중요한 존재이기는 하나 최소한 수천 명은 되어야 하며 숫자가 적으면 별로 쓸모가 없다. 그들은 또한 잃어버려도 아쉬울 것이 전혀 없는 비루한 말을 타거나 전혀 말을 타지 말아야 한다. 여하간 언제인가 이 병종兵種은 잘 훈련된 사람들로 운용될 경우 그 능력을 잘 보여줄 것이다. 이는 세계 궁수들의 꽃인 잉글랜드 궁수들의 견해이기도 하다.

앞서 말한 것 같이 샤롤레 대공大公은 계속 전진할 것인지를 결정해야만 했는데 거리 문제도 있지만 특히 무성하게 자란 농작물이 전진에 방해가 되었기 때문이다. 이때 실제 일어난 일은 정반대로 그들이 스스로 파멸하려 했던 것 같은 일이었지만 하느님은 전투의 결과를 자신의 손에 쥐고 마음 내키는 편에 승리를 선사하는 것임을 보여주었다. 인간의 지혜로 그렇게도 많은 병력을 질서 있게 정렬시켜 그곳에 있게 할 수 있다거나 모든 일이 회의실에서 세운 계획 그대로 야전에서도 전개된다는 것은 불가능한 일로 보였었다. 또한 건전한 판단력이 있는 사람이면 누구라도 그런 일은 하느님 뜻을 거스르는 일이라고 믿을 것 같이 보였었다. 인간은 각자 자신이 해야 하고 또 할 수 있는 일을 하게 되지만 하느님은 작은 수단과 사건을 통해 모든 일을 조종하시며 지금은 승리를 한쪽에 주지만 다른 때는 다른 쪽에 주신다는 것을 알아야 한다. 이는 너무나도 신비로운 일로서 어떤 왕국과 큰 영지領地가 쇠퇴하고 패배하고 다른 왕국과 영지가 성장해서 주변을 지배하는 것은 모두 이로 인한 것이다.

이제 다시 전투를 설명하자면 샤롤레 대공大公은 궁수와 보병들을 데리고 숨쉴 틈도 없이 행군해 나갔고 왕군王軍 역시 그들 앞의 징벽 양쪽을 통해 나왔다. 양측이 서로 창을 겨눌 정도로 가까이 접근했을 때 샤롤레의 무장 인원들은 부르고뉴 군대의 꽃이며 희망이던 자기편 궁수들에게 화살 한 대 날릴 틈도 주지 않고 이들을 짓밟고 앞으로 나갔다. 이 무장인원 1,200명 중 적에게 창을 겨눌 줄 아는 사람이 50명도 되지 않았던 것으로 나는 믿는다.

또한 갑옷을 제대로 갖추거나 무장한 종자從者를 1명이라도 거느린 자는 400 명도 안 되었다. 이는 모두 평화가 오래 계속되고 부르고뉴 영주領主가 백성에게 세금을 부과하지 않으려고 상비군을 두지 않았었기 때문이다. 그러나 이때부터 지금까지는 이 지역에도 잠시도 전쟁이 그친 적이 없고 현재 상황은 과거 어느 때보다도 악화되어 있다.

이때 부르고뉴군은 그들 군대의 꽃이며 희망인 궁수들을 스스로 짓밟은 것이지만 매우 놀라운 방식으로 우리를 인도하는 하느님은 이 성城과 맞서 정의正義의 편에서 싸우는 샤롤레Chaolais 대공大公이 적의 저항 없이 승리하기를 원했다. 그 날 나는 항상 대공大公 곁에 있으며 다른 어느 때보다도 두렵지 않았다. 내가 너무 젊고 겁이 없었기 때문이었다. 그러나 나는 어느 누구도 감히 이 대공大公으로부터 자신을 방어하려는 자가 없음을 보고 놀랐고 그를 가장 강한 사람으로 생각했다. 그 때의 나와 같이 경험 없는 사람은 빈약한 이유와 몰이해 때문에 혼동을 일으키기 마련이다. 그러므로 우리는 자신이 거의 아무 말도 하지 않은 것은 후회하지 않지만 너무 많은 말을 한 것은 후회하는 사람의 의견에 귀를 기울이는 것이 좋다.

좌익에 라벤슈타인Ravenstein 영주領主, 생폴의 자끄 등 많은 사람들이 있었지만 이들은 자신들에게 충분히 버틸 만한 병력이 없다고 생각했으며 새로운 대형은 생각할 수 없을 만큼 이미 적이 가까이 접근해 있었다. 결국 그들은 바로 패배해서 수레가 있는 곳까지 밀려났고 대부분 그곳에서 1/2마일(약 4km) 떨어진 숲으로 도주했다. 부르고뉴 보병은 일부 수레 부근에서 재집결했다. 프랑스군의 추격군 중에는 도피네Dauphiné와 사보아Savoyen/Savoie의 기사騎士 등 많은 무장인원들이 있었는데 그들은 이미 이긴 것으로 생각했다. 이쪽 측익의 부르고뉴군은 많은 저명한 영주領主들을 포함해서 거의 모두가 도주했기 때문이다. 이들 영주領主들은 아직 우군이 장악하고 있다고 생각되는 생떼 막상스Sainte Maxence 다리로 가려고 했다. 많은 사람들은 숲 속에 남았고 생폴 대공大公 등 일부는 큰 호송병력과 함께 이미 철수했다(이들의 수레 바리케이드는 숲과 가까운 곳에 있었다). 이후 생폴 대공大公은 자신이 그 날 전투에서 아직 패한 것이 아님을 분명히 보여주었다.

샤롤레 대공大公이 있던 쪽에서는 대공大公이 동료 단 몇 명과 함께 몽레리Montl'héry 마을 너머 약 1/2마일(약 3.5km)까지 적을 추격했고 버티는 적이 아무도 없자 자신이 이미 승리한 것으로 믿고 있었다. 룩셈부르크Luxemburg에서 온 늙은 귀족 앙통Aton Le Breton이 프랑스군이 재집결해 있어서 더 추격하면 전투에서 패할 것이라는 말을 두세 차례나 하면서 그를 돌려세우려 했지만 그는 멈추지 않았다. 이때 앞서 말한 콘테이Contay 영주領主도 재빨리 그에게 와서 같은 말을 너무 간곡하게 하자 그는 겨우 발길을 돌렸다. 내 생각에는 만약 그가 화살 비거리 2배 정도만 더 나갔다면 많은 다른 사람들이 그랬던 것 같이 적에게 잡혔을 것이다. 그는 몽레리 마을을 통과할 때 도주하는 적의 보병들과 마주치자 자신을 따르는 기마병騎馬兵이 100명도 안되었지만 그들을 추격했는데 그들 중 하나가 뒤돌아서서 창으로 그의 배를 찔렀고 그날 밤 내가 직접 그의 상처를 보았다. 그는 파리 성城에 바짝 다가섰을 때 성문城門 앞에 서있는 왕의 호위궁수들을 보았다. 그는 제자리를 지키는 왕군王軍이 아직도 있을 것으로는 생각하지 않고 있다 그들을 보자 놀랐다. 그는 들판을 차지하려고 측면으로 돌아갔는데 그곳에서 약 15~16명의 무장인원에게 공격을 받았다. (이때 그의 병력은 상당수가 그와 떨어져 있었다.) 그들은 군기軍旗와 대공大公의 갑옷을 들고 있던 대공大公의 동료 필리프Philip d'Orgnis를 죽였다. 대공大公도 큰 위험에 처해 여러 차례 적에게 타격 당했다. 이때 적의 대검에 목을 다쳐 그 상처가 평생 남게 되었는데 이는 투구의 턱끈이 느슨했었기 때문이다. 그는 그 날 아침 턱끈 조임쇠가 떨어져 턱끈을 느슨하게 조일 수밖에 없었고 턱끈 조임쇠가 떨어진 것을 나도 보았다. 한 사람이 그에게 손을 얹고 "항복하시오. 존엄한 대공大公이시여! 나는 당신을 잘 알고 있소. 죽음의 길로 가지 마시오"라고 외쳤지만 그는 끝까지 버텼다. 이때 파리의 어느 의사의 아들로 키가 크고 육중한 요한Johann Cadet이 그의 체구에 어울리는 큰 말을 타고 와서 직을 모두 흩어놓았다. 왕군王軍은 우리편이 접근하는 것을 보자 아침에 위치해 있던 도랑으로 다시 철수했다. 대공大公은 피를 줄줄 흘리며 들판의 중간까지 나갔다. 부르고뉴의 앙통Bastard Anton의 군기軍旗는 찢겨나가 길이가 1ft도 안 되었고 대공大公의 궁수들이 휴대한 군기軍旗 주변에는 병력이 40명도 안 되었다. 이제 30명도 채 안되던 우리들은 거센 공격을 뚫고 그들과 합류했다. 대공大公은 후일 유명한 인물이 되는 수행원Page 시몽Simon de Quingy이 그에게 건네 준 말에 주저 없이 갈아탔다. 대공大公은 병력을 다시 집결시키러 들판을 가로질러 갔지만 남아있던 우리는 적이 100명만 접근하면 도주하겠다고 생각하고 있었다. 이때 보병 또는 기병이 10명 또는 20명씩 우리와 합류했다. 보병늘은 행군과 진투에 지쳐있었다. 대공大公도 곧 돌아왔지만 데려 온 병력은 100명도 안 되었다. 그러나 점차 병력이 모였다. 불과 30분 전 만해도 농작물이 서있던 들판이 이제 짓뭉개져 엄청난 먼지에 뒤덮여 있었고 이곳저곳에 인마人馬의 시체가 보였는데 그들이 먼지 때문에 죽은 것으로는 생각할 수 없었다.

잠시 후에 우리는 생폴Saint Paul 대공大公이 숲 속에서 우리에게 오고 있는 것을 보았다. 그는 군기軍旗를 들고 무장인원 약 40명과 함께 오고 있었다. 그는 우리들에게 바로 오고 있었는데 점차 인원이 불어나고 있었다. 그러나 아직 거리가 꽤 되었다. 우리는 서너 차례 사자使者를 보내 서둘러 오라고 전했지만 그는 속도를 바꾸지 않고 같은 보조步調로 왔다. 그는 병력들에게 수송차량에 얹어놓았던 창을 들도록 했고 질서를 유지하며 왔는데 이를 본 우리 병력들은 큰 용기를 얻게 되었다. 그가 도착했을 때는 상당한 병력이 그와 합류해서 우리측은 무장인원만 800명은 되었다. 그러나 그에게 보병은 거의 없었기 때문에 완전한 승리를 기약하기가 어려웠다. 도랑과 큰 장벽이 양측 전선戰線의 사이에 있었기 때문이다.

왕군王軍 측에서는 마이네Maine 대공大公 등 약 800명의 무장인원이 도주했다. 마이네 대공大公이 부르고뉴군과 내통했다고 주장하는 사람들이 많지만 나는 그랬을 것으로는 믿지 않는다. 당시 양측 모두에 그렇게 큰 규모의 도주는 없었으며 양측 모두 지도자들이 전투현장에 남아있었다. 왕군王軍 측에서는 지위 높은 사람 하나가 숨쉴 틈도 없이 루시낭Lusignan까지 도주했고 대공大公 측에서도 저명한 영주領主 1명이 케스노이르콩테Quesnoy-le-Conte까지 도주했다. 이 두 사람은 전투에는 관심이 없는 사람들이었다.

양측 군대가 서로 마주보고 정렬했을 때 몇 발의 포성砲聲이 울리며 양측 에서 병력들이 죽었고 이제 더 이상 싸우려는 사람이 아무도 없었다. 병력 은 우리측이 많았지만 왕의 존재 자체와 자신의 무장인원들에 대한 그의 격려는 매우 효과적이었다. 내가 당시에 들은 내용으로 판단해 보면 만약 왕이 없었다면 그들은 모두 도주했을 것 같다. 우리측에서는 다시 전투를 시작하려는 사람이 일부 있었다. 특히 하우부르뎅 영주領主는 적의 종대縱隊 하나가 도주하는 것을 보았고 우리에게 장벽 너머로 화살을 쏠 수 있는 궁 수가 100명만 있으면 우리는 진격할 수 있다면서 싸움을 시작하려 했다.

그런 제안들을 논의 중 전초전 한번 없이 날이 저물었다. 우리는 프랑스 왕이 들판에서 밤을 보낼 것으로 생각했지만 그는 코르베이유Corbeil로 철수 했다. 이때 우연히 왕이 있던 곳에서 화약통에 불이 붙어 장벽을 따라 서있 던 수레 몇 대에 옮겨 붙었는데 우리는 이를 적의 캠프화이어로 믿었다.

그 사이 진정한 전쟁 지도자로 부상한 생폴Saint Paul 대공大公과 그보다도 더 진정한 전쟁 지도자로 부상한 하우부르뎅 영주領主는 수레요새를 우리들이 있는 곳으로 보내 우리들을 둘러싸게 했다. 우리가 다시 전투대형으로 집결 했을 때 추격당하던 왕의 많은 병력이 이제 모든 것이 그들에게 유리하게 되었다고 믿고 돌아왔지만 그들은 우리 곁을 지나지 않을 수 없었고 우리 곁을 지나던 그들은 일부만 겨우 도주에 성공했고 나머지는 모두 우리들 손에 죽었다. 왕군王軍 측 사망자 중에는 궁내대신宮內大臣/Grosseneschall인 생벨렝 Saint Bellin의 고드프리Gottfried/Godfrey 영주領主와 칙령중대 중대장 플로케Flocquet 등 저명한 인물들도 있었다. 부르고뉴군측에서는 라렝Lalain의 필리프 영주領主가 죽었고 지위가 높지 않은 사람들 특히 보병이 왕군王軍 측보다 더 많이 죽었다. 그러나 기병은 왕군王軍 측이 더 많이 죽었다. 도주 중이던 중요인물들이 포로로 더 많이 잡은 것은 왕군王軍 측이었다. 양측 전사자戰死者는 모두 합해 최소한 2,000명은 되었다. 양측은 모두 잘 싸웠고 용감한 사람들도 있었고 겁쟁이들도 있었다. 그러나 내 생각에는 양측이 전투 중에 재집결해서 3~4 시간씩이나 서로 대치했던 것은 굉장한 일이다. 양측의 지도자들은 그들과 함께 그곳에서 용감하게 대치했던 병사들을 높이 평가했을 것이 분명하다. 그러나 이때 그들은 인간적으로 행동했으며 천사 같이 행동하지는 않았다. 도주한 사실 때문에 지위와 명예를 잃은 사람도 있었지만 그들보다 10마일 (75km)은 더 멀리 도주했던 사람들이 더 높은 지위와 명예를 차지한 경우도 있었다. 우리측의 어떤 사람은 지위를 잃고 영주領主 눈에 뜨이는 것이 금지 되었다가 1개월 후 이전보다 더 높은 지위를 받기도 했다.

우리들의 숙영지는 수레들로 둘러싸인 최상의 숙영지였다. 우리측에는 부 상자도 많았는데 이들은 파리 시市에 있는 조아킨Joachin 원수元帥/Marshall 휘하의 무장인원 200명과 파리 시민들이 동시에 공격해 와서 양쪽에서 전투를 벌여 야 하지 않을지 두려워했다. 밤이 깊어지자 프랑스 왕이 숙영을 할 것인지 여부를 정찰하러 50개 랑세lance/Lanze(역자 주: 기병과 보병이 혼합 편성된 단위부대. 앞의 496쪽, 각주 12 참고)를 내보내려 했었는데 결국 20개 랑세만 내보내게 되었다. 우리 숙영지에서 왕이 있을 것으로 보이는 곳까지는 화살 비거리의 3배 정 도밖에 안 되었을 것이다. 이때 샤롤레Chaolais 대공大公은 다른 사람들과 마찬 가지로 식사와 함께 약간의 술을 마셨고 목의 상처를 붕대로 감쌌다. 그가 앉아서 식사할 자리를 만들기 위해 그곳에 쓰러져있던 시체 4~5구를 옮겨 야 했는데 그곳에는 마침 작은 짚단 2개가 있어서 대공大公은 이 짚단 위에 앉아 있었다. 병사들이 쓰러져 있는 시체들을 옮길 때 시체 중 하나가 꿈틀 대더니 마실 물을 달라고 했다. 시체가 아니라 아직 살아있는 자였다. 이에 병사들은 대공大公이 마시던 술을 그의 입에 부어주었다. 그는 곧 정신을 차 렸는데 알고 보니 대공大公의 아주 유능한 호위궁수인 사보로Savorot라는 자였 다. 병사들은 그를 치료해 주고 상처에 붕대를 감아주었다.

사람들은 대공大公에게 이제부터 할 일을 조언했다. 생폴Saint Paul 대공大公이 먼저 말했는데 그는 우리가 위험한 상황에 있다고 믿으면서 새벽이 되면 대포를 끌 수레 이외에 나머지 수레는 불태운 후에 부르고뉴로 출발해야 한다고 권했고 거느린 병력이 10개 랑세 미만인 사람은 수레를 가지고 가면 안 된다고 하면서 식량도 없이 파리 시市와 왕의 중간에 계속 남아있을 수는 없는 일이라고 했다. 그의 말이 끝나자 늙은 기사騎士 하우부르뎅 영주領主는 우선 정찰대가 무슨 소식을 갖고 오는지 들어보자고 했고 서너 사람이 그의 말에 동조했다. 마지막으로 콘테이 영주領主는 우리가 철수한다는 유언비어가 퍼지면 병사들은 모두 도주하려 할 것이고 그렇게 되면 20마일 (150km)도 가기 전 모두 포로가 되고 만다고 했다. 그는 몇 가지의 합당한 이유를 제시하며 자신의 생각에는 각자 그 날 밤 최대한 휴식을 취한 후에 새벽녘에 왕을 공격해서 끝까지 치열하게 싸워야 한다고 했다. 그는 그렇게 하는 것이 도주하는 것보다는 안전하다고 보았다. 콘테이 영주領主의 말을 다 듣자 샤롤레 대공大公은 각자 2시간 동안 휴식을 취하되 트럼펫을 울리면 전투준비를 하도록 결정한 후 병사들을 격려하러 몇 영주領主들을 내보냈다.

밤이 깊어지자 정찰대가 돌아와서 (우리는 그들이 그렇게 멀리까지 다녀오지는 않았을 것으로 생각할 수 있다) 왕이 눈앞에 보이는 불길에서 멀지 않은 곳에 숙영 중이라고 보고했다. 대공大公은 지체 없이 또 다른 정찰대를 내보냈고 1시간쯤 후에는 모든 인원이 전투를 준비했다. 병사들 대부분은 그대로 놓아두었다면 도주했을 것이다. 숙영지에서 내보냈던 병사들이 아침녘에 우리측 수레 조종수 한 명을 만났는데 그는 그 날 아침 적에게 잡혔지만 지금 포도주를 가득 실은 수레를 끌고 와서 적이 모두 떠나고 없다고 말했다. 병사들은 본대로 전령을 보내 이 소식을 전하게 하고 사실 여부를 확인 차 전진했다가 수레 조종수의 말이 사실임을 확인하자 이를 보고하러 돌아왔다. 이 소식은 병사들을 기쁘게 했고 한 시간 전만 해도 매우 담담해하던 많은 병사들이 이제 따라가겠다고 말했다. 이때 나의 늙고 지친 말이 포도주를 한 통이나 마셔버렸는데 나는 이 놈이 주둥이를 포도주통에 들이밀고 있는 것을 보고도 그대로 놓아두었다. 나는 지금껏 그때와 같이 이 놈이 신이 나서 힘을 내는 것을 본 일이 없다.

낮이 되자 모든 병사들이 말에 올라타서 부대별로 정렬했다. 그 사이에 숲에 숨어있던 많은 병력이 돌아왔다. 샤롤레 대공大公은 프란체스코Franziskaner/ Franciscan 수도사修道士를 불러 놓고 병사들에게 그가 브레똥Bretons에서 왔고 브레똥 병력이 그 날 중 도착할 예정이라고 말하게 했다. 이 말을 들은 병사들은 매우 고무되기는 했지만 이 말을 모두 믿은 것은 아니다.

샤롤레 대공大公은 그 날 하루 종일 전투현장에 있으면서 당시의 상황을 매우 즐겁게 생각했었는데 그 이후로 그는 누구로부터도 조언을 들을 수 없었고 스스로 판단해야 했으며 당시의 상황을 절실히 그리워했었다.

그 날 이전에 그는 군사지휘관이 아니었고 그런 지위와 관련된 모든 것을 싫어했었지만 그 날 이후로는 마음이 바뀌어 죽는 날까지 새로운 태도를 유지했으며 그 결과 생활을 바꾸고 집도 파괴해 버렸다. 그는 자신의 집을 완전히 파괴한 것은 아니었지만 그의 집은 매우 황폐화되었다. 그보다 먼저 세상을 떠난 현명한 대영주大領主 3명은 생전에 이런 그의 생활을 높이 평가했었고 왕이라도 프랑스 왕을 제외하면 그보다 더 강력한 힘을 지닌 자가 없었으며 그보다 더 아름답고 큰 도시들을 지닌 왕도 없었다. 자신을 너무 과대평가 하는 영주領主들은 특히 그가 대영주大領主일 경우에는 영광과 행복이 하느님의 선물이라는 것을 모른다. 그러나 샤롤레 대공大公에 대해서 나는 말하고 싶은 것이 두 가지가 더 있다. 첫째, 그보다도 더 큰 업적을 남길 수 있었던 인물은 없었다고 나는 믿는다. 둘째, 그보다도 더 대담한 인물은 없었다고 나는 믿는다. 나는 그가 힘들다고 말하는 것을 들어본 적이 없으며 그가 두려워하는 것을 본 일도 없다. 나는 7년 동안 계속된 전쟁 중에 적어도 여름에는 늘 그와 함께 있었고 겨울에도 같이 있은 적이 있다. 그의 생각과 결정은 위대했다. 그러나 만약 전능한 하느님의 도움이 없다면 인간이 그런 생각과 결정을 행동으로 옮길 수는 없는 일이다.

부 기附記

1. 몽장페벨레MONS-EN-PÉVÈLÉ 전투(서기 1304년 8월 18일)

쾰러Köhler 장군은 이 전투를 전반적으로 다루었지만(《기사騎士 시대의 전쟁과 용병술用兵術의 발전Entwickelung des Kriegswesen und der Kriegsführung in der Ritterzeit》, 제Ⅱ편, 250쪽 이하) 그 결과는 한 편의 환상에 불과하다. 후일 누군가 특별연구를 통해 이 주제를 잘 조명할 날이 있을 것이다. 필자는 일단 당시에 실제 전투는 전혀 없었고 산발적인 충돌 정도가 있었을 뿐인데 이것이 전투로 과장된 것이라고 생각하고 싶다.

2. 뮐도르프MÜHLDORF 전투(서기 1322년 9월 28일)

바이에른의 루드비히Ludwig dem Byern와 공정왕公正王 프리드리히Friedrich dem Schönen라는 두 대립왕對立王 사이의 8년에 걸친 내전內戰에서 합스부르크Habsburg 왕가王家(역자 주: 유럽 최대의 왕가로 오스트리아의 왕실을 600년간 지배했고 프랑스 왕실 외의 모든 유럽의 왕실과 연결되어 있다)의 프리드리히는 그의 동생 레오폴트Leopold가 적의 영토에서 자신과 합류하기 위해 서쪽의 슈바벤Schwaben/Swabia에서 오고 있을 때 동부의 연합군과 함께 바이에른Byern/Bavaria을 침공해서 결전決戰을 벌이려 했다. 이때 바이에른의 루드비히는 동맹을 맺은 보헤미아Böhmen/Bohemia의 요한Johann 왕과 함께 우세한 병력으로 프리드리히가 인Inn 강을 넘자 바로 그를 공격했다. 이 전투를 상세히 다룬 글들이 많이 있는데 그 중 대표적인 글로는 《게르만 역사 연구Forschungen zur deutschen Geschichte》, 제Ⅲ편 및 제Ⅳ편에 수록된 판슈미트Pfannschmidt의 글과 같은 책, 제Ⅳ편에 수록된 베크Weech의 글이 있고 특히 후자는 사료들을 비판적으로 검토했다. 그 외에 쾰러 장군도 《기사騎士 시대의 전쟁과 용병술用兵術의 발전》, 제Ⅱ편, 283쪽 이하에서 이 전투를 다루었다. 그러나 필자는 이들의 연구를 어느 것도 믿을 수 없다.

우리는 프리드리히가 18마일(약 135km)까지 접근해 있던 레오폴트와 합류하기 전에 우세한 병력을 상대로 전투에 응한 이유를 사료에서 찾아 볼 수가 없다. 아마 그의 동료들이 전투의 연기를 권고했지만 그는 이미 전쟁통에 너무 많은 과부와 고아들이 생겨서 더 이상은 전투를 미룰 수 없다고 대답했던 것 같다. 판슈미트는 바이에른군이 오스트리아군을 봉쇄해 다시 인Inn 강을 건너 철수하지 못하게 해서 오스트리아군이 전투에 응하지 않을 수 없었을 것으로 믿고 있지만(58쪽) 필자는 그들이 왜 철수할 수 없게 되었다는 말인지 이해할 수가 없다. 이 점에 대해 쾰러는 불분명하고 모순된 말을 하고 있다.

뮌헨Munich 시민들이 그들의 대공大公들을 위해 이 전투에 참전했다는 말은 시프리트Seyfried Schweppermann의 말이나 마찬가지로 허구虛構에 불과하다.

뉘른베르크Nürnberg/Nuremburg 성주대리城主代理/Burggraf 휘하의 기사騎士들이 뒤늦게 전투에 뛰어들어 전투의 결과를 좌우한 것으로 보인다. 프리드리히가 그렇게 늦게 전투를 시작한 것이 계획에 의한 것인지 아니면 우연한 일인지는 알 수 없다.

기록도 있지만(28쪽) 이 기록으로부터 우리는 기사騎士들이 기병전騎兵戰을 했는지 보병전步兵戰을 했는지 역시 판단할 수 없다.

결국 필자는 에드워드 IV세는 그가 이긴 9차례의 전투에서 발로 싸웠다고 한 쇼베레M de la Chauvelays의 말(《기병이 말에서 내려서 싸운 중세 전투*Le combat àpied de la cavallerie au moyen-âge*》, 파리, 서기 1885년)이 정확한지 매우 의심스럽다고 본다.

7. 보스워드BOSWORTH 전투(서기 1471년 5월 4일)

이 전투를 다룬 글로는 케어드너J. Cairdner의 글(런던, 서기 1896년)이 있다.

제 V 권
스 위 스

제 I 장
서 론

프랑크 제국帝國의 대공령大公領/Grafschaft들은 행정구역Amt=Distrikt에서 봉지封地/Lehen로, 봉지封地에서 세습영지世襲領地/erbliche Besitztümer로 바뀌며 점차 해체되었다. 왕들은 처음에는 개별 가문家門들 특히 주교관구主教管區/Bischöfen, 사제관구司祭教區/Stiftern 및 수도원修道院/Klöstern들을 대공大公 관할에서 벗어나도록 했다가 후일 이들에게 대공大公들의 권한 자체를 넘겼다. 이때 종래 사유화 되어 있던 공적인 권위가 해체되는 와중에 많은 도시들은 정치적 독립을 얻었고 많은 농촌공동체들이 즉, 매우 큰 구역Bezirke과 마을Dörfer들은 봉건지배를 벗어나 직접 제국帝國의 통제를 받게 되었다.

이렇게 된 것은 대공가문大公家門/Grafengeschlechter이 몰락하며 이 지역들이 말하자면 무주지無主地가 된 덕이기도 했는데 이들은 한편으로는 제국帝國의 직할지直轄地라는 특수 지위를 얻었고 한편으로는 자신의 지도자 후노Hunno(퉁기누스Tunginus)를 선택할 수 있는 옛 백호百戶/Hundertschaft 때의 권리를 유지했다(역자 주: 후노, 퉁기누스 및 백호에 관해서는 이 책 제II편, 제I권, 제I장 참고). 후노 직이 대공大公이 임명하는 하급 행정관으로 격하된 곳도 있었지만 이런 임명행위에 대해 일종의 승인권을 유지하면서 이를 통해 새로운 독립을 위한 불씨를 보존했던 공동체가 여기저기 있었다.

이런 황제 직할의 농촌지역Bauerngemeinden들이 디트마르센Dithmarschen/Ditmarsh에서 프리즈란트Friesland에 이르는 북해北海 연안 지역, 베스트팔렌Westphalen/Westphalia 지역, 모젤Mosel/Moselle 강 연안 지역, 베테라우Wetterau 지역, 엘사스Elsass/Alsace 지역, 슈바벤Schwaben/Swabia 지역 등 평원지대와 알프스 산간지대에 두루 있었지만 일부는 디트마르센 등과 같이 완전한 독립공화국으로 발전했고, 다른 일부는 서기 1234년에 알테네쉬Altenesch에서 브레멘Bremen 대주교大主教의 용병傭兵들에게 격파된 베제르Weser 강 하류의 스테딩거Stedinger/Stedingen 등과 같이 외세에 의해 무너졌고, 또 다른 일부는 서기 1803년까지 일정 수준의 자치自治 정부를 유지했으며, 알프스 고지高地의 자유지역freien Gemeinden들만 세계사에 지속적으로 중요한 영향을 미쳤다.

8~9세기에 프랑크 제국의 게르만족 지역에서 군사계층과 농민계층의 구분이 생겼을 때 알프스 지역에서도 같은 변화가 있었다. 알레마니아Allemanien/Allemania의 공국公國/Herzogtum들과 슈바벤의 세습世襲 대공령大公領들에도 성城과 전사戰士를 보유한 가문들과 기사騎士 가문들 그리고 각자 매우 다양한 수준의 자유를 지닌 농민과 농노農奴들이 생겼다. 한편 저지低地에서는 큰 변경주邊境州/Mark들이 농업의 확산과 더불어 소규모 마을들로 분할된 반면 산지山地 계곡에서는 인구도 늘고 마을들도

생겼음에도 불구하고 큰 변경주들이 그대로 유지되었다. 중세시대의 이곳에서는 오늘날보다 농업도 더 번창했었지만 일반적으로 알멘데allmende라는 큰 공유지共有地에서의 목축牧畜이 그들의 중요한 경제활동이었다. 또한 이곳에서는 이 큰 변경주gemeinsamme Mark와 함께 주민회의도 유지되었으며 특히 조직이 견고했던 것은 옛 백호百戶에 해당하는 정치적 단위였다. 슈비츠Schwyz 구역도 그런 곳이었는데 이곳에는 길이는 10시간 거리(48km) 너비는 5시간 거리(24km)인 큰 알멘데가 아직도 남아있다. 슈비츠 마을 동남쪽은 "자유목축지牧畜地/freye Weidhub로서 이곳에서 가끔 재판이 열렸고" 또한 지역공동체Landsgemeinde인 백호의 주민총회도 열렸다. 콘라트 훈Konrad Hunn이란 인물은 그가 후노Hunno 직을 맡았던 것인지[1] 이런 직위가 선대先代로부터 계승되며 그 가문의 명칭이 훈Hunn이 된 것인지는 불확실하지만 자신이 속한 공동체를 위해 서기 1217년에 아인지델른Einsiedeln 수도원修道院과 평화협정을 체결했다. 13세기 이후에는 후노라는 명칭 대신 암만Ammann이라는 명칭이 흔히 쓰였다. 고대 게르족의 "백호百戶" 또는 "구역Gau"〈역자 주: 씨족구역〉이었던 것으로 볼 수도 있는 이 슈비츠 변경주는 인구가 14세기에 이미 현재와 같았을 것으로 추정되므로 당시에도 주민이 18,000명은 되었을 것이며[2] 따라서 성인 남성만 4,000명 이상 되었고 언제든 암만의 소집이 있으면 3,000명은 수 시간 내에 영토 방어를 위해 질서 있게 집결할 수 있었을 것이다. 슈비츠에는 렌츠부르크Lenzburg 대공大公의 농장이나 아인지델른 수도원 같은 외지인外地人 소유의 농장도 있었지만 농민들은 대부분 자유민이었다. 그렇지만 이 변경주에서는 사회적으로 분리된 계층들이 하나로 단결되어 있었다.

이런 변경주들은 단합이 매우 강했고 주민들 중 쮜리히Zürich 수도원修道院 소속민도 있고 아팅하우센Attinghausen 경卿/Freiherr 같은 귀족들도 있던 우리Uri 변경주까지도 그런 견고한 공동체였다. 멀리 떨어진 쮜리히 수도원이 이 지역에 소유한 토지에 대한 권리는 현실적으로는 보면 매우 미약한 권리였기 때문에 이 수도원 소속민의 신분은 거의 자유민이나 같았다.

그들의 지리적 경제적 조건들은 일부 지역공동체들이 견고한 조직을 유지할 수 있는 기초가 되었을 뿐 아니라 주민들에게 호전적 기질을 키워주기도 했다. 우리가 알다시피 12~13세기에는 기사騎士들이 귀족계층으로 변하면서 숫자가 줄어들어서 백성들 중에서 일반병사를 선발해서 병력을 보충할 필요성도 커졌다. 브리튼 제도諸島의 경우 잉글랜드 왕들이 웨일즈 산악지대에서 병력을 차출할 수

---

1) 외츨리Oechsli(《스위스 연합의 탄생*Die Anfänge der Schweizerischen Eidgenossenschaft*》, 121쪽)는 그가 후노Hunno 직위에 선임된 것으로 본다.
2) 외츨리Oechsli, 같은 책, 230쪽. 두러Durrer 역시 외츨리의 가정에 동의한다. "스위스 운터발덴 주州의 통합Die Einheit Unterwaldens," 《스위스 역사 연보年報 *Yahrbücher für Schweizerische Geschichte*》, 서기 1910년 호, 96쪽.

있었듯이 게르만 왕들에게는 알프스 산악지대가 그런 역할을 했다. 저지低地 농업지대의 생활에 비해서 산악지대의 양치기나 사냥꾼 생활은 호전성과 모험성을 유지하는 데 적합했고 산악지대에서의 빈곤한 생활은 사람들로 하여금 금전소득이나 보수에 대한 열망을 키워주었다.

13세기에는 슈비츠Schwyz 변경주와 우리Uri 변경주 사람들 중 용병傭兵이 있었다는 사료기록이 있다.3) 서기 1289년에는 슈비츠인 1,500명 이상이 합스부르크Habsburg 가家(역자 주: 유럽 최대의 왕가로 오스트리아의 왕실을 600년 간 지배했고 프랑스 왕실 외의 모든 유럽의 왕실과 연결되어 있다)의 루돌프Rudolf를 따라서 부르고뉴 전역에 참전했다고 한다. 이 전사戰士들의 기원起源은 사료에 나타난 것보다도 훨씬 더 오래되었음이 분명하다. 슈비츠인들의 호전성은 그들의 가까운 이웃인 아인지델른Einsiedeln 수도원과 분쟁이 계속되면서 형성된 것으로 보인다. 그들은 하인리히Heinrich 황제 당시인 서기 1114년에 이미 이 수도원과 경계분쟁이 있었고 이런 분쟁은 100년 전인 하인리히 II세 때부터 시작해서 끊임없이 반복되었다.

스위스에서 우리Uri 주州와 운터발덴Unterwalden 주州의 농민들은 슈비츠 주州의 경우보다 더 큰 억압을 받으며 세습농노世襲農奴로 변했었지만 프리드리히Friedrich II세황제 때는 우리Uri 주州(서기 1231년)에 이어서 슈비츠 주州(서기 1240년)까지 농노해방문서를 얻는데 성공했다. 이 문서에서는 그들이 어느 대공大公이나 여타 봉건권력에 예속되지 않고 직접 게르만 제국帝國의 지배를 받는다는 것을 확인했다. 그러나 게르만 제국은 호헨스타우펜Hohenstaufe/Hohenstaufen 왕조(역자 주: 프랑크 왕국이 몰락한 이후 하인리히 I세가 세운 게르만 왕국은 처음에 남계男系로 중간에 여계女系인 살리계系로 이어가다 그 뒤를 이은 것이 호헨스타우펜 왕조이다) 몰락 후 완전히 쇠약해 졌기 때문에 게르만제국이 발행한 이런 해방문서들은 각 주州에서는 별 소용이 없었을 것이다. 이 문서들은 그들이 실제로 자유를 얻었다기보다는 자유를 얻고자 하는 노력과 의지의 표현이며 증거에 불과했지만 중요한 것은 이들 농민집단들이 무장하고 기사騎士들의 지배에 맞설 수가 있었다는 점이다. 프리드리히 II세 말년에는 이미 슈비츠 주州, 우리Uri 주州 및 운터발덴Unterwalden 주州 그리고 루체른Lucerne 시市까지도 서로 연합했다. 그들이 완전한 독립을 쟁취한 것은 훨씬 후의 일이지만 대공大公들은 그들을 유화적인 태도로 대했을 것이고 왕이 된 대공人公들도 마친가지였을 것이다. 대공大公들과 영주領主들이 점차 몰락해 갈 때 합스부르크 가家의 루돌프Rudolf는 딸들이 받은 상속으로 인해 스위스 대부분과 엘사스Elsass/Alsace 지역을 하나의 거대한 영토로 통합했다. 루돌프가 죽은 후 앞서 말한 농민들의 3개 주州는

___

3) 서기 1252년에 생갈St. Gallen/Gall 대수도원장大修道院長은 이들을 이끌고 콘스탄쯔 주교主敎와 싸우러 나갔다. 외츨리Oechsli, 같은 책, 229쪽.

용기를 얻어 소위 "영구동맹永久同盟/Ewigen Wunde"을 체결하면서(서기 1291년 8월 1일) 지역 주민이나 동족이 아닌 자에게는 재판관 자격을 인정치 않기로 약속했다. 그들은 본토민 중에 암만Ammann을 선출할 권리까지 요구하지는 않았지만 새 왕 알브레흐트Albrecht는 스스로 그들의 희망을 헤아려 본토민 중 아팅하우센Attinghausen 가문이나 스타우파커Stauffacher 가문을 대표하는 인물로만 암만을 임명했다.

서기 1308년에 알브레흐트가 조카에 의해 살해되자 그때까지 명확히 확립되어 있지는 않았지만 상호 이해와 자제를 기반으로 한 이런 정치구도가 기능을 발휘 하기 시작하고 농민들이 합스부르크 가家의 지배에서 완전히 벗어나려는 상황이 발생했다. 이때 왕위王位는 합스부르크 가家를 떠났고 선거후選擧候/Kurfürst들은 룩셈부 르크 대공大公 하인리히 Ⅶ세를 왕으로 선출했고 농민들은 합스부르크 가家에서 의 해방선언을 새 왕으로부터 얻어냈다(서기 1309년). 그가 죽은 후 다음 왕의 선출 문제로 합스부르크 가家의 프리드리히를 지지하는 세력과 루드비히 바이에 른Ludwig dem Bayern을 지지하는 세력이 분열했을 때 이 농민들은 후자를 지지하면서 옛 지배자 가문에 공세를 취했다.

슈비츠Schwyz와 오랜 세월 적대관계에 있던 아인지델른Einsiedeln 수도원修道院이 이 때 합스부르크 가家의 지배 하에 들어갔는데 슈비츠인들은 여전히 힘은 있어도 감히 개입하려 하지는 못하고 있던 합스부르크 가家가 간섭하지 않는 틈을 타서 가끔씩 이 수도원을 약탈했다. 그들은 새로 암만이 된 스타우파커Werner Stauffacher의 지휘 하에 이 수도원을 철저히 약탈했으며 많은 수도사들을 포로로 잡아갔다.4) 이때 프리드리히 왕의 동생인 레오폴트Leopold 영주領主는 이 농민들에 대한 징벌에 착수했고 농민들은 이때 발생한 왕조의 내전內戰에서 루드비히 바이에른을 지지 하는 다른 세력들과 함께 큰 위험에 처하게 된다.

부 기附記

최근의 참고문헌으로는 마이어Karl Meyer의 "동맹 초기 고타르트 통로의 영향Die Einwirkung des Gottardpasses auf die Anfänge der Eidgenossenschaft"(《프로이트 역사Geschichte Freud》, 74권, 1919년) 및 《스위스 역사 연보年報 Yahrbücher für Schweizerische Geschichte》, 45권(1920년)이 있다.

---

4) 이때 포로가 된 수도사들 중 한 사람이 이때의 일을 주제로 매우 흥미 있는 문화역사시文化歷史詩 한 편을 남겼다. 레오 비르트Leo Wirth가 이 시를 옛 독일어로 번역해서 편집해 놓은 책이 《모가르텐 전투 서곡序曲 Ein Vorspiel der Morgartenschlacht》(서기 1909년, 아라우Aarau, 총 114쪽)이다.

제 II 장
모가르텐 전투(서기 1315년 11월 15일)

스위스의 초기 역사가 숨겨져 있는 깨진 기와조각 같은 많은 전설傳說과 기록들 중에는 모가르텐Morgarten 전투에 관한 내용들도 있는데 우리는 우선 이들 중에 오스트리아 기사騎士 휘넨베르크Hünenberg가 "그대들은 모가르텐Morgarten을 지키라"는 경고의 메모쪽지를 화살에 매달아 스위스 측에 날려보냈다는 등의 개별적 우화寓話들이나 전투장소를 오해하게 만드는 현장 묘사 등을 배척해야 한다. 과거에 우리는 전투장소를 실제 장소보다 반시간 거리나 더 남쪽에 있는 피글러플루Figlerfluh 호수 가로 알았었다. 그러나 기록을 보면 이 전투 때 매우 중요한 역할을 했다는 이 호수는 길이가 그리 길지 않아서 당시의 상황에 어울리지 않으므로 군인들과 학자들은 이 호수의 수면水面이 당시에는 지금보다 훨씬 높았을 것으로 추정하는 편법을 써왔다. 하지만 아마츄어 역사연구가인 의사醫師 이텐Christian Ithen과 제혁업자製革業者 뷔르클리Karl Bürkli는 군인들과 학자들의 견해와는 다른 진실을 발견했고 투쟁 끝에 이를 인정받게 되었다. 이텐은 이 호수의 수면水面이 변한 적이 없음을 지형적 역사적으로 검증해서 서기 1818년에 이미 주르라우벤Zurlauben 장군에게 알려순 적이 있다. 뷔르클리는 낭대當代 사료들을 군사문세에 대한 이해와 지형연구를 기초로 재해석해서 이 전투의 정확한 전략 전술 문제를 발견했고 오늘날 그의 견해를 부인하는 사람은 아무도 없다. 필자의 《페르시아 전쟁과 부르고뉴 전쟁Die Perserkriege und die Burgunderkriege》이 인쇄 중이던 서기 1888년에 필자는 그의 《진짜 빙켈리트Der waher Winkelried》(역자 주: 뒤의 556쪽 참고)라는 책자에 관심을 갖고 쮜리히Zürich를 지나는 길에 그를 찾아 본 적이 있다. 그는 특이한 노신사老紳士로서 젊은 시절 공산적共產的 유토피아를 찾아보려고 빅토 콘시데랑Victor Considérant과 함께 텍사스Texas를 방문한 적이 있다고 했다. 그는 유토피아 발견에 실패한 후에 돈이 없어서는 아니고 모험을 위해서 집에 돌아오기까지 멕시코 군대에서 복무했다 한다. 이때 그는 늘 사회민주주의 정치가로서의 공적 시각을 유지하면서 그곳의 사정에 큰 감동을 받았지만 조국의 군사분제에 관한 자신의 특이한 시각 때문에 스위스 학계學界에서는 아무도 자신의 말에 귀를 기울이지 않는다고 했다. 그러나 그의 글은 많이 읽혔고 그에게는 본능적인 역사비평 감각과 특히 전쟁사戰爭史 문제에 대한 놀랄만한 평가능력이 있었다. 그는 활발한 상상력으로 인해 우리가 사료에서 직접 추론해 낼 수 있는 내용보다 훨씬 멀리 나간 부분도 이곳 저곳 있지만 그의 설명 중에 전혀 불가능한 일은 없으며 그의 말은 심리적으로 볼 때 충분히 있을 수 있는 일들이다.

　이 전투의 연구에 대한 출발점은 이 전투가 평화스런 농민집단의 혁명적 봉기 상황에서 발생한 것이 아니라 호전적인 공동체가 전투경험이 많은 지도자들과 함께 최고권위자의 지휘 하에서 충분한 계획 하에 벌인 투쟁이었다는 사실이다. 군사경험이 충분한 사람들의 행동일 경우 우리는 그들의 행동에 관한 사료상의 증거들이 지닌 공백을 그들의 계획적이고 체계적인 행동이라는 개념에 맞추어 얼마든지 보충할 수 있다.

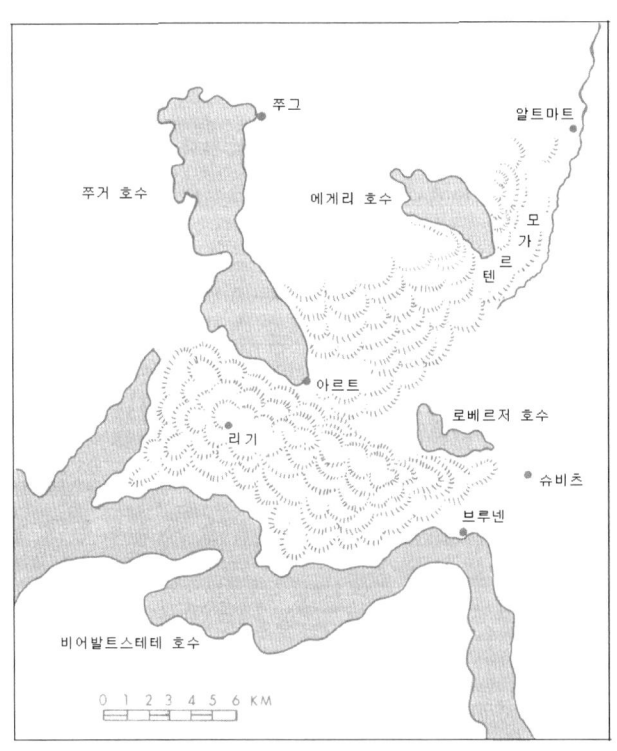

요도 1. 모가르텐 전투

고대로부터 산악지대 사람들은 자연적 지형조건을 이용해서 적의 공격을 막기 위해 계곡 입구를 인공장애물로 보강했다. 스위스에서는 이 장애물을 "레치letzi" 또는 "레치넨letzinen"이라 했는데 이는 "라쓰lass"(역자 주: 영어의 "라스트late")와 관련이 있는 단어로서 "라쓰lass"의 최상급인 "레츠트letzt"(역자 주: 영어의 "라스트last")에서 파생된 용어(역자 주: "최후저지선"이라는 의미의 용어)이다. 스위스에는 현재 확인된 레치가 25개에 달한다.[1] 뢰쉬벤Röuschben 레치는 로마시대 이전 것으로 보이고 세르비첼Serviezel 레치와 네펠스Näfels 레치의 흔적은 로마시대 것으로 보이며 다른 4개는 4세기 것들로 보인다. 슈비츠Schwyz에서는 6개 레치넨이 확인되었는데 지역 입구를 차단하는 것들도 있지만 비어발트스테테Vierwaldstätter 호수와 쭈거Zuger 호수에서 적의 상륙을 차단하기 위한 것들도 있다. 일부는 이 전투보다 훨씬 전인 13세기 이전의 것들임이 분명하다. 대공大公의 권력으로부터 해방되기 위한 큰 결전決戰이 임박하자 그들에게 레치넨 보강보다 중요한 일은 없었다.[2] 슈비츠 변경주 백성들이 서기 1310년에 "알트마트Altmatt 부근 로텐투름Rothenthrum 레치"("*an die Mur ze Altum mata*")를 보강하려고 어느 형제에게 토지 2필지를 팔았다는 기록도 있고 이 레치의 탑은 지금도 남아있다. 그러나 우리는 그들이 기본적으로 서기 1315년에 로쓰베르크Rossberg(쭈거Zuger 호수와 에게리Aegeri 호수 중간)에서 레기Regi까지 쭈거Zuger 호수의 둑길과 남단南端 전체를 차단하는 길이 5km의 강력한 레치를 건설한 것으로 보아야 한다. 이 레치가 건설되었다는 기록은 서기 1571년 기록이지만 이 레치의 존재는 서기 1354년의 문서에서도 이미 확인된다.

우리는 어떤 측년에서 보더라도 이 레치의 건설이 이 해방전쟁 중의 상황과 관련이 있음을 알 수 있다. 그보다 더 오래된 것일 수는 없는데 본래의 슈비츠 지역은 그리 멀리까지 뻗지 못하고 로베르저Lowerzer 호수에서 끝났었기 때문이다. 그러나 합스부르크Habsburg 가家에 속했었던 아르트Arth 변경주는 적대행위가 시작되자 슈비츠 편에 서면서 방어시설이 필요하게 되었다. 이 시설물은 현재도 그 중요부분이 남아있지만 서기 1805년경까지는 대부분이 보존되어 있어 이에 대한 정확한 묘사가 남아있는데 길이 약 5km, 높이 12ft 이상의 두터운 성벽城壁이었으며 여러 출입문들과 3개의 거대한 탑이 있었다.

알트마트Altmatt 접근로와 아르트Arth 접근로 사이에는 에게리Aegeri 호수 동쪽 둑을 따라 모가르텐Morgarten, 쇼르노Schorno 밋 사텔Sattel을 서쳐 슈비츠로 가는 도로도 있었다.[3] 우리는 이 도로 역시 레치로 차단되어 있었을 것이라고 볼 수 있지만

---

1) 뉘셸러A. Nüscheler, "스위스의 레치넨Die Letzinen in der Schweiz," 《쮜리히 고고학회 보고서*Mitteilungen der antiquarischen Gesellschaft in Zürich*》, 제18권, 제1호, 쮜리히, 서기 1872년. 네펠스Näfels에 있는 레치의 흔적에 관해서는 덴드리커Dändliker의 《스위스 역사*Geschichte der Schweiz*》, 제I편, 531쪽, 각주 참고.
2) 비도투란Vidoturan의 기록에 분명히 그런 말이 있다.

사료에서는 슈비츠 백성들이 토지 5필지를 팔아 그 대금으로 스코르노 부근에 레치를 건설한 것을 서기 1322년 이후 일이라 했다. 만약 서기 1315년 모가르텐 전투 당시에도 이곳에 이미 있던 레치를 7년 후에는 수리 보강만 한 것이라면 슈비츠는 이 전투 당시 이미 거대한 요새지역이었을 것이지만 그럼에도 그들은 일부러 이 레치를 방치해서 에게리Aegeri 호수 쪽 접근로를 열어놓았을 가능성도 있다.4) 그들의 방어지점들이 모두 자연적 인공적으로 매우 강력한 요새였다고 해도 이 같이 넓은 지역에 흩어져 있는 요새들 모두에 병력을 배치한다는 것은 매우 어려운 일이다. 또한 이 지역은 주의력 있고 과감한 적이라면 방어병력이 배치되지 않은 지점을 찾아내 그곳으로 침투한 후에 방어병력을 후방으로부터 공격하기가 쉬운 지역이다. 고대 그리스인들도 테르모필레Thermopylä/Thermopylae 전투 당시 그런 일을 당한 적이 있다(역자 주: 이 책 제I편, 제I권 제VI장 참고). 슈비츠인들은 그들의 암만Ammann인 스타우파커Werner Stauffacher의 지휘 하에 처음부터 전혀 다른 계획 하에 적이 이 스코르노Schorno 레치를 통해서 자신들의 지역으로 들어오도록 의도적으로 길을 열어놓고 있었을 가능성이 매우 높다.

레오폴트Leopold 영주領主는 쮜리히Zürich, 쭈그Zug, 빈터투르Winterthur, 루체르노Lucerno 등 여러 도시에서 보충병력을 받으면서 쭈그 부근에 기사騎士들을 집결시켰지만 아르트Arth를 거쳐 슈비츠인들이 거대한 성벽을 건설해 놓은 쭈거Zuger 호수 좌안左岸이나 우안右岸의 길을 택하지 않고 에게리Aegeri 호수 동쪽 둑을 따라서 슈비츠로 들어가는 길을 택했다. 이쪽 길을 택한 것은 이쪽에는 적의 요새들이 없었거나 적의 요새들이 있더라도 이들을 기습적으로 포위해서 침투하기가 좀 더 쉬울 것으로 믿었기 때문이다. 레오폴트의 병력은 2,000~3,000명쯤은 되었을 것인데 이 정도면 당시로서는 상당한 규모였고 만약 적이 단순한 농민집단이었다면 이런 적을 상대하기에는 비정상적으로 큰 규모였다.5)

슈비츠인들은 우리Uri 병력과는 합류했지만 운터발덴Unterwalden 병력과도 합류했었는지는 불분명하다. 레오폴트는 만약을 위해 그의 대공大公들 중 하나에게 운터발덴 지역을 동시에 공격하게 했고 이 대공大公은 인터랑켄Interlanken에서 브뤼니크Brünig 통로를 넘어서 왔다. 슈비츠 연합군은 병력은 3,000~4,000명 정도 되었을 것이며6) 스타우파커가 지휘했을 것으로 추정된다.7)

---

3) 모가르텐은 이 에게리 호수 동쪽에 있는 산이며 스코르노는 이 호수에서 남쪽 1,100m 지점에 있으며 사텔은 더 남쪽에 있는데 이곳에서 스코르노에서 오는 도로가 알트마트에서 오는 도로와 만난다.

4) 우리는 왜 슈비츠인들이 후일(서기 1322년) 이 스코르노 부근 레치를 연장했는지 의문을 품어볼 수 있을 것이다. 서기 1315년에는 이런 긴 레치가 없었던 것이 결과적으로 이 위험한 도로에서 레오폴트 영주領主를 공격하는데 큰 도움이 되었기 때문이다. 아마 같은 곳에서 적을 또다시 기습공격 할 수는 없을 것으로 예상되어 이제는 이곳을 지켜야겠다고 생각했기 때문이었을 수 있다.

5) 비도투란Vidoturan의 기록에서 그들의 병력수를 20,000명이라고 했지만 이는 물론 어불성설이다.

스타우파커는 처음부터 모가르텐에서 적을 막을 계획이 아니었다고 해도 레오폴트가 모가르텐을 지나는 통로를 택하리라고 예상했을 것이 분명하며 슈비츠 지역 밖으로 나갔던 정찰대와 관측병이 오스트리아군이 이 통로로 진격해 오고 있다고 보고하자 곧 병력을 이끌고 에게리 호수 위의 마트리귀치Mattligütsch 언덕으로 갔다. 이곳은 적 방향인 우측은 급한 낭떠러지로 숲이 울창한 하셀마투루세Haselmattruse 계곡에 접해있어 적이 직접 수색정찰을 할 수 없는 지형이었고 에게리 호수 쪽은 풀로 덮인 다소 급한 경사면이지만 대체로 통행 가능한 지역이었다. 호수 남쪽은 급경사를 이룬 산에 접해있어 통나무 하나만 쓰러뜨려 놓으면 도로를 쉽게 차단할 수 있었다.

스타우파커는 주로 궁수弓手로 구성되어 있었을 소부대 하나를 부크벨드리Buchbäldli 부근의 이 좁은 지점에 전위대前衛隊로 내보냈다.[8]

레오폴트 영주領主는 슈비츠인들의 군사능력을 알고 치열한 전투를 예상하기는 했지만 이 지점은 슈비츠 지역 밖이므로 이런 곳에서 그렇게 일찍 적과 마주치리라고는 예상 못했다. 연합군은 자신들의 지역에서 적을 기다린 것이 아니라 대담하게도 적을 맞이하러 적 지역으로 나갔던 것이다. 이곳은 쭈그Zug 마을에 속한 곳이었다. 스타우파커는 이 지역 전체를 오랫동안 자세히 조사해 본 후 이곳을 전투장소로 선택했음이 분명하다.

오스트리아군은 그들의 첨병尖兵이 부크벨드리 부근에서 도로가 차단되어 있고 사격과 수색정찰만으로는 적을 몰아낼 수 없음을 알자 적이 즉흥적으로 구축해 놓은 이 레지letzi를 위에서부터 포위해서 방어병력을 몰아내려고 많은 보병 또는 말에서 내린 기사騎士들을 풀 덮인 왼쪽 경사면으로 기어 올라가게 했을 것이다. 그러나 그 사이에 시간은 지체되고 레치로 접근하던 병력이 적이 설치한 장애물 앞에서 정체되자 경사면 중간 넓적한 지형 위에서 뒤에서 밀려오는 병력과 몰려 혼잡에 빠지게 되었다. 이때가 바로 스타우파커가 기다리던 순간이었다. 갑자기

---

6) 앞서 알 수 있었듯이 외츨리Oechsli는 슈비츠의 당시 인구를 약 18,000명으로 본다. 그보다 수 천명이 적었다 해도 우리는 그들이 극단적인 비상사태에서는 가용한 마지막 인원까지 모두 소집했을 것으로 보아야 하며 그들의 병력수를 3,000명 이하로 볼 수는 없다. 그 외에 그들에게는 아르트Arth 병력과 우리Uri 병력도 있었으며 운터발덴Unterwalden 병력도 있었을 것이다. 그러나 이 중에 아르트 레치 수비병력 약간과 수로水路 방어를 맡았을 브루넨Brunnen 병력은 제외되어야 할 것이다.
   그러나 이때 빈터투르Winterthur 분견대 등 합스부르크 병력의 일부는 아직 이동 중에 있었으므로 실제 전투 때는 슈비츠 연합군 병력이 상대방보다 훨씬 더 많았다.
7) 사료에 의하면 스타우파커는 1314년에도 슈비츠인들을 이끌고 아인지델른Einsiedeln을 침공한 적이 있고 이 전투 이후에도 이 지역 지도자로 또다시 등장한다. 외츨리Oechsli, 《스위스 연합의 탄생Die Anfänge der Schweizerischen Eidgenossenschaft》, 352쪽.
8) 후일의 기록에는 이 전위대를 "쫓겨난 자들"("추방자들Vervannten")이라고 해서 이에 대한 해석이 매우 분분하다. 그러나 이는 잘못 사용된 단어임이 분명하며 헤르조그H. Herzog는 《월간月刊 스위스 장교將校 Schweizerische Monatshrift für Offiziere aller Waffen》(1906년)에서 이 문제를 명쾌하게 설명했다.

돌과 통나무들이 경사면을 따라서 오스트리아군에게 굴러 내려왔고 연합군의 전 병력이 언덕 위에서 강력한 밀집대형으로 내려 덮쳤다. 압도적으로 숫자가 많은 연합군은 적과 충돌 직전 "주먹만한" 돌덩어리들을 힘껏 적에게 퍼부은 후 한데 몰려 혼란에 빠져있는 적을 무자비하게 베어나갔다. 그들의 주요무기는 필자가 얼마 전 처음 언급한 바 있는 할레바르데Hellebarde/Halberd(역자 주: 미늘창. 앞의 425쪽 참고) 였다. 이 이름은 "할름바르테Halmbarte" 즉, 긴 자루가 달린 도끼를 말하며 끝에 촉 까지 붙어있어 창과 도끼의 기능을 결합시킨 무기였다. 이 무기는 기사騎士들의 갑옷이 점차 단단해지는데 따른 대응책으로 생긴 무기로 그런 갑옷을 뚫으려면 긴 자루와 도끼 날의 무게가 필요했었다. 따라서 이 무기는 갑옷 없는 보병이 중기병重騎兵을 상대하기 위해 만든 무기로 이를 후일 더 발전시킨 것이 도끼의 날 뒤쪽에 고리를 붙여서 이 고리를 기사騎士의 갑옷에 건 다음 말에서 끌어내릴 수 있도록 한 무기였고 때로는 끝이 뾰족한 망치의 기능을 추가시킨 적도 있다.

이런 놀라운 무기를 들고 사납게 대드는 농민부대를 상대로 기사騎士들이 무엇을 할 수 있었을까? 그들은 말을 몰고 산 위로 밀고 올라갈 수도 없었고 뒤에는 호수가 있어 물러설 곳도 없었다. 혼란에 빠진 그들은 위에서 쏟아져 내려오는 바위와 돌덩어리에 놀란 말을 통제할 수도 없었다. 말을 통제할 수 없는 기병은 말의 장점은 이용할 수 없게 되며 말에 신경 쓰느라 힘만 빠지게 된다. 사납게 변한 말을 가지고는 전투가 불가능해 진다.

슈비츠인들의 전투계획은 좁은 통로에서 기습공격이었지만 그보다 더 큰 위력을 발휘했던 것은 도로를 차단해서 적에게 혼잡을 야기해서 부크벨드리Buchbäldli의 언덕들 중간에서 적 병력에게 정체를 일으킨 조치였다. 이런 상황에서 슈비츠인들은 행군 중인 오스트리아군의 측면을 모가르텐 산 위에서 공격만 했어도 승리했을 것은 분명하지만 만약 그랬다면 그들의 승리는 작은 승리에 그쳤을 것이다. 정면공격을 받지 않았다면 적은 최대한 신속히 철수했을 것이고 앞으로 도주한 병력이라 해도 우회로와 산길을 이용해서 분명 탈출에 성공했을 것이다. 그러나 당시 슈비츠인들의 공격 개시 이전에 도로 위에서 정체와 혼란에 빠진 오스트리아군은 대부분 전투를 회피할 수 없게 되었지만 좁은 도로 위에 서로 뒤엉켜서 싸울 수도 없게 되었다. 아마츄어 학자 뷔르클리Karl Bürkli의 결정적 공로는 이런 전투상황을 정확하게 인식한 점이다. 그의 이런 분석은 군사문제에 대한 그의 통찰력과 함께 슈비츠인들을 평화스런 목동이나 농민들로만 생각해 온 전설을 심리적으로 완전히 극복했기 때문에 가능했다. 슈비츠인들을 평화스런 목동이나 농민으로만 생각했다면 누구도 그들이 아주 오래 전에 이런 천재적 전략계획을 세웠음을 발견할 수 없었을 것이다. 그러나 전투경험이 풍부한 슈비츠 농민들은 이미 기사騎士들을 이길 수 있는 무기인 할레바르데Hellebarde/Halberd를 그들의 특별한 무기로 채택했을 정도였다. 그들은 또한 기사騎士들을 공격할 수 있을 만큼 자신감이 있었고 연합군을 이끌고 세계사적으로 중요한 해방전쟁을 벌인 지도자인 스타우파커가 있었다. 우리는 그를 야전사령관Feldherrn이라고 부를 만하다.

후방 멀리에서 이동해 오고 있던 오스트리아 병력은 심한 압박을 받고 있던 전방 동료들에게 아무 도움도 줄 수 없었고 곧 도주하며 후퇴하는 아군 병력에 짓밟히게 되었으며 함께 몰리게 된 이들은 대부분 스위스인들에게 도살당하거나 호수에 빠져 죽었다. 레오폴트 영주領主 자신은 겨우 도망쳐 나왔다. 이 전투에 관한 기록을 남긴 빈터투르Winterthur의 수도사修道士 요한Johann(비토두란Vitoduran)은 레오폴트가 침통한 표정으로 고향으로 말을 타고 들어오던 것을 목격한 자신의 소년시절 일에 대해 "그는 너무 슬픈 기색으로 거의 송장 같았다"고 했다.

필자가 뷔르클리Karl Bürkli의 설명을 일보 발전시킨 부분은 슈비츠인들의 전략적 전술적 리더십을 강조한 점이다. 뷔르클리는 후일의 전설傳說과 잘못된 기록에서 이 승리가 슈비츠인들에게 모가르텐이란 위치에 대해 주의를 환기시켜 주었다는 오스트리아 기사騎士 휘넨베르크Hünenberg와 그들에게 또 다른 조언을 해 주었다는 귀족 이텔Itel Reding 덕분이라고 한 부분에 대해 분노하고 있지만 이런 편견적인 우화寓話들 때문에 슈비츠인들의 업적이 훼손될 수는 없는 것이며 그의 분노는 적절치 못하다. 우리가 잘 알다시피 그런 우화들은 역사적 진실들을 파악하기 힘들 경우 어느 개인의 화려한 공로를 능장시키게 되는 인간의 공통적인 심리 때문일 뿐이다. 반면 뷔르클리과 같이 모가르텐 전투의 승리를 백성들의 직접적 업적으로 즉, 민중적 본능Volks=Instinkts 때문인 것으로 보는 것은 큰 잘못이다. 그는 모든 일이 아주 오래 전부터 잘 계획되어 있었던 것 같이 보지만 이 전투에서 가장 큰 역할을 한 것은 리더십이다. 슈비츠 농민들의 전투경험이 아무리 풍부했더라도 결국 수 천명의 공동체 자체가 그런 일을 할 수는 없다. 그런 일에는 탁월한 상황평가와 보급지원이 필요하다. 합스부르크Habsburg 가家의 사령관 레오폴트가 병력을 집결시킨 쭈그Zug는 슈비츠 경계선에서 불과 3시간 거리에 있는 곳이었다. 비토두란Vitoduran의 기록에 의하면 슈비츠인들에게 레오폴트가 어디로 올 것인지를 알려 준 것은 토겐부르크Toggenburg의 대공大公이었다고 하지만 이는 전혀 믿을 수 없는 말이니 실체로 그랬다면 그는 배신으로 자신의 죽음을 초래했다는 말이 된다. 그는 레오폴트에게 충성했던 기사騎士로 이 전투에서 죽었다. 그가 중재를 해보려다 자신도 모르게 레오폴트의 계획을 누설했다는 말도 역시 믿을 수 없는 말이다. 설령 그것이 사실이었다고 해도 별로 달라질 것은 없었을 것이다. 레오폴트는 행군에 나선 순간 얼마든 방향을 바꾸어 아르트Arth나 알트마트Altmatt 쪽으로 갈 수도 있었고 슈비츠 연합군 지휘부도 그럴 가능성에 대비했을 것이 분명하기 때문이다. 슈비츠군이 쭈그Zug 부근에 내보낸 정찰병과 사자使者들 역시 매우 주의 깊고 영리해서 그런 적의 기만행동에 속아 넘어가지 않았을 것이 분명하다. 비토투란의 기록에서는 분명히 레오폴트가 모가르텐 쪽 도로 뿐 아니라 다른 도로를 통해서도 병력을 보냈고 다른 도로로 간 병력들은 본대가 패배했다는 소식을 듣자 바로 돌아서서 아무 피해도 입지 않고 도주했다고 한다. 왜 레오폴트는 전 병력을 함께 가게 하지 않고 그렇게 나누어서 평행으로 이동하게 했을까? 그는 분명 치열한 전투를 예상하고 있었고 예상대로만 되었다면 그는 승리했을 것이다. 이때 어떤 길로 진격했는지는 중요하지 않았을 것이다. 조공부대助攻部隊들의 규모는 클 수 없었고 기사騎士들은 대부분 레오폴트와 함께 갔음이 분명하다. 그는 혹 스코르노Schorno 부근 레치letzi에서 강력한 슈비츠인들을 만난다 해도 그들은 자신이 좌우 어느 쪽에서 나타났다는 소식을 들으면 철수할 것으로 기대했을지도 모른다. 또한 그는 병력을 나누어 여러 길로 접근함으로써 슈비츠군 수비병력이 여러 레치넨letzinen에 분산되도록 유도할 수 있다고 생각했을지도 모른다. 반면 슈비츠인들로서는 적의 주공主攻 방향을 일찌감치 알아차린 것이 결정적이었고 이 때문에 가용한 최대병력을 그곳에 집중적으로 배치 할 수 있었을 것이다. 그러나 그런 일은 우연히 일어날 수 있는 일이 아니고 계획성 있는 탁월한 리더십의 결과였다. 적이 에게리Aegeri 호수 동쪽 둑을 따라서 오고 있다는 보고가 들어오자 슈비츠 연합군 사령관 스타우파커Stauffacher는 사자使者의 보고와 자신의 계획에 대해 확신을 갖고 즉시 전 병력을 이동시켰을 것이 분명하다. 슈비츠 연합군이 아르트Arth 부근 레치에서 집결했건 아니면 슈비츠 부근 레치에서 집결했건 스타우파커가 가야 했던 길은 레오폴트가 가야 했던 길보다 별로 가깝지 않았다. 만약 스타우파커가 1시간만 늦게 모가르텐에 도착했다면 즉, 오스트리아군이 부크벨드리Buchbäldli 레치를 공격해서 그 주력이 이미 이곳을 통과했다면 스타우파커의 계획은 실패하고 그는 패배했을 것이다.

결국 슈비츠 측에는 리더십을 지니고 있었음은 물론이고 지형을 잘 판단하고 적절히 수색대를 운영할 수 있는 높은 안목과 더불어 철저한 병력통제를 통해 전 병력이 그의 리더십을 신뢰하고 그의 명령이 떨어지자마자 바로 이동을 시작 해게 할 만큼 훌륭한 야전사령관이 있었음이 분명하다. 전사총회戰士總會나 일시 선출된 전시戰時 지휘관이라면 이 같이 즉각적인 이행이 절대적으로 필요한 전쟁 계획을 실행에 옮기지는 못했을 것이다. 물론 마라톤Marathon 전투 때 아테네 시민들이 일시 선출한 전시戰時 지휘관 밀티아데스Miltiades가 발휘했던 리더십은 그런 리더십이었다고 할 수 있지만(역자 주: 책 제I편, 제I권, 제V장 참고) 밀티아데스는 아테네의 일반 시민들에 비해 사회적 지위가 매우 높은 인물이었으므로 그가 사령관으로 선출되자 시민들은 그에게 자연스럽게 복종했었다. 그러나 한 농부에 불과했던 스타우파커가 모가르텐 전투에서 슈비츠인들을 지휘했던 리러십은 그 경우와는 성격이 달랐다. 이 전투에서 일반백성들이 기사騎士들에게 이길 수 있었던 유일한 이유는 당시 슈비츠에는 고대 게르만족의 씨족氏族이 본모습 그대로 보존되어 있어 개개인의 군사능력이 단일한 통합의지 아래 강력한 부대로 조직되어 있었기 때문이다. 그들의 체제는 단일 사령관을 지닌 민주체제였다.

이 모가르텐 전투에 관한 주요 사료는 사건 이후 25년 내지 30년 사이에 빈터투르Winterthur의 수도사修道士 요한Johann(비토두란Vitoduran)이 남긴 장문長文의 기록이다. 빈터투르인들은 합스부르크 가家의 신민臣民으로 레오폴트에게 분견대를 보냈지만 이들은 이 전투에서 단 1명만 죽고 모두 무사히 귀환했었다. 따라서 요한은 이 전투의 목격자로부터 특히 그의 아버지로부터 정보를 얻었다. 그러나 그의 기록에는 슈비츠인들로부터도 얻은 정보도 분명히 보인다.9)

---

9) 리베나우Thomas von Liebenau는 획득 가능한 자료들을 하나 하나 모두 모아 《스위스 가 주州 역사연구회 회보Mitteilungen des historischen Vereins des Kantons Schwyz》, 제3호(서기 1906년)에 수록해 놓았다.
　이 연구에 있어 귀중한 자료는 덴드리커Dändliker가 그의 《스위스 역사Geschichte der Schweiz》, 제4판에서 뷔르클리Bürkli의 개념에 가깝게 종래의 설명을 바꾼 후에 달아놓은 각주들이다(700쪽).
　뷔르클리는 서기 1891년 발표한 첫 번째 글인 "스위스 연합의 탄생과 모가르텐 전투Die Entstehung der Schweizer Eidgenossenschaft und die Schlacht am Morgarten"을 더욱 발전시킨 제2판 격인 글을 4년 후에 "모가르텐의 기념비Ein Denkmal am Morgarten"라는 제목으로 발표했고(안더베르트W. Anderwert가 출간한 《서기 1895년 쭈거 신년지新年誌 Zuger Neujahrsblatt für das Jahr 1895》에 수록되어 있음) 이 글에는 매우 훌륭한 지도가 첨부되어 있다.

제 Ⅲ 장
라우펜 전투(서기 1339년 6월 21일)

서기 1218년에 쩨링겐Zähringen 대가문大家門이 사라지자 그 영역 중 일부가 제국에 귀속되었다. 이 때 호헨스타우펜Hohenstaufe/Hohenstaufen 왕조의 마지막 왕 프리드리히 Ⅱ세의 왕권이 붕괴되어 가자 슈바벤Schwaben/Swabia 공국公國/Herzogtum과 부르고뉴 왕국 의 변경지대에서는 제국 직할의 작은 영지領地/Herrschaften와 도시들(이들 중 어느 곳 은 극도로 작았다) 중 일부가 독립하게 되었는데 쩨링겐 가문이 바로 얼마 전에 만든 도시인 베른Bern도 이들 가운데 하나였다. 이 산악지대에서는 상부 권력이 사라지자 이웃 간에 끊임없는 분쟁이 계속되었는데 베른은 13세기의 이런 분쟁 에서 많은 승리를 거두며 농촌공동체들을 합병했고 귀족들도 그들의 영지領地 및 성城과 함께 정치적으로 베른에 흡수될 수밖에 없었다. 베른의 정치조직은 정복 정책을 펴기에 적합했다. 귀족들이 그들의 정치적 지배감각으로 통치하는 귀족 원貴族院이 있었지만 그 외에도 비록 완전하고 진정한 민주주의의 통로는 아니었 지만 모든 시민이 정부정책에 충분히 참여하면서 정부를 위해 복무하도록 해 준 또 다른 협의체가 있었다.

그러나 쩨링겐 가문이 베른과 불과 4마일(30km) 떨어진 곳에 만들었던 또 다른 도시인 프라이부르크Freiburg/Freibourg는 베른이 너무 팽창하자 그의 주요 경쟁자로서 부득불 산네Saane 부근의 센세Sense 강 곁에 있는 라우펜Laupen 마을을 베른과 격리 시키려고 주변의 소왕국小王國들과 그라이에르쯔Greyerz, 노이엔부르크Neuenburg, 발렌긴 Valengin, 니다우Nidau, 바트Waadt, 아르부르크Aarburg 등 여러 대공大公들을 규합했다.

이런 큰 연합이 형성되자 베른은 약간 위축되었다. 그들 편은 솔로투른Solothurn 시市 뿐이었기 때문이다. 그러나 그들의 높은 정치적 안목과 능력은 이런 상황에 잘 대처할 수 있었다. 베른은 팽창정책을 통해 이미 오버란트Oberland까지 진출해 있었고 브리엔제Brienze 호수를 넘어서 운터발덴Unterwalden 지역 및 우리Uri 지역과도 연결되어 있었다. 베른은 모가르텐Mogarten 전투에서의 승리로 군사적 명성을 널리 떨치고 있던 이들 산림주山林州/Waldstatte들과 적극적으로 우호관계를 유지해 오다가 이제 그들에게 도움을 청했다. 그러나 그들은 사실 라우펜 마을 관련 분쟁에는 아무 정치적 이해관계도 없던 이 산림주들에게 보수를 주기로 하고 도움을 청했 던 것이다.1) 결국 라우펜 마을을 둘러싼 전쟁은 아직은 스위스 지역 내의 문제

---

1) 오스트리아가 반反베른 연합의 배후에 있었다는 주장은 입증되지 않은 가설에 불과하다. 만약 합스부 르크 가家가 이때 베른 시를 격파하려 했다면 그렇게 많은 병력을 즉시 연합군 측에 보내 확실한 승리

였지만 후일 그리도 중요한 존재로 발전하는 스위스 용병傭兵체계(라이스로이페르툼Reisläufertums)의 선구자였다. 우연히 보존되어 있는 한 기록에 의하면 우리Uri 지역은 이 전투에서 승리로 은화銀貨 250파운드pfund/pound를 받았다. 분명히 크기는 매우 작았지만 재정이 풍부하고 엄격한 정부가 단호하게 통제하고 있던 베른Bern 은 전투경험은 많아도 스스로는 정치적 목표를 세울 수 없던 농민들을 군대로 활용하고 있었다. 이 분쟁은 명분 문제였음은 분명하지만 베른 시가 루드비히 바이에른Ludwig dem Bayern을 황제로 인정하려고 하지 않고 교황과 동맹관계를 맺었 다는 점에서는 정치적 뿌리가 깊은 분쟁이었다. 재속在俗 성직자 바젤빈트Diebold Baselwind는 이 점을 이용해서 백성들의 호전성을 자극하고 강화했다.

이 분쟁 및 전투의 경과에 관한 상세한 기록으로서 바젤빈트 측에서 쓴 것이 분명한 〈라우펜 전투Conflictus Laupensis〉라는 기록이 있는데 아주 생동감 있고 흥미 있는 기록이기는 하지만 이를 중요한 전쟁사 문헌으로 보는 것은[2] 옳지 못하다. 이 기록에 수록된 정보는 군사적 관점에서 보면 불명확한 간접정보에 불과하다. 이 전투는 분명히 전쟁사에서 매우 중요한 사건이므로 이를 상세히 설명해 보고 싶지만 사건 이후 80년 만에 유스팅거Justinger가 쓴 《베른 연대기年代記Berner Chronik》 는 전설傳說들로 가득 차 있음이 분명하고 비교검증에 필요한 상대방 측 증언은 전혀 없어서 필자는 이 전투를 분명히 설명한 수는 없다.

연합군은 베른군 600명이 수비하던 라우펜 마을을 포위했고 베른군의 주력은 12일 만에 동맹군과 함께 라우펜을 구원하러 나섰다(서기 1339년 6월 21일). 앞서 말한 〈라우펜 전투Conflictus Laupensis〉에서는 연합군의 포위병력을 보병 16,000명과 기병 1,000명이라고 했고, 유스팅거Justinger는 그들의 총병력을 30,000명이라고 했다. 물론 이 수치들은 무가치하다. 연합군과 프라이부르크Freiburg/Freibourg 시가 야전에 투입한 병력이 총 4,000명만 되었다 해도 이는 대단히 큰 병력인 것이다. 〈라우

를 모색하지 않고 예비대로만 있었다는 것은 매우 어리석은 일이었을 것이다. 필자가 이런 말은 하는 것은 단지 베른 시의 적들과 오스트리아간에 그런 비밀동맹이 있었다고 본다면 오스트리아의 적인 이 산림지역Waldstätte들이 이 전쟁에 정치적 이해관계가 있었다는 말이 될 수도 있기 때문이다.

서기 1383년에 우리Uri와 운터발텐Unterwalten은 키부르크Kyburg 전쟁 당시 제공한 병력 지원의 대가로 베른 시로부터 4,445파운드를 받았다.

서기 1353년의 동맹조약 문서에는 베른 시민들의 요청이 있을 경우 이 산림지역Waldstätte의 사람들은 브뤼니크Brünig 통로를 넘어 운터제엔Unterseeen(인터라켄Interlaken)까지는 보수 없이 이동하지만 그곳까지 이동한 다음부터는 1인 당 하루 은화 1 투르노아Tournois씩 받는다는 조항이 있다. 엘거Von Elgger, 《14~ 16세기 스위스 연합의 군사체계와 군사기술Kriegswesen und Kriegskunst der schweizerischen Eidgenossenschaft im 14., 15. und 16. Jahrhundert》, 루체른Lucerne, 서기 1873년, 40쪽.

재력이 풍부하지 않았을 것이 분명한 아펜젤Appenzell 농민들도 그들의 대수도원장大修道院長과 싸우려고 슈비츠인들에게 지원을 요청했을 때도 보수를 지급해야만 했었다. 디에로이어Dierauer, 《스위스 연합의 역사Geschichte der Schweizerischen Eidgenossenschaft》, 제I편, 400쪽, 각주 2.

2) 쾰러Köhler, 《기사騎士 시대의 전쟁과 용병술用兵術의 발전Entwickelung des Kriegswesen und der Kriegsführung in der Ritterzeit》, 제II편, 605쪽.

펜 전투〉에 의하면 베른 측 병력은 산림주山林州/Waldstätte들이 보낸 병력 1,000명을 포함 총 6,000명이었다 하는데 이 수치는 신빙성이 있어 보인다.[3] 그들의 광대한 지역을 보아도 그렇고 산림지역에서 온 증원군도 있었으므로 베른 측이 적보다 많은 병력을 야전에 보낼 수 있었을 것이다. 적은 프라이부르크 시만 그나마 큰 규모의 징집군을 보유했을 것 같고 이들과 연합한 대공大公들이 보유한 기사騎士나 여타 병력은 모두 매우 작은 규모였을 것으로 보인다.[4] 그들이 승리를 확신했던 것은 병력이 우세했기 때문이 아니라 전사戰士들 특히 기사騎士들의 전투능력이 농민과 도시민들로 구성된 상대방보다는 높을 것으로 보았기 때문이다.

베른군의 주력은 베른과 라우펜 중간의 숲을 통과해서 브람베르크Bramberg 언덕 위로 올라가자 자신들을 향해 얼마 안 되는 거리를 이동해 온 연합군이 발 아래로 보였다. 전투현장에서 불과 2~2.5km 거리에 있던 라우펜의 수비대는 적에게 포위되어서 사태가 어떻게 진전되고 있는지 아직 관측할 수 없었다.

베른군은 즉시 공격에 나서지 않고 고지 위를 점령하고 있었는데 이는 적이, 특히 적의 기사騎士들이 먼저 공격하게 하고 자신들은 지형의 이점을 활용하기 위한 것이었음이 분명하다. 그들은 적이 이렇게 가까이 있는 자신들을 몰아내지 않고 포위를 계속하다가는 자신들로부터 기습공격을 받을 것으로 판단하고 먼저 공격하든지 포위를 포기하지 않을 수 없을 것이라고 기대할 수 있었을 것이다. 결국 니코폴Nikopol 전투 때와 유사한 상황이었다(역자 주: 앞의 466쪽 참고).

베른군은 3개 방진方陣/Gevierthaufen으로 정렬했던 것으로 보이며 그 중 산림주山林州/Waldstätte에서 온 전위대 1,000명은 폭과 종심이 모두 약 30명씩인 방진으로, 본대本隊 3,000명은 폭과 종심이 모두 약 50명씩인 방진으로 그리고 후위대 2,000명은 폭과 종심이 모두 약 40명씩인 방진으로 각각 정렬해 있었을 것이다. 각 방진 앞에는 약간의 궁수弓手들이 서성대고 있었을 것이고[5] 소수이지만 약간의 기사騎士들과 그들의 기마騎馬 수행원들이 이 궁수들과 방진 사이에 있었을 것이다.[6]

---

3) 당대當代의 짧은 기록인 《베른 연대기年代記 Chronica de Berno》(스투더Studer가 편집해서 유스팅거Justinger의 《베른 연대기年代記 Berner Chronik》에 부록으로 첨부해 놓음)에서도 이는 확인된다(300쪽 참고).

4) 스투더Studer는 당대 기록에 의하면 프라이부르크 시는 베른 시의 진정한 적이었다고 매우 정확하게 지적했다. 《베른 역사학회지歷史學會誌Archiv des historischen Vereins Bern》, 제Ⅳ권(서기 1858년-1860년), 제3호. 이 전쟁이 그 당시의 계급적 증오로 인해 귀족들을 상대로 한 전쟁이 된 것은 보다 후일의 일이다.
   사료에서 입증되듯이 로잔느Lausanne 주교主敎도 프라이부르크와 동맹을 맺고 라우펜에 병력을 보냈다. 스투더, 위의 잡지, 27쪽.

5) 뤼스토프W. Rüstow는 베른 시민들에게는 투사무기投射武器가 없었던 것으로 믿고 있다(《보병사步兵史 Geschichte der Infanterie》, 제Ⅰ편, 152쪽). 그러나 이는 전혀 있을 수 없고 사실상 불가능한 일이다. 이 전투에 관한 기록에 우연히 투사무기에 관한 언급이 없더라도 그렇게 말하면 안 된다.

6) 솔로투른Solothurn 시는 투구 18개를 제공했고 바이쎈부르크Weissenburg 배론Baron은 베른Bern 편에 섰다. 후트빌Hutwil 전투(서기 1340년) 때는 말을 탄 기수旗手가 정찰대와 함께 제1 기수旗手 앞에 섰다는 말이 있다. 유스팅거Justinger, 《베른 연대기年代記 Berner Chronik》, 97쪽 및 99쪽. 베른 기병騎兵은 후일 매우 큰 명성을 누리게 된다. 엘거Elgger, 《14~16세기 스위스 연합의 군사체계와 군사기술Kriegswesen und Kriegskunst der schweizerischen Eidgenossenschaft im 14., 15. und 16. Jahrhundert》, 302쪽.

　　연합군은 월등하게 유리한 위치에 있는 베른Bern군을 서둘러 공격하지 않았고 그들을 포위하려고 1개 분견대를 보낸 후에 기사騎士들은 적진敵陣 전면에서 퍼레이드를 벌이고 젊은 영주領主들은 리터슈라그Ritterschlag/dubbing(역자 주: 칼로 어깨를 두드리는 기사작위騎士爵位 수여의식授與儀式)를 벌였다. 거의 어두워졌을 때쯤 포위가 끝나자 베른군은 후위대는 즉시 도주했지만 본대는 프라이부르크Freiburg/Freibourg 시민들의 정면공격에 쇠뇌화살과 돌 세례를 퍼부으며 굳게 버티다 반격했는데 그 충격효과로 프라이부르크 시민들은 흩어졌다. 산림주山林州/Waldstätte 병력들로 구성된 전위대는 본대와 동시에 힘차게 전진했지만 언덕을 내려오자 프라이부르크 기사騎士들의 공격을 받고 전진을 멈출 수밖에 없었으며 곧 사방이 포위되었다. 그러나 프라이부르크 기사騎士들은 밀집대형으로 정렬해서 일제히 창을 내민 "고슴도치" 같은 이 산림주 병력의 방진方陣을 뚫을 수가 없었다. 만약 그들이 궁수弓手를 잘 활용했다면 산림주 병력을 곧 격파했겠지만 그 사이에 베른군 본대가 거의 프라이부르크 시민들을 격파했고 산림주 병력은 적 기사騎士들을 붙들어 둠으로써 본대가 오직 프라이부르크 시민들에 대한 공격에만 전념할 수 있도록 나름대로 역할을 다했다. 본대는 프라이부르크 시민들을 완전히 격파하자 방향을 돌려 적의 기사騎士들을 뒤에서 덮쳤다. 이제 적의 기사騎士들은 도주해서 살길을 찾는 방법 외에 달리 할 일이 없었다. 베른군 후위대를 격파 후 추격에 들어간 연합군 분견대는 다시 현장으로 돌아오지 않았다. 이들은 지도자들의 통제밖에 있었거나 아니면 전혀 지도자가 없었고 포로를 잡고 약탈하기 위해 도주하는 적을 추격하는 데만 정신이 팔려있었을 것이다.

　　우리는 베른군의 이런 훌륭한 전략 전술 개념과 리더십을 볼 수 있는 라우펜 전투 당시 누가 그들의 장군으로 이런 위대한 업적을 성취했는지 알고싶어 하는 것이 당연하다. 그들이 절대 유리한 방어지점을 점령하고 있다 수세에서 공세로 전환한 것은 마라톤Marathon 전투 당시의 아테네군과 같은 전투방식이었는데 이상하게도 사료에 기록된 베른군 지휘관은 마라톤 전투 당시 아테네군을 지휘했던 밀티아데스Miltiades와 매우 유사한 면이 있다. 당대의 사료인 〈라우펜 전투Conflictus Laupensis〉에는 이 지휘관에 관한 언급이 전혀 없지만 이 기록은 군사적 관점에서 보면 허점이 가득한 기록이다. 반면에 물론 전설과 역사를 구분하기 힘든 기록이긴 하지만 유스팅거Justinger의 기록에는 에르라크Rudolf von Erlach라는 기사騎士가 베른군의 최고지휘관이었다는 구절이 있다. 매우 부유했고 존경받던 인물이던 그는 프라이부르크 연합군에 참여한 니다우Nidau 대공大公의 바쌀Vassal(역자 주: "가신家臣"으로 통상 번역된다. 구체적 의미에 대해서는 이 책 제Ⅱ편, 제Ⅳ권, 제Ⅳ장 참고)임과 동시에 베른 시민이었다. 그는 전운戰雲이 감돌자 그의 봉건영주封建領主와 결별하고 베른 시민들

편에 섰다. 그는 "여섯 차례 전투에서 자신의 능력을 보여준" 적이 있는 인물로 그의 아버지 역시 앞서 서기 1298년의 도른뷜Dornbühl 교전 당시 베른Bern 시민들을 지휘한 적이 있다. 베른 시민들은 그가 훌륭한 지휘관임과 "힘보다 지혜가 더 필요한 전쟁에서 그가 자신들이 어떻게 일을 시작하고 끝내야 하는 지 제시하고 가르쳐 줄 것"이라고 믿었지만 에르라크 자신은 처음에는 최고지휘관 직 수락을 망설였다. 베른 시민은 자존심이 너무 강해서 엄하게 지휘할 경우 후일 그들의 보복이 있을 것이 우려되었기 때문이다. 그러나 시민들은 끈질기게 요청했었고 결국 모든 시민이 모든 문제에서 복종할 것을 서약하기로 합의가 이루어졌다. 그가 복종하지 않는 사람을 때려서 상처를 입히거나 죽여도 베른 시나 희생된 자의 친구들은 그의 행위에 대해 책임을 묻거나 복수하지 않기로 서약했다.

이런 조건으로 에르라크는 최고지휘관이 되었는데 만약 그가 이 직책을 맡지 않았다면 베른 시장市長(슐트하이쓰Schuldheiss)이 최고지휘관이 되었을 것이다. 당시 시장은 존경받는 가문 출신의 또 다른 기사騎士인 부벤베르크Johann von Bubenberg였고 그의 아들이 라우펜Laupen 마을 수비대장이었다. 에르라크가 최고지휘관이었다는 말이 당대 기록에는 없지만 에르라크에 관한 후일의 기록이 단순한 전설傳說에 불과할 수는 없다. 베른 시에게는 이 전쟁에 모든 것이 달려있었고 따라서 최고 지휘관 감으로 가장 유능한 전사戰士를 물색했을 것이다. 또한 훨씬 후일 무르텐Murten 전투 때도 한 기사騎士가 최고지휘관을 맡았지만—그렇게 된 데에는 다른 이유들이 있었음이 분명하다—《베른 연대기年代記 Berner Chronik》는 이를 철지하게 숨기고 있다. 따라서 필자는 후일 전설傳說로 기록된 내용이기는 하지만 라우펜 전투에서 에르라크라는 기사騎士가 최고지휘관이었다는 기록을 신빙성 있는 기록으로 보아야 될 것으로 믿는다. 이 전투에서 우리는 진정한 장군의 존재를 느낄 수가 있다. 만약 그가 당시 베른 시의 시장市長이었다면 베른 시의 역사는 그의 인격을 매우 강조했을 것이다. 한 서기書記의 관점에서 모든 것을 보았고 군사적 측면에는 관심도 이해력도 없던 〈라우펜 전투Conflictus Laupensis〉의 저자가 지휘관 이름을 기록하는 것을 잊었다면 이는 있을 수 있는 일이다. 필자는 이 서기書記도 라우펜 전투 때 말 타고 들판을 달리는 것을 보았을 이 천재적 전사戰士가 바로 에르라크였다고 서슴없이 말할 수 있다. 그는 이 지휘관의 이름을 기록해 놓지 않았지만 이 이름은 승리자의 이름으로 후세대의 기억 속에 살아있었던 것이다.

그의 행동 중 핵심 부분은 베른 시민에게 특별히 공식적으로 복종을 서약하게 한 부분이며 그의 인격에는 이 서약을 실천시킬만한 힘이 있었다. 이듬해에도 그는 프라이부르크Freiburg/Freibourg군의 침입에 대비해서 매복을 설치한 일이 있는데 이때 병사 8명이 명령을 어기고 말을 훔치러 나갔다가 프라이부르크군에게 포위된 적이 있다. 이때 그는 다른 병사들에게 일체 이들을 구원하러 나가지 못하게 하고 이들이 적에게 살해되도록 방치했다. "이들은 서약을 어긴 불량배들로서 베른 시의 명예보다는 노획품에만 관심이 있던 자들"이라고 보았기 때문이다.7) 그는 라우펜 전투 때도 이런 방식으로 병력을 통제함으로써 프라이부르크 시민 들을 격파한 본대本隊를 이동시켜 상대방 기사騎士들의 후방을 공격할 수 있었다. 이런 리더십이 없었다면 베른 시는 이 전투에서 패배했을 것이다. 그런 조치가 없었다면 상대방 기사騎士들은 산림주山林州/Waldstätte 병력을 격파한 후에 베른 시민 들까지 격파했을 것이 틀림없다. 베른 시민들은 이미 대형이 흩어져 있었으므로 만약 상대방 기사騎士들의 공격을 받았다면 버틸 수 없었을 것이기 때문이다.

---

7) 유스팅거, 같은 글, 99쪽.

부 기附記

필자는 라우펜 전투에 관한 지금까지의 설명이 주로 추정에 의한 것이며 사료에 의해 직접 입증 될 수는 없는 것임을 고백한다. 몇 가지 측면에서 필자의 설명 중에는 실제로 사료기록과 충돌하는 부분도 있다. 그럼에도 불구하고 필자가 앞의 설명을 매우 있을법한 설명이라고 장담할 수 있는 것은 〈라우펜 전투Conflictus Laupensis〉에는 몇 가지 모순된 부분들과 해명되지 않은 부분들이 있어서 필자의 설명과 같은 방식을 통해서만 이에 대한 해답을 찾을 수 있다고 보기 때문이다.

〈라우펜 전투〉에는 "모든 베른군은 적의 숫자가 자신들에 비해 많음을 알고 똘똘 뭉쳐서 한 작은 쐐기대형을 만든 후에 어느 낮은 언덕 위에 무리를 지어 서 있었다Videntes Bernenses hostium multitudinem contra se esse validam omnes coadunati in unum quasi unus parvus cuneus, ad unum parvulum collem se congregantes stabant"는 구절이 있다. 이 구절은 베른군이 필자의 설명과 같이 3개가 아니라 1개의 비교적 큰 방진方陣으로 편성되어 있었다는 말이 분명하다. 그러나 뒤로 가면 산림주山林州/Waldstätte 병력들이 1개의 특별부대를 편성했음을 보여주는 부분이 있는데 이를 보면 베른군이 1개의 방진으로 편성되어 있었을 수는 없으며 따라서 이때의 "베른군"은 엄격히 해석해서 베른 시에서 온 전사戰士들만 의미하는 것으로 보아야 할 것이다.

한편 〈라우펜 전투〉에는 적이 공격하자 베른군 2,000명은 겁에 질려 도주했는데 이들 중 일부는 비무장이었지만 전사들도 일부 있었다고 한 구절도 있고 베른군 3,000명은 다른 병력이 도주하는 것을 볼 수 없었고 굳세게 버티다 반격을 실시해서 프라이부르크 시민들을 격파했다고 한 구절도 있다.

이를 보면 우리는 베른 시민들은 산림주에서 온 병력 이외에 다른 곳에서 온 보충병력과 함께 각각 2,000명과 3,000명인 2개 부대를 편성했었고 이 2개 부대는 서로 먼 거리를 두고 떨어져 있었다고 보아야 할 것이다. 하지만 그렇다고 해도 3,000명이나 되는 큰 병력이 역시 2,000명이나 되는 큰 병력이 도주하는 것을 어떻게 볼 수 없었다는 말인가?

우리는 이 문제에 관한 해답을 유스팅거Justinger의 다음과 같은 후일의 기록에서 찾아 볼 수 있을 것 같기도 하다.

이때 그들은 함께 전진하려 하면서 각자 2~3개씩 돌을 손에 집어들었다. 지휘관은 그들에게 적에게 돌을 던진 후에는 언덕 위에 정렬할 수 있도록 대형 안쪽으로 다시 돌아오라고 닝했니. 이때 후미 병사들은 전방 병사들이 도주하려 하는 것으로 생각하고 대부분 도주했다가 전방 병사들이 굳세게 버티며 누구도 도주하지 않은 것을 보고 다시 전투현장으로 다시 돌아와 마치 용감하고 정직한 사람 같이 행동하며 영웅들 같이 싸웠다. 다만 일부 숲 속으로 도주했던 병력은 다시 돌아오지 않았고 사람들은 이들을 영원히 산지기forster라고 불렀다. 후일 사람들은 이들에게 체벌體罰을 가하고 이들의 재산을 박탈하려고 했다. 누구도 이적행위利敵行爲를 하면 안 된다는 명령이 있었기 때문이다. 이후에도 이들은 명예를 회복하지 못했으며 수치스럽고 무가치한 사람들로 취급되었다. 지휘관과 전방 병력은 후미 병력들이 도주하는 것을 보지 못했지만 중간에 있던 병력은 도주하는 그들을 본 후 대장에게 "나쁜 놈들이 용감한 사람들과 같이 있는 것보다 차라리 잘 되었소. 낱알에서 겨가 떨어져 나갔소"라고 말했다.

이 기록을 보면 적에게 돌을 던지던 선두 횡렬橫列들이 뒤로 물러서는 이유를 이해 못하고 도주한 병력은 후미 횡렬들이었던 것으로 보인다. 하지만 실제로 그랬었다면 지휘관과 최선두 횡렬들이 어떻게 후미 횡렬들의 도주를 보지 못했을까? 선두 횡렬들이 뒤로 물러나서 다시 대형 속으로 들어가서 대형을 정렬한 후에야 비로소 후미 횡렬들이 도주한 것일 수는 없지 않은가! 우리는 이 문제를 다음과 같이 요약해 볼 수 있다. 선두 횡렬들이 뒤로 돌아서서 물러섰기 때문에 후미 횡렬들이 도주한 것이거나(그랬을 경우에는 선두 횡렬들은 후미 횡렬들의 도주를 보았어야 한다) 선두 횡렬들이 후미 횡렬들의 도주를 실제로 보지 못했던 것이다(그랬을 경우 선두 병사들은 뒤로 돌아서서 물러 선 것일 수는 없고 전면이 앞을 향한 채 뒷걸음질을 쳤던 것이 분명하다). 하지만 만약 후미 횡렬들은 선두 횡렬들이 뒤로 물러서는 것을 도주하는 것으로 오해했다는 말이 후미 횡렬들의 도주 사실을 변명하기 위해 후대 사람들이 꾸며낸 말이라면 가장 위험성이 적었던 후미 횡렬들이 적의 접근에 왜 특별히 겁을 먹고 도주했을까?

이 같이 유스팅거Justinger의 기록에는 분명 모순이 있지만 이는 상이한 내용의 두 원사료原史料를 얽어서 하나로 만든 것임을 우리는 쉽게 알 수 있다. 유스팅거는 나중에 승리한 병력이 다른 병력의 도주를 보지 못했다는 기록을 〈라우펜 전투Conflictus Laupensis〉에서 취했지만 도주했던 병력은 앞에서 돌을 던지던 병력이 뒤로 물러서는 것을 보고 도주하는 것으로 알았다는 변명은 이를 구전口傳의 전설傳說 속에서 발견했을 것이다.

그러나 이런 설명이 설득력을 지니려면 이는 서로 다른 두 부대의 문제로서 그 중 도주했던 한 부대는 다른 한 부대의 측면 뒤쪽 너무 먼 곳에 있었기 때문에 앞에 있던 부대의 눈에 뜨이지 않았을 것으로 보아야만 한다.

이 문제를 해결하려면 우리는 우선 두 가지 문제를 검토해 볼 필요가 있다. 〈라우펜 전투〉에는 성물聖物을 휴대하고 군대를 따라갔던 재속在俗 성직자 바젤빈트Diebold Baselwind가 적에게 잡혀 가혹한 대우를 받았다는 구절이 있다. 어떻게 그리 되었을까? 그가 사절使節로 적진에 파견되었다가 국제관례에 반해 억류되었던 것이라면 기록에 이런 사실에 대한 언급이 누락되었을 수는 없다. 결국 그는 도주했던 "비무장" 인원 중 하나였고, 따라서 수송대열과 함께 있었고, 결국 적이 이 수송대열이 있던 곳 즉, 본대本隊가 아니라 그 후방에 출현했던 것일 수밖에 없다. 이때 수송대열 뿐만 아니라 많은 전사戰士들도 이 도주에 가담했고 이들은 본대의 후미 횡렬들이 아니라 이곳에 와있던 별도의 병력이었을 것이다. 물론 자신들도 측면과 후방에서 적의 공격을 받은 본대의 후미 횡렬들도 프라이부르크 시민들에게 반격할 때 참여할 수 없었을 것이다.

이렇게 별도 병력이 존재한 것으로 보아야 비로소 도주병력 2,000명이 있었다고 분명히 말한 〈라우펜 전투Conflictus Laupensis〉의 구절이 설명될 수 있다. 우리는 이 사료의 저자는 이 불쾌한 사건을 최대한 무난하게 보이게 하려고 크게 고심한 결과 이들이 대부분 다시 전투현장으로 돌아왔다고—우리는 이를 완전한 허구虛構라고 말할 수 있다—표현했음을 알 수 있다. 이 저자가 만약 병력수만 말하려고 했다면 이 병력을 전혀 언급하지 않았거나 규모를 줄여서 말했을 것이다(역자 주: 수치스런 도주 사실을 적당히 얼버무리기 위해). 하지만 그가 결코 직접 거짓을 말할 수는 없고 병력수를 구체적으로 기록해 놓을 수밖에 없다고 생각하게 된 것은 병력수가 분명히 알려진 한 부대 전체가 잘못을 저지른 것이기 때문일 것이다. 그러나 후일 유스팅거Justinger는 이 2,000명에 관한 기록을 그대로 옮겨놓지 않고 그 대신 돌을 던지던 자들이 물러서는 것을 도주하는 것으로 오해했었다는 변명을 만들었다. 유스팅거 자신은 후위대後衛隊 전체가 수치스런 도주의 주인공이라는 사실을 전혀 몰랐을 것으로 보인다. 그 역시 〈라우펜 전투〉를 읽은 후 도주한 병력을 본대本隊 후미 횡렬들로 이해했던 것으로 보인다. 하지만 그는 본대에서는 다른 병력의 도주를 몰랐다는 〈라우펜 전투〉의 구절을 이해하기 쉽게 만들려고 중간 병력을 만들어낸 후 이들이 "차라리 잘 되었소. 낱알에서 겨가 떨어져 나갔소"라고 지휘관에게 보고했다는 말을 꾸며내서 기록해 놓았을 것이다.

한편 〈라우펜 전투〉에는 프라이부르크Freiburg/Freibourg 연합군이 즉시 공격하지 않고 적의 전선戰線 앞에서 "장엄한 활동을 계속하면서 리터슈라그Ritterschlag/dubbing 의식도 열고 적대적인 행동을 했다"고 말했는데 유스팅거는 그 중요한 내용을 더욱 발전시켰다. 그는 전투가 "저녁기도 시간이 지나" 밤이 되어서야 시작되었다고 분명히 말했는데 이는 설명이 필요한 부분이다. 물론 양측은 마주보고 대치해서 서로 상대방이 먼저 공격하기를 기다렸지만 이때 프라이부르크군은 철수하지 않으면 공격해야 했을 것이 분명하다. 이때 공격을 주저한다면 지도자가 베른Bern군의 유리한 지형을 보고 겁내는 것으로 알고 사기士氣가 떨어졌을 것이기 때문이다. 더욱이 언제든 라우펜 수비대가 그들 앞에 무슨 일이 일어나는지를 알고 출격을 나와서 프라이부르크군 후방에 나타날 수도 있는 상황이었다.

하지만 프라이부르크군은 꽤 오래 동안 망설였을 것이 분명하다. 한 분견대가 적을 포위하기 시작했고 지도자들은 영리하게 이 틈을 이용해서 병사들의 사기士氣를 올리려고 필요한 온갖 연극을 벌인 것을 보면 알 수 있다.

유스팅거는 끝으로 게르만 지역 출신은 라우펜에서 하류 쪽으로 도주해 산네 Saane를 넘었고 발레Valais 출신은 라우펜 북쪽 센세Sense 강을 건너는 등 패배한 연합군의 기사騎士들이 사방으로 도주했었음을 다시 강조하고 있다. 이렇게 도주의 방향이 달랐던 것은 전투 때도 각 부대의 공격방향이 달랐다는 말이며 결국 처음부터 포위부대가 따로 있었다는 말이 된다.

그렇다면 베른군이 "한 작은 쐐기대형unus parvus cuneus"으로 정렬해 있었다는 〈라우펜 전투Conflictus Laupensis〉의 표현을 이제 우리가 어떻게 설명할 수 있을까? 이 사료의 저자는 라틴어를 잘 몰랐다. "우누스Unus"라는 라틴어 단어는 "어느 낮은 언덕 위에ad unum parvulum collem"라고 한 바로 앞의 구절에서나 마찬가지로 이 사료의 저자 자신이 쓴 단어로서 독일어의 부정관사不定冠詞로 번역될 단어일 뿐이다. 앞 구절 중의 "우눔Unum"도 베른군이 그 위나 옆에 정렬해 있던 곳이 1개의 언덕이었음을 강조하기 위한 표현이 아님은 분명하다.8) 당시 적은 분명히 넓게 포진해 있었을 것이고 〈라우펜 전투〉의 저자는 그 반대편에 견고한 밀집대형으로 정렬해 있던 한 작은 베른군 부대를 강조하려 했던 것에 불과한데 그는 베른군이 3개 부대로 정렬해 있었다는 점을 빠뜨리고 언급하지 않은 것이다. 이는 그가 이 전투에 참전한 것이 분명한 산림주山林州/Waldstätte 병력도 언급하지 않은 것이나 같은 실수이다. 이 전투에 직접 참전했고 〈라우펜 전투〉의 저자에게 사건에 대해서 설명해 준 인물은 당연히 승리를 거둔 본대에만 관심이 있었고 따라서 본대만 말해 준 것이다. 그러나 〈라우펜 전투〉의 저자는 자신의 전문분야가 아닌 군사문제의 분석에서 오해를 불러 일으킬만한 표현을 피할 수 있을 만한 식견은 갖추지 못한 성직자였다. 우리는 그의 기록에서 3,000명의 부대가 2,000명의 도주를 몰랐다는 점은 아주 분명한 사실로 인정할 수 있지만 그는 베른군이 몇 개의 "작은 대형"으로 정렬해 있었음을 이해하지 못했음이 분명하다.

필자가 본대本隊의 후미횡렬들이 아닌 후위대後衛隊 전체를 도주병력으로 본 것은 처음에 베른군에서 전투 개시 여부에 대해 견해차가 있다가 결국 산림주 병력이 전투를 시작했다는 취지의 유스팅거Justinger의 기록으로부터 이끌어낸 결론이다. 당시에 진정 그런 견해차가 있었을 수는 없다. 베른군은 당연히 공격할 의도는 없이 방어진지 점령만을 생각하고 있었기 때문이다. 유스팅거의 말은 아마 3개 부대가 각각 맡았던 임무에 따라—이에 대해서는 더 이상 상세히 알 수 없다—산림주 병력이 전위대前衛隊를 맡았고 따라서 상대방 주력인 기사騎士들과의 전투는 당연히 이 전위대 몫이라는 사실이 전설傳說 속에서 왜곡된 말일 것이다.

뤼스토프W. Rüstow는 베른군이 돌을 던지고 뒤로 물러섰다는 유스팅거의 기록에 대해 이를 특수기동이었던 것으로 본다(《보병사步兵史 Geschichte der Infanterie》, 제I편, 154쪽). 그는 적의 보병이 공격을 위해 전진하려 하고 있을 때 언덕 위에 서서 싸우는 것이 유리함을 자신이 "잊고" 있음을 깨달은 에르라크Erlach가 자신의 "팔랑스Phalanx"에게 위에서 아래로 공격할 수 있도록 뒤로 돌아서 100보 가량 언덕 위로 올라가게 했을 것으로 믿고 있다. 그러나 여하한 경우라도 그렇게 해석될

---

8) 필자가 동창생 탱글Tangle에게 이렇게 설명하자 그는 필자의 말을 전적으로 인정하면서 중세 후기의 라틴어에서는 "우누스Unus"란 단어가 뒤에 나오는 본단어本單語/Muttersprache의 단순한 부정관사不定冠詞로 쓰인 경우가 흔하다고 했다.

수는 본다. 유스팅거의 말은 매우 불확실하지만 베른군 보병이 모두 뒤로 돌아서서 언덕 위로 이동했다고 말한 부분은 전혀 없다. 적을 공격하려 할 때 그와 같이 기동할 수 있는 병력은 고도의 훈련된 병력이라야 한다. 일반백성들을 징집한 병력이 그렇게 기동할 수는 없을 것이다. 또한 적이 이미 전개해 있을 때까지도 100보 뒤에 더 유리한 곳이 있음을 지휘관이 모르고 있었다는 것 역시 믿어지지 않는다.

실제의 역사적 진실은 매우 빨리 사라지고 환상이 그 자리를 차지한다는 증거로 필자는 모가르텐 전투 때의 스위스인들에게 그들이 실제는 전혀 가지고 있지 않던 투창投槍을 쥐어 주고 이 라우펜 전투 때의 스위스인들에게는 "그들은 철제鐵製 전차戰車를 만들어 적의 대형을 사정없이 부수었다. 후면을 공격할 수 없게 만들어진 이 전차가 적의 대형을 깨뜨려 도주하게 만든 것이었다"며 일종의 스키테드Sichelwagen/Scythed-chariot 전차를 선물한 추디Tschudi의 설명을 들 수 있다.9)

9) 뷔르클리Bürkli, "모가르텐의 기념비Ein Denkmal am Morgarten,"(《서기 1895년 쭈거 신년지新年誌 Zuger Neujahrsblatt für das Jahr 1895》), 106쪽. 이젤린Iselin 편編, 《헬비티아 연대기年代記 Chronikon Helveticum》, 제I편, 359쪽.

제 Ⅳ 장
셈파크 전투(서기 1386년 7월 9일)

독립한 농민군은 모가르텐Morgarten 전투에서 대승을 거두었지만 이 일격만으로 그들과 강력한 합스부르크Habsburg 가家 사이에 승부가 결정된 것은 아니며 책략과 기습공격이 큰 역할을 했다. 게르만족의 독립도 토이토부르크Teutoburg 숲 전투의 승리만으로 얻어진 것이 아니라 이 승리와 로마제국 내부사정이 상호 작용했던 결과였듯이 모가르텐 전투 역시 전반적 정책의 한 매듭이 되었다는 사실 때문에 비로소 큰 의미를 갖는 것이다. 교회教會와 프리드리히 Ⅱ세가 통치하는 국가 간 투쟁과 후일 왕조王朝를 꿈꾸는 대영주大領主 가문들이 서로 경쟁하는 틈바구니에서 산림주山林州/Waldstätte들은 제국직할령帝國直轄領/Reichsunmittelbarkeit이라는 법적 지위를 얻었지만 합스부르크 가家는 이 3개 산림주 모두에게 제국 내에서의 자유로운 지위를 부여하고 그 확인서까지 준 루드비히 바이에른Ludwig dem Bayern과 싸우느라 여념이 없어 모가르텐의 패배를 복수할 여력이 없었다. 합스부르크 가家는 장래의 복수를 염두에 두고 이 산림주들과 평화조약 대신 휴전협정만 체결했지만 이 협정은 매년 연장되다 분쟁 재발 이후 곧 다시 갱신되는 일이 반복되면서 스위스 연합의 독립적 지위만 더 높여주게 되었다. 산림주들은 라우펜Laupen 전투에서 베른Bern 시를 잘 도와준 일로 명성이 더 높아졌고 그 결과 쮜리히Zürich 시市(서기 1351년)나 루체른Lucerne 시市(서기 1332년에)까지 이들과 동맹을 맺게 되었다. 큰 자신감을 갖게 된데다 베른 시의 패권 확장 성공에 고무된 이들 연합군은 드디어 공격에 들어갔다. 이때까지 아직 오스트리아의 속령屬領이었던 루체른 시는 지금까지의 종속관계를 완전히 단절시키려고 주변 오스트리아 농민들과 셈파크Sempach 마을을 레오폴트Leopold Ⅲ세 영주領主/Herzog로부터 빼앗아 자신의 보호 아래 두었다. 그들은 합스부르크 가家 소유의 이 지역 성城들은 공격해서 파괴했고 옛 주인에게 아직 충성하는 지역들을 황폐화시켰다. 레오폴트는 이를 못 본 체 하며 싼값에 평화를 얻으려 했지만 소용없었고 연합군은 계속 진군하며 정복을 이어갔다.

결국 레오폴트는 재산과 가문의 명예를 지키고 또 빼앗긴지 오래된 지역들을 되찾기 위해 진 병력을 집결시키기로 결심했다. 그러나 이는 모두 자신이 이길 경우 문제였다. 그는 자금 마련을 위해 이태리의 도시들을 담보로 돈을 빌렸고 각지의 기사騎士 영주領主들뿐 아니라 상인商人들과도 동맹을 추진했고 티롤Tyrol 시市와 밀라노Mailand/Milan 시市로부터도 지원을 받았다. 그는 자신의 병력이 그의 삼촌인 레오폴트 Ⅰ세가 모가르텐 전투 당시 동원했던 병력보다도 많은 것으로 생각했을 수도 있지만 4개 산림주山林州/Waldstätte의 병력 역시 모가르텐 전투 때에 비해 2배는 되었을 것이다. 모가르텐 전투 이후 루체른 시市도 그들 편이 되었을 뿐 아니라 슈비츠Schwyz 지역도 그 사이에 크게 팽창했기 때문이다. 우리는 셈파크 전투 당시 레오폴트 측 병력을 3,000명 또는 4,000명으로, 스위스 측의 병력을 6,000~8,000명으로 볼 수 있을 것이다. 그러나 사료에는 스위스 측 병력을 1,300명(유스팅거Justinger의 기록과 루스Russ의 기록)에서 33,000명(데트마르Detmar의 《뤼벡 연대기年代記Lübecker Chronik》)에 이르기까지 다양하게 기록해 놓았다.

처음 스위스 측은 쮜리히Zürich가 위험하다고 판단하고 산림주들로부터 증원군을 보냈고 이 증원군은 가장 가까운 오스트리아 지역으로 침공했지만 레오폴트는 영리하게도 두 중요지점인 쮜리히나 루체른 어디로도 병력을 집중하지 않고 루체른에서 북쪽으로 2마일(15km) 남짓 떨어진 작은 마을이며 자신을 배반하고 스위스 측에 붙은 셈파크로 방향을 정했다. 그는 자신이 어떤 곳을 공격하건 스위스는 그곳을 구원하러 올 것이고 그곳에서 전투가 시작될 것으로 계산했다. 쮜리히나 루체른의 조건은 오스트리아에게는 불리했을 것이다. 이 두 큰 도시 가운데 하나를 공격하려면 자신의 병력 일부가 그곳에 붙잡혀 있게 될 것이기 때문이다. 하지만 셈파크 같은 작은 마을은 소규모 병력만으로 포위할 수 있고 정면전투를 위해 대부분의 병력을 보존할 수 있는 지점이었다.

레오폴트는 병력을 셈파크에서 남쪽으로 불과 1마일(7.5km) 떨어진 한 호수湖水의 수구水口 부근 수르세Sursee에 집결시켜 행군에 나선 날(7월 9일) 셈파크를 포위한 다음 곧 적의 구원군救援軍의 예상 접근로 쪽으로 더 갔다. 만약 그들이 호수 바로 곁의 셈파크에서 전투를 벌였다면 전략적으로나 전술적으로 좋지 못했을 것이며 모르가텐 전투 때와 같은 상황에 처했을 것이다. 그러나 레오폴트는 루체른으로 바로 가는 남쪽 통로로 가지 않고 동쪽으로 갔다. 그는 적이 동쪽 방향에서 접근할 것으로 알고 있었음이 분명하다. 그는 적이 동쪽에서 오리라는 것은 쉽게 알 수 있었다. 스위스군 일부가 북동쪽의 쮜리히에서 오고 있으므로 이들이 남쪽에서 셈파크로 접근하려면 크게 우회해야만 했었기 때문이다. 또한 스위스 군이 동쪽에서 공격해 온다면 레오폴트에게는 특히 위험한 상황이 될 수 있었다. 그럴 경우 레오폴트의 군대가 패하면 그들은 호수로 밀려날 수가 있고 측면 쪽으로만 철수할 수 있게 되기 때문이다. 4개 산림주의 병력이 집결해서 전진한 지점은 기슬리콘Gislikon에서 로이쓰Reuss 강을 건너는 다리 위였을 것이다.

결국 양측은 동쪽과 서쪽에서 서로를 향해 이동했던 것이며 이때 스위스군은 호수를 등진 적의 기사군騎士軍과 셈파크Sempach에서 만날 수 있을 것으로 예상했을 것이며[1] 오스트리아군은 적과 이날 낮에 만날지 저녁때나 만날지 아니면 이틀

날이 되어야 만날지 분명히 예상하지 못하고 있었을 것이다. 오스트리아 시인詩人 수켄비르트Suchenwirt는 이 전투에 대한 기록에서 "한쪽은 적이 어느 곳에 있는지 몰랐다"고 했다. 양측 첨병尖兵들은 셈파크 북쪽 30분 거리의 가까운 곳에 있는 힐디스리덴Hildisrieden 마을 부근에서 정오쯤 조우했다. 당시 전투장소는 옛 전투교회戰鬪敎會/Schlachtkapelle를 보면 분명히 알 수 있다.

요도 2. 셈파크 전투

---

1) 당시 스위스군은 레오폴트의 공격이 임박했음을 몇 일 전 미리 알았음이 틀림없다. 그렇지 않았다면 스위스군은 레오폴트가 출발하는 바로 그 날 병력을 움직일 수 없었을 것이기 때문이다. 7월 7일 회의 에서 결정된 내용에서 알 수 있듯이 쮜리히에 있던 스위스 연합 원주原州(역자 주: 슈비츠Schwyz와 운터 발덴Unterwalden)들의 증원군은 늦어도 7월 7일에는 그들의 지역을 출발했다. 《스위스 연합군 의사록議事錄 *Eidgenössische Abschrifte*》, 제Ⅰ편, 72쪽.

  호수의 동쪽 지형은 급하게 위로 솟아오르며 계단지형을 형성하고 있고 여러 협곡이 그 사이를 가로지른다. 힐디스리덴 마을 앞은 작은 평원이지만 마을과 이 평원의 중간은 경사가 더 급한 절벽이다. 양측은 처음에는 이 평원 위에서 마주보고 포진했을 것이다. 스위스군의 전위대는 경사가 가장 급한 지점에 포진했을 것이며 이곳은 위가 좁은 언덕과 움푹 내려앉은 도로와 양측의 작은 하천들 때문에 방어에 유리한 곳이었다. 나무와 목장 울타리도 이 지점으로 접근을 어렵게 만들었을 것이다. 말을 타고 이 고지로 올라가기가 매우 어려운 기사騎士들은 말 등을 박차고 튀어 올라서 이 고지를 덮치려 했었다. 그들의 궁수弓手들은 스위스군에게 화살 세례를 퍼부었다. 이때 레오폴트는 앞에 보이는 병력을 스위스군의 전부로 믿었는지 후미 병력이 행군종대에서 공격대형으로 전개하기 전에 경솔하게 몸소 전투에 뛰어들었다. 그의 기사騎士들은 이미 적진을 강습해서 루체른군의 군기軍旗를 쓰러뜨려 빼앗기까지 한 것으로 보인다. 그러나 그들이 상대한 병력은 스위스군 전위대前衛隊에 불과했고 이들이 전투에 응한 이유는 자신들의 위치가 방어에 크게 유리한데다 인공장애물로 자신들의 진지를 신속하게 보강해 놓았기 때문인 것으로 보인다. 그들은 이제나저제나 본대本隊의 도착을 기다리고 있었는데 본대는 예상보다 늦게 도착한 것 같지만 결국 행군종대에서 전투대형으로 전개를 마치고 큰 함성과 함께 돌 세례를 퍼부으면서 상대방 기사騎士들의 측면을 공격했다. 기록만 보면 제3의 부대 즉, 후위대後衛隊까지 전개를 마쳤는지 불분명하지만 그랬을 것이다.

  말에서 내려 발로 싸우던 상대방 기사騎士들은 스위스군의 거센 공격은 받자 곧 제압되었다. 이들의 말을 붙들고 후미에 있던 병사들도 공황상태에 빠져서 도주했는데 아직 말을 타고 이동 중이던 합스부르크군도 공격대형으로 전개도 하기 전에 이들에게 떠밀려갔다. 레오폴트 자신을 포함해서 수많은 귀족과 기사騎士들이 죽었다.

  오스트리아군이 공황상태에 빠진 데는 배신자의 역할도 있었다는 말은 마라톤Marathon 전투 때부터 패전한 측에게 흔히 따라붙는 변명에 불과할 것이다. 당시의 상황을 볼 때 아직 말을 타고 있던 기사騎士들이 도주했던 것은 칭찬할만한 행동은 아니지만 충분히 이해되는 행동이다.

  빙켈리트ARNOLD VON WINKELRIED 전설傳說

  빙켈리트 전설의 기원을 밝힌 것은 뷔르클리Bürkli의 편견 없는 학문적 감각이 남긴 귀한 성과이다. 운터발텐Unterwalten 지역 출신 빙켈리트는 16세기 초의 유명한 스위스 용병傭兵 지도자로서 스위스인들에게 배운 방식으로 고슴도치 같이 창槍을 내뻗은 란트스크네크트Landsknecht/lansquenet(역자 주: 16~17세기 독일인 보병용병步兵傭兵)의 대형을 돌파하려다 죽었다. 그가 죽은 서기 1522년의 비코카Bicocca 전투에서 스위스군은 처음으로 완패했고 종래 그들이 승리를 이어오며 희생했던 병력들을 합한 것보다도 더 많은 병력을 잃었다. 란트스크네크트 측의 전투가戰鬪歌는 상대방의 이 창피한 패배를 비웃고 있고 스위스 측의 전투가는 그들이 앞서 거둔 승리들을 자랑하고 있지만 이 전투가戰鬪歌들 속에는 여러 전투들이 서로 뒤섞여 등장한다.

우리는 이 전설이 점차 변해 가는 과정을 분명히 추적할 수 있다. 90년 이상 지속된 옛 전설에서는 빙켈리트란 이름도 등장하지 않고 후일의 전설과 유사한 대목조차 등장하지 않는 등 그에 관한 언급이 전혀 없다. 사실 전체적인 상황 때문에 그런 이야기가 전설에 포함되는 것이 불가능했던 것이다. 셈파크 전투 당시 상황이 악화되고 오스트리아 측 영주領主와 창병槍兵들이 짧은 미늘창Hellebarde/Halberd(역자 주: 앞의 425쪽 참고)을 가지고 싸우던 스위스 연합군 병사들을 쓰러뜨리고 있을 때 한 충직한 인물이 이 창병槍兵 여럿을 포획하고 밀어내서 연합군 병사들이 미늘창으로 그들을 쓰러뜨릴 수 있었다는 대목은 서기 1476년에 작성된 한 쮜리히Zürich 연대기年代記 사본寫本에 처음 삽입된 대목이다. 이 사본에서는 또 이 인물이 후미 병력이 모두 도주하고 있다고 외쳤다고 한다. 그러나 이 사본에도 이 영웅의 이름은 거론되지 않았고 그가 이런 영웅적 행동을 하다가 죽었다는 말도 없다. 그 당시 널리 알려져 있던 셈파크 전투가戰鬪歌(서기 1480년 작성된 루쓰Russ 연대기에 포함되어 있음)에도 아직 이런 이야기가 없다. 이 노래가 매우 자주 개작改作 된 끝에 빙켈리트에 관한 대목과 함께 재등장한 것은 50년이 지난 서기 1531년의 일로 비로카Bicocca 전투 이후 9년이 지났을 때였다. 그러나 이때도 처음에는 그 이름이 "빙켈리트 가문 출신의 운터발덴Unterwalden 사람인 빙켈리트"라고 되어 있다 추디Tschudi의 제2판에는 "아르놀트 폰 빙켈리트Arnold von Winkelried"로 되어 있다. 비코카 전투 이후 많은 시간이 흐른 현재는 이 전투에서 죽은 이 영웅이 셈파크 전투에서 죽은 것으로 즉, 패배한 전투에서 슬프게 죽은 이 인물이 가장 유명한 승리의 전투에서 죽은 것으로 둔갑해 있지만 사람들은 이로 인해 아무 충격도 받지 않았다. 추디Tschudi의 기록에서는 서기 1522년 비코카 전투의 영웅이 서기 1386년 셈파크 전투의 영웅으로 변하면서 그가 싸웠던 란트스크네크트Landsknecht/lansquenet의 대형과 그들의 요새까지 셈파크 전투 때의 일로 둔갑해 있다. 두 전투 중간에 있었던 무르텐Murten 전투에 대한 회고도 셈파크 전투를 생동감生動感 있게 묘사하는데 기여했음이 분명하다. 무르텐 전투 때 부르고뉴군의 대포알이 나뭇가지들을 맞추자 이 나뭇가지들이 스위스군 앞에 떨어졌었다. 그런데 이제는 이런 이야기가 대포가 동원되지도 않았던 셈파크 전투가戰鬪歌에도 등장한다. 셈파크 전투의 기도문祈禱文을 보아도 우리는 이런 노래가 한참 후일에 생긴 것임을 알 수 있다. 이 기도문에는 성처녀聖處女 마리아에게 기도하는 구절이 없는데 이는 이 기도문이 종교개혁 시기 이후에 등장한 것임을 말해주는 확실한 증거이다. 보다 이전 시기의 기도문이었다면 있을 수 없는 일이기 때문이다.

이런 전설의 변화과정을 밝히는 것은 방법론적 관점에서도 그렇지만 대중심리大衆心理와 문학사文學史 및 역사歷史의 관점에서도 중요하고 흥미 있는 일이다. 니벨룽겐 노래Nibelungenlied(역자 주: 중세독일의 영웅서사시)와 같이 빙켈리트 전설에도 서기 1386년 셈파크 전투로부터 종교개혁의 확산 이후까지 수세대 동안 일어난, 실제로는 서로 다른 사건들이 뒤섞여 있음을 알 수 있다. 만약 이런 기록들을 신뢰한다면 전쟁사는 어떤 모습이 될까? 스위스 전설에는 란트스크네크트의 전술이 기사騎士들의 전설로 둔갑되어 있지만 양자의 전술은 정반대였다. 더욱이 란트스크네크트의 전술은 스위스인들의 전술과 다를 것이 없었다. 결국 이 전설은 자신들의 전술을 적의 전술로 만든 것이다. 셈파크 전투 때는 포화砲火도 없었으며 셈파크 전투기도문의 형식은 그 시대의 인간정신과 너무 모순된다.

빽빽한 밀집대형으로 창을 내뻗고 싸운 것은 기사騎士들이 아니라 스위스인들이었으므로 빙켈리트가 한 행동은 실제는 기사騎士들의 행동이었고 이는 역사를 통해 어느 정도 분명히 확인되는 사실이다. 그 첫 번째 예는 서기 1271년 작성된 빈터투르Winterthur의 기록이며 이에 의하면 합스부르크 가家의 한 기사騎士가 베른Bern군의 대형을 돌파하려다 죽었다 한다.2) 이와 유사한 이야기가 서기 1289년의 슈로쓰할데Schlosshalde 전투에도 등장하는데 합스부르크 가家 루돌프Rudolf 왕의 한 아들이 베른군을 기습 격파했고 이 영웅의 이름은 루드비히Ludwig von Homberg-Rapperswyl 대공大公이었다 한다. 서기 1332년에도 스튈링거Stülinger von Rosenberg라는 오스트리아 기사騎士가 베른군 및 솔로투른Solothurn군과 싸울 때 이와 같은 영웅적 행동을 했다 하며 그는 적진을 돌파해서 우군에게 승리를 안겨주지만 이 전투에서 죽는다.3) 그랑손Granson/Grandson 전투(서기 1476년) 때도 샤또구용Chateauguyon 영주領主의 한 부르

---

2) "이제 양측이 베른 시 앞의 들판에 집결했을 때 베른군은 둥그런 밀집대형으로 적과 대치해서 창끝으로 적을 겨누고 있었다. 적군 중 누구도 감히 이들을 공격하지 못하고 있을 때…한 용감한 병사가…이들에게 화를 내면서 그들의 창 끝까지 뛰어들어갔다; 그러나 가엽게도 그는 아무 성과 없이 죽고 그 시체가 동강이 났다*Nam cum utraque pars in campo ante civitatem sito covenisset pars Bernensium stetit contra hostes conglobata in modum corone et compressa, cuspitibus suis pretensis. Quam dum de adversa parte nemo aggre야 presumeret…quidam cordatus miles…in eos efferatus fuisset et in corum lanceas receptus, in frusta discerptus et concisus lamentabiliter periit.*"

3) 뷔르클리Bürkli, "모가르텐의 기념비Ein Denkmal am Morgarten,"(《서기 1895년 쭈거 신년지新年誌 *Zuger Neujahrsblatt für das Jahr 1895*》), 90쪽. 로렌쯔Lorenz, 《게르만 사료*Deutschlands Geschichtsquellen*》, 46쪽. 스퇴쎌Stössel(서기 1905년 베를린 대학교 학위논문, 게오르크 나우크 출판사Georg Nauck), 47쪽.

고뉴 기사騎士도 같은 행동을 했는데 그는 말을 타고 적 본대本隊에 침투했지만 적의 대형을 깨뜨리지도 못하고 죽었다 한다(역자 주: 뒤의 594쪽 참고). 스위스 측 기록에 의하면 그의 이름은 체테귀Tschättegü였다. 스위스 측 기록에는 그밖에도 적의 행동을 찬양하지는 않았지만 언급한 경우가 몇 차례 있다. 스위스 연합에 속한 인물로서 비코카 전투 당시의 빙켈리트 외에 이런 행동을 한 것으로 기록되어 있는 유일한 인물은 우리Uri 출신 용병傭兵 지도자 하이니Heini Wolleben이며 피르크하이머Pirkheimer의 기록에 의하면 그는 서기 1499년 프라스텐쯔Frastenz 전투 당시 자신의 창을 황제군皇帝軍 대형의 창 위에 가로질러 올려놓고 내려 눌러서 우군 병력에게 침투로를 열어주었지만 바로 이 순간 적의 총탄에 쓰러졌다고 한다.

직접 입증된 일은 아니지만 운터발덴Unterwalden의 기사騎士 가문家門인 빙켈리트 가家 사람들도 셈파크 전투에 분명히 참전했을 것이다. 빙켈리트Arnold Winkelried란 이름이 《스탄스 연감年鑑 Jahrzeitbuch von Stans》의 전사자戰士者 명단 첫머리에 실제로 등장하는 것으로 보인다는 이유로 최소한 이 이름을 셈파크 전투 때의 전사자 중 하나의 이름으로 보려는 경우도 있으나 이는 헛일임이 밝혀졌다.4) 이 전사자戰士者 명단은 서기 1560년경에—따라서 전투가戰鬪歌 중 빙켈리트의 "대담한 행동"에 관한 대목이 이미 스위스인들의 상식常識이 되어있어서 사본을 작성하는 사람은 누구나 그 이름을 전사자 명단에 추가시키는 것이 옳을 것으로 느끼던 시기에—작성된 사본들만 현재 전해져 있기 때문이다. 물론 그런 시기에도 그의 이름을 혹 전사자 명단에 끼워 넣지 않은 경우도 있을 수 있었을 것이다.

---

4) 외츨리Oechsli, 《독일 전기傳記 총서叢書 Allgemeine Deutsche Biographie》, 제44권, 446쪽.

부 기附記

뷔르클리Bürkli는 셈파크 전투의 역사를 이해할 수 있는 기초를 놓았지만 그가 재현한 이 전투의 모습에는 인정될 수 없는 명백한 오류들이 몇 가지 있고 이로 인해 그가 제대로 밝혀낸 부분까지도 인정을 받지 못하고 있다. 그러나 스퇴쎌 Stössel의 베를린 대학교 학위논문(서기 1905년, 게오르크 나우크 출판사Georg Nauck)에 의해 아직 해결되지 못했던 문제점들은 모두 해결되었다. 헤네Häne는 스퇴쎌의 견해를 분명히 반박하고 있지만(《독일 문예평론Deutsche Literaturzeitung》, 제17권, 서기 1906년, 1063단段) 분명한 근거를 제시하지는 못했다.

뷔르클리는 셈파크 전투 당시 오스트리아군의 정면이 남쪽이 아니라 동쪽을 보고 있었다는 결정적인 사실을 알아냈다. 하지만 그는 오스트리아 기사騎士들이 말에서 내려 싸운 것은 그들이 숙영지를 구축하고 있던 중 그리도 가까이 있으리라고는 예상하지 못한 스위스 연합군에게 기습공격을 받았기 때문이라고 설명하면서 이를 뒷받침하려고 쮜리히Zürich에 있던 스위스 연합군 분견대가 야간에 강행군을 실시한 것으로 보았다. 그러나 이는 사료의 기록과는 전혀 일치하지 않는다. 스위스 연합군이 출발한 후 늦어도 7일차에는 산림주山林州/Waldstätte 병력들도 출발했다는 것은 입증된 사실이고 어떤 사료를 보아도 오스트리아 기사騎士들이 처음부터 말에서 내려 서있던 것이 아니라 전투를 하려고 말에서 내렸다는 점에는 차이가 없다. 오스트리아 시인詩人 시수켄비르트Suchenwirt는 그들이 예상 못한 적과 조우한 것이라 하고, 하겐Gottfried Hagen은 그들이 "전투대형을 갖추지 못하고 있었다"고 하며(역자 주: 《13세기 이후 쾰른 시市 시연대기詩年代記 Reinchronik der Stadt Kln aus dem dreizehnten Jahrhundert》), 쾌니히호펜Königshofen은 그들이 "무질서하고 조심성이 없었다"고 했지만 (역자 주: 《게르만 도시 연대기年代記Chronik deutschen Städte》), 사료들은 이때 분명히 기사騎士들이 말에서 내렸다고 했다.

> 기사騎士들은 정지해서 떨어졌고 Die Piderben helt, die vielen ab
> 대형 쪽으로 이동했다 Und traten zu dem hawffen.

이는 수켄비르트Suchenwirt의 기록 중에 있는 말인데 그 문맥상 "떨어졌다abfallen"(역자 주: 원문 중 "vielen ab"의 원형)는 말은 말에서 내렸다는 의미일 수밖에는 없다. 하겐의 기록과 쾌니히호펜의 기록에도 거의 같은 구절이 있고 《클링겐베르크 연대기Klingenberg Chronicle》도 마찬가지이다.

레오폴트Leopold 자신도 말에서 내린 이유를 하겐과 수켄비르트는 이왕 죽게된 것 최선을 다하기 위해서라고 했고 쾌니히호펜은 스위스군의 전위대와 싸우는 것을 지원하기 위해서라고 했는데 보통 후자의 설명을 선호한다. 만약 전자가 어느 정도 근거 있는 말이었다면 비록 오스트리아 측에 우호적이지 않았던 쾌니히호펜이라도 이를 주목했을 것이며 누락하지 않았을 것이기 때문이다. 당시는 기사騎士들이 일반병사들의 사기를 높이려고 말에서 내려 싸우는 관행이 프랑스에서부터 막 시작되었을 때였으므로 이런 관행이 합스부르크 가家의 이 용감한 기사騎士에게 영향을 미쳤을 수도 있다. 뷔르클리는 오스트리아군이 숙영지를 구축하고 있던 중 뜻밖에 스위스 연합군의 기습공격을 받았기 때문이라는 자신의 견해를 입증할 주요근거로 기사騎士들의 말이 "고삐 풀린ungezäumt" 상태였을 것으로 보고 있는 게브하르트Gebhard Dacher의 《콘스탄쯔 연대기年代記Konstanzer Chronik》를 들고 있다. 그러나 이 기록 중에 문제의 단어가 "사나워진ungezähmt" 즉 "다루기 힘든unbändig"이란 의미였을 수 있다. 필자는 이 문제에 관해 생갈St. Gallen/Gall 수도원 문서관리인 밀러Johann Müller 씨에게 문의했는데 그는 수도원에 보관된 수고手稿에서 다음과 같은 문제의 구절 전체를 정확하게 복사해 주었다.

"우리 주 예수께서 태어난 지 1386년이 되는 해의 이 슬픈 날인 7월 9일 정오에 셈파크에서는 레오폴트 영주領主가 그와 같이 있던 귀족들과 도시와 농촌들로부터 온 많은 귀족들과 함께 루체른Lucerne, 운터발덴Unterwalden, 우리Uri 및 슈비츠Schwyz의 군대와 싸웠다. 그는 이 산림주山林州/Waldstätte 사람들이 자신의 성城을 12개나 빼앗아 그들의 영역으로 만든 일을 벌하려고 했던 것이다. 그러나 이 일에는 스위스 연합군들이 비밀리에 그들을 도운 책임도 있었다. 이 일로 인해 양측 사이에 옛 관습에 따라 여러 차례 서신과 문답이 오고 갔지만 결국 이렇게 싸우게 된 것이다.

전투가 시작되었고 레오폴트가 많은 병력을 거느리고 들판으로 나가자 루체른과 스위스 연합군은 병력 300명을 잃었다. 그러나 레오폴트 측에는 병력 500명을 거느린 헤넨베르크von Hennenberg라는 인물이 있었는데 그의 병사들은 그가 기수旗手와 함께 도주하며 겁에 질려 지르는 비명소리를 들었다. 이로 인해 레오폴트의 병력이 공황상태에 빠지자 기사騎士들 중 일부가 말을 타고 보병을 지원하러 가려고 말이 있는 곳으로 달려갔지만 이때 '놀라서 거칠어진 말들이 사나워지자die ungerschen ungezämpten rossz unsinnig' 이 말들로 보병들을 짓밟고 덮쳐서 해를 입힐 수밖에는 없었다. 그들은 서로 뒤섞여 대형이 흐트러졌고 어디로 뛰어야 할지 몰랐다. 그 사이에 대형을 잘 갖춘 스위스 연합군이 거세게 그들을 공격하며 칼로 베고 창을 던지고 활을 쏘았는데 이때 산림주 병력이 그들에게 큰 피해를 입혔다. 특별히 큰 피해를 입은 이들은 물러서려 하지 않고 버티면서 보병들도 자신들과 함께 들판에 남아있을 것으로 기대했던 귀족들이며 이들은 결국 쓰러져 죽었다."

밀러 씨는 또 문제가 된 단어의 정확한 철자綴字가 "운게젬프텐ungezämpten"임이 아주 분명하다고 했다. 더욱이 필자는 베른Bern 시위원회市委員會가 서기 1474년 10월 야전 지휘관들에게 보낸 한 문서(《오버라인 역사지歷史誌Zeitschrift für Geschichte des Oberrheins》, 제47권, 217쪽)에서도 "일부 거칠어진 사람들에게만lediglich etlich ungezämpt lut" 책임이 있다는 구절을 발견했다. 결국 "운게쳄프텐ungezämpten"이란 단어는 "다루기 힘든"이라는 의미임이 분명하다.

결국 뷔르클리가 재현한 이 전투의 모습은 부인될 수밖에는 없고 이제 남는 것은 앞서 본문에서 소개한 설명뿐이며 이 설명은 뤼벡Lübeck의 고전판독古典判讀 대가大家 데트마르Detmar가 작성한 《뤼벡 연대기年代記 Lübecker Chronik》에 수록된 이 전투에 관한 당대의 훌륭한 기록에 의해 입증된다. 이 기록은 전투현장에서 매우 먼 지역에서 작성되었으나 그렇다고 해서 그 가치가 떨어지는 것은 아니다. 그랑손Granson/Grandson 전투나 무르텐Murten 전투에 관한 직접 기록들도 뤼벡 시市를 포함해서 독일 내의 여러 지역에서 발견되고 있다. 셈파크 전투에 관한 데트마르의 기록이 이 전투에 관한 1차 기록을 근거로 작성된 것인지는 분명하지 않지만 그의 기록이 흘러 다니던 소문이 아니라 오스트리아 측의 중간에 변형되지 않은 직접 증언을 근거로 작성된 것임이 분명하다. 데트마르의 기록 중에 유일한 착오는 스위스군의 병력을 3,300명으로 너무 많게 기록한 것이지만 만약 이런 이유로 어떤 기록 전체가 부인되어야 한다면 그리스-로마 고전시대나 중세의 기록 중에 인정받을 수 있는 기록은 하나도 없다. 여타 기록들도 일견 크게 모순된 것으로 보이기는 하지만 데트마르의 기록과 전적으로 일치하며 전투 자체가 말해 주는 대로 해석된다. 여러 기록들을 그 형태와 기원에 관해 검토해 본 후에 명백히 부정확하거나 혼란스런 부분들만 제거하면 데트마르의 기록과 분명히 일치한다. 스퇴쎌Stössel은 이런 모든 점들을 아주 상세하고 분명하게 설명하고 있다.

사료들간 내용 일치를 보여주는 특별히 흥미 있는 부분으로 우리는 쮜리히Zürich 연대기年代記에서는 큰 함성과 함께 적에게 돌을 던진 것이 스위스 연합군이 아니라 오스트리아 기사騎士들이라고 한 사실을 말해야 한다. 이 부분은 로제베케Rosebeke 전투에 앞서 세클린Seclin에서 모인 프랑스 군무회의軍務會議에 관한 프로이싸르Froissart의 기록과 마찬가지로 양측을 혼동한 기록이다(역자 주: 앞의 435쪽 참조). 이런 동일한 종류의 혼동이 있는 또 다른 예가 무르텐 전투 기록에도 보인다. 스퇴쎌Stössel은 《쮜리히 연대기年代記》의 저자가 자신이 들은 이야기를 잘못 이해했던 것임이 명백함을 잘 설명하고 있다.

뷔르클리의 착오 중 하나는 특히 레오폴트가 루체른Lucerne으로 가려 했고 이를 위해 힐디스리덴Hildisrieden을 지나는 도로를 택했는데 이는 하류 쪽 멀리에 있는 기슬리콘Gislikon으로 가야만 로이쓰Reuss 강을 건널 수 있었기 때문이라고 본 부분이다. 필자는 어느 사료에도 이에 관한 언급이 없는데 레오폴트가 루체른으로 가려 했다고 볼 수는 없다고 처음부터 생각했었다. 당시의 루체른 요새가 어떤 모습이었는지는 모르겠지만 루체른 시민들이 강력한 오스트리아군과 싸우면서 그들의 공격을 어떤 경우라도 모두 막을 수는 없었을 것이 분명하다. 레오폴트 역시 기습공격을 계획할 수는 없었을 것이며 만약 루체른을 포위했다면 구원군과 일전一戰을 준비하지 않을 수 없었을 것이고 이 때문에 호수와 도시와 로이쓰

강 사이에 이보다 더 나쁠 수 없는 아주 불리한 곳을 전투장소로 선정할 수밖에 없었을 것이다. 이는 너무 분명한 사실이므로 우리는 이런 개념에 반하는 여타 이유들을 전혀 거론할 필요가 없다. 반면 우리는 레오폴트가 힐디스리덴Hildisrieden 으로 갈 때는 루체른이 최종 목적지가 아니었다고 분명히 말할 수 있다. 이때 그의 의도는 연합군을 향해서 이동하는 것이었을 수밖에는 없고 그는 셈파크를 포위함으로써 적을 앞으로 끌어냈던 것이다.

　따라서 그는 정면을 힐디스리덴 쪽으로 향한 대형으로 싸운 것이고 뷔르클리 이외의 모든 사람들이 생각하고 있는 것과 같이 정면을 남쪽으로 향한 대형으로 싸운 것이 아니라는 말이 된다. 만약 스위스 연합군이 셈파크를 구원하기 위해 남쪽 루체른에서 올라왔다면 왜 레오폴트나 스위스군이 고지 위로 올라갔었는지 이해할 수 없게 된다. 더욱이 사료의 기록을 볼 때 우리는 스위스군의 일부가 쮜리히Zürich에서 올라왔음을 알고 있다. 스위스군에게는 레오폴트가 어디에서 공격해 올지 모를수록 자신들의 집결지를 루체른이 아니라 예를 들어 훨씬 동쪽인 쮜리히 방면으로 정하는 것이 바람직했을 것이다. 기슬리콘Gislikon에 있는 로이쓰 Reuss 강의 다리가 바로 그들의 이상적인 집결지였다. 이곳에서 집결하면 신속히 쮜리히나 루체른이나 셈파크로 이동할 수 있었을 뿐 아니라 이곳이라면 한쪽에서는 루체른 병력이 최대한 신속하게 운터발덴 병력과 합류하고 다른 쪽에서는 슈비츠 병력이 우리Uri 병력과 합류하고 또 다른 쪽에서는 쮜리히에서 싸우던 산림주山林州/Waldstätte 병력도 신속히 집결할 수 있었을 것이다.

　야콥손Frirz Jacobson은 그의 베를린 대학교 학위논문인 "14세기 및 15세기 역사민요와 셈파크 전투가戰鬪歌의 기만적 형식Der Darstellungsstil der historischen Volkslieder des 14. und 15 Jahrhunderts und die Lieder von der Schlacht bei Sempach"에서 다른 결론을 내리고 있다. 그 역시 빙켈리트Winkelried 관련 구절들이 역사적 사실에 근거한 것이 아님을 믿고 있지만 이 구절들이 등장한 시기를 서기 1512년~1516년 사이의 즉, 비코카Bicocca 전투 이전의 일로 보고 후일 비코카에서 죽은 빙켈리트 이전에도 이미 유명한 빙켈리트라는 지도자가 있었을 것으로 본다. 그러나 야콥손이 제시한 증거는 결정적인 것이 아니며 그의 연구는 군사적으로 틀린 가정을 기초로 한 것이다. 그는 당시 양측 모두 창을 내밀고 상대를 공격했고 따라서 이런 경우 전투의 승부는 기본적으로 언제나 한 사람이 적의 밀집대형 최선두 횡렬의 한 곳에 틈을 만들어냄으로써 결정된다고 보고 있다. 그러나 셈파크 전투의 경우라면 이는 틀린 가정으로서 모든 문제는 여기에서 해결된다. 기사騎士들의 대형에는 틈을 만들어야만 하거나 만들 수 있는 밀집된 횡렬이라는 것이 존재하지도 않는다.

제 V 장
되핑겐 전투(서기 1388년 8월 23일)

흔히 되핑겐Döffingen 전투를 셈파크Sempach 전투와 대비對比되는 전투로 본다. 셈파크 전투에서 합스부르크Habsburg 대공大公 레오폴트Leopold III세가 죽자 고지대高地帶/oberen에서 대공大公들의 지배가 종식되고 기사騎士들이 몰락했듯이 이 되핑겐 전투에서 뷔르템베르크Würtemberg 대공大公이 죽었다면 저지대低地帶/unteren의 슈바벤Schwaben/Swabia 공국公國에서도 같은 일이 일어났을 것이다. 따라서 스위스 전쟁사를 연구하면서 여기서 잠시 되핑겐 전투에 대해 알아보는 것이 옳을 것이다.[1]

도시들은 큰 연합을 결성했고 이들의 군대는 서기 1388년 1월에 집결한 다음 그 해 내내 들판에서 보내며 적 영주領主/Fürsten들의, 특히 뷔르템부르크 대공大公의 마을들을 노략질하고 불태웠다. 슈바벤에서는 이때 모든 것이 파괴되었고 쾌니히호펜Königshofen의 표현에 의하면 도시와 요새들 밖으로 10~12마일(75~90km) 이내에는 제대로 보존된 마을이나 가옥이 하나도 남지 않았었다고 한다.

뷔템베르크의 농민들은 재산을 챙겨서 바일Weil 부근 되핑겐의 교회 마당으로 피신했지만 도시연합군에게 포위되었다. 이때 에베르하르트Eberhart 대공大公이 백작대공伯爵大公/Pfalzgraf(역자 주: 자신의 영토에서 국왕과 같은 권력을 행사하던 영주) 루프레크트Ruprecht, 변경대공邊境大公/Markgraf 두돌프Rudolf von Baden, 성주대리城寺代理/Burggraf 프리드리히Fridrich von Nürnberg, 주교主教 뷔르츠부르크Würzburg 그리고 외팅겐Oetingen, 헬펜스타인Helfenstein, 카쩨넬렌보겐Katzenellenbogen 등지等地의 대공大公들과 함께 출현해서 도시연합군을 공격했다. 쾌니히호펜Königshofen의 《게르만 도시 연대기年代記Chronik deutschen Städte》에 의하면 도시연합군 병력은 창기병槍騎兵Spiesse zu Ross 700~800명, 보병 1,100~2,000명이었고[2] 대공大公들의 병력은 600~1,100글레베Glebe/gleve(역자 주: 1명의 기사騎士와 그 수행 인원들을 통칭하는 말로서 중세 군대의 병력수는 보통 글레베 단위로 계산되었다. 앞의 269쪽 참고) 및 농민 2,000명 또는 보병 2,000~6,000명이었다고 한다.[3] 그러나 우리는 이 수치

---

1) 물론 사료들은 아주 빈약하며 주 사료인 쾌니히호펜Königshofen의 기록은 우화寓話 같고 신빙성이 없다. 크리스티안 프리드리히 스텔린Christian Friedrich Stälin, 《뷔르템베르크 역사Württembergische Geschichte》, 제III편, 334쪽. 파울 프리드리히 스텔린Paul Friedrich Stälin, 《뷔르템베르크 역사Geschichte Wurtembergs》, 제I편, 569쪽. 아우G. von der Au, 《쾌니히호펜 비판Zur Kritik Königshofens》(튀빙겐Tübingen, 서기 1881년). 《스투드가르텐 연대기Annalest Stuttgartenses》(《뷔르템베르크 연보年報Württembergisches Jahrbuch》, 서기 1849년 호에 재수록再收錄 되어있음)에도 중요한 내용은 전혀 없다.

2) 쾌니히호펜Königshofen의 기록에 의하면 800글레베와 보병 2,000명이고, 《콘스탄쯔 연대기年代記Konstanzer Chronik》에 의하면 기병騎兵 700랑쎄lance/Lanze(역자 주: 글레베와 같은 의미의 용어)와 보병 1,100명이다.

3) 쾌니히호펜Königshofen의 기록(제IX권, 839쪽)에 의하면 550글레베와 농민 2,000명이고, 《콘스탄쯔 연대기年代記Konstanzer Chronik》에 의하면 600랑쎄lance/Lanze와 보병 6,000명이며, 스트로머Ulman Stromer의 기록에 의하면 1,100랑쎄lance/Lanze와 보병 약 6,000명이고, 유스팅거Justinger의 기록에 의하면 800랑쎄lance/Lanze와 용병傭兵 약 2,000명이다.

들을 너무 믿을 수는 없다. 600글레베는 그렇게도 많은 대공大公들이 징집한 병력으로는 너무 적은 병력 같다. 뉘른베르크, 아우구스부르크Augusburg, 라티스본Ratisbon, 울름Ulm, 콘스탄쯔Konstanz 및 바젤Basel이 포함된 총 39개 도시의 대연합군은 결전決戰을 위해 훨씬 많은 병력을 집결시킬 수 있었을 것이지만 항시 야전에 나가있었을 병력으로는 2,000~3,000명 정도가 사실에 매우 근접한 수치이다.

전투가 시작되자 에베르하르트Eberhard의 아들인 울리크Ulrich 대공大公은 대부분의 기사騎士들과 함께 말에서 내렸다고 하는데 그 이유에 대한 설명은 없다.

그러나 비치Bitsch 공公/Herren과 로젠펠트Rosenfeld 공公이 새 병력 100글레베를 거느리고 와서 뷔템베르크 대공大公이 승리하게 되었을 때 울리크Ulrich 대공大公과 대부분 기사騎士들은 이미 죽어 있었다. 도시연합군 측에서는 뉘른베르크와 라인의 용병傭兵들이 가장 먼저 도주했다는 혐의를 받고 있고 뉘른베르크 지도자였던 헤네베르크Henneberg 대공大公이란 인물은 동료들을 배신하고 고의로 도주했다는 비난까지 받고 있다.4) 쾌니히호펜의 기록에 의하면 교회 마당에 포위되어 있던 농민들과 에베르하르트가 거느리고 있던 농민들도 이 전투에서 죽었다고 하지만 그들이 이 전투에서 무슨 역할을 했는지는 분명하지 않다.

뉘른베르크 지도자가 배신했다는 기록은 신빙성이 없다. 이 기록 역시 패배를 변명하려는 상투적 변명인 배신담背信談에 속한다.5) 더욱이 이 기록에서는 헤네베르크 대공大公을 셈파크 전투 당시에도 말에서 내리지 않고 있다 도주한 합스부르크 기사騎士들의 지도자로 보고 있다.

그러나 특기할 점은 스트로머Ulman Stromer의 《뉘른베르크 연대기Nürnberger Chronik》에 기록된 "뷔르템베르크의 에베르하르트 대공大公은 말을 탄 채 부대 뒤에 있었는데 그는 보병들을 매질로 몰아대서 방어를 하게 했고 그 결과 도시연합군은 패배했다"라는 구절이다. 필자는 이 기록을 말에서 내려 싸웠던 울리크 대공大公의 이야기와 결부시키고 싶다. 다시 말해서 울리크는 대부분의 기사騎士들과 함께 보병과 농민들로 구성된 큰 밀집대형의 선두에 서있었고 그의 아버지는 이 대형 뒤에서 강력한 위협과 고함으로 대형이 흩어지지 않게 몰아댔었다는 말이 된다. 스트로머는 전투 도중에 갑자기 도착한 뷔르템베르크 측 증원병력에 대해 전혀 언급이 없지만 우리는 물론 두 요소가 함께 작용한 결과 그들이 승리했던 것으로 볼 수 있다. 즉, 보병들은 굳게 버티었고 기사騎士 예비대의 공격은 승부를 결

---

4) 《아우스부르크 연대기年代記Ausburg Chronik》, 제I권, 87쪽(제II권, 40쪽도 참고할 것).

5) 루프Rupp의 "되핑겐 전투Die Schlacht bei Döffingen"(《독일사 연구Forschungen zur Deutschen Geschichte》, 제14권, 551쪽 이하)에서 헤네베르크의 배신에 관한 기록을 정확한 기록으로 보아야 한다고 생각하고 있으며 그의 배신을 도시연합군이 패배한 원인으로 본다. 그러나 그가 제시한 이유들을 필자는 믿을 수 없다. 아우von der Au 역시 루프의 논거를 부인한다.

정했을 것이다.6) 에베르하르트가 몰아댔던 병력이 기사騎士들이었을 수는 없다. 결국 되핑겐 전투의 특징은 에베르하르트가 통찰력과 선견지명을 갖고 대규모 보병부대를 편성한 후 농민들로 이를 보강하고 기사騎士들로 이를 강화했었다는 점이다. 이 점이 더욱 흥미로운 것은 이 전투에서는 오히려 귀족들 측이 스위스 인들이 쓰던 전술을 사용했기 때문이다. 도시연합군은 평범한 중세의 군대조직 밖에 보여주지 못했다. 그들에게는 일부는 귀족이고 일부는 용병傭兵인 기사騎士들과 단지 보조병력에 불과한 보병이 있었는데 용병傭兵들은 비록 그들 중에 도시 민도 있고 도시민의 아들도 있었지만 본질상 보조병력에 불과했다. 그러나 도시 연합군에는 없던 농민들이 그들의 대공大公 휘하에서 함께 싸웠다. 혹 에베르하르 트는 의식적으로 셈파크 전투 당시 스위스인들의 전술을 모방한 것은 아닐까? 어쨌건 영주領主들의 궁전과 기사騎士들의 원탁圓卓에서는 분명히 셈파크 전투 당시 기사군騎士軍이 어떻게 보병에게 밀릴 수 있었는지에 대한 토의가 매번 있었을 것이다. 최고사령관이 선두에서 솔선수범하지 않고 말을 탄 채 후미에 있었다는 것은 중세 전반에 걸쳐 들어볼 수 없는 일이며 기사騎士들의 관습에도 배치되는 일이었다. 실제로 그랬었다면 이는 우연한 일이 아니었다.

베른Bern과 루체른Lucerne 같은 작은 도시들은 승리했던 반면 큰 자유시自由市들이 되핑겐에서 패한 것이 필자에게는 아주 자연스런 일로 보일 뿐이다. 두 연합군 은 정치적 특성이 전혀 달랐었다. 게르만 자유시들의 대형은 대개가 귀족적인 대형이었으며 용병傭兵들을 가지고 또는 최소한 주로 용병傭兵들을 가지고 전쟁을 하려고 했다. 스위스 도시들의 경우 특히 베른의 정치 역시 완전한 민주정치 는 아니었지만 그들의 귀족적 체제에는 민주적 요소가 많이 섞여있었고 큰 농촌 공동체들로 인해 연합 전체에 민주적 요소가 크게 증대되었으므로 이들의 군대 는 사실상 국민징집군Volksaufgebot이었다. 그러나 대도시 연합에는 이런 대중적인 요소가 없었으므로 만약 그들이 되핑겐에서 승리했더라도 스위스 연합과 같은 연합을 구성하지는 못했을 것이다. 결국 되핑겐 전투는 진정 위대한 결전決戰은 아니었고 자유시들의 전력이 얼마나 미약했었는지를 보여준 사건이었을 뿐이다. 게르만 영주領主들도 그들이 비웃던 민주적 농민들과 관계를 유지했었고 이 농민 징집군의 도움으로 자부심 상력한 도시민 연합군을 격파한 것이다.

실제로 우리가 당시의 정황을 근거로 추론해 본 천재적 방식으로 에베르하르 트가 보병을 조직해서 활용했는지는 의문이다. 사료에 기록된 내용은 이를 입증 할 증거가 되기에는 너무 불분명하며, 이런 불확실한 문헌기록에 신뢰도를 증명

6) 쾌니히호펜은 "이 전투의 첫 공격에서는 도시연합군이 대공大公들을 이겼다." 그러나 이때 새 글레베 들이 도착했고 "이들은 도시연합군을 효과적으로 공격했고 이로써 도시연합군은 패했다"고 했다.

할 증거나 더 이상의 상황전개가 이 전투에는 보이지 않는다. 슈바벤 귀족들은 농민들을 이끌고 이 되핑겐 전투에서 승리했지만 이는 병법사兵法史에서는 여전히 한 일화逸話에 불과하며 바로 이런 점 때문에 앞서의 가정假定 전체가 매우 강한 의문의 대상이 되는 것이다. 만약 뷔르텐베르크 대공大公이 이 전투에서 그렇게 큰 승리를 거두었었다면 그는 이런 식으로 전투를 계속하려고 했을 것이고 후일의 전투들 중 이와 비슷한 경우가 발견될 것이다. 물론 이런 흔적이 전혀 없는 것은 아니며 우리는 나중에 이를 보게 될 것이다. 그러나 우리가 어느 곳보다 먼저 이런 일이 일어날 것으로 기대할 수 있는 곳에서는 즉, 후시테Hussiten/Hussite 전쟁(역자 주: 앞의 제IV권, 제IV장 참고)에서는 이런 일이 전혀 발견되지 않는다.

제 VI 장
스위스 연합의 군대조직[1]

앞서 소개한 바와 같이 스위스인Schweizer/Swiss들이 크게 승리한 세 차례의 전투에서는 스위스 연합 원주原州/Urkantone(역자 주: 슈비츠Schwyz와 운터발덴Unterwalden)의 농민들이 싸웠다. 이 농민들은 모가르텐Morgarten 전투에서는 자신들만으로 싸웠고, 라우펜Laupen 전투에서는 베른Bern 시민들과 함께 그리고 셈파크Sempach 전투에서는 루체른Lucerne 시민들과 함께 싸웠다. 주변의 여타 산림주山林州/Waldstätte들도 규모는 작지만 이와 유사한 승리를 거두었다. 글라루스Glarus는 합스부르크 가家의 지배에서 벗어나서 셈파크 전투 이후 2년 만에 오스트리아군의 침공을 네펠스Näfels의 레치letzi(역자 주: 스위스 산악지대의 계곡 입구에 설치되었던 인공장애물. 앞의 533쪽 참고)에서 격퇴했는데(서기 1388년 4월 9일) 이에 관한 상세한 기록은 전설傳說에 불과하다.

아펜첼Appenzell 시민들은 생갈St. Gallen/Gall 대수도원장大修道院長의 지배에 반기反旗를 들고 슈비츠Schwyz에 도움을 청했고 슈비츠에서는 우선 지휘관(암만amman) 1명을 보낸 후 대수도원장과 그의 동맹군이 농민들을 다시 굴복시키려고 진입해 들어올 때 보조병종補助兵種과 함께 진군했다. 훼겔린세크Vögelinseck 교전(서기 1403년 5월 15일)은 대수도원장의 부대가 어느 레치letzi를 돌파하려다 측면으로부터 역습을 받은 짐에서 모가르텐 진두와 매우 유사했다. 그들은 병력 약 200명을 잃었다. 스토쓰Stoss에서는 아펜첼 시민들이 훼겔린세크 교전과 유사한 전투에서 오스트리아군을 격파했는데(서기 1405년 6월 17일) 적이 레치 정면을 공격할 때가 아니라 레치의 좁은 입구를 통과해서 방어병력이 없는 레치를 통과 중에 측면으로부터 기습적으로 공격한 점만 다르다. 기록에는 아펜첼 시민들이 돌 세례를 퍼부으며 공격을 시작했다는 점이 특별히 강조되어 있다.

서기 1419년 울리켄Ulrichen에서는 발레Valais 병력이 행군 중인 베른의 대군大軍을 공격해서 격파했는데 이 역시 모가르텐 전투와 유사한 전투였다.

---

1) 이 주제에 관한 참고문헌에는 다음과 같은 것들이 있다.
  로드Em von Rodt, 《베른 군사체계의 역사Geschichte des Bernerischen Kriegswesen》, 서기 1831년.
  블루머J. J. Blumer, 《스위스 민주주의의 정치사政治史 및 법제사法制史 Staats- und Rechtsgeschichte der Schweizerischen Demokratien》, 서기 1848년.
  엘거K. von Elgger, 《14~16세기 스위스 연합의 군사체계와 병법兵法 Kriegswesen und Kriegskunst der schweizerischen Eidgenossen im 14., 15., und 16. Jahehundert》, 서기 1873년.
  헤네Johann Häne, 《고대 스위스 연합 전성기의 방어체계 및 군사체계 연구Zum Wehr- und Kriegswesen in der Blützeit der alten Eidgenossenschaft》, 쮜리히, 슐테스 출판사Schulthess & co., 서기 1900년.
  에셔Hermann Escher, "15세기 및 16세기 초의 스위스 보병Das schweizerische Fussvolk im 15. und im Anfang des 16. Jahrhunderts," 제I부, 《쮜리히 병기학회兵器學會 서기 1905년 신년보新年報 Neujahrsblatt der Züricher Feuerwerker-Gesellschaft auf das jahr 1905》.

스위스 각주各州의 군사조직은 본래의 게르만족 군사조직으로 지역 전체에서 일반적으로 징집이 이루어졌고 모든 주민에게 병역의무가 있었다. 이런 종류의 징집의 개념과 흔적은 순수한 게르만 민족들에게 널리 보존되어 있었고 심지어 로마-게르만 종족들에게도 보존되어 있었지만 실제로 유용하게 이용되고 크게 발전한 경우는 알프스 일대의 이 지역에서만 발견된다.

서기 1438년 슈비츠Schwyz 행정부가 만든 규정은 모든 주민에게 자신의 재산 정도에 맞는 좋은 무기와 장비를 갖추도록 요구했었다.2) 매년 정기적으로 열리는 부족총회에서는 각 구역Viertel별로 3명씩 선정해 이들이 각 가정의 무기와 장비를 점검하고 이 무기와 장비들이 그들의 재산 정도에 맞는 지 결정하고 위반 시의 벌칙을 결정하게 되어 있었다. 우리Uri 지역도 서기 1362년 만성절萬聖節(역자 주: 11월 1일)에 이와 유사한 법률을 제정했다. 도시에도 당연히 이런 법률이 있었다.

그들의 병역의무는 원래 14세부터 시작되었지만 후일 16세로 늦추어 졌다.

모가르텐Morgarten 전투 때 슈비츠 지역은 실제로 군복무적격자 전원을 동원한 것으로 보인다. 그들은 비록 모두 전투현장에 있지는 않았다 해도 각자 식량을 휴대하고 2일 내지 최대 4일을 집을 떠나 변경에 나가 있었다. 그러나 이 같은 식량공급체계는 작전 구역에서 먼 곳에 사는 사람일수록 그리고 전역戰役이 오래 지속될수록 불가능했었다. 지역 당국은 징집규모를 결정 한 후 필요 병력을 각 공동체에 배분했고3) 구체적으로 누구를 소집할 것인지는 각 공동체가 자체적으로 결정했다. 가장 오래된 규정인 쩨링겐Zähringen 마을 규정에 따라 소집에 응하지 않는 자는 그의 가옥을 파괴했다. 때로는 소집될 자를 추첨으로 결정하기도 했던 것으로 보이나 전리품戰利品에 대한 기대 때문에 흔히 소집 받은 인원보다 더 많은 인원이 출전을 원했고 이들도 "자유부대freiheiten"로 같이 출전했다. 서기 1494년에는 나폴리Neapel/Naples 전역戰役에서 돌아온 많은 일반병사들이 각자 100~300개의 금 조각을 지니고 돌아왔고 이는 현 시세로 대략 50,000프랑은 될 것이다.4)

---

2) 블루머Blumer, 위의 책, 제Ⅰ편, 373쪽.

3) 일례로 서기 1444년 베른Bern 시市는 툰Thun 시市에게…는 없어도 서약과 명예심을 믿을 수 있는 충직하고 유능한 병사 50명을 보내도록 요구했고 이들은 창Spiesse과 갑옷을 휴대하고 왔다. 엘거Elgger의 위의 책, 118쪽에 의하면 이 구절은 《스위스 역사가歷史家 Schweizer Geschichtsforscher》, 제Ⅵ편, 354쪽에서 인용한 구절이다. 이 구절 중 필자가 "창Spiesse"으로 읽은 부분이 원문에는 "식량Speise"으로 되어 있다.
　서기 1389년 엔틀레부크Entlebuch 시市는 루체른Lucerne 시市가 야전에 출전해야 할 경우 무장인원 600명을 지원하겠다고 약속했다. 엘거Elgger, 위의 책, 38쪽. 이와 현저히 모순된 기록으로는 서기 1513년에 루체른 시市는 한 때 엔틀레부크 병력은 150명, 빌리사우Willisau 병력은 300명 그리고 루체른 자체 병력은 단 100명을 포함해서 1,300명을 제공해야만 했다는 기록도 있다.
　이 병력배분과 관련된 논쟁이 매우 자주 일어났었다. 일례로 작은 공동체인 클라티겐Klattigen은 서기 1448년 자신이 제공할 병력은 7명이지만 자신의 농가農家 숫자는 모두 20개나 21개 이하이므로 2명만 제공해야 한다고 불평했다. 이런 이유 때문에 서기 1499년과 1512년에는 인구조사를 실시하도록 명한 적이 있다. 그렇다면 고대 로마에서도 이미 유사한 통계수치들이 있었는데 이때까지도 그들에게 인구통계가 없었다는 말인지 우리는 묻지 않을 수 없다. 로트Em von Rodt, 위의 책, 27쪽.

각 공동체는 또한 징집인원들에게 식량과 필요한 등짐짐승을 마련해 주어야 했다. 이를 위한 세금으로 필요했던 소위 여비旅費("라이스코스트Reiskost") 때문에 자주 마찰이 생겼었다.[5]

도시에서도 징집과 식량공급 책임은 분산되어 있었다. 베른Bern의 경우 17개의 스투버Stuber(또는 조합組合/Gesellschaft)가 구성원들에게 식량과 완전무장에 필요한 장비를 제공했고 특히 현금 여비旅費도 지급했는데 이 기록이 서기 1337년 이후의 사료에 보인다. 이 스투버들은 구성원들 문제에 관해 시 당국에 책임을 졌다.[6]

병사들에게 지급되고 배달된 식량 외에도 상황에 따라서는 상인商人들이 숙영지에서 판매할 식량을 가지고 따라가게 하는 조치도 취해졌었다.[7]

부르고뉴 전쟁 때 아인지델른Einsiedeln 시장 알브레흐트Albrecht von Bonstetten가 프랑스 루이Louis XI세에게 보낸 스위스 측 문서는 베른 시 홀로 20,000명을 동원할 수 있고 8개 지역공동체로 구성된 스위스 연합은 54,000명을 그리고 동맹군 전체는 70,000명을 동원할 수 있는 것으로 평가했다. 군복무적격자 숫자가 실제로 대략 그 정도 많았던 것으로 보인다. 무르텐Murten 전투 당시 베른 시는 실제로 야전에 8,000명을 내보냈고 이는 80,000명으로 평가되는 전 인구의 대략 10%였다.

나중 다시 검토하겠지만 그들의 전투대형의 특성은 우리가 생각해 볼 수 있는 가장 단순한 대형으로 견고한 방진方陣/Gevierthause이었고 정면과 측면의 병력수가 같았고 따라시 4면의 병력수가 모두 같았다. 이 대형은 새로운 창작품이 아니라 앞서 제II편(제I권, 제II장)에서 충분히 검토한 옛 게르만족의 쐐기Keils/Wedges 또는 멧돼지 머리Eberkopf 대형이었다. 옛 게르만족 대형은 적의 기병騎兵이 위협할 때는 보병들이 속에서 움직일 수 있고 자신들을 방어할 수 있는 대형이었고 방어 시에는 귀퉁이들을 다소 둥그렇게 오므리는 편이었다. 스위스인들은 이런 대형을 모방해서 4면에 창을 내뻗은 대형을 만들고 고슴도치hedgehog라는 이름을 붙였다. 우리는 이런 대형을 중세시대에 다른 곳에서도 볼 수 있다. 그러나 이런 대형이 자주 보이지 않는 이유는 물론 보병이 독립적 역할을 한 경우가 거의 없기 때문

---

4) 헤네Häne, 위의 책, 23쪽.

5) 헤네Häne, 같은 책, 24쪽.

6) 로트Em von Rodt, 위의 책, 제I편, 6쪽.

7) 서기 1476년 6월 22일 베른Bern 시위원회市委員會 의사록議事錄에는 이런 구설이 있나:

프리부르크Fribourg 시市, 솔로투른Solothurn 시市 및 비엘Biel 시市에게 적절한 전쟁수행을 위해 필요한 술, 곡식 등의 상품과 군대용 필수품들의 판매를 허용한다.

니다우Nidau 시市와 아르베르크Aarberg 시市에게도 동일한 일을 허용한다.

그대들에게 상품을 판매하는 자들의 상품 가격을 어떤 식으로든 강제로 깍지말고 그들에게 정당한 가격을 지불할 것을 야전에 나가있는 나의 지도자들에게 명한다.

"나의 지도자들이 그렇게 큰 군대에 오랫동안 보급품을 공급할 수 없으므로" 신속히 결전決戰을 벌이라는 요구도 있었다.

오쉔바인Ochsenbein, 《무르텐 전투 관련 문헌들Urkunden zur Schlacht von Murten》, 301쪽.

이다. 보병은 늘 기병騎兵의 보조병종補助兵種으로 취급되었기 때문에 그런 역할을 수행하려면 대형을 유지할 수 없었고 기사騎士들의 재집결지점 역할을 하는 경우에만 정확한 대형을 유지했다. 베른Bern, 루체른Lucerne 및 쮜리히Zürich의 도시민들까지 그런 대형으로 싸우는 관행을 채택했던 것은 농민들과 합세해 싸웠기 때문임이 분명하다. 특히 베른의 경우에는 그들 고유의 군사조직이 창과 쇠뇌弩로 무장한 보병이 기사騎士들을 지원하던 여타 게르만 도시의 조직과 완전히 같았다는 증거들이 있다. 베른의 지도자들은 산림주山林州/Waldstätte 사람들과 동맹을 맺고 그들의 승리를 목격한 후에야 그들의 전술 즉, 보병이 개인적으로만 기사騎士들을 지원하게 하지 않고 도시민과 농민이 결합한 견고한 보병 밀집대형으로 큰 충격효과를 발휘할 수 있다는 것을 알았다. 우리는 스위스 연합 원주原州들의 농민들은 아직도 고대 게르만족 전투방식을 어느 정도 유지해 오다가 이런 전투방식을 만들어낸 시조始祖라고 말할 수 있을 것이다.[8]

그들이 집체훈련을 했었다는 기록은 보이지 않으며 그런 훈련은 없었던 것이 분명하다.[9] 그들은 개인적으로 창槍과 미늘창Hellebarde/Halberd(역자 주: 앞의 425쪽 참고)의 손잡이 쥐는 법, 돌 던지는 법을 연습했고 후에는 좀 어려운 쇠뇌弩 쏘는 법도 훈련했다. 쇠뇌는 많은 연습이 필요한 무기지만 쇠뇌 보유자들은 연습을 게을리하지는 않았을 것이며 특히 쇠뇌로 사냥도 하던 사람들은 말할 필요도 없다. 젊은이들도 쇠뇌 쏘기를 연습했고 우리Uri 지역과 루체른Lucerne 시市의 소년들은 서기 1507년과 1509년에 서로 번갈아 상대방을 초대해서 쇠뇌 경기를 연 적도 있다.

수많은 징집문서들을 보면 무기검열관은 병사들이 "가지고 온 무기를 조작할 수 있는지" 검열하게 한 규정이 있는데[10] 이를 보면 어떻게 쇠뇌를 장만하기는 했어도 그 사용법을 모르는 사람은 쇠뇌수弩手로 출전하지 않았을 것이다. 근접전 무기를 휴대한 병사는 군기軍旗에서 떨어지지 말고 지휘관이 자신에게 정해 준 위치를 대형 속에서 지키며 전진할 것과 혹 장애물을 만나서 옆과 앞의 전우로부터 떨어지면 다시 그에게 바짝 붙으라는 단 한 가지 훈련만 받았다.

그들은 북소리에 맞추어 전진했으므로 행군 중에는 "북소리에 맞추어 규칙적

8) 에서Escher에 의하면 그들은 정면이 56명, 종심縱深은 20명이었다고 그들의 전투대형을 설명한 기록이 쮜리히 문서고에 보존되어 있다 한다(위의 논문, 26쪽). 이는 쐐기대형이라기보다 팔랑스Phalanx 대형이었다. 정면과 종심의 인원수만 동일한 직사각형 대형Naum=Viereck보다는 진정한 방진方陣/Mann=Vierecks을 편성했던 보다 후일에는 이런 유사한 수치들이 매우 자주 발견된다. 그러나 필자는 에서가 말하는 과거의 쮜리히 전쟁 시기에는 실제로 이런 대형이 편성되었다고는 믿어지지 않는다.

9) 헤네Häne는 어린아이들이 전쟁놀이를 하는 등 여타 증표들을 볼 때 실제로 기동훈련이 있었을 것으로 보고 있다(위의 책, 8쪽). 그러나 필자는 이를 믿지 않는다. 특히 어느 기사騎士가 란트스크네크트 Landsknecht/lansquenet 〈역자 주: 16~17세기 독일인 보병용병步兵傭兵〉 1명이 스위스 연합의 병사 2명보다 더 유능한 병사가 되도록 가르치겠다고 으르짱을 놓았던 일이 스위스 병사들의 훈련을 염두에 두고 한 말이라는 증거는 되지 못한다.

10) 엘거Elgger, 위의 책, 253쪽.

제VI장 스위스 연합의 군대조직

으로 발걸음을 옮기는*justis passabus ad tympanorum pulsum*" 일정한 보조步調가 있었지만11) 물론 이를 훈련된 현대 병사들의 보조를 맞춘 행군과 같았을 것으로 볼 필요는 없다. 초기시대 게르만족도 물론 일정한 보조에 대해 이미 알고 있었다(이 책 제II편, 제I권, 제II장 참고).

각 지역별로 기旗가 있었고 전투 중에는 모든 기旗가 방진方陣 중앙으로 모였다. 무르텐Murten 전투 때는 본대本隊의 방진方陣 중앙에 총 27개의 기旗가 모였다. 그러나 이 기旗들은 이렇게 집결된 후에는 더 이상 중요한 의미는 없었지만 행군 중에 그리고 숙영지에서는 누구든 자신의 기旗 옆에 머물도록 되어 있었고 명령 없이 기旗를 떠나는 병사에게는 책임을 물었다.

스위스의 일반징집군에게는 민간 생활에서 지도자들의 권위가 군사적 복종의 기초가 되었다. 봉건영주나 용병지도자들도 권위는 있었지만 기사군騎士軍에서는 복종 습관이 여전히 매우 부족했었다. 이런 류의 전사戰士에게는 전투력의 기초가 개인의 전투기술과 용맹성과 명예심이었고 전투 시에는 리더십 같은 것이 문제가 되지 않았기 때문이다. 스위스인들도 행군 중, 숙영지 생활 중 또는 약탈 중에는 그 시대 용병傭兵 무리들이나 마찬가지로 거칠었지만 전투 시의 밀집대형 속에서는 지휘에 복종했고 위험한 상황에서는 복종의무가 특별히 엄격하게 강조되었다. 라우펜Laupen 전투 당시 베른Bern군 총사령관 에르라크Erlach가 이를 잘 보여주고 있다. 유스팅거Justinger의 《베른 연대기年代記 *Berner Chronik*》(대략 서기 1420년경의 기록)는 전쟁시에 불복종과 무질서가 얼마나 큰 재앙을 초래하는지 반복 강조하고 있다. 또한 이 연대기는 지도자들에게 "위증자僞證者/Mein=eidigen"들과 기旗를 떠난 수치스런 자들을 그대로 두지 말도록 경고하고 있다.12) 또한 베른 시민들에 대해 "훌륭한 인물을 지휘관으로 선정한 다음 그의 말에 귀를 기울이고 복종하며 그의 명령과 호령과 구령에 잘 따른다"며 칭찬하고 있다(73쪽).

도주하거나 겁에 질려 비명 지르는 자들은 판결에 따라 체벌體罰과 함께 재산형財産刑을 받을 수도 있었고 현장에서 주변동료들에게 맞아 죽을 수도 있었다.13) 서기 1465년 초에 루체른Lucerne 총회에서 내려진 결정에 따라 지휘관들은 전투에 앞서 언제나 병사들에게 전투가 끝나기 전에는 약탈에 나서지 않겠다는 선서를 시켜야 했고 많은 인원을 후미에 배치해서 병사들이 이 선서를 위반하는지 감독하고 위반자를 때려죽이게 했다.14)

---

11) 요비우스Paulus Jovius(서기 1494년).

12) 스투더Studer는 이와 관련된 구절들을 모아서 《베른 역사학회 잡지*Archiv des Historischen Vereins Bern*》, 제 IV권, 제4호, 36쪽에 수록해 놓았다.

13) 〈셈파크 문서Sempacher Brief〉(서기 1394년). 블루머Blumer, 위의 책, 374쪽. 서기 1468년 및 1490년의 〈군령軍令/Kriegsordnung〉. 로트Em von Rodt, 위의 책, 제I편, 250쪽 및 253쪽. 엘거Elgger, 위의 책, 215쪽.

밀라노Mailand/Milan 대사大使 베른하르디누스Bernhardinus Imperialis가 서기 1400년에 쮜리히Zürich 징집군의 행군 모습을 관찰한 후 작성한 한 보고서는15) 스위스 군대가 출전하는 모습을 다음과 같이 잘 묘사하고 있다.

그래서…오늘…기旗를 든 병사 18명이 대형을 갖추고 벽을 둘러싼 것 같은 큰 방진方陣 속으로 질서정연하게 행진해 들어갔고 그 속에서는 그들은 관습에 따라 병사들이 충성서약을 했고 지휘관에 대한 복종을 약속했다. 이런 행사와 더불어 그들은 서로의 비행과 증오를 용서했다.

그 후 그들은 행군에 들어갔다. 선두에 말을 탄 쇠뇌수弩手 12명이 나갔고, 그 다음에 귀족(기사騎士)들이 통일된 복장을 착용하고 나갔고, 그 뒤에 기병騎兵 2명에 이어 도끼를 휴대한 개척병開拓兵 몇 명이 따라갔으며, 그 뒤로는 고수鼓手들에 이어 장창長槍 중대가 나갔는데 이들을 모두 합하면 500명 이상이었다. 지휘관들은 기사騎士들의 자제였는데 그들은 모두 걸어서 행진했다. 전원이 3x3 대형(역자 주: 앞의 398쪽에서 말한 "3x3 종대縱隊dreimal drei Kolonnen"을 말하며 이에 대한 설명이 앞의 296쪽에 있다)으로 나갔고 무장은 훌륭했다. 그 다음에는 소총수 200명이 갔고 이어 미늘창 창병槍兵 200명이 우리들의 "스페디spedi" 방식으로 갔다. 이들 뒤로는 큰북 고수鼓手 1명과 파이프 부는 병사들이 나갔고 이어 용모가 준수한 기수旗手 1명이 기旗를 들고 갔다. 이들도 모두 걸어갔고 누구도 말에 물건을 싣고 갈 수 없었다. 기수旗手와 함께 손에 작대기를 든 지역 사법관司法官 2명이 갔는데 손에 작대기를 든 것이 사법관이라는 표시였다. 이 2명은 원할 경우에는 어느 사람의 가슴에 손을 댄 후 교도소로 끌고 갈 수 있었다. 누구도 이에 반발하지 않을 것이다. 이들 뒤에는 형집행관刑執行官이 보좌관 3명과 함께 갔고 그들 뒤에는 야전에 따라가도록 선발한 창녀娼女 6명이 있었는데 이들에 대한 보수는 시 당국이 지불한다. 이 집단 뒤에는 다시 400명 이상의 미늘창 창병槍兵들이 대형을 형성해서 갔는데 이들은 군기軍旗 호위 임무를 수행하므로 가장 건강한 사람 중에서 선발된 자들로 누구보다 훌륭한 무장을 갖추고 있었고 이들이 휴대한 무기들은 마치 울창한 숲 같은 인상을 주었다. 그 다음에는 쇠뇌수弩手 400명이 나갔는데 이들 중에는 귀족들의 자제도 많고 지역 내의 모든 계층 사람들이 포함되어 있었으며 모두 힘찬 걸음으로 행군해 나갔다. 이들 다음으로는 수많은 창병槍兵들이 갔는데

---

14) 로트Em von Rodt, 《부르고뉴 영주領主 대담한 샤를레와 그 후계자들의 전역戰役—특히 스위스인들의 개입을 중심으로Die Feldzüge Karls des Kühnen, Herzog von Burgund, und seine Erben. Mit besonderem Bezug auf die Teilnahme der Schweizer an denselben》(샤프하우젠Schaffhausen, 서기 1843년), 제I편, 331쪽.

15) 헤네Häne의 위의 책, 29쪽에 요약되어 있는 내용임.

모두 합해 4,000명은 되었고 이들 중에는 쮜리히Zürich 시市에 종속된 주변지역에서 온 병력도 일부 있었다. 20명 이상의 고수鼓手가 행군종대 중간 중간에 함께 갔으며 마지막으로는 말을 탄 나팔수 3명이 쮜리히 시기市旗를 그들의 옷과 나팔에 달고 따라갔다. 바로 이들 뒤에 기사騎士 사령관 콘라트Konrad Schwend 공公이 멋있는 장비를 갖추고 말을 타고 갔다. 그가 지닌 많은 물건들은 금으로 장식되었고 손에는 지휘봉을 들고 머리에는 꽃송이를 얹고 있었다. 그 뒤에는 끝에 기旗를 매단 창을 들고 금박을 입힌 사령관의 겉옷과 방패를 휴대한 수행원이 따라갔다. 그 뒤로는 말을 탄 채 비슷한 모양의 창槍을 넓적다리에 붙인 경호원 6명과 보조원을 대동한 쇠뇌수弩手 12명이 동일한 복장으로 따라갔다. 모든 병력은 갑옷과 모자 그리고 양말에 모두 흰색 십자가 문양을 붙이고 있었다.

사령관 뒤에 야전군령野戰軍令을 책임지는 또 다른 기사騎士가 있었는데 동일한 복장을 한 창병槍兵과 쇠뇌수弩手 여러 명이 그를 따라갔다. 아마 30대쯤의 수레가 있었던 것 같은데 50~60파운드pfund/pound쯤 되는 중포重砲 4문을 포함한 대포와 탄약이 실려있었다.

이들 병력(쮜리히 병력) 뒤로는 나머지 동맹군(스위스 연합 병력)이 따라나갈 것이고 그렇게 되면 전투준비를 마친 매우 거대한 군대가 될 것이다.

중세 전사戰士의 특징은 계층 구분에 있고 지휘관은 귀족이었다. 그러나 스위스 군대는 그 본질로 보나 성격으로 보나 민주적 군대였다. 모가르텐Morgarten 전투로부터 대담한 샤를르Charles le Téméraire/Karls des Kühnen에 대한 여러 차례 승리에 이르기까지 스위스인들은 자신들의 전투가 지배자Herren들에 대한 투쟁이며 이 지배자들은 "촌스런 농민groben Bauern"들에게 패할 때 가장 큰 불행을 느낄 것이라고 생각했다. 그러나 민주주의가 극도로 발전했던 아테네에서도 클라이스테네스Cleisthenes에서 페리클레스Pericles에 이르기까지 세습귀족이 있었듯이 스위스 연합에도 정치적인 특권들은 빼앗겼지만 여전히 중요 지도자 지위를 유지하던 지위 높은 귀족들이 분명히 있었다. 스위스 각주各州들, 특히 결국은 가장 강력한 주州가 되는 베른Bern은 적절한 민주적 기초 위에서 언제나 귀족 조직을 유지했다는 점에서 귀족들이 매우 강했다. 생정부를 주도하고 지도사 역할을 했던 것은 신구新舊 기사騎士 가문이었고 도시에서도 농민들을 시정책市政策에 영향력도 없고 요구사항도 없는 졸개들로 취급했다. 특히 베른의 기사騎士 가문들은 농촌의 농민들을 봉건영주들 같이 다스렸다. 그럼에도 불구하고 농민들이 이런 지배자들의 전투에서 그렇게 애국적으로 헌신한 이유는 스위스 군사체계의 발전역사와 형태를 보면 알 수 있다.

농민징집병들도 처음에는 어정쩡한 동기 밖에 없었지만 보병들의 큰 방진方陣에 배치될 수는 있었다. 그러나 거듭된 승리와 전리품들은 농민과 도시민을 분리할 수 없는 정치-군사적 집단으로 묶어주었다. 키부르크Kiburg, 니다우Nidau 및 그라이에르쯔Greyerz의 대공大公들과 바이쎈베르크Weissenberg, 부벤베르크Bubenberg, 링겐베르크Ringenberg, 샤르나크탈Scharnachtal 및 에르라크Erlach의 배론Baron들은 야전에서 봉건적인 충돌이 벌어지면 그들의 농민징집군만으로는 아무 일도 할 수 없었을 것이다. 그러나 의지가 넘치는 농민들이 무리를 지어 합류한 대규모 베른 징집군에서는 농민들이 그들의 지배자의 지휘에서 벗어나려 하지 않았고 더 없이 큰 군사업적을 달성했다. 그들은 귀족에 대한 증오가 큰 본래의 순수한 농촌지역을 도시와 구분해서 "렌더Länder"라고 불렀는데 사실 이런 지역들에서도 자신들이 전투대형 속에서 귀족들에게 얼마나 큰 도움을 받고 있는지를 분명히 인식하고 있었다. 물론 이 농민들은 모르가텐에서는 자신들만으로도 큰 승리를 거둘 수 있었고 이 승리가 얼마나 천재적이었는지 우리는 이미 보았다. 그러나 이때의 승리는 어디까지나 방어전防禦戰에서의 승리였고 이 농민집단은 단순한 약탈을 위한 침공의 경우를 제외하면 그들의 힘을 그들의 영역 밖으로 확산시키지 못했었다. 여하간 스위스 연합이 결국 정치적 승리를 거둘 수 있었던 것은 즉, 합스부르크 가家를 알프스 지역으로부터 완전히 몰아내고 스위스란 국가를 창설할 수 있었던 것은 보다 큰 정치 비전과 다양한 경제적 군사적 수단을 지닌 도시들의 참여 때문에 비로소 가능했었다. 우리는 베른 시의 소위 "트빙헤른Twingherrn" 분쟁담紛爭談에서 이에 대한 매우 생생한 증언을 발견할 수 있다. 부르고뉴 전쟁 직전인 서기 1470년 베른 시에서는 기사騎士 가문들이 농민들을 봉건적으로 지배하면서 많은 권리들을 요구하다가 분쟁이 발생했다. 육류상肉類商으로 민주적 성향이었던 시장市長 키스틀러Kistler는 기사騎士 가문의 권리를 부인들의 요구사항을 포함해서 크게 제한하고 그들의 지위를 낮추려고 했었다. 이때 스위스 연합의 각주各州에 중재仲裁를 맡겨보라는 제안이 있었지만 키스틀러는 그들은 대가문大家門들에게 너무 우호적일 것이라며 이 제안을 거부하며 다음과 같이 말했다.16)

그들은 우리 베른 시민 편이 아니라 귀족들 편이다. 나는 그들이 이곳에 있을 때 서너 차례 만나 본 적이 있었고 어느 베른 시민보다도 더 열심히 그들과 사귀어보려 했었다. 그러나 그들은 누구의 소식도 묻지 않았고 누구에게도 관심이 없었고 태도도 정중하지 않았다. 베른 시민 역시 귀족 이외에는 누구도 그들을 친절히 대하거나 도와주지 않았다. 그들은 쮜리히Zürich

---

16) 스투더Studer가 《스위스 사료집Quellen zur Schweizer Geschichte》, 제Ⅰ편(서기 1877년), 137쪽 이하에 편집해 놓은 프리크하르트Thüring Frickhart의 《트빙헤렌 분쟁담紛爭談 Twingherrenstreit》의 내용임.

전쟁 때도 그렇고 또 황제와 오스트리아인들과 싸울 때도 우리 베른의 기병과 귀족의 도움이 없었다면 이기지 못했을 것이란 점은 기꺼이 인정했지만 그들에게도 보병은 많았기 때문에 우리 보병은 별로 필요가 없었고 기병騎兵과 지휘관들이 부족해서 베른 귀족의 도움을 받았던 것이라고 솔직히 말했었다. 또 그들은 베른 귀족들이 그들에게 식량을 공급해 준 일과 적을 막아준 일과 많은 큰 정보를 제공해 준 일을 칭송했지만 나머지 우리 시민들이 제공하는 정보는 듣지도 않았다고 했다.

시장市長 키스틀러Kistler의 상대였던 재무관財務官 프렝클리Fränkli는 시장의 이런 설명에 동의할 수밖에는 없었다. 스위스 연합 주州들은 늘 옛날 전쟁에 대해 말하고 베른의 기병騎兵과 지휘관들의 리더십에 대해 크게 감사하는 마음을 지닐 수밖에 없었다. 이들이 없었다면 그들은 수치스런 일을 자주 당했을 것이다.[17]

외국에서의 용병복무備兵服務/DAS REISLAUFEN

산악주山林州/Waldstätte 주민들은 초기시대부터 이미 용병복무로 생계를 해결했었지만 전투에 참여하는 일이 많아질수록 용병복무는 더욱 더 증가했다. 급기야는 당국 자신이 나서서 이에 관한 협정의 체결을 맡았었다.[18] 최초로 체결된 이런 종류의 협정은 밀라노Mailand/Milan 영주領主 비스콘티Visconti와 체결한 협정이었는데 이 협정은 게르만 영주領主와 기사騎士들이 외국의 왕이나 자유시自由市에 병력을 제공한 용병계약들과 유사한 협정이었다.

필자는 서기 1430년에 쮜리히Zürich 시市가 후시테Hussiten/Hussite(역자 주: 체코의 종교개혁가 후스Jan Hus ⟨1369?-1415⟩를 따르던 무리. 앞의 제IV권, 제IV장 참고)와 싸우는 울름Ulm 시市에 "잘 무장한 병력" 1,100명을 공급했다는 추디Tschudi의 기록(제II편, 197쪽)이 정확하다고는 믿어지지 않는다.

그러나 서기 1388년에는 지텐Sitten 주교主敎와 싸우는 사보아Savoyen/Savoie 영주領主/Herzog를 베른Bern에서 온 창槍 쓰는 병력(기사騎士들을 말한 것이 분명하다) 100명과 갑옷을 착용한 병력 1,000명이 도와준 적이 있다. 서기 1443년에도 약탈을 일삼는 프랑스 용병備兵 "에꼬르쉐écorcheurs"들과 싸우는 이 영주領主를 베른의 기병騎兵 338명과 보병 981명이 도우러 갔었다. 서기 1448~1449년에는 스포르짜Sforza 가家(역자 주: 15세기에 밀라노에 기반을 두고 이태리를 지배한 가문)와 싸우던 이 영주領主와 베른 사이에

17) 스투더Studer, 같은 책, 145쪽.
18) 뮐리넨W. F. von Mülinen, 《서기 1497년의 제1차 상비경호대常備警護隊 편성 시기까지 스위스 용병備兵의 역사 Geschichte der Schweizer Söldner bis zur Errichtung der ersten stehenden Garde》, 베른Bern, 서기 1887년.

용병傭兵 제공 관련 협상이 여러 차례 진행되다 모두 결렬되었는데 영주領主에게 필요한 돈이 없었기 때문이다. 영주領主의 아버지인 교황 펠릭스Felix IV세는 그의 아들에게 차후 스위스인들에게 돈을 지급할 수 없게 되면 자신은 지금껏 가장 좋은 친구였던 이 민족을 적으로 알겠다고 통보했다.

같은 시기인 서기 1449년 변경대공邊境大公/Markgrafen 알브레흐트Albrecht Achilles와 전쟁 당시 게르만 도시동맹은 "통찰력이 있고 좋은 무장을 갖춘, 그리고 또한 당신들의 전쟁에서 전투경험이 있는 병력 800명"을 요청하는 서신을 루체른Lucerne 시市에 보냈다. 이 스위스인 보강병력에 대해서는 곧 다시 언급하게 될 것이다(역자 주: 뒤의 580쪽, 「뉘른베르크에서의 복무」 참고).

서기 1453년에 프랑스 샤를즈Charles VII세는 잉글랜드와 전쟁에 스위스인들을 고용하려고 했지만 스위스 의회는 자국 병사가 외국을 위해 싸우게 하는데 익숙하지 않다면서 그의 제안을 거부했고 서기 1455년에는 스위스인들의 해외여행을 금하고 이를 어기는 자는 사형에 처하고 재산을 몰수토록 각 지역에 요구하는 법령을 공포했지만 이런 법령에도 불구하고 많은 스위스인은 개인적으로 프랑스 측 제의를 수락했다. 그러나 바로 다음 해인 1455년(역자 주: 델브뤼크의 원문을 그대로 옮겼음)에는 베른Bern 시민 약 3,000명이 도펭dauphin과 싸우려는 사보아Savoyen/Savoie 영주領主/Herzog를 도우러 갔다. 하지만 이때 전투는 없었다.

루이Louis XI세와 대담한 샤를르Charles le Téméraire/Karls des Kühnen(서기 1465년의 공공복지동맹Ligue de bien public) 사이의 몽레리Montl'héry 전투(역자 주: 앞의 508쪽 참고) 당시 스위스 연합은 다시 한번 해외 용병복무를 금지하는 법령을 공포했다. 스위스인들이 이 전투에 참전했다는 것은 정확한 말이 아니다. 부르고뉴 영주領主와 합류하기 위해 한 베른 부대가 출전한 것은 이 전투 이후의 일로 이들이 집으로 돌아왔을 때 베른 시위원회市委員會는 법령을 어긴 용병들에게 그들이 받은 보수에서 생뱅상St. Vincent 교회 건축비용으로 3굴트Guld/guilder 씩을 몰수하고 8일 동안 첨탑尖塔/Turm에 감금하도록 결정했다. 3굴트를 가지고 돌아오지 못한 자는 의회의 석방결정이 있을 때까지 감옥에 가두고 빵과 물만 주도록 했다.

물론 용병傭兵으로 참전했던 경험은 고향 땅이 평화를 즐기고 있는 시간에도 스위스인들의 호전성과 전투경험을 살찌우는데 적지 않게 기여했었지만 그들의 군사체계의 특성이 이미 다른 나라들에게 전파되기 시작했다는 증거들도 있다. 대담한 샤를르를 위해 복무했던 스위스 용병傭兵/Reisläufer에 관한 올리비에Olivier de la Marche의 설명은 그들의 특별한 다재다능多才多能과 용맹에 관한 증언이다.19) 그의 기록에 의하면 스위스인들은 수색정찰 때는 창병槍兵과 쇠뇌수弩手 및 소총수小銃手

---

19) 《쁘띠또 장서藏書 Collection Petitot》, 제X편, 245쪽.

각 1명이 언제나 함께 나가서 서로 지원했기 때문에 상대방 기병騎兵을 겁내지 않았다고 한다. 올리비에의 이 말은 주로 쇠뇌수나 소총수들이 개인으로는 기병들을 상대하기 매우 어려웠음을 말하려는 것임이 분명하다. 스위스인들의 특성은 그 다음의 구절들에 기묘하게 잘 표현되어 있다.

뉘른베르크에서의 복무

울름Ulm 시민들이 루체른Lucerne 시市에 보낸 앞서 말한 서신書信(역자 주: 게르만 도시동맹이 서기 1450년 필렌로이트Pillenreuth 교전에 앞서 서기 1449년에 보낸 서신. 앞의 578쪽 및 276쪽 참고)을 보면 뉘른베르크 시市는 서기 1450년에 알브레흐트Albrecht Achilles와 싸우기 위해 게르만과 보헤미아의 귀족(기사騎士)들에게 보수를 지급했지만 스위스 보병knecht도 고용했다. 이때 뮐러Hans Müller에게 위촉된 모병인원은 600명이었지만 지원자는 곧 1,000명에 달했고 뮐러가 그들과 체결한 계약문이 지금도 보존되어 있다. 월급은 5 라인굴트rheinische Guld/Rhein guilder였고 상여금은 2라인굴트였으며 그 외에 식량제공과 전리품 분배도 약속되었다. 부상자들에게도 월급과 식량이 지급되었다. 전역戰役이 시작되기 전 병사들은 몇 개의 교전규칙에 서약해야 했는데 무엇보다도 농촌 주민들에게 큰 피해를 주면 안 되었고 서로 싸우지 말아야 했다. 지도자는 싸우는 자에게 벌금을 물릴 수 있었다. 그러나 여타 징벌권懲罰權은 언급이 없다.

필렌로이트Pillenreuth 교전(앞의276쪽 참고)이 그 서막이 된 이 전역戰役은 상세히 검토해 볼만한 전역戰役임이 분명하다. 우리는 이 전역戰役에 관한 상세한 정보를 로젠프뤼트Hans Rosenplüt의 〈뉘른베르크 전역戰役 Nürnberg Rais〉이라는 글(릴리엔크론Lilienkron의 《역사민요집Historische Volkslieder》, 제Ⅰ편, 428쪽 이하) 중의 시詩에서 발견할 수 있다. 이 시詩에는 "장창長槍을 든 스위스인들"이라는 구절이 반복되나 전체 병력 중 큰 부분을 차지했던 이 스위스 분견대 800~1,000명이 어떻게 다른 병력들과 결합되어 있었는지는 불분명하다. 시詩에 의하면 뉘른베르크를 공격한 변경대공邊境大公/Markgrafen 알브레흐트Albrecht Achilles는 "장창長槍을 든 스위스인들 이들이야말로 우리가 가장 먼저 흩트려놓으려는 자들이다"라고 말한 것으로 보인다. 이 말을 보면 그들은 빽빽한 밀집대형을 형성했던 것 같다.

스위스군 지휘관 말터스Heinrich von Malters는 트라반텐Trabanten(용병傭兵) 외에 도시민과 농민까지 포함해서 뉘른베르크 측 보병의 총지휘관으로 임명된 후에 출전에 앞서 검열을 실시했다. 검열기록에 의하면 그는 병사들 각자에게 좋은 쇠뇌弩나 소총小銃이나 미늘창Hellebarde/Halberd를 휴대하게 요구했다. 그는 "작은 나쁜 창槍"의 휴대는 금했는데 이는 그가 창 종류로는 장창長槍이나 미늘창을 휴대할 것을 요구했다는 말로 보인다. 그렇다면 그는 뉘른베르크 주민에게도 스위스식 무장을 요구했다는 말이 된다. 각 병사는 이런 주무기主武器 외에도 칼이나 손칼 또는 도끼 등 근접전 무기를 옆구리에 휴대해야 했었다.

그러나 말터스는 이런 보병들을 데리고 거침없이 들판으로 나가지는 않았다. 그에게는 수레요새도 하나가 있었다.

이 뉘른베르크군은 보병 2,800명 기병騎兵 600명이 출전해서 전리품을 챙긴 후 회군하면서 헴바크Hembach에서 레드니츠Rednitz 강을 건너려다가 알브레흐트로부터 공격을 받았다. 양측이 서로 활과 총을 마구 쏘기는 했지만 결전決戰은 없었다.

제켄하임SECKENHEIM 전투(서기 1462년 6월 30일)

선제후령選帝侯領/Pfalz/Palatines의 선거후選擧候/Kurfürst 프리드리히Friedrich에게는 기병騎兵 1,100명과 보병 2,000명이 있어 이 병력으로 농촌지역을 약탈하는 바덴Baden 변경대공邊境大公/Markgrafen, 뷔르템베르크Württemberg 대공大公, 메츠Metz 주교主教 및 스파이어Speier 주교主教의 연합군을 넥카르Neckar강과 라인강의 모퉁이 지역에서 기습 공격했다. 그에게는 지역 내에서 징집한 농민들도 있어서 병력이 적보다 크게 많았다. 처음 기병騎兵이 적과 충돌할 때 프리드리히가 낙마落馬했고 그의 병력도 약간 후퇴했지만 보병이 적 기사騎士들의 공격에 잘 버텼다. 이 보병은 장창長槍으로 무장하고 방진方陣을 형성했다고 분명히 기록되어 있고 이들 중 쮜리히의 발트만Hans Waldmann이 지휘하는 스위스 용병傭兵들도 있었다.[20] 이때 아직 전투에 참여하지 않고 있던 프리드리히의 여타 기사騎士들이 전투에 뛰어들어 승부를 결정했다.

프리드리히 측 사망자는 8명뿐이었지만 적은 45명을 잃었고 특히 바덴 변경대공과 그의 동생 메츠 주교는 심한 부상을 입은 채 포로가 되었고 메츠 주교도 포로가 되었다. 연합군 병력은 넥카르Neckar강과 라인강의 모퉁이 지역이 뒤에 있었기 때문에 퇴로가 전혀 없었다.

---

20) "또 숨겨 두었던 보병이 전진해서 바덴Baden 기사騎士들의 말을 장창長槍으로 공격하지 않았다면 선제후령 기병騎兵은 거의 항복했을 것이다*Et jam Palatini cessures equitatus fuerat, nisi prodeuntes a latebris pedites longis hastis Badensium equos confodere cepissent.*" 로더Roder의 《세켄하임 전투 전투*Die Schlacht bei Seckenheim*》(빌링겐Billingen, 서기 1877년)에 인용된 고벨리누스Gobellinus의 기록. 중요 사료는 베하임Beheim의 시詩 한 편이다.

제 VII 장
부르고뉴 전쟁

1. 발단發端

스위스 연합은 셈파크Sempach와 네펠스Näfels에서 승리했지만 고대 그리스인들이 페르시아 왕을 격퇴 후 그랬던 것 같이 대규모 정복정책으로 전환하지는 않았다. 그들은 서기 1389년에 벌써 합스부르크 가家와 7년 기한의 평화조약을 체결했고 이어 서기 1394년(20년 기한)과 서기 1412년(50년 기한)에도 평화조약을 체결했다. 이런 조약들을 통해 옛 지배 가문인 합스부르크 가家는 일정한 지역들에 대한 권리들을 일시 포기했음이 분명하나 현 스위스의 대부분 지역은 아직 그의 지배 하에 있었다. 이런 평화조약들과 스위스 연합이 거둔 승리들을 비교해 보면 과연 합스부르크 가家의 군사력이 아직도 그리 강했다는 것에 대해 잠시 의문이 생기게 된다. 그들은 적절한 선에서 만족했던 것이기 때문이다. 하지만 새로 부상한 군사세력인 스위스군이 사실은 옛 형태의 기사騎士 징집군보다 훨씬 강력한 군대였음을 우리는 알 수 있다.[1] 이 신흥세력이 더 큰 정치적 힘을 발휘하지 못한 것은 군사문제가 아니라 정치문제였을 뿐이다. 8개 구성원(슈비츠Schwyz, 우리Uri, 운터발덴Unterwalden, 루체른Lucerne, 쭈크Zug, 쮜리히Zürich, 베른Bern, 글라루스Glarus)이 동등한 권리로 참여했던 이 느슨한 형태의 동맹은 대규모 정복사업에는 적합하지 못했었다. 그리스의 도시국가들이 살라미스Salamis 해전海戰과 플라타이아Platää/Plataeae 전투의 승리에 편승해서 페르시아군을 그리스 영토에서 모두 몰아내고 소小아시아 지역으로까지 영역을 확대할 수 있었던 것은 아테네의 지배집단과 그들의 리더십 덕분이었다(역자 주: 이 책 제I편, 제I권 참고). 그러나 만약 스위스 연합이 이런 웅장한 정책을 취했다면 연합 내 각주各州간에 상호 분쟁이 발생했을 것이다. 그들에게는 상호이익을 위한 공동의 정책도 있었지만 각 지역별로 그들만의 정책도 있었기 때문이다. 이런 상황에서 발생할 수 있고 실제 가끔 발생하기도 했었던 이런 내분의 가능성 때문에 그들은 정복의 범위를 아주 좁게 제한하면서 매우 주의 깊게 전진해야 했다. 특히 도시지역들은 칼의 힘이 아니라 평화적 수단을 통해 그들의 영토를 확장하려 했다. 서기 1358년~1408년 사이에 쮜리히는 이웃의 기사騎士 지역과 영주領主 지역을 사들이

---

1) 스위스인들도 예를 들자면 서기 1405년 알트스테텐Altstetten 전투와 서기 1408년 브레겐쯔Bregenz 전투 때의 아펜쩰Appenzel 사람이나 서기 1422년 아르베도Arbedo 전투 때의 우리Uri 사람 같이 그들의 본거지인 산악지대에서 나와 싸울 때는 여러 차례 패배한 적이 있지만 이는 큰 교전은 아니었다. 크노레크 Knorreck, "아르베도 전투 연구Ueber Arbedo"(베를린 대학교 학위논문, 서기 1910년).

거나 대여하기 위해 현 시세로 약 2억 프랑Franc에 달하는 자금을 사용한 것으로 평가된다.2) 그러나 레오폴트Leopold III세의 막내아들로 자금이 떨어졌던 프리드리히 영주領主가 무모하게도 콘스탄쯔Konstanz 의회와 충돌하다 외톨이로 고립되자 스위스인들은 또다시 무장하고 아르가우Aargau를 포위했다(서기 1415년). 하지만 그들이 투르가우Thurgau를 빼앗고 이어 라인 강을 넘어서 슈바르쯔발트Schwarzwald 남부 지역과 엘사스Elsass/Alsace의 오스트리아 지역을 공격한 것은 이보다 한 세대 후의(서기 1460년) 일이다.

오스트리아 영주領主/Herzog 시기스문트Sigismund는 이렇게 멀리 계속 원정을 나오는 이 강력한 민족에 대항할 수 없게 되자 결국 프랑스 왕가王家의 한 계파로 많은 프랑스 및 게르만 봉토封土들을 결속시켜 놓고 통제하던, 중부 유럽의 가장 강한 왕가王家인 부르고뉴 영주領主들에게 도움을 청하려 했다. 시기스문트는 스위스와 접경接境한 슈바르쯔발트와 엘사스에 있던 자신의 나머지 토지들을 대담한 샤를르Charles le Téméraire/Karls des Kühnen에게 저당 잡히면서(서기 1469년) 그가 자신을 지켜줄 수 있을 것이고 나아가 이를 통해 강력한 부르고뉴와 스위스 사이에 분쟁이 일어나서 부르고뉴가 스위스를 격파하고 합스부르크 가家의 옛 영토 회복을 지원해 주리라고 기대했었다. 그러나 그의 이런 외교는 전혀 다른 결과를 가져왔다. 대담한 샤를르는 스위스 연합의 옛 친구로서 그들 중 누구와도 싸우기 싫었고 그의 팽창계획은 정반대로 자신의 영토인 북쪽의 네델란드와 남쪽의 두 부르고뉴 사이에 위치한 니더라인Niederrhein(역자 주: 본Bonn 북쪽의 라인강 하류지역)과 로트링겐Lothringen/Lorraine을 탐내고 있었다. 시기스문트Sigismund 영주領主는 자신의 외교가 결국 50,000굴트Guld/guilder의 돈 때문에 가문의 옛 토지를 부르고뉴 가家에 저당 잡혔다가 완전히 잃었던 일과 다를 바 없음을 깨달았다. 결국 그는 반대편에 붙어서 이 옛 토지를 되찾기로 했다. 부르고뉴가 자신을 도와 스위스와 싸우지 않겠다면 스위스가 자신을 도와 부르고뉴와 싸우게 하겠다는 것이었다. 대담한 샤를르의 철천지원수인 프랑스 루이Louis XI세가 오스트리아와 스위스 연합 간 협정을 중재했다. 과거 한 세기 반 동안 그들이 체결했던 평화조약은 기한부 조약으로서 결국 휴전조약에 불과했지만 이제 시기스문트 영주領主는 "지속적 영구적 정책"으로 스위스 지역에 대한 자신의 권리를 완전히 포기할 준비가 되어 있었다(서기 1474년). 이 양보의 대가로 스위스는 일정한 경우 그에게 용병傭兵을 제공하고 그가 공격을 받을 때 도와주기로 약속했다.

스위스 연합은 오스트리아와 이 방위조약을 체결 후 점차 부르고뉴 영주領主를 상대로 하는 일반 공격동맹으로 빠져 들어갔다. 부르고뉴 전쟁의 최종적 원인에 관해서는 큰 견해가 있다. 과거 부르고뉴와 투쟁할 때나 마찬가지로 스위스는 비록 자신들이 직접 공격을 받지는 않았어도 부르고뉴가 엘사스를 점령함으로

---

2) 덴들리커Dändliker, 《스위스 역사Geschichte der Schweiz》, 609쪽.

인해 자신들이 간접으로라도 위협을 받는 것으로 이 문제를 보려 했다는 것은 분명한 사실이다. 그러나 스위스 연합 원주原州(역자 주: 슈비츠Schwyz와 운터발덴Unterwalden) 들이 합스부르크 가家에 처음 반기를 들었을 때도 그들은 이미 평화스런 목동과 농민이 아니라 전투에 단련되고 전투기술을 갖춘 공동체로서 전투에 뛰어든 것이었지만 이제 그들의 군사력은 모든 주변세력이 두려워하는 대상이었고 따라서 부르고뉴로부터의 위협도 없었지만 그들은 자신의 힘을 너무 잘 알고 있었기 때문에 그런 위협을 받고 있다는 느낌조차 갖고 있지 않았다. 어떤 문서들을 보아도 그런 위협에 대해서는 언급조차 없다. 따라서 문제는 스위스인들이 과연 자신들의 정치적 동기 즉, 팽창과 전리품과 정복을 위해 대담한 샤를레를 상대로 어느 정도의 전쟁을 시작해서 그를 격파할 때까지 싸우려 했던 것인지 아니면 단지 외국세력 즉, 프랑스 왕의 용병傭兵으로나 남아 있으려고 했던 것인 지 둘 중에 하나일 수밖에는 없다. 스위스에서는 아주 일찍부터 자신들의 조상은 단지 용병傭兵으로 싸웠을 뿐이란 견해가 있었고 필자도 반복 조사의 결과 이런 견해는 완전히는 아니라 해도 기본적으로 옳은 견해라는 확신을 갖게 되었다. 물론 스위스 연합으로서는 부르고뉴 영주領主가 엘사스와 슈바르첸발트에 자리잡지 못하도록 하는 것이 이로운 일이므로 "저지연합低地聯合/Niederen Vereinigung"(스트라스부르크Strassburg/Strasbourg, 콜마르Kolmar, 슈레트스타트Schlettstadt 및 바젤Basel)이 자신의 문턱에서 부르고뉴인들을 몰아내려 하는 것을 자신이 도와야 한다고 판단은 되었지만 이런 그들의 이해관계는 이미 체결한 방위조약으로 이미 충족되어 있었다. 뿐만 아니라 베른Bern은 부르고뉴와 전쟁을 통해 정복활동을 강력하게 밀고 나가려고 했었지만 7개 동부주東部州는 이런 정복활동은 베른Bern에게만 이익이 되는 것으로 보고 더 이상 움직이지 않았다. 이러한 사정은 앞서 말한 대로 스위스 연합의 팽창정책에 장애가 되었다. 다시 말해서 그들에게도 정복에 대한 꿈과 함께 군사력과 전쟁에 대한 열의는 있었지만 이런 요소들이 각 지역들의 상호 시기심 때문에 적극적으로 발산되지 못한 것이다. 원주原州들은 명성과 전리품을 얻을 길은 고타르트Gotthard 통로를 거쳐서 이태리로 향한 길임을 알았다. 반면에 베른은 부르고뉴의 동맹인 사보아Savoyen/Savoie에 속한 유라Jura와 바트Waadt를 정복하려고 서쪽을 공격할 생각이었다. 하지만 베른은 루이Louis XI세로부터 재정지원을 받지 못했다면 자신의 정복계획을 여타 지역들에게 강요할 수 없었을 것이다. 베른은 정치지도자들까지 프랑스에 고용된 것이 사실이지만 이는 프랑스의 재력과 베른의 정치적 계획이 부합한 결과였으므로 단순하게 베른이 프랑스 왕에게 팔려 넘어갔다고는 할 수 없다. 여타 스위스 7개 주州가 부르고뉴에 창끝을 돌린 것도 단지 베른의 지도력과 프랑스의 재력을 따라간 것임이 분명하다.

따라서 이 전쟁은 결코 스위스인들의 해방전쟁이나 수세적守勢的 전쟁이 아니라 그들의 공세적攻勢的 전쟁이었다. 이 전쟁의 핵심을 베른Bern의 정복계획으로 보건 지역 내에서 부르고뉴 세력이 커질 것에 대한 스위스의 저항으로 보건 스위스의 정치지도자들 뿐 아니라 스위스 각주各州 사람들을 두루 고용했던 루이Louis XI세의 자금으로 보건 달라지는 것은 없다. 이 전쟁의 이런 정치적 성격은 그 전략 문제에 있어서도 매우 중요한 요소이므로 좀 긴 설명이 필요했다.

그러나 이제 전쟁은 스위스인들의 기대와는 아주 다른 방향으로 전개되었다. 그들은 선전포고宣戰布告를 하면서 "주역主役이 아닌" 조역助役으로 즉, 게르만 제국, 합스부르크 가家, "저지연합低地聯合" 및 프랑스 왕의 단순한 동맹군으로 위험이 전혀 없지는 않아도 자신에게 이로운 전쟁을 수행한다고 강조했었지만 곧 게르만 제국의 프리드리히Friedrich III세 황제와 프랑스의 왕이 부르고뉴와 화해했고 복수에 굶주린 부르고뉴가 이제 자신을 향해 몰려오고 있음을 알게 되었다.

이렇게 시작된 이 전쟁은 정치적 군사적 관점에서 뿐 아니라 역사학 방법론적 관점과 민중심리의 관점에서도 매우 중요한 전쟁이 되었다. 이 전쟁에 관한 당대의 사료들 외에 2~3세대 후에 종교개혁가 불링거Bullinger의 펜에 의해 쓰여진 기록도 있는데 이 기록은 흔한 전설을 그대로 옮겨 놓은 것에 불과하다. 필자는 과거에 공개된 적이 없는 이 불링거의 기록을 필자의 《페르시아 전쟁 및 부르고뉴 전쟁Die Perserkriege und die Burgunderkriege》에서 소개했는데 이는 다른 기록에서 찾아볼 수 없는 전투과정 같은 것을 이 기록에서 추론해 낼 수 있기 때문이 아니고 이 기록이 고대 페르시아 전쟁에 관한 헤로도투스Herodote/Herodotus의 기록과 완전히 비교되는 교훈적 기록이기 때문이다. 이렇게도 완벽하게 헤로도투스의 기록을 모방한 기록은 어디에도 없으며 한 구절 한 구절이 모두 환상에 불과하다. 테르모필레Thermopylä/Thermopylae 전투에 앞서 페르시아 크세르크세스Xerxes 왕과 추방된 스파르타 왕 데마라투스Demarat/Demaratus이 나눈 대화(역자 주: 이 책 제I편, 제I권, 제IV장 참고)까지도 그대로 모방되어 있다. 대담한 샤를레의 포로가 된 스위스 연대장 브란돌프Brandolf von Stein는 샤를르에게 스위스인들의 전투방식을 설명해야 했었고 이를 들은 샤를르는 놀라고 당황한다. 불링거의 이 기록을 보면 우리는 헤로도투스식 민중적 전통을 사료분석 측면에서 어떻게 평가해야 할 것인지 알 수 있다.

부기附記(참고문헌)

필자가 《페르시아 전쟁 및 부르고뉴 전쟁Die Perserkriege und die Burgunderkriege》(서기 1877년)에서 처음 스위스와 대담한 샤를레 사이의 정치적 관계를 다루기 직전에 비테Heinrich Witte의 《부르고뉴 전쟁 기원사起源史 Zur Geschichte der Entstehung der Brugunderkriege》 (하게나우Hagenau 프로그램, 서기 1885년)가 발표되었지만 이 글은 필자가 참고하기에는 너무 늦게 필자 손에 들어왔다. 그는 미공개 자료들을 포함해서 많은 사료들을 주의 깊게 선택 비교한 결과 이 주제에 대해 지극히 큰 가치를 지닌 일련의 후속논문들을 《오버라인 역사지歷史誌 Zeitschrift für Oberrheins》, 제45권, 제47권 및 제49권(서기 1891년, 서기 1893년 및 서기 1895년)에 계속 발표했다. 그러나 그의 연구는 매우 철저하고 정확한 연구임에도 "게르만족"인 스위스인들에게는 우호적이고 "발렌시아 사람Wälschen/Valencian"(역자 주: 스페인 사람)인 부르고뉴 영주領主/Herzog 대담한 샤를레에게는 비우호적인 약간의 왜곡이 있다. 또한 필자가 《페르시아 전쟁 및 부르고뉴 전쟁》에서 제시한 개념을 변경해야 할 이유를 그의 연구에서 발견하지 못했다. 예를 들어 그는 시기스문트Sigismund는 원하기만 했다면("일반적으로 매우 호전적이었고 야전에서 자신들의 우세를 잘 알고 있던 스위스 연합이 기사騎士 계층에 대한 증오 때문에 전쟁터로 나가기는 했지만 시기스문트가 만약 진지한 노력으로 자신의 기사騎士들을 억제하고 자신이 결국 이미 잃어버린 것을 포기했다면") 부르고뉴와 동맹을 맺지 않고도 스위스 연합과 평화조약을 체결할 수 있었다고 보지만(하게나우 프로그램, 8쪽) 필자는 이를 정확한 생각이라고는 보지 않는다. 스위스 연합 내에도 정복욕구가 있었고 이런 욕구는 비록 내부적 문제 때문에 억제되어 있기는 했지만 합스부르크 가家가 아무리 평화를 원한다 해도 언젠가 또 폭발했을 것이다. 다음 세대로 가서 스위스인들의 정복활동이 끝난 것은 그들의 호전적인 열정이 용병傭兵 복무로 전환된 결과일 뿐이다. 비테 자신도 "시기스문트는 베른의 야심적 계획을 두려워했을지 모르나 발트슈트Waldshut 전쟁은 스위스 연합이 베른의 이 계획을 지원할 생각이 전혀 없었음을 보여주었다. 더욱이 베른Bern도 통상 생각하는 것 같은 호전적 지역은 아니었다"는 말을 덧붙이고 있다. 우리는 이와 달리 만약 베른이 비호전적이었고 최대의 정복을 원하지도 않았다면 그들이 서기 1474년 10월 25일에 부르고뉴 영주領主의 요청을 거부할 정치적 이유가 없었다고 말 할 수는 있겠지만 그렇다면 우리는 이 전쟁은 그들이 프랑스 왕에게 고용된 용병傭兵으로 싸운 전쟁에 불과하다는 옛 개념을 그대로 인정할 수밖에는 없게 된다.

비테는 또한 그의 논문에서(《오버라인 역사지》, 제45권, 16쪽) "하겐바크Hagenbach의 개입이 없었더라도 대담한 샤를르가 부르고뉴 왕국을 만들려는 확실한 계획을 세울수록 점점 커지기만 하던 부인할 수도 없는 공동의 위협 때문에 시기스문트 영주와 스위스 연합은 제휴할 수밖에는 없었다"면서 오스트리아와 스위스 연합 사이의 평화조약이 루이Louis 왕의 개입이 없었어도 성사되었을 것이라고 했다. 그의 말은 자신의 변경지역에서 부르고뉴가 큰 세력으로 성장하는 것을 원하지 않던 스위스 연합이 숙적宿敵인 합스부르크 가家와 협력해서 그들이 저당 잡힌 오버라인Oberrhein 지역(역자 주: 라인강 상류지역)을 되찾는 것을 도와 줄만한 정치적 이유가 있었다는 점에서는 부분적으로 옳지만 부르고뉴 왕국이 스위스 연합에게도 "부인할 수 없는 위험"이었다고 단정한 그의 말은 지나치다. 우리는 이와는 정반대로 그런 위험은 전혀 없었을 것으로 보아야 한다. 대담한 샤를르의 후계자가 된 그의 증손자 샤를르 V세는 그의 증조 할아버지와는 전혀 달리 큰 세력이었지만 스위스에게 위협이 되지는 못했었다. 비테 자신도 같은 논문 74쪽에서는 밀라노Mailand/Milan 대사 세라티Cerrati가 그의 영주領主에게 보낸 한 급보急報를 근거로 "베른Bern은 자신과 스위스 연합의 군사력에 대해 매우 잘 알고 있었다. 스위스 연합은 산악지대에서는 부르고뉴와 사보아Savoyen/Savoie 및 밀라노를 동시에 상대할 수 있을 정도로 자신이 강하다고 느끼고 있었고 루이Louis 왕 역시 자신의 적인 부르고뉴와 전투를 벌이도록 스위스 연합을 부추기며 자신이 무엇을 하는지를 알고 있었다"라고 매우 정확한 말을 하고 있다.

비테의 이 말은 그 자신의 표현에 의하면 스위스 연합은 당시 상황을 정복에 굶주린 부르고뉴에 대한 "자위自衛 상황"으로 알고 있었다는 말(같은 논문 72쪽)과 베른Bern은 만약 로몽Romont 대공大公이 자신들에게 해로운 행동만 하지 않는다면 그의 영토에 손대지 않았을 것이라는 말(같은 논문 367쪽)과 본질적으로 모순된 말임이 분명하다. 필자는 이와 반대로 베른은 이 전쟁에서 로몽 대공大公의 태도와 관계없이 적어도 그의 영토의 일부를 빼앗는 일에 대해—최소한 무르텐Murten을 빼앗는 일에 대해서 만이라도—정당화 사유를 찾아냈을 것으로 믿는다.

당시 상황을 사실대로 교정한 사람은 비셔Vischer로서 그는 일지日誌/Tagebuch 형식으로 작성된 크네벨Knebel의 《바젤 연대기年代記 Baseler Chroniken》를 책자로 편찬할 때 한 부기附記(제III편, 369쪽)에서 부르고뉴 영주領主가 스위스 연합으로 보낸 대표가 스위스 각 지역으로 들어가 임무를 수행한 시기는—그는 스위스에서 매우 우호적인 태도를 발견했고 이에 대해 필자도 《페르시아 전쟁 및 부르고뉴 전쟁의 역사Geschichte der Perserkriege und die Burgunderkriege》, 175쪽에서 소개한 적이 있다—서기 1474년 봄이 아니며 서기 1469년이었음을 입증했다. 그러나 우리는 덴들리커Dändliker가 《스위스 역사Geschichte der Schweiz》, 제II편, 841쪽(제3판)에서 말한 대로 이로부터는 전반적 정치상황에 대해 아무 결론도 내릴 수 없다. 왜냐하면 베른 역시 서기 1474년 3월 15일에는 "우리 베른 시市는 샤를르 영주領主의 조상들, 특히 영주의 부친과 베른 시市의 사이가 얼마나 좋았었는지 잊지 않고 있으며 이런 우호관계 속에 상호 이해가 높아졌고 이를 베른 시市는 전통적으로 유지해 왔습니다"라는 말이 적힌 서신을 부르고뉴 영주領主에게 보낸 적도 있었기 때문이다. 이 서신은 이어 우리 베른 시市는 지금도 서로가 명예와 평판에 어울리게 살고자 한다고 했다(비테, 《오버라인 역사지歷史誌 Zeitschrift für Oberrheins》, 신편新編, 제6권, 23쪽, 각주). 이런 위장된 말들을 보면 베른이 그때까지 부르고뉴와 유지했던 우호관계를 적대관계로 전환시킬 준비를 하고 있었음을 분명히 알 수 있다.

디에로이어Dierauer는 그의 《스위스 연합의 역사Geschichte der Schweizerischen Eidgenossenschaft》, 제II편(서기 1892년)에서 이러한 관계들을 매우 공정하게 판단하고 있다. 그의 글은 모든 면에서 매우 가치 있는 글이다.

덴들리커Dändliker는 《스위스 역사Geschichte der Schweiz》, 제Ⅱ편에서 비테Heinrich Witte와 마찬가지로 스위스가 위협 받고 있었고 부르고뉴 전쟁은 방어전쟁이었음을 입증해 보려고 한다. 그는 스위스 연합의 "우려"란 표현을 썼고(200쪽) 스위스인들은 "잔인하고 변덕스런 영주領主에 대한 공포"에 떨고 있었다고 했다(201쪽). 그러나 이런 감정은 스위스 연합과는 전혀 어울리지 않았고 그는 스위스인들의 모습을 매우 그릇되게 묘사하고 있음이 분명하다. 덴들리커Dändliker는 필자의 《페르시아 전쟁 및 부르고뉴 전쟁Perserkriege und die Burgunderkriege》에서 필자도 프랑스 자금이 2차 역할만 한 것으로 보았다는 결론을 이끌어 냈지만 그는 필자의 글에서 결정적인 요소들을 소홀히 하고 언급하지 않았다. 필자의 글에서 결정적인 요소는 첫째는 베른과 나머지 7개 주州간의 대립이고, 둘째는 베른의 정치적 동기가 정복이었지 방어가 아니라는 점이다. 동부 7개 주州의 경우 필자는 결코 그들이 프랑스의 자금에 대한 2차 역할만 한 것으로 보지 않는다.

부르고뉴 전쟁에 관한, 사료에 기초한 권위 있는 연구서는 아직도 로트Em von Rodt의 《부르고뉴 영주領主 대담한 샤를레와 그 후계자들의 전역戰役―특히 스위스인들의 개입을 중심으로Die Feldzüge Karls des Kühnen, Herzog von Burgund, und seine Erben. Mit besonderem Bezug auf die Teilnahme der Schweizer an denselben》, Ⅰ·Ⅱ편(샤프하우젠Schaffhausen, 서기 1843년)이다. 미국인 커크J. Foster Kirk의 포괄적 전기傳記인 《부르고뉴 영주領主 대담한 샤를레의 역사History of Charles the Bold, Duke of Burgundy》, Ⅰ~Ⅲ편(런던, 서기 1863년~1868년) 역시 가치 있는 글이다.

투테이C. Toutey의 《대담한 샤를르와 콘스탄쯔 동맹Charles le Téméaire et La Ligue de Constance》(파리, 서기 1902년)은 매우 폭 넓은 연구서이지만 우리의 연구목적 상 참고할 내용은 아무 것도 없다.

2. 헤리쿠르HÉRICOURT 교전(서기 1474년 11월 13일)

부르고뉴의 대담한 샤를르Charles le Téméraire/Karls des Kühnen 영주領主가 선전포고 후에 본대와 함께 니더라인Niederrhein에 있을 때 스위스군은 엘사스Elsass/Alsace군 및 오스트리아군과 함께 총 18,000명으로 헤리쿠르를 포위하러 갔다. 부르고뉴 구원군은 남쪽에서 접근했지만 이들은 병력이 훨씬 적었으므로(기록상 10,000명도 될 수 없다)3) 진짜 의도가 무엇이었는지 알기 어렵지만 아마 시위기동示威機動이었을 것인데 연합군이 이들을 맞이하러 오자 큰 전투 없이 도주했다. 단순한 보병이 주저 없이 공격한 아직 들어보지 못한 스위스군의 대담성에 부르고뉴 기병騎兵들이 놀랐다는 기록은 스위스인들의 추측에 의한 허구虛構에 불과하다.4)

---

3) 바젤Basel 시사市史 기록관 뤼쉬Nicholas Rüsch는 부르고뉴군이 기병騎兵 10,000명 보병 8,000명이었다고 했다. 크네벨Knebel, 《바젤 연대기年代記 Baseler Chroniken》(비셔Vischer의 비평판批評版, 서기 1887년), 제Ⅲ편, 304쪽.

4) 로트Em von Rodt, 《부르고뉴 영주領主 대담한 샤를레와 그 후계자들의 전역戰役―특히 스위스인들의 개입을 중심으로Die Feldzüge Karls des Kühnen, Herzog von Burgund, und seine Erben. Mit besonderem Bezug auf die Teilnahme der Schweizer an denselben》(샤프하우젠Schaffhausen, 서기 1843년), 제Ⅰ편, 304쪽.

사료분석의 관점에서 흥미 있는 부분은 사상자死傷者 숫자이다.

솔로투른Solothurn군 지휘관들은 600명의 적이 죽었다고 고향으로 보고했고 비엘Biel군 지휘관들은 "약 1,000명의 적이 죽었다"고 고향으로 보고했다.5)

베른Bern군은 프랑스 왕에게 전투현장에서 적의 시신屍身을 세어보니 1,617구였고 그 외에 한 마을에서 많은 병력이 불에 타서 죽었다고 보고했는데 그렇다면 부르고뉴군 스스로는 자신의 전투손실을 약 3,000명으로 계산했을 것이다.

다른 공식기록에서는 2,000명의 부르고뉴군이 죽었다고 했다.

《베른 연대기年代記 Berner Chronik》의 작가 쉴링Diebold Schilling은 전투현장의 부르고뉴군의 사망자를 2,000명으로, 불에 타 죽은 자를 1,000명으로 각각 기록했다.

누구나 위의 수치들 중 베른군이 주장한 아주 정확하게 세어 본 것 같은 수치를 권위 있는 수치로 간주하려 할 것이 분명하다. 현대학자들은 이 수치와 전투 당일 밤에 솔로투른 지휘관들이 고향으로 보고한 수치를 조화시켜 보려고 솔로투른 지휘관들이 고향으로 보고서를 보낸 날 보았던 승리가 이튿날 훨씬 더 큰 승리로 변하게 되었을 것으로 추정한다. 물론 그런 일은 매우 흔히 일어나는 일이지만 그런 일은 이 전투의 성격이나 연합군 측의 손실과는 부합되지 않는다.

바젤Basel의 시사市史 기록관 뤼쉬Nicholas Rüsch와6) 베른의 연대기 작가 쉴링은 모두 스위스 연합 측은 1명도 죽지 않았고 부상자만 몇 명 있었지만 곧 회복되었다고 했다. 다른 기록들은 3명을 전사자 명단에 올렸고7) 비엘Biel군 지휘관들은 그들의 고향에 2명이 죽었다고 보고했다. 로트Em von Rodt는 사료의 이름을 말하지는 않았지만 그가 본 사료에는 사망자 수가 70명으로 되어 있다고 주장한다.8)

스위스군이 기록상 최대 수치인 70명을 잃었다고 보더라도 그렇다면 상대방이 2,000명 이상을 잃었다는 기록은 믿을 수 없는 기록이다. 부르고뉴군이 측면이나 후방에서 공격을 받은 것도 아니고 도주 중에도 아무런 장애를 만나지 않았었기 때문이다. 우리가 이 수치를 더 믿을 수 없는 것은 스위스군의 엉터리 사망자 수치들이 적군의 사망자 수치들 바로 옆에 기록되어 있기 때문이다. 또 스위스 연합 측의 손실이 전혀 없다거나 최대로 2~3명에 불과했었다는 기록을 우리가 어쨌건 인정한다면 부르고뉴군이 수천 명을 잃었다는 기록은 참으로 신뢰성이

---

5) (역자 주: 델브뤼크의 원문에는 이 각주가 다음 문단 중간에 있지만 오기誤記로 보여 이곳으로 옮겼다.)쉴링Diebold Schilling의 《베른 연대기年代記 Berner Chronik》(토플러Tobler 판版), 제I편, 163쪽의 각주에 의하면 솔로투른군이 고향에 보고한 시기가 서기 1635년이라고 한다.

6) 《바젤 연대기年代記 Baseler Chroniken》, 제III편, 305쪽.

7) 비테Heinrich Witte(《오버라인 역사지歷史誌 Zeitschrift für Oberrheins》, 제45권), 394쪽.

8) 로트Em von Rodt, 《부르고뉴 영주領主 대담한 샤를레와 그 후계자들의 전역戰役—특히 스위스인들의 개입을 중심으로》, 제I편, 326쪽. 디에로이어Dierauer의 《스위스 연합의 역사Geschichte der Schweizerischen Eidgenossenschaft》, 제I편, 197쪽에서도 이 70명이라는 수치를 인정한다.

없는 기록이 된다. 결국 1,617명이라는 수치는 아주 정확하게 세어 본 수치 같이 보임에도 불구하고 결코 권위 있는 수치로 간주될 수 없다.

포로들 중 롬바르디Langobarden/Lombards 용병傭兵 18명은 엘사스Elsass/Alsace 침공 시에 교회를 모독하고 여타 신성모독죄를 범한 혐의로 고문을 당한 후 산 채로 화형火刑을 당했다. 그러나 스위스 연합 의회가 채택한 한 결의에서는 차후로는 포로를 생포하지 말고 과거에 했던 대로 모두 죽이도록 규정했다.

3. 그랑손GRANSON/GRANDSON 전투(서기 1476년 3월 2일)

니더라인Niederrhein 지역과 로트링겐Lothringen/Lorraine 지역에 매달려 있던 대담한 샤를르 영주領主가 그의 영토를 지키려고 스위스 국경에 출현할 수 있기까지는 1년 반이 걸렸다. 그 사이 스위스는 연이어 전역戰役을 벌이며 이웃한 부르고뉴 지역과 바트Waatt 지역의 피를 말려놓았다. 노이엔부르크Neuenburg 호수 부근 평화스럽던 작은 마을 스테피스Stäffis는 저항하다 몰살당했다. 끝까지 버티던 수비병력은 탑塔 위에서 산 채로 던져졌다. 이곳저곳 숨었다 발각된 사람들까지 산 채로 밧줄에 한데 묶여 호수에 수장水葬되었다. 프라이부르크Freiburg/Freibourg에서는 수레 100대를 끌고 와 이 작은 마을의 생산품으로 그들의 부의 기반이었던 의복들을 싣고 갔다. 생존 여성이나 아동들의 생필품도 모두 없어졌다. 뒤를 이어 들어선 약탈자들조차 이 무서운 참상에 동정심을 느꼈으며 베른Bern 시위원회市委員會도 "비인도적 잔인성"을 부드럽게 견책하는 서신을 지휘관들에게 보냈다.[9]

이 광범위한 약탈원정에서 베른은 특히 유라Jura 통로 상의 요새화 된 지역들을 차지했지만 이제 부르고뉴 영주領主가 강력한 군대를 이끌고 나타나자 차지했던 성城들을 포기했는데 스위스 연합 동부주東部州들이 베른의 정복전투에 과거 같은 지원을 보내지 않고 있음이 분명했기 때문이다. 베른이 위험을 무릅쓰고 끝까지 내놓지 않은 요새들 중 가장 먼 지점이 그랑손이었다. 그들은 이곳에 수비병력 500명을 주둔시키고 이 정도의 병력이면 잘 버텨낼 것이고 만약 이곳의 상황이 심각해지면 스위스 연합이 구원군 파견을 거절하지는 못할 것이라고 생각했다.

우리는 스위스와 부르고뉴 양측의 연대기年代記들 뿐만 아니라 특히 부르고뉴 영주領主 샤를르에게 파견되었던 밀라노Mailand/Milan 영주領主의 대사人使 파니가롤라Panigarola가 몇 일에 한 번씩 매우 자세하게 보고한 기록을 통해서 이 전역戰役을 잘 알고 있다. 파니가롤라의 급보急報들은 출판되어 있다.[10]

---

9) 비테Heinrich Witte(《오버라인 역사지歷史誌 Zeitschrift für Oberrheins》, 제49권, 서기 1895년), 394쪽.
10) 겡겡F. de Gingins-la-Sarra, 《서기 1474년~1477년 대담한 샤를르의 전역戰役 당시 밀라노 대사의 급보急報들Dépêches des ambassadeurs Milanais sur les campagnes de Charles le Hardi, de 1474 à 1477》, 파리, 서기 1858년.

　　부르고뉴 영주領主 샤를르가 스위스 영토에 들어갈 수 있는 가장 가까운 통로는 유라Jura를 지나서 노이카텔Neuchâtel이나 비엘Biel로 가는 길이었을 것이다. 그러나 그는 이 통로를 이용하지 않았다. 그가 우선 홀로 설정한 목표는 아직은 스위스 영토 진입이 아니었고 스위스가 정복한 사보아Savoyen/Savoie 영토 바트Waadt를 해방시키는 것이었다. 샤를르는 이쪽으로 방향을 돌려 바트를 그의 작전기지로 만들었고 그 결과 실제 전역戰役에서는 그의 정면이 북동쪽을 보게 되었다.

　　샤를르의 1차 전략목표는 그랑손 정복이었다. 이곳은 그의 주적主敵인 베른Bern으로 직접 가는 통로 상에 있지 않았다. 그러나 그가 이런 기동을 선택한 것은 바로 그런 이유 때문이었음이 분명하다. 그의 판단은 비록 방향은 정반대라도 베른 시위원회市委員會의 판단과 완전히 같았을 것이다. 그는 스위스 연합 각주各州가 모두 베른의 정책에 동조하는 것은 결코 아님을 알고 있었다. 만약 그가 직접 베른으로 진군한다면 스위스 연합 각주各州는 비록 서로간 견해차는 있어도 궁지窮地에 몰린 베른을 방치하지 않았을 것이다. 그러나 샤를르는 그랑손을 공격함으로써 그들로 하여금 과연 베른의 정복활동을 지원할 이유가 있는지 서로 의심하게 만들려 했던 것이다. 그들은 이런 의문 때문에 절반 정도의 병력만 가지고 나타나든지 꾸물거리기나 하든지 아니면 전혀 베른을 지원하지 않으려 했을 가능성이 있다. 그럴 경우 베른이 가장 가까운 동맹군과 함께 자신의 병력만으로 구원전救援戰을 시도하건 아니면 그랑손 수비대가 자체적으로 방어하도록 방치하건 간에 모두가 샤를르의 계획에는 매우 유리하게 될 것이다.

　　상황은 샤를르의 계산 그대로 전개되었다. 부르고뉴군의 접근에 관한 연이은 보고들이나 베른에서 매일 도착하는 구원요청에도 불구하고 스위스 연합 동부주東部州들은 즉시 행동에 나서지 않았다. 3주일 이상 지나 부르고뉴군이 산을 넘기 시작했을 때 비로소 스위스 연합은 비록 전 병력을 동원하지는 않았지만 그나마 작전을 준비했다. 하지만 그 사이 그랑손 요새는 무조건 항복에 동의하지 않을 수 없었고 수비병력은 성난 샤를르 영주領主에 의해 "그들의 비행非行에 비해 온화한 처벌"로 처형處刑 당하고 말았다.

　　그 후 샤를르 영주領主로서는 그랑손 부근의 잘 정비되고 포병의 보호를 받는 그의 숙영지에서 스위스군의 공격을 기다렸다면 가장 안전했을 것이 분명하다. 그의 병력은 중기병重騎兵 2,000~3,000명, 궁수弓手 7,000~8,000명 및 여타 보병 창병槍兵을 합해서 약 14,000명 정도였다. 스위스군은 약 19,000명으로 부르고뉴군보다 분명히 수천 명은 많았지만 그들이 감히 부르고뉴군 숙영지를 공격할지는 의문이었다. 따라서 샤를르는 그들을 맞이하러 가기로 결정했다. 그에게는 직업전사職業戰士들과 포병이 있었으므로 일반백성들의 징집군을 상대로 승리할 것이라고 확신했었다. 도로는 노이엔부르크Neuenburg 호수를 따라 나있었고 그 한 구간에는 호수로 접근하는 산들 때문에 좁은 통로가 형성되어 있었다. 샤를르는 이 통로를 안전하게 지나기 위해 우선 이 통로의 반대쪽(북쪽) 출구에 있는 보마르쿠스 Vaumarcus 성城을 탈취해서 그곳에 수비병력을 배치해 놓았다(3월 1일).11)

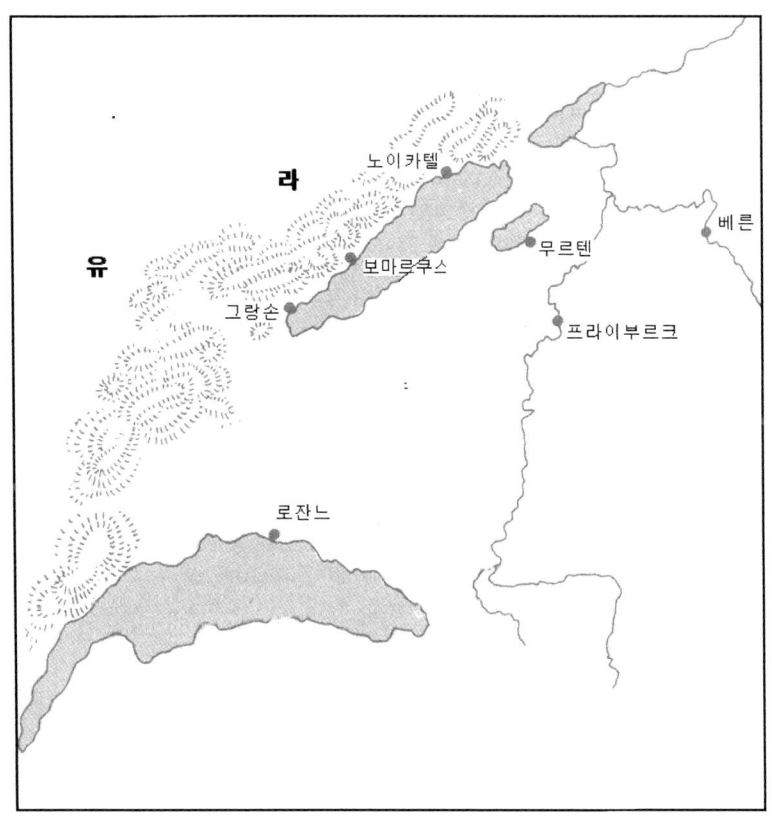

요도 3. 그랑손 전투

---

11) 샤를르 영주領主의 집사장으로서 그의 의도를 알 수 있던 올리비에Olivier de la Marsche는 자신의 비망록에서(이 비망록에 이 전쟁 관련 내용은 불행하게도 매우 간단하다) 보마르쿠스의 점령은 스위스 연합군이 앞으로 나오게 유인하는 미끼로 쓰기 위한 것이었다고 했다. 그러나 우리는 이를 아주 명확한 이유로 볼 수 없다. 샤를르는 이 좁은 통로의 먼 쪽(역자 주: 북쪽)에서는 요새화된 그랑손 진지 만한 이점을 이용할 전투장소를 찾아낼 수 없었을 것이기 때문이다. 어쨌건 그는 병력을 집결시켜 놓은 채로 스위스군보다 몇 주일을 더 기다려야 했을 것이다. 이를 보면 우리는 비록 사료에는 그의 탁월한 성격들이 열거되어 있지만 그는 실제로는 조급했었고 적을 과소평가 했었음을 알 수 있다.

그의 이런 이동 때문에 스위스군은 전진하기로 결정했다. 스위스군은 부르고뉴군의 요새화된 숙영지를 공격하는 것을 참으로 망설였었지만 이제 즉시 보마르쿠스 쪽으로 방향을 틀기로 결정했다. 우리는 이때 분명히 샤를르는 서둘러 이 요새를 구원하려 했을 것이고 그 결과 사전준비가 없는 곳에서, 특히 포병이 배치되지 않은 곳에서 전투가 벌어질 수 있는 기회를 적에게 제공했을 것으로 볼 수 있다. 3월 2일 아침 스위스군은 통로 북쪽 출구에 있는 보마르쿠스 쪽으로 부르고뉴군은 통로 남쪽 출구 쪽으로 이동했다. 양측은 서로를 향해 이동한 것이다. 샤를르는 그랑손에서 1마일 남짓(약 8km) 떨어진 곳까지만 병력을 전진시키려고 했다. 따라서 약 0.5마일(약 4km) 폭의 산마루가 여전히 양측의 중간에 놓여 있었을 것이다. 그러나 이때 양측 모두의 예상 밖으로 전투가 전개되었다.

슈비츠Schwyz군, 베른Bern군 및 프라이부르크Freiburg/Freibourg군 등 일부 스위스군이 산마루로 향한 도로에서 부르고뉴군 전초前哨와 전투에 들어갔다. 스위스군은 싸워가며 한 부대씩 도로로 올라갔고 적을 쫓아 산 반대쪽까지 가자 그 앞 평원에 부르고뉴군의 전 병력이 보였다. 부르고뉴군 전위대는 이미 도착해서 숙영지를 구축 중이었고 주력은 아직 행군 중이었다.

샤를르 영주領主 자신은 그의 전위대와 함께 있으면서 통로에서 쏟아져 나오는 스위스군과—주로 궁수弓手들과—싸웠다.

이론상으로는 부르고뉴군에게 더 할 수 없이 유리한 상황이었다. 양측은 아직 모두가 접적기동接敵機動 중이었지만 부르고뉴군은 평원을 스위스군은 어려운 산악 통로를 지나고 있었기 때문이다. 우리는 부르고뉴군이 스위스군보다 빨리 집결해서 전개할 수 있었을 것으로 보아야만 한다. 그렇게 되면 부르고뉴군은 아직 전개 중인 스위스군을 공격할 수 있었을 것이고 이때 스위스군을 밀어붙이는데 성공했다면 스위스군은 협곡 입구에 몰려서 심한 손실을 입었을 것이다.

그러나 그들의 병력 구성상 특징과 전술 때문에 부르고뉴군은 그 자체만으로 매우 유리한 이런 기동을 할 수가 없었다. 스위스군이 이동 중이던 도로는 숲에 덮인 산에서 평원으로 바로 이어지지 않고 포도나무가 심겨진 언덕을 지나 점차 내려오는 길이었다. 샤를르는 이런 지형에서는 자신이 가장 의존하고 있는 두 병종兵種인 기사騎士와 포병을 적극 활용할 수가 없었다. 만약 그가 자신의 강력한 궁수 집단만으로 공격했다면 적을 통로 속으로 물러나게 할 수 있었겠지만 격파할 수 없었을 것이다. 궁수들은 자신 있게 적에게 접근하거나 백병전을 벌일 수 없는 병종이기 때문이다. 결국 샤를르는 평원에 병력을 전개해서 그곳에서 적의 공격을 기다리기로 했다. 누구나 이를 당시 상황이 주는 중요한 이점을 즉, 적이 모든 병력을 전개하기 전에 전투를 시작할 수 있는 이점을 포기한 것으로 생각할 것이다. 그러나 샤를르는 그렇게 하면서도 자신에게 유리한 또 다른 상황을 만들어냈다. 아마도 그는 적의 궁수들보다는 우세한 몇 개의 궁수부대에게 계속 활을 쏘게 해서 언덕 위에서 정렬 중인 저들의 방진方陣을 쉴 새 없이 괴롭혀댔을 것이다. 결국 스위스군은 총 병력의 절반밖에 안 되는 약 8,000명 병력이 나머지 병력의 도착을 기다리지 않고 공격을 시작하게 되었다.

베른Bern군은 얼마 안 되는 기병과12) 궁수들도 공격에 가담했다. 이때 부르고뉴군이 전개를 끝낸 상태였다면 그들로서는 이보다 더 유리한 상황은 있을 수 없었겠지만 실제는 그렇지가 못했다. 부루고뉴군은 모두 그곳에 있기는 했지만 그들 중 일부는 스위스군이 접근하고 있을 때 아직 후미에서 수송대열을 떠나 정렬 중에 있었을 것이다. 아마도 스위스군은 상대도 아직 완전히 준비가 되지 않은 것을 정확히 알고 그렇게 축차적인 공격에 들어갔을 것이다.

스위스군의 공격 이유가 무엇이건 샤를르는 아직 자신이 유리한 것으로 믿고 있었다. 그는 스위스군이 평원에 도착하면 포병과 궁수로 그들의 정면에 포탄과 화살을 퍼부으면서 무장인원Gendarmen(역자 주: 중무장 기사騎士gens d'armes)들로 측면을 공격할 수 있었지만 스위스군은 얼마 안 되는 기병과 궁수들로는 적의 측면공격으로부터 방진方陣을 보호할 수 없었다. 적이 방진方陣의 후방을 공격한다면 더 말할 나위도 없었다. 결국 방진方陣을 보호하려면 전진을 멈출 수밖에 없었을 것이고 이때 사방으로부터 공격을 받고 무릎을 꿇게 될 것이다.

따라서 샤를르는 몇 개의 무장인원 분견대에게 신 방향에서 적의 측면을 공격하게 하고 다른 인원들에게는 포병사격을 위해 정면에서 철수하게 했다. 드디어 포탄늘이 스위스군의 본대에 떨어지자 샤를르의 무장인원들은 격렬하게 그들의 측면을 공격했다. 스위스군 전초前哨 병력이 방진方陣 속으로 도주해 들어가자 이 무장인원들은 적의 창끝 앞에까지 쇄도했다. 그러나 이들은 자신들을 겨누고 있는 장창長槍의 촉을 뚫고 거대한 적의 방진方陣 속으로 침투할 수 없었다. 적의 전선까지 말을 몰고 접근했던 샤또구용Chateauguyon 영주領主가 쓰러졌고(역자 주: 앞의 558쪽~559쪽 참고) 다른 병력들도 뒤 돌아섰다. 부루고뉴군은 굳게 버티는 상대방의 방진과 그들이 내뻗은 장창 앞에서 스스로 흩어지며 격퇴되었다.

이렇게 이날의 운명은 이미 결정되었다. 아직 후방 멀리에서 정렬 중이었을 부르고뉴 병력과 수송대열도 공황상태에 빠졌고 공황상대는 계속 확산되었다. "도망처리Sauve qui peut"라는 고함과 함께 그들은 계속 도주했다. 이런 공황상태의 원인에 대해 파니가롤라Panigarola의 기록에서는 포병 사격에 앞서 앞을 비워주려고

---

12) 주로 바젤Basel 병력이었고 숫자는 60명이었다 한다. 그러나 오스트리아 기사騎士들의 지도자 에프팅겐 Hermann von Eptingen도 함께 있었으므로(멜팅거Meltinger의 서신. 크네벨Knebel의 《바젤 연대기年代記 *Baseler Chroniken*》에서 인용)일부 오스트리아 기사騎士들도 함께 있었을 것이 분명하다.

물러서는 병력을 본 후방부대들이 그들이 도주하는 것으로 알았었기 때문이라고 했지만 스위스인들은 자신들의 나머지 병력이 양쪽에서(한쪽은 산을 넘어 다른 한쪽은 호숫가를 따라) 계속 쏟아져 나오는 것을 본 부르고뉴군이 공포에 빠진 것으로 생각했다. 이런 두 가지 원인 외에 샤또구용Chateauguyon 영주領主의 무장인원들이 격퇴 당한 일도 영향을 미쳤을 것으로 볼 수 있다.13) 여하간에 전면전은 벌어지지 않았다. 물론 부르고뉴군 본대는 궁수들이었고 이들은 적의 창병槍兵 및 미늘창Hellebarde/Halberd(역자 주: 앞의 425쪽 참고) 창병槍兵들을 근접전에서 상대할 수 없었으며 개인들이 공황상태에 빠지는 것을 막아줄 견고한 전술적 구성체도 그들에게 없었다. 부르고뉴군은 전투현장에서 썰물 같이 빠져나왔고 샤를르는 이들을 되돌리느라 동분서주했지만 소용없었다. 스위스군은 추격에 들어갔지만 기병이 얼마 안 되었고 감히 개별적으로 전진하려고 하지는 않았으므로 적에게 더 이상의 손실을 입히지는 못했다. 부르고뉴군 전사자가 1,000명이라고 하는 경우도 있지만 이는 너무 높은 수치이다. 파니가롤라Panigarola는 전사자는 얼마 되지 않았고 생갈St. Gallen/Gall군 지휘관 헤벤Peter von Hewen 배론Baron은 이튿날 그의 대수도원장大修道院長에게 들판에 버려진 부르고뉴인은 200명에 불과했다고 보고했다.14)

부르고뉴군 화살과 대포알에 죽거나 부상을 입은 스위스군은 전위대뿐 아니라 본대 병력의 경우에도 적지 않았다. 일례로 루체른Lucerne군은 부상자가 52명이나 되었다. 이들 대부분은 아마도 추격 중에 부르고뉴군이 뒤로 쏜 화살에 맞았을 것이다. 각 분견대의 병력 중 상당수는 이 추격부대에 가담했을 것이며 일부는 전투현장에서 부상을 입었을 것이다.15)

부기附記

디에로이어Dierauer는 그의 《스위스 연합의 역사Geschichte der Schweizerischen Eidgenossenschaft》, 제II편, 207쪽에서 부르고뉴군 병력수를 13,000~14,000명으로 본 필자의 평가에 이의를 제기하면서 샤를르 영주領主와 함께 간 11,000명(및 미리 보낸 400개 랑세lance/Lanze〈역자 주: 기병과 보병이 혼합 편성된 소규모 단위부대. 앞의 496쪽, 각주 12 참고〉) 외에

---

13) 부르고뉴의 왕실사관王室士官 몰리네Molinet는 이 점을 강조했다.
14) 생갈St. Gallen/Gall 역사학회가 출판한 《부르고뉴 전쟁 당시 생갈군 St. Gallens Anteil an den Burgunderkriegen》(생갈, 서기 1876년)에 기록되어 있다.
15) 5월 15일자 회의록(《스위스 연합군 의사록議事錄 Eidgenössische Abschriefe》)에는 "또 15명이 죽었다"는 말 뿐이다. 그러나 같은 회의록에는 부르고뉴군의 시신屍身 1,500~1,600구가 발견되었고 샤를르에게는 실제로 기병 60,000명과 이보다 더 많은 여타 병력이 있었다고 했다. 결국 이 기록은 큰 신뢰성이 없다. 슈비츠Schwyz 병력 중에는 17명이 부상을 입고 7명이 죽었다(크네벨Knebel의 《바젤 연대기年代記 Baseler Chroniken》에서는 그들이 모두 80명을 잃었다고 했다). 부상자 치료에 관한 기록들을 볼 때 스위스군의 부상자는 총 700명쯤 되었을 것이고 그렇다면 사망자 수는 50~70명 정도였을 것이다.
　　베르눌리Bernoulli(《바젤 신년지新年誌Baseler Neujahrsblatt》, 서기 1899년, 23쪽)와 펠트만Feldmann(《그랑손 전투Die Schlacht bei Granson》, 프라이엔펠트Freienfeld, 서기 1902년, 56쪽)은 부상은 300~400명쯤 되었고, 사망자는 50명 정도에 불과했을 것으로 본다.

사보아Savoyen/Savoie와 밀라노Mailand/ Milan에서 온 보충병력도 있었다고 한다. 그러나 밀란에서 보충병력이 왔었는지 그리고 사보아 병력이 그랑손에 있었는지는 매우 의심스러우며 오히려 샤를르의 병력 중에 일부가 다른 곳에 파견되었을 가능성이 매우 높다(필자의 《페르시아 전쟁 및 부르고뉴 전쟁Die Perserkriege und die Burgunderkriege》, 150쪽 참고).

펠트만Feldmann의 《그랑손 전투Die Schlacht bei Granson》(프라이엔펠트Freienfeld, 서기 1902년)에서도 부르고뉴군 병력수를 필자보다 높이 평가하면서 필자가 포병과 "무장인원Gendarmen"과 사보이 병력을 포함시키지 않았다고 했다. 그렇지만 포병은 주로 비전투원이었고, 필자가 포함시키지 않은 "장다메리gensdarmerie"는 사료에는 보이지 않는 병력이며, 사보아 병력에 대해서는 방금 말했다.

펠트만은 또 "20,000명이 도주했다"고 외친 샤를레의 고함을 중요시하면서 이 영주領主는 어쨌건 스위스군의 승리가 실제보다 크게 보이게 하는 것을 원하지 않았을 것으로 믿는다. 그러나 필자는 오히려 자신의 병력이 겁에 질린 것에 화가 난 샤를레가 이들이 더 나쁘게 보이도록 과장한 것이라고 본다.

밀라노Mailand/Milan 영주領主의 대사大使 파니가롤라Panigarola가 보낸 급보急報(서기 1475년 12월 31일자)에는 샤를르가 자신에게 이미 2,300개 랑세lance/Lanze와 궁수弓手 10,000명이 있다고 주장했다는 말이 보인다. 이 문제에 대해 필자는 이 궁수들은 랑세 구성원인 궁수를 말한 것으로 보았다(《페르시아 전쟁 및 부르고뉴 전쟁》, 149쪽). 펠트만은 이런 해석을 부인한다. "이 영주領主는 실제로 2,300개 랑세(13,800명에 해당)〈역자 주: 1개 랑세의 병력수를 기사騎士 1명, 경기병輕騎兵/coutillier 1명, 수행원page 1명, 말을 탄 궁수 3명, 쇠뇌수弩手 1명, 소총수小銃手/couleuvrinier 1명, 보병 창병槍兵 1명 등 총 9명으로 말하는 경우도 있고; 궁수 2명, 소총수 2명 및 창병 2명 등 총 6명으로 말하는 경우도 있다. 앞의 496쪽, 각수 12 참고〉 이외의 궁수 10,000명을 말한 것"이라는 그의 해석이 정확한 해석일 수도 있다. 그러나 이런 말로부터는 그랑손 전투의 병력수 평가에 도움될 것이 없다. 전투 현장의 병력수 문제에서는 파니가롤라의 1월 16일자 급보急報만이 권위 있는 기록이며 이 급보를 보면 방금 소개한 샤를르의 말이 큰 과장임을 알 수 있다.

4. 무르텐MURTEN 전투(서기 1476년 6월 22일)

스위스인들은 베른Bern의 끈질긴 요청에도 불구하고 그들의 승리를 큰 전략적 공세攻勢의 발판으로 삼으려 하지 않으면서 그랑손 숙영지에서 더 진출하지 않고 전리품을 챙겨 고향으로 돌아갔다.16) 그 결과 샤를르 영주領主는 베른에서 약 11

---

16) 넨느리키Dändliker의 《스위스 역사Geschichte der Schweiz》, 제II편, 224쪽에서는 그랑손 전투의 전과戰果를 확대하지 못했던 것은 전적으로 스위스 연합이 군사문제를 이해하지 못한 결과였다고 설명하고 있다. 그는 "그랑손의 흥겨운 승리에 취해 있던 스위스 연합은 처음에는 샤를르 영주領主를 걱정하지 않았다. 그들은 자신들의 문제가 모두 해결된 것으로 생각했다. 베른Bern 사람들은 이런 경솔한 자기기만에 빠지지 않고 당시 상황을 심각하게 생각하면서 전쟁을 계속하려 했지만 대부분의 스위스인들은 고향으로 돌아가기로 결정했다"고 한다. 베른 사람들이 자신들에게 가장 좋은 방어대책은 공격을 재개해서 패배한 적을 추격하는 것이라고 설명했을 때 그렇게도 노련한 쮜리히Zürich 전사戰士들과 그들의 시장市長 발트만Waldmann 그리

마일(약 83km) 떨어진 바트Waadt에서 군대를 재정비할 수 있었다. 그는 로잔느Lausanne에 본부를 두고 두 달만에 준비를 끝낸 후 그랑손 전투 때보다 큰 군대(아마 18,000명~20,000명이었을 것이다)를 집결시켜 다시 전역戰役을 시작했다.17)

베른Bern은 이번에는 그랑손Granson/Grandson 같이 외따로 멀리 떨어진 위험한 전초기지前哨基地를 유지하지 않았다. 사보아Savoyen/Savoie 지역에 그들이 갖고 있던 유일한 요새는 무르텐Murten이었다. 프라이부르크Freiburg/Freibourg가 로잔느와 베른을 연결하는 두 도로를 멀리 남쪽에서 차단할 수 있는 지점이듯이, 베른에서 3마일(약 23km) 떨어진 무르텐은 이 도로들을 북쪽에서 차단할 수 있는 지점이었다(역자 주: 앞의 591쪽, 요도 3 참고). 따라서 샤를르는 이 두 지점 중에 하나를 우선 공격하지 않을 수가 없었다. 그에게는 이 두 지점을 우회해서 바로 베른으로 가는 것이 아무 장점도 없었다. 베른은 홀로는 개활지 전투에 응하지 않을 것이므로 샤를르는 베른으로 바로 가더라도 일단 이 도시를 포위하지 않을 수 없게 될 것이고 그럴 경우 그는 무르텐이나 프라이부르크를 포위했을 경우 예상되는 것보다는 훨씬 더 불리한 상황에서 동일한 방식으로 구원군의 공격을 받게 될 것이었다. 따라서 그는 우선 무르텐이나 프라이부르크 중 하나로 방향을 정해야만 했다. 이를 예견한 베른 시위원회市委員會는 프라이부르크로 "보충병력" 1,000명을 보냈다. 외지外地에 있고 주민들의 태도가 불분명한 무르텐에는 특히 노련한 전사戰士 부벤베르크Adrian von Bubenberg를 지휘관으로 해서 수비대 1,580명을 보냈다.

샤를르는 무르텐을 공격키로 했다. 그 특별한 군사적 이유가 무엇이건(일례로 후퇴가 용이한 도로나 지형 등) 결정적 요소는 그가 첫 전역戰役을 그랑손에서 치르기로 했을 때의 고려사항과 같았다. 스위스 연합의 동부주東部州들은 그랑손 전투 후에도 여전히 이 전쟁에 강력히 반대하고 있었다.18) 그 결과 베른Bern의

고 스위스 연합의 여타 구성원들이 이런 상황을 이해할 능력이 없었다는 말인가? 우리는 여기서 잘못된 기본개념을 가지고 있을 경우 어떤 생각까지 할 수 있는지를 알 수 있다. 덴드리커는 이 전쟁에서는 스위스가 침략자라는 점을 인정하려 하지 않고 이 전쟁을 스위스인들의 일종의 긴급방어전쟁으로 설명하려 하면서 그 이유를 스위스인들은 부르고뉴 영주領主에 대해 위협을 느끼고 있었기 때문이라고 한다. 원사료原史料에 명확하게 기록되어 있지는 않다고 해도 그랑송 전투 이후 스위스인들이 취한 행동은 부르고뉴로부터 위협을 받고 있다는 감정은 당시의 스위스인들의 감정과는 얼마나 거리가 먼 것인지를 보여주는 행동일 것이다.

17) 무르텐 전투에서 부르고뉴군의 병력수에 대한 필자의 평가(최대한 20,000명)는 물론 스위스인들에 의해 널리 비판받고 있지만 필자의 견해를 부인할 합리적 근거를 그들은 전혀 제시하지 못한다. 디에로이어Dierauer는 전투 전 마지막 몇 일 사이에 보충병력이 왔다는 기록을 근거로 부르고뉴군의 병력수를 23,000~25,000명까지 보려 하지만(《스위스 연합의 역사Geschichte der Schweizerischen Eidgenossenschaft》, 211쪽) 이 보강병력이 실제로 왔다는 증거는 없다. 필자의 평가 중에 수정될 유일한 곳은 《페르시아 전쟁과 부르고뉴 전쟁Die Perserkriege und die Burgunderkriege》, 153쪽, 각주로서 이곳에서 말한 18,000이란 수치는 만드로Mandrot의 《코미네의 필리프 비망록Mémoires de Philippe de Commynes》(최근 비판 편編)에 의하면 결국 "사망자 18,000명" 즉, 사망자의 합계를 의미하지만 디에로이어의 평가에 의하면 "사로잡힌 인질prenant gages"(즉, 전사戰士들)의 합계이고 그 중에서 8,000명만 사망한 것으로 추정된다.

18) 파니가롤라Panigarola의 급보急報(6월 10일자). 겡겡F. de Gingins-la-Sarra, 《서기 1474년~1477년 대담한 샤를르의 전역戰役 당시 밀라노 대사의 급보急報들Dépêches des ambassadeurs Milanais sur les campagnes de Charles le Hardi, de 1474 à 1477》, 제II편, 242쪽.

어떤 항의나 충고에도 불구하고, 그리고 그들이 얻을 수 있는 명백한 군사적인 이점에도 불구하고 동부주東部州 병력들은 승리한 직후 바로 고향으로 돌아갔으며 이로 인해 부르고뉴가 그들의 문전門前에서 재집결하는 것을 허용했었다. 그들은 무르텐 방어도 지원하지 않으려고 했고 스위스 연합의 실질적 영토만 방어하려 했었다. 만약 샤를르가 프라이부르크를 공격하면 그들은 즉시 총동원령을 내리 겠지만 스위스 연합의 실질적 영토가 아닌 무르텐의 경우는 이를 공격하더라도 같은 해 봄에 있었던 그랑손 전투와 동일한 양상이 될 가능성이 높았다.

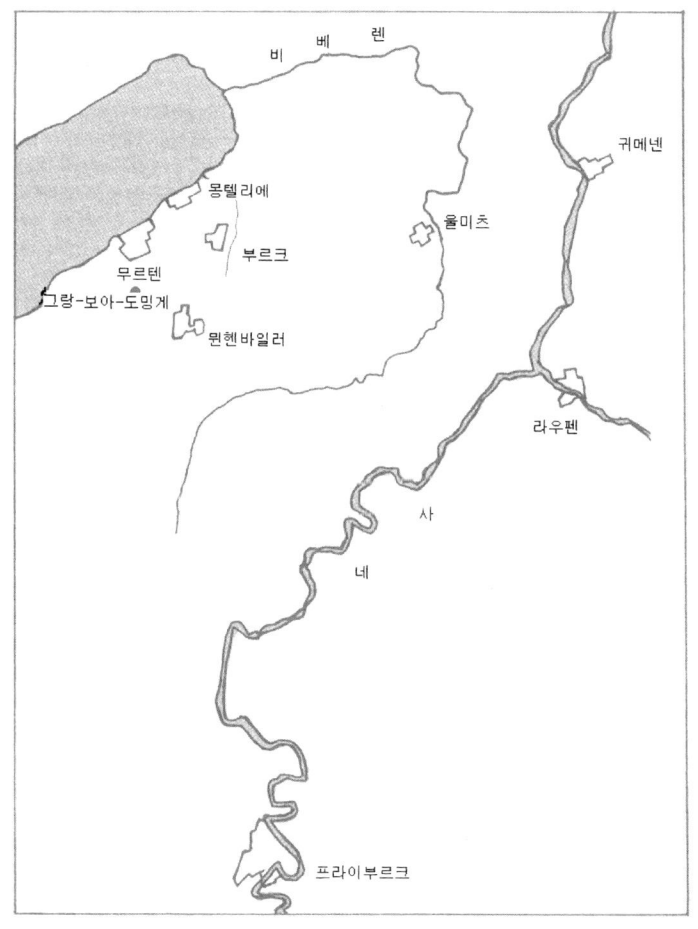

요도 4. 무르텐 전투

샤를르가 스위스 구원군이 도착하기 전에 무르텐 탈취에 성공하면 이어 무엇을 하려 했을 지는 쉽게 말할 수 없다. 그는 밀라노 대사大使 파니가롤라에게 직접 베른으로 갈 계획을 말했다고 하지만 그보다는 어느 요새화된 진지陣地에서 스위스군이 공격해 오기를 기다렸을 것으로도 생각된다. 만약에 그가 무르텐 수비대 1,500명을 생포해 인질로 잡아둘 수만 있었다면 그는 이로써 이 전투의 목적을 달성했을 것이다. 그랑손 전투 때 같이 이들을 모두 처형해 버리면 그는 스스로 베른으로 갈 필요도 없이 자신이 원했던 대로 스위스인들을 개활지로 끌어내서 전투에 응하게 만들 수 있었을 것이기 때문이다.

여하간 샤를르는 심사숙고 끝에 무르텐으로 가서 6월 9일에 포위를 시작했고 이와 함께 구원군이 올 때를 대비해서 바깥쪽을 향해 요새를 구축했다. 그러나 이 요새는 무르텐 성城 가까이 있는 그의 숙영지 바로 곁에 쌓은 것이 아니었다. 그의 숙영지는 높은 곳에서 감제瞰制 되는 지형에 있었기 때문이다. 그는 무르텐에서 1.5~2km 떨어진 다음 능선 위에 요새를 구축했다. 이 능선 앞에는 비교적 평평한 바일러Wyler 평원이 부르크Burg와 뮌헨바일러Münchenwyler에서 동쪽으로 펼쳐져 있었는데 이 평원은 훌륭한 전투장소가 될 수 있는 곳으로서 멀리에서 접근하는 적을 대포와 쇠뇌와 활로 맞이할 수도 있을 뿐 아니라 기사騎士와 보병들이 공격에 나서기에도 편한 지점이었다.19)

샤를르는 아마 몽텔리에Montellier 부근일 것도 같은 또 다른 곳에 둑을 쌓아서 하천을 막고 적의 접근을 차단하는 데 이용케 했다. 그의 요새를 스위스 연대기年代記 작가들은 "그륀하크Grünhag"라고 불렀는데 일부에는 울타리가 있고 일부에는 녹채鹿砦 장애물이 있었으며 솟아오른 지점에는 대포가 배치되어 있었다. 이 그륀하크에는 출격出擊을 위한 틈이 남겨져 있었다. 이 그륀하크가 숙영지 동쪽에서 얼마나 길게 펼쳐져 있었는지에 관한 기록은 없지만 남쪽 끝만 겨우 열려있을

---

19) 파니가롤라의 급보(6월 13일자). 겡겡, 《서기 1474년~1477년 대담한 샤를르의 전역戰役 당시 밀라노 대사의 급보急報들》, 제II편, 258쪽. 샤를르가 자신의 숙영지를 요새화했다는 파니가롤라의 말은 쉴링 Diebold Schilling의 《베른 연대기年代記 Berner Chronik》에 있는 묘사들과(이들 중 하나가 오쉔바인Oschenbein의 《무르텐 전투 관련 문헌들Urkunden zur Schlacht von Murten》과 마이스터Meister 대령大領의 논문에 수록되어 있다) 쫄러Zoller의 전투가戰鬪歌에 의해 분명히 확인된다. 쫄러의 전투가에는 다음과 같은 구절이 있다:

그는 자신의 군대를 둥그렇게 감쌌네,
호수에서 고지까지 그가 원하는 대로.
그는 나중 터뜨리려고 하천도 막았지.
공사는 밤낮으로 이어졌고,
레문트Remunt 대공大公의 숙영지는 곧 완성되었네.
그는 큰 나무들도 쓰러뜨리게 했다오.
누가 이렇게 훌륭한 공사를 보았을까?
그것도 두 주일만에 끝낸 공사를.
(역자 주: 이 전투가 5행 중 레문트Remunt 대공大公은 비테Heinrich Witte의 "부르고뉴 전쟁 기원사起源史 Zur Geschichte der Entstehung der Brugunderkriege"에 나오는 로몽Romont 대공大公과 동일인으로 보인다.)

정도로 길게 뻗어 있고 거의 둥근 형태였음이 분명하다. 그 남쪽에는 뮌헨바일러 남쪽 숲의 나무들을 쓰러뜨려 요새와 연결될 수 있게 해놓았을 것이다. 이 때문에 그들의 자연스런 집결지가 북동쪽에 있었을 스위스군은 이 요새를 멀리 휘돌아서 이동할 수는 없었을 것이다.

이 든든한 진지陣地를 본 샤를르는 적이 감히 이곳으로 오지 못하리라 믿었다. 그는 전투가 있을지는 즉, 자신이 숙영지를 나설 것인지 그대로 숙영지에 남아 있을 것인지는 오로지 자신의 선택에 달려 있을 것으로 믿고 있었다.[20]

샤를르의 이 요새화 된 숙영지에 대한 보급품 수송은 도중 적절한 거점據點에 배치해 둔 병력에 의해 보호되었다.

샤를르가 스위스 구원군의 기습공격을 가장 잘 방어할 수 있는 대책은 무르텐과 베른 중간을 남에서 북으로 흐르는 사네Saane 강의 도하지점들을, 특히 라우펜Laupen과 귀메넨Gümmenen을 점령하는 방법이었을 것이다. 따라서 그는 처음에 실제로 이 지점들을 차지하려고 시도해 보았지만(6월 12일) 한번 적에게 밀려난 후에는 다시 시도하지 않았다. 그는 적에게 다시 빼앗길 가능성도 있고 이곳으로 인해 자신이 숙영지를 떠나서 구원전救援戰을 펼치지 않을 수 없게 될 가능성도 있는 그런 먼 곳을 굳이 차지하려고 하지 않았을는지도 모른다.

이에 스위스군은 사네 강 바로 뒤에 집결할 수 있었고 본대가 집결하자 바로 강을 건너 부르고뉴군 녹채鹿砦 장애물에서 5~6km 내에 있는 울미츠Ulmitz로 갈 수 있었다(6월 12일). 그들에게는 스위스 병력 외에 로트링겐Lothringen/Lorraine 레네Renè 영주領主가 거느린 기병 수백 명, 오스트리아 기병, 스트라스부르크Strassburg/Strasbourg 병력 그리고 엘사스Elsass/Alsace에서 온 여타 분견대들도 있었다. 그러나 전 병력이 모두 집결한 것은 샤를르의 무르텐 포위가 시작된 13일 만인 6월 22일이었다. 스위스 연합 각주各州들이 동원령을 내린 것은 부르고뉴군의 진격 소식을 들었을 때도 아니었고 심지어 무르텐Murten이 포위되었을 때도 아니었으며 6월 12일 사네 강변에서 전초전前哨戰이 벌어져 베른Bern의 영역이 실제로 침범되었을 때였다.

그러나 이번에는 부르고뉴군이 큰 노력에도 불구하고 무르텐Murten 함락에 실패했다. 그들은 성벽城壁의 틈을 포격砲擊하며 돌격해 보았지만 격퇴되었다. 무르텐의 지휘관 부벤베르크Bubenberg는 경계심을 풀지않고 정열적으로 지휘했다. 그는 시민들의 적개심을 일깨워 가며 엄격한 훈계로 병사들의 사기가 떨어지지 않게 격려했다. 보충병력이 호수를 넘어 그를 도우러 왔다. 결국 부르고뉴군의 지휘관들은 공격을 포기하고 포격만 계속하면서 차후 이 마을의 운명을 결정할 수도 있는 다른 싸움을 위해 모든 역량을 집중하라고 샤를르에게 권했다.

---

20) 파니가롤라의 급보(6월 12일자 및 13일자).

샤를르는 스위스군이 매우 가까이 있다는 보고를 받자 전투 전날에(6월 21일) 지휘관 몇 명과 함께 직접 정찰 나갔다. 샤를르가 아주 가까이 접근하자 스위스 군은 사격을 시작했고 이에 샤를르는 그의 지휘관들과 이제 차라리 포위를 풀고 개활지의 이 적을 향해 나와보는 것이 어떨지 의논해 보았지만[21] 결국 그렇게 하지 않기로 결정했다. 스위스군이 그들의 집결지로 선택한 울미츠Ulmitz 부근의 지형은 계곡들에 의해 갈라지고 숲에 덮여 있어 기사騎士들이 공격하기에는 적합하지 않고 적의 병력이 잘 보이지도 않아서 그 병력수를 세어 볼 수도 없는 곳이었다. 샤를르는 적의 상당수는 아직 집결하지 못했을 것으로 믿었다. 더욱이 그는 결국은 성공하게 될 포위를 중단하고 싶지 않았다. 그는 (예를 들어 후일 프리드리히Friedrich/Frederick 대왕이 다운Daun과 싸우려고 프라하Prag 에서 콜린Kollin/Kolin 으로 이동했을 때와 같이) 포위도 계속하면서 울미츠 부근의 스위스 구원군도 공격하기 위해 병력을 나누어 볼 생각은 하지 않은 것으로 보인다. 그런 기동은 바람직하지도 않았다. 그는 울미츠 부근의 스위스군 병력이 얼마나 되는 지도 몰랐고 또한 스위스군은 유리한 지형의 보호를 받고 있었기 때문이다. 따라서 샤를르는 포위를 계속하면서 스위스 구원군이 자신을 공격해 오기를 기다렸다. 밀라노 대사大使 파니가롤라는 샤를르에게 스위스군의 행동에는 속임수가 보이고 1시에서 2시 사이에 기습적으로 나타날 것이라고 경고했다. 그러나 부르고뉴군이 적의 공격에 대비해 녹채鹿砦 장애물 뒤에 전개했지만 적이 오지 않고 지나간 날이 이미 여러 차례 있었기 때문에 샤를르는 이때도 그들이 공격해 오리라고는 전혀 믿지 않았었다. 또한 그는 보병 2,000명과 300개 랑세의 병력으로 울미츠 Ulmitz를 마주 보고 있는 자신의 진지에 밤에도 수비병력을 배치해서 최악의 경우에도 적의 기습공격을 방어할 수가 있었다. 그는 오후 내내 전투대형으로 대기했던 본대本隊를 숙영지로 돌려보냈다.

밤중에 억센 비가 내리기 시작해서 이튿날 아침까지 그치지 않았다. 아침에

---

21) 6월 16일에 샤를르는 다음과 같은 보고서를 디종Dijon 시위원회市委員會에 보내게 했다:

지난 밤 우리는 전병력과 함께 적을 향해 나갈 생각으로 자지 않고 기다렸습니다. 적은 우리와 2쁘띠리에petites lieues도 안 되는 곳에 있었고, 보고 받은 바에 의하면 우리에게 더 가까이 접근해 싸우려고 병력을 집결시켜놓고 있었습니다. 그리고 우리는 몇 시간 동안 그들을 기다렸습니다. (출처: 오쉔바인Ochsenbein, 《무르텐 전투 관련 문헌들Urkunden zur Schlacht von Murten》, 280쪽.)

바테레트Hans Wattelet는 이 말을 스위스군을 공격하러 나갈 생각인 것으로 보았다("무르텐 전투. 그 역사의 비평적 연구 Die Schlacht bei Murten. Historische-kritische Studie," 29쪽 이하 및 각주 88과 각주89). 그러나 이 말은 그륀하크Grünhag에서 적의 공격을 맞을 생각이라는 말이 분명하다. 바테레트는 같은 보고를 무심코 한 번은 16일 보고로 또 한 번은 19일 보고로 해석했다. 필자는 6월 18일자 파니가롤라Panigarola의 급보急報를 샤를르가 귀메넨Gümmenen 부근에서 스위스군을 공격하려 했다는 취지로 본 바테레트의 해석(각주 85) 역시 틀리다고 본다. 이 6월 18일자 급보急報 중 "다르 라 바타글리아dar la bataglia"(직역하면 "전투를 주려고")라는 구절은 겡겡F. de Gingins-la-Sarra이 이미 해석해 놓은 것과 같이 무르텐Murten에 대한 계획된 공격을 의미한다.

스위스군 정찰대가 나왔었지만 곧 철수하고 아무 것도 보이거나 들리지 않았다. 결국 샤를르는 적이 감히 공격하지 못할 것을 확신할 수 있다고 생각했다.

그러나 스위스군은 지난 몇 일간 실제로 공격할 생각을 가지고 있었고 다만 쮜리히Zürich 병력이 도착하기만 기다리고 있었는데 쮜리히 병력은 심지어 베른Bern 에서부터는 철야행군을 할 정도로 강행군을 해서 토요일 아침에 울미츠Ulmitz에 도착했다. 바트Waadt 정복에 관한 자신의 의견을 베른 시민들에게 강요하려 했던 쮜리히 시위원회市委員會는 부르고뉴군이 로잔느Lausanne에서 출발한 지 3주일 이상이 지났고 그들이 무르텐Murten을 포위한 지도 10일이 경과한 6월 18일에야 비로소 병력을 출발시킨 것이었다. 더욱이 그들의 징집군은 당시 상황에 비추어 매우 적은 규모로서 겨우 1,450명 아니면 최대 2,000명이었다.

그러나 집결이 끝난 스위스군의 병력은 부르고뉴군과의 차이가 그랑손 전투 때보다도 더 벌어질 정도로 많았다. 그들의 병력은 약 26,000명으로 평가될 수 있는데 무르텐 수비대까지 합하면 총병력이 28,000명에 달했다. 무르텐 수비대는 부르고뉴군의 일부를 붙들고 있다 결국 출격을 나왔기 때문에 역시 중요한 역할을 했다. 부르고뉴군은 다시 말하자면 18,000명~20,000명이었지만 이 중에 일부는 보급로 수비병력으로 일련의 거점據點들에 나가 있었다.

그랑손 전투 당시 부르고뉴군 병력수를 100,000명이라고 했던 스위스 측 사료에는 무르텐 전투 때는 그들의 병력수가 그때의 3배나 되었다고 한다.

샤를르는 병력도 적보다 크게 저었지만 포위하고 있는 요새화 된 무르텐 성城이 능뒤에 있어서 전략적으로도 불리했다. 그러나 무엇보다도 큰 문제는 지형 활용만 생각하다 보니 숙영지에서 500m나 떨어진 곳에 둘레가 너무 큰 요새를 구축해 놓았던 점이다. 적이 공격해 올 때 모든 것은 숙영지의 병력이 적시에 이 녹채鹿砦 장애물 앞에 전개할 수 있느냐에 달려있었지만 적의 공격을 미리 알기는 불가능한 일이었고 따라서 이 장애물이 이미 공격을 받고 있을 때 병력 전개가 시작될 수밖에는 없게 되기가 십상이었다.

장군이라면 항상 대담한 모험와 용기 있는 결정과 더불어 아주 작은 징후라도 알아차리고 적의 책략과 속임수를 예견할 수 있는 경계심을 지니고 있어야 한다. 서기 1742년 5월 17일 코투시츠Chotusitz에서 오스트리아군이 프로이센군을 기습적으로 공격하려 했을 때 프로이센군이 패배를 피할 수 있었던 것은 오로지 총사령관 레오폴트Leopold von Anhalt 황태자가 동틀 무렵에 이미 말 위에 올라타 있다가 적의 접근사실을 보고 받자 즉시 경보를 하달해서 병력을 전개시킬 수 있었기 때문이다. 서기 1745년 9월 30일 수어Soor에서 오스트리아군은 프리드리히Friedrich/ Frederick 대왕을 기습했다고 생각했지만 프로이센군은 반격에 성공했는데 이는 오로지 대왕이 매일 아침 새벽 4시에는 일어났었고 적의 움직임에 대한 보고를 받았을 때는 이미 장군들과 함께 있었기 때문이다(역자 주: 이 책 제IV편, 322쪽 참고). 이런 프리드리히 대왕조차 호크키르크Hochkirch에서는 기습공격을 당한 적이 있다. 그나이제나우Gneisenau 원수元帥는 벨레-알리앙스La Belle-Alliance 전투(역자 주: 이 책 제II편, 55~57쪽 참고) 때도 나폴레옹의 접근을 몇 시간만 일찍 알았다면 리그니Ligny에서 이미 승리할 수 있었을 것이다. 큰 병력 전체가 접근할 때는 그 규모가 너무 커서 아무도 몰래 접근할 수 없을 지 모른다. 그러나 전쟁사를 보면 큰 병력 전체가 아무도 모르게 적에게 아주 가까이 접근해 있던 일이 아주 흔하다. 이런 실례는 얼마든지 있으므로 지금은 몇 가지 잘 알려지지 않은 예만 소개하겠다. 서기 1813년 10월 16일 프랑스군은 바렌Wahren의 잘 준비된 진지陣地에서 실레지아Schlesische/Silesian군을 기다리다 이 쪽에는 적의 공격이 임박해 있지 않다고 생각하고 진지를 포기했지만 그 직후 적의 접근사실이 보고되었는데 적이 너무 가까이에 와있어서 방금 떠난 진지로 되돌아갈 수 없었고 후방으로 1/4마일(약 1km 남짓) 이상 떨어진 이제 막 도착한 뫼케른Mökern 진지를 점령할 수밖에 없었다. 더 한심한 예로 쾌니히그레츠Königsgrätz 전투 당시 오스트리아군 우익은 황태자의 병력이 그들 한가운데 와있을 때까지도 이들의 접근사실을 모르고 있었다. 서기 1840년 8월 4일 비쎈부르크Wissenburg에서는 제III군 전체의 접근 사실을 프랑스 정찰대가 발견하지 못한 적도 있었다. 두아이Douay 장군은 정찰대로부터 아무런 일도 없다는 보고를 받자 병사들에게 식사준비를 시켰는데 이때 전초기지에서 갑자기 불길이 보이기 시작했었다. 프로이센군이 오스트리아군 주력의 도착 사실을 몰랐었던 서기 1866년의 트로이테나우Trautenau 전투나 프랑스군이 프로이센군에게 기습당한 서기 1870년의 보몽Beaumont 전투 역시 적의 접근을 예상하지 못했기 때문에 가까이 오도록 관측하지 못한 실수가 있었던 점에서 앞서와 같은 부류의 예에 속한다. 서기 1870년 8월 독일군은 겨우 1마일(7.5km) 밖에 있었던 프랑스군 생프리바Saint Privat 진지의 우측면을 찾아내려고 17일 하루종일에 이어 그 이튿날 아침까지도 헤매고 다녔었다는 사실도 언급해 둘만 하다.

다시 무르텐 전투로 돌아가자면, 결국 이 경우에는 숲에 가려져 있었을 적의 접근을 즉시 관측한다는 것 자체가 그리 만만한 일이 아니고 당연한 일도 아니었지만 부르고뉴 영주領主는 이런 상황에 적절히 대처할 장군 자질이 전혀 없던 인물일 수밖에는 없다. 그는 자신이 그들의 숙영지를 물론 잘 알고 있던 스위스군을 직접 세밀히 관측하게 가면서 모든 시선을 그들에게 집중시키거나 적어도 가장 믿을만한 지휘관에게 이런 임무를 부여하지도 않은 채 어리석게도 적이 감히 공격하지 못할 것으로 확신했던 것이다. 심지어는 스위스군의 접근을 보고

받은 한낮에도 그는 미심쩍어 하면서 오랫동안 아무 조치도 취하지 않았다.

스위스군 지도자들은 어디를 공격해야 할 것인지 심사숙고했었다. 군무회의軍務會議는 무르텐 마을 북쪽 호숫가의 포위군이 아니라 바일러Wyler 평원의 숙영지 중앙을 공격하기로 결정했다. 만약 그들이 이곳에서 침투에 성공하면 적은 대부분 도로에서 뒤로 밀려나 차단될 수밖에 없었다. 이 운명적 결정에 대해 《베른 연대기年代記 Berner Chronik》에 있는 말을 한번 되새겨 볼만 하다.

모든 지휘관과 군기軍旗, 각 도시 및 지역의 위원회委員會, 동맹군 및 여타의 협력자들이 매일 모여서 어떻게 명예로운 공격을 할 것인 지와 이 문제에 대처할 것인지 검토하고 의논했다. 그들의 관심사는 샤를르 영주領主와 그의 범죄적 지도자들이 앞서 그랑손에서와 같이 빠져나가지 못하도록 하는 것 뿐이었다. 그들은 신神의 이름과 신神의 도움으로 바로 이 영주領主부터 공격해서 그를 빠져나가지 못하게 할 방법을 의논했다. 그들은 만약 무르텐의 이쪽에 강력한 진지를 구축해 놓은 레이몽Reymont 대공大公(역자 주: 비테Heinrich Witte가 말한 로몽Romont 대공大公과 동일인으로 보인다)을 먼저 공격해서 격파하면 샤를르 영주領主와 그의 범죄적 지도자들은 빠져나갈 수밖에 없다고 믿고 있었다.

울미츠Ulmitz로부터 부르크Burg 마을과 살베나크Salvenach 마을(부르크 마을에서 1/4마일 〈1km 남짓〉 떨어져 있음) 사이의 작은 벌판을 건너 바로 부르고뉴군 요새 쪽으로 공격은 이루어졌다. 이곳의 부르고뉴군의 요새는 대략 뮌헨바일러 마을에서 북쪽으로 부르크 마을이나 아데라Adera 언덕 방향으로 뻗어 있었을 것이다. 창병槍兵과 미늘창 창병槍兵들로 편성된 3개 스위스 부대 사이에는 1,800명 이상의 기사騎士와 궁수弓手들이 있었다.22)

스위스 연합의 내부적 긴장관계를 반영한 큰 특징은 최고사령관을 스위스인이 아니라 그들과 지난 3년 동안 필사적 적개심으로 대립했던 왕조의 바쌀Vassal(역자 주: "가신家臣"으로 통상 번역된다. 구체적 의미에 대해서는 이 책 제Ⅱ편, 제Ⅳ권, 제Ⅳ장 참고) 중 하나인 오스트리아 기사騎士 헤르터Wilhelm Herter가 맡았다는 점이다. 《베른 연대기年代記

---

22) 특히 바테레트(아래를 볼 것)를 비롯해서 상당수 학자들은, 스위스군이 무르텐에서 3개의 일반적인 보병부대로 편성되어 있었다는 사실에 대해 이의를 제기한다. 그러나 그렇게 말한 쉴링Diebold Schilling의 기록(《베른 연대기年代記》)은 일부 사료에는 2개 부대만 언급되어 있다거나 파니가롤라Panigarola도 2개 부대만 보았다고 말했다거나 쉴링 자신도 이 전투에 관한 후일의 기록에서 2개 부대만 언급했다 해서 부정될 수 없다. 제3의 부대는 전투 자체에는 참여하지 않았고 다만 다른 두 부대가 있던 언덕들 위의 숙영지로 몰려갔고 그곳에서 대형이 깨졌다. 쉴링의 기록이 없었다고 해도 그렇게 큰 군대였던 스위스군이 3개 부대로 된 일반적인 대형을 바로 이곳에서 포기했다는 것은 전혀 이해하기 어려운 일일 것이다. 그들로서는 부르고뉴군의 전 병력이 모두 녹채鹿砦 장애물 뒤의 진지陣地에 전개해 있지는 않은 지 여부를 그리고 그곳에서 어느 측면으로부터이건 그들의 반격이 있을 것인지(이런 반격을 방어하는 것이 스위스군 후위대의 임무였을 것이다) 여부를 사전에 알 수는 없었을 것이다.

Berner Chronik》의 작가로서는 이런 사실을 기록에 남길 수 없었다. 그는 최고사령관을 전혀 언급하지 않았고 쮜리히Zürich에서 온 본대本隊 지휘관 발트만Hans Waldmann의 이름조차 언급하지 않았다. 그는 베른Bern에서 온 전위대前衛隊 지휘관 할빌Hans von Halwil의 이름만 기록해 놓고 그를 찬양했으며 그 외에 그가 이름을 언급해 놓은 유일한 인물은 후위대後衛隊 지휘관 하르텐스타인Kaspar Hartenstein이다.[23]

매우 이상하게도 이 농민과 도시민들의 스위스군은 전진 중 숲 속에서 꽤 긴 시간을 보냈는데 이 시간에 티에르스타인Thierstein 대공大公은 쮜리히 시장市長 발트만을 포함해서 상당히 많은 인원들에게 리터슈라그Ritterschlag/dubbing(역자 주: 칼로 어깨를 두드리는 기사작위騎士爵位 수여의식授與儀式)를 베풀었다. 이 의식은 시간이 너무나 많이 걸려서 많은 사람들이 참지 못할 정도였다.

그러나 부르고뉴군은 이렇게 시간이 지연되었음에도 불구하고 그렇게도 많은 적의 기병과 궁수들에 이어 마지막으로 거대한 방진方陣이 깃발들을 휘날리면서 숲에서 바일러Wyler 평원으로 쏟아져 나오는 것을 전혀 알아채지 못했다. 그리고 그들은 그륀하크Grünhag를 밤보다 많지 않은 병력인 보병 2,000명과 300개 랑세lance/Lanze로 점령하고 있었을 뿐이다.

부르고뉴군의 그륀하크Grünhag 수비병력은 매우 적었지만 스위스군의 1차 공격은 실패했다. 양측 기록이 이 점에서는 일치한다. 베른Bern 측인 쉴링Schilling의 기록에 의하면 부르고뉴군의 녹채鹿砦 장애물로 바로 이동한 부대들은 장애물을 돌파하지 못하고 돌아섰다고 했다. 그러나 대포들과 궁수들이 배치되어 있는 그륀하크의 외양外樣 때문에 스위스 공격종대들이 멀리 떨어진 곳에서 공격을 멈추었던 것일 가능성이 더 높을 것 같다. 또 다른 현장 목격자인 루체른Lucerne 원주민 에테린Etterlin은 다음과 같이 기록했다.

적은 그곳의 진지陣地를 요새화 해 놓았고 그들의 큰 중포重砲가 대형을 형성한 스위스 연합 병력과 이 대형 옆의 작은 벌판에 있던 기사騎士들에게 정확하고 치명적인 사격을 퍼부어서 결국 큰 피해를 입혔다. 이 연대기를

---

23) 헤르터Wilhelm Herter가 총사령관이었다는 것은 두 개의 별도 사료(크네벨Knebel의 《바젤 연대기年代記 *Baseler Chroniken*》와 현장 목격자인 루체른Lucerne 원주민 에테린Etterlin의 기록)에 의해서 입증된다. 이에 대한 쉴링Schilling의 침묵 자체가 이를 부인할 증거로 취급되면 안 된다. 그가 침묵을 지킨 것 자체는 특별히 중요한 일은 아니다. 그들과 같은 군대에서는 최고사령관이 반드시 전략 지도의 임무와 책임을 지닌 장군일 필요가 없기 때문이다. 이 전쟁에서는 전체 군무회의軍務會議가 최종적 결정권을 지니고 있었다. 헤르터의 임무는 기술적 집행을 책임지는 것이었다. 이런 상황을 강조해야 할 유일한 이유는 이 경우가 페르시아 전쟁 당시 그리스 각 지역들의 상호관계와 비교되기 때문이다. 두 경우 모두 위업偉業을 달성할 수 있었던 것은 오로지 극도의 내부적 긴장관계를 늘 극복할 수 있었기 때문이다. 우리는 이런 흔적들을 사료에서도 찾아 볼 수 있다.

덴드리커Dändliker의 견해(《스위스 역사*Geschichte der Schweiz*》, 제3판, 842쪽)에 따라 필자도 역시 본대 지휘관은 발트만Hans Waldmann이었음이 분명하다고 인정하는 편이다.

쓰고 있는 나 에테린Peterman Etterlin과 그곳에 있던 많은 독실한 사람들은 일부 기병과 기사騎士들이 허리에 포탄에 맞아 몸이 두 동강이 나 상체는 떨어져 나가고 하체는 말안장 위에 그대로 얹혀져 있는 모습과 일부는 머리를 포탄에 맞아 머리만 몸에서 떨어져 나간 모습을 보았다. 그러나 신神의 은총으로 그렇게 포탄에 맞은 자의 숫자가 그리 많지는 않았다.

만약 스위스군이 녹채鹿砦 장애물까지 다 갔다가 적 대포 사정거리射程距離 밖으로 다시 밀려났던 것이라면 그들은 분명히 매우 큰 피해를 입었을 것이다. 또 이때 종대縱隊의 전진을 멈추게 한 것은 사망자 숫자보다는 포탄에 맞아 생긴 무서운 부상 때문에 사기士氣가 떨어졌기 때문일 것이다.

파니가롤라Panigarola의 말에 의하면, 갈리오토Jacob Galioto 등 모든 지휘관들은 한결같이 만약 스위스군이 뒤로 돌아 숲 쪽으로 철수할 때에 부르고뉴군이 그륀하크에만 있었다면 분명히 스위스군을 격파했을 것이라고 말했다고 한다.24) 스위스군의 방진方陣이 그렇게 심하게 흔들렸다는 것은 의심해 볼만 하지만 부르고뉴군이 공세로 전환할 시점이 바로 그 순간이었다는 것만큼은 진실이다.

일부 기사騎士들이 용감하게 나가서 스위스군에게 돌진했었지만25) 그들은 수가 적어 아무 것도 할 수 없었고 부르고뉴군은 요새에 없었다. 아래쪽의 숙영지에 있던 샤를르 영주領主는 이제 겨우 나팔수들에게 장비를 착용하고 말에 안장을 얹고 올라타게 신호를 보내라고 지시했을 뿐이다. 파니가롤라는 직접 언덕 위로 올라가서 직접 스위스군을 보았는데 기병도 보였고 창끝이 숲을 이루어서 번쩍이고 있었고 깃발들이 휘날리고 있었다. 그는 영주領主에게 달려 내려와 갑옷을 착용하는 것을 도와주었다. 그러나 이 순간도 영주領主는 적이 왔다는 것을 믿지 못했다. 그가 드디어 말에 올라탔을 때는 승부가 이미 결정된 후였다.

굴곡이 많은 지형에서 부르고뉴군의 포탄으로부터 자신들이 보호받을 수 있는 언덕을 찾아내는 것이 스위스군에게는 어려운 일일 수가 없었을 것이다. 더욱이 당시의 대포는 신속한 포탄 재장전再裝塡이나 사격방향 전환이 어려운 무기였다. 바젤Basel 측 기록에 의하면 이런 기동을 권유한 것은 슈비츠Schwyz군의 암만ammann (역자 주: 13세기 이후 스위스 지역에서 후노Hunno 대신 쓰이던 호칭. 앞의 528쪽 참고)이었고 그는 미늘창을 들고 대형의 첨두尖頭에 서있었다고 한다.26)

부르고뉴 전사戰士들이(기사騎士, 궁수弓手 및 창병槍兵) 놀라서 부대별로 숙영지를

---

24) 파니가롤라Panigarola의 7월 8일자 급보急報. 겡겡F. de Gingins-la-Sarra, 《서기 1474년~1477년 대담한 샤를르의 전역戰役 당시 밀라노 대사의 급보急報들Dépêches des ambassadeurs Milanais sur les campagnes de Charles le Hardi, de 1474 à 1477》, 제Ⅱ편, 345쪽.

25) 에들리바크Edlibach의 기록, 157쪽.

26) 크네벨Knebel, 《바젤 연대기年代記 Baseler Chroniken》, 제Ⅲ편, 26쪽.

튀쳐 나왔을 때 그륀하크Grünhag는 이미 몰려온 적에게 점령되어 있었고 뒤돌아 도주하는 병력이 그들을 덮쳤으며 비록 이미 늘어진 대형이지만 곧 스위스 대군大軍의 대형이 그들을 쫓아왔다.27) 샤를르 영주領主는 제 살길을 찾기에 급급했고 새로운 진지에서 병력을 멈추게 하려고 노력하지도 않았다. 훨씬 큰 병력으로 맹렬하게 공격해 오는 스위스군 앞에서 혼란에 빠진 부르고뉴군은 어떤 노력도 모두 실패로 끝났다. 기병 중 일부만 도주에 성공했고 그 유명한 잉글랜드 궁수들을 포함해서 보병들은 매우 숫자가 많은 적의 기병에게 제압되어 대부분 쓰러졌다. 결국 무르텐Murten 마을 가까이 있던 병력은 무슨 일이 일어났는지 알기도 전에 적의 창끝에 쓰러졌다. 그들은 모두 살육을 당하지 않으면 호수에 빠져 죽었다. 단지 마을 북쪽에서 숙영 했던 로몽Romont 대공大公의 분견대만 적군을 크게 휘돌아 산네Saane 강을 따라 빠져나갔다.

이제 그 출처만 보면 매우 타당한 증거를 제시해야 할 사료들이 얼마나 신뢰성 없이 기록된 것인지를 보여줄 몇 가지 예를 잠시 소개하기로 하겠다. 《로트링겐 연대기年代記 Lothringische Chronik》에서는 레네René 영주領主를 스위스군 총사령관이라고 했고, 부르고뉴 궁중사관宮中史官 몰리네Molinet의 기록에서는 스위스군이 그륀하크Grünhag로 자신들의 진지를 요새화 했으며 부르고뉴군이 이를 공격하려다가 실패했다고 했고, 호이테루스Heuterus의 기록에서는 샤를르가 보병으로 큰 방진方陣을 만들어서 기병을 양 측면에 세우고 궁수를 후미에 배치했다고 했다.

한편 파니가롤라Panigarola는 7월 8일자 급보急報에서 부르고뉴군의 총 손실을 보급대열의 손실을 포함해서 총 8,000~10,000명으로 평가했다. 그 후 7월 13일자 급보急報에서는 샤를르 영주領主가 그의 1,600개 랑세lance/Lanze 중 1,000개 랑세와 귀족 200명을 보존했다고 말했는데 이 말은 아마 1,000개 랑세는 전체가 보존되고, 다른 200개 랑세에서는 가장 좋은 말을 탄 귀족(기사騎士) 200명만 보존되고 나머지 일반병사 및 특히 궁수들은 죽었으며, 나머지 400개 랑세는 전체가 몰살되었다는 의미로 이해되어야 할 것이다. 따라서 이 기록에 의하면 부르고뉴군은 전 병력의 약 1/3 즉, 6,000~7,000명을 잃은 것이 되며 이 수치는 앞서의 수치들과 대략 일치한다(물론 이 중 보급대열 손실은 제외되어야 한다). 파니가롤라의 또 다른 급보急報(7월 27일자)에서는 샤를르 영주領主가 생존자들에 대해 실시한 사열査閱에 대해 말하고 있는데 이 사열에는 11개 중대가 집결했다. 11개 중대라면 분명히

---

27) 쉴링Schilling의 기록에서는 그륀하크를 빼앗긴 다음 "이 순간부터 모든 대형이 깨졌다" 했다. 그러나 그의 기록을 편집한 학자들은 이는 믿어지지 않는 말이라며 "그렇다면 이는 루를레바트리트Lurlebatlied (쉴링의 기록에 나오는 이 전투에 관한 노래)에서 '퍼져나간 첨두尖頭'라고 지칭한 것과 동일한 형태의 기동機動이라는 말인가?"라고 묻는다. 결코 그렇지 않음이 분명하다. 다만 이는 기동機動의 문제가 아니며 그런 돌격 과정에서 그리고 그에 이어서 밀집대형이 자연스럽게 깨진 것일 뿐이다.

1,100개 랑세가 있어야 되지만 파니가롤라는 이때는 그 절반도 못 되었다고 했고 그렇다면 부르고뉴군이 앞의 기록들보다 훨씬 더 큰 손실을 입은 것으로 보인다. 그러나 그는 실종자가 모두 죽지는 않았고 많은 부르고뉴인과 이태리인이 고향으로 돌아갔다는 말을 덧붙였다. 결국 총 20,000명에 달했었던 샤를르 영주領主의 전사戰士들 중 사보아Savoyen/Savoie 병력 2,000~3,000명(역자 주: 로몽Romont 대공大公의 분견대?) 이외에 약 8,000~10,000명은 살아남은 반면 6,000~8,000명의 전사戰士들과 상당수의 보급대열 하인과 숙영지 종사자들이 죽었을 것으로 볼 수 있다.

스위스 측 손실에 관한 권위 있는 기록은 없다.28) 파니가롤라Panigarola는 자신도 도주하던 중에 절망에 빠진 부르고뉴 전사戰士들의 쓰러지는 모습과 손을 놓은 채 저항도 못하고 적에게 살육 당하는 것을 목격했다. 그러나 그는 한참 시일이 지난 후 속환금贖還金으로 풀려난 포로와 구조된 부녀자들로부터 죽은 부르고뉴 병사들이 매우 용감하게 싸우다 목숨을 잃었다는 말을 들었다.

이 사실은 몰빙거Molbinger의 서신에서도 확인된다.29) 그는 스위스인 귀순자들도 많이 포함된 게르만 병사들이 "끝까지 버텼고" 죽기 전에 "기사騎士들 같이" 자신들을 방어했음을 알았다고 주장한다. 그러나 아무리 그렇다 해도 파니가롤라가 스위스군의 손실로 기록한 3,000명은 너무 큰 수치임이 분명하다.

부기附記(참고문헌 및 비판)

필자가 처음 《페르시아 선쟁과 부르고뉴 전쟁Die Perserkriege und die Burgunderkriege》에서 이 전투를 다룬 이후 사료가 크게 늘고 수정되어 이 전투에 대한 필자의 설명은 완전히 다시 정리되지 않을 수 없었다. 비록 전투에 관한 기본 개념 즉, 병법사兵法史의 이론적 현상은 처음 필자가 생각했던 것과 같았지만 세부 내용들은 다시 정리되어야 했다. 일지日誌/Tagebuch 형식의 《바젤 연대기年代記 Baseler Chroniken》에 대한 크네벨Knebel의 새로운 비평판批評版(제Ⅲ편, 서기 1887년)과 쉴링Diebold Schilling의 《베른 연대기年代記 Berner Chronik》에 대한 새로운 비평판批評版(제Ⅰ편 및 제Ⅱ편, 서기 1887년 및 서기 1901년)이 등장했기 때문이다. 그러나 무엇보다 중요한 사료로 종래 사라진 것으로 믿고 있던 이 전투에 관한 파니가롤라Panigarola의 또 다른 기록(생 클라우데St. Claude에서 서기 1476년 6월 25일 작성된 기록)이 발견되어 《롬바르디 역사지歷史誌 Archivo storico lombardo》, 제19권(서기 1892년, 밀라노)에 공개되었고 디에로이어Dierauer는 이 글을 번역하고 역주譯註를 붙여 《월간月刊 스위스 장교將校 Schweizerische Monatschrift für Offiziere aller Waffen》, 제4권, 제10호(서기 1892년, 프로이엔펠트

---

28) 《스위스 역사 지침指針 Anzeiger für Schweizerische Geschichte》(서기 1895년), 160쪽에 수록되어 있는 〈계간季刊 슈비츠 Jahrzeitbuch von Schwyz〉의 기록은 별 가치가 없는 기록일 것이다.

29) 오쉔바인Ochsenbein, 《무르텐 전투 관련 문헌들Urkunden zur Schlacht von Murten》, 339쪽 및 341쪽.

Frauenfeld, 후버J. Huber 출판사)에 수록했다. 이 기록이 이 전투의 재현再現을 위해서 중요하다면 그보다 더 중요한 것은 바테레트Hans Wattelet 박사의 "무르텐 전투. 그 역사의 비평적 연구 Die Schlacht bei Murten. Historische-kritische Studie"(프라이부르크 제주諸州 독일사獨逸史 연구회Deutscher geschichtsforschende Verein des Kantons Freiburger 편編, 《프라이부르크 역사지歷史誌 Freiburger Geschichtsblätter》, 제1권, 서기 1894년, 프라이부르크 대학출판사) 로서 이 글에서는 사료분석과 자료조사를 통해 지금껏 누구나 당시의 전투교회 戰鬪敎會/Schlachtkapelle로 알고 있던 쿠시베를레Coussiberle의 생우르바인Saint-Urbaine 교회가 그 교회가 아님을 확실하게 입증했다. 이 교회가 당시의 전투교회라는 생각은 여타의 모든 우연한 현상들과 같이 여러 세대가 흐른 후 생긴 생각이다. 필자는 일찍이 서기 1888년에 무르텐 전투 400주년 기념 사료집 편집자 오쉔바인Oschenbein 씨와 함께 전투현장을 찾아가 보았을 때 과연 스위스군의 공격이 그들 진지陣地 주위로 이렇게 멀리 연장될 수 있었는지 그리고 부르고뉴군의 그륀하크Grünhag가 그곳에 있었는지 의견을 유보했었다. 그러나 전투교회가 그곳에 있었다는 분명 하고도 확고한 사실에 대해 필자는 할 말이 없었다. 그러나 이런 착오가 이제 바테레트의 통찰력 있고 세심한 연구의 결과 사료에서 제거되었고 이와 동시에 스위스군의 실제 행군경로와 공격장소가 판명됨에 따라 여타 세부내용도 모두 바뀌었지만 전투의 전체적인 경과는 훨씬 이해하기 쉬워졌다. 샤를르 영주領主는 극단적으로 긴 방어선을 편성하지 않았고 이 방어선은 프라이부르크Freiburg/Freibourg 방향으로는 열려 있었다. 그러나 그는 원형圓形으로 숙영지를 요새화 했는데 이 둥근 요새는 솟아오른 지형까지 의도적으로 밀려났지만 그의 숙영지 지역에서 아주 가까웠기 때문에 적시에 경보만 이루어진다면 신속한 점령이 가능했었다. 필자는 부르고뉴군 주방어선主防禦線이 부르크Burg 방향으로 피에레 베씨Pierre Bessy와 에르멜스부르크Ermelsburg 부근 크록스Craux 숲의 먼 쪽(남쪽)에서 대략 해발 540m 등고선을 따라 형성되어 있었을 것으로 추론한다. 그곳은 부르크 마을 외곽의 해자垓字 때문에 접근이 사실 불가능했다. 아마도 이 방어선은 부르크와 콤베테스 Combettes 중간으로 둥글게 휘어 몽텔리에Montellier 부근 호수까지 연장되었을 것이다. 샤를르는 그 반대쪽에서는 그의 측면을 숲과 쓰러뜨려 놓은 나무들에 의지하는 것으로 만족했을 가능성이 있지만 프라이부르크 쪽에서의 공격에 대비한 보호조 치도 취했을 가능성도 있다. 그랬을 경우 요새화 된 방어선은 불타버린 뮌헨바 일러Mnchenwyler 마을 북쪽의 크록스 숲으로부터 쁘티-보아-도밍게Petit Bois Dominge까지 그리고 그곳에서 다시 북서쪽으로 호수 쪽 낮은 도로 방향으로 내려가며 좀 더 멀리 연장되었을 것이다. 샤를르 영주領主의 지휘소(목조木造 오두막)는 그랑-보아- 도밍게Grand Bois Dominge에 해발 531m 지점에 있었고 이곳은 농촌지대가 잘 바라다 보이는 지점이다. 이 요새는 둘레가 참으로 매우 큰 요새였다. 그러나 이쪽 방어 선이 그나마 고려대상이 된 것은 물론 적이 그뤼메넨Grümennen에 집결하고 있다는 소식과 그 후 적이 울미츠Ulmitz 부근에 있다는 소식이 알려진 직후였다.

필자는 다른 점에서는 탁월한 바테레트Hans Wattelet의 연구에서 수정이 필요한 다음 같은 몇 가지 세부 내용들에 대해 독자들이 주의하기 바란다.

그의 논문에서는 무르텐Murten 수비대에게 붙들려서 샤를르 영주領主가 "아직 집결하지 못한 스위스군을 공격할 귀중한 시간을 잃어버리게" 되었다 한다(25쪽). 그러나 "아직 집결하지 못한 스위스군"이었어야만 그의 공격을 막아내지 못했을 것이다. 또한 만약 샤를르가 처음 몇 일 사이에 무르텐을 점령하고 그런 다음 공격에 나섰다면 스위스군은 일시 물러나서 부르고뉴군이 베른Bern이나 프라이부르크Freiburg/Freibourg를 포위하도록 샤를르를 그대로 놓아두었을 것이다.

그의 논문에서는 바일러Wyler 평원 진지陣地의 좌측면은 부르크Burg 마을 해자垓字와 마을 북쪽 로몽Romont 대공大公 숙영지의 엄호를 받았다고 했다("후방에는 요새화 된 숙영지가 유사시를 대비한 요새로 있었다." 68쪽). 그러나 로몽의 숙영지는 어떤 경우라도 "엄호"용의 숙영지였을 수 없다. 그 자체가 샤를르의 숙영지의 일부로서 적의 공격을 피할 수가 없었기 때문이다. 필자는 바일러 평원 방어선 뒤로 숙영지 엄호를 위한 제2의 직선 요새선要塞線이 있었다는 생각을 객관적으로 부정확한 생각으로 본다. 그런 말은 전투기록을 포함해서 어디에도 없다. 실제 그랬다면 전투기록은 이 진지의 점령 시도에 대한 언급이 어떤 식으로든—시도 가 없었다면 없었다고—있어야 한다. 숙영지를 위한 방어선은 바로 바일러 평원 방어선뿐이었다. 파니가롤라가 보낸 6월 12일자 급보急報(겡겡F. de Gingins-la-Sarra, 《서기 1474년~1477년 대담한 샤를르의 전역戰役 당시 밀라노 대사의 급보急報들》, 제II편, 248쪽)에서는 분명히 샤를르가 "그를 둘러싼 모든 언덕들이 이 숙영지를 보강하고 있다고 생각하는 곳에 위치해 있었다"고 했다.

그의 논문에서는 6월 22일에는 샤를르 영주領主가 바일러 평원 진지를 이미 점령했었기 때문에 로몽Romont 대공大公에 대한 공격은 있을 수 없었다고 했다(68쪽). 그러나 바일러 평원의 그륀하크Grünhag에 있는 병력이 어떻게 스위스군이 몽텔리에Montellier 부근에 있는 로몽 대공의 부대를 (뷔크스렌Büchslen—뢰벤베르크Löwenberg를 경유해서) 공격하는 것을 막아주었다는 것인지 필자는 이해할 수 없다.

5. 낭시NANCY 전투(서기 1477년 1월 5일)[30]

무르텐Murten 전투에서 승리한 후에 로트링겐Lothringen/Lorraine의 레네René 영주領主는 저지연합低地聯合의 도움을 받아 자신의 공국公國을 다시 차지했고 그 수도首都까지 단기간 포위로 나시 징복했다. 샤를르 영주領主가 이런 로트링겐의 소식을 듣고 그의 우선적 관심을 이 방향으로 돌린 것은 그가 부르고뉴에 머물면서 아직도

---

30) 이 전투에 관한 특별연구로 쉐버Robert Schoeber의 에르랑겐Erlangen 대학교 학위논문(서기 1891년)과 록스 Max Laux의 로스토크Rostock 대학교 학위논문(서기 1895년)이 있다. 후자는 전투계획을 잘 설명해 놓았고 선행연구들이 범한 많은 착오들을 바로잡았지만 그 자신도 착오와 간과한 부분이 있다.

스위스에 대한 투쟁을 계속할 계획을 세우느라 여념이 없을 때였다. 부르고뉴와 네덜란드 사이에 있는 이 지역은 샤를르의 영토 중 큰 부분으로 그에게는 다른 어느 곳보다도 중요한 지역이었다. 그는 무르텐에서 돌아 온 잔여병력을 재정비하고 보강해서 낭시Nancy를 포위했다. 레네René 영주領主는 샤를르 앞에서 곧 다시 돌아서지 않을 수 없는 형편이 되었다. 보수를 받지 못한 용병傭兵들과 저지연합低地聯合 동맹군이 반란을 일으켜서 전투를 거부했기 때문이다. 그러나 샤를르가 다시 로트링겐의 주인이 되어 그곳으로부터 엘사스로 진출할 것을 우려한 도시들은 레네René 영주에게 자금을 지원해 주기로 했다. 그가 이 자금으로 스위스인들에게 보수로 처음에 1인 당 하루 4굴트Guld/guilder를 제의했다가 다시 4.5굴트를 주겠다고 하자 그들은 자신들 중에서 공식적으로 모병을 실시하도록 허락했다. 그 결과 레네René 영주領主는 로트링겐, 엘사스Elsass/Alsace, 오스트리아, 프랑스 그리고 스위스 등지等地에서 온 20,000명에 달하는 병력을 집결시켰다. 그러나 샤를르는 이들과 싸울 병력을 최대 10,000명밖에 보낼 수 없었다.

   샤를르는 식량부족으로 곧 항복할 때가 된 낭시Nancy의 포위를 중단할 수 없어 포위는 계속하되 주력을 낭시Nancy 남쪽 끝으로 접근한 샤를르의 구원군 쪽으로 정렬시켰다. 그는 나머지 병력을 낭시Nancy에서의 출격에 대비해서 숙영지 보호를 위해 뒤에 남겨두지 않을 수 없었고 또한 유사시 그의 자연스런 퇴각로를 가로막고 있는 적의 도시를 자신의 뒤에 두게 두었다.31)

   샤를르는 크게 우세한 레네의 병력의 접근을 몰랐을까?32) 아니면 그는 무르텐

---

31) 록스Laux의 논문, 20쪽에서는 7월 말 샤를르의 병력을 4,000명~5,000명으로 평가하면서 더 이상 큰 보강은 없었던 것으로 믿고 있다. 따라서 그는 이 전투를 위해 스위스 연합 측에 보낸 정찰보고서에서 샤를르에게 병력 약 6,000명의 작은 종대 하나만 있다는 취지로 말한 것이 진실에 가장 가까운 수치를 말한 것으로 믿고 있다. 그러나 샤를르의 병력이 그보다 많았을 수도 있다. 록스의 평가는 밀라노 영주領主의 대사大使 파니가롤라Panigarola가 보충병력에 대해 언급하지 않은 점을 근거로 삼고 있지만 우리는 부르고뉴군이 로트링겐을 출발한 것은 파니가롤라는 이미 샤를르를 떠난 후고 그의 마지막 급보急報는 10월 19일자 것이라는 점을 반박근거로 제시할 수 있기 때문이다. 이때부터 이듬해 1월까지 샤를르는 네덜란드에서 많은 보강병력을 차출할 수 있었다. 쉐버Schoeber는 샤를르의 병력을 7,000명~8,000명으로 보지만 구체적 계산 근거는 제시하지 않았다.
   편견에 가득 찬 부르고뉴 측 사료들 중에는 자신들의 병력을 2,000명 또는 심지어 1,200명까지 낮게 평가한 것들도 있다(로트Em von Rodt, 《부르고뉴 영주領主 대담한 샤를레와 그 후계자들의 전역戰役—특히 스위스인들의 개입을 중심으로》, 제II편, 392쪽). 로트는 부르고뉴 측의 병력을 낭시Nancy 수비대의 출격에 대비해 숙영지를 지키던 4,000명을 포함해서 14,000명으로 평가하면서 전투에 참여한 병력을 10,000명으로 보고 있다. 그러나 그의 평가는 샤를르 자신의 평가를 근거로 한 것이며 이 평가는 샤를르가 고의로 과장한 것임을 우리는 입증할 수 있다. 록스Laux, 위의 논문, 20쪽 및 만드로Mandrot 편編, 《코미네의 필리프 비망록Mémoires de Philippe de Commynes》, 제II편, 386쪽 참고.
   이제 가장 믿을만한 정보를 지니고 있었을 작가들의 경우라도 그들이 말한 수치가 얼마나 신뢰성이 없는 지를 보여주는 예로 올리비에Olivier de la Marsche의 비망록만 소개하겠다. 그는 부르고뉴 영주領主의 집사장執事長/Haushofmeister으로 낭시 전투 때 로트링겐 영주領主에게 포로로 잡혔다가 많은 속환금贖還金을 내고 풀려난 인물이기 때문에 양측 정보를 모두 알 수 있는 처지였다. 그런 그가 "12,000명(근 20,000명이 아닌)은 충분히 되는 전투원들"(역자 주: 레네René 영주領主의 병력)이라고 했고 "또 부르고뉴 영주領主는 그들보다 먼저 갔고 내가 맹세컨대 그의 전투원은 2,000명(8,000명~10,000명이 아닌)이 채 안되었다"고 했다. 그의 비망록은 《쁘띠또 장서藏書 Collection Petitot》, 제IX편 및 제X편에 수록되어 있다.

Murten 전투 이후 파니가롤라Panigarola에게 자신이 병력을 잘못 지휘했던 일에 대해 화를 내면서 다음에는 싸우지 않으면 죽을 수밖에 없도록 군대를 편성하겠다는 취지로 했던 말을[33] 진짜로 실천하려고 했던 것일까?

샤를르는 후일 같은 파니가롤라에게 만약 자신이 스위스군과 또 싸우게 되면 랑세lance/Lanze(역자 주: 기병과 보병이 혼합 편성된 단위부대. 앞의 496쪽, 각주 12 참고)들의 절반을 말에서 내리게 해서 큰 부대 하나를 만들어서 싸우게 하겠다는 말도 했다. 그는 이렇게 결정함에 있어 자신의 병력이 2,000개 랑세와 보병 10,000명의 1개 방진方陣이 될 것으로 평가했다. 이 기록을 보고 혹자는 그가 뒤늦게—그것도 너무나도 뒤늦게—스위스군을 모방한 것으로 보아야 한다고 주장했고[34] 뤼스토프W. Rüstow는 이를 보면 샤를르가 스위스 보병전술을 전혀 이해하지 못했음을 알 수 있다 했다(《보병사步兵史 Geschichte der Infanterie》, 제Ⅰ편, 186쪽). 스위스군의 주력은 근접전투 무기로 무장한 단일 종대縱隊로서 이들이 돌격하며 적을 짓밟은 것이고 그들을 동반한 소수의 궁수弓手 및 소총수들은 이곳저곳 분산 배치되어 있었기 때문이다. 샤를르의 랑세는 아마 쇠뇌수弩手 3명, 소총수 3명, 창병槍兵 3명 및 기사騎士 1명으로 구성되어 있었을 것이다.[35] 결국 그의 랑세는 주로 쇠뇌수와 소총수로 구성되어 있었던 것이므로 이들만으로는 근접전투에서 미늘창 창병槍兵과 장창병으로 구성된 강력한 밀집부대와 맞설 수 없었을 것이다. 그러나 샤를르가 스위스군의 전술을 이해하지 못했었다는 말은 옳지 않다. 그는 스위스군을 그대로 모방하겠다는 말은 결코 한 적이 없고 스위스인들이 하는 방식대로 보병들을 강력한 단일부대로 정렬시키겠다고 했을 뿐이다.[36] 따라서 그의 초기 지침들에

---

32) 코미네Commines/Commynes의 기록에 의하면(만드로Mandrot 편編, 《코미네의 필리프 비망록Mémoires de Philippe de Commynes》, 386쪽) 샤를르는 레네의 병력이 월등히 우세함을 바로 알았었던 것 같이 보이지만 그런 후일의 기록들은 신뢰성이 매우 적다.

33) 겡겡F. de Gingins-la-Sarra, 《서기 1474년~1477년 대담한 샤를르의 전역戰役 당시 밀라노 대사의 급보急報들》, 제Ⅱ편, 349쪽.

34) 로트Em von Rodt, 《부르고뉴 영주領主 대담한 샤를레와 그 후계자들의 전역戰役—특히 스위스인들의 개입을 중심으로》, 제Ⅱ편, 315쪽.

35) 이 구절의 해석에 있어서는 약간의 차이가 있는 것은 중요한 문제가 아니다. 쉐버Robert Schoeber의 에를랑겐Erlangen 대학교 학위논문, 33쪽, 각주 및 옌스Max Jähns의 《군사사軍事史 편람Handbuch einer Geschichte der Kriegswesens von der Urzeit bis zur Renaissance》, 1009쪽을 참고할 것. 앞의 495쪽과 500쪽도 참고할 것.

36) 기록을 그대로 소개하자면 다음과 같다.

그는 스위스군과 만났을 때 각각 전투원 14명 즉, 궁수弓手 3명, 장창長槍 든 보병 3명, 소총수 3명 및 쇠뇌수弩手들이 있었을 이 2,000개 랑세 중에서 1,000개 랑세를 보병으로 만들어 전투원 10,000명의 방진方陣 1개를 만들려고 했는데 이는 스위스군도 그렇게 큰 방진을 만들었기 때문이었다. 기마궁수騎馬弓手 5,000명이 포함된 나머지 1,000개 랑세와 숙영지에 있는 병력도 있었으므로 전투원 수는 약 30,000명에 달했을 것이다.

(원문)

Intendendo di questi 2 m(2,000) lanze mettere mille a piedi quando si trovara con Svicerj, li quali habiano 14 combatenti per uno, cive tri archieri, tri fanti con lanze longhe e tri schiopeteri e balestrieri, che venirano ad essere 10 m(10,000) combatendi in uno squadrone, poiche Sviceri li

서 바뀐 것은 단지 각 병종兵種이 서로 지원하며 싸울 수 있는 개별적 랑세로만 싸우지 말고 이제는 총병력 중 절반은 보다 밀집되게 함께 정렬하고 기사騎士들도 말에서 내려 쇠뇌수弩手, 소총수 및 창병들과 보다 밀접하게 섞이게 했다는 점뿐이다. 이런 모습은 이미 오래 전부터 알려진 모습이며 샤를르는 이렇게 함으로써 이론 상 새로운 무엇을 만든 것도 아니고 그럴 생각도 없었다. 만약 그랑손 전투와 무르텐 전투가 공포와 기습공격으로 인해 처음부터 승부가 나지 않고 치열한 접전으로 발전했다고 하더라도 결과는 큰 차이가 없었을 것이다. 차이는 다만 기사騎士들이 말에서 내리고 랑세들이 함께 정렬함으로써 처음부터 대형의 구조가 보다 견고해졌을 것이라는 점뿐이다.

샤를르는 이렇게 구성된 숫자가 적은 보병을 왼쪽의 뫼르트Meurthe(역자 주: 낭시Nancy가 중심지인 프랑스의 지역 이름)와 오른쪽의 한 숲 사이에 접근공간이 좁지도 넓지도 않은 남쪽을 바라보게 정렬시킨 후 기병을 좌우 측에 배치했다. 언제나 그랬듯이 그는 적이 접근하다 자신들의 쇠뇌수弩手 및 소총수들의 사격과 특히 포병의 사격에 큰 피해를 입고 아마 멈출 것이고 이때 기사騎士들이 공격하면 도주하게 될 것으로 기대했다. 보병의 전면에는 작은 하천 하나와 부분적으로는 두터운 울타리들도 있어서 보호를 받을 수 있었다.

레네René의 연합군은 이 강력한 진지陣地를 공격하는데 망설였지만 샤를르는 자신의 측면 엄호에 관해 잘못 알고 있었음이 분명하다. 연합군은 3개 대형으로 정렬했고 그 중 후위대後衛隊는 중앙 도로 위에서 단지 시위示威만 했으며,37) 왼쪽 본대本隊와 오른쪽 전위대前衛隊는 부르고뉴군 양 측면을 동시에 포위했다. 연합군은 눈보라 속에 행군했는데 이 눈보라는 행군을 어렵게도 했지만 동시에 은폐해 주기도 했다. 본대에게는 숲 통과와 부르고뉴군 왼쪽의 반쯤 얼어붙은 하천을 건너는 일이 매우 어렵고 피곤한 일이었지만 결국 동행한 기병과 쇠뇌수弩手 및 소총수들과 함께 이 숲과 하천을 건너 적의 측면에 접근했다. 이들에 대한 부르

---

fanno cosi grossi. Li altri mille lanze a cavallo, con loro cinque millia archieri a cavallo, e lo resto, dil campo, in modo dice havera circa 30 m(30,000) combatenti.

원문은 젱겡F. de Gingins-la-Sarra, 《서기 1474년~1477년 대담한 샤를르의 전역戰役 당시 밀라노 대사의 급보急報들》, 제II편, 361쪽에서 인용했음.

37) "진정한 선언vraye déclaration"(코미네 렝그레Commines Lenglet, 제III편, 492쪽)에는 후위대가 소총수 8,000명으로만 구성되어 있었고 본대 후방을 보호하려고 "포탄 비거리un jecte de boulle"를 사이에 두고 뒤를 따라 갔다는 말이 있다. 필자는 이런 모습이 상상이 되지 않는다. 숲을 통과할 때 그렇게도 많은 소총수가 근접전 무기를 휴대한 병력 뒤에서 도대체 무엇을 했다는 말인가? 그들은 이 방향에서의 공격을 어느 정도 의심해 보아야 했던 경우에 이런 공격이 실제 있었다면 이를 물리칠 수 없었을 것이다. 《로트링겐 연대기年代記 *Lothringer Chronik*》, 293쪽에서는 분명히 단지 100명으로 구성되어서 초원을 따라 정찰을 실시하고 적을 감시해야 했던 한 부대에 관한 언급이 있다. 8,000명(역자 주: 델브뤼크의 원문에는 8,00명으로 되어 있으나 오기誤記로 보여 바로 잡았다)의 소총수들이라면 이런 임무에 매우 절절하게 이용될 수 있는 병력이므로 위의 "진정한 선언"이 무언가 누락한 것으로 보는 것이 옳을 것이다.

고뉴 기사騎士들의 과감한 공격은 처음에는 성공을 거두었지만 결국은 연합군의 쇠뇌수弩手 및 소총수들의 사격과 창병槍兵 부대들에 의해 돈좌頓挫되었다. 부르고뉴군은 대포를 신속히 이쪽으로 돌리려고 했었지만 성과가 없었다. 이에 연합군 본대는 신속히 밀고 들어가서 부르고뉴군을 짓밟았다. 반대쪽에서는 병력수도 본대와 거의 같은 전위대가 같은 방식으로 전진했다. 이들은 빽빽하게 밀집된 대형으로 전진해서 강에 아주 바짝 접근했지만 아직 적 대포의 유효 사정거리 밖에 있었다. 아마도 이들에게는 눈보라가 본대의 경우보다도 훨씬 더 중요한 은폐수단이 되었을 것이다.

연합군은 매우 우세한 병력의 그들의 본대와 전위대가 부르고뉴군 진지陣地에 도착한 순간 물론 이미 이긴 것으로서 그들은 적군을 대부분 격파할 수 있었다. 이때 샤를르 영주領主 자신도 죽었다.

부기附記

트로예Jean de Troyes의 《부끄러운 연대기年代記 *Chronique scandaleuse*》(《쁘띠또 장서藏書 *Collection Petitot*》, 제ⅩⅣ편, 50쪽)에는 스위스군 본대의 포위와 공격을 다음과 같이 묘사되어 있다.

또한 스위스군은 부르고뉴 영주領主의 위와 옆에 도착하자 갑자기 그와 그의 군대를 향해 방향을 돌려서 세상 어느 누구보다도 자신만만하고 거칠게 계속 진격했다. 그리고 적의 전선戰線에 도착한 그들은 총을 발사했고 재무관財務官/gèneraux des finances늘이 쏜 것이 아닌 이 총알에 부르고뉴 영주領主의 보병들은 모두 도주했다.

우리는 이 저자가 전투의 일반적 전개과정을 정확하게 이해하고 있었음은 알 수 있지만 만약 이 기록 외에 다른 기록이 없었다면 스위스군의 승리에서 소총이 미친 영향을 너무 크게 평가했을 것이 분명하다. 아마도 트로예의 이런 과장된 표현은 소총수들의 총알이 세리稅吏들의 총탄(영수증Quittung)과 달랐다는 자신의 농담을 소개하려는 표현이었을 것이다(역자 주: 당시의 사회분위기는 세리들의 세금고지서를 총알에 비유할 정도로 기피했던 것 같다. 따라서 괄호 안의 "영수증"은 "세금 고지서"라고 해야 적절할 것으로 생각된다).

제VIII장
중세의 군사이론

필자는 스위스 보병이 주변 저지대低地帶로 이동하면서 중세 전쟁사가 마감되는 시기를 다룬 이 제V권 다음에 이어지는 역사기록으로 보기 어려운 일반적 성격의 다양한 자료들을 모아서 제VI권을 쓰려 했지만 이 제V권 분량이 늘어나는 바람에 계획을 바꾸었다. 필자가 그래도 무기와 요새 구축의 역사에 관한 문제는 꼭 다루어 보고 싶었지만 이 문제는 이 연구의 맥락상 모두 생략될 수 있다. 또한 서기 1400년경에 기사騎士의 갑옷이 일시 다시 경량화 되었는지에 관해 앞의 238쪽, 각주 19에서 말한 문제에 대해서도(부타리Boutaric 역시 《상비군 제도 도입 전의 프랑스 군사제도Institutions militaires de la France avant les armées permanentes》, 286쪽에서 이 문제를 언급했다) 필자는 아직은 명확한 결론을 얻지 못했다. 또 하나의 중요한 문제인 화기火器의 기원起源 문제는 다음 제IV편으로 미룬다. 물론 이 문제는 시대로만 보면 중세의 문제이다. 그러나 앞서 알 수 있었듯이 화기火器는 전투에 사용되기 시작한 이후 한 세기 반이 흐른 서기 1477년(역자 주: 대담한 샤를르가 죽고 부르고뉴 전쟁이 끝난 해)까지도 큰 역할을 하지 못했다. 흔히 주장하듯이 기사騎士 체계가 화기火器 발명으로 인해 무너진 것은 아니며 오히려 칼blanken Waffe을 든 보병들에게 무너졌으며 후일 기사騎士들이 화기火器를 채택해 자신을 보강하려 했을 뿐이다.1) 따라서 우리는 화기火器의 기원과 성격 문제를 이 무기가 전쟁수행에 결정적인 중요성을 갖게 되는 시기에 토의하는 것이 순서 상 옳을 것이며, 또한 지금껏 흔히 그래 온 것처럼 화기火器를 활, 쇠뇌弩, 블리데Blide(?), 투석기投石器/Tribock/trébuchet 등과는 전혀 다른 구조의 무기로 다룰 것이 아니라 이들과 유사한 성격을 지닌 무기로 다루는 것이 옳을 것이다. 이곳에서는 기록상의 병력수와 실제 병력수 간 차이 문제 등 계속 등장하는 여타의 작은 주제들에 대한 연구도 역시 이를 생략하고 중세의 군사이론이라 불릴 만한 문제들만 다룰 것이다.

이 론

우리가 앞서 알 수 있었듯이 그리스-로마 고전시대에는 크세노폰Xenophon의 몇 가지 의견들을 제외하면 군사이론이 거의 없었다. 중세시대는 더 그랬고 전사戰士 계층은 문화 지원 계층인 사제司祭 계층과 근본적으로 분리되어 있었다.

---

1) 이 문제의 이론적 측면은 필자의 《역사 및 정치 논고論考 Historische und politische Aufsätze》(서기 1887년)에 수록된 논문("역사에서 발견의 중요성Ueber die Bedeutung der Erfindungen in der Geschichte")을 참고할 것.

풀다Fulda 대수도원장大修道院長이며 마인쯔Mainz 대주교大主敎였던 라바누스Rabanus Maurus (서기 856년 사망)는 경건왕敬虔王 루드비히Ludwig des Frommen/Louis the Pious(역자 주: 프랑크 왕국의 왕 겸 서로마제국의 제2대 황제. 서기 814년~840년 재위. 루드비히 I세로도 불린다)의 손자인 로타르Lothair II세에게 인간 영혼에 관한 문서 1편과 그 부록으로 로마 군사체계의 모범적 가치에 관한 문서를 헌정獻呈한 적이 있다. 카롤링Karoling/Caroling 제국(역자 주: 메로빙Merowing/Meroving 왕조를 이어받은 프랑크 왕국의 후기 왕조)의 분열된 왕들은(역자 주: 카롤링 왕국이 몰락하면서 카롤링 왕조에서 갈라진 큰 가문들이 게르만, 프랑스, 부르고뉴 및 이태리 등 다양한 형태의 왕국들을 세웠다) 노르만Norman족에게 큰 고통을 받으면서 문학을 통해서라도 위안을 찾으려 했을 것이 분명하다. 학식學識이 있던 라바누스 대주교는 프랑크 가문(따라서 전사戰士 가문) 출신으로서 그런 일에 필요한 성품과 지식을 갖추고 있었다. 물론 그가 할 수 있던 일은 베게티우스Vegez/Vegetius가 자신과 똑 같은 동기에 의해 집필한 《로마 군제軍制 Rei militaris instituta》(역자 주: 이 책 제II편, 제I권, 제IX장 참고)를 요약하는 일에 불과했다. 그가 남긴 짧은 글은 이 《로마 군제》를 베낀 데 불과하고 새로운 내용은 없지만 그가 《로마 군제》에서 선택한 부분과 생략한 부분 그리고 추가한 내용을 비교해 보면 흥미롭다.2) 그는 베게티우스가 로마군의 집체훈련에 대해 언급한 부분―분명히 많지 않다―중에서는 로마군은 대형을 유지했고 혼전混戰 중에도 군기軍旗를 보호했다는 구절("그들은 횡렬을 유지하는 법을 알았고 전투 중 군기軍旗를 보호했다ordines seruare scirent et uexilla sua in permixtione bellica custodirent.") 단 하나만 옮겼지만(제13장) 신병들의 신체조건이나 다양한 개인적 전투훈련에 관한 부분은 이를 대부분 옮기면서 기병의 개인훈련에 관해서는 이런 기술은 프랑크족이 분명히 가장 탁월했다는 말을 추가했다(제12장). 그러나 가장 흥미로운 점은 군복무를 할 젊은이들은 어려서부터 직업훈련을 받고 단련되어야 하며 그의 시대에도 영주領主들의 궁宮에서는 이를 실천하고 있다는 그 자신의 말이다("더욱이 그들은 사춘기가 시작될 때 선발되어 노병老兵들의 가정에 위탁되었었는데 현재도 그렇게 한다. 지금도 그런 소년 청년들은 험하고 어려운 조건을 극복하고 배고픔과 추위와 뜨거운 태양열에 견딜 수 있도록 영주領主들 집에서 양육되고 있다Legebantur autem et assignabantur apud antiquos milites incipiente pubertate: quod et hodie seruatur, ut uidelicet pueri et adholescentes in domibus principum nutriantur, quantinus dura et aduersa tollerare discant, famesque et frigora caloresque solis sufferre." 제3장).

라바누스 이후 450년 만에 보이는 중세 이론가 역시 사제司祭로서 이태리 출신에 아우구스티누스 파派 장군Augustiner=General이며 파리의 교수敎授며 부르게스Bourges 대주

---

2) 뒤므러Dümmler는 《독일 고전시대 학술지Zeitschrift für Deutsches Altertum》, 제15권(서기 1872년), 433쪽에서 이를 잘 정리해 놓았다.

교大主敎며 또한 추기경樞機卿이던 에기디우스Aegidius Romanus였다(서기 1247년에 태어나 서기 1316년에 죽었고 콜룸누스Columnus 또는 "쿨룸니스a Columnis"라고도 부른다). 그는 황태자 시절의 공정왕公正王 필리프König Philipp den Schönen를 위해 《왕자의 좌우명座右銘 de regimine principum》이란 책을 썼는데 여기에 군사체계를 논한 부분이 있다.[3] 그 역시 베게티우스의 글을 대부분 베꼈지만 시대에 맞지 않는 부분들을 빼거나 논리적으로 변형할 능력은 없었다. 보병과 기병의 훈련에 관해서 그는 베게티우스가 말한 로마의 예(《로마 군제》, I, 26장)를 따라 병사들은 정렬整列, 달리기, 사각형이나 삼각형 또는 원형圓形 대형의 형성 등에 익숙해 져야 한다고 했지만(제XII장) 그가 말한 것 중 어떤 것은 베게티우스 시대는 물론 다른 시대에도—적어도 중세시대에는—존재한 적이 없다.[4] 그러나 에기디우스는 이에 그치지 않고 삼각형 대형으로 정렬하는 것은 어렵지 않고 사각형을 대각선으로 자른 후 양 측면을 함께 오므리기만 하면 된다는 둥 그렇지 않아도 아리송한 이론을 더 증폭시켜 놓기만 했다. 서기 1806년경 옛 프로이센군의 매우 유명한 훈련전문가였던 살데른von Saldern 장군이라도 이런 규칙을 실천하기는 어려웠을 것이다.

에기티우스는 쐐기 대형, 원형 대형, 말발굽 대형 등 베게티우스의 유명한 일곱 가지 전투대형(《로마 군제》, III, 20장)도 옮겨 놓으면서 단지 사선斜線 대형만 생략했고 "사각형 대형quadrangulis forma"에 대해서는 그 외형이 집게Zange나 말발굽Hufeisen 같은 멋이 없다는 이유로 이를 "더 쓸모없는madis inutilis" 대형으로 보았디.

에기티우스는 자신이 권위자로 생각한 베게티우스가 전쟁에서 가장 쓸모 있는 사원을 "농민rustica plebs"들이라고 말한 것을 보면서 꽤 당황했었다(제V장). 그는 이 말에 반대하면서 도시민과 귀족을 더 쓸모 있는 자원으로 보고 냉담성, "전투에서 명예에 대한 욕구와 명예롭지 못한 전투에 대한 수치심" 및 "성실과 신중, 총명과 기민industria et prudencia, sagacitas et versutia"을 군인의 좋은 자질로 보았다. 그는 귀족들은 신체적 고통을 견디어 내는데 필요한 이런 자질을 지니고 있는 것으로 보았기 때문에 베게티우스의 말에도 불구하고 귀족을 농민보다 선호했으며 특히 기병의 경우 그랬다. 그러나 이 중세 문필가는 기사騎士들의 전투형태와 로마군의 전투형태를 구별하지 못한 것이며 바로 이런 점 때문에 그가 베게티우스의 말을 부인하면서 나름대로의 의견을 말한 것이지만 그의 의견은 그저 좋은 재담才談이나 될 수 있을 것이다.

---

3) 이 부분은 또한 한Hahn의 《명저집名著集/Collectio monumentorum》, 제I편(브라운슈바이크Braunschweig, 서기 1724년)에도 수록되어 있다.

4) 슐츠Alwin Schultz는 이 말을 근거로 중세에도 집체훈련이 있었던 것으로 믿고 있다(《미네쟁가 시대의 궁중생활Höfisches Leben zur Zeit der Minnesänger》, 제II편, 160쪽). 그러나 그는 중세 농민들에게는 무기휴대가 금지되어 있었기 때문에 어떻게 그런 일이 가능했었는지에 대해서는 확신이 없는 것으로 보인다.

마지막으로 전투에서 준수해야 할 것으로 에기티우스가 말한 12가지를 검토해 보기로 하겠다. 이들을 검토해 보면 우리는 이곳저곳에서 발견되는 중세적인 시각視覺에 대해 무언가를 알게 될 것이다. 그는 장군이라면 무엇보다 "열정적이고 신중하며, 조심성 있고 신중한 sobrius, prudens, vigilans, industrius" 인물이어야 하며 다음과 같은 점들을 주의해야 한다고 했다(제IX장).

1. 전투원의 숫자.
2. 훈련 exercitatio: 그는 "사실 가격加擊하는 데 익숙하지 않은 양팔과 전투훈련을 거치지 않은 팔다리를 가지고는 nam habentes bracchia inassueta ad perciciendum et membra inexercitata ad bellandum" 아무 것도 할 수 없을 것이라고 했다. 그는 훈련이라는 말을 개인훈련의 의미로만 사용했고 우리가 통상 사용하는 것 같이 집체훈련集體訓練의 의미로는 사용하지 않았다.
3. 고난을 견디어내는 강인함.
4. 용기와 "신체적 강인성 duricies corporis."
5. "기민성과 성실성 versutia et industria."
6. "인간적이지만 대담한 마음 virilitas et audacia mentis."

이런 요소들과 더불어 그는 다음의 요소들을 강조했다.

1. 누가 가장 좋은 말을 가지고 있는가.
2. 가장 뛰어난 궁수 sagitarii.
3. 최대 식량 배급량.
4. "적보다 높은 곳에 위치해서 전투에 유리한 qui sunt in altiori situ, vel meliori ad pugnandum" 전투장소.
5. 태양과 바람.
6. 보조병종補助兵種을 더 필요로 하는 곳.

에기티우스가 이 제IX장뿐 아니라 또다시 전투수행 문제를 다룬 뒤의 제XIV장에서 전술문제에 관해 한 말이라고는 인간은 무질서한 대형보다는 질서 있는 대형에서 더 잘 싸울 수 있다는 말뿐이다. 중기병과 경기병 그리고 보병인 창병槍兵과 궁수弓手 상호간의 협력에 관해 무언가 들을만한 것이 있으리라 기대되는 부분에서도 베게티우스는 많은 말을 했지만 에기티우스는 양측 전선戰線이 접촉하기 전에도 화살과 돌멩이는 적에게 피해를 주기에 좋다는 말 만 했다.

거의 같은 시기에 카스티야의 현자賢者 Der Weise von Kastilien 알폰소Alfonso 왕은 전술규정이 포함된 규정집을 편찬케 했는데5) 그 내용 역시 베게티우스의 글을 빌린 것이다. 그러나 이 글에서 속이 비어있는 대형에 관해 고대 작가 베게티우스의 글을 그대로 베끼지 않고 추가해 놓은 내용을 보면 우리는 이 글이 당시의 실제 전투와 얼마나 무관한 것인지를 잘 알 수 있다. 이 현자賢者는 방진方陣을 만들어 놓았다가 적이 추격하면 그 속으로 철수해 보호받을 수 있게 하라 했다. 또한 중세 보병의 임무를 말해 주는 이 구절에는 당시에는 병사들 발을 사슬로 묶어 도망가지 못하게 했다는 구절이 있다. 알폰소 왕은 이렇게 하면 승리했을 때도 추격은 불가능하나 병사들의 무감정無感情은 적에 대한 경멸감으로 보이게 된다고 했다. 농담이었을까? 전혀 아니다. 알폰소 왕은 아주 진지하게 말했다. 그러나 무엇보다 심각한 문제는 우리 시대의 현역군인 쾰러 장군(《기사騎士 시대의 전쟁과 용병술用兵術의 발전》, 제Ⅲ편, 제Ⅱ권, 264쪽)과 옌스Max Jähns 중령6)이 아무 의심 없이 발을 묶은 전사戰士 문제를 인정했다는 점이다. 옌스는 이에 관해 델페쉬Henri Delpech (역자 주: 《13세기의 전술La tactique au XIII siécle》의 저자)와 함께 명시적으로 동의하면서 이는 "단순한 학술적 모방이 전혀 아닌" 13세기에 실제 흔했던 전투형식 묘사였다는 취지의 말을 했다. 알폰소 왕이 단지 라틴어 표현들을 카스티야Kastilien/Castile 언어 (표준 스페인어)로 바꾸어 놓는 데 그친 것은 아니라는 말이다. 옌스는 또 "법의 실효성을 뒷받침했던 처벌 위협도 지휘자들로 하여금 이런 전술규정을 징벌懲罰 규정이나 똑 같이 준수하도록 만들었고 그렇게 되는 것은 병사들이 이 규정을 준수할 능력이 있을 때만 가능한 일이었다"고 했다. 13세기뿐 아니라 어느 시대 에도 승리의 중요한 요소는 병사들이 도주하지 않는 것이므로 오늘날에도 다시 병사들 발을 다시 묶어놓으려 할 수도 있을 것인데 그렇다면 옆 동료들이 발을 묶은 줄을 끊지 못하게 차라리 그들에게서 무기까지 빼앗는 것이 낳지 않을까? 그러면 적은 우리가 그들을 얼마나 경멸하는지 바로 알게 될까?

우화寓話: 크세르크세스Xerxes의 수십만 병력이 좁은 그리스 통로들을 따라 이동 했다고 말하고 또 마케도니아 팔랑스Phalanx나 로마 레기온Legion의 개인간격에 대 해 평가하면서 있을 수 없는 말이나 하고 있는 학식 있는 교수들의 말에 대해서 는 그저 너그럽게 생각해 두기로 하자.

필자는 고대古代 작가 베게티우스의 글을 잘 알고 있으면서 알폰소의 군사규정 집을 집필한 인물은 전사戰士가 아니라 라바누스나 에기디우스 같은 사제司祭였고 그가 잘못된 생각들을 이 규정집에 삽입시킨 것은 바로 그가 이 고대古代 작가의 글을 잘 알고 있었기 때문이었다고 확신한다.

---

5) 쾰러Köhler 장군의 《기사騎士 시대의 전쟁과 용병술用兵術의 발전Entwickelung des Kriegswesen und der Kriegsführung in der Ritterzeit》, 제Ⅲ편, 제Ⅱ권, 230쪽에는 이 규정들의 스페인어 원문과 번역문이 수록되어 있다. 에셔Escher 는 《쮀리히 병기학회兵器學會 서기 1905년 신년보新年報 Neujahrsblatt der Züricher Feuerwerker-Gesellschaft auf das jahr 1905》, 44쪽에서 쾰러의 번역 중 오류를 수정해 놓았다.

6) 《독일 군사학사軍事學史Geschichte der Kriegswissenschaften vornehmlich in Deutschland》, 제Ⅰ편, 212쪽.

이런 사제司祭들과 동열同列의 인물이라고 할 수 있는 중세시대의 또 다른 군사 문필가로 역시 전사戰士는 아닌 크리스틴Christine de Pisan이란 여성이 있다.7) 그녀는 서기 1364년 의사이며 점성가로서 프랑스 왕실에 불려갔던 한 이태리인의 딸로 태어나 귀족적인 환경에서 살면서 프랑스 뿐 아니라 잉글랜드와 부르고뉴 왕실 과도 교제가 있었고 학자로 작가로 또한 시인으로 큰 존경을 받았던 인물이다. 그녀는 죽기 직전에 오르레앙Orléan의 소녀(역자 주: 잔다르크Jeanne d'Arc)의 출현을 축하 하고 환영하는 시詩를 발표하기도 했다. 그녀의 수많은 글 중에 《무기와 기병의 공적功績Faits d'armes et de chevalerie》이란 제목으로 전쟁사를 다룬 글(서기 1404년~1407 년 사이에 작성)이 한 편 있다.8) 이 역시 기본적으로는 고대 작가들(베게티우스 외에 특히 프론티누스Frontinus)의 글을 손질해 놓은 것이기는 하지만 그녀는 에기 디우스나 알폰소 왕보다는 시대구분에 대해 약간의 통찰력이 있었고 고대인들은 무장인원hommes d'armes들이 전투를 위해 전개하면서 일반병사gens de commune(역자 주: 민 병民兵)들이나 겁에 질린 자들의 비명소리에 놀라지 않도록 조치를 취했다는 말을 할 수 있을 정도였다(제I권, 제24장). 옛 사람들은 이러한 상황을 트럼펫을 이용 한 음성신호들로 통제했었다.

그녀는 젊은이의 군사훈련을 바람직하게 보았지만 귀족과 일반백성의 경우를 구분해서 귀족들은 어릴 때부터 기사騎士가 되는 데 필요한 모든 기술을 익혀야 하지만 일반백성의 젊은이들에게는 투석投石과 활쏘기만 가르치면 된다고 했다.

그녀는 전투대형을 말하면서 그녀의 시대는 보병전투에 비해 기병전투가 많은 점에서 베게티우스의 시대와 다르다는 통찰력 있는 말을 했지만(제23장), 불행하 게도 그녀의 시대에 대한 말을 더 들려주지 않고 군사업무에 친숙한 사람은 이 문제를 잘 알고 있으므로 간단히 언급하는 데 그치겠다고 했다.

크리스틴보다 한 세대 후의 인물로는 샤를르Charles VII세 당시 존경받는 지휘관 이었던 뷔에유Jean de Bueil가 있다(서기 1477년 사망). 그는 나이가 든 후(서기 1461 년~1466년 사이) 《키로페디아Cyropädie/Cyropaedia》(역자 주: 고대 그리스의 크세노폰Xenophon의 글이며 페르시아 키루스Cyrus 대왕의 허구적 전기傳記이다. 상세한 내용은 제II편, 제V장 참고)에 비교 될만한 소설 형식의 책 한 권을 쓰게 했고 일부는 직접 집필했다. 이 책은 젊은 귀족의 군사교육지침서로 활용하려고 쓴 책으로서 《젊은이Le Jouvencel》란 제목이 붙어있는데 가공架空의 이름을 써가며(그 중 아미다스Amidas라는 인물은 샤를르 VII 세를 말한다) 뷔에유 자신의 전쟁경험을 소개한 책이므로 역사문헌이면서 문학

---

7) 코크Friedrich Koch, 《크리스틴Christine de Pisan의 생애와 작품들Leben und Werke der Christine de Pizan》(라이프찌히 Leipzig 대학교 학위논문), 서기 1885년, 루드비히 코크Ludwig Koch 출판사, 고슬라Goslar.
8) 서기 1488년에 《베게티우스의 기병 전술L'art de chevalerie selon Végèce》이라는 제목으로 출판되었다.

작품이다.9) 이 책의 실질적 저자著者 3인은 뷔에유의 종자從者들이었을 보이는데 이들 역시 고대작가들의 글을 학문적으로 윤색해 뷔에유의 글에 추가시킨 것이 분명하다. 그들은 젊은 귀족들에게 "복종과 싸움 그리고 마지막에 지휘"를 가르치려 했던 것 같고 우리들에게 큰 기대를 주고 있다. 필자 또한 이 책에서 홍미 있는 부분들을 많이 발견했다. 일례로 영주領主는 그의 자금 중 1/3을 "정보업무에en espie" 써야 한다고 했고 또 여러 가지 예들을 들어가면서 보병은 적을 공격하면 안 되고 적이 자신을 공격하게 해야 한다고 아주 강력하게 경고했다.10)

알폰소 왕의 《젊은이》나 크리스틴의 《무기와 기병의 공적功績》 그리고 여타 단문短文들에 포함된 15세기의 전략과 전술에 관한 이론적 생각들을 체계적으로 정리해 보는 것은 학위논문의 적절한 주제는 될 것이다. 그러나 필자는 앞서 417쪽에서 말했던 이유로 이 연구에서는 그런 문제에 대한 검토를 생략할 수 있을 것으로 느끼고 있다. 그런 문제에 대한 검토는 이 연구의 맥락에서는 노력에 비해 소득이 별로 없을 것 같다.

크리스틴의 시대와 거의 같은 시대에 아이크스테트Eichstädt 출신 프랑크족 귀족 키에서Konrad Kyeser는 보헤미아에서 자신이 《벨리포르티스Bellifortis》라고 부른 전혀 다른 성격의 군사서적 한 권을 썼다. 이 글은 완전히 기술적인 문제에 관한 글로서 대개 6보격步格 시詩 형식(역자 주: 1행行이 6개 음보音譜로 된 형식)의 라틴어 해설이 첨부된 많은 도해圖解들로 구성되어 있다. 이런 도해들의 기원은 아주 오래되었고 부분적으로는 비잔틴 시대로 거슬러 올라갈 것이다. 이런 도해 형태의 군사서적들은 15세기 전반에 걸쳐 유행 같이 전파되었고 이태리와 독일에서는 새로 제작되기도 했다. 이런 종류의 문헌이 발전된 계기는 새로운 화약제조술 등장 때문이었지만 당시의 시대정신과도 깊이 관련된 현상이었는데 옌스Max Jähns는 당시의 시대정신의 성격을 다음 같이 찬양 조로 묘사했다.11)

> 고대 코디시스codices(역자 주: 무화과나무 껍질로 만든 종이에 상형문자로 쓴 고대 문헌) 형태의 기술적 도해圖解들, 특히 비잔틴 군사백과사전에 가끔 보이는 그런 도해들은 중세 말기의 풍조風調에나 어울릴 뿐이다. 중세 말기는 결국 인간이 어떤 비밀이건 "자루 달린 코르크 마개 따개"만 있으면 풀 수 있을 것으로 기대했던 시대로 충분히 나선형으로 꼬부라진 이 도구만 있으면 초자연적 힘의 입구를 막은 코르크 마개를 빼낼 수 있다는 환상을 지니고 있던 시대

---

9) 옌스Max Jähns의 《독일 군사학사軍事學史》는 이 글을 그냥 지나쳤고 파브르C. Favre와 레체스터L. Lecester는 이 글을 2편으로 편집해서 서기 1887년(제Ⅰ편)과 1889년(제Ⅱ편)에 나누어 발간했다.
10) "보병 전투병력은 이동하지 말고 한 곳에서 적을 기다려야 한다. 이들은 이동할 때는 전병력이 함께 있을 수 없고 따라서 대형 형성이 안 되기 때문이다."《젊은이Le Jouvencel》, 제Ⅰ편, 제17장, 제Ⅱ권, 63장.
11) 《독일 군사학사軍事學史Geschichte der Kriegswissenschaften vornehmlich in Deutschland》, 제Ⅰ편, 248쪽.

였다. 그러나 이 시대에는 이해하지 못하는 것을 배척하지 않고 이해할 수 없는 것일수록 더 조심해서 후손들에게 물려주었다. 이 시대에는 고대 전통傳統과 현대의 발견들이 점성술적, 신화적, 연금술적 요소들과 함께 특이한 방식으로 혼합되었고 특히 화약제조술은 이 신비한 지식들과 실제 경험을 연결하는 다리가 되었는데 이 시대의 대부분 전투에서는 그런 것들에 대해 강령술降靈術을 부분적으로 적용했으므로 더 그랬다. 14세기 말과 15세기 초는 어떤 신비한 후광後光이 화약제조술과 소총제작술을 감싸고 있었다. 신비한 제2의 빛(역자 주: 전기電氣?)에도 이런 후광後光이 전혀 없었던 것이 아니며 이런 현상은 화약제조술을 아는 사람들을 흔히 비법秘法을 전수 받은 특수계층의 일원으로 또 은밀한 군사기술의 선택된 매개자로 보이게 했다.

이런 성격 규정 중 결정적으로 중요한 부분은 "이 시대에는 이해하지 못하는 것을 배척하지 않고 이해할 수 없는 것일수록 더욱 조심해서 후손들에게 물려주었다"는 부분이다. 당대인當代人들이 추가했던 말도 이와 비슷해서, 엔스Max Jähns가 다른 구절에서(《독일 군사학사軍事學史》, 제Ⅰ편, 291쪽) 매우 적절히 표현했듯이, 꾸밈없이 솔직하게 경험과 상상을 섞어 말한 경우도 있었다. 결국 병법사兵法史의 관점에서는 이런 종류의 많은 도해서圖解書들로부터 배울 것이 실제 전혀 없는데 이는 병법사의 연구가 그와 같은 기술적 문제 자체를 다루는 것은 아니기 때문만은 아니며 이 문헌들이 다른 주제들에 대해 어쩌다 언급해 놓은 구절들 때문이기도 하다. 우리는 그리스-로마 고전시대를 다루면서 당시의 이론서理論書들로부터 배울 것이 얼마나 없는지를 입증한 바 있다. 이들은 현실을 반영한 것이 아니라 현실과 모순된 이해할 수 없는 것이기 때문이다. 합리적 사고의 훈련이 잘 되어있던 고전시대의 문헌도 이런 식으로 평가되어야 한다면 비판적 분석에 관한 교육이 전혀 없던 중세시대 문헌은 더 말할 나위도 없다. 15세기의 이런 기술 문헌들은 이상한 사건들로 가득 차 있다. 따라서 우리는 불가능할 것 같지 않은 부분들도 이를 믿을 만한 증거가 제시될 때까지는 믿어서는 안 될 것이다. 키에서Konrad Kyeser의 《벨리포르티스Bellifortis》에는 낫이 달린 전차戰車, 물 위를 걸을 수 있는 신발, 불타는 장작을 등에 지고 적을 공포에 떨게 하는 말馬, 직경 1.5ft의 돌덩이를 쏠 수 있다고 했지만 그 구조가 너무 허약해서 단 한 발도 그런 돌덩이를 발사할 수 없을 것이 분명한 대포 등이 보인다. 앞서 소개한 바 있는(역자 주: 486쪽) "방앗간 주인과 총포수銃砲手"라는 삽화를 그린 다크스베르크Augustinus Dachssberg가 이 삽화에 첨부한 해설들도 이런 부류에 속하는데 그는 쐐기 형태로 만든 수레요새로 적을 공격하라고 했고 또 해전海戰에서는 분필가루를 퍼부어서 적군敵軍의 병사들 눈을 멀게 하고 비눗물을 퍼부어 적선敵船의 갑판을 미끄럽게 만들도록 권고한다. 또한 한 지점을 빙 둘러 포격할 수 있는 대포도 보이는데 그 이름까지도 "멋진 기계*machina mirabilis*"라고 제대로 붙어 있다.

전술규칙들은 주로 서기 1450년경 쓰여진 저자 미상의 한 문서와[12] 서기 1480년경에 쓰여진 활자화되지 않은 셀데네크Philip von Seldeneck의 글에서[13] 발견된다. 그러나 이 문헌들의 내용도 앞서 말한 도해서圖解書들과 완전히 같고 이들의 비현실적인 이론들에서는 배울 것이 전혀 없다. 두 글 중에 적의 대형을 깨뜨릴 수 있는 삼각형 보병대형을 마지막에 말한 저자 미상 작가의 글보다는 그나마 이런 대형은 언급하지 않은 셀데니크의 글이 조금 나은 편이다.

이런 글들 중 가장 중요한 것은 이태리인 발투리오Roberto Valturio가 서기 1460년경 집필해서 서기 1472년에 활자화한 글인데 아마 이태리에서 출판된 최초의 이런 글일 것이다. 옌스Max Jähns의 《독일 군사학사軍事學史》에는 이런 글들이 모두 자세히 소개되어 있어서 필자는 더 이상 이를 언급하는 수고를 덜 수 있게 되었다.

---

12) 쾰러Köhler 장군의 《초기 게르만 시대 학술문헌 지침*Anzeiger für die Kunde der deutschen Vorzeit*》(서기 1870년)에 공개되어 있다.
13) 옌스Max Jähns의 《독일 군사학사軍事學史》, 제I편, 323쪽에서 인용.

부기附記

쾰러Köhler 장군의 글과 관련된 보충

필자가 이 제III편에서 가장 자주 인용한 문헌이 쾰러 장군이 저술한 방대한 책자이다.14) 따라서 이제 이곳에서는 마지막으로 그의 연구에 대한 필자의 평가를 간략하게 설명하는 것이 옳을 것이다.

쾰러는 41년 간 포병장교로 복무 후 중세 전쟁사 연구에 착수했고 그의 주제와 관련 있는 극히 다양한 언어로 쓰여진 방대한 사료들과 현대작가들의 글을 모두 엄청난 열정으로 독파讀破했다. 그는 역사학 방법론을 잘 알고 있으며 그의 책 서문에서는(제III편, xiv쪽에서도) 전쟁사 연구의 중요성에 관한 기초와 관점들을 극히 정확하게 서술했다. 그는 모든 역사가들에게 전쟁사의 사건들을 연구할 수 있는 특수 예비훈련이 필요하다고 강조했을 뿐만 아니라 군인들은 현대전투에 대한 선입견 때문에 오히려 과거시대 전투를 정확히 이해하지 못할 수도 있다고 했다. 그는 적절한 역사적 관점을 갖추지 못한 상태에서 전쟁사 연구에 손을 댔다가 실패한 아주 저명한 군인들의 이름들까지 일일이 소개하기도 했다. 그의 판단은 분명히 옳다. 또 그는 군인들에게 전쟁사의 가치를 과대평가 하는 명백한 오류(역자 주: 이 구절은 역사에서 배운 과거의 경험이 장래에 그대로 반복되지는 않는다는 의미로 해석되어야 한다)에 빠져들지도 않았고 이런 점은 특히 높이 평가되어야 한다. 실제로 그는 젊은 장교들의 실무교육實務敎育/praktischen Durchbildung에는 전쟁사가 기여할 것이 별로 없다고 특별히 강조했다(제I편, xxxi쪽).(역자 주: 이는 어디까지나 젊은 장교들의 실무교육에 관한 말이다. 정규 사관학교 교육과정에서는 사관생도들이 장래 고급장교로 발전할 기초로 전쟁사 교육이 아무리 강조되어도 지나치지 않다. 나폴레옹은 "전략가戰略家가 되기를 원하는 사람은 과거의 위대한 업적들을 연구해야 한다"고 강조했고, 클라우제비츠Clausewitz는 전쟁을 가르치는 이상적 방법으로 순수한 역사사례 분석의 방법을 권장했다.)

그러나 쾰러는 군사적 경험, 치열한 학문적 노력, 지적知的 탐구에 대한 정열은 두루 갖추었지만 학문적 성과를 얻기 위한 조건인 집중력은 부족했던 것 같다. 그는 코르테누오바Cortenuova 전투를 논할 때 "결정을 내릴 때가 되었지만 그들은 아무 선택도 안 했다cum ad rem ventum est, neutrum eligerunt"로 번역되어야 할 사료원문을 "바람을 고려하더라도 전투는 유사한 상황에서 시작되어야 한다"로 번역한 것같이 그가 라틴어를 알고 있는지 의심케 만든 곳도 있다(제I편, 212쪽). 그러나 이는 순간적 실수였고 그 외는 작은 오역誤譯도 거의 보이지 않으며 그런 작은 실수가 간혹 있더라도 그가 바이쎈부르크Weissenburg 병역법兵役法의 라틴어 사료원문을 아주 정확히 교정까지 한 것으로(이 책 앞의 300쪽 참고) 쉽게 상쇄될 문제로서 결국 그는 실용적 도구에는 실제로 부족이 없는 사람이었다. 다만 그는 비판력

---

14) 예비역 소장小將 쾰러가 서기 1886년~1889년에 발간한 총 4개 편編, 3개 부部로 된 이 방대한 저서의 정식 명칭은 《11세기 중반부터 후시테 전쟁까지 기사騎士 시대의 전쟁과 용병술用兵術의 발전Die Entwickelung des Kriegswesen und der Kriegsführung in der Ritterzeit von Mitte des 11. Jahrhunderts bis zu den Hussitenkriegen》(역자 주: 이하 《기사騎士 시대의 전쟁과 용병술用兵術의 발전》)이다.

과 통찰력이 충분하지 못했다. 바이츠Waitz의 경우는 그 역시 통찰력은 없지만 정열적 연구로 많은 업적을 남겼다. 옌스Max Jähns도 기본적으로 통찰력과 분석력은 미약했지만—부분적으로 있었다고는 할 수 있다—지칠 줄 모르는 정열과 명료한 정리습관整理習慣과 탁월한 묘사재능을 통해 그의 《독일 군사학사軍事學史》와 《군사사軍事史 편람Handbuch einer Geschichte der Kriegswesens von der Urzeit bis zur Renaissance》 모두에서 유익하고 유용한 결과들을 얻을 수 있었다. 반면 쾰러Köhler는 스스로 높은 목표를 설정했음에도 능력부족으로 인해 그의 주된 목표를 달성 못했다. 그는 분명 많은 세부 내용을 정확히 이해했다. 궁술弓術에 관한 평가는(《기사騎士 시대의 전쟁과 용병술用兵術의 발전》, 제Ⅱ편, 367쪽, 3항, 서문序文) 매우 탁월했고, 탄넨베르크Tannenberg 지형의 묘사는 모범적이라 할 만하며, 기사騎士들의 무장종자武裝從者에 관한 견해는 새로운 발견이라 할 수 있고, 델페쉬Henri Delpech의 글15)에 대한 예리한 비판은 정확하다. 이 때문에 그의 말 중에는 인용할 만한 부분들도 많다. 그러나 불행히도 그의 책에서 칭찬할 만 하고 좋은 점수를 줄만한 부분들은 그런 세부적 내용들 이외에는 없다. 그의 연구는 기본이 왜곡되어 있기 때문이다.

쾰러는 자신이 연구의 출발점을 11세기 중반으로 잡은 것은 이 때 봉건체계의 도입으로 인해 군사체계가 완전히 변했고 이 군사체계가 확실한 형태로 굳어지면서 초기시대와는 다른 특수한 형태로 변했기 때문이라고 했다(같은 책, 제Ⅰ편, 33쪽). 그러나 11세기 중반에 굳어진 확실한 형태는 아무 것도 없다. 봉건 군사조직이 확실해 진 것은 9세기이며 그 결과 형성된 전사戰士 계층이 특수 세습世襲 계층으로 완전히 변한 것은 11세기의 전성기를 지난 12세기의 일이다.

그는 이렇게 출발점을 잘못 잡은 결과 엉뚱한 상관관계를 생각하게 되었다. 그는 "《리푸아리엔 법전lex Ripuaria》(역자 주: 리푸아리엔Ripuarien/Ripuarians족의 법전)은 칼과 창과 방패만 무기로 인정했다. 이 무기들은 그 시대 비잔틴 제국의 통상적 무기였다"(같은 책, 제Ⅲ편, 제Ⅰ권, ⅳ쪽 및 8쪽), "13세기 서구西歐 군사기술의 기초는 오로지 비잔틴 제국과 800년 간 접촉한 결과일 뿐이다"(같은 책, 제Ⅲ편, 1쪽), "로마 레기온legion의 전투수행의 기초가 비잔틴 제국의 기병전투로 승계 되었듯이 중세에는 이런 기초를 승계 했을 뿐 아니라 이를 더욱 발전시켜 현재까지 통용 되고 있는 전투방법을 만들었다(같은 책, 제Ⅲ편, 제Ⅲ권, 1쪽)는 등 게르만-로마 민족들의 무기 및 군사 체계가 비잔틴 제국에서 유래되었을 것으로 본다.

이런 구절들이 분명히 말해주듯이 그에게 역사감각이 결여되어 있는 증거는 개별적인 세부내용에 있어서도 계속 드러나고 있는데 이는 그 자신도 이론적으로는 잘 알고 있는 비판적 방법과는 놀람 정도로 모순된 것이나.

그는 사료에 기록되어 있는 대로 서기 1302년에(역자 주: 쿠르트라이Courtray/Courtrai 전투. 앞의 419쪽 참고) 프랑드르Flandern/Flandre군은 첨두尖頭/Spitz를 전방으로 했고 개개 병사들

---

15) 《13세기의 전술La tactique au XIII siécle》, 파리, 서기 1886년. 몰리니에A. Molinier 역시 《역사평론Revue historique》, 제36권(서기 1888년), 185쪽에서 세부문제를 논의하면서 델페쉬는 역사비평의 가장 기본적인 원칙들을 모르고 있었다고 설명했다.

을 서로 묶어 방패 형태로 전개했기 때문에 적이 이를 돌파할 수 없었다고 했고 (같은 책, 제III편, 제II권, 261쪽), 팔커크Falkirk 전투(역자 주: 앞의 385쪽 참고) 때도 스코틀랜드 병사들은 서로 몸을 묶었다고 했으며(같은 책, 제III편, 제II권, 264쪽), 니코폴Nikopolis/Nikopol 전투(역자 주: 앞의 464쪽 참고) 때는 그 용감한 프랑스 기사騎士들이 터키군 본대本隊를 너무 두려워해서 칼도 뽑을 수 없을 정도였다고 했고(같은 책, 제II편, 650쪽), 아쟁꾸르Agincourt 전투(역자 주: 앞의 452쪽 참고) 때도 프랑스 기사騎士들이 거의 아무런 저항도 하지 못한 채 쓰러졌다고 했다(같은 책, 제II편, 771쪽).

쾰러Köhler는 또 사자심왕獅子心王/Löwenherz 리차드Richard I세(역자 주: 영국 프란태지네트Plantagenet 왕조의 왕)가 기사騎士 80명과 쇠뇌수弩手 400명과 함께 살라딘Saladin/Salah al-Din/Salahuddin Al-Ayyubi(역자 주: 12세기 후반 십자군十字軍에 맞선 아랍의 영웅)이 직접 지휘하던 기병 20,000에게 완강히 저항했는데 이때 전투는 아침부터 오후 3시까지 이어졌고 오후 3시에는 리차드가 공격으로 전환했다고 했고(같은 책, 제III편, 제II권, 266쪽), 행군 중에도 수레요새가 부대를 보호했다고 했다(같은 책, 제III편, 제III권, 384쪽).

그는 또한 "…은 란트스크네크트Landsknecht/ lansquenet(역자 주: 16~17세기 독일인 보병용병步兵傭兵)의 전신前身이었지만 이들은 전쟁 이후 근절되었기 때문에 그 당시는 어떤 조직도 만들 수 없었다"고 했다(같은 책, 제III편, 제III권, 382쪽). 그러나 우리는 전쟁 이후 "자유"를 잃은 이 강인한 인원들이 왜 자신들을 빼고 전쟁을 벌이는 것을 원치 않았는지 묻지 않을 수 없다. "동생 루프레크트Ruprecht 영주領主가 서기 1386년 이 '피의 부대Blutharst의 그악스런 인간들' 60명을 벽돌 굽는 가마에 던져서 태워 죽였다"(쾌니히호펜Königshofen, 《게르만 도시 연대기年代記Chronik deutschen Städte》, 845쪽)는 것을 알았다고 해서 이 문제에 대한 해답에 도움 될 것은 없다. "서기 1393년 이 주교主敎의 스트라스부르크Strassburg/Strasbourg 전쟁 이후 그들은 공식적으로 끝까지 추격을 받았다"(쾌니히호펜, 같은 책, 691쪽).

이런 모든 모순이 생긴 원인은 분명하며 우리에게는 교훈적이다. 쾰러는 우리 시대 문헌학자들이 옛 역사를 다루며 그리도 자주 범한 것과 같은 실수를 범한 것이다. 다시 말해 그는 우연히 우리에게 전해지기는 했지만 이런 저런 식으로 윤색潤色된 개별적인 사료기록들에 너무 의존한 것이다. 상황이 여기서 그쳤다면 그의 글은 그래도 잘 정리되고 매우 유용한 기록철記錄綴은 될 수 있었을 것이다. 그러나 그는 여기서 그치지 않고 자신은 객관적 분석적 방법이라고 믿지만 실제로는 극도로 자의적恣意的이고 환상적인 방법으로 그런 사료들을 해석하고 보충했으며 그 결과 우리가 누차 보았던 결과들이 생겨난 것이다.

병법사兵法史 전체의 기초는 전투의 설명과 분석인데 어떤 경우든 우리가 사료를 철저히 검토해 보면 그의 설명과 분석을 부인할 수밖에 없다. 그의 설명과 분석은 완전한 환상인 경우가 흔하며 이를 다시 언급할 필요는 없다. 자신과 옌스Max Jähns의 권위를 바탕으로 뤼스토프Rüstow와 뷔르클리Karl Bürkli의 견해를 반박해 가면서 현대 스위스 학자들로 하여금 삼각형 전투대형이라는 비상식적 개념을 다시 인정하게 만든 것은 그가 남긴 해악이라 할 수 있다. 외츨리Oechsli는 《월간

月刊 스위스 장교將校 《Schweizerische Monatschrift für Offiziere aller Waffen》, 1902년 호에 게재한 한 논문에서 사료들을 근거로 "첨두尖頭"가 삼각형이란 생각을 방어하려 하기 때문에 이제 이 문제에 대해 이미 언급했던 내용을 다시 요약해 보겠다. 우리는 먼저 보병의 경우와 기병의 경우를 구분해야 한다. 기병의 경우는 어떤 종류든 종심縱深 깊은 전투대형을 취할 수 없다. 기병과 관련하여 사료에서 "첨두尖頭"라고 한 것은 전투대형이 아닌 접적행군接敵行軍 대형이며 현실적인 가치는 없이 멋만 부린 부자연스런 대형이었고 일시 유행했던 대형에 불과하다(앞의 281쪽 참고). 그러나 보병의 경우는 문제가 다르다. 보병의 경우 종심 깊은 대형에서는 후미 횡렬橫列들이 전방 횡렬들을 밀어줄 수 있고 이는 기병들에게는 없는 현상이다. 대형의 종심이 매우 깊으면(정면과 종심의 인원수가 같은 방진方陣의 경우에도 종렬縱列간 간격보다 횡렬 간 간격을 크게 하면) 전방의 양쪽 두 모서리가 약간 뒤로 처지거나 후미의 양쪽 두 모서리가 빨리 전진하려는 적극성 때문에 대형 밖으로 삐쳐 나와서 전진하거나 아니면 두 현상이 함께 일어나서 결과적으로는 방진 대형이 적과 접촉하는 순간 실제로는 삼각형 비슷한 모습이 되기가 쉽다. 이는 선형線型 대형(역자 주: 횡대橫隊 대형)의 경우도 마찬가지인데 프리드리히Friedrich/Frederick 대왕은 서기 1745년 폰테나이Fontenay 전투 당시 그런 일이 있었다고 했다(《나의 시대의 역사Histoire de mon temps》, 제Ⅱ편, 355쪽). 벨레-알리앙스La Belle-Alliance 전투(역자 주: 이 책 제Ⅱ편, 55~57쪽 참고) 당시 영국군의 방진方陣 대형도 그랬다는 기록이 있다. 드물기는 해도 이런 대형 변형變形이 중세의 전투기록에도 가끔 보이는데 마치 의도적 대형이었던 것처럼 기록되어 있다.16) 베케티우스Vegez/Vegetius를 위시해서 현실감각이 매우 부족했음을 우리가 이미 살 알 수 있었던 이론가는 계속 등장하면서 그런 첨두尖頭로 직의 대형을 "깨뜨릴" 수 있다고 말한다. 그러나 이는 불가능하다. 적의 대형을 깨뜨리려면 삼각형 첨두에 선 사람이 자신과 충돌한 상대를 먼저 극복해야 하지만 자신이 아무리 개인적으로는 상대보다 강하다고 해도 상대를 극복할 수 없기 때문이다. 그는 곧 상대의 양측에 있고 바로 앞에 싸울 대상이 없는 병사들로부터도 협공을 받게 되기 때문이다. 아무리 강한 사람이라도 상대 3명을 극복할 수는 없다. 삼각형 대형 선두 횡렬橫列에 1명이 아닌 여러 명이 선다 해도 달라질 것은 없다. 이들 중 바깥쪽 병사들은 항상 한쪽

---

16) 외츨리Oechili의 견해의 근거가 된 비스프Visp 전투가 알려진 것은 사건 이후 80년만에 작성된 기록을 통해서일 뿐인데 완전히 전설적인 기록임이 분명한 이런 기록을 증거로 인정하는 것은 방법론적으로 잘못된 일이다. 15세기 스위스 연합의 한 구성원이 이를 "첨두尖頭"라고 생각한 것에 불과하다. 연대기年代記 작가가 그렇게 먼 과거의 사건들을 설명할 때는 전혀 주저 없이 극히 신비로운 기공의 이야기를 만들어 내는 일이 수시로 있다. 서기 1446년 라가츠Ragaz 전투 당시 슈바벤Schwaben/Swabia 기사騎士 슈타인Baron von Stein이 첨두尖頭의 "최선두 위치에서" 말을 달리며 스위스 연합 대형으로 침투하려다 죽었다는 기록에는 삼각형 대형의 증거 같은 것은 전혀 없다. 이 기사騎士는 그의 동료들 선두에 있었던 것이고 자신은 "말과 사람 모두 갑옷을 입고 있었기 때문에" 그의 부하들을 위해 통로를 개척해 보려고 했던 것일 수도 있다. 그러나 만약 다른 동료들도 그의 옆에서 그런 행동을 했다면 이 동료들 역시 삼각형 대형 때문에 말 한 필 거리만큼 뒤에 쳐져있지 않고 습관적으로 똑 같이 행동했을 것이 지극히 분명하다. 전투대형은 처음 한 두 명의 적이 대형 속으로 침투한다고 해서 갈라지거나 깨질 수는 없으며 최대한 많은 적이 동시에 돌진해 왔을 경우라야 갈라지거나 깨질 수 있다.

옆을 포위당하기 때문이다. 이런 불리함을 없애려면 쐐기의 첨두尖頭가 일정한 폭을 가져야 하며 그렇게 되면 이는 삼각형이 아닌 직사각형 대형인 것이다(이 책 제II편, 31쪽 및 399쪽 참고).

"첨두尖頭/Spitz" 또는 "쿠네우스cuneus"(쐐기)는 삼각형 대형과 전혀 무관하다. 초기 번역본이 있는 기록에는 "첨두"가 "전선戰線/acies"으로만 번역되어 있다. 리비우스Livy/Livius의 기록(역자 주: 《로마사史 Ab urbe condita/History of Rome》)에서도 "쿠네우스"는 팔랑스Phalax를 말하는 표현이었고 옛 고지高地 독일어(역자 주: 옛 독일 표준어) 어휘사전에는 "폴크folch" 또는 "헤리가노스카프heriganoscaf"("물티투도multitudo" 〈역자 주: "무리"〉와 같은 의미)로 번역되어 있다. 호헨방Ludwig Hohenwang이 독일어로 번역해서 대략 서기 1475년경 활자화시킨 베게티우스Vegez/Vegetius의 글에는 "쿠네우스"가 "집결한 기사騎士들의 무리ain besamelte mengin der ritter"로 번역되어 있고 전투가戰鬪歌들을 보면 "그들의 병력을 성벽城壁 같은 첨두와 대형으로 정렬하고"라는 표현이 쓰였다.[17]

쾰러Köhler의 개념 중 삼각형 대형 수준의 개념이 기사騎士들의 3개 제대梯隊라는 개념이다. 이 3개 제대梯隊가 모두 "쐐기keil" 즉, 말 20~30필의 종심縱深을 지닌 종대縱隊들이었고 이들이 모두 행군대형이 아니고 전투대형이었을 것으로 상상만 해 보자! 이런 전투대형에서는 자신의 무기를 사용할 수 있는 위치에 있는 전사戰士들은 선두 제대梯隊의 선두 횡렬橫列에 있는 전사戰士들뿐이다. 결국 이들의 숫자는 전 병력의 1/60이나 1/90밖에 안 될 것이며 그것도 후미 횡렬橫列들이 선두 횡렬橫列들을 밀어 줄 수도 없고 측면의 자연스런 취약점도 보병의 대형보다 더 큰 기병의 대형이 아닌가! 그런 개념들을 지닌 쾰러가 병사들 발을 묶어놓았다는 스페인군의 대형을 사실로 믿었다는 것은 놀라운 일이 아니다.

그가 인용한 개념들 중에는 시저Cäsar/Caesar의 기록에 보이는 게르만족의 "둥근" 팔랑스phalanx라는 개념도 있다. 그는 서기 375년 스트라스부르크Strassburg/Strasbourg 전투 당시 알레만Alemannen/Alamanni족이 이런 대형으로 싸운 것으로 본다(같은 책, 제III편, 제II권, 233쪽과 235쪽 및 제III권, 136쪽).

그는 또한 작센Sachsen/Saxons족도 서기 1075년 운스트루트Unstrut 강변 전투 때 빽빽한 둥근 대형을 취한 것으로 보면서 "그러나 이들은 용감히 방어하다 황군皇軍으로부터 계속 공격을 받고 무너졌다"고 했다(같은 책, 제III편, 제II권, 257쪽). 그가 전거典據로 원용한 람베르트Lambert 황제의 칙령 중의 구절(《게르만 사료집Monumenta Germaniae》, SS., V, 227)은 "결국 그들이 경보를 받자, 막 싸움을 시작하려 할 때 관습인 듯한 예상 밖의 신호에 따라 숨 돌릴 틈도 없는 사이에 하나로 뭉쳐 무질서한 상태로부터 두터운 대형을 형성했을 때vix tandem ex illa trepidatione resumpto spiritu cum in globum densissimum tumiltuaria se statione stipassent, non expectato signo, ut consuetudo est pugnaturis"라고만 되어 있다.

결국 쾰러는 전투사戰鬪史 분야에서 권위자로 인정받을만한 자격이 없고 또한 뤼스토프Rüstow나 오만Oman이나 뷔르클리Karl Bürkli나 발쩌Baltzer 같은 학자들에게 귀에 거슬리는 말투로 거드름을 피울 자격도 없다.

---

17) 릴리엔크론Lilienkron, 제II편, 310쪽.

제IX장
결 론

고대의 훈련된 레기온legion들이 중세에는 전적으로 개인적 용기와 전투기술을 기반으로 하는 전사戰士 체계로 대체되었다. 고대의 전술조직戰術組織이 해체되었던 시기에 상호 대립적 성격을 지니며 특화되어 있던 전투병종戰鬪兵種들도 사라지며 서로 혼합되었고 개인인 정예전사들이 말을 타거나 발로 싸웠으며 상황에 따라 창과 칼과 활을 교대로 사용했다. 중세에 점차 다시 구분된 전투병종들이 등장 하기까지는 분화과정分化過程이 있었다. 개인적 전사戰士 체계가 정점에 도달했을 때 한 편에서는 무거운 갑옷을 착용하고 갑옷 입힌 말을 탄 기사騎士들이 발전했고 다른 한편에서는 이런 기사騎士 병종兵種의 일방적이고 융통성 없는 성격으로 인해 말을 타기도 하고 걷기도 하는 각종 보조병종補助兵種들이 발전했지만 이들은 보조 병력 역할 이상은 하지 못했고 독립을 이루지도 못했었다.

특히 말을 타지 않은 창병槍兵들은 개활지 전투에서 홀로 기사騎士들과 맞설 수 없었다. 그들은 필요시 궁수弓手의 지원을 받는 기사騎士들이 공격해 오면 격파되 었고 독립적 공격력은 없었다. 궁수들 역시 홀로는 그런 공격에 맞설 수 없었다.

그러나 이런 기사騎士들과 보병들은 현재의 기병대騎兵隊/kavallerie/cavalry와 보병부대 Infanterie/Infantry는 아니었다. 그들의 무장은 현재와 비슷했지만 정신과 작전과 개념 에 있어서는 오늘날과 근본적으로 달랐었다. 먼저 근접전 무기를 든 보병들을 생각해 보자. 중세 창병槍兵들의 무리가 고대의 팔랑스phalanx, 레기온legion 또는 코호 르트Kohort/cohort(역자 주: 대대급 보병부대로 탄력성을 지닌 로마군의 전술조직戰術組織)와 달랐던 점 온 선사戰士 집단이 하나의 통일된 의지意志 하에 하나의 힘으로 결합된 대형인 전 술조직을 형성하지 못했다는 점이다. 이런 식으로 조직화된 보병들일 경우라야 우리는 이들을 현대적 의미의 보병부대라고 부를 수 있다. 그 기준은 기병들과 개활지에서 싸울 수 있는지의 여부이다.

후시테Hussiten/Hussite(역자 주: 체코의 종교개혁가 후스Jan Hus 〈1369?-1415〉를 따르던 무리. 앞의 제IV권, 제IV장 참고) 보병은 수레요새로 기사군騎士軍에 대항할 수 있었지만 이는 일화逸話에 불과하다. 수레요새는 전쟁수행의 모든 소요所要를 충족시키기에는 너무 취약했다.

진정한 보병부대는 스위스인들에 의해 비로소 만들어졌다. 라우펜Laupen 전투, 셈파크Sempach 전투, 그랑손Granson 전투, 무르텐Murten 전투 그리고 낭시Nancy 전투에서 비로소 고대의 팔랑스phalanx나 레기온legion에 비견할 만한 보병이 다시 등장했다.

일련의 요소들이 동시에 작용한 결과 이 게르만 알프스 지역 부분에서 새로운 기술과 힘을 만들어 냈다. 이곳의 산악지형은 처음부터 원시적 전사戰士들의 힘을 유지하기에 유리했다. 이 지역을 지배하던 호헨스타우펜Hohenstaufe/Hohenstaufen 왕조(역자 주: 프랑크 왕국 몰락 후 하인리히Heinrich/Henry I세가 세운 게르만 왕국은 처음 남계男系로 중간에는 여계女系인 살리계系로 이어가다 그 뒤를 이은 것이 호헨스타우펜 왕조이다)가 몰락하면서 슈바벤Schwaben/Swabia 공국公國이 해체되고 쩨링겐Zähringen 대가문大家門이 사라지자 이 지역에는 제국帝國 직할의 소규모 지역들이 수없이 등장했고 이들은 수세기 전의 그리스의 주州들과 같이 서로 끊임없이 싸워가면서 군사력을 발전시켰다. 그들의 산악지형 역시 농민공동체와 도시민공동체들이 지형을 천재적으로 이용해 가면서 기사군騎士軍들을 맞이해서 격파할 수 있는 기회를 제공했다.

이런 전투들을 치르는 과정에서 그들은 적절한 무기와 대형들을 개발했다. 그들은 먼저 돌멩이와 미늘창Hellebarde/Halberd(역자 주: 앞의 425쪽 참고)들을 상대방에게 던진 후에 선두의 몇 개 횡렬橫列이 동시에 장창長槍을 앞으로 내뻗어서 상대방 기사騎士들이 대형을 돌파하지 못하게 할 수 있었다. 이들이 언제 그런 장창長槍을 도입했는지 그리고 그런 장창長槍을 스위스인들이 스스로 개발해 낸 것인지에 대해서는 의견이 분분하다. 대체로 이런 무기는 농민의 무기가 아니라 도시민에게 적합한 무기였다는 주장도 있지만 이 문제에 대해 어떤 결론을 내리기는 힘들며 이 문제가 크게 중요한 문제도 아니다. 장창長槍은 이미 초기 게르만족 무기로 언급된 기록이 있고(타키투스Tacitus, 《연대기年代記/Annals》, II, 14장. 이 책 제II편, 38쪽 참고), 쾨드Quaden/Quadi족과 사르마트Sarmaten/Sarmatians족 무기로도 언급되어 있고(암미아누스Ammian/Ammianus, 《사건연대기事件年代記 Rerum gestarum libri》, XVII, 12장), 작센Sachsen/Saxon족 무기로도 언급되어 있으며(비두킨트Widkind, 《작센 연대기年代記》, I, 9장; 코스마스Böhme Cosmas, 《보헤미아 연대기年代記 magnum opus/Chronica Boemorum》, IV, 27장), 이태리의 무기로도 언급되어 있다(《제노바 연대기Annales Jannuenses/Annals of Genoa》, 서기 1240년).[1] 시대를 막론하고 병사들 개인은 적이 자신에게 가까이 접근하지 못하게 긴 창槍을 선택할 수도 있었을 것이고 조작의 편리성을 위해 짧은 창槍을 선택할 수도 있었을 것이다. 20피트가 넘는 매우 긴 창槍은 휴대가 매우 불편하며(이 책 제I편, 516쪽 참고) 밀집대형으로 싸울 때 외는 사냥할 때조차 사용할 수 없다. 만약 밀집대형만 잘 유지하면 중무장 기사騎士들의 공격이라도 10~12피트 정도의

---

1) 《게르만 사료집Monumenta Germaniae》, SS., XVIII, 192. 에서Hermann Escher 역시 비록 출처를 밝히지는 않았지만 이태리에서는 서기 1202년에는 "장창長槍/lanceae longae"과 "단창短槍/lanceaede milite"을 구분했고 서기 1327년 투린Turin 시민들에게 "18ft 길이의 창"을 휴대케 한 명령이 있었다 한다("15세기 및 16세기 초의 스위스 보병Das schweizerische Fussvolk im 15. und im Anfang des 16. Jahrhunderts," 제I부, 《쥐리히 병기학회兵器學會 신년보新年報 Neujahrsblatt der Züricher Feuerwerksgesellschaft》, 서기 1905년, 19쪽). 쾰러Köhler는 기사騎士들의 창槍은 원래 10ft 이내였지만 14세기에 14ft로 늘어나 너무 무거워지자 보병은 이를 조작할 수 없을 정도였다 한다(《기사騎士 시대의 전쟁과 용병술用兵術의 발전Entwickelung des Kriegswesen und der Kriegsführung in der Ritterzeit》, 제III편, 제I권, 85쪽).

창槍만으로도 이를 격퇴할 수 있을 것이다. 따라서 우리는 스위스 농민이 모가르텐Morgarten 전투나 그 이전에 이미 장창長槍을 사용했을 것으로 볼 필요는 없다. 방진方陣의 바깥쪽 횡렬橫列에 가능한 최대로 긴 창槍을 휴대한 병사를 위치시키는 변화가 생길 수 있었던 것은 기병을 상대해야 할 전투를 계속 경험하면서 기병을 먼저 몰아내는 것이 결정적으로 중요하다는 사실을 알게 된 이후였을 것이다. 라우펜Laupen 전투 당시의 경험은 그들이 앞으로는 길이가 긴 창을 가지고 있으면 더 잘 싸울 수 있을 것이라는 생각을 해내기에 아주 적절했었다. 그러나 셈파크Sempach 전투 때도 그들이 장창長槍을 사용했는지는 전투의 전개과정을 보건 사료기록을 보건 명확하지 않다. 부르고뉴 전쟁 이전에는 그들이 장창長槍을 사용하지 않았을 것으로 보는 견해가 최근에 생겼다(이 책 제IV편, 제I권, 제I장 참고).

방패를 미늘창나 장창長槍과 함께 사용할 수는 없다. 이들은 모두가 두 손으로 쓰는 무기이기 때문이다. 특히 미늘창 창병槍兵들은 대형 중앙에 위치했기 때문에 갑옷도 착용하지 않았다. 이들의 본격적인 활약이 시작되는 때는 밀집대형이 "압박의 이점으로" 적을 밀어낸 후 스스로 대형을 풀고 추격에 들어갈 때로서 이때는 적이 이미 제대로 힘을 쓰지 못하기 때문에 갑옷이 중요하지가 않았다. 그러나 적의 기사騎士들을 밀어내서 물러나게 하기 위해 방진方陣 바깥쪽 횡렬橫列에서는 창병槍兵들에게는 기사騎士들의 창槍과 칼뿐 아니라 적의 궁수弓手와 쇠뇌수弩手와 소총수들의 공격까지 막을 수 있게 하기 위해 갑옷과 투구가 지급되었다. 창槍과 갑옷은 당연히 함께 다니는 것이므로 창槍올 밀할 때 특별히 갑옷을 따로 말하지 않았고 낭연히 갑옷이 있는 것으로 보았다.[2]

궁수, 쇠뇌수, 소총수 등은 방진方陣 곁에서 이동하다가 앞으로 나가 전초전前哨戰을 폈으며 적에게 압박을 받으면 뒤로 물러나서 방진方陣 속으로 들어갔다.

큰 밀집방진密集方陣일수록 기병들에게 쉽게 깨지지 않고 더욱 거세게 적을 압박할 수 있다. 하지만 전 병력으로 1개 방진方陣을 편성하는 것은 바람직하지 않다. 이런 집단은 라우펜Laupen 전투 때 스위스 산림주山林州/Waldstätte 병력과 같이 양 방향에서 협공挾攻을 당하면 쉽게 제자리에 발이 묶여 고립무원孤立無援 상태에 빠질 수밖에 없기 때문이다(역자 주: 앞의 544쪽 참고). 이 때문에 스위스군은 병력수와 관계없이 늘 3개 방진方陣을 편성해서 상호 지원할 수 있게 하는 방법올 개발했다. 이

---

2) 뷔르클리Karl Bürkli는 이것이 "스탕그하니쉬Stangharnisch"란 단어의 의미라고 믿지만 에셔H. Escher는 이에 이의를 제기하는데 다만 이 단어에 대한 다른 설명이 발견된 적이 없다는 점은 인정한다(위의 논문, 44쪽). "스탕게Stange"란 단어는 후일의 장창長槍으로 이해되어야만 한다는 뷔르클리의 말은 물론 틀린 말이다. 에서는 창槍이건 미늘창이건 자루가 달린 모든 무기에는 보호장구가 따라다니기 마련이라는 해결책에 도달했다(같은 논문, 제II부, 《쮜리히 병기학회兵器學會 신년보新年報 Neujahrsblatt der Züricher Feuerwerksgesellschaft》, 제102권, 서기 1907년, 34쪽.

3개 방진方陣은 일렬 종대나 일렬 횡대가 아니라 갈 지(之) 자字 형태의 제대梯隊로 정렬해서 서로 방해를 주지 않게 했다. 후미 제대는 전방 제대보다 약간이라도 늦게 전투에 들어가면서 마지막 순간까지 어느 정도 행동의 자유를 유지했다. 또한 총병력 10,000명 정도의 매우 큰 방진方陣일 경우라도 겨우 100명밖에는 안 되는 좁은 정면 때문에 이동의 유연성은 매우 컸다. 그들이 이렇게 3개 방진方陣으로 정렬했던 것이 확실히 입증된 시기는 15세기이다. 모가르텐Morgarten 전투나 셈파크Sempach 전투 때 확실히 드러난 것은 2개 방진方陣이며 하나는 수세守勢를 유지하고 있는 사이에 다른 하나는 적의 측면을 공격했다. 이때 제3의 방진方陣이 있었을 수 있고 라우펜Laupen 전투 때는 제3 방진方陣이 실제로 있었으므로 우리는 그들이 이미 14세기부터 이렇게 3개 방진方陣으로 정렬했을 것으로 볼 수도 있다.

스위스의 농민과 도시민들은 적절한 무기와 가장 적절한 전투대형과 산악지형의 이점을 활용할 줄 아는 노련한 지도자들 때문에 자신감을 키웠고 이 자신감은 모든 백성들을 단일한 전사戰士 집단으로 만들었다.

현재까지도 스위스인들은 윌리엄 텔Tell/William Tell 전설이나 빙켈리트Winkelried 전설을 통해서 알 수 있듯이 그들의 조상은 착실한 목동牧童들의 결백한 민족이었고 다만 이 조그만 나라를 향해 거대한 군대를 동원한 것으로 보였던 합스부르크Habsburg 가家나 부르고뉴 공국公國 같은 외부의 폭군暴君들로부터 자신을 지키려 했을 때만 호전적으로 변했었다고 생각하며 이 때문에 그들의 애국심은 소멸되기가 어렵다. 그러나 바로 이런 생각 때문에 역사적 맥락은 모두 끊어져 있고 모든 것은 이해할 수 없는 일이 되어 있다. 물론 그런 범국민적인 생각은 그런 모습으로 작용할 수밖에 없다. 우리는 이런 현상을 고대 그리스인들을 통해서 이미 보았다. 그들은 페르시아 전쟁의 승리를 수없이 병력이 많은 군대를 상대로 한 소수의 승리라고 표현할 줄밖에는 몰랐다. 이런 경우에 학자들의 임무는 그런 생각들을 교정하는 것이다. 하지만 그렇게 했다 해서 이 민족들의 영웅적 명성이 훼손되는 일은 없을 것이며 다만 그 내용이 변하게 될 뿐이다.

스위스 전사戰士들에게도 초기시대 게르만족 같은 잔인성과 약탈습관이 있었다. 또한 스위스 공동체들은 침입자들을 물리치고 대중들이 자신감을 갖게 된 직후 당시 가장 강력했던 중세 기사군騎士軍을 상대하면서도 식량 획득에 별로 문제가 없는 인접지역에서 적보다 우세한 병력을 야전에 내보낼 수 있었다. 기사군騎士軍은 그들이 거느린 하인과 용병傭兵들을 포함해도 본질상 언제나 숫자가 적었기 때문이다. 모가르텐Morgarten 전투에서 낭시Nancy 전투에 이르기까지 스위스 연합은 언제나 적보다 병력이 월등히 많았고 때로는 병력이 적의 2배나 되는 경우들도 있었다. 그들이 어마어마한 힘을 발휘할 수 있었던 것도 오로지 이 때문이었다. 그들의 힘의 원천인 이 요소는 극단적으로 증대되었다. 다른 유럽 지역에서는 주민들의 일부만 전사戰士가 되었지만 슈바벤 알프스 지역schwäbischen Alpen=land에서는 자연 환경과 연이은 승리 그리고 훈련을 통해 모든 주민이 직업전사職業戰士 수준의 특성과 준비태세를 갖추게 되었고 전쟁에 동원될 수 있는 대중들의 상호신뢰와 승리에 대한 확신이 배가倍加 되었다. 지도부에서는 그들이 가는 곳이면 적을 공포에 떨게 할 평판이 앞서 가도록 조장했다. 기사騎士이건 용병傭兵이건 유럽의 직업전사들은 서로 자비를 베푸는 경향이 있어서 적을 불가피하게 죽여야만 할 경우가 아니면 포로로 잡는 것으로 만족했지만 스위스인들은 처음부터 그들의 손길이 미치는 모든 적을 죽여버렸다. 그들에게 포로를 잡는 것은 명시적으로 금지되어 있었으며 잡은 포로들도 결국은 죽였다. 스위스 연합 내에서 발생한 내전內戰인 옛 쮜리히Zürich 전쟁에서 산림주山林州/Waldstätte들과 베른Bern 및 여타 주州의 병사들이 그라이펜세Greifenss 성城을 함락시켰을 때도 그들은 "적의 무자비함 때문에" 항복하지 않을 수 없었던 쮜리히군 수비병력을 처형해 버렸다(서기 1444년). 그들이 흡혈귀의 야만성으로 평화스런 스테피Stäffi 마을의 전 주민을 모두 죽였을 때는 스위스 연합 내에서조차 비난의 목소리가 있었던 것으로는 보이지만 그들의 행동은 어디까지나 전투가 벌어지면 누구도 살려주지 않는다는 그들의 통상적인 원칙이 적용된 결과였다. "어린 소년들"을 살려주는 것이 자비로운 조치로 기록될 정도였다. 스위스 연합 최초의 일반군사규정인 시기 1393년 셈파크 문서Sempacher Brief에는 "인간의 행복은 여자女子들로 인해 새로워지고 커지는 것"이므로 부녀자를 때려죽이거나 찔러 죽이거나 학대하지 말도록 명시해야 할 정도였다. 그들이 이렇게 전쟁을 가혹하게 수행했던 가장 강력한 이유는 약탈과 생포生捕가 군사작전 자체에 미치는 위험 때문이었다. 서기 1393년 셈파크 문서가 작성 되게 된 것은 전투 시에는 승리자가 즉각적인 전리품 획득에 몰두하게 되면 더 많은 적을 살해할 수 없다는 점 때문이었다. 그들은 포로 생포를 절대로 금지할 정도의 극단적인 행동을 통해 적진敵陣에 공포를 확산시킬 수 있었다. 셈파크 전투나 그랑손Granson 전투나 무르텐Murten 전투 당시에 전세가 불리해 졌거나 심지어 불리해 질 것 같은 조짐만 보였음에도 불구하고 오스트리이군 후위대나 부르고뉴군에게 바로 발생했던 공황상태는 전혀 자비를 베풀지 않기로 유명한 스위스군의 관행으로 인한 후속효과였다.

부르고뉴 영주領主 대담한 샤를르Charles le Téméraire/Karls des Kühnen는 그의 병력이 낭시Nancy에서 스위군과 싸우러 나갈 때 지휘관들 앞에게 행한 연설에서 적은 그들의 평소 습관대로 곧 바로 국경지대로 나와 전투대형을 취할 것이지만 조금만 패배해서 전세가 바뀌면 그때부터는 대형이 깨져 결국 패배할 것이라고 했다.3) 그의 말은 형식상으로는 과장되어 있어도 그 개념은 정확하다. 스위스군의 용맹성은 그들이 승리함으로써 생긴 것이고, 그들의 승리는 그들에게 자신감을 불러 넣어서 거침없이 돌격하도록 만들었으며, 이런 그들의 돌격 앞에서 상대방의 느슨한 대형은 그들의 기사騎士나 용병傭兵들이 개인적으로는 아무리 용감했다고 해도 곧 흩어졌던 것이다.

우리는 이 시기 스위스인들을 초기 게르만족뿐만 아니라 페리클레스Perikles/Pericles 시대의 아테네인과도 비교할 수 있다. 아티카Attika/Attica 반도 주민들은 원래 다른 그리스인들보다 용감하거나 바다에 익숙하지 못했다. 그러나 역사발전과 정치가 손을 잡자 모든 주민들이 육지와 바다에서 전사戰士가 되었고 이때 시민 생활에 중요한 직업군대 특성들이 나타나게 되었다. 니키아스Nikias/Nicias 장군은 시라큐스Syrakus/Syracuse군과 싸우기 전에 한 연설에서 이런 특성들을 자극했다. 그는 적은 일반징집병이지만 그의 병력은 전쟁을 아는 선발된 자들이라고 말했다.4) 스위스인들과 여타 게르만족은 인종 차이는 없고 역사적 발전과 정치적 훈련의 차이만 있었다. 합스부르크 가家 전사戰士들도 산림주山林州/Waldstätte 사람들이나 마찬가지로 대부분 스위스인이었다. 그랑손Granson 전투와 무르텐Murten 전투를 이긴 자들의 상당수는 모가르텐Morgarten 전투와 라우펜Laupen 전투와 셈파크Sempach 전투에서 패배한 자들이었다. 이때 패배한 자들이 일부는 자발적으로 다른 일부는 강요에 의해 승리자 집단으로 들어가서 승리자들과 동일한 특성들을 지니게 되었다.

스위스 방진方陣은 보병이면서도 감히 기사군騎士軍을 공격했고 요새화 된 진지를 휩쓸기까지 했다. 이는 그리스-로마 고전시대가 끝나고 봉건군사조직이 등장한 후 발생한 전혀 새로운 현상이었다. 서기 1475년 부르고뉴 전쟁 초기에 프랑슈-꽁떼Franche-Comté에서 철수하던 스위스 연합 보병은 수레요새를 만들어 부르고뉴 기사騎士들의 공격을 막은 적이 있다. 이런 작전은 그 후 전혀 보이지 않는다.

이제 기사騎士들의 단순한 보조병종補助兵種도 아니고 참호의 도움도 없이도 어떤 적과 어떤 전투에서도 널리 인정된 자신들의 힘을 확신하면서 감히 기사騎士들을

---

3) "그들은 관행대로 전투에 응할 것이 분명하다; 그들은 조그만 패배에도 쓰러질 것이므로 한번 침투 당하면 그들의 대형은 반드시 깨질 것이다; 이렇게 되면 그들은 처음부터 낙담해서 패배할 것이 분명 하다." 부르고뉴 영주領主에게 파견된 밀라노Mailand/Milan 영주領主의 대사大使 파니가롤라Panigarola의 서기 1476년 1월 16일자 급보急報. 겡겡F. de Gingins-la-Sarra, 《서기 1474년~1477년 대담한 샤를르의 전역戰役 당 시 밀라노 대사의 급보急報들Dépêches des ambassadeurs Milanais sur les campagnes de Charles le Hardi, de 1474 à 1477》, 제I 편(파리, 서기 1858년), 266쪽.

4) 이 책 제I편, 158쪽. 투키디데스Thucydides, 《펠로폰네소스 전쟁Peloponnesischen Kieges》, VI, 68장.

상대로 싸웠던 보병집단이 다시 나타난 것이다. 대형(전술적 구성체인 방진_{方陣}), 무기(장창_{長槍}과 미늘창_{Hellebarde/Halberd}), 국민징집으로 인한 대규모 병력, 연이은 전투를 통해 키워진 감투정신 이 모든 것들이 효율적으로 동시에 작용했다. 프랑스 아르마냑_{Armanagc} 지방 용병_{傭兵}들이 서기 1444년 스위스를 침공하겠다고 위협하자 스위스인 1,500명이 조급한 용기로 바젤_{Basel} 부근 비르스_{Birs} 강가의 생야코프_{St. Jacob}에서 그들과 싸웠다(8월 26일). 그들은 이 전투에서 완전히 패배했지만 끝까지 그렇게 용감히 싸웠고 적들조차 그들을 매우 높게 칭찬했다.

스위스 용병_{傭兵}들은 사방의 모든 민족들에게 높은 평가를 받고 고용되었다.

그들이 대담한 샤를르에게 거둔 승리는 우연과 부르고뉴 지도자들의 실수도 물론 큰 역할을 한 것이기는 하지만 이로 인해 스위스인의 능력에 대한 신뢰와 스위스 연합의 자신감은 결국 최고조로 높아졌다. 이제 누구나 여타 용병_{傭兵}들 중 단지 행운이 있는 병사들이 아니라 독특하고 새로운 군사력으로 평가하게 된 이 스위스 연합 병사들은 산악지대에서 나와서 낭시_{Nancy}에서도 승리했다. 우리는 이 전투에서 이들이 거둔 승리를 쿠르트라이_{Courtrei} 전투에서 프랑드르_{Flandern/Flandre}군이 거둔 승리 같은 일회성 일화_{逸話}로만 보면 안 된다. 이 승리는 병법사_{兵法史}의 새로운 시대를 열어놓은 사건이다. 전쟁사에서 중세는 무르텐_{Murten} 전투가 있던 날로 이미 종점에 도달했다. 이 전투에서는 부르고뉴 영주_{領主} 자신과 그의 군대가 보는 앞에서 중세의 전쟁방식이 이론적으로 패했다. 이 시기에 중세의 전쟁방식은 쇠퇴해 있지 않았고 오히려 가장 발전해 있었고 특히 새로 발견된 화기_{火器}의 도움까지 받는 상황이었다. 또한 이때 중세의 전쟁방식이 패한 것은 우연이나 순간적 취약점에 의한 것도 아니었다. 샤를르 영주_{領主}보다 더 유능한 장군이 부르고뉴군을 지휘했었다고 해도 스위스는 좀 더 어렵기는 했겠지만 그래도 결국 승리했을 것이다. 궁수와 쇠뇌수와 소총수로는 창_槍과 미늘창으로 무장한 스위스인들의 거대한 공격적 방진_{方陣}들의 공격을 막아 낼 수 없었을 것이기 때문이다. 그들의 지휘관들은 이 방진_{方陣}들을 유리한 지형에서 기술적으로 지휘했고 어떤 기사_{騎士} 집단도 이 방진_{方陣}을 격파하거나 측면공격으로 이런 방진_{方陣} 셋을 동시에 멈추게 할 수는 없었다. 궁수나 쇠뇌수나 소총수들 만으로는 근접전투 무기를 든 병사들을 상대할 수 없었고 기사_{騎士}들에게는 이 방진_{方陣}들을 미비시킬 수 있는 협조된 공격을 이끌만한 전술적 리더십이 없었다. 스위스 보병은 전술조직_{戰術組織}을 편성했지만 중세의 기사_{騎士}와 궁수, 쇠뇌수, 소총수 및 창병_{槍兵}들에게는 그런 구성체가 없었다. 스위스인들에게는 공격력과 방어력 뿐 아니라 지도력도 있었다. 프랑드르군도 100년 전 이런 전투를 시작했었지만 로제베케

Rosebeke 전투(역자 주: 앞의 431쪽 참고)에서 알 수 있었던 것과 같이 지도력이 아직 부족했었다. 산림주山林州/Waldstätte들의 스위스 연합은 150년 동안 점진적으로 자신의 힘을 발전시키고 확인했다. 이들의 군대가 이제 산악지대를 확실히 정복하고 산악지대 밖으로 나오면서 전 유럽의 전투방식을 바꾸어 놓게 된다. 이제 우리는 고대의 마라톤Marathon 전투(역자 주: 이 책 제I편, 제I권, 제V장 참고) 때와 유사한 새로운 발전들을 만나기 위한 출발점에 서있다. 페르시아 전쟁 때 같이 근접전투 무기를 든 보병들이 부르고뉴 전쟁에서 기사騎士와 궁수, 쇠뇌수, 소총수 등으로 구성된 군대를 상대로 승리했다. 이들의 승리는 모든 것을 바꾸어 놓을 수밖에 없었다. 한 시대의 전투방식들이 통합되었으며 한 부분에서의 큰 변화가 다른 모든 부분에 영향을 미쳤기 때문이다. 우리는 기사騎士 시대에도 자연스런 보충병력으로 보병 병사들이 있기는 해도 현대적 의미의 보병부대Infanterie/Infantry는 없었음을 알 수 있었다. 그러나 이제 이 보병 병사들이 보병부대로 변했고 이런 변화는 모든 지역에서 일어났다. 이때 기사騎士들도 기병대騎兵隊/kavallerie/cavalry로 변할 수밖에 없었다.

부 록

제III편 전투 연표戰鬪年表

1098	2. 9	안티오크Antioch 호수 전투 / 393
1098	3. 초순	안티오크Antioch 다리 입구 작전 / 394
1098	6. 28	안티오크Antioch 결전 / 394
1099	8. 12	아스칼론Askalon/Ascalon 전투 / 396
1101	9. 7	라므라Ramla/Ramleh 교전 / 397
1102	5.	라므라Ramla/Ramleh 교전 / 398
1105	8. 27	라므라Ramla/Ramleh 교전 / 398
1106	9. 28	틴세브라이Tinchebrei 전투 / 389
1115	9. 14	사르민Sarmin 전투 / 398
1119	6. 28	아타레브Athareb(벨라트Belath) 전투 / 398
1119	8. 13	하브Hab 전투 / 399
1119	8. 20	브레뮐Brémule 전투 / 389
1123		아쉬도트Ashdod 전투 / 223
1124	3. 26	브루그테롤데Bourgthéroulde 교전 / 390
1125		하자트Hazarth 전투 / 399
1126		메르드-세퍼Merdj-Sefer 전투 / 399
1138	8. 22	노스알러튼Northallerton 전투 / 390
1141	2. 2	링컨Lincoln 전투 / 391
1146		헝가리군과의 전투 / 274
1160	8. 9	카르카노Carcano 전투 / 330
1167	5. 29	투스쿨룸Tusculum 전투 / 333
1176	3. 16	카르세올리Caeseoli 전투 / 339
1176	5. 29	레그나노Legnano 전투 / 338
1187	7. 4	히틴Hittin 전투 / 399
1189	10. 4	아콘Akkon/Acre 전투 / 399
1191	9. 7	아르수프Arsuf 전투 / 400
1192	8. 5	자파Jaffa 교전 / 400
1206	7. 27	바써베르크Wasserberg 전투 / 341
1213	9. 12	무레Muret 전투 / 403
1213	10. 13	스테페스Steppes 교전 / 404
1214	7. 27	부빈Bouvines 전투 / 405
1227	7. 22	보른홰베트Bornhöved 전투 / 409
1237	11. 27	코르테누오바Cortenuova 전투 / 343
1247-1248		파르마Parma 포위 / 345
1249	11. 23	크뤼켄Krücken 전투 / 372
1257		프레켄Frechen 전투 / 362
1260	7. 13	두르반Durban 전투 / 372

1260 9. 4   몬테 아페르토Monteapartu/Monte Aperto 전투 / 410
1262 3. 8   하우스베르겐Hausbergen 교전 / 363
1263 7. 13   뢰바우Löbau 전투 / 372
1264 5. 14   루이스Lewes 전투 / 410
1266 2. 26   베네벤토Benevento 전투 / 266, 304
1268 8. 23   타글리아코쪼Tagliacozzo 전투 / 350
1278 8. 26   마르크March 평원 전투 / 413
1288 6. 5   보링겐Worringen 전투 / 411
1289 6. 11   세르토몬도Certomondo 전투 / 412
1289   슈로쓰할데Schlosshalde 전투 / 558
1295 1.   콘웨이Conway 교전 / 413
1298 7. 2   갤하임Göllheim 전투 / 414
1298 7. 22   팔커크Falkirk 전투 / 385
1298   도른뷜Dornbühl 교전 / 545
1302 7. 11   쿠르트라이Courtray/Courtrai 전투 / 263, 419
1304 8. 18   몽장페벨레Mons-en Pévèle 전투 / 521
1314 6. 24   반노크번Bannockburn 전투 / 427
1315 11. 15   모가르텐Morgarten 전투 / 531
1322 9. 28   밀도르프Mühldorf 전투 / 521
1332 8. 9   두플린 뮈르Dupplin Muir 전투 / 450
1333 7. 19   힐리든Halidon 언덕 전투 / 450
1339 6. 21   라우펜Laupen 전투 / 541
1340   후트빌Hutwil 전투 / 543
1346 8. 26   크레시Crécy 전투 / 441
1356 9. 19   모페르뛰Maupertuis 전투 / 451
1359 6. 23   노장-쉬르-세느Nogent-sur-Seinne 전투 / 523
1371 8. 20   베스바일러Baesweiler 전투 / 523
1377 5. 14   로이트링겐Reutlingen 교전 / 439
1382 11. 27   로제베케Rosebeke 전투 / 431
1384   비스프Visp 전투 / 627
1386 7. 9   셈파크Sempach 전투 / 553
1388 4. 9   네펠스Näfels 전투 / 569
1388 8. 23   되핑겐Döffingen 전투 / 565
1396 9. 25   니코폴Nikopolis/Nikopol 전투 / 464
1403 5. 15   훼겔린세크Vögelinseck 교전 / 569
1405   알트스테텐Altstetten 전투 / 581
1405 6. 17   스토쓰Stoss 전투 / 569

1408		브레겐쯔Bregenz 전투 / 581
1408		오테Othée 전투 / 434
1410	7. 15	탄넨베르크Tannenberg 전투 / 504
1415	10. 25	아쟁쿠르Agincourt 전투 / 452
1419		울리켄Ulrichen 전투 / 569
1422		아르베도Arbedo 전투 / 581
1423		호리크Horic 전투 / 478
1426	6. 16	오씨그Aussig 전투 / 483
1426		클라타우Klattau 전투 / 473
1427		나코트Nachod 전투 / 479
1428		그라츠Gratz 전투 / 480
1431		불레뉴빌Bullegneville 전투 / 457
1431		바이드호펜waidhofen 전투 / 479
1431		타우스Tauss 전투 / 480
1433		힐터스트리트Hilterstried 전투 / 277
1434	6. 16	리파니Lipany 전투 / 485
1444	8. 26	생야코프St. Jacob 전투 / 635
1446		라가쯔Ragaz 전투 / 627
1450	3. 11	필렌로이트Pillenreuth 교전 / 276
1462	6. 30	제켄하임Seckenheim 전투 / 580
1465	7. 16	몽레리Montl'héry 전투 / 508
1471	4. 14	바르네Barnet 전투 / 523
1471	5. 4	튜크스베리Tewksbury 전투 / 523
1474	11. 13	헤리쿠르Héricourt 교전 / 587
1476	3. 2	그랑손Granson/Grandson 전투 / 589
1476	6. 22	무르텐Murten 전투 / 595
1477	1. 5	낭시Nancy 전투 / 609
1499		프라스텐쯔Frastenz 전투 / 559
1522		비코카Bicocca 전투 / 557

▌저자 소개

한스 델브뤼크(Hans Delbrück)

델브뤼크(서기 1848~1929)는 프러시아 프레데릭 황제의 막내아들
발데마르 왕자의 개인교사를 거쳐 서기 1896년부터 1921년까지
25년간 베를린대학교 역사학 교수로 재임했다. 서기 1883년부터
1919년까지는 《 프러시아 연보》편집장을 역임했다. 제Ⅰ차 세계
대전 후 독일대표단 일원으로 파리 평화회의에 참가해서 전쟁 당
시 독일의 국가책임 문제를 다루었다.

▌역자 소개

대령 민 경 길

－(현)육군사관학교 법학교수
－서울대학교 법과대학 졸업
－고려대학교 대학원 졸업(법학석사)
－명지대학교 대학원 졸업(법학박사)
－국방부 국방개혁위원회 위원
－국방부 노근리사건 진상조사위원회 법률자문위원
－육군사관학교 사회과학처장
－대한 적십자사 국제법 자문위원

－수요 저서
  ·군법개론(일신사, 1986년)
  ·핵무기와 국제법(문원사, 1990년)
  ·군대명령과 복종(법문사, 1994년)
  ·군사법원론(일신사, 1996년)
  ·북한산(집문당, 2004년)

병 법 사
제 Ⅲ 편 중 세

초판인쇄 | 2009년 7월 20일
초판발행 | 2009년 7월 20일

지은이 | 한스 델브뤼크
옮긴이 | 민경길
펴낸이 | 채종준
펴낸곳 | 한국학술정보㈜
주 소 | 경기도 파주시 교하읍 문발리 파주출판문화정보산업단지 513-5
전 화 | 031) 908-3181(대표)
팩 스 | 031) 908-3189
홈페이지 | http://www.kstudy.com
E-mail | 출판사업부 publish@kstudy.com

등 록 | 제일산-115호(2000. 6. 19)
가 격 | 50,000원

ISBN 978-89-268-0091-0 91690 (Paper Book)
       978-89-268-0098-0 98390 (e-Book)
       978-89-268-0091-1 94390 (set Paper Book)
       978-89-268-0092-8 98390 (set e-Book)

내일을여는지식 은 시대와 시대의 지식을 이어 갑니다.